1級・2級施工管理技士

電気工事施工管理技術テキスト

改訂第5版

一般財団法人 **地域開発研究所**

は　じ　め　に

　近年，電気工事の施工技術の高度化，専門化，多様化が一段と進展してきており，円滑な施工と品質の確保を図る上で，施工管理技術の重要性がますます増大しています。

　建設業法第27条に基づく電気工事施工管理技術検定制度の施行により昭和63年度から技術検定試験が実施されており，すでに多くの有資格者の方々が電気工事の現場において中心的な役割を担い，活躍しておられます。

　本書は，この技術検定試験で「1級電気工事施工管理技士」「2級電気工事施工管理技士」の資格取得をめざす方々の受検用テキストのみならず，施工技術や施工管理，関係法規など現場技術者として必要とされる基礎的な知識を習得するための図書としても，広く活用していただけるよう編集しています。

　改訂第5版では，施工管理技術検定の近年の出題傾向を踏まえて構成を大きく刷新しました。技術的分野においては，新規用語や詳細な図表の拡充，記述の見直しを行うとともに，技術基準，法令，規格などについては最新内容と整合しました。また，令和6年度から1級・2級とも第一次検定の受検資格が学歴や実務経験年数を問わず，当該年齢以上となったことから，実務経験の浅い方や専門外の方でも基礎的知識を修得できるように工夫しています。

　施工管理技術検定の受検者を対象に，本書を使用した受検講習会も開催しています。本書の詳細な解説と，検定制度を熟知した各専門分野の講師が行うポイントを厳選した講義により，学習効率が一層向上します。

　また，1級第一次検定，1級第二次検定，2級第一次・第二次検定の過去問題集も刊行しておりますので，本書と併用し，知識の定着や出題傾向の把握にお役立てください。

　ここに，本書の改訂に当たりご尽力いただいた関係各位に感謝いたしますとともに，本書を活用していただく受検者の皆様が資格を取得され，現場の施工管理を担う第一線の技術者として活躍されるよう心からお祈り申し上げます。

　令和7年1月

一般財団法人　地域開発研究所

本書で使用した単位記号とその名称

量	単位記号	単位の名称	主に使用される量記号
電気量（電荷）	C	クーロン	Q
電流・起磁力	A	アンペア	I
電位・電圧・起電力	V	ボルト	V または E
周波数	Hz	ヘルツ	f
電力・有効電力	W	ワット	P
皮相電力	V・A	ボルトアンペア	S
無効電力	var	バール	Q
電力量	J，W・h	ジュール，ワット時	W
電気抵抗			R
インピーダンス	Ω	オーム	Z
リアクタンス			X
コンダクタンス	S	ジーメンス	G
抵抗率	Ω・m	オームメートル	ρ
導電率	S/m	ジーメンス毎メートル	σ
静電容量	F	ファラッド	C
電界の強さ	V/m	ボルト毎メートル	E
電束	C	クーロン	ψ
電束密度	C/m²	クーロン毎平方メートル	D
誘電率	F/m	ファラッド毎メートル	ε
磁界の強さ	A/m	アンペア毎メートル	H
磁束	Wb	ウェーバ	ϕ
磁気抵抗	H⁻¹	毎ヘンリー	R_m
磁束密度	T	テスラ	B
インダクタンス	H	ヘンリー	L
透磁率	H/m	ヘンリー毎メートル	μ
力	N	ニュートン	F
圧力・応力	Pa	パスカル	P
波長	m	メートル	λ
放射エネルギー	J	ジュール	Q
立体角	sr	ステラジアン	ω
光束	lm	ルーメン	F
光度	cd	カンデラ	I
輝度	cd/m²	カンデラ毎平方メートル	L
照度	lx	ルクス	E
光束発散度	lm/m²	ルーメン毎平方メートル	M
発光効率	lm/W	ルーメン毎ワット	K
熱力学温度（色温度）	K	ケルビン	K
流量	m³/s	立方メートル毎秒	Q
回転速度	min⁻¹	毎分	N
位相差	rad	ラジアン	α

単位の 10 のべき数倍を表す接頭語の記号

倍数	接頭語	記号	倍数	接頭語	記号
10^{18}	エ ク サ	E	10^{-1}	デ シ	d
10^{15}	ペ タ	P	10^{-2}	セ ン チ	c
10^{12}	テ ラ	T	10^{-3}	ミ リ	m
10^{9}	ギ ガ	G	10^{-6}	マ イ ク ロ	μ
10^{6}	メ ガ	M	10^{-9}	ナ ノ	n
10^{3}	キ ロ	k	10^{-12}	ピ コ	p
10^{2}	ヘ ク ト	h	10^{-15}	フェム ト	f
10^{1}	デ カ	da	10^{-18}	ア ト	a

ギリシャ文字の読み方

大文字	小文字	発音	大文字	小文字	発音
〔A〕	α	alpha （アルファ）	〔N〕	ν	nu （ニュー）
〔B〕	β	beta （ベータ）	Ξ	ξ	xi （クサイ）
Γ	γ	gamma （ガンマ）	〔O〕	〔o〕	omicron（オミクロン）
Δ	δ	delta （デルタ）	Π	π	pi （パイ）
〔E〕	ε	epsilon （イプシロン）	〔P〕	ρ	rho （ロー）
〔Z〕	ζ	zeta （ジータ）	Σ	σ, ς	sigma （シグマ）
〔H〕	η	eta （イータ）	〔T〕	τ	tau （タウ）
Θ	θ, ϑ	theta （シータ）	Y	υ	upsilon （ウプシロン）
〔I〕	〔ι〕	iota （イオタ）	Φ	ϕ, φ	phi （ファイ）
〔K〕	κ	kappa （カッパ）	〔X〕	χ	khi, chi （カイ）
Λ	λ	lambda （ラムダ）	Ψ	ψ	psi （プサイ）
〔M〕	μ	mu （ミュー）	Ω	ω	omega （オメガ）

〔備考〕 〔 〕内はローマ字と区別できないのであまり使わない。

目　次

はじめに

本書で使用した単位記号とその名称

第1章　電気工学

第1節　電気理論 ………………………… 1

1. 電気数学 …………………………………… 1
2. 電気物理 …………………………………… 5
   - 2.1　電流・電圧・起電力 ……………… 5
   - 2.2　電気抵抗 ……………………………… 5
   - 2.3　電力と電流の熱作用 ……………… 7
   - 2.4　電気・熱・磁気その他の効果 …… 8
3. 電磁気 ……………………………………… 8
   - 3.1　磁気現象 ……………………………… 8
   - 3.2　電流による磁気作用 ………………11
   - 3.3　磁性体と磁気回路 …………………12
   - 3.4　電磁力と電流力 ……………………15
   - 3.5　電磁誘導現象 ………………………17
4. 静電気 ………………………………………23
   - 4.1　静電現象 ……………………………23
   - 4.2　平行平板電極 ………………………26
5. 電気回路 ……………………………………29
   - 5.1　直流回路 ……………………………29
   - 5.2　交流回路 ……………………………32
   - 5.3　交流基本回路 ………………………34
   - 5.4　交流基本回路(記号法) ……………37
     - (1)　直列回路 …………………………37
     - (2)　並列回路 …………………………38
   - 5.5　三相交流回路 ………………………41

第2節　電気計測 …………………………45

1. 計器の種類と特徴 ………………………45
2. 各種測定法 ………………………………46

第3節　電気機器と制御 …………………49

1. 自動制御 ……………………………………49
   - 1.1　自動制御の用語 ……………………49
   - 1.2　フィードバック制御 ………………51
   - 1.3　シーケンス制御 ……………………52
   - 1.4　ブロック線図と伝達関数 …………54
2. 電気機器 ……………………………………55
   - 2.1　変圧器 ………………………………55
   - 2.2　電動機 ………………………………64
     - 2.2.1　電動機一般 ……………………64
     - 2.2.2　誘導電動機 ……………………65
       - (1)　原理と構造 ………………………65
       - (2)　特性 ………………………………67
       - (3)　運転 ………………………………69
     - 2.2.3　同期電動機 ……………………74
       - (1)　運転 ………………………………74
       - (2)　種類 ………………………………75
     - 2.2.4　直流電動機 ……………………75
       - (1)　特性 ………………………………75
       - (2)　種類 ………………………………76
       - (3)　運転 ………………………………77
   - 2.3　発電機 ………………………………77
     - 2.3.1　誘導発電機 ……………………77
     - 2.3.2　同期発電機 ……………………78
       - (1)　構造 ………………………………78
       - (2)　特性 ………………………………79
       - (3)　種類 ………………………………81
       - (4)　運転 ………………………………83
     - 2.3.3　直流発電機 ……………………85
       - (1)　原理と特性 ………………………85
       - (2)　種類 ………………………………86
   - 2.4　進相コンデンサ ……………………87
   - 2.5　リアクトル …………………………90

第4節　電気応用 …………………………92

1. 照明 …………………………………………92
   - 1.1　照明用語と単位 ……………………92
   - 1.2　照明用光源の分類 …………………94
   - 1.3　LED照明 ……………………………94

1.4 その他の光源 ………………96
　(1) 白熱灯 ………………………96
　(2) 蛍光灯 ………………………96
　(3) HIDランプ …………………97
2. 電気化学 ………………………98
2.1 蓄電池 …………………………98
　(1) 蓄電池の原理 ………………98
　(2) 鉛蓄電池の特性 …………… 100
　(3) 各種蓄電池の比較 ………… 101
　(4) 据置鉛蓄電池（JIS 抜粋）……… 102
　(5) 据置ニッケル・カドミウムアルカリ
　　　蓄電池（JIS 抜粋）………… 103
　(6) 蓄電池の容量算出 ………… 103
2.2 金属の腐食と防食 ………… 104
2.3 金属の電解析出 …………… 105
3. 電気加熱 …………………… 105

第2章　電気設備等

第1節　発電設備 ………………… 109
1. 各種発電システムの比較 ………… 109
2. 水力発電 …………………………… 109
2.1 水力学 …………………………… 109
2.2 理論水力 ………………………… 111
2.3 水力発電所の種類 …………… 112
　(1) 構造による分類 …………… 112
　(2) 運用による分類 …………… 113
2.4 ダムの種類 …………………… 114
　(1) ダムの種類 ………………… 114
　(2) ダムの諸設備 ……………… 115
2.5 水車 …………………………… 115
　(1) 水車の種類 ………………… 115
　(2) 各種水車の特性 …………… 119
　(3) 水撃作用 …………………… 119
　(4) キャビテーション ………… 120
　(5) 水車の調速機 ……………… 120
　(6) 水車発電機 ………………… 121
2.6 揚水発電所 …………………… 121
2.7 水力発電の施工・試験 ……… 123
　(1) 水車と発電機の据付け ……… 123

　(2) 完成時の試験 ……………… 123
3. 火力発電 …………………………… 124
3.1 使用燃料の種類と特徴 ……… 124
3.2 火力発電所の環境対策 ……… 125
3.3 汽力発電所の構成 …………… 125
3.4 水管式ボイラの種類 ………… 127
3.5 制御方式 ……………………… 128
3.6 熱サイクル …………………… 129
　(1) 熱サイクル ………………… 129
　(2) 蒸気サイクルの種類 ……… 130
3.7 蒸気タービン ………………… 132
3.8 蒸気タービン発電 …………… 133
3.9 ガスタービン発電 …………… 135
3.10 燃料電池発電 ………………… 137
3.11 火力発電の施工・試験 ……… 138
　(1) 蒸気タービンとガスタービンの
　　　据付け …………………… 138
　(2) 発電機の据付け …………… 138
　(3) 発電機の総合試運転 ……… 139
4. 再生可能エネルギー発電 ………… 139
4.1 太陽光発電 …………………… 139
4.2 風力発電 ……………………… 143
5. 原子力発電 ………………………… 145
　(1) 原子炉の種類 ……………… 145
　(2) 原子炉の構成材料 ………… 146

第2節　変電設備 ………………… 147
1. 変電所 ……………………………… 147
2. 機器 ………………………………… 148
2.1 変圧器 ………………………… 148
　(1) 概要 ………………………… 148
　(2) 変圧器のインピーダンス …… 151
　(3) 変圧器の保護 ……………… 152
　(4) 変圧器の保護継電器 ……… 152
2.2 開閉装置 ……………………… 153
　(1) 遮断器 ……………………… 153
　(2) 断路器および接地開閉器 …… 156
2.3 調相機器 ……………………… 157
　(1) 種類 ………………………… 157
　(2) 調相機器の比較 …………… 158

<table>
<tr><td>3. 母線 ………………………………… 158</td><td>用語の定義 ………………………… 186</td></tr>
<tr><td>(1) 方式 ……………………………… 158</td><td>(2) 分散型電源の系統連系設備に係る</td></tr>
<tr><td>(2) 母線の保護 …………………… 159</td><td>施設 ……………………………… 186</td></tr>
<tr><td>(3) 計器用変成器 ………………… 160</td><td>(3) 分散型電源の低圧連系 ………… 187</td></tr>
<tr><td>(4) 保護継電器 …………………… 160</td><td>(4) 分散型電源の高圧連系 ………… 187</td></tr>
<tr><td>(5) 避雷器 ………………………… 161</td><td>(5) 分散型電源の特別高圧連系 …… 188</td></tr>
<tr><td>4. GIS（ガス絶縁開閉装置）変電所 …… 163</td><td>3. 架空送電線路 ……………………… 188</td></tr>
<tr><td>5. 変電所の諸対策 …………………… 163</td><td>3.1 架空送電線 ……………………… 188</td></tr>
<tr><td>6. 変電所の施工・試験 ……………… 164</td><td>(1) 電線 …………………………… 188</td></tr>
<tr><td>(1) 屋外変電所の離隔距離 ………… 164</td><td>(2) 架空地線 ……………………… 190</td></tr>
<tr><td>(2) 変電所の施工 ………………… 165</td><td>(3) 導体方式 ……………………… 191</td></tr>
<tr><td>(3) 接地抵抗試験 ………………… 165</td><td>(4) 架空電線のたるみと実長 ……… 191</td></tr>
<tr><td></td><td>(5) 電線付属品 …………………… 193</td></tr>
<tr><td>第3節 送配電設備 ……………………… 167</td><td>(6) がいし ………………………… 195</td></tr>
<tr><td>1. 電力系統 …………………………… 167</td><td>(7) がいし装置 …………………… 196</td></tr>
<tr><td>1.1 系統 ……………………………… 167</td><td>(8) 支持物 ………………………… 197</td></tr>
<tr><td>(1) 構成 …………………………… 167</td><td>(9) 風圧荷重 ……………………… 198</td></tr>
<tr><td>(2) 基本形 ………………………… 167</td><td>(10) ねん架 ……………………… 199</td></tr>
<tr><td>(3) 系統連系 ……………………… 168</td><td>(11) 電線の配列 ………………… 199</td></tr>
<tr><td>1.2 電力系統の供給信頼度と運用 …… 169</td><td>3.2 再閉路方式 ……………………… 200</td></tr>
<tr><td>1.3 系統の諸特性 …………………… 171</td><td>(1) 再閉路を行う線路数による分類</td></tr>
<tr><td>1.4 電圧調整と周波数制御 ………… 175</td><td>………………………………… 200</td></tr>
<tr><td>(1) 電圧変動と調整 ……………… 175</td><td>(2) 再閉路までの時間による分類 … 200</td></tr>
<tr><td>(2) 周波数制御 …………………… 176</td><td>(3) 再閉路と絶縁 ………………… 200</td></tr>
<tr><td>2. 送電設備 …………………………… 177</td><td>4. 地中送電線路 ……………………… 201</td></tr>
<tr><td>2.1 電気方式 ………………………… 177</td><td>(1) 概要 …………………………… 201</td></tr>
<tr><td>(1) 交流と直流 …………………… 177</td><td>(2) ケーブル ……………………… 201</td></tr>
<tr><td>(2) 送電電圧 ……………………… 178</td><td>(3) 施設方式 ……………………… 203</td></tr>
<tr><td>(3) 線路定数 ……………………… 178</td><td>5. 送電線路に起こる諸現象 ………… 204</td></tr>
<tr><td>2.2 中性点接地方式 ………………… 180</td><td>6. 送電線路の事故点（故障点）の測定… 208</td></tr>
<tr><td>2.3 保護リレーシステム …………… 182</td><td>(1) 架空送電線路の事故点の検知法</td></tr>
<tr><td>(1) 保護リレー …………………… 182</td><td>………………………………… 208</td></tr>
<tr><td>(2) 主保護と後備保護 …………… 182</td><td>(2) 地中送電線路の事故点の検知法</td></tr>
<tr><td>(3) 自端子の電気情報（電流や電圧）</td><td>………………………………… 209</td></tr>
<tr><td>だけを用いる保護方式 ………… 183</td><td>(3) 地中ケーブルの絶縁劣化測定法</td></tr>
<tr><td>(4) パイロットリレー（継電）方式 … 183</td><td>………………………………… 210</td></tr>
<tr><td>(5) 事故波及防止保護リレー（継電）</td><td>7. 送電線の施工 ……………………… 211</td></tr>
<tr><td>システム ……………………… 184</td><td>7.1 鉄塔 ……………………………… 211</td></tr>
<tr><td>2.4 分散型電源の系統連系設備 ……… 185</td><td>(1) 鉄塔基礎の種類 ……………… 211</td></tr>
<tr><td>(1) 分散型電源の系統連系設備に係る</td><td>(2) 鉄塔の組立工法 ……………… 211</td></tr>
</table>

7.2 送電線 ……………………… 212		
(1) 架空送電線の延線工事 ……… 212		
(2) 架空送電線の緊線工事 ……… 213		
(3) 架線の緊線弛度測定 ……… 215		
(4) 地中送電線路の管路埋設工法 … 216		
8. 配電設備 …………………………… 217		
8.1 配電線路 ……………………… 217		
(1) 概要 …………………………… 217		
(2) 配電電圧 ……………………… 217		
(3) 特別高圧，高圧配電線路 ……… 219		
(4) 低圧配電線路 ………………… 220		
8.2 配電線保護方式 ……………… 221		
(1) 継電器類 ……………………… 221		
(2) 保護保安装置 ………………… 221		
8.3 配電線の施工 ………………… 222		
8.3.1 架空配電線路 ……………… 222		
(1) 架空電線の共通事項 ………… 222		
(2) 低圧引込線 …………………… 224		
(3) 高圧引込線 …………………… 224		
(4) 保安工事 ……………………… 225		
(5) 支持物 ………………………… 225		
(6) 支線 …………………………… 226		
(7) 電線 …………………………… 228		
(8) がいし類 ……………………… 229		
(9) 高圧電線の架線 ……………… 230		
8.3.2 地中配電線路 ……………… 230		
8.4 諸計算式 ……………………… 230		
(1) 電気方式による各種比較 ……… 230		
(2) 電圧降下計算 ………………… 231		
(3) %インピーダンスを用いた		
短絡電流・短絡容量の計算 ……… 233		
(4) 需要家における力率改善		
（調相設備） ………………… 236		

第4節　構内電気設備 ………… 238

1. 共通事項 ………………………… 238
   1.1 電気設備の用語 ……………… 238
   1.2 電圧 ……………………………… 239
   1.3 電線・ケーブル類 …………… 243
   1.4 省エネルギー対策 …………… 245

1.5 耐震施工 ……………………… 245
   (1) 耐震規定 ……………………… 245
   (2) 対象機器 ……………………… 246
1.6 配線用図記号 ………………… 247
2. 屋内・屋側電路 ………………… 249
   2.1 低圧屋内配線 ………………… 249
   (1) 低圧屋内配線（電技解釈）……… 249
   (2) 低圧屋内配線（内線規程）……… 258
   2.2 低圧屋側電線路 ……………… 265
   2.3 高圧屋内配線 ………………… 266
   2.4 低圧幹線 ……………………… 266
   (1) 低圧幹線の施設 ……………… 266
   (2) 電圧降下 ……………………… 269
3. 構内地中電線路 ………………… 270
   3.1 地中電線路 …………………… 270
   3.2 管路式の施工 ………………… 272
4. 接地 ……………………………… 277
   4.1 接地工事 ……………………… 277
   4.2 接地工事の細目 ……………… 280
5. 電灯設備 ………………………… 281
   5.1 照明設備 ……………………… 281
   (1) 照明設計 ……………………… 281
   (2) 照明方式 ……………………… 283
   (3) 逐点法による照度計算 ……… 283
   (4) 光束法による照度計算 ……… 284
   5.2 コンセント設備 ……………… 286
   5.3 電灯設備の分岐回路 ………… 287
   5.4 施工 …………………………… 290
6. 動力設備 ………………………… 291
   6.1 電動機 ………………………… 291
   6.2 動力設備の分岐回路 ………… 292
   (1) 分岐回路（電技解釈）………… 292
   (2) 分岐回路（内線規程）………… 293
   (3) 低圧進相用コンデンサ，手元開
       閉器（内線規程）…………… 293
   6.3 運転制御 ……………………… 294
   6.4 施工 …………………………… 295
7. 電熱設備 ………………………… 297
8. 雷保護設備 ……………………… 299
   8.1 適用範囲と構成 ……………… 299

8.2 外部雷保護システム ……………… 300

8.3 引下げ導線 ……………………… 302

8.4 接地極 …………………………… 303

8.5 内部雷保護システム ……………… 305

9. 受変電設備 …………………………… 307

9.1 一般事項 ………………………… 307

(1) 図記号および器具番号 ………… 307

(2) 各種算定式 ……………………… 311

9.2 受電方式 ………………………… 311

(1) 受電方式の種別 ………………… 311

9.3 短絡電流の計算 ………………… 314

9.4 協調 ……………………………… 315

9.5 高圧受電設備 [高圧受電設備規程等]

…………………………………… 317

(1) 主要機器類 ……………………… 317

(2) 受電室の機器配置 ……………… 323

(3) 屋外に施設する受電設備 ……… 324

9.6 キュービクル式高圧受電設備

(JIS C 4620) …………………… 325

10. 自家発電設備 ………………………… 337

10.1 内燃機関とガスタービン ……… 337

(1) 原動機 …………………………… 337

(2) 発電機 …………………………… 339

(3) 発電設備の出力算定 …………… 340

(4) 冷却方式 ………………………… 341

(5) 補機 ……………………………… 342

(6) キュービクル式自家発電設備の

基準 ……………………………… 343

(7) 施工 ……………………………… 343

10.2 コージェネレーションシステム

(CGS) …………………………… 345

11. 静止形電源設備 ……………………… 348

11.1 直流電源装置 …………………… 348

(1) 整流装置 ………………………… 348

(2) 充電方式 ………………………… 348

(3) 保護装置 ………………………… 349

(4) 蓄電池設備の保有距離 ………… 349

11.2 交流無停電電源装置 (UPS) ……… 350

(1) 概要 ……………………………… 350

(2) 給電方式 ………………………… 351

12. 中央監視制御設備 …………………… 353

(1) 概要 ……………………………… 353

(2) 入出力条件と機能 ……………… 353

13. 電力設備の検査・試験 ……………… 355

13.1 施工中の検査・試験 …………… 355

13.2 完成時の検査 …………………… 356

13.3 現場における試験方法 ………… 357

第5節　防災設備 ……………………… 363

1. 法令による防災設備 ………………… 363

2. 防災電源 ……………………………… 364

(1) 防災設備と電源 ………………… 364

(2) 防災電源の種類 ………………… 365

3. 非常用の照明装置 …………………… 366

(1) 概要 ……………………………… 366

(2) 設置規定 ………………………… 366

(3) 照明装置 ………………………… 367

(4) 電源 ……………………………… 367

(5) 配線 ……………………………… 368

(6) 関係告示 ………………………… 368

4. 自動火災報知設備 …………………… 371

(1) 概要 ……………………………… 371

(2) 設置規定 ………………………… 371

(3) 受信機 …………………………… 375

(4) 感知器 …………………………… 377

(5) 発信機 …………………………… 378

(6) 設計 ……………………………… 379

(7) 機器の取付け …………………… 382

(8) 配線 ……………………………… 383

5. ガス漏れ火災警報設備 ……………… 384

(1) 概要 ……………………………… 384

(2) 設置規定 ………………………… 384

(3) 機器の取付け …………………… 385

6. 非常警報設備 ………………………… 385

(1) 概要 ……………………………… 385

(2) 設置規定 ………………………… 385

(3) 機器の取付け …………………… 386

7. 誘導灯設備 …………………………… 387

(1) 概要 ……………………………… 387

(2) 区分 ……………………………… 387

（3） 設置規定 ……………………… 387
（4） 有効範囲 ……………………… 389
（5） 構造・性能 …………………… 389
（6） 機器の取付け ………………… 391
（7） 電源 …………………………… 392

8. 非常コンセント設備 ……………… 393
（1） 概要 …………………………… 393
（2） 設置規定 ……………………… 393

9. 漏電火災警報器 …………………… 393
（1） 概要 …………………………… 393
（2） 設置規定 ……………………… 394

10. 無線通信補助設備 ………………… 394
（1） 概要 …………………………… 394
（2） 設置規定 ……………………… 394

11. 非常用の進入口灯 ………………… 394
（1） 概要 …………………………… 394
（2） 設置規定 ……………………… 394

12. 自動閉鎖装置 ……………………… 395
（1） 概要 …………………………… 395
（2） 設置規定 ……………………… 395

13. 排煙設備 …………………………… 395
（1） 概要 …………………………… 395
（2） 設置規定 ……………………… 396

第6節　構内通信・情報設備 …………… 397

1. 共通事項 …………………………… 397
1.1 配線用図記号 …………………… 397
1.2 光ファイバケーブル …………… 399

2. LAN設備 …………………………… 403
（1） ネットワークトポロジー
（Topology） ………………………… 403
（2） アクセス方式 ………………… 404
（3） 伝送方式 ……………………… 405
（4） 各種 LAN の規格 …………… 406
（5） プロトコル …………………… 407
（6） LANの構成と機器類 ………… 410

3. 構内交換設備 ……………………… 412
（1） 交換装置 ……………………… 412
（2） 局線応答方式 ………………… 413
（3） 電話配線 ……………………… 413

4. 拡声設備 …………………………… 413
（1） 概要 …………………………… 413
（2） 増幅器 ………………………… 413
（3） マイクロホン ………………… 414
（4） スピーカ ……………………… 415
（5） 機器の取付けなど …………… 418

5. テレビ共同受信設備 ……………… 419
（1） 地上波共同受信システム ……… 419
（2） 4K8K 衛星放送 ……………… 419
（3） 用語の定義 …………………… 420
（4） 受信システム ………………… 420
（5） 機器の取付けなど …………… 421

6. インターホン設備 ………………… 423

7. 監視カメラ設備 …………………… 424

8. 駐車場車路管制設備 ……………… 425

9. 防犯設備 …………………………… 426

10. マイクロ波無線通信 ……………… 427

11. 高速電力線通信 …………………… 429

12. 有線電気通信設備令の架空線路 …… 429

13. 構内通信・情報設備の検査・試験 … 431
（1） 施工中の検査・試験 ………… 431
（2） 完成時の検査 ………………… 431

第7節　電気鉄道 …………………………… 432

1. 電気鉄道 …………………………… 432
1.1 き電回路 ………………………… 432
（1） 電気鉄道の特徴と電気供給方式 … 432
（2） 交流方式と直流方式 ………… 432
（3） 直流き電回路 ………………… 435
（4） 交流き電回路 ………………… 436
（5） き電回路の保護 ……………… 439

1.2 電車線路 ………………………… 440
（1） 電車線路の基本 ……………… 440
（2） 電車線路の集電方式による分類 … 440
（3） 電車線の構成 ………………… 443
（4） 架線特性 ……………………… 448

1.3 鉄道信号 ………………………… 451

1.4 列車制御装置 …………………… 455

2. 鉄道土木 …………………………… 457
2.1 車両限界と建築限界 …………… 457

2.2	線路 ………………………	457
2.3	線形 ………………………	458
2.4	軌道構造 …………………	459
2.5	鉄道トンネルの掘削工法 …………	463

第8節 道路・トンネル照明 ……… 464

1. 道路照明 ………………………… 464
   - (1) 道路照明設計の基本 ………… 464
   - (2) 道路照明設計 ………………… 464
2. トンネル照明 …………………… 468
   - (1) トンネル照明の構成 ………… 468
   - (2) トンネル照明方式の選定 …… 469

第9節 交通信号 …………………… 471

1. 交通信号機 ……………………… 471
   - (1) 交通信号 ……………………… 471
2. 信号制御 ………………………… 472
   - (1) 信号制御の要素 ……………… 472
   - (2) 特殊な制御 …………………… 474
   - (3) 車両感知器 …………………… 475

第10節 関連分野 ………………… 476

1. 機械設備 ………………………… 476
   - 1.1 換気設備 …………………… 476
     - (1) 自然換気 …………………… 476
     - (2) 機械換気 …………………… 476
     - (3) 機械換気の留意事項 ……… 477
   - 1.2 空気調和設備 ……………… 478
     - (1) 熱負荷 ……………………… 478
     - (2) 空気調和方式 ……………… 479
     - (3) 空気熱源ヒートポンプパッケージ方式 ………………… 482
     - (4) 省エネルギー対策 ………… 483
   - 1.3 給水設備 …………………… 485
     - (1) 給水方式 …………………… 485
     - (2) 受水タンク ………………… 487
     - (3) 高置タンク ………………… 489
     - (4) 水汚染 ……………………… 489
     - (5) 給水設備に発生する現象 …… 490
   - 1.4 排水・通気設備 …………… 491

(1)	排水設備 ……………………	491
(2)	通気管 ………………………	492
(3)	雨水排水設備 ………………	492

   - 1.5 空気調和設備，給排水設備の機器 … 493
     - (1) 空気調和設備機器 ………… 493
     - (2) 給排水設備機器 …………… 494
2. 土木 ……………………………… 495
   - 2.1 土質調査 …………………… 495
   - 2.2 土工事 ……………………… 499
     - (1) 掘削工事 …………………… 499
     - (2) 土留め ……………………… 500
     - (3) 土留め壁 …………………… 501
     - (4) 土留め掘削工法 …………… 503
     - (5) 掘削工事の諸現象 ………… 505
     - (6) 盛土工事 …………………… 506
   - 2.3 排水工事 …………………… 506
     - (1) 排水工法 …………………… 506
     - (2) 排水工法の種類 …………… 506
   - 2.4 基礎工事 …………………… 507
   - 2.5 舗装工事 …………………… 508
     - (1) アスファルト舗装 ………… 508
     - (2) コンクリート舗装 ………… 508
   - 2.6 建設機械 …………………… 509
     - (1) トラクタおよびブルドーザ …… 509
     - (2) スクレーパ ………………… 509
     - (3) ショベル系掘削機械 ……… 509
     - (4) 運搬機械 …………………… 510
     - (5) クレーン …………………… 510
     - (6) 締固め機械 ………………… 511
     - (7) 建設機械の作業別用途 ……… 513
3. 測量 ……………………………… 514
   - 3.1 測量の用語 ………………… 514
   - 3.2 測量の種類 ………………… 515
     - (1) 三角測量 …………………… 515
     - (2) 距離測量 …………………… 515
     - (3) 平板測量 …………………… 515
     - (4) 水準測量（高低測量） …… 516
     - (5) スタジア測量 ……………… 516
     - (6) トラバース測量（多角測量） …… 517
   - 3.3 水準測量の誤差と精度向上対策 … 517

（1）　誤差 ……………………………… 517

　　（2）　誤差原因と対策 ………………… 518

　4.　建築 ………………………………… 518

　4.1　建築物の基礎 …………………… 518

　4.2　建築構造の概要 ………………… 519

　　（1）　構造材種による分類 …………… 519

　　（2）　構造形式による分類 …………… 519

　4.3　鉄筋コンクリート造（RC 造）…… 520

　　（1）　コンクリートに関する用語 …… 520

　　（2）　鉄筋とコンクリート …………… 521

　　（3）　配筋 ……………………………… 522

　　（4）　鉄筋とコンクリートの関係 …… 523

　　（5）　コンクリートの打設 …………… 524

　　（6）　梁貫通孔・壁開口・耐力壁 …… 525

　4.4　鉄骨造（S 造）…………………… 525

　　（1）　鉄骨造 ……………………………… 525

　　（2）　構造形式 ………………………… 526

　　（3）　層間変形角，梁の継手 ………… 527

　　（4）　鋼材と役割 ……………………… 527

　　（5）　鋼材の接合 ……………………… 528

　　（6）　溶接欠陥 ………………………… 528

　4.5　鉄骨鉄筋コンクリート造（SRC 造）

　　　　………………………………………… 530

　4.6　内装（金属）……………………… 531

第 3 章　施工管理法

第 1 節　施工管理 ……………………… 533

　1.　施工管理 ………………………………… 533

第 2 節　施工計画 ……………………… 535

　1.　事前確認 ……………………………… 535

　　（1）　基本的な流れ …………………… 535

　　（2）　契約内容の把握 ………………… 535

　　（3）　工事現場および周辺状況の調査

　　　　………………………………………… 536

　2.　着工準備 ……………………………… 538

　　（1）　着工準備 ………………………… 538

　　（2）　下請業者 ………………………… 539

　　（3）　労務計画 ………………………… 540

　　（4）　機材計画 ………………………… 540

　　（5）　実行予算の編成 ………………… 540

　3.　基本計画 ……………………………… 542

　　（1）　総合施工計画書の概要 ………… 542

　　（2）　総合施工計画書の記載事項 …… 542

　　（3）　総合仮設計画（総合仮設計画図）

　　　　………………………………………… 543

　　（4）　工程管理（総合工程表）………… 546

　　（5）　品質管理 ………………………… 546

　　（6）　安全衛生管理計画 ……………… 547

　　（7）　環境保全管理計画 ……………… 548

　4.　実施計画 ……………………………… 549

　　（1）　工種別施工計画書（施工要領書）

　　　　………………………………………… 549

　　（2）　施工図 …………………………… 551

　　（3）　工程管理（実施工程表）……… 552

　　（4）　機材管理 ………………………… 552

　　（5）　労務管理 ………………………… 553

　5.　検査 …………………………………… 554

　　（1）　一般事項 ………………………… 554

　　（2）　施工中の検査 …………………… 554

　　（3）　竣工（完成）検査 ……………… 555

第 3 節　工程管理 ……………………… 556

　1.　一般事項 ……………………………… 556

　　（1）　基本事項 ………………………… 556

　　（2）　施工速度と原価 ………………… 556

　　（3）　損益分岐 ………………………… 557

　　（4）　進度管理（バーチャート工程表

　　　　の場合）……………………………… 558

　2.　各種工程表 …………………………… 559

　　（1）　工程表の種類 …………………… 559

　　（2）　ガントチャート工程表 ………… 560

　　（3）　バーチャート工程表 …………… 560

　　（4）　タクト工程表 …………………… 561

　　（5）　ネットワーク工程表 …………… 562

　　（6）　各種工程表の比較 ……………… 563

　3.　ネットワーク手法（アロー形）……… 563

　3.1　基本事項 …………………………… 563

　　（1）　表示の仕組み …………………… 563

（2）基本用語 …………………… 564

　　（3）基本ルール ………………… 565

　3.2　管理手法 ……………………… 566

　　（1）作業開始時刻と完了時刻 …… 566

　　（2）フロート（余裕時間）……… 568

　　（3）クリティカルパス ………… 570

　　（4）日程短縮 …………………… 571

　　（5）フォローアップ …………… 573

　　（6）配員計画 …………………… 574

　　（7）アロー形ネットワーク用語の
　　　　まとめ ……………………… 576

第4節　品質管理 ………………… 577

　1.　一般事項 ………………………… 577

　　（1）品質と品質管理 …………… 577

　　（2）管理手法 …………………… 577

　2.　建設業とISO ……………………… 578

　　（1）ISOとIEC ………………… 578

　　（2）ISO 9000 ファミリー規格と概要
　　　　 …………………………………… 578

　　（3）基本用語：JIS Q 9000（ISO 9000）
　　　　 …………………………………… 580

　3.　データ整理の方法 ……………… 581

　　（1）パレート図 ………………… 581

　　（2）特性要因図 ………………… 582

　　（3）ヒストグラム ……………… 582

　　（4）チェックシート …………… 583

　　（5）グラフ ……………………… 584

　　（6）管理図 ……………………… 584

　　（7）散布図 ……………………… 586

　　（8）層別 ………………………… 587

　4.　統計管理用語と統計量の計算 …… 587

第5節　安全管理 ………………… 590

　1.　労働災害の用語 ………………… 590

　　（1）強度率 ……………………… 590

　　（2）年千人率 …………………… 590

　　（3）度数率 ……………………… 590

　2.　安全管理の要領 ………………… 591

　　（1）安全管理の進め方 ………… 591

　　（2）安全衛生活動 ……………… 592

第4章　法規

第1節　建設業・契約関係法令 ………… 595

　1.　建設業法 ………………………… 595

　　（1）総則 ………………………… 595

　　（2）建設業の許可 ……………… 595

　　（3）建設工事の請負契約 ……… 606

　　（4）施工技術の確保 …………… 618

　　（5）監督 ………………………… 624

　　（6）雑則 ………………………… 625

　〈参考〉建設業法（令和6年公布）……… 628

　2.　公共工事標準請負契約約款 ………… 634

第2節　電気関係法令 ……………… 656

　1.　電気事業法 ……………………… 656

　　（1）総則 ………………………… 656

　　（2）電気事業 …………………… 659

　　（3）電気工作物 ………………… 660

　　（4）雑則 ………………………… 674

　2.　電気用品安全法 ………………… 677

　　（1）総則 ………………………… 677

　　（2）事業の届出等 ……………… 679

　　（3）電気用品の適合性検査等 ……… 679

　3.　電気工事士法 …………………… 682

　4.　電気工事業の業務の適正化に関する
　　　法律 …………………………… 689

　　（1）総則 ………………………… 689

　　（2）登録等 ……………………… 690

　　（3）業務 ………………………… 692

　　（4）雑則 ………………………… 694

第3節　建築関係法令 ……………… 696

　1.　建築基準法 ……………………… 696

　　（1）総則 ………………………… 696

　　（2）建築設備 …………………… 701

　2.　建築士法 ………………………… 703

　　（1）総則 ………………………… 703

　　（2）免許等 ……………………… 705

（3）	業務 …………………………	707
3.	消防法 …………………………	709
（1）	総則 …………………………	709
（2）	火災の予防 …………………	709
（3）	危険物 ………………………	710
（4）	消防の設備等 ………………	711

第4節　労働関係法令 ……………… 719

1.	労働基準法 ……………………	719
（1）	総則 …………………………	719
（2）	労働契約 ……………………	719
（3）	賃金 …………………………	721
（4）	労働時間，休憩，休日及び 年次有給休暇 ………………	722
（5）	年少者 ………………………	723
（6）	災害補償 ……………………	725
（7）	就業規則 ……………………	726
（8）	雑則 …………………………	727
2.	労働安全衛生法 ………………	728
（1）	総則 …………………………	728
（2）	安全衛生管理体制 …………	729
（3）	労働者の危険又は健康障害を 防止するための措置 ………	749
（4）	労働者の就業に当たっての措置 …………………………	754
（5）	健康の保持増進のための措置 …	757
（6）	報告書等 ……………………	758
（7）	高所作業車 …………………	760
（8）	危険物等の取扱い等 ………	764
（9）	電気による危険の防止 ……	764
（10）	明り掘削作業における危険の防止 …………………………	772
（11）	墜落，飛来崩壊等による危険 の防止 ………………………	774
（12）	通路等 ………………………	777
（13）	足場 …………………………	778
（14）	照明 …………………………	783
（15）	クレーン等安全規則 ………	784
（16）	酸素欠乏症等防止規則 ……	790

第5節　その他の関係法令 …………… 795

1.	資源・副産物，廃棄物関係法令 ……	795
1.1	建設工事に係る資材の再資源化等 に関する法律 ………………	795
（1）	総則 …………………………	795
（2）	基本方針等 …………………	796
（3）	分別解体等の実施 …………	796
（4）	再資源化等の実施 …………	799
（5）	雑則 …………………………	800
1.2	廃棄物の処理及び清掃に関する法律 …………………………	800
（1）	総則 …………………………	800
（2）	産業廃棄物 …………………	803
（3）	雑則 …………………………	810
1.3	資源の有効な利用の促進に関する 法律 …………………………	810
（1）	総則 …………………………	810
（2）	基本方針等 …………………	811
2.	環境関係法令 …………………	812
2.1	大気汚染防止法 ……………	812
（1）	総則 …………………………	812
（2）	ばい煙の排出の規制等 ……	813
2.2	騒音規制法 …………………	813
（1）	総則 …………………………	813
（2）	特定建設作業に関する規制 ……	814
3.	省エネ関係法令 ………………	815
3.1	建築物のエネルギー消費性能の 向上等に関する法律 ………	815
（1）	総則 …………………………	815
（2）	基本方針等 …………………	816
3.2	エネルギーの使用の合理化及び 非化石エネルギーへの転換等に 関する法律 …………………	816
（1）	総則 …………………………	816
（2）	機械器具に係る措置 ………	817

第 1 章 電気工学

第 1 節 電気理論

1. 電気数学

　電気工学などの計算問題を解くためには，数学の知識が必須となる。初学者または久しぶりに電気工学を学習する方は，計算問題の理解度を効率的に高めるために数学の基本公式を理解することが重要である。

1) 分数

$$\frac{a}{c} \pm \frac{b}{c} = \frac{a \pm b}{c}, \quad \frac{a}{b} \pm \frac{c}{d} = \frac{ad \pm bc}{bd}, \quad \frac{a}{b} = \frac{ac}{bc}$$

$$\frac{b}{a} \times \frac{d}{c} = \frac{bd}{ac}$$

$$\frac{b}{a} \div \frac{d}{c} = \frac{\dfrac{b}{a}}{\dfrac{d}{c}} = \frac{b}{a} \times \frac{c}{d} = \frac{bc}{ad}$$

2) 展開式

$$(a+b)^2 = a^2 + 2ab + b^2$$
$$(a-b)^2 = a^2 - 2ab + b^2$$
$$(a+b)(a-b) = a^2 - b^2$$

3) 平方根

$$(\sqrt{a})^2 = \sqrt{a^2} = a$$
$$\sqrt{ab} = \sqrt{a} \times \sqrt{b}$$
$$\sqrt{\frac{a}{b}} = \frac{\sqrt{a}}{\sqrt{b}}$$

4) 二次方程式

$ax^2 + bx + c = 0$ において，a, b, c は実数，$a \neq 0$ なら

$$x = \frac{-b \pm \sqrt{b^2 - 4ac}}{2a}$$

判別式 $D = b^2 - 4ac$

① $D > 0$ ならば，2根は異なる実数

② $D = 0$ ならば，2根は等しい実数（重根）

③ $D < 0$ ならば，2根は異なる虚数

5) 最大・最小定理

① 最大定理　2つの整数があって，その2つの数の和が一定（定数）であれば，その2つの数が等しいときに2つの数の積は最大になる。

$x + y = $ 一定ならば，xy は $x = y$ のとき最大となる。

② 最小定理　2つの整数があって，その2つの数の積が一定（定数）であれば，その2つの数が等しいときに，2つの数の和は最小になる。

$xy = $ 一定ならば，$x + y$ は，$x = y$ のとき最小となる。

6) 二次関数とグラフ

一般式　$y = ax^2 + bx + c$　　（a, b, c は定数）

$$= a\left(x + \frac{b}{2a}\right)^2 - \frac{b^2 - 4ac}{4a}$$

ただし，軸：$x = -\dfrac{b}{2a}$，

頂点：$\left(-\dfrac{b}{2a},\ -\dfrac{b^2-4ac}{4a}\right)$ の放物線である。

$y = ax^2 + bx + c$ のグラフは，$y = ax^2$ のグラフ（原点を通り，y 軸に対称な放物線）を

x 軸方向に $-\dfrac{b}{2a}$，y 軸方向に $-\dfrac{b^2-4ac}{4a}$ だけ平行移動した放物線である（**図 1.1.1**）。

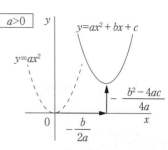

図 1.1.1　二次関数

7) 円とグラフ

一般式　$(x-a)^2 + (y-b)^2 = r^2$

ただし，中心点：(a, b)，半径 r の円

$(x-a)^2 + (y-b)^2 = r^2$ のグラフは，$x^2 + y^2 = r^2$ のグラフ（中心点が原点で半径 r の円）を x 軸方向に a，y 軸方向に b だけ平行移動した円である（**図 1.1.2**）。

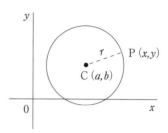

図 1.1.2　円

8) 円

円周の長さ　$l = 2\pi r = \pi d$

ただし，r：半径，d：直径，π：円周率（≒3.14）

円の面積　$S = \pi r^2 = \pi d^2/4$

円弧の長さ　$l = \theta r$ （θ：中心角 [rad]）

扇形の弧の長さは，次式で求められる。

$$l = 円周の長さ \times \dfrac{\theta\ [°]}{360\ [°]} = 2\pi r \times \dfrac{\theta\ [°]}{360\ [°]}$$

9) 球

表面積　$S = 4\pi r^2 = \pi d^2$

体積　$V = \dfrac{4\pi r^3}{3}$

10) 三角形

三角形の内角の総和は　$2\angle R = 180\ [°]$

三角形の外角は，これと隣り合わない2つの内角の和に等しい（**図 1.1.3**）。

$\angle ACD = \angle A + \angle B$

直角三角形の場合（三平方の定理：ピタゴラスの定理）

$a^2 = b^2 + c^2$

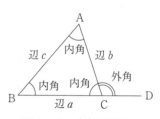

図 1.1.3　内角の総和

11) 三角関数

① 基本式（**図 1.1.4**，**図 1.1.5**）

正接：$\tan\theta = \dfrac{高さ}{底辺} = \dfrac{a}{c}$

正弦：$\sin\theta = \dfrac{高さ}{斜辺} = \dfrac{a}{b}$

余弦：$\cos\theta = \dfrac{底辺}{斜辺} = \dfrac{c}{b}$

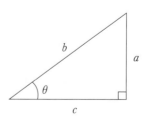

図 1.1.4　三平方の定理

第1節　電気理論

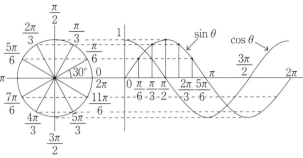

θ	0	$\pi/6$	$\pi/4$	$\pi/3$	$\pi/2$
$\sin\theta$	0	$1/2$	$1/\sqrt{2}$	$\sqrt{3}/2$	1
$\cos\theta$	1	$\sqrt{3}/2$	$1/\sqrt{2}$	$1/2$	0
$\tan\theta$	0	$1/\sqrt{3}$	1	$\sqrt{3}$	∞

図 1.1.5　弧度法による正接, 正弦, 余弦の値

$\sin(-\theta) = -\sin\theta \qquad \sin(\pi-\theta) = \sin\theta \qquad \sin(\pi+\theta) = -\sin\theta$
$\cos(-\theta) = \cos\theta \qquad \cos(\pi-\theta) = -\cos\theta \qquad \cos(\pi+\theta) = -\cos\theta$
$\tan(-\theta) = -\tan\theta \qquad \tan(\pi-\theta) = -\tan\theta \qquad \tan(\pi+\theta) = \tan\theta$
$\sin^2\theta + \cos^2\theta = 1, \quad \sin\theta = \sqrt{1-\cos^2\theta}, \quad \cos\theta = \sqrt{1-\sin^2\theta}$

$\tan\theta = \dfrac{\sin\theta}{\cos\theta}$

② 余弦定理（図 1.1.6）

2つの辺の長さと, その2つの辺が挟む角がわかっているとき, 他の辺の長さを求めることができる。

$a^2 = b^2 + c^2 - 2bc\cos\angle A$
$b^2 = c^2 + a^2 - 2ca\cos\angle B$
$c^2 = a^2 + b^2 - 2ab\cos\angle C$

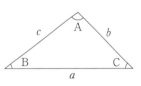

図 1.1.6　余弦定理

③ 加法定理

$\sin(\alpha+\beta) = \sin\alpha\cos\beta + \cos\alpha\sin\beta$
$\sin(\alpha-\beta) = \sin\alpha\cos\beta - \cos\alpha\sin\beta$
$\cos(\alpha+\beta) = \cos\alpha\cos\beta - \sin\alpha\sin\beta$
$\cos(\alpha-\beta) = \cos\alpha\cos\beta + \sin\alpha\sin\beta$

$\tan(\alpha+\beta) = \dfrac{\tan\alpha + \tan\beta}{1 - \tan\alpha\tan\beta}$

$\tan(\alpha-\beta) = \dfrac{\tan\alpha - \tan\beta}{1 + \tan\alpha\tan\beta}$

12）指数

$a^0 = 1, \quad a^1 = a, \quad a^n = a \times a \times \cdots \times a$ （a が n 個）

$a^m a^n = a^{m+n}, \quad \dfrac{a^m}{a^n} = a^{m-n}, \quad (a^m)^n = a^{mn}, \quad a^{-n} = \dfrac{1}{a^n}$

$(ab)^n = a^n b^n, \quad a^{\frac{m}{n}} = \sqrt[n]{a^m}$

13）対数

$\log_a a = 1, \quad \log_a 1 = 0$

$$\log_a xy = \log_a x + \log_a y, \quad \log_a \frac{x}{y} = \log_a x - \log_a y$$

$$\log_a x^n = n \log_a x, \quad \log_a x = \frac{\log_b x}{\log_b a}$$

$a^x = b$ のとき，$\log_a b = x$ → x は a を底とする b の対数である。

・$a = 10$ を底とする対数　　$\log_{10} b = x$ …常用対数
・$a = e(= 2.718)$ を底とする対数　　$\log_e b = x$ …自然対数

14) 複素数

① 型と単位

$a + jb$ （a, b：実数，j：虚数単位）

$j = \sqrt{-1}, \; j^2 = -1, \; j^3 = -j,$

$j^4 = 1, \; \dfrac{1}{j} = -j$

② 加減算

$(a+jb) + (c+jd) = (a+c) + j(b+d)$
$(a+jb) - (c+jd) = (a-c) + j(b-d)$

③ 乗算

$(a+jb)(c+jd) = (ac - bd) + j(ab + bc)$

④ 除算

$$\frac{a+jb}{c+jd} = \frac{(a+jb)(c-jd)}{(c+jd)(c-jd)} = \frac{ac - jad + jbc - j^2 bd}{c^2 + d^2}$$

$$= \left(\frac{ac+bd}{c^2+d^2}\right) + j\left(\frac{bc-ad}{c^2+d^2}\right)$$

15) ベクトル（フェーザ）

① ベクトル量とスカラー量（図 1.1.7）

スカラー量：長さ，時間，質量，温度などのように，単に大きさだけをもつ量

ベクトル量：力，速度，加速度などのように，大きさと方向をもつ量

② 加減算（図 1.1.8）

ベクトルの加算：ベクトル $\dot{A}$ とベクトル $\dot{B}$ の和は，A，B を 2 辺とする平行四辺形を作成し，その対角線で表される。

ベクトルの減算：反対方向のベクトルを加算する。

$\dot{A} - \dot{B} = \dot{A} + (-\dot{B})$

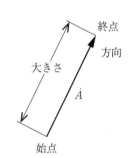

図 1.1.7　ベクトルの例

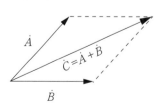
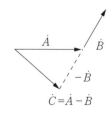

ベクトルの和　　　　　　ベクトルの差

図 1.1.8　ベクトルの加減算

③ 複素数による表示（図1.1.9）
$$\dot{Z} = a + jb = Z\cos\theta + jZ\sin\theta = Z(\cos\theta + j\sin\theta)$$
$$= Z\varepsilon^{j\theta} = Z\angle\theta$$

ベクトル $\dot{Z}$ の大きさを Z, 方向を θ で表す。

$$Z = \sqrt{a^2 + b^2}, \quad \theta = \tan^{-1}\frac{b}{a}$$

直角座標表示：$\dot{Z} = Z(\cos\theta + j\sin\theta)$
指数関数表示：$\dot{Z} = Z\varepsilon^{j\theta}$
極座標表示　：$\dot{Z} = Z\angle\theta$

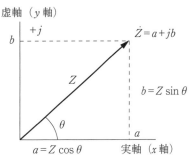

図1.1.9　複素数 Z のベクトル表示

2. 電気物理

2.1　電流・電圧・起電力

1) 電気量 　電気の本質を表す素量を電気量といい，単位をクーロン，単位記号［C］を用いる。

2) 電流 　一般に導体は電気が流れやすく，電気量を運ぶのは自由電子である。電子は負の電荷を持ち，電気量は -1.6×10^{-19}［C］である。電子が電気的作用によって移動するとき，この電子の流れを電流という。ある断面を流れる電流の大きさは，1秒間にその断面を通過する電気量［C］で表し，単位はアンペア，単位記号［A］を用いる。

導体において，ある断面を t 秒間に Q［C］の電気量が一様に通過するとき，電流 I は，次式で表される。

$$I = \frac{Q}{t} \quad [\text{A}]$$

3) 電圧(電位差) 　電流は電気的位置エネルギーの高い方から低い方に流れる。この電気的位置エネルギーを電位といい，単位はボルト，単位記号［V］を用いる。電位の差を電位差または電圧という。電圧の単位は電位と同じく［V］を用いる。

また，電圧を作り出す力を起電力といい，単位は電圧と同じ［V］を使用する。

2.2　電気抵抗

1) 電気材料の性質 　電気材料には導体と絶縁体がある。一般的に電流をよく流す物質を導体といい，反対に電流をほとんど流さない物質を絶縁体という。

電気材料の中で，シリコン（Si）やゲルマニウム（Ge），ガリウムひ素（GaAs）などのように，電流の流れやすさが，導体と絶縁体の中間にある物質で，熱や光との相互作用によって特異な性質をもつ物質を半導体という。

2) 電気抵抗とオームの法則 　絶縁体はもちろんのこと，導体でも多かれ少なかれ電流の流れを妨げる働きをもっている。この働きを電気抵抗といい，この抵抗の大きさを表す単位はオーム，単位記号［Ω］を用いる。

ある導体（抵抗器）の両端に電圧を加えると，電流 I [A] が流れる。このとき，導体（抵抗器）の両端には，電圧 V [V] が観測される。電圧 V [V] と電流 I [A] との間には，比例関係が成立し，次式で表される。

$$V = RI \quad [\text{V}]$$

この比例定数 R を抵抗といい，単位はオーム，単位記号は [Ω] である。

これをオームの法則といい，電気回路の計算の基本となる大切な法則である。

電気抵抗の逆数 $G = \dfrac{1}{R}$ をコンダクタンスといい，単位はジーメンス，単位記号 [S] を用いる。

ある形状をした導体の電気抵抗は，断面積 S [m²] に反比例し，長さ l [m] に比例する。この時の比例定数を ρ とすると，導体の電気抵抗 R は，次式で表される。

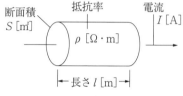

図 1.1.10　導体の電気抵抗

$$R = \rho \times \dfrac{l}{S} \quad [\Omega]$$

この比例定数 ρ は抵抗率といい，単位体積当たりの抵抗を意味し，その物質固有の値を示す。抵抗率の単位はオーム・メートル，単位記号 [Ω·m] で表す。

また，抵抗率 ρ に対して，この逆数 $\dfrac{1}{\rho}$ は物質の電流の通りやすさを表すので，これを導電率といい，σ で表すと次式となる。単位はジーメンス毎メートル，単位記号 [S/m] を用いる。

$$\sigma = \dfrac{1}{\rho} \quad [\text{S/m}]$$

3）絶縁抵抗　絶縁体（抵抗率 $10^8 \sim 10^{18}$ [Ω·m]）でも，完全に電気を通さないわけではなく，高電圧を加えると，わずかながら電流が流れる。この電流を漏れ電流という。図 1.1.11 のようにある長さの被覆電線を大地の上におき，大地と心線間に電圧 V [V] を印加した時 I_ℓ [A] の電流が流れたとすれば，この被覆電線の絶縁抵抗 R_i は次式で表される。

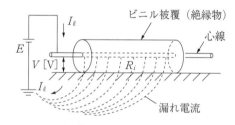

図 1.1.11　漏れ電流

$$R_i = \dfrac{V}{I_\ell} \times 10^{-6} \quad [\text{M}\Omega]$$

絶縁抵抗は抵抗値が大きいため，単位はオーム [Ω] の 10^6 倍のメガオーム [MΩ] を使用する。一般的に温度が高くなると絶縁抵抗は低くなる。

4）抵抗の温度変化　金属は一般的に温度が上昇すると，図 1.1.12 のように抵抗が増加する。この原因は，物質を構成している金属の原子

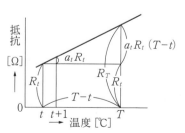

図 1.1.12　抵抗の温度特性

が温度に比例して、その振動が激しくなり自由電子が衝突する確率が高くなって、自由電子の移動を妨げるためである。

温度が1℃上昇した時の導体の抵抗変化の割合を抵抗の温度係数といい、記号 $α_t$、単位記号［℃$^{-1}$］で表す。

すなわち、温度 t［℃］の時の抵抗を R_t［Ω］とし、その温度係数を $α_t$ とすると、$α_t R_t$ は1℃当たりの増加抵抗を表すから、T［℃］における抵抗 R_T は次式となる。

$$R_T = R_t \{1 + α_t(T-t)\} \quad [Ω]$$

金属導体のように、温度が上昇するに従って抵抗が大きくなる物質の温度係数 $α_t$ は正（＋）となり、絶縁体や半導体のように温度が上昇すると抵抗が低くなる物質の温度係数は負（－）となる。

2.3 電力と電流の熱作用

1）ジュールの法則

抵抗 R［Ω］に電圧 V［V］を印加すると、抵抗に電流 I［A］が流れ、抵抗は熱を発生する（**図 1.1.13**）。これは電気エネルギーが熱エネルギーに変換されたことを意味する。

t 秒間に抵抗 R［Ω］に発生する熱エネルギーを Q（単位はジュール、単位記号［J］）とすると、「抵抗に流

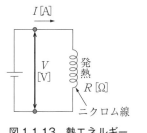

図 1.1.13　熱エネルギー

れる電流によって毎秒発生する熱量は、電流の2乗と抵抗の積に比例する」ので、次式で表される。

$$Q = I^2 Rt = VIt \quad [J]$$

2）電力量

上式の右辺の VIt は電気エネルギーであり、そのエネルギーが左辺の熱エネルギーに変換されたことになる。抵抗内で消費される電気エネルギーが電力量 W である。単位はジュール［J］またはワット・秒、単位記号［W・s］、ワット・時、単位記号［W・h］あるいはキロワット・時、単位記号［kW・h］を用いる。

3）電力

電力量 W は上式からわかるように時間に比例している。単位時間当たりの電気エネルギーは、仕事率を意味し、電気が1秒間に消費するエネルギーの大きさを電力 P、単位記号［W］という。

4）電力量と熱量

熱エネルギーは熱量（ジュール）、単位記号［J］を用いて表す。電力量［kW・h］と熱量［J］との関係は、次のようになる。

$$1\,J = 1\,W \cdot s$$
$$1\,kW \cdot h = 1,000 × 60 × 60 = 3,600 × 10^3 \,J = 3,600\,kJ$$

抵抗内で消費される電気エネルギーは、全て熱エネルギーに変換される。熱量を Q［J］、抵抗内に消費される電力量を W［W・s］とすると $Q = W$ であるので、熱量 Q［J］は次式で表される。

$$Q\,[J] = W\,[W \cdot s] = Pt = I^2 Rt \quad [W \cdot s]$$

第1章　電気工学

2.4　電気・熱・磁気その他の効果

1) ゼーベック効果 ┃ 異なる2種類の金属を接続して閉回路を作り，2つの接合点に温度差を与えたときに，閉回路に起電力（熱起電力）が発生して電流（熱電流）が流れる現象をいう。

2) ペルチェ効果 ┃ 2種類の金属を接合して電流を流したとき，電流の流れる向きによって，接合点に熱の吸収または発生が生じる現象をいう。

3) トムソン効果 ┃ 同一種類の金属よりなる回路の2点間に温度差があるとき，それに電流を流すと温度差と電流の積に比例した熱の発生または吸収が生じる現象をいう。

4) ピンチ効果 ┃ 導電性液体に電流が流れると，導体断面に磁界ができ，導体が移動しようとする力が働く現象をいう。磁界と電流の間には，電流を中心に引き寄せようとする力が生じ，収縮力が働く。

5) ホール効果 ┃ 金属または半導体に電流を流し，電流に垂直に磁界を加えたとき，電流と磁界の両者に垂直な方向に電界が生じる現象をいう。

6) マイスナー効果 ┃ 超伝導状態において，外部の磁界がその導体内部に侵入することができなくなる現象をいう。

7) トンネル効果 ┃ 量子力学の分野で，非常に微細な世界にある粒子が，エネルギー的に通常は超えることができない領域を一定の確率で透過してしまう現象をいう。

8) ピエゾ効果 ┃ 水晶やロッシェル塩などの誘電体に圧力や張力を加えると，相対する2つの面の間に電圧が生ずる現象をいう（圧電効果ともいう）。

3.　電磁気

3.1　磁気現象

1) 磁界に関するクーロンの法則 ┃ 磁気作用が及ぶ空間を磁界または磁場という。

磁極の強さは記号 m で表し，その単位はウェーバ，単位記号 [Wb] を用いる。

2個の磁極を相対して置くと，その間に力が働く。N極とS極の異種の磁極間には吸引力が働き，N極とN極，S極とS極の同種の磁極間には反発力が生じる。このように，磁極と磁極の間に働く力を磁気力という。

磁極の強さが m_1，m_2 [Wb] の2つの点磁極が r [m] の間隔をもって位置しているとき，この磁極間に働く力を F，単位記号 [N] とすると，F は次式で表される（図1.1.14）。

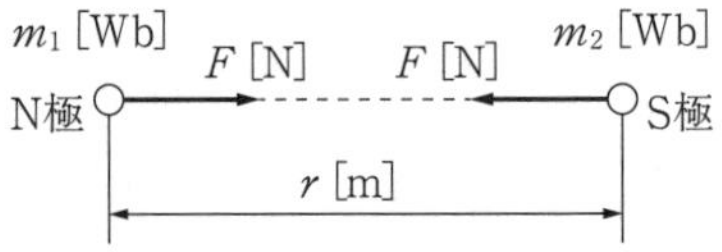

図 1.1.14　磁極間に働く力

$$F = K \times \frac{m_1 m_2}{r^2} \quad [\text{N}]$$

すなわち，磁極間に働く力は，両方の磁極の強さ m_1，m_2 の積に比例し，磁極間の距離の2乗に反比例する。この関係を磁気に関するクーロンの法則という。ここで，K は比例定数で，磁極が真空中または空気中にあるとすると，次式で表される。

$$K = \frac{1}{4\pi\mu_0}$$

8

第1節　電気理論

2）透磁率と比
透磁率

上式でμ_0は真空の透磁率を表す。

透磁率は媒質の磁気的性質によって決まる値で，単位はヘンリー毎メートル，単位記号［H/m］を使用する。真空の透磁率μ_0は定数であり，その値は，

$$\mu_0 = 4\pi \times 10^{-7} \quad [\text{H/m}]$$

μ_0を使うと，Kは次式で求められる。

$$K = \frac{1}{4\pi\mu_0} \doteqdot 6.33 \times 10^4$$

真空以外の媒質の透磁率μが真空の透磁率μ_0の何倍になるかを表したのが比透磁率μ_rで，次式で表される。

$$\mu_r = \frac{\mu}{\mu_0}$$

μ_rは単位の名称がない無名数である。**表1.1.1**は，いろいろな物質の比透磁率を示したものである。

表 1.1.1　いろいろな物質の比透磁率

物　質	μ_r	物　質	μ_r
銀	0.9999736	純　鉄	$200 \sim 8,000$
銅	0.9999906	ニッケル	$250 \sim 400$
空　気	1.000000365	けい素鋼	$500 \sim 7,000$
アルミニウム	1.000214	パーマロイ	$8,000 \sim 10,000$

銀や銅のように，比透磁率μ_rが1より小さい物質を反磁性体といい，空気やアルミニウムのようにμ_rが1よりやや大きい物質を常磁性体という。これに対して，鉄やニッケルのようにμ_rが1より非常に大きい物質を強磁性体という。

3）透磁率を考
慮したクー
ロンの法則

磁気に関するクーロンの法則は媒質の透磁率を考慮すると力Fは次式で表される。

$$F = \frac{1}{4\pi\mu_0} \times \frac{m_1 m_2}{r^2} = 6.33 \times 10^4 \times \frac{m_1 m_2}{r^2} \quad [\text{N}] \qquad （真空中の場合）$$

$$F = \frac{1}{4\pi\mu} \times \frac{m_1 m_2}{r^2} = \frac{1}{4\pi\mu_r\mu_0} \times \frac{m_1 m_2}{r^2} \quad [\text{N}]$$

（透磁率がμ，比透電率がμ_rの媒質中の場合）

4）磁界の強さ

磁界中においた正磁極1［Wb］当たりに作用する力をその点の磁界の強さという。磁界の強さを表す記号はHで表し，単位はアンペア毎メートル，単位記号［A/m］を用いる。

また，磁界の強さH［A/m］は一種の力と考えられるので，力F［N］と同様に大きさと方向をもったベクトル量である。磁界の強さH［A/m］の単位は電流の磁気作用に関連して決められているが，1 A/mの磁界はそこに単位磁極1 Wbを置いたとき1 Nの力を生じるような磁界の大きさをいう。その磁界の方向は力の方向と同じである。磁界の強さHの単位は［N/Wb］と表現することもできる。

5）磁界中の磁
極に働く力

磁界の強さH［A/m］の磁界中に磁極の強さm［Wb］の磁極を置くと，この磁極に働く力Fは，次式で表される。

$$F = mH \quad [\text{N}]$$

6）磁束

同じ磁極から出る磁力線の数は，媒質の透磁率の違いによって変化するので，取り扱い上不便である。例えば，m［Wb］の磁極から真空中に出る磁力線の数は$\dfrac{m}{\mu_0}$本である。一方，同じ磁極であればどんな媒質中でも同一な磁気的な力線を仮定した線は磁束と定義され，これを使用すると定量的な取り扱いに便利である。

9

磁束は記号にφを用い，単位はウェーバ，単位記号［Wb］を用いる。磁極の強さが $+m$［Wb］の磁石では，外部の媒質に関係なく m［Wb］の磁束がN極から出てS極に入る。磁石の内部ではS極からN極に入る（図 1.1.15）。

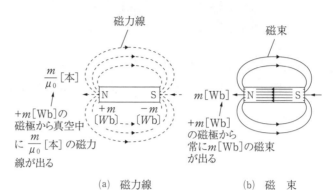

(a) 磁力線　　　(b) 磁束

図 1.1.15 棒磁石における磁力線と磁束

磁力線とは，磁界中で磁力の状態を視覚化するために決めた仮想的な線であり，以下の性質がある。

① 磁束φはN極から出て，S極に入る。
② 磁束の方向は磁界 H の方向を表し，磁束が曲線を描く時，その位置における接線方向が磁界の方向となる。
③ 磁束同士は互いに反発し，分岐や交さはしない。

7) 磁束密度と磁界

磁束は磁界の強い所では密であり，弱い所では疎になる。磁束の疎密の割合を磁束密度といい，単位面積当たりの磁束の大きさで表す（図 1.1.16）。

記号は B を使用し，単位はテスラ，単位記号［T］を用いる。

磁束密度 B は，磁束 ϕ［Wb］，φと直角な面を S［m²］とすると，次式で表される。

$$B = \frac{\phi}{S} \quad [\mathrm{T}]$$

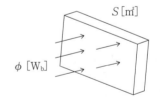

図 1.1.16 磁束密度

磁束密度によって磁界の大きさを表すことができる。空気中（真空中）にある $+m$［Wb］の磁極から図 1.1.17 のように放射状に磁力線および磁束ができるので，磁極から r［m］離れた点の磁界の強さ H は，磁力線密度に等しく，次式で表される。

$$H = \frac{m}{4\pi\mu_0 r^2}$$

$$= 6.33 \times 10^4 \times \frac{m}{r^2} \quad [\mathrm{A/m}]$$

ここで，$4\pi r^2$ は半径が r［m］の球の

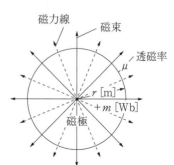

図 1.1.17 点磁極による周囲にできる磁界

表面積であり，$\frac{m}{\mu_0}$ は磁力線の数であるので，磁束密度 B は，次式で表される。

$$B = \frac{m}{4\pi r^2} = \mu_0 H \quad [\text{T}]$$

3.2 電流による磁気作用

1) 電流による磁界

直線電線に電流を流しているところへコンパスを近づけると，磁針は一定方向に向く。電線の周囲で円形にコンパスを移動させ，磁針の向きを調べると磁力線は円形になっていることがわかる。

2) アンペアの右ネジの法則

磁力線の接線方向が磁界の方向である。電流の方向と磁界の方向は，それぞれ右ネジの進む方向と回す方向とに一致する。この関係をアンペアの右ネジの法則という（図1.1.18）。

(a) 同心円状の磁界　(b) 右ネジを磁力線の方向に回すと進む方向が電流の方向　(c) ⊗：電流の方向 ⊗の印は紙面を表から裏へつきぬける方向を示す　(d) ⊙：電流の方向 ⊙の印は紙面を裏から表へつきぬける方向を示す

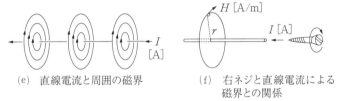

(e) 直線電流と周囲の磁界　(f) 右ネジと直線電流による磁界との関係

図1.1.18　直線電流による磁界

3) アンペアの周回路の法則

任意の閉曲線に沿って単位正磁極を一周させるのに要する仕事は，その閉曲線が囲む電流に等しいという法則で，直線電流を中心に半径 r [m] の円の円周を閉曲線と考える。このとき，閉曲線の微小部分を Δl_1，Δl_2，$\Delta l_3 \cdots \Delta l_n$，それぞれにおいて閉曲線に沿った磁界の接線成分の大きさを ΔH_1，ΔH_2，$\Delta H_3 \cdots \Delta H_n$ とすると，この磁界の大きさと微小部分長さの積の和は，閉曲線内に含まれる電流の和に等しくなるので，次式で表される（図1.1.19）。

$$\Delta H_1 \Delta l_1 + \Delta H_2 \Delta l_2 + \Delta H_3 \Delta l_3 + \cdots + \Delta H_n \Delta l_n$$
$$= I_1 + I_2 + I_3 + \cdots + I_m$$
$$\Delta H_1 + \Delta H_2 + \Delta H_3 + \Delta H_n = H$$
$$\Delta l_1 + \Delta l_2 + \Delta l_3 + \Delta l_n = 2\pi r \text{（円周）}$$
$$I_1 + I_2 + I_3 + I_m = I \quad \text{より}$$
$$2\pi r H = I \quad [\text{A}]$$

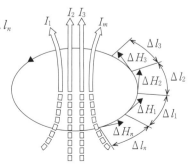

図1.1.19　アンペアの周回路の法則

4) ビオ・サバールの法則　電流 I [A] の流れる電線において，任意の点 O で Δl [m] の微少部分によって点 O から r [m] 離れた P 点の磁界の大きさ ΔH [A/m] は，点 O での接線と $\overline{\text{OP}}$ とのなす角を θ とすると，次式で表される。

$$\Delta H = \frac{I \Delta l \sin \theta}{4\pi r^2} \quad [\text{A/m}]$$

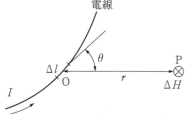

図 1.1.20　ビオ・サバールの法則

これをビオ・サバールの法則という（図 1.1.20）。

5) 直線電流による磁界　直線導体を流れる電流によってできる磁界は，図 1.1.21 のように電流を中心とする円になり同じ円周上の磁界の強さは等しい。半径が r [m] の円周上の磁界の強さを H とすると，磁路の長さは $2\pi r$，直線導体を流れる電流は I [A] なので，アンペアの周回路の法則により，次式で表される。

$$2\pi r H = I \quad [\text{A}]$$

したがって，磁界の強さ H は次式で表され，電流からの距離 r が大きくなるにつれて弱くなる。

図 1.1.21　無限長直線電流による磁界

$$H = \frac{I}{2\pi r} \quad [\text{A/m}]$$

6) 円形コイルの磁界　円形コイルに流れる電流によって生じる磁界の方向は，アンペアの右ねじの法則によって決まり，コイルの中心 P における磁界の強さ H [A/m] は，ビオ・サバールの法則により求められる。

図 1.1.22 のようにコイルの巻き数が N である場合，磁界の強さ H は巻き数 N に比例するので，コイルの中心 P の磁界の強さ H は次式で表される。

$$H = \frac{NI}{2r} \quad [\text{A/m}]$$

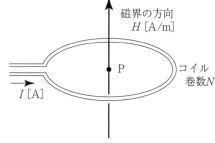

図 1.1.22　円形コイルによる磁界

3.3　磁性体と磁気回路

1) 電磁石　ソレノイドに電流を流すと，前述したように右ネジの法則に従って内部に磁束ができ，磁力線の状態を見ると，大部分の磁力線はソレノイドの一端から他端までソレノイド内を通して環状になっている。ちょうど棒磁石の磁力線，磁束の分布の状態とまったく同じになり，ソレノイド両端が棒磁石の磁極 N 極，S 極と同じ働きをする。このように電流によって作られる磁石作用を電磁石という（図 1.1.23）。

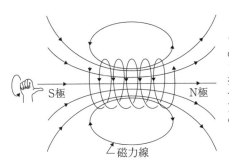

図 1.1.23 電磁石

2) **起磁力**　磁気回路は，電気回路と同様な取り扱いができる。起電力に相当する起磁力 F は，コイルの巻回数 N とコイルに流れる電流 I の積で示され，単位はアンペア，単位記号 [A] である。

$$F = NI \quad [\text{A}]$$

3) **磁気抵抗とオームの法則**　磁気抵抗は導電率 σ の代わりに透磁率 μ を用いれば，電気抵抗と同じ形で示される。いま，μ を透磁率 [H/m]，l を磁路の長さ [m]，S を磁路の断面積 [m²] とすると，磁気抵抗 R_m は次式で表される。

$$R_m = \frac{l}{\mu S} \quad [\text{H}^{-1}]$$

また，磁束 ϕ [Wb]，起磁力 F [A]，磁気抵抗 R_m [H^{-1}] の間には，オームの法則と同様の関係が成立する。

$$F = R_m \phi \quad [\text{A}]$$

4) **磁性体の磁化**　磁気を帯びていない鉄片を磁界中（例えば，磁石の近く）に置くと，吸引力が働く。これは鉄片に磁石と異種の磁極ができ，磁気力が働くためで，このような現象を磁気誘導現象という。磁界中に置かれた物体が磁気を帯びることを磁化されたといい，加えられた磁界の強さを磁化力という（**図 1.1.24**）。

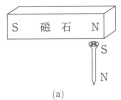
(a)

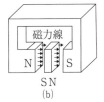
(b)

図 1.1.24 磁界による磁化と磁極

図 1.1.25 のように磁気を帯びていない鉄などの磁性体にコイルを巻いて，これに電流を流すと，磁性体は電流のつくる磁界によって磁気を帯び，磁化される。

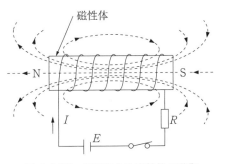

図 1.1.25 電流による磁性体の磁化

5) B-H曲線と透磁率曲線

ソレノイドに電流を流してソレノイド内部の磁界Hを大きくしていくと，磁束密度Bは$B = \mu_0 H$の関係により，磁界に比例して大きくなる。しかし，ソレノイド内部に強磁性体を入れると透磁率μがμ_0より大きくなり，また磁界Hによって透磁率μが変化する。したがって，磁束密度Bと磁界Hとは比例しない。

図1.1.26(a)において磁界の強さH［A/m］，すなわち磁化力を増加したときの磁束密度B［T］と透磁率μ［H/m］の関係は図1.1.26(b)のような曲線となる。この曲線を磁化曲線またはB-H曲線（B-Hカーブ）および透磁率曲線という。

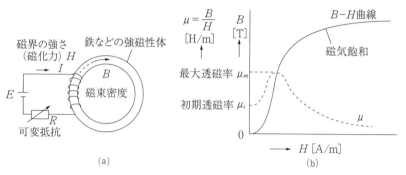

図1.1.26　環状鉄心の$B-H$曲線と透磁率曲線

6) 磁気ヒステリシス

図1.1.27(a)のように，磁化されていない鉄に，磁界の強さH［A/m］を次第に増加していくと，磁束密度B［T］は図1.1.27(b)のヒステリシスループ曲線に従って0点からa点に達して飽和する。この状態から磁界を減らしていくと，元の経路をたどらずa→b→cのように変化する。さらにd点から再び磁界を増加すると前のB-H曲線をたどらずd→e→f→aの曲線を描く。このように磁界の強さを交番的に変化させると磁化曲線は1つの閉じた曲線になる。この曲線をヒステリシスループという。

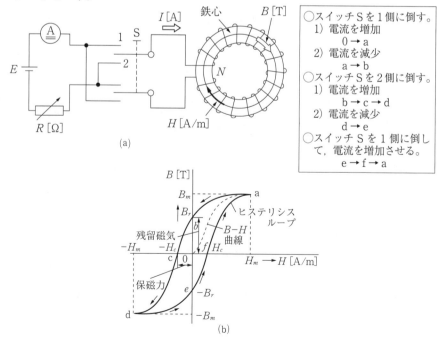

図1.1.27　ヒステリシスループ

図 1.1.27(b)において，磁界を H_m から減少させて 0 としたときの磁束密度 B_r を残留磁気といい，磁束密度が 0 のときの磁界 H_c を保磁力という。

一般的に，残留磁気 B_r が大きく，保磁力 H_c の小さい強磁性体は電磁石に適し，保磁力 H_c の大きい磁性体は永久磁石に適している。

強磁性体に交番磁界を加えるとヒステリシス現象が起き，熱が発生する。これは強磁性体を磁化する時に与えられる電気エネルギーの一部が熱に変換されるためである。これをエネルギーの損失と考え，熱に変換される電力をヒステリシス損という。

3.4 電磁力と電流力

1) 電磁力

図 1.1.28 のように磁界内に導体を置き，これに電流を流すと導体に力が生じる。この力を電磁力といい，電動機や電気計器の動作原理となっている。

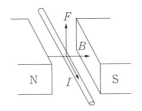

F は力（電磁力），B は磁束密度，I は電流を表す。磁界 H と磁束密度 B の関係は $B = \mu_0 H$ となる。
μ_0 は媒質である真空（空気）中の透磁率である。

図 1.1.28 電磁力

2) フレミングの左手の法則

図 1.1.29 のように平等磁界中に直線状導体 ab を置き，電流を流すと導体に発生する電磁力 F の方向は，左手の親指，人さし指，中指を互いに直角に曲げた時，人さし指を磁界 H の方向，中指を電流 I の方向にすると，親指の方向になる。この関係をフレミングの左手の法則という。

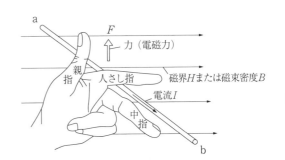

図 1.1.29 フレミングの左手の法則

3) 直線導体に働く電磁力の大きさ

図 1.1.30(a)のような平等磁界中の直線導体に働く電磁力の大きさ F は，電流の大きさ I [A]，磁束密度 B [T]，磁界中の導体の長さ l [m]，磁束密度と導体のなす角を $\theta°$ とすると，次式で表される。

$F = BIl \sin\theta$ [N]

図(b)の導体と磁界を垂直に置いた場合は，θ は 90° となり，$\sin\theta = 1$ より，

$F = BIl$ [N]

図(c)の導体と磁界を水平に置いた場合は，θ は 0° となり，$\sin\theta = 0$ より，

$F = 0$ [N]

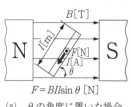 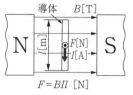 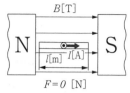

(a) θ の角度に置いた場合　(b) 導体を磁界と垂直に置いた場合　(c) 磁界と平行に置いた場合

図 1.1.30　導体の角度と電磁力

4) コイルに働く力

長さ l [m]，幅 d [m] の1巻きの長方形コイルを，図 1.1.31 のように磁束密度 B [T] の平等磁界中に置き，コイルに電流 I [A] を流すと，コイルの2辺 $\overline{ab}$，$\overline{cd}$ にはフレミングの左手の法則にしたがって，それぞれ矢印の方向に次のような電磁力 F が生じ，次式で表される。

$$F = BIl \quad [\text{N}]$$

(a) 上方から見た図　(b) 正面から見た図

矢印の方向に電流を流すと，導線部分 $\overline{ab}$，$\overline{cd}$ には図で示した方向に電磁力が働きコイルにはトルクが生じる。

図 1.1.31　平等磁界中のコイルに流れる電流による力

5) コイルに働くトルク

図 1.1.31 のように $\overline{ab}$，$\overline{cd}$ の導体に働く力は，O 軸を中心としてコイルを左回り回転させるように働く。このときの回転力をトルクといい，回転方向に働く力と回転半径 $\dfrac{d}{2}$ の積で求められる。記号は T を用い，単位はニュートンメートル，単位記号 [N・m] を用いる。コイルに働くトルク T は，偶力となることから次式で表される。

$$T = BIld\cos\theta \quad [\text{N}\cdot\text{m}]$$

ここで磁束密度 $B = \mu_0 H$ で，コイルが n 巻であれば，トルクは n 倍になる。

6) 平行導体間に働く電磁力（電流力）

図 1.1.32 のように平行に置いた導体に電流を流すと導体間に電磁力が働き，吸引または反発し合う。

このように，電流相互間に働く電磁力を電流力と呼んでいる。電流が流れると必ずその周囲に磁界を生じるので，2本の導体に電流を流すと電磁力の方向は，一方の電流が作る磁界と他方の電流との間にフレミングの左手の法則による力が働く。

また，真空中（空気中）に間隔 r [m] の無限長の平行導体2本があって，それぞれの導体に I_1 [A]，I_2 [A] の電流を流したとき，それぞれの導体単位長に働く

電磁力 F は，次式で表される。

$$F = \frac{\mu_0 I_1 I_2}{2\pi r} = \frac{4\pi \times 10^{-7} I_1 I_2}{2\pi r} = \frac{2 I_1 I_2}{r} \times 10^{-7} \quad [\text{N/m}]$$

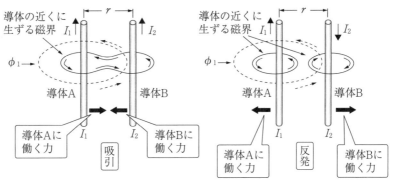

図 1.1.32　平行導体間に働く力

3.5　電磁誘導現象

1) 電磁誘導

図 1.1.33 のように検流計を接続してあるコイルに，磁石を近づけたり，遠ざけたりすると，コイルに電流が流れ検流計が振れる。このように，コイルを貫く磁束（鎖交磁束）が時間とともに変化するとコイルに起電力が発生する現象を電磁誘導という。

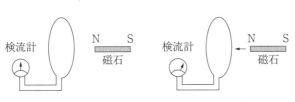

図 1.1.33　電磁誘導

2) 2個のコイル間の電磁誘導

図 1.1.34 に示すように，2個のコイル(1)，(2)を接近させておき，コイル(1)に直流電源（電池）を接続し，コイル(2)に検流計を接続する。

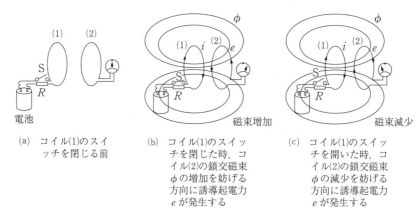

図 1.1.34　コイル電流の開閉による電磁誘導

　このような状態で，スイッチSを閉じてコイル(1)に電流を流すと，コイル(2)の検流計はスイッチSを閉じたときだけ振れ，しばらくすると検流計の振れは0となる。また，次にスイッチSを開いてコイル(1)の電流を0にすると，コイル(2)の検流計はスイッチSを開いたときだけ振れる。その振れは前と逆の方向となる。この現象は，コイル(1)の電流によって磁束の変化が発生し，コイル(2)を貫く磁束，すなわち，鎖交磁束が時間的に変化するためであり，磁石を近づけたり，遠ざけたりした時と同様で電磁誘導現象である。

3) 電磁誘導に関するファラデーの法則　電磁誘導によって生じる誘導起電力の大きさは，コイルを貫く磁束の時間的に変化する量とコイルの巻数の積（磁束鎖交数）に比例する。これを電磁誘導に関するファラデーの法則という。

　コイルの巻数をNとし，鎖交する磁束ϕ[Wb]が微少時間Δt秒間に$\Delta \phi$[Wb]（磁束の変化分）だけ増加するとすれば，コイルに発生する誘導起電力e[V]は，eとϕの正の向きが右ねじの関係にあるように定めたとき，次式で表される。

$$e = -N\frac{\Delta \phi}{\Delta t} \quad [V]$$

4) レンツの法則　電磁誘導によって生じる起電力の向きは，短絡コイルの鎖交磁束の変化を妨げる方向になる（図 1.1.35）。これをレンツの法則という。

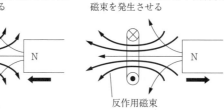

(a)　短絡コイルに磁石を近づけた場合　　(b)　短絡コイルから磁石を遠ざけた場合

図 1.1.35　電磁誘導による誘導起電力（誘導電流）の方向（レンツの法則）

5) フレミングの右手の法則

図 1.1.36 のように平等磁界中に直線状導体 ab を磁束密度 B と直角方向に速度 v で運動させると，導体は磁束を切って運動すると考えられる。これは鎖交磁束を変化させることと同じで，導体 ab に誘導起電力が生じる。磁束密度 B，誘導起電力 e，導体の運動速度 v の方向の関係は，右手の人さ

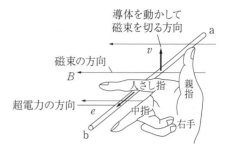

図 1.1.36　フレミングの右手の法則

し指，親指，中指を互いに直角に曲げ，さし指を磁束密度 B の方向，親指を運動速度 v の方向に合わせると，中指が誘導起電力 e の方向を表す。この関係をフレミングの右手の法則という。

6) 磁界中を運動する導体に発生する起電力

図 1.1.37 のように導体 ab の両端に検流計 G を接続して導体を磁束を切る方向にある速度で運動させると，検流計と導体の作る閉回路の鎖交磁束が変化し，ファラデーの電磁誘導の法則から導体の運動により導体に誘導起電力 e が発生する。

長さ l [m] の直線導体を，磁束密度 B [T] と直角に速度 v [m/s] で運動

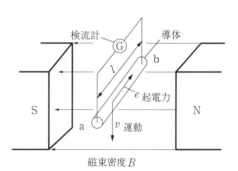

図 1.1.37　運動する導体に発生する起電力

させた時，直線導体に発生する誘導起電力 e は，次式で表される。

$$e = Blv \quad [\text{V}]$$

7) 平等磁界内を回転するコイルに発生する起電力

図 1.1.38 のように長さ l [m]，幅 d [m] の長方形コイルが，磁束密度 B [T] の平等磁界中で，中心軸の回りを角速度 ω [rad/s] で回転する場合に面積 $ld = S$ [m²] のコイル面と磁束密度 B [T] の垂直方向とのなす角が θ のとき，コイルの鎖交磁束 ϕ は，

$$\phi = BS\cos\theta \quad [\text{Wb}]$$

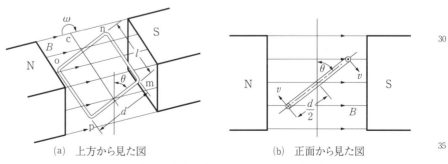

(a) 上方から見た図　　　(b) 正面から見た図

図 1.1.38　平等磁界内を回転するコイルに発生する起電力

誘導起電力 e は，

$$e = -\frac{\Delta\phi}{\Delta t} = -\frac{\Delta}{\Delta t}(BS\cos\theta) \quad [\text{V}]$$

ここで，$\theta = \omega t$ [rad]，$\omega BS = E_m$ [V] とすると，
$$e = \omega BS \sin\omega t = E_m \sin\omega t \quad [\text{V}]$$

平等磁界中で長さ l [m] の導体を回転させると，時間とともに大きさと方向が規則正しく正弦波状に変化する起電力が導体中に誘起する（図 1.1.39）。これを交番起電力または交流起電力といい，コイルが n 巻であれば，起電力は n 倍となる。

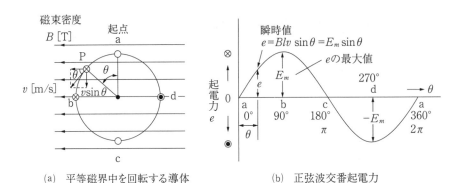

(a) 平等磁界中を回転する導体　　(b) 正弦波交番起電力

図 1.1.39　平等磁界中を回転する導体に発生する正弦波交番起電力

8) 自己誘導

図 1.1.40 に示すように，N 巻きのコイルに流れる電流 i を変化させると i によってできる磁束 ϕ が変化する。したがって，コイルに流れる電流によって，そのコイル自身の鎖交磁束が変化するため，コイル自身に起電力が発生する。

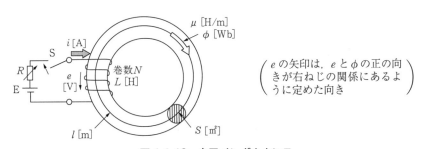

図 1.1.40　自己インダクタンス

この現象を自己誘導作用といい，ϕ は鎖交磁束 [Wb]，Δt [s] は微小時間で，$\Delta\phi$ [Wb] はその微小時間内の磁束変化とすると，自己誘導起電力 e は次式で表される。

$$e = -N\frac{\Delta\phi}{\Delta t} \quad [\text{V}]$$

なお，コイルに電流が流れると磁界を生じ，この磁界の強さは電流 i に比例するので，磁束鎖交数 $N\phi$ は電流 i に比例する。

$$N\phi = Li \quad [\text{Wb}]$$

$$L = \frac{N\phi}{i} \quad [\text{H}]$$

比例定数 L は自己インダクタンスあるいは自己誘導係数と呼ばれ，単位はヘンリー，単位記号 [H] が用いられる。

自己インダクタンスを用いると自己誘導起電力 e は，次式で表される。

第1節　電気理論

$$e = -L\frac{\Delta i}{\Delta t} \quad [\text{V}]$$

9) 自己インダ
クタンス

　図 1.1.40 に示す環状鉄心で，コイルの巻数を N，磁路の断面積を S [m²]，磁路の長さを l [m]，透磁率 μ [H/m] とし，このコイルに電流 I [A] を流したとき，コイルには磁束 ϕ [Wb] が生じる。

　磁束 ϕ [Wb] が生じる元となる力を起磁力 F といい，次式で表される。

$$F = NI \quad [\text{A}]$$

　磁束の通路を磁気回路といい，磁気回路のオームの法則により，磁気抵抗 R_m [H⁻¹] は，次式で表される。

$$R_m = \frac{l}{\mu S} \quad [\text{H}^{-1}]$$

　磁束 ϕ [Wb] は，次式で表される。

$$\phi = \frac{F}{R_m} = \frac{NI}{\dfrac{l}{\mu S}} = \frac{\mu SNI}{l} \quad [\text{Wb}]$$

　また，コイルの自己インダクタンス L [H] は，次式で表される。

$$L = \frac{N\phi}{I} = \frac{\mu SN^2}{l} \quad [\text{H}]$$

10) 自己インダ
クタンスに蓄え
られる電磁エ
ネルギー

　図 1.1.41 (a)の回路のように，コイルとネオンランプ（点灯電圧が図の電池電圧より高いもの）を並列に接続し，スイッチ S を閉じた場合，コイルには電流 I [A] が流れるが，ネオンランプは点灯しない。この状態で，急にスイッチ S を開くと，ネオンランプは瞬間的に点灯する。

　これは，コイル中に発生した電流 I [A] による磁界が，スイッチ S を開くことにより急激に消滅し，コイルに誘導起電力が生じてネオンランプに電流が流れたためである。

　このネオンランプの光エネルギーは，コイル中に蓄えられた電磁エネルギーが変化したものであり，コイルに流れる電流 I [A] が，t 秒間に一様の大きさで図(b)のように減少し，0 になるように変化したとすれば，電流の減少する時間的変化は，$\dfrac{\Delta I}{\Delta t}$ となる。

　コイルの自己インダクタンスを L [H] とすると，コイルに生じる逆起電力 e [V] の大きさは，次式で表される。

$$|e| = L\frac{I}{t} \quad [\text{V}]$$

　また，この期間（t 秒間）の電流の大きさの平均値を I_0 [A] とすると，図(b)より

$$I_0 = \frac{I}{2} \quad [\text{A}]$$

t 秒間に発生（放出）した電力量（電気エネルギー）W [W・s] は，

$$W = |e|I_0 t = L \times \frac{I}{t} \times \frac{I}{2} \times t = \frac{1}{2}LI^2 \quad [\text{W・s}] \text{ または } [\text{J}]$$

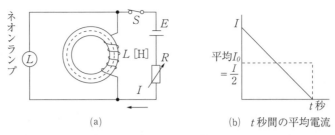

(a)　　　　　　　　　(b) t秒間の平均電流

図 1.1.41　自己インダクタンスに蓄えられるエネルギー

11) 相互誘導　図 1.1.42 に示すように，1 つの環状鉄心に一次，二次のコイルが巻かれているとき，一次コイルの電流を i_1 [A] として変化させると，一次コイル自身に自己誘導による起電力 e_1 [V] が発生し，二次コイルにも起電力 e_2 [V] が発生する。この現象を相互誘導という。二次コイルに発生する起電力 e_2 は，一次コイルに流れる電流 i_1 が急激に変化するほど大きく，Δt 秒間に Δi_1 [A] だけ変化したとき，次式で表される。

$$e_2 = -M\frac{\Delta i_1}{\Delta t} \quad [\text{V}]$$

M は相互誘導の程度を表し，相互インダクタンスという。

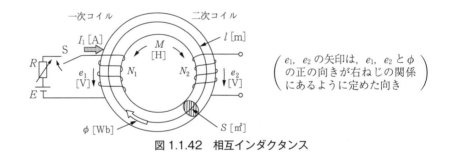

図 1.1.42　相互インダクタンス

12) 相互インダクタンス　図 1.1.42 において，磁路の長さ l [m]，断面積 S [m²]，透磁率 μ [H/m]，一次コイルの巻数 N_1，二次コイルの巻数 N_2 とし，一次コイルに I_1 [A] の電流を流すとすれば，磁路には磁束 ϕ [Wb] が生じ，次式で表される。

$$\phi = \frac{\mu S N_1 I_1}{l} \quad [\text{Wb}]$$

Δt 秒間に電流 I_1 が ΔI_1 [A] だけ変化し，磁束が $\Delta \phi$ [Wb] だけ変化したとすると，二次コイルに生じる誘導起電力 e_2 [V] は，次式で表される。

$$e_2 = -N_2 \times \frac{\Delta \phi}{\Delta t} = -\frac{\mu S N_1 N_2}{l} \times \frac{\Delta I_1}{\Delta t} \quad [\text{V}]$$

$e_2 = -M\dfrac{\Delta I_1}{\Delta t}$ [V] であるから，相互インダクタンス M [H] は，次式で表される。

$$M = \frac{\mu S N_1 N_2}{l} \quad [\text{H}]$$

また，コイルの巻数 N_1 とコイルの巻数 N_2 の自己インダクタンス L_1，L_2 は，

$L_1 = \dfrac{\mu S N_1^2}{l}$ [H] と，$L_2 = \dfrac{\mu S N_2^2}{l}$ [H] で表されるので，自己インダクタンスと相互インダクタンスとの間には，次式の関係がある。

$$M = k\sqrt{L_1 L_2} \quad [\text{H}]$$

kは結合係数で，漏れ磁束がない場合は1となる。

13) うず電流　　図1.1.43(a)のように金属板を貫いている磁束φが時間的に変化すると，レンツの法則に従ってφと鎖交する金属板内に，磁束変化を妨げる方向に誘導起電力が発生し，電流が流れる。この電流はうず状になるので，うず電流という。同様に図1.1.43(b)のように，アルミニウムまたは銅円板（アラゴの円板）と相対的に磁石を移動すると，うず電流を生じる。このうず電流を利用したものに電力量計などがある。

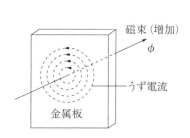 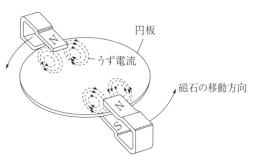

(a) 金属板と鎖交する磁束が増加したとき，電磁誘導作用により増加する鎖交磁束の変化を妨げる方向に誘導起電力が発生し，金属板には図のようなうず電流が流れる。

(b) 図のような円板と磁石の配置がなされているとき，磁石を円板の円周に沿って移動させると鎖交磁束が変化するので，電磁誘導作用より，円板にうず電流が生じる（円板が移動しても同様）。

図1.1.43　うず電流

うず電流 I_e [A] が流れている金属板の通路部分の抵抗を r [Ω] とすると，金属板にはジュール熱が発生する。これをうず電流損 W_e といい，電流が流れている時間を t [s] とすると，次式で表される。

$$W_e = I_e^2 r t \quad [\text{J}]$$

4. 静電気

4.1　静電現象

1) 帯電と電荷　　よく乾いたガラス棒を絹布で摩擦すると，これに電気を帯びて，軽い物体（小紙片，髪の毛など）を引き付ける性質をもつ。このような現象を帯電という。

帯電体の力作用は，本質的に電気というものの存在によって現れる現象で，この帯電体のもつ電気は電荷といわれる。この電荷の単位はクーロン，単位記号 [C] を用いる。これらの電気は定常的には静止しているので静電気という。

電荷は2種類あり，異種の電荷を帯びた2つの物体は互いに引き合い，同種の電荷を帯びた物体は互いに反発し合う。2種の電荷は正（＋），負（－）の符号をつけて区別する。

2) 静電誘導

図1.1.44のように帯電している導体(a)に帯電していない導体(b)を近づけると、帯電体に近いほうの端に帯電体の電荷と異種の電荷が現われ、反対側の端に同種の電荷が現れる。このような現象を静電誘導という。

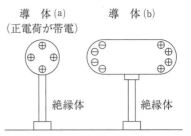

正電荷が帯電している導体(a)に帯電していない導体(b)を近づけると、負電荷と正電荷が分離して現れる。

図1.1.44 静電誘導

3) 静電気に関するクーロンの法則

2つの点電荷があるとき、その間に静電気力が働く。この静電気力は、両電荷を結ぶ直線上にある（図1.1.45）。

2つの点電荷の電気量を Q_1, Q_2 [C]、両電荷間の距離を r [m]、比例定数を K_s とすると、その間に働く静電気力 F は、次式で表される。

$$F = K_s \frac{Q_1 Q_2}{r^2} \quad [\text{N}]$$

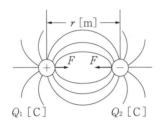
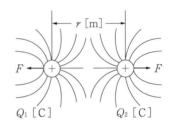

(a) 正負の点電荷による静電気力　　(b) 同種の点電荷による静電気力

図1.1.45 点電荷による静電気力

静電気に関するクーロンの法則は媒質の誘電率を考慮すると、静電気力 F は次式となる。

$$F = \frac{1}{4\pi\varepsilon_0} \times \frac{Q_1 Q_2}{r^2} = 9 \times 10^9 \times \frac{Q_1 Q_2}{r^2} \quad [\text{N}] \quad (\text{真空中の場合})$$

$$F = \frac{1}{4\pi\varepsilon} \times \frac{Q_1 Q_2}{r^2} = \frac{1}{4\pi\varepsilon_r\varepsilon_0} \times \frac{Q_1 Q_2}{r^2} \quad [\text{N}]$$

（誘電率が ε、比誘電率が ε_r の媒質中の場合）

2つの点電荷間に働く静電気力 F の大きさは、両電荷の電気量 Q_1, Q_2 の積に比例し、電荷間の距離 r の2乗に反比例する。

4) 誘電率と比誘電率

ε_0 を真空の誘電率とすると、ε_0 は真空中の光の速度を基準にして定義され、次式で表される。

$$\varepsilon_0 = 8.854 \times 10^{-12} \quad [\text{F/m}]$$

$$K_s = \frac{1}{4\pi\varepsilon_0} \fallingdotseq 9 \times 10^9$$

真空以外の誘電率 ε は真空の誘電率 ε_0 の何倍になるかを考えた値が比誘電率 ε_r であり、次式で表される。

第1節　電気理論

$$\varepsilon_r = \frac{\varepsilon}{\varepsilon_0}, \quad \varepsilon = \varepsilon_0 \varepsilon_r \quad [\text{F/m}]$$

比誘電率 ε_r は無名数である。

5) **電界の強さ**　静電気力が作用する空間を電界（静電界）または電場（静電場）という。

電界中の任意の点に正電荷を置くとき，その電荷1Cが受ける力の大きさと方向を，その点の電界という。電界は大きさと方向をもっているのでベクトル量である。単位はボルト毎メートル，単位記号［V/m］を用いる（**図 1.1.46**）。

電界中の点 A に点電荷 $+q$ ［C］を置いた時，その点電荷に作用する力を F ［N］とすると電界の強さ E は，

$$E = \frac{F}{q} \quad [\text{V/m}]$$

図 1.1.46　電界の強さ

6) **点電荷の周囲の電界**　点 P に $+q$ ［C］の点電荷を置くと，点電荷 Q ［C］との間にクーロンの法則により静電気力が生じる。このとき，正電荷1Cに働く力が電界の強さ E であるので，次式で表される。

$$E = \frac{F}{q} = \frac{Q}{4\pi \varepsilon_0 r^2} \quad [\text{V/m}]$$

この力の方向と電界の方向とは一致し，点電荷 Q の置かれた場所から放射状に伸びる方向を向いている（**図 1.1.47**）。

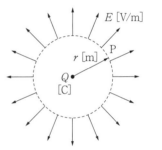

図 1.1.47　点電荷の周囲の電界

7) **電束と電束密度**　磁力線より磁束を考えたように，電気力線より電束を考えると，電荷からは同量の電束が出ていることになる。点電荷 Q ［C］より r ［m］離れた点の電束密度 D ［C/m²］は，次式で表される。

$$D = \frac{Q}{4\pi r^2} \quad [\text{C/m}^2]$$

また，この点の真空中の電界の強さ E は次式で表される。

$$E = \frac{Q}{4\pi \varepsilon_0 r^2} \quad [\text{V/m}]$$

同点において D と E の間には次の関係がある。

$$D = \varepsilon_0 E \quad [\text{C/m}^2]$$

8) **電気力線**　電気力線は磁界における磁力線と同様に考えられ，電界の状態を視覚化するために決めた仮想的な線で，電気力線の接線方向が常に電界の向きに一致するような線である。電気力線には次の性質がある（**図 1.1.48**）。

① 電気力線は正電荷から出発して，負電荷に終わる。

② 電気力線は等電位面または等電位線と直角に交わる。
③ 電気力線の任意の点の接線方向がその点の電界の方向である。
④ 電気力線に垂直な面に対する電気力線密度が，その点の電界の大きさを表す。

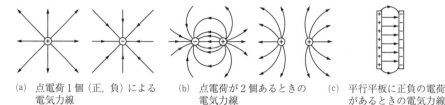

(a) 点電荷1個（正，負）による電気力線
(b) 点電荷が2個あるときの電気力線
(c) 平行平板に正負の電荷があるときの電気力線

図1.1.48　いろいろな電荷の状態における電気力線

電界の強さ1V/mの点における電気力線の密度は1本/㎡と定義されている。
真空中にある電荷をQ[C]とすると，その電荷から出る電気力線の総数は$\dfrac{Q}{\varepsilon_0}$本であるので，単位正電荷+1Cから出る電気力線の総数は$\dfrac{1}{\varepsilon_0}$本となる。

4.2 平行平板電極

1) 電界　　図1.1.49のように真空中に平行平板電極を配置し，この電極間に電圧V[V]を印加すると電極表面に$+Q$[C]，$-Q$[C]の電荷が蓄えられる。

この電荷のため，正電極から負電極に向かって電気力線ができ，電極に挟まれた空間には電気力線と同じ方向の電界ができる。

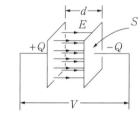

図1.1.49　平行平板電極間の電界

電極面積S[㎡]と電極間隔d[m]との間で$S \gg d$の関係があれば，電極間の電界は，どこも大きさが$\dfrac{V}{d}$[V/m]で，方向が同じ平等電界となる。

2) 電界内の電位　　図1.1.50のように電界内の任意の点Pに単位電荷+1Cを置くと，その点の電界の強さE[V/m]に等しい力を受ける。この+1Cの電荷を無限遠点から点Pまで移動させるとき，W[J]の仕事（エネルギー）が必要であれば，この仕事の大きさを点Pの電位といい，単位はボルト，単位記号[V]を用いる。

2点間の電位の差を電位差（電圧）といい，2点A, Bの電位をV_A, V_Bとすると，AB間の電位差V_{AB}は，$V_A - V_B$[V]となる。

図1.1.50　電界内の電位

3) 静電容量　　絶縁物の両端に取り付けた導体電極間に，電圧V[V]を印加し，電荷Q[C]が蓄えられたとすると，静電容量Cは，次式で表される。

$$C = \frac{Q}{V} \quad [\text{F}]$$

静電容量は1V当たりどのくらいの電荷が蓄えられるかを表す。単位はファラド，単位記号［F］を用いる。

4) 静電容量（真空中の場合）　図1.1.51に示すように間隔 d [m] に配置された平行平板電極に，電圧 V [V] を印加すると電極表面に $+Q$ [C]，$-Q$ [C] の電荷が蓄えられる。

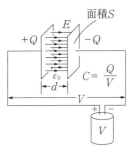

図1.1.51　平行平板電極間の静電容量

この結果，電極間には $E = \dfrac{V}{d}$ [V/m] の平等電界ができる。この電界は，$+Q$ の電極から垂直に $-Q$ の電極へ向かう $\dfrac{Q}{\varepsilon_0}$ ［本］の電気力線で表されるので，その電気力線密度は電界の強さに等しく，次式が成立する。

$$\frac{V}{d} = \frac{\frac{Q}{\varepsilon_0}}{S} \quad [\text{V/m}]$$

上式より，静電容量 C は，次式で表される。

$$C = \frac{Q}{V} = \frac{\varepsilon_0 S}{d} \quad [\text{F}]$$

5) 誘電率と静電容量（真空中以外の場合）　静電容量 C [F] は，誘電率 ε [F/m] に比例するので，平行平板電極間に誘電率 ε の物質を挿入する場合は，その物質の誘電率 ε を真空の誘電率 ε_0 と比べた値（比誘電率 ε_r）を使用する。式で示すと次式で表される。

$$\varepsilon_r = \frac{\varepsilon}{\varepsilon_0} \quad \therefore \varepsilon = \varepsilon_r \times \varepsilon_0 \quad [\text{F/m}]$$

この場合の静電容量 C は，次式で表される。

$$C = \frac{\varepsilon S}{d} = \frac{\varepsilon_r \varepsilon_0 S}{d} \quad [\text{F}]$$

6) コンデンサ　電荷を蓄える目的でつくられた素子や装置をコンデンサ（キャパシタ）という。

コンデンサの接続には，並列接続と直列接続がある。

7) 並列接続　図1.1.52のようにコンデンサ3個を並列に接続した場合，各コンデンサに同じ電圧 [V] が加わるので，各コンデンサにはそれぞれの静電容量の大きさ C_1, C_2, C_3 に比例した電荷が蓄えられる。

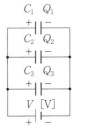

図1.1.52　コンデンサの並列接続

コンデンサの合成静電容量 C_0 は，

$$C_0 = \frac{Q}{V} = \frac{Q_1 + Q_2 + Q_3}{V} = C_1 + C_2 + C_3 \quad [\text{F}]$$

$$\therefore C_0 = C_1 + C_2 + C_3 \quad [\text{F}]$$

となって，各コンデンサの静電容量の和となり，コンデンサ1個の場合よりも静電容量が増加する。

8) 直列接続　　図 1.1.53 のように，C_1 [F]，C_2 [F] のコンデンサを直列に接続し，電圧 V [V] を加えた場合，各コンデンサに加わる電圧を V_1 [V]，V_2 [V] とすると，各コンデンサの電極には静電誘導によって同じ量の電荷が蓄えられることになり，次式で表される。

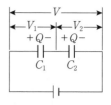

図 1.1.53　直列接続の電圧分担

$$V_1 = \frac{Q}{C_1} \text{ [V]}, \quad V_2 = \frac{Q}{C_2} \text{ [V]}$$

$$V = V_1 + V_2 = \frac{Q}{C_1} + \frac{Q}{C_2} = Q\left(\frac{1}{C_1} + \frac{1}{C_2}\right) \text{ [V]}$$

直列接続した C_1 [F] と C_2 [F] のコンデンサを 1 個のコンデンサと考えた場合の合成静電容量 C [F] は，次式で表される。

$$Q = CV \text{ [C]}, \quad \frac{1}{C} = \frac{1}{C_1} + \frac{1}{C_2} \text{ より}$$

$$C = \frac{Q}{V} = \frac{1}{V} \times \frac{V}{\frac{1}{C_1} + \frac{1}{C_2}} = \frac{C_1 C_2}{C_1 + C_2} \text{ [F]}$$

よって電圧分担は，次式で表される。

$$V_1 = \frac{Q}{C_1} = \frac{C_2}{C_1 + C_2} V \text{ [V]}$$

$$V_2 = \frac{Q}{C_2} = \frac{C_1}{C_1 + C_2} V \text{ [V]}$$

また，図 1.1.54 のようにコンデンサ 3 個を直列に接続した場合，電源電圧は各コンデンサに分圧されるため，各コンデンサに加わる電圧はそれぞれ電源電圧より小さくなる。コンデンサの合成静電容量 C_0 は，次式で表される。

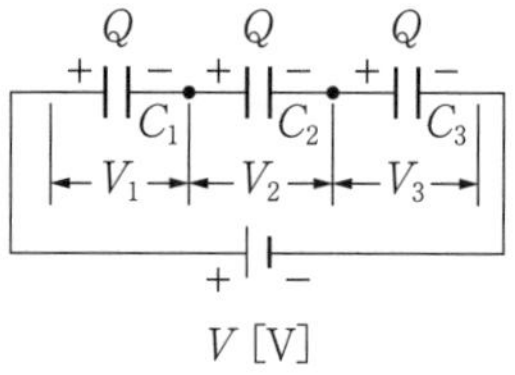

図 1.1.54　コンデンサの直列接続

$$C_0 = \frac{1}{\frac{1}{C_1} + \frac{1}{C_2} + \frac{1}{C_3}} \text{ [F]}$$

合成静電容量の逆数は各静電容量の逆数の和に等しくなるので，同じ値のコンデンサを n 個直列に接続すれば合成静電容量は 1 個の場合の n 分の 1 になる。図 1.1.54 の合成静電容量は 1 個の場合の値より小さくなる。

9) コンデンサに蓄えられる静電エネルギー　　コンデンサ両電極に電圧を 0 V から順次増加して V [V] の値になるまで充電すると，エネルギーと電圧の関係から，エネルギーは電気量と電圧の積に等しい。
電圧 V は $V = \frac{Q}{C}$ の関係にあり，静電容量は一定であることから電圧 V は電気量 Q に比例して変化する。0 V ～ V [V] まで充電される時の平均値電圧 V_a [V] は，次式で表される。

$$V_a = \frac{1}{2}V \quad [\text{V}]$$

平均値電圧 V_a [V] を使用すれば，この場合のコンデンサに蓄えられるエネルギー W [J] は，次式で表される。

$$W = QV_a = \frac{1}{2}QV \quad [\text{J}]$$

図 1.1.55 のようにコンデンサに蓄えられたエネルギー W [J] は，△OBA の面積で表されるので，次式で表される。

$$W = \frac{1}{2}CV^2$$
$$= \frac{1}{2} \times \frac{Q^2}{C} = \frac{Q^2}{2C} \quad [\text{J}]$$

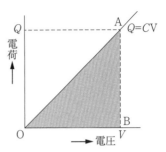

図 1.1.55 コンデンサに蓄えられるエネルギー

5. 電気回路

5.1 直流回路

1）直列接続

$$R = R_1 + R_2 \cdots + R_n \quad [\Omega]$$

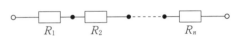

図 1.1.56 直列接続

2）並列接続

$$R = \cfrac{1}{\cfrac{1}{R_1} + \cfrac{1}{R_2} + \cdots + \cfrac{1}{R_n}} \quad [\Omega]$$

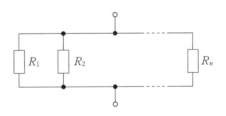

図 1.1.57 並列接続

3）電流配分

$$I_1 = \frac{R_2}{R_1 + R_2} \times I \quad [\text{A}]$$

$$I_2 = \frac{R_1}{R_1 + R_2} \times I \quad [\text{A}]$$

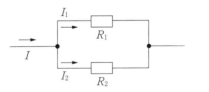

図 1.1.58 電流配分

4）抵抗の変換

① △－Y変換

$$r_1 = \frac{R_2 R_3}{R_1 + R_2 + R_3}$$

$$r_2 = \frac{R_1 R_3}{R_1 + R_2 + R_3}$$

$$r_3 = \frac{R_1 R_2}{R_1 + R_2 + R_3}$$

② Y－△変換

$$R_1 = \frac{r_1 r_2 + r_2 r_3 + r_3 r_1}{r_1}$$

$$R_2 = \frac{r_1 r_2 + r_2 r_3 + r_3 r_1}{r_2}$$

$$R_3 = \frac{r_1 r_2 + r_2 r_3 + r_3 r_1}{r_3}$$

上の式は三相交流回路でよく使用され，その場合は R，r を $\dot{Z}$，$\dot{z}$ に入れ換える。

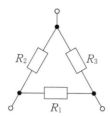
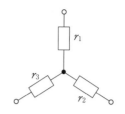

図 1.1.59 抵抗の変換

5) **キルヒホッフの第1法則（電流法則）**　電気回路の任意の接続点において，その点に流入する電流の和とその点から流れ出る電流の和は等しい（図 1.1.60）。

$$I_1 + I_2 = I_3 + I_4$$

6) **キルヒホッフの第2法則（電圧法則）**　電気回路の任意の閉回路において，起電力の代数和と電圧降下の代数和は等しい（図 1.1.61）。ここで，閉路において，任意の計算方向を選び，起電力についてはその方向と起電力の方向が同（逆）方向であれば＋（－）値として扱う。また，電圧降下については，計算方向と電流の方向とが同（逆）方向であれば＋（－）値として扱う。例えば，図 1.1.61 の閉路 ABCDA について計算方向を反時計方向にとった場合は，次式が成立する。

$$E_1 + E_2 - E_3 = r_1 I_1 + r_2 I_2 - r_3 I_3 + r_4 I_4$$

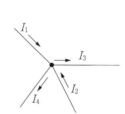

図 1.1.60　第1法則

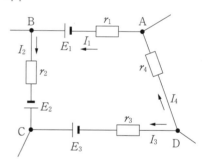

図 1.1.61　第2法則

7) **抵抗測定法**　図 1.1.62 のように，4つの抵抗 R_1, R_2, R_3, R_4 および検流計 G を接続した回路をホイートストンブリッジ回路といい，抵抗を精密に測定する場合に広く用いられている。

平衡状態では G に電流が流れないから，cd 2点間に電位差はない。

したがって，ac 間と ad 間の電圧降下が等しく，

$$I_1 R_1 = I_2 R_2$$

であり，cb 間と db 間の電圧降下は等しいので，

$$I_1 R_4 = I_2 R_3$$

上式から次の関係式が得られる。

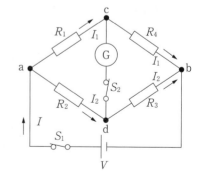

図 1.1.62　ホイートストンブリッジ回路

$$R_1 R_3 = R_2 R_4$$

これをブリッジの平衡条件という。

したがって，例えば R_4 を未知抵抗，R_1，R_2，R_3 を既知抵抗とすれば，

$$R_4 = \frac{R_1}{R_2} R_3$$

の関係から，未知抵抗の値が求められる。このようなブリッジではあらかじめ $\frac{R_1}{R_2}$ の値を決めておき，抵抗 R_3 を調整して平衡をとるようにすれば，未知抵抗 R_4 を知ることができる。ホイートストンブリッジは，$1\,\Omega$ から $10^5\,\Omega$ 程度の中位抵抗の測定に広く用いられている。

8) **重ね合わせの理**　複数の電源による回路電流は，個々の電源（他の電圧源は短絡，電流源は開放する）による電流を重ね合わせて算出でき，次式で表される（図 1.1.63）。

$$I_a = I_{a1} - I_{a2} - I_{ab}$$
$$I_b = -I_{b1} - I_{b2} + I_{b3}$$

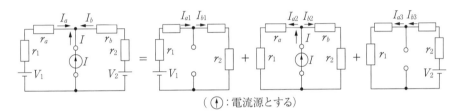

図 1.1.63　重ね合わせの理

9) **鳳・テブナンの定理**　回路網の開放電圧とその点から見た内部インピーダンスを求めることによって，その岐路の電流が求められる。

$$I = \frac{V_0}{R_0 + R}\quad [\text{A}]$$

図 1.1.64 の回路において，$R\,[\Omega]$ の端子 ab 間を開放したときの ab 間の端子電圧 $V_0\,[\text{V}]$ および ab 間から見た回路網の合成抵抗 $R_0\,[\Omega]$（電圧源短絡，電流源開放の状態）のとき，抵抗 R に流れる電流は図(b)より求める。

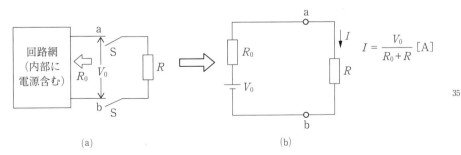

図 1.1.64　鳳・テブナンの定理

5.2 交流回路

1) 正弦波交流 時間の経過とともに大きさと＋，－の極性が周期的に変化する電圧や電流を交流といい，そのうち時間的な変化が正弦波曲線となるものを正弦波交流という。正弦波交流の瞬時値 e は，次式で表され，図1.1.65のようになる。

$$e = E_m \sin \omega t \quad [\text{V}]$$

ここで，E_m：最大値 [V]
　　　ω：角周波数（$\omega = 2\pi f$）[rad/s]
　　　t：時間 [s]

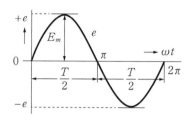

図1.1.65　正弦波交流波形

交流の周期 T は1サイクルに要する時間であり，図1.1.65の $\omega t = 2\pi$ [rad] までの所要時間 [s] をいう。また，周波数 f は単位時間に繰り返すサイクル数をいう。T と f は，次式で表される。

$$T = \frac{1}{f} \quad [\text{s}] \quad f = \frac{1}{T} \quad [\text{Hz}]$$

2) 実効値と平均値 正弦波交流の実効値 E は「各瞬時値の二乗の和の平均値の平方根」で表される。通常，交流の電圧 e を瞬時電圧とすると図1.1.66のように実効値で示される。

$$E = \sqrt{\frac{1}{T} \int_0^T e^2 dt} = \frac{E_m}{\sqrt{2}} \quad [\text{V}]$$

e を瞬時電圧とすると正弦波交流の平均値 E_a は「正（＋）波の瞬時値の平均値」で表される。

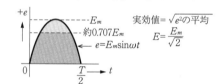

図1.1.66　正弦波交流の実効値 E

$$E_a = \frac{2}{T} \int_0^{\frac{T}{2}} e \, dt = \frac{2}{\pi} E_m \quad [\text{V}]$$

3) 波形率と波高率

波形率 $= \dfrac{\text{実効値}}{\text{平均値}}$，波高率 $= \dfrac{\text{最大値}}{\text{実効値}}$

表1.1.2は各種波形の実効値，平均値，波形率，波高率を示したものである。

表1.1.2　各種波形の実効値，平均値，波形率，波高率

波　形	実効値	平均値	波形率	波高率	備　考
正　弦　波	$\dfrac{E_m}{\sqrt{2}}$	$\dfrac{2E_m}{\pi}$	$\dfrac{\pi}{2\sqrt{2}}$	$\sqrt{2}$	三角形の波形
三　角　波	$\dfrac{E_m}{\sqrt{3}}$	$\dfrac{E_m}{2}$	$\dfrac{2}{\sqrt{3}}$	$\sqrt{3}$	
方　形　波	E_m	E_m	1	1	方形波の波形
全波整流波（正弦波）	$\dfrac{E_m}{\sqrt{2}}$	$\dfrac{2E_m}{\pi}$	$\dfrac{\pi}{2\sqrt{2}}$	$\sqrt{2}$	
半波整流波（正弦波）	$\dfrac{E_m}{2}$	$\dfrac{E_m}{\pi}$	$\dfrac{\pi}{2}$	2	

第1節 電気理論

4) 正弦波交流のベクトル表示

大きさと方向をもつ量をベクトルといい，ベクトル量は $\dot{E}$, $\dot{I}$ のように，文字の上にドットをつけて表す。文字の上にドットをつけない E, I はそのベクトルの大きさ（絶対値）を表す。

図 1.1.67(a)において，ベクトル $\dot{I}_m$ が O を中心として，反時計方向に ω [rad/s] の角速度で回転しているとき，y 軸の投影は次式で表される。

$$\overline{\mathrm{Oa}} = i = I_m \sin \omega t$$

同図(b)に示したように，I_m を最大値とする正弦波交流 $i = I_m \sin \omega t$ は，回転ベクトル $\dot{I}_m$ の y 軸上の投影で表される。

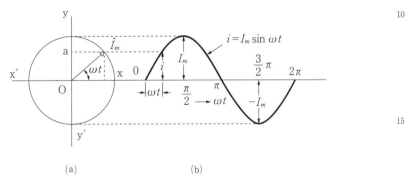

図 1.1.67 ベクトルと正弦波

図 1.1.68 において，$\dot{I}_{m2}$ は $\dot{I}_{m1}$ より ϕ_2 [rad] 遅れ，$\dot{I}_{m3}$ は $\dot{I}_{m1}$ より ϕ_3 [rad] 進んだベクトルであり，$\dot{I}_{m1}$, $\dot{I}_{m2}$, $\dot{I}_{m3}$ の y 軸上の投影は，ϕ_2, ϕ_3 を i_1 に対する位相差とすると，次式で表される。

$$i_1 = I_{m1} \sin \omega t$$
$$i_2 = I_{m2} \sin (\omega t - \phi_2)$$
$$i_3 = I_{m3} \sin (\omega t + \phi_3)$$

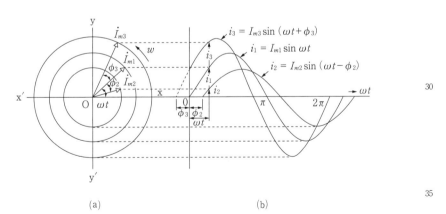

図 1.1.68 位相の異なるベクトルと正弦波

5.3 交流基本回路

1) 抵抗回路（Rのみ）

図1.1.69(a)に示すように，抵抗 R [Ω] に正弦波交流電圧 $v = \sqrt{2}\,V\sin\omega t$ [V] を加えると，回路に流れる電流 i は，次式で表される。

$$i = \frac{v}{R} = \frac{\sqrt{2}\,V}{R}\sin\omega t = \sqrt{2} \times \frac{V}{R}\sin\omega t \quad [\text{A}]$$

したがって，電流の実効値 I は，次式となり，図1.1.69(b)のように i は v と同相になる。

$$I = \frac{V}{R} \quad [\text{A}]$$

また，ベクトルで表すと次式で表され，この関係を図示すると図1.1.69(c)となる。

$$\dot{I} = \frac{1}{R}\dot{V} \quad [\text{A}]$$

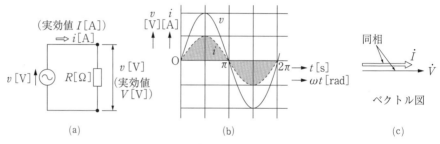

図1.1.69　負荷が抵抗のみの回路

2) インダクタンス回路（Lのみ）

図1.1.70に示すように，インダクタンス L [H] に正弦波交流電圧 $v = \sqrt{2}\,V\sin\omega t$ [V] を加えたとき，回路に流れる電流を i [A] とし，L に i が流れることによって L 端子に生じる誘導電圧 v は，i と反対方向に正方向を定めれば，

$$v = L\frac{\Delta i}{\Delta t} \quad [\text{V}] \text{ より，}$$

$$\sqrt{2}\,V\sin\omega t = L\frac{\Delta i}{\Delta t} \quad [\text{V}]$$

上式は，i を微分したものが $\sin\omega t$ になることを意味するので，i は v より 90° 遅れた位相の正弦波で，その実効値を I とすると，次式で表される。

$$i = \sqrt{2}\,I\sin\left(\omega t - \frac{\pi}{2}\right) \quad [\text{A}]$$

上記2式から $V = \omega L I$ の関係であるので，図1.1.70(b)のようにインダクタンス回路に流れる電流 i は，加えた電圧 v [V] より $\frac{\pi}{2}$ [rad] すなわち 90° 位相が遅れる。電流の実効値 I は，次式で表される。

$$I = \frac{V}{\omega L} \quad [\text{A}]$$

ωL を誘導リアクタンスといい，記号 X_L およびベクトルで表すと次式で表され，図1.1.70(c)となる。

$$X_L = \omega L = 2\pi f L \quad [\Omega]$$

$$\dot{I} = \frac{\dot{V}}{jX_L} = -j\frac{\dot{V}}{\omega L} \quad [A]$$

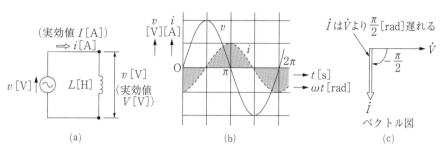

図 1.1.70　負荷がインダクタンスのみの回路

3) 静電容量回路（Cのみ）

図 1.1.71(a)に示すように，静電容量 C[F]に正弦波交流電圧 $v = \sqrt{2}V\sin\omega t$[V]を加えたとき，静電容量 C[F]に蓄えられる電荷 q と電流 i は，次式で表される。

$$q = Cv = C\sqrt{2}V\sin\omega t \quad [C]$$

$$i = \frac{\Delta q}{\Delta t} = C\frac{\Delta v}{\Delta t} = \sqrt{2}\omega CV\cos\omega t = \sqrt{2}\omega CV\sin\left(\omega t + \frac{\pi}{2}\right) \quad [A]$$

これより，静電容量回路に流れる電流 i は図 1.1.71(b)のように，加えた電圧 v より $\frac{\pi}{2}$[rad]すなわち，90°位相が進む。電流の実効値 I は，次式で表される。

$$I = \frac{V}{\frac{1}{\omega C}} = \omega CV \quad [A]$$

$\frac{1}{\omega C}$ を容量リアクタンスといい，記号 X_c およびベクトルで表すと次式で表され，この関係を図示すると図 1.1.71(c)となる。

$$X_c = \frac{1}{\omega C} = \frac{1}{2\pi f C} \quad [\Omega]$$

$$\dot{I} = \frac{\dot{V}}{jX_C} = j\omega C\dot{V} \quad [A]$$

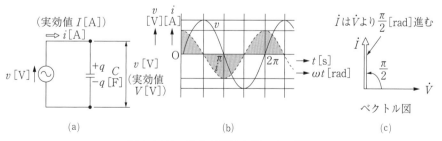

図 1.1.71　負荷が静電容量のみの回路

4) 交流電力

ある回路に，$v = \sqrt{2}V\sin\omega t$ [V]を加えて，ϕ[rad]だけ位相の遅れた電流 $i = \sqrt{2}I\sin(\omega t - \phi)$ [A]が流れるとすると，この回路の消費電力の瞬時値 p[W]

は次式で表される。

$$p = vi = \sqrt{2}V\sin\omega t \times \sqrt{2}I\sin(\omega t - \phi)$$
$$= 2VI\sin\omega t \sin(\omega t - \phi) \text{ [W]}$$

ここで，三角関数の積和の公式 $2\sin\alpha\sin\beta = \cos(\alpha - \beta) - \cos(\alpha + \beta)$ より，

$$p = \underbrace{VI\cos\phi}_{\text{第1項}} - \underbrace{VI\cos(2\omega t - \phi)}_{\text{第2項}} \text{ [W]}$$

電圧 v，電流 i，瞬時電力 p の各波形は，**図 1.1.72** の(a)になる。瞬時電力 p を表す上式の第1項は，時間 t には無関係な量であり，これを図示すると，**図 1.1.72**(b)になる。

また，第2項は，VI を最大値として，電源電圧の2倍の周波数で変化している。これを図示すると，**図 1.1.72**(c)になり，正（＋）波と負（－）波が同形なので1周期において平均すると0になる。これは，電源と負荷の間を電気エネルギーが往復しているだけで，負荷の消費電力とはならない電力なので，無効電力という。したがって，瞬時電力 p の平均値である平均電力 P は第1項だけになり，次式で表される。

$$P = VI\cos\phi \text{ [W]}$$

この平均電力が，交流回路で消費される電力であり，有効電力 [W] という。

5）皮相電力，有効電力，無効電力

交流回路の有効電力 P [W] は $VI\cos\theta$ で表される。VI は，加えた電圧 V [V] と電流 I [A] の積であり，これは見かけの電力と考え

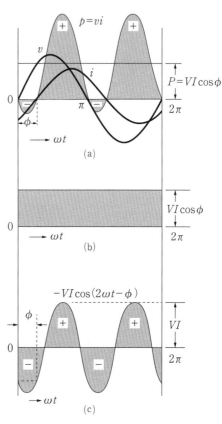

図 1.1.72　交流電力

られており，皮相電力という。皮相電力 S は，次式で表される。

$$S = VI \text{ [V·A]}$$

図 1.1.73(a)の回路における電力・電圧・インピーダンスの大きさの関係を**図 1.1.73**(b)に示す。この図において，$P = V_R I = VI\cos\theta = S\cos\theta$ は，負荷で実際に消費された電力を表す。これを有効電力といい，単位はワット，単位記号は [W] を用いる。

また，$Q = V_x I = VI\sin\theta = S\sin\theta$ は，実際には消費されない電力であり，これを無効電力といい，単位はバール，単位記号は [var] を用いる。無効電力 Q が増えると皮相電力 S も増加するため，電線の太さや電気設備容量も大きくする必要がある。

ここで $P^2 + Q^2$ を計算すると，

$$P^2 + Q^2 = (VI\cos\theta)^2 + (VI\sin\theta)^2 = (VI)^2 \times (\cos^2\theta + \sin^2\theta)$$
$$= (VI)^2 = S^2$$
$$\therefore S = \sqrt{P^2 + Q^2} \quad [\text{V・A}]$$

すなわち，皮相電力 S は有効電力 P の2乗と無効電力 Q の2乗の和の平方根に等しい。

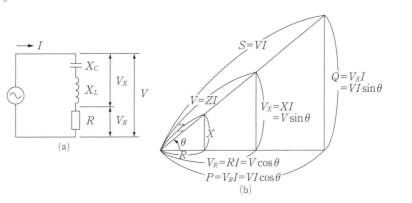

図 1.1.73　皮相電力，有効電力，無効電力

6) **力率**　　有効電力 P と皮相電力 S の比率を力率という。

$$力率 = \frac{有効電力 P}{皮相電力 S}$$

力率90％などと比率を百分率表記する場合，皮相電力 S の90％が有効電力 P ということになる。力率は，数式 $\cos\theta$ としても表現されることが多く，θ は，電流 $\dot{I}$ と電圧 $\dot{V}$ の位相差である。

5.4　交流基本回路（記号法）

(1) 直列回路

1) **RL の直列回路**

$$\dot{V} = \dot{V}_R + \dot{V}_L = (R + j\omega L)\dot{I} = \dot{Z}\dot{I}$$

ここで，$\dot{Z} = R + j\omega L = \sqrt{R^2 + (\omega L)^2} \angle \phi$，

ただし，$\phi = \tan^{-1}\dfrac{\omega L}{R}$

$$\therefore \dot{I} = \frac{\dot{V}}{\dot{Z}} = \frac{\dot{V}}{\sqrt{R^2 + (\omega L)^2}} \angle -\phi$$

電流 I は，

$$I = \frac{V}{\sqrt{R^2 + (\omega L)^2}}$$ で，$\dot{I}$ は $\dot{V}$ より

位相が $\tan^{-1}\dfrac{\omega L}{R}$ だけ遅れる（図 1.1.74）。

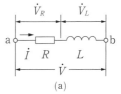

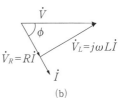

図 1.1.74　RL 直流回路とベクトル図

2) **RC の直列回路**

$$\dot{V} = \dot{V}_R + \dot{V}_C = \left(R - j\frac{1}{\omega C}\right)\dot{I} = \dot{Z}\dot{I}$$

ここで，$\dot{Z} = R - j\dfrac{1}{\omega C} = \sqrt{R^2 + \left(\dfrac{1}{\omega C}\right)^2} \angle \phi$，

ただし，$\phi = -\tan^{-1}\dfrac{1}{\omega CR}$

$\therefore \dot{I} = \dfrac{\dot{V}}{\dot{Z}} = \dfrac{\dot{V}}{\sqrt{R^2 + \left(\dfrac{1}{\omega C}\right)^2}} \angle -\phi$

電流 I は $I = \dfrac{V}{\sqrt{R^2 + \left(\dfrac{1}{\omega C}\right)^2}}$ で，$\dot{I}$ は $\dot{V}$ より

位相が $\tan^{-1}\dfrac{1}{\omega CR}$ だけ進む（図1.1.75）。

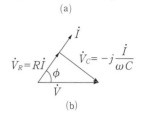

図1.1.75 *RC* 直列回路とベクトル図

3) *RLC* の直列回路

$\dot{V} = \dot{V}_R + \dot{V}_L + \dot{V}_C = \{R + j(\omega L - \dfrac{1}{\omega C})\}$
$\dot{I} = \dot{Z}\dot{I}$

ここで，$\dot{Z} = R + j(\omega L - \dfrac{1}{\omega C}) = \sqrt{R^2 + X^2} \angle \phi$

ただし，$X = \omega L - \dfrac{1}{\omega C}$，$\phi = \tan^{-1}\dfrac{X}{R}$

$\therefore \dot{I} = \dfrac{\dot{V}}{\dot{Z}} = \dfrac{\dot{V}}{\sqrt{R^2 + X^2}} \angle -\phi$

電流 I は $I = \dfrac{V}{\sqrt{R^2 + X^2}}$ で，位相は $\omega L > \dfrac{1}{\omega C}$ のときは，$\dot{I}$ は $\dot{V}$ より $\tan^{-1}\dfrac{X}{R}$ だけ遅れる。

$\omega L < \dfrac{1}{\omega C}$ のときは，$\dot{I}$ は $\dot{V}$ より $\tan^{-1}\dfrac{X}{R}$ だけ進む。

これを力率 $\cos\phi$（電圧と電流の位相差）で示すと，
$X_L > X_C$ の場合は，

$\cos\phi = \dfrac{R}{\sqrt{R^2 + (X_L - X_C)^2}}$

$X_C > X_L$ の場合は，

$\cos\phi = \dfrac{R}{\sqrt{R^2 + (X_C - X_L)^2}}$ （図1.1.76）

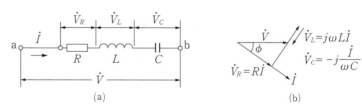

図1.1.76 *RLC* 直列回路とベクトル図

(2) 並列回路

1) アドミタンス　　並列回路の計算では，インピーダンスの逆数であるアドミタンスとよばれる量を用いると便利である。

図1.1.77に示すインピーダンス $\dot{Z}_1[\Omega]$，$\dot{Z}_2[\Omega]$ の並列回路の全電流 $\dot{I}[A]$ は，

次式で表される。

$$\dot{I} = \dot{I}_1 + \dot{I}_2 = \left(\frac{1}{\dot{Z}_1} + \frac{1}{\dot{Z}_2}\right)\dot{V} \quad [\text{A}]$$

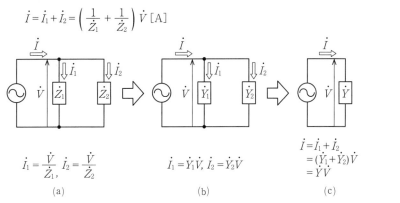

図 1.1.77　アドミタンス

このように，$\dot{Z}$ の逆数である $\dot{Y}$ を用いると，等式が簡単になり，並列回路の電流を求める計算が容易になる。

この $\dot{Y}_1$，$\dot{Y}_2$ のように，インピーダンスの逆数で定義される量をアドミタンスといい，その単位はジーメンス，単位記号 [S] が用いられる。

$$\frac{1}{\dot{Z}_1} = \dot{Y}_1, \quad \frac{1}{\dot{Z}_2} = \dot{Y}_2 \quad [\text{S}]$$

$$\dot{I} = (\dot{Y}_1 + \dot{Y}_2)\dot{V} \quad [\text{A}]$$

2) **RL の並列回路**

$$\dot{I} = \dot{I}_R + \dot{I}_L = \frac{\dot{V}}{R} + \frac{\dot{V}}{j\omega L} = \left(\frac{1}{R} - j\frac{1}{\omega L}\right)\dot{V} = \dot{Y}\dot{V}$$

ここで，$\dot{Y} = \dfrac{1}{R} - j\dfrac{1}{\omega L} = \sqrt{\left(\dfrac{1}{R}\right)^2 + \left(\dfrac{1}{\omega L}\right)^2} \angle -\tan^{-1}\dfrac{R}{\omega L}$

電流 I は，$I = \sqrt{\left(\dfrac{1}{R}\right)^2 + \left(\dfrac{1}{\omega L}\right)^2} \times V$ で，$\dot{I}$ は $\dot{V}$ より位相が $\tan^{-1}\dfrac{R}{\omega L}$ だけ遅れる（図 1.1.78）。

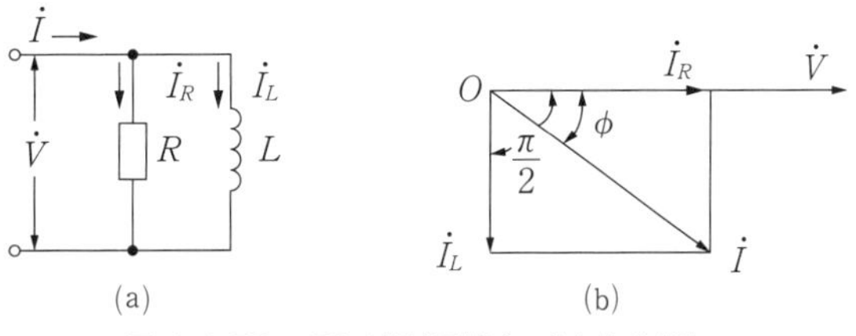

図 1.1.78　RL 並列回路とベクトル図

3) **RC の並列回路**

$$\dot{I} = \dot{I}_R + \dot{I}_C = \frac{\dot{V}}{R} + \frac{\dot{V}}{\dfrac{1}{j\omega C}} = \left(\frac{1}{R} + j\omega C\right)\dot{V} = \dot{Y}\dot{V}$$

ここで，$\dot{Y} = \dfrac{1}{R} + j\omega C = \sqrt{\left(\dfrac{1}{R}\right)^2 + (\omega C)^2} \angle \tan^{-1}\omega CR$

電流 I は，$I = \sqrt{\left(\dfrac{1}{R}\right)^2 + (\omega C)^2} \times V$ で，$\dot{I}$ は $\dot{V}$ より位相が $\tan^{-1}\omega CR$ だけ進む（図 1.1.79）。

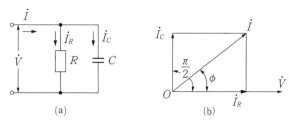

図 1.1.79　RC 並列回路とベクトル図

4) RLC の並列回路

$$\dot{I} = \dot{I}_R + \dot{I}_L + \dot{I}_C = \frac{\dot{V}}{R} + \frac{\dot{V}}{j\omega L} + \frac{\dot{V}}{\frac{1}{j\omega C}} = \dot{Y}\dot{V}$$

ここで，$\dot{Y} = \frac{1}{R} + \frac{1}{j\omega L} + j\omega C = \frac{1}{R} - j\left(\frac{1}{\omega L} - \omega C\right)$

$$= \sqrt{G^2 + B^2} \angle -\tan^{-1} RB, \quad \text{ただし，} \quad G = \frac{1}{R}, \quad B = \frac{1}{\omega L} - \omega C$$

電流 I は，$I = \sqrt{G^2 + B^2} \times V$ となる。

アドミタンスの実部 G をコンダクタンス，虚部 B をサセプタンスという。

$\omega C < \frac{1}{\omega L}$ のとき，$\dot{I}$ は $\dot{V}$ より位相が $\tan^{-1} RB$ だけ遅れる。

$\omega C > \frac{1}{\omega L}$ のとき，$\dot{I}$ は $\dot{V}$ より位相が $\tan^{-1} RB$ だけ進む（図 1.1.80）。

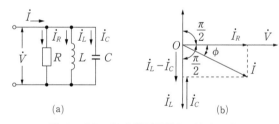

図 1.1.80　RLC 並列回路とベクトル図

5) 交流ブリッジ回路

図 1.1.81(a)に示す抵抗とインダクタンスで構成される交流ブリッジ回路を図 1.1.81(b)として算出する。検流計の電流が 0 のときは，検流計を回路から切り離しても回路の電流に変化がないということであるから，1－3 を流れる電流 $\dot{I}_1$ は，3－2 間を流れる電流と等しくなる。また，同様に，1－4 間を流れる電流 $\dot{I}_2$ は，4－2 間を流れる電流と等しくなる。

電流 $\dot{I}_1$ および $\dot{I}_2$ を求めると，次の式が得られる。

$$\dot{I}_1 = \frac{\dot{V}}{\dot{Z}_1 + \dot{Z}_3} \ [\text{A}] \qquad \dot{I}_2 = \frac{\dot{V}}{\dot{Z}_2 + \dot{Z}_4} \ [\text{A}]$$

3－4 間の電位 V_{34} については等しく 0 であるため，次の式が成り立つ。

$$\dot{V}_{34} = \dot{Z}_3 \dot{I}_1 - \dot{Z}_4 \dot{I}_2 = \frac{\dot{Z}_3 \dot{V}}{\dot{Z}_1 + \dot{Z}_3} - \frac{\dot{Z}_4 \dot{V}}{\dot{Z}_2 + \dot{Z}_4} = 0 \ [\text{V}]$$

よって，$\dfrac{\dot{Z}_3}{\dot{Z}_1+\dot{Z}_3}=\dfrac{\dot{Z}_4}{\dot{Z}_2+\dot{Z}_4}$

これを変形すると，$\dot{Z}_1\dot{Z}_4+\dot{Z}_3\dot{Z}_4=\dot{Z}_2\dot{Z}_3+\dot{Z}_3\dot{Z}_4$ となることから，$\dot{Z}_1\dot{Z}_4=\dot{Z}_2\dot{Z}_3$ が検流計の電流が0になる条件である。

図 1.1.81(a)に示す回路は $\dot{Z}_1=R_1$，$\dot{Z}_2=R_2+j\omega L_2$，$\dot{Z}_3=R_3$，$\dot{Z}_4=R_4+j\omega L_4$ であるので，$R_1(R_4+j\omega L_4)=R_3(R_2+j\omega L_2)$ より，$R_1R_4=R_2R_3$，$R_1L_4=R_3L_2$　が検流計の電流が0になる条件である。

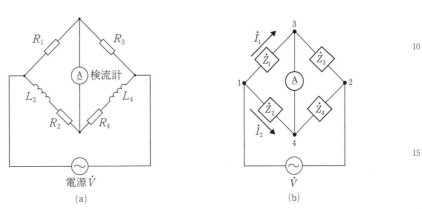

図 1.1.81　交流ブリッジ回路

5.5　三相交流回路

1) 三相交流　　水力・火力・原子力発電所の発電機で発生する電気は，三相交流であり，動力用電源として回転磁界が容易に得られるため，電動機回路などに用いられる。

三相交流は，互いに 120°（$\dfrac{2\pi}{3}$）ずつ位相がずれている3つの単相交流の組合せであり，その波形を図 1.1.82 に示す。

各相の瞬時値は，次式で表される。

$e_a = E_m \sin \omega t$ 　[V]

$e_b = E_m \sin(\omega t - \dfrac{2}{3}\pi)$ 　[V]

$e_c = E_m \sin(\omega t - \dfrac{4}{3}\pi)$ 　[V]

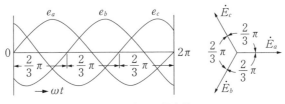

図 1.1.82　三相交流

2) 独立三相式　　図 1.1.83 に示すように，三相電源の各相に，$\dot{Z}=Z\angle\theta$（極座標形式を用い，$Z\angle\theta=|Z|(\cos\theta+j\sin\theta)$ と表す）のインピーダンス負荷を接続すると，各相に流れる電流 $\dot{I}_a$，$\dot{I}_b$，$\dot{I}_c$ は，次式で表される。

$$\dot{I}_a = \frac{\dot{E}_a}{\dot{Z}} = \frac{E_a}{Z} \angle -\theta \quad [\mathrm{A}]$$

$$\dot{I}_b = \frac{\dot{E}_b}{\dot{Z}} = \frac{E_b}{Z} \angle -\theta \quad [\mathrm{A}]$$

$$\dot{I}_c = \frac{\dot{E}_c}{\dot{Z}} = \frac{E_c}{Z} \angle -\theta \quad [\mathrm{A}]$$

各相の起電力より，それぞれ θ ずつ位相の遅れた電流，つまり，大きさが同じで互いに 120 度の位相差をもった三相交流（対称三相交流という）が流れる。このように，6 本の線路によって電源と負荷が接続され，三相の各相が独立して回路を作る方式を独立三相式という。

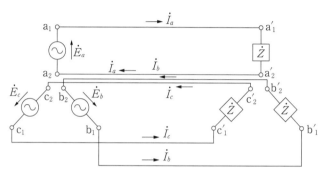

図 1.1.83 独立三相式

3) Ｙ（星形）結線

図 1.1.83 において，$a_2 - a'_2$，$b_2 - b'_2$，$c_2 - c'_2$ の 3 本の線は，電流の帰線なので，$a_2 b_2 c_2$ を結んで o_1，同様に $a'_2 b'_2 c'_2$ を結んで o_2 端子として，図 1.1.84 の点線のように $o_1 o_2$ を結べば，この線を $\dot{I}_a$，$\dot{I}_b$，$\dot{I}_c$ の合成電流が流れるようになる。

ここで $\dot{I}_a + \dot{I}_b + \dot{I}_c = 0$ となるので，中性線を省略すると，図 1.1.84 に示すようなＹ結線（星形結線）となる。このように 3 本の線で電力を送る方法をＹ結線三相 3 線式という。

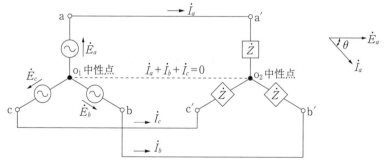

図 1.1.84 Ｙ結線三相 3 線式

4) △（三角）結線

図 1.1.85 のように 6 本の線を用いて三相の各組が独立した回路になるようにして，その各相に $\dot{Z} = Z \angle \theta$ のインピーダンスを接続すれば，各負荷に流れる電流 $\dot{I}'_a$，$\dot{I}'_b$，$\dot{I}'_c$ はそれぞれの電源の各相に流れる電流と同じである。この電流は電源の相電圧 $\dot{E}_a$，$\dot{E}_b$，$\dot{E}_c$ より位相が θ だけ遅れるので，次式で表される。

第1節　電気理論

$$\dot{I}'_a = \frac{\dot{E}_a}{\dot{Z}} = \frac{E_a}{Z} \angle -\theta \quad [\mathrm{A}]$$

$$\dot{I}'_b = \frac{\dot{E}_b}{\dot{Z}} = \frac{E_b}{Z} \angle -\theta \quad [\mathrm{A}]$$

$$\dot{I}'_c = \frac{\dot{E}_c}{\dot{Z}} = \frac{E_c}{Z} \angle -\theta \quad [\mathrm{A}]$$

この場合，a_1 と c_2，b_1 と a_2，c_1 と b_2 および a'_1 と c'_2，b'_1 と a'_2，c'_1 と b'_2 をそれぞれ接続し，電源および負荷インピーダンスを閉回路にして，両者間を3本の線で接続しても電源および各負荷インピーダンスを流れる電流は変わらないので，図1.1.86のように三相3線式にして用いることができる。

また，線電流 $\dot{I}_a$，$\dot{I}_b$，$\dot{I}_c$ の正の方向を図のように（電源→負荷）方向に定めれば，線電流と相電流 $\dot{I}'_a$，$\dot{I}'_b$，$\dot{I}'_c$ との間に，次の関係がある。

$$\dot{I}_a = \dot{I}'_a - \dot{I}'_c \quad [\mathrm{A}]$$
$$\dot{I}_b = \dot{I}'_b - \dot{I}'_a \quad [\mathrm{A}]$$
$$\dot{I}_c = \dot{I}'_c - \dot{I}'_b \quad [\mathrm{A}]$$

このように，電源や負荷を△形に接続する結線法を△結線（三角結線）という。

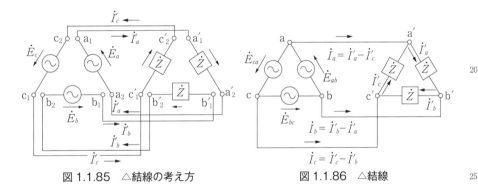

図 1.1.85　△結線の考え方　　図 1.1.86　△結線

5) V結線　　図1.1.87のように，△結線のうち一相を取り除いても対称三相電圧が得られる。このような結線をV結線といい，図1.1.88のようなベクトル図で示される。

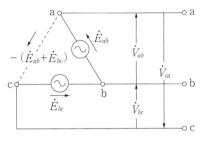 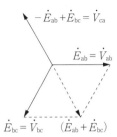

図 1.1.87　V結線　　図 1.1.88　V結線のベクトル図

6) 三相交流電力　　対称三相交流による平衡三相負荷の電力は，相電圧を E [V]，相電流を I_p [A]，負荷の力率を $\cos\theta$，一相の電力を P' [W]，全電力を P [W] とすると，

$$P' = E I_p \cos\theta \quad [\mathrm{W}]$$

$$P = 3P' = 3EI_p \cos\theta \qquad [\text{W}]$$

図 1.1.89(a)の Y（星形）結線では，相電圧 E と線間電圧 V および相電流 I_p と線電流 I の関係が，

$$E = \frac{V}{\sqrt{3}} \; [\text{V}], \; I_p = I \; [\text{A}] \; \text{より},$$

$$P = 3 \times \frac{V}{\sqrt{3}} \times I \times \cos\theta = \sqrt{3}\, VI\cos\theta \qquad [\text{W}]$$

また，線電流 I は，次式で表される。

$$I = \frac{P}{\sqrt{3}\, V\cos\theta} \qquad [\text{A}]$$

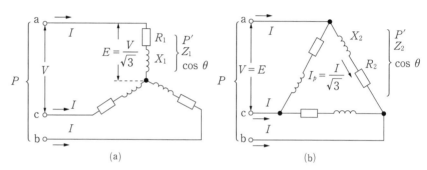

図 1.1.89　平衡三相負荷の電力

図 1.1.89(b)の △（三角）結線では，同様に，

$$E = V \; [\text{V}], \; I_p = \frac{I}{\sqrt{3}} \; [\text{A}] \; \text{より},$$

$$P = 3 \times V \times \frac{I}{\sqrt{3}} \times \cos\theta = \sqrt{3}\, VI\cos\theta \qquad [\text{W}]$$

また，線電流 I は，次式で表される。

$$I = \frac{P}{\sqrt{3}\, V\cos\theta} \qquad [\text{A}]$$

このように，Y（星形）・△（三角）両結線負荷とも，三相電力は線間電圧と線電流を使って表すと同じ形の式で扱える。

第2節　電気計測

第2節　電気計測

1.　計器の種類と特徴

1) 指示電気計器 ┃　電気計測には，電圧・電流・インピーダンスなどの電気的な量の計測と，速度・長さ・力・温度などの電気量以外のものを電気を利用して計測するものとがある（表 1.2.1）。

表 1.2.1　指示電気計器の動作原理による分類と運用

種　類		記　号	動作原理	指　示	適用計器	特　　徴
永久磁石可動コイル形			固定永久磁石の磁界と可動コイル内の電流による磁界との相互作用によって動作する。	直　流（平均値）	電圧計・電流計抵抗計・温度計磁束計・回転計	高感度で最もよく使われる。消費電力，外部磁界の影響小。
可動永久磁石形			固定コイル内の電流による磁界と可動永久磁石の磁界との相互作用によって動作する。	直　流（平均値）		JIS C 1102 に規定されているが，国内ではほとんど製品化されていない。
可動鉄片形			軟磁性材の可動片と固定コイル内の電流による磁界との間に生じる吸引力によって動作する。	交　流（実効値）	電圧計・電流計	構造堅牢で安価。外部磁界，周波数，波形の影響大。直流は誤差が大きいため使用不可。
電流力計形	空心		可動コイル内の電流による磁界と1つ以上の固定コイル内の電流による磁界との相互作用によって動作する。	交流／直流（実効値）	電力計電圧計・電流計	交流動作の場合と直流動作の場合の指示の差が小さく，携帯用の交直両用の精密電力計に使用。外部磁界の影響，消費電力大。交直両用の標準器として使える。
	鉄心入					
静電形			固定電極と可動電極との間に生じる静電力の作用で動作する。	交流／直流（実効値）	電圧計	消費電力，周波数の影響小。電流が流れなくても作動するので電流計にはならない。
誘導形			1つ以上の固定電磁石の交流磁界と，この磁界で可動導体中に誘導されるうず電流との相互作用によって動作する。	交　流（実効値）	電力量計電圧計・電流計電力計	駆動トルク大，構造堅牢，連続回転できるので，電力量計に使用。
振動片形			共振周波数を調整して配列した振動片から成り，1つ以上の固定コイルを流れる交流電流の周波数に対応する振動片を共振させて周波数を測定する。	交　流	周波数計	構造堅牢で，半永久的に使える。適応性が劣る。
永久磁石形比率計			永久磁石可動コイル形計器に電気的制御トルクを与えたもの。	直　流（平均値）	抵抗計・絶縁抵抗計・温度計	制御ばねを必要としない。
可動鉄片形比率計			可動鉄片形計器に電気的制御トルクを与えたもの。	交　流（実効値）	周波数計	制御ばねを必要としない。
電流力計形比率計	空心		電流力計形計器に電気的制御トルクを与えたもの。	交　流（実効値）	力率計・位相計周波数計	制御ばねを必要としない。
	鉄心入					
整流形			交流の電流または電圧を測定するため，直流で動作する計器と整流器とを組合せた計器。	交　流（実効値）（平均値×正弦波の波形率）	電圧計・電流計	交流計器の中では，最も高感度。波形の影響大。周波数範囲は，20 kHz 程度の比較的高い周波数まで使用できる。
熱電対（熱交換器）	非絶縁		測定電流で熱せられる一つ以上の熱電対の起電力を永久磁石可動コイル形計器を用いて測定する。	交流/直流（実効値）	温度計・電圧計電流計・電力計	高周波用計器として最適。過負荷耐量が小さい。正確な実効値が得られる。指示が2乗目盛となる。
	絶縁					
トランスデューサ形			AC-DCトランスデューサの出力を可動コイル形計器に指示させるもの。	交　流（主として）（実効値）	電圧計・電流計電力計・力率計位相計など	需要の伸びが著しい。

45

2) **アナログ計器** 電圧，電流，電力等の計測量はトランスデューサ（変換器）により直流に変換できるので，指示計器として可動コイル形計器が多用されている。

3) **デジタル計器** デジタル計器の基本構成を**図 1.2.1**に示す。計測量は通常アナログ量であるので，A/D変換器によりデジタル値に変換し数値で表示するため精度は高い。しかし，表示を瞬時に読み取り判断する場合，人間工学的にはアナログ指示計器のほうが優れている。

アナログ計器と比べたデジタル計器には次のような特徴がある。

① 有効桁数が多くとれ，精度がよい。
② ノイズ（雑音）の影響を受けやすく，アナログ計器では必要のないノイズ対策が必要である。
③ 測定値をデジタル信号で取り出すことができるため，コンピュータに接続して数値の記録やデータの処理ができる。
④ 測定値が数字で表示されるので，読み取りやすく，読み取りの個人差がない。
⑤ 入力変換部の入力抵抗が高いので測定する回路に影響を与えない。
⑥ 過電圧，過電流などの保護が容易である。
⑦ アナログ計器より構成部品が多い。

図 1.2.1 デジタル計器の基本構成

2. 各種測定法

1) **分流器** 直流電流計の測定範囲を拡大するために分流器が用いられる。**図 1.2.2**において，電流計の内部抵抗をr［Ω］，並列抵抗をR［Ω］とすると，計器に流れる電流iと被測定電流Iは次式の関係にある。

$$i = \frac{R}{R+r}I \quad [A]$$

よって，倍率m_iは，$m_i = \dfrac{I}{i} = \dfrac{r+R}{R} = 1 + \dfrac{r}{R}$

したがって，被測定電流Iは，$I = m_i i$

として，計器電流の読みから知ることができる。

分流器の抵抗Rは，$R = \dfrac{r_i}{I-i} = \dfrac{r}{m_i - 1} \quad [\Omega]$

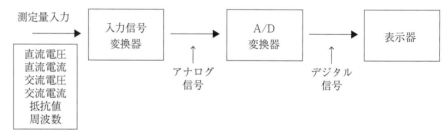

図 1.2.2 分流器

2) **倍率器** 直流電圧計の測定範囲を拡大するためには倍率器が用いられる。**図 1.2.3**において，電圧計の内部抵抗をr［Ω］，直列抵抗をR_m［Ω］とすると，計器の測定電圧V_mと被測定電圧Vは次式の関係にある。

第2節　電気計測

$$V_m = \frac{r}{R_m + r} V \quad [\text{V}]$$

よって、倍率 m_v は、$m_v = \dfrac{V}{V_m} = \dfrac{R_m + r}{r} = 1 + \dfrac{R_m}{r}$

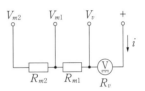

図 1.2.3　倍率器

したがって、被測定電圧 V は、$V = m_v V_m$ として、計器電圧の読みから知ることができる。

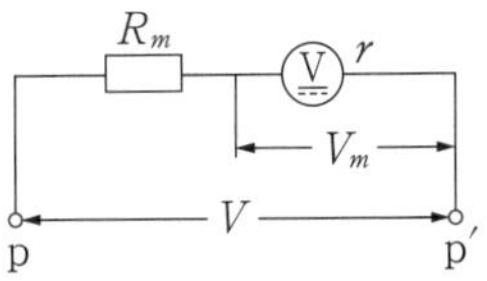

倍率器の抵抗 R_m は、$R_m = \dfrac{V - V_m}{\dfrac{V_m}{r}} = (m_v - 1) r \quad [\Omega]$

3) **多重範囲電圧計**　複数の直列抵抗器を用い、1台で最大目盛（電圧）が複数ある測定端子をもつ電圧計を多重範囲電圧計という。

図 1.2.4 において、電圧計の内部抵抗を R_v [Ω]、直列抵抗を R_{m1}, R_{m2} [Ω]、計器に流れる電流 i とすると、測定電圧 V_{m1}, V_{m2} は次式より求めることができる。

$$V_{m1} = (R_{m1} + R_v) i \quad [\text{V}]$$
$$V_{m2} = (R_{m2} + R_{m1} + R_v) i \quad [\text{V}]$$

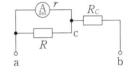

図 1.2.4　多重範囲電圧計

4) **補償抵抗**　分流器を用いると、図 1.2.5 の ab 間の抵抗が減少する。これを補償するために挿入する抵抗 R_C を補償抵抗という。

$$\frac{rR}{r + R} + R_C = r \quad [\text{R}]$$

$$R_C = \frac{r^2}{r + R} = \frac{m_i - 1}{m_i} r \quad [\text{R}]$$

図 1.2.5　補償抵抗を用いた分流器

5) **単相2線式誘導形電力量計**　図 1.2.6 における誘導形電力量計の円板の回転数は、「電圧×電流×力率×時間」、すなわち電力量に比例する。

電力を P [kW]、時間を T [h]、計器定数（1 kW・h 当たりの円板の回転数）を K [rev/kW・h] としたときの円板の回転数 N は、次式で表される。

$$N = TKP$$

［計算例］

① 使用する電気負荷の条件から、電力 P [kW] を求める。

電気負荷が単相2線式で、電圧 E を 100 V、電流 I を 10 A、負荷力率 $\cos\theta$ を 0.8 とした場合、次式で表される。

$$P = EI\cos\theta \times 10^{-3} = \frac{100 \times 10 \times 0.8}{1,000} = 0.8 \quad [\text{kW}]$$

② 円板が 2,000 回転する時間を求める。

電力 P [kW] は 0.8 kW、計器定数 K は $K = 2,000$ rev/kW・h より、上式を変形し代入すると、円板が 2,000 回転する時間 T [h] は、

$$T = \frac{N}{PK} = \frac{2,000}{0.8 \times 2,000} = \frac{1}{0.8} \quad [\text{h}]$$

回転する時間 T [h] を T_m [min] に換算すると、

$$T_m = T \times 60 = \frac{1}{0.8} \times 60 = 75 \quad [\text{min}]$$

③ 電気負荷を30分間使用した場合の円板の回転数 N を求める。

電力 P [kW] は，0.8 kW，計器定数 K は $K = 2{,}000\,\text{rev/kW·h}$，時間 T の30分は，0.5 h であるから，①式より，

$$N = TKP = 0.5 \times 2{,}000 \times 0.8 = 800 \quad [\text{回転}]$$

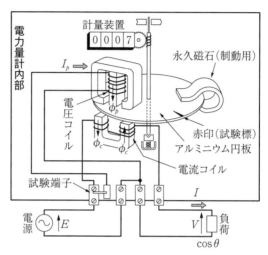

図 1.2.6　電力量計の原理図

6) 2電力計法　図 1.2.7 において，三相負荷の電力を P とすると，次式より求めることができる。

$$P_1 = V_{12} I_1 \cos(30° + \theta) \quad [\text{W}]$$
$$P_2 = V_{32} I_3 \cos(30° - \theta) \quad [\text{W}]$$
$$P = P_1 + P_2 = \sqrt{3}\, VI \cos\theta \quad [\text{W}]$$

三相回路の電力を2つの単相電力計を用いて測定する方法で，それぞれの指示値の代数の和として求められる（ブロンデルの定理）。

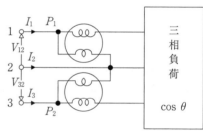

図 1.2.7　2電力計法

第3節 電気機器と制御

1. 自動制御

自動制御とは，物体・プロセス・機械等のある量を外から与えられる目標値と一致させるためにその量を検出して，目標と比較し，それに応じて訂正動作を自動的に行わせることをいう。

1.1 自動制御の用語

JIS Z 8116（自動制御用語−一般）に規定されている主な用語は**表 1.3.1** のとおりである。

表 1.3.1　自動制御用語と定義（JIS Z 8116　抜粋）

用語	定義
(1) 全般	
制御	ある目的に適合するように，制御対象に所要の操作を加えること。 備考／目的としては，制御対象の特性を改善すること，その特性の変動を相殺すること，外乱など制御対象に外部から加わる好ましくない影響を相殺すること，制御量を目標値に近づけること，又は追従させること，などがある。
補償	① 制御対象の特性を改善すること。 ② 制御対象に加わる好ましくない影響を相殺すること。
調整	量・状態を一定に保つか，又は一定の基準に従って変化させること。
(2) システム	
線形系	入力，状態又は出力の関係が，線形方程式で記述される系。 備考／特性が時間的に変化する時変線形系があるが，時間的に変化しない時不変線形系を単に線形系ということが多い。
非線形系	入力と出力との関係が非線形である系。すなわち，入力と状態との関係，又は状態と出力との関係の少なくとも一方が非線形方程式で記述される系。
(3) システムの構造表現	
ブロック線図	システムを構成する要素間の信号伝達による結合関係を表現する線図。 備考／要素をブロックと呼ばれる四角形で，信号をその伝達の向きに合わせた矢印で，信号の分岐を引き出し点で，加減算を加え合わせ点で表す。
信号伝達線図, シグナルフ ローグラフ	変数相互間の影響関係を表現する重み付き有向グラフ。 備考／変数を節点で表し，変数 x から変数 y への伝達関数が Gyx であるときに，x 節点から y 節点へ向かって，Gyx を重みとする重み付き有向枝を設ける（重み Gyx をトランスミッタンスと呼ぶことが多い）。変数 y は，節点 y へ向かう枝のそれぞれについて始端の変数に枝のトランスミッタンスを乗じたものの和として与えられる。
(4) 制御方式	
自動制御	制御系を構成して自動的に行われる制御。
開ループ制御	フィードバックループがなく，制御量を考慮せずに操作量を決定する制御。
フィードバック制御,閉ループ制御	フィードバックによって制御量を目標値と比較し，それらを一致させるように操作量を生成する制御。 備考／制御量をそのまま目標値側にフィードバックする場合には，単一フィードバックという。
フィードフォワード制御	目標値，外乱などの情報に基づいて，操作量を決定する制御。
カスケード制御	フィードバック制御系において，一つの制御装置の出力信号によって他の制御系の目標値を決定する制御。
分散制御	制御対象に分散的に配置された複数の制御装置による協調的な制御。
定値制御	目標値が一定の制御。
追従制御	変化する目標値に追従させる制御。 備考／追値制御ともいう。
比率制御	二つ以上の量の間に，ある比例関係を保たせる制御。
サーボ系	変化する目標値に追従させるフィードバック制御系。 備考／元来，物体の位置，方位，姿勢，力などの力学量を制御量とし，目標値の任意の変化に追従するように構成された制御系であるが，追従制御を主な目的として構成された制御系を指すことも少なくない。

第1章 電気工学

表 1.3.1 自動制御用語と定義 (つづき)

用語	定義
予測制御	目標値, 外乱, 又は制御対象の出力などの未来値の予測情報に基づいて, 現時点での操作量を決定する制御方式。
最適制御	制御過程又は制御結果を, 与えられた基準に従って評価し, その評価成績を最も良くする制御。
ディジタル制御	目標値, 制御量, 外乱, 負荷などの信号のディジタル値から, 制御演算部でのディジタル演算処理によって操作量を決定する制御。
プログラム制御	あらかじめ定められた変化をする目標値に追従させる制御。
ファジィ制御	ファジィ推論演算を行って操作量を決定する制御方式。 備考／ルールベース制御に比べて滑らかな制御が可能であり, 広い意味での非線形制御に入る。
シーケンス制御	あらかじめ定められた順又は手続きに従って制御の各段階を逐次進めていく制御。
PID 制御	比例動作, 積分動作, 及び微分動作の三つの動作を含む制御方式。 備考／その一部を含まない場合には, 含むものだけを明示して P 制御, PI 制御, PD 制御などと呼ぶ。PID 制御という用語は, これらの総称としても用いられる。
比例動作	入力に比例する大きさの出力を出す制御動作。 備考／P 動作と略称することもある。
積分動作, リセット動作	入力の時間積分値に比例する大きさの出力を出す制御動作。 備考／I 動作と略称することもある。
微分動作	入力の時間微分値に比例する大きさの出力を出す制御動作。 備考／D 動作と略称することもある。
(6) 信号	
入力信号, 入力	機器又は装置に供給される, 情報を担っている信号, 又は物理的な作用。
出力信号, 出力	機器又は装置から出る, 情報を担っている信号, 又は物理的作用。
外乱	制御系の状態を乱そうとする外部からの作用。
状態変数, 状態量	システムの挙動を記述する (必要にして最小限の) 変数の組。
目標値	制御系において, 制御量がその値を取るように目標として与えられる量。 備考／定値制御では, これを設定値 (set point) ともいう。
制御量	制御対象に属する量のうちで, それを制御することが目的となっている量。
(7) 動特性表現	
状態方程式	入力の過去から現在までの影響を縮約した量である状態変数の変化を記述する方程式。 備考／連続時間系 (離散時間系) の場合には, 状態変数の変化速度 (未来値) が状態変数及び入力信号の現在値で決定される微分 (差分) 方程式で表される。これに, 出力と状態変数及び入力信号との関係を表す代数方程式である出力方程式を合わせて, 状態方程式表現といい, この状態方程式表現を状態方程式と呼ぶこともある。
伝達関数	時不変線形な連続時間要素・系の入出力関係表現の一つ。初期状態を零としたときの, 入力信号のラプラス変換に対する出力信号のラプラス変換の比。
パルス伝達関数	時不変線形な離散時間要素・系の入出力関係表現の一つ。初期状態を零としたときの, 入力信号の z 変換に対する出力信号の z 変換の比。
閉ループ伝達関数	フィードバック制御系において, 目標値・外乱などループ外から入る外生信号から, 制御量・制御偏差までの伝達関数。
一巡伝達関数	フィードバック制御系において, フィードバックループの一点を切断したときに, 切断した直後の点からその直前の点までの伝達関数の符号を変えたもの。
(9) 特性	
安定性	系の状態が, 何らかの原因で一時的に平衡状態又は定常状態からはずれても, その原因がなくなれば元の平衡状態又は定常状態に復帰するような特性。 備考／1. 時間的変化の特性が時間的に変化しないとき, 定常状態という。 　　　2. 時間的に変化していない状態を平衡状態という。
ハンティング, 乱調	フィードバック制御系において現れる, 振幅の減衰しない振動現象。 備考／時不変線形集中定数系についていえば, 閉ループ伝達関数の極の中に, 実部が負でない共役複素極が含まれる場合に現れる。
(10) 応答	
応答	要素・系の, 入力の変化に対する出力の変化の様相。
時間応答	要素・系の, 入力の変化に対する出力の時間的変化の様相。 備考／一般に応答又は動的応答という。

表1.3.1 自動制御用語と定義（つづき）

用語	定義
過渡応答	要素・系で，入力がある定常状態から別の定常状態に変化したとき，出力が変化後の定常状態に達するまでの応答。 備考／インパルス応答，ステップ応答は過渡応答の代表例である。
ステップ応答	要素・系にステップ入力が加わったときの応答。 備考／単位ステップ（高さが1のステップ状変化の）入力に対する応答を単位ステップ応答という。
時定数	線形一次遅れ系において，ステップ応答が最終変化量の63.2%に達するまでの時間。 備考／線形一次遅れ系のステップ応答は，$K(1-e^{-\frac{t}{T}})$ と記述され，T が時定数である。
整定時間	ステップ応答において，出力が最終平衡値の指定された許容範囲内（例えば，±5%）に収まるまでに要する時間。
行過ぎ量，オーバシュート	ステップ応答において，出力が最終平衡値を超えた後，最初にとる極大値の最終平衡値からの隔たりを，最終変化量の百分率で表したもの。
減衰	信号の大きさ又は振動の振幅が時間とともに減少すること。
定常偏差	制御系で，過渡応答が消えて定常状態に達したとき，一定値に落ちついた制御偏差の値。 備考／入力がステップ入力の場合の定常偏差を定常位置偏差又はオフセット，ランプ入力の場合の定常偏差を定常速度偏差，定加速度入力の場合の定常偏差を定常加速度偏差という。
周波数応答	線形で安定な要素・系で，正弦波入力に対するその出力の振幅比及び位相差が，入力の角周波数とともに変化する様相。 備考／1．伝達関数が $G(s)$ である要素・系の周波数応答は，複素関数 $G(j\omega)$ で記述することができる。ゲイン特性は $\lvert G(j\omega) \rvert$ で，また，位相特性は $\angle G(j\omega)$ で計算される。 2．要素・系が線形でない場合には，正弦波入力に対する出力が必ずしも正弦波になるとは限らず，歪んだ波形となることが多い。この場合には，入力角周波数と同じ角周波数の基本波出力成分に着目して，入力に対する振幅比（ゲイン）及び位相差を求めることがある。

1.2 フィードバック制御

1) フィードバック制御

フィードバックによって制御量の値を目標値と常に比較しながら，両者を一致させるように訂正動作を行う制御である。フィードバックとは，閉ループを形成して，出力信号を入力側に戻すことをいう。制御量が外乱か何かの原因で，目標値と異なる場合は，検出部を通じて制御量が目標値と比較され，その差が偏差となり，目標値と一致する方向に動作するようになっている。

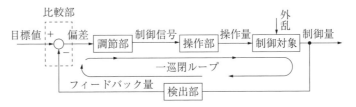

図1.3.1 フィードバック制御の基本形

図1.3.1において，制御の基本と動作は次のとおりである。

目標値：制御量が目標としている値。外部から設定される。

偏差：目標値とフィードバック量との差。

調節部：偏差を入力して操作部へ出力する。

操作部：制御信号を操作量に変え，制御対象に働きかける。

第1章　電気工学

操作量：制御対象に対して操作する量をいう。

制御対象：制御の対象となっている機器や装置。

制御量：制御の対象となる量。単に出力ともいう。

外乱：制御対象に働く，制御系の状態を乱そうとする外的作用。

検出部：制御量を，目標値と比較しやすい物理量に変換する部分。

フィードバック量：目標値と比較するため戻す出力量。

フィードバック制御の欠点は，制御を乱すような作用（外乱）が生じてもその影響が現れてからでないと修正できないことで，修正動作が後追いとなってしまうことである。

2）検出部とセンサ

制御量を検出して，フィードバックする部分を検出部という。表1.3.2のとおり，検出部は，一次変換器（種々の制御量を変位，圧力，電圧，電流，インピーダンスに変換）であるセンサ（検出部）と二次変換器（基準化した信号レベルに変換）からなる。変換器としての条件は，高感度である，適当に増幅できる，検出に時間遅れがない，伝送が容易などである。

表1.3.2　主な変換器と入出力信号

変換器種類	入力→出力信号
ベロー，ダイヤフラム	圧力→変位
ノズルフラッパ，スプリング	変位→圧力
ストレインゲージ，すべり抵抗	変位→電気抵抗
ポテンショメータ，差動トランス	変位→電圧
光電管，フォトトランジスタ	光→インピーダンス
ガイガーカウンタ，シンチレーションカウンタ	放射線→インピーダンス
サーミスタ，測温抵抗体	温度→電気抵抗
熱電対，サーモパイル	温度→電圧

1.3　シーケンス制御

1）シーケンス制御用機器

シーケンス制御では，多種の機器が使用されており，主なものとして，スイッチ，継電器，タイマなどがある。

押しボタンスイッチには，自動復帰形と残留形がある。自動復帰形は操作を加えているときだけ接点の開閉状態が変化し，操作時に接点が閉じるタイプ（a接点・メーク接点）のものと，開くタイプ（b接点・ブレーク接点）のものがあり，図1.3.2(a)の図記号で表される。また，非自動復帰（残留）形は一度操作すると反対の操作を行うまで開閉状態が保持されるもので，(b)の図記号で表される。自動復帰形と同様にa接点，b接点がある。

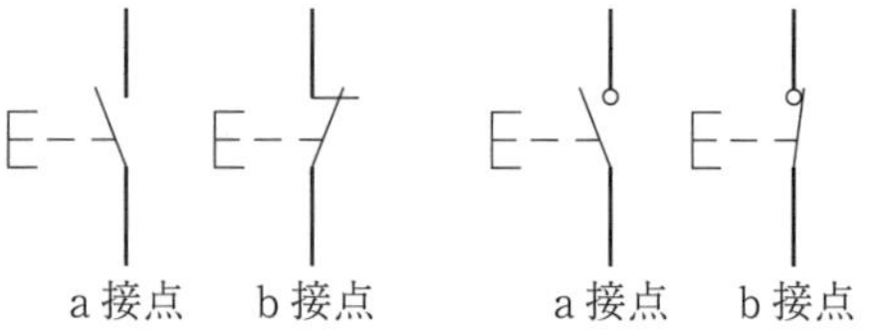

(a)自動復帰形の図記号　(b)非自動復帰（残留）形の図記号

図1.3.2　手動押しボタンスイッチの例

制御用継電器は，入力となる電気的信号のON・OFF動作から，新たな信号の

52

ON・OFF動作を出力する中継要素である。押しボタンスイッチと同様に自動復帰形と残留形があり，入力信号が加えられてから，出力接点が開閉するまでに時間の遅延のあるものは限時形継電器と呼ばれ，タイマとして動作するものもある。

2) **自己保持回路**　図1.3.3に自己保持回路を示す。図において，押ボタンスイッチPBS₂とリレーXのa接点を並列にしたもので，回路は記憶機能を持つ。これはPBS₂がいったん押されるとリレーのコイル（X□）が付勢して並列接続されたa接点が閉じ，リレーXは自己のa接点を通しても電流が流れ，付勢を続ける。その後PBS₂を離してもリレーはa接点を通して付勢し続けるので，PBS₂が押されたことを記憶したことになる。このようにリレーを用いて記憶機能を持たせた回路を自己保持回路という。

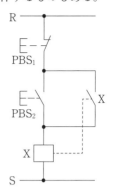

図1.3.3　自己保持回路

3) **インタロック回路**　図1.3.4に，インタロック回路を示す。この回路の動作は，押しボタンスイッチPBS_Aを押すと電磁コイルMC₁が励磁され，そのb接点が開いて押しボタンスイッチPBS_B回路の動作を阻止する。PBS_Bが押されてもMC₂は励磁されない。

このように，錠をかけるという意味で，危険または異常動作を防止するため，ある動作に対して他の動作が起こらないように，制御回路上動作防止することを目的とした回路がインタロック回路である。

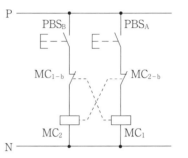

図1.3.4　インタロック回路

4) **論理回路の名称とリレー回路の組合せ**　図1.3.5(a) AND（論理積）回路のリレー回路は，入力条件のすべてがオン（H）になったときに出力がオン（H）になる回路である。スイッチAまたはBのいずれか一方のみがオン（H）にした場合，リレーXのコイルには電流が流れないので接点X–aはオフ（L）状態となる。次にスイッチAとBの両方をオン（H）にした場合，リレーXのコイルに電流が流れるので接点X–aがオン（H）状態になる。論理式は，$X = A \cdot B$と表される。

図1.3.5(b) NOT（論理否定）回路のリレー回路は，入力がオフ（L）の状態で出力がオン（H），入力がオン（H）の状態で出力がオフ（L）になるような回路である。スイッチAがオン（H）になるとリレーXのコイルに電流が流れて励磁されるので，b接点の接点X–bがオフ（L）にする。次にスイッチAをオフ（L）にするとリレーXのコイルが無励磁となるので，X–bはオン（H）にする。論理式は，$X = \overline{A}$と表される。

図1.3.5(c) OR（論理和）回路のリレー回路は，複数の入力のうち，少なくとも1つの入力がオン（H）になったときに出力がオン（H）になる回路である。スイッチAまたはBのいずれか一方でもオン（H）にした場合，リレーXのコイルに電流が流れて接点X–aがオン（H）状態になる。論理式は，$X = A + B$と表される。

図1.3.5(d) NAND（論理積否定）回路のリレー回路は，AND回路の出力を否定

(NOT) した論理を出力する回路で，AND 回路と NOT 回路を組み合わせて構成され，入力スイッチが同時にオン（H）になったときにのみ出力をオフ（L）にする回路である。スイッチ A と B の両方をオフ，または A か B の一方をオン（H）にした場合，リレー X のコイルに電流が流れないで，X−b がオン（H）状態になる。次に A と B の両方をオン（H）にした場合，リレー X のコイルに電流が流れるので X−b がオフ（L）状態になる。論理式は，$X = \overline{A \cdot B}$ と表される。

図 1.3.5(e) NOR（論理和否定）回路のリレー回路は，OR 回路の出力を否定（NOT）した論理を出力する回路で，OR 回路と NOT 回路を組み合わせて構成され，入力スイッチのいずれかをオン（H）にしたときに出力がオフ（L）になる回路である。では，スイッチ A または B のいずれか一方をオン（H）にした場合，リレー X のコイルには電流が流れるので b 接点 X−b がオフ（L）の状態になる。論理式は，$X = \overline{A+B}$ と表される。

図 1.3.5 における論理回路の動作を表 1.3.3 に示す。

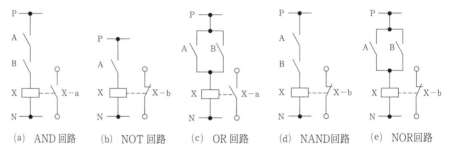

(a) AND 回路　(b) NOT 回路　(c) OR 回路　(d) NAND 回路　(e) NOR 回路

図 1.3.5　論理回路の名称とリレー回路の組合せ

表 1.3.3　論理回路の動作

A B	AND	OR	NAND	NOR	A	NOT
H H	H	H	L	L	H	L
H L	L	H	H	L		
L H	L	H	H	L	L	H
L L	L	L	H	H		

1.4　ブロック線図と伝達関数

1) ブロック線図　図 1.3.6 に示すように，制御要素の入力信号 X と出力信号 Y の間に，

$$Y = GX$$

の関係が成立するとき，G をその制御要素の伝達関数という。

図 1.3.6　ブロック線図

伝達関数を四角で囲んだものをブロックといい，信号の流れに従ってブロックを接続したものを，ブロック線図という。信号線の接続および分岐は，図 1.3.7 のように表す。

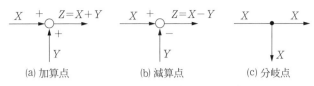

(a) 加算点　　(b) 減算点　　(c) 分岐点

図 1.3.7　信号線の接続および分岐

2) ブロック線図の等価変換　　基本的なブロック線図の結合と合成（等価変換）した伝達関数を，**表 1.3.4** に示す。

表 1.3.4　ブロック線図の等価変換例

名　称	結合前	結合後	考え方
直列結合	$A \to \boxed{G_1} \xrightarrow{B} \boxed{G_2} \to C$	$A \to \boxed{G_1 G_2} \to C$	$B = G_1 A,\ C = G_2 B$ より $C = G_2 B = G_1 G_2 A$ $G = C/A = G_1 G_2$
並列結合		$A \to \boxed{G_1 G_2} \to D$	$B = G_1 A,\ C = G_2 A$ $D = B \pm C$ $\quad = G_1 A \pm G_2 A = (G_1 \pm G_2)A$ $G = D/A = G_1 \pm G_2$
フィードバック結合		$A \to \boxed{\dfrac{G_1}{1 \pm G_1 H}} \to D$	$C = A \pm B,\ B = HD$ $D = G_1 C = G_1(A \pm B)$ $\quad = G_1(A \pm HD)$ $(1 \mp G_1 H)D = G_1 A$
直結フィードバック結合		$A \to \boxed{\dfrac{G_1}{1 + G_1}} \to D$	$G = \dfrac{D}{A} = \dfrac{G_1}{1 \mp G_1 H}$

3) フィードバック制御の伝達関数の求め方　　フィードバック制御を行っているシステムの伝達関数は，次のように求められる。

図 1.3.8 に示すように，G_1 と G_2 がフィードバック結合となっている場合，入力信号 X と出力信号 Y には次の関係がある。

$$Y = G_1(X - G_2 Y) = \frac{G_1}{1 + G_1 G_2} X$$

したがって，合成（等価変換）伝達関数 G は，

$$G = \frac{\text{出力}}{\text{入力}} = \frac{Y}{X} = \frac{G_1}{1 + G_1 G_2}$$

図 1.3.8　フィードバック結合

2. 電気機器

2.1　変圧器

1) 種類　　変圧器は使用目的，設置場所，負荷条件や構造，特性などから多種に分類されるが，一般的には絶縁方式，冷却方式，鉄心と巻線の構造，相数および巻線数などにより分類される。

変圧器に使用される絶縁材料により**表 1.3.5** のように大別される。

表 1.3.5　変圧器の種類

名　　称	耐熱クラス	許容最高温度(℃)	構造・特性など
油入変圧器	A	105	タンク内に変圧器本体を収納し、冷却作用が良く、絶縁耐力に優れている鉱油系の絶縁油を絶縁媒体とした変圧器である
モールド変圧器	B	130	巻線の全表面がエポキシ系樹脂で覆われた変圧器で、難燃性、高信頼性、保守の容易性に優れている
	F	155	
	H	180	
SF₆ガス絶縁変圧器	F	155	絶縁油に替えて電気絶縁性に優れたSF₆ガスを絶縁媒体とした変圧器である。SF₆ガスは不燃性のため、地下変電所などの屋内設置に適している（ただし、温室効果の高いガスのため排出抑制対象ガスに指定されている）
H種乾式変圧器	H	180	巻線をシリコンワニスで絶縁処理し、直接空気で冷却する変圧器である

2) 誘導起電力　鉄心中の磁束の最大値を Φ_m [Wb]、周波数を f [Hz]、一次、二次の巻数を N_1、N_2 とすると、それぞれの巻線に発生する起電力 E_1、E_2（実効値）は、

$$E_1 = 4.44 f N_1 \Phi_m \quad [\text{V}]$$
$$E_2 = 4.44 f N_2 \Phi_m \quad [\text{V}]$$

巻数比（または変圧比）を a とすると、次式で表される。

$$a = \frac{E_1}{E_2} = \frac{N_1}{N_2}$$

3) 理想単相変圧器の電圧・電流　図 1.3.9 の変圧器において、電源から一次巻線に電圧 E_1 [V]、電流 I_1 [A] を流したとき、鉄心や巻線および電線路の損失がないものとすると、電力はそのまま二次側に供給されることになるので、二次巻線の電圧 E_2 [V]、電流 I_2 [A] とすると、次式が成り立つ。

$$E_1 I_1 = E_2 I_2 \quad [\text{V} \cdot \text{A}]$$

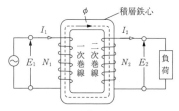

図 1.3.9　変圧器の原理

4) 励磁電流　交流電圧 v_1 [V] を一次巻線に加えると、交流電流が流れ、磁束 ϕ [Wb] を作る。この電流を励磁電流といい、変圧器の励磁電流 I_0 [A] は図 1.3.10 (a) に示すように磁化電流 I_{0e} と鉄損電流 I_{0w} を合成したものである。磁気回路の長さを l [m]、鉄心の断面積を S [m²]、透磁率を μ [H/m] とすると、磁化電流の値は、次式で表され、磁化電流 I_{0e} は、磁束 ϕ と同相である。

$$I_{0e} = \frac{\phi l}{N_1 \mu S} \quad [\text{A}]$$

また、図 1.3.10 (b) に示すように、鉄心の磁気飽和現象やヒステリシス現象のために励磁電流の波形は非正弦波 i_0' となり、基本波成分 i_0 に加えて、第 3 高調波成分が多く含まれひずみ波電流となる。

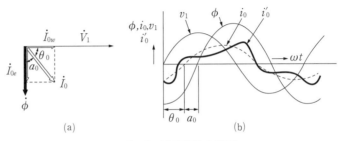

図 1.3.10 励磁電流の波形

5) **簡易等価回路**　変圧器の電気的特性である電圧変動率，短絡インピーダンス，効率について，等価回路を利用すると計算が簡単に行える。一次側の諸量を二次側に換算するものと，二次側の諸量を一次側に換算した等価回路がある。ここでは，変圧器の一次側を二次側に換算した場合の簡易等価回路とベクトル図を**図 1.3.11**(a)(b)に示す。

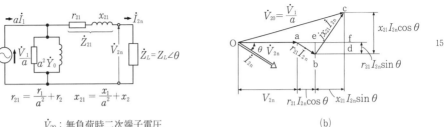

$\dot{V}_{20}$：無負荷時二次端子電圧
$\dot{V}_{2n}$：定格負荷時二次端子電圧
$\dot{I}_{2n}$：定格負荷電流

図 1.3.11　一次側を二次側に換算した簡易等価回路とベクトル図

6) **短絡電流**　回路の絶縁破壊，アーク放電，金属製異物の接触などの事故により，その回路が定常時に比して非常に小さいインピーダンスで接続された状態になって，非常に大きな電流が流れる現象を短絡といい，その際に流れる電流を短絡電流という。

短絡の種類としては，単相短絡（線間が短絡），三相短絡（各相がすべて短絡）の 2 種類があり，通常の電気回路の場合，三相短絡電流が最も大きな値となるので，その大きさを算定する。

三相短絡電流は電源の状況，短絡故障点の位置，負荷の状況などによって，その大きさ，時間的変化，直流分の含有率が異なるため精密な計算は非常に難しく，実用的な方法としては％インピーダンス法が採用されることが多い。

％インピーダンス法による変圧器の二次側短絡時の一次側短絡電流の計算は，次の式で求められる。

$$I_s = I \times \frac{100}{\%Z} \quad [\text{A}]$$

　　I_s：一次側短絡電流［A］
　　I：一次側定格電流［A］
　　$\%Z$：パーセント短絡インピーダンス［％］

ここで，一次側定格電流 I［A］は次式で求める。

$$I = \frac{P}{\sqrt{3}V} \quad [A]（三相）$$

$$I = \frac{P}{V} \quad [A]（単相）$$

V：一次側定格電圧 [kV]

P：定格容量 [kV・A]

7) **電圧変動率**　定格周波数，定格力率で定格負荷を加え，二次端子電圧を定格値 V_{2n} に保つように一次端子電圧を調整した後，無負荷とした時の二次端子電圧を V_{20} とすると，負荷電流と端子電圧の関係は**図 1.3.12** となり，電圧変動率 ε は次式で表される。

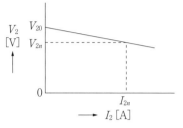

図 1.3.12　負荷電流と端子電圧

$$\varepsilon = \frac{V_{20} - V_{2n}}{V_{2n}} \times 100 \quad [\%]$$

図 1.3.11 の簡易等価回路とベクトル図より，V_{20} [V] は次のようになる。

$$V_{20} = \sqrt{(V_{2n} + r_{21}I_{2n}\cos\theta + x_{21}I_{2n}\sin\theta)^2 + (x_{21}I_{2n}\cos\theta - r_{21}I_{2n}\sin\theta)^2}$$

r_{21}：二次側に換算した巻線の抵抗

x_{21}：二次側に換算した漏れリアクタンス

この式の中の $(x_{21}I_{2n}\cos\theta - r_{21}I_{2n}\sin\theta)$ は，非常に小さな値なので，これを無視すると次式で表される。

$$V_{20} \fallingdotseq V_{2n} + r_{21}I_{2n}\cos\theta + x_{21}I_{2n}\sin\theta \quad [V]$$

よって，電圧変動率 ε は次のようになる。

$$\varepsilon = \frac{V_{20} - V_{2n}}{V_{2n}} \times 100 = \frac{r_{21}I_{2n}\cos\theta}{V_{2n}} \times 100 + \frac{x_{21}I_{2n}\sin\theta}{V_{2n}} \times 100 \quad [\%]$$

百分率抵抗降下を $p = \frac{r_{21}I_{2n}}{V_{2n}} \times 100$ [%]，百分率リアクタンス降下を $q = \frac{x_{21}I_{2n}}{V_{2n}} \times 100$ [%]，負荷力率を $\cos\theta$ とすると，電圧変動率 ε [%] は次式で表される。

$$\varepsilon = p\cos\theta + q\sin\theta \quad [\%]$$

8) **インピーダンス電圧**　二巻線変圧器のインピーダンス電圧とは，一方の巻線の基準タップに定格周波数の電圧を加え，他方の巻線を短絡して定格電流を通じた場合の印加電圧のことをいい，特に指定されないかぎり電圧を加えたほうの巻線の定格電圧に対する百分率で表す。

日本の電力用変圧器の標準的インピーダンス電圧値は**表 1.3.6** に示すもので，短絡容量抑制のために高インピーダンスとするときは，特別な場合を除き，**表 1.3.6** の 1.5 倍程度までが使用される。

表 1.3.6　変圧器の標準的インピーダンス電圧

公称電圧 [kV]	11	22	33	66	77	110	154	187	220	275	500
インピーダンス電圧 [%]	4.5	5.0	5.5	7.5	7.5	10	11	12	13	14	14

9) インピーダンスワット

インピーダンス電圧を加えたときの入力 P_c をインピーダンスワットといい、これは変圧器の負荷損を示し、銅損とほぼ等しい。定格容量を P_n とすると、

$$\frac{p}{100} = \frac{r_{21}I_{2n}}{V_{2n}} = \frac{r_{21}I_{2n}^2}{V_{2n}I_{2n}} = \frac{P_c}{P_n}$$

の関係にあるので、

$$P_c = \frac{p}{100} \times P_n$$

また、短絡インピーダンス Z_{12} と基準インピーダンス Z_n との比 $\%Z$ をパーセント短絡インピーダンス（旧規格では百分率インピーダンス降下）といい、これは、%で表示したインピーダンス電圧という意味になり、次式で表される。

$$\%Z = \frac{Z_{12}}{Z_n} \times 100 = \frac{V_{2s}}{V_{2n}} \times 100 = \sqrt{p^2 + q^2} \quad [\%]$$

一般に、電圧変動率を小さくするには、$\%Z$ を小さくする必要がある。しかし、大容量の変圧器では二次側の短絡事故による過大な短絡電流を防ぐために、$\%Z$ をある程度大きくしている。小型変圧器で 2～5%、中型以上の変圧器で 14% 以下である。

10) 変圧器の損失

変圧器の損失には無負荷損と負荷損がある。無負荷損は二次側が無負荷の場合の損失で、負荷損は二次側に負荷をかけた場合の損失である。損失を図 1.3.13 に示す。

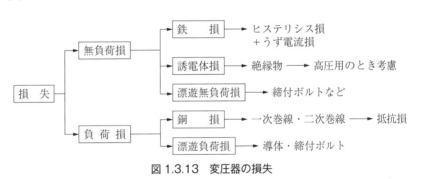

図 1.3.13 変圧器の損失

これらのうちで、損失の大きいものは銅損と鉄損であり、銅損は巻線に流れる電流によるジュール熱（I^2r）であり、抵抗損ともいう。

鉄損は鉄心の損失であり、ヒステリシス損（P_h）とうず電流損（P_e）からなる。材料による定数 R_h、R_e、鋼板の厚さ t [m]、磁束密度の最大値 B_m [T]、波形率 R_f とすると、

$$P_h = R_h f B_m^2 \quad [\text{W/kg}]$$
$$P_e = R_e (tR_f f B_m)^2 \quad [\text{W/kg}]$$

で表される。

11) 変圧器の効率

変圧器の損失は一般に小さく、入力電力と出力電力の差がほとんどない。また、変圧器容量が大きくなるとそれに応じた電源設備を必要とするため、実測により効率を求めることは困難である。

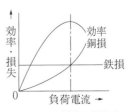

図 1.3.14 効率・損失と負荷電流

第1章 電気工学

効率を求めるには実際の負荷状態における出力と入力を測定してその比をとる実測効率ではなく，無負荷損や負荷損測定を行い，内部の温度が75℃になった場合の負荷損に換算して効率を算出する規約効率が用いられる。

$$変圧器の実測効率 \eta = \frac{出力電力}{入力電力} \times 100 \quad [\%]$$

$$変圧器の規約効率 \eta = \frac{出力}{出力+損失} \times 100 \quad [\%]$$

上式における損失とは，図1.3.13の負荷損と無負荷損の和であるので，

$$変圧器の規約効率 \eta = \frac{出力}{出力+負荷損+無負荷損} \times 100 \quad [\%]$$

また，最大効率は，図1.3.14に示すように，無負荷損（鉄損）＝負荷損（銅損）の場合に得られる。

1日の総合効率を全日効率 η_d といい，次式で示す。

$$\eta_d = \frac{1日の総出力電力量 \times 100}{1日の総出力電力量+1日の無負荷損電力量+1日の負荷損電力量} \quad [\%]$$

12) 三相結線 単相変圧器3台を用いて三相結線を行う結線法には，表1.3.7のような種類がある。

表1.3.7 三相結線の種類

名　称	用途・特性など
△－△結線	中性点が接地できないので，主に33 kV以下の配電用変圧器として用いられる。変圧器の結線が△結線されていると，励磁電流などの第3調波成分は△結線の巻線内を還流し，変圧器の外部には流出しないので，通信線に障害を与えることは少ない
△－Ｙ結線	発電所用変圧器などの昇圧用に主として用いられる
Ｙ－△結線	受電端変電所用として降圧用に主に用いられる
Ｙ－Ｙ結線	励磁電流中の第3調波の通路がないので，鉄心中の磁束がひずみ，線間電圧が正弦波形にならない。このため一般には使用されない。しかし，変圧器を3巻線変圧器として結線をＹ－Ｙ－△とすれば，△巻線内で第三調波分の電流を循環させられるので，線間電圧は正弦波形になる。一次変電所で広く用いられている

図1.3.15に△－Ｙ結線の結線図とベクトル図を示す。

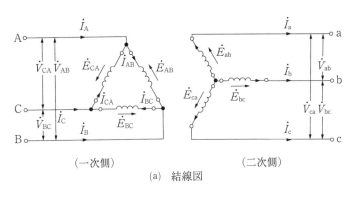

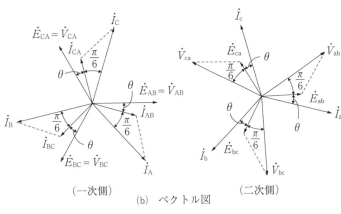

図 1.3.15　△－Y結線

13) **並行運転**　単相変圧器 2 台を並列接続して並行運転する条件は，次のとおりである。
　① 一次および二次の定格電圧が等しいこと。
　② 極性が一致していること。
　③ パーセント短絡インピーダンス（旧規格では百分率インピーダンス降下）が等しいこと。
　④ 巻線抵抗と漏れリアクタンスの比が等しいこと。
　　以上が満足されていれば，各変圧器の負荷分担は定格容量に比例する。
　　巻線抵抗と漏れリアクタンスの比が等しくないと各変圧器の分担電流に位相差が生じ利用率が悪くなる。
　　三相変圧器の場合は，さらに次の条件が必要となる。
　⑤ 相回転と角変位が等しいことが条件となる。

14) **角変位**　図 1.3.16 に示す変圧器の一次側と二次側で同じ結線方式（Y－Y，△－△）では，一次，二次の電圧の位相差（角変位）は生じないが，図 1.3.16 および図 1.3.17 に示す Y－△結線では，二次電圧が一次電圧より 30° 遅れ（角変位 30°），△－Y結線では，二次電圧が一次電圧より 30° 進む（角変位 －30°）。

第1章　電気工学

結線		角変位
高圧側	低圧側	
Y(V,U,W)	y(v,u,w)	0°
Y(V,U,W)	△(v,u,w)	30°遅れ
△(V,U,W)	△(v,u,w)	0°
△(V,U,W)	y(v,u,w)	30°進み

図 1.3.16　三相結線と角変位

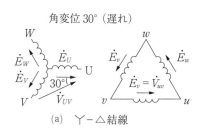

(a)　Y-△結線

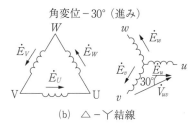

(b)　△-Y結線

図 1.3.17　三相結線方式と角変位

表 1.3.8　三相変圧器の並行運転の組合せ

可　能	不可能
△-△と△-△	△-△と△-Y
Y-YとY-Y	△-YとY-Y
Y-△とY-△	△-△とY-△
△-Yと△-Y	Y-△とY-Y
△-△とY-Y	
△-YとY-△	

15) 並行運転の組合せ　表 1.3.8 に三相変圧器の並行運転の組合せを示す。

16) 並行運転時の負荷分担　2 台の変圧器を並行運転したとき，並行運転の条件が満足されていれば，両変圧器の負荷の分担は，変圧器の定格容量比となる。

すなわち，定格容量の異なる A, B, 2 台の変圧器の定格容量をそれぞれ P_a [kV・A]，P_b [kV・A]，負荷合計を P [kV・A] とすると，次式で表される。

$$\text{A 変圧器の負荷} = \frac{P_a}{P_a+P_b} \times P \quad [\text{kV・A}]$$

$$\text{B 変圧器の負荷} = \frac{P_b}{P_a+P_b} \times P \quad [\text{kV・A}]$$

17) V 結線　単相変圧器 2 台を用いて三相変圧を行う方法で，V 結線の結線図を図 1.3.18 に示す。

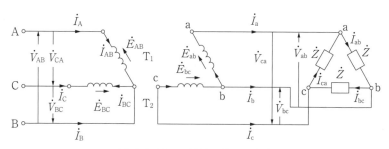

図 1.3.18　V 結線の電圧・電流

三相出力 P は変圧器の定格電圧 $E_n = E_{ab} = E_{bc}$, 定格電流 $I_n = I_a = I_c$ より,

$$P = \sqrt{3}\, E_n I_n \quad [\text{V}\cdot\text{A}]$$

となり, 1 台の定格の $\sqrt{3}$ 倍となる。

また, 利用率は, 次式で表される。

$$利用率 = \frac{\sqrt{3}\, E_n I_n}{2 E_n I_n} = \frac{\sqrt{3}}{2} \fallingdotseq 0.866$$

18) スコット結線変圧器　三相から二相 (90°位相差のある2組の単相回路) への変換を行う変圧器の結線方法にスコット結線がある。

スコット結線は, 図 1.3.19 のように巻線を 2 組使用し, 一次側を逆 T 字形に結線し三相側に接続する。

19) 単巻変圧器　図 1.3.20 は単巻変圧器の結線図を示したもので, 共通部分 (B-C 間) の巻線を分路巻線, 共通でない部分 (A-B 間) の巻線を直列巻線という。いま, 巻数 n_1 の A-C 間の巻線に一次電圧 V_1 を加えると, 励磁電流が流れて鉄心に磁束を生じ, 巻線のインピーダンス降下を無視すれば, 巻数 n_2 の B-C 間の巻線端子には, $\left[\dfrac{V_1}{V_2} \fallingdotseq \dfrac{n_1}{n_2}\right]$ を満足する二次電圧 V_2 が発生する。また, 励磁電流を無視すれば, 一次電流 I_1, 二次電流 I_2 の間には $\left[\dfrac{I_1}{I_2} \fallingdotseq \dfrac{n_2}{n_1}\right]$ の関係が成り立つ。

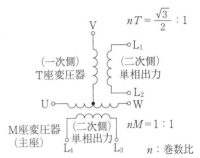

図 1.3.19　スコット結線

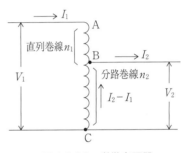

図 1.3.20　単巻変圧器

単相単巻変圧器では, 変圧器の損失を無視すれば, その出力 $V_2 I_2$ は入力と等しいので $V_2 I_2 = V_1 I_1$ となり, これを定格容量という。また, A-B 間の巻線と B-C 間の巻線の 2 つ巻線があるものとして考えると, その容量は,「各巻線に加わる電圧と電流の積」になり, これを自己容量という。したがって, 自己容量とは,「A-B 間巻線に加わる電圧と電流の積」または「B-C 間巻線に加わる電圧と電流の積」となる。図 1.3.20 から自己容量 = $(V_1 - V_2) I_1 = V_2 (I_2 - I_1)$ [VA] となる。

単巻変圧器の定格容量と負荷容量とは等しいが, 変圧器の大きさは自己容量で決まる。$V_2 I_2 = V_1 I_1$ として, 両者の比は, 次式で表される。

$$\frac{自己容量}{負荷容量} = \frac{V_2(I_2 - I_1)}{V_1 I_1} = \frac{V_2 I_2}{V_1 I_1} - \frac{V_2 I_1}{V_1 I_1} = 1 - \frac{V_2}{V_1}$$

また, 特徴は以下の通りである。

① 重量および損失が小さい。
② インピーダンスおよび電圧変動率が小さい。
③ 励磁電流および無負荷損が小さい。
④ 高電圧側と低電圧側とが絶縁されていないので, 高電圧側に発生した異常高電圧が低電圧側に波及する。

2.2 電動機

2.2.1 電動機一般

1) **電動機の種類** 電動機を分類すると**図1.3.21**のようになる。

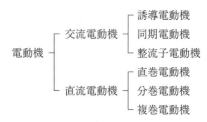

図1.3.21　電動機の種類

2) **電動機の主な特徴** 電動機の種類と主な特徴を**表1.3.9**に示す。

表1.3.9　各種電動機の主な特徴

種類	主　な　特　徴
誘導電動機	① 構造が簡単で堅ろう ② 安価 ③ 取扱い簡単 ④ 製造業者で量産しているので即納でき，また後日の修理などにも便利
同期電動機	① 力率が良好 ② 力率の調整を任意に行なえる ③ その電力系統の力率を改善する ④ 大容量低速度用に適している（直流励磁を加減して力率100%にし，また，進み力率として進相コンデンサの代わりとすることもできる） ⑤ 励磁用の直流電源が必要である
整流子電動機	① 広範囲に速度制御が可能 ② 速度調整による電力損失がない ③ 低速度で高い力率を保持 ④ 効率が良く，始動トルクも大きい。また，始動電流も比較的少ない ⑤ 整流子の保守点検が複雑である
直流電動機	① 直巻電動機は始動トルクが大きい。また，広範囲の速度制御ができる ② 分巻電動機は定速度運転用に適している ③ 複巻電動機は分巻・直巻の巻線比によって，両者の任意の特性を得ることができる

3) **電動機の速度制御** 電動機の速度制御についてまとめたものを**表1.3.10**に示す。

表1.3.10　電動機の速度制御

種類	速度の式	速度制御要素	速度制御方式	特徴
誘導電動機	$n=\dfrac{120f}{p}(1-s)$	極数 p	極数変換	速度が段階的 多段機は大形となる 保守容易
		すべり s	一次電圧制御	速度変動大 低速時効率が悪い かご形のとき保守容易
			二次抵抗制御	低速時速度変動大 低速時効率が悪い
			二次励磁制御	効率がよい 速度制御範囲が狭い場合変換装置容量が小さくできる
		周波数 f	周波数制御	広い速度制御範囲で効率がいい かご形のとき保守容易
同期電動機	$n=\dfrac{120f}{p}$	周波数 f	周波数制御	広い速度制御範囲で効率がいい かご形のとき保守容易
直流電動機	$n=k\dfrac{Va-RaIa}{\phi}$	電機子抵抗 Ra	電機子抵抗制御	低速時速度変動大 低速時効率が悪い
		磁束 ϕ	弱め界磁制御	速度制御範囲に制限有。応答が悪い 制御電力が小さくできる 定出力特性となる
		電機子電圧 Va	電機子電圧制御	広い制御範囲で効率がいい

［注］：二次抵抗制御は，二次巻線に挿入した抵抗とすべり s の比例推移を利用して速度制御をするもので，巻き線形誘導電動機に用いられる。かご形誘導電動機には，二次巻線がないのでこの方式は用いられない。

2.2.2 誘導電動機
(1) 原理と構造

1) 誘導電動機の分類

誘導電動機を分類すると図 1.3.22 のようになる。

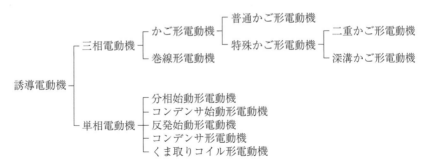

図 1.3.22　誘導電動機の分類

2) かご形誘導電動機と巻線形誘導電動機の比較

かご形誘導電動機は，回転子の構造が簡単で効率もよく堅ろうで保守が容易であるため，小型から大型のものまで広く用いられる。一方，巻線形誘導電動機はかご形に比べてスリップリングが必要で構造は複雑になるが，回転子回路に抵抗を入れることで速度制御や始動に有利な点があり，中型，大型機に用いられる。

3) 誘導電動機の規定

三相かご形誘導電動機で，一般に使用されるものについては JIS C 4210「一般用低圧三相かご形誘導電動機」に耐熱クラス，全負荷時の効率，力率が規定され，無負荷電流，全負荷電流，全負荷すべりの参考値が示されている。

また，100 V または 200 V の単相誘導電動機は，JIS C 4203「一般用単相誘導電動機」に特性が示されている。電動機の特性は，電源電圧や周波数の変動によって影響を受けるが，その変化が電圧で±10％，周波数で±5％，電圧と周波数の和で±10％以内であれば実用上さしつかえないように設計されている。

表 1.3.11 に，三相および単相誘導電動機の特性と用途を示す。

表 1.3.11　誘導電動機の特性と用途

	種　　類	始動トルクの全負荷トルクに対する%	始動電流の全負荷電流に対する%	運転特性	定格出力	主な用途
三相誘導電動機	普通かご形	125 以上	500～800	速度ほぼ一定，全負荷時は無負荷時より約5～10遅い。速度調整は不能	0.2～3.7 kW	小容量一般
	特殊かご形（慣性負荷が小さいものに使用）	100 以上	600 前後	同　　上	5.5～37 kW，11 kW 以上は始動器使用	ポンプ・送風機・圧縮機など
	特殊かご形（慣性負荷が大きいものに使用）	150 以上	600 前後	同　　上	同　　上	巻上機・工作機械・エレベータ
	巻 線 形	始動電流が全負荷電流の150 のとき（始動抵抗器の第一ノッチにて）全負荷トルクの約150		回転子回路に抵抗を入れることにより速度調整可能	5.5～37 kW，3.7 kW を超える場合は，始動器使用	送風機・クレーン・圧延機・粉砕機など

第 1 章　電気工学

表 1.3.11　誘導電動機の特性と用途（つづき）

	種　類	始動トルクの全負荷トルクに対する%	停動トルクの全負荷トルクに対する%	始動電流の全負荷電流に対する%	運転特性	定格出力	主な用途
単相誘導電動機	分相始動形	125 以上	175 ～ 300	500 前後	力率，効率他よりやや小	0.1～0.4 kW	ファン・洗たく機など
	反発始動形	300 以上	175 ～ 300	300 前後	始動トルク大	0.1～0.75 kW	ポンプ・コンプレッサなど
	コンデンサ始動形	250 以上 0.4 kWのものは 200 以上	175 ～ 300	450 ～ 500	運転中コンデンサを接続するものは力率がよい	0.1～0.4 kW	冷蔵庫用コンプレッサ・ポンプなど

4) 同期速度

　三相誘導電動機が回転する原理は，磁石（固定子）を回転させることにより円筒（回転子）に起電力が誘導され，うず電流が流れるので，この電流と磁束との間に電磁力が働き磁石の回転と同じ方向に回転する。実際は，磁石を回転させる代わりに3つのコイルをお互いに120度ずつずらして配置し，三相交流を流すことにより回転する磁界を発生させている。磁極数が2の場合，三相交流が1周期すると合成された磁束も相の回転方向に1回転する。

　これを回転磁界といい回転磁界の回る速さ（同期速度 N_S という）は，p：磁極数，f：周波数［Hz］とすると，次式で表される。

$$N_S = \frac{120f}{p} \qquad [\text{min}^{-1}]$$

　上記の式より同期速度 N_S は，電源の周波数 f に比例し，磁極数 p に反比例する。また，電源電圧の大きさには関係しないため，電圧の変化に対して同期速度 N_S は，変化しない。

5) 回転速度とすべり

　誘導電動機の回転子の回転速度 N は，同期速度 N_S よりもいくらか遅い速度で回転することにより磁束を切り回転子導体に誘導電流が流れ，連続して回転力を発生する。この同期速度 N_S と回転子の回転速度 N の差は，すべり s と呼ばれ次式で示される。

$$s = \frac{N_S - N}{N_S}$$

　また，回転子の回転速度 N は，

$$N = N_S (1-s) \qquad [\text{min}^{-1}]$$

　誘導電動機のすべり s の大きさは，誘導電動機が一般の使用状態にあるときは $0 < s < 1$ の範囲である。定格出力で運転している場合で $s = 0.05$（5%程度のすべり）である。$s = 1$ は電動機が始動直前の状態（停止状態：回転速度 $N = 0$），$s = 0$ は電動機が同期速度で回転していることを示す。

　なお，誘導電動機が無負荷運転しているときのすべり s は，$s \fallingdotseq 0$ の状態である。

6) 誘導電圧（実効値）

　一次巻線に誘導される一相分の電圧 V_1'，二次巻線に誘導される一相分の電圧 V_2' は次式で表される。

$$V_1' = 4.44\,k_1 w_1 f \varPhi_m \qquad [\text{V}]$$
$$V_2' = 4.44\,k_2 w_2 s f \varPhi_m \qquad [\text{V}]$$

66

ここで，$k_1 w_1$：一次有効巻数（一相分）
$k_2 w_2$：二次有効巻数（一相分）
Φ_m：1極の磁束の最大値

(2) 特性

1) 等価回路と計算式

三相誘導電動機の等価回路（一相分）は変圧器と同様に表される。図 1.3.23 を一次側に換算したものを図 1.3.24 に，簡易等価回路を図 1.3.25 に示す。

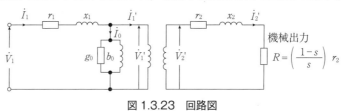

図 1.3.23　回路図

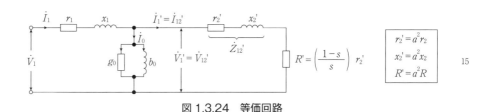

図 1.3.24　等価回路

図 1.3.25　簡易等価回路

簡易等価回路における諸量の計算式を表 1.3.12 に示す。

表 1.3.12　簡易等価回路における諸量の計算式

諸量	計算式
一次負荷電流	$I_1' = \dfrac{V_1}{\sqrt{(r_1 + \dfrac{r_2'}{s})^2 (x_1 + x_2')^2}}$ 　[A]
励磁電流	$I_0 = V_1 \sqrt{g_0^2 + b_0^2}$ 　[A]
一次電流	$I_1 = |\dot{I}_0 + \dot{I}_1'|$ 　[A]
鉄損	$P_i = V_1^2 g_0$ 　[W]
一次銅損	$P_{c1} = I_1'^2 r_1$ 　[W]
一次入力	$P_1 = P_i + P_{c1} + P_{c2} + P_0 = V_1 I_1 \cos\theta$ 　[W]
二次入力	$P_2 = P_{c2} + P_0 = I_1'^2 \dfrac{r_2'}{s} = \dfrac{V_1^2 \dfrac{r_2'}{s}}{(r_1 + \dfrac{r_2'}{s})^2 (x_1 + x_2')^2}$ 　[W]

表 1.3.12 簡易等価回路における諸量の計算式（つづき）

諸量	計算式
二次銅損	$P_{c2} = I_1'^2 r_2' = sP_2$　[W]
二次出力	$P_0 = I_1'^2 R' = (1-s)P_2$　[W]
二次効率	$\eta_0 = \dfrac{P_0}{P_2} = 1-s$
軸出力	$P_0' = P_0 - P_m$　[W]（P_m は機械損）
電動機効率	$\eta_0 = \dfrac{P_0'}{P_1}$
三相一次入力	$P = \sqrt{3}\,VI\cos\theta$　[W] V：端子電圧, I：入力電流, $\cos\theta$：力率

2) トルク　　誘導電動機のトルク T と出力 P_0 との関係は次式で表される。

$$P_0 = 2\pi \frac{N}{60} T \quad [\text{W}]$$

トルク T は，$K = \dfrac{60}{2\pi N_S}$ とすると次式で表され，一次電圧 V_1 の2乗に比例する。

$$T = K \frac{V_1^2 \dfrac{r_2'}{s}}{\left(r_1 + \dfrac{r_2'}{s}\right)^2 + (x_1 + x_2')^2} \quad [\text{N·m}]$$

3) 比例推移　　$s=1$ のときのトルクを始動トルク，最大トルクを停動トルクといい，トルク T は $\dfrac{r_2'}{s}$ が一定ならば，同じ大きさになる。

　このことは，2次回路の r_2' の大きさが2倍になれば，s も2倍になることを意味し，これを比例推移という。電流，力率などもトルクと同様に比例推移する（図1.3.26）。

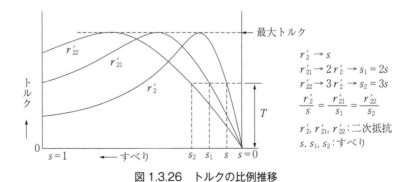

図 1.3.26　トルクの比例推移

4) 速度特性曲線　　電流，トルク，力率，効率は，すべてすべり s の関数であるが，s を横軸としてこれら諸量を縦軸で表し，すべり s を横軸として表したものを速度特性曲線という（図 1.3.27）。

第3節　電気機器と制御

I_1：一次電流 [A]
T：トルク [N・m]
$\cos\theta$：力率 [%]
η：効率 [%]

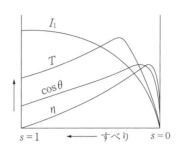

図 1.3.27　速度特性曲線

5）**出力特性曲線**　速度特性曲線から出力 P_0 をパラメータとして諸量を書き表すと**図 1.3.28** のようになる。これらを出力特性曲線といい，誘導電動機の特性を表す重要な曲線である。

n：回転速度 [min^{-1}]
I_1：一次電流 [A]
P_1：一次入力 [kW]
$\cos\theta$：力率 [%]
s：すべり [%]
η：効率 [%]
T：トルク [N・m]

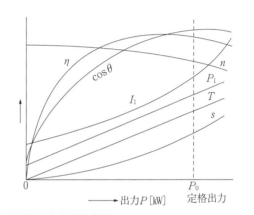

図 1.3.28　出力特性曲線

(3) 運転

1）**三相誘導電動機の始動方式**　三相誘導電動機は，三相交流により回転磁界を生じ，特別な方法を講じなくても始動させることができる。かご形誘導電動機の始動電流は，一般に定格電流の5～8倍となるため，全電圧始動を行う場合には，端子電圧が低下して始動できないこと，ほかの負荷に悪影響を及ぼすといったことがないよう注意する必要がある。

始動電流を減少させ，始動トルクを増大させるために，特殊かご形と称する回転子の構造を二重かご形，あるいは深溝かご形にしたものを用いたり，種々の始動装置を用いたりしている。

主なかご形誘導電動機の始動法を**表 1.3.13** に示す。

第1章　電気工学

表1.3.13　主なかご形誘導電動機の始動方式

始動法	全電圧じか入れ始動	減電圧始動			
		スターデルタ始動	コンドルファ始動	リアクトル始動	一次抵抗始動
回路構成					
概要	電動機の巻線に全電圧を最初から印加して始動	デルタ結線で運転する電動機を，始動時のみスター結線して始動。始動電流，トルクともじか入れの1／3，相電圧は1／√3になる	単巻変圧器を使用して，電動機の印加電圧を下げて始動	電動機の一次側にリアクトルを入れ，始動時に電動機の印加電圧を，リアクトルの電圧降下分だけ下げて始動	リアクトル始動のリアクトルの代わりに抵抗器を入れたもの
特長	・電動機本来の大きな加速トルクが得られ，始動時間が短い ・負荷をかけたままの始動が可能 ・最も安価	・始動電流による電圧降下を軽減できる ・減電圧始動の中では最も安価で，手軽に採用できる	・タップ変換により始動電流，トルクを調整できる ・始動から定常運転に入るとき電路を開放しないので，ショックが小さい	・タップ切換えにより始動電流，トルクを調整できる ・電動機の回転が上がるに従い，加速トルクの増加が甚大 ・緩始動（クッションスタート）可能	・リアクトル始動とほぼ同じ ・リアクトル始動より安価
欠点	・始動電流が大きく，異常電圧降下の原因となる	・始動・加速トルクが小さい ・始動から定常運転に切り換わるとき，電源が開放され，電気的・機械的ショックあり ・始動電流・トルクの調整不可	・価格が最も高い ・加速トルクが，Y－△始動と同様小さい	・コンドルファ始動につぎ価格が高い ・始動電流の割りには始動トルクの減少が大きい	・リアクトル始動より加速トルクの増大が少ない ・始動トルクの減少が大 ・適用電動機容量は7.5kW以下
諸特性 始動電流	100％（基準）	33.3％	25－42－64％（さらにトランスの励磁電流が変わる）（タップ　50－65－80％）	50－60－70－80－90％（タップ　50－60－70－80－90％）	75－90％（タップ　75－90％）
諸特性 始動トルク	100％（基準）	33.3％	25－42－64％（タップ　50－65－80％）	25－36－49－64－81％（タップ　50－60－70－80－90％）	56－81％（タップ　75－90％）
諸特性 加速性	加速トルク最大始動時のショック大	トルクの増加小最大トルク小	トルクの増加やや小最大トルクやや小円滑な加速	トルクの増加甚大最大トルク最大円滑な加速	トルクの増加大最大トルク大円滑な加速
適用	電源容量の許すかぎり，一般的に使用。できるかぎりこの方式を採用するのが有利	3.7kWを超える電動機で，無負荷または軽負荷始動できるもの。減電圧始動では一般的に使用される。工作機械，クラッチ付き荷役機械など	始動電流を特におさえるもの大容量電動機ポンプ，ファン，ブロア，遠心分離器など	二乗低減トルク負荷ファン，ブロアポンプ，紡績関係クッションスタート用	同左小容量電動機（7.5kW以下）

注：始動トルクは電圧の2乗に比例するので，電圧タップ50％の場合は25％，75％の場合は56％となる。

2) 三相誘導電動機の速度制御

誘導電動機の回転速度は $N = N_s(1-s) = \dfrac{120f}{p}(1-s)$ であるため，すべり s，極数 p，周波数 f を変えることによって，速度制御を行う方法や，二次抵抗，一次電圧，二次励磁による速度制御がある。速度制御法と方式を**表 1.3.14** に示す。

表 1.3.14　速度制御法と方式

制御法	方式
二次抵抗制御	巻線形誘導電動機の二次側に抵抗を接続し，これを調整することにより，比例推移を利用して，すべりを変える
極数変換	かご形誘導電動機の固定子巻数の接続を変えて極数を変換する。あるいは異なった極数の固定子巻線を独立に巻いて，速度を変える
周波数変換	入力電圧の周波数をインバータやサイクロコンバータを用いて変えることにより，同期速度を変え速度制御する。電圧と周波数との比を一定とすれば，磁路の飽和が防げる
一次電圧制御	入力電圧を変えるとトルクがその電圧の2乗に比例することを用いてすべりを変える
二次励磁	巻線形誘導電動機の二次側にすべり周波数の別電源を接続し，この電圧を変えることにより速度制御する。クレーマ方式とセルビウス方式とがある
$\dfrac{V}{f}$ 一定制御	可変周波数電源を用いて，誘導電動機に加わる周波数を変えて速度制御を行う。周波数の可変装置には，VVVF 電源装置やサイクロコンバータなどがある。電源周波数 f を可変したとき，常に発生トルクが一定になるように入力電圧 V も制御される
ベクトル制御	誘導電動機に流れる電流を励磁電流成分とトルク電流成分に分離し，励磁電流が常に一定になるように，電流の大きさと位相を同時に制御する

3) インバータ制御

各種の制御方式の中で，インバータを用いて電圧と周波数を変化させるインバータ制御は，VVVF（Variable Voltage Variable Frequency）制御と呼ばれ，現在最も優れた速度制御（始動）方式である。インバータの構成を**図 1.3.29** に，電圧と周波数の関係を**図 1.3.30** に示す。

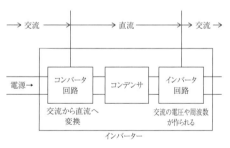
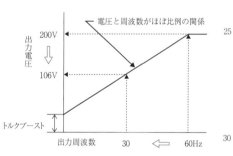

図 1.3.29　インバータの構成　　図 1.3.30　電圧と周波数の関係（Vf 特性）

省エネルギー，省力化の観点からインバータ制御が広く普及しており，その特徴と効果を**表 1.3.15** に示す。

第1章　電気工学

表 1.3.15　インバータの特徴と効果

インバータの特徴	効　果
汎用電動機を変速できる	既設電動機を変速できる
連続的に変速できる	常に最適の速度が選択できる
始動電流が小さい	電源設備容量が小さくてよい
最高速度が電源に左右されない	電源周波数によって最大能力が変化しない。または周波数によって，設計変更の必要がない
電動機が高速化，小型化できる	他の可変速装置で実現できない高速が得られる
防爆に対応しやすい	直流電動機に比べて，防爆型電動機が，小型，安価に製作できる
低速でトルクが出にくい	低速で短時間電動機をロックしても支障ない
加減速の傾斜を調整できる	急始動による荷くずれを防止できる
かご形電動機を使用でき保守が簡単	電動機の保守が簡単

4) インバータ制御の留意点

① 半導体の特性からインバータの過電流耐量は，定格の150％程度であり始動トルクも商用始動時の半分程度となるので，始動トルクなどが不足する場合は電動機定格より上位の容量の装置を考慮する必要がある。

② 運転時の騒音が若干大きくなり，特に正弦波パルス幅変調（PWM）制御での低速運転時に注意する。また，可変速運転を行うと，機械系を含めた固有振動により共振現象を起こしたり，回転体のアンバランスにより異常振動が発生したりするので，バランスの修正や防振ゴムなどを考慮する必要がある。

③ インバータから電動機への出力は電圧波形がひずみを含んでいるため，商用電源で直接運転した場合に比較して電動機の温度が高くなる。

④ 瞬時停電の場合，制御回路の誤動作が発生するので，停電を検出しインバータを停止させる必要がある。瞬時停電後に再始動が必要な負荷がある場合には再始動機能を設ける。

⑤ 電源部ではサイリスタによる電流裁断のため高調波が発生し，電源ラインに大きなノイズの発生原因となり電子機器の誤動作や進相コンデンサの発熱などが起るので，フィルタなど高調波除去対策が必要である。

5) インバータの高周波対策

インバータの整流回路の入力電流はコンデンサ充電電流により高調波成分を含んでいる。この電流は，電源電圧をひずませ，系統の機器に悪影響を及ぼすことがある。その対策を次に示す。

① 交流フィルタの挿入

② 直流フィルタの挿入

③ 12相整流方式の採用

④ 正弦波パルス幅変調（PWM）制御コンバータの採用

6) 誘導電動機の制動方式

制動とは負荷の運動エネルギーを吸収することにより，回転速度を低下させることである。電気的にエネルギーを吸収する電気制動と摩擦などを利用する機械制動があり，下記に電気制動方式を示す。

72

① 発電制動

三相誘導電動機の固定子巻線を電源から切り放し，2端子をまとめて他の1端子との間に直流励磁電流を流すと，固定磁界を生じて，回転電機子形の交流発電機となり電動機の回転と反対方向に制動トルクを生じ早く停止する。この方式は巻線形電動機の制動に使用される。

② 逆相制動

運転中の誘導電動機の3端子のうち，任意の2端子をつなぎ換え，回転磁界の回転方向を反対にすると，電動機は誘導ブレーキとなり，強力な制動トルクを発生する。これを逆相制動またはプラッギング（Plugging）という。

③ 回生制動

誘導電動機を電源に接続したまま，同期速度以上の速さで運転すると，すべり $s < 0$ となり，誘導発電機として動作して，電源に電力が返還されて制動がかかる。出力が電源に返されるので効率良く制動することができ，クレーンやウィンチなど重量物を降下させる場合に使用される。

7) 単相誘導電動機の始動方式

単相誘導電動機は固定子主巻線だけでは始動回転力が得られないので，始動の際に必要な回転磁界を作るために始動装置が必要である。この始動装置は，すべて電動機の内部に組み込まれており，他の特別な装置は必要としない。始動の原理により，分相始動形，コンデンサ始動形，くま取りコイル形などがあり，始動方式とその特徴を表 1.3.16 に示すとともに，図 1.3.31 に始動原理図を示す。

表 1.3.16　始動方式と特徴

始動方式	特　徴
分相始動形	主巻線のほかに補助巻線（主巻線と電気角 90°ずらして配置，抵抗大，リアクタンス小）を設けて不完全ながら回転磁界を作って始動させ，同期速度の 70 ～ 80%まで加速したら，遠心力リレーなどの始動リレーによって補助巻線を切り離し，主巻線のみで運転する方式のものである（図 1.3.31 (a)）
コンデンサ始動形	始動時に始動用コンデンサ Cs を用い，運転時は遠心力スイッチによって始動用コンデンサを回路から切り離し，単相誘導電動機として動作する（図 1.3.31 (b)）。始動トルクが大きく，しかも始動電流は比較的少ない。出力 100 ～ 400 W のポンプ・エアコンプレッサー・ボール盤などに用いられる
くま取りコイル形	固定子の各極を 2 つに分け，その一方にくま取りコイルと呼ばれる短絡された巻線を巻き，固定子巻線に単相交流電圧を加える。コイルのインダクタンスによって，磁束 ϕS [Wb] は ϕM [Wb] より位相が遅れ，ϕM が最大になってから，やがて ϕS が最大になり，磁束は時計回りに移動し，回転子は始動する（図 1.3.31 (c)）。出力 20 W 以下の小さな扇風機や換気扇などに用いられる

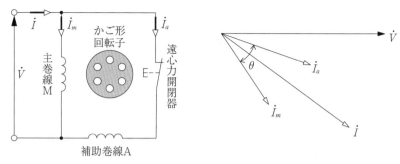

(a) 分相始動形の原理図および始動時のベクトル図

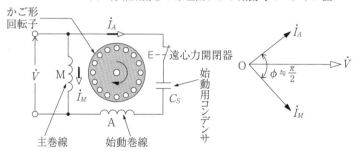

(b) コンデンサ始動形の原理図および始動時のベクトル図

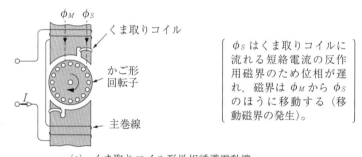

(c) くま取りコイル形単相誘導電動機

図 1.3.31　単相誘導電動機の原理図

2.2.3　同期電動機
(1) 運転
1) 始動方式　　同期電動機のみでは始動不能なため，次に示す方法で回転子を同期速度付近まで回転させる必要がある。

① 自己始動法

磁極面に設けた制動巻線により，三相誘導電動機のかご形巻線の役目をさせて始動させる。

② 始動電動機法

同期電動機に始動用の電動機を直結して始動させる。始動後，界磁電流を流し，発電機とし，並行運転の操作法によって同期化し電源に接続する。これに用いられる電動機には三相誘導電動機，誘導同期電動機または直流電動機がある。

③ 低周波始動法

可変周波数の発電機またはインバータによる低周波で始動させ，次第に発電機速度を増加しながら同期速度に達したとき，主電源に同期投入する。

2) V曲線

同期電動機の端子電圧および出力を一定のもとで運転し、界磁電流を変えると、電機子電流の大きさもこれに応じて変化する。界磁電流に対する電機子電流の変化をグラフに描くと、**図 1.3.32** のようになり、これを V 曲線または位相特性曲線という。この曲線の最低点は力率が 1 の点（各点の a, b, c, d）で、これより左側は遅れ、右側は進み電流となる。負荷を大きくした場合、曲線は上に移動する。

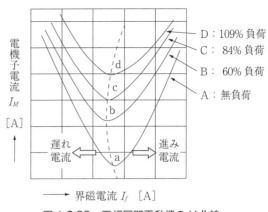

図 1.3.32　三相同期電動機の V 曲線

(2) 種類

1) 同期調相機　　負荷と並列に三相同期電動機を接続し、無負荷で運転する電動機である。負荷が誘導性の場合には、三相同期電動機の界磁を過励磁にして必要な進み電流を流し、負荷が容量性の場合には、三相同期電動機の励磁を弱めることにより必要な遅れ電流を流して、負荷の端子電圧を一定にできる。このような目的で用いる三相同期電動機を同期調相機という。

2) 永久磁石形同期電動機　　回転子に永久磁石を用いて界磁巻線を必要としない電動機である。この電動機は、回転子の位置を検出するためのセンサが設けられ、インバータ装置との組み合わせにより、磁極の位置を検出しながら電機子巻線に電流を流して速度を制御できる。インバータ装置を用いることで直流電源によって駆動できるため、電気自動車などの動力として用いられている。また、省エネルギーに配慮したエアコンやエレベータなどにも用いられている。

2.2.4　直流電動機

(1) 特性

1) 回転速度　　端子電圧を V [V]、電機子電流を I_a [A]、電機子抵抗を R_a [Ω]、磁束を ϕ [Wb]、比例定数を K とすると、直流電動機の回転速度 N は次式で表される。

$$N = K\frac{V - I_a R_a}{\phi} \quad [\text{min}^{-1}]$$

2) トルクと出力　　極数を $2p$、電機子導体数を Z、並列回路の数を a とすると、直流電動機のトルク T は次式で表される。

$$T = \frac{2pZ}{2\pi a}\phi I_a = K\phi I_a \quad [\text{N}\cdot\text{m}]$$

また、直流電動機の出力 P は次式で表される。

$$P = 2\pi \frac{N}{60} T \quad [\text{W}]$$

3) 速度特性とトルク特性　　端子電圧と界磁抵抗を一定とし、負荷電流と回転速度との関係を表したものを速度特性といい、端子電圧と界磁抵抗を一定とし、負荷電流とトルクの関係を表した

ものをトルク特性という（**図 1.3.33**）。

(a)　速度特性　　(b)　トルク特性

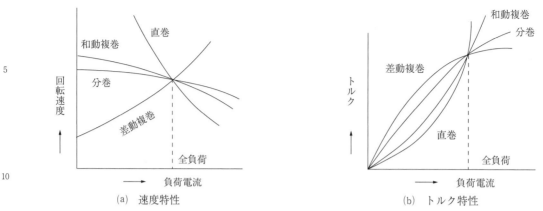

図 1.3.33　直流電動機の特性

(2) 種類

1) 励磁方式による分類

直流電動機の励磁方式（界磁巻線の接続方法）による分類は**図 1.3.34** のとおり。

- 直流電動機
  - 他励電動機
  - 自励電動機
    - 分巻電動機
    - 直巻電動機
    - 複巻電動機
      - 和動複巻電動機
      - 差動複巻電動機

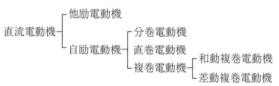

図 1.3.34　直流電動機の分類

界磁および電機子巻線が別々の電源に接続されたものを他励電動機（**図 1.3.35**(a)）といい，自励式には主磁極の界磁巻線と電機子巻線が並列に接続された分巻電動機（**図 1.3.35**(b)），直列に接続された直巻電動機（**図 1.3.35**(c)），並列および直列に接続された2つの界磁巻線をもつ複巻電動機（**図 1.3.35**(d)(e)）がある。

複巻電動機は巻線の接続の仕方によって外分巻と内分巻に分かれ，また両界磁巻線の極性が同一（磁束が強め合う）なら和動複巻，相反する（磁束を相殺し合う）なら差動複巻となる。

(a)　他励電動機　(b)　分巻電動機　(c)　直巻電動機　(d)　和動複巻電動機　(e)　差動複巻電動機

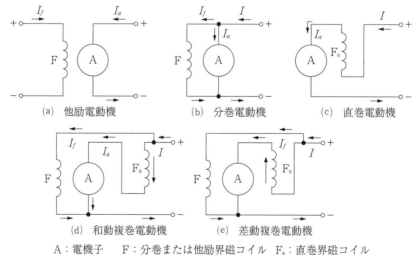

A：電機子　F：分巻または他励界磁コイル　F_s：直巻界磁コイル
I：負荷電流　I_a：電機子電流　I_f：分巻または他励界磁電流

図 1.3.35　直流電動機の励磁方式

(3) 運転

1) 始動方式

直流電動機の電機子電流 I_a は，$I_a = \dfrac{V-E_a}{r_a}$ となる。始動のときは誘起電圧 E_a が 0 なので端子電圧 V を電機子抵抗 r_a で割った大きな電機子電流が流れ込む。この始動電流を制限するため始動時に始動抵抗を電機子回路に直列に挿入し，加速するに従い E_a が増加するので，その抵抗値を減少していく。この抵抗器を始動器という。図 1.3.36 は分巻電動機に始動器を接続した図である。

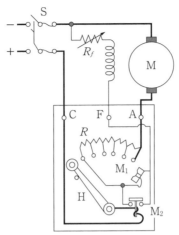

H：ハンドル
M_1：無電圧開放器
M_2：過負荷開放器
R_f：界磁抵抗

図 1.3.36 始動器

2) 速度制御

速度制御法には，界磁制御，電圧制御，抵抗制御がある（表 1.3.17）。

表 1.3.17 速度制御法の比較

速度制御法	電動機の種類	特徴
界磁制御法	他励・分巻・複巻	電力損失小，比較的広範囲，定出力・変速度に適している
電圧制御法 (a) 直並列制御法 (b) レオナード方式	直巻 他励	電力損失小，速度制御が円滑，設備費大
抵抗制御法	直巻	電力損失大，制御範囲が狭い

2.3 発電機

2.3.1 誘導発電機

1) 概要

誘導発電機の固定子を電源に接続したまま，回転子をほかの原動機で回転磁界と同方向に，同期速度 Ns より大きい速度 N で回転させると，回転磁界と回転子との相対速度は $Ns - N$ となり，すべり s は負となる。

このことは，回転子二次巻線は電動機の場合とは逆の方向に回転磁界を切ることになるので，二次巻線の誘導起電力と二次電流は電動機の場合とは逆方向になり，また，固定子と回転子との間のトルクも回転方向とは逆になり，固定子負荷電流の方向も電動機の場合とは逆になる。

この原理で動作するものを誘導発電機といい，次にその特徴を示す。

① 同期発電機のような励磁装置が不要である。
② 構造が簡素かつ丈夫で，安価である。
③ 始動時に同期調整が不要である。
④ 漏れインピーダンスが大きいので，短絡電流が小さい。
⑤ 単独での発電運転が難しい（回転磁界をつくるための別の交流電源が必要）。

⑥ 発電機電流は端子電圧に対して大きな進み電流となる。
⑦ 誘導発電機は小水力用発電機，風力発電機などに用いられている。

2.3.2 同期発電機
(1) 構造

1) 回転電機子形 　図1.3.37(a)のように，N，S極の磁界を作る磁極が固定されていて，電力を発生する電機子が回転する方式で，大きな電流の取り出しが難しいため小容量機で採用されている。

2) 回転界磁形 　図1.3.37(b)のように，電力を発生する電機子が固定されていて，磁界を作る磁極が回転する方式で，絶縁が容易で大きな電流が取り出せるため大容量発電機で採用されている。

3) スリップリング 　回転電機子形は電力を取り出すために図1.3.38に示すスリップリングが必要となる。また，相数に応じて3個または6個取り付け，材料は銅と亜鉛またはスズの合金に熱処理をしたものである。回転界磁形は界磁装置に直流電力を供給するために，コミュテータレス励磁方式によってはスリップリングが必要となる。

(a) 回転電機子形　　(b) 回転界磁形

図1.3.37　同期発電機の発電原理

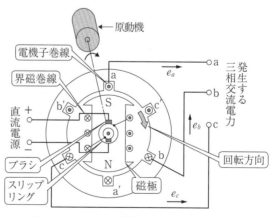

図1.3.38　同期発電機の構造（回転界磁形）

4) ブラシ 　スリップリングと接触させるブラシは，天然黒鉛質であるが，200 MV・A以上の直接冷却機の界磁電流は2,000〜4,000 Aとなるので，1リング当たり複数個のブラシを使用する。各ブラシのわずかなすべり条件の差が，ブラシ間の電流の不平衡を

起こし，どれかのブラシに電流が集中し，火花発生や異常摩耗を起こすことがある。

(2) 特性

1) **起電力**　　誘導機の誘導電圧と同じ式で表される。
（実効値）
$$E = 4.44\, kwf\phi \quad [\text{V}]$$

f：周波数　　[Hz]

ϕ：各磁極の磁束　　[Wb]

k：巻線係数

$k = k_d \cdot k_p$ で表され，k_d は分布巻係数で，分布巻とは毎極毎相のスロット数が2以上のもので，集中巻にした場合との誘導電圧の比をいう。k_p は短節巻係数といい，全節巻（コイル辺が極間隔と等しい）にした場合との誘導電圧の比をいう。

2) **同期速度**　　回転子を一定の速度で回転させると，電機子に三相交流を発生し，2極機では，起電力は回転子の1回転によって1サイクルの変化をする。

極数 p，回転子の回転速度 N_s のとき，起電力の周波数 f は次式で表され，N_s を同期速度という。

$$f = \frac{p}{2} \times \frac{N_s}{60} \quad [\text{Hz}]$$

$$N_s = \frac{120f}{p} \quad [\text{min}^{-1}]$$

3) **出力**　　1相分の出力は**図 1.3.39** に示すとおり $\frac{VE}{x_s} \times \sin\delta$ [W] であるので，非突極形三相同期発電機の出力 P の近似式は，次式で表される。

$$P = \frac{3VE}{x_s} \times \sin\delta \quad [\text{W}]$$

δ は負荷角または内部相差角と呼ばれ，端子電圧 $\dot{V}$ と誘導起電力 $\dot{E}$ の位相差であり，同期リアクタンス x_s は漏れリアクタンスと電機子反作用リアクタンスの和である。

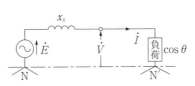

(a) 同期発電機の1相分の等価回路

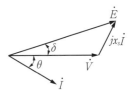

(b) 図(a)のベクトル図

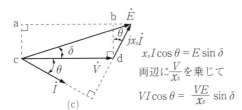

(c)

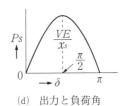

(d) 出力と負荷角

図 1.3.39　発電機の出力（一相分）

4) **原動機出力**　　同期発電機を回転させる原動機の出力 P_m は，発電機入力に等しいので，発電機出力を P_G [W]，発電機効率を η_G とすると，次式で表される。

$$P_m = \frac{P_G}{\eta_G} \quad [W]$$

5) 短絡曲線 図1.3.40は，三相短絡試験の接続図で，同期発電機の端子を電流計で短絡し，定格回転速度で運転して，界磁電流I_fと電機子短絡電流I'_sの関係は，図1.3.41のように，比例関係となる。

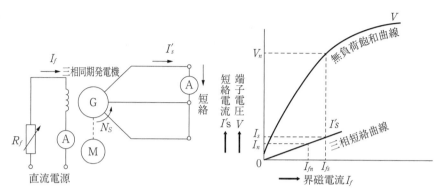

図1.3.40　三相短絡試験　　　　図1.3.41　短絡曲線

6) 短絡比 同期インピーダンス（一相分）Z_sは，V_nを定格電圧（発電機の端子電圧），I_sを無負荷において，定格端子電圧V_nを発生する界磁電流と等しい界磁電流I_{fs}を流したときの三相短絡電流とすると，次式で表される。

$$Z_s = |r_a + jx_s| = \sqrt{r_a^2 + x_s^2} \fallingdotseq x_s \quad [\Omega]$$

$$Z_s = \frac{V_n}{\sqrt{3}\,I_s} \quad [\Omega]$$

パーセント同期インピーダンス%Z_sは，I_nを定格電流とすると，次式で表される。

$$\%Z_s = \frac{Z_s I_n}{\frac{V_n}{\sqrt{3}}} \times 100 = \frac{I_n}{I_s} \times 100 \quad [\%]$$

短絡比K_sは，三相短絡したときの短絡電流I_sが定格電流I_nの何倍になるかを示す値で，定格電流I_nに等しい三相短絡電流を流したときの界磁電流をI_{fn}とすると，次式で表される。

$$K_s = \frac{I_{fs}}{I_{fn}} = \frac{I_s}{I_n} = \frac{100}{\%Z_s}$$

上式より，短絡比の大きい同期発電機は，同期インピーダンスが小さく，短絡電流が大きい。同期インピーダンスが小さいことは，電力系統のリアクタンスが小さくなるので，系統の安定度は良くなる。

また，同期インピーダンスが小さいことは電機子反作用が小さいことで，エアギャップが大きく機械に余裕があり，電圧変動率も小さいが価格は高くなる。一般に，短絡比は，タービン発電機では0.5～0.8，水車発電機では0.8～1.2程度でタービン発電機の方が小さい。短絡比と同期インピーダンス・系統のリアクタンスなどとの関係は**表1.3.18**のようになる。

第3節　電気機器と制御

表 1.3.18　短絡比と同期インピーダンス等との関係

短絡比	同期インピーダンス	系統のリアクタンス	安定度	価格
大	小	小	高い	高い
小	大	大	低い	安い

7）電圧変動率　　発電機を定格速度で運転し，定格力率で定格出力が発生するよう界磁電流を定め，これを一定として速度を変えることなく，無負荷にした場合の電圧変化の割合を百分率で示したものを電圧変動率という。定格端子電圧を V_n [V]，無負荷端子電圧を V_o [V] とすると，電圧変動率 ε は，次式で表される。

$$\varepsilon = \frac{V_o - V_n}{V_n} \times 100 \quad [\%]$$

電圧変動率は，主として磁気飽和の程度と，電機子反作用の大きさで決定され，飽和の高いほど，電機子反作用の小さいほど，変動率は小さくなる。

一般の発電機では，電圧変動率は力率 1 で 18 〜 25 %，力率 0.8 では 30 〜 40 % 程度であるが，実際には自動電圧調整器によって，負荷にかかわらず出力電圧は一定に保たれているので，それほど問題とはならない。

同期発電機は，直流機と異なりリアクタンスによる降下が大きいので電圧変動率も大きなものとなる。電圧変動率の小さな発電機を製作しようとすると，容量のわりに寸法が大きくなり不経済なので，自動電圧調整器を併用するのが一般的である。

(3) 種類

同期発電機は，これを回転させる原動機により，**表 1.3.19** のように分類される。

表 1.3.19　同期発電機の種類

名　称	特　徴　な　ど
水車発電機	水力発電所の水車に直結して運転される発電機で，主に立軸形である。速度が比較的遅いので極数の多い突極回転子が用いられている
タービン発電機	火力・原子力発電所で蒸気タービンに直結して運転される横軸形高速度発電機。極数は 2 極または 4 極で円筒形回転子が用いられている
エンジン発電機	内燃機関によって運転される発電機で，大きなはずみ車が取り付けられている。通常，横軸形である

1）励磁方式　　同期発電機の界磁巻線に励磁電流（直流電流）（界磁電流ともいう）を供給する装置を励磁装置といい，**表 1.3.20** に励磁方式の分類と特徴を示す。

第1章 電気工学

表 1.3.20 励磁方式の分類と特徴

励磁方式	励磁機		代表的回路構成図	方式の特徴	備　考
	電源機器	整流器の種類			
直流励磁機方式	直流発電機	—		整流子の保守が煩雑であることから現在はほとんど採用されていない	直流励磁機は,主機に直結形と別置電動機駆動形がある
交流励磁機方式（コミュテータレス励磁方式）	同期発電機（回転界磁形）	ダイオード		スリップリングを必要とするが,整流子が,不要となり保守が容易	交流励磁機は主機に直結形である
交流励磁機方式（ブラシレス励磁方式）	同期発電機（回転電機子形）	ダイオード		回転部に整流器などを設けるため構造複雑　スリップリング,ブラシなど,しゅう動接触部がなく日常保守が容易	交流励磁機,整流器とも主機に直結形である
サイリスタ励磁方式	変圧器	サイリスタ		高速応性であり,また回転励磁機を使用しないので保守面でも有利　励磁電源が系統のじょう乱の影響を受けやすい	—

ただし，AVR：自動電圧調整器，EX：励磁機，R：スリップリング，RA：回転増幅器，PEX：副励磁機，
PPT：励磁用変圧器

2) 直流励磁方式　同期機に直結された励磁機によって界磁に励磁電流を供給する方式で，励磁機には小容量同期発電機では分巻形直流発電機，中容量以上の同期発電機では複巻形（他励形）直流発電機が用いられる。

3) 交流励磁方式　励磁用交流発電機の出力を整流器で直流に変換し，励磁電流として供給する方式である。

　　別置整流装置付き交流励磁方式は，交流発電機の出力を別置の整流器で直流に変換し，その直流出力を励磁電流として供給する方式である。このうち，コミュテータレス励磁方式は，スリップリングは必要であるが整流子が不要で，励磁機に回転界磁形同期発電機を用いている。

　　ブラシレス励磁方式は，回転電機子形の交流励磁機を発電機軸に直結し，電機子出力を軸上に設けた回転整流器により直流に整流し，発電機に励磁電流を供給する方式であり，スリップリングとブラシを持たない構成となっている。

4) サイリスタ励磁方式　励磁用変圧器を介して同期発電機の出力を整流器で直流に変換し，励磁電流として供給する方式で，整流器にサイリスタを用いる場合には，サイリスタ励磁方式という。サイリスタのゲート位相制御によってその励磁電流を調整する方式で，速応性が良い。

　　従来の励磁装置は，ほとんど直流励磁機を用いていたが，現在はサイリスタ整流器が広く採用されるようになってきた。構成を**図 1.3.42**に示す。

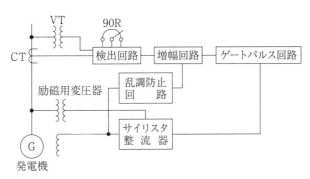

図 1.3.42　サイリスタ励磁方式

サイリスタ励磁方式の特徴を以下に示す。
① 発電機界磁を直接制御するので速応性が良い。
② キュービクル内に収納でき，機器の配置上有利である。
③ 静止機器で構成されているので，保守点検が容易である。
④ 制御電力が小さく，励磁系の頂上電圧（界磁の印加最高電圧）を高くできる。

(4) 運転

1) 並行運転

図 1.3.43 に示すように同期発電機 A が接続されている母線に，同期発電機 B を並列接続するときの必要条件とその調整方法は，次のとおりである。

① 発生電圧の周波数が等しいこと。原動機 B の速度を調整して等しくする。
② 発生電圧の大きさが等しいこと。発電機 B の界磁を調整して等しくする。
③ 同期をとり，位相を合せること。原動機 B の速度を調整し，同期検定灯や同期検定器で判断する。

なお，同期発電機を他発電機と並列した後の負荷の分担は，原動機の出力，速度特性曲線および調速機の整定機能によって決定される。

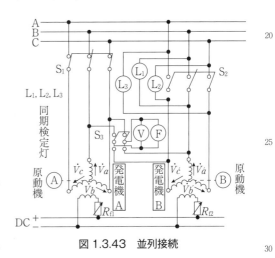

図 1.3.43　並列接続

また，並行運転時に，各機の発生電圧の大きさや位相が異なると発電機間に循環電流が流れる。これを横流という。

2) 安定度

安定度とは，並行運転中の同期機が同期はずれを起こすことなく安定に運転される能力をいう。安定度には，定態安定度と過渡安定度がある。

定態安定度とは，負荷を徐々に増加した場合に，どの範囲まで安定な運転ができるかの能力をいう。

過渡安定度とは，ある負荷で運転している場合，負荷の急変・線路の開閉・短絡故障などによって過渡現象が生じ，その過渡状態においてなお安定に運転を維持できる能力をいう。

安定度の向上対策として次のものがある。

① 同期リアクタンスを小さくすると，発電機の余裕分が多くなり定態安定度は向上する。

② 逆相インピーダンスや零相インピーダンスを大きくすると，1線地絡時や2線地絡時の過渡安定度は向上する。

③ 回転部のはずみ車効果を大きくすると，過渡時の回転速度の変化が少なくなり過渡安定度は向上する。

④ 励磁装置の応答速度を速くすると，過渡時に脱調を最小限に抑えることができ，過渡安定度は向上する。

3) 速応励磁方式　電力系統の故障時における電力安定度の向上のため，電圧上昇率および頂上電圧（界磁の印加最高電圧）の大きな励磁機を選び故障時の電圧変動を小さくし，系統の安定度を良くするものである。速応性が高く機器配置上も有利である。

4) 乱調と防止　同期電動機または発電機において，負荷の急変により負荷角 δ に変化が生じ，新しい負荷角 δ' に落ち着こうとするが回転子の慣性のため δ' を中心に負荷角の周期的な変動が起こる。これを乱調といい，電源の電圧や周波数の周期的な変動によっても生じる。乱調が激しくなると，電源との同期が外れて同期機は停止する。乱調の防止には，始動巻線も兼ねる制動巻線を設けたり，はずみ車を取り付ける。

5) 制動巻線　同期機が同期速度から少しでも外れるとき，これを制動するのに有効な方法は図 1.3.44 のように回転子鉄心にスロット（溝穴）を設け，導体を挿入して両端を端絡環で結び，不完全なかご形巻線を設けることである。これを制動巻線またはアモルト巻線という。磁極にすべりを生じると，電機子回転磁束によって，すべり周波数の電流が制動巻線中に流れて制動作用する。

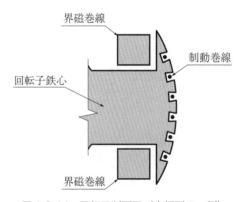

図 1.3.44　回転子断面図（突極型の一例）

6) 自己励磁現象　無励磁で運転中の同期発電機に容量性負荷，例えば図 1.3.45 に示す無負荷の長距離送電線を接続すると，わずかな進み電流（充電電流）が流れる。しかし，進み電流による電機子反作用は増磁作用を示し，発電機の誘起起電力を増す働きをするので，この進み電流によって発電機電圧が増し，このためさらに充電電流が増加するという現象を繰り返し，無励磁でありながら発電機電圧がある大きさまで上昇し続ける。この現象を自己励磁という。

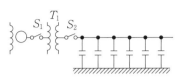
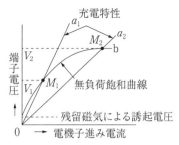

図 1.3.45　無負荷長距離送電線回路　　　図 1.3.46　自己励磁現象

自己励磁による発電機端子電圧は，図 1.3.46 のように負荷の充電特性曲線と電機子進み電流によって励磁された発電機の無負荷飽和曲線とによって定まる。充電特性は静電容量が大きい場合，一定の電圧に対して充電電流が大きく，発電機の電圧上昇も大きくなる。

自己励磁防止対策を以下に示す。

① 線路の充電特性を考慮して発電機の短絡比を適当に選び，自己励磁が生じないようにする。

② 発電機台数を増やし充電電流をこれらに分流させる。

③ 送電線の受電端に変圧器を接続する。変圧器の励磁電流は遅れ位相であるから充電電流を減少させることができる。

④ 受電端に同期調相機を接続し，送電線から遅相電流をとるようにし，充電電流を減少させる。

⑤ 受電端にリアクタンスを並列に接続し，充電電流を減少させる。

2.3.3　直流発電機

(1) 原理と特性

1) 原理

図 1.3.47 に示すように，永久磁石の磁極の間に方形コイルを置き，XX′を軸として原動機で矢印の向き（時計回り）に周速度 u [m/s] で回転させると，フレミングの右手の法則によって定まる向きに起電力が生じる。このとき，コイル辺 (ab, cd) の回転軸の方向の長さを l [m]，平等磁界の磁束密度を B [T]，磁極に垂直な面に対してコイルの面がなす角度を θ [rad] とすると，コイル辺に誘導される起電力 e [V] は，$e = 2Blu\sin\theta$ で表され，図 1.3.48 のような正弦波の交流波形になる。

コイルに接続された半円状の2つの導体 C_1，C_2 が，コイルとともに回転する。C_1，C_2 の間には，固定したブラシ B_1，B_2 が接触していて，コイルに発生した起電力 e [V] によって抵抗 R [Ω] には一定方向の電流 i [A] が流れ，抵抗 R [Ω] の両端に図(b)の脈流電圧 v [V] が得られる。ここで，C_1，C_2 を整流子片，整流子片の集まりを整流子という。

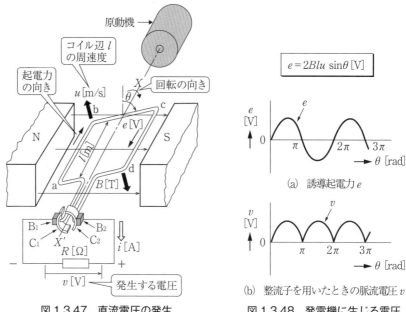

図 1.3.47　直流電圧の発生　　図 1.3.48　発電機に生じる電圧

2) 誘導起電力と端子電圧

極数を $2p$，正負ブラシ間の並列回路数を a，電機子導体数を Z，1極の磁束を ϕ [Wb]，毎分の回転速度を n [min^{-1}] とすると，直流機の端子間に発生する誘導起電力 E は次式で表される。

$$E = \frac{2p}{a} Z\phi \frac{n}{60} = k\phi n \quad [\text{V}]$$

ただし，$k = \dfrac{2pZ}{60a}$ [W]

また，電機子抵抗を R_a [Ω]，電機子電流を I_a [A]，ブラシの電圧降下を e_b [V]，電機子反作用による電圧降下を e_a [V] とすると，直流電動機の端子電圧 V_t は次式で表される。

$$V_t = E - R_a I_a - e_b - e_a \quad [\text{V}]$$

(2) 種類

1) 他励発電機　外部の直流電源から励磁する発電機を他励発電機といい，**図 1.3.49** (a)(b) に示す。

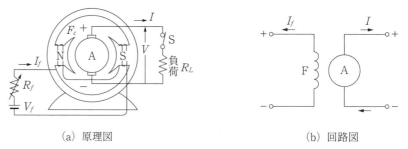

(a) 原理図　　　　　　　　　　　(b) 回路図

図 1.3.49　他励発電機の回路

2) 自励発電機　残留磁気による自己の発生電圧を利用して励磁する発電機を自励発電機といい，分巻，直巻，複巻発電機がある。**図 1.3.50 ～ 図 1.3.52** に回路図を示す。

第3節　電気機器と制御

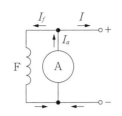

図1.3.50　分巻発電機の回路

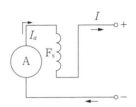

図1.3.51　直巻発電機の回路

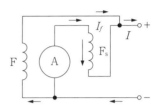

図1.3.52　複巻発電機の回路

2.4　進相コンデンサ

1) 用語及び定義
[JIS C 4902-1]

JIS C 4902-1（高圧及び特別高圧進相コンデンサ並びに附属機器−第1部：コンデンサ）に規定されている主な用語とその定義を表1.3.21に示す。

表1.3.21　高圧及び特別高圧進相コンデンサ（JIS C 4902-1　抜粋）

名　　称	特　徴　な　ど
単器形コンデンサ	コンデンサ素体を1個の容器内に収め，線路端子を付けたもの。
集合形コンデンサ	適切な個数の単器形コンデンサを1個の共通容器又は枠に収めて1個の単器形コンデンサと同等に取り扱えるように構成したもの。
はく電極コンデンサ	金属はくを電極として，誘電体の一部が絶縁破壊すればその機能を失い，自己回復することがないコンデンサ。自己回復とは，誘電体の一部が絶縁破壊した場合，破壊点に隣接する電極の微小面積が消滅することによって，瞬間的にコンデンサの機能を復元すること。
蒸着電極コンデンサ	蒸着金属を電極として，自己回復することができるコンデンサ。
油入コンデンサ	コンデンサ内部に，80℃において流動性がある液体含浸剤を充てんしたコンデンサ。
乾式コンデンサ	コンデンサ内部に，80℃において流動性のない固体含浸剤又は気体を充てんしたコンデンサ。
保安装置内蔵コンデンサ	蒸着電極コンデンサの安全性を特に増すため，コンデンサの内部に異常が生じた際，異常素子又は素体に電圧が加わらないように切り離しできる装置を組み込んだコンデンサ。
保護接点付きコンデンサ	コンデンサの安全性を特に増すため，コンデンサの内部に異常が生じた際，これを検知して動作する接点を取り付けたコンデンサ。

2) 自己回復機能　自己回復とは，誘電体の一部が絶縁破壊した場合，破壊点に隣接する電極の微小面積が消滅することによって，瞬間的にコンデンサとしての機能を復元すること。と規定されている。自己回復前後の仕組みを図1.3.53に示す。

　また，はく電極（NH）コンデンサおよび蒸着電極（SH）コンデンサの特徴と構造を表1.3.22および図1.3.54，図1.3.55に示す。

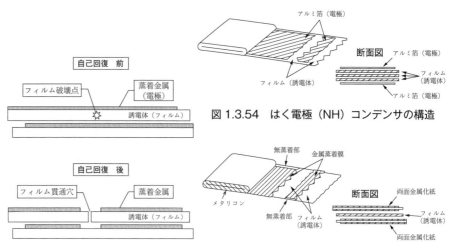

図1.3.53 自己回復前後の仕組み　図1.3.54 はく電極（NH）コンデンサの構造

図1.3.55 蒸着電極（SH）コンデンサの構造

表1.3.22 はく電極（NH）コンデンサと蒸着電極（SH）コンデンサの特徴

コンデンサの種類	NHコンデンサ	SHコンデンサ
自己回復機能	無し	有り
特徴	誘電体に弱点があれば，そこで破壊し継続使用不可能。	誘電体に弱点部があっても自己回復作用により弱点部を除去して，継続使用可能。
破壊時の様相	コンデンサ内部で絶縁破壊が発生すると大きな短絡電流が流れ，コンデンサ容器の破壊や噴油に至ることがある。	自己回復作用により徐々に内部圧力が上昇。破壊時に大きな短絡電流が流れないため，コンデンサ容器の破壊や噴油の危険はない。
保護方式	ケース変形をリミットスイッチで検出。またはコンデンサ容器破壊確率曲線に基づいた電力ヒューズでの保護が必要であることからヒューズ選定に注意が必要。	自己遮断可能な保安装置内蔵に加え，圧力検出用スイッチを併用した二重の安全保護。
保護の特徴	自己遮断不可能。接点出力によりコンデンサを開放するためには，短絡電流を遮断するために遮断器が必要。	自己遮断可能。接点出力を利用し開閉器を開放することが可能。通常の破壊では短絡電流は流れないため，開閉器で回路から開放できる。

3) **作用**　コンデンサは電気回路の1要素である静電容量を有効に使用するための静止形電気機器である。電力用コンデンサには次の作用がある。
① 進相作用……力率改善，調相に負荷と並列にする。
② インダクタンスを打ち消す作用……送配電線路に直列に挿入する。
③ 容量リアクタンスの周波数特性作用……電力線搬送結合コンデンサ，フィルタ用コンデンサ，雷吸収用コンデンサ。
④ 高いリアクタンス作用……コンデンサ形計器用変成器。

4) **定格容量**　定格容量とは，定格電圧および定格周波数におけるコンデンサの設計無効電力 $[kvar]$ をいい，コンデンサの端子電圧を $E[V]$，周波数を $f[Hz]$，静電容量を $C[\mu F]$ とすると，定格容量 Q は，次式で表される。

$$Q = 2\pi fCE^2 \times 10^{-9} \quad [kvar]$$

5）定格電流 定格容量において1つの線路端子を流れる電流の実効値をいい，定格電圧および定格容量から次式によって求める。

$$単相コンデンサの定格電流 = \frac{定格容量\ [kvar] \times 10^3}{定格電圧\ [V]} \quad [A]$$

$$三相コンデンサの定格電流 = \frac{定格容量\ [kvar] \times 10^3}{\sqrt{3} \times 定格電圧\ [V]} \quad [A]$$

6）定格電圧 電力用コンデンサを使用するときは，必ずリアクトルを直列に接続して使用する。コンデンサの定格電圧は，リアクタンス6%の直列リアクトルによる電圧上昇を考慮して，次のとおりとする。

① 三相コンデンサの定格電圧は，次式によって算出し，**表1.3.23**のとおりとする。

$$定格電圧 = \frac{回路電圧}{1 - \dfrac{L}{100}} \quad [V]$$

ただし，Lは，組み合せて使用する直列リアクトルにおいて，コンデンサのリアクタンスに対するリアクタンス割合であり$L = 6\ [\%]$とする。

表1.3.23　三相コンデンサの定格電圧　　　　　単位：V

回路電圧	3,300	6,600	11,000	22,000	33,000	66,000	77,000
定格電圧	3,510	7,020	11,700	23,400	35,100	70,200	81,900

② 単位コンデンサを丫形（星形）にする場合の定格電圧は，次式によって算出し，**表1.3.24**のとおりとする。

$$定格電圧 = \frac{回路電圧}{\sqrt{3}} \div \left(1 - \frac{L}{100}\right) \quad [V] \quad\cdots\cdots\cdots\cdots コンデンサ1個の場合$$

$$または，定格電圧 = \frac{回路電圧}{\sqrt{3}} \div \left(1 - \frac{L}{100}\right) \times \frac{1}{2} \quad [V] \quad\cdots\cdots コンデンサ直列 \\ 2個の場合$$

ただし，Lは，組み合せて使用する直列リアクトルにおいて，コンデンサのリアクタンスに対するリアクタンス割合でありL = 6［％］とする。

表1.3.24　丫形（星形）接続時の定格電圧

結　　線	（図中，直列リアクトルの記載は省略）						
回路電圧［V］	3,300	6,600	11,000	22,000	33,000	66,000	77,000
単位コンデンサの定格電圧［V］	2,030	4,050	6,760	13,500	20,300	40,500	47,300

結　　線	（図中，直列リアクトルの記載は省略）				
回路電圧［V］	11,000	22,000	33,000	66,000	77,000
単位コンデンサの定格電圧［V］	3,380	6,760	10,100	20,300	23,600

7) 力率改善　電力用コンデンサを送配電線路に並列に接続し，負荷総合力率を改善することにより，線路および変圧器内の電力損失の軽減，電圧降下の軽減，設備余力の増加，電力料金の節減等の効果がある。

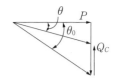

図1.3.56　力率改善のベクトル図

力率改善に際し，所要コンデンサ容量を用いた改善目標は，平均総合負荷力率を95%程度にするのが目安である（**図1.3.56**）。

2.5 リアクトル

1) 直列リアクトル　直列リアクトルは，コンデンサ回路に直列に挿入することにより，次のような効果がある。

① 系統の電圧波形のひずみ増大を抑制する。
② コンデンサ投入時の突入電流を抑制する。
③ 開放時に開閉器が万一，再点弧を発生しても電源側のサージ電圧を抑制する。
④ 高調波に対しコンデンサ設備の合成リアクトルを誘導性とすることで，高調波の流入を抑制する。

2) 波形改善直列リアクトルと放電コイル　電力用コンデンサを線路に並列に接続すると，高調波電流が流れやすくなるため，高調波分を増大させ，波形ひずみを拡大する。その結果として，継電器の誤動作，機器の絶縁破壊や損失・騒音の増大などの現象を生じるおそれがでてくる。この電圧波形のひずみを

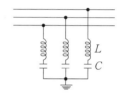

図1.3.57　直列リアクトル

防止するために，コンデンサに直列リアクトルを取り付ける（**図1.3.57**）。

リアクタンスは第5次高調波に対して誘導性とするため，直列リアクトルのリアクタンスをコンデンサ容量の6%以上にしておく。

第5次高調波に対して同調する直列リアクトル容量は次の式で求められる。

$$5\omega L = \frac{1}{5\omega C} \quad \text{したがって，} \quad \omega L = 0.04 \times \frac{1}{\omega C}$$

直列リアクトルのリアクタンスは，コンデンサのリアクタンスの4%となるが，誘導性とするためには，4%を超えるものを使用することとなり，通常は6%のものを使用する。

なお，アーク負荷や整流器負荷の改善に用いるものでは，8〜15%程度にすることが多い。

コンデンサ回路は，電流0で遮断されるので，端子電圧は高い状態で充電されており，安全性および再投入時の過渡現象を抑制するためには，この残留電荷を速やかに放電させる必要がある。これに用いられる放電コイルおよび放電抵抗は，コンデンサ運転中でも常時並列に接続されている。

通常，電源開放時の残留電荷は，5秒以内に50V以下に下げる。また，缶形コンデンサでは放電抵抗が内蔵されるが，この場合の放電性能は5分以内に50V以下になるように規定されている。

第3節　電気機器と制御

3) 分路リアク
　トル

　分路リアクトルは，交流回路に対して並列に接続され，軽負荷時の電圧上昇を抑制するため，また進相電流を補償する目的に使用される。線路の充電容量の増加に伴う進相電流を補償，受電端の軽負荷時のフェランチ効果による電圧上昇の抑制もしている。

4) 消弧リアク
　トル

　消弧リアクトルは，電力系統の1線地絡時の際に生ずるアークを消滅させるものである。

5) 補償リアク
　トル

　補償（中性点）リアクトルは，中性点接地抵抗器と並列に中性点と大地間に接続され，三相電力系統の地絡事故時の地絡電流の制限または異常電圧を制限するものであり，地絡継電器の動作を確実にする役目ももっている。

6) 限流リアク
　トル

　限流リアクトルは，短絡電流に対して，熱的，機械的に耐えられるよう強固な構造とすることが必要である。限流リアクトルの大きさは短絡容量によって決定され線路に直列に接続し，短絡事故時の電流を制限する目的に使用されている。

第1章 電気工学

第4節 電気応用

1. 照 明

1.1 照明用語と単位

1) 用語, 単位, 定義

　光は, 太陽, 電球のフィラメントなどの高温体や放電現象などから放射される電磁波の放射束であり, さまざまな波長の光が混在している。このうち人の目で感じられる光を可視光線といい, その波長は約 380 ～ 780 nm であり, 波長の長い方から赤・黄・緑・青・紫といった色として感じるが, 太陽光のように各波長が混在していると白色系として感じる。また, 同じエネルギー (強さ) の光であっても目で感じる強さは異なっており, 一般に黄緑色 (波長 555 nm) が最も明るく感じることができる。この, 光の波長によって異なる明るさの感じ方は, 分光視感度または単に視感度と呼ばれている。

　照明に関する主な用語と単位および定義を, **表 1.4.1** に示す。

表 1.4.1　照明に関する主な用語と単位および定義

用　語		単　位	定　義
波長	λ	m（メートル）	周期的な波動の伝搬方向における隣り合った同位相の 2 点間の距離をいう
立体角	ω	sr（ステラジアン）	点光源（光源が 1 つの点とみなせる場合をいう）を頂点とするすい（錐）体の中心からの広がりをいう
放射束	ϕ	J／s（ジュール毎秒） または w（ワット）	単位時間にある面を通過する放射エネルギーの量をいう 放射として放出される, 伝達される, 又は受け取られるパワーで, ある時間要素間の放射エネルギーをその時間要素で除した量をいう
光束	F	lm（ルーメン）	放射束を標準分光視感効率と最大視感効果度に基づいて評価した量をいう 光源から放射される放射束を, 人間の目の感度（光として感じる感度で視感度という）を基準として測ったエネルギーの量をいう
光度	I	$I = \dfrac{F}{\omega}$ cd（カンデラ）	光源からあらゆる方向に向かう光束の単位立体角当たりの割合をいう 点光源（光源が 1 つの点とみなせる場合をいう）を頂点とするすい（錐）体のある方向の単位立体角 ω 当たりに放射される光束の量 F（大きさ）をいう
照度	E	$E = \dfrac{F}{A}$ lx（ルクス）	被照面（光束を受け取る面）A の単位面積当たりに入射する光束の量 F（大きさ）をいう 放射を受ける面（被照面）の単位面積当たりに入射する光束をいう
輝度	L	$L = \dfrac{I}{A}$ cd/㎡（カンデラ毎平方メートル）	発光面（光源の見かけの面積）または光の反射面の光の輝きの程度を表したもので, ある方向から見た光源の単位投影面積（光を受ける面の面積 A）当たりに含まれる光度 I をいう 発光面上, 受光面上又は放射の伝ぱん路の断面上において, 単位投影面積当たりに含まれる光度をいう

92

第4節　電気応用

表 1.4.1　照明に関する主な用語と単位および定義（つづき）

用　語	単　位	定　義
光束発散度　M	$M = \dfrac{F}{A}$ lm/㎡（ルーメン毎平方メートル）	ある面 A の単位面積から発散する光束 F，すなわち，光束密度のことをいう その点を含む表面要素から出ていく光束をその表面要素の面積で除した量をいう
色温度	K（ケルビン）	与えられた刺激と色度が等しい放射を発する黒体の温度をいう ある光に等しい色度をもつ完全放射体（エネルギーの吸収率100％の物体で黒体ともいう）の温度をいう

2）**演色性**　　可視光を放射する光源からの発光スペクトルが，色の見え方に及ぼす効果を演色性という。太陽の発光スペクトルに近いほど演色性が良いことになり，一般に演色評価数でその程度を表す。

　　光源の演色性は平均演色評価数（Ra）によって表されるが，これらは試料光源で照明したときの色の見え方が基準光源で照明したときの色の見え方にどれだけ近いかを数量的に表したもので，100 に近いほど演色性の良いことを示している。

3）**色温度**　　光源自体の色を光色といい，ランプが放射する光の見かけの色（ランプの色温度）に関係するため，相関色温度で表現される。色温度と人間に与える感じは，JIS Z 9110「照明基準総則」で規定されており，**表 1.4.2** に示す。低色温度の照明は暖かみを，高色温度の照明はさわやかさをもたらす。

表 1.4.2　ランプの相関色温度（TCP）（JIS Z 9110）

光色	相関色温度（TCP）
暖色	3,300 K 未満
中間色	3,300 ～ 5,300 K
涼色	5,300 K を超える

4）**配光曲線**　　光源を含むある面内の光度を，方向の関数として表した曲線を配光曲線という。通常は，光源を原点とする極座標で表す。

　　配光曲線には鉛直配光曲線と水平配光曲線があり，前者は，鉛直面上の各方向の光度分布を示し，後者は，水平面上の各方向の光度分布を示すが，単に配光曲線と言えば，一般には鉛直配光曲線のことである。

5）**光源の効率**　　光源の効率 η（イータ）［lm/W］は，ある光源の出す全光束 F［lm］と，その光源の消費電力 P［W］の比をいい，次の式で表される。

$$\eta = \frac{F}{P} \quad [\mathrm{lm/W}]$$

6）**光の反射，透過，吸収**　　ある面に入射する光束を F，この面を透過する光束を $F\tau$，この面より反射する光束を $F\rho$ とすると，反射率 ρ と透過率 τ は，$\rho = \dfrac{F\rho}{F}$，$\tau = \dfrac{F\tau}{F}$ となり，この面に吸収された光束を F_a とすると，吸収率 α は，$\alpha = \dfrac{F\alpha}{F}$ となる。

　　ここで $F = F\rho + F\tau + F_a$ となるので，反射率 ρ，透過率 τ，吸収率 α との間には，次の関係が成り立つ。

$$\rho + \tau + \alpha = 1$$

1.2 照明用光源の分類

　照明用光源は，その発光原理から，一般に，温度が上昇し，固体，液体，気体を構成する内部の原子，電子，イオンなどが熱振動を始め，周囲にエネルギーを放射することによる白熱電球，ハロゲン電球に代表される熱放射と，それ以外のルミネセンスに大別できる（図1.4.1）。

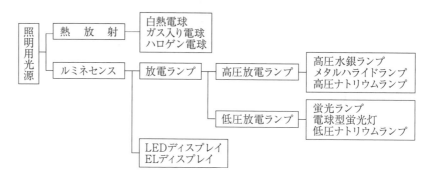

図 1.4.1　照明用光源の分類

1.3 LED照明

1) 発光ダイオード

　LEDは「発光ダイオード」と呼ばれる半導体（Light Emitting Diode）の頭文字をとったもので，JIS C 8155「一般照明用LEDモジュール－性能要求事項」では，「電子流によって励起されたときに光放射を放出するp-n接合をもつ固体デバイスで，LED単体ともいう。」と規定され，図1.4.2のように半導体結晶のなかで電気エネルギーが直接光に変わる仕組みを応用した光源である。

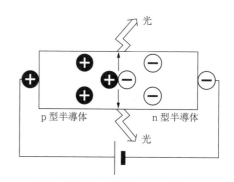

LEDに順方向に電圧をかけて電流を流すと＋（ホール）と－（電子）がp-n接合部で結合し，電気エネルギーが直接光エネルギーに変換される。

図 1.4.2　発光原理

2) 白色化の原理

　LEDで白色を作る代表的な方式には次の3種類がある。
① 光の3原色のLED（赤色・緑色・青色）を組み合わせる。
② 近紫外線または紫色LEDにより，赤色・緑色・青色の蛍光体を光らせる。
③ 青色LEDにより，黄色蛍光体を光らせる。

3) LED光源の特徴

① 高信頼性・長寿命
　実用化されている電球型LED照明では，2万時間から4万時間の信頼性があるとされ，白熱電球の数十倍，蛍光灯やHID灯の数倍の寿命がある。
② 高発光効率（固有エネルギー消費効率）
　発光効率は器具組込時では90～180 lm/Wであり白熱電球の5倍～7倍，蛍光灯とほぼ同程度である。また，平均演色評価数（Ra）も，白熱電球の100に対して80以上の蛍光灯と同程度のものが製品化されている。特に演色性が求め

第4節　電気応用

られる場所用としては，90 以上のものもある。

③　小型・軽量

半導体材料からなる固体光源であり，小型・軽量のため，狭いスペースへの組込みや自由自在なデザインが可能で，大きさや重量に制限のある機器，設備，車両に使用されている。

④　耐衝撃性

ガラス管を使用しないため振動や衝撃に強く，車両，電車などの移動体や振動の激しい機械に使用されている。

⑤　その他の特徴として，低発熱量，高速応答性，有害物質を使用しないため環境性が良い。

4) 電圧・電流特性

LED はダイオードであるため，順方向電流と順電圧との間に相関関係があり，少しの電圧変動で電流が大きく変化するため，明るさも大きく変動し安定しない。さらに耐電圧（数ボルト程度）を超えて順電圧を少し上昇させただけで過大な順方向電流が流れて損傷を受ける。これを回避するためには，電流制限抵抗を LED に直列に挿入して電圧変動による影響を少なくする必要がある。

5) LED照明器具の種類

照明器具は表 1.4.3 に示す種類がある。

表 1.4.3　照明器具の種類

種　類	構　造
一体型 LED 照明器具	LED または LED モジュールならびにそれらの安定な動作および始動のために必要な付加的要素を組み込んだ，破壊することなく分解できない照明器具
LED モジュール組込み LED 照明器具	器具組込み形 LED モジュールを組み込んだ照明器具
交換形 LED ランプ	電球形 LED ランプおよび使用者が交換することを意図としたその他の LED ランプ

6) LED制御装置

LED は極性のある直流によって発光し，適正電圧と耐圧がともに低いため，使用には専用の電源が必要となる。LED の駆動には電圧変動を少なくするために，定電圧回路による駆動方法が採用されている。また，順電圧では負の温度特性があり，温度が上がると順電圧が下がるため，温度特性による光量変化を避けたい場合には，定電流回路による駆動方法が採用されるときもある。

LED 制御装置として JIS C 8147-2-13「ランプ制御装置」，JIS C 8153「LED モジュール用制御装置」が規定されている。

7) LEDモジュールの寿命

LED は固体発光方式のため，従来の光源のようにフィラメントの断線により不点灯になることはないが，使用材料の劣化などにより，点灯時間の経過に沿って徐々に光量が減少する。

8) 固有エネルギー消費効率

光源だけの効率ではなく照明器具の電気的効率や光学的効率などを総合的に考える必要があり，LED 照明器具の定格光束（LED 照明器具から発する全光束）を定格消費電力（LED 照明器具入力電力）で除した値を LED 照明器具の固有エネルギー消費効率といい，次式で表される。

LED 照明器具の固有エネルギー消費効率［lm/W］

= LED 照明器具の定格光束［lm］/ 定格消費電力［W］

従来の光源を使った照明器具の場合を含め各種の製品を比較するときは，照明器具の固有エネルギー消費効率を用いて同じ条件で比較する必要がある。

1.4　その他の光源

(1) 白熱灯

1) 発光原理　フィラメントに電流を流して高温度に加熱し，その熱放射を利用した光源である。

2) 白熱電球　口金を取り付けたガラス球内に，タングステンを使用したフィラメントと，点灯中のフィラメントの蒸発を抑えるためアルゴン，窒素，クリプトンなどの不活性ガスが封入されている。

3) ハロゲン電球　白熱灯の一種でガラス球の中に不活性ガスとともに，よう素，臭素，塩素などのハロゲン化物を微量封入したもので，ハロゲン（再生）サイクルによって蒸発したタングステンをフィラメントに戻す作用を利用してガラスの黒化を少なくし，寿命を長くしている。図 1.4.3 は，ハロゲンサイクルのモデルで，点灯中に蒸発したタングステンがハロゲン原子または分子と結合してハロゲン化タングステンとなる。ガラス球には，高温に耐えられる石英ガラスが主に使用され，石英管の表面に赤外反射膜を形成したものが一般照明用として用いられる（図 1.4.4）。

図 1.4.3　ハロゲンサイクルのモデル　　図 1.4.4　赤外反射膜応用ハロゲン電球の構造

(2) 蛍光灯

1) 発光原理　低圧水銀蒸気放電ランプの一種で，アーク放電により発生する 253.7 nm を主体とする水銀スペクトル中の紫外線により，ガラス管内壁に塗布された蛍光体を励起して可視光に変換する放電ランプである。

2) 構造　管内には約 300 Pa のアルゴンガスと少量の水銀が封入され，電極には 2 重コイル状のタングステンの表面に電子放射物質（エミッタ）が塗布されている。

主気体の水銀蒸気に微量のアルゴンが添加された気体中では，電子衝突により標準安定状態に励起されたアルゴンがそのエネルギーを水銀の原子に与えてこれを電離させる。これによって放電開始電圧が水銀蒸気だけの場合と比較して低くなる（ペニング効果という）。

3) Hf 蛍光灯器具　Hf 蛍光灯器具は，インバータ方式の器具で，Hf 蛍光ランプ（高周波点灯専用形蛍光ランプ）と Hf 蛍光灯安定器（高周波点灯専用形蛍光灯電子安定器）を組み合わせて使用して省電力，小形化，薄形化，軽量化を図った蛍光灯器具である。

Hf 蛍光ランプは，専用の Hf 蛍光灯安定器とだけ組合わせが可能な熱陰極形ラン

プで，ランプのちらつきがなく発光効率を向上させることができる。

Hf 蛍光ランプが従来の照明器具へ誤装着されることを防止するために，Hf 専用照明器具だけに使用できることを示すランプのシンボルマーク（Hf マーク）の表示が義務づけられている。

4) 製造・輸出入の禁止

「水銀に関する水俣条約第 5 回締約国会議」で，すべての一般照明用蛍光ランプの製造・輸出入を 2027 年末に禁止すると決定されている。

(3) HID ランプ

1) 高圧水銀ランプ

一般に水銀ランプといわれ，100 〜 1,000 kPa の水銀蒸気圧中のアークによる放電発光を利用したランプである。構造は，外管と発光管（内管）からなり，外管は発光管や構成部品を保護することと特性の安定化に対する役割を有し，通常発光管との間には窒素が 50 〜 100 kPa で封入されている（図 1.4.5）。

外管が透明のままでは，水銀の輝線スペクトルからなる緑味を持つ青白い光源色で，赤成分に欠けている。赤成分を補うため外管内面に蛍光体を塗布し，蛍光体を発光させることにより赤色光を増し，演色性を改善した蛍光水銀ランプ（HF 形）が多く使用される。

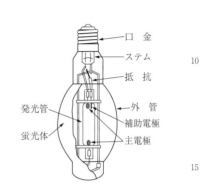

図 1.4.5　蛍光水銀ランプの構造

点灯に際しては専用の安定器を必要とし，一般にチョークコイル形安定器を用いる。電源を入れると主電極と近接する補助電極の間にグロー放電が起こり，瞬時に主電極間のアーク放電に移る。この放電の熱により，水銀が蒸発して数分間で特性が安定する。ランプが安定点灯中に消灯すると水銀蒸気圧が高いので，すぐに電源を入れても点灯しない。再び点灯するまでには数分間を要する。

2) メタルハライドランプ

水銀ランプに似た透明石英ガラスの発光管の中に発光物質としてさまざまなハロゲン化金属，水銀およびアルゴンが封入されており，放電による金属特有の発光を利用したランプである（図 1.4.6）。

始動特性は水銀ランプとほぼ同様であるが，始動時の光束の安定には 10 分以上かかる場合が多く，再始動時間も長い，始動電圧が高い，再点弧電圧が高いなどの電気特性を持つので，専用の安定器が必要になる。

ただし，一部の種類の低始動電圧形メタルハライドランプは，始動ユニットをランプに内蔵し，水銀灯安定器で点灯できる。

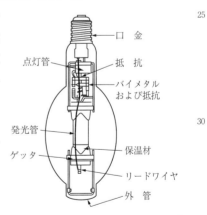

図 1.4.6　メタルハライドランプの構造

3) 高圧ナトリウムランプ

10 kPa の高圧ナトリウム蒸気中の放電によって発する光を利用したランプである。発光管は透明性アルミナセラミックス管が用いられ，ナトリウムとともに水銀とキセノンガスが封入されている。

外管は硬質ガラスで，外管内は熱絶縁を良くするため真空にすることが多い（図1.4.7）。

種類として一般形，始動器内蔵形および高演色形がある。

一般形および始動器内蔵形の演色性は劣るが，分光分布が連続スペクトルなので，色の識別はできる。高演色形は効率を犠牲にして演色性を改善したもので，白熱電球に近い光色となり演色性に優れている。

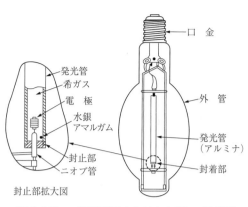

図1.4.7　一般形高圧ナトリウムランプの構造

4）低圧ナトリウムランプ　約0.5 Paの低圧ナトリウム蒸気中の放電から放射されるナトリウムのD線（波長589.6 nmおよび589.0 nm）の橙黄色の単色光を発するランプである（図1.4.8）。

発光管は耐ナトリウム性の特殊ガラス管をU字形に曲げ，ナトリウム金属のほか始動ガスとしてネオンと少量のアルゴンの混合ガスが封入されている（図1.4.9）。

外管内壁に酸化インジウムの透光性赤外反射膜を形成し，赤外線を発光管に戻すことにより効率を高めている。ランプ効率は非常に高いが，橙黄色の単色光のため，色の識別はできない。したがって，用途はトンネル照明，高速道路照明などに限定され，一般用照明には適さない。

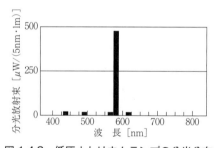

図1.4.8　低圧ナトリウムランプの分光分布

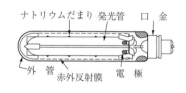

図1.4.9　低圧ナトリウムランプの構造

2. 電気化学

2.1　蓄電池

一般に，電池は，化学エネルギーを電気エネルギーに変換し，外に取り出し，電源として用いる装置で，一次電池と二次電池に大別される。

一次電池は，放電すると電池内の物質が変化して消耗し，非可逆的で再生できないものをいい，乾電池や水銀電池，酸化銀電池等がある。二次電池は，放電により化学変化を起こした物質に，外部から電気エネルギーを与えると可逆的反応をして再生できるもので，一般的には蓄電池と呼んでいる。蓄電池には，鉛蓄電池，アルカリ蓄電池，リチウムイオン蓄電池などが実用化されている。

（1）蓄電池の原理

1）鉛蓄電池　鉛蓄電池は，電解液として比重1.2〜1.3程度の希硫酸（H_2SO_4）を用い，正極活

物質に二酸化鉛（PbO₂），負極活物質として鉛（Pb）を用いている。

電池を放電させると，電気エネルギーが放出すると同時に，正極，負極はともに化学反応により硫酸鉛（PbSO₄）に変化して起電力が低下する。また，これを充電すると，電気エネルギーが化学エネルギーの形で蓄えられて起電力がもとの状態にもどる。この充放電の可逆変化は次のようになる。

$$\underset{PbO_2}{\text{（正極）}} + \underset{2H_2SO_4}{\text{（電解液）}} + \underset{Pb}{\text{（負極）}} \quad \underset{\text{充電}}{\overset{\text{放電}}{\rightleftharpoons}} \quad \underset{PbSO_4}{\text{（正極）}} + \underset{2H_2O}{\text{（電解液）}} + \underset{PbSO_4}{\text{（負極）}}$$

鉛蓄電池の起電力は，1セル当たり約2Vである。

鉛蓄電池は，電解液に含まれる硫酸が放電に使用されると電解液の比重が下がるため，電解液の比重を測定することによって，放電状態を推定することができる。一般に用いられている鉛蓄電池の極板は，鉛または鉛合金製の格子状の板に，活物質となるペースト（一般的に鉛粉を水と希硫酸で練り合わせたもの）を充填したペースト式極板が多いが，このほかクラッド式などがある。ペースト式の特徴は，小形，軽量で大容量が得られ，高率放電特性に優れていることである。

2) アルカリ蓄電池

アルカリ蓄電池は，電解液が水酸化カリウム（KOH）などの強アルカリの濃厚水溶液を用いた電池の総称である。その電池は構成材料によって種々のものがある。主な電池をあげると，正極活物質にオキシ水酸化ニッケル（NiOOH），負極活物質にカドミウム（Cd）を使用しているニッケル・カドミウム蓄電池，正極活物質にオキシ水酸化ニッケル（NiOOH），負極活物質に水素吸蔵合金粉末（MH）を充填した水素極を使用しているニッケル・水素蓄電池などがある。

3) ニッケル・カドミウム蓄電池（ニカド電池）

ニッケル・カドミウム（Ni・Cd）蓄電池の充放電の可逆変化は次のようになる。

$$\underset{2NiOOH}{\text{（正極）}} + 2H_2O + \underset{Cd}{\text{（負極）}} \quad \underset{\text{充電}}{\overset{\text{放電}}{\rightleftharpoons}} \quad \underset{2Ni(OH)_2}{\text{（正極）}} + \underset{Cd(OH)_2}{\text{（負極）}}$$

ニッケル・カドミウム蓄電池の起電力は，1セル当たり約1.2Vである。

反応式からKOHなどのアルカリ電解液の成分は，充放電反応に関係していないので，充・放電の際電解液濃度の変化が少なく，放電時の電池電圧の変化も少ない。また，荒い使い方にも耐える丈夫さ，高い信頼性を有しており，完全密閉化した製品は気軽に使用でき，重負荷，低温，過充電，過放電にも強い。

4) リチウムイオン蓄電池

リチウムイオン蓄電池は，正極活物質にリチウム遷移金属複合酸化物（LiCoO₂，LiNiO₂，LiMnO₃など），負極活物質に炭素（C）などを使用している。リチウムイオン蓄電池は，エネルギー密度が高く，小形・軽量化が可能という特徴がある。

5) 公称電圧

蓄電池電圧の表示に用いる電圧をいい，鉛蓄電池の公称電圧は単電池（セル）当たり2V，アルカリ蓄電池の公称電圧は1.2Vである。

6) 単電池

単電池（セル）は，化学エネルギーの直接変換で電気エネルギー源となる基本的な機能単位の電極，電解液，容器および端子の集合から構成される。

7) モノブロック電池

隔壁のある一体成形の電槽を使って作成された電池または単電池（セル）を所要数接合して1つのブロックとした電池であり，公称電圧には6V，12Vのものがある。

(2) 鉛蓄電池の特性

1) 容量　蓄電池の容量は，満充電の状態から端子電圧が規定の終止電圧に降下するまでに取り出し得る電気量を表し，単位にはアンペア時［A・h］およびキロワット時［kW・h］を用いる。

蓄電池に一定抵抗を接続して放電させ，端子電圧が放電終止電圧に下がるまで接続する。この場合の平均電流を I，放電時間を t としたとき，蓄電池容量は It［A・h］で表される。この場合，電流を大きくすると短時間で放電の限界に達してしまうが，電流と時間の積は一定ではなく，電流が大きいほど蓄電池容量は小さくなる。そのため放電電流の大小を放電の継続時間で表し，これを放電時間率という。これはどのくらいの時間内で全容量を放電するのかを示すもので，標準率放電特性は10時間率，高率放電特性は5時間率がある。超高率放電特性については1時間率で表される。

一般に，鉛蓄電池の容量は10時間率で表し，アルカリ蓄電池の容量は5時間率で表す場合が多い。

鉛蓄電池は，放電電流が大きくなるほど取り出せる電気量（容量）が小さくなり，10時間率容量を100とすると，5時間率容量は80〜85，3時間率容量は70〜80，1時間率容量は50〜65に低下する。

2) 充放電特性　図1.4.10に鉛蓄電池の充放電特性を示す。鉛蓄電池の場合は，通常の放電状態で端子電圧は約2Vとほぼ一定値を維持しているが，放電が終了に近づくと端子電圧は急に降下する。このため，電源設備では鉛蓄電池の端子電圧が急に降下する前に放電を打ち切るよう，放電終止電圧を設定する場合が多い。放電終止電圧は，1.8〜1.9Vに設定するのが一般的である。鉛蓄電池の電解液比重は，一定電流で放電した場合，時間とともにほぼ直線的に低下する。

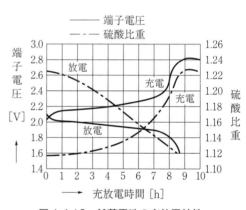

図1.4.10　鉛蓄電池の充放電特性

3) 温度特性　鉛蓄電池の容量は，温度によっても変化し，温度が低くなるほど容量が低下する。

4) 自己放電　蓄電池に蓄えられた電気量は，放置状態にあるときもさまざまな原因のために失われる現象を自己放電という。自己放電は，温度が高いほど，また電解液比重が高くなるほど大きくなる。また，電解液中に不純物があると，活物質との間で化学反応が起こり，自己放電が大きくなる。自己放電の対策として，トリクル充電が行われる。

5) サルフェーション　鉛蓄電池は，放電状態のままで長期間放置しておくと，活物質が不活性化し，時には回復が困難となる現象をサルフェーションという。鉛蓄電池は，放電後は必ず充電するとともに長期間放置中は定期的に補充電をする必要がある。

6) 内部抵抗　内部抵抗は，残存する容量に依存し，100%充電の場合を1とすると，残存容量40%で1.2倍，20%で1.5倍，0%では2倍以上となる。

(3) 各種蓄電池の比較

鉛蓄電池とアルカリ蓄電池の特徴を**表 1.4.4** に，鉛蓄電池とリチウム二次電池との比較を**表 1.4.5** に示す。

表 1.4.4　鉛蓄電池とアルカリ蓄電池の特徴

鉛蓄電池	アルカリ蓄電池
① 放電電流が大きくなると容量が低下する	① 放電電流による容量低下は，鉛蓄電池に比して小さい
② 温度が下がると容量が低下する	② 温度による容量低下は，鉛蓄電池に比して小さい
③ 形式によって寿命が異なり，高率放電形では 5 ～ 7 年，長寿命形では 10 ～ 14 年の寿命が期待できる	③ 12 ～ 15 年の寿命が期待できるが，途中で液替え，活性化充放電が必要になる場合がある
④ 過充電，過放電，長期放置による劣化が大きい	④ 過充電，過放電，長期放置による劣化が少ない
⑤ 高温での使用は寿命に影響する	⑤ 高温使用による寿命劣化が小さい
⑥ 放置する場合は定期的な充電を必要とする	⑥ 高温時の充電効率が鉛蓄電池に比して低い
⑦ 放電後は直ちに充電しなければ寿命に影響する	⑦ 電池を使わない時は，長時間そのままにしておいても支障はない
⑧ 電解液比重を測定することによって放電状態を推測できる（ただし，制御弁式は除く）	⑧ 放電による電解液比重の変化が少ないため，比重測定による放電状態の推定は難しい
⑨ 重量はアルカリ蓄電池に比して重い	⑨ 重量は鉛蓄電池に比較して(同一ワット時で)約 40 ％軽い
⑩ 鉄箱の蓄電池収納部分は，耐酸塗装をしなければならない	⑩ 鉄箱の蓄電池収納部分は，耐アルカリ塗装をしなければならない

表 1.4.5　各種蓄電池の比較

<table>
<tr><td colspan="2">種別</td><td colspan="4">鉛蓄電池</td><td colspan="3" rowspan="2">リチウム二次電池</td></tr>
<tr><td colspan="2">形　式　名</td><td>クラッド式
（CS 形）</td><td>ペースト式
（PS 形）</td><td>ペースト式
（MSE 形）</td><td>ペースト式
（HSE 形）</td></tr>
<tr><td rowspan="2">活物質</td><td>正　極</td><td colspan="4">二酸化鉛（PbO_2）（満充電時）</td><td colspan="3">リチウム含有化合物</td></tr>
<tr><td>負　極</td><td colspan="4">鉛（Pb）（満充電時）</td><td>炭素系</td><td>金属酸化物系</td><td>金属系</td></tr>
<tr><td colspan="2">電　解　液</td><td colspan="4">希硫酸（H_2SO_4）</td><td colspan="3">非水電解液系，ゲル状電解質系</td></tr>
<tr><td colspan="2">電解液比重
（20 [℃]）</td><td>1.215</td><td>1.215
1.240</td><td>—</td><td>—</td><td>—</td><td>—</td><td>—</td></tr>
<tr><td colspan="2">反　応　式</td><td colspan="4">$PbO_2+2H_2SO_4+Pb \rightleftarrows PbSO_4+2H_2O+PbSO_4$</td><td colspan="3">$Li_{1-x}M_yO_{2y} + Li_xC_6 \rightleftarrows LiM_yO_{2y}+C_6$</td></tr>
<tr><td colspan="2">公　称　電　圧</td><td colspan="3">2 V（単電池）</td><td>6 V，12 V</td><td>3.2 ～
3.8 V</td><td>2.0 ～
3.0 V</td><td>3.0 ～
3.2 V</td></tr>
<tr><td rowspan="2">極板構造</td><td>正 極 板</td><td>ガラス維持等の微多孔チューブに鉛合金の心金を挿入し正極活物質を充てん</td><td colspan="3">鉛合金の格子に負極活物質を充てん</td><td colspan="3">金属箔に正極活物質を塗布</td></tr>
<tr><td>負 極 板</td><td colspan="4">鉛合金の格子に正極活物質を充てん</td><td colspan="3">金属箔に負極活物質を塗布</td></tr>
<tr><td colspan="2">電　池　構　成</td><td colspan="4">正・負極板を各々適当枚数組合せ，かつ，両極板間にセパレータを介して極板群とし，電解液とともに電槽に収納</td><td colspan="3">積層式，捲回式，折畳式</td></tr>
</table>

101

第1章　電気工学

表 1.4.5　各種蓄電池の比較（つづき）

種別	鉛蓄電池				リチウム二次電池
形式名	クラッド式 （CS形）	ペースト式 （PS形）	ペースト式 （MSE形）	ペースト式 （HSE形）	
浮動充電電圧 V/セル	2.15	2.15〜 2.18	2.23	2.23	2.3〜4.2 ※上記範囲内で，製造者の指示値による
期待寿命	10〜14年	6〜12年	7〜9年 （長寿命MSE： 13年以上）	5〜7年	10〜15年
特徴	経済的	—	高率放電特性がよい。 補水・比重測定・均等充電等の保守が不要	高率放電特性がよい。 補水・比重測定・均等充電等の保守が不要	充放電サイクルが多い 自己放電量が少ない 長寿命かつ大容量 エネルギー密度が高い（小型・軽量） 大電流充放電可能 電解液に消防法危険物（第4類）を使用
適用規格	JIS C 8704-1：06「据置鉛蓄電池−一般的要求事項及び試験方法−第1部：ベント形」	JIS C 8704-2-1：06「据置鉛蓄電池−第2-1部：制御弁式−試験方法」，JIS C 8704-2-2：06「据置鉛蓄電池−第2-2部：制御弁式−要求事項」			JIS C 8715-1：2018「産業用リチウム二次電池の単電池及び電池システム−第1部：性能要求事項」，JIS C 8715-2：2019「産業用リチウム二次電池の単電池及び電池システム−第2部：安全性要求事項」

(4) 据置鉛蓄電池（JIS 抜粋）

1) ベント形鉛蓄電池　　防まつ構造をもつ排気栓を用いて，酸霧が脱出しないようにした蓄電池で，使用中補水を必要とする。

2) 触媒栓式ベント形鉛蓄電池　　触媒栓を設け，過充電時に水の分解で発生するガスを触媒栓に導き，触媒栓の中にある触媒によって再結合させ水に戻す方式で，減液を少なくし，使用中の補水間隔を長くした蓄電池。

　　触媒栓とは，電池を過充電したときに発生する酸素ガス及び水素ガスを触媒反応によって水に戻す機能をもつ栓で，通常，防爆構造及び防まつ構造をもつ。

3) 制御弁式鉛蓄電池　　内部圧力が規定値を超えるとガスを放出する，制御弁を備えた据置用途の鉛蓄電池。

　　制御弁とは，定められた内圧を超えると作動し，ガスを放出させるとともに，外気が蓄電池内に流入することを防ぐ弁である。

4) クラッド式鉛蓄電池　　正極にクラッド式極板，負極にペースト式極板を用いた鉛蓄電池。クラッド式極板は，多孔性のチューブの中央に鉛合金の心金を通し，その周囲に活物質を充てんした極板。

5) ペースト式鉛蓄電池　　正極，負極ともにペースト式極板を用いた鉛蓄電池。ペースト式極板は，鉛酸化物の粉を単独または他の添加剤，補強材などと混合し，希硫酸と水とで練ってペースト状としたものを，鉛合金製の格子に充てんした極板。

6) 形式記号表記例　　CS：ベント形クラッド式据置鉛蓄電池
　　PS：ベント形ペースト式据置鉛蓄電池
　　HS：ベント形高率放電用ペースト式据置鉛蓄電池
　　CS-E：触媒栓式ベント形クラッド式据置鉛蓄電池
　　PS-E：触媒栓式ベント形ペースト式据置鉛蓄電池
　　HS-E：触媒栓式ベント形高率放電用ペースト式据置鉛蓄電池

HSE：高率放電用制御弁式据置鉛蓄電池

MSE：高率放電長寿命用制御弁式据置鉛蓄電池

(5) 据置ニッケル・カドミウムアルカリ蓄電池（JIS 抜粋）

1) ベント形蓄電池　　防まつ構造をもつ排気栓を用いて，アルカリ霧が脱出しないようにした蓄電池で，使用中補水を必要とする。

2) 触媒栓式ベント形蓄電池　　触媒栓（蓄電池を充電したときに発生する酸素ガス及び水素ガスを，触媒反応によって水に戻す機能をもつ栓で，通常，防爆構造及び防まつ構造をもつ）を取付けた蓄電池である。

3) シール形蓄電池　　製造者が定める充電および温度範囲内で作動したとき，密閉を保ち，ガス又は電解液を外部に出さず，寿命期まで補水を必要としない蓄電池で，危険な内圧上昇を避けるガス排出弁（定められた内圧を超えると作動し，ガスを放出させる弁）が装着されている。

4) ポケット式極板　　多数の細孔があるニッケルめっき薄鋼板で作った小箱（ポケット）中に活物質を充てんしたものを所要数，枠体に配列し，保持させた極板である。

5) 焼結式極板　　金属粉を焼結した基質の孔に活物質を埋め込んだ極板である。

6) 形式記号表記例　　JIS に規定された種類Ⅱの組合せによる。

例1　AH-P：ベント形高率放電ポケット式アルカリ蓄電池

例2　AHH-SE：触媒栓式超高率放電焼結式アルカリ蓄電池

例3　AHHE：シール形超高率放電アルカリ蓄電池

A：アルカリ蓄電池

M：標準率放電特性

MH：標準率放電特性と高効率放電特性との中間

H：高率放電特性

HH：超高率放電特性

P：負極，正極ともにポケット式極板

S：負極，正極ともに焼結式極板

－E：触媒栓付き

E：シール形

(6) 蓄電池の容量算出

1) 容量算出式　　図 1.4.11 に蓄電池負荷特性の例を示す。容量算出の一般式は次式で表される。

$$C = \frac{1}{L}(K_1 I_1 + K_2(I_2 - I_1) + K_3(I_3 - I_2) + \cdots + K_n(I_n - I_{n-1}))$$

C：25℃における定格放電率換算容量［Ah］

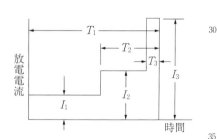

図 1.4.11　蓄電池負荷特性の例

L：保守率

K：容量換算時間［h］

　　放電時間 $T_{1～n}$，蓄電池の最低温度および許容最低電圧により決められる。

I：放電電流［A］

第1章　電気工学

サフィックス1，2，3，……，n：放電電流の変化の順に番号を付したもの。

保守率（L）は一般に 0.8 とする。

2) 容量換算時間　｜　容量換算時間の値を，**表 1.4.6** に示す。

表 1.4.6　容量換算時間（K）の値

種類		鉛蓄電池								リチウム二次電池[*2]			
形式		HSE				MSE[*1]				—			
許容最低電圧 [V/セル]		1.76				1.76				1.5 〜 3.3			
放電時間 [分]		0.1	0.2	10	30	0.1	0.2	10	30	0.1	0.2	10	30
最低蓄電池温度 [℃]	25	0.60	0.60	0.80	1.25	0.48	0.48	0.69	1.17				0.58
	15	0.64	0.64	0.84	1.30	0.53	0.53	0.73	1.19		0.25		0.62
	5	0.71	0.71	0.89	1.39	0.57	0.57	0.79	1.25				0.69
	−5	0.75	0.75	0.89	1.50	0.60	0.60	0.87	1.40	0.33	0.33	0.40	0.79

［注］ *1　長寿命 MSE も同様とする。

　　　*2　リチウム二次電池の K 値及び許容最低電圧は，活物質等の種類等によって異なるため，数値は代表値である。

3) 最低蓄電池
　　温度　｜　最低蓄電池温度を，**表 1.4.7** に示す。

表 1.4.7　最低蓄電池温度

設置場所の温度条件	最低蓄電池温度 [℃]
通常 25℃ 以上に確保されている場所	25
通常 15℃ 以上に確保されている場所（寒冷地は除く電気室など）	15
上記以外の場所	5
特に寒冷地の場合	−5

4) 許容最低電圧　｜　$V = \dfrac{V_a + V_b}{n}$　　[V]

V：1セル当たりの許容最低電圧

V_a：負荷の最低許容電圧

V_b：配線の電圧降下

n：直列に接続されたセル数

2.2　金属の腐食と防食

1) 局部電池　｜　不純物を含んだ金属は，微視的に見ると異なる物質で構成されており，異物質同士が隣り合っている状態である。このような金属を土壌や海水中に入れると，異物質間で電池が構成される。これを，局部電池と

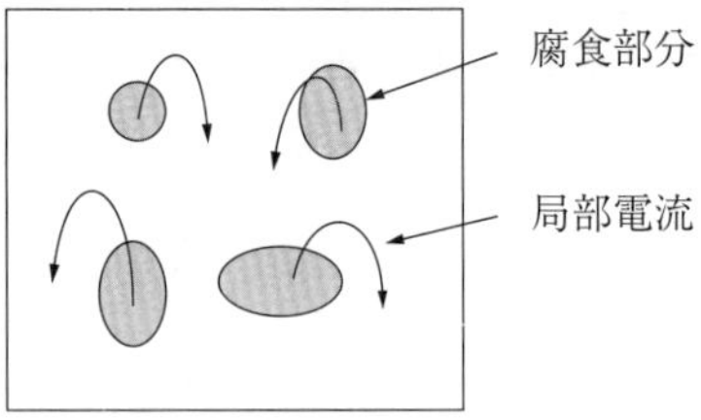

図 1.4.12　局部電池モデル

いい，イオン化傾向の大きい金属側が陽イオンとなって溶け出し，腐食が誘起される。この時流れる電流を局部電流（腐食電流）という（**図 1.4.12**）。

2) 電気防食　｜　地中に埋設された金属が局部電池によって電気的に腐食することを防ぐためには，金属と大地間の電位差を無くせばよい。電気防食には，防食しようとする金属Ａに亜鉛，マグネシウム，アルミニウムのような低電位電極Ｂをつないで両者

104

間に生ずる起電力を利用する流電陽極方式（図 1.4.13），防食しようとする金属 A に鋼，アルミニウムまたは黒鉛のような電極 B をつなぎ両者間に直流電源を挿入する外部電源方式（図 1.4.14）などがある。特に外部電源方式はパイプライン，都市ガスなどの地下施設に広く実用化されている。

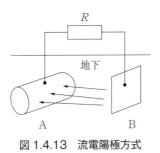
図 1.4.13　流電陽極方式

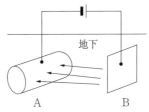
図 1.4.14　外部電源方式

2.3　金属の電解析出

硫酸銅のような金属塩の溶液を電気分解すると，陰極に純度の高い金属が析出し付着する。このような作用を金属の電解析出といい，これを応用した金属表面の加工処理方法には，電気めっき，電鋳，電解精錬，電解研磨などがある。

1) **電気めっき**　　金属の表面にほかの金属を電着し，金属表面の装飾や，腐食防止，耐磨耗性を与えることを目的に行われ，使用される金属には，銅・ニッケル・クロム・亜鉛・すず・金・銀などがある。

2) **電鋳**　　厚いめっき皮膜（0.1～3 mm程度）を形成し，これを原型からはがして複製のための版をつくることである。

3) **電解精錬**　　不純物を含む金属板を陽極とし，その金属イオンを含む溶液中で電気分解を行うと，陰極に純金属が析出する。このようにして，不純物を含む金属を精錬することをいう。例えば，硫酸銅溶液に電気を流すと，陰極では水溶液中の銅イオン（Cu^{2+}）が陰極から電子をもらい銅（Cu）が析出する。この析出する物質の析出量は，陰極からの電子の量，すなわち通電した電気量に比例することになる（ファラデーの法則）。

4) **電解研磨**　　めっきと逆の作用をするもので，研磨する金属や合金を陽極として，適当な電解液中でごく短時間に電気分解を行うと陽極金属が液中に溶け込む。このとき陽極金属の表面に凹凸があると，突出部が多く溶融されるので，なめらかで光沢のある表面が得られる。

3.　電気加熱

1) **特徴**　　電気加熱は，熱源として電力を使用して加熱する方式である。これを分類すると抵抗加熱，誘導加熱，誘電加熱，赤外線加熱，アーク加熱などがある。
電気加熱は他の加熱方式に比べて次の特徴がある。
① 3,000～4,000℃という非常な高温が得られる。
② 被加熱物を急速で均一に内部から加熱でき，熱効率が 65～90% と高い。
③ 温度制御が容易である。

第1章　電気工学

④　ガスを発生しないために，被加熱物の酸化や還元，浸炭，脱炭を任意にできる。

⑤　有害ガスや臭気を発生しないので環境や健康に優しい。

⑥　均一品質の製品となり歩留りがよくなる。

2）電気加熱方式 の比較　　表 1.4.8 に電気加熱方式の比較を示す。

表 1.4.8　電気加熱方式の比較

種類	エネルギー投入方法	熱エネルギー発生，伝達	変換方法	
抵抗（直接）	電流の形で加熱材へ投入	加熱材自体が電流，電界，電磁波のエネルギーを熱に変換	ジュール熱	
誘導				
誘電・マイクロ波	電界・電磁波		加熱材分子の振動	
抵抗（間接）	熱	おもに熱伝導，放射吸収	ジュール熱	放射・対流
赤外線	熱線			放射
アーク	熱および電流		熱伝導，対流，熱放射	

3）抵抗加熱　　抵抗体に電流を通じ発生する熱を利用して加熱するものである。このうち，直接式は導電性の被加熱物に直接電流を通じて加熱する方式である。また，間接式は高温度に耐える抵抗体（発熱体）に電流を通じて加熱して，この抵抗体からの熱を放射，対流，伝導により，間接的に被加熱物に伝える方式である。

4）誘導加熱　　交番磁界中において導電性物体中に生じる渦電流損や，磁性材料の場合に生じるヒステリシス損により加熱するもので，内部加熱や局部加熱が可能なため，電磁調理器（IH調理器）などに利用されている。このうち，直接式は導電性被加熱物自身の中に発生する渦電流損またはヒステリシス損により加熱する方式である。

5）誘電加熱　　交番電界中において絶縁性被加熱物中の誘電体損により加熱するもので，直接式のみである。誘電加熱のうち，交番電界にマイクロ波領域の高周波を使用するものをマイクロ波加熱という。すなわち，周波数 300 MHz～30 GHz 帯の電磁波を誘電体物質（被加熱物）に照射すると，内部に浸透したマイクロ波の電場によって分子振動が起こり，振動摩擦によって誘電体が発熱する。この摩擦熱により加熱する方式がマイクロ波加熱で，最も身近な応用例は家庭用の電子レンジである。

6）赤外線加熱　　赤外線を放射し被加熱物を加熱する方式である。赤外線の放射源には，赤外線電球と遠赤外線ヒータがあり，暖房や塗料の乾燥等に利用されている。

　　0.01 Pa 程度の真空中で，放出電子を高電界の陽極に引かせて電子流を作り，この電子流を電界や磁界を用いた電子レンズで収束させた電子流を電子ビームといい，これを加熱対象物に当てることによって加熱する方法を電子ビーム加熱という。被加熱物によって，その範囲や温度など自由に制御でき，電子ビーム蒸着，マイクロマシンなどの微細加工，低エネルギー電子ビームによる乾燥物の殺菌，半導体の微細加工などに使われる。

7）アーク加熱　　電極間に電圧を加えアーク電流を流し，発生する電力をアーク熱に変えて加熱するものである。被加熱物自体を電極として加熱するか，またはアークを媒質として加熱する直接式と，アーク熱を放射，伝導，対流によって被加熱物に与える間接式とがある。

　　また，プラズマとは，物質の温度を上げるに従って固体，液体，気体と状態変化するが，気体の先にある最も温度の高い状態をいい，イオンと電子の 2 種類の荷電

粒子群からなるのがプラズマ状態である。保有エネルギーが気体より大きく，それを加熱に応用した方式をプラズマ加熱という。プラズマを作るためにアーク放電が用いられ，5,000℃～20,000℃の超高温を発生されることができるので，溶接や切断，金属溶解などに使われる。

第2章 電気設備等

第1節 発電設備

1. 各種発電システムの比較

　日本国内の発電形態は，かつては水力発電が主力であったが，高度経済成長時代に大容量の火力発電所が盛んに建設され，さらにオイルショック後はそれまでの過度の石油依存度から脱却するため原子力発電を中心に石炭・LNG 火力発電などの電源の多様化が進められた。これに伴ってベース負荷を火力・原子力発電が負担し，ピーク負荷を水力発電に負担させる形態となり，大容量の揚水式水力発電所の開発が行われた。最近は，発電効率の低さや季節，気象条件に左右されるために，出力変動が大きいという欠点はあるが，地球温暖化の原因となる CO_2 排出量の削減を最重要課題として，太陽光発電・風力発電などの新エネルギーの導入が進展している。

　表 2.1.1 に主な発電システムの特徴を示す。

表 2.1.1　主な発電システムの特徴

発電の種類	特徴	建設単価	燃料単価	供給力
火力発電（石油）	・負荷変動に応じた急激な出力変化に対応できる。	安 い	高い（変動が激しい）	ミドル供給力 ピーク供給力
火力発電（LNG）	・頻繁な起動・停止が可能。	比較的安い	比較的高い	ミドル供給力
火力発電（石炭）	・環境負荷への影響が大きい。	比較的高い	比較的安い	ベース供給力
原 子 力 発 電	・長時間安定して電力を供給できる。 ・燃料効率が高く CO_2 の排出がない。 ・事故時の社会的影響が大きい。 ・放射性廃棄物の管理が必要。	高 い	比較的安い	ベース供給力
流込式水力発電	・河川の自然流量に影響を受ける。 ・負荷変動に応じた出力変化に対応できない。 ・環境負荷への影響が小さい。 ・今後の大規模開発が困難。	比較的安い	必要としない	ベース供給力
貯水池式水力発電 調整池式水力発電	・季節，時間帯による負荷変動に応じた出力変化に対応できる。 ・ダムが必要となる。 ・今後の大規模開発が困難。	比較的高い	必要としない	ピーク供給力
揚 水 式 水 力 発 電	・負荷変動に応じた出力変化に対応できる。 ・軽負荷時に揚水し，系統負荷率を改善できる。 ・河川流量の制限があり，地点選定が困難。 ・今後の大規模開発が困難。	比較的高い	必要としない	ピーク供給力

2. 水力発電

　水力発電は水を高い所から落下させ水車を回転させることにより，水が持っている位置エネルギーを水車に与えて機械エネルギーに変換し，さらに水車に接続されている発電機により電気エネルギーに変換する発電方式である。

2.1　水力学

1）圧力の単位 ▎　圧力の SI 単位はパスカル「Pa」である。

$$1\,Pa = 1\,N/m^2$$

109

標準気圧　　1 atm = 0.101 MPa（メガパスカル）
kgf 毎平方cm　1 kgf/cm² = 0.098 MPa

2) **ゲージ圧力**　真空を基準とした圧力の大きさを絶対圧力（ata），大気圧を基準とした圧力の大きさをゲージ圧力（atg）という。これらの間には次の関係がある。

（ゲージ圧力 atg）＝（絶対圧力 ata）－（大気圧 atm）

3) **連続の定理**　定常な流れの管の2点 P_1, P_2 における断面積を A_1, A_2 [m²]，それらの点での流速を v_1, v_2 [m/s] とすると，管の側壁を通して流体の出入りはないから，P_1 での流量と P_2 での流量は等しい。

図 2.1.1　連続の定理

これを Q [m³/s] とすると，

$A_1 v_1 = A_2 v_2 = Q =$ 一定　の関係が成り立つ。

これを連続の定理という（**図 2.1.1**）。

4) **位置水頭と落差**　高所にある水は落下すると仕事をする。これを水は位置のエネルギーを持っているという。重力の加速度は 9.8 m/s² であるから，高さ h [m] における質量 1 kg の水の位置のエネルギーは，

$1 \times 9.8 h$ [N・m] $= 9.8 h$　[J]

位置エネルギーは高さに比例するから基準面からの高さ h [m] を使って位置エネルギーを表し，これを位置水頭といい，位置水頭の差を落差と呼ぶ。

5) **圧力水頭**　圧力の大きさを水柱の高さを使って表し，これを圧力水頭という。圧力を p [Pa] とすると，1 m³ の水の質量は 1,000 kg/m³ なので，圧力水頭 h_p [m] は，

$p = 1,000 \times 9.8 h_p$ [Pa] より，

$$h_p = \frac{p}{1,000 \times 9.8}　[m]$$

6) **速度水頭**　速度 v [m/s]，質量 1 [kg] の流水の速度エネルギーは $\frac{v^2}{2}$ [J] である。このエネルギーに等しい位置エネルギーの高さを h_v [m] とすると，

$\frac{v^2}{2} = 9.8 h_v$　[J] より，

$$h_v = \frac{v^2}{2 \times 9.8}　[m]$$

これを速度水頭という。

7) **ベルヌーイの定理**　粘性がなく，非圧縮性の流体が定常流をなす場合，流れの一点における流体の位置水頭，圧力水頭および速度水頭の総和はエネルギー保存の法則により一定であり，これをベルヌーイの定理という。

$$h + \frac{p}{1,000 \times 9.8} + \frac{v^2}{2 \times 9.8} = 一定$$

h：位置水頭　　[m]

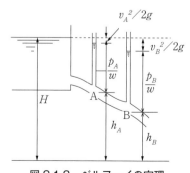

図 2.1.2　ベルヌーイの定理

第1節　発電設備

$$\frac{p}{1,000 \times 9.8} : 圧力水頭 \quad [\text{m}]$$

$$\frac{v^2}{2 \times 9.8} : 速度水頭 \quad [\text{m}]$$

図 2.1.2 の場合は

$$h_A + \frac{p_A}{1,000 \times 9.8} + \frac{v_A^2}{2 \times 9.8}$$

$$= h_B + \frac{p_B}{1,000 \times 9.8} + \frac{v_B^2}{2 \times 9.8} = H \quad [\text{m}]$$

H：基準面からの上水面の高さ（全水頭）[m]

w：$1,000 \times 9.8$ [N/㎥]

g：9.8 m/s²

$h_A,\ h_B$：A点またはB点の位置水頭　[m]

$p_A,\ p_B$：A点またはB点の圧力　[Pa]

$v_A,\ v_B$：A点またはB点の流速　[m/s]

8) 水の噴出速度　ベルヌーイの定理から導かれるトリチェリの定理により，垂直な側壁の小孔より噴出する水の速度 v [m/s] は，

$$v = k\sqrt{2gH} \quad [\text{m/s}]$$

k：理論値に対する係数

g：9.8 m/s²

H：水面と噴出口の中心の高低差　[m]

9) 水の噴出流量　噴出する流量 Q は，

$$Q = Sv = S \cdot k\sqrt{2gH} \quad [\text{㎥/s}]$$

H：有効落差　[m]

S：噴出口の断面積　[㎡]

k：理論値に対する係数

10) 河川流量　河川の横断面を1秒間に通過する流水の量を河川流量といい，通水断面積と平均流速の積で求められ，単位は [㎥/s] である。

11) 年平均流量　河川の流域面積を A [㎢]，年間降水量を h [㎜]，流出係数を r とすると年平均流量 Q は，

$$Q = \frac{rhA \times 10^3}{365 \times 24 \times 60 \times 60} = 3.17 \times rhA \times 10^{-5} \quad [\text{㎥/s}]$$

r は河川の流水量と降水量の比で，通常 0.6 ～ 0.8 としている。

2.2　理論水力

1) 理論水力　有効落差 H [m] にある水を流量 Q [㎥/s] で落下させた場合，水車に与えられる1秒間当たりのエネルギー P_0 を理論水力といい，

$$P_0 = 9.8\, QH \times 10^3 \quad [\text{J/s}]$$

1秒間当たりのエネルギーは動力（パワー）であり，10^3 J/s = 1 kWであるから，

$$P_0 = 9.8\, QH \quad [\text{kW}]$$

落差と水力発電所諸設備の関係図を図2.1.3に示す。

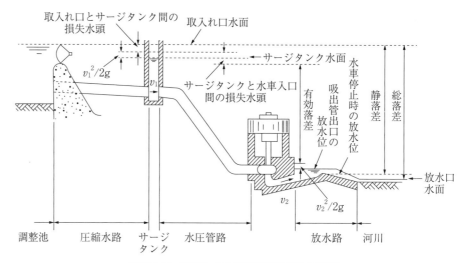

図2.1.3 落差と水力発電所諸設備の関係図

2) 水車出力　水車は理論水力を入力として水車出力 P_t を出力するので，水車効率を η_t とすると，
$$P_t = P_0 \eta_t = 9.8\,QH\eta_t \quad [\text{kW}]$$

3) 発電機出力　発電機は水車出力を入力として発電機出力 P_g を出力するので，発電機効率を η_g とすると，
$$P_g = P_t \eta_g = 9.8\,QH\eta_t\eta_g \quad [\text{kW}]$$

水車と発電機の各々の効率の積 $\eta = \eta_t \eta_g$ を総合効率といい，
$$\eta = \frac{P_g}{9.8\,QH}$$

発電機出力 P_g は，
$$P_g = 9.8\,QH\eta \quad [\text{kW}]$$

4) 年間発電量　年間発電量は年間発生電力量ともいい，年間平均流量を $Q_0\,[\text{m}^3/\text{s}]$，1年を365日とすると，
$$9.8\,Q_0 H\eta \times 365 \times 24 \quad [\text{kW}\cdot\text{h}]$$

2.3 水力発電所の種類

(1) 構造による分類

落差を得るための構造，河川流量を利用する方式により次のように分類される。

1) 水路式　河川の水を，こう配のゆるやかな水路で導いて河川の自然こう配との間に落差を得る方式であり，水の流れは次のとおりになる。

　　　　　　取水ダム→取水口→沈砂池→導水路→上水槽→水圧管路→発電所→放水路→放水口

2) ダム式　主としてダムによって落差を得る方式で，ダムを築造することによって得た落差を直接利用するものであり，ダムの直下やダム内部に発電所を設けるものである。

3) ダム水路式　ダムや導水路によって落差を得る方式で，前記の2方式を併用したものである。導水路は圧力導水路となり，水圧管路との接続部にサージタンクを設ける場合が多い。水の流れは次のとおりになる。

取水ダム→取水口→導水路→サージタンク→水圧管路→発電所→放水路→放水口

(2) 運用による分類

1) 流れ込み式 ┃ 河川流量を調整する池を設置せず，自然に流下する水の流量に応じて発電する方式である（図2.1.4）。

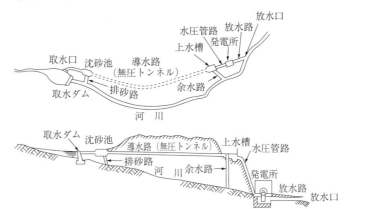

図2.1.4　水路式発電所（流れ込み式）

2) 貯水池式および調整池式 ┃ 河川の流量を調整する貯水池や調整池をもった発電方式である（図2.1.5）。

貯水池：季節的周期で河川の流量を調整する。例えば豊水期に貯水し，渇水期に放出する。

調整池：時間単位または日数単位で流量を調整する。例えば夜間の余剰水量を貯水し，昼間のピーク負荷時に放流する。

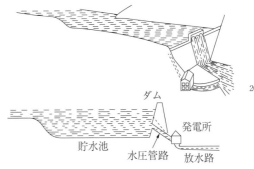

図2.1.5　調整池式発電所，貯水池式発電所

3) 逆調整池式 ┃ 上流にある貯水池式や調整池式発電所の運転によって大きく変動する下流の流量を平均化するために，下流に設ける逆調整池からの放流で発電する方式である。

4) 揚水式 ┃ 深夜など軽負荷時の余剰電力でポンプにより上部貯水池に揚水し，ピーク負荷時にその水を落下させて発電する方式（純揚水式）と，自然流量を併用する混合揚水方式とがある。一般的に河川の水の使用量は少なく，発電所の建設に大容量の河川は必要ないことから，他の水力発電所に比べて建設する地点の選定は比較的容易である（図2.1.6）。

ピーク負荷時に系統の発電電力を確保する目的でこの方式を用いる。また，電力系統が軽負荷のときは，余剰電力を揚水運転で水の位置エネルギーとして蓄積できることで，火力発電所は効率の良い運転が可能となり，

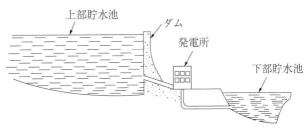

図2.1.6　揚水式発電所

火力発電所の稼働率は向上する。

2.4 ダムの種類

(1) ダムの種類

1) **ダムの分類** ダムの形式を，構成する材料によって分類すると，コンクリートダムとフィルダムがあり，各種ダムには次に示す種類がある（図2.1.7～図2.1.9）。

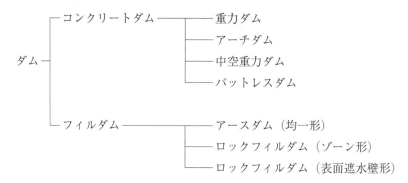

図2.1.7 ダムの分類

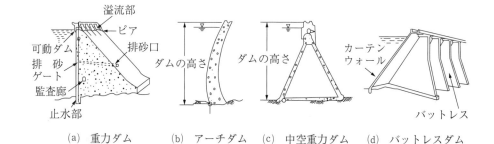

図2.1.8 コンクリートダムの種類

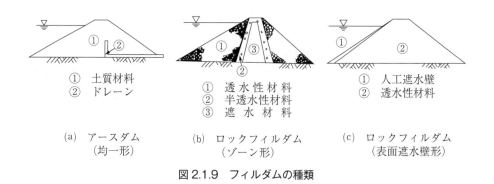

図2.1.9 フィルダムの種類

2) **重力ダム** 水圧，地震力などの外圧に対して，コンクリートで築造された堤体自身の重量によって抵抗し，荷重を基礎岩盤に伝達するダムである。構造が簡明かつ確実で，施工が容易なため現在最も多く用いられている。ただし，大規模ダムになると大量のコンクリートが必要となり，工事費が高くなる欠点がある。

第1節　発電設備

3) **アーチダム**　ダムの水平断面をアーチ形に上流に向けて造り，水圧などの外力を，主に両岸の岩盤で支える構造となっている。そのため河床だけでなく，山腹の岩盤も堅固である必要があり，狭谷などの川幅が狭い場所に造られる。

4) **中空重力ダム**　床盤によって水を支え，その床盤を扶壁によって支持しその力を基礎地盤に伝達させる構造になっており，ダム内部が中空である。重力式ダムに比べてコンクリート量が少ない，揚圧力の軽減などの利点がある。

5) **バットレスダム**　上流側に止水のための遮水壁を構築し，鉄筋コンクリートのバットレスと呼ばれる垂直の壁を適当な間隔に並べて，遮水壁を下流側で支える構造のダムである。

6) **アースダム（均一形）**　砂，砂利，粘土などを混合して造られ，軟弱な地盤でも造れるという利点がある。堤体のほぼ中心部に粘土またはコンクリートの心壁を造り，最上流の水の接する部分は，表面保護層を造る。

7) **ロックフィルダム(ゾーン形)**　築造材料の岩石がダム建設地点の近くで，容易に得られる場合に造られ，コンクリートあるいは鉄筋コンクリートで造られた遮水壁を有する。透水性および半透水性の材料で築造された透水ゾーンの堤全体で水圧などの外力を支える。

8) **ロックフィルダム（表面遮水壁形）**　フィルダム本体の上流面にアスファルトコンクリート，鉄筋コンクリートその他の人工材料などによって造られた遮水壁を有する。材料は，土質材料に近い材料からロック材料まで広範囲に選択できる。

(2) ダムの諸設備

1) **取水口**　取水口は河水を水路に導くものであり，取水口本体および制水ゲート，スクリーン，除じん設備などの付属設備より構成される。

2) **水路**　水路は無圧水路と圧力水路とがあり，導水路と放水路に大別される。

3) **放水路**　放水路は水車から放出された水を河川へ導くための水路で，トンネル，暗きょ，開きょなどで構成される。

4) **沈砂池**　沈砂池は水路に流入する土砂を防止するために取水口近くに設置し，沈殿した土砂を排砂するものである。

5) **水槽**　水槽は発電所の負荷変動による水圧管流量と導水路流量との変化を調整することと，沈砂池の役目を果たしている。

　　　上流の水路が無圧式の水槽を普通水槽（ヘッドタンク）といい，圧力式の水槽を圧力水槽（サージタンク）という。サージタンクは負荷の変動によって発生する水撃圧を軽減吸収する働きをする。

6) **水圧管路**　水圧管路は取水口または水槽から水車に導水するための水路であって，水圧管とその付属設備をいい，一般に鋼材が用いられる。

2.5　水車

(1) 水車の種類

　水車は水が持つエネルギーを機械エネルギーに変換する水力原動機である。エネルギー変換の方法により衝動形，反動形に大別される（**表2.1.2**）。

　衝動水車は，水の落差による圧力エネルギーを速度エネルギーに変換して，その流速を持った水をランナに作用させる構造のもので，この形の水車にはペルトン水車がある。

　反動水車は，圧力エネルギーをもつ流水がランナに流入し，ここから流出するときの反動力によっ

第2章　電気設備等

て回転させるもので，フランシス水車，斜流水車，プロペラ水車などがある。

衝動水車と反動水車の中間に位置するものとしてクロスフロー水車がある。

また，水車を主軸の方向によって分類すると，横軸と立軸になる。

表 2.1.2　水車の種類

エネルギー変換方法	機種	ランナの特長	通　称	適用落差範囲 [m]	比速度 N_S [m·kW]	比速度の限界式 [m·kW]
衝動水車	ペルトン水車	バケット	ペルトン水車	300 以上	12 〜 23	$12 < N_S < 23$
反動水車	フランシス水車	固定羽根	低比速度フランシス水車	60 〜 500	65 〜 150	$N_S \leq \dfrac{20,000}{H+20} + 30$
			中比速度フランシス水車		150 〜 250	
			高比速度フランシス水車		250 〜 350	
	斜流水車	可動羽根	デリア水車	35 〜 200	150 〜 350	$N_S \leq \dfrac{20,000}{H+20} + 40$
	プロペラ水車	可動羽根	カプラン水車	5 〜 80	250 〜 800	$N_S \leq \dfrac{20,000}{H+20} + 50$
			チューブラ水車	3 〜 25		
		固定羽根	固定羽根プロペラ水車	10 以下（小形）		
衝動と反動の中間	クロスフロー水車	固定羽根（シロッコファン型）	クロスフロー水車	7.5 〜 100	55 〜 100	—

1) **ペルトン水車** | 水の持つ圧力エネルギーをノズルによって速度エネルギーとし，この流速をもった水をバケットに作用させ，その衝撃力によって回転力を得るものである。

出力急変時には，デフレクタによりノズルからの射出水流をそらせてランナの速度上昇を制限し，その間にニードルで徐々にノズルを閉めていくことにより，水圧管内の圧力上昇を制限できる（**図 2.1.10**）。

2) **フランシス水車** | 反動水車の1種で，ランナ，ガイドベーン（案内羽根），ケーシング，スピードリングおよびその他の付属装置で構成される。中高落差用として最も多く使用されている水車で，使用落差の範囲も 500 m のものもあり，単機容量で 300 MW 以上のものがある。特に可逆式として揚水発電所に多く採用されている（**図 2.1.11**）。

3) **斜流（デリア）水車** | 反動水車として新しく開発されたものである。渦巻ケーシングからランナに入る流水の方向が，フランシス水車では主軸に垂直であり，後述のプロペラ水車では主軸に平行であるが，この水車では斜流の名前が示すとおり斜め方向に通過する。斜流水車のうち，ガイドベーンの流入調整に合わせてランナ羽根の角度調整ができるものをデリア水車という。（**図 2.1.12**）。

4) **プロペラ水車** | プロペラ水車にはランナ羽根が固定のものと可動のものがある。固定羽根のものは負荷による効率の変動が大きいため，小出力のものに用いられる（**図 2.1.13**）。

① カプラン水車

プロペラ水車のうち，可動羽根のものはカプラン水車と呼ばれる（**図 2.1.14**）。

② チューブラ（円筒）水車

チューブラ（円筒）水車は横軸形カプラン水車の一種で，発電機を直結したまま水平に流れる水の中に沈めた状態で運転される（**図 2.1.15**）。

116

第1節　発電設備

5) クロスフロー水車　　小水力発電用に最近製作されたクロスフロー水車は，衝動水車と反動水車の中間に属する水車である（図2.1.16）。

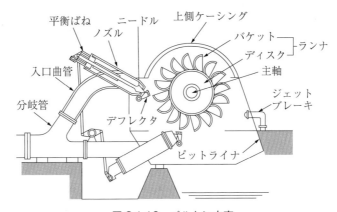

図2.1.10　ペルトン水車

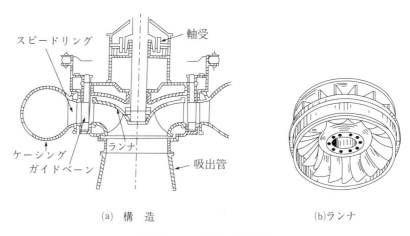

(a)　構　造　　　　　　　　　　(b)ランナ

図2.1.11　フランシス水車

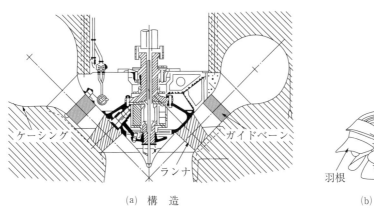

(a)　構　造　　　　　　　　　　(b)　ランナ

図2.1.12　デリア水車

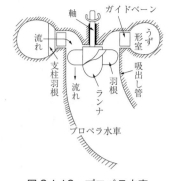

図2.1.13 プロペラ水車　　　　　図2.1.14 カプラン水車のランナ

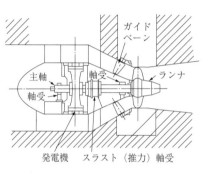
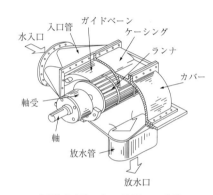

図2.1.15 チューブラ（円筒）水車　　　　　図2.1.16 クロスフロー水車

6) 主な構成部品　図2.1.10～2.1.16に示す各種水車の構成部品について以下に示す。

① ケーシング（導水部）

　水圧管路からの水を効率よく，水車に導入する。ペルトン水車では水圧を受けないがフランシス水車では常時水圧を受け，負荷遮断時などは急激な水圧上昇も加わる。

② ガイドベーン（水量調節部）

　ランナに流入する水量を，負荷に応じて調節する。フランシス水車，斜流水車，プロペラ水車，カプラン水車，チューブラ（円筒）水車，クロスフロー水車に用いられる。

③ ノズル

　ペルトン水車のランナに噴水を流出する。ペルトン水車の形式は，横軸とした場合，単射と2射，縦軸とした場合，4射と6射がある。

④ ランナ（羽根車）（回転部）

　水のエネルギーを受けて，機械的回転エネルギーに変換する。

⑤ ニードル（水量調節部）

　ランナに流入する水量を負荷に応じて調節する。ペルトン水車に用いられる。

⑥ 吸出管（放水部）

　反動水車の出口から放水路までの接続管であって，水の導管として用いるだけでなく，ランナ出口から放水面間の落差を有効に利用する。

　フランシス水車，斜流水車，プロペラ水車，カプラン水車においてランナから出

た水の残っている圧力水頭と速度水頭を回収するよう，管路の先を放水路水位以下に入れる。

⑦　入口弁

ケーシングの入口に設け，主弁とバイパス弁で構成される。入口弁を設ける目的は次の点である。

　(イ)　水車停止中の漏水を少なくし，漏水による損失を低減するとともにガイドベーンまたはニードル弁の摩耗を防ぐ。

　(ロ)　水車内部点検時に水車断水時間を短縮する。

　(ハ)　水車停止時にガイドベーンまたはニードル弁が故障したときに閉止する。

(2) 各種水車の特性

1) 各種水車の効率

図 2.1.17 に各形式の水車の効率の出力に対する変化の傾向を示す。ペルトン水車はフランシス水車に比べて軽負荷における効率がよく，可動羽根の水車は流量変化に対して自動的に羽根の角度を調節するため，平坦な効率曲線となる。

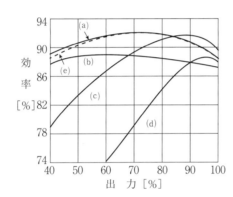

図 2.1.17　各形式の水車の効率

2) 水車の比速度

水車を相似形に保って大きさを変え，1 [m] の有効落差のもとで相似な状態で運転し，1 [kW] の出力を発生するときの回転速度を水車の比速度という。

比速度 N_S は次式によって与えられる。

$$N_S = N \frac{\sqrt{P}}{H^{\frac{5}{4}}} \quad [\mathrm{m \cdot kW}]$$

　N：定格回転速度 [min^{-1}]
　P：ランナ 1 個当たりまたはノズル 1 個当たりの出力 [kW]
　H：有効落差 [m]

なお，各種水車の比速度の概数は表 2.1.2 に示されている。

3) 水車回転数の選定

水車の比速度を高く選べば回転数が高くなり，直結する発電機の形状，重量が小さく建物も小さくできるなど発電所全体として有利になる。しかし，実際には水車の種類，有効落差，構造上の問題から限界がある。

(3) 水撃作用

1) 水撃作用

管路の中を流れている水を管路の弁で急に閉止すると，水の運動エネルギーが圧力エネルギーに変化することにより，その圧力波は上流に伝わり，管の入口で反射

して負の圧力波となって逆に弁の方に伝わる。この弁に到達した負圧は，正反射して上流に向い，この運動を繰り返す。この作用を水撃作用といい，ヘッドタンクとガイドベーンの間を往復し圧力振動を発生し，水圧管の圧力が急上昇し，その衝撃で水圧管が破損する場合がある。この作用は，流速の変化が大きく水圧管の長さが長いほど，また，水車入口弁を閉鎖する時間が短いほど大きい。

2) 防止対策 水撃作用を抑制する主な対策として，次のものがある。

① 圧力水路と水圧管の間にサージタンク，無圧水路と水圧管の間にヘッドタンクを設ける。

② 水車入口弁を閉じる前の水の圧力と流速を抑える。

③ 水車入口弁の閉鎖に要する時間を長くする。

④ 水圧管の距離を短くする。

(4) キャビテーション

1) キャビテーション 流水中に，ある程度以下の低圧部，あるいは真空部ができると，そこで水中に溶けている空気が遊離して気泡となり，または水蒸気ができて水流とともに流れ去ろうとするが，圧力の高い所に来ると再び液化しようとして瞬間的につぶれる。このときの衝撃圧力に水中の土砂や酸による作用も加わり，ランナの表面に壊食が生じる。このような気泡や，水蒸気などが発生する現象をキャビテーションという。

2) 発生による悪影響
① ランナの壊食
② 水車効率および出力の低下
③ 水車，水圧管，吸出管に振動や騒音が発生
④ 吸出管入口の水圧変動が著しい

3) 防止対策
① 吸出管の吸出し高さを適当にする（一般的に 6 ～ 7 m 以内とする）。
② 流水に接する面を平滑にする。
③ 壊食に強い材質（13 Cr 鋼，ステンレス鋼など）を用いる。
④ 吸出管上部に適当量の空気を導入し，真空度を下げる。
⑤ 水車の比速度を高くとりすぎない。
⑥ 過度の部分負荷，過負荷運転を避ける。

(5) 水車の調速機

1) 調速機の目的 調速機とは，水車の回転速度および出力を調整するため回転の変化に応じて自動的にガイドベーン開度，またはニードル開度を調整する装置をいい，速度検出部・配圧弁・サーボモータ・復元部・速度調整部・負荷制限部および手動操作機構などで構成される。一般には油圧操作方式によるが，中小発電所では電動操作方式とする場合もある。

調速機の役割は次のとおりである。

① 回転速度の変化を検出して，自動的にガイドベーン開度またはニードル開度を調整する。

② 発電機が系統に並列運転するまでは，自動同期装置などの信号により調速制御を行う。

③ 発電機が系統に並列運転に入った後は，速度調整機構を用いて発電機の出力や周波数変化の調整を行う。

第1節　発電設備

④　発電機が事故などにより系統から並列運転が解けた場合は，直ちに水口を閉鎖し，水車を停止させて異常な速度上昇を防ぎ，発電機の電圧の上昇を抑制する。

2) 速度調定率　ある有効落差において，ある出力で運転中の水車の調速機に調整を加えずに負荷を変化させたとき，定常状態における回転数の変化分と発電機負荷の変化分との比を速度調定率 R という。

$$R = \frac{(n_2 - n_1)/n_n}{(P_1 - P_2)/P_n} \times 100 \ [\%]$$

n_1：負荷変化前の回転速度　　[min^{-1}]

n_2：負荷変化後の回転速度　　[min^{-1}]

n_n：定格回転速度　　[min^{-1}]

P_1：変化前の負荷　　[kW]

P_2：変化後の負荷　　[kW]

P_n：基準出力　　[kW]

なお，調速機の特性を示すものとして，その他速度垂下率，不動時間，開き時間，閉鎖時間，弾性復元の時定数がある。

(6) 水車発電機

構造上の分類は次のとおりである。

1) 横軸形　横軸形と立軸形に分けられるが，横軸形は最近使用例が少なく，円筒水車などの小容量高速機に適する。

2) 立軸形　立軸形は裾付面積で有利となり，使用例は多く大容量低速機に適している。立軸形では発電機の回転子や水車ランナなどの回転部分の重量と水車の軸方向の推力を支えるためのスラスト（推力）軸受が必要である。

3) 普通形　発電機の上部にスラスト（推力）軸受を設け，下部に案内軸受を設ける型を普通形というが，軸長が長くなる。

4) かさ形　かさ形は回転子をかさ形とし，スラスト（推力）軸受を回転子の下部に設けるもので，固定子フレームが軽くなり，回転子の取外しが簡単で，起重機吊上げ高さを抑えることができる。

5) 準かさ形　準かさ形はかさ形の回転子の上部に補助軸受を設ける構造である。

2.6　揚水発電所

1) 揚水発電所の方式　上部池の自流の有無により，純揚水式と混合揚水式に分類され，さらに池の運用方式により，日間調整式，週間調整式および年間調整式に分類される。

揚水設備として，水車－発電機と別にポンプ－電動機を設ける方式（別置式），水車－ポンプ－発電電動機のタンデム式およびポンプ水車－発電電動機のポンプ水車式がある。近年はポンプ水車の発達に伴い，ポンプ水車式が多く採用されている。

2) ポンプの揚程　ポンプの揚程 H は次式で与えられる。

$$H = H_d + H_s + h_l + \frac{v_1^2 - v_2^2}{2g} \quad [\text{m}]$$

H_d：ポンプ中心線から吐出水面の高さ　　[m]

H_s：ポンプ中心線から吸込水面の高さ　　[m]

h_l：ポンプを除く総損失水頭　[m]

v_1：吐出管内の平均流速　[m/s]

v_2：吸込管内の平均流速　[m/s]

g：重力加速度 9.8 m/s²

3) ポンプ入力　　$P_p = \dfrac{9.8QH}{\eta_p}$　[kW]

η_p：ポンプ効率，Q：揚水流量　[m³/s]

4) 電動機入力　　$P_m = \dfrac{9.8QH}{\eta_p \eta_m}$　[kW]

η_m：電動機効率

5) 揚水発電所の総合効率　揚水発電所の効率は発電電力量 W_g と揚水用電力量 W_m の比である。機器や水路損失が二重にかかるため、揚水発電所の総合効率 η の概算値は、総落差を H_0 [m] とすると、

$$\eta = \frac{W_g}{W_m} = \frac{H_0 - h_l}{H_0 + h_l} \eta_p \eta_m \eta_t \eta_g$$

η_t：水車効率，η_g：発電機効率

となり、おおよそ 60〜70%程度である。

6) 揚水発電所の経済性　揚水発電所は河川流量の制約があり、一般水力発電より地点が限られ、機械が特殊で利用率は低い。また、建設費は高く、揚水電力を余剰電力でまかなうにしても揚水発電の電力量単価は高いものとなるので、1 kW当たりの建設費を下げるには、落差を大にし流量を小にして大容量化をはかるのが有効な方法である。したがって、高落差大容量化の傾向があり、揚程が 500〜600 m 級のものが開発されている。

7) 揚水発電所の発電電動機　揚水発電所に用いられる発電電動機は、同期発電機と電動機両方の特性を満たす必要がある。近年は水車を逆回転させてポンプとして使用する可逆ポンプ水車が主流である。このため発電電動機も正逆回転が可能な構造になっている。

8) 可変速揚水発電　揚水発電システムの一つに可変速揚水発電システムがある。これは、深夜あるいは系統電力需要が少ないとき、その余剰電力で揚水運転をしながら、励磁機の位相を制御し可変速運転を行うことにより入力の制御・調整により、周波数調整を行うことで、電力系統の安定運転に寄与している（図 2.1.18）。

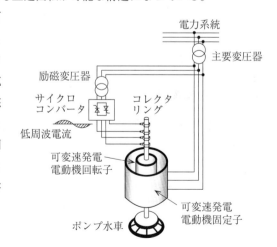

図 2.1.18　可変速揚水発電システムの概念

9) 発電電動機の始動方式　発電電動機を停止状態から定格回転速度まで上昇させるための始動装置が必要である。始動方式には次のようなものがある。

① 制動巻線始動方式

　発電電動機の制動巻線を利用して，かご形誘導電動機の原理で加速する。

② 同期始動方式

　隣の発電機と発電電動機を停止状態において電気的に結合して，発電機を始動することにより同期化力で発電電動機を同一回転速度で加速する。

③ 直結電動機始動方式

　発電電動機の軸上に始動用の巻線形誘導電動機を設けて，所内電源からの電力により加速する。

④ サイリスタ始動方式

　同期始動方式の始動用発電機をサイリスタ周波数変換装置によって置き換えたもので，系統周波数をサイリスタインバータで，0から系統周波数まで徐々に上げて発電電動機主回路に供給することにより加速する。

2.7　水力発電の施工・試験

（1）水車と発電機の据付け

1）準備工事　　機器の据付けに先立ち重量機器の搬入のため，クレーンの据付けを行う。発電所が屋内の場合には天井クレーンが，屋外または半屋外式の場合は門形クレーンが使用される。

2）水車・発電機のセンタリング（心出し）方式　　ピアノ線センタリング方式は，従来から一般的に行われている方法で，ピアノ線を用いて行う。

　実物センタリング方式は，固定部と回転部のギャップ（間げき）を測定する方法で，心出しのための仮組・分解を必要としないことから工期短縮が図れるので，最近広く採用されている。

3）据付け上の注意点　　① ケーシング溶接時には，変形を最小限に抑えるため補強や溶接順序を考慮する。

② 配管埋設部にコンクリートミルクが入らないように十分防護を施す。

③ 吸出し管，ケーシングなどの変形や浮き上がりを生じないように，コンクリート打設時の浮力・圧力に耐えるように必要な補強を行う。

④ 現地でケーシングなどの溶接を行った場合は，放射線または超音波を用いて，内部に重大な欠陥がないことを確認する。

（2）完成時の試験

　水車，発電機などの主要機器および圧油装置，潤滑油装置などの補機の据付完了後に，通水して行う試験を有水試験といい，水車に通水せずに各機器単位または組み合わせて試験調整を行うことを無水試験という。

1）無水試験　　無水試験は，接地抵抗測定，絶縁抵抗測定，絶縁耐力試験，水車機器動作試験，発電機機器動作試験，補機試験，遮断器・開閉器関係試験，保護装置試験，非常用予備発電装置試験を行う。

2）有水試験　　有水試験は，通水検査，初回転試験，発電機特性試験，自動始動停止試験，負荷遮断試験，入力遮断試験，非常停止試験，油圧低下急停止試験，ポンプ油圧低下非常停止試験，無負荷励磁試験，負荷急増試験，監視制御装置試験，負荷試験，入力試験，騒音測定，振動測定，水車の効率測定，ポンプの効率測定を行う。

3. 火力発電

火力発電は，石油，LNG，石炭などの燃料を燃焼させて発生した熱エネルギーを機械エネルギーに変換し，そのエネルギーで発電機を回転させて電気エネルギーを得る発電システムである。原動機の種類，熱への変換システムの組合せにより，汽力発電，内燃力発電，ガスタービン発電，汽力発電とガスタービン発電を組み合わせたコンバインドサイクル発電などがある。

3.1 使用燃料の種類と特徴

1) 固体燃料
固体燃料は，石炭が主力であり，次の特徴がある。
① 乾燥，粉砕などの前処理が必要で，燃焼装置が複雑である。
② 液体燃料，気体燃料のように一般にパイプ輸送ができない。
③ 燃焼に際し，NOx，SOx，ばいじんが多く，灰が残る。
④ 貯炭時に風化による自然発火が起こる可能性がある。
⑤ 輸送に際し，バラ積ができる。

2) 液体燃料
液体燃料の種類として，重油，原油，ナフサ，軽油，NGL（天然ガソリン），メタノールがあり，次の特徴がある。
① 品質が一定し，発熱量が高い（C重油で約41.7 MJ/L）。
② 燃焼効率が良い。
③ 燃焼が容易で制御しやすい。
④ ばいじん，灰分が少ない。
⑤ 貯蔵，運搬がしやすい。
⑥ 燃焼装置が簡単で所内動力が少ない。
⑦ 引火・爆発の危険があり，取扱いに注意を要する。
⑧ C重油は，火力発電用燃料の主力として使用され，粘度が高く重油加熱器で加熱して使用する。
⑨ 原油は揮発性に富むため，重油に比べ引火点，粘度も低い。

3) 気体燃料
気体燃料の種類として，液化天然ガス（LNG），石油精製ガス（LPG），高炉ガス，コークス炉ガスがあり，次の特徴がある。
① わずかな過剰空気で燃焼する。
② 燃焼効率が高い。
③ 点火，消火および燃焼調整がしやすい。
④ 大気汚染物質の放出が少ない。
⑤ 爆発の危険があり貯蔵しにくい。
⑥ 特別な貯蔵タンク，ポンプおよび気化器などが必要なため，設備費が高い。
⑦ LNGはメタンを主成分とし，燃焼時NOxの発生が少なく，比重は空気より軽い。
⑧ LPGはプロパン，ブタンなどの混合物で，発熱量が高く，硫黄分をほとんど含まず，比重が空気に対して大きいので漏れた場合はピットなどに滞留するため，爆発の危険がある。

3.2 火力発電所の環境対策

1) **大気汚染防止** 　火力発電所の運転時には，多量の排気ガスが大気中に放出されている。燃焼中に発生するガスには窒素酸化物（NOx），硫黄酸化物（SOx），ばいじんなどの大気汚染物質が含まれている。火力発電所では，これらの大気汚染物質の排出を防ぐため次のような対策が実施されている。

2) **窒素酸化物**
（NOx）
① 　窒素分の少ない燃料を使う。
② 　過剰空気量を少なくする。
③ 　一次二次空気配分を改善し，局部的な高温にせず，空気送入法の改善を図る。
④ 　二段燃焼法とする。一段目では十分な空気を供給せず，二段目で不足分の空気を供給して燃焼し，燃焼温度を抑制する。
⑤ 　燃焼ガスに不活性な燃焼ガスを混合して供給空気中の酸素濃度を下げ，燃焼温度を抑制する。
⑥ 　排煙脱硝装置を設け NOx を除去する。

3) **硫黄酸化物**
（SOx）
① 　硫黄分の少ない燃料を使う。
② 　排煙拡散を十分に行う。高煙突，集合煙突を採用する。
③ 　排煙脱硫装置を設け SOx を除去する。

4) **ばいじん**
① 　燃料を完全燃焼させる。
② 　重油火力では過剰空気を適切に管理する。
③ 　集じん装置を設けてばいじんの排出を防ぐ。

3.3 汽力発電所の構成

　汽力発電とは，高圧蒸気でタービン発電機を回し，電力へ変換する発電方法である。

　図 2.1.19 に大容量汽力発電所の各種設備の構成図を示す。

第 2 章　電気設備等

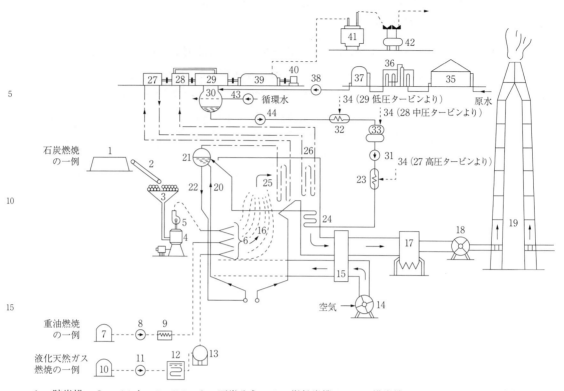

1　貯炭場，2　ベルトコンベア，3　石炭そう，4　微粉炭機，5　排炭機，6　バーナ，7　重油タンク，
8　重油ポンプ，9　重油加熱器，10　LNGタンク，11　LNGポンプ，12　気化器，13　ガスホルダー，
14　押込通風機，15　空気予熱器，16　ボイラ火炉，17　集じん器，18　誘引通風機，19　集合煙突，
20　蒸発管，21　ドラム，22　降水管，23　高圧給水加熱器，24　節炭器，25　過熱器，26　再熱器，
27　高圧タービン，28　中圧タービン，29　低圧タービン，30　復水器，31　給水ポンプ，32　低圧給水加熱器，
33　脱気器，34　タービン抽気蒸気，35　原水タンク，36　純水装置，37　純水タンク，38　補給ポンプ，
39　発電機，40　励磁機，41　主変圧器，42　遮断器，43　循環水ポンプ，44　復水ポンプ

図 2.1.19　汽力発電所の構成図

図 2.1.19 汽力発電所の構成図のボイラ関係の主な設備について次に述べる。

1) **微粉炭機**(4)　粉砕機またはミルとも呼ばれ石炭を粉砕するものである。

（　）内の数は
図2.1.19を参照
（以下同様）

　　微粉炭燃焼法は，微粉炭機により石炭をごく小さな粉状に砕いて微粉炭とし，炉内で浮遊状態で燃焼させる方法であり，燃料と空気との接触面積が広いために少量の過剰空気で完全燃焼が行われ，灰の中に含まれる未燃焼物が少ない。一方，煙突から微じんが飛散するため，そのまま飛散させると周囲に悪影響を与えるので，除去装置が必要である。

2) **空気予熱器**(15)　ボイラの燃焼用空気を，節炭器を出た燃焼ガスの熱を回収して予熱し，ボイラ効率および燃焼効果を高める装置である。空気予熱器の種類は，伝導式と再生式に大別され，伝導式はさらに管形と板形に分けられる。

3) **集じん器**(17)　ばい煙中のすす，粉じんなどの浮遊粒子を集めて除去する装置で，遠心力式と電気式がある。遠心力式は，煙道内に円筒形のサイクロンを設置し，排ガスを強制的に旋回させて，遠心力によりダストを分離捕集する集じん装置で，集じん効率は80〜85％程度である。電気式（別名：コットレル）は，コロナ放電により，排ガス中のダストに電荷を与え，電界の作用によりこれを電極上に捕集する集じん装置

126

第1節　発電設備

で，集じん効率は95％以上と高く，微細な粒子も捕集できる。

4) 蒸発管(20)　　ボイラ火炉に供給された燃料の燃焼熱を通過中の水に伝えるものである。この蒸発管を並列に，あるいは蛇行状などに並べてボイラ火炉の四方の壁を形成する。

5) ドラム(21)　　自然循環ボイラおよび強制循環ボイラにおいて，ボイラ水の循環および蒸気と水の分離を行わせるための容器をいう。ボイラ火炉およびボイラ本体蒸発管を通って加熱された気水混合物をドラムに導き，ここで蒸気と水を分離し，分離された水は降水管を通して再度蒸発管に送られる。

6) 高圧給水加熱器(23)　　タービンの抽気またはそのほかの蒸気でボイラへの給水を加熱するもので，プラントの熱効率を向上させるための装置である。給水ポンプとボイラの間に設置されるものを高圧給水加熱器(23)，復水器から給水ポンプの間に設置されるものを低圧給水加熱器(32)という。

7) 低圧給水加熱器(32)

8) 節炭器(24)　　煙道ガスの余熱を利用してボイラ給水を加熱し，ボイラの熱効率を高める装置である。

9) 過熱器(25)　　ドラムあるいは火炉蒸発管で発生した乾き飽和蒸気をさらに過熱して，過熱蒸気を作る装置である。

10) 再熱器(26)　　高圧タービンで所定の膨張をして飽和温度に近づいた蒸気を抽気して適当な温度まで加熱し，再び中・低圧タービンに戻して仕事を行わせる装置である。タービンプラントの熱効率向上，タービン翼の腐食防止を目的とする。

11) 復水器(30)　　蒸気タービンで仕事をした蒸気をその排気端において冷却凝縮するとともに，復水として回収する装置である。復水器は，できるだけ真空度を高めてタービン排気圧力を低くし，タービンの熱効率を向上させて燃料費を削減するのが望ましいが，復水装置の設備費や循環ポンプの動力費もそれに伴い増加するので比較検討して決定される。大容量火力では排気圧力 5.3 ～ 5.4 kPa（真空度 720 ～ 730 mmHg）が採用されることが多い。形式は大別して蒸気と冷却水が直接接触する噴射式復水器と冷却管を介して蒸気を凝縮する表面冷却式復水器がある。一般に汽力発電所では，表面冷却式復水器が用いられる。

12) 給水ポンプ(31)　　ボイラの蒸気量に相当する給水をボイラに送り込んで，蒸気管の過熱を防止するポンプである。

13) 脱気器(33)　　タービン抽気により給水を直接加熱し，給水中の不凝縮性ガス（酸素，炭酸ガスなど）を除去する装置である。脱気器により酸素，炭酸ガスの濃度は腐食の原因とならない程度まで減少され，給水ポンプ，配管，ボイラ，その他ボイラ給水系の腐食防止を図る。

3.4　水管式ボイラの種類

汽力発電用ボイラには，高温高圧の蒸気を発生するのに適した水管式ボイラが用いられる。

1) 自然循環ボイラ　　水管は図 2.1.20 に示すように，蒸発管（火炉壁を形成する）と降水管（炉壁外に設ける）で構成される。蒸発管内の水は火炉熱を受けて蒸発を始め，この蒸気と水の混合物と降水管内の水の比重差によって循環が行われる。しかし，蒸気圧力が高くなると蒸気と水の比重差が減少し，臨界圧力 22.11 MPa で水と蒸気の密度は一致して循環は止まる。この方式は臨界圧のような高圧蒸気を発生できない。

127

2) 強制循環ボイラ　自然循環ボイラの欠点を補うもので，図2.1.21に示すように降水管の途中に循環ポンプを設け強制的に水を循環させる。水の循環を確保し循環速度が大であるので各部の温度を平均に保持できる。亜臨界圧の大容量ボイラによく用いられる。

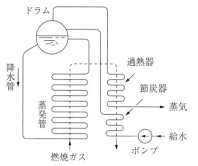

図2.1.20　自然循環ボイラ

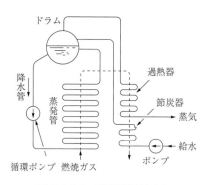

図2.1.21　強制循環ボイラ

3) 貫流ボイラ　蒸気圧力が臨界圧または超臨界圧になると水の沸騰現象はなくなり，水から直ちに蒸気になる。したがって，ボイラ水を循環する部分やドラムが不必要になり，給水ポンプによって送り込まれた水は蒸発管を通過する間に乾き飽和蒸気になり，過熱器で過熱蒸気となって出ていくのが貫流式である（図2.1.22）。超臨界圧ボイラは必然的に貫流ボイラとなるが，貫流ボイラの原理を臨界圧以下に用いることも可能であって，広い圧力範囲で用いられている。

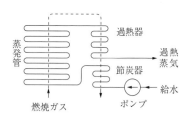

図2.1.22　貫流ボイラ

3.5　制御方式

火力発電プラントの負荷変化に対する制御方式には，図2.1.23に示す3つの基本方式がある。

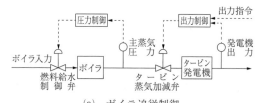

(a)　ボイラ追従制御

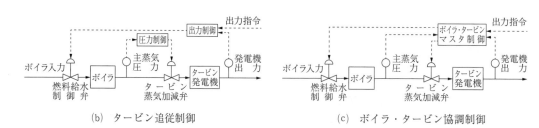

(b)　タービン追従制御　　　　　　　(c)　ボイラ・タービン協調制御

図2.1.23　ボイラ・タービンユニットの制御方式

1) ボイラ追従制御　　タービン蒸気加減弁を操作して発電機出力を制御し，ボイラ入力操作により主蒸気圧力を制御する方式である。これは循環形ボイラに適している。

2) タービン追従制御　　ボイラ入力により発電機出力を制御し，タービン蒸気加減弁により主蒸気圧力を制御する方式である。この方式は主蒸気圧力の変動を小さくできるが，ボイラの遅れにより出力応答性はボイラ追従制御より良くない。

3) ボイラ・タービン協調制御　　ボイラ追従制御とタービン追従制御の長所を取り入れたもので，プラント出力指令によりボイラとタービンの協調を図りながら同時に操作する方式である。これは超臨界圧貫流ボイラプラントに主に採用されているが，負荷応答性向上のために循環形ボイラに採用することもある。

3.6 熱サイクル

(1) 熱サイクル

1) 熱効率　　発電所の熱効率とは，発電所の発生電力量を燃料消費量と燃料発熱量で除した値である。また，発電所の熱効率はボイラ効率，熱サイクル効率，タービン機械効率，発電機効率の積でもある。

2) 熱サイクル　　一つの状態から出発し，種々の状態を経て最初の状態に戻る状態変化をサイクルといい，受けた熱エネルギーの一部を機械エネルギーに変換するサイクルを熱サイクルという。

3) 熱サイクル効率の向上対策　　熱サイクル効率とは，変換された機械エネルギーと受けた熱エネルギーの比をいい，熱サイクル効率の向上対策として次のものがある。
① 高温高圧の蒸気を採用する。
② 過熱蒸気を採用する。
③ 復水器の真空度を上げる。
④ 再熱，再生サイクルを採用する。
⑤ 節炭器，空気予熱器を設置して排ガスのエネルギーを吸収する。
⑥ ガスタービンとのコンバインドサイクルを採用する。

4) カルノーサイクル　　理想的な可逆サイクルで，図 2.1.24 に示すように 2 つの等温変化と 2 つの断熱変化からなる。

過程 1 → 2 では温度 T_1 [K] で受熱し，過程 3 → 4 では温度 T_2 [K] で熱を放出した場合，カルノーサイクルの熱効率 η は

$$\eta = 1 - \frac{T_2}{T_1}$$

となり，T_1，T_2 の温度間で働くすべての熱サイクルの中で最高の熱効率である。

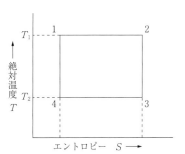

図 2.1.24　T－S 線図

5) 蒸気サイクル　　蒸気（すなわち水）を作業物質とする熱サイクルが蒸気サイクルであり，汽力発電に用いられる。

6) 汽力発電の基本原理　　図 2.1.25(a)に示すようにボイラ，過熱器，蒸気タービン，復水器，給水ポンプなどから構成する蒸気サイクルに燃料を供給して，熱エネルギーを熱サイクルの過程で機械エネルギーに変換する。その機械エネルギーが蒸気タービンから発電機に

伝えられ，電気エネルギーに変換される。

図 2.1.25(b) に示すランキンサイクルは汽力発電の基本サイクルで，2つの等圧変化線と2つの断熱変化線からなる熱サイクルである。基本ランキンサイクルの各段階は次のようになる。

1→2：給水ポンプによる給水の断熱圧縮過程であり，復水器中で凝縮した復水が給水ポンプに送られ，ボイラに給水するのに必要な圧力にまで給水が圧縮される。

2→3：ボイラ中における給水の等圧受熱過程であり，給水ポンプによってボイラに送り込まれた給水が，ボイラの内部で熱を吸収して蒸発し，乾き飽和蒸気となり，さらに過熱器に送り込まれ，燃焼ガスの熱を吸収して過熱蒸気になる。

3→4：タービンの中で仕事をする断熱膨張過程であり，過熱器を出た過熱蒸気が蒸気タービンに入って，タービンロータに回転力を与えて仕事をし，圧力および温度が降下して湿り蒸気となり復水器に入る。

4→1：復水器の中で冷却される等圧放熱過程であり，タービンで仕事をした湿り蒸気が復水器に入り，復水器内を流れる冷却水により冷却され，湿り蒸気の持つ蒸発潜熱が奪われて復水となる。

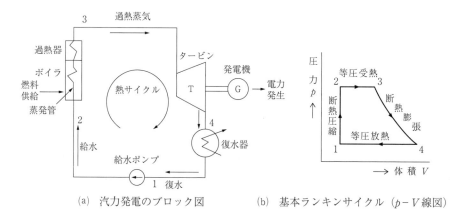

(a) 汽力発電のブロック図　　(b) 基本ランキンサイクル（$p-V$線図）

図 2.1.25　汽力発電の基本原理

(2) 蒸気サイクルの種類

蒸気サイクルには汽力発電の基本であるランキンサイクルと実用の蒸気サイクルである再生サイクル，再熱サイクル，再熱再生サイクルがある。

1) ランキンサイクル

給水ポンプによってボイラに送り込まれた水はボイラで蒸発し，さらに過熱器で過熱されて過熱蒸気となり，タービンに送られる。ここで，蒸気は膨張して仕事をしたのち，復水器で飽和水の状態にもどる。

この熱サイクルをランキンサイクルといい，汽力発電所の基本となるものである。図 2.1.26 にランキンサイクルのブロック図と $T-S$ 線図を示す。

第1節　発電設備

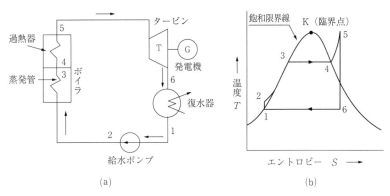

図2.1.26　ランキンサイクル

(b)図の各過程は，次のようになる。

1→2間：水が給水ポンプで断熱圧縮される。
2→3間：水がボイラに送り込まれて加熱され飽和温度（沸点温度）になる。
3→4間：ボイラ内で等温等圧受熱し，乾き飽和蒸気になる。
4→5間：乾き飽和蒸気が過熱器でさらに加熱され過熱蒸気になる。
5→6間：タービン内で断熱膨張して仕事をし，湿り蒸気になる。
6→1間：タービン内で仕事をした蒸気が復水器で冷却され，等温等圧凝縮して熱を放出し復水する。

2) **再生サイクル**　図2.1.27のように，タービンの途中から蒸気の一部を抽出して（抽気という）給水の加熱に用いれば，抽気が保有する蒸発熱は水に与えられるので復水器での損失を減少させることになる。このようにランキンサイクルに抽気による給水加熱を付加したものを再生サイクルといい，熱効率が向上する。

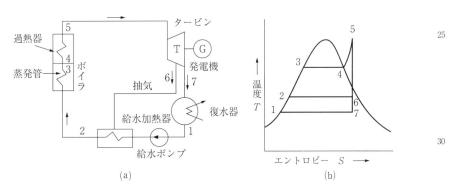

図2.1.27　再生サイクル

3) **再熱サイクル**　タービンに送り込まれた過熱蒸気は，膨張して仕事をすると温度が降下して乾き飽和蒸気となり，さらに湿り蒸気となる。この湿り蒸気は水滴を含むのでタービン翼の摩擦損失が増加して効率を低下させ，タービンの羽根の腐食を起こす。図2.1.28のようにタービンの途中で蒸気をボイラに戻して再熱し，温度を高めて再びタービンで仕事をさせる。この方式を再熱サイクルといい，タービン熱効率が向上する。

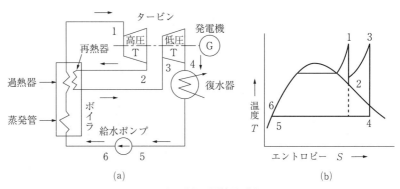

図 2.1.28　再熱サイクル

4) 再熱再生サイクル　再熱サイクルと再生サイクルを組み合わせたもので，大容量汽力発電所ではほとんどこの再熱再生サイクルが採用されている（図 2.1.29）。

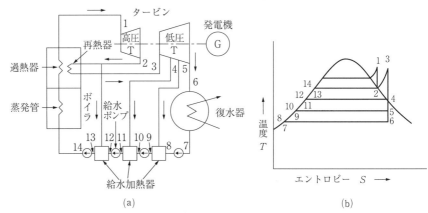

図 2.1.29　再熱再生サイクル

3.7　蒸気タービン

　蒸気タービンはボイラから高温高圧の蒸気を受け，内部で断熱膨張させて蒸気の保有する熱エネルギーを機械エネルギー（回転エネルギー）に変換するものである。

1) 衝動タービン，反動タービン　エネルギーの変換が行われるときの蒸気によるタービンの動作原理には2つある。蒸気がノズルを通って膨張し，高速度で噴出し，回転羽根（動翼）に衝突して回転力を与える衝動タービンと，固定羽根（静翼）から回転羽根へ，さらに次段の固定羽根から回転羽根へと次々に移る過程で固定羽根と回転羽根の両方の中で蒸気が膨張しながら反動によって回転羽根に回転力を与える反動タービンとがある。実用されている大容量タービンは，両方の原理を組み合わせた1段衝動多段反動復水タービンである。

2) タンデム形，クロス形　初圧から終圧まで蒸気が膨張する途中で，大容量タービンでは3室に分割して高圧タービン，中圧タービン，低圧タービンとしている。高圧タービンから出た蒸気をボイラに戻し，再熱して中圧タービンへ導き，中圧タービンと低圧タービンの間は配管で接続し，低圧タービンを出た蒸気を復水器へ排気する。

　高圧，中圧，低圧の各タービンの配置の方法に，各タービン軸を一直線に接続するタンデム・コンパウンド形と，並行な2軸に配置するクロス・コンパウンド形が

ある（図 2.1.30）。

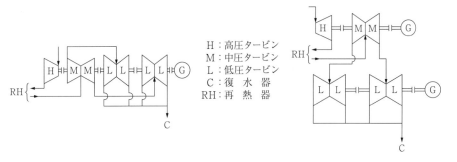

(a) タンデム・コンパウンド形　　　　　　　(b) クロス・コンパウンド形

図 2.1.30　車室の配列によるタービンの種類

3) 圧力複式タービン　圧力複式タービンは多圧段式タービンともいわれ，多数の圧力段を設け，各段のノズルと羽根車とを1組として，蒸気の圧力を段階的に降下させるものである。衝動タービンとして発電用に使用されるものは，ほとんどこの圧力複式タービンである。

4) 軸流タービン　蒸気が回転羽根を通るときの方向が軸に平行であるものを軸流タービンといい，一般に使用されているタービンはこの形式のものである。

蒸気の流れが一車室内において一つであるものを単流式タービンといい，大容量タービンで車室内を対称的に両側に蒸気を流すものを複流タービンという。このほか，低圧タービンにおける排気の流れを3つあるいは4つに分けた3分流式，4分流式タービン，さらにそれ以上の多分流式タービンがある。

5) 半径流タービン　蒸気をタービン軸に直角な平面内で半径方向に外向きに流動させて羽根車を回転させるものを半径流タービンという。

6) 背圧タービン　背圧タービンは，各種生産工場で動力のほかに作業用蒸気を必要とする場合に用いられるものである。動力用と作業用とに別々に蒸気を作って供給するよりも，背圧タービンを設置して動力を発生させ，その排気を作業用蒸気に利用することによって，わずかの燃料増加で動力と作業用蒸気を同時に得られ，経済的にきわめて有利になる。

3.8　蒸気タービン発電

1) 形式と構造　蒸気タービン発電機は高速回転のタービンに直結されるので，円筒形回転子の横軸回転界磁型三相交流同期発電機である。極数は普通2極で4極とする場合もある。2極の場合の回転速度は 3,000 min^{-1} (50 Hz)，3,600 min^{-1} (60 Hz) である。図 2.1.31 に一般的に採用される水素冷却タービン発電機を示す。

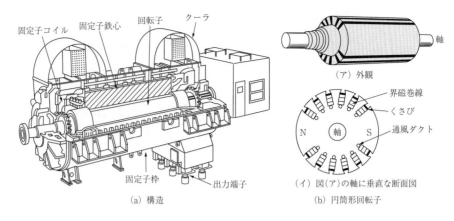

図 2.1.31 水素冷却タービン発電機

2) 冷却方式　　大容量機では直接冷却方式（内部冷却方式ともいう）が多く採用される。冷却媒体は固定子巻線に水素ガス，水，油のいずれかが，回転子巻線に水素ガスが用いられる。400 MV・A 以上の大容量機では水素ガス冷却方式が採用されており，最近では小容量のものにも採用されている。

3) 水素冷却方式の特徴
① 水素は密度が空気の 7% と軽いため通風損失が小さい。
② 水素の比熱は空気の 14 倍であり冷却効果が大きい。
③ 水素は不活性であり絶縁物の劣化が少なく，コロナの発生電圧が高い。
④ 運転中の騒音が小さい。

4) 保護装置　　発電機の保護装置については，次の場合に自動的に発電機を電路から遮断する保護装置を設けている。
① 発電機に過電流を生じた場合（過電流継電器）
② 容量が 2,000 kV・A 以上の発電機のスラスト軸受の温度上昇（軸受け温度継電器）の場合
③ 容量が 10,000 kV・A 以上の発電機の内部故障（比率差動継電器）の場合

5) 進相運転　　静電容量の大きい電力ケーブル系統や，深夜や休日などのように負荷の軽い場合は系統電圧が高くなるので，発電機の端子電圧を下げる必要がある。このためタービン発電機の界磁電流を小さくし，励磁を下げて進相運転を行う必要がある。低励磁で発電機を運転すると内部誘起電圧は下がるが，系統の同期化力が減退し，定態安定度が低下する。そのため，不足励磁制限装置を設置することにより，定態安定度の限界を超えないように運転することができる。

ただし，励磁電流が小さくなることによって，発電機固定子端部に漏れ磁束が増加し，その部分を加熱させるおそれがある。

6) 蒸気タービン発電機と水車発電機の比較

蒸気タービン発電機と水車発電機の比較を表2.1.3に示す。

表2.1.3 蒸気タービン発電機と水車発電機の比較

	蒸気タービン発電機	水車発電機
回転子	非突極回転界磁形 （円筒回転界磁形） 直径が小さく，軸方向に長い。	突極回転界磁形 軸方向に短く，直径が大きい。
極　数	おもに2極（4極）	多極
回転速度	3000・3600 min^{-1} (1500・1800 min^{-1})	200～400 min^{-1}
軸形式	横軸形	おもに立軸形
冷却方法	水素，空気，水	空気
短絡比	0.5～0.8	0.8～1.2

3.9 ガスタービン発電

1) オープンサイクル

ガスタービンにはオープンサイクルとクローズドサイクルがあるが，発電用として一般的に使用されているのはオープンサイクルであり，単純形と再生形がある（図2.1.32, 2.1.33）。

大気を圧縮機で圧縮し，燃焼器に送る。燃料を燃焼器に注入して燃焼させ，発生した高温高圧ガス（620～970℃）をガスタービン内で断熱膨張させる。再生形の排気は空気予熱器で圧縮空気を予熱してから大気中に放出する。タービンは圧縮機と発電機の両方を回転させるので，タービン出力の約 $\frac{2}{3}$ は圧縮機駆動用に消費され，残りの約 $\frac{1}{3}$ が発電機の入力になる。

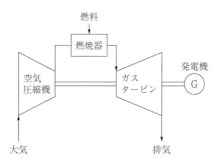

図2.1.32 オープンサイクル（単純形）

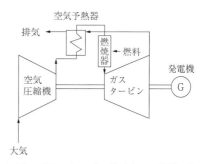

図2.1.33 オープンサイクル（再生形）

オープンサイクルは主にピーク負荷用発電所，非常用予備電源発電所，応急用火力発電所に採用されている。

長所を以下に示す。
① 始動から全負荷運転までに要する時間が短い。
② 据付けが容易で工期が汽力発電所より短い。
③ ディーゼル発電に比較して単機容量がやや大型である（数万kW）。

短所を以下に示す。

① タービン翼は高温の燃焼ガスにさらされるので，特殊な材料（耐熱特殊鋼）を必要とする。
② 熱効率はディーゼル発電所や汽力発電所より劣る（オープンサイクル：20～30％，クローズドサイクル：30～35％）。

2) コンバインドサイクル　汽力発電所の熱効率向上のため，蒸気の温度（実用上，現在の最高は600℃）を上げたいが，材料強度の制約および経済性から無理であるので熱効率（約43％）の大幅な向上は期待できない。また，ガスタービンの排気ガスは500℃程度であり，かなりの熱エネルギーを放出するので熱効率が低い（約25％）。そこで，ガスタービンと汽力発電を組み合わせるコンバインドサイクル方式が採用されている（図2.1.34）。

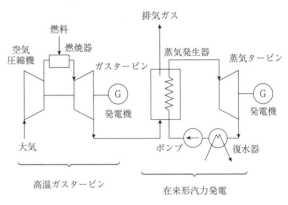

図2.1.34　ガスタービンを用いたコンバインドサイクル

3) 排熱回収形　ガスタービンの排気ガスをそのまま汽力発電のボイラに導き，蒸気を発生させて排気ガスの熱エネルギーを回収する方式が排熱回収形である。この方式は簡単であって，ガスタービンの排気ガスを熱源とする蒸気タービンの出力は，ガスタービンの出力の半分程度である。総合熱効率は最近建設された発電所では55～60％と高く，ガスタービンの動作温度が高温化するほど総合熱効率が向上する。また，始動用電力が少なく，ディーゼル発電機などの所内非常用電源を利用しての自力始動が可能である。さらに，負荷変化率を大きくとれ，短時間での起動停止が可能であるが，大気温度が上昇すると出力が低下する特徴がある（図2.1.35）。

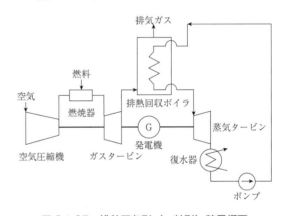

図2.1.35　排熱回収形（一軸形）装置概要

他の方式として，ボイラに燃料を加えてガスタービンの排気温度を高めて利用する排気再燃形があるが，運転・保守面や経済面で不利なため，現在ではほとんど採用されていない。

4) ガスタービンと蒸気タービンの比較
① ガスタービンは，起動から定格出力運転までに要する時間が10～20分程度であり，蒸気タービンの60分程度と比べて起動時間が短い。
② ガスタービンの熱効率は，オープンサイクル20～30％程度，クローズドサイクル30～35％程度であり，大容量蒸気タービン発電の40％程度に比べて低い。

③　ガスタービン発電の単機出力の最大値は 100 MW 程度以下で，蒸気タービンの 1,000 MW 程度に比べて出力が小さいため，汽力発電所と内燃力発電所の中間出力の発電所に用いられる。

④　ガスタービン発電は構造が簡単であるため，運転操作がきわめて容易で運転人員が少なくてすみ，蒸気タービン発電のような高度の運転技術を必要としない。

3.10　燃料電池発電

　燃料電池は，空気中の酸素と燃料が持っている水素を化学反応によって直接電気に変換する発電方法である。

1）燃料電池の原理

　りん酸形燃料電池の発電原理を以下に示す。

　燃料は，天然ガスやメタノールなどを用い，燃料改質器の中で水蒸気を添加して水素ガスをつくる。この水素ガス化負極（燃料極）上で電極に電子を与え，自分自身は水素イオンとなって電解液の中を正極（空気極）に向かって移動する。外部回路を通った電子と電解液の中の水素イオンは，電池内に供給される酸素と反応して水をつくり出す。この一連の反応によって，外部回路に電子の流れが生じて電流となる。**図 2.1.36** にりん酸形燃料電池の発電原理を示す。

　燃料電池は，その電解質の種類によって**表 2.1.4** のように分類されるが，発電原理はすべて同じである。

表 2.1.4　燃料電池の種類と特徴

分　類	電　解　質	移動イオン	作動温度	発電効率	排熱利用	総合熱効率	反応ガス	燃　　料	特　　徴
りん酸形（PAFC）	りん酸 H_3PO_4	H^+	190～200℃	39～46%	温水・蒸気	70～80%	H_2	都市ガス・LPG・石油・メタノール・石炭ガス・純水素等	・排熱を給湯，冷暖房に利用・防災用としても利用
溶融炭酸塩形（MCFC）	炭酸塩 $Li_2CO_3K_2CO_3$	CO_3^{2-}	600～700℃	44～66%	ガスタービン，蒸気タービン	70～80%	H_2, CO	都市ガス・LPG・石油・メタノール・石炭ガス・純水素等	・排熱を複合発電システムに利用・燃料の内部改質が可能
固体酸化物形（SOFC）	安定化ジルコニア Zr_2O	O^{2-}	600～1000℃	44～72%	ガスタービン，蒸気タービン	70～80%	H_2, CO	都市ガス・LPG・石油・メタノール・石炭ガス・純水素等	・排熱を複合発電システムに利用・燃料の内部改質が可能
固体高分子形（PEFC）	高分子イオン交換膜 $-CF_2$, $-SO_2H$	H^+	80～120℃	33～44%	温水	70～80%	H_2	都市ガス・LPG・石油・メタノール・石炭ガス・純水素等	・低温で動作し，起動動作が短い。・家庭用，電気自動車用として利用可・電流密度が高い。
アルカリ形（AFC）	水酸化カリウム水溶液 KOH	OH^-	50～150℃	約70%	温水	70～80%	H_2	純水素	・電解質が空気中の炭酸ガスで劣化・宇宙開発用

　燃料電池は，発電効率が 33～72% と高く，オンサイト（需要地）に設置でき，コージェネレーション用として適していることから，省エネルギー効果が期待できる。さらに SOx，NOx の排出量がきわめて少なく，しかも発電部には回転体がないため，振動音が小さいという利点も有している。

2) りん酸形燃料電池

りん酸形は触媒として白金を用いる。図2.1.37は，りん酸を含浸したマトリックスを空気電極と水素電極で挟んで単電池を形成し，セパレータを介して必要数積層したスタックである。各電極はカーボン繊維の多孔質で外側にリブを設け，その間に空気または燃料（水素）を通す。大気汚染，騒音などの公害がなく，都市ガス，LPGを燃料に使用できるなどの利点がある。

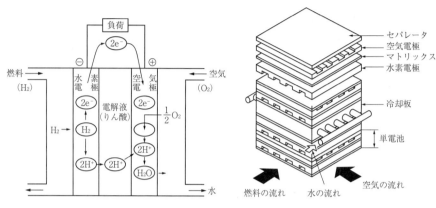

図2.1.36　りん酸形燃料電池の発電原理　　　図2.1.37　りん酸形燃料電池の構成

3.11　火力発電の施工・試験

(1) 蒸気タービンとガスタービンの据付け

1) 概要

タービンは高速回転機器のため，工場で主要部品の組立ておよびギャップ（間げき）の精度確認を行った後，現地で組立て，据付けを行う。

製造時におけるギャップの高精度管理を採用し，工場での組立確認を省略する方法や，工場での検査を完了後，工場で組立てをし，そのまま現地に一体で据え付ける工法も採用されている。

2) 据付け工事手順

① ボイラおよび建屋鉄骨との関係から蒸気タービン心（基準線），発電機心を設定する。

② 基礎台上に下半分のケーシングおよび軸受台の水平度を保って設置し，蒸気タービン心に一致するように据付けを行う。

③ ロータを挿入し規定値に収まるように軸受位置を設定し，上半分のケーシングの据付けを行う。

④ ケーシングとロータのギャップを計測し，工場組立て記録と照合する。

⑤ タービン組立て後，油管系統，各軸受台内および油圧制御装置の据付けを行い，配管中に残留した異物を除去するためオイルフラッシングを実施する。

(2) 発電機の据付け

1) 概要

発電機は工場において組立てをし，試験後に再び解体し，固定子と回転子その他の部分に分割して現場に搬入し，据付けを行う。

2) 固定子の据付け

蒸気タービン側と同時に心出しを行う。設置作業は，本体および基礎構造に衝撃を与えないように慎重に施工する。固定子脚部が基礎金物に確実に密着し，荷重が均等となるように据付けを行う。

第1節　発電設備

3) 回転子の挿入 ┃ 回転子は，クレーンで水平に吊るし，$\frac{1}{3}$ 程度挿入した位置でコレクタ端にブロック台を置き，いったん支持する。次に回転子のコレクタ端にけん引用ワイヤを結び，固定子側に滑車を付けて定位置まで押し込む。

4) 付属品の組
　 立て据付け ┃ 回転子の挿入完了後，エンドカバーベアリング，軸密封装置，クーラ，ブッシング，油配管，水配管などの付属品を取り付ける。

5) 漏れ検査 ┃ 不活性ガスなどを用いて水素冷却タービン発電機および付属品からのガス漏れがないことを確認して，水素ガス充てんの準備を行う。

(3) 発電機の総合試運転

　機器単体の試験・調整が完了した後の総合試運転調整は，発電機を無負荷運転終了後に検相テストを実施し，その後に，発電機を系統に並列して段階的に負荷を加え，その間に各部の状況の確認と各種制御装置の調整および試験を実施する。

1) 負荷遮断(調
　 速機) 試験 ┃ 部分負荷および全負荷にて発電機負荷を遮断し，回転数，電圧の変化などを計測し，調速機，自動電圧調整器の特性を確認する。調速機はタービン発電機の定格負荷を遮断したとき，非常調速機を動作させる（定格回転数の111%以下で動作）ことなく回転機が定格速度に整定するように調整する。

2) 負荷試運転 ┃ 負荷試運転に当たっては，各部の圧力・温度・流量・復水器真空度・電圧・電流・出力など基本諸量の測定とともに，ボイラの燃焼・給水状況・自動制御装置の動作状況，タービンの振動・伸び・潤滑油状況，発電機・変圧器の温度などの状況を詳細に調査し，必要な調整手入れを行う。

3) 軸受点検 ┃ 1〜2週間程度の試運転を行い，ユニットが定格負荷にて運転後，いったん停止して軸受メタルそのほかを点検する。あわせて，主蒸気止め弁，組合せ再熱弁などの仮ストレーナを設置してある弁については仮ストレーナの撤去を行い，引き続き連続負荷試運転を行う。

4) 性能試験 ┃ 与えられた規定条件下における定格出力の確認をするとともに，定格出力におけるボイラ効率，タービン効率ならびに所内率を測定し，保証熱効率と対比する。

4. 再生可能エネルギー発電

4.1 太陽光発電

　太陽光発電装置は，建物屋上，壁面，屋根，窓などに設置した太陽電池により発電するもので，太陽電池アレイ，パワーコンディショナ，系統連系保護装置，接続箱などの全部または一部で構成される。

1) 太陽電池の
　 原理 ┃ 太陽電池は半導体の一種で，太陽の光エネルギーを直接電気エネルギーに変換する。半導体には，電気的特性の異なるn形半導体とp形半導体があり，太陽電池はこの2つをつなぎ合わせた構造になっている。

　　一般的な結晶系シリコン太陽電池は，シリコン（Si：けい素）の結晶に微量のリン（P）を加えたn形半導体と，微量のほう素（B）を加えたp形半導体の2種類の半導体を接合してできている。この半導体に太陽光が当たると，光は表面の反射防止膜を通過してpn接合面に達し，光起電力効果により電子（−）と正孔（＋）が発生し，電子（−）はn形半導体へ，正孔（＋）はp形半導体へ向かって移動

するため起電力が発生するので，両方の半導体に電極を取り付けると，図2.1.38のように電流を取り出すことができる。

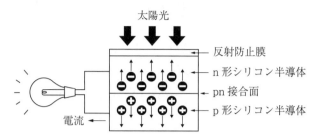

図2.1.38　太陽電池の原理

2) 太陽電池の種類

主なものに，信頼性および変換効率が高いシリコンウェハを電池化した単結晶シリコン太陽電池や，低価格で大量生産，大面積化に適しているアモルファス太陽電池がある。表2.1.5に現在普及している太陽電池の種類を示す。

表2.1.5　太陽電池の種類

種類	結晶シリコン系		薄膜系	
	単結晶	多結晶	アモルファス	CIS, CIGS
特徴	豊富な使用実績があり，効率が高い。	単結晶に比べ，製造コストを抑えることが可能である。	アモルファス（非結晶質）シリコンをガラスなどの基板の上に1μm内外の非常に薄い膜を形成させて作った太陽電池。大面積で，量産ができ，使用するシリコン量も少ない。	銅・インジウム・ガリウム・セレンの化合物で，数μm程度の膜を形成させて作った太陽電池。量産性やデザイン性がよく，材料使用量が少ないため，製造コストを抑えることができる。
変換効率	約18～20%	約14～16%	約8～12%	約10～14%
その他	変換効率は，JIS C 8918:13「結晶太陽電池モジュール」の条件（25℃）での表記であるため，夏場の高温下では発電能力が下がる。		アモルファスは温度上昇に強いため，夏場などは同容量の結晶系に比べて発電量が多くなることがある。	温度上昇に強く，かつ光照射効果という太陽光に当てると出力が上昇する現象が起きるため，同容量の結晶系に比べて発電量が多くなることがある。

3) 太陽電池の特性

① 温度特性

太陽電池は表面温度が高くなると，最大出力が低下する温度特性を有している。JIS規格では，温度25℃を標準状態としており，そのときの変換効率を最大出力として，温度変化による相対出力値を標準的シリコン結晶系太陽電池の例で見ると，図2.1.39(a)のように，モジュール温度が上昇すると変換効率は低下する（1℃上昇につき約0.4～0.5%減）。太陽の照射を受けるモジュール表面の温度は，外気温に比べて晴天時20～40℃程度高めになるため，設置には注意が必要である。

② 電気的特性

図2.1.39(b)に示すように，太陽電池の開放電圧は，入射光（入射エネルギー）が極端に弱くならない限りほぼ一定であるが，短絡電流は大きく変化する。

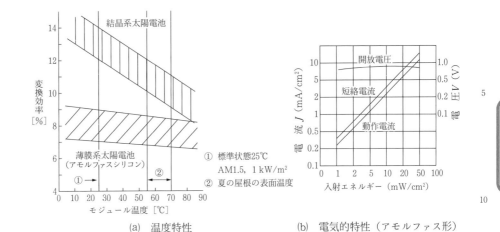

(a) 温度特性　　　　　(b) 電気的特性（アモルファス形）

図 2.1.39　太陽電池の特性

4) 太陽光発電装置の構成

太陽光発電装置を構成する部材，機器は図 2.1.40 に示すほか，次のとおりである。

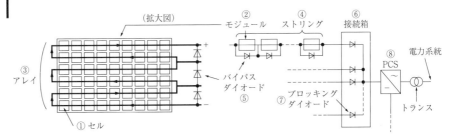

図 2.1.40　太陽光発電システムの構成機器

① 太陽電池セル

太陽光エネルギーを電気エネルギーに変換する最小単位の太陽電池セルが基本となり，直列または並列に接続して太陽電池モジュールとして使用される。

② 太陽電池モジュール

数十枚の太陽電池セルを耐候性パッケージに収めたパネルで，規定の出力をもたせた発電ユニットをいう。

③ 太陽電池アレイ

太陽電池モジュールを複数枚直列または並列に組み合わせて接続し，架台に取り付けたものである。

④ ストリング

太陽電池アレイ内の直列に接続されたモジュール群で，各ストリングは接続箱において並列に接続され，パワーコンディショナのインバータ部への入力となる。

⑤ バイパスダイオード

太陽電池モジュール内の一部の発電能力が低下（落葉や樹木による日陰など）した場合に，その部分をバイパスすることにより，モジュール全体の出力低下を防止するために設ける。

⑥ 接続箱

複数の直列接続された太陽電池モジュールを，端子台を用いて中継し，過電流保

護デバイス（逆流防止ダイオードなど）を設け，必要に応じてサージ防護デバイス（SPD）を設けるとともに，所要の電圧，電流を得るために回路を構成したものを収めた箱である。

⑦　逆電流防止ダイオード（ブロッキングダイオード）

特定のストリングの発電量が低下した場合，そのストリングに他のストリングからの電流が流れ込むのを阻止するために設ける。

⑧　パワーコンディショナ（PCS）

太陽電池により発電された直流電力を交流電力に変換し，負荷に給電する機能を有するもので，フィルタ，インバータなどにより構成される。

独立形と系統連系形があり，商用電源と系統連系を行う系統連系形は，電技解釈第227条「低圧連系時の系統連系用保護装置」，電技解釈第229条「高圧連系時の系統連系用保護装置」の規定によるほか，小出力の場合は，JEAC 9701「系統連系規程」に準拠した連系保護機能をもつ保護装置を，パワーコンディショナと同一盤内に収納している場合が多い。

また，太陽電池アレイから最大出力を取り出すための最大電力点追従制御（MPPT制御）機能を持たせたものもある。

5）太陽光発電設備の施工

①　太陽電池架台は，建築基準法およびJIS C 8955：2017（太陽電池アレイ用支持物の設計用荷重算出方法）に準拠した構造が必要で，固定荷重だけでなく，想定される風圧荷重，積雪荷重，および地震荷重にも耐えるものでなければならない。

②　太陽電池モジュールを屋根上に設置する場合は，できるだけ荷重を分散させ，建物（屋根）の主要構造材に確実に支持金具で固定する。また，支持金具や架台などの部材は，屋外での長時間の使用に耐え得る材料を用いて施工する。

③　積雪地域では，太陽電池アレイが埋没したり遮蔽されたりすることを避けるため，架台を高くしたり，アレイ傾斜角を大きくしたり，融雪対策が必要となる場合がある。

④　スレート屋根上に設置する場合は，スレート自体が割れやすいため，モジュールは，養生材を用いて荷重が集中しないように平面で受けるなど，スレートに荷重がかからないように施工する。

⑤　太陽電池モジュールは，表面温度が高くなると最大出力が低下する温度特性を持っているので，太陽電地モジュールの温度上昇を抑制するため，屋根と太陽電池モジュールの間には，通気層（通風用の空間で5cm以上）を設ける。

⑥　太陽電池は日射があると電圧を発生するため，感電防止対策として配線作業中は，モジュールの表面を遮光シートで覆い作業する。

⑦　雷雨の多発地域では，パワーコンディショナの直流側の太陽電池モジュールの保護用として，接続箱回路の線間および大地間に，サージ防護デバイス（SPD）を設置して，雷サージの流れを大地に放電する。また，交流電源側には，耐雷トランス（シールド付き絶縁トランス）を設置する。

⑧　ストリング端子での電圧測定は，日射強度，温度の変動を極力少なくするために，晴天時の太陽が真南にある時刻（南中時刻）の前後1時間に行うことが望ましい。

4.2 風力発電

1) 利用方式　風力エネルギーを電気エネルギーに変換して利用する方式として，次のような具体的な形態があげられる。

① 風車によって風力エネルギーを機械エネルギーに変換し，さらに発電機によって電気エネルギーに変え，その電力を直接利用する方式。

② 上記と同様に風車と発電機で発生した電気エネルギーを，電池に化学エネルギーとして蓄積し，必要に応じて取り出して利用する方式。

2) 風力エネルギー　空気の密度を ρ [kg／m³]，風速を v [m/s]，風車の受風断面積を A [m²]，受風時間を t [s]，t 秒間に通過した空気の質量を m [kg] とすると，受風断面を単位時間（1秒間）に通過する空気の質量 $\dfrac{m}{t}$ [kg /s] は，$\dfrac{m}{t} = A\rho v$ [kg /s] で表される。t [s] 間の風の運動エネルギーを W [J]，風の仕事率を P [J/s] とすると，

$$W = \frac{1}{2}mv^2 = Pt \qquad [\text{J}]$$

この式に $\dfrac{m}{t} = A\rho v$ を代入し，t を単位時間（1秒間）とすると，次式となる。

$$P = \frac{W}{t} = \frac{1}{2}\frac{m}{t}v^2 = \frac{1}{2}(A\rho v)v^2 = \frac{1}{2}A\rho v^3 \qquad [\text{J/s}] = [\text{W}]$$

つまり，風車が単位時間（1秒間）に受ける風の運動エネルギー W [J] は，風車の受風断面積に比例し，風速の3乗に比例する。

このエネルギーのうち，風車で取り出し得る出力 P_0 [W] は，次式となる。

$$P_0 = C_P \cdot P \ [\text{W}]$$

C_P は出力係数といい，理論上の上限値（ベッツ限界）は 0.593 であり，一般の風車はこの値が 0.3 〜 0.45 程度の範囲にある。

3) 風車の種類　図 2.1.41 に風車の種類を示す。風車は回転軸の方向から，水平軸型と垂直軸型がある。また，回転力の発生方法から，翼（ブレード）が揚力を受けて回転する揚力型と，翼に働く抗力で回転する抗力型とがある。発電用風車としては，風速の数倍の周速度が得られ高速回転ができ，比較的効率が高く，重量当たりの出力が大きくとれる揚力型が一般的に使用されている。

第2章 電気設備等

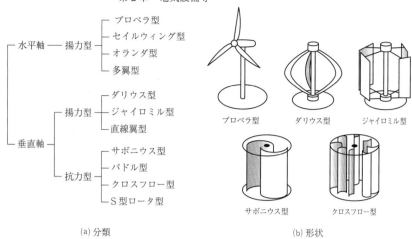

(a) 分類　　　　　　　　　　　　　(b) 形状

図 2.1.41　風車の種類

| 4) プロペラ型風車 | 水平軸型なので風向制御が必要であるが，高速回転域で出力係数が大きく，回転数の制御や出力の制御が容易なため，発電用風車の主流として採用例が多い（図 2.1.42）。
ナセルは，水平軸風車においてタワーの上部に配置され，動力伝達装置（増速機，主軸），発電機，制御装置（ヨー制御，ピッチ制御）などを格納するもの，およびその内容物の総称である。
ヨー制御とは，効率よく風を受けるために，風車の向きを風向きに追従させるもので，ヨー駆動装置はナセルとタワーの連結部に設けられている。
ピッチ制御とは，発電出力を調節するために，ブレードの取付け角（ピッチ角）を変化させ，風速に合わせて |

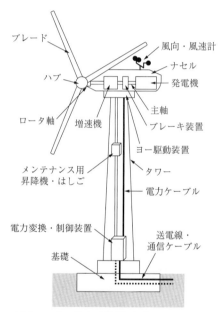

図 2.1.42　風力発電機（プロペラ型）の主要な構成要素

風の受ける量を調整するものである。また，台風などによる強風時（瞬間風速25 m/s 以上，平均風速20 m/s 以上）には，ピッチ角を風向きに平行（フェザリング状態）にすることで，風を逃がし，停止させる安全・制動装置としての機能ももっている。ピッチ駆動装置はブレードとハブの連結部に設けられている。

| 5) ダリウス型風車 | ダリウス型は垂直軸型風車で，上記の揚力型の特徴をもつほか，発電機を地上に設置できる，風向に制約されないので風向制御が不用である，構造が簡単，コストが低減できるなどの特徴がある。 |
| 6) 風力発電システム | 風は場所や時刻によって変化するので，一般的に発電量は不安定で間欠的である。年平均風速の大きな地域で有利な場所を選べば，電力を直接利用する方式が可能になり，比較的大規模な発電を行い，必要な機器を設置して電力系統と連系運転をする方式とすることができる。山頂や海岸，島などではこの方式が行われる。 |

7) **独立電源** ｜ 普通の場所では，風力はエネルギー密度が小さく，間欠性があるので電池に化学エネルギーとして蓄積する方式も採用される。小容量の風車と発電機を条件の異なる所に数個設置し並列にして電池を充電するようにすれば，独立電源として地域的な特殊用途や放送受信などに役立てることができる。

5. 原子力発電

原子力発電と汽力発電の違いは，蒸気をつくるボイラが原子炉に置き換えられている点だけといってよい。すなわち，原子炉内で原子の核反応を行わせ，そのとき放出される熱エネルギーを利用して水を蒸気に変換し，その蒸気でタービンを駆動し発電機を回転して発電を行うものである。原子力発電所の熱効率は，火力発電所の熱効率に比べて低いのが普通である。これは燃料の温度制限や熱伝達特性に起因して，原子力発電所の蒸気条件が火力発電所よりも悪いことによる。

原子力発電所は，火力発電所に比べて発電コストに占める資本費の割合が高い。これは同容量の発電所の建設にかかる費用は原子力発電所のほうが割高であり，同じ発電量を得るための燃料費は原子力発電所のほうが割安なためである。

また，原子力発電所は負荷の追従性が悪く，稼働率を高く運転する必要があることから，ベース負荷を担うという役割をもっており，通常は全負荷の出力で運転する。

(1) 原子炉の種類

1) **熱中性子炉** ｜ 熱中性子による核分裂を起こさせる原子炉を熱中性子炉という。熱中性子の方が核分裂を起こしやすいので，現在実用化されている原子炉の主流は熱中性子炉である（図 2.1.43）。

2) **高速中性子炉** ｜ 高速中性子によって核分裂を起こさせる原子炉で，高速中性子炉といわれる（図 2.1.44）。

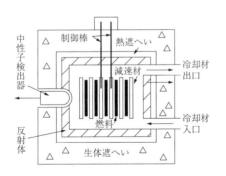
図 2.1.43　熱中性子炉の概念図

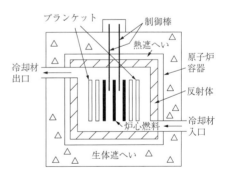
図 2.1.44　高速中性子炉の概念図

いずれも炉心に核燃料を配置して核分裂を起こさせる。核分裂の連鎖反応を制御する制御棒と炉心で発生した熱を炉外へ運び出す冷却材が用いられる。高速中性子炉では減速材は用いられず，炉心の周辺部にはウラン 238 よりなるブランケットがあり，炉心から漏れ出た中性子により新しい核燃料プルトニウム 239 を作り出す。

3) **高速増殖炉** ｜ 消費される核燃料よりも作り出される核燃料の方が多くなる高速中性子炉を高速増殖炉という。

第2章　電気設備等

(2) 原子炉の構成材料

1) 構成材料 ▎原子炉の主な構成材料を**表 2.1.6** に示す。

表 2.1.6　原子炉の構成材料

構成要素	材　　　　　料
燃　　料	ウラン 235　プルトニウム 239
減　速　材	軽水　重水　黒鉛　ベリリウム
制　御　材	ほう素　カドミウム　ハフニウム
反　射　材	軽水　重水　黒鉛　ベリリウム
冷　却　材	軽水　重水　炭酸ガス　金属ナトリウム　ヘリウム
遮へい材	コンクリート

2) 減速材 ▎減速材は，臨界量以上の核燃料と高速中性子を速度の遅い熱中性子までに減速させるためのものである。減速材に要求される条件は次のとおりである。

① 中性子エネルギーを早く減速させるため，軽くて（原子量の小さい元素），密度が大きいこと。

② むだな中性子吸収を少なくするため，中性子散乱断面積が大きく，中性子吸収面積が小さいこと。

③ 熱伝導率が高く，熱的にも放射線に対しても安定した物質であること。

減速材の中では，重水が最も優れているが（減速率から見た場合）高価なことと，中性子吸収断面積が大きいので，減速材としての性能は劣っている。

しかし，冷却材と兼用でき，取り扱いやすいという長所もある。

3) 制御材 ▎炉内には，連鎖反応を制御するために棒状の材料（制御棒）を挿入し，これを出し入れできるようにしている。制御棒は，ほう素，カドミウム，ハフニウムなどのように中性子を吸収する材料で作られている。

4) 反射体（材） ▎炉心の周囲は反射体で囲まれており，反射体は中性子を反射させて，中性子の漏れを抑えている。反射体は，金属ベリリウム，酸化ベリリウム，黒鉛のように中性子を吸収しにくい材料で作られている。

5) 遮へい材 ▎原子炉の外側には遮へいが施される。遮へいは炉心で発生する放射線が外部に放射されるのを防ぐもので，熱遮へいと生体遮へいがある。生体遮へいは炉の一番外側に設けられ，外部に出るγ線や中性子などの放射線から，作業員等を保護する。遮へい材には鉄，コンクリート，鉛，水などが用いられている。

6) 冷却材 ▎核分裂で発生する莫大なエネルギーは，原子炉内で熱に変わり炉心温度を高くする。この熱を外部に取り出すため，炉内と外部の発電設備との間を循環している媒体が冷却材である。冷却材に要求される条件は次のとおりである。

① ウラン 235 が核分裂を起こすには，中性子を吸収する必要があるので，冷却材の性質としては中性子の吸収が小さい方がよい。また，原子炉内の各種放射線によって分解，変質などがないこと，すなわち，安定なことが必要である（核的性質）。

② 流動に要するポンプ動力に比し，熱輸送能力が十分大きいこと。一般に，熱伝導率や比熱が大きい方が有利なため，液体では融点が低く，沸点が高い方がよい（熱的性質）。

③ 炉内の構成材料が冷却材によって腐食されないこと。特に，冷却材と被覆材との間の腐食速度に対する温度の影響を考慮する（化学的性質）。

第2節　変電設備

1. 変電所

　変電設備は水力や火力，原子力，太陽光，風力などで発生した電気を経済的な電圧に変成して送電線によって変電所に送り，そこで電圧を降圧し，送電線や配電線を通して，需要家に安全に効率よく良質の電力を送り届ける設備である。

1) 変電所の役割　各種発電所で発電した電気は，昇圧して送電線により変電所に送られ，変電所で電圧が調整され他の変電所に送られたり，送電線や配電線を通して需要家に送られる。これが電力系統の電気の流れである。

　電力系統における変電所の役割は，次のとおりである。

① 電圧の昇圧および降圧

　基本的な役割である電圧の変換を行う。

② 電圧の調整

　需要家の負荷が変化しても供給電圧や周波数を一定にするため，変電所では進相コンデンサや分路リアクトルなどの調相設備を設けたり，変圧器タップ切換えによる調整を行う。

③ 電力潮流の調整

　送電線路は環状または網目状に連結していて，複数の送電ルートを通じて需要家に電力が送られる。変電所は発電所から送られてくる電力を有効利用できるように，また局部的に送変電設備が過負荷にならないように，電力の流れを調整する。

④ 送配電線の保護

　送配電線で短絡や地絡事故が発生したとき，変電所では保護継電器により早急に事故点を検出し，遮断器により系統から切り離して，事故の波及を防止する。

2) 単線回路図　変電所はその機能を果たすために主変圧器，母線，開閉設備，制御装置，変成器，避雷器，調相設備などの必要な設備が設けられている。変電所の単線回路図を図 2.2.1 に示す。

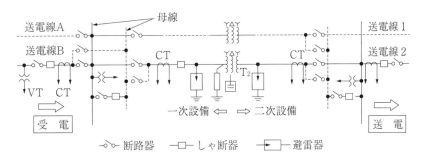

図 2.2.1　単線回路図

2. 機器

2.1 変圧器

(1) 概要

1) 電圧調整

500 kV変電所から配電用変電所に至るまで，すべての変圧器に負荷時タップ切換器が採用され，供給電圧の適正化を図っている。この負荷時タップ切換器の電圧調整範囲は標準として公称電圧×$\frac{1}{1.1}$に対して，15％，20％，25％で，タップ電圧は一般に1〜2％以内，標準タップ点数は9〜23となっており，変圧器設置箇所の系統状況から電圧調整範囲およびタップの点数を選定している。

2) 負荷時タップ切換変圧器 (LRT)

変圧器本体に負荷時タップ切換装置（LCT）を内蔵させたもので，巻線タップを切り換えるときに負荷を遮断することなく行えるものである。

また，電圧調整方式には，外部回路に直接接続された巻線の負荷電流が，負荷時タップ切換器を通過するように結線された直接式と，直列変圧器の励磁巻線を流れる電流が負荷時タップ切換器を通過するように結線された間接式とがある（図2.2.2）。タップ切換時に変圧器のタップ間に流れる循環電流を制限する方法の限流方式として，抵抗式とリアクトル式があり，現在は抵抗式が多く用いられている。

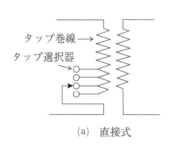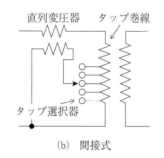

(a) 直接式　　　　　　(b) 間接式

図2.2.2　負荷時タップ切換変圧器

3) 結線方式

変圧器の結線はY−Y−△，Y−△，△−Y，△−△があり，単相変圧器を使用する場合には△−△の一辺を除いた，V−V結線を使用する場合がある。

① Y−Y−△結線

Y結線で中性点を接地した場合，段絶縁を採用することができる。また，Y結線と△結線の電圧の角変位は30°となる。ただし，△巻線がない場合は後述の4)のような問題が生じる。

② Y−△結線および△−Y結線

この結線は，Y−Y−△結線の長所を2巻線で行っているものであるが，一次，二次間に30°の角変位が生じることから，位相に関係ない場所に用いられている。Y−△結線は変電所の降圧変圧器に，△−Y結線は発電所の昇圧変圧器に用いられる。

③ △−△結線

第三調波の還流通路があることと，一次，二次間の角変位がないという特徴がある。また，単相器の場合は1相が故障してもV−V結線で運転できるなどの利点

第2節　変電設備

はあるが，地絡保護が困難なので別に接地変圧器を設ける必要があること，負荷時タップ切換器が線間電圧となることなどの欠点があるため，33 kV以下の配電用小容量の変圧器に限って使用されている。

④　Ｖ－Ｖ結線

変圧器故障時の応急処置や，当初の負荷は小さいが将来の負荷増加が見込まれる場合など特殊な条件で使用される。また，三相負荷では△－△結線に比べ出力は57.7%となり，電圧降下も不平衡となるので常用されることは少ない。

4) Ｙ－Ｙ結線の問題点

①　変圧器鉄心の励磁特性は非直線性であり，かつ，ヒステリシス現象があるために励磁電流には多くの第三調波成分が含まれている。△巻線がないと励磁電流の第三調波の通路がないため，誘起電圧は第三調波を著しく含んだひずみ波形となる。

②　中性点が非接地の場合には，中性点電位が第三調波分だけ高くなる。

③　中性点を接地すれば対地電圧に含まれる第三調波分が，線路定数によっては直列共振が発生して異常電圧が生じる場合がある。また，中性点を流れる第三調波電流のために通信障害を起こすことがある。

5) 三次△巻線

大容量，高電圧の変圧器は第三次巻線をもち，それを△結線（安定巻線とも呼ぶ）としている。また，中性点を接地した場合には，地絡事故時に地絡電流を流すため，調相設備の接続用，所内電源用など，三次△巻線は重要な役割を果たしている。なお，三次△巻線に短絡事故が発生した場合は，巻線に作用する電磁力が大きいので強固な構造とする必要がある。

6) 変圧器油の特性

変圧器の絶縁油は，合成油もあるが鉱油を精製したものがほとんどである。絶縁油を使用する目的は絶縁と冷却であり，次の特性が要求される。

①　絶縁耐力が大きいこと。

②　粘度が低く自由に流動して冷却作用がよいこと。

③　引火点が高く，絶縁材料や金属により化学変化を起こさないこと。

④　高温においても析出物を生じたり酸化したりしないこと。

⑤　凝固点が低いこと。

なお，具体的には JIS C 2320「電気絶縁油」において，品質を規定している。

7) 変圧器油の劣化防止対策

油入変圧器では，周囲温度や負荷の変化によって油温が変化する。油温変化に伴って外気がタンクを出入りする呼吸作用により，油や絶縁物が吸湿したり，高温の油が空気中の酸素により酸化されてスラッジと呼ばれる沈殿物を生じ，絶縁強度と冷却効果を低下させる。

絶縁油の劣化防止対策としては，次のものがある。

①　コンサベータを設置し，絶縁油を空気に触れさせないこと。

②　油に添加剤を加えて，安定度を高める。

③　活性アルミナなど，酸を吸着する吸着材を使用する。

これらのうち最も広く使用されているのが①の方法であり，一般にコンサベータを変圧器本体上部に設置している。コンサベータには，隔膜式（ゴム袋式），窒素ガス封入式などがある（**図 2.2.3**）。

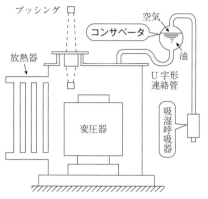

図 2.2.3　コンサベータの構造と吸湿呼吸器

8) **耐熱温度**　変圧器の巻線の耐熱クラスは，JIS C 4304「配電用 6 kV 油入変圧器」においては耐熱クラス A，JIS C 4306「配電用 6 kV モールド変圧器」においては耐熱クラス B, F, H と規定されている。JIS C 4003「電気絶縁—熱的耐久性評価及び呼び方」に規定されている耐熱クラスの呼び方は，**表 2.2.1** による。

表 2.2.1　耐熱クラスの呼び方

実績熱的耐久性指数又は相対熱的耐久性指数 ℃	耐熱クラス ℃	指定文字 [a]
≧ 90　＜ 105	90	Y
≧ 105　＜ 120	105	A
≧ 120　＜ 130	120	E
≧ 130　＜ 155	130	B
≧ 155　＜ 180	155	F
≧ 180　＜ 200	180	H
≧ 200　＜ 220	200	N
≧ 220　＜ 250	220	R
≧ 250 [b]　＜ 275	250	—

注　a) 必要がある場合，指定文字は，例えば，クラス 180(H) のように括弧を付けて表示することができる。スペースが狭い銘板のような場合，個別製品規格には，指定文字だけを用いてもよい。
　　b) 250 を超える耐熱クラスは，25 ずつの区切りで増加し，それに応じて指定する。

9) **冷却方式**　変電所で使用される各種変圧器の主な冷却方式を，**表 2.2.2** に示す。

表 2.2.2　変圧器の主な冷却方式

分　類			冷却方式の概要	主な用途
乾式	自冷式		空気の自然対流と放射により放熱	少容量のもの，計器用変圧器
	風冷式		送風機での強制循環による通風	地下鉄・ビル用変電所，電気炉用
油入式	自然循環式	油入自冷式	油の対流作用で熱を外箱に伝達して放散	小・中形変圧器
		油入風冷式	油入自冷式の放熱器を送風機により強制通風	中形以上の電力用変圧器
		油入水冷式	外箱内に油冷却用水管を入れ，冷却水を循環	
	強制循環式	送油自冷式	絶縁油を放熱器にポンプで強制循環させ，空気の自然対流と放射により放熱	送変電用・受電用の大容量変圧器
		送油風冷式	絶縁油を冷却器にポンプで強制循環させ，冷却管を送風機で冷却	
		送油水冷式	絶縁油を冷却器にポンプで強制循環させ，冷却器を冷却水で冷却	
ガス冷却式			冷却性，絶縁性の高い六ふっ化硫黄 (SF_6)	不燃性を要する地下発電所に適する

10) 騒音　変圧器の騒音の大部分は鉄心の磁気ひずみ現象に基づくもので，鉄心の振動による励磁騒音がほとんどである。変圧器の騒音対策として次の方法がある。
① 鉄心の磁束密度を小さくし，磁気ひずみを小さくする。
② 鉄心に磁気のひずみの小さい方向性けい素鋼板や高配向性けい素鋼板を使用し，鉄心に機械的ひずみを生じさせないよう製作する。
③ タンクと鉄心の間に防振ゴム・スプリングなどを使用し，タンクへの振動の伝搬を防止する。
④ 変圧器全体を防振支持とするため，変圧器タンクと基礎との間に防振ゴムを入れる。
⑤ 変圧器を二重タンク構造として，本体と外側タンクの間に吸音材を充てんする。
⑥ 変圧器周囲に防音壁を設ける。

(2) 変圧器のインピーダンス

1) インピーダンス　変圧器の磁束は，各巻線間に漏れ磁束を生じ，これがリアクタンスとして作用する。このリアクタンスと巻線抵抗との合成が変圧器のインピーダンスである。このインピーダンスが小さい場合は，電圧変動率も小さく，系統の安定度もよくなるが，系統の短絡容量が増加する。インピーダンスを小さくするためには，変圧器の鉄心が大きくなり，変圧器は鉄機械となって全損失は減少する。一方インピーダンスが大きい場合には，変圧器は銅機械となって逆に短絡容量を小さくできるが，系統安定上は不利となり全損失も増加する。

2) パーセント短絡インピーダンス　変圧器の銘板に書かれているのはパーセント短絡インピーダンス%Zである。これは一次側からみても二次側からみても同じ値であるから便利である。Ωインピーダンスは，一次側と二次側では異なる値である。

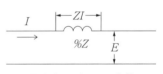

図2.2.4　%Zの定義

Z [Ω]のインピーダンスに定格電流I [A]が流れると，インピーダンスによる電圧降下（インピーダンス電圧）ZI [V]が発生する。定格電圧をE [V]とすると，パーセント短絡インピーダンス%Zは，

$$\%Z = \frac{ZI}{E} \times 100 \quad [\%]$$

この式から定格電圧Eを[kV]単位として，変圧器の定格容量をP [kV・A]とすると，ΩインピーダンスZ [Ω]は，次式で求めることができ，Eに高圧側の電圧値を代入すれば高圧側からみたΩインピーダンスZ[Ω]が求められる（図2.2.4）。

$$Z = \frac{\%Z \times 10E^2}{P} \quad [Ω]$$

3) バンクインピーダンス　単相変圧器3台を用いて1バンクの変圧器群があるとすると，このバンクインピーダンスZ_3 [Ω]は，結線方法には無関係に次式で表すことができる。

$$Z_3 = \frac{\%Z \times 10V^2}{3 \times P} \quad [Ω]$$

V：線間電圧 [kV]
P：変圧器1台の定格容量 [kV・A]

%Z：変圧器1台のパーセント短絡インピーダンス［％］

このインピーダンス Z_3［Ω］には線電流 I［A］が流れているので，一次側のa相から二次側のa相に電圧が移るとき，ZI［V］の電圧降下が発生するため，線間電圧としては$\sqrt{3}\ ZI$［V］の降下となる。

(3) 変圧器の保護

1) 励磁突入電流　変圧器に電圧を印加した直後に過渡的に流れる励磁電流で，定格電流の数倍以上の大きな電流が流れることがある。

この電流の大きさは，変圧器の鉄心の磁気飽和特性および残留磁気，投入時の電圧の位相，印加する電圧の大きさにより異なる。一般に容量が小さいほど定格電流に対する倍率が高くなり，容量が大きいほど減衰までに比較的長時間を要する。

この電流は，非対称波で直流分および第二調波を多く含んでいる。また，この突入電流により変圧器に関係した回路の差動保護継電器が誤作動する場合がある。

2) 励磁突入電流対策　励磁突入電流は，差動保護継電器の動作値を励磁突入電流の値より大きくしたのでは十分な感度が得られないので，誤動作防止対策としては次の方法がある。

① 高調波抑制法

励磁突入電流はひずみ波形であり，高調波を多く含む。これを利用して差動電流中の高調波の割合が大きくなったとき，差動保護継電器を不動作にする方法で，一般に10数％以上のときに不動作とする。

② 感度低下法

励磁突入電流が流れる時間，感度を低下させる方法である。

(4) 変圧器の保護継電器

変圧器の異常を検出し保護する方法として，事故電流から判定する電気的保護継電器，タンク内の分解ガスから判定する機械的継電器，油温から判定する熱的継電器が使用されている。

1) 電流差動継電器　変圧器の一次電流と二次電流の間には，アンペアターンの法則に従った電流，$N_1 \cdot I_1 = N_2 \cdot I_2$ の関係が成立するように電流が流れる。しかし，巻線間短絡が発生した場合は，見かけ上の巻線数が変化したことになり，上式が成立しなくなる。

電流差動継電器は変圧器の一次側と二次側の差電流を検出する方式で，高感度に異常を検出することができ，差電流は内部事故時のみ発生し，常時や外部事故時は発生しない。

2) 比率差動継電器　中・大容量変圧器の場合に使用され，内部短絡故障を一次側と二次側（および三次側）電流が継電器の入力端子に流れ込む電流の和（差電流）で動作させるものである。平常時および外部事故時には $i_1 = i_2$，すなわち差電流 $i_d = i_1 - i_2 = 0$ となり動作せず，内部故障時には i_d が流れ，回路の平衡が破れて動作する（図2.2.5）。

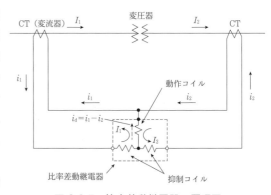

図2.2.5　比率差動継電器の原理図

3) ブッホル ツ継電器 ｜ 比率差動継電器では検出されない比較的小さな層間短絡を検出する継電器で，2つのフロートを持つ。上部フロートは軽故障検出用で，絶縁劣化などで発生するガスによりタンク内圧が上昇したことを検出し動作する。下部のフロートは重故障検出用で，層間の短絡などにより生じる油流の変化を検出し動作する。

4) ピトー継電器 ｜ 軽故障をフロートで検出し，重故障はピトー管を設け，油流の変化により生じるピトー管出口の圧力差で検出し動作する。

5) 衝撃圧力継電器 ｜ 軽微で徐々に進行する内部故障事故検出用で，水，油，ガスなどの圧力が規定値以上となったことを検出し動作する。

6) 衝撃ガス検出継電器 ｜ 軽微で徐々に進行する内部故障事故検出用で，気体の圧力変化を検出し動作する。

7) 衝撃油圧継電器 ｜ 故障時に発生するガスにより内圧が上昇し，油量調整装置が膨張したことをリミットスイッチで検出し動作する。

8) 放圧装置 ｜ 変圧器内部の異常圧力を緩和するために取り付けられる。

9) ダイヤル形温度継電器 ｜ 油温を測るためにタンク上部にダイヤル温度計の感温部を組み込み，目視計測用の高さに設けたダイヤルで指示し，あわせて組込み接点と警報回路を設けたもので，変圧器の温度管理と制御用の計器として使用される。

2.2 開閉装置

(1) 遮断器

遮断器は，変電所の受電引込口，送配電線の引出口，変圧器バンクの一次側および二次側，母線連絡，調相機や電力用コンデンサ付属設備用として設置される。常時は負荷電流・線路充電電流・変圧器励磁電流などを開閉して電力系統および変電所内機器の運用・運転を行い，また故障時は保護継電器の動作により発せられる信号を受けて，短絡電流・地絡電流などの故障電流を自動的に遮断する。

1) 遮断現象 ｜ 交流回路が短絡したとき，その短絡電流を遮断すると遮断直後に遮断器の接触子間にアーク電圧が発生する。一般には，このアークを引き伸ばしてアーク電圧を高め，電流を減少させて遮断する。交流の場合は自然に電流が0の点でアークが消滅し遮断される。しかし，電流が0の瞬間にはまだ極間に多数のイオンが残っており，アーク電圧から回路の電圧（商用周波回復電圧）に移行する際に過渡電圧を発生する（図2.2.6）。

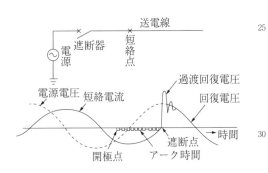

図 2.2.6　短絡遮断時の電圧と電流

過渡回復電圧とは，短絡電流が完全に遮断された直後に接触子間に発生する過渡電圧をいい，商用周波回復電圧とは，過渡回復電圧発生直後に引き続き接触子間に現われる電路の周波数と同じ電圧をいう。また，遮断時間とは，開極時間とアーク時間の合計で表される（図2.2.7）。

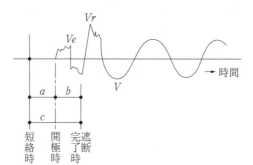

図 2.2.7　過渡電圧と遮断時間

2) 遮断器の適用と使用状態　　遮断器の適用設置箇所を表 2.2.3 に示す。

JEC－2300「交流遮断器」では常規使用状態で使用することを前提としているので，特殊な使用状態で使用する場合，例えば騒音の規制を受ける場所，潮風を直接受ける場所，極度に冷える寒冷地，山岳地，および積雪の多い場所などでは，個別に検討し対策を施す必要がある。

表 2.2.3　遮断器の適用設置箇所

設置箇所	公称電圧〔kV〕	標準適用機種（　）内は従来
送電用変電所	500〜66	ガス遮断器（空気遮断器）
	33〜22	真空遮断器 ガス遮断器（空気遮断器）
配電用変電所	154〜66	ガス遮断器 真空遮断器（空気遮断器）
	6.6	真空遮断器
調相設備用	66〜22	真空遮断器 ガス遮断器

3) 定格の選定　　遮断器を設置する回路の定格遮断電流および定格電流を求め，標準の中から選択する。定格遮断電流は一般に三相短絡故障電流を算出するが，直接接地系では 1 線地絡電流についても算出し，いずれか大きい電流値以上の定格遮断電流を選定する。なお，将来計画も検討し，将来増加が予想される場合はその値も考慮しておく必要がある。また，定格電流は設置する回路の電流容量，短時間の過負荷電流，および将来計画などを検討し定格電流を選定する。

4) 近距離線路故障遮断　　電力系統の遮断器から数 km 線路上での短絡故障を遮断する場合，遮断器の端子短絡故障の場合よりも短絡電流が小さいにもかかわらず，遮断器と故障点の間の進行波の往復反射により高い電圧が発生し極間の電圧が大きくなり，遮断できないことがある。送電用の遮断器は，近距離線路故障に対する遮断性能が要求される。

5) 動作責務　　送電線事故遮断後に自動再閉路を実施する場合は再投入動作責務についても検討し，目的にあった性能の遮断器を選定する必要がある。

6) 空気遮断器（ABB）　　空気遮断器は，0.5〜5.0 MPa の圧縮空気をアークに吹き付けて消弧を行う方式で，対地絶縁はがい管によるのが普通である。空気遮断器は油がなく，接点の損耗が少なく，機械的可動部が少ないので保守が容易であり，火災の危険がまったくないなどの利点がある。（図 2.2.8）。

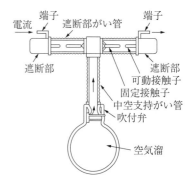

図 2.2.8　空気遮断器の例

7) ガス遮断器 (GCB)　ガス遮断器の消弧媒質としてはSF₆（六ふっ化硫黄）ガスが用いられる。SF₆ガスの消弧力は俗に空気の100倍といわれている。

SF₆ガスは安定度が高く，不活性・不燃・無臭・無毒の気体であるが，温室効果ガスのため，ガス遮断器を処分する際は気体を回収する必要がある。SF₆ガスによる消弧の原理は，空気遮断器の場合の断熱膨張による冷却などではなく，SF₆ガスアークの特殊な熱特性と電気的特性とによるものである（図2.2.9）。

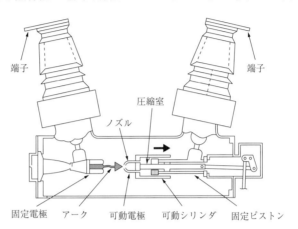

図2.2.9　ガス遮断器の構造

ガス遮断器の遮断性能は高く，高い過渡回復電圧上昇率の場合でも並列抵抗などを必要としない。また，高い回復電圧に対しての特性も優れており，高電圧に対して少ない遮断点数のものとすることができる。開閉サージについては，再点弧サージのおそれが少なく，電流さい断によるサージもほどんど発生しない。また，遮断後の絶縁回復特性が高く，開極した極間絶縁の信頼性も高い。その他騒音が低く，接触子の消耗が少ないなどの利点があるが，ガス漏れ管理を必要とし，分解点検時ガス処理を必要とする。

ガス遮断器には，がいし形とタンク形とがあるが，タンク形はガス絶縁変電所で他の機器と組み合わせて用いるのに有効であり，耐震性に優れている。

8) 真空遮断器 (VCB)　真空の絶縁耐力は高く，10^{-5} Pa以下の圧力になるとほぼ一定の高い絶縁耐力が得られる。高真空では気体分子の数は少ないので気体は絶縁破壊に関係せず，関係するのは電極とその金属蒸気である。

開極時のアークは電極から蒸発した金属蒸気のアークであり，アークの頂点は高温の陰極点でここから金属蒸気を生ずる。消弧は，電流が0点を過ぎ，陰極点がなくなり，アークの荷電粒子が拡散して行われる。また，遮断後の絶縁回復特性が優れており，再起電圧に強く，多重雷に対して強い。

開閉サージに関しては，進み小電流遮断性能は特に問題なく，再点弧を生じない。電流がある値以下になると陰極点が不安定となり，さい断現象を起こし異常電圧を発生するおそれがある。陰極点の安定・不安定は電極材料に左右されるので，電極材料に工夫が加えられている。一般に電力系統や負荷回路の開閉では電流さい断サージのおそれはないが，小容量誘導電動機やアーク炉変圧器などを開閉するときは，保護対策が必要なことがある。

接点の損耗は，アーク時間が短く，アーク電圧が低いため少なく，定格電流で10,000回程度，定格遮断電流で40〜50回程度の開閉が可能である。また，可動部が軽く，可動距離も短いので，操作が容易で機械的寿命も長い（図2.2.10）。

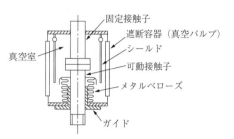

図2.2.10 真空遮断器の構造

9) 高圧遮断器の特性

高圧電路で使用される各種遮断器の特性を表2.2.4に示す。

表2.2.4 高圧交流遮断器の特性

比較項目	種類	GCB	VCB
	消弧方式	SF₆ガス冷却	真空中のアーク拡散
定格	電圧 [kV]	7.2	7.2
	遮断電流最大値 [kA]	31.5	40
構造	構造	簡単	簡単
	配電盤構造	二段積可能	二段積・三段積可能
	重量	軽い	軽い
	投入操作器	電磁	電磁
性能	小電流遮断（進み，遅れ）	再点弧なし，電流さい断ほとんどなく，開閉サージレベルも低い。	0.5サイクル以下再点弧の可能性なし（進み電流），電流さい断が起こり異常電圧発生の可能性あり（遅れ電流）。
	性能上その他の特徴	SF₆ガス特性上，再起電圧，回復電圧に安定温度低下による液化防止の対策必要。	再起電圧の上昇に対し，性能安定定格電圧，電流に限界あり。
	遮断時の音	小さい	小さい
	全遮断時間	5サイクル	3〜5サイクル
	火災の危険性	不燃性	不燃性
	保守・点検	保守は簡単。ガス抜き，ガス封入に手数がかかる。	保守はきわめて簡単。バルブ，リークの点検が困難。接点の点検ができない。
	開閉寿命	大	大

(2) 断路器および接地開閉器

1) 断路器

断路器は，無負荷時に回路を切り離したり系統の接続変更をするために使用される。またその種類には，一般に72 kV以上では水平一点切，水平二点切が多く使用され，アルミパイプ母線では垂直一点切やパンタグラフ形が使用される。

2) 接地開閉器

接地開閉器は点検などにより線路や母線などを停止した際に，残留電荷の放電を行うとともに充電部からの誘導電圧による感電や，誤認充電による事故などを防止するもので，接地する際に投入する。充電中は投入できないこと，投入中は隣接開

閉装置の操作ができないことなどのインターロックが組まれている。

2.3 調相機器

(1) 種類

調相設備には回転機としての同期調相機ならびに静止器としての電力用コンデンサ、分路リアクトルおよび静止形無効電力補償装置がある。無効電力を調整することにより、電力系統の電圧の調整ならびに電力損失の軽減などが図れ、配電容量に余裕ができる。

1) 同期調相機　同期調相機は無負荷の同期電動機と同様であり、界磁電流を調整することによって、一定値より励磁不足でインダクタンスとして動作し、励磁増加によりコンデンサとして動作することができる。しかし、系統が小規模で調相容量を連続的に可変する必要があった昭和30年代までは設置されたが、系統が大規模化し、連続的に調相容量を可変する必要がなくなってきたこと、大容量の設備が必要になってきたこと、コストが高い、損失が大きい、回転機としてのメンテナンスが必要であり騒音が大きいなど、不利な点から使用されなくなってきており、現在は静止器で構成されるようになっている。

2) 電力用コンデンサ　電力用コンデンサは、変電所の母線および主変圧器の三次側に接続される。

標準的な結線方式は単相のコンデンサを群容量に応じて、適当台数を直列および並列にして使用する。

また、開路時の電荷を放電するための放電コイルおよび直列リアクトルなどから構成されている。

3) 分路リアクトル　分路リアクトルは、受電端または送電端変電所の分路に設置し、軽負荷時の電圧上昇を抑制するため、また進相無効電力を系統から吸収する手段として採用されている。また、超高圧送電線や都市ケーブルの激増による線路充電容量増加に対する補償、受電端における軽負荷時または負荷遮断時のフェランチ効果による電圧上昇の抑制などの目的がある。分路リアクトルを発電所側に設置すれば、発電機の内部電圧を高める作用をするので、過度安定度の向上にも役立つ。

分路リアクトルの構造は外鉄形の変圧器に似た構造で、コイル内部に鉄心脚のない空心形と、コイル内部に空げき鉄心脚を入れた空げき鉄心形があり、1相当たり1巻線を巻いて磁気エネルギーの大部分が蓄積される構造である。

4) 静止形無効電力補償装置（SVC）　静止形無効電力補償装置はSVC（Static Var Compensator）と呼ばれ、系統に並列に接続される。図2.2.11に示すとおり、サイリスタで制御するリアクトルと電力用コンデンサから構成され、電力系統からの制御指示により、サイリスタの点弧角の位相を連続的に制御して、リアクトル電流の大きさを連続的に変化させることによる無効電力の調整が可能である。即応性に優れ、調整が連続的で、系統の電圧特性や安定度を向上させる効果がある。

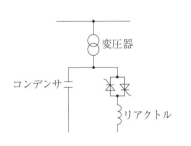

図2.2.11　静止形無効電力補償装置の構成例

したがって、SVCの特徴は固定容量の調相設備と異なり、系統内に発生した電

第 2 章　電気設備等

圧動揺を検出して迅速に応答し，系統内の変動に応じた無効電力を数十 ms の極めて短時間に調整して供給できる。

(2) 調相機器の比較

調相機器の比較を**表 2.2.5** に示す。

表 2.2.5　調相機器の比較

項　　　　目	同期調相機	電力用コンデンサ	分路リアクトル	SVC
保　　　守	回転機として煩雑	簡　単	簡　単	簡　単
無効電力の調整能力	進相と遅相のどちらも供給可能	進相を供給	進相を吸収	進相と遅相のどちらも供給可能
調　整　段　階	連　続	段階的	段階的	連　続
電圧調整能力	大	同期調相機より小	同期調相機より小	大
安定度向上の効果	あ　り	な　し	な　し	あ　り

3.　母線

(1) 方式

1) 母線方式　　母線は変電所に集中するあらゆる電力系統の回線を分配したり，機器を接続したりする重要な設備である。したがって，母線・送電線・変圧器の運用上の切換操作，保守点検時の停止操作および母線事故時の停止範囲を極力狭めるなどのため，各送電線・変圧器の引出口，長い母線には母線区分，および二重母線には母線連絡用に，それぞれ，断路器や遮断器などの開閉設備が設置されている。

母線は変電所の重要度に応じ各種の方式が採用されている。日本国内で一般的に採用されている母線方式を**表 2.2.6** に示す。

表 2.2.6　標準的な母線方式

母線方式	結　線　図	特　　徴	適　用　例
二重母線方式／1ブスタイ方式		①母線停止作業時に送電線・機器を停止する必要がない②母線分割運用の場合，送電線・機器の組み合わせが自由であり，弾力性がある	送電用変電所に適用される最も一般的な方式
二重母線方式／4ブスタイ方式		③母線事故時に，複数の送電線・機器の停止を伴う④単母線に比べて断路器・母線・鉄構および所要面積が増加する	基幹系統の大容量変電所で，特に高い信頼度を必要とする場合に適用する方式
$1\frac{1}{2}$ 母線方式		①母線停止作業時に送電線・機器を停止する必要がない②対になった要素相互の連係が強く，母線事故時にも停止設備が出ない③系統構成変更への弾力性に欠ける	基幹系統の大容量変電所で，特に高い信頼度を必要とする場合に適用する方式

158

第2節　変電設備

表 2.2.6　標準的な母線方式（つづき）

母線方式	結　線　図	特　徴	適　用　例
環　状 （リング） 母線方式		①母線停止作業時には当該母線に接続の機器も同時停止が必要 ②母線事故時の停止範囲が少ない ③系統構成変更への弾力性に欠ける ④所要面積は少ないが，制御および保護回路が複雑になり，直列機器の電流容量が大きくなる	発電機台数の多い発電所などに適用する方式
単　母　線 方　　式		①母線事故時には，送電線・機器も停止する ②所要スペースが少なく経済的である	スペース縮小の効果が大きい屋内・地下式変電所，配電用変電所などに適用する方式

［凡例］　○：遮断器　×：断路器　～～～：変圧器　Ⓖ：発電機

2) 導体の種類と電流容量

変電所の母線は，導体，がいし，架線金具から構成されている。その絶縁方式により，より線または剛体を導体とする裸母線と，バスダクトで遮へいしたり特殊ガスで絶縁する密閉母線に分類される。

裸母線は，硬銅より線，硬アルミより線，アルミ合金より線などのより線を導体とした引留式母線と，銅帯，銅管，アルミパイプなどの剛体を導体とした固定式母線に大別される。

母線の電流容量の決定に当たっては，連続通電容量，過負荷通電容量，瞬時通電容量を考慮する必要がある。

3) 短絡容量軽減対策

変電所の母線に接続される遮断器の遮断容量を軽減するため，母線を分離して系統インピーダンスを増加させるもので，常時分離方式と事故時分離方式がある。常時分離方式では，一般に設備利用度の低下，系統運用上の制約などを伴い，事故時の対策が複雑になる。事故時分離方式では，短絡事故発生で線路用遮断器が動作する前に，母線連絡用遮断器を動作させ，故障除去後は直ちに再閉路させることで，定常時は全系統が並列の運用となる。ただし，母線連絡用遮断器が先行開路する動作責務が生じる。

(2) 母線の保護

変電所の母線で故障が発生した場合，迅速に除去できないと，線路や機器だけの停止だけでなく，電力系統に大きな影響を与える。

このため，信頼度の高い保護継電方式が必要とされる。内部故障時は高速度で最小限度の遮断を行い，外部事故に対して誤動作のない安定性が必要となる。保護継電方式の種類として，電流比率差動方式，電圧差動方式，位相比較付電流差動方式などがある。

1) 電流比率差　　母線に流入する線電流の総和と流出する線電流の総和を変流器によって差動的に
　 動方式　　　 接続し，その差動回路に継電器を設けた方式である。
　　　　　　　　図2.2.12に電流比率差動方式の構成例を示す。
2) 電圧差動方式　電流比率差動方式の電流継電器の代わりに，高インピーダンスの電圧継電器を差
　　　　　　　　動回路に接続した方式である。母線内部故障時は変流器の二次回路は開放状態に近
　　　　　　　　くなるため，二次電圧が上昇して電圧継電器を動作させる。継電器にかかる端子電
　　　　　　　　圧の大小により母線内部故障，外部事故の判定を行う方式である。
　　　　　　　　図2.2.13に電圧差動方式の構成例を示す。

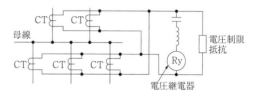

図2.2.12　電流比率差動方式の構成例　　　図2.2.13　電圧差動方式の構成例

3) 位相比較付電　外部故障の場合は，故障電流の流出する端子の電流と他の各端子の和の電流の位
　 流差動方式　 相は逆位相となり，内部故障の場合はこの電流の位相が同位相となるため，同位相
　　　　　　　　のときに限って継電器を動作させ，母線保護をする方式である。

(3) 計器用変成器

1) 計器用変成　　計器用変成器とは計器・保護継電器などに使用する電圧および電流の変成用機器
　 器 (VCT)　　で，計器用変圧器・変流器の総称である。
2) 計器用変圧　　計器用変圧器は高圧，特別高圧，および超高圧の電圧値を，これに比例する電圧
　 器 (VT)　　　値（一般的には110V，または$\frac{110}{\sqrt{3}}$V）に変成するもので，巻線形とコンデンサ形
　　　　　　　　に分類される。巻線形は変圧器とまったく同じ原理でVT・CT・VCTなどがあり，
　　　　　　　　コンデンサ形はコンデンサによって分圧するものでPDがある。定格事項としては
　　　　　　　　形式，誤差階級，絶縁階級，一次電圧，二次電圧，三次電圧，二次負担，三次負担，
　　　　　　　　周波数などがある（三次電圧は地絡事故時の零相電圧を取り出すものである）。
3) 変流器 (CT)　 変流器は電力系統の電流値を，これに比例する電流値（一般的には1Aまたは
　　　　　　　　5A）に変成するもので，一次巻線の構造によって分類すると巻線形・ブッシング形・
　　　　　　　　貫通形がある。定格事項としては形式，最高回路電圧，誤差階級，絶縁階級，一次
　　　　　　　　電流，二次電流，三次電流，二次負担，三次負担，過電流強度，過電流定数，周波
　　　　　　　　数などがある（三次電流は地絡事故時の零相電流を取り出すもの）。
4) 貫通形変流器　環状の鉄心に二次，三次巻線を施した変流器で，この鉄心窓にブッシング，また
　　　　　　　　はケーブルなどの一次導体を挿入して使用する。前者をブッシング用変流器，後者
　　　　　　　　をケーブル変流器という。
5) 零相変流器　　地絡事故時の零相電流を変成する変成器で，貫通形変流器と同様の構造で一次導
　 (ZCT)　　　　体に三相のケーブルなど三相の導体を鉄心窓内に入れ，磁気的に三相をカップルさ
　　　　　　　　せて1線地絡事故などの地絡電流である零相電流を取り出す変流器である。

(4) 保護継電器

1) 保護継電器　　機器や送配電線の故障の際，故障点を回路から自動的に切り離すために，保護継

電器により故障を検出し，遮断器に「開放」の信号を送る。一般に，次のような保護継電器が設置されており，変電所で最小限必要なものである。継電器の種類は非常に多岐にわたっており，最近の重要変電所では，系統の安定度維持のため高速度遮断が要求されている。

① 受電線の過電流継電器（OCR）

所内機器の過負荷あるいは短絡事故の際，受電線遮断器で事故回線を遮断させる。

② 比率差動継電器（RDFR）

変圧器・誘導電圧調整器などの故障のとき動作し，受電線遮断器で事故回線を遮断させる。

③ 配電線の過電流継電器（OCR）

配電線で短絡事故のあったとき，配電線遮断器で事故回線を遮断する。

④ 配電線の地絡方向継電器（DGR）

配電線に地絡事故が発生したとき，事故の方向を判断して事故回線を選択し遮断する。

2) 限時特性　　過電流継電器は，入力電流が整定値を超える電流になったときに動作する継電器であり，図2.2.14のような特性を有している。

① 反限時継電器は，電流が大きくなるに従って，動作時間が短くなり，電流値と動作時間が反比例する特性（反限時特性）を有する継電器である。

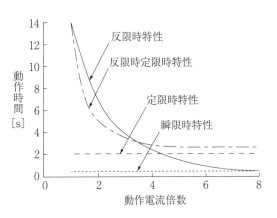

図2.2.14　過電流継電器の限時特性

② 定限時継電器は，一定の電流以上で動作し，電流値によらず動作時間が一定な特性（定限時特性）を有する継電器である。

③ 瞬限時継電器は，一定の電流以上で動作し，電流値によらず瞬時動作する特性（瞬限時特性）を有する継電器である。

④ 反限時定限時継電器は，反限時特性と定限時特性を併せ持つ継電器である。

(5) 避雷器

1) 設置目的　　電力系統に接続される変電設備には，直撃雷，誘導雷による雷サージや，開閉装置操作による開閉サージ，断路器サージなどの異常過電圧から機器の絶縁を保護する目的で，変電所の架空送配電線引込口，引出口や主要保護機器の近くに避雷器を設置する。

2) 性能　　避雷器に要求される性能としては，異常過電圧を抑制し機器の絶縁を保護することと，異常過電圧を大地に放電させ，線路の電位を常規電圧まで低下させ再び線路の絶縁を保つように作用することである。

3) 機能　　避雷器の具備すべき機能として次のようなものがある。

① 異常電圧により大地に放電する大電流を安全に通電できる放電耐量を有すること。

② 大地への通電時に電圧が制限電圧内に保たれていること。
③ 避雷器の放電後，系統から流れる続流を遮断する能力を有すること。
④ 動作に遅れがないこと。
⑤ 長時間の使用に対し，避雷器自体に劣化や損傷がないこと。
⑥ 避雷器の接地は，A種接地工事とすること。

4）種類　　避雷器の種類には次のものがある。
① ギャップと抵抗を直列にした抵抗形。
② アルミニウムの酸化皮膜や二酸化鉛などの過電圧特性を応用した弁形。
③ 炭化けい素を焼き固め陶器質の円盤形特性要素を積み重ね，直列ギャップとともに使用する弁抵抗形（図2.2.15(a)）。
④ 特性要素に酸化亜鉛を主成分とする焼結体を使用した酸化亜鉛形（ギャップレス避雷器）（図2.2.15(b)）。

図2.2.15　避雷器の種類

5）酸化亜鉛形の特徴　　近年は非線形抵抗特性の優れた酸化亜鉛形が広く使用され，次のような特徴がある。
① 直列ギャップが不要である。
② 小電流から大電流まで制限電圧がほとんど変化せず，特性が安定している。
③ 放電時間に遅れがないため保護特性がよい。
④ サージ処理能力がよい。
⑤ 耐汚損特性に優れ，活線洗浄も可能である。
⑥ 小型軽量のため耐震特性に優れ，据付けも簡単である。
⑦ ガス絶縁開閉装置用避雷器としても使用可能である。

しかし，直列ギャップを使用しないことから酸化亜鉛素子には常に系統電圧が課電されるため短時間過電圧（1線地絡時など）に留意する必要がある。

6）制限電圧　　避雷器の制限電圧とは，避雷器の放電中，過電圧が制限されて両端子間に残留する衝撃電圧で，放電電流の波高値および波形によって定まる。一般的に，発電所用としては放電電流5,000 A〜10,000 Aの避雷器が，配電線路用としては放電電流2,500 Aの避雷器が使用されている。

7）取付け　　避雷器の取付けについては次の点に留意する。
① 主要保護機器のなるべく近くに設ける。
② 変電所の機器と回路条件に応じて配置を考慮する。
③ 接地抵抗を極力小さくする。

4. GIS（ガス絶縁開閉装置）変電所

1) GIS 変電所

GIS 変電所とは，絶縁性能ならびに消弧性能に優れ，不燃性であるSF_6（六ふっ化硫黄）ガスを充てんした金属圧力容器内に，母線，断路器，遮断器，変成器および避雷器などを収納し，適当な間隔でエポキシ樹脂のスペーサで支持され

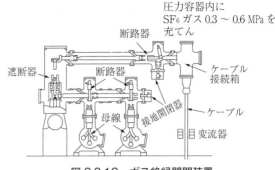

図 2.2.16　ガス絶縁開閉装置

たコンパクトな開閉装置を用いた変電所である（図 2.2.16）。小型なので工場組立による一体輸送が可能であり，現場での工事が簡素化され，工期の短縮を図ることができる。

据付けスペースが縮小できるので地下変電所や屋内変電所，地価の高い屋外変電所に数多く採用されている。

2) 特徴

GIS 変電所の特徴を次に示す。

① 大気絶縁を利用した従来の変電所より超小形となり，スペースの縮小ができる。小形化の効果は電圧が高いほど大きい。
② 充電部が完全に密閉されているので安全である。
③ 開閉器の開閉騒音が少なく，コロナ雑音の影響も少ない。
④ 塩害などの外部環境に左右されないので，信頼度が高い。
⑤ 保守点検の頻度が少ないので，省力化ができる。
⑥ 密閉形の構造のため，機器内の事故時の復旧には，時間がかかる。
⑦ 通電や周囲温度変化により金属容器に発生する熱伸縮や地震時に生じる変位を吸収する必要があり，変位吸収用の伸縮継手が必要である。

3) 絶縁協調

気中絶縁変電所と比較した場合の相違点を次に示す。

① 従来の絶縁協調は変圧器の保護中心であるが，GIS は内部のスペーサなど有機絶縁物を有するので，変圧器と同等の保護対象とする必要がある。
② ガス絶縁機器の絶縁耐力 V－t 特性は，従来の気中絶縁機器よりも平坦であり，急しゅん波領域での協調がとりにくい。
③ ガス絶縁母線のサージインピーダンスは架空線の約 $\frac{1}{5}$ で，電力ケーブルの2〜3倍である。

5. 変電所の諸対策

1) 塩害対策

① がいしの絶縁強化
  汚損によるがいしの絶縁低下を見込み，がいしの連結の増加や耐塩がいしの使用，または大形寸法のがいしを使用する。
② がいしの活線洗浄
  がいしの汚損度が所定のレベルに達すると，充電状態のまま手動または自動注

水装置によって注水洗浄を行うもので，絶縁強化と組み合わせて併用されることが多い。

③　はっ水性物質の塗布

がいし表面にシリコンコンパウンドなどのはっ水性絶縁物を塗布し，表面に降りかかる水分をはじき返すとともに，特有のアメーバ効果によって付着塩分を包み込み保護するものである。塗布物質の効果の有効期間が短い欠点がある。

④　設備の屋内収容

建屋内に全機器を収納し，充電部を直接外気に露出させない方法である。

⑤　ガス絶縁開閉装置（GIS）の採用

全体がほとんど密閉されており露出部分が少ないため，塩害対策には有効である。また，設備全体の小形化が図られ，設置スペースが小さくてすむ利点もある。

2) 耐雷対策　雷による異常電圧から機器の損傷を防止するために避雷装置が設けられる。

①　架空地線

変電所の屋外鉄構上部に導体を張り，これを接地して雷の直撃から機器を保護する。

②　避雷器

架空送電線の引込口，送出口に設置するとともに変圧器の保護にも重点を置き，なるべく変圧器の近くの母線（変圧器から 50 m 程度以内）に接続する。

③　保護ギャップ

協調ギャップともいい，避雷器と同じ目的で設置されるが，続流を遮断する機能を有していない。線路引込口で，線路と大地間に設置され，避雷器で保護できない遮断器その他機器を保護している。

④　接地装置

避雷器，架空地線などの動作を確実にするため，接地抵抗を低くする必要があり，メッシュ接地，連接接地方式が使用される。

6. 変電所の施工・試験

(1) 屋外変電所の離隔距離

発電所ならびに変電所，開閉所およびこれらに準ずる場所などにおけるさく，へいなどの施設については電技解釈第 38 条（発電所等への取扱者以外の者の立入の防止）に規定されている。

1) さく，へいと充電部との距離　さく，へいなどと特別高圧の充電部分とが接近する場合は，さく，へいなどの高さとさく，へいなどから充電部分までの距離との和は，表 2.2.7 の左欄に示した使用電圧の区分に応じて，それぞれ表 2.2.7 の右欄に示した値以上としなければならない。

表 2.2.7　屋外変電所のさく，へいと充電部との距離

充電部分の使用電圧の区分	さく，へい等の高さと，さく，へい等から充電部分までの距離との和
35,000 V 以下	5 m
35,000 V を超え 160,000 V 以下	6 m
160,000 V 超過	(6 + C) m

〔備考〕C は，使用電圧と 160,000 V の差を 10,000 V で除した値（小数点以下を切り上げる。）に 0.12 を乗じたもの

(2) 変電所の施工

1) 屋外鉄構と架線工事

① 鉄構の基礎材は一般的に基礎工事の段階で埋込みとなるため、心出しおよびレベル調整は、ライナまたは基礎材のジャッキボルトにより所定の位置に正確に調整する。

② 上部材の柱は、ボルトやナットを仮締付けの状態で組み立てておき、地上で堅固に組み立てたはりを継ぎ合わせた後で本締付けを行う。

③ がいしおよびがいし金具は、汚損していると絶縁耐力が低下してしまうため、組立てに当たっては、事前に水または布でていねいに清掃を行うとともに、破損、変形、腐食などがないかを確認し、絶縁測定（メガテスト）を行う。

④ 電線を切断する場合は、端子挿入寸法や端子圧縮時の伸び寸法を考慮して切断する必要がある。

⑤ 電線端子圧縮時は、材料を十分清掃し、電線のくせを修正して使用ダイス寸法、圧縮圧力を誤らないように留意する。特に大きいサイズの端子を圧縮する場合は、コンパウンドを十分に充てんするなど、内部浸入水の凍結膨張による端子破損防止に留意する。

2) 機器の据付け工事

① 道路輸送および構内搬入において寸法・重量の制限を受ける大型の変圧器は、単相器として輸送し、現地で三相器に組み立てる。

② 機器の据付けは、架線工事などの上部作業が終了した後に行う。

③ 機器などを基礎に固定する方法には、埋込アンカ方式と箱抜きアンカ方式がある。埋込アンカ方式は引抜荷重が箱抜アンカ方式より優れており、大型機器の固定や耐震施工に適している。

3) 油入変圧器の現地組立て

① 絶縁物の吸湿防止のため、乾燥空気または窒素ガスを封入し内部圧力を管理する。また、現地組立作業時には、絶縁物の外気露出時間を極力短縮し、変圧器タンク内部作業時などには乾燥空気を送り込み、相対湿度を下げるなどして吸湿防止対策を行う。

② タンク内への異物混入防止のため、周囲に隔壁や作業用テントを設けるとともに、作業場周辺に散水などを行い、環境整備に十分配慮する。

③ 絶縁油の管理のため、絶縁破壊電圧値、油中水分量および油中全ガス量を確認する。

④ 絶縁油は十分脱気ろ過して、浮遊している微少じんあいを除去するとともに、電圧を印加する前に残留気泡をなくすよう、十分静置時間をとる。

4) ガス絶縁開閉装置（GIS）の現地組立て

① じんあい管理のため、ほこりがたたないように周囲に散水することや、GISの周囲にシートを敷くなどする。また、連結作業時には、連結部をビニルシートで仕切るか、現地にプレハブ式の防じん組立室を設け作業する。

② 水分の管理のため、吸着剤を大気に長時間さらさないように、取付け後30分以内に真空引きを開始する。

③ ガス充てんに際しては、十分時間をかけて機器内部を真空乾燥させた後、所定の圧力まで充てんする。

(3) 接地抵抗試験

1) 電圧降下法　図2.2.17に測定回路図を示す。広大な変電所構内にわたる接地網の接地抵抗の

測定は，電圧降下法によって行われる。電圧降下法による接地抵抗の測定は次の点に注意する。

① 測定は接地網1辺の長さの4～5倍の距離に電流回路の補助接地を設け，接地網から300～600m離れた地点に電圧回路の補助接地を設けて行う。

② 測定電圧は誘起電圧の影響を受けやすいので，電圧回路への誘導電圧を低減するため，電流回路は電圧回路と90°（直角）以上の交差角をとる。また，電圧回路とほかの送配電線路ともなるべく平行にならないよう考慮する。

③ 電流回路の電源が1線または中性点を接地している場合は，必ず絶縁変圧器によって電流を電源回路から絶縁する。

④ 電圧補助極の抵抗による誤差を避けるため，内部インピーダンスの大きい電圧計を使用する。

⑤ 電流回路の電流値はなるべく大きくする（20A以上）。

⑥ 接地抵抗値は，電圧回路および電流回路と接地網との接続点をいくつか変えて測定し，それらの平均値を求める。

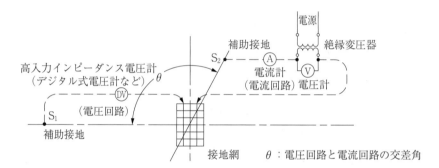

図2.2.17　電圧降下法による測定回路図

第3節 送配電設備

1. 電力系統

1.1 系統

(1) 構成

多数の発電所と変電所が送電線路によって、また、変電所と需要家は配電線路によって電気的に結ばれている。発電（供給）と消費（需要）が同時に発生する電気エネルギーの特質上、その連系は密接で有機的なシステムでなければ安定した良質の電力を供給することはできない。このようなシステムを電力系統という。

電力系統は運用上、次のことを考慮する必要がある。

① 平常時には、系統の安定度が高く、電圧、周波数の調整がしやすいこと。
② 事故時には、停電発生率が低く、事故の波及を防止し復旧が早くできること。

(2) 基本形

現実の電力系統はきわめて複雑なものであるが、樹枝状系統（放射状系統）と環状系統（ループ状系統）に大別される。

1) 樹枝状系統（放射状系統）

樹枝状系統は、図2.3.1に示すように、発電所と一次変電所を送電幹線接続し、二次変電所へは樹枝状（放射状）に接続された構成であり、単純で運用上の利点がある。

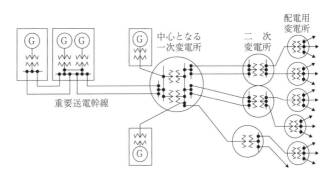

図2.3.1　樹枝状系統

しかし、幹線に事故が発生したり、作業のため停電すると、全系統が停電するので、架空送電線路では、1ルート2回線が一般的である。

2) 環状系統（ループ状系統）

環状系統は、図2.3.2に示すように、すべての発電所、変電所を異なった経路の送電線路で接続し、全体を1回線または2回線で環状（ループ）とした構成のものである。

環状化すれば、樹枝状系統の欠点を補い、供給信頼度の向上、電力損失の軽減、送電容量の増加を図ることができるなど、運用上の利点も多くなるが、系統内の機器操作や保護方式が複雑となる欠点がある。

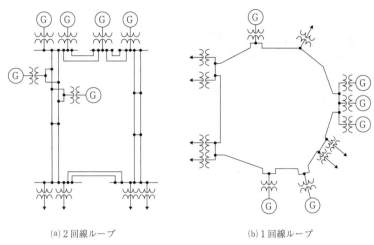

(a) 2回線ループ　　　　　(b) 1回線ループ

図 2.3.2　環状系統

3) 外輪線

電力の大消費地域である東京，大阪，名古屋などの大都市への供給には，図 2.3.3 に示すように，都市周辺に一次変電所を設置し，それらの変電所をリング状に超高圧送電線で接続し，その一次変電所から都市内の需要地域に供給するものである。この超高圧送電線を外輪線といい，安定度，信頼性の向上を図るとともに，需要の不均衡を解消している。

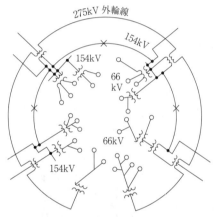

図 2.3.3　大都市周辺の外輪線モデル図

(3) 系統連系

独立した電力系統が，他の電力系統と接続され大きな系統となることを系統連系といい，狭義には電力会社相互間に連系されるものも含まれる。

1) 連系の利点
① 各系統での需要，出水率，事故発生の違いを利用して，相互に補完することで供給予備力の節減ができる。
② 需要の不均衡の平滑化，水力発電（貯水池式，揚水式）の有効利用，火力，原子力発電の経済的な運転が可能となる。
③ 事故時の供給支障を減少し，周波数の維持による信頼度が高まる。
④ 規模の大きい発電所の緊急停止など大電源の脱落時に，他電力系統からの応援電力により電圧や周波数の低下を緩和し，電源の連鎖的な脱落などによる大事故への発展を防止することが可能となる。

2) 連系の問題点
① 系統が大きくなると，調整（電圧，無効電力，周波数）の方法が複雑化する。したがって，給電施設，通信情報施設および附帯設備の自動化が必要となる。
② 系統が大きくなると，事故時の短絡容量，地絡容量は増大するので，遮断器の遮断責務，誘導障害の防止がきびしくなり，事故波及の範囲が大きくなる。
このため，事故の復旧を早め，事故時に系統を分離して事故波及を防ぐための

保護と誘導障害防止の対策を一層強化しなければならない。

③ 再生可能エネルギーである太陽光発電や風力発電などのインバータ電源は，通常の回転機が有する慣性力や同期化力を保有していないため，太陽光発電などの出力の比率が大きい状態では系統安定度が低下し，大規模な電源脱落が発生すると，周波数の低下により連鎖的に電源が脱落し，大規模な停電に至る場合がある。

3) 設備利用率　発電施設などの定格出力とその期間（発電量）に対して，実際に供給した電気量の割合を示すものである。特に配電系統では設備利用率が使用され，ある期間に発電所が供給した電力量を，発電所の定格出力とその期間の積で除した値で，次式により表され，設備利用率の高い発電所ほど系統を効率的に利用できる。

$$設備利用率 = \frac{実際の発電電力量 [kW \cdot 時]}{定格出力 [kW] \times 暦時間 [時]} \times 100 \quad [\%]$$

4) 全国の連系　図 2.3.4 のように，日本の 50 Hz 系と 60 Hz 系とは，東京中部間連系設備（飛騨信濃 FC，新信濃 FC，佐久間 FC，東清水 FC）の周波数変換および交直変換により連系されている。また，本州と北海道，関西と四国は直流で，中国と九州，中国と四国は交流送電線で連系されている。

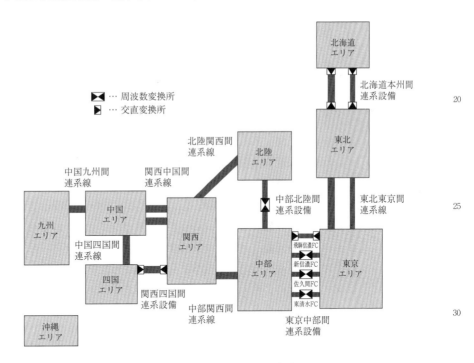

図 2.3.4　電力の地域間連系の概念図

1.2　電力系統の供給信頼度と運用

雷や設備の故障などにより電力の供給が停止することがあり，この停電（供給支障）がどの程度起こったのかという観点から評価したものを電力系統の供給信頼度という。一般には停電回数が少なく，停電時間が短いほど供給信頼度が高い。供給信頼度は電源設備と送電設備を総合して考える。

1) 供給信頼度の向上対策　電力系統の供給信頼度を向上させる一般的な対策としては，次のような方法がある。

① 予備力の充実

事故が起きた場合，その設備に代わって電力の供給する働きをする予備の設備を設ける必要があり，大きければ大きいほど信頼度は高くなる。予備力には運転予備力および待機予備力がある。

② ユニット容量の選定

発電機や変圧器あるいは送電線などは，いずれの設備においても，その容量に相違があっても事故特性はほぼ類似しており，機器容量の大小で格段に信頼度が高まることはない。同一容量の設備を構成する場合，大容量の機器1台で構成するよりは，分割し複数台の機器で構成したほうが信頼度は格段に高くなる。

③ 系統の構成

系統の信頼度を向上させる大原則は，発電機，送電線，変圧器などを問わず，これらの機器をできる限り系統に並列接続することである。送電線1系統で供給するよりも，2系統で供給するほうが信頼度は格段に高くなる。

④ 系統の連系

機器を並列に接続して信頼度を向上させ，隣接する系統同士を互いに連系して運用することにより信頼度を向上させる方法である。

⑤ 機器補修計画の協調

停電の危険を，ある期間内でできるだけ一様にするよう配慮する原則を，「危険率一定の原則」と呼んでいる。発電所をはじめすべての設備は，定期的に保守・点検・分解を行う必要がある。この期間は，それらの機器が使用できないため，供給信頼度は下がってしまうので，複数の設備において，この時期・期間が重ならないよう計画する。

⑥ 負荷予測・出水予測の精密化

供給信頼度をある一定水準以上に保つには，負荷の予測や出水などの予測をいかに精度よく行えるかにかかっている。

2) **電力系統の運用と制御**　電力系統は，電力の発生から消費に至るまでの，発電所，送電線，変電所，配電線，負荷などの設備が一体的に結合された電力供給システムである。したがって，発電量や需要の変動，発電機や送電線の事故による離脱といった変化が，周波数や電圧の変動，系統安定度の悪化などを引き起こし，それが局部にとどまらず電力供給システム全体に影響を与える場合もある。系統の1箇所の事故が連鎖的に拡大・波及して全電力供給システムの崩壊につながるおそれがある。これらを防止するため電力系統の運用と制御が必要となる。

3) **供給予備力**　供給予備力は，計画外停止，渇水，電力需要の変動などの予測し得ない異常事態の発生があっても規定の周波数を保持し，安定した供給が行えるようあらかじめ想定した電力よりも多く保有する供給力のことをいう。

供給予備力の保有量が少なければ供給支障の発生度合いが多くなり，また保有量が多いと供給支障は少なくなるが，設備投資が過大となる。したがって，保有量は供給信頼度との関連から検討する必要があるが，おおむね8～10%が適正とされている。

4) **電力潮流**　電力系統における電力潮流は，有効電力と無効電力に分けられる。これらの潮流は，電源構成，送電設備などの系統構成などによって制約を受け，需要および供給

力は季節，平日・休日の差，時間帯あるいは気象条件などにより変化する。

1.3 系統の諸特性

1) 安定度

電力系統の安定度とは，電力を安定に送る能力をいう。徐々に負荷を増加した場合に継続的に送電し得る能力を定態安定度といい，突然の急激なじょう乱が起こった場合に平衡状態に回復し得る能力を過渡安定度という。

系統に接続されている発電機や調相機の特性，負荷特性，中性点接地方式，保護継電方式および送電線路の特性によって安定度は左右される。

2) 安定度向上のための対策

① 系統の送電電圧の維持（電圧降下を少なくし，電圧変動を抑制する）
　(イ) 系統の電圧を高くし，負荷電流を少なくする。
　(ロ) 線路，機器のインピーダンス（リアクタンス）を小さくして，電圧降下を減少させる。
② 系統の周波数の維持
　(イ) 負荷変動に応じて，発電所の発電機の励磁電流を迅速に調整し，回転数を変化させ，周波数を一定の値に維持する。
③ 事故区間を迅速に切り離し，できるだけ事故区間を限定し，影響を少なくする。
　(イ) 高速度保護リレーを採用する。
　(ロ) 中間開閉所を増設する。
　(ハ) 地絡事故に対し系統に応じた中性点接地方式を採用する。
　(ニ) 直流送電の導入を行う。
④ 系統の無効電力を調整し，送電電圧を一定の値に維持する。

表 2.3.1 に上記①〜④と関連した安定度向上の対策例を示す。

表 2.3.1 系統の安定度向上対策

対　策　方　法		
送電・変電設備での対策	上位電圧の導入	①
	送変電設備の並列数増加	①
	発電機，変圧器などのリアクタンス低減（低インピーダンス機器の採用）	①
	長距離送電への中間開閉所の設置	③
	直列コンデンサの設置	①
	直流送電の導入	③
制御方式での対策	発電機の速応励磁 PSS（Power System Stabilizer）	②
	高速度保護リレー方式，多相またはルート再閉路方式の採用	③
制御方式付き安定化用機器での対策	制御抵抗の投入	③
	発電機タービン高速バルブ制御	②
	静止形無効電力補償装置 SVC（Static Var Compensator）の導入	④
	サイリスタ制御直列コンデンサ，位相調整器の採用	④

3) 直列コンデンサ

直列コンデンサは，線路の誘導性リアクタンスを打ち消して，電圧降下・電圧変動の改善を目的として，送配電線に直列に挿入する電力用コンデンサである。送電容量，安定度の増進，ループ系の電力潮流分布の改善などの効果がある。

4) 送電容量

送電容量とは，ある送電線で送電を行う場合に技術的，経済的な観点から総合的

に判断して，実用上支障を生じることなく常時継続して送電できる最大送電電力をいう。

短距離送電線の送電容量は，電線の安全電流（電線の許容最高温度に対する許容電流で決まる），電圧降下，送電損失などから比較的簡単に決定することができるが，長距離送電線の場合は上記のほかに送電線のリアクタンスを少なくすることや安定度の向上なども考慮して決定する必要がある。

5) **短距離および中距離送電線の場合の送電容量の増加対策**

短距離および中距離送電線の送電容量増加対策の主なものは次のとおりである。

① 電線を太くする

許容電流が増加するので，送電容量も増加する。

② 並列回線数を増加する

送電線鉄塔に余裕があるときには容易に2回線，あるいはそれ以上に回線数を増加することができ，2地点間の送電容量が増加する。

③ 電圧階級を高める

許容電流によって定まる送電容量は電圧に比例するため，高い階級の電圧を採用することによって，送電容量が増加する（下記6) ②を参照）。

④ 多導体電線の採用

一相当たりの導体数を増すことによって，送電線のインダクタンスが減少し，静電容量が増加するので，電線の許容電流が増大して送電容量が増加する（下記6) ②を参照）。

6) **長距離送電線の場合の送電容量の増加対策**

長距離送電線の送電容量増加対策は，いずれも安定度向上対策と一致するものであって，その対策が送電容量あるいは安定度に与える影響の程度に多少の違いがあるに過ぎない。

長距離送電線の送電容量増加対策の主なものは次のとおりである。

① 送電線のリアクタンスを少なくする

同じ相差角における受電端電力は，送電線のリアクタンスに反比例するので，なんらかの方法でリアクタンスを減少すれば，受電端電力，つまり，送電容量を増加させることができる。リアクタンスを減少するには次のような方法が採用されている。

(イ) 並列回線数の増加

(ロ) 多導体電線の採用

(ハ) 直列コンデンサの採用

② 電圧階級を高める

電力円線図または送受電端電力計算式より，許容電流以下の電流範囲であるならば，下記の式に示すとおり送電線の受電端有効電力は，送受電端電圧の積に比例する。したがって，電圧の2乗に比例するため，使用電圧を高くすることによって送電容量を効果的に増加することができる。

$$P = \frac{V_S V_R}{X} \sin \theta$$

P：受電端有効電力（送電容量）

X：送電線リアクタンス

V_S：送電端電圧

V_R：受電端電圧

③ 送電系統安定度を高める

上記①，②は送電系統の安定度を高める要因ともなるが，とくに安定度向上に直接影響する事項をあげると次のとおりである。

(イ) 高速度遮断と高速度再閉路方式の採用

(ロ) 同期はずれ継電器（SOR）による系統分離

(ハ) 制動抵抗による故障時発電機の加速防止

(ニ) 速応励磁方式採用による定態安定度向上

(ホ) 系統のループ運転

7) **短絡容量**　電力系統が大きくなれば信頼度，安定度を向上させ，系統の合理的な運用がなされるが，一方で短絡容量も増大する。短絡容量は，短絡事故点に流れる短絡電流に通常の運転電圧を乗じた値で表されている。

短絡容量の増大は，接続される電力用機器の機械的強度，地絡電流による電位上昇，通信線への誘導障害の面から好ましくないので，短絡容量を抑える対策が必要である。

8) **短絡容量低減対策**
① リアクトルの設置
② 変圧器のインピーダンスを高くする
③ 系統の電圧を高くする
④ 系統を分割する（直流連系により交流系統を分割したり，変電所の母線を分割するなど）

9) **フリッカ現象**　配電線の負荷が急変すると，負荷電流による電圧降下値も急変するために電圧が変動する。

数Hzから数秒間に電圧変動が頻繁に繰り返されると，この配電線から受電している電灯や蛍光灯の明るさが変動し，人の眼にちらつきを感じさせ，不快感を与える。これをフリッカという。フリッカの発生源としては，製鉄用圧延機，大型アーク炉，スポット溶接機，エレベータなどがある。

10) **フリッカ発生の防止対策（軽減法）**
① 電源側に直列コンデンサ，フリッカ発生需要家側に静止形無効電力補償装置（SVC）を設置する。
② 変動負荷と飽和リアクトルを並列にし，電圧変動分を飽和リアクトルで吸収する。
③ アーク電流が不安定な交流アーク炉の代わりに，安定した電流が得られる直流アーク炉を採用する。
④ 変動負荷を専用線または専用変圧器で供給し，一般の負荷が接続された系統に電圧動揺が波及しないような系統構成にする。
⑤ 電源供給の電線を太線化し，系統インピーダンスの低減を図る。
⑥ 変動負荷を電源短絡容量の大きい（系統インピーダンスの小さい）母線に接続する。

　　　　　　　　　⑦　変動負荷の電源側に可飽和リアクトルを直列に挿入し，無効電力の変動を抑制
　　　　　　　　　　する。
　　　　　　　　　⑧　三巻線補償変圧器を採用する。
　　　11) 高調波　　　電力系統における電圧・電流波形は正弦波を標準にしているが，整流器などの電力変換器・アーク炉などの非線形機器に電力を供給した場合には，それらの機器から高調波電流が発生し，電力系統に流入し電圧降下を引き起こすため，電圧，電流ともひずみ波形となる。ひずみ波形が発生すると，一般の需要家用受配電設備などにおいても進相コンデンサの異音・焼損，電動機の異音・過熱などのトラブルが発生する。電力系統のひずみ波形の高調波源には，次のようなものがある。
　　　　　　　　　①　各種電力変換器
　　　　　　　　　②　変圧器（磁気飽和）
　　　　　　　　　③　回転機（磁気飽和，インバータ）
　　　　　　　　　④　アーク炉などの各種電気炉
　　　　　　　　　この中でサイリスタを使用した大型電力変換器およびアーク炉などの影響が特に大きい。
　　　　　　　　　　高調波成分の主なものは，3，5，7，11次の奇数調波である。偶数調波は2次が比較的高いレベルである。高調波電圧含有率は一般的な配電線の実測例ではほとんどが3%以下であり，平均的に5，3，7，2次の順に大きい傾向にある。
　　　12) 高調波の影　　①　電力用コンデンサ，分路リアクトルの過熱異音
　　　　　　響（機器　②　回転機，変圧器の損失（過熱）に伴う容量の低減
　　　　　　への障害）③　変圧器など鉄心を有する機器では，鉄損が増大
　　　　　　　　　　④　電力ケーブルの送電容量の低減
　　　　　　　　　　⑤　蛍光灯の安定器，コンデンサの過熱，焼損
　　　　　　　　　　⑥　保護継電器（特に静止形のもの）の特性への影響，誤動作
　　　　　　　　　　⑦　指示計器，積算計器の誤差
　　　　　　　　　　⑧　サイリスタ装置の位相制御などエレクトロニクス回路への影響
　　　　　　　　　　この中で一番影響を受けやすいものは，コンデンサやリアクトルの設備であり，障害の発生率も高い。
　　　13) 高調波の　　①　高調波発生量の低減
　　　　　　障害対策　　　　フィルタを設けると，高調波電流を吸収したり，または逆極性の電流を発生させたりするので，高調波発生量の低減に有効である。
　　　　　　　　　　②　インピーダンスの変更
　　　　　　　　　　　　インピーダンスが容量性の場合は高調波が拡大されることがあるので，電力用コンデンサにリアクトルを直列に接続してインピーダンスを誘導性とすることで，高調波の改善効果が向上し，コンデンサ投入時の突入電流および瞬時電圧降下の抑制効果も併せて期待できる。
　　　　　　　　　　　　また，高調波発生源が配電線に接続されると，電圧ひずみの大きさはその点から見た電源側のインピーダンスに比例する。したがって，系統のインピーダンスを小さくして短絡電流を大きくし系統短絡容量を増大させることは，配電系統における高調波の低減対策として有効である。

③ 機器の高調波耐量の強化
④ 変換相数（パルス数）の増加

△-△結線と△-Y結線の変圧器の組合せなど，角変位が30°異なる2台の変圧器を組み合わせることにより，結果的に変換相数（パルス数）の増加を図り高調波電流を低減する方法（一般に多重化と呼ばれる）も採用され，非常に効果的である。採用数の多い12相（パルス）の場合は，高調波含有量の多い5次，7次高調波の発生を抑制できる。

1.4 電圧調整と周波数制御

(1) 電圧変動と調整

電力系統では，負荷の変動，力率の変動などにより系統電圧の変動が発生する。一般に重負荷時は遅れの無効電力が発生し，電圧は低下傾向となり，また軽負荷時には進み無効電力が発生し，電圧は上昇傾向となる。

1) 変電所における電圧調整

電圧調整とは，電力系統の需要家の電圧値を許容変動範囲に収め，かつ，電力損失の軽減を図るためのものである。

変電所で系統の電圧調整を行う方法を次に示す。

① 負荷時タップ切換変圧器（LRT）

負荷時タップ切換変圧器は，負荷電流が流れている状態で一次側タップを切り換えられることで，系統電圧を直接調整できるものである。タップ切換の際，2つのタップが橋絡されたときに流れる循環電流を制限するために限流抵抗器が用いられる。

② 線路電圧降下補償器（LDC）

配電用変電所では，主にフィーダごとに送出電圧を調整せず，変電所バンク単位に一括調整を行う方法を採用している。そこで，フィーダごとの電圧降下は電流に比例することから，目標とする電圧を負荷電流に応じてフィーダごとに自動的に調整する方式として用いられている。

③ 電力用コンデンサ，分路リアクトル

負荷の力率が遅れると無効電流が増加し，送電線の電流が増加するため，電圧降下により送電系統の電圧が低下する。この遅れの力率を改善し，無効電流による電圧降下を改善するため，電力用コンデンサが用いられる。また，都市部などのケーブルによる送電が多い地域においては，軽負荷時にケーブルの静電容量などにより進み力率となる場合があり，系統電圧が上昇する（フェランチ現象という）ため，進み力率に対し分路リアクトルを用いて力率改善が行われる。変電所では，電圧や力率を監視しながら電力用コンデンサまたは分路リアクトルを必要に応じ系統に投入・切離しを行っている。

④ 同期調相機

使用目的は電力用コンデンサと分路リアクトルと同様であるが，同期調相機は同期電動機的な機械であり，運転時の励磁を制御することにより遅れ力率，進み力率に対応できる。しかし，可動部分があるためメンテナンスに手間がかかる。

⑤ 静止形無効電力補償装置（SVC）

電力系統からの指示により電圧変動を検知し，迅速かつ連続的に無効電力を調整・制御できるため，電圧変動を軽減させることができる。

2) **配電系統における電圧調整**

配電用変電所および配電線路内で系統の電圧調整を行う方法を次に示す。

① 負荷時タップ切換変圧器（LRT）

配電用変電所で行う調整で，変圧器のタップを切り換えることで，変圧比を調整し電圧を調整する。

② 負荷時電圧調整器（LRA）

配電用変電所に設置する電圧調整器で，母線電圧を調整する。

③ 柱上変圧器のタップ調整

高圧線の変電所からの距離に応じて柱上変圧器のタップを調整し，低圧線の電圧を適正範囲内に調整する。

④ ステップ式自動電圧調整器（SVR）

高圧配電線の途中に設置し，タップ切換器，変圧器，制御機構などで構成され，電圧を自動で調整する。

⑤ 昇圧器

配電線のこう長が長くなり，負荷の端子電圧が低くなる場合に設置する。

⑥ 電力用コンデンサ

配電線路上に電力用コンデンサを設置し，開閉することで力率の改善を行い電圧を調整する。

3) **配電線路の電力損失の軽減対策**

配電線路の電力損失は，線路の抵抗損と変圧器の銅損および鉄損が主なものであり，その対策を以下に示す。

① 線路電流の低減

(イ) 配電電圧を格上げする（昇圧）

(ロ) 力率改善用コンデンサを設置する

(ハ) 負荷電流の不平衡を是正する

② 線路抵抗の低減

(イ) 電線の太線化

(ロ) 多導体化

(ハ) 給電点の適正化

③ 変圧器損失の低減

(イ) 低損失の柱上変圧器の採用

(ロ) 変圧器，運転台数の適正な選定

4) **需要家における電圧調整**

需要家における電圧調整は，無効電力を制御する調相設備として電力用コンデンサを設置することが有効である。

(2) 周波数制御

周波数を規定値に保持することを周波数制御といい，発電所の発電機出力を調整して行われる。時間とともに変動する需要と供給力の差は，周波数変動として表れる。系統に接続されている発電機は，負荷が増加すると回転数が低下するので周波数も低下し，逆に負荷が減少すると回転数が上昇するので，周波数も上昇する。これに対する発電力の調整方法を次に示す。

1) 調速機運転　　数分程度以下の短い周期で変動する負荷に対しては，発電所の調速機が自動的かつ瞬時に動作し，発電機出力を増減して周波数を設定値に保つ。即応性の高い火力機および水力機のガバナフリー運転（調速機に設けられた負荷制限器を解除して運転すること）が分担する割合が大きい。

2) 負荷周波数制御(LFC)　　数分〜十数分の周期による負荷変動に対しては，給電システムにより需給不均衡などに起因する周波数変動を感知し，制御信号を発電所に伝送して発電機出力を自動制御する。

3) 経済負荷配分制御　　これ以上の周期の長い負荷変動への対応は，その変動幅も大きいことから対応する発電機の経済性を考慮した負荷配分制御により行う。

2. 送電設備

2.1 電気方式

一般に電力の供給場所と需要場所は離れていることが多いため，発電所（水力，火力，原子力など）で発電した電力は送電線路によって，長距離を高電圧で需要地域周辺にある変電所まで送られる。送電線路はこのように発電所，変電所の相互間を結ぶ電線路とこれに附属する開閉所，その他の電気工作物である。

(1) 交流と直流

1) 種別　　送電線路の電気方式は交流，直流の別，また，交流においては相数，線数の別があるが，そのほとんどは交流三相3線式である。

2) 交流方式の利点　　交流方式は電圧の昇降が変圧器によって簡単に，しかも効率よく変換できる利点がある。特に三相とした場合は所要の電線量が少なく，容易に回転磁界による回転動力が得られる。

3) 直流方式が使われる送電　　直流方式は主に周波数の異なる系統間の電力融通，海底ケーブルによる送電に採用されている。

半導体技術の進展により，高電圧，大電流で高信頼度の交直変換装置が実現したため直流方式を採用する機会も多くなってきた。

日本国内の50 Hz系と60 Hz系とは，交直変換による周波数変換所（飛騨信濃90万kW，佐久間30万kW，新信濃60万kW，東清水30万kW）により連系されている。また，北海道と本州（東北），本州（関西）と四国は直流方式の架空送電線・海底ケーブルで連系されている。

4) 直流方式の利点
① 交流方式の場合，線路電圧は実効値で示され，電圧の最大値は実効値の$\sqrt{2}$倍となる。直流方式の電圧は，最大値と実効値は同一であり，交流方式と直流方式が同じ電圧とすれば，絶縁レベルを交流方式の最大値の$\frac{1}{\sqrt{2}}$の大きさに低減できる。
② 無効電力を考えることがない。常に力率は1である。
③ 充電電流が流れないので誘電損は発生しない。
④ リアクタンス，位相角を考えることがないので，交流方式のような安定度の問題がなく，大電力の長距離送電が可能である。
⑤ 異周波数電力系統の連系ができる。

⑥ 電力潮流の制御が容易で迅速である。
⑦ 交流系統を直流系統で連系しても，それぞれの交流系統は独立性を保つことができるため，短絡容量が増加しない。

5) 直流方式の欠点
① 交直変換装置や無効電力供給設備が必要となる。
② 変換装置から発生する高調波の障害対策が必要となる。
③ 電圧変換が，変圧器を用いて行える交流方式に比べて容易でない。
④ 高電圧・大電流の遮断が容易でないため，系統の連系度が低い。
⑤ 大地帰路方式の場合は電食を引き起こすおそれがある。

(2) 送電電圧

1) 電圧を決める検討事項

同じ容量の電力を送る場合，電圧が高ければ電流が少なくてすみ，線路損失が少なくなる。また，安定度も向上するので，技術面，経済面の許せる範囲で送電電圧の高電圧化が図られている。

このため，その系統の送電電圧は送電電力，送電距離，連接する電力系統電圧などをもとに，経済性を充分に考慮して決められる。

2) 標準電圧

各電力会社は標準電圧を4種類程度（500 kV，275 kV，154 kV，66 kVなど）に限定して採用しており，電線路を代表する線間電圧として，公称電圧が用いられている。

3) 公称電圧と最高電圧の関係

電線路に通常発生する最高の線間電圧として，公称電圧ごとに最高電圧も定められている（表2.3.2）。

表2.3.2　日本の公称・最高電圧
[単位：kV]

公称電圧	22	33	(66, 77)	110	(154, 187)	(220, 275)	500
最高電圧	23	34.5	(69, 88.5)	115	(161, 195.5)	(230, 287.5)	525, 550

［注］：（　）内の電圧は一地域において，いずれかが採用されている。
500 kVの最高電圧は，各送電線ごとに，いずれか一方が採用されている。

(3) 線路定数

1) 線路定数の種類と関連要素

送電線路は抵抗，インダクタンス，静電容量（キャパシタンス），リーカンス（漏れコンダクタンス）の4つの定数をもった電気回路であり，電線の種類・太さおよびその配置によって定まるもので，電圧・電流または力率などには影響されないのが原則である（図2.3.5）。

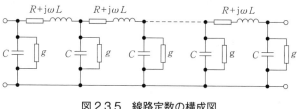

図2.3.5　線路定数の構成図

2) 抵抗

送配電線では，抵抗率の実用単位として[Ω・mm²/m]を用いて計算することが多い。

$$R = \rho \times \frac{l}{S} \quad [\Omega]$$

ρ：抵抗率 [Ω・mm²/m]

l：電線の長さ [m]

S：電線の断面積 [mm²]

3) 抵抗率（硬銅線・軟銅線・アルミ線）

代表的な電線の抵抗率 [Ω・mm²/m] は次のとおりである。

硬銅線　1/55
軟銅線　1/58
アルミニウム線　1/36

4) 作用インダクタンス

インダクタンスには，自己インダクタンスと相互インダクタンスとがあるが，送電特性の計算は，単相回路として取り扱うこともあるので，1線当たりのインダクタンスを作用インダクタンス（L）という（図2.3.6）。

$$L = 0.05 + 0.4605 \log_{10}\frac{D}{r} \quad [\text{mH/km}]$$

D：等価線間距離 [m]
r：電線の半径 [m]

5) 作用容量

1線と大地との間の等価静電容量 C を作用容量という。

$$C = \frac{0.02413}{\log_{10}\dfrac{D}{r}} \times \varepsilon_r \quad [\mu\text{F/km}]$$

ε_r：絶縁物の比誘電率（架空線の場合は1）

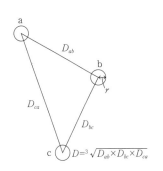

図2.3.6　作用インダクタンス

6) 作用インダクタンスと作用容量の概数

送電線路のインダクタンスと作用各量の概数を，表2.3.3に示す。

表2.3.3　作用インダクタンス・作用容量の概数

線　路＼定　数	L [mH/km]	C [μF/km]
架空送電線	1.0〜1.5	0.009程度
ケーブル送電線	0.2〜0.5	0.3〜0.5

7) 漏れコンダクタンス

がいし表面を流れる電流や，コロナ損を換算したものがあるが，いずれも微小であって，一般に無視される。

8) 表皮効果

電線に，交流のように時間的に変化する電流が流れると，これによって発生する導体の円周方向の磁界も電流とともに時間的に変化し，電磁誘導により電流の変化を妨げる方向に逆起電力が生じる。電線の中心部に近いほど電流と鎖交する磁束数が多くなるので逆起電力も大きく，インダクタンスも大きくなるため電流密度は小さくなり，電流は周辺部を流れる。したがって，電流密度は電線の中心部から周辺部に近づくほど大きくなる。これを表皮効果という。

この表皮効果の度合いを表すのが表皮深さ d（電線表面を流れる電流密度が37%になる電線表面からの距離）で，この値は角速度を ω [rad]，透磁率を μ [H/m]，抵抗率を ρ [Ω・m] とすれば次式で表される。

$$d = \sqrt{\frac{2\rho}{\omega\mu}} \quad [\text{m}]$$

表皮効果の特徴は以下のとおりである。

① 表皮深さ d が小さいほど表皮効果が大きい。

② 周波数を f とすると角速度は $\omega = 2\pi f$ であるので，周波数が高いほど表皮深さ d が小さくなり，表皮効果は大きくなる。

③ 導体の抵抗率 ρ が小さいほど，表皮深さ d が小さくなり，表皮効果が大きくなる。

④ 表皮効果が大きいほど，電流が表面近くに流れ，電流密度については，導体中心部は小さく，導体表面に近くなるほど大きくなる。

⑤ 表皮効果が大きいほど，電流が流れる導体の断面積が小さくなり抵抗が大きくなる。電力損失は，抵抗に比例するので大きくなる。

2.2 中性点接地方式

変圧器中性点は系統の地絡事故時に生じる過電圧の抑制と保護継電装置の確実な動作のために，原則的に接地する必要がある。中性点接地方式は表2.3.4に示すように，直接接地，抵抗接地，非接地に大別され，抵抗接地には系統特性に応じて，補償リアクトルや消弧リアクトルを併用する場合がある。超高圧以上の系統では地絡事故時の異常電圧の抑制により，機器の絶縁レベルが低減され経済的であるとともに，保護継電装置の高速・確実な動作のメリットが，通信線への電磁誘導対策費用増加のデメリットを大幅に上回るため，直接接地が採用されている。ただし，比較的低電圧（33 kV）の配電系統では非接地方式が採用されている。

表2.3.4 中性点接地方式の標準（例）

種別		中性点接地方式	摘要
送電系統	187 kV以上の系統	直接接地	一般系統
	154 kV系統　抵抗接地	抵抗接地	一般系統
		補償リアクトル接地	ケーブル系統など充電電流が大きく，かつ，電磁誘導障害のおそれがある場合
	66～154 kV系統　抵抗接地	抵抗接地	一般系統
		消弧リアクトル接地	1線地絡事故に対し，無停電供給が可能。雷害事故の多い架空系統に適用
		補償リアクトル接地	ケーブル系統など充電電流が大きく，かつ，電磁誘導障害のおそれがある場合
	22～33 kV系統	抵抗接地	一般系統
配電系統	33 kV以下	非接地	一般系統
機器	発電機調相機	非接地	小容量で過電圧が発生するおそれのない場合
		抵抗接地	上記以外の場合

1) 中性点の有効接地　1線地絡時の中性点電流は概略，$\dfrac{相電圧\left(\dfrac{V}{\sqrt{3}}\right)}{中性点接地抵抗値}$ となる。この1線地絡電流が流れたときに健全相の電圧が常時の1.3倍を超えない範囲に中性点インピーダンスを抑える接地を有効接地という。したがって，直接接地方式は有効接地となっている。また，これ以上健全相の電圧が上昇する接地方式を非有効接地という。

2) 接地と目的　① 送電線路にアーク地絡事故が発生した際に生じる異常電圧を抑制する。
② 地絡事故に対応する保護継電器の動作を確実にする。
③ 消弧リアクトル接地方式の場合はアークを速く消滅させる（一線地絡時）。

3) 非接地方式　変圧器が△－△結線の回路では中性点がないため，中性点接地をしない方式であ

る。この方式では，故障や保守の際にはV－V結線で運転が持続できる。1線地絡時，地絡電流は小さく，通信線に対する電磁誘導障害も少ない。比較的回路電圧が低く（33 kV以下），線路の短い配電線路に採用されている。

送電線の距離が長くなると，1線地絡時，故障点からみた零相回路における対地充電電流の影響により健全相の電圧が上昇し，間欠的にアーク接地となり異常電圧を発生することがある（図2.3.7(a)）。

4) 直接接地方式　中性点を実用上，抵抗が0である導体で接地するものを直接接地方式という。

送電電圧が187 kV以上の送電線路に採用される。1線地絡時の健全相の電圧上昇がほとんどなく，異常電圧の発生は他の方式に比して少ないことから，接続される機器や線路の絶縁を低減できる利点がある。

しかし，地絡電流が大きくなるので通信線への誘導障害，故障点の損傷拡大などを防止するため，高速度遮断（数サイクル）する必要がある（図2.3.7(b)）。

5) 抵抗接地方式　中性点を100～1,000 Ωの抵抗体で接地して地絡電流を抑制し通信線への誘導障害を防止するとともに，地絡継電器を確実に動作させるもので，この方式のうち，高抵抗接地方式が110 kV, 154 kV系統に採用されている（図2.3.7(c)）。

6) 消弧リアクトル接地方式　中性点を適当なインダクタンスをもったリアクトルで接地するもので，その線路に1線地絡事故が発生しても線路の静電容量とリアクトルのインダクタンスにより地絡電流を抑圧し消弧を自動的に行えるものであり，66 kV, 77 kV系統で多く採用されている（図2.3.7(d)）。

7) 補償リアクトル接地方式　補償リアクトル接地方式は，高電圧大系統や都市ケーブル系統においては対地静電容量が非常に大きくなるため，零相リアクタンスが容量性となり，地絡故障時に異常電圧の発生する危険性が高い。この対地静電容量を補償するリアクトルを挿入することによって，零相リアクタンスを誘導性または0に近くし，異常電圧を抑制するものである。その他，通信線に対する電磁誘導障害も高抵抗接地方式と同程度であり，地絡継電器の動作も確実であり，66 kV, 77 kV, 154 kV系統の都市部の地中ケーブルに採用されている（図2.3.7(e)）。

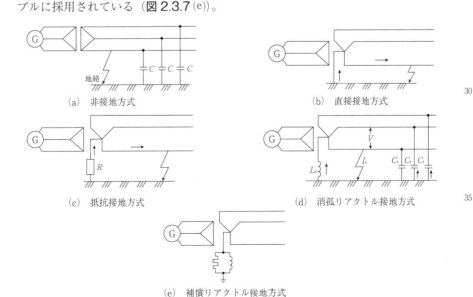

図2.3.7　接地方式

8) 中性点接地方式の比較

中性点接地方式の比較を**表 2.3.5**に示す。

表 2.3.5　中性点接地方式の比較

項　目		非接地方式	直接接地方式	抵抗接地方式	消弧リアクトル接地方式
地絡事故時の健全相の電圧上昇		大 長距離送電線の場合異常電圧を生じる	小 常時とほとんど変わりなし	大 相電圧の$\sqrt{3}$倍	大 少なくとも相電圧の$\sqrt{3}$倍まで上がる
絶縁レベル	がいし個数	減少不可能	減少することができる	減少不可能	減少不可能
	変圧器	最高 全絶縁	最低 低減絶縁又は段絶縁可能	最高 全絶縁 非接地より低	最高 全絶縁 非接地より低
	避雷器	定格電圧低下は不可	定格電圧低下できる 例：220 kV級に210 kVのものを使用	定格電圧低下は不可	定格電圧低下は不可
地絡電流		小 送電こう長が大きくなると大	最大	中 中性点抵抗値で決まる（100 A〜300 A）	最小
保護継電器の動作		困難	最も確実	確実	不可能 永久故障の場合並列抵抗を入れて動作させる
1線地絡時通信線への電磁誘導電圧		小	最大 ただし、高速度遮断により故障継続時間最少（0.1秒）	中	最小
1線地絡時の過渡安定度		大	最小 ただし、高速度遮断、高速度再閉路方式により向上する	大	大
接地装置の価格		小 （接地変圧器）	最小 （接地用断路器）	中 （抵抗器）	最大 （消弧リアクトル）

2.3　保護リレーシステム

(1) 保護リレー

電力系統の構成は、多数の発電所と変電所が送電線路によって、また、変電所と需要家は配電線路によって電気的に接続されている。保護リレーシステムは、送電線路や変電所に過負荷および短絡、地絡その他の事故が発生したときは、速やかに事故区間を切り離して故障箇所の損傷をできるだけ少なくするとともに、健全な区間の送電を確保して事故が他に波及することを防止しなければならない。

1) 保護リレー　保護リレーには、その責務から高い信頼度が要求される。このため、保護リレーシステムのハードウェアの高い信頼性が必要とされるとともに、自動監視機能を備えるのが一般的であり、常時監視機能と自動点検機能に大別される。

2) 常時監視機能　常時監視機能は保護機能の停止を伴わずに障害を発見する機能であり、誤動作側の障害の発見を主な目的としている。

3) 自動点検機能　自動点検機能は、常時監視で発見が困難な障害の保護機能を一時停止した上で、回路を動作させて発見する機能であり、誤不動作側の障害の発見を主な目的としている。したがって、保護機能は一時停止するが、システム全体の停止の必要はない。

(2) 主保護と後備保護

電力系統を構成する送電線、変圧器、母線などの保護リレーシステムは、主保護リレーと後備保護リレーによって構成される。

1) 主保護継電器　主保護継電器は、保護範囲内に発生した故障に対して最も速やかに動作し、必要

最小限の遮断器の引外しにより，故障区間を最小範囲に限定して除去する。また，保護する範囲は，設備ごとに重なり合うようにして無保護区間が生じないようにしている。

2) **後備保護継電器**　後備保護継電器は，主保護継電器のロック中の故障や主保護継電器に異常があり正常動作ができないなど，主保護継電器による故障除去ができない場合に動作し，故障部分を切り離し除去するものであり，バックアップとして設置される。

後備保護の種類を以下に示す。

① 自端後備保護（ローカルバックアップ）

主保護が設置されている変電所，開閉所などでの後備保護のことをいう。

② 自区間後備保護（リレー後備保護）

自端後備保護の1つで，主保護リレーによる遮断失敗時に，主保護リレーと同一端子に設置した後備保護リレーにより事故の除去を行うことをいう。

③ 遠端後備保護（リモートバックアップ）

主保護リレーによる遮断失敗時に，事故区間の後方の変電所，開閉所などで事故を検出し，遮断器の遮断を行うことをいう。

3) **並列二重化**　重要度の高い基幹送電線においては，主保護リレーを2組設置し，いずれのリレーでも遮断器を動作できるようにしている。また，これと協調を図るため，遮断器のトリップ回路も2系統化している。

(3) 自端子の電気情報（電流や電圧）だけを用いる保護方式

1) **過電流継電方式**　過負荷または短絡事故時に一定値以上の電流が流れたときに動作し，遮断器を遮断するもので，保護継電方式の基本となる方式である。

2) **距離継電方式**　自端での電気情報である故障時の電圧と電流により，故障点までのインピーダンスを測定して，その値が保護範囲内のインピーダンスよりも小さい場合は，事故と判断する。比較的装置構成が簡単で動作信頼度が高いため，故障区間の選択が確実で高速度遮断ができ，1回線送電線の主保護や，パイロットリレー方式の後備保護として多く採用されている。

3) **回線選択継電方式**　平行2回線のうち一方の回路にのみ故障が発生した場合，両回線の電流または電力を比較して故障回線を選択遮断する方式で，電流平衡式と電力平衡式の2つがある。この方式は，66～154 kVの平行2回線送電線の主保護継電方式として採用されている。このうち，電流平衡継電方式は，2回線送電線路に使用され，両回線の電流に差が生じたとき，その差の大きさと方向から事故区間を判定する。

(4) パイロットリレー（継電）方式

パイロットリレー（継電）方式とは，自端子と相手端子の電気条件（電流，電力など）を伝送系を介して，相互に比較し，動作するようにして高速度で確実に選択遮断する方式である。各端子間の伝送方式として，表示線，電力線搬送，光ファイバを使用した通信線搬送，マイクロ波搬送を使用するものがある（図2.3.8）。

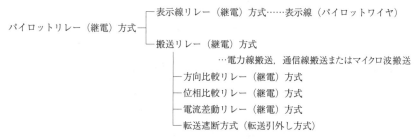

図 2.3.8 パイロットリレー方式の分類

1) 表示線リレー（継電）方式

保護する区間内に事故が発生すると，両端子に設置された変流器の差電流により表示線（パイロットワイヤ）を通じて両端子の継電器を作動させ，両端子の遮断器を遮断し故障区間を除去する。この方式は，ケーブル送電線や比較的短距離の重要送電線の主保護継電方式として採用されている。

2) 搬送リレー（継電）方式

距離の長い重要送電線の主保護継電方式として採用され，表示線の代わりに電力線搬送や光ファイバを使用した通信線搬送またはマイクロ波搬送などを使うものである。方向比較，位相比較，電流比較などを要素とするものに分けられる。

① 方向比較リレー（継電）方式

方向継電器などを用いて，故障電流の流れる方向を各端子で判定し，故障電流が少なくとも1端子で流入し他の端子から流出することがないこと（保護区間内事故）を搬送信号によって確認し，動作させる方式である。故障電流が他端子から流出している場合は，流出側端子から遮断器動作阻止信号を受信するので，保護区間外事故と判断し，両端の遮断器は動作しない。

主に154 kV級送電線の主保護として多く使用されている。

② 位相比較リレー（継電）方式

故障電流の位相を両端局相互に搬送波を用いて比較し，保護区間内または保護区間外の故障かを判別する方式である。信頼度が高く，多相再閉路も適用できるため275 kV，500 kVの基幹送電線の主保護として用いられる。伝送する情報量が多いので，マイクロ波搬送が使用される。

③ 電流差動リレー（継電）方式

全端子の電流瞬時値をマイクロ波回線や光伝送回線により相互に伝送し合い，全端子の電流瞬時値を用いて差動演算し，差動電流が所定値以上のときに保護区間内の故障と判定する方式である。275 kV，500 kVの基幹送電線の主保護として用いられる。

④ 転送遮断方式

保護区間外事故では動作することがなく，動作が保護区間内事故のみに限定されている距離継電器や回路選択継電器などの動作の場合，自らの端子を遮断すると同時に搬送信号を転送して他の端子も遮断させる方式である。

(5) 事故波及防止保護リレー（継電）システム

電力系統に発生した故障は，発電機，変圧器，母線，送電線などの系統設備ごとに設置された保護リレーにより，事故区間を速やかに選択，遮断して除去される。

しかし，電源の集中大容量化，送電線の重潮流化や長距離化など安定度が厳しい系統では，故障除

去後の系統構成変化による影響で，系統全体に波及拡大し広範囲な停電を引き起こす場合がある。このような重大事故時の最終バックアップとして，以下4つに分類される保護とその防止対策用の事故波及防止保護リレー（継電）システムが設置される。

1) 脱調保護　　　　発電機の同期が外れる脱調現象に対応する系統安定度維持対策のための保護リレーシステムである。脱調を予測して電源の制限，系統分離を行う脱調未然防止システムと，脱調を検出して系統分離を行う脱調分離システムに分類される。

2) 周波数上昇・低下防止保護　　有効電力のアンバランスによる周波数異常現象に対応する周波数維持対策のための保護リレーシステムで，周波数の低下に対しては，系統に接続される負荷の制限を行う。また，周波数の上昇に対しては，系統に接続される発電機の出力を減少させて制御するが，著しい上昇が予測される場合には，適正な規模で系統から発電機を遮断する。

3) 電圧上昇・低下保護　　無効電力のアンバランスによる電圧異常現象に対応する電圧維持対策のための保護リレーシステムで，調相設備の開閉および負荷制限を行う。

4) 過負荷防止保護　　事故遮断後に停止設備の負荷が健全設備側に移ることにより起こる過負荷に対応する保護リレーシステムで，負荷制限や電源抑制・制限を行う。

2.4　分散型電源の系統連系設備

「系統連系規程」は，分散型電源の系統連系関係の業務に従事する者が，系統連系に関する協議を円滑に進められるよう，「電気設備の技術基準の解釈」および「電力品質確保に係る系統連系技術要件ガイドライン」の内容をより具体的に示したものである。太陽光，燃料電池，風力発電などの分散型電源を一般送配電事業者または配電事業者が運用する電力系統に連系する際に，電力系統との間でとるべき保護協調の基本的な考え方について規定されている。

(1) 分散型電源の系統連系設備に係る用語の定義

分散型電源の系統連系設備に係る用語の定義は，電技解釈第220条に規定されており，主な用語と定義を表2.3.6に示す。

表2.3.6 系統連系設備の用語と定義

用語	定義
発電設備等	発電設備又は電力貯蔵装置であって，常用電源の停電時又は電圧低下発生時にのみ使用する非常用予備電源以外のもの
分散型電源	電気事業法第38条第4項第一号，第三号又は第五号に掲げる事業を営む者以外の者が設置する発電設備等であって，一般送配電事業者若しくは配電事業者が運用する電力系統又は第十四号に定める地域独立系統に連系するもの
解列	電力系統から切り離すこと。
逆潮流	分散型電源設置者の構内から，一般送配電事業者が運用する電力系統側へ向かう有効電力の流れ
単独運転	分散型電源を連系している電力系統が事故等によって系統電源と切り離された状態において，当該分散型電源が発電を継続し，線路負荷に有効電力を供給している状態
逆充電	分散型電源を連系している電力系統が事故等によって系統電源と切り離された状態において，分散型電源のみが，連系している電力系統を加圧し，かつ，当該電力系統へ有効電力を供給していない状態
自立運転	分散型電源が，連系している電力系統から解列された状態において，当該分散型電源設置者の構内負荷にのみ電力を供給している状態
線路無電圧確認装置	電線路の電圧の有無を確認するための装置
転送遮断装置	遮断器の遮断信号を通信回線で伝送し，別の構内に設置された遮断器を動作させる装置
地域独立系統	災害等による長期停電時に，隣接する一般送配電事業者，配電事業者又は特定送配電事業者が運用する電力系統から切り離した電力系統であって，その系統に連系している発電設備等並びに第十六号に定める主電源設備及び第十七号に定める従属電源設備で電気を供給することにより運用されるもの
地域独立運転	主電源設備のみが，又は主電源設備及び従属電源設備が地域独立系統の電源となり当該系統にのみ電気を供給している状態

(2) 分散型電源の系統連系設備に係る施設

1) 直流流出防止変圧器の施設
[電技解釈第221条]

　逆変換装置を用いて分散型電源を電力系統に連系する場合は，逆変換装置から直流が電力系統へ流出することを防止するために，受電点と逆変換装置との間に変圧器（単巻変圧器を除く。）を施設すること。ただし，次の①，②に適合する場合は，変圧器の施設を省略できる。

① 逆変換装置の交流出力側で直流を検出し，かつ，直流検出時に交流出力を停止する機能を有すること。

② 逆変換装置の直流側電路が非接地であること，または逆変換装置に高周波変圧器を用いていること。

　逆変換装置から電力系統への直流流出防止のために施設する変圧器は，直流流出防止専用である必要はない。

2) 限流リアクトル等の施設
[電技解釈第222条]

　分散型電源の連系により，一般送配電事業者又は配電事業者が運用する電力系統の短絡容量が，当該分散型電源設置者以外の者が設置する遮断器の遮断容量又は電線の瞬時許容電流等を上回るおそれがあるときは，分散型電源設置者において，限流リアクトルその他の短絡電流を制限する装置を施設する。ただし，低圧の電力系統に逆変換装置を用いて分散型電源を連系する場合は，この限りではない。

(3) 分散型電源の低圧連系

1) 低圧連系時の施設要件
[電技解釈第226条]

単相3線式の低圧の電力系統に分散型電源を連系する場合において、負荷の不平衡により中性線に最大電流が生じるおそれがあるときは、分散型電源を施設した構内の電路であって、負荷及び分散型電源の並列点よりも系統側に、3極に過電流引き外し素子を有する遮断器を施設する。

低圧の電力系統に逆変換装置を用いずに分散型電源を連系する場合は、逆潮流を生じさせないこと。ただし、逆変換装置を用いて分散型電源を連系する場合と同等の単独運転検出及び解列ができる場合は、この限りでない。

2) 低圧連系時の系統連系用保護装置
[電技解釈第227条]

低圧の電力系統に分散型電源を連系する場合は、次の①～③の異常を保護リレーにより検出し、分散型電源を自動的に解列するための装置を施設すること。
① 分散型電源の異常又は故障
② 連系している電力系統の短絡事故、地絡事故又は高低圧混触事故
③ 分散型電源の単独運転又は逆充電

分散型電源の解列は、受電用遮断器、分散型電源の出力端に設置する遮断器又はこれと同等の機能を有する装置、分散型電源の連絡用遮断器のいずれかで行う。

(4) 分散型電源の高圧連系

1) 高圧連系時の施設要件
[電技解釈第228条]

高圧の電力系統に分散型電源を連系する場合は、当該配電用変電所に保護装置を施設する等の方法により分散型電源と電力系統との協調をとることができる場合を除いて、分散型電源を連系する配電用変電所の配電用変圧器に逆向きの潮流を生じさせないように施設する。

2) 高圧連系時の系統連系用保護装置
[電技解釈第229条]

高圧の電力系統に分散型電源を連系する場合は、次の①～③の異常を保護リレーにより検出し、分散型電源を自動的に解列するための装置を施設すること。
① 分散型電源の異常又は故障
② 連系している電力系統の短絡事故又は地絡事故
③ 分散型電源の単独運転

保護リレー等を受電点その他故障の検出が可能な場所に設置すること（表2.3.7）。

表2.3.7 異常と保護リレーの種類

検出する異常	保護リレーの種類
発電電圧異常上昇	過電圧リレー
発電電圧異常低下	不足電圧リレー
系統側短絡事故	不足電圧リレー
	短絡方向リレー
系統側地絡事故	地絡過電圧リレー
単独運転	周波数上昇リレー
	周波数低下リレー
	逆電力リレー
	転送遮断装置又は単独運転検出装置

分散型電源の解列は、受電用遮断器、分散型電源の出力端に設置する遮断器又はこれと同等の機能を有する装置、分散型電源の連絡用遮断器、母線連絡用遮断器のいずれかで行う。

連系している電力系統での高調波に関しては、経済産業省より「高圧又は特別高

圧で受電する需要家の高調波抑制対策ガイドライン」が制定されている。再生可能エネルギー発電設備等を連系する場合で，出力変動や頻繁な並解列による電圧変動（フリッカ等）に関しては，「電力品質確保に係る系統連系技術要件ガイドライン」による。

(5) 分散型電源の特別高圧連系

1) 特別高圧連系時の系統連系用保護装置［電技解釈第231条第2項］

スポットネットワーク受電方式で受電する者が分散型電源を連系する場合は，次の各号により，異常時に分散型電源を自動的に解列するための装置を施設すること。

① 分散型電源の異常又は故障
② スポットネットワーク配電線の全回線の電源が喪失した場合における分散型電源の単独運転
③ 「系統連系規程」には，表2.3.8に規定する保護リレーを，故障の検出が可能な場所に設置することと規定されている。
④ 保護機能の説明の表には，系統連系保護装置の略記号とリレー保護内容の組み合わせなどが規定されている（表2.3.9）。

表2.3.8　保護リレーの種類

検出する異常	保護リレーの種類	保護リレーの設置相数
発電電圧異常上昇	過電圧リレー[*1]	1
発電電圧異常低下	不足電圧リレー[*1]	
単独運転	不足電圧リレー	
	周波数低下リレー	
	逆電力リレー[*2]	3

［注］ *1 分散型電源自体の保護用に設置するリレーにより検出し，保護できる場合は省略できる。
　　 *2 逆電力リレー機能を有するネットワークリレーを設置する場合は，省略できる。

表2.3.9　保護機能の説明

略記号	リレー保護内容	保護対象事故など	設置相数など
OCR	過電流	構内側短絡	二相
OCGR	地絡過電流	構内側地絡	一相（零相回路）
OVGR	地絡過電圧	系統側地絡	一相（零相回路）
OVR	過電圧	発電設備異常	一相
UVR	不足電圧	発電設備異常	三相
DSR	短絡方向	系統側短絡	三相
UFR	周波数低下	単独運転	一相
RPR	逆電力	単独運転	一相
OFR	周波数上昇	単独運転	一相

3. 架空送電線路

3.1 架空送電線

(1) 電線

架空送電線用の電線としては，裸より線が使用されており，材質およびその構成により多くの種類

がある。現在最も多く使用されているものには，鋼心アルミより線，鋼心耐熱アルミ合金より線，硬銅より線などがある。

1) 鋼心アルミより線(ACSR)　図2.3.9に示すように，ACSR（Aluminum Conductors Steel Reinforced）は，電線の中心に鋼線を配置し，その周囲を硬アルミ線でより合わせたもので，銅より線よりも機械的強度が大きく，重量が軽いため，送電用電線として160〜610㎟のものが多く使われている。

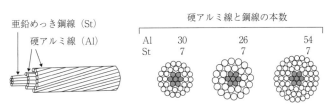

図2.3.9　鋼心アルミより線の形状

2) 鋼心耐熱アルミ合金より線(TACSR)　TACSR（Thermal-resistant Aluminum-alloy Conductors Steel Reinforced）は，鋼心アルミより線のアルミより線を耐熱アルミ合金線に代えたもので，導電率はやや低い（60％）が耐熱性であるため最高許容温度を高くし，許容電流はACSRの40〜60％増とすることができる。大容量送電線に240〜1,520㎟のものが広く使われている。

3) 硬銅より線(HDCCまたはPH)　HDCC（Hard Drawn Copper Conductor）は，硬銅線をより合わせたもので，導電率が高い（97％）。断面積は38〜200㎟のものが使われている。架空送電用は2種硬銅より線（PH）とも呼ぶ。

4) アルミ線と銅線の比較　硬アルミ線は硬銅線と比較すると導電率は約60％であるが，比重は約30％であり，同じ電流を流すためには直径は太くなるが重量は軽くなる。よって軽量であることで長径間とすることができるが，直径が太くなることで風雪の影響を受けやすくなってしまう。

アルミと銅線の特徴を表2.3.10に示す。

表2.3.10　鋼心アルミより線と硬銅より線の特徴

項目	鋼心アルミより線	硬銅より線
導電率	小さい（60〜62％）	大きい（96〜98％）
機械的強度	大きい（たるみを小さくできる）	小さい
重量	軽い	重い
コロナ	外径が大きく発生しにくい	外径が小さく発生しやすい
価格	経済的	高価

（電線の単位長さ当たりの抵抗は同一とする）

5) 許容電流　電線に電流が流れると，抵抗によって発熱し電線温度は高くなり，電線の温度がある限度以上に高くなると，電線の引っ張り強度などが低下する。

この温度の限度を最高許容温度といい，それに対応する電流をその電線の許容電流という。

HDCCやACSRなどの最高許容温度は，長時間連続使用するときは90℃が推奨されている。このときの許容電流を連続許容電流といい，故障時などの短時間のときは100〜120℃としており，これを短時間許容電流という。TACSRでは耐熱

性であるため長時間連続使用において 130～150℃，短時間では 150～180℃ が用いられるので，許容電流は ACSR に比べて 40～60％ 程度大きくなっている（図2.3.10）。

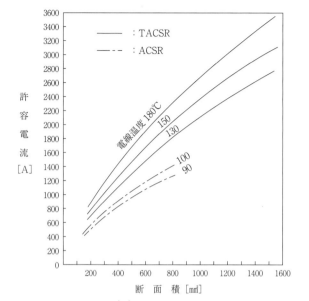

図 2.3.10 鋼心アルミより線（ACSR）および鋼心耐熱アルミ合金より線（60％導電率）（TACSR）の許容電流

(2) 架空地線

1) 目的

架空地線は送電線の電線上方に線路と平行に張り，各支持物（鉄塔）ごとに接地された電線である。その目的は電線への直撃雷の防止であるが，電線との誘導作用により逆フラッシオーバを生じにくくする作用がある。また，架空地線は低い抵抗値で大地に接地されているので，1線地絡時には，故障電流を遮へいするシールド線としての効果があり，通信線への誘導障害を軽減できる。

高圧配電線では，配電線への直撃雷保護だけでなく配電線の近くへの雷撃による波高値の高い電圧進行波，すなわち誘導雷が電線に侵入するが，架空地線の接地点では誘導雷とは逆向きの反射波が発生し，この反射波が架空地線と電線との電磁的結合により配電線に誘導され，配電線に侵入した異常電圧を低減する。なお，配電線の雷対策には，架空地線の設置のほか放電クランプや避雷器の設置などがある。

2) 線種

架空地線に使用される電線は，一般に亜鉛めっき鋼より線が用いられるが，アルミ合金より線，アルミ覆鋼より線も使用される。また，電力保安用の情報伝送量の増大に伴い，光通信線路を兼用した架空地線として，光ファイバケーブルを収納した円形のアルミ製パイプのまわりにアルミ覆鋼線をより合わせた電線である，光ファイバ複合架空地線（OPGW）が使用されている（図2.3.11）。

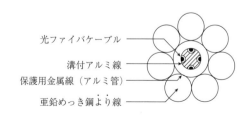

図 2.3.11 光ファイバ複合架空地線（OPGW）

3）施設条件 架空地線を施設する場合，その効果を大きくするため，次の事項を考慮する。

① 遮へい角が小さいほど遮へい効果が大きい。低い支持物では45°程度，支持物の高い送電線では30°以下とし，超高圧送電線では2条施設して遮へい角を0°程度にすることが多い（**図2.3.12**）。

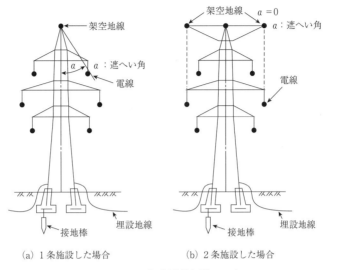

(a) 1条施設した場合　　(b) 2条施設した場合

図2.3.12 架空地線と遮へい角

② 架空地線の接地抵抗は，10〜20Ωとする。架空地線によって電線が雷から保護されると，雷撃はほとんど架空地線か鉄塔に落ち，架空地線〜鉄塔〜塔脚接地抵抗（埋設地線，接地棒など）を経て大地に流入する。接地抵抗は小さいほどよく，接地抵抗を減少させるため，埋設地線や接地棒を設置することが多い。

③ 雷撃時に架空地線〜電線間の逆フラッシオーバ防止のため，架空地線のたるみは電線のたるみより小さくして，径間中央での離隔距離を大きくする。

(3) 導体方式

1）単導体方式 一般の送電線路では，一相当たり1条の電線を用いるが，これを単導体方式という。

2）多導体方式 一相当たり2条以上の電線を用いる方式を多導体方式（複導体方式ともいう）といい，大容量送電の超高圧（187 kV以上）送電線路に多く採用されている。

多導体方式を用いると，電線表面の電位傾度が小さくなるのでコロナ開始電圧が高くなって，コロナ損失が少なくなり，電波障害が減少する。

また，同一断面積の単導体方式に比べ表皮効果が少なく，電線のインダクタンスが減少し静電容量が増大するので，電圧降下が少なく送電容量が増加する。

(4) 架空電線のたるみと実長

1）電線のたるみ 電線を2点間で支持すると，完全に可とう性のものと見なせばカテナリー曲線の形をとるが，一般的には放物線と見なすことができる。

架空電線のたるみ（dip）は，電線の自重，氷雪荷重および風圧荷重などのほか次の事項を考慮する必要がある。

① たるみが小さいと電線の張力が大きくなる。

② たるみが大きいと電線の振れが大きくなり，線間接触，樹木，他の工作物への接触の危険がある。

③ 高温度のとき，電線が伸びてたるみが最も大きくなり，地表上の高さが最も低くなる。

④ たるみの大小は支持物の高さに影響する。

2) **計算式**　図2.3.13のように架空電線を支持点A，Bで支持物に取り付けた場合のたるみの量および実長を以下に示す。

① たるみの量

$$D = \frac{WS^2}{8T} \quad [\text{m}]$$

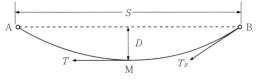

図2.3.13

D：電線のたるみ[m]
W：電線の単位重量[N/m]
S：径間長[m]
T：最低点Mの電線の水平張力[N]
（A点とB点が水平の場合は，近似的にT_Bに等しい）

② 電線の実長

$$L = S + \frac{8D^2}{3S} \quad [\text{m}]$$

L：架線状態における実長[m]

③ 温度変化と実長の関係

$$L_2 = L_1(1 \pm at) \quad [\text{m}]$$

L_1：最初の電線の実長[m]
L_2：温度がt[℃]変化後の電線の実長[m]
a：電線の線膨張係数

(5) 電線付属品

1) クランプ ┃ 電線を鉄塔に支持するのに用いる把持金具をクランプという。耐張鉄塔（両側の電線を引き留めてジャンパで接続する支持箇所）においてはボルト締め付けあるいはくさび形の耐張クランプが，また断面積の大きい鋼心アルミ線では圧縮クランプが用いられる。懸垂鉄塔（両側の電線を切断せずに1点で吊り下げる形の支持箇所）では懸垂クランプを用いて電線を把持する（図2.3.14）。

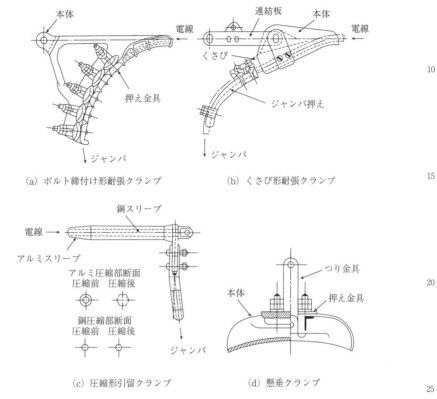

図2.3.14　クランプ

2) スペーサ ┃ 多導体方式では短絡電流による電磁吸引力や強風による電線相互の接近・衝突を防止するため，20～90mの間隔でスペーサを取り付ける（図2.3.15）。

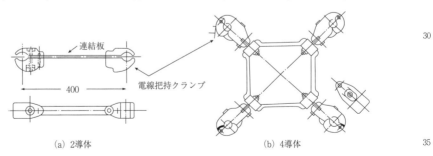

図2.3.15　2導体および4導体スペーサ

3) ダンパ　　比較的ゆるやかで一様な風が架空電線に直角に吹くと，電線の背後に空気のうずができ，電線に対し鉛直方向に上下交互に力が加わる。その振動数が電線の径間，張力および重さによって定まる固有振動に等しくなると，電線は共振を起こして上下に振動する。これが電線の微風振動で長年月続くと，電線の支持点付近で繰り返し応力を受け，疲労劣化してより線の断線を生じるようになる。ダンパはこの振動防止を目的として電線に取り付けるもので，図 2.3.16 のような各種のものが使用されている。

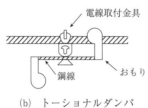

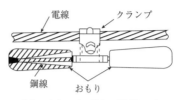

図 2.3.16　ダンパ

4) アーマロッド　　アーマロッドは，懸垂クランプ付近の電線の把持部における電線の振動防止および事故電流による溶断防止対策として，電線を支持する部分に電線と同一系統の金属を電線に巻き付けて補強するものである（図 2.3.17）。

5) ジャンパ　　ジャンパは，耐張鉄塔において引き留められた両側の電線を接続する電線であり，鉄塔部材と必要な離隔距離を保ち，一般的には円弧状に垂下している。特に超高圧送電線ではジャンパが大型となるため，風による横振れ特性の改善や鉄塔コンパクト化のためにジャンパとその支持金具を一体としたジャンパ装置が使用される。その種類として補強形，ちょう架式，アルミパイプ式などがある。ちょう架式を図 2.3.18 に示す。

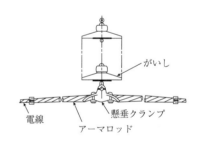

図 2.3.17　アーマロッド

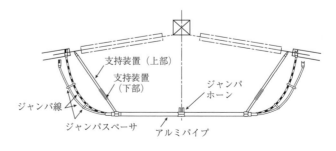

図 2.3.18　ちょう架式ジャンパ装置

6) スパイラルロッド　　電線にほぼ直角に風が当たり，電線表面の圧力が不連続になることによって発生する風騒音対策のためにスパイラルロッドが使用される。風騒音は，一般的に電線の表面が円滑であるほど大きくなる傾向にあるため，電線にアルミ製の素線（スパイラル）を巻き付け，電線表面の風の流れを乱し，風騒音の発生を防止する。

(6) がいし

1) 特徴　　電線を支持物に取り付ける絶縁体ががいしであって，がいしには次のような特徴が必要である。
　① 線路の正常電圧に対してはもちろん，事故時に発生する異常電圧に対してもある程度の絶縁耐力を有する。
　② 雨・雪・霧などでがいし表面が濡れても，必要な表面抵抗をもち，漏れ電流が少ない。
　③ 電線および電線に加わる荷重に対しても十分な機械的強度を有する。

2) 漏れ損　　がいしの絶縁抵抗低下により増加する漏れ電流による損失をいう。

3) 種類　　送電線用がいしには，図 2.3.19 のように，その構造，用途などによって懸垂がいし，耐霧がいし（耐塩用懸垂がいし），長幹がいし，ラインポストがいしなどがある。

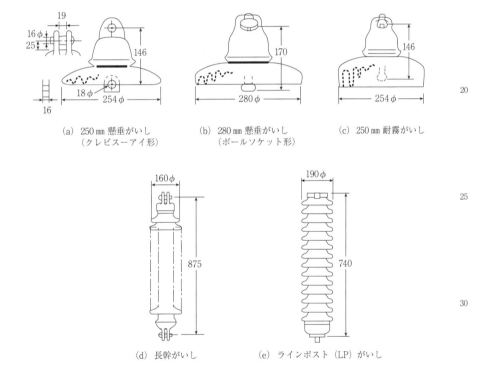

図 2.3.19　各種がいし

4) 懸垂がいし　　最も多く用いられているのは直径 250 mm の懸垂がいしで，多導体送電線など高強度を必要とする線路には，直径 280〜380 mm 程度の大形のものが使用されている。
　懸垂がいしは，送電電圧により必要個数を鎖状に連結して使用する。また，塩じん害の多い地区では，その度合に応じて増結している。
　日本においては，がいしの個数は台風など強風による海塩汚損条件で決定される地域が大部分である。

5) **耐霧がいし**　がいしの絶縁で最も大きな問題は，表面汚損による絶縁低下であるが，海岸周辺で塩分の多い地域や，大気中のじんあいが多い工場地帯などの汚損などに対処するがいしとして広く使用されており，スモッグがいしともいう。このがいしは通常の懸垂がいしに比べて下ひだが深く，表面漏れ距離が約50%長く，汚損時の耐電圧は同じ径の普通がいしに比べて約30%高く設計されている。

6) **長幹がいし**　表面漏れ距離が長く塩じんによるがいし汚損が少ないので，フラッシオーバしても破損しにくいが，急速に汚損されやすいこと，胴切れの危険があることにより，採用にあたっては慎重に行う必要がある。雨洗効果が大きいので耐霧性に優れているが，機械的強度が弱い欠点がある。長幹がいしのV吊りは，電線の横振れがしにくい構造のため，水平線間距離を小さくできるので狭線間送電線に用いられる。

7) **ラインポストがいし**　長幹がいしと同じ中実の磁器絶縁体でできており，頂部に導線みぞとバインド線みぞを設け，下端はピンが取り付けられている。長幹がいしと同様の特徴をもち，77 kV以下の送電線路で使用されている。

(7) がいし装置

1) **がいし装置**　がいし装置は各種の架線金物とアークホーンなどを組み合わせて，がいしと電線・鉄塔とを連結するものであり，図2.3.20に示すようにがいし個数・連数，支持方法などによりさまざまな組合せがある。

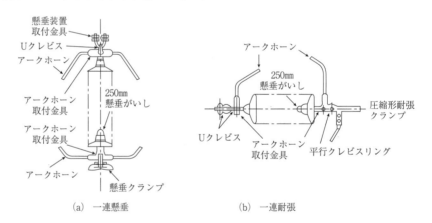

図 2.3.20　がいし装置

2) **アークホーン**　雷サージによるフラッシオーバをホーン間で起こさせ，後続アークをがいしから遠ざけて，がいしがアーク熱によって破壊しないようにするものである。超高圧送電線で用いるアークホーンはリング状で，架線金物から発生するコロナ放電を防止し，がいし連の電圧分布を適正にする作用がある。

　　送電線路で絶縁レベルの最も弱い箇所を設けて，この部分でフラッシオーバさせるものであるが，アークホーンの間隔は遮断器の開閉サージではフラッシオーバしないように設定する（図2.3.20）。

3) **シールドリング**　懸垂がいし連の負担電位分布の均等化および送電線のコロナ放電抑制を目的として用いられる。

(8) 支持物

1) **支持物**　支持物は電線，がいしなどを支持して，地震，暴風雨，氷雪，雷などの自然条件の障害に耐える十分の強度をもつものでなければならない。支持物には鉄塔，鉄柱，鉄筋コンクリート柱などがあり，一般的に送電線路には，鉄塔が使用される。

2) **鉄塔の種類**　鉄塔はその形状，構造あるいは使用材料によって，さまざまな名称で呼ばれている。全体の形状による呼び方としては，四角鉄塔，えぼし形鉄塔，門形鉄塔などがある（図2.3.21）。

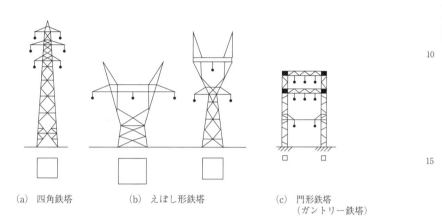

(a) 四角鉄塔　　(b) えぼし形鉄塔　　(c) 門形鉄塔（ガントリー鉄塔）

図 2.3.21　鉄塔の形状

3) **鉄塔の材料**　鉄塔の構成材料には亜鉛めっき等辺山形鋼が一般に使用されているが，大形線路には鋼管が用いられることが多くなっている。

4) **鉄塔の用途**　鉄塔は用途によって次の種類に分類される。
① 直線形：電線路の直線部分に使用するもので，水平角度5°以下で使用する場合もある。
② 角度形：電線路で水平角度のある箇所に使用するもの。
③ 引留め形：電線路の端部で全架渉線を引き留める箇所に使用するもの。
④ 耐張形：電線路の支持物径間差が大きい箇所に使用するもの。
⑤ 補強形：電線路の直線部分で補強したい箇所に使用するもの。

5) **鉄塔に加わる荷重（方向別）**　鉄塔に加わる荷重は垂直荷重，水平横荷重，水平縦荷重の3種類に分けられる（図2.3.22）。

① 垂直荷重
支持物（鉄塔）の自重，電線，架空地線，がいし装置の重量および電線類に付着する氷雪の重量など垂直方向に作用する荷重をいう。

② 水平横荷重
支持物，電線類，がいし装置に加わる風圧で電線路と直角に作用する荷重をいう。

③ 水平縦荷重
支持物，がいし装置に加わる風圧と，電線類の不平均張力の水平分力で電線路方向に作用する荷重をいう。

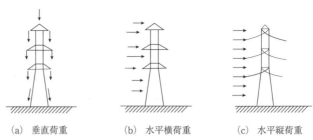

(a) 垂直荷重　　(b) 水平横荷重　　(c) 水平縦荷重

図 2.3.22　鉄塔に加わる荷重

(9) 風圧荷重

電技解釈第 58 条（架空電線路の強度検討に用いる荷重）に風圧荷重は，甲種風圧荷重，乙種風圧荷重ならびに丙種風圧荷重に分けられ，地域別に適用するよう規定されている。

1) **甲種風圧荷重**　甲種風圧荷重は，表 2.3.11 の左欄に示す風圧を受けるものの区分に応じて，それぞれ同表の右欄に示す構成材の垂直投影面に加わる圧力を基礎として計算したもの，または風速 40 m/s 以上を想定した風洞実験に基づく値より計算したものである。

2) **乙種風圧荷重**　乙種風圧荷重は，架渉線の周囲に厚さ 6 mm，比重 0.9 の氷雪が付着した状態に対し，甲種風圧荷重の 0.5 倍を基礎として計算したものである。

3) **丙種風圧荷重**　甲種の風圧の 0.5 倍を基礎として計算したものである。

4) **風圧荷重の地方別，季節別適用**　風圧荷重の適用は表 2.3.12 のとおりである。

ただし，人家が多く連なる場所に施設される次のものは丙

表 2.3.11　甲種風圧荷重の区分

風圧を受けるものの区分			構成材の垂直投影面に加わる圧力
支持物	木柱		780 Pa
	鉄柱	丸形のもの	780 Pa
		三角形またはひし形のもの	1,860 Pa
		鋼管により構成される四角形のもの	1,470 Pa
		その他のもの	腹材が前後面で重なる場合は 2,160 Pa，その他の場合は 2,350 Pa
	鉄筋コンクリート柱	丸形のもの	780 Pa
		その他のもの	1,180 Pa
	鉄塔	単柱 丸形のもの	780 Pa
		単柱 六角形または八角形のもの	1,470 Pa
		鋼管により構成されるもの（単柱を除く。）	1,670 Pa
		その他のもの（腕金類を含む。）	2,840 Pa
架渉線	多導体（構成する電線が 2 条ごとに水平に配列され，かつ，当該電線相互間の距離が電線の外径の 20 倍以下のものに限る。以下同じ。）を構成する電線		880 Pa
	その他のもの		980 Pa
がいし装置（特別高圧電線路用のものに限る。）			1,370 Pa
腕金類（木柱，鉄筋コンクリート柱および鉄柱（丸形のものに限る。）に取り付けるものであって，特別高圧電線路用のものに限る。）			単一材として使用する場合は 1,570 Pa，その他の場合は 2,160 Pa

表 2.3.12　地方別・季節別の適用

季節	地方		適用する風圧荷重
高温季	全ての地方		甲種風圧荷重
低温季	氷雪の多い地方	海岸地その他の低温季に最大風圧を生じる地方	甲種風圧荷重または乙種風圧荷重のいずれか大きいもの
		上記以外の地方	乙種風圧荷重
	氷雪の多い地方以外の地方		丙種風圧荷重

種でもよい。
① 低圧または高圧の架空電線路の支持物および架渉線。
② 使用電圧が 35,000 V 以下の特別高圧架空電線路であって，電線に特別高圧絶縁電線またはケーブルを使用するものの支持物，架渉線ならびに特別高圧架空電線を支持するがいし装置および腕金類。

(10) ねん架

1) 目的　架空送電路の各相の電線は，電線相互間および大地に対して対称的に配列されていない。このため各相別の作用インダクタンス，作用静電容量が不平衡になっている。この不平衡は変圧器の中性点に残留電圧を生じ地絡保護に支障を与えたり，近接する通信線に誘導障害を与えたりするので，これを平衡化するために，全区間を三等分して電線の配置換えを行い，ねん架をする必要がある（図 2.3.23）。

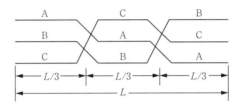

図 2.3.23　ねん架の方法（三相 1 回線）

(11) 電線の配列

架空送電線路の電線配列は，支持物の構造，回線数，径間長，気象条件および地形などを考慮して適切な配列が採用され，配列方法としては図 2.3.24 のとおり水平配列，垂直配列，三角配列の 3 種類がある。

1) 水平配列　着氷雪の多い地方（電線に付着した氷雪が脱落したために，電線が跳ね上がり接触するスリートジャンプのおそれがある地方），長径間箇所，谷あいなどで地形的に吹き上げる風の影響を受ける場所に適し，1 回線鉄塔や H 形木柱またはコンクリート柱に用いられる。

2) 垂直配列　2 回線以上の鉄塔に多く用いられ，設置する用地面積も少なく，経済的なため，日本国内では 66 kV から 500 kV 用鉄塔に至るまで多く採用されている。

垂直配列において，同じ縦列にある上，中，下各電線の水平間隔，すなわち出幅をオフセット（図 2.3.29）といい，垂直配列では，着氷雪脱落時の電線の跳上がりによる線間短絡を防ぐため，オフセットを大きくとる必要がある。また，275 kV，500 kV 系統の 2 回線送電線では，通信線や線下の通行人に対し静電誘導障害を防止するためコロナ雑音防止面からは不利となるが，上線 a，中線 b，下線 c の相順を逆相配置する場合が多く，これより，ねん架をしなくても作用インダクタンスと作用静電容量の不平衡が解消する。

3) 三角配列　主に 1 回線の鉄塔，鉄柱，コンクリート柱，木柱に用いられ，比較的電圧の低い送電線に多く採用されている。

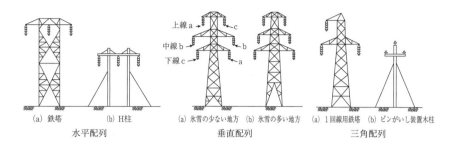

図 2.3.24　電線の配列

3.2　再閉路方式

　架空送電線事故の大部分は雷などによるフラッシオーバによることが多いので，事故電流を一旦遮断したのちアーク路に発生したイオンが離散するまでの時間を待って，遮断器を再投入すれば送電を継続できる。これを再閉路方式といい，電力供給の安定度の向上を図る役割をもっている。

　再閉路方式の選定には，遮断器の性能や保護継電装置の故障検出性能とのシステム的な協調が重要であり，適用する送電系統に応じて最適な方式を選定する必要がある。なお，地中送電線の事故は，ケーブル劣化などによる絶縁破壊事故がほとんどである。したがって，絶縁不良により事故が生じた場合は，再閉路することにより，かえって事故の影響を拡大することになるため，地中電線路では再閉路は行わない。

(1) 再閉路を行う線路数による分類

1) 三相再閉路　架空送電線のいかなる事故の場合も三相を遮断し，再閉路を行う方式である。
2) 単相再閉路　架空送電線事故の大部分は1線地絡事故なので，この地絡相だけを遮断する方式である。
3) 多相再閉路　平行2回線送電線路の多重事故の場合，回線の事故相だけを遮断し，2回線合計で二相以上の連系により電力の授受を行い，同期を保ちながら事故相のアークによるイオンの消滅時間を待って高速度に再閉路する方式で，主に187 kV以上の送電線に用いられる。

(2) 再閉路までの時間による分類

1) 低速度再閉路方式　事故発生から再閉路までの無電圧時間は60秒程度で，送電系統の自動復旧を目的とし再閉路時間は高速度再閉路に比べて長いが，系統の復旧は速やかにできる。通常，三相再閉路に使用され，154 kV以下の送電線に採用されている。
2) 中速度再閉路方式　事故発生から再閉路までの無電圧時間は1〜20秒程度で，通常，三相再閉路に採用されている。
3) 高速度再閉路方式　事故発生から再閉路までの無電圧時間は1秒以内で，送電系統を自動復旧させるもので，三相，単相，多相の各再閉路方式で採用され，高速度で故障検出が確実であるパイロット継電方式が用いられている。

(3) 再閉路と絶縁

1) 遮断器　高速再閉路方式は極めて短時間の間に事故電流の遮断と再投入をしなければならず，さらに再閉路不成功の場合には再び遮断しなければならない。このような動作を正確に行うため，可動部の慣性が小さく，電流遮断性能の高いガス遮断器が主として使われている。

また，単相再閉路方式，多相再閉路方式を採用するためには遮断器は各相ごとに独立して動作できるものでなければならない。

2) 信号伝送　　高速再閉路を実施するためには送電線両端の同期が維持されている必要があり，並行回線の潮流の有無，場合によっては同期検出継電器による確認をする。また，系統がループ運用されている場合にはループ連系確認が必要になる。これらの情報の信号伝送路として，重要線路にはマイクロ波回線が採用されている。

3) 不平衡絶縁　　超高圧の重要線路では事故時に確実に再閉路を動作させ，安定度を確保して並行2回線送電線での雷撃異常電圧による2回線事故を避けるため，両回線の絶縁に差を付けることが行われる場合がある。

4. 地中送電線路

(1) 概要

地中送電線路は，ケーブルとケーブルを収容する地下施設から構成される。長所としては，架空電線路と違い線路周辺の家屋の火災や暴風雨，落雷，着雪などによる事故を起こす機会が少ないので供給の信頼性が高い。短所としては，架空電線路に比べて建設費が高くなる，敷設工事，事故復旧が複雑で長時間を要する。なお，架空電線路に比べて静電容量が数十倍あるので，断路器による回路開閉には注意を要する。

(2) ケーブル

1) 構成　　電力ケーブルは，導体，絶縁体，外装によって構成されている。

導体は電気用軟銅線を使用し，心線の数により単心，2心，3心ケーブルに分けられている。絶縁体は，紙・ゴム・プラスチック・絶縁コンパウンドおよび油などが用いられている。外装材は，鉛・鋼帯・鋼線・アルミおよびビニルなどを使っている。

例として図2.3.25に高圧架橋ポリエチレンケーブルの断面を示す。

半導電層は，導体～絶縁体間および絶縁体～遮へい銅テープ間に設けられ，導体～絶縁体～遮へい銅テープの間にすき間をなくし，電界の集中および電界の急激な変化を緩和して，部分放電を抑止し絶縁体の劣化を防止するものである。

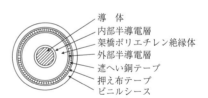

図2.3.25　高圧架橋ポリエチレンケーブルの断面

遮へい銅テープは，人畜や電気機器に対する安全と絶縁耐力向上のため施すもので，絶縁体内に放射状の対称な電界を作り，絶縁体表面の垂直方向の電位傾度を制御するほか，ケーブル表面の表面電荷を逃がす役割を兼ねている。

2) 種類　　電力ケーブルの種類は，構成する材料や形状によってさまざまだが，ここでは絶縁体材料を主体として，現在一般に使用されているものを表2.3.13に示す。

表2.3.13　種類

構成材料	種類
油浸絶縁ケーブル	SLケーブル 油入（OF）ケーブル パイプ形油入（POF）ケーブル
ゴム，プラスチックケーブル	ブチルゴム（BV, BN）ケーブル 架橋ポリエチレン（CV）ケーブル CDケーブル

3) 送電電圧と
ケーブル種別

送電線路電圧22 kV以上で使用されているケーブル種別は**表2.3.14**のとおりである。

これまでは，OFケーブル（クラフト紙に含まれている湿気を完全に除去し，絶縁油を充分に含浸させた紙絶縁方式のもの）が多かったが，現在はCV（耐熱性を向上させた架橋ポリエチレン絶縁のもの）が用いられている。

シースは，ケーブルの外装に絶縁性，耐水性，耐薬品性，耐候性，耐老化性，耐摩耗性，耐屈曲性に優れる材料（一般的にはポリエチレンまたはポリ塩化ビニル）を用いるものである。

表2.3.14 送電電圧と使用ケーブル種別

電圧kV	ケーブル種別
22, 33	架橋ポリエチレン絶縁ビニルシースケーブル（CV, CVT）
66, 77	架橋ポリエチレン絶縁ビニルシースケーブル（CV, CVT）
154	OF 紙絶縁アルミ被ビニル防食ケーブル（OFAZV）
275	OF 紙絶縁アルミ被ビニル防食ケーブル（OFAZV）
500	架橋ポリエチレン絶縁ビニルシースアルミ被ビニル防食ケーブル（CVAZV）

4) ケーブルの
電力損失

ケーブルの電力損失には，導体の抵抗損のほか誘電損（誘電体への充電や放電に伴って発生する損失），うず電流損，シース回路損（導体を流れる電流による交番磁界のために，鉛被やアルミ被などに流れる誘導電流による損失）がある。なお，誘電損は誘電率に比例し，送電電圧の2乗に比例して増大する。

5) ケーブルの
送電容量の
増加対策

ケーブルの温度上昇を抑え，常時許容電流を増加させることにより送電容量が増加する。送電容量の増加対策は，次のとおりである。

① 導体断面積を大きくするなど，導体抵抗を下げる。
② 遮へい効果が十分な金属テープを使用し，うず電流損を少なくする。
③ 絶縁物の特性向上を図り，誘電損（誘電正接$\tan\delta$）を少なくする。
④ ケーブル相互間の間隔を大きくとる。また，共同溝敷設の場合などは洞内の空気を冷却して基底温度を低くする。
⑤ ケーブルの絶縁物の許容温度を高くする。

6) ケーブルの
充電容量

ケーブルは静電容量が大きいため，充電電流や充電容量が大きくなる。このため，線路充電容量増加に対する補償，受電端におけるフェランチ効果による電圧上昇の抑制などが必要となる。

この充電電流や充電容量の大きさは，ケーブルのこう長により決まる静電容量，使用電圧，使用周波数により算出する。

図2.3.26のように，ケーブル1線当たりの静電容量をC［μF］により充電されている送電線の充電電流I_cは，線間電圧V［kV］，角周波数ω［rad/s］とすれば，大地と送電線には$\frac{V}{\sqrt{3}}$［kV］の電圧が加わることになるので，次式で表される。

$$I_c = \omega C \frac{V}{\sqrt{3}} \times 10^{-3} \quad [A]$$

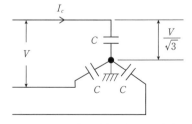

図2.3.26 三相3線式地中電線路の静電容量

充電容量 Q_c [kV・A] は充電電流と充電電圧との積で表され、1相当たりの充電容量を Q_{c1} [kV・A] とすれば、

$$Q_{c1} = \frac{V}{\sqrt{3}} I_c \text{ [kV・A]}$$

となり、3相ではその3倍になる。

全充電容量 Q_c [kV・A] は、

$$Q_c = 3Q_{c1} = 3 \times \frac{V}{\sqrt{3}} I_c = \sqrt{3} \times V \times \omega C \times \frac{V}{\sqrt{3}} \times 10^{-3}$$
$$= \omega C V^2 \times 10^{-3} \quad \text{[kV・A]}$$

また、図2.3.27のような地中電線路に用いる3心ケーブルにおいて、導体1条当たりの静電容量 C [μF] は、導体相互間の静電容量 C_m [μF] を△−Y変換した場合の中性点に対する静電容量 $3C_m$ [μF] と導体と、金属シース間の静電容量 C_S [μF] とを並列接続した静電容量値であり、以下の式で表される。

$$C = C_S + 3C_m \text{ [}\mu\text{F]}$$

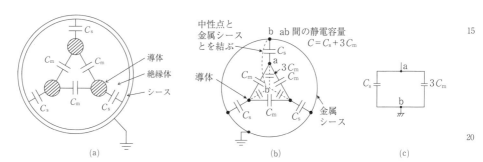

図2.3.27 3心ケーブルの導体1条当たりの静電容量

(3) 施設方式

1) ケーブルの施設方式

ケーブルの施設方式には図2.3.28に示すように直接埋設式、管路式、暗きょ式の3つの方式がある。

① 直接埋設式

地中にケーブルを直接埋設するもので、ケーブル保護のため土管、トラフなどに納めて埋設する。埋設深さは重量物の圧力を受ける場所では1.2 m以上、その他の場所では0.6 m以上とされている。

この方式は一般にケーブル条数が3条以下のものに用いられている。

② 管路式

鉄筋コンクリート管、鋼管、硬質ビニル管などの管を継ぎ合わせて埋設し、その中にケーブルを引き入れる方式である。この方式は一般に4～18条のケーブルを収容するものに用いられる。

③ 暗きょ式

地下にトンネルを構築し、ケーブルを収容するもので、他の埋設物（電話ケーブル、上下水道管、ガス管など）と一緒に収容される共同溝方式も用いられる。

暗きょ式の一種として、ケーブル類の地中施設方式にキャブシステム（キャブ）がある。

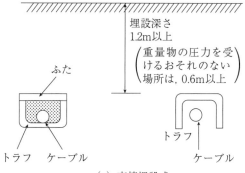

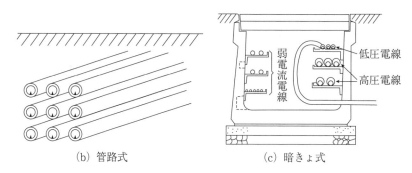

図 2.3.28　ケーブルの施設図

2) 施設方式の比較　　ケーブルの地中施設方式の比較を表 2.3.15 に示す。

表 2.3.15　ケーブルの地中施設方式

施設方式	利　点	欠　点
直接埋設式	・工事費が少ない ・熱放散がよく，許容電流が大きい ・ケーブルの融通性がある ・工事期間が短い	・外傷を受けやすい ・ケーブルの引き替え，増設が困難 ・保守点検が不便
管路式	・ケーブルの引き替え，増設が容易 ・外傷を受けにくい ・故障復旧が比較的容易 ・保守点検が便利	・工事費が高い ・許容電流が小さい ・ケーブルの融通性が小さい ・工事期間が長い ・伸縮，振動によるシース疲労が大きい
暗きょ式	管路式の利点のほか ・熱放散がよく，許容電流が大きい ・多条敷設に便利	・工事費が非常に高い ・工事期間が非常に長い

5.　送電線路に起こる諸現象

1) コロナ放電（損失）　　電圧が高くなると電線表面の電位傾度が増加し，空気の絶縁が局部的に破れてイオン化される。これによって部分放電を起こし，青白い光とジージーという音を発する。この現象をコロナ放電という。

コロナ放電は温度，湿度，気圧，雨などの気象条件の影響を受けやすく，晴天時より降雨時に多く発生し，放電により電力の損失とラジオに対して雑音障害を与える。

2) コロナ放電防止対策

① 電線の径を大きくする，または多導体方式にする。
② 電線の表面に傷をつけない，付属金属に突起をなくし丸みをつけるなどする。
③ がいし装置に遮へい環（シールドリング）を取り付ける。
④ 電線間の距離を大きくする。

3) フェランチ現象

　負荷の力率は，一般に遅れ力率であるから，大きな負荷がかかっているときは，電流は電圧より位相が遅れているのが普通である。遅れ電流が送電線や変圧器の抵抗およびリアクタンスを通ると，受電端電圧は送電端電圧より低くなる。ところが，深夜などのように負荷が非常に小さい場合，特に無負荷の場合には充電電流の影響が大きくなり電流は進み電流となる。この場合の受電端電圧は，送電端電圧よりも高くなる。この現象をフェランチ現象といい，送電線の単位長の静電容量が大きいほど，送電線路のこう長が長いほどフェランチ現象は著しくなる。特にケーブル送電の場合は，単位長の静電容量が大きく，同程度の距離の架空送電線路に比べて，発生しやすい。

　フェランチ現象は需要家のコンデンサなどの機器に悪影響を与えるので注意が必要である。抑制対策として，電線路に分路リアクトルを接続する。

4) フラッシオーバと逆フラッシオーバ

　フラッシオーバは，がいしの上下金具間に電圧を加え，次第に高めていき，絶縁耐力を上回る異常電圧が侵入したとき，がいしの周囲の空気を通じて両金具間に接続アークが生じて，がいしが短絡されることをいう。

　一方，鉄塔に直撃雷があったとき，鉄塔の接地抵抗値が大きいと鉄塔の電位が非常に高くなり，鉄塔から送電線へフラッシオーバが起こることがある。これを逆フラッシオーバという。

5) 異常電圧

　送電系統に異常電圧が発生する原因は，雷現象によるものと，内部的な原因によるものとに分けられる。前者を外雷，後者を内雷という。

① 外雷

　外雷には雷雲と電線の間に直接放電の起こる直撃雷，電線に雷雲の誘導によって生じる誘導雷，雷撃が鉄塔に起こったときに鉄塔から電線に向かっての放電（逆フラッシオーバ）がある。

② 内雷

　送電線路の開閉操作によって発生する開閉サージ，一線地絡事故による健全線の電圧上昇などを内雷といい，開閉サージの代表的な発生原因は，以下のものがある。

　(イ) 無負荷線路の充電電流の遮断
　(ロ) 故障電流の遮断
　(ハ) 無負荷変圧器の励磁電流の遮断
　(ニ) 高速度再閉路の投入

6) 異常電圧対策（絶縁協調）

　内雷に対しては，架空送電線で絶縁事故を発生させないよう絶縁を確保する。したがって，開閉サージやフェランチ現象による過電圧で，鉄塔〜電線間やアークホーンでのフラッシオーバが発生することは許されない。

　外雷に対しては，架空地線の設置，鉄塔の接地抵抗の低減などにより直撃雷を減少させ，また，架空地線のたるみを電線のたるみより小さくして，径間中央での絶縁距離を大きくし逆フラッシオーバをできるだけ減少させる対策を行う。また，が

いしにアークホーンを取り付けたり，電線にアーマロッドを巻いて，逆フラッシオーバなどが発生してもがいしや電線が損傷しないような対策も行われている。さらに最近では，適所に送電用避雷装置を設置する方法も採られている。また，2回線送電線での両回線同時事故を避ける対策として，不平衡絶縁方式がある。

一方，雷撃による電圧は極めて高くこれに耐える絶縁は不可能であることから，送電線の絶縁レベルを上げるよりも，主要機器の設置場所近くに避雷器を設置したり，がいしにアークホーンを設けてホーン間でフラッシオーバを起こさせるようにするなど，内雷が発生してもその被害を極力防止する方法が採られている。これにより，送電線で異常電圧を開放し変電所へ大きなサージ電圧が届かないことになり，系統全体で信頼性と経済性のバランスがとれた絶縁設計ができる。

7) 塩害

がいし表面が塩分などで汚損され，霧や小雨などの湿気が加わるとがいしの絶縁が低下して，交流に対するフラッシオーバ電圧が著しく低下し，開閉サージから決められるがいし個数では，運転電圧でフラッシオーバしてしまう場合もある。

海岸付近，工業地帯，ばい煙または霧の多い地域を通る送電線路には塩害を生じやすいので，汚損の状況を正確に知るため，送電線路の必要箇所に試験がいし（パイロットがいし）を取り付けておき，定期的にこれを取り外して付着量を計測し，その地域一帯の汚損状況を確認する。

8) 塩害対策

塩害対策の基本的な考え方は，塩分が付着した状態で1線地絡事故が発生し，健全相の電圧上昇が生じた場合でも，フラッシオーバを起こさないことである。対策として，以下のようなものがある。

① 送配電線路のルートとして，塩分の付着しにくいルートを選定する。
② 耐塩がいし，汚損に強いスモッグがいし，雨による洗い流し効果の良い長幹がいし，がいし沿面距離の長い深溝がいしなどを使用する。
③ がいしの連結個数を増やし，過絶縁とする。
④ 磁器製のがいしに比べ，軽量で耐トラッキング性能に優れた有機絶縁材料を用いたポリマがいしを使用する。
⑤ がいしに，はっ水性物質のシリコンコンパウンドを塗布する（アメーバアクションによる微細なゴミを包み込む効果）。
⑥ 活線洗浄や停電洗浄により，がいしを洗浄する。

9) 劣化がいしの検出

劣化がいしの検出には，絶縁棒の先端に音響パルス式，ギャップ放電式，ネオン管式などの検出器を取り付けた劣化がいし（不良がいし）検出器が使用される。

500 kVの送電線では，がいし連の上を自走しながら，がいしの絶縁抵抗を1個ずつ測定し，劣化を検出する自走式劣化がいし（不良がいし）検出器が使用される。

10) 誘導障害

送電線と通信線が平行したり接近していると，送電線の電圧・電流の影響により通信線に送電線と通信線の間の静電容量の結合による静電誘導障害，送電線と通信線の間の相互インダクタンスによる誘導結合によって電磁誘導障害を発生するおそれがある。

11) 静電誘導障害の低減対策

静電誘導障害の低減対策には，次のものがある。
① 通信線との離隔距離を大きくとる。
② 通信線を遮へい層ケーブルとする。

③　遮へい線を設ける。
④　送電線のねん架を十分に行う。

12) 電磁誘導障害の低減対策

電磁誘導は，三相送電線の場合，故障時以外はほとんど平衡した負荷状態で使われているのでバランスした線電流が流れている。通信線と3条の電線との間の相互インダクタンスは，各相ともほとんど等しく，平常時には電磁誘導電圧を生じない。しかし，送電線に地絡故障が発生して過大な地絡電流が流れると，大地を帰路とする電流成分（零相電流）が流れ，電磁誘導作用により通信線に大きな誘導電圧が生じる。その大きさは，送電線と通信線の平行長と零相電流の大きさに比例する。

電磁誘導障害の低減対策には，次のものがある。

①　保護継電器の感度を減少させない範囲で消弧リアクトルや高抵抗（インピーダンス）接地方式を採用して，中性点の接地抵抗を大きくし地絡電流を制限するとともに，送電線の故障回線を高速度で遮断する。
②　通信線をケーブル化するとともに遮へい線，中和変圧器，遮へいコイル，シールドコイルなどを採用し通信線を遮へいする。なお，導電率の良い（抵抗率の小さい）遮へい線は，電磁誘導を軽減するうえで有効である。
③　送電線をねん架し，常時の誘導を軽減させる。
④　電力線と通信線の離隔距離を大きくし，相互インダクタンスを小さくする。
⑤　電力線に導電率の良い架空地線の設置（アルミ覆鋼より線など），または架空地線の条数を増やし，遮へい効果を高める。

13) サブスパン現象

多導体架空送電線に特有のもので，風速10 m/sを超えると風上側導体の後流によって風下側導体が空気力学的に不安定になるため，電線が振動する自励現象である。

14) 微風振動

ゆるやかで一様な風が吹くと電線の背後にうず（カルマンうず）を生じて鉛直方向に交番振動となり，その周波数が電線の固有振動数に等しくなると，電線が共振して振動する現象である。

微風振動の主な特徴は，次のとおりである。

①　一般に直径に対して重量の軽い電線（ACSRなど）に起こりやすい。
②　支持物の径間が長く，電線の張力が大きいほど起こりやすい。
③　耐張箇所より懸垂箇所で，断線の被害が発生しやすい。
④　毎秒数m程度で一様な風が，電線に直角に当たるときに起こりやすい。
⑤　早朝や日没などで周囲に山や林のない平たん地で起こりやすい。

防止対策として，以下の対策が講じられている。

①　アーマロッドを設けてクランプ付近の電線を強化し，防振とともに電線の素線切れや断線を防止する。
②　ダンパを取り付け，電線の振動エネルギーを吸収し，電線の振動を防止する。
③　電線を太線化することにより重量も重くなり振動防止の対策となる。

15) ギャロッピング現象

送電線に付着した氷雪の断面が非対称になり，これに風が当たると揚力を生じ電線が振動する現象で，振幅は10 mにも及ぶことがあり，相間短絡を起こすことがある。電線の断面積が大きいほど，また単導体より多導体で発生しやすい。

防止対策としては，以下の対策が講じられている。

①　なるべく氷雪の少ないルートを選定する。

② 支持物の径間が長いと発生しやすいので，径間長を制限する。
③ たるみが大きいほど振動が大きくなるので，電線の張力を適正にする。
④ 相間スペーサの取付けや相間距離を大きくして，線間接触事故を防止する。
⑤ 電線に難着雪リングを装着したり，氷雪が付着しにくい電線を使用し，着雪を防止する。
⑥ 融雪送電（大電流を流して）のジュール熱により，氷雪を融かす。

16）スリートジャンプ現象　送電線に付着した氷雪の脱落時に，電線がはね上がる現象である。

防止対策としては，以下のような対策が講じられている。

① なるべく氷雪の少ないルートを選定する。
② 電線の張力を大きくする。
③ 垂直径間距離や電線相互の間隔（オフセット）を大きくとり，電線同士の接触を防ぐ（図2.3.29）。
④ 支持物の径間が長いと発生しやすいので，径間長を適正にする。
⑤ 単位重量の大きい電線を採用する。
⑥ 電線に難着雪リング，融雪スパイラル，ねじれ防止ダンパ（カウンタウエイト）などを装着し，着雪を防止する。

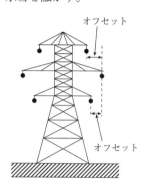

図2.3.29　オフセット

17）コロナ振動　電線の下面に水滴が付着していると下面の表面電位の傾きが高くなり，コロナ放電が激しくなるとともに荷電した水の微粒子が射出される。この時，電線に水滴の射出の反力が働き振動する現象をコロナ振動という。無風で5mm/h以上の降雨がある場合に発生することが多い。

6. 送電線路の事故点（故障点）の測定

送電線事故時には停電時間を極力短くするとともに，事故点を速やかに検出し事故区間を分離しなければならない。

(1) 架空送電線路の事故点の検知法

1）サージ受信方式　電路のフラッシオーバ事故時に事故点に発生するサージを，送受電端で受信して，それぞれに伝送する時間の差より事故点を検出する方法で，次の方式がある。

① 直接サージ方式（A型）
② 単一信号方式（B型）
③ 時計装置同期方式（D型）
④ 反復信号方式（E型）

2）パルスレーダー方式　電路の事故直後に事故点のインピーダンスが変化することを利用し，電路に高調波パルスを送出して，事故点よりの反射パルスを受信して，その時間から距離を測定する方法で，次の方式がある。

① 単一パルス方式（C型）
② 反復パルス方式（E型）

(2) 地中送電線路の事故点の検知法

1) **静電容量法**　断線事故時に、事故相と健全相の静電容量の比から、事故点までの距離を求める方式である。

2) **パルスレーダー法**　パルスレーダー法には次の方法がある。

　① 送信形

　　図2.3.30に示すように事故ケーブルに超短時間のパルス電圧を送り出し、このパルスが事故点で反射して返ってくる性質を利用して、パルスが事故点までの間を往復する伝搬時間から距離を求める方式である。

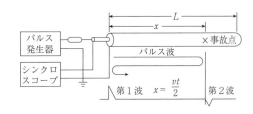

図2.3.30　送信形パルス法

　　ケーブルの長さ：L [m]、パルス伝搬速度：v [m/μs]、パルスを送り出してから反射波が返ってくるまでの時間：t [μs] とすると、t は事故点までの往復時間であるから、事故点までの時間は、$\frac{t}{2}$ [μs]、パルスの速度は v [m/μs] であるので、事故点までの距離 x [m] は、以下の式で求められる。

$$x = \frac{vt}{2} \quad [\text{m}]$$

　② 放電検出形

　　事故ケーブルに高圧を印加して、事故点で放電させ、発生するパルスを検出して事故点までの距離を求める方式である。

3) **マーレーループ法**　ホイートストンブリッジの原理を応用して、事故点までの抵抗値を測定し、その距離を求める方法である。測定回路例を図2.3.31に示す。同図で、抵抗辺が0～1,000で目盛られている場合、ケーブルの長さを L [m]、故障時に接続されたブリッジ端子までの滑り線の読みを a、故障点までの長さを x [m] とすると、ブリッジの平衡条件から次式で故障点までの長さを求めることができる。

$$\frac{1{,}000 - a}{a} = \frac{2L - x}{x} \quad x = \frac{2aL}{1{,}000} \quad [\text{m}]$$

なお、マーレーループ法は、断線事故の測定には適当ではない。

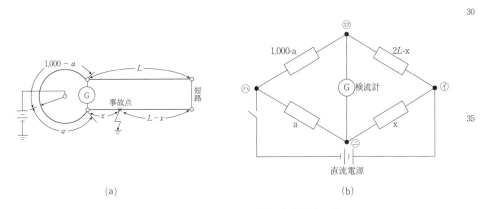

図2.3.31　マーレーループ法による測定回路

4) 信号法 　　　電路事故時に使用される，サーチコイル法や放電音法などがある。

(3) 地中ケーブルの絶縁劣化測定法

1) CVケーブルの絶縁劣化

CVケーブルの絶縁劣化の要因は電気的・機械的要因などがあるが，その一つとして水トリーの発生による絶縁破壊がある。水トリーは，CVケーブルの絶縁体（架橋ポリエチレン）などに，水と交流電界の影響で小さな亀裂が発生し，それがまるで「木の枝」のように進行していく現象で，その亀裂の形状から「tree」と名付けられ，トリーと呼ばれるようになった。局部的高電界部から生じる電気トリーと区別するため水トリーと呼ばれる。

2) ケーブル絶縁劣化診断

従来は，ケーブルの絶縁劣化診断は定期的に送電を停止して行っていたが，高圧ケーブルを活線のままで診断できる交流重畳法による劣化診断装置などを使用して診断を行っている。

① 直流高圧法（絶縁抵抗法）

絶縁抵抗計（メガー）で測定できる適切な電圧をケーブルの導体，シース間に印加し，このとき回路に流れる電流の成分の大きさ，特性曲線の形状などから絶縁状態を推定する方法である。

② 部分放電法（コロナ法）

直流または交流電圧印加時の部分放電電荷量を測定し，絶縁状態を調べる測定法である。

③ 誘電正接法

シェーリングブリッジを使用し，絶縁物の誘電正接（tanδ）を測定し，絶縁状態を調べる測定法である。

④ 残留電荷法

CVケーブルの絶縁劣化における代表的な形態である水トリー劣化を非破壊で行う検出法である。具体的には直流電圧をケーブルに印加して接地後，水トリー劣化部に蓄積された電荷を交流電圧を印加することにより放出させ，この電荷を直読みして判定する。→未橋絡水トリー検出可能

⑤ 直流漏れ電流法

ケーブルの導体～シース間に一定の直流電圧を印加し，漏れ電流の大きさ・変化・三相不平衡などを時間で整理し，その形状や値から絶縁状態を調査する。→橋絡水トリー検出可能，未橋絡水トリー検出不可能

⑥ 逆吸収電流法

ケーブルに直流電圧を印加後の放電特性から，水トリー劣化が存在するケーブルの場合は，水トリー内部に蓄積された電荷が時間をかけて放出される特性を利用する。→未橋絡水トリー検出可能

⑦ 交流重畳法

交流電圧が印加された水トリー劣化したケーブルに，遮へい層の接地線から商用周波数の2倍＋1Hz（101Hzまたは121Hz）の交流電圧を重畳すると，水トリーの非線形性から遮蔽層接地線に流れる1Hzの電流を検出し，良・不良の判定を行う。→橋絡水トリー検出可能，未橋絡水トリー検出不可能

7. 送電線の施工

7.1 鉄塔

(1) 鉄塔基礎の種類

1) 逆T字型基礎 ｜ 比較的支持層が浅く，良質で不等沈下の起こりにくい地盤に適し，地山を掘削した地中に逆T字型のコンクリート基礎体を構築した後，埋め戻しを行うものである（図2.3.32(a)）。施工が容易で経済性に優れ，広範囲に使用されている。

2) 杭基礎 ｜ 比較的軟弱な地盤で，逆T字型基礎やべた（マット）基礎では底面接地圧力に耐えられない場合に適用され，鉄塔の荷重を杭により支持層に伝達する基礎である（図2.3.32(b)）。

3) べた（マット）基礎 ｜ 基礎の底面接地圧力を減少させるとともに不同沈下による上部構造への影響を防止するため，4脚または2脚の基礎床板を一体化して構築する基礎である（図2.3.32(c)）。杭を併用する場合が多い。

4) 深礎基礎 ｜ 勾配の急な山岳地に適用され，鋼板などで孔壁を保護しながら内部を円形に支持層まで掘削し，コンクリート躯体部を孔内に構築する基礎である（図2.3.32(d)）。

5) アンカー基礎 ｜ 岩盤または良質な地盤に定着させたアンカーに，引揚げ力の一部を負担させることにより基礎体の縮小化を図った基礎である（図2.3.32(e)）。ロックアンカー基礎とアースアンカー基礎とがある。

6) 井筒（オープンケーソン）基礎 ｜ 軟弱な地盤で，湧水が多く，他の工法では施工困難な場所に限って適用され，主に現地製作または工場製作された鉄筋コンクリートの筒を，支持層までその内部の土砂を掘削しながら掘り下げて基礎体の外殻として使用し，筒の中を埋め戻してそのまま基礎とする（図2.3.32(f)）。

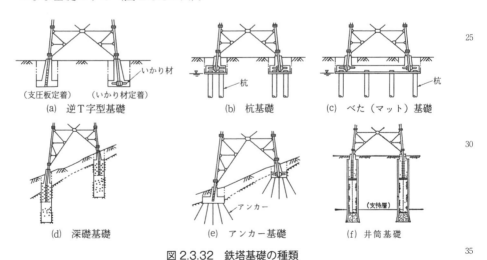

図2.3.32　鉄塔基礎の種類

(2) 鉄塔の組立工法

1) 地上組立て工法 ｜ 地上にて鉄塔を上方部分から組み立てておき，それをせり上げ装置にてせり上げ，順次組み立てた鉄塔に挿入して組み立てる工法である。

2) 台棒工法 ｜ 台棒（鋼管製など）を鉄塔主柱材に取り付け，この台棒を利用して部材をつり上げ，組立てを行うもので，下部から順次組み上げていく工法である。台棒と鉄塔根

開きが10 m以下，単位重量が500 kg以下の小形鉄塔で，支線の取付けが可能な場所で採用される。

3) 移動式クレーン工法　現在採用されている主な工法の1つで，動力を用いて荷を吊り上げ，これを水平に旋回する機械装置にて不特定の場所に移動させることができる工法である。能率が良く安全性が高いが，搬入する道路がなければ採用できない。

4) 地上せり上げデリック工法　組み立てる鉄塔の中心部に組立て高さに応じて鉄柱を地上で継足しながら順次せり上げ，先端にブームを取り付けて組み立てる工法である。部材の単位重量が大きく鉄塔根開きが広い山岳地の大型鉄塔組立てに適している。

5) クライミングクレーン工法　デリックの代わりにクライミングクレーン（タワークレーン）を用いて鉄塔を組み立てる工法である。クライミングクレーンは主柱，マスト，ジブで構成され，マストとジブは水平に360°旋回する機能をもつ。主柱の継足しは，主柱の下部を油圧装置またはワイヤロープでせり上げる地上せり上げクレーンと，主柱を頭部につみ上げてクライミングするつみ上げクレーンがある。

7.2　送電線

(1) 架空送電線の延線工事

1) 引抜工法　延線区間中の鉄塔に金車を取り付け，ドラム場～各鉄塔～エンジン場間に張り渡したメッセンジャワイヤをウインチで巻き取ることにより，端部に接続した電線をけん引する工法である。この工法では，延線するワイヤロープや電線の地上高確保を，ワイヤロープや電線自体の張力管理により行う。また，重要な物件を横過する箇所には防護設備を配置する（図2.3.33）。

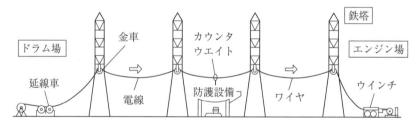

図2.3.33　引抜工法の概要図

2) 吊金工法　金車を鉄塔のみでなく，径間内の既設電線や延線が完了した電線，または，新たに架設したワイヤロープ（支持線）から吊り下げ，その金車上を引抜工法と同様にメッセンジャワイヤにより電線をけん引する工法である。この工法では，延線するワイヤロープや電線の地上高確保を支持線の垂下量で制御するため，支持線の張力管理が重要である（図2.3.34）。

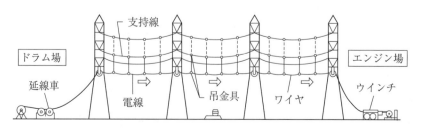

図2.3.34　吊金工法の概要図

3) 搬送工法　吊金工法と同様に支持線を使用して支持線上を走行する搬器に電線を吊架し，搬器をけん引することで，電線を延線する工法である。この工法は電線に直接けん引力を与えないため，OPGW延線や劣化電線撤去に適用されている（図2.3.35）。

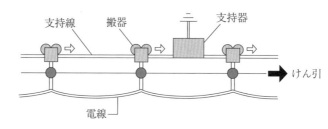

図2.3.35　搬送工法の概要図

(2) 架空送電線の緊線工事

1つの架線区間の延線作業が終わると，緊線作業に入る。緊線作業は，角度鉄塔や耐張鉄塔のように，がいしの耐張状となっている鉄塔の区間ごとに行う。延線された電線をウインチで所定のたるみになるまで巻き取り，所定のたるみで電線を耐張がいし連に取り付ける（図2.3.36）。

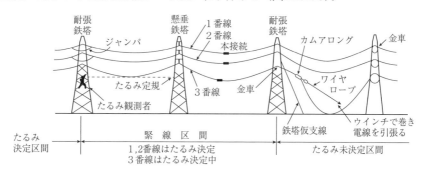

図2.3.36　緊線工事の概要図

架線用機械には，延線車，ウインチ，リールワインダ，ドラム架台があり，架線用機材には，架線用機械，金車，ワイヤロープなどがある。

1) 延線車　延線車は，電線やワイヤロープ延線に必要な張力を与え，電線の損傷を防止して安定した延線を行うために用いる。延線車からの電線引出角度が大きいと，延線車の前方が浮き上がるおそれがあるため浮上り防止対策を施す。

延線車の向きは，電線引出し方向に一致させるように据え付ける。

2) ウインチ　ウインチは，用途により架線ウインチと緊線ウインチに分類される。架線ウインチは，主に延線工事におけるメッセンジャワイヤの巻取り，繰出し，停止および変速のために使用する。

エンジン場の架線ウインチのキャプスタンとリールワインダの中心線は直線になるよう据え付ける。また，キャプスタンの軸方向はメッセンジャワイヤの巻取り方向に対して直角となることが望ましい。

緊線ウインチは，主に緊線作業において，ワイヤロープの巻取り，繰出し停止および変速などの調整をするために使用する。

3) リールワインダ　リールワインダは，架線ウインチの動作に自動的に追従してメッセンジャワイヤの巻取り，繰出しをするために使用する。

4) ドラム架台　ドラム架台は，電線ドラムの据付けを容易にし，延線車から電線がスリップしな

いようにバックテンションを与えるために使用する。

ドラムの据付方向は電線の引出方向に一致させる。

5) 吊金車　吊金車は電線の張替えや撤去工事で採用される吊金工法で使用される。

吊金車の種類には，1輪型吊金車，2輪型吊金車，3輪型吊金車などがある。

6) 延線用金車　延線用金車は，使用する電線やワイヤロープの種類，太さおよび延線工法によりその種類と構造が異なる（図2.3.37）。

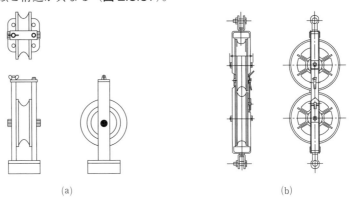

図2.3.37　延線用金車

金車の種類には，1輪金車，クローラ金車，垂直2輪金車，3輪金車などがあり，金車のホイールの種類は，工法，使用される線種などにより区分される。

① 鉄製ホイールは，ワイヤロープ，硬鋼より線や鋼より線などの延線に使用される。
② アルミ合金製ホイールは，硬鋼より線や鋼より線以外の電線の延線に使用される。
③ ゴム張り製ホイールは，ワイヤロープ，電線の延線に使用される。

7) 延線用ワイヤロープ　延線用ワイヤロープは，ドラム場から繰り出され，地線および電線を引っ張りながら移動し，エンジン場を通過した後，ドラムに巻き取られる。これらのことから，延線用ワイヤロープに求められる特性は次のようなものがある。

① 自転トルクが小さいこと
② ねじれにくいこと
③ 表面が平滑であること
④ アイ加工がしやすいこと
⑤ 電線外層のより方向と同一方向なものであること

8) 割ワイヤロープ　割ワイヤロープは，プレハブ架線工事の延線や電線撤去工事において，電線と電線との間に挿入されるもので，割ワイヤロープに求められる特性は次のようなものがある。

① 延線前の電線と回転トルクの差が大きくないこと
② 延線用ワイヤロープより強度が大きいこと
③ 延線中の電線の回転トルクの変化に対して耐性があること
④ アイ加工がしやすいこと

9) 緊線用ワイヤロープ　緊線用ワイヤロープは，延線された電線を所定の弛度まで引き上げるためのワイヤで，緊線用ワイヤロープに求められる特性は次のようなものがある。

① 細径でかつ高強度なこと
② 自転トルクが小さいものであること

10) **繊維ロープ**　繊維ロープは，軽量かつ柔軟で取り扱いしやすく，絶縁性が優れていることから，工具類の荷揚げやパイロットロープの延線に使用されている。最近では，スチールワイヤと同程度の強度をもつ優れた繊維ロープが開発されており，電線の延線などにも使用されている。

11) **延線ヨーク**　延線ヨークは，メッセンジャワイヤに電線と次回延線のメッセンジャワイヤを取り付けるために用いる。

12) **カムアロング**　カムアロングとは，電線延線および緊線時に張力のかかった電線を把持して一時的に引き留める工具である。

13) **施工の留意点**
① 延線途中でスリーブによる電線接続を行った場合，金車を通過中に接続部のスリーブや電線を傷めないように，ジョイントプロテクタを装着する。
② 垂直2輪金車は，引上げ箇所の鉄塔で電線が浮き上がるおそれのある場所に用いる。
③ 延線中に金車によるACSRのニッキングを抑制するため，径の大きな金車を使用する。
④ ACSR延線中の回転を防止するため，ワイヤロープの間にスイベルを挿入する。
⑤ OPGWの延線は，延線中の回転を防止するため，細溝付き金車を使用し，OPGWの疲労破壊を防止するため，延線後すぐに緊線する。

(3) 架線の緊線弛度測定

緊線工事で2径間以上の連続径間の緊線工事を行う場合は，中間の懸垂鉄塔では，電線が金車に乗った状態であるため，観測弛度は完成後の架線弛度と異なる。この施工時の観測弛度を緊線弛度という。緊線弛度の測定方法は図2.3.38に示すほか，下記の方法がある。

1) **等長法**　弛度観測径間の電線支持点A，Bから垂直に下ろした線上で，弛度dに等しい点A_0，B_0点を定め，A_0およびB_0点に弛度定規を取り付けて観測する方法である。A_0，B_0両点間が見通せれば適用でき，簡単でかつ精度が高い特徴をもつ。

2) **異長法**　地域環境または地形などの事情により等長法では弛度観測できない場合（等長法による観測点が鉄塔基部より低い場合など）に観測する方法である。図2.3.38に示す異長法において電線のなす曲線を放物線と仮定すると，次の近似式が成り立つ。

$$\sqrt{a} + \sqrt{b} = 2\sqrt{d}$$

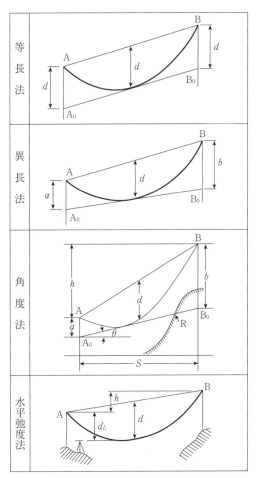

図2.3.38　緊線弛度の測定方法

弛度 d は，高支持点側の B_0 に弛度定規を取り付け，A_0 から B_0 を見通し，この線上に電線との接線を一致させることで，観測できる。

3) **角度法** 　等長法，異長法，水平弛度法のいずれでも見通せず，また，電線最低点が径間内になく，かつ高低差の著しい場合の架線工事の緊線弛度を観測する方法である。図 **2.3.38** に示す角度法において角度 θ は次式で表される。

$$\tan \theta = \frac{h + a - b}{S}$$

弛度 d は，A_0 の地点に弛度観測用のトランシットを据え付け，角度 θ の線上に電線との接線を一致させることで観測できる。

4) **水平弛度法** 　等長法，異長法のいずれも適用できない場合に，電線最低点が観測径間にあって水平弛度観測ができる時に，次の近似式が成り立つので d_L だけ下がった位置にレベルまたはトランシットなどを据え付けて弛度 d を観測する方法である。

$$d_L = d \left(1 - \frac{h}{4d}\right)^2$$

5) **カテナリー角法** 　前述の等長法，異長法，角度法とは異なり，現地での観測をすることなく，弛度をもった架空線の弛度や張力を計算で求める方法のひとつに，カテナリー角法がある。この方法は，張力がかかる前の電線実長の変化を基とするもので，径間長，弛度，水平張力，支持点張力，電線の単位重量，電線の弾性係数，張力がかかった前と後の電線実長などを変数とし，計算する方法である。

(4) 地中送電線路の管路埋設工法

管路の施工は一般に開削工法が多いが，埋設物や環境条件などの規制により開削工法の採用が難しい場合，小口径推進工法，刃口推進工法，シールド工法，セミシールド工法などの非開削工法を用いる。

1) **開削工法** 　オープンカット工法ともいい，埋設深さが浅い地中線路に用いる方法で管の下まで掘削し，敷設後に埋め戻す工法である。

2) **小口径推進工法** 　小口径推進工法は，あらかじめ掘削した発進立坑に管本体の先端にパイロット管（小口径推進管または誘導管）を接続し，そのパイロット管を機械操作により水平に押し込み反対側の立坑まで地山を推進し，オーガスクリューで土砂を排出する工法である。内径 10〜100 cm の管を 50 m 程度まで推進可能である。

3) **刃口推進工法** 　推進管先端に刃口を取付け先導体として使用し，発進立坑内に設置した元押しジャッキの推進力によりヒューム管を地山に推進し，刃口部の土砂を人力で掘削しながら推進する工法である。シールド工法およびセミシールド工法と比較し施工精度はやや劣るが，設備規模が小規模ですむため経済性に優れる。

4) **シールド工法** 　発進，中間または到達縦坑を設置し，シールドと呼ばれる鋼製の筒で，周囲の地山あるいは切羽を支えながらジャッキによって推進・掘削し，後方にできあがるトンネル内空を鋼製または鉄筋コンクリート製セグメントと呼ばれるプレキャスト部材を組み立て，この繰返しにより円形トンネルを構築する工法である。

5) **セミシールド工法** 　管の先端に油圧ジャッキなどを装備したシールドマシンを先導体として使用し，後続にヒューム管を連結させ，シールドマシンが掘削した後で，発進立坑内でそのヒューム管をジャッキにて押し込んで推進する工法である。地盤の悪い場所や長距離推進に適している。

8. 配電設備

8.1 配電線路

(1) 概要

送電系統の末端にある変電所または送電線路から，最終の需要場所に至る電線路を配電線路という。

配電線路は架空配電線路と地中配電線路に分類される。日本では，配電線路の大部分は架空線路であるが，最近都市の景観，建築物その他への接近，用地の制約ならびに地震，台風など災害対策などの理由から，配電線路の地中化が推進されている（図 2.3.39）。

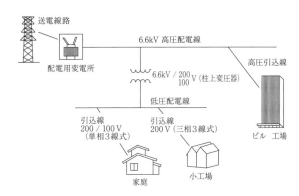

図 2.3.39　配電線路の概念図

(2) 配電電圧

1) **特高配電線（22，33，66 kV）**　都市部の大規模需要あるいは郡部の長距離配電線に，特別高圧配電線が用いられている（図 2.3.40）。

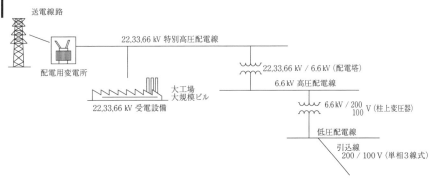

図 2.3.40　特別高圧配電線の概念図

2) **高圧配電線（6.6 kV）**　高圧配電線としては，非接地方式の三相3線式6.6 kVが用いられ，ごく一部に三相3線式3.3 kVが存在している。

3) **低圧配電線**　電灯，小形機器の需要に対しては単相2線式100 Vまたは，単相3線式100/200 V，電動機などの三相需要に対しては三相3線式200 Vが適用されている。また，単相と三相の両方の需要に供給できる方式としてV結線三相4線式が用いられている。

その他，近年供給力の増加，電圧降下の低下に有利な方式として，Y結線による三相4線式400 V（公称電圧240/415 V）も採用されている。

4) 配電方式と電圧 　電圧区分による配電方式と電圧を表 2.3.16 に示す。

表 2.3.16　日本の配電方式と電圧

電圧区分	配電方式と電圧	標準的な適用区分など
特別高圧	三相 3 線式 22（または 33，66）kV	都市部の大規模な需要に供給する配電方式　最近では，郡部の電圧維持改善にも使用される
高　圧	三相 3 線式 3.3 kV	昭和 30 年代までの一般的配電方式で，現在もごく一部に残っている
高　圧	三相 3 線式 6.6 kV	現在の一般的配電方式（非接地方式）
低　圧	単相 2 線式 100 V	主として小容量の電灯に供給する方式
低　圧	単相 2 線式 200 V	溶接機，レントゲンなどの特殊な単相負荷に供給する方式
低　圧	単相 3 線式 100/200 V	主として小ビル，小工場，商店，家庭の電灯に供給する方式
低　圧	三相 3 線式 200 V	主として小口の動力に供給する方式
低　圧	灯動共用三相 4 線式 100/200 V	三相と単相を 1 台の変圧器を共用して供給する，現在の一般的配電方式

(3) 特別高圧，高圧配電線路

配電線路の基本的な形態は，樹枝状（放射状）配電線，ループ状（環状）配電線，ネットワーク（網状）配電線に分類される。

1) 樹枝状配電線　図 2.3.41 に示すように線路が負荷の末端になるにつれて樹枝のように分岐する形である。

利点は，需要の増加に対して線路の増強や延長が容易であるが，欠点として電力損失，電圧降下が大きく，事故時の停電範囲が広いなどがある。

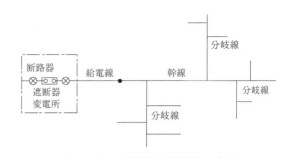

図 2.3.41　樹枝状配電線各部の名称

2) ループ状配電線　図 2.3.42 に示すように，幹線がループ状に結合した形のもので，前記の樹枝状配電線に比して供給信頼度が高いが，設備費が高く保護方式がやや複雑となる。大都市中心部で特別高圧受電の需要家が多く，電力負荷密度の高い地域に採用されている。ループ配電線上には，制御遮断器または制御開閉器を施設する。事故時には，事故点の両側の開閉器を開放するとともに，ループ結合点から事故区間の手前の健全区間まで迅速に送電されるので，健全な区間に停電を波及させることなく，あるいは停電が波及しても，健全な区間に対して迅速に送電を回復することができる。

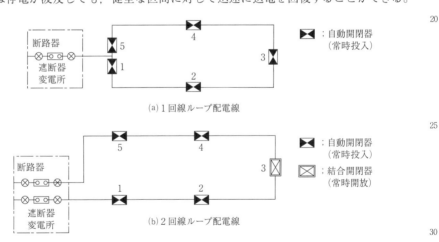

図 2.3.42　ループ状配電線

3) スポットネットワーク方式配電線　日本では過密地域の 22（33）kV 級地中配電系統の需要家側に適用され，500〜10,000 kW 程度の大規模ビルの受電設備における高信頼度を要求される負荷に対して用いられている。通常 3 回線で受電し，それぞれに変圧器を施設する。なお，同一ビル内に限定されていることからスポットネットワーク方式と呼ばれている。図 2.3.43 に示すように，配電線の 1 回線が停電しても残りの変圧器が最大需要電力を供給できるよう変圧器に余裕をもたせている。

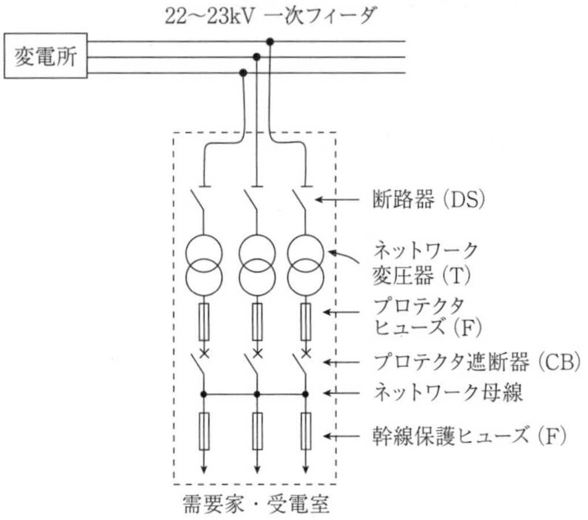

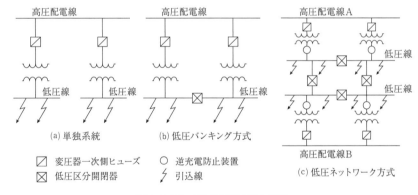

図 2.3.43　スポットネットワーク方式配電線

(4) 低圧配電線路

低圧配電線路の形態には，図 2.3.44 に示すように，単一の変圧器から供給する単独系統，同一高圧配電線に接続された変圧器の二次側を連系する低圧バンキング方式，異なる高圧配電線に接続される変圧器の二次側を連系する低圧ネットワーク方式がある。

図 2.3.44　低圧配電線路の形態

1) 単独系統　系統的には最も簡単であり，負荷密度があまり大きくない地域では，需要点の拡大に応じて低圧線を延長するか，変圧器バンクを分割するかの選択ができる。したがって，負荷の増加に応じて最も経済的な方法を選ぶことができるが，その半面ピークや局部的な需要予測の管理が必要である。

2) 低圧バンキング方式　同一高圧配電線に接続された変圧器の二次側を低圧区分開閉器によって連系し，並列運転するものである。変圧器群の合計容量と供給区域の負荷容量がバランスしていれば，単独系統に比べると設備の増強が不要であり，局部的な需要の変動には対応しやすい。

3) 低圧ネットワーク方式　一方の高圧配電線に事故が発生しても他の高圧配電線によって，無停電で低圧線に供給が続けられるので信頼度は高い。しかし，平常時においての変圧器の利用率は低く，また低圧線の導体サイズも十分太くしなければならないなど経済的に不利

4）バランサ　単相3線式の配電系統において，両相の負荷容量が大きく異なる場合，電圧線と中性線との間の短絡故障が発生した場合，中性線断線の場合など，両相の電圧が不平衡になるのを防ぐため配電線路の末端に用いる。

8.2　配電線保護方式

　日本の高圧配電線系統は中性点非接地方式のため，地絡事故検出用として，配電用変電所の二次母線に接地形計器用変圧器（EVT）と各配電線ごとに零相変流器（ZCT）を設置している。

　配電用変電所には，各配電線ごとに遮断器と保護継電器が取り付けられて，配電線に事故が発生した場合は，配電線を自動遮断する。

(1) 継電器類

1）過電流継電器（OCR）　三相のうち二相に設置し，短絡事故または過負荷が生じた時に動作し遮断器を開いて，当該の配電線を停電させる。

2）地絡方向継電器（DGR）　配電線の地絡保護のために地絡方向継電器（DGR）を設置し，配電線に地絡事故が生じたときの零相電流と零相電圧を監視し，その位相差により事故点の方向や電力潮流の方向を選択して，当該遮断器を開放して配電線を停電させる。

3）地絡過電圧継電器（OVGR）　地絡事故時に発生する零相電圧を検出して動作する。主に地絡発生の警報や後備保護用として使用されている。太陽光発電システムを高圧連系する場合，系統を保護するために地絡過電圧継電器の設備が系統連系規程に義務付けられている。

4）再閉路継電器（REC）　配電線が事故遮断したとき，一定時限後に遮断器を再閉路する指令を与えるものである。

(2) 保護保安装置

　配電線ならびに接続された機器を，さまざまな障害から保護および保安をするため，次の機器が取り付けられている。

1）避雷器　雷サージ保護用として，区分開閉器，変圧器，ケーブルヘッドなどの設置箇所に取り付けられている。

　なお，電技第49条（高圧及び特別高圧の電路の避雷器等の施設）に，「雷電圧による電路に施設する電気設備の損壊を防止できるよう，当該電路中次の各号に掲げる箇所又はこれに近接する箇所には，避雷器の施設その他の適切な措置を講じなければならない。（以下省略）」と規定されており，同条第二号に，「架空電線路に接続する配電用変圧器であって，過電流遮断器の設置等の保安上の保護対策が施されているものの高圧側及び特別高圧側」と規定されている。

2）架空地線　送電線路と同様に架空地線を用いることが多い。

3）放電クランプ　架空電線が雷撃を受けた場合の異常電圧を，放電クランプ～がいしベース金具間で放電を行わせるものであり，高圧がいしの破損および電線の断線事故を防止させるために用いられる。主な特徴は以下のとおりである。

①　がいしを雷などの異常電圧から保護する目的のものである。

②　高圧架空配電線路で，雷せん絡による断線防止を目的として，高圧中実がいしと組み合わせて使用する。

③　架空配電線が雷撃を受けると異常電圧が発生し，フラッシオーバが生じる。こ

の放電クランプからがいしベース金具間で放電を行わせ，高圧がいしの破損および電線の断線事故を防止させるために用いられている。送電線で使用されているアークホーンと同一原理によるものである。

④ 高圧配電線における絶縁電線の雷断線事故は，雷サージによりがいしのバインド部周辺で電線の絶縁被覆が貫通破壊を生じ，これに引き続いて発生する交流の短絡電流が貫通箇所に集中固定するため，電線導体が溶損して断線する。このため，電線把持部に金具を設け，金具と腕金側（接地）金具間で雷サージ電圧を放電させ，電線の溶損を防止する。

4) 区分開閉器　高圧配電線路では，電線路の部分的な補修や増設などの作業時，火災その他の事故が発生したときに，その区間だけを配電線路から切り離す必要があるため，必要な箇所に区分開閉器を設置している。柱上に設置されるものを柱上高圧開閉器といい，一般に気中開閉器(PAS)が使用され，油入開閉器は，電技第36条（油入開閉器等の施設制限）の規定により使用が禁止されている。なお，この開閉器は，通常の状態（常規状態）での通電や電路の開閉は行えるが，短絡事故時の異常電流の開閉はできない。過負荷または地絡事故などの場合に，自動遮断する機能をもつ開閉器もある。

5) 高圧カットアウト(PC)　変圧器の事故および過負荷保護用として一次側に取り付ける。内蔵する高圧ヒューズによって自動的に高圧配線から切り離す機能をもつ。

6) 引込線用ケッチヒューズ　引込み線の短絡および過負荷保護用としてのヒューズである。

7) 架空共同地線　柱上変圧器のB種接地工事は，高低圧の混触による危険防止のため行う。各柱ごとに行うのが原則であるが，規定の接地抵抗値が得がたい場合は，架空共同地線を設けて2台以上の変圧器に共通の接地工事を施設することを認めている。（電技解釈第24条第3項）

架空共同地線と大地との間の合成電気抵抗値は，直径1 km以内の地域ごとにB種接地工事の接地抵抗値以下であるものとし，かつ，各接地線を架空共同地線から切り離した場合の接地抵抗値は300 Ω以下とすること。

8.3　配電線の施工

8.3.1　架空配電線路

架空配電線路は，電線，ケーブル，架空地線，がいしとそれらの支持物から構成されている。

(1) 架空電線の共通事項

1) ケーブル　低圧架空電線または高圧架空電線にケーブルを使用する場合は，次のいずれかの方法により施設すること。

① ケーブルをハンガーによりちょう架用線に支持する。
② ケーブルをちょう架用線に接触させ，金属テープなどをらせん状に巻き付ける。
③ ちょう架用線をケーブルの外装に堅ろうに取り付けて施設する。
④ ちょう架用線とケーブルをより合わせて施設する。

2) 電線の高さ　原則として表2.3.17による。高圧架空配電線路に柱上変圧器を設ける場合は，電技解釈第21条（高圧の機械器具の施設）第三号に規定されているとおり，人が触れるおそれがないように地表上4.5 m（市街地外においては4 m）以上の高さに

施設すること。

表 2.3.17　架空電線の最低の地表上の高さ [m]

施設場所＼使用電圧	低圧	高圧	特別高圧 35 kV以下	特別高圧 35 kVを超えるもの
道路（路面上）	6	6	6	①160 kV以下は 6 m ②地表上 (6 + c) m （山地など人が立ち入らない場所は，地表上 (5 + c) m）
鉄道・軌道横断（レール面上）	5.5	5.5	5.5	
横断歩道橋の上（路面上）	3	3.5	① 4	
その他（地表上）	4	5	5	
積雪上の高さ（氷雪の多い地方）	—	人または車両の通行などに危険がない高さ			
水面上の高さ	船舶の航行に危険がない高さ			

注：① 電線に特別高圧絶縁電線またはケーブルを使用する特別高圧架空電線を横断歩道橋の上に施設する場合。
　　② c は，使用電圧と 160 kV の差を 10 kV で除した値（小数点以下を切り上げる）に 0.12 を乗じたもの。

3) 架空電線の接続および分岐

電線の接続は，電技解釈第12条（電線の接続法）に規定され，電線を接続および分岐する場合は，次の点に留意する。

① 電気抵抗を増加させないようにし，接続には通常，圧縮接続管（スリーブ）を使用する。
② 絶縁カバーで被覆し，絶縁性能を低下させない。
③ 通常の使用状態で断線のおそれがないようにする。

このため，分岐する場合は，電線に張力が加わらないようにする場合を除き，その電線の支持点でするよう，電技解釈第54条（架空電線の分岐）で規定されている。

4) 低高圧架空電線等の併架

電技解釈第80条（低高圧架空電線等の併架）に，「低圧架空電線と高圧架空電線とを同一支持物に施設する場合は，次の各号のいずれかによること。

一　次により施設すること。
　イ　低圧架空電線を高圧架空電線の下に施設すること。
　ロ　低圧架空電線と高圧架空電線は，別個の腕金類に施設すること。
　ハ　低圧架空電線と高圧架空電線との離隔距離は，0.5 m 以上であること。ただし，かど柱，分岐柱等で混触のおそれがないように施設する場合は，この限りでない。
二　高圧架空電線にケーブルを使用するとともに，高圧架空電線と低圧架空電線との離隔距離を 0.3 m 以上とすること。
2　低圧架空引込線を分岐するため低圧架空電線を高圧用の腕金類に堅ろうに施設する場合は前項の規定によらないことができる。
（以下省略）」と規定されている。

5) 主な工作物との離隔距離　架空電線と主な工作物との離隔距離は表2.3.18のとおりである。

表2.3.18　架空電線と主な工作物との離隔距離（原則）一覧［単位 m］（電技解釈より抜粋）

架空電線の種別	接近方向	建造物 上部造営材 上方	建造物 上部造営材 下側方・	その他の造営材	索道	アンテナ 架渉線によるもの	アンテナ 架渉線以外のもの	架空弱電流電線	低圧架空電線	高圧架空電線	特高架空電線	支持物 架空弱電流電線路	支持物 線路低圧架空電	支持物 線路高圧架空電	支持物 線路特高架空電	植物
低圧電線	上方または側方	2 (1)	1.2 (0.4)	1.2 (0.4)	0.6 (0.3)	水平：0.6 水平：(0.3)	0.6 (0.3)	0.6 (0.3)	0.6 (0.3)	×	×	0.3	×	×	接触させない
高圧電線	上方または側方	2 (1)	1.2 (0.4)	1.2 (0.4)	0.8 (0.4)	水平：0.8 水平：(0.4)	0.8 (0.4)	0.8 (0.4)	0.8 (0.4)	0.8 (0.4)	×	0.6 (0.3)	0.6 (0.3)	×	接触させない

〔備考〕（　）内の数値は，低圧電線が高圧絶縁電線又はケーブル，高圧電線ではケーブルのとき。
×印は，他の欄で制限されていることを示す（水平離隔距離は省略している）。

(2) 低圧引込線

1) **電線の種類と太さ**　2.6 mmの硬銅線または同等以上（ケーブルの場合を除く）。径間が15 m以下の場合は2 mm以上でよい。
   ① 絶縁電線またはケーブルであること。
   ② 屋外用ビニル絶縁電線（OW）は，人が通る場所から手を伸ばしても容易に触れるおそれがないように施設する。
   ③ その他の絶縁電線は，人が通る場所から容易に触れるおそれがないように施設する。

2) **電線の高さ**
   ① 道路横断は路面上は，5 m以上（技術的にやむを得ず交通に支障ないとき3 m）とする。
   ② 鉄道，軌道横断はレール面上，5.5 m以上とする。
   ③ 横断歩道橋の上は路面上，3 m以上とする。
   ④ その他は地表上，4 m以上（技術的にやむを得ず交通に支障ないとき2.5 m）とする。

3) **主な工作物との離隔距離**　架空電線と主な工作物との離隔距離は表2.3.18による。

4) **低圧連接引込線**　原則として，低圧引込線に準じて施設するほか，次の制限がある。
   ① 引込線から分岐する点から，電圧降下，停電事故範囲拡大防止を考慮して100 mを超える地域にわたらないこと。
   ② 幅5 mを超える道路を横断しないこと。
   ③ 屋内を通過しないこと。

(3) 高圧引込線

1) **電線の種類と太さ**　5 mmの硬銅線または同等以上の高圧絶縁電線・引下げ用絶縁電線を，がいし引き工事または架空ケーブルにより施設する。

2) 電線の高さ

次の場合を除き，地表上 3.5 m 以上とすることができる。電線がケーブル以外のときは，電線の下方に危険の表示をしなければならない。

① 道路を横断する場合
② 鉄道または軌道を横断する場合
③ 横断歩道橋の上に施設する場合

3) 高圧架空引込線

高圧ケーブルによる架空引込線の施設は次による。

① ケーブルをハンガによりちょう架用線に支持する場合は，ハンガの間隔を 50 cm 以下とする。
② ケーブルちょう架の終端接続は，耐久性のあるひもによって巻き止めること。
③ 径間途中では，ケーブルの接続を行わないこと。
④ ケーブルを屈曲させる場合は，曲げ半径を単心のケーブルでは外径の 10 倍，3 心のケーブルでは 8 倍以上とすること。
⑤ ケーブルはちょう架用線の引留箇所で，熱収縮と機械的振動ひずみに備えてケーブルにゆとり（オフセット）を設けること。

(4) 保安工事

1) 低圧保安工事

低圧保安工事は，低圧架空電線路の電線の断線，支持物の倒壊などによる危険を防止するため行うもので，電線の太さ，木柱の風圧荷重に対する安全率，木柱の末口の太さおよび径間について，一般の工事よりも強化すべき工事をいう。

2) 高圧保安工事

趣旨は低圧保安工事と同様で，電線の太さ，木柱の風圧荷重に対する安全率，末口の太さおよび径間について，一般の工事よりも強化すべき工事をいう。

(5) 支持物

1) 種類

架空配線の支持物には，木柱，鋼管柱，鋼板組立柱（パンザーマスト）および鉄筋コンクリート柱がある。

2) 荷重（方向別）

支持物は暴風雨，地震，降雪，雷などの自然的障害に対して安全に配電するために耐える強度をもつものでなくてはならない。

支持物に加わる荷重には，垂直荷重，水平横荷重（電線路方向と直角の方向に働く力），水平縦荷重（電線路の方向に働く力）の 3 つがある。

① 垂直荷重

電柱（支持物）自身の重量，架渉線（電線，架空地線など），がいし装置および電柱に装架される機器などの重量，ならびに支線の張力によって生じる垂直分力，架渉線に付着した氷雪の重量などである。

② 水平横荷重

電線路の方向と直角の方向に加わる荷重で，電柱，架渉線，がいし装置などの風圧荷重，水平角度荷重および断線により生じるねじり力荷重からなっている。

(イ) 風圧荷重

風速 V[m/s] を風圧 P[Pa] に換算するために，次式が一般に用いられている。

$$P = \left(\frac{1}{2} \rho V^2\right) C \quad [\text{Pa}]$$

ρ は空気密度 [kg/m³]，C は空気抵抗係数

(ロ) 水平角度荷重

水平角度荷重は電線路が水平角度で曲がりのある場合に，電柱前後の架渉線張力の合成の水平分力をいう。

③　水平縦荷重

電線路の方向に加わる荷重で，風圧荷重（電柱，がいし装置などに対する風圧）と架渉線の不平均張力およびこれによって生じるねじり力荷重からなっている。

3) 基礎の安全率　① Ａ種鉄筋コンクリート柱，Ａ種鉄柱で，基礎の強度を計算せずに，**表 2.3.19** により施設されるものを総称してＡ種柱という。

② Ａ種柱以外の支持物を総称してＢ種柱といい，基礎の強度計算をして施設する。この場合，安全率は柱体に加わる荷重（垂直荷重，水平横荷重，水平縦荷重）に対して2以上とする。Ａ種柱を高圧電線の引留柱として使用する場合は，径間のいかんにかかわらず支線を取り付ける。やむを得ず支線を省く場合は，Ｂ種柱として取り扱い，柱体・基礎の強度計算を行って安全率（2以上）を確認し，必要により基礎の補強（コンクリート根巻きなど）を施す。

表 2.3.19　Ａ種柱の根入れ

設計荷重区分	全長区分	根入れ
6.87 kN 以下	15 m 以下	全長の $\frac{1}{6}$ 以上
	15 m を超え 16 m 以下	2.5 m 以上
	16 m を超え 20 m 以下	2.8 m 以上
6.87 kN を超え 9.81 kN 以下	14 m 以上 15 m 以下	（全長の $\frac{1}{6}$ + 0.3 m）以上
	15 m を超え 20 m 以下	2.8 m 以上
9.81 kN を超え 14.72 kN 以下	14 m 以上 15 m 以下	（全長の $\frac{1}{6}$ + 0.5 m）以上
	15 m を超え 18 m 以下	3.0 m 以上
	18 m を超え 20 m 以下	3.2 m 以上

ただし，地盤が軟弱な場所に建柱する場合は，設計荷重は 6.87 kN 以下，全長が 16 m 以下とし，特に堅ろうな根かせを施す。

(6) 支線

1) 目的と使用場所　支線は支持物（電柱）の強度を補強するために用いられる。例えば，架渉線の引留柱，角柱，不平均張力の生じる箇所，長径間箇所，鉄道，河川の横断箇所などである。支線の仕様細目については，電技解釈第 61 条（支線の施設方法及び支柱による代用）に規定されている。

2) 強度　許容引張強さは 10.7 kN（電技解釈第 62 条（架空電線路の支持物における支線の施設）の規定により施設する場合は 6.46 kN 以上）であること。

支線の安全率は 2.5 以上（電技解釈第 62 条（架空電線路の支持物における支線の施設）の規定により施設する場合は 1.5 以上）であること。

支線をより線とした場合は次によること。

3) より線の構成　① 素線 3 条以上をより合わせたものであること。

② 素線は直径 2.0 mm 以上および引張強さは 0.69 kN/mm² 以上の金属線を用いること。

4) 高さ　道路を横断して施設する場合，地表上 5 m 以上とすること。ただし，技術上やむを得ない場合で，交通に支障のない場合は，4.5 m 以上，歩道上においては 2.5 m

以上とすることができる。

5) 支線の取付け　　地中の部分および地表上 30 cm までの地際部分に，耐食性のあるものまたは亜鉛めっきを施した鉄棒を使用し，これを容易に腐食しがたい根かせに堅牢に取り付けること。

支線の地中埋設部分は，根かせ（アンカ）と支線ロット（支線棒またはアイボルト）部で構成され，根かせ（アンカ）には，通常，鉄筋コンクリート製のものを埋設するか，または，施工性の良い鉄製打込み式，スクリュー式のものが使用される。

支線の根かせは，支線の引張荷重に十分耐えるように施設すること。

低圧または高圧の架空電線路の支持物に施設する支線であって，電線と接触するおそれがあるものには，その上部（人が触れるおそれがないよう地表上 2.5 m 以上）に玉がいしを挿入すること。ただし，低圧架空電線路の支持物に施設する支線を水田その他の湿地以外の場所に施設する場合は，省略することができる。

6) 種類　　支線は図 2.3.45，図 2.3.46 および表 2.3.20 に示すとおり，使用方法によりさまざまな種類がある。

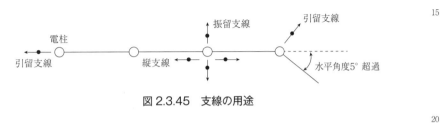

図 2.3.45　支線の用途

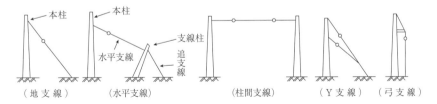

図 2.3.46　支線の種類

表 2.3.20　支線の使用区分

種　　類	使　用　区　分
地　支　線	一般の場合
水平支線	地支線がとれない場合または地支線では根開きが不充分となる場合
柱間支線	線路方向に片引留が 3 径間以下に隣接している場合または片引留で地支線がとれない場合
Ｙ　支　線	上部分散取付を必要とする箇所
弓　支　線	両側支線の場合で上記の施設が困難な場合

7) 支線の強度計算　支線の強度計算は，支線を設ける位置，電線の本数，電柱の傾きなどにより表2.3.21のように計算する。

表2.3.21　支線の強度計算例

電線と支線の関係	計算方法
・電線と同じ位置に支線を取り付ける場合 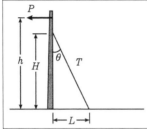	つり合い式：$Ph = \dfrac{T}{a}\sin\theta \times h$ $T = a\dfrac{P}{\sin\theta} = aP\dfrac{\sqrt{h^2+L^2}}{L}$　[N]
・電線が1本で支線の取付位置が異なる場合 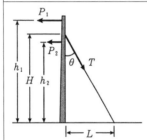	つり合い式：$Ph = \dfrac{T}{a}\sin\theta \times H$ $T = a\dfrac{Ph}{H} \times \dfrac{\sqrt{H^2+L^2}}{L} = aP h\dfrac{\sqrt{H^2+L^2}}{HL}$　[N]
・電線が2本で支線の取付位置が異なる場合	つり合い式：$P_1h_1 + P_2h_2 = \dfrac{T}{a}\sin\theta \times H$ $T = a\dfrac{P_1h_1 + P_2h_2}{H\sin\theta} = a\dfrac{(P_1h_1 + P_2h_2)\sqrt{H^2+L^2}}{HL}$　[N]

P：架空電線の水平張力 [N]，T：支線の張力 [N]，θ：電柱と支線の角度 [°]
L：支線の根開き [m]，h：電線の高さ [m]，H：支線の取付高さ [m]
a：支線の安全率

(7) 電線

1) 電線と適用するがいし　低圧架空電線路または高圧架空電線路に使用する電線と支持する箇所に適用するがいしを表2.3.22に示す。

表2.3.22　電線と適用するがいし

	使用する電線の種類	支持箇所	使用するがいし
高圧配電線路	屋外用ポリエチレン絶縁電線（OE） 屋外用架橋ポリエチレン絶縁電線（OC）	通し箇所	高圧ピンがいし
		縁回し箇所	高圧ピンがいし
		引留箇所	高圧耐張がいし
高圧配電線路 引下げ箇所	高圧引下用架橋ポリエチレン絶縁電線（PDC） 高圧引下用EPゴム絶縁電線（PDP）	縁回し箇所	高圧ピンがいし
低圧配電線路	屋外用ビニル絶縁電線（OW）	通し箇所	低圧ピンがいし
		縁回し箇所	低圧ピンがいし
		引留箇所	低圧引留がいし
低圧引込み箇所	引込用ビニル絶縁電線（DV） 引込用ポリエチレン絶縁電線（DE）	DVがいし（電線が14m㎡未満） 多溝がいし（電線が14m㎡以上）	

2) 電線太さ　｜　電線の太さ，引張強さについては，表 2.3.23 の数値以上に規定されている。

表 2.3.23　電線の太さまたは引張強さ（電技解釈より抜粋）

使用電圧の区分	施設場所	電線の種類		電線の太さ又は引張強さ
300 V 以下	全 て	絶縁電線	硬銅線	直径 2.6 mm
			その他	引張強さ 2.3 kN
		絶縁電線以外	硬銅線	直径 3.2 mm
			その他	引張強さ 3.44 kN
300 V 超過（高圧含む）	市街地		硬銅線	直径 5 mm
			その他	引張強さ 8.01 kN
	市街地外		硬銅線	直径 4 mm
			その他	引張強さ 5.26 kN
低圧保安工事	300 V 超過		硬銅線	直径 5 mm
			その他	引張強さ 8.01 kN
	300 V 以下		硬銅線	直径 4 mm
			その他	引張強さ 5.26 kN
高圧保安工事	全 て		硬銅線	直径 5 mm
			その他	引張強さ 8.01 kN
高 圧	架空地線		裸硬銅線	直径 4 mm
			その他	引張強さ 5.26 kN
	径間 100 m 超		硬銅線	直径 5 mm
			その他	引張強さ 8.01 kN
	長径間		硬銅より線	断面積 22 mm²
			その他	引張強さ 8.71 kN

(8) がいし類

電線を支持し，絶縁を保つために，電線支持方法，使用電圧により次のように使用されている（図 2.3.47）。

1) 高圧ピンがいし　｜　直線電線路の引き通し箇所，変圧器や開閉器の縁廻し線など，張力のかからない高圧線に使用する。

2) 高圧耐張がいし　｜　引留めする高圧電線に使用する。

3) 低圧ピンがいし　｜　直線電線路の引き通し箇所，低圧相互の縁廻しなど，張力のかからない低圧線に使用する。

4) 低圧引留がいし　｜　引留めする低圧線，架空地線の支持に使用する。

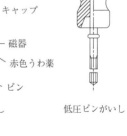

高圧ピンがいし　　高圧耐張がいし　　低圧ピンがいし

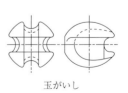

低圧引留がいし　　多溝がいし　　玉がいし

図 2.3.47　がいしの例

5) 多溝がいし　｜　低圧引込線（断面積 14 mm² 以上）の引留支持に使用する。

6) 玉がいし　｜　支線の中間部分に取り付け，支線が電線に接触した場合の危険を防止する。

(9) 高圧電線の架線

電線の架設には，電線ドラムから電線を繰り出し，引留め柱間の数基の支持物の腕金に滑車を取り付け，電線を通しウインチまたは車両で延線する。延線した電線を適当な径間ごとに張線器などで引張り，適正なたるみを与えてがいしに取り付ける。

8.3.2 地中配電線路

地中送電線路と同様に，最近は都市の美観上と災害発生時への対応のため道路上空間の確保の必要性からも架空配電線路の地中化が進んでいる。

1) ケーブルの種類　地中配電線路に使用するケーブルとしてゴムおよびプラスチックケーブル，ソリッドケーブルなどさまざまな種類があるが，架橋ポリエチレンケーブルを使用するのが主流である。さらに信頼性と施設作業性の向上でトリプレックス形の採用が多くなっている。

2) 配電塔　最近市街地や商店街などの都市整備化が進み，環境が重視される場所においては架空配電線路を地中化する工事が計画的に実施されており，配電塔が地中配電線路の需要家との接続箇所に数多く設置されている。

配電塔は，道路上または歩道植込に設置するため，道路法による道路占用許可の制約を受ける。パットマウント変圧器や多回路開閉器などが用いられている。

3) パットマウント変圧器　地上設置形の変圧器であって，変圧器のケースと配電箱を一体化し，開閉器，保護装置を内蔵した全装可搬形のものでコンパクト化され，歩道や植込に設置してケーブルを接続すれば，即使用できるものである。変圧器容量は通常容量 V 結線方式で 100 kV・A 前後が一般的に使用されている。

4) 多回路開閉器　高圧地中配電線用のフィーダから数回線分岐する場合に用いられるもので，開閉器数回路を 1 体としたものである。開閉器には真空開閉器，気中開閉器，ガス開閉器（SF_6 ガス）などがあり，非常に小形化され地上設置形と地下設置形とがある。

8.4 諸計算式

(1) 電気方式による各種比較

1) 電気方式の比較　電気方式の比較を表 2.3.24 に示す。

表 2.3.24　電気方式の比較

方式 項目	交流				直流
線式	単相2線式	単相3線式	三相3線式	三相4線式	2線式
線路電流　(I)	$\dfrac{P}{V_R \cos\theta}$	$\dfrac{P}{2V_R \cos\theta}$	$\dfrac{P}{\sqrt{3}\,V_R \cos\theta}$	$\dfrac{P}{3V_R \cos\theta}$	$\dfrac{P}{V_R}$
線路損失　(P)	$2I^2R$	$2I^2R$	$3I^2R$	$3I^2R$	$2I^2R$
電圧降下　(v)	$2e$	e	$\sqrt{3}\,e$	e	IR
所要電線量(W)	$2\sigma Al$	$2.5\sigma Al$	$3\sigma Al$	$3.5\sigma Al$	$2\sigma Al$

R：電線の抵抗　　σ：電線の比重　　A：電線の断面積　　l：電線の長さ
X：電線のリアクタンス　　P：送電電力　　V_R：受電端電圧
$e = I(R\cos\theta + X\sin\theta)$　　　$\cos\theta$：力率

2) 送電電圧と電力　送電電力を P [W]，送電電圧を V_S [V]，受電電圧を V_R [V]，送電線のリアクタンスを X [Ω]，線路抵抗はないものとして，送受電両端間の電圧位相角を θ とす

ると，次式で表される。

$$P = \frac{V_S V_R}{X}\sin\theta \fallingdotseq \frac{V^2}{X}\sin\theta \quad [\text{W}]$$

同一線路においては，送電電力は送電電圧の2乗に比例する。

3) 電力損失　　表2.3.25に，電気方式別による1線当たりの送電電力比率と電力損失比率を示す。

電線1線あたりの抵抗をR [Ω]，それに流れる電流をI [A]とすれば，$P = I^2R$ [W]の抵抗による損失を生じる。三相3線式送電線の電力損失P_L [W]は，1線当たり電力損失はI^2R [W]となるので，3線では，$P_L = 3I^2R$ [W]となる。

負荷電力を一定にすると，

$$P_L = 3R\left(\frac{P}{\sqrt{3}V\cos\theta}\right)^2 = \frac{RP^2}{V^2\cos^2\theta} \quad [\text{W}]$$

電力損失P_Lは，供給電圧および力率の2乗に反比例する。

表2.3.25　電気方式別による1線当たりの送電電力比率と電力損失比率

電気方式	送電電力	比率	電力損失	比率
単相2線式	$\dfrac{VI\cos\theta}{2}$	= 100 %	I_1	$P_1 = 2I_1^2R$ = 100 %
単相3線式	$\dfrac{2VI\cos\theta}{3}$	= 133 %	$I_2 = \dfrac{1}{2}I_1$	$P_2 = 2I_2^2R$ = 25 %
三相3線式	$\dfrac{\sqrt{3}\,VI\cos\theta}{3}$	= 115 %	$I_3 = \dfrac{1}{\sqrt{3}}I_1$	$P_3 = 3I_3^2R$ = 50 %
三相4線式	$\dfrac{3VI\cos\theta}{4}$	= 150 %	$I_4 = \dfrac{1}{3}I_1$	$P_4 = 3I_4^2R$ = 17 %

V：電圧　　I：電流　　$\cos\theta$：力率　　P：電力損失　　R：抵抗

(2) 電圧降下計算

1) 1線当たりの電圧降下　　短距離送電線路の場合では，抵抗Rと作用インダクタンスLによるリアクタンスXが集中していると考えられるため，静電容量Cとコンダクタンスgは無視できる。1相分の抵抗R [Ω]，リアクタンスX [Ω]，負荷電流I [A]，負荷の力率$\cos\theta$，負荷の無効率$\sin\theta$，送電端の相電圧V_{S1} [V]，受電端の相電圧V_{R1} [V]とすれば，この場合の等価回路図は図2.3.48(a)，受電端の相電圧$\dot{V}_{R1}$ [V]を基準として送受電端の電圧・電流のベクトル図は図2.3.48(b)となる。

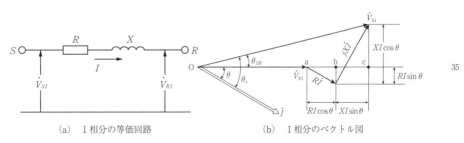

(a)　1相分の等価回路　　　　(b)　1相分のベクトル図

図2.3.48　1相分の電圧降下

ベクトル図で，$\dot{V}_{S1}$ と $\dot{V}_{R1}$ との位相差を θ_{SR} とすると，$\theta_{SR} = \theta_S - \theta$ で表される。しかし，θ_{SR} は小さい値であり，$V_{S1} \sin\theta_{SR}$ も小さい値となるため簡略式では，
$V_{S1} \fallingdotseq \overline{Oc}$ となる。

したがって，送電端の相電圧 V_{S1} は，
$V_{S1} \fallingdotseq \overline{Oc} = \overline{Oa} + \overline{ab} + \overline{bc}$ となる。

送電端の相電圧 V_{S1} [V] と受電端の相電圧 V_{R1} [V] および線電流 I [A] の関係は次式となる。

$$V_{S1} = V_{R1} + I(R\cos\theta + X\sin\theta) \quad [V]$$

∴ 1相分の電圧降下 e [V] は，

$$e = V_{S1} - V_{R1} = I(R\cos\theta + X\sin\theta) \quad [V]$$

各電気方式によって異なる電圧降下は1相当たりの電圧降下を基準に求めることができる（図 2.3.49）。

① 単相2線式の電圧降下

単相2線式の電圧降下 v_2 は，1相分の2倍なので次式となる。

$$v_2 = 2e = 2I(R\cos\theta + X\sin\theta) \quad [V]$$

② 三相3線式の電圧降下

三相3線式の電圧降下 v_3 は，線間電圧が相電圧の $\sqrt{3}$ 倍なので次式となる。

$$v_3 = \sqrt{3}e = \sqrt{3}I(R\cos\theta + X\sin\theta) \quad [V]$$

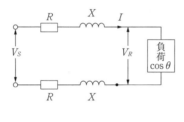
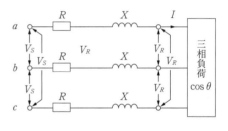

(a) 単相2線式　　　　　　(b) 三相3線式

図 2.3.49　電圧降下

2) 末端集中負荷の電圧降下

図 2.3.50(a)に示す専用配電線のように，線路末端にのみ集中して負荷のある線路の電圧降下 v_1 [V] は，次式で表される。

$$v_1 = K\kappa IL \quad [V]$$

K：配電方式により異なる定数(三相3線式：$\sqrt{3}$, 単相2線式：2, 単相3線式：1)

L：配電距離 [km]

I：負荷点の電流 [A]

κ：$r\cos\theta + x\sin\theta$ [Ω/km]（電線1条1km当たりの等価抵抗）

r：電線1条1km当たりの抵抗 [Ω/km]

x：電線1条1km当たりのリアクタンス [Ω/km]

3) 平等分布負荷の場合の電圧降下

図 2.3.50(b)に示す平等分布負荷の配電線の末端における電圧降下 v_2 [V] は，全負荷電流 I [A] が全長 L [km] の $\frac{1}{2}$ の箇所に集中した場合の電圧降下と等しいと考えればよいため，

$$I = ni = \Sigma i \quad [\text{A}]$$

とすれば，図2.3.50(c)のような集中負荷の場合の電圧降下に等しくなる。

$$v_2 = K\kappa \Sigma i \frac{1}{2} L \quad [\text{V}]$$

したがって，末端集中負荷の場合の負荷点の電流 I [A] と平等分布負荷の合計電流 Σi [A] が等しく，配電距離 L [km]，電線1条1kmあたりの等価抵抗 κ [Ω/km] が同じ条件の場合，末端集中負荷の電圧降下 v_1 [V] と平等分布負荷の末端における電圧降下 v_2 [V] の比 $\dfrac{v_2}{v_1}$ は，$\dfrac{1}{2}$ になる。

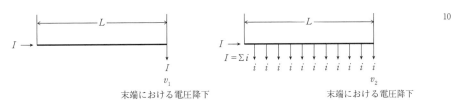

(a) 末端の集中負荷　　　　　　　　　(b) 平等分布負荷

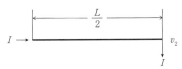

(c) 平等分布負荷を末端集中負荷と考えた場合

図2.3.50　負荷の分布状況

(3) %インピーダンスを用いた短絡電流・短絡容量の計算

送配電系統には，定格電圧や容量の異なる発電機，変圧器，送電線，配電線が接続されている。系統のどこかで短絡事故が起きた場合，短絡電流は，オームの法則（オーム法）を用いても計算ができるが，途中に発電機や変圧器が接続されていると計算が複雑になるため，簡単に短絡電流や短絡容量が求められる%インピーダンス（以下，%Zと表記する）法を用いるのが一般的である。

%Zとは，系統に適した基準インピーダンス Z_n [Ω] を基準に，これに対する送電線や変圧器のインピーダンス Z [Ω] を%で表したものである。

1) 故障点までの%Z

図2.3.51において，送電線や変圧器のインピーダンス Z [Ω] を%Zで示すには，基準インピーダンス Z_n [Ω] を，

$$Z_n = \frac{E_n}{I_n} \quad [\Omega] \text{ とし,}$$

$$V_n = \sqrt{3}\, E_n \quad [\text{V}], \quad P_n = \sqrt{3}\, V_n I_n \quad [\text{V·A}] \text{ とすると,}$$

$$\%Z = \frac{Z}{Z_n} \times 100 = \frac{Z I_n}{E_n} \times 100 = \frac{Z P_n}{V_n^2} \times 100 \quad [\%]$$

ただし，Z：インピーダンス [Ω]，Z_n：基準インピーダンス [Ω]
　　　　I_n：基準電流　　　　　[A]，E_n：基準相電圧　　　　[V]
　　　　V_n：基準線間電圧　　　[V]，P_n：基準容量　　　　　[V·A]

また，基準線間電圧 V_n が [kV]，基準容量 P_n が [kV·A] であると，

$$\%Z = \frac{ZP_n}{10\,V_n^2} \quad [\%]$$

　一般に送配電系統の計算では，電圧または電力を基準とする。

　基準電圧や基準容量は任意に選定してよいが，一般には，基準線間電圧 V_n は系統計算が便利なように，その回路の定格電圧または公称電圧とすることが多い。また，基準容量 P_n は系統計算を行う場合には，10［MV・A］，100［MV・A］または 1,000［MV・A］などの端数のつかない値を用いることが多い。

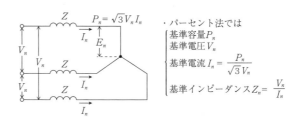

図 2.3.51　三相回路の%インピーダンス

2) 三相短絡電流　三相短絡電流 I_S［A］は，短絡を生じた箇所の短絡前の基準電流 I_n［A］を，短絡箇所より電源側をみて，合成した%Zで除したもので求められる。

$$I_S = I_n \times \frac{100}{\%Z} \quad [A]$$

　また，基準容量 $P_n = \sqrt{3}V_n I_n$［V・A］なので，基準電流 I_n［A］，基準線間電圧 V_n［V］を用いると，

$$I_S = I_n \times \frac{100}{\%Z} = \frac{P_n}{\sqrt{3}V_n} \times \frac{100}{\%Z} \quad [A]$$

3) 三相短絡電流の計算　図 2.3.52 のように，定格電圧 66 kV の電源から三相変圧器を介して二次側に遮断器が接続された系統がある。この三相変圧器は，定格容量 10 MV・A，変圧比 66/6.6 kV，%Z_t が基準容量 P_n = 10 MV・A で 7.5%である。変圧器一次側から電源側をみた%Zを基準容量 P_g = 100 MV・A で 5%としたとき，図の A 点で三相短絡事故が発生した場合の三相短絡電流 I_S［A］を求める。

図 2.3.52　短絡事故が起こった場合の短絡電流

① 各%Zの値を同一の基準容量に換算する。

　変圧器一次側から電源側を見た%Z（P_g = 100 MV・A で 5%）を基準容量 P_n = 10 MV・A に換算した%Z' の値は，

$$\%Z' = \%Z \times \frac{P_n}{P_g} = 5 \times \frac{10}{100} = 0.5\%$$

② A点（変圧器二次側）から電源側を見た合成パーセントインピーダンスを求める。各パーセントインピーダンス%Zの合成は，抵抗の直並列の合成の計算と同一の要領で行い，換算後の%Z_gと%Z_tを足し算すると，

$\%Z = \%Z_g + \%Z_t = 0.5 + 7.5 = 8\%$

③ 三相短絡電流を求める。

図2.3.52の三相短絡電流 I_S［A］は，

$$I_S = I_n \times \frac{100}{\%Z} = \frac{P_n}{\sqrt{3}\,V_n} \times \frac{100}{\%Z} = \frac{10 \times 10^6}{\sqrt{3} \times 6.6 \times 10^3} \times \frac{100}{8} \fallingdotseq 10,900 \text{ A}$$
$= 10.9 \text{ kA}$

したがって，A点で短絡事故電流を遮断できる遮断器の定格遮断電流は，10.9 kA以上であるので，定格12.5 kAのものが必要である。

(計算例1)

直列で，抵抗分とリアクタンス分（ j 表示の部分）が示されている場合

変電所のパーセントインピーダンス：%$Z_g = j2\%$
配電線のパーセントインピーダンス：%$Z_\ell = 6 + j6\%$
%Z_gと%Z_ℓの基準容量：10MV・A

図2.3.53　短絡容量（直列合成の場合）

図2.3.53の場合，基準容量は同一であるので%Zは直列合成となり，抵抗分とリアクタンス分（ j 表示の部分）に分けて足し算し，その絶対値を求めればよい。

$\%Z = \%Z_g + \%Z_\ell = j2 + 6 + j6 = 6 + j8$　　［%］

%Zの絶対値｜%Z｜は，｜%Z｜ $= \sqrt{6^2 + 8^2} = 10\%$

(計算例2)

直並列で，抵抗分とリアクタンス分が分けられていない%Zで示されている場合

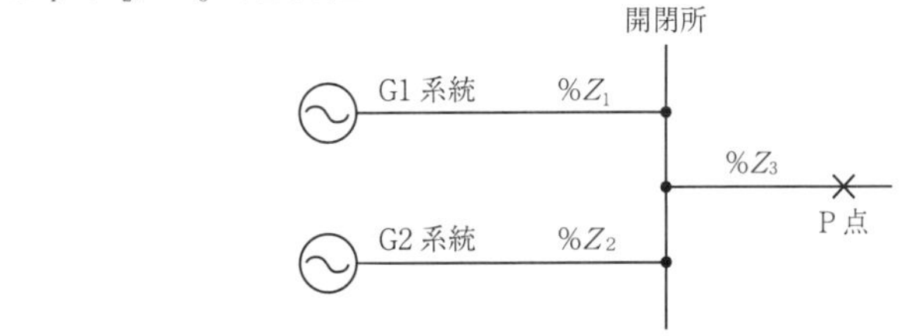

%Z_1, %Z_2, %Z_3は，基準容量10MV・A

図2.3.54　短絡容量（直並列合成の場合）

図2.3.54の場合は，基準容量は同一であるので，%Zは直並列合成となり，%Z_1と%Z_2の並列の合成インピーダンス%Z_0を最初に計算し，その後，%Z_0と%Z_3の直列合成を求めればよい。

$$\%Z_0 = \cfrac{1}{\cfrac{1}{\%Z_1} + \cfrac{1}{\%Z_2}} \quad [\%]$$

$\%Z_0$, $\%Z_3$ の直列インピーダンスの合計インピーダンスを$\%Z$とすると，

$$\%Z = \cfrac{1}{\cfrac{1}{\%Z_1} + \cfrac{1}{\%Z_2}} + \%Z_3 \quad [\%]$$

4) 短絡容量の計算

基準容量をP_n [kV・A]，短絡容量をP_S [kV・A]，基準電流をI_n [A]，三相短絡電流をI_S [A]，基準線間電圧をV_n [kV]とすると，

$$P_S = \sqrt{3}\,V_n I_S = \sqrt{3}\,V_n I_n \times \frac{100}{\%Z} = P_n \times \frac{100}{\%Z} \quad [\text{kV·A}]$$

(4) 需要家における力率改善（調相設備）

1) 需要家の調相設備

需要家は，一般に遅相負荷であるため，力率改善には電力用コンデンサを設備する。これは力率改善により無効電力による損失と電圧降下をなくし，合わせて力率割引による電力料金の低減を図るものである。

需要家に一般に用いられる6%直列リアクトル付き力率改善用コンデンサ設備は，低次の高調波に対してインピーダンスが小さくなり，フィルタと同様に高調波電流を吸収する効果があり，系統へ流出する高調波電流を低減する効果がある。力率改善用コンデンサは，高圧側に設置される場合と，変圧器の二次側の低圧側に設置される場合の2つの方法があり，特に低圧側に設置した場合，その効果は大きい。ただし，系統からの高調波電流を吸収することもあるため，両者を考慮して直列リアクトルやコンデンサが過負荷にならないことを確認して設置する必要がある。

2) コンデンサ容量の計算

力率改善のために必要なコンデンサ容量は，次による。

① 負荷電力一定の場合（図2.3.55）

電力P [kW]一定の負荷力率を$\cos\theta_1$から$\cos\theta_2$に改善するのに要する容量Q_Cは，

$$Q_C = P(\tan\theta_1 - \tan\theta_2) \quad [\text{kvar}]$$

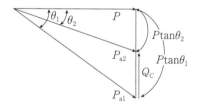

図2.3.55 力率改善に必要なコンデンサ容量

三角関数の公式

$$\sin^2\theta + \cos^2\theta = 1, \quad \tan\theta = \frac{\sin\theta}{\cos\theta} = \frac{\sqrt{1-\cos^2\theta}}{\cos\theta} \text{ より，}$$

$$Q_C = P \times \left(\frac{\sqrt{1-\cos^2\theta_1}}{\cos\theta_1} - \frac{\sqrt{1-\cos^2\theta_2}}{\cos\theta_2} \right) \quad [\text{kvar}]$$

皮相電力はP_{a1}からP_{a2}に減少し，設備容量に余裕が出る。

② 皮相電力一定の場合（図2.3.56）

力率$\cos\theta_1$から$\cos\theta_2$に改善することにより負荷電力の増加は，

$$P_2 - P_1 = P_a(\cos\theta_2 - \cos\theta_1) \quad [\text{kW}]$$

その所要コンデンサ容量は，

$$Q_c = P_a(\cos\theta_2 \tan\theta_1 - \sin\theta_2) \quad [\text{kvar}]$$

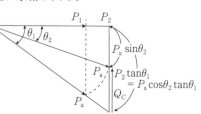

図2.3.56 負荷増設時のコンデンサ容量

第 3 節　送配電設備

P_1：力率改善前の負荷電力［kW］
θ_1：力率改善前の遅れ角
P_a：一定の皮相電力［kV・A］
P_2：力率改善後の負荷電力［kW］
θ_2：力率改善後の遅れ角

第4節　構内電気設備

1. 共通事項

1.1 電気設備の用語

　用語の定義は，電気設備に関する技術基準を定める省令（以下「電技」という）第1条，電気設備の技術基準の解釈（以下「電技解釈」という）第1条および内線規程1,100節に規定されている。

1) 用語

表 2.4.1　用語の定義

用　語	定　義
構内	へい，さく，堀などによって区切られた地域若しくは施設者及びその関係者以外の者が自由に出入りできない地域または地形上その他社会通念上これらに準じる地域とみなしうるところをいう。
電気使用場所	電気を使用するための電気設備を施設した，1の建物又は1の単位をなす場所
需要場所	電気使用場所を含む1の構内又はこれに準ずる区域であって，発電所，蓄電所，変電所及び開閉所以外のもの
発電所	発電機，原動機，燃料電池，太陽電池その他の機械器具（電気事業法に規定する小規模発電設備，非常用予備電源を得る目的で施設するもの及び電気用品安全法の適用を受ける携帯用発電機を除く。）を施設して電気を発生させる所をいう。
変電所に準ずる場所	需要場所において高圧又は特別高圧の電気を受電し，変圧器その他の電気機械器具により電気を変成する場所
開閉所に準ずる場所	需要場所において高圧又は特別高圧の電気を受電し，開閉器その他の装置により電路の開閉をする場所であって，変電所に準ずる場所以外のもの
電路	通常の使用状態で電気が通じているところをいう。
電気機械器具	電路を構成する機械器具をいう。
電線	強電流電気の伝送に使用する電気導体，絶縁物で被覆した電気導体又は絶縁物で被覆した上を保護被覆で保護した電気導体をいう。
電線路	発電所，蓄電所，変電所，開閉所及びこれらに類する場所並びに電気使用場所相互間の電線（電車線を除く。）並びにこれを支持し，又は保蔵する工作物をいう。
支持物	木柱，鉄柱，鉄筋コンクリート柱及び鉄塔並びにこれらに類する工作物であって，電線又は弱電流電線若しくは光ファイバケーブルを支持することを主たる目的とするもの
架空引込線	架空電線路の支持物から他の支持物を経ずに需要場所の取付け点に至る架空電線
引込線	架空引込線及び需要場所の造営物の側面等に施設する電線であって，当該需要場所の引込口に至るもの
屋内配線	屋内の電気使用場所において，固定して施設する電線（電気機械器具内の電線，管灯回路の配線，エックス線管回路の配線，接触電線，小勢力回路の電線，出退表示灯回路の電線，特別低電圧照明回路の電線及び電線路の電線を除く。）
屋側配線	屋外の電気使用場所において，当該電気使用場所における電気の使用を目的として，造営物に固定して施設する電線（電気機械器具内の電線，管灯回路の配線，接触電線，小勢力回路の電線，出退表示灯回路の電線及び電線路の電線を除く。）

表 2.4.1 用語の定義（つづき）

用　語	定　義
屋外配線	屋外の電気使用場所において，当該電気使用場所における電気の使用を目的として，固定して施設する電線（屋側配線，電気機械器具内の電線，管灯回路の配線，接触電線，小勢力回路の電線，出退表示灯回路の電線及び電線路の電線を除く。）
弱電流電線	弱電流電気の伝送に使用する電気導体，絶縁物で被覆した電気導体又は絶縁物で被覆した上を保護被覆で保護した電気導体をいう。
弱電流電線等	弱電流電線及び光ファイバケーブル
管灯回路	放電灯用安定器又は放電灯用変圧器から放電管までの電路
乾燥した場所	湿気の多い場所及び水気のある場所以外の場所
湿気の多い場所	水蒸気が充満する場所又は湿度が著しく高い場所
水気のある場所	水を扱う場所若しくは雨露にさらされる場所その他水滴が飛散する場所，又は常時水が漏出し若しくは結露する場所
展開した場所	点検できない隠ぺい場所及び点検できる隠ぺい場所以外の場所
点検できる隠ぺい場所	点検口がある天井裏，戸棚又は押入れ等，容易に電気設備に接近し，又は電気設備を点検できる隠ぺい場所
点検できない隠ぺい場所	天井ふところ，壁内又はコンクリート床内等，工作物を破壊しなければ電気設備に接近し，又は電気設備を点検できない場所
接触防護措置	次のいずれかに適合するように施設することをいう。 イ　設備を，屋内にあっては床上 2.3 m 以上，屋外にあっては地表上 2.5 m 以上の高さに，かつ，人が通る場所から手を伸ばしても触れることのない範囲に施設すること。 ロ　設備に人が接近又は接触しないよう，さく，へい等を設け，又は設備を金属管に収める等の防護措置を施すこと。
簡易接触防護措置	次のいずれかに適合するように施設することをいう。 イ　設備を，屋内にあっては床上 1.8 m 以上，屋外にあっては地表上 2 m 以上の高さに，かつ，人が通る場所から容易に触れることのない範囲に施設すること。 ロ　設備に人が接近又は接触しないよう，さく，へい等を設け，又は設備を金属管に収める等の防護措置を施すこと。
難燃性	炎を当てても燃え広がらない性質
自消性のある難燃性	難燃性であって，炎を除くと自然に消える性質
不燃性	難燃性のうち，炎を当てても燃えない性質
耐火性	不燃性のうち，炎により加熱された状態においても著しく変形又は破壊しない性質

1.2　電圧

1) **電圧の種別**　電圧は，表 2.4.2 の区分により低圧，高圧および特別高圧の 3 種とする。

表 2.4.2　電圧の種別

区　分	低　圧	高　圧	特別高圧
直　流	750 V 以下	750 V 超過 7,000 V 以下	7,000 V 超過
交　流	600 V 以下	600 V 超過 7,000 V 以下	

2) **使用電圧**（公称電圧）　電路を代表する線間電圧をいう。

3) **最大使用電圧** 次のいずれかの方法により求めた，通常の使用状態において電路に加わる最大の線間電圧をいう。

① 使用電圧が，電気学会電気規格調査会標準規格 JEC-0222-2009「標準電圧」の「3.1 公称電圧が 1,000 V を超える電線路の公称電圧及び最高電圧」又は「3.2 公称電圧が 1,000 V 以下の電線路の公称電圧」に規定される公称電圧に等しい電路においては，使用電圧に，表 2.4.3 に規定する係数を乗じた電圧

② ①に規定するもの以外の電路においては，電路の電源となる機器の定格電圧（電源となる機器が変圧器である場合は，当該変圧器の最大タップ電圧とし，電源が複数ある場合は，それらの電源の定格電圧のうち最大のもの）

表 2.4.3 電圧の種別

使用電圧の区分	係　数
1,000 V 以下	1.15
1,000 V を超え 500,000 V 未満	1.15／1.1
500,000 V	1.05，1.1 又は 1.2
1,000,000 V	1.1

③ 計算又は実績により，①又は②の規定により求めた電圧を上回ることが想定される場合は，その想定される電圧

4) **定格電圧** 電気使用機械器具，配線器具などにおいて使用上の基準となる電圧をいう。

5) **対地電圧** 接地式電路では，電線と大地との間の電圧をいい，非接地式電路では，電線とその電路中の任意の他の電線との間の電圧をいう。

6) **電路の対地電圧の制限** 住宅の屋内電路（電気機械器具内の電路を除く。）の対地電圧は，150 V 以下であること。ただし，次の各号のいずれかに該当する場合は，この限りでない。

一　定格消費電力が 2 kW 以上の電気機械器具及びこれに電気を供給する屋内配線を次により施設する場合

　イ　屋内配線は，当該電気機械器具のみに電気を供給するものであること。

　ロ　電気機械器具の使用電圧及びこれに電気を供給する屋内配線の対地電圧は，300 V 以下であること。

　ハ　屋内配線には，簡易接触防護措置を施すこと。

　ニ　電気機械器具には，簡易接触防護措置を施すこと。ただし，次のいずれかに該当する場合は，この限りでない。

　　(イ)　電気機械器具のうち簡易接触防護措置を施さない部分が，絶縁性のある材料で堅ろうに作られたものである場合

　　(ロ)　電気機械器具を，乾燥した木製の床その他これに類する絶縁性のものの上でのみ取り扱うように施設する場合

　ホ　電気機械器具は，屋内配線と直接接続して施設すること。

　ヘ　電気機械器具に電気を供給する電路には，専用の開閉器及び過電流遮断器を施設すること。ただし，過電流遮断器が開閉機能を有するものである場合は，過電流遮断器のみとすることができる。

　ト　電気機械器具に電気を供給する電路には，電路に地絡が生じたときに自動的に電路を遮断する装置を施設すること。ただし，次に適合する場合は，この限りでない。

　　(イ)　電気機械器具に電気を供給する電路の電源側に，次に適合する変圧器を

　　　　施設すること。
　　　(1)　絶縁変圧器であること。
　　　(2)　定格容量は3kVA以下であること。
　　　(3)　1次電圧は低圧であり，かつ，2次電圧は300V以下であること。
　　(ロ)　(イ)の規定により施設する変圧器には，簡易接触防護措置を施すこと。
　　(ハ)　(イ)の規定により施設する変圧器の負荷側の電路は，非接地であること。
　二　当該住宅以外の場所に電気を供給するための屋内配線を次により施設する場合
　　イ　屋内配線の対地電圧は，300V以下であること。
　　ロ　人が触れるおそれがない隠ぺい場所に合成樹脂管工事，金属管工事又は
　　　　ケーブル工事により施設すること。
　三　太陽電池モジュールに接続する負荷側の屋内配線（複数の太陽電池モジュー
　　ルを施設する場合にあっては，その集合体に接続する負荷側の配線）を次によ
　　り施設する場合
　　イ　屋内配線の対地電圧は，直流450V以下であること。
　　ロ　電路に地絡が生じたときに自動的に電路を遮断する装置を施設すること。
　　　　ただし，次に適合する場合は，この限りでない。
　　　(イ)　直流電路が，非接地であること。
　　　(ロ)　直流電路に接続する逆変換装置の交流側に絶縁変圧器を施設すること。
　　　(ハ)　太陽電池モジュールの合計出力が，20kW未満であること。ただし，屋
　　　　　内電路の対地電圧が300Vを超える場合にあっては，太陽電池モジュー
　　　　　ルの合計出力は10kW以下とし，かつ，直流電路に機械器具（太陽電池モ
　　　　　ジュール，第200条第2項第一号ロ及びハの器具，直流変換装置，逆変換
　　　　　装置並びに避雷器を除く。）を施設しないこと。
　　ハ　屋内配線は，次のいずれかによること。
　　　(イ)　人が触れるおそれのない隠ぺい場所に，合成樹脂管工事，金属管工事又
　　　　　はケーブル工事により施設すること。
　　　(ロ)　ケーブル工事により施設し，電線に接触防護措置を施すこと。
　（四　省略）
　五　第132条第3項の規定により，屋内に電線路を施設する場合
2　住宅以外の場所の屋内に施設する家庭用電気機械器具に電気を供給する屋内電
　路の対地電圧は，150V以下であること。ただし，家庭用電気機械器具並びにこ
　れに電気を供給する屋内配線及びこれに施設する配線器具を，次の各号のいずれ
　かにより施設する場合は，300V以下とすることができる。
　一　前項第一号ロからホまでの規定に準じて施設すること。
　二　簡易接触防護措置を施すこと。ただし，取扱者以外の者が立ち入らない場所
　　にあっては，この限りでない。
3　白熱電灯（第183条に規定する特別低電圧照明回路の白熱電灯を除く。）に電
　気を供給する電路の対地電圧は，150V以下であること。ただし，住宅以外の場
　所において，次の各号により白熱電灯を施設する場合は，300V以下とすること
　ができる。

一　白熱電灯及びこれに附属する電線には，接触防護措置を施すこと。
二　白熱電灯（機械装置に附属するものを除く。）は，屋内配線と直接接続して施設すること。
三　白熱電灯の電球受口は，キーその他の点滅機構のないものであること。

7) 電気方式の種類と対地電圧

現在一般に用いられている電気方式と対地電圧の関係を，図 2.4.1 に示す。

住宅，事務所，工場などの建物で電気を使用する場合，電気方式の種類として，以下の4つの方式がある。

① 単相2線式 100 V

負荷容量が小さい，住宅，小規模のビルに採用される。

② 単相3線式 100/200 V

単相2線式の接地側電線を共用し3本の電線で供給するもので，ビルの配線方式として幅広く使用される。住宅の 200 V 配線といわれるものもこの方式で，対地電圧が 100 V で供給電圧は 100 V と 200 V である。

③ 三相3線式 200 V

建築設備に使用される電動機はほとんどが三相誘導電動機で，電源は三相3線式 200 V が使用される。

④ 三相4線式 240/415 V（50 Hz）265/460 V（60 Hz）

400 V 級配線といわれるもので，大規模のビル，工場に使用される。中性線と各線間が 240 V または 265 V，各線間が 415 V または 460 V と電圧が高いので，同容量の負荷への供給では電線サイズを小さくでき配線費の軽減が可能である。この場合，コンセントなどの 100 V 負荷に対しては，電気シャフトなどに降圧変圧器（タイトランス）を設置して対応する必要がある。

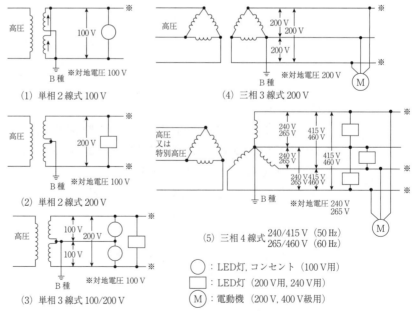

図 2.4.1　電気方式と対地電圧

8) 低圧電線路の絶縁性能

絶縁性能については，電技第22条（低圧電線路の絶縁性能）に，「低圧電線路中絶縁部分の電線と大地との間及び電線の線心相互間の絶縁抵抗は，使用電圧に対する漏えい電流が最大供給電流の2,000分の1を超えないようにしなければならない。」と規定されている。

電技第58条（低圧の電路の絶縁性能）には「電気使用場所における使用電圧が低圧の電路の電線相互間及び電路と大地との間の絶縁抵抗は，開閉器又は過電流遮断器で区切ることのできる電路ごとに，表2.4.4の左欄に掲げる電路の使用電圧の区分に応じ，それぞれ同表の右欄に掲げる値以上でなければならない。」と規定されている。

表2.4.4 使用電圧の区分と絶縁抵抗値

電路の使用電圧の区分		絶縁抵抗値
300 V 以下	対地電圧（接地式電路においては電線と大地との間の電圧，非接地式電路においては電線間の電圧をいう。以下同じ。）が150 V 以下の場合	0.1 MΩ
	その他の場合	0.2 MΩ
300 V を超えるもの		0.4 MΩ

また，電技解釈第14条（低圧電路の絶縁性能）第1項に，「電気使用場所における使用電圧が低圧の電路は，電技第58条によるかまたは絶縁抵抗測定が困難な場合においては，当該電路の使用電圧が加わった状態における漏えい電流が，1 mA以下であること。」と規定されている。

1.3 電線・ケーブル類

1) 電線・ケーブル

電気工事において，一般に用いられる電力用の電線・ケーブルの主な種類とその用途，構造などを，表2.4.5に示す。選定に当たっては，環境に配慮した電線として，EM（エコマテリアル & 耐燃性）電線・ケーブルを使用することが推奨される。

表2.4.5 電線・ケーブルの用途・構造など（電力用）

名　称	記　号	規　格	用途・構造・その他
600 V 耐燃性ポリエチレン絶縁電線	EM-IE	JIS C 3612	600 V 以下の主に一般用電気工作物及び電気機器の配線に用いるポリエチレン樹脂を主体とした耐燃性コンパウンド（「耐燃性ポリエチレン」という。）で絶縁された単心の絶縁電線。この電線は，環境に配慮した電線。
600 V 耐燃性架橋ポリエチレン絶縁電線	EM-IC	JCS 3417	600 V 以下で使用される一般用電気工作物や電気機器の配線に用いる絶縁電線で，耐燃性[EM]架橋ポリエチレン[C]樹脂を主体としたコンパウンドで絶縁されている。
600 V ビニル絶縁電線	IV	JIS C 3307	600 V 以下の主に一般用電気工作物や電気機器の配線に用いる塩化ビニル樹脂を主体としたコンパウンドで絶縁された単心の絶縁電線。
600 V 二種ビニル絶縁電線	HIV	JIS C 3317	600 V 以下の主に一般用電気工作物や電気機器の配線に用いるビニル絶縁電線で，耐熱性可塑剤を用いた塩化ビニル樹脂を主体としたコンパウンドで絶縁されたもの。耐熱配線の電線として使用される。

表 2.4.5　電線・ケーブルの用途・構造など（電力用）（つづき）

名　称	記　号	規　格	用途・構造・その他
600 V ビニル絶縁ビニルキャブタイヤケーブル	VCT	JIS C 3312	600 V 以下の移動用電気機器の電源回路などに用いる塩化ビニル樹脂を主体としたコンパウンドを絶縁体及びシースとする移動用ケーブル。
屋外用ビニル絶縁電線	OW	JIS C 3340	主に架空電線路に使用する塩化ビニル樹脂を主体としたコンパウンドで絶縁された単心の絶縁電線。
高圧機器内配線用電線	KIP KIC	JIS C 3611	公称電圧 6.6 kV のキュービクル式受電設備内 [KI] の高圧配線に使用する絶縁電線で、EP ゴム（エチレンプロピレンゴム）電線 [P]、又は架橋ポリエチレン電線 [C]。
600 V ポリエチレンケーブル	EV，EE CV，CE	JIS C 3605	600 V 以下の回路に用いるポリエチレン [E] 又は架橋ポリエチレン [C] で絶縁し、塩化ビニル樹脂 [V] 又はポリエチレン [E] でシースを施した単心～4心ケーブル。
600 V 耐燃性ポリエチレンシースケーブル	EM-EE EM-CE EM-EEF（平形） EM-CEF（平形）	JIS C 3605	600 V 以下の回路に用いるポリエチレン [E] 又は架橋ポリエチレン [C] で絶縁し、耐燃性 [EM] ポリエチレンでシースしたケーブル。ハロゲン及び鉛を含まない材料で構成され、環境に配慮したケーブル。
600 V ビニル絶縁ビニルシースケーブル	VV VVR（丸形） VVF（平形）	JIS C 3342	600 V 以下の回路に用いる塩化ビニル樹脂を主体としたコンパウンドを絶縁体及びシースとするビニル [V] 絶縁ビニル [V] シースケーブル。
高圧架橋ポリエチレン絶縁耐燃性ポリエチレンシースケーブル	EM-CE EM-CET	JIS C 3606	6.6 kV 以下の電力用回路に使用する電力ケーブルで、導体を架橋ポリエチレン [C] で絶縁し、耐燃性 [EM] ポリエチレン [E] でシースを施した単心及び3心一括シース形、単心ケーブルを3個よりしたトリプレックス形 [T] 等の電力ケーブル。
高圧架橋ポリエチレンケーブル	CV CE CVT CET	JIS C 3606	6.6 kV 以下の電力用回路に使用する電力ケーブルで、導体を架橋ポリエチレン [C] で絶縁し、塩化ビニル樹脂 [V] 又はポリエチレン [E] でシースを施した単心及び3心一括シース形、単心ケーブルを3個よりしたトリプレックス形 [T] 等の電力ケーブル。
制御用ケーブル	CVV CEV CEE CCV CCE	JIS C 3401	600 V 以下の制御回路に使用するビニル [V]、ポリエチレン [E]、又は架橋ポリエチレン [C] で絶縁し、ビニル [V] 又はポリエチレン [E] でシースを施した制御用 [C] ケーブル。
制御用ケーブル（遮へい付）	同上記号 - □	JCS 4258	600 V 以下の制御用ケーブルに銅テープ [S]、銅線編組 [SB]、アルミはくテープ [SLA]、銅・鉄テープ [SCF] 又は鉄テープ [SF] で遮へいしたもの。
電力用フラットケーブル	PUFC	JIS C 3652 附属書	使用電圧が交流 300 V 以下の低圧屋内配線分岐回路であって、事務室、展示場、店舗などの場所におけるカーペットなどの下に布設するケーブル。「平形導体合成樹脂絶縁電線」と同一のもの。
耐火電線（耐火ケーブル）	FP	消防庁告示（平成9年第10号）	低圧又は高圧の強電流電気の伝送に使用する電気導体、導体を絶縁物で被覆し、その上を難燃性の保護被覆で保護した耐火・耐熱性能を有する電線。耐火・耐熱電線認定業務委員会の認定を受け、その表示をしたものを使用。
耐熱電線（耐熱ケーブル）	HP	消防庁告示（平成9年第11号）	弱電流電気の伝送に使用する電気導体、導体を絶縁物で被覆し、その上を難燃性の保護被覆で保護した耐熱性能を有する電線。耐火・耐熱電線認定業務委員会の認定を受け、その表示をしたものを使用。

表2.4.5 電線・ケーブルの用途・構造など（電力用）（つづき）

名　称	記　号	規　格	用途・構造・その他
屋内配線用ユニットケーブル	UB	JCS 4398	低圧屋内配線のうち，分岐過電流遮断器より負荷及び配線器具に至るまでの分岐回路に使用するケーブルを所定の長さで所要本数を接続し，結線部に電気的及び機械的に優れたモールド加工を工場で施したユニットケーブル。
MIケーブル	MI	JCS 4316	構造は銅管に銅線導体を通し，導体相互間及び導体と銅管との間に粉末状の酸化マグネシウムを充填し，これを圧延した後焼鈍したもので低圧電路の耐火ケーブルとして使用。

2) 電線の許容電流[内線規程1100節]

電線の導体内部を電流が流れる際，導体の抵抗に比例した熱を発生する。その熱は導体の絶縁被覆を通して外部に放熱される。許容電流は，電線の連続使用に際し，絶縁被覆を構成する物質に著しい劣化をきたさないようにするための限界電流をいう。

許容電流はその絶縁物の許容最高温度を基準として計算されるので，施設方法や周囲温度により異なる。

1.4 省エネルギー対策

省エネルギーの対策は，設備種目ごとにその経済性，適応性，制約条件などについて考慮し，環境配慮設計の採用を検討する。表2.4.6に設備種目ごとの省エネルギー対策を示す。

表2.4.6 設備種目ごとの省エネルギー対策

1) 省エネルギー対策

設備種目	対策
照明設備	① 高効率照明器具の採用（LED照明器具） ② 照明器具の適正配置 ③ 照明制御システムの活用 ④ 誘導灯の消灯
動力設備	① 電動機の可変速運転（インバータ制御）の採用 ② 電動機の運転台数の制御 ③ 高効率電動機の採用（トップランナーモータ） ④ 進相コンデンサの負荷側設置
幹線設備	① 幹線経路の短縮 ② 400 V級配電の採用
受変電設備	① 高効率変圧器（トップランナー変圧器）の採用 ② 適正な変圧器容量の選定 ③ 変圧器の運転台数の制御 ④ 変圧器の適正タップの選定 ⑤ エネルギーマネジメントシステム（EMS）の採用

1.5 耐震施工

(1) 耐震規定

1) 建築基準法によるもの

建築基準法第20条（構造耐力）に，「建築物は，自重，積載荷重，積雪荷重，風圧，土圧及び水圧並びに地震その他の震動及び衝撃に対して安全な構造のものとして，次の各号に掲げる建築物の区分に応じ，それぞれ当該各号に定める基準に適合する

ものでなければならない。」と規定されている。建築設備は,同法第2条(用語の定義)により建築物に含まれるため,建築物の電気設備も,この基準に適合させる必要がある。

また,建築基準法施行令の耐震規定を受けて(一財)日本建築センター発行の「建築設備耐震設計・施工指針」が取りまとめられ,建築物に設置される建築設備機器や配管などの据付け,取付けに際しての耐震設計やその施工について詳細に示されている。

2) 消防法によるもの

消防法施行規則第12条(屋内消火栓設備に関する基準の細目)第1項第九号において,「貯水槽,加圧送水装置,非常電源,配管等には地震による震動等に耐えるための有効な措置を講じること。」と規定されている。

非常電源の耐震措置を**表 2.4.7** に示す。

表 2.4.7 非常電源の耐震措置

設備機器等	耐震措置の概要	備考
電気室の構造	① 電気室の間仕切り等の区画構成材については,区画材の破損,転倒等による機器等への二次的被害及び機能障害を防止するため無筋ブロック壁等を避け,鉄骨を用いて施工又は,鉄筋コンクリート造とすること。 ② 天井は,耐震設計がなされたもの以外は設けないこと。	電気室への浸水防止についても措置を講じること。
重量機器	① 変圧器,コンデンサ,発電機,蓄電池,配電盤等の重量機器は,地震荷重による移動,転倒等を防止するため,本体及び架台をアンカーボルトにより堅固に固定すること。この場合,アンカーボルトの強度は,当該機器の据え付け部に生じる応力に十分に耐えられるものとすること。 ② 蓄電池の電槽相互の衝撃防止を図るため,緩衝材を用いて架台等に固定すること。 ③ 防振ゴム等を用いるものにあっては,本体の異常振動を防止するためのストッパを設けること。	機器,架台等のアンカーボルトの固定は,水平及び垂直に働く地震荷重に耐えるもので,4点以上の支持とすること。
機器接続部	発電機に接続される燃料管,水道管,電線管,変圧器及び蓄電池等に接続される電線,その他振動系の異なる機器相互間等は,振動による変位に耐えられるように可とう性をもたせること。	
配線,配管排気管等	① 電気配線の壁貫通部・機器との接続部等の部分については,可とう性等の措置をすること。 ② 燃料配管及び冷却水配管等は,バルブ等の重量物の前後及び適当な箇所で軸直角二方向拘束等有効な支持をすること。なお,配管の曲がり部分,壁貫通部等には,可とう管を用い,可とう管と接続する直管部は三方向拘束支持とすること。 ③ 発電機の排気管は,熱膨張や地震時の振動により変位が生じないよう重量機器に準じて支持すること。	発電機に接続する煙道にあっては,耐火レンガ等の脱落による運転障害がないよう耐震上十分考慮する。
継電器 (配電盤)	防災設備の電気回路に用いる継電器で,その誤作動により重大な支障となるものは,無接点継電器を使用するほか,共振点の移行等によって誤作動しないようにすること。	
タンク等	発電機に付属する燃料タンク及び冷却水タンクは,スロッシングによるタンクの破損を防止するため,タンク本体の強化及び防波板の取付け等の措置をとること。なお,タンクの固定は重量機器に,タンクと配管の接合部は配管に準じて施工すること。	タンク据え付け架台についても,重量機器に準じて耐震措置をすること。

(2) 対象機器

1) 対象機器

耐震施工の対象は,原則として,すべての機器であるが,現実の問題としては,すべての機器に耐震対策をすることはできないので,被害を受けたときの影響などを考慮して,次のものを対象としている。

① 大きな二次災害を引き起こすおそれのあるもの。
② 地震後も建物として最少限の機能を保持するために必要な機器，装置。
③ 地震時に発生する火災の検知，消火および避難のために必要な防災機器，装置。
④ 転倒，落下などによって，人命または他の機器類に損傷を与えるおそれのあるもの。
⑤ 損傷した場合に，復旧に時間を要するもの。また，高額な機器，装置。

2) 施工

施工に当たっては，次の点に留意する。

① 建物の床応答加速度値は，上階層ほど大きくなるので，重要な設備や機器および二次災害を引き起こすおそれのある機器や重量の大きい機器は，できる限り下層階に設置し，建築構造体に堅固に取り付ける。
② 機器はできる限り床置きとし，天井吊りは極力避ける。
③ 床置形の機器は，移動，転倒を防止するため床に堅固に固定する。なお，燃料小出槽，自立形制御盤などのように据付け面積に比べて高さの高い盤（据付け面の短辺の3倍を超える高さのもの）などは，その頂部に壁などから振止めを設ける。
④ 壁掛形の機器は，引掛式ではなく固定式とし，壁に堅固に固定する。
⑤ 天井に設ける器具は，落下防止に十分配慮する。重量の大きなものは天井スラブに直接支持させる。
⑥ システム天井用照明器具は，照明器具用のTバーへの取付け金具部に落下防止用金具を設ける。
⑦ 機器類に接続される配管，電線などは，地震の際に機器と振動の性状が異なるので，接続部分に可とう性，または余裕を持たせて接続する。
⑧ 配管の支持材料は，十分な強度と保持力を有するものとし，吊りボルトの長さは極力短くする。やむを得ない場合，要所に斜材を入れ横振れを防止する。
⑨ 継電器類は，振動により誤作動しにくいものを選定する。
⑩ 発電機など防振材を介して設置される機器には，移動・転倒を防止するためにストッパを設ける。
⑪ 防振材・防振装置を用いる場合，当たり面に緩衝材を張り付けた耐震ストッパを用いる。なお，耐震ストッパの形式を図2.4.2に示す。
⑫ アンカーボルトの施工を箱抜き方式とする場合は，箱抜き部分の鉄筋にアンカーボルトを固定し，強度を確保する。．

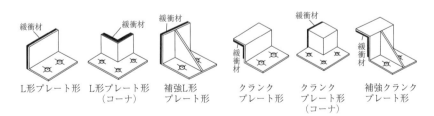

図2.4.2　耐震ストッパ

1.6　配線用図記号

電力設備において，一般に用いられる機器の配線用図記号を表2.4.8に示す。

1) 構内電気設備の配線用図記号

表2.4.8　配線用図記号（JIS C 0303）（当研究所抜粋編集）

名　　称	図記号	摘　　要
コンセント 一般形 ワイド形	⊖ ◇	a) 図記号は，壁付きを示し，壁側を塗る。 d) 図床面に取り付ける場合は，次による。 　　　⊕ e) 二重床用は，次による。 　　　▣ f) 定格の表し方は，次による。 　1) 15 A 125 V は，傍記しない。 　2) 20 A 以上は，定格電流を傍記する。 　　例　⊖20 A　　　　◇20 A 　3) 250 V 以上は，定格電圧を傍記する。 　　例　⊖20 A 250 V　　◇20 A 250 V i) 種類を示す場合は，次による。 　　抜け止め形　　　⊖LK　　◇LK 　　引掛形　　　　　⊖T　　　◇T 　　接地極付　　　　⊖E　　　◇E 　　接地端子付　　　⊖ET　　◇ET 　　接地極付接地端子付　⊖EET　◇EET 　　漏電遮断器付　　⊖EL　　◇EL
非常用コンセント （消防法によるもの）	▣	
点滅器 一般形 ワイドハンドル形	● ◆	a) 定格を示す場合は，次による。 　1) 15 A は，傍記しない。 　2) 15 A 以外は，定格電流を傍記する。 　　例　●20 A　　◆20 A b) 極数を示す場合は，次による。 　1) 単極は，傍記しない。 　2) 3路，4路又は2極は，それぞれ3，4又は2Pを傍記する。 　　●3　●4　●2P 　　◆3　◆4　◆2P d) 位置表示灯を内蔵するものは，Hを傍記する。 　　●H　◆H e) 確認表示灯を内蔵するものは，Lを傍記する。 　　●L　◆L
リモコンスイッチ	●R	
リモコンリレー	▲	a) リモコンリレーを集合して取り付ける場合は，▲▲▲ を用い，リレー数を傍記する。 　　例　▲▲▲ 10

表 2.4.8 配線用図記号 (JIS C 0303)(当研究所抜粋編集)(つづき)

名　称	図記号	摘　要
電力量計	Wh	
電動機	M	
コンデンサ	⊥⊤	
電熱器	H	
整流装置	▶|	
蓄電池	⊣|⊢	
発電機	G	
開閉器	S	a) 箱入りの場合は，箱の材質などを傍記する。
配線用遮断器	B	a) 箱入りの場合は，箱の材質などを傍記する。
漏電遮断器	E	a) 箱入りの場合は，箱の材質などを傍記する。
電磁開閉器用押しボタン	●B	確認表示灯付の場合は，Lを傍記する。 ●BL
配電盤，分電盤及び制御盤	□	a) 種類を示す場合は，次による。 　配電盤 ⊠ 　分電盤 ◣ 　制御盤 ⧖ 　実験盤 ◤ 　OA盤 ◪ 　警報盤 ▰ c) 防災電源回路用配電盤等の場合は，二重枠とし，必要に応じ，種別を傍記する。 　例 ⊠ 1種　◣ 2種

2. 屋内・屋側電路

2.1 低圧屋内配線

(1) 低圧屋内配線（電技解釈）

1) 施設場所による工事の種類［第156条］

低圧屋内配線は，特殊な配線などの施設，特殊場所の施設（粉じんの多い場所，可燃性ガスなどの存在する場所，危険物などの存在する場所，火薬庫の電気設備）を除き，表 2.4.9 に掲げる施設場所および使用電圧の区分に応ずる工事のいずれかにより施設しなければならない。

表 2.4.9 低圧屋内配線の施設場所による工事の種類

施設場所の区分		使用電圧の区分	がいし引き工事	合成樹脂管工事	金属管工事	金属可とう電線管工事	金属線ぴ工事	金属ダクト工事	バスダクト工事	ケーブル工事	フロアダクト工事	セルラダクト工事	ライティングダクト工事	平形保護層工事
展開した場所	乾燥した場所	300 V 以下	○	○	○	○	○	○	○	○			○	
		300 V 超過	○	○	○	○		○	○	○				
	湿気の多い場所又は水気のある場所	300 V 以下	○	○	○	○			○	○				
		300 V 超過	○	○	○	○			○	○				
点検できる隠ぺい場所	乾燥した場所	300 V 以下	○	○	○	○	○	○	○	○		○	○	○
		300 V 超過	○	○	○	○		○	○	○				
	湿気の多い場所又は水気のある場所	—		○	○	○				○				
点検できない隠ぺい場所	乾燥した場所	300 V 以下		○	○	○				○	○	○		
		300 V 超過		○	○	○				○				
	湿気の多い場所又は水気のある場所	—		○	○	○				○				

[備考] ○は，使用できることを示す。

2) **合成樹脂管工事**［第158条］

① 重量物の圧力又は著しい機械的衝撃を受けるおそれがないように施設すること。
② 電線は，絶縁電線（屋外用ビニル絶縁電線を除く。）を使用し，より線又は直径3.2 mm（アルミ線にあっては，4 mm）以下の単線であること。
③ 管内では，電線に接続点を設けないこと。
④ 合成樹脂管及びボックスその他の附属品（管相互を接続するもの及び管端に接続するものに限り，レジューサーを除く。）は，電気用品安全法の適用を受ける合成樹脂製の電線管及びボックスその他の附属品（金属製のボックスを除く。）であること。
⑤ 上記の端口及び内面は，電線の被覆を損傷しないような滑らかなものであること。
⑥ 管（合成樹脂製可とう管（PF管）及びCD管を除く。）の厚さは，2 mm以上とすること。ただし，使用電圧が300 V以下の展開した場所又は点検できる隠ぺい場所であって，乾燥した場所に施設し，接触防護措置を施す場合は，この限りでない。
⑦ 管の支持点間の距離は，1.5 m以下とし，かつ，その支持点は，管端，管とボックスとの接続点及び管相互の接続点のそれぞれの近くの箇所に設けること。
⑧ 湿気の多い場所又は水気のある場所に施設する場合は，防湿装置を施すこと。
⑨ 管相互及び管とボックスとの接続は，管の差込み深さを管の外径の1.2倍（接着剤を使用する場合は，0.8倍）以上とし，かつ，差込み接続により堅ろうに接続すること。

⑩ 使用電圧が300 V以下の場合において、金属製のボックスを使用するときは、ボックスにD種接地工事を施すこと。ただし、乾燥した場所に施設する場合、又は直流300 V又は交流対地電圧150 V以下の場合において、簡易接触防護措置（金属製のものであって、防護措置を施す設備と電気的に接続するおそれがあるもので防護する方法を除く。）を施すときは、省略してよい。

⑪ 使用電圧が300 Vを超える場合において、金属製のボックスを使用するときは、ボックスにC種接地工事を施すこと。ただし、接触防護措置（金属製のものであって、防護措置を施す設備と電気的に接続するおそれがあるもので防護する方法を除く。）を施す場合は、D種接地工事としてよい。

⑫ CD管は、直接コンクリートに埋め込んで施設する。又は専用の不燃性又は自消性のある難燃性の管又はダクトに収めて施設すること。PF管及びCD管の使用区分の例を図2.4.3に示す。

⑬ 合成樹脂製可とう管（PF管）相互、CD管相互及び合成樹脂製可とう管（PF管）とCD管とは、直接接続しないこと。

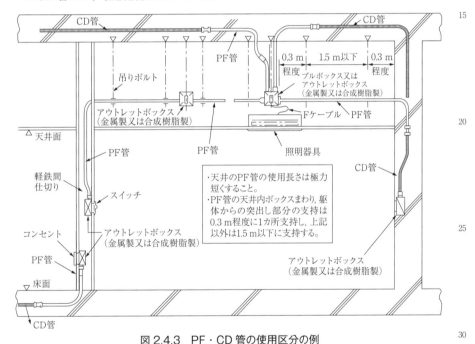

図2.4.3　PF・CD管の使用区分の例

3) **金属管工事**
[第159条]

① 電線は、絶縁電線（屋外用ビニル絶縁電線を除く。）を使用し、より線又は直径3.2 mm（アルミ線にあっては、4 mm）以下の単線であること。

② 管内では、電線に接続点を設けないこと。

③ 金属管及びボックスその他の附属品（管相互を接続するもの及び管端に接続するものに限り、レジューサーを除く。）は電気用品安全法の適用を受ける金属製の電線管及びボックスその他の附属品（絶縁ブッシングを除く。）又は黄銅若しくは銅で堅ろうに製作したものであること。

④ 上記の端口及び内面は、電線の被覆を損傷しないような滑らかなものであること。

⑤ 管の厚さは，コンクリートに埋め込むものは1.2 mm以上，それ以外のものは1 mm以上とすること。ただし，継手のない長さ4 m以下のものを乾燥した展開した場所に施設する場合は，0.5 mm以上とする。

⑥ 管相互及びボックスその他の附属品とは，ねじ接続その他これと同等以上の効力のある方法により，堅ろうに，かつ，電気的に完全に接続すること。

⑦ 管の端口には，電線の被覆を損傷しないように適当な構造のブッシングを使用すること。

⑧ 湿気の多い場所又は水気のある場所に施設する場合は，防湿装置を施すこと。

⑨ 使用電圧が300 V以下の場合は，管には，D種接地工事を施すこと。ただし，管の長さが4 m以下のものを乾燥した場所に施設する場合，若しくは直流300 V又は交流対地電圧150 V以下の場合において，その電線を収める管の長さが8 m以下のものに簡易接触防護措置（金属製のものであって，防護措置を施す管と電気的に接続するおそれがあるもので防護する方法を除く。）を施すとき又は乾燥した場所に施設するときは，省略してよい。

⑩ 使用電圧が300 Vを超える場合は，管には，C種接地工事を施すこと。ただし，接触防護措置（金属製のものであって，防護措置を施す管と電気的に接続するおそれがあるもので防護する方法を除く。）を施す場合は，D種接地工事としてよい。

4) 金属可とう電線管工事
[第160条]

① 重量物の圧力又は著しい機械的衝撃を受けるおそれがないように施設すること。

② 電線は，絶縁電線（屋外用ビニル絶縁電線を除く。）を使用し，より線又は直径3.2 mm（アルミ線にあっては，4 mm）以下の単心のものであること。

③ 管内では，電線に接続点を設けないこと。

④ 電線管は，2種金属製可とう電線管であること。ただし，展開した場所又は点検できる隠ぺい場所であって，乾燥した場所において使用するもの（使用電圧が300 Vを超える場合は，電動機に接続する部分で可とう性を必要とする部分に使用するものに限る。）にあっては，1種金属製可とう電線管を使用することができる。

⑤ 電線管及びボックスその他の附属品（管相互及び管端に接続するものに限る。）は，電気用品安全法の適用を受ける金属製の可とう電線管及びボックスその他の附属品であること。

⑥ 上記の内面は，電線の被覆を損傷しないような滑らかなものであること。

⑦ 管相互及びボックスその他の附属品とは，堅ろうに，かつ，電気的に完全に接続すること。

⑧ 電線管の端口は，電線の被覆を損傷しないような構造であること。

⑨ 2種金属製可とう電線管を使用する場合において，湿気の多い場所又は水気のある場所に施設するときは，防湿装置を施すこと。

⑩ 1種金属製可とう電線管には，直径1.6 mm以上の裸軟銅線を全長にわたって挿入又は添加して，その裸軟銅線と1種金属製可とう電線管とを両端において電気的に完全に接続すること。ただし，管の長さが4 m以下のものを施設する場合は，この限りでない。

⑪ 使用電圧が300 V以下の場合は，管には，D種接地工事を施すこと。ただし，

管の長さが4m以下のものを施設する場合は，省略してよい。

⑫ 使用電圧が300Vを超える場合は，管には，C種接地工事を施すこと。ただし，接触防護措置（金属製のものであって，防護措置を施す管と電気的に接続するおそれがあるもので防護する方法を除く。）を施す場合は，D種接地工事としてよい。

5) 金属線ぴ工事
[第161条]

金属線ぴは，樋形の本体に電線を収納してカバーを取り付けるもので，幅が5cm以下のものをいう。1種金属製線ぴ（通称モールと呼ばれるメタルモールジング）と2種金属製線ぴ（レースウェイと呼ばれる）に区分される。

① 電線は，絶縁電線（屋外用ビニル絶縁電線を除く。）であること。
② 線ぴ内では，電線に接続点を設けないこと。ただし，次により施設する場合は，この限りでない。
　イ 電線を分岐する場合であること。
　ロ 線ぴは，電気用品安全法の適用を受ける2種金属線ぴであること。
　ハ 接続点を容易に点検できるように施設すること。
　ニ 線ぴには⑥のただし書きの規定にかかわらずD種接地工事を施すこと。
　ホ 線ぴ内の電線を外部に引き出す部分は，線ぴの貫通部分で電線が損傷するおそれがないように施設すること。
③ 金属線ぴ及びボックスその他の附属品（線ぴ相互を接続するもの及び線ぴの端に接続するものに限る。）は，電気用品安全法の適用を受ける金属製の線ぴ及びボックスその他の附属品であること。
④ 黄銅又は銅で製作されたものにあっては，堅ろうで内面を滑らかにしたものであって，幅が5cm以下，厚さが0.5mm以上のものであること。
⑤ 線ぴ相互及び線ぴとボックスその他の附属品とは，堅ろうに，かつ，電気的に完全に接続すること。
⑥ 線ぴには，D種接地工事を施すこと。ただし，線ぴの全長が4m以下のものを施設する場合，若しくは使用電圧が直流300V又は交流対地電圧が150V以下の場合において，その電線を収める線ぴの全長が8m以下のものに簡易接触防護措置（金属製のものであって，防護措置を施す線ぴと電気的に接続するおそれがあるもので防護する方法を除く。）を施すとき又は乾燥した場所に施設するときは，この限りでない。

6) 金属ダクト工事
[第162条]

① 電線は，絶縁電線（屋外用ビニル絶縁電線を除く。）であること。
② ダクト内に収める電線の断面積（絶縁被覆の断面積を含む。）の総和は，ダクトの内部断面積の20％（電光サイン装置，出退表示灯その他これらに類する装置又は制御回路などの配線のみを収める場合は，50％）以下であること。
③ ダクト内では，電線に接続点を設けないこと。ただし，電線を分岐する場合において，その接続点が容易に点検できるときは，この限りでない。
④ ダクト内の電線を外部に引き出す部分は，ダクトの貫通部分で電線が損傷するおそれがないように施設すること。
⑤ ダクト内には，電線の被覆を損傷するおそれがあるものを収めないこと。
⑥ ダクトを垂直に施設する場合は，電線をクリート等で堅固に支持すること。

⑦　ダクトは，幅が5cmを超え，かつ，厚さが1.2mm以上の鉄板又はこれと同等以上の強さを有する金属製のものであって，堅ろうに製作したものであること。
⑧　ダクト内面は，電線の被覆を損傷するような突起がないものであること。
⑨　ダクト内面及び外面にさび止めのために，めっき又は塗装を施したものであること。
⑩　ダクト相互は，堅ろうに，かつ，電気的に完全に接続すること。
⑪　ダクトを造営材に取り付ける場合は，ダクトの支持点間の距離を3m（取扱者以外の者が出入りできないように措置した場所において，垂直に取り付ける場合は，6m）以下とし，かつ，堅ろうに取り付けること。
⑫　ダクトのふたは容易に外れないように施設すること。
⑬　ダクトの終端部は，閉そくすること。
⑭　ダクトの内部にじんあいが侵入し難いようにすること。
⑮　ダクトは，水のたまるような低い部分を設けないように施設すること。
⑯　使用電圧が300V以下の場合は，ダクトには，D種接地工事を施すこと。
⑰　使用電圧が300Vを超える場合は，ダクトには，C種接地工事を施すこと。ただし，接触防護措置（金属製のものであって，防護措置を施すダクトと電気的に接続するおそれがあるもので防護する方法を除く。）を施す場合は，D種接地工事としてよい。

7) バスダクト工事
[第163条]

①　ダクト相互及び電線相互は，堅ろうに，かつ，電気的に完全に接続すること。
②　ダクトを造営材に取り付ける場合は，ダクトの支持点間の距離を3m（取扱者以外の者が出入りできないように措置した場所において，垂直に取り付ける場合は，6m）以下とし，堅ろうに取り付けること。
③　ダクト（換気型のものを除く。）の内部にじんあいが侵入し難いようにすること。
④　使用電圧が300V以下の場合は，ダクトには，D種接地工事を施すこと。
⑤　使用電圧が300Vを超える場合は，ダクトには，C種接地工事を施すこと。ただし，接触防護措置（金属製のものであって，防護措置を施すダクトと電気的に接続するおそれがあるもので防護する方法を除く。）を施す場合は，D種接地工事としてよい。
⑥　湿気の多い場所又は水気のある場所に施設する場合は，屋外用バスダクトを使用し，バスダクト内部に水が浸入してたまらないようにすること。

8) ケーブル工事
[第164条]

①　重量物の圧力又は著しい機械的衝撃を受けるおそれがある箇所に施設する電線には，適当な防護装置を設けること。
②　電線を造営材の下面又は側面に沿って取り付ける場合は，電線の支持点間の距離をケーブルにあっては2m（接触防護措置を施した場所において垂直に取り付ける場合は，6m）以下，キャブタイヤケーブルにあっては1m以下とし，かつ，その被覆を損傷しないように取り付けること。
③　低圧屋内配線の使用電圧が300V以下の場合は，管その他の電線を収める防護装置の金属製部分，金属製の電線接続箱及び電線の被覆に使用する金属体には，D種接地工事を施すこと。ただし，次のいずれかに該当する場合は，管その他の電線を収める防護装置の金属製部分については，この限りでない。

イ 防護装置の金属製部分の長さが4m以下のものを乾燥した場所に施設する場合。

ロ 屋内配線の使用電圧が直流300V又は交流対地電圧150V以下の場合において，防護装置の金属製部分の長さが8m以下のものに簡易接触防護措置（金属製のものであって，防護措置を施す設備と電気的に接続するおそれのあるもので防護する方法を除く。）を施すとき又は乾燥した場所に施設するとき。

④ 低圧屋内配線の使用電圧が300Vを超える場合は，管その他の電線を収める防護装置の金属製部分，金属製の電線接続箱及び電線の被覆に使用する金属体には，C種接地工事を施すこと。ただし，接触防護措置（金属製のものであって，防護措置を施す設備と電気的に接続するおそれがあるもので防護する方法を除く。）を施す場合は，D種接地工事としてよい。

○ 公共建築工事標準仕様書（電気設備工事編）
第10節 ケーブル配線（ケーブルラック関係内容の抜粋）
① ケーブルラックの水平支持間隔は，鋼製では2m以下，その他については1.5m以下とする。また，直線部と直線部以外との接続部では，接続部に近い箇所及びケーブルラック端部に近い箇所で支持する。
② ケーブルラックの垂直支持間隔は，3m以下とする。ただし，配線室等の部分は，6m以下の範囲で各階支持とすることができる。
③ ケーブルラック本体相互間は，ボルト等により機械的，かつ，電気的に接続する。
④ ケーブルラックの自在継手部及びエキスパンション部には，ボンディングを施し，電気的に接続する。ただし，自在継手部において，電気的に接続されている場合（編注：施工にあたって，上下自在継手部のボルトナットを製造者の指定するトルク値で締付け，締付け確認後に，締付け確認シールを締付け部近傍に貼付する場合）には，ラック相互の接続部のボンディングは，省略することができる。
⑤ アルミ製ケーブルラックは，支持物との間に異種金属接触腐食を起こさないように取付ける。
⑥ ケーブルは，整然と並べ，水平部では3m以下，垂直部では1.5m以下の間隔ごとに固定する。ただし，トレー形ケーブルラック水平部の場合は，この限りでない。

9) ライティングダクト工事［第165条第3項］

① ライティングダクト及び附属品は，電気用品安全法の適用を受けるものであること。
② ダクト相互及び電線相互は，堅ろうに，かつ，電気的に完全に接続すること。
③ ダクトは，造営材に堅ろうに取り付けること。
④ ダクトの支持点間の距離は，2m以下とすること。
⑤ ダクトの終端部は，閉そくすること。
⑥ ダクトの開口部は，下に向けて施設すること。ただし，簡易接触防護措置を施し，かつ，ダクトの内部にじんあいが侵入し難いように施設する場合，またはJIS C 8366「ライティングダクト」の固定Ⅱ型（造営物の幅木などに開口部を横向きに取り付けて，コンセント回路として使用することを主目的としたもの）に適合するライティングダクトを使用する場合は，横に向けて施設することができる。

⑦ ダクトは，造営材を貫通しないこと。

⑧ ダクトには，D種接地工事を施すこと。ただし，合成樹脂その他の絶縁物で金属部分を被覆したダクトを使用する場合，または対地電圧が150V以下で，かつ，ダクトの全長が4m以下の場合は，省略してよい。

⑨ ダクトの導体に電気を供給する電路には，ダクトに簡易接触防護措置（金属製のものであって，ダクトの金属部分と電気的に接続するおそれがあるもので防護する方法を除く。）を施す場合を除き，電路に地絡を生じたときに自動的に電路を遮断する装置を施設すること。

10) 平形保護層工事[第165条第4項] 住宅以外の場所においては，次によること（図2.4.4）。

① 次に掲げる場所以外の場所に施設すること。
イ 旅館，ホテル，宿泊所等の宿泊室
ロ 小学校，中学校，盲学校，ろう学校，養護学校，幼稚園又は保育園等の教室その他これに類する場所
ハ 病院又は診療所等の病室
ニ フロアヒーティング等発熱線を施設した床面
ホ 粉じんの多い場所，可燃性ガス等の存在する場所，危険物等の存在する場所及び火薬庫の電気設備

② 造営材の床面又は壁面に施設し，造営材を貫通しないこと。

③ 電線は，電気用品安全法の適用を受ける平形導体合成樹脂絶縁電線であって，20A用又は30A用のもので，かつ，アース線を有するものであること。

④ 平形保護層（上部保護層，上部接地用保護層及び下部保護層をいう。）内の電線を外部に引き出す部分は，ジョイントボックスを使用すること。

⑤ 電線に電気を供給する電路には，電路に地絡を生じたときに自動的に電路を遮断する装置を施設すること。

⑥ 電路は，定格電流が30A以下の過電流遮断器で保護される分岐回路であること。

⑦ 電路の対地電圧は，150V以下であること。

⑧ ジョイントボックス及び差込み接続器及びその他附属品は，電気用品安全法の適用を受けるものであること。

⑨ 上部接地用保護層相互及び上部接地用保護層と電線に附属する接地線とは，電気的に完全に接続すること。

⑩ 上部保護層及び上部接地用保護層並びにジョイントボックス及び差込み接続器の金属製外箱には，D種接地工事を施すこと。

住宅においては，次のいずれかにより施設すること。

① 日本電気技術規格委員会規格 JESC E 6004（コンクリート直天井面における平形保護層工事）の「適用」の欄に規定する要件。

② 日本電気技術規格委員会規格 JESC E 6005（石膏ボード等の天井面・壁面における平形保護層工事）の「適用」の欄に規定する要件。

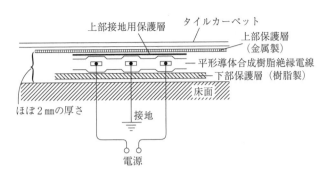

図 2.4.4　平形保護層工事の例

11) 小勢力回路の施設 [第181条]	電磁開閉器の操作回路又は呼鈴若しくは警報ベル等に接続する電路であって，最大使用電圧が 60 V 以下のもの（以下「小勢力回路」という。）は，次によること。 ① 小勢力回路に電気を供給する電路には，絶縁変圧器を施設すること。絶縁変圧器の一次側の対地電圧は 300 V 以下とすること。 ② 小勢力回路の電線を造営材に取り付けて施設する場合の電線は，コード，キャブタイヤケーブル，ケーブル，絶縁電線，通信用ケーブルであること。 ③ 電線を損傷を受けるおそれがある箇所に施設する場合は，適当な防護措置を施すこと。 ④ 小勢力回路の電線を地中に施設する場合は，次のいずれかによること。 　イ　電線を車両その他の重量物の圧力に耐える堅ろうな管，トラフその他の防護装置に収めて施設すること。 　ロ　埋設深さを，30 cm（車両その他の重量物の圧力を受けるおそれがある場所に施設する場合にあっては，1.2 m）以上として施設し，電線の上部を堅ろうな板又はといで覆い損傷を防止すること。
12) 低圧配線と弱電流電線又は管などとの離隔 [第167条第2項]	合成樹脂管工事，金属管工事，金属可とう電線管工事，金属線ぴ工事，金属ダクト工事，バスダクト工事，ケーブル工事，フロアダクト工事，セルラダクト工事，ライティングダクト工事又は平形保護層工事により施設する低圧配線が，弱電流電線又は水管等と接近し又は交差する場合は，低圧配線が弱電流電線又は水管等と接触しないように施設すること。
13) 低圧配線と弱電流電線との同一管内施設の禁止[第167条第3項]	合成樹脂管工事，金属管工事，金属可とう電線管工事，金属線ぴ工事，金属ダクト工事，バスダクト工事，フロアダクト工事又はセルラダクト工事により施設する低圧配線の電線と弱電流電線とは，同一の管，線ぴ若しくはダクト若しくはこれらのボックスその他の付属品又はプルボックスの中に施設しないこと。ただし，低圧配線をバスダクト工事以外の工事により施設する場合において，次のいずれかに該当するときは，この限りでない。 ① 低圧配線の電線と弱電流電線とを，次に適合するダクト，ボックス又はプルボックスの中に施設する場合。この場合において，低圧配線を合成樹脂管工事，金属管工事，金属可とう電線管工事又は金属線ぴ工事により施設するときは，電線と弱電流電線とは，別個の管又は線ぴに収めて施設すること。

イ　低圧配線と弱電流電線との間に堅ろうな隔壁を設けること。
　　ロ　金属製部分にＣ種接地工事を施すこと。
②　弱電流電線が，次のいずれかに該当するものである場合。
　　イ　リモコンスイッチ，保護リレーその他これに類するものの制御用の弱電流電線であって，絶縁電線と同等以上の絶縁効力があり，かつ，低圧配線との識別が容易にできるもの。
　　ロ　Ｃ種接地工事を施した金属製の電気的遮へい層を有する通信用ケーブル。

(2) 低圧屋内配線（内線規程）

1) 低圧配線方法に関する共通事項 ［3102節］

屋内，屋側及び屋外配線は，その施設場所に従い，使用電圧が300Ｖ以下の場合は表2.4.10，使用電圧が300Ｖを超える場合は表2.4.11に示すいずれかの配線方法によることとし，かつ，電線を損傷するおそれがないように施設すること。

表2.4.10　施設場所と配線方法（300Ｖ以下）

配線方法			屋内						屋側	屋外
			露出場所		隠ぺい場所					
					点検できる		点検できない			
			乾燥した場所	湿気の多い場所又は水気のある場所	乾燥した場所	湿気の多い場所又は水気のある場所	乾燥した場所	湿気の多い場所又は水気のある場所	雨線内	雨線外
がいし引き配線			◯	◯	◯	◯	×	×	a	a
金属管配線			◯	◯	◯	◯	◯	◯	◯	◯
合成樹脂管配線	合成樹脂管（CD管を除く）		◯	◯	◯	◯	◯	◯	◯	◯
	CD管		b	b	b	b	b	b	b	b
金属製可とう電線管配線	一種金属製可とう電線管		◯	×	◯	×	◯	×	×	×
	二種金属製可とう電線管		◯	◯	◯	◯	◯	◯	◯	◯
金属線ぴ配線			◯	×	◯	×	×	×	×	×
合成樹脂線ぴ配線			◯	×	◯	×	×	×	×	×
フロアダクト配線			×	×	×	×	c	×	×	×
セルラダクト配線			×	×	◯	×	c	×	×	×
金属ダクト配線			◯	×	◯	×	×	×	×	×
ライティングダクト配線			◯	×	◯	×	×	×	×	×
バスダクト配線			◯	d	◯	×	×	×	d	d
平形保護層配線			×	×	◯	×	×	×	×	×
キャブタイヤケーブル配線	二種	ビニルキャブタイヤケーブル	◯	◯	◯	◯	×	×	a	a
		耐燃性ポリオレフィンキャブタイヤケーブル	◯	◯	◯	◯	×	×	a	a
		クロロプレンキャブタイヤケーブル	◯	◯	◯	◯	×	×	a	a
		クロロスルホン化ポリエチレンキャブタイヤケーブル	◯	◯	◯	◯	×	×	a	a
		ゴムキャブタイヤケーブル	◯	◯	◯	◯	×	×	×	×
		耐燃性エチレンゴムキャブタイヤケーブル	◯	◯	◯	◯	×	×	a	a
	三種	耐燃性エチレンゴムキャブタイヤケーブル	◯	◯	◯	◯	◯	◯	◯	◯

第4節　構内電気設備

表2.4.10　施設場所と配線方法（300 V以下）（つづき）

配線方法		施設の可否						屋側屋外	
		屋内							
		露出場所		隠ぺい場所					
				点検できる		点検できない			
		乾燥した場所	湿気の多い場所又は水気のある場所	乾燥した場所	湿気の多い場所又は水気のある場所	乾燥した場所	湿気の多い場所又は水気のある場所	雨線内	雨線外
キャブタイヤケーブル配線	三種・四種	クロロプレンキャブタイヤケーブル	○	○	○	○	○	○	○	○
		クロロスルホン化ポリエチレンキャブタイヤケーブル	○	○	○	○	○	○	○	○
		ゴムキャブタイヤケーブル	○	○	○	○	○	○	×	×
キャブタイヤケーブル以外のケーブル配線			○	○	○	○	○	○	○	○

［備考］記号の意味は，次のとおりである。
(1) ○は，施設できる。
(2) ×は，施設できない。
(3) aは，露出場所及び点検できる隠ぺい場所に限り，施設することができる。
(4) bは，直接コンクリートに埋め込んで施設する場合を除き，専用の不燃性又は自消性のある難燃性の管又はダクトに収めた場合に限り，施設することができる。
(5) cは，コンクリートなどの床内に限る。
(6) dは，屋外用のダクトを使用する場合に限り（点検できない隠ぺい場所を除く。），施設することができる。

表2.4.11　施設場所と配線方法（300 V超過）

配線方法		施設の可否						屋側屋外	
		屋内							
		露出場所		隠ぺい場所					
				点検できる		点検できない			
		乾燥した場所	湿気の多い場所又は水気のある場所	乾燥した場所	湿気の多い場所又は水気のある場所	乾燥した場所	湿気の多い場所又は水気のある場所	雨線内	雨線外
がいし引き配線		○	○	○	○	×	×	a	a
金属管配線		○	○	○	○	○	○	○	○
合成樹脂管配線	合成樹脂管（CD管を除く）	○	○	○	○	○	○	○	○
	CD管	b	b	b	b	b	b	b	b
金属製可とう電線管配線	一種金属製可とう電線管	c	×	c	×	×	×	×	×
	二種金属製可とう電線管	○	○	○	○	○	○	○	○
金属ダクト配線		○	×	○	×	×	×	×	×
バスダクト配線		○	×	○	×	×	×	d	d
キャブタイヤケーブル配線	二種	ビニルキャブタイヤケーブル	×	×	×	×	×	×	×	×
		耐燃性ポリオレフィンキャブタイヤケーブル	×	×	×	×	×	×	×	×
		クロロプレンキャブタイヤケーブル	×	×	×	×	×	×	×	×
		クロロスルホン化ポリエチレンキャブタイヤケーブル	×	×	×	×	×	×	×	×
		ゴムキャブタイヤケーブル	×	×	×	×	×	×	×	×
		耐燃性エチレンゴムキャブタイヤケーブル	×	×	×	×	×	×	×	×

表 2.4.11 施設場所と配線方法（300 V 超過）（つづき）

配線方法			施設の可否							
			屋内						屋側	側外
			露出場所		隠ぺい場所					
					点検できる		点検できない			
			乾燥した場所	湿気の多い場所又は水気のある場所	乾燥した場所	湿気の多い場所又は水気のある場所	乾燥した場所	湿気の多い場所又は水気のある場所	雨線内	雨線外
キャブタイヤケーブル配線	三種	耐燃性エチレンゴムキャブタイヤケーブル	○	○	○	○	○	○	○	○
	三種・四種	クロロプレンキャブタイヤケーブル	○	○	○	○	○	○	○	○
		クロロスルホン化ポリエチレンキャブタイヤケーブル	○	○	○	○	○	○	○	○
		ゴムキャブタイヤケーブル	○	○	○	○	○	○	×	×
キャブタイヤケーブル以外のケーブル配線			○	○	○	○	○	○	○	○

［備考］記号の意味は，次のとおりである。
(1) ○は，施設できる。
(2) ×は，施設できない。
(3) aは，露出場所に限り，施設することができる。
(4) bは，直接コンクリートに埋め込んで施設する場合を除き，専用の不燃性又は自消性のある難燃性の管又はダクトに収めた場合に限り，施設することができる。
(5) cは，電動機に接続する短小な部分で，可とう性を必要とする部分の配線に限り，施設することができる。
(6) dは，防まつ形の屋外用バスダクトを使用し，木造以外の造営物に施設する場合に限り（点検できない隠ぺい場所を除く。），施設することができる。

2) **合成樹脂管配線**［3115節］

① 合成樹脂管配線には，絶縁電線を使用すること。また，電線は，直径3.2 mm（アルミ電線にあっては，4.0 mm）を超えるものはより線であること。

② 異なる太さの絶縁電線を同一管内に収める場合の合成樹脂管の太さは，（中略）電線の被覆絶縁物を含む断面積の総和が管の内断面積の32%以下となるように選定すること。

③ コンクリート内に集中配管して建物の強度を減少させないこと。

④ 金属管の屈曲の規定に準じて，施設すること。と規定されており，合成樹脂管の断面が著しく変形しないように曲げ，その内側の半径は，管内径の6倍以上とすること。ただし，電線管の太さが25 mm以下のもので建造物の構造上やむを得ない場合は，管の内断面が著しく変形せず，管にひび割れが生じない程度まで小さくすることができる。

⑤ CD管は，直接コンクリートに埋め込んで施設する場合を除き，専用の不燃性又は自消性のある難燃性の管又はダクトに収めて施設すること。

⑥ 合成樹脂管相互及び合成樹脂管とその附属品との連結及び支持は，堅ろうに，かつ造営材その他に確実に支持すること。と規定され，コンクリートに埋め込む配管は，コンクリート打設時に移動しないように配筋（鉄筋）に結束すること。

⑦ 合成樹脂管をサドルなどで支持する場合は，その支持点間の距離を1.5 m以下とし，かつ，その支持点は，管端，管とボックスとの接続点及び管相互の接続点のそれぞれの近くの箇所に設けること。

　　　　イ　近くの箇所とは，0.3m程度である。
　　　　ロ　合成樹脂製可とう管の場合は，その支持点間の距離を1m以下とするのが
　　　　　　よい。
　　⑧　管相互の接続は，ボックス又はカップリング使用するなどし，直接接続はしな
　　　いこと。ただし，硬質ビニル管相互の接続は，この限りではない。

3) 金属管配線
[3110節]
　　①　交流回路においては，1回路の電線全部を同一管内に収めること。ただし，同
　　　極往復線を同一管内に収める場合のように電磁的平衡状態に施設するものは，こ
　　　の限りでない。
　　②　異なる太さの絶縁電線を同一管内に収める場合の金属管の太さは，電線の被
　　　覆絶縁物を含む断面積の総和が管の内断面積の32％以下となるように選定する
　　　こと。
　　③　管は，埋設する場合を除き，サドル又はハンガーなどを用いて，造営材などに
　　　堅固に支持すること。支持点間隔は，2m以下とすることが望ましい。
　　④　金属管を曲げる場合は，金属管の断面が著しく変形しないように曲げ，その内
　　　側の半径は，管内径の6倍以上とすること。ただし，電線管の太さが25mm以下
　　　のもので建造物の構造上やむを得ない場合は，管の内断面が著しく変形せず，管
　　　にひび割れが生じない程度まで小さくすることができる。
　　⑤　アウトレットボックス間又はその他の電線引入れ口を備える器具の間の金属管
　　　には，3箇所を超える直角又はこれに近い屈曲箇所を設けないこと。
　　⑥　屈曲箇所が多い場合又は管のこう長が30mを超える場合は，プルボックスを
　　　設置するのがよい。

4) 金属製可とう
　　電線管配線
[3120節]
　　①　金属製可とう電線管（一種金属製可とう電線管及び二種金属製可とう電線管を
　　　いう。）配線には，絶縁電線を使用すること。
　　②　前項の電線は，直径3.2mm（アルミ電線にあっては，4.0mm）を超えるものは，
　　　より線であること。
　　③　金属製可とう電線管内では，電線に接続点を設けないこと。
　　④　金属製可とう電線管配線は，外傷を受けるおそれがある場所に施設しないこと。
　　　ただし，適当な防護措置を施す場合は，この限りでない。
　　⑤　一種金属製可とう電線管は，露出場所又は点検できる隠ぺい場所であって，乾
　　　燥した場所において使用するもの（屋内配線の使用電圧が300Vを超える場合
　　　は，電動機に接続する部分で可とう性を必要とする部分に使用するものに限る。）
　　　に限り，使用することができる。
　　⑥　電気用品安全法の適用を受ける金属製可とう電線管及びボックスその他の附属
　　　品であること。
　　⑦　一種金属製可とう電線管にあっては，厚さ0.8mm以上のものであること。
　　⑧　金属製可とう電線管及びその附属品の端口は，電線の被覆を損傷するおそれが
　　　ないようになめらかなものとすること。
　　⑨　露出場所又は点検できる隠ぺい場所であって管の取り外しができる場所では，
　　　内側の半径は，一種金属製可とう電線管内径の3倍以上とすること。
　　⑩　露出場所又は点検できる隠ぺい場所であって管の取り外しができない場所及び

点検できない隠ぺい場所では，内側の半径は，二種金属製可とう電線管内径の6倍以上とすること。

⑪ 一種金属製可とう電線管を曲げる場合の内側の半径は，一種金属製可とう電線管内径の6倍以上とすること。

⑫ 金属製可とう電線管及びその附属品は，機械的，電気的に完全に連結し，かつ，適当な方法により造営材その他に確実に支持すること。

⑬ 金属製可とう電線管相互の接続は，カップリングにより行うこと。

⑭ 金属製可とう電線管とボックス又はキャビネットとの接続は，コネクタにより行うこと。

⑮ 使用電圧が300V以下の場合は，金属製可とう電線管及び附属品は，D種接地工事を施すこと。ただし，管の長さ（2本以上の管を接続して使用する場合は，その全長。以下この条において同じ。）が4m以下の金属製可とう電線管を施設する場合は，この限りでない。

⑯ 使用電圧が300Vを超える場合は，金属製可とう電線管及び附属品は，C種接地工事を施すこと。ただし，接触防護措置（金属製のものであって，防護措置を施す管と電気的に接続するおそれがあるもので防護する方法を除く。）を施す場合は，D種接地工事によることができる。

⑰ 一種金属製可とう電線管には，直径1.6mm以上の裸軟銅線を接地線として配管の全長にわたって挿入又は添加してその裸軟銅線と一種金属製可とう電線管とを両端において電気的に完全に接続すること。ただし，管の長さが4m以下のものを施設する場合は，この限りでない。

5) 金属線ぴ配線 [3125節]

① 金属線ぴ配線は，屋内の外傷を受けるおそれがない乾燥した次の各号の場所に限り，施設することができる。
　(イ) 露出場所
　(ロ) 点検できる隠ぺい場所

② 一種金属線ぴに収める電線本数は，10本以下とすること。

③ 二種金属線ぴに収める電線本数は，電線の被覆絶縁物を含む断面積の総和が当該線ぴの内断面積の20%以下とすること。

④ 金属線ぴ及びその附属品は，堅ろうに，かつ，電気的に完全に接続し，適当な方法により造営材その他に確実に支持すること。

⑤ 金属線ぴの内部には，じんあいが侵入し難いようにすること。

⑥ 金属線ぴの終端部は，閉そくすること。

⑦ 金属線ぴの支持点間の距離は，1.5m以下とすることが望ましい。

6) 金属ダクト配線 [3145節]

① 金属ダクト配線には，絶縁電線を使用すること。

② 金属ダクト内では，電線に接続点を設けないこと。ただし，電線を分岐する場合において，その接続点が容易に点検できるときは，この限りでない。

③ 金属ダクト配線は，屋内における乾燥した次の各号の場所に限り，施設することができる。
　(イ) 露出場所
　(ロ) 点検できる隠ぺい場所

④ 幅が5cmを超え，かつ，厚さが1.2mm以上の鉄板又はこれと同等以上の強さを有する金属製のものであって堅ろうに製作したものであること。

⑤ 内面は，電線の被覆を損傷するような突起がないものであること。

⑥ 内面及び外面は，さび止めのために，めっき又は塗装で防錆処理を施したものであること。

⑦ 絶縁電線を同一金属ダクト内に収める場合の金属ダクトの大きさは，電線の被覆絶縁物を含む断面積の総和が金属ダクトの内断面積の20%（電光サイン装置，出退表示灯，その他これらに類する装置又は制御回路など（自動制御回路，遠方操作回路，遠方監視装置の信号回路その他これらに類する電気回路をいう。）の配線に使用する電線のみを収める場合は，50%）以下となるように選定すること。

⑧ 金属ダクトは，3m（取扱者以外の者が出入りできないように設備した場所で垂直に取り付ける場合は，6m）以下ごとの間隔で堅固に支持すること。

⑨ 金属ダクトのふたは，容易にはずれないように，かつ，重量物の圧力により著しく変形しないように施設すること。

⑩ 金属ダクト相互は，堅ろうに，かつ，電気的に完全に接続すること。

⑪ 金属ダクトの内部には，じんあいが侵入し難いようにすること。

⑫ 金属ダクトの終端部は，閉そくすること。

⑬ 金属ダクトは，ダクトの内部に水が溜まるような低い部分を設けないように施設すること。

⑭ 金属ダクト内には，接続端子を設けたり，照明器具を直接取り付けたり，放電灯用安定器を収めるなど電線の被覆を損傷するおそれがあるものを施設しないこと。

⑮ 金属ダクト配線を垂直又は傾斜して施設する場合は，電線の移動を防ぐため電線をクリート等で堅固に支持すること。

⑯ 金属ダクト配線が床又は壁を貫通する場合は，金属ダクトを貫通部分で接続しないこと。

⑰ 金属ダクトの貫通部分で電線が損傷するおそれがないように施設すること。

⑱ 電線の分岐点に張力が加わらないように施設すること。

⑲ 使用電圧が300V以下の場合は，ダクトには，D種接地工事を施すこと。

⑳ 使用電圧が300Vを超える場合は，ダクトにはC種接地工事を施すこと。ただし，接触防護措置（金属製のものであって，防護措置を施すダクトと電気的に接続するおそれがあるもので防護する方法を除く。）を施す場合は，D種接地工事によることができる。

7) バスダクト配線
[3155節]

① バスダクト配線は，屋内における乾燥した露出場所，点検できる隠ぺい場所に限り，施設することができる。

② 屋外用バスダクトを使用したバスダクト配線は，前項に規定する場所のほか，次の各号の場所においても施設することができる。

　(イ) 屋内における露出場所で，かつ，湿気の多い場所又は水気のある場所（使用電圧300V以下の場合に限る。）

　(ロ) 屋側及び屋外の露出場所又は点検できる隠ぺい場所（使用電圧300Vを超える場合は，木造以外の造営物に限る。）

③ バスダクトは，3 m（取扱者以外の者が出入できないように設備した場所で垂直に取り付ける場合は，6 m）以下の間隔で支持すること。
④ バスダクト相互は，堅ろうに，かつ，電気的に完全に接続すること。
⑤ バスダクトの内部には，じんあいが侵入し難いようにすること。ただし，換気形のものにあっては，この限りでない。
⑥ バスダクトの終端部は，閉そくすること。ただし，換気形のものにあっては，この限りでない。
⑦ バスダクトを垂直に施設する場合は，バスダクト内の導体の支持物は，垂直に支持するのに適したものを使用すること。
⑧ 湿気の多い場所又は水気のある場所に施設する場合は，屋外用バスダクトを使用し，ダクト内部に水が浸入して溜まらないようにすること。
⑨ 使用電圧が300 V以下のバスダクトを屋側又は屋外に施設する場合は，屋外用バスダクトを使用し，ダクト内部に水が浸入して溜まらないようにすること。
⑩ 使用電圧が300 Vを超えるバスダクトを屋側又は屋外に施設する場合は，簡易接触防護措置を施し，かつ，JIS C 0920（2003）「電気機械器具の外郭による保護等級（IPコード）」の「6. 第二特性数字で表される水の浸入に対する保護等級」の表3に規定する第二特性数字4（IPX4）の性能を持つ屋外用バスダクトを使用し，ダクト内部に水が浸入して溜まらないようにすること。
⑪ バスダクト配線が床又は壁を貫通する場合は，バスダクトを貫通部分で接続しないこと。
⑫ 導体相互の接続は，堅ろうに，かつ，電気的に完全に接続すること。
⑬ 使用電圧が300 V以下の場合は，バスダクトにD種接地工事を施すこと。
⑭ 使用電圧が300 Vを超える場合は，バスダクトにC種接地工事を施すこと。ただし，接触防護措置（金属製のものであって，ダクトの金属製部分と電気的に接続するおそれがあるもので防護する方法を除く。）を施す場合は，D種接地工事によることができる。

8) ケーブル配線　　ビニル外装ケーブル配線，クロロプレン外装ケーブル配線又はポリエチレン外装
[3165節]　　　　　ケーブル配線について規定されている。

① ケーブルを造営材の側面又は下面に沿って施設する場合の支持点間の距離は，2 m以下とすること。
② ケーブル（導体の直径が3.2 mm以下のものに限る。）を露出場所で造営材に沿って施設する場合の支持点間の距離は**表2.4.12**によること。

表2.4.12　ケーブルの支持点間の距離

施設の区分	支持点間の距離（m）
造営材の側面又は下面において水平方向に施設するもの	1以下
接触防護措置を施してないもの	1以下
その他の場所	2以下
ケーブル相互並びにケーブルとボックス及び器具との接続箇所	接続箇所から，0.3以下

③ ケーブルは，隠ぺい配線の場合において，ケーブルに張力が加わらないように

④　メッセンジャーワイヤにケーブルをちょう架して施設する場合は，径間15 m以下とし，かつ，次によること。

　(イ)　メッセンジャーワイヤは，引張強さ2.36 kN以上の金属線又は直径3.2 mm以上の亜鉛めっき鉄線で，かつ，当該ケーブルの重量に十分耐えるものであること。

　(ロ)　当該ケーブルには，張力が加わらないように施設すること。

　(ハ)　ちょう架は，当該ケーブルに適合するハンガー又はバインド線によりちょう架し，かつ，支持点間を50 cm以下とすること。

⑤　ケーブルを曲げる場合は，被覆を損傷しないようにし，その屈曲部の内側の半径は，表2.4.13によること。

表2.4.13　ケーブル屈曲部の内側の半径

ケーブルの種類	多心 単心より合わせ	単心
遮へい無し	仕上り外径の6倍以上	仕上り外径の8倍以上
遮へい有り（高圧含む）	仕上り外径の8倍以上	仕上り外径の10倍以上

2.2　低圧屋側電線路

1) 低圧屋側電線路［電技解釈第110条］

①　低圧屋側電線路（低圧の引込線及び連接引込線の屋側部分を除く。）は，次の各号のいずれかに該当する場合に限り，施設することができる。

　一　1構内又は同一基礎構造物及びこれに構築された複数の建物並びに構造的に一体化した1つの建物（以下この条において「1構内等」という。）に施設する電線路の全部又は一部として施設する場合

　二　1構内等専用の電線路中，その構内等に施設する部分の全部又は一部として施設する場合

②　低圧屋側電線路は，次の各号のいずれかにより施設すること。

　一　がいし引き工事により，次に適合するように施設すること。
　　（イ～チ省略）

　二　合成樹脂管工事により，第145条第2項及び第158条の規定に準じて施設すること。

　三　金属管工事により，次に適合するように施設すること。
　　イ　木造以外の造営物に施設すること。
　　ロ　第159条の規定に準じて施設すること。

　四　バスダクト工事により，次に適合するように施設すること。
　　イ　木造以外の造営物において，展開した場所又は点検できる隠ぺい場所に施設すること。
　　ロ　第163条の規定に準じて施設するほか，屋外用のバスダクトであって，ダクト内部に水が浸入してたまらないものを使用すること。

　五　ケーブル工事により，次に適合するように施設すること。
　　（イ～ハ省略）

③　金属ダクト工事は，低圧屋側電線路の工事として施設することはできない。

2) 低圧屋側配線［内線規程2300節］　2.2 1）によるほか，表2.4.10，表2.4.11による。

2.3 高圧屋内配線

1) 工事の種類 ［電技解釈第168条］

高圧屋内配線は，がいし引き工事（乾燥した場所であって展開した場所に限る。）又はケーブル工事により施設しなければならない。

2) ケーブル工事 ［公共建築工事標準仕様書（電気設備工事編）第10節］

① 電線は，ケーブルを使用すること。
② 重量物の圧力又は著しい機械的衝撃を受けるおそれがある箇所に施設するケーブルには，適当な防護装置を設けること。
③ ケーブルを造営材の下面又は側面に沿って取り付ける場合は，ケーブルの支持点間の距離を2m（接触防護措置を施した場所において垂直に取り付ける場合は，6m）以下とし，かつ，その被覆を損傷しないように取り付けること。
④ ケーブルの曲げ半径は，高圧ケーブルは単心以外のものにあっては仕上がり外径の8倍以上，単心のものにあっては同10倍以上としている。
⑤ 管その他のケーブルを収める防護装置の金属製部分，金属製の電線接続箱及びケーブルの被覆に使用する金属体には，A種接地工事を施すこと。ただし，接触防護措置（金属製のものであって，防護装置を施す設備と電気的に接続するおそれがあるもので防護する方法を除く。）を施す場合は，D種接地工事によることができる。

3) 高圧配線と他の配線などとの離隔 ［電技解釈第168条］

高圧屋内配線が，他の高圧屋内配線，低圧屋内配線，管灯回路の配線，弱電流電線など又は水管，ガス管若しくはこれらに類するもの（以下「他の屋内電線等」という。）と接近し，又は交差する場合は，次のいずれかによること。
① 高圧屋内配線と他の屋内電線等との離隔は，15cm以上であること。
② 高圧屋内配線をケーブル工事により施設する場合は，次のいずれかによること。
　イ ケーブルと他の屋内電線等との間に耐火性のある堅ろうな隔壁を設けること。
　ロ ケーブルを耐火性のある堅ろうな管に収めること。
　ハ 他の高圧屋内配線の電線がケーブルであること。

2.4 低圧幹線

(1) 低圧幹線の施設

1) 低圧幹線

幹線は，建築設備を構成するさまざまな負荷（電灯，動力）に対して電気エネルギーを供給する主幹配線であり，電技解釈第142条に，「引込口に近い箇所であって，容易に開閉することができる箇所に施設した開閉器又は変電所に準ずる場所に施設した低圧開閉器を起点とする，電気使用場所に施設する低圧の電路であって，当該電路に，電気機械器具（配線器具を除く，以下この条において同じ。）に至る低圧電路であって過電流遮断器を施設するものを接続するもの。」と規定されている。

2) 電線の許容電流 [電技解釈第148条第二号, 第三号]

① 電線の許容電流は，低圧幹線の各部分ごとに，その部分を通じて供給される電気使用機械器具の定格電流の合計値以上であること。

② 電線の許容電流は，低圧幹線に接続する負荷のうち，電動機又はこれに類する起動電流が大きい電気機械器具（以下「電動機等」という。）の定格電流の合計が，他の電気使用機械器具の定格電流の合計より大きい場合は，他の電気使用機械器具の定格電流の合計に次の値を加えた値以上であること。

　イ　電動機等の定格電流の合計が 50 A 以下の場合は，その定格電流の合計の 1.25 倍

　ロ　電動機等の定格電流の合計が 50 A を超える場合は，その定格電流の合計の 1.1 倍

③ 需要率，力率等が明らかな場合は，これらによって適当に修正した負荷電流値以上の許容電流のある電線を使用することができる。

図 2.4.5 において電線の許容電流 I_A は，次による。

$\Sigma I_H \geq \Sigma I_M$ の場合，$I_A \geq \Sigma I_H + \Sigma I_M$

$\Sigma I_H < \Sigma I_M$ の場合，$I_A \geq \Sigma I_H + k \Sigma I_M$

k は定数で，

$\Sigma I_M \leq 50$ A の場合 1.25

$\Sigma I_M > 50$ A の場合 1.1

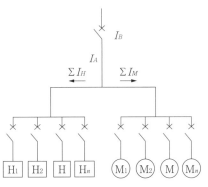

図 2.4.5　電線の許容電流・過電流遮断器の定格電流

3) 過電流遮断器の定格電流 [電技解釈第148条第五号]

低圧幹線を保護する過電流遮断器は，その定格電流が，当該低圧幹線の許容電流以下のものであること。

低圧幹線に電動機などが接続される場合，過電流遮断器の定格電流は，次のいずれかによることができる。

① 電動機等の定格電流の合計の 3 倍に，他の電気使用機械器具の定格電流の合計を加えた値以下であること。

② ①の規定による値が低圧幹線の許容電流を 2.5 倍した値を超える場合は，その許容電流を 2.5 倍した値以下であること。

③ 低圧幹線の許容電流が 100 A を超える場合であって，①又は②の規定による値が過電流遮断器の標準の定格に該当しないときは，①又は②の規定による値の直近上位の標準定格であること。

図 2.4.5 において過電流遮断器の定格電流 I_B は，次による。

電動機を含まない場合

$I_B \leq I_A$

電動機を含む場合

$I_B \leq \Sigma I_H + 3 \Sigma I_M$ （かつ，$I_B \leq 2.5 I_A$ とする）

4) 分岐幹線の過電流遮断器の施設
［電技解釈第148条第四号，第六号］

① 低圧幹線の電源側電路には，当該低圧幹線を保護する過電流遮断器を施設すること。ただし，次のいずれかに該当する場合はこの限りでない（図2.4.6）。

　イ　低圧幹線の許容電流が，当該低圧幹線の電源側に接続する他の低圧幹線を保護する過電流遮断器の定格電流の55％以上である場合。

　ロ　過電流遮断器に直接接続する低圧幹線又はイに掲げる低圧幹線に接続する長さ8m以下の低圧幹線であって，当該幹線の許容電流が，当該幹線の電源側に接続する他の低圧幹線を保護する過電流遮断器の定格電流の35％以上である場合。

　ハ　過電流遮断器に直接接続する低圧幹線又はイ若しくはロに掲げる低圧屋内幹線に接続する長さ3m以下の低圧幹線であって，当該低圧幹線の負荷側に他の低圧幹線を接続しない場合。

　ニ　低圧幹線に電気を供給するための電源が太陽電池のみであって，当該低圧幹線の許容電流が，当該低圧幹線を通過する最大短絡電流以上である場合。

② ①により施設する過電流遮断器は，各極（多線式電路の中性極を除く。）に施設すること。ただし，対地電圧が150V以下の低圧屋内電路の接地側電線以外の電線に施設した過電流遮断器が動作した場合において，各極が同時に遮断されるときは，当該電路の接地側電線に過電流遮断器を施設しないことができる。

図2.4.6　低圧幹線の過電流遮断器の施設

図 2.4.7 に示す電動機を接続しない場合の分岐幹線において，分岐幹線保護用過電流遮断器を省略できる分岐幹線の長さと許容電流の計算例

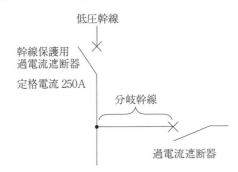

図 2.4.7　電動機を接続しない場合の分岐幹線

幹線保護用過電流遮断器は 250 A なので，分岐幹線保護用過電流遮断器を省略できる分岐幹線の長さが 3 m を超え 8 m 以下の分岐幹線は，250 A × 35％ = 87.5 A 以上の許容電流が必要となる。また，幹線の長さが 8 m 超過の分岐幹線は，250 A × 55％ = 137.5 A 以上の許容電流が必要となる。

(2) 電圧降下

1) 電圧降下
[内線規程 1310 節]

① 低圧配線中の電圧降下は，幹線及び分岐回路において，それぞれ標準電圧の 2％以下とすること。ただし，電気使用場所内の変圧器により供給される場合の幹線の電圧降下は，3％以下とすることができる。

② 供給変圧器の二次側端子（一般送配電事業者から低圧で電気の供給を受けている場合は，引込線取付点）から最遠端の負荷に至る電線のこう長が 60 m を超える場合の電圧降下は，①にかかわらず，負荷電流により計算し表 2.4.14 によることができる。

表 2.4.14　こう長が 60 m を超える場合の電圧降下

供給変圧器の二次側端子又は引込線取付点から最遠端の負荷に至る間の電線のこう長 (m)	電圧降下 (％)	
	電気使用場所内に設けた変圧器から供給する場合	一般送配電事業者から低圧で電気の供給を受けている場合
120 以下	5 以下	4 以下
200 以下	6 以下	5 以下
200 超過	7 以下	6 以下

[注] 系統連系型小出力太陽光発電設備からの逆潮流によるパワーコンディショナから引込線取付点までの電圧降下は，内規 3594 節（系統連系型小出力太陽光発電設備の施設）を参照のこと。

2) 電圧降下計算式

① 集合住宅の幹線など，電線こう長が長く，大電流を扱う場合には，以下の計算式により電圧降下値を計算することが望ましい。

電圧降下 $e = K_1 I (R \cos\theta_r + X \sin\theta_r) L$

- e：電圧降下　[V]
- K_1：配線方式による係数（表 2.4.15 による）
- I：通電電流　[A]
- R：電線 1 km 当たりの交流導体抵抗　[Ω/km]
- X：電線 1 km 当たりのリアクタンス　[Ω/km]
- $\cos\theta_r$：負荷端力率
- L：電線のこう長　[km]

表 2.4.15　配線方式による係数

配線方式	K_1	備考
単相 2 線式	2	線間
単相 3 線式	1	対地間
三相 3 線式	$\sqrt{3}$	線間
三相 4 線式	1	対地間

② 屋内配線など電線こう長が比較的短く，また，電線が細い場合など，表皮効果や近接効果などによる導体抵抗値の増加分やリアクタンス分を無視してもさしつかえない場合は，**表 2.4.16** に示す計算式により電圧降下値を計算することができる。

表 2.4.16 電圧降下計算式

電気方式	電圧降下	対象電圧降下
単相 2 線式	$e = \dfrac{35.6 \times L \times I}{1000 \times A}$	線間
三相 3 線式	$e = \dfrac{30.8 \times L \times I}{1000 \times A}$	線間
単相 3 線式 三相 4 線式	$e = \dfrac{17.8 \times L \times I}{1000 \times A}$	対地間

e：電圧降下 [V]
I：負荷電流 [A]
L：電線のこう長 [m]
A：使用電線の断面積 [mm²]

［備考 1］ 本表は，銅線使用の場合について示してある。
［備考 2］ 本表の各公式は，回路の各外側線または各相電線の平衡した場合に対するものである。また，電線の導電率を 97％としている。

電線の太さ選定に当たっては，電線の種類および許容電流，電線のこう長，電線の敷設方法，許容電圧降下を考慮して決定する。

3. 構内地中電線路

構内地中電線路は，需要家の構内に地中電線路を施設するもので，電技解釈第 3 章第 6 節「地中電線路」および JIS C 3653「電力用ケーブルの地中埋設の施工方法」に規定されている。

3.1 地中電線路

1) 地中電線路の施設方式

① 電力ケーブルの許容電流は，導体の周囲温度と温度上昇の和で決まる。温度上昇は発生熱と熱抵抗の積であり，各部の熱抵抗の影響は大きい。また，ケーブルの発生熱は，負荷電流による導体損失によるものが主なものである。

② 管路式は，ケーブル表面に空気層があるため熱抵抗に表面放散抵抗があるが，直接埋設式は土壌とケーブルが直接接触するので，表面放散抵抗がなく管路式に比べ熱抵抗が少なく温度上昇が少ないため許容電流が大きくとれる。

③ 直接埋設式は，ケーブルを直接埋設する方式，または防護材に収めて埋設する方式である。一方，管路式は鉄筋コンクリート管，鋼管，硬質ビニル管など堅ろうな配管を埋設し，その中にケーブルを引き入れる方式のため，直接埋設式に比べてケーブルに外傷を受けにくい。

④ 直接埋設式ではケーブルの故障復旧・引替えなどに土の掘削が必要となり保守点検が不便である。管路式では故障復旧は比較的容易であり，予備管路を敷設しておくことにより将来の増設，引替えも容易になるなど，直接埋設式に比べ保守点検が容易である。

⑤ 暗きょ式のケーブルは，暗きょ（洞道）に設けたケーブル受金物（ケーブルラックまたはハンガ）やケーブル棚上に支持するため，ケーブルの熱放散がよく，許容電流が大きくとれるなど多条数敷設に適している。

2) 地中電線路の施設 ［電技解釈第 120 条］

① 地中電線路は，電線にケーブルを使用し，かつ，管路式，暗きょ式又は直接埋設式により施設すること。

② 管路式には電線共同溝（C. C. BOX）方式を，暗きょ式にはキャブ（電力，通

信等のケーブルを収納するために道路下に設けるふた掛け式のU字構造物）によるものを含むものとすること。

③ 管路式により施設する場合，電線を収める管は，これに加わる車両その他の重量物の圧力に耐えるものであること。

3) 暗きょ式の施設［電技解釈第120条］

① 暗きょ式により施設する場合，暗きょは，これに加わる車両その他の重量物の圧力に耐えるものであること。防火措置として，地中電線に耐燃措置を施し，又は暗きょ内に自動消火設備を施設すること。

② 耐燃措置は，次のいずれかによること。

イ　不燃性又は自消性のある難燃性の被覆を有する地中電線を使用すること。

ロ　不燃性又は自消性のある難燃性の延焼防止テープ，延焼防止シート，延焼防止塗料その他これらに類するもので地中電線を被覆すること。

ハ　不燃性又は自消性のある難燃性の管又はトラフに収めて地中電線を施設すること。

4) 直接埋設式の施設［電技解釈第120条］

直接埋設式により施設する場合，地中電線の埋設深さは，車両その他の重量物の圧力を受けるおそれがある場所においては1.2m以上，その他の場所においては0.6m以上とすること（図2.4.8）。

また，地中電線を衝撃から防護するため，次のいずれかにより施設すること。

① 地中電線を堅ろうなトラフその他の防護物に収めること。

② 低圧又は高圧の地中電線を，車両その他の重量物の圧力を受けるおそれがない場所に施設する場合は，地中電線の上部を堅ろうな板又はといで覆うこと。

③ 地中電線に堅ろうながい装を有するケーブルを使用すること。さらに，地中電線の使用電圧が特別高圧の場合は，堅ろうな板又はといで地中電線の上部及び側部を覆うこと。

④ 地中電線にパイプ型圧力ケーブルを使用し，かつ，地中電線の上部を堅ろうな板又はといで覆うこと。

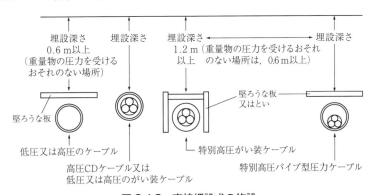

図2.4.8　直接埋設式の施設

5) 表示［電技解釈第120条］

高圧又は特別高圧の地中電線を管路式又は直接埋設式により施設する場合（需要場所に施設する高圧地中電線路であって，その長さが15m以下のものを除く。）は，次により表示を施すこと。

イ　物件の名称，管理者名及び電圧（需要場所に施設する場合にあっては，物件の名称及び管理者名を除く。）を表示すること。

ロ　おおむね2mの間隔で表示すること。ただし，他人が立ち入らない場所や当該電線路の位置が十分認知できるような場所は，この限りでない。

6) 地中箱の施設［電技解釈第121条］
① 車両その他の重量物の圧力に耐える構造であること。
② 爆発性又は燃焼性のガスが侵入し，爆発又は燃焼するおそれがある場所に設ける地中箱で，その大きさが1m³以上のものには，通風装置その他ガスを放散させるための適当な装置を設けること。
③ 地中箱のふたは，取扱者以外の者が容易に開けることができないように施設すること。

3.2　管路式の施工

1) 管路式の施工方法［JIS C 3653］

使用電圧7,000V以下の電力用ケーブルを需要場所の地中に管路式によって施設する電線路の施工方法について，次のように規定されている。

① 地盤の掘削及び埋戻しは，次による。
　イ　掘削した底盤は，十分に突き固めて平滑にする。
　ロ　埋戻しのための土砂は，管路材などに損傷を与えるような小石，砕石などを含まず，かつ，管周辺部の埋戻し土砂は，管路材などに腐食を生じさせないものを使用する。
　ハ　管周辺部の埋戻し土砂は，すき間がないように十分に突き固める。
　ニ　複数の管路を接近させ，かつ，並行して施設する場合は，管相互間（特に管底側部）の埋戻し土砂はすき間のないように十分に突き固める。
　ホ　軟弱地盤などに施設する場合は，その地盤の履歴及び状況を十分に把握した上で，管路に損傷を与えない方策を講じる。

② 管の呼び径が200mm以下であって，**表2.4.17**に示す管を使用し，かつ，地表面（舗装がある場合は，舗装下面）から深さ0.3m以上に埋設する場合は，堅ろうで車両その他の重量物の圧力に耐えるものとする。

表2.4.17　地中電線路の管路材の種類

区　分	種　類
鋼　管	JIS G 3452（配管用炭素鋼鋼管）に規定する鋼管に防食テープ巻き，ライニングなどの防食処理を施したもの
	JIS G 3469（ポリエチレン被覆鋼管）に規定するもの
	JIS C 8305（鋼製電線管）に規定する厚鋼電線管に防食テープ巻き，ライニングなどの防食処理を施したもの
	JIS C 8380（ケーブル保護用合成樹脂被覆鋼管）に規定するG形のもの
コンクリート管	JIS A 5372附属書Cの推奨仕様C-2（遠心力鉄筋コンクリート管）に規定するもの
合成樹脂管	JIS C 8430（硬質ポリ塩化ビニル電線管）に規定するもの
	JIS K 6741（硬質ポリ塩化ビニル管）に規定する種類がVPのもの
	附属書1に規定する波付硬質合成樹脂管（FEP）※
陶　管	附属書2に規定する多孔陶管
上記以外の管は，附属書3に適合する管	

※ FEPはFlexible Electric Pipeの略

③ 金属製の管及びその接続部には，防食テープ巻き，ライニングなどの防食処

理を施す。

④ 管路は，ケーブルの敷設に支障が生じる曲げ，蛇行などがないように施設する。

⑤ 管相互の接続は，専用の附属品がある場合は，それを使用して堅ろうに行い，かつ，水が容易に管路内部に浸入しにくいように施設する。管の種類に応じた接続方法の例を，表2.4.18 に示す。

表 2.4.18 地中電線路の管の接続方法の例

区 分	接続方法の例
鋼 管	・ねじ込み ・パッキン介在差込み（ゴム輪接合） ・パッキン付ねじなし接続 ・ボールジョイント
コンクリート管	・パッキン介在差込み（ゴム輪接合）
合成樹脂管	・スリーブ接続後シーリング材とテープ巻き ・二つ割り継手ボルト締め ・パッキン介在差込み（ゴム輪接合） ・接着接合
陶 管	・パッキン介在ボルト締め

材料の異なる管（異種管）を接続する場合は，異物継手（異種管継手）を使用すること。

⑥ 管路は，内面，接続部及び端部にケーブルの被覆を損傷するような突起が生じないように施設する。

⑦ 管路と地中箱又は建物との接続部分は，耐久性をもつシーリング材，モルタルなどを充てんして，水が容易に地中箱又は建物内に浸入しにくいようにする（図2.4.9）。

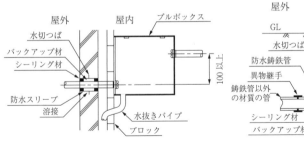

(a) 防水スリーブ使用の場合　　(b) 防水鋳鉄管使用の場合（スリーブ貫通）

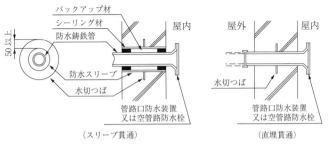

(c) 防水鋳鉄管使用の場合

［備考］ 水切つばは，50 mm以上の鋼板，厚さ3.2 mm以上とし，全周溶接とする。

図 2.4.9　建物外壁貫通部の施工例

⑧ 地中から建物内部又は必要に応じて地中箱内部に引き込まれた管路（予備管を含む。）の管口部分には，防水処理を施す。

⑨ 1管路には，1回線のケーブルを収めるのが望ましい。単心ケーブル1条を引き入れる場合は，電磁誘導による発熱が生じないように，非金属性の管を使用すること。
⑩ 管の内径は，管内に敷設するケーブルが1条の場合，ケーブル仕上がり外径の1.5倍以上，管内に敷設するケーブルが2条以上の場合の管の内径は，ケーブルを集合した場合の外接円の直径の1.5倍以上とすることが望ましい。

2) 埋設表示の施工方法 [JIS C 3653]

① 管路の施設経路が地表上で確認できるように，埋設表示板，埋設標柱など（金属製のびょうなども含まれる）を施設する。
② 高圧の地中電線路においては，埋設表示シートなどを管頂と地表面（舗装のある場合は，舗装下面）のほぼ中間に連続して施設する。

3) ケーブルの立上がり部の施工方法 [JIS C 3653]

① 地中におけるケーブルの立上がり部は，車両その他の重量物の圧力を受けるおそれがないように施設する。
② ケーブルの地表上部は，堅ろうで耐候性の高い不燃性又は自消性のある難燃性の防護材で覆う。この場合において，防護材の地表上の高さは，2 m（造営物の屋側に立ち上げる場合は，2.5 m）以上とする。
③ 防護材は，造営物などに堅ろうに固定する。
④ 屋外におけるケーブル防護材の端部には，雨水の浸入防止用カバーなどを取り付ける。

4) 地中箱の施工方法 [JIS C 3653]

① 管路には，次の箇所に地中箱を施設する。
　イ ケーブルの引入れ，引抜きなどの作業を必要とする箇所
　ロ ケーブルの分岐，接続などを行う箇所
　ハ ケーブルの引入れ時に張力がケーブルの許容張力を超過する箇所（直線管路の長さが150 mを超える場合，又は直角曲がり1箇所をもつ管路の長さが100 mを超える場合）
　ニ 管路のこう配が大きく，ケーブルのずり落ち防止を必要とする箇所
② 地中箱の大きさは，次による。
　イ ケーブルの引入れ，引抜き，接続，分岐などの工事，点検その他の保守作業が容易にできる大きさとする。
　ロ ケーブルをその許容曲げ半径以上で曲げることができる大きさとする。ケーブルの許容曲げ半径は，その屈曲部の内側半径とし，値を表2.4.19に示す。

表2.4.19 ケーブルの許容曲げ半径

ケーブルの種類	単 心	多 心
低 圧	8D	6D
高 圧	10D	8D

［備考］ Dは，ケーブルの仕上がり外径を示す。
　なお，トリプレックスケーブル（CVT）などの単心より形ケーブルは，多心として扱う。この場合，ケーブルの仕上り外径は各々の単心ケーブル外接円の直径とする。

③ 地中箱の構造は，次によること。
　イ 堅ろうで車両その他の重量物の圧力に耐える構造とする。ただし，植込み，緑地帯などの車両が進入しない場所に施設するものにあっては，この限りでない。
　ロ たまり水を排除できるように，底面にためます，または水抜き穴を設ける（底面が常水面より上の場合に限る。）。
④ 地中箱のふたは，水が容易に浸入しにくい構造とする。

⑤ 地中箱内でケーブルの中間接続を行う場合は，接続部に支障がないようにケーブルを地中箱の壁又は床に固定する。

⑥ 地中箱には，必要に応じてケーブルの支持材，昇降のための足掛金物，ケーブル引入れのためのフックなどを設ける。

⑦ 分割式地中箱を据え付ける場合は，各ブロックの接合にはモルタル，接着材，パッキンなどによって水が容易に浸入しにくい構造とする。

⑧ 地中箱は，その底部が大地の凍結深度より深くなるように施設する。

5）現場打ちマンホールの施工

① 根切りとは，基礎や地下構造物を作るために，地盤面下の土を掘削することで，根切りの深さは，レベルを用いたり，掘削面に水糸を張り，ばか棒を用いるなどの方式で計測して行う。

なお，レーザ鉛直器は，レーザ光線により鉛直度をはかるもので，建設中の高層ビルなど，高精度の鉛直精度が要求される場合に用いられる。

② 基礎に用いる砂利は，原則として一層とし，すき間のないようにして行う。ランマ，振動コンパクタ，振動ローラなどで，十分締固めを行う。

③ 捨てコンクリートとは，基礎コンクリートを作る前に，地盤の上に打設されるコンクリートのことで，これにより地盤の上に新しい水平面の基準を設け，捨てコンクリートの上に，墨出し（位置を確定するために線を描くこと）を行う。

④ 埋戻しに使用する土は，原則として根切り土中の良質土とし，締固めはランマ，ローラなどを用いて締め固めながら埋め戻すものとする。

6）地中電線の被覆金属体等の接地［電技解釈第123条］

管，暗きょその他の地中電線を収める防護装置の金属製部分，金属製の電線接続箱及び地中電線の被覆に使用する金属体には，D種接地工事を施すこと。ただし，次に該当する部分は，この限りでない。

イ　ケーブルを支持する金物類

ロ　管，暗きょその他の地中電線を収める防護装置の金属製部分，金属製の電線接続箱及び地中電線の被覆に使用する金属体のうち，防食措置を施した部分

ハ　地中電線を管路式により施設した部分における，金属製の管路

7）地中弱電流電線路への誘導障害の防止［電技解釈第124条］

地中電線路は，地中弱電流電線路に対して漏えい電流又は誘導作用により通信上の障害を及ぼさないように地中弱電流電線路から十分に離すなど，適当な方法で施設すること。

8）地中電線と地中電線等の離隔距離［電技解釈第125条］

低圧地中電線と高圧地中電線とが接近又は交差する場合，又は低圧若しくは高圧の地中電線と特別高圧地中電線とが接近又は交差する場合は，次の各号のいずれかによること。ただし，地中箱内についてはこの限りでない（表 2.4.20）。

一　低圧地中電線と高圧地中電線との離隔距離が，0.15 m 以上であること。

二　低圧又は高圧の地中電線と特別高圧地中電線との離隔距離が，0.3 m 以上であること。

三　暗きょ内に施設し，地中電線相互の離隔距離が，0.1 m 以上であること（第120条第3項第二号イに規定する耐燃措置を施した使用電圧が 170,000 V 未満の地中電線の場合に限る。）。

四　地中電線相互の間に堅ろうな耐火性の隔壁を設けること。
　　五　いずれかの地中電線が，次のいずれかに該当するものである場合は，地中電線相互の離隔距離が，0m以上であること。
　　　イ　不燃性の被覆を有すること。
　　　ロ　堅ろうな不燃性の管に収められていること。
　　六　それぞれの地中電線が，次のいずれかに該当するものである場合は，地中電線相互の離隔距離が，0m以上であること。
　　　イ　自消性のある難燃性の被覆を有すること。
　　　ロ　堅ろうな自消性のある難燃性の管に収められていること。
　2　地中電線が，地中弱電流電線等と接近又は交差して施設される場合は，次の各号のいずれかによること。
　　一　地中電線と地中弱電流電線等との離隔距離が，下表に規定する値以上であること。
　　二　地中電線と地中弱電流電線等との間に堅ろうな耐火性の隔壁を設けること。

地中電線の使用電圧の区分	離隔距離
低圧又は高圧	0.3 m
特別高圧	0.6 m

　　三　地中電線を堅ろうな不燃性の管又は自消性のある難燃性の管に収め，当該管が地中弱電流電線等と直接接触しないように施設すること。
　　（四　省略）
　　五　地中弱電流電線等が電力保安通信線である場合は，次のいずれかによること。
　　　イ　地中電線の使用電圧が低圧である場合は，地中電線と電力保安通信線との離隔距離が，0m以上であること。
　　　ロ　地中電線の使用電圧が高圧又は特別高圧である場合は，次のいずれかによること。
　　　　(イ)　電力保安通信線が，不燃性の被覆若しくは自消性のある難燃性の被覆を有する光ファイバケーブル，又は不燃性の管若しくは自消性のある難燃性の管に収めた光ファイバケーブルである場合は，地中電線と電力保安通信線との離隔距離が，0m以上であること。
　　　　(ロ)　地中電線が電力保安通信線に直接接触しないように施設すること。
　3　特別高圧地中電線が，ガス管，石油パイプその他の可燃性若しくは有毒性の流体を内包する管（以下この条において「ガス管等」という。）と接近又は交差して施設される場合は，次の各号のいずれかによること。
　　一　地中電線とガス管等との離隔距離が，1m以上であること。
　　二　地中電線とガス管等との間に堅ろうな耐火性の隔壁を設けること。
　　三　地中電線を堅ろうな不燃性の管又は自消性のある難燃性の管に収め，当該管がガス管等と直接接触しないように施設すること。
　4　特別高圧地中電線が，水道管その他のガス管等以外の管（以下この条において「水道管等」という。）と接近又は交差して施設される場合は，次の各号のいずれかによること。
　　一　地中電線と水道管等との離隔距離が，0.3m以上であること。
　　二　地中電線と水道管等との間に堅ろうな耐火性の隔壁を設けること。

三 地中電線を堅ろうな不燃性の管又は自消性のある難燃性の管に収める場合は，当該管と水道管との離隔距離が，0m以上であること。
四 水道管等が不燃性の管又は不燃性の被覆を有する管である場合は，特別高圧地中電線と水道管等との離隔距離が，0m以上であること。

表2.4.20 地中電線等の相互の隔離距離　　　　　　　　　　［単位：m］

	低圧地中電線	高圧地中電線	特別高圧地中電線	地中弱電流電線等
低圧地中電線	—	0.15	0.3	0.3
高圧地中電線	0.15	—	0.3	0.3
特別高圧地中電線	0.3	0.3	—	0.6
地中弱電流電線等	0.3	0.3	0.6	—
ガ　ス　管　等	—	—	1	—
水　道　管　等	—	—	0.3	—

［注］：・ —は規定なし
　　　・ 弱電流電線等とは，弱電流電線または光ファイバケーブルをいう

4. 接地

4.1 接地工事

1) 接地工事の目的［電技第10条］
　電気設備の必要な箇所には，異常時の電位上昇，高電圧の侵入等による感電，火災その他人体に危害を及ぼし，又は物件への損傷を与えるおそれがないよう，接地その他の適切な措置を講じなければならない。

2) 接地工事の種類・接地抵抗値［電技解釈第17条］
　接地工事は，原則として表2.4.21の左欄に掲げる4種とし，各接地工事における接地抵抗値は，同表の左欄に掲げる接地工事の種類に応じ，それぞれ同表の右欄に掲げる値以下とすること。

表2.4.21　接地工事の種類

接地工事の種類	接地抵抗値
A種接地工事	10Ω
C種接地工事	10Ω（低圧電路において，地絡を生じた場合に0.5秒以内に当該電路を自動的に遮断する装置を施設するときは，500Ω）
D種接地工事	100Ω（低圧電路において，地絡を生じた場合に0.5秒以内に当該電路を自動的に遮断する装置を施設するときは，500Ω）

接地工事の種類	接地工事を施す変圧器の種類	当該変圧器の高圧側又は特別高圧側の電路と低圧側の電路との混触により，低圧電路の対地電圧が150Vを超えた場合に，自動的に高圧又は特別高圧の電路を遮断する装置を設ける場合の遮断時間	接地抵抗値（Ω）
B種接地工事	下記以外の場合		$150/I_g$
	高圧又は35,000V以下の特別高圧の電路と低圧電路を結合するもの	1秒を超え2秒以下	$300/I_g$
		1秒以下	$600/I_g$

［備考］ I_gは，当該変圧器の高圧側又は特別高圧側の電路の1線地絡電流［単位：A］

3) 施設場所に応じた接地工事
　施設場所に応じた接地工事を表2.4.22に示す。

表 2.4.22　施設場所に応じた接地工事

施設場所				接地工事の種類	電技解釈
電路	高圧電路又は特別高圧電路と低圧電路とを結合する変圧器	低圧側の中性点又は使用電圧 300 V 以下低圧側の 1 端子		B 種	24 条 1 項
	高圧電路又は特別高圧電路と非接地の低圧電路とを結合する混触防止板付変圧器	混触防止板		B 種	24 条 1 項
	変圧器によって特別高圧電路に結合される高圧電路	使用電圧の 3 倍以下の電圧が加わったときに放電する装置		A 種	25 条 2 項
	計器用変成器の二次側電路	高圧用		D 種	28 条 1 項
		特別高圧用		A 種	28 条 2 項
	地中電線路	管，暗きょその他の地中電線を収める防護装置の金属製部分，金属製の電線接続箱，地中電線の被覆に使用する金属体		D 種	123 条 1 項
		ケーブルを支持する金属類，上記の金属に防食措置を施した部分，管路式により施設した部分における，金属製の管路		省略	123 条 2 項
機械器具	機械器具の金属製の台及び外箱並びに外箱のない変圧器又は計器用変成器の鉄心（小出力発電設備である燃料電池発電設備を除く）	低圧用 300 V 以下		D 種	29 条 1 項
		低圧用 300 V 超過		C 種	
		高圧又は特別高圧用		A 種	
		外箱を充電して使用する機械器具に人が触れるおそれがないように，さくなどを設けて施設する場合又は絶縁台を設けて施設する場合		省略	
		交流の対地電圧 150 V 以下又は直流使用電圧 300 V 以下で乾燥した場所に施設する場合		省略	29 条 2 項一号
		低圧用で乾燥した木製の床その他これに類する絶縁性のものの上で取り扱うように施設する場合		省略	29 条 2 項二号
		2 重絶縁構造の機械器具を施設する場合		省略	29 条 2 項三号
		二次電圧 300 V 以下で容量 3 kV・A 以下の低圧用機械器具の電源側に絶縁変圧器を施設し，当該絶縁変圧器の負荷側の電路を接地しない場合		省略	29 条 2 項四号
		水気のある場所以外の場所に施設する低圧用機械器具に電気を供給する電路に漏電遮断器（15 mA 以下，0.1 秒以下）を施設する場合		省略	29 条 2 項五号
		金属製外箱等の周囲に絶縁台を設ける場合		省略	29 条 2 項六号
		外箱のない計器用変成器がゴム，合成樹脂その他の絶縁物で被覆したものである場合		省略	29 条 2 項七号
		機械器具を，木柱その他これに類する絶縁性のものの上であって，人が触れるおそれがない高さに施設する場合		省略	29 条 2 項八号
	太陽光モジュールに接続する直流電路に施設する機械器具	使用電圧 300 V を超え 450 V 以下の金属製外箱 ［直流電路を非接地／逆変換装置の交流側に絶縁変圧器を施設／太陽電池モジュールの合計出力 10 kW 以下］		C 種（接地抵抗値 100 Ω 以下）	29 条 4 項 29 条 4 項一号 29 条 4 項二号 29 条 4 項三号
	避雷器	高圧及び特別高圧の電路		A 種	37 条 3 項
電気使用場所の施設	合成樹脂管工事	金属製ボックス，粉じん防爆型フレキシブルフィッチング	300 V 以下	D 種	158 条 3 項五号
			300 V 以下　乾燥した場所	省略	
			300 V 以下　使用電圧直流 300 V 以下又は交流対地電圧 150 V 以下で簡易接触防護措置を施す場合	省略	
			300 V 超過	C 種	
			300 V 超過　接触防護措置を施す場合	D 種	
	金属管工事	管	300 V 以下	D 種	159 条 3 項四号
			300 V 以下　管の長さ 4 m 以下で乾燥した場所に施設	省略	
			300 V 以下　使用電圧直流 300 V 以下又は交流対地電圧 150 V 以下で，管の長さ 8 m 以下のものに簡易接触防護措置を施すとき又は乾燥した場所に施設	省略	
			300 V 超過	C 種	159 条 3 項五号
			300 V 超過　接触防護措置を施す場合	D 種	
	金属可とう電線管工事	可とう電線管	300 V 以下	D 種	160 条 3 項六号
			300 V 以下　管の長さ 4 m 以下	省略	
			300 V 超過	C 種	160 条 3 項七号
			300 V 超過　接触防護措置を施す場合	D 種	

表 2.4.22　施設場所に応じた接地工事（つづき）

施設場所				接地工事の種類	電技解釈
電気使用場所の施設	金属線ぴ工事	線ぴ			D種	161条3項二号
			線ぴの長さ4m以下		省略	
			使用電圧直流300V以下又は交流対地電圧150V以下で、線ぴの長さ8m以下のものに簡易接触防護措置を施すとき又は乾燥した場所に施設		省略	
	金属ダクト工事	ダクト	300V以下		D種	162条3項七号
			300V超過		C種	162条3項八号
			300V超過	接触防護措置を施す場合	D種	
	バスダクト工事	ダクト	300V以下		D種	163条1項六号
			300V超過		C種	163条1項七号
			300V超過	接触防護措置を施す場合	D種	
	ケーブル工事	管その他の電線を収める防護装置の金属製部分、金属製の電線接続箱、電線の被覆に使用する金属体	300V以下		D種	164条1項四号
			300V以下	防護措置の金属製部分の長さ4m以下で乾燥した場所に施設	省略	
			300V以下	使用電圧直流300V以下又は交流対地電圧150V以下で、防護措置の金属製部分の長さ8m以下のものに簡易接触防護措置を施すとき又は乾燥した場所に施設	省略	
			300V超過		C種	164条1項五号
			300V超過	接触防護措置を施す場合	D種	
	フロアダクト工事	ダクト			D種	165条1項五号
	セルラダクト工事	ダクト			D種	165条2項七号
	ライティングダクト工事	ダクト			D種	165条3項八号
			合成樹脂その他の絶縁物で金属製部分を被覆したダクトを使用		省略	
			対地電圧150V以下で、かつ、ダクトの長さ4m以下		省略	
	平形保護層工事	上部保護層、上部接地用保護層、ジョイントボックス、差込み接続器の金属製外箱			D種	165条4項一号
	低圧配線と弱電流電線の共用物	低圧配線と弱電流電線との間に堅ろうな隔壁を設けた、ダクト、ボックス又はプルボックスの金属製部分			C種	167条3項一号
		通信用ケーブルの金属製の電気遮へい層			C種	167条3項二号
	高圧屋内配線	管その他のケーブルを収める防護装置の金属製部分、金属製の電線接続箱、ケーブルの被覆に使用する金属体			A種	168条1項三号
				接触防護措置を施す場合	D種	
	特別高圧屋内配線	管その他のケーブルを収める防護装置の金属製部分、金属製の電線接続箱、ケーブルの被覆に使用する金属体			A種	169条1項四号
				接触防護措置を施す場合	D種	
	低圧接触電線の工事	バスダクト工事の金属製ダクト	300V以下		D種	173条4項五号
			300V超過		C種	173条4項六号
			300V超過	接触防護措置を施す場合	D種	
		機械器具に施設する低圧接触電線		接地抵抗値3Ω以下に限る	A種	173条7項三号
	放電灯工事	放電灯用安定器の外箱及び放電灯用電灯器具の金属製部分	高圧		A種	185条1項五号
			300V超過	放電灯用変圧器の二次短絡電流又は管灯回路の動作電流が1Aを超える場合	C種	
			その他		D種	
		対地電圧150V以下の放電灯を乾燥した場所に施設する場合			省略	
		管灯回路の使用電圧が300V以下の放電灯を乾燥した場所に施設する場合で、簡易接触防護措置を施し、かつ、その放電灯用安定器の外箱及び放電灯用電灯器具の金属製部分が、金属製造営材と電気的に接続しないように施設するとき			省略	

表 2.4.22 施設場所に応じた接地工事（つづき）

施設場所			接地工事の種類	電技解釈
電気使用場所の施設	放電灯工事	管灯回路の使用電圧が 300 V 以下又は放電灯用変圧器の二次短絡電流若しくは管灯回路の動作電流が 50 mA 以下の放電灯を施設する場合で，放電灯用安定器を外箱に収め，かつ，その外箱と放電灯用安定器を収める放電灯用電灯器具とを電気的に接続しないように施設するとき	省略	185 条 1 項五号
		乾燥した場所に施設する木製のショウウインドー又はショウケース内に施設する場合で，放電灯用安定器の外箱及びこれと電気的に接続する金属製部分に簡易接触防護措置を施すとき	省略	
	ネオン放電灯工事	ネオン放電灯用変圧器の外箱及び金属製看板枠	D 種	186 条 1 項九号
		ネオン変圧器の外箱（管灯回路が 1,000 V 超）	D 種	186 条 2 項七号
	水中照明灯工事	絶縁変圧器の金属製混触防止板　二次側電路 30 V 以下	A 種	187 条 1 項二号
		絶縁変圧器の二次側電路　非接地であること		187 条 1 項三号
		照明灯容器，防護装置の金属製部分，照明灯容器を収める金属製外箱	C 種	187 条 1 項四号
		開閉器及び過電流遮断器，差込み接続器を収める金属製外箱	C 種	
		配線に使用する金属管	C 種	
	アーク溶接装置	被溶接材又はこれと電気的に接続される持具，定盤等の金属体	D 種	190 条 1 項五号
	使用電圧が特別高圧の電気集じん装置等	ケーブルを収める防護装置の金属製部分及び防食ケーブル以外のケーブルの被覆に使用する金属体	A 種	191 条 1 項四号
			接触防護措置を施す場合	D 種	
	フロアヒーティング等の電熱装置	発熱線又は発熱線に直接接続する電線の被覆に使用する金属体　300 V 以下	D 種	195 条 1 項六号
		300 V 超過	C 種	
		電熱ボードの金属製外箱又は電熱シートの金属被覆	D 種	195 条 3 項三号
		表皮電流加熱装置の小口径管（ボックスを含む。）　300 V 以下	D 種	195 条 4 項八号
		300 V 超過	C 種	

4.2 接地工事の細目

1) **接地線** [電技解釈第 17 条]　接地線には，表 2.4.23 の左欄に掲げる接地工事の種類に応じ，それぞれ同表の右欄に掲げる容易に腐食し難い金属線であって，故障の際に流れる電流を安全に通ずることができるものを使用すること。

表 2.4.23 接地線の種類・太さ

接地工事の種類	接地線の種類
A 種接地工事	引張強さ 1.04 kN 以上の金属線又は直径 2.6 mm 以上の軟銅線
B 種接地工事	引張強さ 2.46 kN 以上の金属線又は直径 4 mm 以上の軟銅線（移動して使用する電気機械器具の金属製外箱の場合は断面積が 8 mm² 以上のもの，変圧器が高圧電路又は 15,000 V 以下の特別高圧架空電線路の電路と低圧電路とを結合するものである場合は，引張強さ 1.04 kN 以上の金属線又は直径 2.6 mm 以上の軟銅線）
C 種接地工事	引張強さ 0.39 kN 以上の金属線又は直径 1.6 mm 以上の軟銅線
D 種接地工事	

2) **A 種又は B 種接地工事の施工方法** [電技解釈第 17 条]

① A 種接地工事又は B 種接地工事に使用する接地極及び接地線を人が触れるおそれがある場所に施設する場合は，次により施設すること。

　イ　接地極は，地下 75 cm 以上の深さに埋設すること。

　ロ　接地線を鉄柱その他の金属体に沿って施設する場合は，接地極を鉄柱その他の金属体の底面から 30 cm 以上の深さに埋設する場合を除き，接地極を地中でその金属体から 1 m 以上離して埋設すること。

ハ　接地線には，絶縁電線（屋外用ビニル絶縁電線を除く。）又は通信用ケーブル以外のケーブルを使用すること。ただし，接地線を鉄柱その他の金属体に沿って施設する場合以外の場合には，接地線の地表上60cmを超える部分については，この限りでない。

ニ　接地線の地下75cmから地表上2mまでの部分は，電気用品安全法の適用を受ける合成樹脂管（厚さ2mm未満の合成樹脂製電線管及びCD管を除く。）又はこれと同等以上の絶縁効力及び強さのあるもので覆うこと。

② 接地線は，避雷針用地線を施設してある支持物に施設しないこと。

3) C種及びD種接地工事の特例［電技解釈第17条］

① C種接地工事を施す金属体と大地との間の電気抵抗が10Ω以下である場合は，C種接地工事を施したものとみなす。

② D種接地工事を施す金属体と大地との間の電気抵抗が100Ω以下である場合は，D種接地工事を施したものとみなす。

4) 建物の接地極［電技解釈第18条］

大地との間の電気抵抗値が2Ω以下の値を保っている建物の鉄骨その他の金属体は，これを非接地式高圧電路に施設する機械器具等に施すA種接地工事又は非接地式高圧電路と低圧電路を結合する変圧器に施すB種接地工事の接地極に使用することができる。

5) 漏電時に機器に生ずる対地電圧

機械器具は人が触れても感電しないように絶縁されているが，劣化により漏電すると危険なので，機械器具の区分に応じて接地工事を施すことが規定されている。

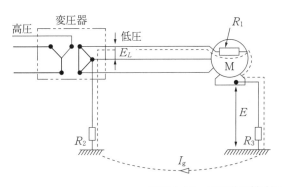

図2.4.10　漏電時の対地電圧

電気使用機械器具を通じて地絡事故が起きたとき，電動機（図2.4.10）の機器外箱（$R_1=0$ の完全地絡の場合）に発生する対地電圧 E は，次式で示される。

$$E = E_L \times \frac{R_3}{R_2 + R_3} \quad [V]$$

5. 電灯設備

5.1 照明設備

(1) 照明設計

1) 各室の光環境　　各室の用途，作業または活動内容に応じた光環境を確保するために，表2.4.24

を参考に光環境を設定する。室の用途，作業または活動内容に応じて，適切な照度，照度分布，グレア規制，演色性，明るさ感などを確保することとし，各室の照度は，求められる水平面の平均照度を維持できるように算定する。

なお，推奨照度は基準面の平均照度とし，設計照度は照明設備の経年および状態に関わらず照度が維持されるように推奨照度を基に定める。基準面は，作業または活動の対象となる面とし，事務室，上級室などにおいて床上0.8 m，玄関ホール，廊下などにおいて床面とする。

表2.4.24 各室の光環境

室　名	推奨照度[lx]	照明器具のグレア規制	平均演色評価数[*1]（Ra）
事務室	750	G1b	80
上級室	750	G1b	80
設計室，製図室	750	G1b	80
電子計算機室	500	G1b	80
監視室，制御室	500	G1b	80
厨房	500	G1b，G2	80
会議室，講堂	500	G1b	80
食堂	300	G1b，G2	80
電気室，機械室[*2]	200	G2，G3	60
書庫[*2]	200	G2，G3	80
倉庫[*2]	100	G2，G3	60
湯沸室	200	G2，G3	80
便所，洗面所，更衣室	200	G2，G3	80
エレベーターホール	300	G2，G3	60
受付	300	G1b，G2	80
階段室	150	G2，G3	40
玄関ホール（昼間）	750	G2，G3	80
廊下	100	G2，G3	40
車庫	75	G2，G3	40

［備考］（1）JIS Z 9125「屋内照明基準」を基に作成。
　　　　（2）グレア評価値（UGR）により不快グレアの評価を行う場合は，JIS Z 9110「4.4.2 不快グレア（屋内）」による。
　　　　（3）事務室等において，JIS Z 9125による推奨輝度をもとにした空間の明るさ感の評価による光環境の設定を行う場合は，2-4-5「輝度計算」により平均壁面輝度及び平均天井輝度を算出し，推奨輝度を満たしていることを確認する。

［注］　[*1] 平均演色評価数（Ra）は，色の識別のために必要値以上を確保する。
　　　　[*2] 盤類，機器，書架等の配置，室の用途に応じて必要な照度を確保する。

2）照明器具の選定

照明器具は，下記を考慮して選定する。
① 長寿命，高効率などを考慮する。
② 室の用途，作業または活動内容に応じて，光束，配光，グレア規制，演色性，光源色などを考慮する。
③ 維持管理が容易に行えるように考慮する。

3）照明制御

照明制御は，業務内容および執務環境に応じて省エネルギーが図られるように，表2.4.25に示すLED制御装置の種類を選定する。

表 2.4.25 LED 制御装置の種類

種類	記号	摘要
個別通信制御連続調光形	LC*1	通信により個別の照明器具の出力を制御し、定格消費電力で点灯する光束と調光下限値間を連続的に制御するもの。調光下限値は、定格消費電力で点灯する光束を100%とした場合に25%以下とする。
連続調光形*2	LZ	調光信号により出力を制御し、定格消費電力で点灯する光束と調光下限値間を連続的に制御するもの。調光下限値は、定格消費電力で点灯する光束を100%とした場合に5%以下とする。
	LX	調光信号により出力を制御し、定格消費電力で点灯する光束と調光下限値間を連続的に制御するもの。調光下限値は、定格消費電力で点灯する光束を100%とした場合に35%以下とする。
初期照度補正形	LJ	定格光束に保守率*3を乗じた光束以上で点灯を開始し、初期照度補正期間又はLEDモジュール寿命時まで連続的に出力を上げ、ほぼ一定の光束を保つもの。
一般形	LN	定格消費電力で点灯するもの。

［備考］ LED 照明器具には、LED 制御装置を附属し、ベースライト形照明器具には、内蔵する。
［注］ *1 LC は、通信機能付照明器具に適用し、照明器具個別通信制御に適合するものとする。
　　　*2 LZ 及び LX は、連続調光タイプの照明制御器で動作可能なものとする。
　　　*3 保守率とは、初期照度補正期間又は LED モジュールの寿命時における LED モジュールの設計光束維持率に LED 照明器具の設計光束維持率（周囲環境による器具の汚れ等）を乗じた値とする。

(2) 照明方式

1) 全般照明方式 ｜ 部屋全体の作業面をほぼ一様に照明する方式で、事務所、学校、工場などで採用される。

2) 局部照明方式 ｜ 必要な場所にだけ個別の照明を行い、所要照度を得る方式である。

3) 全般局部併用照明方式 ｜ 全般照明と局部照明を組み合わせたもので、全般照明で視環境を良くし、局部照明で必要場所に高照度を得る方式である。タスクアンビエント照明方式ともいわれ、精密工場、研究所、ショーウィンドウなどに採用されている。

(3) 逐点法による照度計算

1) 逐点法 ｜ 光源または照明器具の配光測定データを使用して、対象とする作業面内の各位置における直接照度を予測する計算方法であり、局部照明や非常用照明の計算に用いられる。

① 距離の逆2乗の法則

照度 En [lx] は点光源の光度 I [cd] に比例し、距離 r [m] の2乗に逆比例する。

$$En = \frac{I}{r^2} \quad [\text{lx}]$$

② 入射角の余弦の法則

ある面の照度 Eh [lx] は光の入射角 θ （面の法線と入射光の方向とのなす角度）の余弦 (cos) に比例する。

$$Eh = En \cdot \cos\theta \quad [\text{lx}]$$

点光源による直接照度は、距離の逆2乗の法則

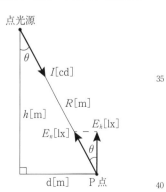

図 2.4.11　法線照度と水平面照度

と入射角の余弦の法則とを適用して求める。

$$法線照度：En = \frac{I\cos^2\theta}{h^2} = \frac{I}{r^2} \quad [\text{lx}]$$

$$水平面照度：Eh = \frac{I\cos^3\theta}{h^2} = \frac{I}{r^2}\cos\theta = En\cos\theta \quad [\text{lx}]$$

(4) 光束法による照度計算

1) 光束法　ランプまたは照明器具の数量と形式，部屋の特性，作業面の平均照度の関係を予測する計算方法である。一般的な室内照明の計算に用いられる。

① 平均照度

$$E = \frac{FNUM}{A} \quad [\text{lx}]$$

② ランプ本数

$$N = \frac{EA}{FUM}$$

E：平均照度 [lx]　　U：照明率
F：ランプの光束 [lm]　　M：保守率
N：ランプの本数　　A：床面積 [m²]

2) 照明率　照明率とは，照明施設の基準面に入射する光束の，その施設に取り付けられた個々のランプの全光束の総和に対する比をいい，照明器具の配光，器具効率，室指数，室内（天井，壁，床）の反射率によって決まる。

なお，室内の天井・壁・床の反射率が大きくなると照明率が大きくなる。

3) 室指数　室指数とは，作業面と照明器具との間の室部分の形状を表す数値で，照明率または固有照明率を計算するために用いられ，次の式で求められる。

$$室指数 = \frac{XY}{(X+Y)H}$$

X：室の間口 [m]，Y：室の奥行 [m]
H：作業面から光源までの高さ [m]

作業面（基準面）とは，一般に机または作業台を含む水平面をいい，その高さは通常は次のとおりである。

事務室・工場（机上視作業）：0.8 m（床上）
和　室（座業）：0.4 m（床上）
体育館・廊下：0 m（床面）

したがって，H = 光源の高さ − 作業面の高さ

① 室指数が大きいと照明率は大きくなる。
② 間口，奥行が正方形に近いほど室指数は大きくなる。
③ 間口，奥行のどちらかが小さいと室指数は小さくなる。

照明率は照明器具の種類ごとに異なるため，使用する照明器具の照明率表を利用して計算する。一例を**表 2.4.26** に示す。

表 2.4.26 照明率表の例

照明器具形式	最大器具取付間隔 [L_m]	反射率[%] 室指数	天井 / 壁 / 床	照明率 70 / 70	70 / 50	70 / 30	50 / 50	50 / 30	30 / 30
(LED モジュール埋込天井灯カバーなし) LRS3-4-23 LRS3-4-30 LRS3-4-37 LRS3-4-48 LRS3-4-65	$L_m(0-A)=1.2H$ $L_m(0-B)=1.2H$	0.60	J	0.55	0.43	0.36	0.42	0.35	0.35
		0.80	I	0.65	0.54	0.46	0.53	0.46	0.45
		1.00	H	0.72	0.62	0.54	0.60	0.54	0.53
		1.25	G	0.78	0.69	0.62	0.67	0.61	0.60
		1.50	F	0.82	0.74	0.67	0.72	0.66	0.65
		2.00	E	0.88	0.81	0.76	0.79	0.74	0.73
		2.50	D	0.91	0.86	0.81	0.84	0.79	0.78
		3.00	C	0.94	0.89	0.85	0.87	0.83	0.82
		4.00	B	0.97	0.93	0.90	0.91	0.88	0.86
		5.00	A	0.99	0.96	0.93	0.94	0.91	0.89
(LED モジュール直付天井灯カバーなし) LSS1-4-23 LSS1-4-30 LSS1-4-37 LSS1-4-48 LSS1-4-65	$L_m(0-A)=1.2H$ $L_m(0-B)=1.2H$	0.60	J	0.50	0.39	0.32	0.38	0.31	0.30
		0.80	I	0.59	0.48	0.41	0.46	0.40	0.38
		1.00	H	0.67	0.57	0.49	0.54	0.47	0.46
		1.25	G	0.73	0.63	0.56	0.60	0.54	0.52
		1.50	F	0.77	0.68	0.61	0.65	0.59	0.57
		2.00	E	0.83	0.78	0.69	0.73	0.67	0.65
		2.50	D	0.86	0.83	0.75	0.77	0.73	0.69
		3.00	C	0.88	0.84	0.78	0.81	0.76	0.74
		4.00	B	0.92	0.87	0.84	0.84	0.81	0.78
		5.00	A	0.94	0.91	0.87	0.87	0.84	0.81

4) 保守率　　照明設備の照度は，時間の経過とともに光源自体の光束の減衰，照明器具の汚れによる効率の低下，室内の汚れによる反射率の低下などによって暗くなっていく。

　　保守率とは，照明施設をある一定の期間使用した後の作業面上の平均照度の，その施設の新設時に同じ条件で測定した平均照度に対する比をいう。保守率は，ランプの種類，照明器具の形状，構造，使用環境のほかに，ランプ交換やランプと照明器具の清掃回数によっても変わってくるが，事務所室内照明では 0.5 ～ 0.8 程度である。

　　なお，一般的に，下面カバー付（ルーバも含む）器具は，下面開放器具に比べて汚れやすいため，保守率は小さくなる。

5) 照明器具の配置　　天井の形状や吹出口，スピーカ，防災機器などの配置を考慮し，できる限り光むらのないようにするほか，グレア，均斉度などにも配慮する。

6) グレア　　視野内にある照明器具の輝度が高いことによって，視野内の輝度分布が不適切になって，不快に感じたり（不快グレア），細かいものまたは対象物を見る能力が低下する状態（減能グレア）をいう。

　　明るい窓や光源からの光が，VDT 表示画面，つやのある紙面に映り込んだとき，画面や紙面で光が反射し，図や文字が読みにくくなる現象を反射グレアという。

7) グレアの制限　　グレアには，不快なグレアなど視覚の特性から見て，照明器具の輝度を制限する G 分類と，VDT 画面の反射グレアを防止するため照明器具の輝度を制限する V 分

類がある。

照明器具をグレア制限の程度によって分類する場合は，**表 2.4.27** による。

表 2.4.27　照明器具のグレア分類

グレア分類	内　容
V	VDT 画面への映り込みを厳しく制限した照明器具
G0	不快グレアを厳しく制限した照明器具
G1a	不快グレアを十分制限した照明器具
G1b	不快グレアをかなり制限した照明器具
G2	不快グレアをやや制限した照明器具
G3	不快グレアを制限しない照明器具

8) 照度の均斉度 ｜ 水平面照度の最小照度と平均照度の比を水平面照度の均斉度（最小照度／平均照度）と呼び，全般照明の作業区画（室内の定常的に視作業が行われる領域）内における水平面照度の均斉度は 0.7 以上が望ましいとされている。

5.2　コンセント設備

1) 形式 ｜ コンセントには，使用目的，設置場所などにより種々のものがある。

埋込形で，連用形あるいは複式のものが最も一般的で数多く用いられているが，特殊なものとして引掛形，抜止形，防水形，防爆形などがある。また，定格としては 100 V 用，200 V 用，15 A，20 A，30 A，50 A などがあり，使用される機器と合致した定格のものを設けなければならない。

2) 極配置 ｜ コンセントの定格，極数，形式と刃受の極配置を**表 2.4.28** に示す。

表 2.4.28　コンセントの極配置（JIS C 8303 抜粋）

定格 \ 極数等	2極 普通形	2極 接地極付	2極 引掛形	2極 引掛形 接地極付	2極 抜止形	2極 抜止形 接地極付	3極 普通形	3極 接地極付	3極 引掛形	3極 引掛形 接地極付
15 A 125 V	◎	◎	◎	◎	◎	◎	—	—	—	—
15 A 250 V	◎	◎	—	◎	—	—	◎	◎	—	—
20 A 125 V	◎	◎	—	—	—	—	—	—	—	—
20 A 250 V	◎	◎	◎	◎	—	—	◎	◎	◎	◎

3) 差込プラグの極配置 ｜ 差込プラグの定格，極数，形式と刃の極配置を**表 2.4.29** に示す。

表 2.4.29　差込プラグの極配置（JIS C 8303 抜粋）

定格 \ 極数等	2極 普通形	2極 接地極付	2極 引掛形	2極 引掛形 接地極付	3極 普通形	3極 接地極付	3極 引掛形	3極 引掛形 接地極付
15 A 125 V	◎	◎	◎	◎	—	—	—	—
15 A 250 V	◎	◎	—	◎	◎	◎	—	—
20 A 125 V	◎	◎	—	—	—	—	—	—
20 A 250 V	◎	◎	◎	◎	◎	◎	◎	◎

4) 設置個数　　設置個数は多い程利便性が高いが，設備費，保守費に配慮し，経済的，効果的な個数としている。また，1分岐回路に設置するコンセントの数は内線規程3605節で制限しているので，使用される機器の位置，容量，使用率などを検討し，必要箇所に適正に配置する。

5) 設置場所　　設置場所は原則として壁または柱とするが，床に設けることもある。いずれの場合も，将来，間仕切りが予想される位置は避けなければならない。また，扉を開けた時に隠れる部分や，書棚，ロッカーなどが置かれると予想される場所には設けないようにする配慮が必要である。

5.3　電灯設備の分岐回路

　内線規程1100節で，分岐回路は，「幹線から分岐し，分岐過電流遮断器を経て負荷に至る間の配線をいう。」と規定している。

1) 分岐回路の種類　　電技解釈第149条（低圧分岐回路等の施設）による分岐回路の種類と，それに接続するコンセント，ねじ込み接続器またはソケットおよび使用電線の最小太さを表2.4.30に示す。

2) 分岐回路の受口数　　分岐回路に接続する受口（コンセントの種類など）は，分岐回路の種類に応じ表2.4.30によるが，電灯受口およびコンセント施設数は，表2.4.31による。

表2.4.30　分岐回路の種類（電技解釈第149条149-3表抜粋）

分岐回路を保護する過電流遮断器	コンセント	ねじ込み接続器又はソケット	軟銅線の太さ	1のねじ込み接続器，1のソケット又は1のコンセントからその分岐点に至る部分の電線の長さが3m以下
定格電流が15A以下のもの	定格電流が15A以下のもの	ねじ込み型のソケットであって公称直径が39mm以下のもの若しくはねじ込み型以外のソケット又は公称直径が39mm以下のねじ込み接続器	直径1.6mm	
定格電流が15Aを超え20A以下の配線用遮断器	定格電流が20A以下のもの（[備考2] 参照）			
定格電流が15Aを超え20A以下のもの（配線用遮断器を除く。）	定格電流が20Aのもの（[備考1] 参照）	ハロゲン電球用のソケット若しくはハロゲン電球以外の白熱電灯用若しくは放電灯用のソケットであって，公称直径が39mmのもの又は公称直径が39mmのねじ込み接続器	直径2mm	直径1.6mm
定格電流が20Aを超え30A以下のもの	定格電流が20A以上30A以下のもの（[備考1] 参照）		直径2.6mm	
定格電流が30Aを超え40A以下のもの	定格電流が30A以上40A以下のもの		断面積8mm²	直径2mm
定格電流が40Aを超え50A以下のもの	定格電流が40A以上50A以下のもの		断面積14mm²	

　なお，内線規程3605節・3605-8表「分岐回路に接続する受口の施設」の備考を下記に示す。
[備考1]　20A分岐回路（ヒューズに限る。）及び30A分岐回路では15A以下のプラグが接続できる20Aコンセント（15A・20A兼用コンセント）は，使用しないこと。
[備考2]　20A配線用遮断器分岐回路に電線太さ1.6mmのVVケーブルなどを使用する場合は，原則として，定格電流が20Aのコンセントを使用しないこと。
[備考3]　ルームエアコンディショナなどの電動機専用回路に施設するコンセントの定格電流は，表の値にかかわらず電動機の定格電流以上のものであればよい。
[備考4]　据付け型電磁調理器に附属するプラグの定格電流は主に30Aであることから，その場合，コンセントは専用回路とし，分岐回路の種類は表の30A分岐回路によること。なお，他の電磁調理器を取り付ける場合は，その定格電流に応じた分岐回路の種類，コンセントの定格電流を選定すること。

表2.4.31　分岐回路の電灯受口およびコンセント施設数

分岐回路の種類	受口の種類	電灯受口およびコンセント施設数	
15A分岐回路, 20A配線用遮断器分岐回路	電灯受口専用	制限しない	
	コンセント専用	住宅およびアパート	8個以下。ただし，定格電流が10Aを超える冷房機器，厨房機器などの大形電気機械器具を使用するコンセントは，1個とする。
		その他	10個以下。美容院またはクリーニング店などにおいて業務用機械器具を使用するコンセントは1個を原則とし，同一室内に設置する場合に限り，2個までとする。
	電灯受口とコンセント併用	電灯受口は制限しない。コンセントはコンセント専用の欄による。	
20A分岐回路 30A 〃 40A 〃 50A 〃	大形電灯受口専用	制限しない。	
	コンセント専用	2個以下	

3) **専用回路**　おのおの該当する各種法令により定められているもののほか，他の機器の故障などにより回路が遮断されてはならないものは専用回路とするが，その一例を次に示す。

① 自動火災報知設備およびガス漏れ火災警報設備の受信機用電源
② 誘導灯用電源
③ 構内交換設備用電源
④ 防犯装置用電源
⑤ 電気時計・拡声増幅器・テレビ共同受信設備などの通信情報設備用電源
⑥ 厨房の冷蔵庫用電源
⑦ 浄化槽，排水ポンプ用電源
⑧ ファンコイルユニット用電源
⑨ 自動販売機用電源
⑩ 定格電流が10Aを超える大形電気機器用電源

4) **過電流遮断器の設置**
[電技解釈第149条]

低圧分岐回路には，低圧幹線との分岐点から電線の長さが3m以下の箇所に過電流遮断器を施設すること。ただし，分岐点から過電流遮断器までの電線が，次の場合は，分岐点から3mを超える箇所に施設することができる。

① 電線の許容電流が，その電線に接続する低圧幹線を保護する過電流遮断器の定格電流の55%以上である場合

② 電線の長さが8m以下であり，かつ，電線の許容電流がその電線に接続する低圧幹線を保護する過電流遮断器の定格電流の35%以上である場合

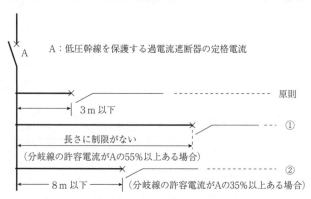

図2.4.12　分岐回路の過電流遮断器の設置箇所

過電流遮断器は，各極（多線式電路の中性極を除く。）に施設すること。ただし，対地電圧が 150 V 以下の低圧電路で，接地側電線以外の電線に施設した過電流遮断器が動作した場合において，各極が同時に遮断されるときは，接地側電線の極に過電流遮断器を施設しないことができる。

5) 過電流遮断器を施設してはならない極 [電技解釈第35条]

　接地線，多線式電路の中性線及び接地工事を施した低圧電線路の接地側電線には過電流遮断器を設けてはならないと規定している。

　これは接地線に過電流遮断器を設けると事故時の地絡電流を遮断して接地の意味がなくなるおそれがあるためである。

6) 開閉器の施設 [電技解釈第149条]

　低圧分岐回路の過電流遮断器の施設する場所には，開閉器を各極に施設すること。ただし，次のいずれかに該当する低圧分岐回路の中性線又は接地側電線の極については，施設しないことができる。

① 接地工事を施した低圧電路に接続する分岐回路であって，当該分岐回路が分岐する低圧幹線の各極に開閉器を施設するもの。

② 低圧電路に接続する分岐回路であって，開閉器の施設箇所において，中性線又は接地側電線を，電気的に完全に接続し，かつ，容易に取り外すことができるもの。

7) 漏電遮断器等の設置 [電技第15条，電技解釈第36条]

　電技第 15 条（地絡に対する保護対策）に次のように規定されている。

　電路には，地絡が生じた場合に，電線若しくは電気機械器具の損傷，感電又は火災のおそれがないよう，地絡遮断器の施設その他の適切な措置を講じなければならない。ただし，電気機械器具を乾燥した場所に施設する等地絡による危険のおそれがない場合は，この限りでない。

　また，電技解釈第 36 条（地絡遮断装置の施設）に，電路に地絡を生じたときに自動的に電路を遮断する装置（漏電遮断器など）を設けなければならないものは，次による。

① 金属製外箱を有する使用電圧が 60 V を超える低圧の機械器具に接続する電路

② 高圧又は特別高圧の電路と変圧器によって結合される，使用電圧が 300 V を超える低圧電路

8) 漏電遮断器などを設置する分岐回路

① 便所，厨房，浴室，脱衣室，洗濯室などのコンセント回路および機器回路ならびに照明器具を容易に手が触れる高さに設置した電灯回路

② 冷水器回路

③ 浄化槽回路

④ 屋外に設置するコンセント回路

⑤ 外面に面する自動ドア回路

⑥ 外灯回路

⑦ 自動販売機回路

⑧ 人が容易に触れるおそれがある場所に施設するライティングダクト回路

⑨ 平形保護層配線回路

⑩ フロアヒーティングなどの発熱線，電熱ボード，電熱シートまたは表皮電流加熱装置回路

⑪ その他，上記に類する回路

9) 漏電遮断器などを省略してよい場合　　次の場合には，漏電遮断器などの設置が省略できる。ただし，簡易接触防護措置を施していないライティングダクト，平形保護層配線，フロアヒーティングなどの電路は除く。

［電技解釈第36条］

① 機械器具に簡易接触防護措置を施す場合
② 機械器具を発電所，蓄電所又は変電所，開閉所若しくはこれらに準ずる場所に施設する場合
③ 機械器具を乾燥した場所に施設する場合
④ 対地電圧が150V以下の機械器具を水気のある場所以外の場所に施設する場合
⑤ 機械器具に施されたC種接地工事又はD種接地工事の接地抵抗値が3Ω以下の場合
⑥ 機械器具が電気用品安全法の適用を受ける二重絶縁構造のものである場合
⑦ 当該電路の電源側に絶縁変圧器（機械器具側の線間電圧が300V以下のものに限る。）を施設し，かつ，当該絶縁変圧器の機械器具側の電路を非接地とする場合
⑧ 機械器具がゴム，合成樹脂その他の絶縁物で被覆したものである場合
⑨ 機械器具が誘導電動機の二次側電路に接続されるものである場合
⑩ 非常用照明装置，非常用昇降機，誘導灯その他その停止が公共の安全の確保に支障を生じるおそれのある機械器具の電路であって，その電路に地絡を生じたときにこれを技術員駐在所に警報する装置を施設する場合

5.4 施工

機器類は，その構造や取付場所に適合する方法で取り付ける。また，操作，点検，保守についても考慮する。

1) タンブラスイッチ（点滅器）

① 点滅器は，電路の電圧側（電源側）に施設（単相3線式200Vの回路の場合は，両切りを使用）するのがよい［内線規程3202-6］。
② 一般に電気回路の開閉器，点滅器などは，接続される機器を必要以上に充電させないよう機器の電源側に取り付けるのが原則である。片切り（単極）スイッチも電源側（非接地側）点滅とし，施工には回路の非接地側（＋側）と接地側（－側）に注意して接続しなければならない。
③ スイッチの取付け高さは，その中心が床の仕上げ面から1.3mになるようにする。ただし，身体障害者用便所のタンブラスイッチは，床上1.1mとする。なお，電算室などで，フリーアクセスフロアの場合には，仕上げ面は，コンクリートスラブから数十cm高くなるので，埋込ボックスを設ける際にはその分を考慮する。
④ 倉庫などのタンブラスイッチは，パイロットランプ付とし出入口扉付近に設置する。

2) コンセント

① 取付け高さは，一般に，その中心が床の仕上げ面から30cmになるようにするが，和室の場合には，15～20cmとする。なお，機械室，厨房，駐車場などの水しぶきがかかるおそれのある場所では床上0.5～1.3mとするのが望ましい。
② 公衆電話用・自動販売機用・ファンコイル用のコンセントは，抜止め形または引掛形で接地端子付きまたは接地極付きのものを使用する。

3) 分電盤

① 取付け高さは，盤の上端を床上1.9m以下，下端を0.3m以上になるようにする。

4) 照明器具

① 照明器具の電源を器具の端子送りとする場合には，その端子台には負荷側の器具台数分の電流が流れるので，定格電流を超えると端子台が過熱・損傷し火災の原因となるため，十分な電流容量があるか確認する必要がある。

② システム天井用の照明器具は，Ｔバーへの取付け金具部分に落下防止金具を設けており，Ｔバーから照明器具が浮き上がらないようにした構造となっているので，落下防止金具で確実に固定する。さらに，Ｔバーが変形しても照明器具が落下しないように，照明器具を天井内の吊りボルトやＣチャンネルにワイヤでつり下げる落下防止措置を施す場合もある。

③ 断熱・遮音材が敷き詰められた天井に，埋込み形照明器具を施設する場合はＳ形埋込み照明器具を使用する。

④ 外壁ブラケットのように照明器具を外壁に取り付ける場合は，器具およびボックスに雨水が浸入しないように器具と壁の間にパッキンを入れる。また，パッキンの経年劣化により水が浸入した場合でも，配管から建物内部に浸入しないようボックスへの電線管は上部から配管する。

6. 動力設備

6.1 電動機

1) 電動機の過負荷保護
［電技第65条，電技解釈第153条］

電動機が焼損するおそれがある過電流を生じた場合に，自動的にこれを阻止するか警報する装置を設けなければならない。ただし，次のいずれかの場合はこの限りでない。

① 電動機を運転中，常時，取扱者が監視できる位置に施設する場合

② 電動機の構造上又は負荷の性質上，その電動機の巻線に電動機を焼損する過電流が生じるおそれがない場合

③ 電動機が単相のものであって，その電源側電路に施設する過電流遮断器の定格電流が15 A（配線用遮断器にあっては，20 A）以下の場合

④ 電動機の出力が0.2 kW以下の場合

2) 保護装置の構成

電動機の保護装置の構成は，電動機の容量，運転特性，操作頻度，開閉寿命，短絡容量など種々の条件により次のようになる。

① 電動機保護兼用配線用遮断器
② 電動機保護兼用配線用遮断器と電磁接触器
③ 配線用遮断器と電磁開閉器
④ 瞬時遮断式配線用遮断器と電磁開閉器
⑤ 限流ヒューズと電磁開閉器

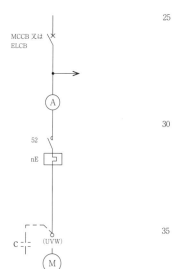

図2.4.13 動力回路の単線接続図の例

図2.4.13に示す三相200Vの誘導電動機に用いる電動機用保護継電器（nE）は，JEM1356「電動機用熱動形及び電子式保護継電器」に定められている。三相誘導

電動機に用いる保護継電器の種類は，1E（過負荷保護継電器），2E（過負荷・欠相保護継電器），3E（過負荷・欠相・反相（逆相）保護継電器）がある。

過負荷保護は，定格負荷を上回る負荷がかかっている状態になった場合に保護すること，欠相保護は，電動機の三相入力のうち，そのいずれかが欠除した場合に保護すること，反相（逆相）保護は，電動機の三相入力の相回転が逆になった場合に保護することである。表 2.4.32 に電動機用保護継電器の種類と保護を示す。

表 2.4.32　電動機用保護継電器の種類と保護

保護継電器の種類	過負荷保護	欠相保護	反相保護
1Eリレー	○	−	−
2Eリレー	○	○	−
3Eリレー	○	○	○

3）保護協調　　「2）保護装置の構成」の③，④，⑤の場合は，電磁開閉器にはサーマルリレー（過負荷保護継電器）が取り付けられているから，電動機の過負荷保護はこれで行い，短絡保護は配線用遮断器または限流ヒューズで行う。

このサーマルリレーの動作特性は，電動機の焼損特性より下にあること，過負荷の領域では電磁開閉器が配線用遮断器よりも先に動作することなど，協調のとれたものでなければならない。

このように，電磁開閉器のサーマルリレー（過負荷保護継電器）と配線用遮断器は互いの特性を補い合い，電動機の熱（許容電流時間）および電線の熱（許容電流時間）特性曲線に至らない範囲で動作するようにすることを電動機回路の保護協調と呼んでいる。

電動機回路の保護協調曲線の各特性曲線の関係を図 2.4.14 に示す。

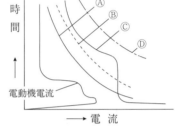

Ⓐ　過負荷保護継電器の動作特性
Ⓑ　電動機の熱（許容電流時間）特性
Ⓒ　配線用遮断器の動作特性
Ⓓ　電線の熱（許容電流時間）特性

図 2.4.14　電動機回路の保護協調曲線

6.2　動力設備の分岐回路

(1) 分岐回路（電技解釈）

1）過電流遮断器の定格電流［第149条第2項第二号イ］
　　分岐過電流遮断器の定格電流は，その過電流遮断器に直接接続する負荷側の電線の許容電流を 2.5 倍した値（当該電線の許容電流が 100 A を超える場合であって，その値が過電流遮断器の標準定格に該当しないときは，その値の直近上位の標準定格）以下であること。

2）電線の許容電流［第149条第2項第二号ロ］
　　電線の許容電流は，間欠使用その他の特殊な使用方法による場合を除き，その部分を通じて供給される電動機等の定格電流の合計の値により，次の値以上のものであること。
①　定格電流の合計が 50 A 以下の場合は，1.25 倍
②　定格電流の合計が 50 A を超える場合は，1.1 倍

3) 漏電遮断器 　　「5.3 電灯設備の分岐回路」の「7) 漏電遮断器等の設置」の項に準ずるが，次
　 などの設置　　 に示す回路が該当する。
　 [第36条]　　　① 厨房，洗濯室，洗車場など水気又は湿気のある場所に設置する機器への回路
　　　　　　　　② 地階，1階の機械室の床に機器を設置する回路
　　　　　　　　③ 冷却塔ファン及び水中ポンプの回路
　　　　　　　　④ 浄化槽の回路
　　　　　　　　⑤ 屋外に設置する機器の回路
　　　　　　　　⑥ その他，上記に類する回路

(2) 分岐回路（内線規程）

1) 分岐回路の　　「5.3 電灯設備の分岐回路」に準ずるほか，次による。
　 施設[3705-2]　 電動機は，次のいずれかに該当する場合以外は，1台ごとに専用の分岐回路を設
　　　　　　　　けて施設すること。
　　　　　　　　① 15Aの分岐回路又は20A配線用遮断器分岐回路において使用する場合
　　　　　　　　② 2台以上の電動機でそのおのおのに過負荷保護装置を設けてある場合
　　　　　　　　③ 工作機械，クレーン，ホイストなどに2台以上の電動機を1組の装置として施
　　　　　　　　　設し，これを自動制御又は取扱者が制御して運転する場合又は2台以上の電動機
　　　　　　　　　の出力軸が機械的に相互に接続され単独で運転できない場合

2) 三相誘導電　　定格出力が3.7kWを超える三相誘導電動機は，始動装置を使用し，始動電流を抑
　 動機の始動　 制すること。ただし，次の各号のいずれか該当する場合は，始動装置の使用を省略
　 装置[3305-2]　することができる。
　　　　　　　　① 特殊かご形の三相誘導電動機で定格出力11kW未満のもの
　　　　　　　　② 特殊かご形の三相誘導電動機で定格出力11kW以上のもので配線に著しい電圧
　　　　　　　　　変動を与えるおそれのないもの
　　　　　　　　③ 契約電力80kW以上の需要場所で契約電力（kW）の $\frac{1}{10}$ 以下の出力の電動機を
　　　　　　　　　使用する場合

(3) 低圧進相用コンデンサ，手元開閉器（内線規程）

1) 低圧進相用　① 低圧進相用コンデンサは，個々の負荷に取り付けること。
　 コンデンサ　② 低圧の電動機，電圧装置などで低力率のものは，力率改善のため進相用コンデ
　 の施設方法　　ンサを取り付けることを推奨する。
　 [3335-2]　　 ③ 高調波の発生する制御装置の出力側に接続する負荷には，進相用コンデンサを
　　　　　　　　取り付けないこと。

2) 放電装置の　① 低圧進相用コンデンサの回路には，放電コイル，放電抵抗その他開路後の残留
　 設置[3335-3]　電荷を放電させる装置を設けること。
　　　　　　　② 低圧進相用コンデンサの放電装置は，コンデンサ回路に直接接続しておくか，又
　　　　　　　　はコンデンサ回路を開いた場合，自動的に接続するように施設し，開路後3分間
　　　　　　　　以内にコンデンサの残留電荷を75V以下に低下させる能力のあるものであること。

3) 低圧進相用コンデンサを個々の負荷に取り付ける場合の施設[3335-4]	①	コンデンサの容量は，負荷の無効分より大きくしないこと。
	②	コンデンサは，手元開閉器又はこれに相当するものよりも負荷側に取り付けること。
	③	本線から分岐し，コンデンサに至る電路には，開閉器などを施設しないこと。
	④	低圧進相用コンデンサには，放電抵抗器付コンデンサを使用すること。
4) 低圧進相用コンデンサの取付け場所[3335-6]	①	低圧進相用コンデンサを屋内に施設する場合は，湿気の多い場所又は水気のある場所及び周囲温度が40℃を超える場所などを避けて堅固に取り付けること。
	②	低圧進相用コンデンサを屋外に施設する場合は，屋外形コンデンサを使用すること。

5) 手元開閉器 [3302-1]

電動機，加熱装置又は電力装置には，操作しやすい位置に手元開閉器として箱開閉器，電磁開閉器，配線用遮断器，カバー付ナイフスイッチ又はこれらに相当する開閉器のうちから用途に適したものを選定して施設すること。

① 手元開閉器は，電動機，加熱装置などがなるべく見えやすい箇所に設ける必要がある。

② 電磁開閉器の場合は，押ボタンが操作しやすい場所にあればよい。

③ カバー付ナイフスイッチは，電灯，加熱装置用として設計されたものであるから，電動機の手元開閉器として使用するのは適当ではないが，対地電圧が150V以下の電路から使用する400W以下の電動機であれば使用しても差しつかえない。

④ 頻繁に開閉を要する場合は，電磁開閉器を使用するのが望ましい。

⑤ 次のいずれかに該当する場合は，手元開閉器を省略できる。

　　イ　電動機を施設した機械器具又は電力装置に，手元開閉器に相当する適当な開閉器が取り付けてある場合

　　ロ　定格出力0.2kW以下の電動機をコンセントから使用する場合

　　ハ　専用の分岐回路から供給され，フロートスイッチ，圧力スイッチ，タイムスイッチなどにより自動的に操作される場合

6.3　運転制御

1) 動力設備の運転方式

動力設備の運転には，操作員が自らその手で始動，停止の操作をする手動運転と，あらかじめ定められた順序に従って被制御機器が自動的に運転される自動運転がある。

2) 手動運転

手動運転には近接（現場）運転方式と遠方運転方式がある。

近接（現場）運転方式は，電動機の近くにある操作スイッチにより運転する方式で，目視もでき，騒音のある機械室などでも安全な運転が可能である。

遠方運転方式は，電動機から離れた場所にある操作スイッチにより運転する方式で，始動の際に安全確認が必要である。

3) 自動運転

自動運転は，あらかじめ設定された温度，湿度，圧力，水位などの値により，被制御機器が自動的に作動し運転する方式である。

自動運転には，揚水ポンプのように自己の指令（制御回路に組み込まれた液面継電器の水位信号）により自動的に運転するもの，冷凍機のように他の機器（冷却水

ポンプおよび冷水ポンプ）に連動して自動的に運転するもの，また，排水ポンプのように2台の電動機を自動的に交互に運転するものなどがある。液面継電器の水位による制御動作例を図2.4.15に示す。

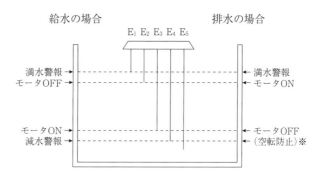

図2.4.15 液面継電器の制御動作の例

※排水槽の排水ポンプの制御は，通常4電極形の電極棒を用いる。図の例は，5電極形の電極棒を用いた場合を示す。

6.4 施工

1) 制御盤の設置
   ① 制御盤の設置場所は，一般的には機械室が多いが，EPS（配線室），厨房，屋上などに設置することもある。ただし，次に掲げる場所には設置しないことが望ましい。
   (イ) 腐食性ガスの発生する場所
   (ロ) 高熱を発生する場所
   (ハ) 引火性ガスまたは蒸気が存在する場所
   (ニ) 爆発性ガスの存在する場所
   (ホ) 塵埃の多い場所
   (ヘ) 水気の多い場所
   (ト) その他これらに類する場所
   　　やむを得ずこのような場所に制御盤を設置する場合には，防食処理，防水処理，防塵処理，耐熱処理，耐圧防爆処理などの対策を施さなければならない。
   ② 設置位置は部屋の出入口近くとし，かつ，運転状況を確認しやすい場所とする。
   ③ 盤正面（操作面）は，運転操作，保守のためのスペースとして1m程度確保し，盤の扉は全開できるように設置する。
   ④ 取付け高さは，盤の上端で床上1.9m程度とする。

2) 電動機への配線
   ① 動力制御盤から電動機への配線は，空調，給排水衛生設備の管やダクトとの取合いに十分注意し，保守・点検が容易にできる位置を選定する。
   ② 電動機との配線の接続は，電動機の接続端子箱内で行う。また，電動機による振動が配管類を通して構造物に伝わらないように電動機端子箱に直接接続する部分には，屋内では2種金属製可とう電線管などを使用し，湿気の多い場所または屋外ではビニル被覆2種金属製可とう電線管などを使用する（図2.4.16）。なお，小型の電動機で端子箱がなく口出線が出ている場合は，電動機のすぐ近くにジョイントボックスまたはエントランスキャップなどを設けて接続する。

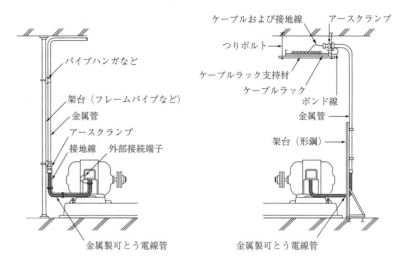

[備考] 電動機の接地は，金属管のボンディングを利用し，電動機端子箱の外部接続端子に接続した場合を示す。

図2.4.16　電動機への配線例

③　大型の電動機やY-△始動の電動機などのように，配線サイズが大きくなったり，配線本数が多くて，電動機付属の接続端子箱の中での接続処理が困難な場合には，あらかじめ，接続可能な端子箱を備えておくか，適正な大きさのプルボックスを設けて処理する。

④　高圧電動機にケーブルを接続する場合には，ケーブルの端末処理を行った後，その部分に保護カバーを取り付ける。

⑤　送油ポンプ，排油ポンプ，油槽フロートスイッチなどで，可燃性のガスまたは引火性物質の蒸気が発生するおそれのある場所に施設する場合，防爆工事を施す。

⑥　水中ポンプとの接続は，電動機の近くにジョイントボックスまたは手元開閉器を設け，そこで電動機に付属するリード線と接続する。したがって，施工前に，電動機のリード線の長さについて打ち合わせておく必要がある。

⑦　汚水槽，雑排水槽など臭気の発生する箇所に施設する配管（液面電極保持器用ボックスやフロートスイッチの接続ボックスなど）には端口に臭気止めのシールを施す。

⑧　制御盤内などの端子部における外部配線との接続は，動力回路・制御回路とも必要なトルクでの締付けを行い，締付け確認のマーキングを施す。

⑨　可搬電動機に付属する移動電線は，用途に応じて断面積0.75 mm²以上のコードまたはキャブタイヤケーブルを使用することと規定されているが，コードは使用電圧および使用場所に制限があるので確認が必要である。

⑩　水中電動機に至る電線は，1種キャブタイヤケーブル以外のキャブタイヤケーブルを使用する。キャブタイヤケーブルは，水中部分において接続しないこと。

3) 電極装置の取付け

①　液面電極保持器を屋外に設置する場合は，雨水，塵埃などから電極装置を保護するため，防水形の保護箱内に電極保持器を設置する。

②　電極保持器を，やむを得ず水槽内に取り付ける場合は次による。

イ　防錆処理を施した金属管，ボックス類，支持金物を使用する。
ロ　錆を生じない材料を使用する。
③　汚水槽，汚物槽に挿入する電極棒は，セパレータを取り付けても汚物などが付着して通電状態となり，誤動作することがある。これを防止するには，各極の間隔を100～150 mm以上にするか，電極先端部以外をビニルチューブなどで覆い絶縁する。

7. 電熱設備

1) フロアヒーティング等の電熱装置の施設[電技解釈第195条]

① 発熱線は，道路，横断歩道橋，駐車場又は造営物の造営材に固定して施設すること。
② 発熱線に電気を供給する電路の対地電圧は，300 V以下であること。
③ 発熱線は，MIケーブル又はJIS C 3651「ヒーティング施設の施工方法」の「附属書A（規定）発熱線等」の2種発熱線に適合すること。
④ 発熱線に直接接続する電線は，MIケーブル，クロロプレン外装ケーブル（絶縁体がブチルゴム混合物又はエチレンプロピレンゴム混合物のものに限る。）又は外装を耐熱ビニル混合物とし，絶縁体を耐熱ビニル混合物，架橋ポリエチレン混合物，エチレンプロピレンゴム混合物又はブチルゴム混合物とした発熱線接続用ケーブル［例：PN，CV］であること。
⑤ 発熱線は，人が触れるおそれがなく，かつ，損傷を受けるおそれがないようにコンクリートその他の堅ろうで耐熱性のあるものの中に施設すること。
⑥ 発熱線の温度は，80℃を超えないように施設すること。ただし，道路，横断歩道橋又は屋外駐車場に金属被覆を有する発熱線を施設する場合は，発熱線の温度を120℃以下とすることができる。
　また，人の居住する部分に施設するフロアヒーティングの床表面の温度は，45℃以下とする［JIS C 3651］。
⑦ 発熱線又は発熱線に直接接続する電線の被覆に使用する金属体相互を接続する場合は，その接続部分の金属体を電気的に完全に接続すること。
⑧ 発熱線又は発熱線に直接接続する電線の被覆に使用する金属体には，使用電圧が300 V以下のものにあってはD種接地工事，使用電圧が300 Vを超えるものにあってはC種接地工事を施すこと。
⑨ 電熱ボード又は電熱シートを造営物の造営材に固定して施設する場合は，次の各号によること。
　一　電熱ボード又は電熱シートに電気を供給する電路の対地電圧は，150 V以下であること。
　二　電熱ボード又は電熱シートは電気用品安全法の適用を受けるものであること。
　三　電熱ボードの金属製外箱又は電熱シートの金属被覆には，D種接地工事を施すこと。
⑩ 発熱線，電熱ボード又は電熱シートに電気を供給する電路には，専用の開閉器及び過電流遮断器を各極（過電流遮断器にあっては，多線式電路の中性極を除く。）に施設し，かつ，電路に地絡を生じたときに自動的に電路を遮断する装置

⑪ 発熱線，電熱ボード又は電熱シートは，他の電気設備，弱電流電線等又は水管，ガス管若しくはこれらに類するものに電気的，磁気的又は熱的な障害を及ぼさないように施設すること。

⑫ 車道，駐車場では，フロアヒーティングとして発熱線は施設できるが，［JIS C 3651］の規定により発熱シート，発熱ボードの適用は除外されているため，施設できない。

⑬ 道路，横断歩道橋又は屋外駐車場に表皮電流加熱装置（小口径管の内部に発熱線を施設したものをいう。）を施設する場合は，人が触れるおそれがなく，かつ，損傷を受けるおそれがないようにコンクリートその他の堅ろうで耐熱性のあるものの中に施設すること。

2) ヒーティング施設の施工方法［JIS C 3651］

① 発熱線等の施工中，随時，導通試験及び絶縁抵抗測定を行う。と規定されており，異常が無いことを確認する必要がある。

② 車道，駐車場などの施設場所では，電熱シートは施設できないと規定されている。

なお，発熱線等の施設場所の選定は，表2.4.33 による。

表2.4.33 施設場所による発熱線等の適用

施設場所	第1種発熱線 A1	第2種第4種発熱線 A2,A4	第3種発熱線 A3	第1種発熱シート B1	第2種発熱シート B2	第1種発熱ボード C1	第2種発熱ボード C2	埋設	隠蔽	露出
車道，駐車場など	×	○	○	×	×	×	×	○	×	×
冷凍冷蔵倉庫などの重量物が載る床など	×	○	○	○	×	×	×	○	×	×
歩道，ポーチ，玄関，ホール，屋根など	×	○	○	○	×	○	×	○	○	○b)
トイレ，浴室など水気がある床，及び畜舎など水分がある床	×	○	○	○	×	○	×	○	○	○b)
乾燥した床，壁，天井など	×	○	○	○	○	○	○	○c)	○d)	○b)
パイプライン又は送水管，排水管，雨とい若しくは水槽の表面	×	○	○	×	×	×	×	×	○	○e)
送水管，排水管又は雨といの内部	×	○	○	×	×	×	×	×	○	○
コンクリート養生	○	○	○	○	○	○	○	○	○	○
電気温床	○	○	○	○	×	○	×	○	○	○
鉄構，装置など	×	×	○	×	×	○	×	×	○	○e)

記号の意味は，次による。
○：施設できる。
×：施設できない。
注a) 記号の意味は，次による。
　　Aは発熱線，Bは発熱シート，Cは発熱ボードを示す。また，発熱線にあっては，1〜4は機械的な強度及び耐熱性の区分を示し，発熱シート及び発熱ボードにあっては，1は屋外用又は水中用，2は乾燥した屋内用を示す。
　b) 発熱ボードに限る。
　c) 発熱線及び第1種発熱シートに限る。
　d) 発熱線，第2種発熱シート及び第2種発熱ボードに限る。
　e) 第3種発熱線に限る。

8. 雷保護設備

8.1 適用範囲と構成

1) 建築物等の雷保護　　外部雷保護および内部雷保護にて雷電流を有効に地中に流し，建築物などへの被害が最小限となるように，図2.4.17を参考に構築する。

2) 雷による電磁インパルスに対する機器の保護　　業務内容および設置機器の重要性を考慮の上，電磁インパルスの影響を適切に低減できるように，図2.4.17を参考に構築する。

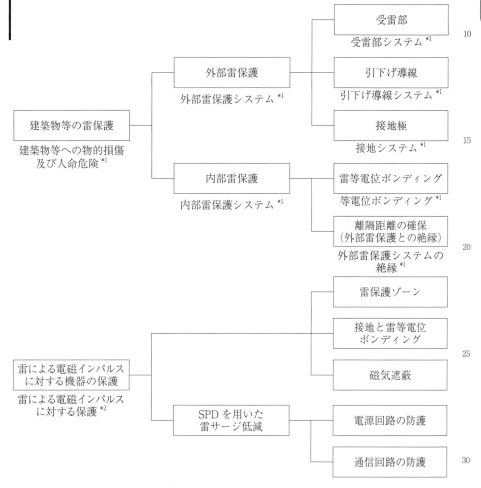

[注] ＊1　JIS Z 9290-3「雷保護－第3部：建築物等への物的損傷及び人命の危険」又は JIS A 4201：2003「建築物等の雷保護」による
　　　＊2　JIS Z 9290-1「雷保護－第1部：一般原則」，
　　　　　JIS Z 9290-4「雷保護－第4部：建築物等内の電気及び電子システム」による。

[備考]　図に示す外部雷保護は，建築基準法施行令第129条の15第一号の規定に基づいて，建設省告示第1425号の改正により参照するJIS A 4201：2003「建築物等の雷保護」からJIS Z 9290-3「雷保護－第3部：建築物等への物的損傷及び人命の危険」に変更された（令和7年4月1日施行。令和8年3月31日まではJIS A 4201も可としている）。

図2.4.17　雷保護設備の構成

8.2 外部雷保護システム

1) **外部雷保護** 外部雷保護は，落雷から建築物を保護し，雷電流を安全に地中に流すことができるように構築する。

2) **受雷部** 受雷部は，建築物の高さおよび保護レベルに応じて，回転球体法，保護角法，メッシュ法またはこれらの組合せにより，表2.4.34を用いて，被保護物が保護範囲に入るように配置する。

表2.4.34 保護レベルに応じた受雷部の配置

保護レベル	回転球体法 球体半径 R [m]	保護角法 h [m] 高さh[*1]に応じた保護角 α [°]					メッシュ法 メッシュ幅 L [m]
		20 m	30 m	45 m	60 m	60 m超過	
I	20 (20)	25 (23)	—	—	—	—	5[*2] (5×5)
II	30 (30)	35 (37)	25 (23)	—	—	—	10[*2] (10×10)
III	45 (45)	45 (48)	35 (37)	25 (23)	—	—	15[*2] (15×15)
IV	60 (60)	55 (53)	45 (45)	35 (33)	25 (23)	—	20[*2] (20×20)

［備考］(1) JIS A 4201:2003「建築物等の雷保護」より抜粋
　　　　(2) （ ）内数字は，JIS Z 9290-3「雷保護−第3部：建築物等への物的損傷及び人命の危険」の値を示す。
　　　　(3) 表中の−で示す箇所は，回転球体法及びメッシュ法だけを適用する。
［注］＊1 高さhは，地表面から受雷部の上端までの高さとする。ただし，陸屋根の部分においては，hを陸屋根から受雷部の上端までの高さとすることができる。
　　　＊2 屋根の勾配が1/10以下の場合はメッシュ幅以下で網状（L×L）を構成する。屋根の勾配が1/10を超える場合には，メッシュの代わりに勾配に沿って，メッシュ幅以下の間隔で受雷部を並列に配置することができる。

3) **回転球体法による突針および水平導体を設置する場合の検討例** 回転球体法による突針および水平導体を設置する場合の検討例を図2.4.18に，回転球体法およびメッシュ法による突針およびメッシュ導体を設置した場合の検討例を図2.4.19に示す。

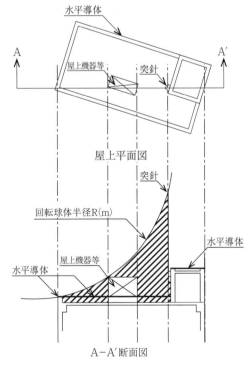

図2.4.18 回転球体法による突針および水平導体による受雷部の検討例

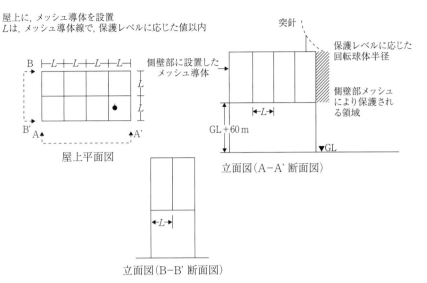

[備考] 側壁に設けるメッシュ導体の形状は必ずしも網状（L×L）を構成する必要はなく，水平方向はメッシュ幅以下とするが，垂直方向はメッシュ幅によらず施設してもよい。ただし，端末部は，閉ループとしなければならない。

図2.4.19 回転球体法およびメッシュ法による受雷部の検討例

4) 受雷部に用いる材料等

　受雷部に用いる材料等は，原則として，表2.4.35，表2.4.36による。ただし，これと同等以上の導電性，熱的強度，機械的強度および耐候性を有するものにあっては，受雷部として利用することができる。

　建具，屋上の手すりおよびフェンスなどの建築物などの構成部材を受雷部に用いる場合は，引下げ導線に接続する。

表2.4.35　建築物等の構成部材を受雷部に用いる場合の金属材料

材料	受雷部材料の最小断面積 [mm²]	受雷部材料の最小厚さ 金属板を利用する場合の最小厚さ t^{*1} [mm]	受雷部材料の最小厚さ 金属板を利用する場合の最小厚さ t'^{*2} [mm]	金属管を利用する場合の最小厚さ t'^{*2} [mm]
鉄	50	4 (4)	0.5 (0.5)	2.5 (2.5)
銅	35	5 (5)	0.5 (0.5)	2.5 (2.5)
アルミニウム	70	7 (7)	1 (0.65)	2.5 (2.5)

[備考] (1) JIS A 4201：2003「建築物等の雷保護」を基に作成。
　　　(2) 建築物等の構成部材を受雷部構成部材として用いる場合の構成部材の材料等に求められる最小断面積及び最小厚さを示したもの。
　　　(3) （　）内数字は，JIS Z 9290-3「雷保護−第3部：建築物等への物的損傷及び人命の危険」の値を示す。
[注]　＊1　tは，金属板が雷電流によって穴があいてはならない構造のもの又は高温になってはならないものの最小厚さを示す。
　　　＊2　t'は金属板又は金属管が雷電流によって穴があいても差し支えない構造のもの又は下部に着火する可燃物がない場合の最小厚さを示す。

表2.4.36 水平導体およびメッシュ導体を受雷部に用いる場合の材料

雷保護導体			断面積 [mm²]
鬼より線	銅，すずめっき銅*1	2.0 mm×13 c	40
		2.0 mm×19 c	60
	アルミニウム合金*2	2.0 mm×25 c	78
	溶融亜鉛めっき鋼	3.2 mm×7 c	56
		3.8 mm×7 c	79
帯	銅，すずめっき銅，アルミニウム合金	3 mm×25 mm	75
	溶融亜鉛めっき鋼	3 mm×19 mm	57
棒	銅，すずめっき銅，溶融亜鉛めっき鋼	8 φ	50
		10 φ	78
	アルミニウム合金	10 φ	78
管	銅，すずめっき銅	12.7 φ×1.5 t	52

［備考］ 調査値を示す。
［注］ *1 JIS Z 9290-3「雷保護－第3部：建築物等への物的損傷及び人命の危険」による場合は，断面積50 mm²以上とする。なお，機械的ストレスがない場合は，断面積25 mm²以上とすることができる。
　　　 *2 JIS Z 9290-3「雷保護－第3部：建築物等への物的損傷及び人命の危険」による場合は，断面積60 mm²以上とする。

8.3 引下げ導線

1) 簡略法　　鉄骨造，鉄筋コンクリート造および鉄骨鉄筋コンクリート造の建築物の引下げ導線は，建築構造体利用とし，構造体および接続部分の電気的連続性に留意して設計する。

2) 直接法　　建築構造体を引下げ導線にできない場合は，次による。なお，引下げ導線の材料，配置，構造および取付け方法について建築担当者と協議の上，建築物に適した方式を選定する。
① 引下げ導線の断面積は，表2.4.37に示す値以上の断面積を有する材料または表2.4.38による。

表2.4.37 引下げ導線の材料および寸法

材　料	最小断面積 [mm²]
銅	16
アルミニウム	25
鉄	50

表2.4.38 引下げ導線

材　料	最小断面積 [mm²]	引下げ導線の例	断面積 [mm²]
銅	16	EM-IE 22 mm²	22
		鬼より線（2.0 mm×13 c）	40
アルミニウム合金	25	鬼より線（2.0 mm×19 c）	60
		棒（8 φ）	50
鉄	50	棒（溶融亜鉛めっき鋼，8 φ）	50
		棒（溶融亜鉛めっき鋼，10 φ）	78

［備考］ 調査値を示す。

② 引下げ導線は，建築物の外周に沿って，原則として2条以上とする。

③ 引下げ導線は，できるかぎり建築物の突角部に配置し，外周部分は等間隔となるように設置する。

なお，隣接する引下げ導線間の平均間隔は，表 2.4.39 に示す値以下とする。

表 2.4.39　保護レベルに応じた引下げ導線の平均間隔

保護レベル	JIS A 4201 による 引下げ導線の平均間隔 [m]	JIS Z 9290-3 による 引下げ導線の平均間隔 [m]
I	10	10
II	15	10
III	20	15
IV	25	20

④ 被保護物の高さが 20 m を超える場合は，地表面近くおよび垂直 20 m 以内ごとに水平環状導体を設置し，引下げ導線相互を接続する。

⑤ 引下げ導線は，それぞれ試験用接続端子箱を用いて接地極と接続し，その部分が露出する場合は，機械的損傷などを考慮し，硬質ビニル電線管（VE）などにより保護する。

⑥ 引下げ導線を金属管により敷設する場合は，EM-IE とする。

⑦ 引下げ導線を直接，可燃性外壁材に取り付ける場合は，可燃性外壁材と 0.1 m 以上離隔し設置する。

8.4　接地極

1) 接地極の種類　　接地極の種類は，表 2.4.40 による。

表 2.4.40　接地極の種類

JIS による分類※	種　類
構造体利用接地極	構造体利用接地極
A 型接地極	板状接地極
	垂直接地極
	放射状接地極（水平接地極）
	（閉ループを形成しない基礎接地極）
B 型接地極	環状接地極
	（閉ループを形成した基礎接地極）
	網状接地極（メッシュ形状の接地極）

［注］　※ JIS A 4201：2003「建築物等の雷保護」による分類

2) 建築物の接地極　　鉄骨造，鉄筋コンクリート造および鉄骨鉄筋コンクリート造の建築物の接地極は，原則として構造体利用接地極とし，構造体周囲の土壌の大地抵抗率が測定確認できるように測定用補助接地極を設ける。

3) 構造体利用接地極を採用できない場合　　構造体利用接地極を採用できない場合は，A 型または B 型接地極とし，次により設ける。

① A 型接地極および B 型接地極は，表 2.4.41 または表 2.4.42 に示す材料とする。

表 2.4.41　接地極の材料の最小寸法

保護レベル	材　料	JIS A 4201 による接地極 [mm²]	JIS Z 9290-3 による接地極 [mm²]
Ⅰ～Ⅳ	銅	50（単線） 60（より線）	50（より線，棒，帯）
	鉄	80	70（より線） 78（棒） 75（帯）

表 2.4.42　接地極の材料

接地極			断面積
鬼より線	銅，すずめっき銅	2.0 mm×19 c	60 mm²
棒	溶融亜鉛めっき鋼	16φ	200 mm²
	銅被覆鋼	10φ	78 mm²
		14φ	153 mm²
管	銅	20φ×1.5 t	87 mm²
	溶融亜鉛めっき鋼	34φ×2.6 t	256 mm²
板	銅	500 mm×500 mm×1.5 t	0.25 m²
		600 mm×600 mm×1.5 t	0.36 m²
		900 mm×900 mm×1.5 t	0.81 m²

［備考］調査値を示す。

②　A型接地極の水平接地極の長さは，図 2.4.21 に示す長さ L 以上とし，垂直接地極長さは，図 2.4.21 に示す長さ 0.5 L 以上とし，設置例を図 2.4.20 に示す。なお，接地極の総数は，引下げ導線の条数以上とする。

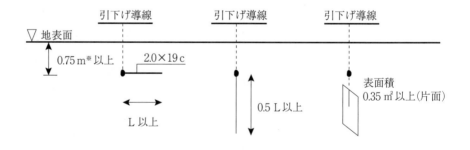

図 2.4.20　A型接地極の設置例

※ JIS A 4201 では 0.5 m 以上，電技解釈では 0.75 m 以上

③　B型接地極を設置する場合は，環状接地極または網状接地極（メッシュ形状の接地極）によって囲われる面積の平均半径 r（同じ面積を持つ円の半径）を，図 2.4.21 に示す長さ L 以上とし，それが満たせない場合は，A型接地極を追加する。

なお，長さ L の確認例を図 2.4.22 に示す。

第4節　構内電気設備

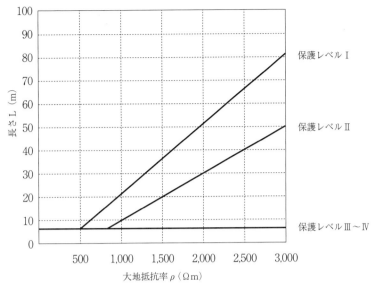

図 2.4.21　保護レベルに応じた接地極の最小長さ L

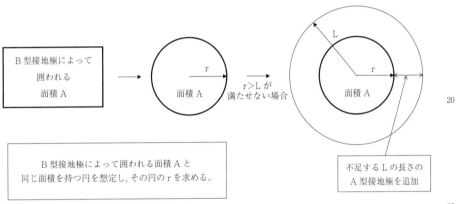

図 2.4.22　B 型接地極の長さ L の確認例

4) 試験用接続端子箱　　試験用接続端子箱は，外壁，倉庫などに設けるものとし，次による。
① 構造体利用の引下げ導線と構造体利用接地極とを組み合わせた場合を除き，接地極の接続箇所で，各引下げ導線に設置する。
② 必要に応じ，測定用補助接地極用端子を設ける。
③ 材質は，原則として黄銅製またはステンレス鋼板製とする。

8.5　内部雷保護システム

1) 内部雷保護　　内部雷保護は，落雷により発生する導電性部分間の電位差を雷等電位ボンディングなどにより低減できるように構築する。
2) 雷等電位ボンディング　　雷等電位ボンディングは，外部雷保護システム，金属構造体，金属製工作物，外部導電性部材ならびに電力および通信用設備をボンディング導体，サージ防護デバイス（SPD）または分離用スパークギャップ（ISG）によってボンディング用バーに接続することで，落雷時の建築物など内の電位を均等化して各部分間の電位差を最小限に低減するものとする（図 2.4.23）。

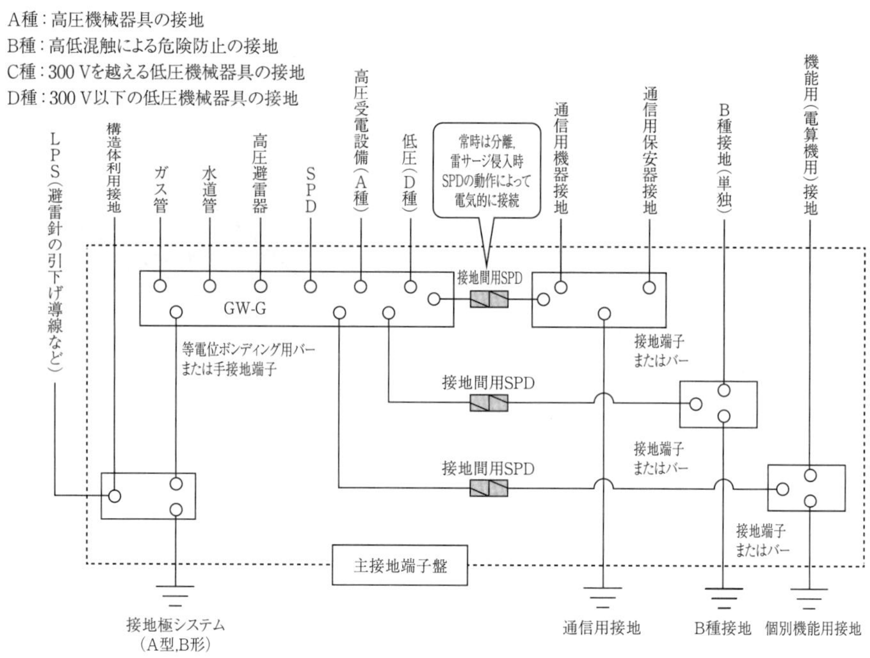

A種：高圧機械器具の接地
B種：高低混触による危険防止の接地
C種：300Vを越える低圧機械器具の接地
D種：300V以下の低圧機械器具の接地

図 2.4.23 雷等電位化概念図

3) 建築物に引き込む金属管の場合	建築物に引き込む金属管の雷等電位ボンディングを行う場合は，次による。	

① 雷等電位ボンディングは，系統外導電性部分（ガス管，水道管など）および電力，通信線などの引込口付近にて行う。

② 被保護建築物等内部にあるガス管および水道管の絶縁継手部は，各事業者の同意の下に分離用スパークギャップ（ISG）により継手をまたいで電気的に接続することを検討する。

③ 引込口付近のボンディング用バーおよびボンディング導体は，雷電流の大部分が流れてもよい構造とする。

4) 建築物全体の等電位化　各階にボンディング用バーを設置し，建築物全体の等電位化が図れるように，建築物内の金属製工作物および電力，通信設備をボンディング導体にて接続する。

5) ボンディング導体　ボンディング導体の最小寸法は，表2.4.43および表2.4.44による。

表 2.4.43 雷電流の大部分を流すボンディング導体の最小寸法

保護レベル	材料	JIS A 4201 による断面積 [mm²]	JIS Z 9290-3 による断面積 [mm²]
I～IV	銅	16*	14
	アルミニウム	25	22
	鉄	50	50

［備考］　雷電流の大部分とは，雷電流の25%以上が導電性部分を流れる場合を示す。
［注］　*銅より線を用いる場合は，22mm²以上とする。

表 2.4.44 雷電流のごく一部分を流すボンディング導体の最小寸法

保護レベル	材料	JIS A 4201 による断面積 [mm²]	JIS Z 9290-3 による断面積 [mm²]
I〜IV	銅	6*	5
	アルミニウム	10	8
	鉄	16	14

［備考］ 雷電流のごく一部とは，雷電流の 25% 未満が導電性部分を流れる場合を示す。
［注］ ＊銅より線を用いる場合は，8 mm²以上とする。

6) ボンディング用バー

ボンディング用バーは，次による。
① ボンディング用バーは，銅またはめっき鋼とし，最小断面積を 50 mm² とする。
② ボンディング用バーは，原則として近傍の主鉄筋などと接続する。ただし，引下げ導線として利用している主鉄筋への接続は行わない。

9. 受変電設備

9.1 一般事項

(1) 図記号および器具番号

1) 電気用図記号　単線結線図などに用いられる電気機器などの電気用図記号（JIS C 0617 より抜粋）および日本配電制御システム工業会規格（JSIA 118 より抜粋）を**表 2.4.45**に示す。

表 2.4.45　電気用図記号

名　称	図記号	文字記号	備　考	名　称	図記号	文字記号	備　考
過電流継電器	I>	OCR		直列リアクトル		SR	
地絡過電流継電器	I⇒>	OCGR		進相コンデンサ		SC	低圧用はC
比率差動継電器	Id/I	PDFR		避雷器		LA	高圧用
地絡方向継電器	I⇒>	DGR		電磁接触器		MC	
短絡継電器	S	SR		双投形電磁接触器		MCDT	
短絡方向継電器	I>	DSR		差込形断路器			
過電圧継電器	U>	OVR		ヒューズ		F	
地絡過電圧継電器	U⇒>	OVGR		プラグヒューズ（栓形ヒューズ）		EF	
不足電圧継電器	U<	UVR		交流遮断器		CB	交流遮断器の総称をいう。
過負荷継電器		OLR		真空遮断器		VCB	
熱動継電器		THR		交流遮断器（引出形）			遮断器の種類を表す場合は次の文字記号を記入する。ACB…気中　VCB…真空　GCB…ガス
欠相継電器	m<3	OPR	三相系における例 mは相数				
逆電力継電器	P←	RPR		ガス遮断器		GCB	
無効電力継電器	Q>	QR		磁気遮断器		MBB	
交互継電器	ALTR	ALTR		油遮断器		OCB	
補助継電器	AXR	AXR		気中遮断器		ACB	
限時継電器	遅緩動作形	TLR		配線用遮断器		MCCB	
	遅緩復旧形			電動機保護用配線用遮断器		MMCB	
限流継電器	CL	CLR		漏電遮断器		ELCB	
漏電継電器	EL	ELR		スイッチ，開閉器		S	
ケーブルヘッド		CH		高圧カットアウト	ヒューズ付		PC
交流電源	～				ヒューズなし		PC
発電機	G	G		限流ヒューズ	断路形		FDS
電動機	M	M			固定形		PF
変圧器		T		高圧負荷開閉器	ヒューズ付		LBS
計器用変圧器		VT			ヒューズなし		LBS
変流器		CT		高圧気中開閉器（箱入）		AS	
計器用変圧変流器	VCT	VCT		高圧真空開閉器（箱入）		VS	
零相変流器		ZCT		高圧ガス開閉器（箱入）		GS	
接地形計器用変圧器		EVT		高圧電磁接触器			遮断器の種類を表す場合は次の文字記号を記入する。VMC…真空　AMC…気中
零相計器用変圧器		ZVT					
コンデンサ形計器用変圧器		PD					
コンデンサ形零相基準入力装置		ZPD					
自動力率制御装置	APFC	APFC					

表 2.4.45　電気用図記号（つづき）

名　称		図記号	文字記号	備考
断路器	手動操作		DS	
	手動操作リンク機構付			
	動力操作			
高圧引込用負荷開閉器気中開閉器（架空引込用）（地絡保護装置付）			PAS	
高圧引込用負荷開閉器真空開閉器（架空引込用）（地絡保護装置付）			PVS	
高圧引込用負荷開閉器ガス開閉器（架空引込用）（地絡保護装置付）			PGS	
高圧引込用負荷開閉器ガス開閉器（地中引込用）（地絡保護装置付）			UGS	
過電流と欠相を保護する継電器		2E	2ER	
過電流と欠相と反相を保護する継電器		3E	3ER	
電流計		A	AM	
電圧計		V	VM	
電力計		W	WM	
電力量計		Wh	WHM	無検定
電力量計		Wh	WHM	検定付
零相電流計		Ao	AoM	
零相電圧計		Vo	VoM	
記録電力計		W	RWM	
無効電力計		var	VARM	
無効電力量計		varh	VARHM	
最大需要電流計（警報接点付）		MDA	MDAM	
最大需要電力計		MDW	MDWM	
高調波計		H	HM	
高調波電圧計		HV	HVM	
力率計		cosφ	PFM	
無効率計		sinφ	SN	
位相計		φ		
周波数計		Hz	FM	
回転計		n	NM	
時間計		h	HM	
電圧計切換スイッチ		VS	VS	
電流計切換スイッチ		AS	AS	

名　称	図記号	文字記号	備考
遮へい付 2 巻線単相変圧器		T	
電磁開閉器		MS	
試験用電圧端子		VTT	
試験用電流端子		CTT (ZCTT)	
接地端子	○	ET	
接地			接地の種類を表す場合は次の文字記号を記入する。 E_A …A種 E_B …B種 E_C …C種 E_D …D種 E_{LH} …高圧避雷器用 E_{LA} …A型接地極 E_{LB} …B型接地極 E_t …構内交換機用 E_{At} …通信用（10Ω） E_{Dt} …通信用（100Ω） E_{Lt} …電話引込口の保安器 E_o …測定用
蛍光灯	FL	FL	
表示灯	PL	PL	
サージ防護デバイス			SPDのクラス及びカテゴリは、次の傍記による。 SPD-Ⅰ：クラスⅠ SPD-Ⅱ：クラスⅡ SPD-C：カテゴリC2 SPD-D：カテゴリD1	クラスⅠ及びⅡは、低圧電源用を示し、カテゴリC2及びD1は、通信用を示す。

注：同様の図記号で示す場合は、文字記号も併記する。

2) **基本器具番号** ｜ 日本電機工業会規格（JEM 1090「制御器具番号」）の基本器具番号の抜粋を表2.4.46に示す。

表2.4.46 基本器具番号

基本器具番号	器具名称	説明
1	主幹制御器又はスイッチ	主要機器の始動・停止を開始する器具
2	始動若しくは閉路限時継電器又は始動若しくは閉路遅延継電器	始動若しくは閉路開始前の時刻設定を行う継電器又は始動若しくは閉路開始前に時間の余裕を与える継電器
3	操作スイッチ	機器を操作するスイッチ
4	主制御回路用制御器又は継電器	主制御回路の開閉を行う器具
5	停止スイッチ又は継電器	機器を停止する器具
6	始動遮断器，スイッチ，接触器又は継電器	機械をその始動回路に接続する器具
8	制御電源スイッチ	制御電源を開閉するスイッチ
10	順序スイッチ又はプログラム制御	機器の始動又は停止の順序を定める器具
12	過速度スイッチ又は継電器	過速度で動作する器具
14	低速度スイッチ又は継電器	低速度で動作する器具
22	漏電遮断器，接触器又は継電器	漏電が生じたとき動作又は交流回路を遮断する器具
27	交流不足電圧継電器	交流電圧が不足したとき動作する継電器
28	警報装置	警報を出すとき動作する装置
29	消火装置	消火を目的として動作する装置
30	機器の状態又は故障表示装置	機器の動作状態又は故障を表示する装置
33	位置検出スイッチ又は装置	位置と関連して開閉する器具
37	不足電流継電器	電流が不足したとき動作する継電器
42	運転遮断器，スイッチ又は接触器	機械をその運転回路に接続する器具
43	制御回路切換スイッチ，接触器又は継電器	自動から手動に移すなどのように制御回路を切り換える器具
44	距離継電器	短絡又は地絡故障点までの距離によって動作する継電器
45	直流過電圧継電器	直流の過電圧で動作する継電器
46	逆相又は相不平衡電流継電器	逆相又は相不平衡電流で動作する継電器
47	欠相又は逆相電圧継電器	欠相又は逆相電圧のとき動作する継電器
50	短絡選択継電器又は地絡選択継電器	短絡又は地絡回路を選択する継電器
51	交流過電流継電器又は地絡過電流継電器	交流の過電流又は地絡過電流で動作する継電器
52	交流遮断器又は接触器	交流回路を遮断・開閉する器具
55	自動力率調整器又は力率継電器	力率をある範囲に調整する調整器又は予定力率で動作する継電器
57	自動電流調整器又は電流継電器	電流をある範囲に調整する調整器又は予定電流で動作する継電器
59	交流過電圧継電器	交流の過電圧で動作する継電器
62	停止若しくは開路限時継電器又は停止若しくは開路遅延継電器	停止若しくは開路前の時刻設定を行う継電器又は停止若しくは開路前に時間の余裕を与える継電器
63	圧力スイッチ又は継電器	予定の圧力で動作する器具
64	地絡過電圧継電器	地絡を電圧によって検出する継電器
67	交流電力方向継電器又は地絡方向継電器	交流回路の電力方向又は地絡方向によって動作する継電器
72	直流遮断器又は接触器	直流回路を遮断・開閉する器具
73	短絡用遮断器又は接触器	電流制限抵抗・振動防止抵抗などを短絡する器具
76	直流過電流継電器	直流の過電流で動作する継電器
80	直流不足電圧継電器	直流電圧が不足したとき動作する継電器
84	電圧継電器	直流又は交流回路の予定電圧で動作する継電器
87	差動継電器	短絡又は地絡差電流によって動作する継電器
89	断路器又は負荷開閉器	直流若しくは交流回路用断路器又は負荷開閉器
90	自動電圧調整器又は自動電圧調整継電器	電圧をある範囲に調整する器具
91	自動電力調整器又は電力継電器	電力をある範囲に調整する器具又は予定電力で動作する継電器

(2) 各種算定式

1) 負荷設備容量　負荷設備の容量は，建物の用途，規模，内容により異なり，空調方式，熱源の種類などに左右される。計画時は，同種の建築物などの各設備ごとの負荷密度の実績を参考に算出する。

$$負荷設備容量 [kW] = 負荷密度 [W/m^2] × 延面積 [m^2] × \frac{1}{1,000}$$

2) 最大需要電力

$$最大需要電力 [kW] = 負荷設備容量 [kW] × \frac{需要率 [\%]}{100}$$

3) 需要率

$$需要率 = \frac{最大需要電力 [kW]}{負荷設備容量 [kW]} × 100 \quad [\%]$$

4) 負荷率

$$負荷率 = \frac{ある期間の平均需要電力 [kW]}{同じ期間の最大需要電力 [kW]} × 100 \quad [\%]$$

5) 日負荷率　1日の負荷の変動を時間ごとに表したものを日負荷曲線といい，1日（24時間）の平均需要電力 [kW] とその1日（24時間）の中の最大需要電力 [kW] の比を日負荷率 [％] といい，次式で表される。

$$日負荷率 = \frac{1日（24時間）の平均需要電力 [kW]}{1日（24時間）の中の最大需要電力 [kW]} × 100 \quad [\%]$$

6) 不等率

$$不等率 = \frac{各負荷の最大需要電力の和 [kW]}{合成した最大需要電力 [kW]}$$

7) 設備不平衡率　設備不平衡率は，各線間に接続される単相変圧器総容量 [V・A] の最大と最小の差と電気室に設置される総変圧器容量 [V・A] の線間平均値の比 [％] をいい，次式で表される。

$$設備不平衡率 = \frac{各線間に接続される単相変圧器総容量の最大と最小の差}{総変圧器容量 × 1/3} × 100 \quad [\%]$$

8) 変圧器容量　負荷設備容量から需要率，負荷率，不等率を用いて最大需要電力 [kW] を算出し，これに力率と効率および将来分を考慮して変圧器容量 [kV・A] を決定する。

9.2 受電方式

(1) 受電方式の種別

自家用受変電設備の受電方式には大別して1回線受電，2回線常用・予備受電，平行2回線受電，ループ受電，スポットネットワーク受電などの方式がある。

1) 1回線受電方式　1回線受電方式は，1回線T分岐受電と1回線専用受電がある（図2.4.24）。1回線T分岐受電は，最も構成が簡単で経済的であるが，配電線を含めた電力会社側の事故により停電となり，また，1回線専用受電は他の需用家の影響を受けないが，T分岐受電と同様に電力会社側の事故により停電となる。

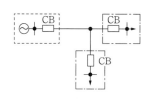 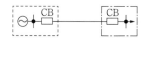

(a) 1回線T分岐受電　　　　　　(b) 1回線専用受電

CB：遮断器
注：▭ 電力会社変電所
　　▭ 自家用受電設備

図 2.4.24　1回線受電方式

2) 2回線常用・予備受電方式　　2回線常用・予備受電方式は，同系統常用・予備受電と異系統常用・予備受電がある（図 2.4.25）。1回線受電より供給信頼度ははるかに向上するが，設備費，工事負担金および設置面積は大となり，設備もやや複雑となる。

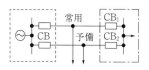 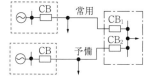

(a) 同系統常用・予備受電　　　　(b) 異系統常用・予備受電

注：CB_1：常用受電遮断器（常時閉路）　　▭ 電力会社変電所
　　CB_2：予備受電遮断器（常時開放）　　▭ 自家用受電設備

図 2.4.25　2回線常用・予備受電方式

3) 平行2回線受電方式　　平行2回線受電方式は，常時2回線で受電し，片回線の事故では停電しない方式である（図 2.4.26）。送電線の保守も片回線ずつ停止することで停電も不要であるが，保護継電方式が複雑となる。

注：CB：すべて常時閉路
▭ 電力会社変電所
▭ 自家用受電設備

図 2.4.26　平行2回線受電方式

4) ループ受電方式　　ループ受電方式は，開ループ受電と閉ループ受電がある（図 2.4.27）。主として大都市中心部において，特別高圧受電の需要家が多く電力負荷の密度が高い地域で，供給信頼度を上げる必要のある場合に採用される。

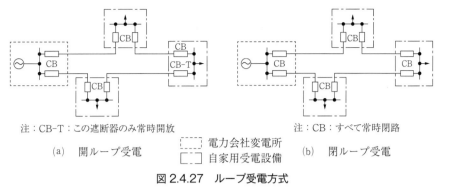

注：CB-T：この遮断器のみ常時開放　　　　　　　　　　注：CB：すべて常時閉路
　　　(a)　開ループ受電　　　┌┈┈┐電力会社変電所　　(b)　閉ループ受電
　　　　　　　　　　　　　　　└┈┈┘自家用受電設備
図2.4.27　ループ受電方式

5) スポットネットワーク受電方式

電気事業者の変電所からの通常3回線の22 kVまたは33 kV配電線をT分岐して受電し，需要家側は回線ごとに受電用断路器－ネットワーク変圧器－ネットワークプロテクタ（プロテクタヒューズ・プロテクタ遮断器）を設置し，その二次側は同一の母線（ネットワーク母線）に並列に接続される。ネットワーク変圧器は，1回線が停止しても残りの変圧器で需要家の全負荷をまかなえるように設計されている。また，1回線のみの供給になっても負荷制限を行うことにより全停電することなく，極めて供給信頼度が高い方式である。

スポットネットワーク受電方式には，ネットワーク変圧器（受電変圧器）の二次側（ネットワーク母線）の電圧を6 kV級とした高圧スポットネットワーク方式と，その電圧を400 V級とした低圧スポットネットワーク方式の2種類がある。

ネットワーク変圧器の一次側は受電用断路器のみであるが，その代わり変圧器の二次側には，変圧器ごとに，プロテクタヒューズおよびプロテクタ遮断器などを動作させるための継電器（ネットワークリレー）で構成されるネットワークプロテクタが設けられる（図2.4.28）。

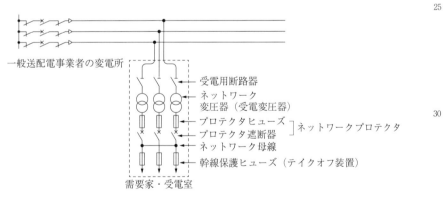

図2.4.28　スポットネットワーク受電方式の構成例

6) スポットネットワーク用変圧器

スポットネットワーク用変圧器は，100％負荷連続運転後，130％負荷で連続8時間の過負荷に耐えなければならない。

7) ネットワークプロテクタの動作特性

ネットワーク受電方式の心臓部ともいうべきもので，プロテクタヒューズ，プロテクタ遮断器，電力方向継電器で構成される保護装置で，以下の特性をもっている。

① 逆電力遮断特性

プロテクタ遮断器が投入状態のとき，何らかの原因でプロテクタ遮断器一次側が停電した場合，他の回線から供給される電力が，ネットワーク母線を経由して逆に停電した回線へ送電してしまうのを防止するため，継電器により逆電力を検出し，該当するプロテクタ遮断器を開放する特性である。

② 差電圧投入特性

事故点が復旧し電源変電所からネットワーク配電線に送電されると，ネットワークリレーはその受電電圧とネットワーク母線側電圧の差電圧を検出し，条件を満足すると投入側に動作し，自動的にプロテクタ遮断器を閉路して切り離されたネットワーク変圧器が再び並列に接続され，負荷に供給を行うことができる特性である。

③ 無電圧投入特性

全ネットワーク変圧器が停止し，ネットワーク母線が無電圧となっている状態でネットワーク変圧器が充電された場合，自動的にプロテクタ遮断器を投入する特性である。

④ 位相検出

プロテクタ遮断器を投入する場合，各系統との位相を確認し同期投入をする。

8) テイクオフ装置

415/240 V級の低圧母線に接続される分岐用の配線用遮断器をいう。

9.3 短絡電流の計算

1) 実用計算法

故障電流のうち最も重要なのが三相短絡電流であるが，大きさ，時間的変化，直流分の含有率などを精密に計算することはほとんど不可能に近く，一般に％インピーダンス［％Z］による実用計算が用いられる。

2) 短絡電流算出に使用する系統インピーダンス

① 受電変圧器一次側インピーダンス

電気事業者より提示される配電線路のインピーダンスまたは短絡電流から算出して用いる。

② 受電変圧器インピーダンス

変圧器インピーダンスは，主として変圧器の1次電圧および定格容量によって決まる。一般に変圧器に「短絡インピーダンス［％］」で表示されている。

変圧器のインピーダンスが大きいほど短絡電流は小さくなる。

③ 電動機リアクタンス

回路に事故が起こると数サイクルの間，電動機は発電機として作用し，故障点に瞬間的に大きな短絡電流を供給する。したがって，低圧回路では常に電動機の発電作用を計算に入れ，動作時間を考慮した遮断器を選定する必要がある。

なお，高圧電動機がある場合で，低圧側の事故の場合は，高圧電動機の発電作用は計算上考慮しなくてもよい。

④ 配線インピーダンス

配線(特にケーブル)のインピーダンスが短絡電流抑制に大きな役割を果たしているので,配線のリアクタンス,抵抗を考慮しなければならない。低圧回路においては効果が著しい。

線路インピーダンスは,電線の種類,太さ,長さ,導体間隔,配線方法により変化する。

変圧器から短絡点までのケーブルの長さが長いほど,インピーダンスが大きくなるため短絡電流は小さくなり,ケーブルの断面積が大きいほどインピーダンスが小さくなるため短絡電流は大きくなる。

3) 短絡電流計算式

対称短絡電流実効値(三相)

$$短絡電流\ I_S = \frac{I_n}{\%Z} \times 100 \quad [A]$$

I_n:基準電流[A]　　%Z:%インピーダンス

4) 推奨定格遮断電流

受電用遮断器の定格遮断電流は,受電地点の三相短絡電流値によって決まってくるが,一般的に電力会社の推奨値は,高圧6.6kVの場合12.5kAである。

5) 非対称短絡電流

高圧または特別高圧回路の遮断器は遮断時間3～5サイクル程度のものを使用するのが普通であり,短絡電流は短絡瞬時のものではなく,対称短絡電流を考慮する。しかし,ヒューズなど1サイクル以下で遮断するものでは,直流分を含んだ非対称短絡電流 I_{SA} を考慮する。

$$I_{SA} = KI_S$$

K:非対称係数(1より大きい)

I_S:対称短絡電流

6) 高圧電路のケーブル太さの選定

ケーブルに短絡事故が発生すると通常の負荷電流の数十倍もの故障電流が流れるため,この電流でケーブルが焼損しないように保護する必要がある。

ケーブルの太さを選定する際には,負荷容量に対する負荷電流とケーブル許容電流の関係だけで決定するのではなく,ケーブルの短絡時許容電流と短絡電流の関係も考慮する。

なお,地絡事故時(大地と導通状態になることをいう)に,地絡点に向かって流れる地絡電流の電流値は小さく(非接地方式のこう長の短い高圧配電線路における1線地絡電流は十数A程度である),ケーブルの太さの選定においては考慮する必要はない。

7) 短絡強度の検討

遮断器,断路器,CT,母線,支持がいしなどでは回路に短絡が発生した場合,その短絡電流に熱的,機械的に耐えなければならない。交流遮断器の場合,短絡回路を投入することもありうるので,JECでは定格投入電流が定格遮断電流の2.5倍(機械的強度は,波高値が問題となり約 $2\sqrt{2} \times 0.9$)の値となっている。

9.4 協調

電気回路の異常現象の主なものとして,過負荷,短絡,地絡,過電圧,不足電圧,異常電圧などがある。これらの保護装置として遮断器,ヒューズ,避雷器などが施設される。

1) 保護協調の目的と種類　事故が発生したときに事故回路の保護装置が動作し、他の健全な回路では給電が継続し、保護装置自身にも損傷のないような動作協調のとれた保護の方法が求められる。保護する異常現象の種類により、過負荷、短絡については過電流保護協調、地絡については地絡保護協調、異常電圧については絶縁協調と呼ぶ。

2) 過電流保護協調　受電点での過電流保護装置の役割は、構内の事故を電力会社に波及させないことである。そのため、電力会社送り出し保護装置と適切な協調がとられていなければならない。その方法として瞬時要素付過電流継電器が一般に使用され、動作時限差による協調方式が採用されている。また、受電点から負荷に至るまでの保護協調は、過電流継電器、高圧限流ヒューズによる動作時限差による協調が採用される。なお、各機器の短時間耐量を十分考慮し、故障電流により機器が破損しないようにしなければならない。

通常、受変電設備の保護協調は、配電用変電所との間で時限協調がとられている。時限協調に係る特性曲線相互の関係を図2.4.29に示す。曲線Ⓐ、Ⓑ、ⒸのうちⒶは配電用変電所の特性曲線であり、ⒷⒸは需要家側の特性曲線である。需要家側の事故により配電用変電所の引出し側遮断器が動作すると、他の需要家へも迷惑をかける電力会社の波及事故となるので、Ⓐの曲線は全域にわたってⒷⒸの右側になければならない。また、ⒷがⒸより一部でも左側にあると、その部分に相当する過電流事故が発生した場合に事故回路の配線用遮断器だけでなく、受電用遮断器が動作する全停電になるので注意を要する。

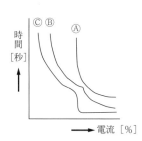

Ⓐ：配電用変電所の引出し側過電流継電器の特性曲線
Ⓑ：需要家の受電側過電流継電器の特性曲線
Ⓒ：変圧器二次側配線用遮断器の特性曲線

図2.4.29　時限協調特性曲線

3) 地絡保護協調　過電流保護協調と同様に電力会社の保護方式に対して、時限協調および地絡電流協調をとる必要がある。地絡継電器は、一般に静止形で無方向性のものが使用されているが、受電用区分開閉器から負荷側の高圧電路が、ケーブルなどで対地静電容量が大きい場合、地絡方向継電器が使用される。

地絡継電器は、過電流継電器と比べ検出感度が極めて高いため、引込みケーブルのシールド層の接地は、迷走電流による誤動作および分流による感度低下を防止するためにケーブルの片端にて行うこととし、正しい施工方法を表2.4.47に示す。図2.4.30は間違った施工方法の例で、地絡電流がZCT内のケーブル心線とシールド層で往復するため、ZCT二次側に零相電流が流れず地絡継電器が動作しない。

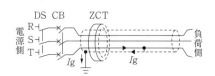

電源側にシールド接地を取り付けた場合
図2.4.30　施工不良の例

表 2.4.47 シールド接地工事の施工方法

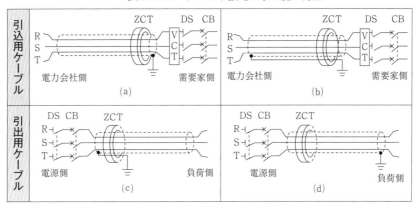

4) 絶縁協調　絶縁協調は，系統内部で故障が発生した時，あるいは機器操作時に発生する内部異常電圧によって絶縁破壊または閃絡が生じないように電路の絶縁強度を設定することである。また，雷による外部異常電圧については，避雷器を設置して避雷器の保護レベルを電路の絶縁強度より低くすることによって保護する。避雷器と被保護機器（特に変圧器）間の離隔距離をできるだけ短くするとともに，避雷器の接地抵抗値を低くすることが望ましい。

9.5　高圧受電設備［高圧受電設備規程等］

(1) 主要機器類

1) 高圧断路器 (DS) [1150-2]

高圧断路器は，充電された電路を無負荷時に開閉するために用いられる開閉機器で，保守点検時，回路切替時に使用される。なお，負荷電流が通じているときは開路できないように施設する。ただし，開閉操作を行う箇所の見やすい位置に負荷電流の有無を示す装置もしくは電話器その他の指令装置を設け，またはタブレットなどを使用することにより，負荷電流が通じているときに開路の操作を行うことを防止するための措置を講ずる場合は，この限りでない。

高圧断路器は，次のように取り付けることが望ましい（図 2.1.31(a)(b)）。
① 操作が容易で危険のおそれがない箇所を選んで取り付けること。
② 縦に取り付ける場合は，切替断路器を除き，接触子（刃受）を上部とすること。
③ ブレード（断路刃）は，開路した場合に充電しないよう負荷側に接続すること。
④ ブレード（断路刃）がいかなる位置にあっても，他物（本器を取り付けたパイプフレーム等を除く。）から 10 cm 以上離隔するように施設すること。
⑤ 垂直面に取り付ける場合は，横向きに取り付けないこと。

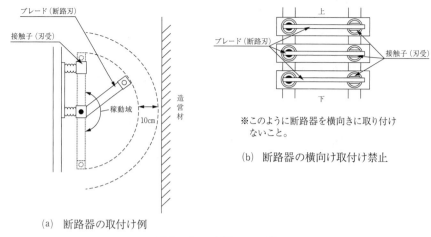

(a) 断路器の取付け例

図 2.1.31 断路器の取付け

| 2) 高圧交流遮断器（CB） | 高圧交流遮断器は，交流電路に使用し，常規状態のほか異常状態，特に短絡状態における電路でも開閉できる装置（JIS C 4603）で，次の種類のものがある。 |

① 真空遮断器（VCB）
電路の開閉が真空中で行われる遮断器

② ガス遮断器（GCB）
電路の開閉が六ふっ化硫黄（SF_6）のような不活性ガス中で行われる遮断器

| 3) 遮断器の投入操作方式 | 遮断器の投入操作方式の種類と原理は，次のとおりである。 |

① 電気操作：電気エネルギーによる操作
② ばね操作：ばねに蓄えられたエネルギーによる操作
③ 手動ばね操作：手動で蓄勢するばね操作
④ 電動ばね操作：電動機で蓄勢するばね操作
⑤ ソレノイド（電磁）操作：閉路に必要なエネルギーが，ソレノイドコイルによって与えられる操作

| 4) 遮断器の引外し制御方式 | 引外し制御方式の種類および動作は，次のとおりである。 |

① 過電流引外し
遮断器の主回路に接続された変流器二次電流によって，遮断器が引き外される方式であり，常時励磁方式と瞬時励磁方式がある。

② 不足電圧引外し
不足電圧引外し装置に印加されている電圧の低下によって，遮断器が引き外される方式であり，直接式と間接式がある。

③ コンデンサ引外し
充電されたコンデンサのエネルギーによって，遮断器が引き外される方式である。

| 5) 高圧交流負荷開閉器（LBS） | 高圧交流負荷開閉器は，負荷電流の開閉，回路の切換え，引込口などの区分開閉器として使用される。短絡などの異常電流を遮断することはできない。 |

| 6) 区分開閉器 [1110-2] | ① 保安上の責任分界点（またはこれに近接する）箇所には，区分開閉器を施設すること。 |

② 区分開閉器には，高圧交流負荷開閉器を使用すること。

③ 高圧交流負荷開閉器は，絶縁油を使用したものでないこと。

引込用高圧交流負荷開閉器は，遮断器のように短絡電流などのような大きな事故電流は遮断できないが，負荷電流など通常の電流を遮断することができる。

短絡事故が発生し大電流が流れた場合は，高圧交流負荷開閉器は，その電流を遮断できないのでSOG動作を行う。SOG動作とは，短絡電流が流れた場合，開閉器内部の過電流検出素子が働いて，開閉器をロックする。その後，電力会社の保護装置が作動し，配電線が停電すると一次側の無電圧を感知して，地絡継電器の内部のコンデンサより充電されていた電荷が開閉器の引外しコイルに放電され，無負荷状態での遮断ができる一連の動作である。

地絡保護（継電）装置（GR）付き高圧交流負荷開閉器は，地絡による波及事故を防ぐため地絡継電器を組み合わせて施設され，地絡事故が起きた場合は，地絡継電器が作動し即時に遮断する。また，一定値以上の地絡電流（零相電流）が継続して流れたときにも動作する。地絡事故の検出や零相電流は，零相変流器（ZCT）で検出する。誤動作が懸念されるためケーブルのこう長が長い場合など対地静電容量が大きい電路では，地絡方向継電器（DGR）を用いることが望ましい。

架空引込用高圧交流負荷開閉器には，消弧媒質の種類により気中負荷開閉器（PAS），真空負荷開閉器（PVS），ガス負荷開閉器（PGS）がある。その中で気中負荷開閉器（PAS）は，空気中で負荷電流を遮断する構造のもので，保守点検が容易，不燃性で安価であるため最も多く使用されている。

7) **高圧交流電磁接触器（MC）**
高圧交流電磁接触器は，3 kV，6 kVの高圧電動機の制御など高圧回路の負荷電流を頻繁に開閉する目的に使用される。主接触部，操作電磁石，補助接触部からなり，数十万回の開閉寿命を有するが，電気回路の短絡電流を遮断保護する機能をもたない。

8) **高圧カットアウト(PC)**
高圧カットアウトは，限流ヒューズと組み合わせて使用する機器用と，ヒューズなしで素通しで使用する断路用がある。機器用は，変圧器（300 kV·A以下）および高圧進相コンデンサ（50 kvar以下）の保護，ならびに開閉装置として使用できる。また，断路用は，断路器の代わりに使用することができる。

9) **モールド変圧器**
モールド変圧器は，巻線にエポキシ樹脂などの合成樹脂を含浸させたうえ，全体的にも樹脂で覆う構造で，高圧側と低圧側の巻線を別々に，もしくは，一緒に合成樹脂で固めたモールド構造の巻線を鉄心に挿入して組み立てたものである。耐熱クラスによる種類には，B，F，Hがある。

モールド変圧器の特徴は次のとおりである。

① 難燃性かつ自己消火性を有する樹脂を使っているため，着火する可能性が極めて少なく，万一発火しても電源を断つと自然消火する。

② 巻線表面が樹脂で覆われているため吸湿を防止でき，ほこりが付着しても絶縁性能が低下しない。

③ 巻線各部は，電気的に優れた樹脂層の絶縁構成となっているため絶縁寸法が縮小でき，変圧器全体が小型・軽量となり，また機械的強度も大きい。

④ 油入変圧器のように，絶縁油の保守点検を行う必要がなく，またH種乾式変圧器のように吸湿に対する配慮がいらない。

⑤ 騒音源である鉄心が露出しているため，鉄心が油およびタンクで遮へいされている油入変圧器に比べて騒音が大きい。

10) スコット結線変圧器

三相から二相（90°位相差のある2組の単相回路）への変換を行う変圧器の結線方法にスコット結線がある。

スコット結線は，図2.4.32のように巻線を2組使用し，一次側を逆T字形に結線し三相側に接続する。

三相発電機回路から電灯回路などの単相回路を取り出す時に，発電機に三相不平衡が生じないように使用される。

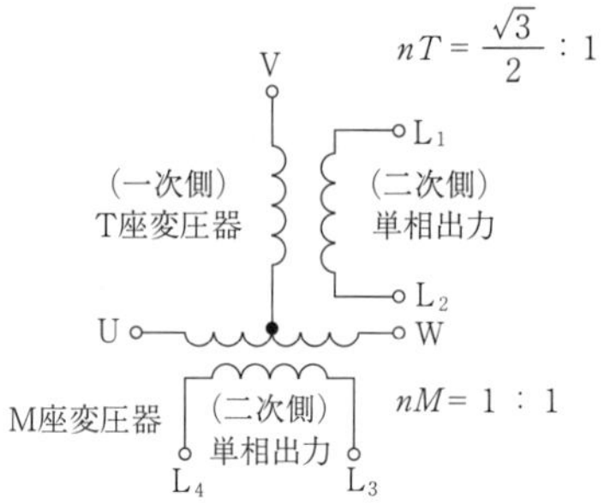

図2.4.32 スコット結線

11) 変圧器の開閉装置 [1150-8]

変圧器の一次側には，表2.4.48の適用区分にしたがい，開閉装置を設けること。

表2.4.48 変圧器一次側の開閉装置

機器種別 変圧器容量	開閉装置		
	遮断器 （CB）	高圧交流負荷開閉器 （LBS）	高圧カットアウト （PC）
300 kV・A 以下	○	○	○
300 kV・A 超過	○	○	×

［備考］表の記号の意味は，次のとおりとする。
　(1) ○は，施設できる。　(2) ×は，施設できない。

12) 高圧進相コンデンサ（SC） [1150-9]

① 高圧進相コンデンサは，定格設備容量が300 kvar を超過した場合には2群以上に分割し，かつ，負荷の変動に応じて接続する高圧進相コンデンサの定格設備容量を変化できるように施設する。

② 高圧進相コンデンサの回路に開閉装置を設ける場合は，表2.4.49の適用区分にしたがい施設する。

表2.4.49 高圧進相コンデンサの開閉装置

機器種別 進相コンデンサの定格設備容量	開閉装置			
	遮断器 （CB）	高圧交流負荷開閉器（LBS）	高圧カットアウト（PC）	高圧真空電磁接触器（VMC）
50 kvar 以下	○	△	▲	○
50 kvar 超過	○	△	×	○

［備考］表の記号の意味は，次のとおりとする。
　(1) ○は，施設できる。
　(2) △は，施設できるが，進相コンデンサの定格設備容量を運用上変化させる必要がある場合には遮断器もしくは高圧真空電磁接触器を採用することが望ましい。
　(3) ▲は，進相コンデンサ単体の場合のみ施設できる。（原則，進相コンデンサは直列リアクトルを設置すること。）
　(4) ×は，施設できない。

③ 高圧進相コンデンサの開閉頻度が多い場合には，開閉寿命の長い開閉装置を使用する。

④ 高圧進相コンデンサの一次側には，限流ヒューズを施設する。
⑤ 高圧進相コンデンサの回路には，コンデンサ容量に適合する放電コイル，放電抵抗（内蔵）を設け，残留電荷を放電させる。ただし，コンデンサが変圧器一次側に直接接続されている場合は，この限りでない。

13) **直列リアクトル (SR)**
[1150-9]

① 高圧進相コンデンサには，高調波電流による障害防止およびコンデンサ回路の開閉による突入電流抑制のために，直列リアクトルを施設する。
② 系統で問題になる高調波のうち，低次（3の倍数次は除く）で含有率が最も大きい第5高調波などに対して，回路電圧波形のひずみを軽減して高調波障害の拡大を防止するとともに，コンデンサの過負荷を生じないようコンデンサリアクタンスの6％（または13％）の直列リアクトルを施設する。

14) **避雷器(LA)**
[1150-10]

① 避雷器は，それによって保護される機器の最も近い位置に施設する。
② 高圧架空電線路から供給を受ける需要場所の引込口に施設する。
③ 特別高圧架空電線路から供給を受ける需要場所の引込口に施設する。
④ 避雷器には，保安上必要な場合，電路から切り離せるように断路器を施設する。
⑤ 高圧及び特別高圧の電路に施設する避雷器には，A種接地工事を施設する。

15) **計器用変流器 (CT)**

① 変流器の定格二次電流の標準は，1Aまたは5Aとする。
② 変流器の二次側回路は，開路すると異常電圧を発生し，巻線が焼損する危険があるので，開路してはならない。
③ 変流器の短時間耐量は，定格耐電流（定格過電流強度×定格一次電流）として表示され，規格では次のいずれかで，性能を表すこととしている。
　(イ) 定格過電流強度：変流器の定格一次電流に対する倍数で表示
　(ロ) 定格過電流　　：変流器が耐えられる電流値で表示
④ 変流器の過電流強度は熱的，機械的に検討し，性能を満足する変流器，保護装置を選定する。
　熱的には定格耐電流に相当する電流を1秒間通電しても損傷がないことと規定され，次式で計算する。

$$[(保護装置の全遮断（短絡）電流値)^2 × 通電時間]$$
$$\leq [(変流器の定格耐電流)^2 × (1秒)]$$

　なお，事故電流が発生してから完全に遮断するまでの時間を加味して次式により修正する。

$$定格過電流強度 \geq \frac{保護装置の定格過電流}{変流器の定格1次電流 \times \sqrt{事故電流の通電時間(秒)}}$$

　機械的には定格耐電流に相当する電流（実効値）の2.5倍に相当する最大波高値の過電流に耐えることと規定され，次式で計算する。

$$[短絡電流波高値（限流波高値）] \leq [(変流器の定格耐電流) \times 2.5]$$

⑤ 変流器には，巻線形と貫通形がある。

16) **計器用変圧器 (VT)**

① 定格二次電圧の標準は，110Vとする。
② 計器用変圧器の二次側端子は，短絡すると大電流が流れ，巻線の焼損や過熱するおそれがあるので，短絡してはならない。
③ 計器用変圧器は，主回路に直接接続されるため，一次側に限流ヒューズが使用

④ 定格二次負担は計器用変圧器に接続される計器、継電器などで消費する合計V・A以上とする。

17) 高圧限流ヒューズ(PF)

高圧限流ヒューズの種類および用途は、次のとおりである。
① G（一般用）
キュービクル式高圧受電設備のPF・S形の主遮断装置に使用される。
② T（変圧器用）
変圧器の短絡保護に使用される。
③ M（電動機用）
高圧電動機の短絡時の保護用として使用される。
④ C（コンデンサ用）
高圧コンデンサ回路のラインヒューズ（短絡事故を遮断するために設置されるヒューズ）として使用される。
⑤ LC（リアクトル付コンデンサ用）
高圧リアクトル付高圧コンデンサ回路のラインヒューズとして使用される。

18) 高圧限流ヒューズの特性

限流特性とは、ヒューズが接続されている系統の直列機器の機械的・熱的強度を軽減するために使用するものでヒューズが事故電流を遮断する際に、短絡電流の波高値にいたる前に限流遮断する特性を示すものである。

また、限流ヒューズの時間－電流特性には次の3種類がある。
a 溶断特性：「溶断時間－電流特性」の平均値（規約時間）で示す
b 遮断（動作）特性：「動作時間－電流特性」の最大値を示す
c 許容特性：「許容時間－電流特性」

限流ヒューズの特性と上位側（電源側）過電流継電器との動作協調を検討する場合は、bを用い、下位側（負荷側）保護機器や負荷の過渡特性（電動機の始動電流、変圧器・コンデンサの励磁突入電流など）との協調を検討する場合は、cを用いる。

図2.4.33は、a, b, cの3種類の特性の関係を示す。

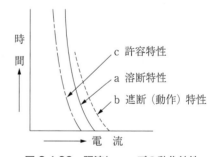

図2.4.33 限流ヒューズの動作特性

19) 高圧限流ヒューズの選定条件

① ヒューズの定格電圧は、使用回路の最高線間電圧以上であること。
② ヒューズは、動作時に動作過電圧を発生するので、回路電圧より一段上の定格電圧のヒューズを使用することは、一般的に避けるべきである。
③ ヒューズは、定格遮断電流が不足すると、ヒューズリンク（ヒューズ筒）の爆発を起こす危険があるので、回路の短絡電流以上の十分な定格遮断電流をもったものを使用すること。

20) 高圧限流ヒューズと遮断器との比較　遮断器で短絡保護をする場合には，継電器の動作時間を含めた遮断時間が数サイクル必要なため，回路の導体および機器は，大きな短絡強度をもつ必要があるが，ヒューズを用いると，大電流を非常に早く，ばらつきなく遮断するので，回路および機器の熱的および機械的短絡強度は低くてもよく，経済的に計画できる。

ヒューズは，遮断器に比べて次のような特徴がある。

利点として，
① 安価である。
② 小形軽量で設置が容易である。
③ 小形で定格遮断電流の大きなものができる。
④ 保守が簡単である。
⑤ 高速遮断をする。
⑥ 動作音，放出ガスがほとんどない。
⑦ 顕著な限流効果を表す。

欠点として，
① 再投入ができない。
② 過渡電流の繰返しによる劣化溶断を起こす。
③ 動作特性の調整ができない。
④ 小電流の遮断が困難である。
⑤ 動作過電圧を発生する。

(2) 受電室の機器配置

1) 最小保有距離の基準 [1130-1]　変圧器，配電盤など受電設備の主要部分における距離の基準は，保守点検に必要な空間および防火上有効な空間を保持するため，表 2.4.50 の値以上の保有距離を有するものとする。

表 2.4.50　受電設備に使用する配電盤などの最小保有距離

機器別＼部位別	前面または操作面 [m]	背面または点検面 [m]	列相互間（点検を行う面）[*1] [m]	その他の面[*2] [m]
高圧配電盤	1.0	0.6	1.2	―
低圧配電盤	1.0	0.6	1.2	―
変圧器など	0.6	0.6	1.2	0.2

［備考］ *1は，機器類を2列以上設ける場合をいう。
　　　　*2は，操作面・点検面を除いた面をいう。

2) 保守点検に必要な通路 [1130-1]　保守点検に必要な通路は，幅 0.8 m 以上，高さ 1.8 m 以上とし，変圧器などの露出した充電部分とは，0.2 m 以上の保有距離を確保する（図 2.4.34）。

3) 受電室の施設 [1130-1]
① 開放形受電設備の高圧母線の高さは，床上 2.3 m 以上，低圧母線の高さは，床上 1.9 m 以上とする（図 2.4.34）。
② 受電室には，受電室専用の分電盤および制御盤以外は設けないこと。ただし，取扱者（電気設備の担当者）が操作する分電盤および制御盤である場合は，設けることができる。
③ 露出した充電部分は，取扱者が容易に触れないように，防護カバーを設ける。

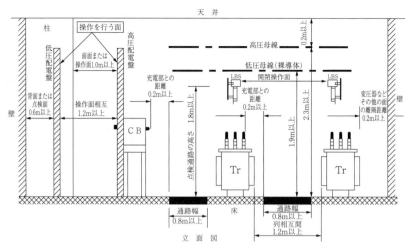

図 2.4.34 開放形受電設備の離隔距離

④ 照度は，配電盤の計器面において 300 lx 以上，その他の部分においては，70 lx 以上とする。

⑤ 変圧器の発熱などで，室温が上昇するおそれがある場合には，通気孔，換気装置または冷房装置などを設けてこれを防止する。なお，通気孔その他の換気装置を設ける場合は，その構造に注意し，強風雨時における雨水および風雪時において雪の吹き込むおそれがないように十分配慮する。

⑥ 自動火災報知設備の感知器は，感知器の保守・点検の際，充電部に接近しないようなところに設置する。

⑦ 受電室には，水管・蒸気管・ガス管などを通過させない。

4) 屋内キュービクル式の場合の保有距離 [1130-3]

キュービクルを受電室に設置する場合，金属箱の周囲との保有距離，他造営物または物品との離隔距離は，表 2.4.51 の区分にしたがい保持する。

表 2.4.51 キュービクルの保有距離

保有距離を確保する部分	保有距離 [m]
点検を行う面	0.6 以上
操作を行う面	扉幅※ + 保安上有効な距離
溶接などの構造で換気口がある面	0.2 以上
溶接などの構造で換気口がない面	―

[備考1] 溶接などの構造とは，溶接又はねじ止めなどにより堅固に固定されている場合をいう。
[備考2] ※は扉幅が 1 m 未満の場合は 1 m とする。
[備考3] 保安上有効な距離とは，人の移動及び機器の搬出入に支障をきたさない距離をいう。

(3) 屋外に施設する受電設備

1) キュービクル式以外の場合 [1130-2]

① 機械器具の周囲に人が触れるおそれがないように適当な，さく（へい）などを設け，さく（へい）などの高さとさく（へい）などから充電部分までの距離との和を 5 m 以上，かつ，さく（へい）などの高さを 1.5 m 以上とする。

② 建築物から 3 m 以上の距離を保つ。ただし，不燃材料で造りまたはおおわれた外壁で開口部のないものに面するときは，この限りでない。

2) キュービクル式の場合
[1130-4]

① 建築物から3m以上の距離を保つ。ただし、不燃材料で造りまたはおおわれた外壁で開口部のないものに面するときは、この限りでない。

② 保守、点検のための通路は、保守員がキュービクルまで安全に到達できるように幅0.8m以上の通路を全面にわたり確保し、既設のものでやむを得ない場合は、踏板及び手すり等を設けて保安員の安全を確保する。

③ 金属箱の周囲の保有距離は、1m+保安上有効な距離以上とする。ただし、隣接する建築物などの部分が不燃材料で造られ、かつ、当該建築物の開口部に防火戸その他の防火設備が設けてある場合は、屋内に設置するキュービクルの施設に準じて保つことができる。

④ キュービクル前面には基礎に足場スペース（0.6m程度）を設けるか、設けられていない場合は、代替できる点検用の台などを設ける。

⑤ キュービクルを高所の開放された場所に施設する場合は、周囲の保有距離が3mを超える場合を除き、高さ1.1m以上のさくを設けるなどの墜落防止措置を施す（図2.4.35）。

⑥ 下駄基礎の場合など、基礎の開口部からキュービクル内部に異物が侵入するおそれがある場合は、侵入防止の対策として、小動物が侵入しないように開口部に網などを設ける。

⑦ 幼稚園、学校、スーパーマーケットなどで幼児、児童が容易に金属箱に触れるおそれのある場所にキュービクルを施設する場合は、さくなどを設ける。

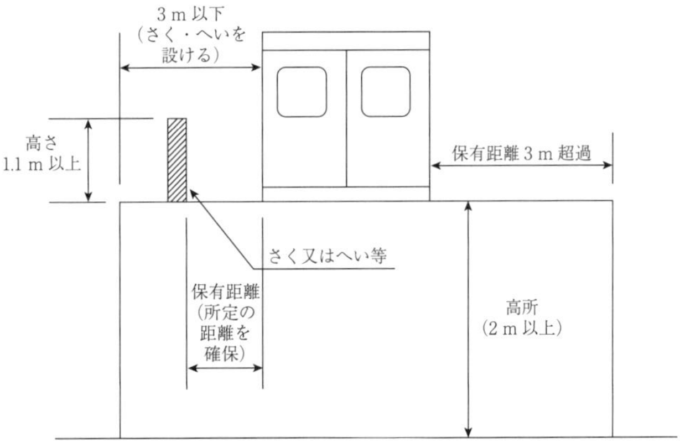

図2.4.35 キュービクルを高所に設置する場合の施設例

9.6 キュービクル式高圧受電設備（JIS C 4620）

需要家が電気事業者から受電するために用いるキュービクル式高圧受電設備（以下、キュービクルという。）で、公称電圧6.6kV、周波数50Hz又は60Hzで系統短絡電流12.5kA以下の回路に用いる受電設備容量4,000kVA以下のキュービクルについて規定する。

1) 主な用語と定義

JIS C 4620「キュービクル式高圧受電設備」に用いられている主な用語と定義を表2.4.52に示す。

表 2.4.52　用語と定義

用　語	定　義
キュービクル	高圧の受電設備として使用する機器一式を一つの外箱に収めたもの。
受電箱	電力需給用計器用変成器，主遮断装置など，主として受電用機器一式を収納したもの。
配電箱	変圧器，高圧配電盤，高圧進相コンデンサ，直列リアクトル，低圧配電盤などを収納したもの。
前後面保守形	機器の操作，保守・点検，交換などの作業を行うための外箱の外面開閉部を，キュービクルの前面及び後面の両面に設けた構造のもの。
前面保守形（薄形）	機器の操作，保守・点検，交換などの作業を行うための外箱の外面開閉部を，キュービクルの前面に設けた構造で奥行寸法が1,000 mm以下のもの。
主遮断装置	キュービクルの受電用遮断装置として用いるもので，電路に過負荷電流，短絡電流などが生じたとき，自動的に電路を遮断する能力をもつもの。
CB形	主遮断装置として遮断器（CB）を用いる形式のもの。
PF・S形	主遮断装置として高圧限流ヒューズ（PF）（以下，限流ヒューズという。）と高圧交流負荷開閉器（LBS）とを組み合わせて用いる形式のもの。
受電設備容量	受電電圧で使用する変圧器，高圧引出し部分（電動機を含む）などの合計容量（kVA）。なお，高圧電動機は，定格出力（kW）をもって機器容量（kVA）とし，高圧進相コンデンサは，受電設備容量には含めない。
引出し形遮断器など	外箱と機械的に連結したまま，主回路が充電状態で運転位置から断路距離が得られる断路位置，また，その断路位置から運転位置まで移動できるような機器。
進相コンデンサの設備容量	直列リアクトルと進相コンデンサとを組み合わせて，定格電圧で使用した場合の無効電力（kvar）。
主回路	電気エネルギーを負荷設備に伝送するための導体部分。
補助回路	制御，測定，信号，調節，盤内照明などを行う回路（主回路以外）に含まれる導体部分。
接地回路	外箱，機器などの保護接地用回路で，接地線，接地母線，接地端子などの導電部分。
接地母線	キュービクル内の共通的な接地のために設けた導体。

2) キュービクルの種類　　表2.4.53に示すとおり，キュービクルは主遮断装置の形式によってCB形とPF・S形に区分されている。

表 2.4.53　キュービクルの種類　　　　　　　　　　　　［単位：kVA］

主遮断装置の形式	屋内外用の別	保守形態による形状	受電設備容量
CB形	屋内用	前後面保守形	4,000以下
		前面保守形（薄形）	
	屋外用	前後面保守形	
		前面保守形（薄形）	
PF・S形	屋内用	前後面保守形	300以下
		前面保守形（薄形）	
	屋外用	前後面保守形	
		前面保守形（薄形）	

3) 構造一般　　キュービクルは，良質の機器・材料を用い，現場取付け，電線の接続，開閉装置の操作，機器類の保守・点検などが安全かつ容易にできる構造であるとともに，次による。

① 受電箱と配電箱とに区分する。ただし，PF・S形の場合は，区分しない構造であってもよい。

② 扉を開いた状態で，高圧充電露出部がある場合には，日常操作において容易に触れないよう防護する。ただし，その露出部に絶縁性保護カバーを取り付けた場合は，この限りではない。

③ PF・S形の主遮断装置に用いる高圧交流負荷開閉器で高圧充電露出部がある場合には，前面に透明な保護板を設け，赤字で危険表示をする。また，その相間及び側面に絶縁バリヤを設ける。保護板は，難燃性又はこれと同等以上の防火性能をもつものとする。

④ 遮断器（引出し形遮断器は除く。），変圧器，高圧進相コンデンサ及び直列リアクトルの高圧端子には，絶縁性保護カバーを取り付ける。

⑤ 変圧器などで，タップチェンジ，油交換などの作業を必要とする機器類の上部，下部，側面，低圧配電盤などの裏面には，保守点検に必要な空間を設ける。

⑥ 高圧進相コンデンサ及び直列リアクトルを受電箱に収納する場合には，これらの機器を受電箱の下部に取り付け，上部及び周囲に保守点検に必要な空間を設ける。

⑦ 外箱正面の内部で作業のしやすい位置に，高圧回路に用いる変流器，計器用変圧器，零相変流器などの試験用端子を設ける。ただし，専用の電気室に設置する屋内用の場合には，試験用端子は外箱の扉に設けてもよい。

⑧ 正面内部の作業のしやすい位置に保守点検用のコンセントを設ける。

⑨ PF・S形の主遮断装置の電源側は，短絡接地器具などで容易，かつ，確実に接地できるものとする。

⑩ 断路器，高圧交流負荷開閉器などの操作に必要なフック棒を受電箱内に備え，かつ，扉表面には，フック棒を備えていることの表示をする。ただし，受電箱においてフック棒を使用しない場合，又は受電箱に収納が困難な場合は，配電箱に備えてもよい。

⑪ 照明灯は，取替えが容易な場所に設ける。ただし，照明灯が不要と判断できる場合は，この限りではない。

⑫ 過負荷故障などの異常を警報する表示灯，ブザーなどを設ける。ただし，他の方法によって代替えできる場合は，この限りではない。

4) 外箱など　　外箱などは，次による。

① 外箱は，本体（ベースを含む。），屋根，扉，囲い板及び底板で構成し，材料は次による。ただし，換気口については，JIS G 3555 又は JIS G 3556 に規定する金網，エキスパンドメタルとしてもよい。

　(イ) 本体，屋根，扉及び囲い板は，JIS G 3131 又は JIS G 3141 に規定する鋼板を用い，鋼板の厚さは，屋内用は標準厚さ 1.6 mm 以上，屋外用は標準厚さ 2.3 mm 以上又はこれらと同等以上の機械的強度をもつものとする。

　(ロ) 底板は，JIS G 3131 又は JIS G 3141 に規定する鋼板を用い，鋼板の厚さは，

標準厚さ1.6 mm以上又はこれらと同等以上の機械的強度をもつものとする。

(ハ) ガラス窓を設ける場合は，JIS R 3204に規定する厚さの呼びによる種類が6.8 mm以上の金属製の網入板ガラス又はこれと同等以上の機械的強度及び防火性能のものを用いる。

② 外箱は，さび止め処理を行い，耐久性に優れた塗料で塗装する。ただし，溶融亜鉛めっきを施した場合は，この限りではない。

③ 屋外用の屋根の傾斜は，$\frac{1}{30}$以上とする。

④ 外箱の前面は開閉扉とし，前後面保守形の外箱の側面又は裏面には，機器の点検及び出し入れができるような扉又は取外し可能な囲い板を設ける。ただし，側面又は裏面で機器の点検及び出し入れを行わない面は，この限りではない。

⑤ 扉は，施錠ができ，かつ，開いた状態で固定できるものとする。

なお，屋外用扉の施錠装置は，施錠した状態において強風などによって扉が開くことがないよう十分な強度及び耐久性をもつものとする。

⑥ 輸送・移動のためのつり上げに必要なつり金具を備える。

⑦ 配線の引込口，引出口の隙間を塞ぐために取り付けるプレートは，厚さ1.6 mm以上の金属製のもの又は厚さ3 mm以上の不燃性若しくは難燃性の材料のものとする。

⑧ 通気孔（換気口を含む。）には，小動物などの侵入を防止する処置として，直径10 mmの丸棒が入るような孔又は隙間がないものとする。また，ケーブルの貫通部なども同様とする。

⑨ 外箱には，基礎に固定するための基礎ボルトの孔を設けるものとし，孔の大きさ，個数は設置条件に適合したものとする。

なお，設計条件は，受渡当事者間の協定による。

⑩ 高圧充電露出部への接近に対する防護などのための保護板は，次による。

(イ) 金属製などの導電性のあるものは，ボルト締めなどで外箱などの接地された金属部分に接続する。

(ロ) 合成樹脂製のものは，難燃性又はこれと同等以上の防火性能をもつものとする。

5) 構成及び機器の取付け

① 構成

構成は，図2.4.36 a)〜d)による回路構成を標準とする。

第4節　構内電気設備

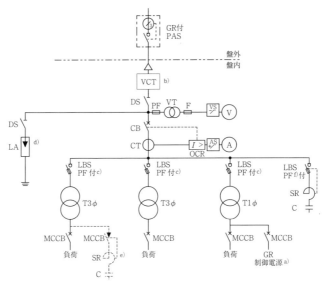

a) CB形（キュービクル引込用ケーブル電源側に地絡継電装置があるもの）

注 a)　GRの制御電源をVT又はTの二次側から供給する場合は，専用の開閉器（保護装置付）を設ける。
注 b)　VTが必要な場合，VT一次側には，PFを使用する。なお，VT二次側にはヒューズを取り付ける。
注 c)　Tの一次側の開閉器は，省略できる。
注 d)　キュービクル引込用ケーブル電源側にLAが取り付けられている場合又は地中配電線路から引き込む場合は，LAを省略できる。
注 e)　低圧Cを設ける場合は，高圧Cを省略することが可能である。
注 f)　蒸着電極コンデンサ（SH）の場合は，保安装置を内蔵したコンデンサの採用，又はコンデンサ附属の保護接点の使用によって電路から切り離すことが可能な適切な装置を取り付ける。

図2.4.36　回路構成

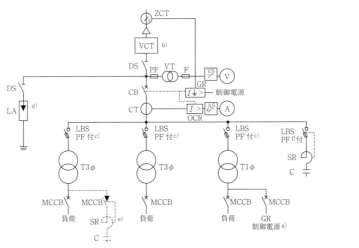

b) CB形（キュービクル引込用ケーブル電源側に地絡継電装置がないもの）

注 a)　VTがない場合，GRの制御電源は，Tの二次側から供給する。
注 b)　VTが必要な場合，VT一次側には，PFを使用する。なお，VT二次側にはヒューズを取り付ける。
注 c)　Tの一次側の開閉器は，省略することが可能である。
注 d)　キュービクル引込用ケーブル電源側にLAが取り付けられている場合又は地中配電線路から引き込む場合は，LAを省略することが可能である。
注 e)　低圧Cを設ける場合は，高圧Cを省略することが可能である。
注 f)　蒸着電極コンデンサ（SH）の場合は，保安装置を内蔵したコンデンサの採用，又はコンデンサ附属の保護接点の使用によって電路から切り離すことが可能な適切な装置を取り付ける。

図2.4.36　回路構成（つづき）

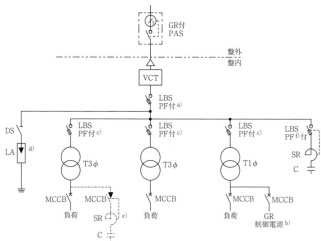

c) PF・S形（キュービクル引込用ケーブル電源側に地絡継電装置があるもの）

注 a) LBSは，断路機能をもつ。
注 b) GRの制御電源をTの二次側から供給する場合は，専用の開閉器（保護装置付）を設ける。
注 c) Tの一次側の開閉器は，省略することが可能である。
注 d) キュービクル引込用ケーブル電源側にLAが取り付けられている場合又は地中配電線路から引き込む場合は，LAを省略することが可能である。
注 e) 低圧Cを設ける場合は，高圧Cを省略することが可能である。
注 f) 蒸着電極コンデンサ（SH）の場合は，保安装置を内蔵したコンデンサの採用，又はコンデンサ附属の保護接点の使用によって電路から切り離すことが可能な適切な装置を取り付ける。

図 2.4.36　回路構成（つづき）

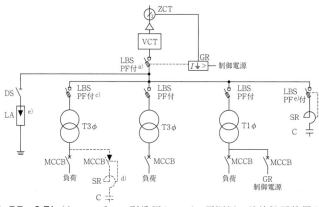

d) PF・S形（キュービクル引込用ケーブル電源側に地絡継電装置がないもの）

注 a) LBSは，断路機能をもつ。
注 b) GRの制御電源をTの二次側から供給する場合は，専用の開閉器（保護装置付）を設ける。
注 c) Tの一次側の開閉器は，省略することが可能である。
注 d) キュービクル引込用ケーブル電源側にLAが取り付けられている場合又は地中配電線路から引き込む場合は，LAを省略することが可能である。
注 e) 低圧Cを設ける場合は，高圧Cを省略することが可能である。
注 f) 蒸着電極コンデンサ（SH）の場合は，保安装置を内蔵したコンデンサの採用，又はコンデンサ附属の保護接点の使用によって電路から切り離すことが可能な適切な装置を取り付ける。

図 2.4.36　回路構成（つづき）

略号	名称
VCT	電力需給用計器用変成器
DS	断路器
LA	避雷器
PF	限流ヒューズ
CB	遮断器
LBS	高圧交流負荷開閉器
ZCT	零相変流器
GR	地絡継電器
OCR	過電流継電器
VT	計器用変圧器
V	電圧計
VS	電圧計切換スイッチ
CT	変流器
A	電流計
AS	電流計切換スイッチ
T	変圧器
SR	直列リアクトル
C	進相コンデンサ
MCCB	配線用遮断器
F	ヒューズ

図 2.4.36　回路構成（つづき）

② 機器の取付け

機器の取付けは，次による。

(イ) 外箱の底面 ［キュービクルを設置した床部分 (**図2.4.37**)］から，屋外用は100 mm以上，屋内用は50 mm以上の高さに取り付け，かつ，端子，コンセントなどの充電部の取付位置は，外箱の底面から150 mm以上の高さとする。

(ロ) 外箱，枠などに堅固に固定する。

(ハ) 指示電気計器類が外部から容易に見えるような計器窓を設ける。ただし，屋内用で扉に指示電気計器類を取り付ける場合は，この限りではない。

(ニ) 断路器は，開閉した状態が容易に判断できるように取り付ける。

(ホ) 引出し形遮断器などの引出し機器を使用する場合は，開路した状態が容易に判別できるように取り付ける。

③ 電力需給用計量器及び電力需給用計器用変成器の取付け

電力需給用計量器及び電力需給用計器用変成器の取付けは，次による。

(イ) 電力需給用計量器を外箱に収める場合は，計量値が外部から容易に見えるような位置に検針窓を設けるものとする。

(ロ) 電力需給用計量器の取付高さは，検針，保守などが容易な床上から800～1,500 mmとする。ただし，検針，保守などに支障がない場合は，この限りではない。

(ハ) 電力需給用計量器の取付けに十分な空間を確保する。

(ニ) 電力需給用計量器の取付板が必要な場合は，その厚さを20 mm以上とし，電力需給用計量器の取付けに十分な大きさをもつものとする。

(ホ) 検針窓の大きさは，横幅寸法は 120 mm 以上，縦寸法は 180 mm 以上とする。
(ヘ) 電力需給用計器用変成器の取付けは，図（省略）に示す寸法のものを収納することを考慮し，図 2.4.37 を参考とし，取付け及び取替え作業に必要な空間を確保する。
(ト) 電力需給用計器用変成器をつり上げるのに必要なつり金具を備える。

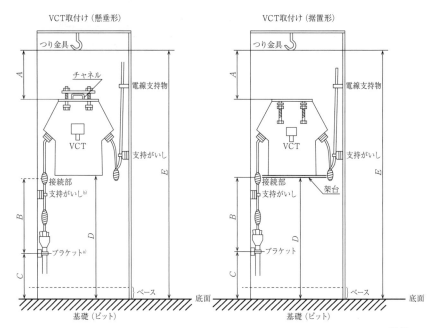

A	B	C	D	E
300 以上	640 以上	370 以上	1,000 以上	1,950 以上

単位 mm

注 a) ブラケットの取付位置は，上下左右 100 mm 移動可能な構造とする。
注 b) 三相電源それぞれの支持がいしの相間距離は，180 mm 以上とする。

図 2.4.37 電力需給用計器用変成器取付図（例）

(チ) 電力需給用計器用変成器の二次端子箱を点検できるように配置する。

④ 断路器

CB 形においては，保守点検時の安全を確保するため，主遮断装置の電源側に断路器を設ける。

⑤ 避雷器

避雷器は，次による。

(イ) 避雷器は，主遮断装置の電源側に設けた断路器の直後から分岐し，避雷器専用の断路器を設ける。ただし，PF・S 形では，主遮断装置の負荷側の直後から分岐し，避雷器専用の断路器を省略することができる。

(ロ) キュービクル引込用ケーブル電源側に避雷器（避雷素子を含む。）が取り付けられている場合又は地中配電線路から引き込む場合は，避雷器を省略することができる。

⑥ 主遮断装置

主遮断装置は，次による。

(イ) CB形の主遮断装置は，遮断器と過電流継電器とを組み合わせたもの，又は一体としたものとし，必要に応じ地絡継電装置を組み合わせたものとするほか，次による。
  (a) 制御電源は，地絡，短絡などの事故時には確実に動作させるため，安定した電源とする。
  (b) 引出し形遮断器の場合は，断路機構との間にインタロックを構成しているものとする。
(ロ) PF・S形は，高圧交流負荷開閉器と限流ヒューズとを組み合わせたもの，又は一体としたものとし，必要に応じ地絡継電装置を組み合わせたものとするほか，次による。
  (a) 高圧側の短絡に対しては，限流ヒューズが遮断し，地絡に対しては，高圧交流負荷開閉器が自動開路する機能をもつものとする。
    なお，限流ヒューズと引外し形高圧交流負荷開閉器との動作協調を十分に保ち得るものとする。
  (b) 高圧交流負荷開閉器の定格投入電流は，受電点短絡電流に対応する限流ヒューズの限流値以上とする。
  (c) 限流ヒューズは，JIS C 4604 に規定するヒューズを使用する。
  (d) 限流ヒューズ付高圧交流負荷開閉器は，ストライカによる引外し方式とする。

⑦ 変圧器
変圧器は，次による。
(イ) 変圧器1台の容量は，単相変圧器の場合は500 kVA以下，三相変圧器の場合は750 kVA以下とする。
(ロ) 変圧器の接続は，できる限り各相の容量が平衡になるようにする。不平衡の限度は，単相変圧器から計算し，設備不平衡率30％以下とする。ただし，100 kVA以下の単相変圧器の場合，各線間に接続される単相変圧器容量の最大と最小との差が100 kVA以下の場合又は電気事業者と協議の上，やむを得ない場合は，この限りではない。
(ハ) 変圧器の一次側に開閉装置を設ける場合は，遮断器，高圧交流負荷開閉器又はこれらと同等以上の開閉性能をもつものを用いる。ただし，変圧器容量が300 kVA以下の場合は，高圧カットアウトを使用することができる。
    なお，三相変圧器回路に限流ヒューズ付高圧交流負荷開閉器を使用する場合は，ストライカによる引外し方式とすることが望ましい。
(ニ) 変圧器などの保護のために必要がある場合には，電力ヒューズ，高圧カットアウト（ヒューズ付）などを用いてもよい。この場合，非限流ヒューズのガスの放出口の方向において配線，機器，金属板などから600 mm以上離して取り付ける。

⑧ 高圧進相コンデンサ及び直列リアクトル
高圧進相コンデンサ及び直列リアクトルは，次による。
(イ) 高圧進相コンデンサの開閉装置は，コンデンサ電流を開閉できる高圧交流負

荷開閉器又はこれと同等以上の開閉性能をもつものとする。
　(ロ)　高圧進相コンデンサには，限流ヒューズなどの保護装置を取り付ける。
　(ハ)　一つの開閉装置に接続する高圧進相コンデンサの設備容量は，300 kvar 以下とする。ただし，自動力率調整を行う開閉装置は，設備容量を200 kvar 以下とする。
　(ニ)　直列リアクトルは，警報接点付とし，過熱時に警報を発することができるものとするとともに，自動的に開路できるものとする。
　(ホ)　低圧進相コンデンサを設ける場合は，高圧進相コンデンサを省略することができる。
⑨　低圧回路の保護装置
　低圧回路の保護装置は，次による。
　(イ)　変圧器二次側の低圧主回路には，そこを通過する短絡電流を確実に遮断し，かつ，過負荷による過電流から配線を保護することができる配線用遮断器などを設ける。
　(ロ)　300 V を超える引出し回路には，地絡遮断装置を設ける。ただし，防災用，保安用電源などは，警報装置に代えることができる。
　(ハ)　変圧器二次側の低圧主回路に直接接続される補助回路には，定格遮断容量が5 kA以上の配線用遮断器などを設ける。
⑩　低圧進相コンデンサ及び直列リアクトル
　低圧進相コンデンサ及び直列リアクトルを設ける場合は，次による。
　(イ)　低圧進相コンデンサには，専用の開閉装置を取り付ける。
　(ロ)　直列リアクトルは，警報接点付とし，過熱時に警報を発することができるものとするとともに，自動的に開路できるものとする。
⑪　高圧引出口
　高圧引出しを行う場合は，次による。
　(イ)　引出口には，断路器及び遮断器，又は限流ヒューズ付高圧交流負荷開閉器を設ける。ただし，引出し形遮断器を使用する場合は，断路器を省略することができる。
　(ロ)　引出口に地絡継電装置を設け，地絡保護ができるものとする。ただし，屋内用であって同一電気室内に引き出す場合にあっては，この限りではない。
　(ハ)　CB 形は，負荷設備に高圧電動機を使用することができる。

| 6) キュービクル内の接地回路の配線及び接地端子 | ①　接地線及び接地母線は，低圧絶縁電線を使用する。ただし，接地母線には，銅帯を使用することができる。
②　機器などの接地は，A 種接地工事，B 種接地工事，C 種接地工事及び D 種接地工事に区分して接地端子又は接地母線まで配線する。
③　接地線は，JIS C 0446 に規定する識別により，種類別の最小太さは**表 2.4.54**による。 |

第4節　構内電気設備

表 2.4.54　接地線の最小太さ

種類					接地線の最小太さ（銅線の場合）
A種接地工事（避雷器を除く。）					φ2.6 mm 又は 5.5 mm²
避雷器の設置工事					14 mm²
B種接地工事	変圧器一相分の容量 a) kVA	100 V級	200 V級	400 V級 500 V級	—
		5以下	10以下	20以下	φ2.6 mm 又は 5.5 mm²
		5を超え 10以下	10を超え 20以下	20を超え 40以下	φ3.2 mm 又は 8 mm²
		10を超え 20以下	20を超え 40以下	40を超え 75以下	14 mm²
		20を超え 40以下	40を超え 75以下	75を超え150以下	22 mm²
		40を超え 60以下	75を超え125以下	150を超え250以下	38 mm²
		60を超え100以下	125を超え200以下	250を超え400以下	60 mm²
		100を超え175以下	200を超え350以下	400を超え700以下	100 mm²
		175を超え250以下	350を超え500以下	—	150 mm²
C種接地工事					φ1.6 mm 又は 2.0 mm²
D種接地工事					
注記　混触防止板付き変圧器の混触防止板の接地には，B種接地工事を適用する。ただし，接地線の太さは，φ2.6 mm 又は 5.5 mm² としてもよい。					

[注] a)　"変圧器一相分の容量"とは，次の値をいう。
— 三相変圧器の場合は，定格容量の $\frac{1}{3}$
— 単相変圧器同容量△結線の場合は，単相変圧器の1台分の定格容量
— 単相3線式の場合は，200 V級を適用する。
— 単相変圧器V結線で，同容量の場合は，単相変圧器の1台分の定格容量，異容量の場合は大きい容量の単相変圧器の定格容量

④　B種接地工事の接地線は，変圧器バンクごとに，それぞれ接地端子まで配線する。ただし，配線の途中で変圧器バンクごとに漏れ電流が安全に測定できる場合は，接地母線とすることができる。

⑤　コイルモールド形の機器のように外箱のない高圧機器で鉄心が露出している計器用変圧器，変流器などは，鉄心にA種接地工事を施す。

⑥　接地母線を設ける場合は，次による。
　(イ)　B種接地工事の接地母線の太さは，その接地母線に接続する接地線の太さのうち最大の太さ以上とする。
　(ロ)　A種接地工事，C種接地工事及びD種接地工事の接地母線の太さは，その接地母線に接続する接地線の太さのうち最大の太さ以上とする。
　(ハ)　接地母線には，接地線を接続する端子を設ける。

⑦　外部の接地工事に接続する接地端子は，外箱の扉を開いた状態で，漏れ電流を安全に測定できるように取り付ける。

⑧　受電箱と配電箱との間は，電気的に確実な方法で接地端子に接続する。

⑨　外部の接地工事に接続する接地端子の構造は，次による。
　(イ)　接地種別に対応した接地端子を設ける。
　(ロ)　銅又は黄銅製とし，接地線が容易かつ電気的に確実に接続でき，緩むおそれがないものとする。

(ハ) B種接地工事の接地端子は，外箱と絶縁し，他の接地端子とは容易に取外しできる導体で連結できる構造とする。

(ニ) 避雷器用の接地端子は，外箱と絶縁し，他の接地端子と離隔する。

(ホ) 接地端子の近くには，接地の種別を示す表示を行う。

7) 換気

① 換気は，通気孔などによって，自然換気ができる構造とする。ただし，収納する変圧器容量の合計が500kVAを超える場合は，機械換気装置による換気としてもよい。

② 機械換気装置を設ける場合は，次による。

(イ) 機械換気装置には，独立した検出装置をもつ故障警報装置を設ける。

(ロ) 取替えは安全かつ容易に行える。

(ハ) 換気扇の羽根は，排気熱に耐え得る耐熱性，難燃性及び十分な機械的強度をもつ材質のものとする。

(ニ) 屋外用の換気口には，防雨用のフード，自動シャッタ，ガラリなどを設ける。

8) 高圧電線

使用する電線は，高圧機器内配線用電線（KIP又はKIC）（以下「高圧用絶縁電線」という。），又はこれと同等以上の性能のものとし，次による。

① CB形の高圧用絶縁電線は，導体の公称断面積が38mm²以上のものを使用する。ただし，変圧器，計器用変圧器，避雷器，高圧進相コンデンサなどの分岐配線には，導体の公称断面積が14mm²以上の高圧用絶縁電線を使用することができる。

② PF・S形の高圧用絶縁電線は，導体の公称断面積が14mm²以上のものを使用する。

③ 高圧用絶縁電線を支持する場合は，接続部には支持がいしを用い，非接続部は電線支持物又はこれと同等以上の絶縁性能及び機械的強度をもつ支持物を用いて固定する。

なお，固定する場合は，三相を一括として支持するものではなく，各相単独に固定する。

④ 高圧用絶縁電線相互の接続は，支持がいしによる支持点，又は機器端子で行う。

⑤ 配線各部の絶縁距離は，表2.4.55に示す値以上でなければならない。

表2.4.55 高圧回路の絶縁距離　　　　　　　　　　　　　　　　[単位：mm]

場所		最小絶縁距離
高圧充電部[1]	相互間	90
	大地間（低圧回路を含む。）	70
高圧用絶縁電線非接続部[2]	相互間	20
	大地間（低圧回路を含む。）	20
高圧充電部と高圧用絶縁電線非接続部との間[2]		45
電線端末充電部から絶縁支持物までの沿面距離		130

[注](1) 単極の断路器などの操作にフック棒を用いる場合は，操作に支障のないように，その充電部相互間及び外箱側面との間を120mm以上とする。ただし，絶縁バリヤのある断路器などにおいては，この限りではない。

(2) 最小絶縁距離は，高圧用絶縁電線外被の外側からの距離をいう。

[備考] 高圧用絶縁電線の端末部の外被端から50mm以内は，絶縁テープ処理を行っても，その表面を高圧充電部とみなす。

⑥ 主回路電線及び銅帯（引込口及び引出口の配線を含む。）には，相別の表示を行う。

⑦ 引込線及び引出線は，電力ケーブルを使用し，架空線による引込み及び引出しをしてはならない。

10. 自家発電設備

10.1 内燃機関とガスタービン

自家発電設備は，防災電源（建築基準法に定める「予備電源」および消防法に定める「非常電源」）および停電時に必要な負荷の電源として設置されるとともに，ピークカットや熱併給発電システム（コージェネレーションシステム）としても採用されている。

(1) 原動機

1) 内燃機関の分類

自家発電設備では原動機として内燃機関のディーゼル機関，ガス機関，ガスタービンが主として使用されている。内燃機関の分類を図 2.4.38 に示す。

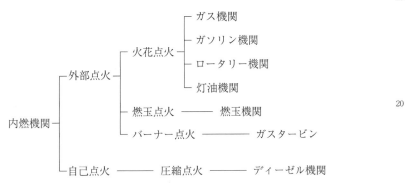

図 2.4.38　内燃機関の分類

2) ディーゼル機関

一般に，4サイクル機関が使用され気筒数は 4～16 気筒である。4サイクルディーゼル機関は，吸気行程で空気（新気）のみを吸込んで圧縮し，高圧縮による高温空気に燃料油を高圧霧状に噴射して自然点火させる。

回転速度は低速のものは，750 min^{-1} 以下，中速は，750～900 min^{-1}，高速は，1,000～3,600 min^{-1} のものがある。一般に常用の発電機には低速のものが多く，非常用には中・高速のものが用いられる。高速になるほど重量，寸法は小さくなるが，燃料，潤滑油の消費率が多くなる。

3) ガス機関

火花点火ガス機関の場合，吸気行程で燃料ガスと空気が適切に混ざった混合気の状態で吸入し，自然点火しない程度に圧縮後，電気火花で点火させる。膨張や排気行程は，ディーゼル機関と同じ方式の内燃機関である。

ガス機関を運転中に，発熱量や性質の異なる2種類の燃料を，一方から他方へ，あるいはその逆に切り換えて使用できる機関または燃料ガスの点火に液体燃料を用いる機関をデュアルフューエル機関といい，一般的には都市ガスで運転する場合は，火花点火式，液体燃料では圧縮点火式となることが多い。

2種類の燃料としては，都市ガスとLPGまたは気体燃料と液体燃料などの組合

せが考えられるが，一般的には入手が安易な燃料を常時は使用し，それらの燃料が絶たれた非常時には貯蔵燃料（LPGや液体燃料など）に切り換えて，装置（燃焼装置や機関など）の運転を続けることを可能とする燃料の組合せとなる。

4) ガスタービン　主要機器は，空気圧縮機，燃焼器，タービンから構成されている。

気体を圧縮機で圧縮し，これに点火して生じた高温，高圧ガスでタービンを回し，発電機を回転させる。現在広く用いられているものは，構造が簡単で小形軽量化できる単純開放サイクルのものである。

タービンでは1,073～1,473 Kの高温高圧ガスがタービンの翼を経て大気圧まで膨張する。タービンを出た排気ガスはディフューザ，ダクト，排気消音器を経て大気に放出されるが，その排気ガスの温度は，無負荷で523～623 K，運転時で723～873 Kである。

タービンの回転速度は毎分数千～数万回転で非常に速く，一般に減速装置により1,500/1,800 min^{-1}または3,000/3,600 min^{-1}に減速して使用する。構造によって，1軸式および2軸式に分類される。前者は圧縮機とタービンの軸が一体のもので，後者はそれぞれ別の軸に取り付けられたものである［注：K（ケルビン）≒℃＋273］。

5) 原動機による比較　ディーゼル機関とガス機関およびガスタービンとの一般的な比較を表2.4.56に示す。

表2.4.56　ディーゼル機関とガス機関およびガスタービンとの比較

原動機 項　目		内燃機関		ガスタービン
		ディーゼル機関	ガス機関	
作動原理		断続燃焼する燃焼ガスの熱エネルギーをいったんピストンの往復運動に変換し，それをクランク軸で回転運動に変換（往復運動→回転運動）		連続燃焼している燃焼ガスの熱エネルギーを直接タービンにて回転運動に変換（回転運動）
出力		吸込空気温度による出力制限は少ない。	吸込空気温度が高いときは，ノッキングを発生するが，出力制限は少ない。	吸込空気温度が高いときは，圧縮機で圧縮される空気量が減るために出力が制限される。
燃料消費率（例）	液体	230 g/kWh	—	510 g/kWh
	気体	—	11,600 kJ/kWh	23,000 kJ/kWh
使用燃料		軽油，A重油	都市ガス	灯油，軽油，A重油，都市ガス
空気過剰率		2.0～3.0	1.0～2.3	3.5～4.0

表2.4.56 ディーゼル機関とガス機関およびガスタービンとの比較（つづき）

項目	原動機	内燃機関		ガスタービン
		ディーゼル機関	ガス機関	
瞬時回転速度変化率		10%以下	15%以下	5%以下 （二軸形の場合10%以下）
スピードドループ		5%以下	8%以下	5%以下
瞬時負荷投入率		無過給の場合は100%投入可能 過給機の場合は70%投入可能 高過給機の場合は50%投入可能	理論混合比燃焼の場合は50%投入可能 希薄燃焼の場合は30%投入可能	一軸形の場合は100%投入可能 二軸形の場合は70%投入可能
始動時間		5～40秒	10～40秒	10～40秒
軽負荷運転		燃料の完全燃焼が得られにくい。潤滑油アップ量が増し燃焼室内または排気タービン（過給機）にカーボンの付着が多い。	特に問題はないが，希薄燃焼にあっては完全燃焼が得られにくい場合がある。	特に問題ない。
NOx量（O₂濃度基準）		500～1,300 ppm （13%）	10（三元触媒付）～600 ppm（希薄燃焼） （0%）	8（予混合希薄燃焼）～150 ppm（拡散燃焼） （16%）
振動		大（防振装置により減少可能）		小
体積・質量		部品点数が多く，質量が重い。		構成部品点数が少なく，寸法質量ともに小さく軽い。
据付け		据付け面積が大きい（補機類を含む）。 基礎が必要。 吸気・排気装置が小さい。		据付け面積が小さい。 基礎が小さくてよい。 吸気・排気装置が大きくなる。
冷却水		40～70 ℓ/kWh（放流式）		不要
点火方式		圧縮点火	火花点火，圧縮点火	火花点火（起動着火時のみ）
排熱利用		排気ガス，冷却水からの熱回収 30～40%		排気ガスからの熱回収 40～50%

［備考］(1) 表中の原動機は，自家用発電装置として多く使用されているものを対象としている。
(2) 出力範囲は，一般的な自家用発電設備として適用されている1,000 kW未満のもので比較している。
(3) 燃料消費率は，原動機出力545 kW超の場合の例を示す。
(4) 空気過剰率は，実際に供給された空気の質量を理論上必要な最小空気質量で除した値をいう。

6) 原動機の設置条件

原動機は，いずれの場合も正規の値まで出力するためには，設置環境の条件が問題となる。室内温度は最低5℃，最高40℃，湿度は85%以下に保たなければならない。また，標高300 m以下（大気圧97.8 kPa）でないと始動が不能になったり，出力が不足したりするおそれが生じる。

7) 過給機

ディーゼル機関では強制的により多くの空気をシリンダ内に送り，燃料の燃焼量を増加させて内燃機関の出力を増大させる。過給機付では出力が1.5～1.6倍程度，過給機・空気冷却器付（高過給機付）では出力は1.7～3.0倍程度向上する。

ただし，過給機付内燃機は，過給機の追従遅れがあり，負荷投入時に必要な燃焼空気量が不足して，瞬時に回転数が下がるため，投入負荷量の大きい場合は過給度の高いものは適さないことに留意する。

(2) 発電機

1) 定格の種類

JECでは連続定格，短時間定格，反復定格の3種類を定めているが，一般には連続定格である。

2) 定格出力

発電機の定格出力は発電機電機子端における電力で表すが，JEM 1354「エンジン駆動陸用同期発電機」ではその定格出力および定格電圧を規定しており，定格出力は，[kV・A]および[kW]で表している。

3) 力率

JEMで力率は，0.8（遅れ）としている。

(3) 発電設備の出力算定

1) 原動機の出力算定

原動機の出力を算定する場合，電力負荷の使用目的，使用条件などにより，目的に応じた定格出力の機関を選定する必要があり，次の事項に留意する。

① 発電機に負荷を投入する場合，負荷始動電流のうち無効分は原動機の出力には影響しないので，その負荷の始動時の力率を考慮して原動機に加わる瞬時負荷を検討する。

② 原動機の瞬時回転数変動率は，発電機の特性，慣性モーメントなどにより左右されるが，発電機の特性，フライホイールなどの慣性モーメントを大きくすることなどにより多少は改善される。

③ 負荷の必要性に応じ負荷を分割して順次投入を行えば，原動機の出力範囲内で余裕をもって投入が可能となり，また，常時の負荷率を上げることができ，不必要に大容量の出力のものを選定しなくてよい。

非常用の自家発電設備の原動機出力算定は，消防庁通達に示される次式での算出による。

$$原動機出力 \ E = RE \cdot K \ [kW]$$

RE：原動機出力係数 [kW/kW]

K：負荷出力合計 [kW]

原動機出力係数（RE）は，次に掲げる3つの係数をそれぞれ求め，それらの値の最大値とする。

① RE_1：定常負荷出力係数（定常時の負荷によって定まる係数）

② RE_2：許容回転数変動出力係数（過渡的に生ずる負荷急変に対する回転数変動の許容値によって定まる係数）

③ RE_3：許容最大出力係数（過渡的に生ずる最大値によって定まる係数）

2) 発電機の出力算定

発電設備の出力の算定には，次の事項を検討する。

① 負荷の定常運転に対し，十分な容量であること。

② 負荷の始動などによる瞬時電圧降下が許容値以下であること。

③ 負荷の始動などに対して十分な短時間過電流耐力を有すること。

④ 負荷の発生する高調波電流，逆相電流に対して十分な容量であること。

⑤ 負荷の必要性に応じて負荷を分割し，順次投入を考慮すること。

非常用の自家発電設備の発電機出力算定は，消防庁通達により示される次式での算出によること。

$$発電機出力 \ G = RG \cdot K \ [kV \cdot A]$$

RG：発電機出力係数 [kV・A/kW]

K：負荷出力合計 [kW]

発電機出力係数（RG）は，次に掲げる4つの係数をそれぞれ求め，それらの値の最大値とする。

① RG_1：定常負荷出力係数（発電機端における定常時負荷電流によって定まる係数）

② RG_2：許容電圧降下出力係数（電動機などの始動によって生ずる発電機端電圧降下の許容量によって定まる係数）

③ RG_3：短時間過電流耐力出力係数（発電機端における過渡時負荷電流の最大値

によって定まる係数）

④ RG_4：許容逆相電流出力係数（負荷の発生する逆相電流，高調波電流分の関係などによって定まる係数）

(4) 冷却方式

1) 冷却方式

自家発電設備の冷却方式の分類を図 2.4.39 に示す。

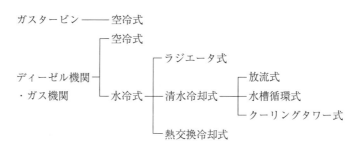

図 2.4.39　冷却方式の分類

2) 水冷方式の種類

ディーゼル機関の原動機の冷却方式のうち，水冷式の比較を表 2.4.57 に示す。また，ディーゼル機関の水冷方式を図 2.4.40 に示す。

表 2.4.57　各種水冷式の比較

冷却方式	長　所	短　所	必要水量
放　流　式	冷却水系統が簡単で，設備費が少なく，他の方式に比べ信頼性が高い。	給水量が多量に必要であり，断水の場合，発電装置を停止しなければならない。	約30～40 ℓ /PS・h必要。
クーリングタワー式（冷却塔）	冷却水の消費量は少なく，断水時も長時間運転が可能。設備費も比較的少なく，設置場所を自由に選ぶことができる。	揚水ポンプおよびファンの動力が必要。クーリングタワーとしての騒音が比較的高い。じん埃の多い場所には不適。	補給水量は，循環水量の3～5％。
水槽循環式（冷却水槽式）	断水時も水温上昇限度まで，運転が可能。運転経費が安い。	比較的大きな水槽の設置が必要。用地，スペースを含め費用が大。水槽の手入れが必要。	補給水量は，季節により異なる。
ラジエータ式	発電設備としての冷却水配管はなく簡単。冷却水の消費はほとんどない。	機関出力の5～10％をラジエータファン駆動のために消費し出力が減ずる。大容量のものは，高価となり不向き。排風の処理が必要となり，地下室などへの設置は難しい。	補給水量は，ほとんど不要。
熱交換冷却式（二次冷却式）	機関本体側には，清水を使用し，二次水側には，水質の悪い海水あるいは二次処理水などを使用することができる。機関を高温冷却できるため，摩耗性が良い。	清水冷却器，二次水揚水ポンプが必要となり，水質により清水冷却器は特殊となり，洗浄または交換が必要な場合がある。二次水量は，多量に必要。	補給水量は，放流式とほぼ同量必要。

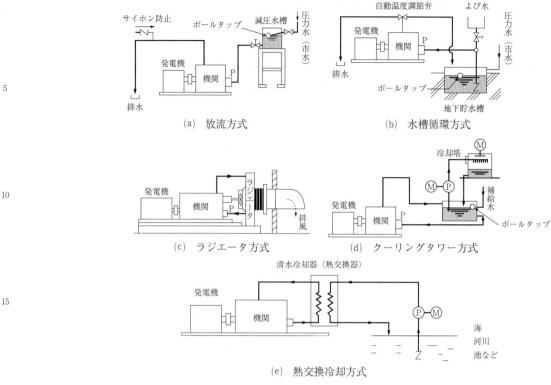

図2.4.40 ディーゼル機関の各水冷方式

(5) 補機

1) 消音器　消音器の種類を図2.4.41に示す。

図2.4.41 消音器の種類

2) 始動装置　原動機を始動する方式には，蓄電池とセルモータによる電気始動方式と圧縮空気による空気始動方式がある。

　ディーゼル機関は，空気始動方式は空気圧縮機で圧縮した空気を空気槽に蓄えておき，始動時にこの空気を機関の分配弁，始動弁を通じてシリンダ内に送り込むことによって機関を始動させる方式，またはエアモータにより回転運動を行い，機関を始動させる方式の2方式がある。電気始動方式は蓄電池によりセルモータを駆動させ，セルモータのピニオンを機関のはずみ車に切ったギアとかみ合わせて機関を始動させる方式である。

　空気始動方式は，中高速の直接噴射式ディーゼル機関に多く採用される方式であり，電気始動方式は高速のディーゼル機関に多く採用されている。両方式の特徴は次のとおりである。

① 空気始動方式は，設備が半永久的で繰返し始動を行っても支障がない反面，エアーモータ式でないものは5気筒以下では自動始動できず，始動位置を合わせておかなければならないなどの欠点がある。

② 電気始動方式は，蓄電池の寿命が短い，過放電で使用不能になる，保守管理に手間がかかるなどの欠点があるが，据付けが簡便で気筒数に関係なく自動始動が可能であるなどの長所がある。

また，ガスタービンは，空気または電気始動方式によりタービン軸を回転させることにより空気が圧縮機，ディフューザを通り燃焼室へ導入される。回転速度が設定値以上となったら燃料を燃料室へ噴射し，点火栓により着火する。

3) 水抵抗装置　発電設備に実負荷がかけられない場合は，試運転調整や負荷運転試験を水抵抗装置（負荷設備）を設置して行う。

(6) キュービクル式自家発電設備の基準

（昭和 48 年 2 月 10 日消防庁告示第 1 号　最終改正　平成 18 年 3 月 29 日消防庁告示第 6 号）

1) 内部の構造
① 原動機，発電機，制御装置等の機器は，外箱の底面から 10 cm 以上の位置に収納されているか，又はこれと同等以上の防水措置が講じられたものであること。
② 機器及び配線類は，原動機から発生する熱の影響を受けないように断熱処理され，かつ，堅固に固定されていること。
③ 原動機及び発電機は，防振ゴム等振動吸収装置の上に設けたものであること。ただし，原動機にガスタービンを用いるものにあっては，この限りでない。
④ 燃料タンクが外箱に収納されているものにあっては，給油口が給油の際の漏油により電気系統又は原動機の機能に異常を及ぼさない位置に設けられていること。
⑤ 騒音に対して，遮音措置を講じたものであること。
⑥ 気体燃料を使用するものにあっては，ガス漏れ検知器及び警報装置が設けられていること。

2) 換気装置
① 換気装置は，外箱の内部が著しく高温にならないよう空気の流通が十分に行えるものであること。
② 自然換気口の開口部の面積の合計は，外箱の 1 の面について，当該面の面積の $\frac{1}{3}$ 以下であること。
③ 自然換気口によって十分な換気が行えないものにあっては，機械換気設備が設けられていること。
④ 換気口には，金網，金属製ガラリ，防火ダンパーを設ける等の防火措置及び雨水等の浸入防止措置（屋外用のキュービクル式自家発電設備に限る。）が講じられていること。

(7) 施工

1) 換気量　発電機室の換気量は，機関の燃焼用空気の補給，室温上昇の抑制，保守員の良好な衛生状態の確保などにより決定される。ガスタービンは，機関の燃焼に要する空気量がディーゼル機関の 2.5 ～ 4 倍に達するので注意が必要である。

2) 保有距離　自家発電設備は，法規制などにより必要な保有距離を確保しなければならない。自家発電設備の保有距離を**表 2.4.58** に示す。

表 2.4.58　自家発電設備の保有距離 ［消防予第 282 号平成 14 年］

［単位：m］

保有距離を確保しなければならない機器等の部分 \ 機器名		キュービクル式のもの	キュービクル式以外のもの		
			自家発電装置	制御装置	燃料タンク・原動機
操作面（前面）		1.0	−	1.0	−
点　検　面		0.6	−	0.6	−
換　気　面		0.2	−	0.2	−
その他の面		0	−	0	−
周　　囲		−	0.6	−	−
相　互　間		−	1.0	−	0.6 [注2]
相対する面	操　作　面		1.2		−
	点　検　面		1.0		−
	換　気　面		0.2		−
	その他の面		0		−
変電設備又は蓄電池設備	キュービクル式のもの	0	1.0		−
	キュービクル式以外のもの	1.0	−		−
建　築　物　等		1.0	3.0 [注1]		−

［注］　1)　3 m 未満の範囲を不燃材料とし，開口部を防火戸とした場合は 3 m 未満にできる。
　　　　2)　予熱する方式の原動機にあっては，2.0 m とすること。ただし，燃料タンクと原動機との間に不燃材料で造った防火上有効な遮蔽物を設けた場合は，この限りでない。
［備考］　表中の−は，保有距離の規定を適用されないものを示す。

3) 防油堤　　指定数量の $\frac{1}{5}$ 以上，指定数量未満の少量危険物に該当する燃料槽には防油堤を設ける。防油堤の高さは 0.2 m 以上とし，防油堤内の容積は燃料槽の容積以上とする。

4) 断熱　　排気管・消音器は，ロックウール保温材などを用いて断熱する。
　　　　　排気管が壁などを貫通する部分は，排気管からの熱が建物などに伝達しないように有効な断熱を施す。

5) 燃料配管　　原動機と燃料給油管の接続部分には，振動による変位に耐え得るように可とう性をもたせることが必要で，金属製可とう管継手またはこれと同等以上の継手を使用する。
　　　　　主燃料タンクから燃料小出槽への燃料給油管において，主燃料タンクの油面が燃料小出槽の油面より常に高い位置にあるものにあっては，発電機室から遠隔操作で燃料を遮断する緊急遮断弁（防爆形）を主燃料タンクの直近に設けなければならない。
　　　　　主燃料タンク（地下に施設される場合など）が，燃料小出槽より低い位置にある場合は，移送ポンプによる流量を流すことができる太さのオーバーフロー管を，燃料小出槽から地下主燃料タンクに導いて，燃料のオーバーフロー分を自然流下させることで，燃料返油ポンプを不要とすることができる。

6) 燃料貯蔵タンクなどの通気管　　先端は，屋外にあって地上 4 m 以上の高さとし，かつ，建築物の窓，出入口などの開口部から 1 m 以上離すものとする。

10.2 コージェネレーションシステム（CGS）

1）概要

コージェネレーションシステム（CGS）は，エネルギーの有効利用のため，電気エネルギーを取り出す発電装置に加え，発電装置から発生する燃焼ガスおよび冷却排温水の排出経路に，排熱などを回収する装置を挿入設置したものである。

原動機としてディーゼル機関，ガス機関，ガスタービンなどを用いて自家発電を行い，その排熱によって暖房，給湯，あるいは吸収式冷凍機を介して冷暖房を行い，入力エネルギーを効率よく多段的に利用することを目的としたシステムである。このシステムの構成は原動機，発電機，排熱回収装置，熱交換器などで構成され，電力と熱の両方を発生する。CGSの基本構成を図2.4.42に示す。

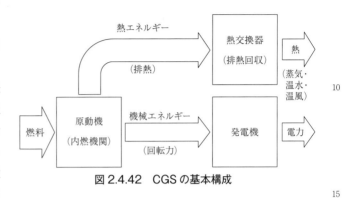

図2.4.42　CGSの基本構成

2）用語及び定義　[JIS B 8121]

用語及び定義を表2.4.59に示す（参考の「対応英語及び注記」は省略）。

表2.4.59　用語及び定義

用　語	定　義
システム一般	
a）一　般	
コージェネレーション	単一又は複数のエネルギー資源から，電力及び／又は動力，並びに有効な熱を同時に発生させる操作。
ガスエンジンコージェネレーション	ガス機関を原動機に使用して運転するコージェネレーション。
ガスタービンコージェネレーション	ガスタービンを原動機に使用して運転するコージェネレーション。
ディーゼルエンジンコージェネレーション	ディーゼル機関を原動機に使用して運転するコージェネレーション。
コージェネレーションユニット CGU	単一又は複数のエネルギー資源から，電力及び／又は動力，並びに有効な熱を同時に発生させる装置。原動機（ガス機関，ガスタービン，ディーゼル機関など）・発電機・排熱回収装置などからなる装置。
コージェネレーションパッケージ CGP	CGUのうち，構成機器のすべてをエンクロージャに納めたタイプ。発電機盤及び／又は熱回収装置を別置きにしたタイプ。
コージェネレーションシステム CGS	単一又は複数のエネルギー資源から，電力及び／又は動力，並びに有効な熱を同時に発生させ，供給及び利用するシステム。主要機器としてCGU，系統連系装置，排熱利用装置などからなるシステム。
蒸気回収コージェネレーション	有効な熱回収の手段として，蒸気を発生させるコージェネレーション。
温水回収コージェネレーション	有効な熱回収の手段として，温水を発生させるコージェネレーション。
蒸気・温水回収コージェネレーション	有効な熱回収の手段として，蒸気及び温水を発生させるコージェネレーション。

表 2.4.59 用語及び定義（つづき）

用　語	定　義
従来システム	CGS の導入効果を算定するために，比較対象とするシステム。例えば，商用電力・ボイラ・冷凍機などを組み合わせたシステム。
蒸気噴射サイクル	ガスタービン CGU において，排熱回収蒸気発生器で発生させた蒸気の一部又は全部をガスタービンの燃焼器に噴射し，燃焼ガスと蒸気との混合ガスによって，タービンを作動させるサイクル。
コンバインドサイクル	高温の熱機関サイクルと低温の熱機関サイクルとを直列に組み合わせたサイクル。例えば，ガスタービンと蒸気タービンとを組み合わせたコンバインドサイクルがある。
コージェネレーションユニット補機	CGU の運転に必要な補助設備（例えば，熱回収ポンプ・冷却塔設備）をいう。
省エネルギー率	従来システムで運用する場合のエネルギー量と CGS 採用の場合のエネルギー量との削減率であり，次の式によって求める（式は省略）。
熱電可変形ガスタービンコージェネレーション	排熱によって発生した蒸気をタービンに噴射させて発電電力を増加するシステムで，電気と蒸気との比率を可変できるコージェネレーション。
環境	
許容室温	機器の性能を維持し，かつ，運転保守上許容される室温。
換気量	燃焼用空気量，許容温度などによって決まる空気量。
排ガス処理装置	原動機の排ガスから，環境に対し有害な物質を除去又は低減するための装置。
エンクロージャ	屋内・屋外を問わず天候及び／又は騒音などの対策として遮へい（蔽）する構造物。
システム計画及び運用	
a) 計　画	
電力需要	建物又は施設の電力必要量。
熱需要	建物又は施設の熱必要量。
熱電比	建物又は施設の熱需要と電力需要との比（熱需要を電力需要で除した値）。なお，コージェネレーション（システム）の熱出力と電気出力との比にも利用される。
最大電力需要	建物又は施設の電力需要の最大のもの。
最大熱需要	建物又は施設の熱需要の最大のもの。
保全停止時間	構成機器の点検整備作業のための停止時間。
保有稼働時間	ある期間の運転可能時間。
稼働時間	ある期間の運転累積時間。
稼働率	ある期間の稼働時間とその期間における総時間数との比。
電力負荷率	ある期間の稼働時間における平均電気出力と呼称電気出力との比。
保全間隔	システムを維持・管理するための点検周期。
回収熱利用率	CGU において，規定温度以上の回収された熱量とそのうち有効に利用される熱量との比率であり，次の式によって求める（式は省略）。
b) 運　用	
ピークカット運転	需要電力のピーク負荷部分に発電電力を供給する運転方式。
ベース運転	需要電力の基底負荷部分に発電電力を供給する運転方式。
独立運転	商用電力系統と常時接続しない発電機の単機又は発電機相互の運転状態。
単独運転	発電設備などが連系している電力系統が，事故などによって系統電源と切り離された状態において，連系している発電設備などの運転だけで発電を継続し，線路負荷に有効電力を供給している状態。

表 2.4.59 用語及び定義（つづき）

用語	定義
自立運転	発電設備などが電力系統から解列された状態において，当該発電設備など設置者の構内負荷だけに電力を供給している状態。
並列運転	2台以上の発電セットを電気的に接続して，共通の負荷に電力を供給する状態。
系統連系	商用電力系統に接続して，発電機を運転している状態。
ブラックアウトスタート	商用電力系統の停電時などで，補機電力供給のない状態において原動機を始動させること。
逆潮流	構内から商用電力系統へ向かう有効電力の流れ。
運転制御	
a) 種類及び方式	
電力負荷追従運転	電力需要を基準に，CGS を運転する運転制御方式。
熱負荷追従運転	熱需要を基準に，CGS を運転する運転制御方式。
発電出力一定運転	系統連系する発電機の運転において，発電出力を一定にするように制御する運転方式。
受電電力一定運転	系統連系する発電機の運転において，受電電力を一定にするように発電出力を制御する運転方式。
発電機力率一定運転	系統連系する発電機の力率を，一定にするように制御する運転方式。
発電機無効電力一定運転	系統連系する発電機の無効電力を，一定にするように制御する運転方式。
逆潮流運転	系統連系する発電機の運転において，逆潮流が生じている運転。
台数制御運転	複数台の発電機の運転において，運転台数を制御する運転方式。
負荷選択遮断	系統又は他の発電機に異常が起こった場合，発電機の過負荷停止などを避けるため，発電機容量に見合った負荷以外を選択し遮断すること。
負荷移行	系統連系及び／又は並列運転において，発電機の負荷を，電力系統又は他の発電機間で相互に移行する操作。
有効電力制御	系統連系する発電機の運転において，発電機の有効電力を決められた条件に従い制御する制御方式。
無効電力制御	系統連系する発電機の運転において，発電機の無効電力を決められた条件に従い制御する制御方式。
周波数一定制御	周波数を一定にするために，調速機を制御する方式。
同期投入	発電機を商用電力系統又は他の発電機と並列運転するために，周波数，電圧及び位相を調整した上で遮断器を投入する操作。

3) コージェネレーションシステム(CGS)の評価計算 [JIS B 8121]

CGS の導入に関するエネルギーの有効利用の評価計算を下記に示す。

① 省エネルギー率 E_{sf}

$$E_{sf} = \frac{H_1 - H_2}{H_1} \times 100 \quad [\%]$$

H_1：従来システムで運用する場合のエネルギー量　[MJ]
H_2：CGS 採用の場合のエネルギー量　[MJ]

② 回収熱利用率 η_{re}

$$\eta_{re} = \frac{H_r}{H_e} \times 100 \quad [\%]$$

H_e：CGS で規定温度以上の回収された熱量　[MJ]
H_r：H_e のうち有効に利用された熱量　[MJ]

11. 静止形電源設備

11.1 直流電源装置

直流電源装置は，整流装置と蓄電池（二次電池。以下同じ）で構成され，防災電源（建築基準法に定める「予備電源」および消防法に定める「非常電源」）に規定されている。

(1) 整流装置

1) 規格　　JIS C 4402「浮動充電用サイリスタ整流装置」による，据置蓄電池（以下，蓄電池という。）の浮動充電用サイリスタ整流装置（以下，整流装置という。）で，公称直流電圧200 V以下，定格直流電流600 A以下のものとする。ただし，通信機器用整流装置を除く。

2) 電圧電流特性　　整流装置は，ゲート信号により，直流出力を制御するもので電圧制御，垂下特性による電流制御を行い蓄電池を適正に充電し，整流装置を過電流から保護する。

整流装置の電圧電流特性を図 2.4.43 に示す。

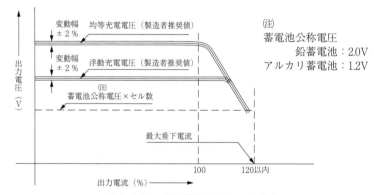

図 2.4.43　整流装置の電圧電流特性

(2) 充電方式

1) 浮動（フロート）充電方式　　整流装置の直流出力に蓄電池と負荷とを並列に接続し，常時蓄電池に一定電圧を加え充電状態を保ちながら，同時に整流装置から負荷へ電力を供給し，停電時または負荷変動時に無遮断で蓄電池から負荷へ電力を供給する充電方式である（図 2.4.44(a)）。このときの印加電圧を浮動充電電圧という。

2) 均等充電方式　　多数個の蓄電池を1組にして長期間使用している場合，自己放電などで生じる蓄電池個々の充電状態のばらつきを浮動充電電圧よりもやや高い電圧で充電することによってなくし，充電状態を均一にするために行う充電方式である。このときの印加電圧を均等充電電圧という。浮動充電から均等充電への切換えは，通常手動で行い，均等充電から浮動充電への切換えは，タイマまたは電圧検出により自動的に行われる。

なお，制御弁式鉛蓄電池の場合は，均等充電を必要としない。

3) 回復充電方式　　放電した蓄電池を，次回の放電に備えて，容量が回復するまで充電することで，ベント形蓄電池は，均等充電電圧で充電し，容量が回復すると自動的に浮動充電に切り換わる。制御弁式蓄電池は，浮動充電電圧で充電を行う。

4) トリクル（補償）充電方式　　無負荷状態においても，蓄電池は自己放電があり，自然に容量が減じる。その自己放電量を補うために，小電流によって充電を行う方式である（図2.4.44(b)）。

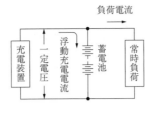
(a) 浮動充電方式

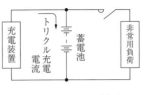
(b) トリクル充電方式

図2.4.44　蓄電池の充電方式

(3) 保護装置

1) 負荷電圧補償装置　　充電時に蓄電池電圧が高くなるため（100 V 系で 116 V 程度），負荷側機器を過電圧から保護するために設ける装置で，一般にシリコンドロッパ式が用いられる。

負荷電圧補償装置は，シリコン整流素子の順方向電圧降下を利用するシリコンドロッパ（SD）と電磁接触器（73：短絡用接触器）などで構成され，必要な電圧降下に見合うドロッパの個数を直列に接続し，電圧に応じて電磁接触器を開閉し調整する。

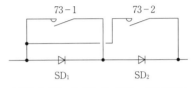

図2.4.45　シリコンドロッパ回路図

シリコンドロッパの回路図を図2.4.45に示す。

2) 過放電防止装置　　直流不足電圧継電器による蓄電池の過放電防止用保護回路を設け，監視その他の処置を講じる。

3) 減液警報装置　　鉛蓄電池，アルカリ蓄電池などの電解液が，保守上設定された液面以下になったことをランプ，ブザーなどで自動的に知らせる装置で，一般的に2セルから検出する。

ただし，制御弁式鉛蓄電池および小形シール鉛蓄電池ならびにシール形アルカリ蓄電池の場合には減液警報装置は不要とし，温度上昇警報装置を設けるものとする。

4) 回路構成　　直流電源装置の標準的な回路構成を図2.4.46に示す。

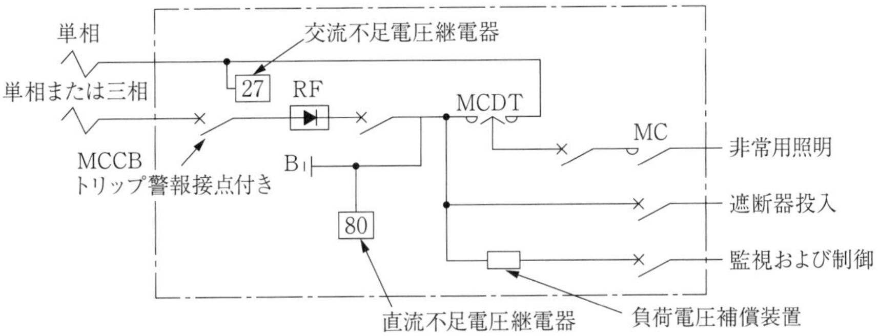

図2.4.46　直流電源装置標準回路例

(4) 蓄電池設備の保有距離

1) 保有距離等　　蓄電池設備は，表2.4.60に規定する保有距離を有するものとする。［消防則第12条］

表 2.4.60　蓄電池設備の保有距離

保有距離を確保しなければならない部分			保有距離
キュービクル式のもの	キュービクル式の周囲	操作面	1.0 m 以上
		点検面	0.6 m 以上。ただし，キュービクル式以外の自家発電設備，蓄電池設備又は建築物等から 1.0 m 以上
キュービクル式以外のもの	蓄電池	列の相互間	0.6 m 以上。ただし，架台等を設けることによりそれらの高さが 1.6 m を超える場合にあっては 1.0 m 以上
		点検面	0.6 m 以上
	充電装置	操作面	1.0 m 以上
		点検面	0.6 m 以上
	蓄電池設備		壁から 0.1 m 以上

キュービクル式以外の蓄電池設備の施工に関しては，**表 2.4.60** の他に，次の規定がある。

① 蓄電池設備は，水が浸入し，又は浸透するおそれのない場所に設けること。
② 蓄電池設備を設置する室には屋外に通ずる有効な換気設備を設けること。
③ 充電装置と蓄電池とを同一の室に設ける場合は，充電装置を鋼製の箱に収納するとともに，当該箱の前面に 1 m 以上の幅の空地を有すること。

11.2　交流無停電電源装置（UPS）

(1) 概要

1) 構成

交流無停電電源装置（以下「UPS」という）は，半導体電力変換装置（整流装置，逆変換装置（インバータ）など），スイッチおよびエネルギー蓄積装置（蓄電池など）から構成される。交流入力電源異常のときに，電圧および周波数が負荷が要求する定常的および過渡的許容範囲以内にあり，かつ，ひずみ率および電力瞬断時間も負荷の要求する許容範囲以内である電力が連続して供給される状態を確保できるようにした電源装置である。

2) 用語及び定義　用語及び定義を**表 2.4.61** に示す。

表 2.4.61　用語及び定義（JIS C 4411-3 抜粋）

用　語	定　義
半導体電力変換装置	1 台又はそれ以上の電子電力変換器，及び必要によって変換装置用変圧器，制御装置，附属装置などを組み合わせたものであって，電力変換を行う装置。
UPS 機能ユニット	UPS を構成する機能ユニット。例えば，整流器，インバータ，UPS スイッチなど。
整流器	交流電力を直流電力に変換する半導体電力変換装置。
インバータ	直流電力を交流電力に変換する半導体電力変換装置。
双方向コンバータ	整流器及びインバータの両方の機能をもった半導体電力変換装置で，有効電力の流れを逆にできる交直変換装置。
エネルギー蓄積装置	1 台以上の装置で構成し，停電補償時間の間，インバータに電力を供給するように設計した装置。
UPS スイッチ	負荷電力の連続性の適用可能な要求事項に従って用いる，UPS ユニット，バイパス又は負荷の電力ポートを接続する，又は切り離すための制御可能なスイッチ。

表 2.4.61　用語及び定義（つづき）

用　語	定　義
バイパス	UPS ユニットに対して側路を成す電力経路。
保守バイパス	保守期間中，負荷電力の連続性を維持するために設ける電力経路。
静止形バイパス，半導体バイパス	例えばトランジスタ，サイリスタ，トライアック，他の半導体デバイスなどの半導体スイッチを通じて制御する場合，間接交流半導体電力変換装置の代わりとなる電力経路（常用又は予備）。
UPS ユニット	UPS 機能ユニット，すなわち，インバータ，整流器，及び蓄電池などのエネルギー蓄積装置をそれぞれ 1 つ以上ずつもっている UPS の構成要素。
単一 UPS	1 つの UPS ユニットだけで成るシステム。
並列 UPS	並列運転する 2 つ以上の UPS ユニットから成るシステム。
冗長 UPS	システムの UPS ユニット又は UPS ユニットのグループを追加することによって，負荷電力の連続性を向上させたシステム。
待機冗長 UPS	常用 UPS ユニットの故障に備えて，1 台以上の UPS ユニットを待機させておくシステム。
並列冗長 UPS	複数の UPS ユニットが負荷を分担しつつ並列運転を行い，1 台以上の UPS ユニットが故障したとき，残りの UPS ユニットで全負荷を負うことができるように構成したシステム。
同期切換	周波数と位相とが同期状態にあり，電圧が許容範囲で一致している 2 つの電源の間での負荷電力の切換え。
定格出力容量	製造業者が指定した，連続して使用できる出力容量。
切換時間	切換スイッチが切換動作を開始してから，出力量の切換えが完了するまでの時間。
バイパスなし常時インバータ給電方式	通常運転状態では直流リンク経由のエネルギーで，又は蓄積エネルギー運転状態では蓄積エネルギーで，インバータによって負荷電力の連続性を維持している UPS。
バイパスあり常時インバータ給電方式	バイパスなし常時インバータ給電方式 UPS の動作に加え，バイパス運転状態で給電できる UPS。
バイパスなしラインインタラクティブ方式	通常運転状態では交流入力電源から負荷へ入力交流周波数に左右される電力を供給し，蓄積エネルギー運転状態では双方向コンバータの出力から負荷へ電力を供給する UPS。
バイパスありラインインタラクティブ方式 UPS	バイパスなしラインインタラクティブ方式 UPS の動作に加え，バイパス運転状態で給電できる UPS。
常時商用給電方式	通常運転状態では常用電源から負荷へ電力を供給し，常用電源の電圧又は周波数が指定された許容範囲から外れる場合，インバータは蓄電池運転状態となりインバータで負荷電力の連続性を維持する UPS。

(2) 給電方式

図 2.4.47〜49 に各給電方式の回路構成を示す。

1) 常時インバータ給電方式

① 一般的に，「バイパスあり常時インバータ給電方式」を「常時インバータ給電方式」と呼ぶ。

② 通常運転状態では直流リンク経由のエネルギーで，または蓄積エネルギーで，インバータによって負荷電力の連続性を維持している UPS である。

③ 交流入力電源が UPS の指定された許容範囲を外れたとき，UPS は蓄積エネルギー運転状態に切り換わって，停電補償時間に達するまで，または交流入力が UPS の許容範囲内に回復するまで，蓄電池とインバータとの組合せによって電力の供給を続ける。

④ 次の場合にバイパスに切り換わることにより，負荷電力は連続的に給電される。

(イ) UPS 故障

(ロ) UPSの許容範囲を超え，バイパスの許容を超えない負荷電流の過渡変動（過負荷，突入および事故電流）。

2) 常時商用給電方式
① 通常運転状態では，商用電源から負荷へ電力を供給するUPSである。
② 交流入力電源がUPSの指定された許容範囲を外れたとき，UPSは蓄積エネルギー運転状態に入り，負荷電力はインバータから直接，または切換スイッチを経由して供給される。
③ UPSユニットは，停電補償時間内または交流入力が指定された許容範囲内に戻るまで，蓄電池からインバータを通して負荷に給電する。

3) ラインインタラクティブ方式
① 通常運転状態では，商用電源から負荷へ電力を供給するUPSである。
② 常時商用給電方式を改良したもので，入力電圧の変動があっても出力電圧を一定に保つ電力インターフェース（電圧補正回路）が組み込まれている。
③ 双方向コンバータを充電器として制御し蓄電池へ充電を行い，停電発生時には双方向コンバータにより蓄電池の電力を交流に変換して負荷機器へ供給する。

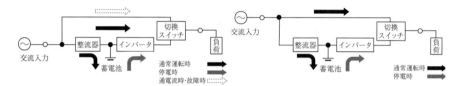

図2.4.47 常時インバータ給電方式の回路構成　　図2.4.48 常時商用給電方式の回路構成

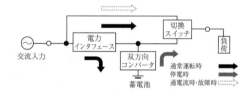

図2.4.49 ラインインタラクティブ給電方式の回路構成

4) 給電方式の比較

表2.4.62に各種給電方式の特徴比較を示す。

表2.4.62 UPSの給電方式の特徴比較

給電方式	長所	短所	性能	バイパス設置	主な用途
常時インバータ給電方式	・常に一定の電圧,周波数 ・入力電圧の電圧変動,周波数変動,ノイズが改善できる。	・回路がやや複雑になる。 ・通常インバータ給電となるため，内部損失が発生し運転コストがやや高い。	高	可	スーパーコンピュータ,サーバ,ルータなど
常時商用給電方式	・低価格，小型，軽量 ・通常運転時のUPS内部損失が少なく運転コストが安い。	・停電切換時間は，「標仕」では10 ms以内とされている。 ・入力電源の電圧変動,周波数変動,ノイズは改善されない。	低	—	業務用パソコン，サーバ，ルータ，HUBなど
ラインインタラクティブ方式	・常時商用給電方式＋「電圧安定化機能」 ・比較的低価格，小型 ・入力電圧の電圧変動が改善できる。	・停電切換時間が$\frac{1}{4}$サイクル以内となる。 ・入力電源の周波数変動は改善されない。	中	可	業務用パソコン，サーバ，ルータなど

12. 中央監視制御設備

(1) 概要

1) LonWorks　LonWorks とは，米国エシェロン社が開発した分散型ネットワーク技術体系（ハード，ソフト，プロトコルなど）の総称で，ビルおよび工場などのオートメーションに使用されている。オープンシステムとして，その仕様は公開されており，多くの製造者（メーカ）で LonWorks 対応機器を開発・供給している。

2) BACnet　BACnet とは，米国暖房冷凍空調学会（ASHRAE）の提唱する標準通信プロトコルのことで，製造者（メーカ）の相違に関わらず，システムや機器が相互に接続できるオープン化された通信方法である。

(2) 入出力条件と機能

1) 入出力条件　中央監視制御の標準的な伝送端末装置と現場機器との信号入出力条件は，公共建築設備工事標準図（電気設備工事編）で，**図 2.4.50** のように示されている。

　① 発停（ON／OFF）制御を行う場合には，瞬時接点信号を用いる。
　② 状態・警報などの監視を行う場合には，無電圧連続接点信号を用いる。
　③ 電圧の計測を行う場合には，DC 4〜20 mA のアナログ信号を用いる。
　④ 電力量など積算量の計量を行う場合には，DC 4〜20 mA のアナログ信号ではなくパルス信号を用いる。

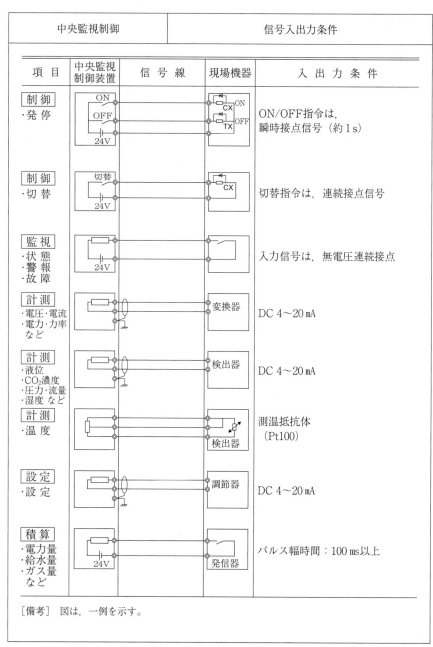

図2.4.50　中央監視制御の信号入出力条件

2) 機能　　中央監視制御装置の監視制御機能については，ビル自動管理制御システム（BACS）として，規定されている（**表2.4.63**）。

表2.4.63　ビル自動管理制御システム（BACS）の基本機能（抜粋）

名　　称	機　　能
機器稼働履歴監視	機器の運転時間，運転回数，故障回数等を積算し，設定した値を超えた場合に表示装置に表示し，警報を発する。
火災連動制御	火災発生時に当該空気調和機，ファン等を一斉又は個別に停止する。
停電・復電制御	停電時にあらかじめ定められた負荷の自動切離しを行う。復電時は，スケジュール状態に合わせた負荷の再投入又は設定順位に従った負荷制御を行う。

表 2.4.63 ビル自動管理制御システム（BACS）の基本機能（抜粋）（つづき）

名　　称	機　　能
無効電力制御	無効電力によりコンデンサの台数制御を行い，常に力率を適正に保つ制御を行う。コンデンサの台数制御は，サイクリック制御及び故障時飛越し制御とする。
変圧器台数制御	変圧器群の負荷計測を行い，最小運転台数を決定し，投入及び切離し制御を行う。
スケジュール制御	曜日，日時等のスケジュールをあらかじめ設定し，設定されたタイムスケジュールに従い，空調，共用部照明等の自動発停制御を行うものである。
発電装置負荷制御	停電時等の発電装置の立上げに伴い，設定された優先順位に従った負荷制御を行うものである。
電力デマンド監視	使用電力量から，時限終了時の電力を予測し，デマンド目標値を超えるおそれがある場合に表示装置を表示し，警報を発するものである。
トレンド表示	電力，温度，湿度等の計測値の時系列変化を一定期間蓄積し，トレンドグラフ（折れ線グラフ）で表示装置上に表示するものである。
グラフィック表示	設備ごと又は階ごとの系統図，平面図を表示装置上に出力し，機器の状態，警報，計測値をシンボルの色変化，点滅等で行うとともに，計測値はデジタル値で表示するものである。

13. 電力設備の検査・試験

13.1 施工中の検査・試験

　電気工事については，契約図書にしたがうことはもちろんのこと，建築基準法，電気事業法，消防法およびその他多くの法令により規制されているので，それぞれの検査に合格しなければならない。一般に電気工事では，着工から完成までに次のような検査・試験が行われる。

1) 機材の検査
① 機材の検査は，一般に製作した時点で工場と現場搬入時に行われる。
② 工場検査は，承諾した機器製作図どおりに，機器が製作されているかを検査する。
③ 検査の方法は，設計図書によるが，明記のない場合は，JIS，JEC，JEM および製造者の社内規格などにより行う。
④ 機材の検査は，外観検査，構造検査および性能試験（絶縁抵抗，耐電圧，単体動作，総合動作試験など）などを行う。
⑤ 数量の少ない機材の場合は，全数の検査をするが，照明器具のように数量の多い機材については，一般に抜取り検査とする。
⑥ 検査に合格した機材は，現場に搬入するが，機材の数量，破損の有無などを確認するために現場で検査を行う。

2) 受渡検査
　主要機材については，JIS，JIL，JEM などの規格に定められた受渡検査の試験成績書を監督職員に提出し，承諾を受ける。

3) 受渡試験項目
① 照明器具：構造・点灯・絶縁抵抗・耐電圧（JIS C 8105-3）
② 分電盤：構造・絶縁抵抗・商用周波耐電圧・動作確認
③ 制御盤：外観構造・耐電圧・シーケンス・動作特性
④ 配電用 6 kV 変圧器：無負荷電流および無負荷損・変圧比・極性または位相変位・負荷損および短絡インピーダンス・電圧変動率・効率・エネルギー消費効率・加圧耐電圧・誘導耐電圧・構造・部分放電（モールドのみ）

⑤ キュービクル式高圧受電設備：構造・絶縁抵抗・耐電圧・継電器特性・総合動作

⑥ 直流電源装置：構造・直流電圧電流特性・温度上昇・効率・耐電圧・動作・絶縁抵抗・容量

4) 施工の検査　設計図書に定められた場合，一工程の施工を完了したときは，施工の検査を行う。

5) 施工の試験　次に示す事項に基づいて試験を行い，試験成績書を提出する。

① 電力設備

(イ) 配線完了後，絶縁抵抗試験および絶縁耐力試験を行う。

(ロ) 接地極埋設後，接地抵抗を測定する。

(ハ) 非常用の照明装置は，照度を測定する。

(ニ) 照明器具は，取付けおよび配線完了後，全数について点灯試験を行う。

(ホ) コンセントは，取付けおよび配線完了後，全数について極性試験を行う。

(ヘ) 分電盤は，据付けおよび配線完了後，全数について構造試験，動作確認試験を行う。

(ト) 制御盤は，据付けおよび配線完了後，全数について外観構造試験，シーケンス試験，動作特性試験を行う。

(チ) 動力設備は，取付けおよび配線完了後，電動機の回転方向または相回転，機器の発停，連動，インターロック，保護継電器の整定，警報回路の動作試験を行う。

② 受変電設備

機器の設置および配線完了後，構造試験，絶縁抵抗試験，耐電圧試験，継電器特性試験，総合動作試験，接地抵抗測定を行う。

③ 直流電源設備

機器の設置および配線完了後，構造試験，絶縁抵抗試験，総合動作試験を行う。

④ 自家発電設備

機器の設置および配線完了後，始動停止試験，充気または充電試験，負荷試験および燃料消費率試験，振動試験，保安装置試験および継電器試験，絶縁抵抗試験，耐電圧試験，接地抵抗試験，排気背圧測定試験，圧力試験，ばい煙測定，騒音測定を行う。

13.2　完成時の検査

1) 自主検査　自主検査は，施工者が電気工事を竣工させたとき，または官庁検査および竣工検査を受けるために，受注者自体が自主的に行う検査である。

自主検査では未完成部分，改善を要する部分，機器の試運転未調整部分などを確認して，検査日までの工程調整を行い，検査結果を整理して，官庁および竣工検査が円滑に行われるようにする。なお，自主検査の結果は検査官に提出して本検査の参考とする。

2) 行政機関などの検査（官庁検査）

① 電気事業法上の検査

法第48条（工事計画）の規定により工事計画を届出て事業用（自家用）電気工作物を設置したものは，使用前自主検査を行い，電気設備技術基準に適合する

② 建築基準法上の検査

法第7条（建築物に関する完了検査）の規定により，建築物の工事が完了したときは，建築主事の検査を受ける。電気設備工事に関連する検査対象のものとして，防火設備，排煙設備，非常用エレベータ，非常用の照明装置，雷保護設備などがある。

③ 消防法上の検査

法第17条の3の2の規定により，消防用設備などの設置に係る工事が完了したときは，消防長または消防署長の検査を受ける。

電気工事に関連する検査対象のものとして，消火設備（非常電源・操作回路関係），警報設備，誘導灯，排煙設備（非常電源・操作回路関係），非常コンセント設備，無線通信補助設備などがある。

3) **工事検査**　公共工事においては，発注者の検査職員が，会計法または地方自治法に基づき，請負契約についての給付の完了の確認を行うために，受注者（請負者）に対して行う検査である。

民間工事では，一般的に工事監理者（設計事務所などの設計監理者など）が工事完了の検査を行う。

4) **技術検査**　公共工事において，工事の施工体制，施工状況，出来形，品質および出来ばえについて，発注者の検査職員が行う技術的な検査であり，工事検査と併せて行われる。技術検査を終了後，工事成績を評定し，その評定結果が工事完成後に受注者（請負者）に通知される。

13.3　現場における試験方法

1) **絶縁抵抗試験**　絶縁抵抗測定は，絶縁抵抗計（メガー）（JIS C 1302）を使用する。

低圧電路の電線相互間の絶縁抵抗を測定する場合は，電気機械器具を取り外した状態における配線のみの線間を測定しなければならない。漏電遮断器が設置されている電路の電線相互間の測定は行ってはならない。

絶縁抵抗計の主な使用例を表2.4.64に示す。

表2.4.64　絶縁抵抗計のおもな使用例

定格測定電圧	使用例	種別
100 V／125 V	100 V系の低電圧配電路および機器の維持・管理 制御機器の絶縁測	絶縁抵抗計
250 V	200 V系の低電圧電路および機器の維持・管理	絶縁抵抗計
500 V	600 V以下の低電圧配電路および機器の維持・管理 600 V以下の低電圧配電路の竣工時の検査	絶縁抵抗計
500 V	開放電圧が500 V以下の太陽電池アレイ（直流回路）の絶縁測定	PV絶縁抵抗計
1,000 V	600 Vを超える回路および機器の絶縁測定	絶縁抵抗計
1,000 V	開放電圧が500 Vを超える太陽電池アレイ（直流回路）の絶縁測定	PV絶縁抵抗計

低圧の電路は，幹線用の開閉器または分岐用開閉器で区切られる各電路ごとに測定し，線間および大地間の絶縁抵抗は，表 2.4.65 の値以上を保たなければならない［電技第 58 条］。

表 2.4.65　低圧電路の絶縁抵抗値

電路の使用電圧の区分		絶縁抵抗値 ［MΩ］
300 V 以下	対地電圧 150 V 以下	0.1
	対地電圧 150 V 超過	0.2
300 V 超過		0.4

注：電線相互間及び電路と大地間であって，開閉器などで区切ることのできる電路ごとの値を示す。

2）**接地抵抗試験**　接地抵抗測定には，接地抵抗計を使用する。接地抵抗の測定法を図 2.4.51 に示す。なお，被測定接地極（E），補助接地極（S, H）は極力直線上に配置する。

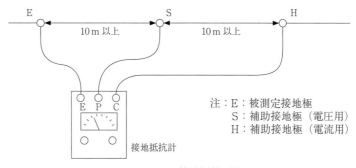

図 2.4.51　接地抵抗測定

接地抵抗値は，接地工事の種類（A 種，B 種，C 種，D 種，雷保護設備用など）に応じた規定値以下とする。

3）**絶縁耐力試験（耐電圧試験）**　絶縁耐力試験は，高圧および特別高圧の電路，機器などに規定の電圧および時間で印加して異常の有無を確認するものである。

耐電圧試験回路を図 2.4.52 に示す。

試験電圧，試験方法は，電技解釈第 15 条（高圧又は特別高圧の電路の絶縁性能）および第 16 条（機械器具等の電路の絶縁性能）に規定されている。交流の電路に対する主なものを表 2.4.66 に示す。

ただし，電線にケーブルを使用する交流の電路であって，表 2.4.66 の左欄に掲げる電路の種類に応じ，それぞれ同表の右欄に掲げる試験電圧の 2 倍の直流電圧を電路と大地との間に連続して 10 分間加えて絶縁耐力を試験したとき，これに耐えるものについては，この限りでないと規定されている。

最大使用電圧とは，通常の使用状態において回路に加わる線間の最大値をいい，一般の電路では JEC-0222-2009（標準電圧）に定める最高電圧（公称電圧 × $\frac{1.15}{1.1}$）を最大使用電圧とする。

例：公称電圧：6,600 V

最大使用電圧：$6,600 \times \frac{1.15}{1.1} = 6,900$ V

試験電圧：$6,900 \times 1.5 = 10,350$ V

表 2.4.66 絶縁耐力試験（耐電圧試験）

種　類		最大使用電圧	試験電圧（交流電圧）	試験方法
高圧及び特別高圧の電路		7,000 V以下	最大使用電圧の1.5倍の電圧	電路と大地との間に連続して10分間加える
		7,000 Vを超え60,000 V以下	最大使用電圧の1.25倍の電圧（10,500 V未満となる場合は、10,500 V）	
回転機	発電機 電動機 調相機	7,000 V以下	最大使用電圧の1.5倍の電圧（500 V未満となる場合は、500 V）	巻線と大地との間に連続して10分間加える
		7,000 V超過	最大使用電圧の1.25倍の電圧（10,500 V未満となる場合は、10,500 V）	
変圧器	巻　線	7,000 V以下	最大使用電圧の1.5倍の電圧（500 V未満となる場合は、500 V）	試験される巻線と他の巻線、鉄心及び外箱との間に連続して10分間加える
		7,000 Vを超え60,000 V以下	最大使用電圧の1.25倍の電圧（10,500 V未満となる場合は、10,500 V）	
器　具	開閉器 遮断器 電力用コンデンサ 誘導電圧調整器 計器用変成器	7,000 V以下	最大使用電圧の1.5倍の電圧（500 V未満となる場合は、500 V）	電路と大地との間に連続して10分間加える
		7,000 Vを超え60,000 V以下	最大使用電圧の1.25倍の電圧（10,500 V未満となる場合は、10,500 V）	

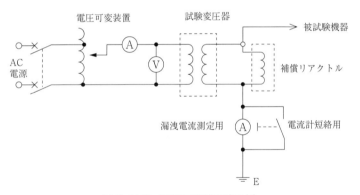

図 2.4.52　耐電圧試験回路の例

4）継電器試験　高圧受電設備に設置された継電器（過電流、地絡過電流、不足電圧、過電圧、比率差動、地絡方向継電器など）が規定値どおり、正確に動作するかを確認する試験であり、継電器試験器（電源装置、電流調整器、電流計、サイクルカウンターなどが組み込まれたもの）を使用して行う。

代表的な継電器試験回路を図 2.4.53、図 2.4.54 に示す。

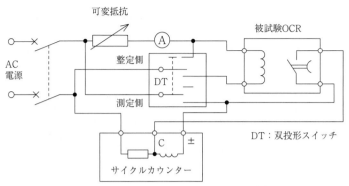

図 2.4.53　過電流継電器試験回路の例

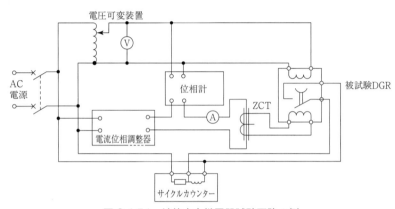

図 2.4.54　地絡方向継電器試験回路の例

5) **現場試験項目と内容**　現場試験項目と内容を**表 2.4.67** に示す。

第4節　構内電気設備

表 2.4.67　現場における電気設備に関する試験項目と内容

	1. 絶縁抵抗試験	2. 接地抵抗試験	3. 絶縁耐力（耐電圧）試験	4. 過電流継電器（OCR）試験
試験の目的	・低圧の電路の電線相互間および電路と大地間（電技第58条）の絶縁抵抗値が規定値以上に保たれていることを確認	・接地工事の種類に応じて，規定（電技解釈第17条）されている接地抵抗値以下であることを確認	・高圧および特別高圧の電路，回転機および整流器，燃料電池および太陽電池モジュール，変圧器の電路，器具などの電路の絶縁耐力が，規定（電技解釈第15条，16条）の試験電圧および時間に耐えられることを確認	・受電およびフィーダーの過電流および短絡保護に用いる保護装置の継電器で，過負荷領域および瞬時要素領域において，設定値（電流タップ，時限レバー）どおりに正常に動作するかどうかを確認
試験に必要な機器	・絶縁抵抗計（メガー）	・接地抵抗計 ・補助接地極（2本） ・リード線	・耐圧試験器 ・電圧可変装置 ・ストップウォッチ ・検電器 ・絶縁抵抗計	・継電器試験器 ・電圧・電流調整器 ・電圧・電流計 ・サイクルカウンターまたはミリセコンドカウンター
試験方法	・電路と大地間で測定 ・低圧の電路の電線相互間および電路と大地間で測定 ・開閉器または過電流遮断器で区切ることができる電路ごとに測定	・被測定接地極から直線上に10m以上の間隔で離した2点に，補助接地極を埋設し，それぞれの接地極にリード線を接続し，そのリード線を接地抵抗計のE（接地測定端子），S（電圧用補助接地端子），H（電流用補助接地端子）の各端子に接続	・被試験機器の絶縁階級と印加電圧の確認 ・検電器による無電圧の確認 ・絶縁抵抗測定 ・規定電圧の1/2で電流値を確認し，異常のないことを確認 ・規定の電圧に徐々に上昇させ，電圧が規定値に達してから時間を測定 ・一般的に，1分値，5分値，9分値を記録 ・規定時間（10分間）が過ぎたらスライダックで徐々に電圧を下げ最低として電源を切断 ・充電部を接地して放電 ・検電器による無電圧の確認 ・絶縁抵抗測定	・最小動作電流試験 ・電流タップ（4, 5, 6, 8, 10, 12, 15）の設定 ・限時特性試験　タイムレバー（1, 5, 10/10）の設定。動作電流の，300，700％の電流での動作時間を限時特性曲線と比較
試験時に留意すべき事項	・印加電圧に耐えられない機器の切り離し ・測定回路の無電圧の確認 ・計器内蔵電池が有効電圧範囲内にあること ・零点の調整	・被測定接地極を電路または機器の接地線より切り離す ・接地抵抗計の電源電圧の確認（電池電圧チェック） ・指示計の零位調整	・印加電圧に耐えられない機器を切り離し，端子を短絡 ・避雷器がある場合は，試験回路から除外 ・変圧器および高圧計器用変圧器二次側の接地を確認 ・安全のためロープ張りなどで囲いを設け，保安員を配置 ・試験開始の合図，ベル，回転灯などによる危険表示 ・終了合図とともに検電器により，安全確認 ・切り離した機器の復旧および端子短絡の解除	・継電器が水平か，振動を受けないかを確認 ・誘導円盤はスムーズに回るかを確認 ・電流設定時に円盤が回転しないように停止
判定基準	・使用電圧300V以下で対地電圧150V以下=0.1MΩ以上 ・使用電圧300V以下で対地電圧150V超過=0.2MΩ以上 ・使用電圧300V超過=0.4MΩ以上	・A種接地=10Ω以下 ・B種接地=$\frac{150}{1線地絡電流}$ Ω以下 ・C種接地=10Ω以下 ・D種接地=100Ω以下	・規定の電圧印加時における異常電流が無く，電流が安定しているか確認 ・電圧印加後の絶縁状態が良い。回路，機器類に異常がないか確認	・最小動作電流試験は，数回繰り返し測定した値の平均値とする。整定値の±10％以内 ・限時特性試験は，2回以上の平均値とし，300％の場合，公称値の±17％　700％の場合，公称値の±12％

6) **照度測定方法** ┃ JIS C 7612（照度測定方法）に規定される照度測定時の注意事項は，次のとおりである。

① 照度計は，照度測定の重要度および照度値に応じ，必要とする精度を満足する性能を持つものを選択する。

実用的な照度値が要求される場合には，JIS C 1609-1（照度計 第1部：一般計量器）に規定する一般形A級照度計が使用される。なお，基準・規程の適合性評価などにおける照度値の信頼性が要求される照度測定には，同規格に規定する一般形AA級照度計を使用する。

② 測定開始前，原則として電球は5分間，放電灯は30分間点灯しておくこと。

光源の光出力は，点灯直後から安定するまでの間変動することがあるためである。特に，放電灯は，始動した後，発光管の温度が上昇するのに伴い，発光管内のガスまたは金属蒸気の圧力が変化するため，これに応じて電気特性・光出力が大きく変動する。変動の状態はランプの種類，安定器の特性などによって異なるが，ほとんどの場合，30分間点灯すれば安定状態に達する。

③ 電源電圧を測定する場合は，なるべく照明器具に近い位置で測定すること。

④ 照度計受光部の測定基準面を，照度を測定しようとする面にできるだけ一致させ，かつ，受光部の受光面の中央を通り測定基準面に垂直な直線が測定基準面に交わる点を，照度を測定しようとする点に一致させること。

⑤ 測定者の影や服装による反射が測定に影響を与えないよう注意すること。

⑥ 測定範囲切換形の指針型照度計では$0 \sim \frac{1}{4}$範囲の目盛読取りは，なるべく行わないこと。

⑦ 測定対象以外の外光の影響（昼光など）がある場合には必要に応じてその影響を除外すること。

⑧ 多くの点の照度測定を行う場合，特定の測定点を定め，一定の測定時間間隔ごとに特定の測定点の照度測定を行うなどして，照度測定中の光源の出力変動などを把握すること。

⑨ 照度の測定点の決め方において，照度測定面（特に断りがない限り水平面照度を測定）の高さは，特に指定のない場合は床上80±5 cm，和室の場合は畳上40±5 cm，廊下や屋外の場合は床面または地面上15 cm以下とする。ただし，室内に机，作業台などの作業対象面がある場合は，その上面または上面から5 cm以内の仮想面とする。

第5節　防災設備

1. 法令による防災設備

建築基準法は，火災延焼を防止し，人命を保護するため，防火，避難に関するものについて，多くの規定（技術基準，設置基準，維持基準）を設けている。電気設備に関わる防災設備を**表2.5.1**に示す。

また，消防法は，火災を予防し，警戒し，鎮圧するための消防用設備等について，多くの規定を設けている。電気設備に関わる消防用設備等を**表2.5.2**に示す。

表2.5.1　建築基準法による防災設備

設備等・種類	適用法令
ガス漏れ警報設備	令第129条の2の4，昭和56年建設省告示第1099号
排煙設備	令第126条の2，令第126条の3，令第128条の3，令第129条の13の3
非常用の照明装置	令第126条の4，令第126条の5，令第128条の3，令第123条
非常用の進入口	令第126条の6，令第126条の7
非常用のエレベーター	令第129条の13の3
非常用の排水設備	令第128条の3
防火戸，防火シャッター等	令第112条第19項
防火ダンパー	令第112条第21項

表2.5.2　消防法による消防用設備等

設備等	種類		適用法令	
消防の用に供する設備	消火設備	消火器具及び簡易消火用具（水バケツ等）	令第7条第2項	令第10条	則第9条
		屋内消火栓設備		令第11条	則第12条
		スプリンクラー設備		令第12条	則第14条
		水噴霧消火設備		令第14条	則第16条
		泡消火設備		令第15条	則第18条
		不活性ガス消火設備		令第16条	則第19条
		ハロゲン化物消火設備		令第17条	則第20条
		粉末消火設備		令第18条	則第21条
		屋外消火栓設備		令第19条	則第22条
		動力消火ポンプ設備		令第20条	―
	警報設備	自動火災報知設備	令第7条第3項	令第21条	則第24条
		ガス漏れ火災警報設備		令第21条の2	則第24条の2の3
		漏電火災警報器		令第22条	則第24条の3
		消防機関へ通報する火災報知設備		令第23条	則第25条
		非常警報器具又は非常警報設備（非常ベル，自動式サイレン，放送設備）		令第24条	則第25条の2
	避難設備	すべり台，避難はしご，救助袋，緩降機，避難橋，その他の避難器具	令第7条第4項	令第25条	則第27条
		誘導灯及び誘導標識		令第26条	則第28条の3
消防用水		防火水槽又はこれに代わる貯水池その他の用水	令第7条第5項	令第27条	―
消火活動上必要な施設		排煙設備	令第7条第6項	令第28条	則第30条
		連結散水設備		令第28条の2	則第30条の3
		連結送水管		令第29条	則第31条
		非常コンセント設備		令第29条の2	則第31条の2
		無線通信補助設備		令第29条の3	則第31条の2の2

2. 防災電源

(1) 防災設備と電源

　防災設備は，火災等の災害時に常用電源が断たれても，防災設備を有効に機能させるためのものである。予備電源（建築基準法）又は非常電源（消防法）を設け，停電時に直ちにこの電源に自動的に切り替え，耐熱性能を有した電路により防災設備を所定の時間以上機能させることを義務付けられている。予備電源と非常電源は基本的には差異がなく，共用するので総称して防災電源と呼ばれている。
　防災設備に使用できる防災電源の種類と容量を表 2.5.3，表 2.5.4 に示す。

表 2.5.3　建築基準法による防災設備と防災電源及び容量

防災設備	防災電源	自家用発電装置※1	蓄電池設備	自家用発電装置と蓄電池設備※2	内燃機関※3	容量（以上）
非常用の照明装置	特殊建築物	-	○	○	-	30分間
	一般建築物	○	○	○	-	
	地下道（地下街）	-	○	○	-	
非常用の進入口（赤色灯）		○	○	-	-	
排煙設備	特別避難階段の付室 非常用エレベーターの乗降ロビー	○	○	○	-	
	上記以外	○	○	○	○	
非常用のエレベーター		○	○	○	-	60分間
非常用の排水設備		○	○	○	-	30分間
防火戸・防火シャッター等		-	○	-	-	
防火ダンパー等・可動防煙壁		-	○	-	-	

〔備考〕○：適用できるものを示す。　－：適用できないものを示す。
　　　※1　用途により予備と常用に区分されるが，常用は予備電源対応の要件を満たすもの。
　　　※2　蓄電池設備と40秒以内に始動する自家用発電装置に限る。
　　　※3　電動機付のものに限る（昭和46年住指発第510号）。
　　　なお，表中の自家用発電装置とは，自家発電設備の建築基準法上の呼び方である。

表 2.5.4　消防法による防災設備と防災電源及び容量

防災設備 \ 防災電源	非常電源専用受電設備	自家発電設備	蓄電池設備	容量（以上）	消防法施行規則
屋内消火栓設備	△	○	○	30分間	第12条第1項第四号
スプリンクラー設備	△	○	○	30分間	第14条第1項第六号の二
水噴霧消火設備	△	○	○	30分間	第16条第3項第二号
泡消火設備	△	○	○	30分間	第18条第4項第十三号
不活性ガス消火設備	-	○	○	1時間	第19条第5項第二十号
ハロゲン化物消火設備	-	○	○	1時間	第20条第4項第十五号
粉末消火設備	-	○	○	1時間	第21条第4項第十七号
屋外消火栓設備	△	○	○	30分間	第22条第六号
自動火災報知設備	△	-	○*1	10分間	第24条第四号
ガス漏れ火災警報設備	-	○*2	○*2	10分間	第24条の2の3第1項第七号
非常警報設備	△	-	○*1	10分間	第25条の2第2項第五号
誘導灯	-	○*3	○*3	20分間(注)	第28条の3第4項第十号
排煙設備	△	○	○	30分間	第30条第八号
連結送水管	△	○	○	2時間	第31条第七号
非常コンセント設備	△	○	○	30分間	第31条の2第八号
無線通信補助設備	△	-	○*1	30分間	第31条の2の2第七号

〔備考〕○：適用できるものを示す。ただし，燃料電池設備は，省略する。
　　　△：延べ面積が1,000㎡以上の特定防火対象物には適用できないものを示す。
　　　－：適用できないものを示す。
　　　＊1：直交変換装置を有しない蓄電池設備に限る。
　　　＊2：1分間直交変換装置を有しない蓄電池設備又は予備電源で補完できる場合に限る。
　　　＊3：大規模・高層の防火対象物の主要な経路に設けるものにあっては，60分（20分を超える部分については，直交変換装置を有する蓄電池設備，自家発電設備によることができる。）。
　　　注：令別表第1(1)項から(16)項までに掲げる防火対象物で，延べ面積50,000㎡以上，又は地階を除く階数が15以上であり，かつ，延べ面積30,000㎡以上，及び地下街で，延べ面積1,000㎡以上の主要箇所に設ける誘導灯の容量は60分間以上とする。

(2) 防災電源の種類

1) 予備電源種類　　予備電源には，自動充電装置，時限充電装置を有する蓄電池，蓄電池と自家用発電装置を組み合わせたもの，自家用発電装置その他これに類するものがある。

2) 非常電源種類　　非常電源には，非常電源専用受電設備，自家発電設備，蓄電池設備又は燃料電池設備がある。

3) 非常電源専用受電設備　　非常電源専用受電設備は，特定防火対象物で延べ面積が1,000 m²未満の建物の場合又は特定防火対象物以外の場合に認められており，点検に便利で災害による被害を受けるおそれが少ない箇所に設置すること，他の電気回路の開閉器又は遮断器で遮断されないこと，開閉器に表示をすることが定められている。

　　高圧又は特別高圧で受電する非常電源専用受電設備は，不燃材料で区画された専用の室に設けること。ただし，次の①及び②の場合は，この限りでない。

① 消防庁長官が定める基準に適合するキュービクル式非常電源専用受電設備で，不燃材料で区画された変電設備室，発電設備室，機械室，ポンプ室その他これらに類する室又は屋外若しくは建築物の屋上に設ける場合。

② 屋外又は主要構造部を耐火構造とした建築物の屋上に設ける場合において，隣接する建築物等から3 m以上の距離を有するとき。

　　低圧で受電する非常電源専用受電設備の配電盤又は分電盤は，消防庁長官が定める基準に適合する第1種配電盤又は第1種分電盤を用いる。ただし，不燃材料で区画され，防火扉を設けた専用の室，及び屋外又は主要構造部を耐火構造とした建築物の屋上（隣接する建築物等から3 mの距離を有する場合）には，当該基準によらない配電盤等を用いることができる。不燃材料で区画された変電設備室，機械室，ポンプ室その他これらに類する室に設ける場合，当該基準に適合する第2種配電盤又は第2種分電盤を用いることができる。

　　キュービクル式非常電源専用受電設備は，当該受電設備の前面に1 m以上の幅の空地を有し，かつ，他のキュービクル式以外の自家発電設備若しくはキュービクル式以外の蓄電池設備又は建築物等（屋外に設ける場合）から1 m以上離れているものであること，一方，キュービクル式でない非常電源専用受電設備は，操作面の前面に1 m（操作面が相互に面する場合にあっては，1.2 m）以上の幅の空地を有することとする。

4) 自家発電設備　　容量は，各種消防用設備を規定された時間以上有効に作動できるものであること，常用電源が停電したときは，自動的に常用電源から非常電源に切り替えられるものであることとする。

5) 蓄電池設備　　常用電源が停電したときは，自動的に常用電源から非常電源に切り替えられるものであること，直交変換装置を有しない蓄電池設備にあっては，常用電源が停電した後，常用電源が復旧したときは，自動的に非常電源から常用電源に切り替えられるものであることとする。

6) 燃料電池設備　　キュービクル式のもので，消防庁長官が定める基準に適合するものであることとする。

3. 非常用の照明装置

(1) 概要

　非常用の照明装置は，建築基準法に基づくもので，不特定多数の人々が使用する居室及び避難のための通路，廊下，ロビーに設置され，地震，火災その他の災害，事故等の発生した場合において，停電等により常用電源が断たれた時の建築物からの避難に際し，心理的動揺を抑制し，パニックによる混乱を防止して，秩序ある避難行動を可能にするための人工照明である。

　非常用の照明装置は，その目的上，火災時の熱気流の中でも作動すること，照明器具・配線等の耐熱性，停電時に蓄電池により直ちに点灯できること及び30分間の継続した点灯が要求されている。

(2) 設置規定

1) 設置基準　建築基準法施行令第126条の4（設置）に，設置基準が規定されている。非常用の照明装置の設置義務のある建築物，設置義務のある部分と設置義務を免除される建築物又は部分の詳細を**表2.5.5**に示す。

　なお，増築，改築，大規模の修繕，大規模の模様替えの行われる建築物は，その既存部分についても現行法律が適用され，既存部分を含めて設置しなければならない。

表2.5.5　非常用の照明装置の設置基準の詳細

対象建築物	設置を要する部分	設置義務免除の建築物又は部分
1. 特殊建築物 (一) 劇場，映画館，演芸場，観覧場，公会堂，集会場 (二) 病院，診療所（患者の収容施設があるものに限る。），ホテル，旅館，下宿，共同住宅，寄宿舎，児童福祉施設等 (三) 博物館，美術館，図書館 (四) 百貨店，マーケット，展示場，キャバレー，カフェー，ナイトクラブ，バー，ダンスホール，遊技場，公衆浴場，待合，料理店，飲食店，物品販売業を営む店舗（面積>10 m²） 2. ［階数≧3］及び［延べ面積>500m²］の建築物 3. ［延べ面積>1,000m²］の建築物 4. 無窓の居室　注1)	① 居室 ② 居室から，地上へ通ずる避難路となる廊下，階段その他の通路 ③ ①②に類する部分	① 共同住宅，長屋の住戸，一戸建住宅 ② 病院の病室，下宿の宿泊室，寄宿室の寝室，これらの類似室 ③ 学校，体育館，ボーリング場，スキー場，スケート場，水泳場，スポーツ練習場 ④ 採光上有効に直接外気に開放された通路，廊下等 ⑤ 無人工場（機械が自動化されており，保守のためにのみ人が入るような工場）や倉庫，電気室，機械室等 ⑥ 避難階，その直上・直下階の居室で避難上支障のないもの　注2)

注1) 採光に有効な部分の面積の合計が，当該居室の床面積の1/20未満の居室
注2) 詳細は下表による。

設置義務が免除される居室	条件
避難階の居室*	避難階の屋外への出口が，居室の各部分より歩行距離30 m以内かつ避難上支障の無いこと
避難階の直上階又は直下階の居室*	避難階の屋外への出口が，居室の各部分より歩行距離20 m以内かつ避難上支障の無いこと 屋外避難階段に通ずる出入口が，居室の各部分より歩行距離20 m以内かつ避難上支障の無いこと
床面積が30m²以下の居室（ふすま，障子等で仕切られた2室は，1室とみなす。）	居室で地上への出口を有するもの 居室から地上まで通ずる部分が，非常用照明器具が設けた部分又は採光上有効に直接外気に開放された部分に該当するもの

注* 床面積の1/20以上の採光に有効な窓等があること

2) 認定・認証及び自主評定制度　非常用の照明装置が，建築基準法に定められた基準を満たしたものであることを確認する制度として，国に指定された認定機関による認定・認証制度と（一社）日本照明工業会（JLMA）の非常用照明器具自主評定委員会による自主評定制度がある。

　（一社）日本照明工業会では，建築基準法及びその他関連法規に基づき JIL 5501：2019（非常用照明器具技術基準）を定め，自主評定委員会

図2.5.1　JIL適合マーク

により自主評定されたこの技術基準を満たす製品には，図2.5.1のJIL適合マークが貼付される。

(3) 照明装置

非常用の照明装置の構造方法は，建築基準法施行令第126条の5（構造）に基づく告示「非常用の照明装置の構造方法を定める件」に規定されており，以下にその内容を示す。

また，地下道に設ける非常用の照明設備の構造方法は，施行令第128条の3に基づく告示「地下道の各構えの接する地下道に設ける非常用の照明設備，排煙設備及び排水設備の構造方法を定める件」に規定されている。

1) 光学的性能　照明器具は非常時に30分間点灯を継続し，常温下で床面において1ルクス（蛍光灯又はLEDランプでは2ルクス）の水平面照度を確保できるものであること。なお，地下街の各構えの接する地下道の床面においては，10ルクス以上の照度を確保できるものであること。

2) 高温度動作特性　JIL 5501において，温度70℃で，30分間（60分間定格の場合は，60分間），既定の照度を満足しなければならない。70℃で測定した照度を25℃で測定した照度で除した値（高温光束減退率）は，光源が蛍光ランプ及びLED光源で測定した場合は50％以上，白熱電球の場合は100％以上でなければならないと規定されている。

3) 即時点灯性　常用電源が断たれたとき予備電源により即時点灯するものであること。

① 白熱灯
② 蛍光灯（即時点灯性回路に接続していないスタータ形蛍光ランプを除く。）
③ LED光源

4) 分類　照明器具の電源，形状，性能により分類を表2.5.6に示す。

表2.5.6　非常用照明器具の分類

予備電源	形　状	点灯方式	非常用照明の光源
内蔵形	専用形	単独	白　熱　灯
		組込	非常時点灯
別置形	併用形	単独	常　時　点　灯
		組込	非常時点灯

蛍　光　灯
LED光源

(4) 電源

非常用の照明装置の電源には，常用電源と予備電源の2種類がある。

1) 常用電源　常用の電源は，蓄電池又は交流低圧屋内幹線によるものとし，器具内に予備電源を有するものを除き，その開閉器には非常用の照明装置用である旨を表示する。

2) 予備電源　予備電源としては，充電器を有する蓄電池及び充電器を有する蓄電池と自家発電装置の併用によるものがある。

① 充電器及び蓄電池（30分容量）
　停電後，充電を行うことなく30分以上の放電に耐えるもので，電源別置形と器具内蔵形とがある。

② 充電器を有する蓄電池と自家用発電装置の組合せ
　常用電源が断たれた場合に直ちに蓄電池により非常用の照明装置を点灯させ，自家用発電装置の電圧が確立後，無停電で切り替わるものとし，30分間以上継続して電源を供給できるものとする。

3) 充電装置　充電装置は，自動充電装置又は時限充電装置付とする。
　停電回復後は自動的に充電を行うもので，充電完了後は浮動充電又はトリクル充電を継続するものとする。

① 自動充電装置

蓄電池の充電量を制限する手段として，充電電圧又は充電電流の変化によって充電する装置である。

② 時限充電装置

蓄電池の充電量を制限する手段としてタイマーのみによって充電する装置である。

4) 蓄電池　予備電源内蔵形照明器具に設けられる内蔵形蓄電池には，主として密閉形ニッケルカドミウム蓄電池又は密閉形ニッケル水素電池が使用される。

5) 自家用発電装置　非常用の照明装置の予備電源としての自家用発電装置は，（一社）日本内燃力発電設備協会で製品認証基準に基づいて製品認証が行われており，基準に適合しているものには，適合マークが貼付される。なお，予備電源として使用する場合は，蓄電池と併用し，40秒以内に切り替わるものでなければならない。

自家用発電装置の認定区分を**表2.5.7**に示す。ただし，始動・切替時間が40秒を超過するものを除く。

表2.5.7　自家用発電装置の認定分類

認定区分	運転時間	始動・切替完了時間
長時間形（W）	1時間を超え必要な時間	40秒以内
普通形（U）	1時間	40秒以内
即時長時間形（Y）	1時間を超え必要な時間	10秒以内
即時普通形（X）	1時間	10秒以内

6) 開閉器　予備電源の開閉器には，非常用の照明装置用である旨を表示する。

(5) 配線

1) 専用の回路　配線は，他の電気回路に接続しないものとし，かつ，その途中に一般の者が，容易に電源を遮断することのできる開閉器を設けてはならない。ただし，照明器具内に予備電源を有する場合を除く。

2) 照明器具との接続　照明器具の口出線と電気配線は，直接接続するものとし，その途中にコンセント，スイッチ，その他これらに類するものを設けてはならない。ただし，照明器具内に予備電源を有し，かつ，差込みプラグにより常用の電源に接続する場合で，告示による方法で施工する場合を除く。

3) 配線　配線は，耐熱配線を用いて防火措置を講じなければならない。ただし，電池内蔵形の照明器具を使用する場合（照明器具内配線を除く。）は，一般配線でよく，電気配線には防火措置を講じなくてもよい。ただし，常時非常時併用形蓄電池内蔵器具で，常時回路に点滅器を設置する場合には，点滅器の開閉状態に関わらず内蔵蓄電池を常時充電状態とし，充電回路への電源供給が途絶した時に蓄電池から電気を供給するため，3線引き又は4線引き配線にする必要がある。

(6) 関係告示

1) 非常用の照明装置の構造方法　建築基準法施行令第126条の5第一号ロ及びニの規定に基づき，非常用の照明器具及び非常用の照明装置の構造方法を次のように定めている。

○　非常用の照明装置の構造方法を定める件
［昭和45年建設省告示第1830号（最終改正　令和元年国土交通省告示第203号）］

第1　照明器具

一　照明器具は，耐熱性及び即時点灯性を有するものとして，次のイからハまで

のいずれかに掲げるものとしなければならない。

イ　白熱灯（そのソケットの材料がセラミックス，フェノール樹脂，不飽和ポリエステル樹脂，芳香族ポリエステル樹脂，ポリフェニレンサルファイド樹脂又はポリブチレンテレフタレート樹脂であるものに限る。）

ロ　蛍光灯（即時点灯性回路に接続していないスターター型蛍光ランプを除き，そのソケットの材料がフェノール樹脂，ポリアミド樹脂，ポリカーボネート樹脂，ポリフェニレンサルファイド樹脂，ポリブチレンテレフタレート樹脂，ポリプロピレン樹脂，メラミン樹脂，メラミンフェノール樹脂又はユリア樹脂であるものに限る。）

ハ　LEDランプ（次の(1)又は(2)に掲げるものに限る。）

(1)　日本産業規格 C8159－1（一般照明用 GX16 t－5口金付直管 LED ランプ－第1部：安全仕様）－2013 に規定する GX16 t－5口金付直管 LED ランプを用いるもの（そのソケットの材料がフェノール樹脂，ポリアミド樹脂，ポリカーボネート樹脂，ポリフェニレンサルファイド樹脂，ポリブチレンテレフタレート樹脂，ポリプロピレン樹脂，メラミン樹脂，メラミフェノール樹脂又はユリア樹脂であるものに限る。）

(2)　日本産業規格 C8154（一般照明用 LED モジュール－安全仕様）－2015 に規定する LED モジュールで難燃材料で覆われたものを用い，かつ，口金を有しないもの（その接続端子部（当該 LED モジュールの受け口をいう。第3号ロにおいて同じ。）の材料がセラミックス，銅，銅合金，フェノール樹脂，不飽和ポリエステル樹脂，芳香族ポリエステル樹脂，ポリアミド樹脂，ポリカーボネート樹脂，ポリフェニレンサルファイド樹脂，ポリフタルアミド樹脂，ポリブチレンテレフタレート樹脂，ポリプロピレン樹脂，メラミン樹脂，メラミンフェノール樹脂又はユリア樹脂であるものに限る。）

二　照明器具内の電線（次号ロに掲げる電線を除く）は，二種ビニル絶縁電線，架橋ポリエチレン絶縁電線，けい素ゴム絶縁電線又はふっ素樹脂絶縁電線としなければならない。

三　照明器具内に予備電源を有し，かつ，差込みプラグにより常用の電源に接続するもの（ハにおいて「予備電源内蔵コンセント型照明器具」という。）である場合は，次のイからハまでに掲げるものとしなければならない。

イ　差込みプラグを壁等に固定されたコンセントに直接接続し，かつ，コンセントから容易に抜けない措置を講じること。

ロ　ソケット（第一号ハ(2)に掲げる LED ランプにあっては，接続端子部）から差込みプラグまでの電線は，前号に規定する電線その他これらと同等以上の耐熱性を有するものとすること。

ハ　予備電源内蔵コンセント型照明器具である旨を表示すること。

四　照明器具（照明カバーその他照明器具に付属するものを含む。）のうち主要な部分は，難燃材料で造り，又は覆うこと。

第2　電気配線

一　電気配線は，他の電気回路（電源又は消防法施行令第7条第4項第二号に規定する誘導灯に接続する部分を除く。）に接続しないものとし，かつ，その途中に一般の者が，容易に電源を遮断することのできる開閉器を設けてはならない。

二　照明器具の口出線と電気配線は，直接接続するものとし，その途中にコンセント，スイッチ，その他これらに類するものを設けてはならない。

三　電気配線は，耐火構造の主要構造部に埋設した配線，次のイからニまでのいずれかに該当する配線又はこれらと同等以上の防火措置を講じたものとしなければならない。

　　イ　下地を不燃材料で造り，かつ，仕上げを不燃材料でした天井の裏面に鋼製電線管を用いて行う配線

　　ロ　準耐火構造の床若しくは壁又は建築基準法第2条第九号の二ロに規定する防火設備で区画されたダクトスペースその他これに類する部分に行う配線

　　ハ　裸導体バスダクト又は耐火バスダクトを用いて行う配線

　　ニ　MIケーブルを用いて行う配線

四　電線は，600 V二種ビニル絶縁電線その他これと同等以上の耐熱性を有するものとしなければならない。

五　照明器具内に予備電源を有する場合は，電気配線の途中にスイッチを設けてはならない。この場合において，前各号の規定は適用しない。

第3　電源

一　常用の電源は，蓄電池又は交流低圧屋内幹線によるものとし，その開閉器には非常用の照明装置用である旨を表示しなければならない。ただし，照明器具内に予備電源を有する場合は，この限りではない。

二　予備電源は，常用の電源が断たれた場合に自動的に切り替えられて接続され，かつ，常用の電源が復旧した場合に自動的に切り替えられて復帰するものとしなければならない。

三　予備電源は，自動充電装置又は時限充電装置を有する蓄電池（開放型のものにあっては，予備電源室その他これに類する場所に定置されたもので，かつ，減液警報装置を有するものに限る。以下この号において同じ。）又は蓄電池と自家用発電装置を組み合わせたもの（常用の電源が断たれた場合に直ちに蓄電池により非常用の照明装置を点灯させるものに限る。）で，充電を行うことなく30分間継続して非常用の照明装置を点灯させることができるものその他これに類するものによるものとし，その開閉器には非常用の照明装置用である旨を表示しなければならない。

第4　その他

一　非常用の照明装置は，常温下で床面において水平面照度で1ルクス（蛍光灯又はLEDランプを用いる場合にあっては2ルクス）以上を確保することができるものとしなければならない。

二　前号の水平面照度は，十分に補正された低照度測定用照度計を用いた物理測定方法によって測定されたものとする。

第5節　防災設備

2) 地下道に設ける非常用の照明設備

地下道に設ける非常用の照明設備については，次のように定められている。

○　地下街の各構えの接する地下道に設ける非常用の照明設備，排煙設備及び排水設備の構造方法を定める件

［昭和44年建設省告示第1730号（最終改正　平成12年国土交通省告示第2465号）］

第1　非常用の照明設備の構造方法

一　地下道の床面において10ルクス以上の照度を確保しうるものとすること。

二　照明設備には，常用の電源が断たれた場合に自動的に切り替えられて接続される予備電源（自動充電装置又は時限充電装置を有する蓄電池（充電を行なうことなく30分間継続して照明設備を作動させることのできる容量を有し，かつ，開放型の蓄電池にあっては，減液警報装置を有するものに限る。），自家用発電装置その他これらに類するもの）を設けること。

三　照明器具（照明カバーその他照明器具に附属するものを含む。）は，絶縁材料で軽微なものを除き，不燃材料で造り，又はおおい，かつ，その光源（光の拡散のためのカバーその他これに類するものがある場合には，当該部分）の最下部は，天井（天井のない場合においては，床版。以下同じ。）面から50 cm以上下方の位置に設けること。

四　照明設備の電気配線は，他の電気回路（電源に接続する部分を除く。）に接続しないものとし，かつ，その途中に地下道の一般歩行者が，容易に電線を遮断することのできる開閉器を設けないこと。

五　照明設備に用いる電線は，600 V二種ビニル絶縁電線又はこれと同等以上の耐熱性を有するものを用い，かつ，地下道の耐火構造の主要構造部に埋設した配線，次のイからニまでの1に該当する配線又はこれらと同等以上の防火措置を講じたものとすること。

　　イ　下地を不燃材料で造り，かつ，仕上げを不燃材料でした天井の裏面に鋼製電線管を用いて行なう配線

　　ロ　耐火構造の床若しくは壁又は建築基準法第2条第九号の二ロに規定する防火設備で区画されたダクトスペースその他これに類する部分に行なう配線

　　ハ　裸導体バスダクト又は耐火バスダクトを用いて行なう配線

　　ニ　MIケーブルを用いて行なう配線

六　前各号に定めるほか，非常用の照明設備として有効な構造のものとすること。

（以下省略）

4.　自動火災報知設備

(1) 概要

自動火災報知設備とは，火災の発生を防火対象物の関係者に自動的に報知する設備であって，感知器，中継器及びP型受信機，R型受信機，GP型受信機若しくはGR型受信機で構成されたもの，又はこれらのものにP型発信機若しくはT型発信機が付加されたもので構成されたものをいう。

(2) 設置規定

1) 設置基準　　消防法施行令第21条の規定による自動火災報知設備設置基準を**表2.5.8**に示す。

表 2.5.8 消防用設備等の設置基準

消防用設備の種類			自動火災報知設備						規則 第23条 煙感知器の設置を必要とする場所		
			令 第 21 条								
令別表第1項目		防火対象物	一般（延べ面積㎡）以上	地階又は2階以上（延べ面積㎡）以上	地階・無窓階3階以上（延べ面積㎡）以上	11階以上の階	指定可燃物	通信機器室（床面積㎡）以上	個室の部分	階段等	天井の高さ	廊下及び通路（防火対象物の部分に限る）	地階・無窓階及び11階以上の部分（防火対象物又はその部分に限る）
(1)	イ●	劇場，映画館，演芸場，観覧場	300	駐車の用に供する部分の存する階で当該部分の床面積200（駐車する全ての車両が同時に屋外に出ることができる構造の階を除く）	300	全部	危険物の規制に関する政令別表第4で定める数量の500倍以上の指定可燃物を貯蔵し又は取扱うもの。	500		エレベータの昇降機・リネンシュート・パイプダクトその他これらに類するもの。階段及び傾斜路。	感知器の取り付け面の高さが15m以上20m未満の場合		⊗
	ロ●	公会堂，集会場										○	⊗
(2)	イ●	キャバレー，カフェ，ナイトクラブの類	300										
	ロ●	遊技場，ダンスホール											
	ハ	性風俗関連特殊営業を営む店舗（(1)イ，(4)，(5)イ，(9)イに掲げる防火対象物の用途に供されているものを除く。）										○	⊗
	ニ●	カラオケボックスその他遊興のための設備又は物品を個室において客に利用させる役務を提供する業務を営む店舗	全部						※5				
(3)	イ	待合，料理店の類	300									○	⊗
	ロ●	飲食店											
(4)	●	百貨店，マーケット，その他の物品販売業を営む店舗，展示場	300									○	⊗
(5)	イ●	旅館，ホテル，宿泊所	全部									○	⊗
	ロ	寄宿舎，下宿，共同住宅	500										
(6)	イ	(1)～(3)病院，診療所，助産所	全部										
		(4)無床診療所又は無床助産所	300										
	ロ●	老人短期入所施設，福祉施設（重度）等	全部									○	⊗
	ハ	入居，宿泊あり老人デイサービスセンター，福祉施設（軽度）等	全部										
		入居，宿泊なし老人デイサービスセンター，福祉施設（軽度）等	300										
	ニ●	幼稚園，特別支援学校											
(7)		小学校，中学校，高等学校，高等専門学校，大学，専修学校，各種学校等	500										
(8)		図書館，博物館，美術館，その他これらに類するもの											
(9)	イ●	公衆浴場のうち蒸気浴場，熱気浴場その他これらに類するもの	200									○	⊗
	ロ	イに掲げる公衆浴場以外の公衆浴場	500										
(10)		車両の停車場，船舶，航空機の発着場	500										
(11)		神社，寺院，教会	1,000										
(12)	イ	工場，作業場	500										
	ロ	映画スタジオ，テレビスタジオ										○	
(13)	イ	自動車車庫，駐車場	500										
	ロ	飛行機又は回転翼航空機の格納庫	全部										
(14)		倉庫	500										
(15)		前各項に該当しない事業場	1,000									○	⊗
(16)	イ	複合用途防火対象物のうちその一部が※「特定用途」に供されているもの	300 ※3						※5			○	⊗
	ロ	イに掲げる複合用途防火対象物以外の複合用途防火対象物	※2										
(16の2)	●	地下街	300 ※3						※5			○	⊗
(16の3)	●	建築物の地階（(16の2)項に掲げるものの各階を除く。）で連続して地下道に面して設けられたものと当該地下道とを合わせたもの（※「特定用途」部分に存ずるものに限る）：通称「準地下街」	500 ※4						※5			○	⊗
(17)		重要文化財，重要有形民俗文化財，史跡，重要美術品として認定された建造物	全部										
(18)		延長50m以上のアーケード											
(注)		(注1)										(注2)	

第5節　防災設備

ガス漏れ火災警報設備 令第21条の2	非常警報器具又は非常警報設備 令第24条			漏電火災警報器 令第22条	
延面積 ㎡以上	器具 非常警報器具	非常警報器具 非常ベル,自動式サイレン,放送設備のいずれか	非常警報器具 放送設備を設置,非常ベル,自動式サイレンを併置	一般 (延べ面積㎡)以上	契約電流容量アンペアをこえるもの
	収容人員	収容人員	地階・無窓階	収容人員	地階・無窓階
地階の床面積の合計が1,000			地階及び無窓階の収容人員20人以上	300	地階を除く階数が11以上のもの又は地階の階数が3以上
		50			300
	20人以上50人未満				50
		20	300		150
		50	800		
		20			
地階の床面積の合計が1,000	20人以上50人未満	50	300	300	
			800	500	
		50	800	500	
地階の床面積の合計が1,000	20人以上50人未満	20	300	300	
		50		150	
				500	
				500	
	20人以上50人未満			300	
		50		1,000	
				1,000	
地階の床面積の合計が1,000で,特定用途部分の床面積が500		500		※4	50
				※2	
床面積の合計が1,000		全部		300	
床面積の合計が1,000で,特定用途部分の床面積が500		全部			
		50		全部	
(注3)	(注4)			(注5)	

[備　考]
● 特定防火対象物に該当
○ 煙感知器又は熱煙複合式スポット型感知器を設置
⊗ 煙感知器,熱煙複合式スポット型感知器又は炎感知器を設置
※「特定用途」(1)項～(4)項,(5)項イ,(6)項,(9)項イに掲げる防火対象物の用途に供されるものをいう。
※1　(2)項イ～ハ,(3)項の地階又は無窓階は,100㎡以上
　　(16)項イ　地階又は無窓階の存する(2)項(3)項の用途部分の床面積合計が100㎡以上
※2　各用途部分の設置基準による
※3　(2)項ニ,(5)項イ,(6)項イ(1)～(3),(6)項ロの用途に供される部分
※4　延べ面積500㎡以上で,かつ,※「特定用途」部分の床面積の合計が300㎡以上
※5　遊興のための設備又は物品を客に利用させる役務の用に供する個室(類する施設含む)の部分

[注]　(注1)　1棟の建物であっても,令第8条に規定される開口部のない耐火構造の床又は壁で区画される場合は,その区画された部分はそれぞれ別の防火対象物として取り扱われる。
　　　(注2)　①スプリンクラー,水噴霧,泡の各消火設備を設置したときは,その有効範囲は免除。ただし,標示温度75℃以下で作動時間が60秒以内の閉鎖型スプリンクラーヘッドを備えているものに限る。
　　　　　　(1)～(4)項,(5)項イ,(6)項,(9)項イ,(16)項イ,(16の2)項,(16の3)項に掲げる防火対象物又はその部分,煙感知器等の設置が必要な場所及び地階・無窓階又は11階以上の階は免除不可。
　　　　　　②次の場所には煙感知器は設置できない。
　　　　　　　イ)じんあい,微粉,水蒸気が多量に滞留する場所
　　　　　　　ロ)腐食性ガスが発生するおそれのある場所
　　　　　　　ハ)厨房等正常時に煙が滞留する場所
　　　　　　　ニ)著しく高温となる場所
　　　　　　　ホ)排気ガスが多量に滞留する場所
　　　　　　　ヘ)維持管理が困難な場所
　　　(注3)　①非常電源を設ける
　　　　　　②ガス燃焼機器が設置されているもの
　　　　　　③ガス燃焼機器を接続するだけで使用可能
　　　(注4)　①非常電源を設ける
　　　　　　②自動火災報知設備の有効範囲の部分は設置免除(放送設備を除く)
　　　　　　③非常ベル,自動式サイレンと同等以上の音響を発する装置を付加した放送設備を設置した場合は,非常ベル,自動式サイレン設置免除
　　　(注5)　間柱若しくは下地を準不燃以外の材料で造った鉄網入りの壁,根太若しくは下地を準不燃以外の材料で造った鉄網入りの床は,天井野縁若しくは下地を準不燃以外の材料で造った鉄網入りの天井を有するものに設置

2) 非常電源の附置 　自動火災報知設備には，非常電源を附置すること。

3) 構成 　自動火災報知設備の構成を図 2.5.2 に示す。

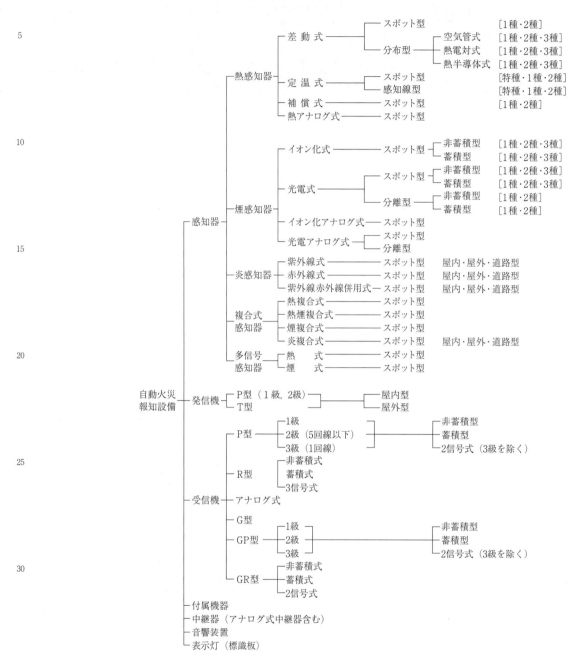

図 2.5.2　自動火災報知設備の構成

4) 用語の定義 　中継器に係る技術上の規格を定める省令（昭和 56 年自治省令第 18 号）第 2 条，火災報知設備の感知器及び発信機に係る技術上の規格を定める省令（昭和 56 年自治省令第 17 号）第 2 条に，表 2.5.9 のとおり規定されている。

表 2.5.9　火災報知設備の用語と定義 (抜粋)

用語	定義
火災信号	火災が発生した旨の信号をいう。
火災表示信号	火災情報信号の程度に応じて，火災表示を行う温度又は濃度を固定する装置(感度固定装置)により処理される火災表示をする程度に達した旨の信号をいう。
火災情報信号	火災によって生じる熱又は煙の程度に係る信号をいう。
ガス漏れ信号	ガス漏れが発生した旨の信号をいう。
設備作動信号	消火設備等が作動した旨の信号をいう。

(3) 受信機

受信機は，受信機に係る技術上の規格を定める省令 (昭和56年自治省令第19号) に，以下のとおり規定されている。

1) 受信機

① 火災信号，火災表示信号，火災情報信号，ガス漏れ信号又は設備作動信号を受信し，火災の発生若しくはガス漏れの発生又は消火設備等の作動を防火対象物の関係者に報知するものをいう。

② 受信機は，感知器，中継器又は発信機の作動と連動して，当該感知器，中継器又は発信機の作動した警戒区域を表示できるものであること。

③ 次に掲げる事態が生じたとき，受信機において，火災が発生した旨の表示をしないこと。

　イ　配線の一線に地絡が生じたとき。
　ロ　開閉器の開閉等により，回路の電圧又は電流に変化が生じたとき。
　ハ　振動又は衝撃を受けたとき。

2) 受信機の種類と機能

受信機には，図 2.5.2 に示す種類がある。各受信機の機能を表 2.5.10 に示す。

表 2.5.10　各種受信機の機能

受信機の種類	主音響装置の音圧 (dB)	火災表示の保持	回線数の制限	予備電源の設置	火災灯の設置	地区表示灯の設置	地区音響装置の設置	電話連絡装置	導通試験装置
R 型受信機	85	○	なし	○	○	○	○	○	×
P 型 1 級受信機	85	○	なし	○	○	○	○	○	○
P 型 1 級受信機	85	○	1回線	○	×	×	○	×	×
P 型 2 級受信機	85	○	5回線以下	○	×	○	○	×	×
P 型 2 級受信機	85	○	1回線	×	×	×	×	×	×
P 型 3 級受信機	70	×	1回線	×	×	×	×	×	×

[備考] ○:必要あり　×:必要なし
[(注)] R型受信機には導通試験装置に代わり外部配線の断線等を検出できる装置を設ける必要がある。

3) 予備電源

① 予備電源を設けること。ただし，接続することができる回線の数が1のP型2級受信機，P型3級受信機，G型受信機，GP型2級受信機及びGP型3級受信機にあっては，この限りでない。

② 予備電源は密閉型蓄電池であること。

③ 主電源が停止したときは主電源から予備電源に，主電源が復旧したときは予備電源から主電源に自動的に切り替える装置を設けること。

4) P型受信機

火災信号若しくは火災表示信号を共通の信号として又は設備作動信号を共通若し

くは固有の信号として受信し，火災の発生を防火対象物の関係者に報知するものをいう。

5) P型1級受信機

① 火災表示の作動を容易に確認することができる装置（以下「火災表示試験装置」という。）及び終端器に至る信号回路の導通を回線ごとに容易に確認することができる装置（以下「導通試験装置」という）による試験機能を有し，かつ，これらの装置の操作中に他の警戒区域からの火災信号又は火災表示信号を受信したとき，火災表示をすることができること。ただし，接続することができる回線の数が1のものにあっては，導通試験装置による試験機能を有しないことができる。

② 次に掲げる場合に発せられる信号を受信したとき，音響装置及び故障表示灯が自動的に作動すること。

イ 火災信号，火災表示信号又は火災情報信号を受信する信号回路の回線以外から電力を供給される感知器又は中継器から，これらの電力の供給が停止した旨の信号を受信した場合

ロ 受信機又は他の中継器から電力を供給される方式の中継器から外部負荷に電力を供給する回路において，ヒューズ，ブレーカその他の保護装置が作動した場合

ハ 受信機又は他の中継器から電力を供給されない方式の中継器の主電源が停止した場合及び当該中継器から外部負荷に電力を供給する回路において，ヒューズ，ブレーカその他の保護装置が作動した場合

③ 火災信号又は火災表示信号の受信開始から火災表示（地区音響装置の鳴動を除く。）までの所要時間は，5秒以内であること。

④ 2回線から火災信号又は火災表示信号を同時に受信したとき，火災表示をすることができること。

⑤ P型1級発信機を接続する受信機（接続することができる回線の数は1のものを除く。）にあっては，発信機からの火災信号を受信した旨の信号を当該発信機に送ることができ，かつ，火災信号の伝達に支障なく発信機との間で電話連絡をすることができること。

⑥ T型発信機を接続する受信機にあっては，2回線以上が同時に作動したとき，通話すべき発信機を任意に選択することができ，かつ，遮断された回線におけるT型発信機に話中音が流れるものであること。

⑦ 蓄積式受信機にあっては，蓄積時間は5秒を超え60秒以内とし，発信機からの火災信号を検出したときは蓄積機能を自動的に解除すること。

⑧ 2信号式受信機にあっては，2信号式の機能を有する警戒区域の回線に蓄積機能を有しないこと。

6) P型2級受信機

① 前記P型1級受信機の②から④まで，並びに⑦及び⑧に定めるところによる。

② 接続することができる回線の数は5以下であること。

③ 火災表示試験装置による試験機能を有し，かつ，この装置の操作中に他の回線からの火災信号又は火災表示信号を受信したとき，火災表示をすることができること。

7) P型3級受信機	①	前記P型1級受信機の②,③及び⑦に定めるところによる。
	②	接続することができる回線の数は1であること。
	③	火災表示試験装置による試験機能を有すること。
8) R型受信機		前記P型1級受信機の②から⑦までによるほか,火災信号,火災表示信号若しくは火災情報信号を固有の信号として,又は設備作動信号を共通若しくは固有の信号として受信し,火災の発生を防火対象物の関係者に報知するものをいう。
9) アナログ式受信機		火災情報信号(当該火災情報信号の程度に応じて火災表示及び注意表示を行う温度又は濃度を設定する装置により処理される火災表示及び注意表示をする程度に達した旨の信号を含む。)を受信し,火災の発生を防火対象物の関係者に報知するものをいう。
10) GP型受信機		P型受信機の機能とG型受信機の機能とを併せもつものをいう。
11) GR型受信機		R型受信機の機能とG型受信機の機能とを併せもつものをいう。
	[注]	G型受信機は,ガス漏れ信号を受信し,ガス漏れの発生を防火対象物の関係者に報知するものであるが,消防法の自動火災報知設備ではない。
12) 2信号式受信機		同一の警戒区域からの異なる2つの火災信号を受信したときに火災表示を行うことができる機能を有するものをいう。

(4) 感知器

感知器は,火災報知設備の感知器及び発信機に係る技術上の規格を定める省令(昭和56年自治省令第17号)に規定されている。

1) 概要	火災により生じる熱,煙又は炎を利用して自動的に火災の発生を感知し,火災信号又は火災情報信号を受信機若しくは中継器又は消火設備等に発信するものをいう。

2) 感知器の種類　感知器には，図2.5.2に示す種類がある。表2.5.11に各種感知器の概要を示す。

表2.5.11　感知器の種類

名　称		感知条件	感知範囲・外観・その他
熱感知器	差動式スポット型感知器	周囲の温度の上昇率が一定の率以上になったときに火災信号を発信する	1局所の熱効果により作動するもの
	差動式分布型感知器	周囲の温度の上昇率が一定の率以上になったときに火災信号を発信する	広範囲の熱効果の累積により作動するもの
	定温式スポット型感知器	1局所の周囲の温度が一定の温度以上になったときに火災信号を発信する	外観が電線状以外のもの
	定温式感知線型感知器	1局所の周囲の温度が一定の温度以上になったときに火災信号を発信する	外観が電線状のもの
	補償式スポット型感知器	差動式スポット型感知器の性能及び定温式スポット型感知器の性能を併せもつ	1の火災信号を発信するもの
	熱複合式スポット型感知器	差動式スポット型感知器の性能及び定温式スポット型感知器の性能を併せもつ	2以上の火災信号を発信するもの
	熱アナログ式スポット型感知器	1局所の周囲の温度が一定の範囲内の温度になったときに当該温度に対応する火災情報信号を発信する	外観が電線状以外のもの
煙感知器	イオン化式スポット型感知器	周囲の空気が一定の濃度以上の煙を含むに至ったときに火災信号を発信する	1局所の煙によるイオン電流の変化により作動するもの
	光電式スポット型感知器	周囲の空気が一定の濃度以上の煙を含むに至ったときに火災信号を発信する	1局所の煙による光電素子の受光量の変化により作動するもの
	光電式分離型感知器	周囲の空気が一定の濃度以上の煙を含むに至ったときに火災信号を発信する	広範囲の煙の累積による光電素子の受光量の変化により作動し，送光部と受光部が分離設置されたもの
	煙複合式スポット型感知器	イオン化式スポット型感知器の性能と光電式スポット型感知器の性能を併せもつ	―
	イオン化アナログ式スポット型感知器	周囲の空気が一定の範囲内の濃度の煙を含むに至ったときに当該濃度に対応する火災情報信号を発信する	1局所の煙によるイオン電流の変化を利用するもの
	光電アナログ式スポット型感知器	周囲の空気が一定の範囲内の濃度の煙を含むに至ったときに当該濃度に対応する火災情報信号を発信する	1局所の煙による光電素子の受光量の変化を利用するもの
	光電アナログ式分離型感知器	周囲の空気が一定の範囲内の濃度の煙を含むに至ったときに当該濃度に対応する火災情報信号を発信する	広範囲の煙の累積による光電素子の受光量の変化を利用するもので，送光部と受光部が分離設置されたもの
	熱煙複合式スポット型感知器	差動式スポット型感知器の性能又は定温式スポット型感知器の性能及びイオン化式スポット型感知器の性能又は光電式スポット型感知器の性能を併せもつ	―
炎感知器	紫外線式スポット型感知器	炎から放射される紫外線の変化が一定の量以上になったときに火災信号を発信する	1局所の紫外線による受光素子の受光量の変化により作動するもの
	赤外線式スポット型感知器	炎から放射される赤外線の変化が一定の量以上になったときに火災信号を発信する	1局所の赤外線による受光素子の受光量の変化により作動するもの
	紫外線赤外線併用式スポット型感知器	炎から放射される紫外線及び赤外線の変化が一定の量以上になったときに火災信号を発信する	1局所の紫外線及び赤外線による受光素子の受光量の変化により作動するもの
	炎複合式スポット型感知器	紫外線式スポット型感知器の性能及び赤外線式スポット型感知器の性能を併せもつ	―
多信号感知器		異なる2以上の火災信号を発信するもの	―

(5) 発信機

発信機は，火災報知設備の感知器及び発信機に係る技術上の規格を定める省令（昭和56年自治省令第17号）に規定されている。

1) P型発信機
① 各発信機に共通又は固有の火災信号を受信機に手動により発信するもので，発信と同時に通話することができないものをいう。
② P型1級受信機，GP型1級受信機，R型受信機及びGR型受信機に接続するものはP型1級発信機とし，P型2級受信機及びGP型2級受信機に接続するものはP型2級発信機とすること。

2) P型1級発信機
① 火災信号は，押しボタンスイッチを押したときに伝達されること。
② 押しボタンスイッチを押した後，当該スイッチが自動的に元の位置に戻らない構造の発信機にあっては，当該スイッチを元の位置に戻す操作を忘れないための措置を講ずること。

③ 押しボタンスイッチは，その前方に保護板を設け，その保護板を破壊し，又は押し外すことにより，容易に押すことができること。

④ 保護板は，透明の有機ガラスを用いること。

⑤ 指先で押し破り，又は押し外す構造の保護板は，その中央部の直径20 mmの円内に20 Nの静荷重を一様に加えた場合に，押し破られ，又は押し外されることなく，かつ，たわみにより押しボタンスイッチに触れることなく，80 Nの静荷重を一様に加えた場合に，押し破られ又は押し外されること。

⑥ 火災信号を伝達したとき，受信機が当該信号を受信したことを確認することができる装置を有すること。

⑦ 火災信号の伝達に支障なく，受信機との間で，相互に電話連絡をすることができる装置を有すること。

⑧ 外箱の色は，赤色であること。

3) P型2級発信機　前記P型1級発信機の①から⑤及び⑧に定めるところによる。

4) T型発信機　各発信機に共通又は固有の火災信号を受信機に手動により発信するもので，発信と同時に通話することができるものをいう。

① 火災信号は，送受話器を取り上げたときに伝達されること。

② 押しボタンスイッチを押した後，当該スイッチが自動的に元の位置に戻らない構造の発信機にあっては，当該スイッチを元の位置に戻す操作を忘れないための措置を講ずること。

③ 送受話器は，その取扱いが容易にできること。

④ 受信機との間で，同時通話をすることができる装置を有すること。

⑤ 外箱の色は，赤色であること。

5) 中継器　火災信号，火災表示信号，火災情報信号，ガス漏れ信号又は設備作動信号を受信し，これらを信号の種別に応じて，他の中継器，受信機又は消火設備等に発信するものをいう。

(6) 設計

1) 警戒区域　警戒区域とは，火災の発生した区域を他の区域と区別して識別することができる最小単位の区域をいう（消防令第21条，消防則第23条）

表2.5.12に示すように原則と例外がある。

表2.5.12　警戒区域

原　則	例　外
防火対象物の2以上の階にわたらないものとすること	1の警戒区域の面積が500 m²以下であり，かつ，当該警戒区域が防火対象物の2の階にわたる場合
	階段及び傾斜路並びにエレベーターの昇降路，リネンシュート，パイプダクトその他これらに類するものに煙感知器を設ける場合
1の警戒区域の面積は600 m²以下とすること	当該防火対象物の主要な出入口からその内部を見通すことができる場合にあっては，その面積を1,000 m²以下とすることができる
1の警戒区域の1辺の長さは50 m以下とすること	光電式分離型感知器を設置する場合にあっては，その長さを100 m以下とすることができる

		2) 感知器の設置場所	感知器は，3) に掲げる場所以外で，点検その他の維持管理ができる場所に設けるものとする。感知器の取付け面の高さは**表 2.5.13** に示す。

2) 感知器の設置場所　　感知器は，3) に掲げる場所以外で，点検その他の維持管理ができる場所に設けるものとする。感知器の取付け面の高さは**表 2.5.13** に示す。

3) 感知器の設置禁止場所

① 感知器（炎感知器を除く。）の取付け面（感知器を取り付ける天井の室内に面する部分又は上階の床若しくは屋根の下面をいう。）の高さが20m以上である場所

② 上屋その他外部の気流が流通する場所で，感知器によっては当該場所における火災の発生を有効に感知することができないもの

③ 天井裏で天井と上階の床との間の距離が0.5m未満の場所

4) 感知器の取付けと感知面積　　各種感知器の取付け面の高さと感知面積を**表 2.5.13** に示す。

表 2.5.13　感知器の取付け面の高さと感知面積［消防法施行規則第 23 条］

取付け面の高さ 感知器の種別		感知器の取付け面の高さと感知面積 [m²]						
		4m 未満		4m～8m 未満		8m～15m 未満		15m～20m 未満
		耐火構造	その他	耐火構造	その他	耐火構造	その他	
差動式スポット型	1種	90	50	45	30	—	—	—
	2種	70	40	35	25	—	—	—
差動式分布型	1種	65	40	65	40	50	30	—
	2種	36	23	36	23	—	—	—
補償式スポット型	1種	90	50	45	30	—	—	—
	2種	70	40	35	25	—	—	—
定温式スポット型	特種	70	40	35	25	—	—	—
	1種	60	30	30	15	—	—	—
	2種	20	15	—	—	—	—	—
イオン化式，光電式スポット型 イオン化アナログ式，光電アナログ式スポット型	1種	150	150	75	75	75	75	75
	2種	150	150	75	75	75	75	—
	3種	50	50	—	—	—	—	—

注：−印は適応できないものを示す。

5) 煙感知器等の設置義務の場所　　消防法施行令第21条に掲げる防火対象物又はその部分（**表 2.5.8**）のうち，次の場所には［　］内の感知器を設置しなければならない。

① 階段及び傾斜路［煙］

② 廊下及び通路（令別表第1(1)～(6)，(9)，(12)，(15)，(16)イ，(16の2)，(16の3) 項に限る。）［煙又は熱煙複合式スポット型］

③ エレベータの昇降路，リネンシュート，パイプダクトその他これらに類するもの［煙］

④ 感知器を設置する区域の天井等の高さが15m以上20m未満の場所［煙又は炎］

⑤ 感知器を設置する区域の天井等の高さが20m以上の場所［炎］

⑥ ①～⑤に掲げる場所以外の地階，無窓階及び11階以上の部分（令別表第1(1)～(4)，(5)イ，(6)，(9)イ，(15)，(16)イ，(16の2)，(16の3) 項に限る。）［煙，熱煙複合式スポット型又は炎］

6) 煙感知器及び熱煙複合式スポット型感知器の設置禁止場所

① 3) ①～③までに掲げる場所

② じんあい，微紛又は水蒸気が多量に滞留する場所

③ 腐食性ガスが発生するおそれのある場所

④ 厨房その他正常時において煙が滞留する場所

⑤ 著しく高温となる場所

⑥ 排気ガスが多量に滞留する場所

⑦ 煙が多量に流入するおそれのある場所

⑧ 結露が発生する場所

⑨ 感知器の機能に支障を及ぼすおそれのある場所

7) 煙感知器の設置禁止場所と代替感知器

煙感知器の設置禁止場所への代替適応の熱感知器・炎感知器を表2.5.14に示す。

表2.5.14 煙感知器の代替感知器
「自動火災報知設備の感知器の設置に関する選択基準について」消防予第35号 平成6年

設置場所		適応熱感知器								炎感知器
環境状態	具体例	差動式スポット型		差動式分布型		補償式スポット型		定温式		熱アナログ式スポット型	
		1種	2種	1種	2種	1種	2種	特種	1種		
じんあい, 微粉等が多量に滞留する場所	ごみ集積所, 荷捌所, 塗装室, 紡績・製材・石材等の加工場等	○	○	○	○	○	○	○	△	○	○
水蒸気が多量に滞留する場所	蒸気洗浄室, 脱衣室, 湯沸室, 消毒室等	×	×	×	○	×	○防水	○防水	○防水	○防水	×
腐食性ガスが発生するおそれのある場所	メッキ工場, バッテリー室, 汚水処理場等	×	×	○	○	○	○	○	△	○	×
厨房その他正常時において煙が滞留する場所	厨房室, 調理室, 溶接作業所 (高湿度の場所は防水型を使用) 等	×	×	×	×	×	×	○	○	○	×
著しく高温となる場所	乾燥室, 殺菌室, ボイラー室, 鋳造場, 映写室, スタジオ等	×	×	×	×	×	×	○	○	○	×
排気ガスが多量に滞留する場所	駐車場, 車庫, 荷物取扱所, 車路, 自家発電室, トラックヤード, エンジンテスト室等	○	○	○	○	○	○	×	×	○	○
煙が多量に流入するおそれのある場所	配膳室, 厨房の前室, 厨房内にある食品庫, ダムウェータ等	○	○	○	○	○	○	○	○	○	×
	厨房周辺の廊下・通路, 食堂等	○	○	○	○	○	○	×	○	○	×
結露が発生する場所	スレート又は鉄板で葺いた屋根の倉庫・工場, パッケージ型冷却機専用の収納室, 密閉された地下倉庫, 冷凍室の周辺等	×	×	○	○	○防水	○防水	○防水	○防水	○防水	×
火を使用する設備で火炎が露出するものが設けられている場所	ガラス工場, キューポラのある場所, 溶接作業場, 厨房, 鋳造所, 鍛造所等	×	×	×	×	×	×	○	○	○	×

注1 ○印は当該場所に適応することを示し, △印は適応するが望ましくないものを示す。
　　×印は当該場所に適応しないことを示す。
　2 設置場所の欄に掲げる「具体例」については, 感知器の取付け面の付近 (炎感知器にあっては公称監視距離の範囲) が, 「環境状態」の欄に掲げるような状態にあるものを示す。

8) 炎感知器の設置禁止場所

① 天井裏で天井と上階の床との間の距離が0.5m未満の場所

② 腐食性ガスが発生するおそれのある場所

③ 厨房その他正常時において煙が滞留する場所

④ 著しく高温となる場所

⑤ 煙が多量に流入するおそれのある場所

⑥ 結露が発生する場所

⑦ 水蒸気が多量に滞留する場所

⑧ 火を使用する設備で火炎が露出するものが設けられている場所

⑨ 感知器の機能に支障を及ぼすおそれのある場所

(7) 機器の取付け

1) 受信機
① 受信機及び副受信機は，壁面又は床面に堅固に取付け，水平移動，転倒，落下等がないようにすること。自立型は耐震処置を施す。
② 受信機の操作部は，床からの高さが 0.8 m（椅子に座って操作するものは 0.6 m）以上 1.5 m 以下とすること。
③ 受信機は，防災センター等（中央管理室，守衛室等常時人がいる場所をいう。）に設けること。
④ 受信機の付近に警戒区域一覧図を備えておくこと。
　アナログ式の場合は，中継器及び受信機の付近に表示温度設定一覧図を備えておくこと。
⑤ 1の防火対象物に 2 以上の受信機を設けるときは，これらの受信機のある場所相互の間で同時に通話することができる設備を設けること。

2) 差動式，定温式，補償式，熱複合式スポット型感知器
① 換気口等の空気吹出し口から 1.5 m 以上離すこと。
② 45°以上傾斜させないこと。
③ 感知器の下端は，取付け面の下方 0.3 m 以内とすること。
④ 壁又は取付け面から 0.4 m 以上突出したはり等によって区画された部分ごとに設けること。

3) 差動式分布型感知器（空気管式）
① 感知器の露出部分は，感知区域ごとに 20 m 以上とすること。
② 感知器の下端は，取付け面の下方 0.3 m 以内とすること。
③ 感知器は，感知区域の取付け面の各辺から，1.5 m 以内の位置に設け，かつ，相対する感知器の相互間隔は，主要構造部が耐火構造の場合は 9 m 以下，その他の場合は 6 m 以下とすること。
④ 1の検出部に接続する空気管の長さは，100 m 以下とすること。

4) イオン化式，光電式スポット型煙感知器
① 換気口等の空気吹出し口から 1.5 m 以上離すこと。
② 45°以上傾斜させないこと。
③ 天井が低い居室又は狭い居室にあっては入口付近に設けること。
④ 天井付近に吸気口のある居室にあっては吸気口付近に設けること。
⑤ 感知器の下端は，取付け面の下方 0.6 m 以内とすること。
⑥ 壁又ははりから 0.6 m 以上離して設けること。
⑦ 壁又は取付け面から 0.6 m 以上突出したはり等によって区画された部分ごとに設けること。
⑧ 廊下及び通路の取付け間隔は，歩行距離 30 m（3種は 20 m）以内とすること。
⑨ 階段及び傾斜路の取付け間隔は，垂直距離 15 m（3種は 10 m）以内とすること。

5) 光電式分離型感知器
① 感知器の受光面が日光を受けないように設けること。
② 感知器の光軸（送光面の中心と受光面の中心と結ぶ線）が並行する壁から 0.6 m 以上離れた位置になるように設けること。
③ 感知器の送光部及び受光部は，その背面の壁から 1 m 以内の位置に設けること。
④ 感知器の光軸の高さは，天井等の高さの 80 % 以上となるように設けること。
⑤ 感知器の光軸の長さは，公称監視距離の範囲以内となるように設けること。
⑥ 壁によって区画された区域ごとに，当該区域の各部分から一の光軸までの水平

距離が 7 m 以下となるように設けること。

6) 炎感知器
① 感知器は天井等，又は壁に設けること。
② 感知器は壁によって区画された区域ごとに当該区域の床面から高さ 1.2 m までの空間の各部分から当該感知器までの距離が公称監視距離の範囲内となるように設けること。
③ 感知器は障害物等により有効に火災の発生を感知できないことがないように設けること。
④ 感知器は日光を受けない位置に設けること。ただし，感知障害が生じないように遮光板等を設けた場合にあってはこの限りでない。

7) 地区音響装置
① 各階ごとに，その階の各部分から一の地区音響装置までの水平距離が 25 m 以下となるように設けること。
② 受信機から地区音響装置までの配線は，600 V 二種ビニル絶縁電線又はこれと同等の耐熱性を有する電線を使用すること。
③ 地区音響装置は，1 の防火対象物に 2 以上の受信機が設けられているときは，いずれの受信機からも鳴動させることができるものであること。
④ 地区音響装置の主要部の外箱の材料は，不燃性又は難燃性のものとすること。
⑤ 地区音響装置（音声式以外のもの）の音圧又は音色は，取り付けられた音響装置の中心から 1 m 離れた位置で 90 dB 以上であること。
⑥ 地区音響装置（音声式のもの）の音圧又は音色は，取付けられた音響装置の中心から 1 m 離れた位置で 92 dB 以上であること。
⑦ 地区音響装置を，ダンスホール，カラオケボックスその他これらに類するもので，室内又は室外の音響が聞き取りにくい場所に設ける場合にあっては，当該場所において他の警報音又は騒音と明らかに区別して聞き取ることができるように措置されていること。

8) 発信機
発信機は床面からの高さが，0.8 m 以上 1.5 m 以下とすること。また，各階ごとに，その階の各部分からの歩行距離が 50 m 以下となるように設けること。

9) 表示灯
① 発信機の直近の箇所に設けること。
② 表示灯は，赤色の灯火で，取付け面と 15° 以上の角度となる方向に沿って 10 m 離れた所から点灯していることが容易に識別できること。

(8) 配線

1) 感知器回路
① 感知器の信号回路は，容易に導通試験ができるように，送り配線とし，回路の末端に発信機，押しボタン又は終端器を設けること。ただし，配線が感知器若しくは発信機からはずれた場合又は断線等があった場合に受信機が自動的に警報を発するものにあっては，この限りでない。
② 共通線を設ける場合の共通線は，1 本につき 7 警戒区域以下とすること。
③ P 型受信機及び GP 型受信機の感知器回路の電路の抵抗は，50 Ω 以下となるように設けること。

2) 感知器等から受信機までの配線
① R 型受信機及び GR 型受信機に接続される固有の信号を有する感知器及び中継器から受信機までの配線，及び受信機から地区音響装置までの配線は，600 V 二種ビニル絶縁電線又はこれと同等以上の耐熱性を有する電線を使用すること。

② 金属管工事，可とう電線管工事，金属ダクト工事又はケーブル工事により施設すること。

3) スピーカ回路　　火災により1の階のスピーカ又はスピーカの配線が短絡又は断線した場合にあっても，他の階への火災の報知に支障がないように設けること。

4) 電源回路
① 電源は，蓄電池又は交流低圧屋内幹線から他の配線を分岐させずにとること。
② 電源の開閉器には，自動火災報知設備用のものである旨の表示をすること。

5) 絶縁抵抗　　直流250 Vの絶縁抵抗計で計った値が次の数値であること。
① 電源回路と大地間及び配線相互間の絶縁抵抗は，電源回路の対地電圧が150 V以下の場合は0.1 MΩ以上，同150 Vを超える場合は0.2 MΩ以上。
② 感知器回路及び附属装置回路と大地間及び配線相互間の絶縁抵抗は，一の警戒区域ごとに，0.1 MΩ以上。

6) 禁止事項
① 接地電極に常時直流電流を流す回路方式は，用いてはならない。
② 感知器，発信機又は中継器の回路と自動火災報知設備以外の設備の回路とが同一の配線を共有する回路方式は，用いてはならない。
③ 自動火災報知設備の配線に使用する電線とその他の電線とは同一の管，ダクト若しくは線ぴ又はプルボックス等の中に設けないこと。

5. ガス漏れ火災警報設備

(1) 概要

ガス漏れ警報設備とは，ガス漏れを検知し，そのガス漏れを建築物等の関係者又は利用者に警報する設備であって，検知器及び受信機又は検知器，中継器及び受信機で構成されたものに警報装置を付加したものをいう。

(2) 設置規定

1) 設置基準　　消防法施行令第21条の2の規定によるガス漏れ火災警報設備の設置基準は，表2.5.8による。

2) 非常電源の附置
① ガス漏れ火災警報設備には，非常電源を附置すること。
② 電源は，蓄電池又は交流低圧屋内幹線から他の配線を分岐させずにとること。
③ 電源の開閉器には，ガス漏れ火災警報設備用のものである旨を表示すること。

3) 検知器　　ガス漏れを検知し，中継器若しくは受信機に発信するもの又はガス漏れを検知し，ガス漏れの発生を音響により警報するとともに中継器若しくは受信機に発信するものをいう。

4) 中継器　　検知器から発せられた信号を受信し，これを受信機又は警報装置に発信するものをいう。

5) 受信機　　検知器から発せられた信号を受信し，又はこの信号を中継器を介して受信し，ガス漏れの発生を当該建築物等の関係者に警報するものをいう。

6) 警報装置　　ガス漏れの発生を建築物等の関係者及び利用者に警報する装置をいう。

7) 警戒区域
① ガス漏れ火災警報設備の警戒区域は，防火対象物の2以上の階にわたらないものとすること。
② 1の警戒区域の面積は，600 m²以下とすること。

（3）機器の取付け

1) ガス漏れ検知器
   ① ガス漏れ検知器は，天井の室内に面する部分又は壁面の点検に便利な場所に，ガスの性状に応じて設けること。
   ② 出入口の付近で外部の気流がひんぱんに流通する場所，換気口の空気の吹き出し口から1.5 m以内の場所，燃焼器の廃ガスに触れやすい場所その他ガス漏れの発生を有効に検知することができない場所に設けてはならない。

2) 検知器（液化石油ガスを検知の対象とするものを除く）
   ① 燃焼器から水平距離で8 m以内の位置に設けること。
   ② 検知器の下端は，天井面等の下方0.3 m以内の位置に設けること。

3) 液化石油ガスを検知の対象とする検知器
   ① 燃焼器又は貫通部から水平距離で4 m以内の位置に設けること。
   ② 検知器の上端は，床面の上方0.3 m以内の位置に設けること。

4) 中継器
   ① 受信機において，受信機から検知器に至る配線の導通を確認することができないものにあっては，回線ごとに導通を確認することができるように受信機と検知器との間に中継器を設けること。ただし，受信機に接続することができる回線の数が5以下のものにあっては，この限りでない。

5) 受信機
   ① 操作スイッチは，床面からの高さが0.8 m以上1.5 m以下の箇所に設けること。
   ② 主音響装置の音圧及び音色は，他の警報音又は騒音と明らかに区別して聞き取ることができること。
   ③ 音圧は，音響装置の中心から前方1 m離れた箇所において70 dB以上であること。
   ④ 1の防火対象物に2以上の受信機を設けるときは，これらの受信機のある場所相互の間で同時に通話することができる設備を設けること。

6) 警報装置
   ① 音圧及び音色は，他の警報音又は騒音と明らかに区別して聞き取ることができること。
   ② 警報音の音圧は前方1 m離れた箇所で70 dB以上であること。
   ③ スピーカーは，各階ごとに，その階の各部分から1のスピーカーまでの水平距離が25 m以下となるように設けること。

6. 非常警報設備

（1）概要

非常警報設備は，火災が発生したことを，関係者が音響又は音声によって居住者等に対して知らせる目的により消防法に定められたもので，非常ベル，自動式サイレン又は放送設備があり，防火対象物に応じた収容人員の数又は階数によって設ける。

（2）設置規定

1) 設置基準
   消防法施行令第24条，施行規則第25条の2，及び非常警報設備の基準（昭和48年消防庁告示第6号）の設置基準は，表2.5.8による。
2) 非常電源の附置
   非常警報設備には，非常電源を附置すること。
3) 設置規定の緩和
   当該防火対象物に自動火災報知設備が設置されているときは，その設備の有効範囲内の部分については，非常警報設備を設けなくてもよい。

ただし，次に掲げるものは緩和されない。
① 消防令別表第1（16の2）項及び（16の3）項に掲げる防火対象物
② 消防令別表第1に掲げる防火対象物（①に掲げるものを除く。）で，地階を除く階数が11以上のもの又は地階の階数が3以上のもの
③ 消防令別表第1⒃項イに掲げる防火対象物で，収容人員が500人以上のもの
④ ②，③に掲げるもののほか，消防令別表第1 (1)項から(4)項まで，(5)項イ，(6)項及び(9)項イに掲げる防火対象物で収容人員が300人以上のもの又は同表(5)項ロ，(7)項及び(8)項に掲げる防火対象物で収容人員が800人以上のもの

4) 非常ベル　　起動装置，音響装置（サイレンを除く。），表示灯，電源及び配線により構成されるものをいう。

5) 自動式サイレン　　起動装置，音響装置（サイレン），表示灯，電源及び配線により構成されるものをいう。

6) 放送設備　　起動装置，表示灯，スピーカ，増幅器，操作部，電源及び配線により構成されるもの（自動火災報知設備と連動するものにあっては，起動装置及び表示灯を省略したものを含む。）をいう。

(3) 機器の取付け

1) 非常ベル，自動式サイレンの音響装置
① 音圧は，取付けられた音響装置の中心から1m離れた位置で90dB以上であること。
② 地階を除く階数が5以上で延べ面積が3,000㎡を超える防火対象物の場合，出火階が，2階以上の階の場合にあっては出火階及びその直上階，1階の場合にあっては出火階，その直上階及び地階，地階の場合にあっては出火階，その他直上階及びその他の地階に限って警報を発することができるものであること。
　この場合において，一定の時間が経過した場合又は新たな火災信号を受信した場合には，当該設備を設置した防火対象物又はその部分の全区域に自動的に警報を発するように措置されていること。
③ 各階ごとに，その階の各部分から一の音響装置までの水平距離が25m以下となるように設けること。
④ 起動装置を操作してから必要な音量で警報を発することができるまでの所要時間は，10秒以内であること。

2) 起動装置
① 防火対象物の11階以上の階，地下3階以下の階又は令別表第1（16の2）項及び（16の3）項に掲げる防火対象物に設ける放送設備の起動装置に，防災センター等と通話することができる装置を付置すること。ただし，起動装置を非常電話とする場合にあっては，この限りでない。
② 各階ごとに，その階の各部分から1の起動装置までの歩行距離が50m以下となるように設けること。
③ 起動装置は，床面からの高さが0.8m以上1.5m以下の箇所に設けること。
④ 起動装置操作部の押しボタンスイッチを押したときに，火災信号が伝達されること。

3) 表示灯
① 起動装置の直近の箇所に表示灯を設けること。
② 表示灯は，赤色の灯火で，取付け面と15°以上の角度となる方向に沿って10m

離れた所から点灯していることが容易に識別できるものであること。

③ 非常ベル及び自動式サイレンの表示灯は，不燃性又は難燃性であること。

4) 配線 配線は，3.自動火災報知設備（8）配線に準じて設ける。

5) 放送設備 放送設備は，非常時には10秒以内に放送が可能であり，通常の業務放送と兼用するものは，一般放送を一時遮断して放送できるもので，停電時も10分間放送できる非常電源を有するものとする。

7. 誘導灯設備

(1) 概要

誘導灯設備は，災害時に建物内の人々を屋外に安全かつ迅速に避難誘導することを目的として，居室の出入口，廊下，階段等に設置して，避難口の位置及び避難の方向を的確に指示し，通路等の床面に有効な照度を与えるものである。

(2) 区分

誘導灯は，避難口誘導灯，通路誘導灯及び客席誘導灯の3つに区分されるが，それぞれの設置場所及び主な目的を表2.5.15に示す。

表2.5.15 誘導灯の区分と設置場所・目的

区　分	設　置　場　所	主　な　目　的
避難口誘導灯	避難口（その上部又は直近の避難上有効な箇所）	避難口の位置の明示
通路誘導灯	廊下，階段，通路その他避難上の設備がある場所	階段又は傾斜路以外に設けるもの：避難の方向の明示 階段又は傾斜路に設けるもの：・避難上必要な床面照度の確保　・避難の方向の確認（当該階の表示等）
客席誘導灯	令別表第1(1)項に掲げる防火対象物及び当該用途に供される部分の客席	避難上必要な床面照度の確保

避難口誘導灯及び通路誘導灯（階段又は傾斜路に設けるものを除く。）は，表示面の縦寸法と表示面の明るさ（表示面の平均輝度×面積）により，それぞれA級，B級及びC級に細区分されている。

誘導灯の区分による表示面の縦寸法と明るさを表2.5.16に示す。

表2.5.16 表示面の縦寸法と明るさ

区　分		表示面の縦寸法 [m]	表示面の明るさ [カンデラ]
避難口誘導灯	A級	0.4以上	50以上
	B級 BH	0.2以上 0.4未満	20以上
	B級 BL		10以上
	C級	0.1以上 0.2未満	1.5以上
通路誘導灯	A級	0.4以上	60以上
	B級 BH	0.2以上 0.4未満	25以上
	B級 BL		13以上
	C級	0.1以上 0.2未満	5以上

(3) 設置規定

1) 設置基準 誘導灯及び誘導標識については，避難上の有効性を確保するため，消防法施行令第26条，施行規則第28条，第28条の2，第28条の3，及び「誘導灯及び誘導標識の基準（平成11年消防庁告示第2号）」の規定により，設置・維持に係る技術基準が定められている。設置基準を表2.5.17に示す。

表 2.5.17 誘導灯の設置基準

設置基準 防火対象物の区分 (令別表第1抜粋)			避難口誘導灯 一般	避難口誘導灯 地下,無窓階及び11階以上の部分	通路誘導灯 一般	通路誘導灯 地下,無窓階及び11階以上の部分	客席誘導灯	*誘導標識	避難口誘導灯 その階の床面積 1,000㎡以上	避難口誘導灯 その階の床面積 1,000㎡未満	通路誘導灯 室内 その階の床面積 1,000㎡以上	通路誘導灯 室内 その階の床面積 1,000㎡未満	通路誘導灯 廊下 その階の床面積 1,000㎡以上	通路誘導灯 廊下 その階の床面積 1,000㎡未満
(1)	イ	劇場,観覧場等	全部		全部		全部	全						
	ロ	公会堂,集会場												
(2)	イ	キャバレー等	全部		全部				※1		※2			
	ロ	遊技場等												
	ハ	性風俗店舗等												
	ニ	カラオケボックス等												
(3)	イ	待合,料理店等	全部		全部									
	ロ	飲食店												
(4)		百貨店,展示場等	全部		全部									
(5)	イ	旅館,宿泊所等	全部		全部									
	ロ	寄宿舎,共同住宅等		○		○								
(6)	イ	病院,診療所等	全部		全部				C級以上 (矢印付はB級以上)		C級以上		C級以上	
	ロ	老人短期入所施設等												
	ハ	老人デイサービスセンター等												
	ニ	幼稚園,特別支援学校												
(7)		学校等		○		○								
(8)		図書館,美術館等		○		○								
(9)	イ	蒸気,熱気浴場等	全部		全部				※1		※2			
	ロ	イ以外の公衆浴場												
(10)		停車場,発着場等		○		○			※1		※2			
(11)		神社,寺院,教会等		○		○		部						
(12)	イ	工場,作業場		○		○			C級以上 (矢印付はB級以上)		C級以上			
	ロ	映画又はテレビスタジオ												
(13)	イ	車庫,駐車場		○		○								
	ロ	飛行機等の格納庫												
(14)		倉庫		○		○								
(15)		前項以外の事業場		○		○								
(16)	イ	特定複合建物	全部		全部		(1)項の用途の部分		※1		※2			
	ロ	イ以外の複合建物		○		○								
(16の2)		地下街	全部		全部		(1)項の用途の部分		※1		※2			
(16の3)		地下道	全部		全部									

○印は当該階の部分に設置が必要
＊避難口誘導灯又は通路誘導灯を設置した部分には誘導標識は省略できる
※1 A級又はB級BH形又はB級BL形の点滅機能付
※2 A級又はB級BH形

2) 設置免除の防火対象物又はその部分

避難が容易であると認められる防火対象物又はその部分については,消防法施行規則第28条の2の規定により,設置が免除される。概要を**表 2.5.18** に示す。

表 2.5.18　誘導灯・誘導標識の取付けが免除される防火対象物又はその部分

区　　分		防火対象物又はその部分	省略できる個所
避難口誘導灯	避難階（無窓階を除く。）	令別表第1(1)項から(16)項までに掲げる防火対象物の階のうち，居室の各部分から主要な避難口を容易に見とおし，かつ，識別できる階	歩行距離20m以下
	避難階以外の階（地階及び無窓階を除く。）		歩行距離10m以下
通路誘導灯	避難階（無窓階を除く。）	令別表第1(1)項から(16)項までに掲げる防火対象物の階のうち，居室の各部分から主要な避難口又はこれに設ける避難口誘導灯を容易に見とおし，かつ，識別できる階	歩行距離40m以下
	避難階以外の階（地階及び無窓階を除く。）		歩行距離30m以下
	階段又は傾斜路	令別表第1(1)項から（16の3）項までに掲げる防火対象物のうち，非常用の照明装置により，避難上必要な照度が確保されるとともに，避難の方向の確認（当該階の表示等）ができる場合。	全　　部
誘導標識		令別表第1(1)項から(16)項までに掲げる防火対象物の階のうち，居室の各部分から主要な避難口を容易に見とおし，かつ，識別できる階	歩行距離30m以下

(4) 有効範囲

　避難口誘導灯及び通路誘導灯は，原則として，当該誘導灯までの歩行距離が次に定める距離以下となる範囲とすること。ただし，当該誘導灯を容易に見とおすことができない場合又は識別することができない場合にあっては，当該誘導灯までの歩行距離が10m以下となる範囲とする。

　表2.5.19の左欄に示した区分に応じ，右欄に掲げる距離以下とすること。

表 2.5.19　誘導灯の有効範囲

区分		避難方向を示すシンボルのないもの	避難方向を示すシンボルのあるもの
避難口誘導灯	A級	60 m	40 m
	B級	30 m	20 m
	C級	15 m	－
通路誘導灯	A級	－	20 m
	B級	－	15 m
	C級	－	10 m

(5) 構造・性能

1) 誘導灯の構造
① 光源は，非常電源に切り替えられた場合において，即時点灯性を有するものであること。
② 誘導灯に内蔵する蓄電池設備は，密閉型蓄電池であって，時限充電又は自動充電を行うことができるものであるとともに，JIL 5502の充電電流及び充電基準電圧に適合する充放電特性を有するものであること。
③ 床面に設ける通路誘導灯は，荷重により破壊されない強度を有するものであること。
④ 避難口誘導灯にあっては，緑色の地に避難口であることを示す消防庁告示「誘導灯及び誘導標識の基準」により定められた図2.5.3(a)のシンボル（避難の方向を示す図2.5.3(b)のシンボル又は図2.5.3(c)の文字を併記したものを含む。）とすること。ただし，C級のものにあっては，避難の方向を示す図2.5.3(b)のシンボルを併記してはならない。

⑤ 通路誘導灯（階段に設けるものを除く。）にあっては，白色の地に避難の方向を示す図2.5.3(b)のシンボル（避難口であることを図2.5.3(a)のシンボル又は図2.5.3(c)の文字を併記したものを含む。）とすること。

なお，階段に設ける通路誘導灯については，表示面の表示内容について特段の規定はない。また，傾斜路に設けるもので，避難の方向が明らかな場合は，避難の方向を示すシンボルを省略してよい。

⑥ 表示面の形状は，正方形又は縦寸法を短辺とする長方形であること。

2) 誘導灯の性能
① 誘導灯の表示面は，表2.5.20の平均輝度を有すること。

表2.5.20 平均輝度の範囲

電源の別	誘導灯の区分		平均輝度 [cd/㎡]
常用電源	避難口誘導灯	A級	350 以上 800 未満
		B級	250 以上 800 未満
		C級	150 以上 800 未満
	通路誘導灯	A級	400 以上 1,000 未満
		B級	350 以上 1,000 未満
		C級	300 以上 1,000 未満
非常電源	避難口誘導灯		100 以上 300 未満
	通路誘導灯		150 以上 400 未満

② 点滅機能を有する誘導灯の点滅周期は，2 Hz ± 0.2 Hzであること。

③ 音声誘導機能を有する誘導灯の音響装置は，次による。

イ 音声誘導音は，シグナル，メッセージ，1秒間の無音状態の順に連続するものを反復するものであること。

ロ シグナルは，基本周波数の異なる2の周期的複合波をつなぎ合わせたものを2回反復したものとすること。

ハ メッセージは女声によるものとし，避難口に誘導する内容のものであること。

ニ 音声誘導音は，サンプリング周波数8 kHz以上及び再生周波数帯域3 kHz以上のAD-PCM符号化方式による音声合成音又はこれと同等以上の音質を有するものであること。

ホ 音響装置の音圧は，シグナルを定格電圧で入力した場合，音響装置の中心軸上から1 m離れた位置で90 dB以上であること。

ヘ 音圧を調節する装置が設けられている場合にあっては，最低調整音圧は音響装置の中心軸上から1 m離れた位置で70 dB以上であること。

3) 誘導標識の構造及び性能
① 材料は，堅ろうで耐久性のあるものであること。

② 避難口に設けるものにあっては，緑色の地に避難口であることを示す図2.5.3(a)のシンボル（避難の方向を示す図2.5.3(b)のシンボル又は同図(c)の文字を併記したものを含む。）とすること。

③ 廊下又は通路に設けるものにあっては，白色の地に避難の方向を示す図2.5.3(b)のシンボル（避難口であることを示す図2.5.3(a)のシンボル又は図2.5.3(c)の文字を併記したものを含む。）とすること。

④ 表示面の形状は，正方形又は縦寸法を短辺とする長方形であること。

⑤ 表示面の大きさは，正方形のものにあっては一辺の長さが12 cm以上とし，長方形のものにあっては短辺の長さが10 cm以上，かつ，面積が300 ㎡以上とすること。

シンボルの色彩は緑色とし，
シンボルの地の色彩は白色とする。

(a) 避難口であることを示すシンボル

　シンボルの色彩は白色とする。　　　シンボルの色彩は，緑色とする。

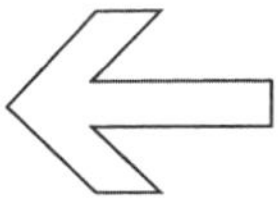

(1) 避難口誘導灯又は避難口に設ける誘導標識に用いるもの　　(2) 通路誘導灯又は廊下若しくは通路に設ける誘導標識に用いるもの

(b) 避難の方向を示すシンボル

非常口 EXIT　文字の色彩は，白色とする。　　非常口 EXIT　文字の色彩は，緑色とする。

(1) 避難口誘導灯又は避難口に設ける誘導標識に用いるもの　　(2) 通路誘導灯又は廊下若しくは通路に設ける誘導標識に用いるもの

(c) 避難口であることを示す文字

図 2.5.3　誘導灯及び誘導標識のシンボルと文字

(6) 機器の取付け

消防則第28条の3の規定により，避難口誘導灯及び通路誘導灯は，各階ごとに次により設置しなければならない。

1) 設置　　避難口誘導灯及び通路誘導灯は，通行の障害とならないように設けること。

2) 点灯・消灯　　避難口誘導灯及び通路誘導灯は，常時点灯が原則であるが，次に掲げる場合及び場所であって，自動火災報知設備の感知器の作動と連動して点灯し，かつ，当該場所の利用形態に応じて点灯するように措置されているときは，消灯できる。

① 当該防火対象物が無人である場合
② 外光により避難口又は避難の方向が識別できる場所
③ 利用形態により特に暗さが必要である場所
④ 主として防火対象物の関係者及び関係者に雇用されている者の使用に供される場所

ただし，階段又は傾斜路に設ける通路誘導灯については，③及び④に掲げる場合にあっては，消灯できない。

3) 床面照度の確保
① 階段又は傾斜路に設ける通路誘導灯は，踏面又は表面及び踊場の中心線の照度が 1 lx 以上となるように設けること。
② 客席誘導灯は，客席内の通路の床面における水平面の照度が 0.2 lx 以上になるように設けること。

4) 避難口誘導灯　　避難口誘導灯は，次に掲げる避難口の上部又はその直近の避難上有効な箇所に設けること。
① 屋内から直接地上へ通じる出入口（附室が設けられている場合にあっては，当該附室の出入口）
② 直通階段の出入口（附室が設けられている場合にあっては，当該附室の出入口）

③ ①又は②に掲げる避難口に通じる廊下又は通路に通じる出入口。

ただし，室内の各部分から当該居室の出入口を容易に見とおし，かつ，識別することができる居室の出入口で，当該居室の床面積が 100 ㎡（主として防火対象物の関係者及び関係者に雇用されている者の使用に供するものにあっては，400 ㎡）以下の場合は除く。

④ ①又は②に掲げる避難口に通じる廊下又は通路に設ける防火戸で直接手で開くことができるもの（くぐり戸付きの防火シャッターを含む。）がある場所。

ただし，自動火災報知設備の感知器の作動と連動して閉鎖する防火戸に誘導標識が設けられ，かつ，当該誘導標識を識別することができる照度が確保されるように非常用の照明装置が設けられている場合を除く。

5）通路誘導灯　通路誘導灯は，廊下又は通路のうち次に掲げる箇所に設けること。

① 曲り角

② 前項①及び②に掲げる避難口に設置される避難口誘導灯の有効範囲の箇所

③ ①及び②のほか，廊下又は通路の各部分（避難口誘導灯の有効範囲内の部分を除く。）を通路誘導灯の有効範囲内に包含するために必要な箇所

6）点滅機能又は音声誘導機能付き誘導灯

① 屋内から直接地上へ通ずる出入口又は直通階段の出入口に設置する避難口誘導灯以外の誘導灯には設けてはならない。

② 自動火災報知設備の感知器の作動と連動して起動すること。

③ 避難口から避難する方向に設けられている自動火災報知設備の感知器が作動したときは，当該避難口に設けられた誘導灯の点滅及び音声誘導が停止すること。

(7) 電源

1）電源回路　電源の開閉器には誘導灯用のものである旨を表示すること。

2）非常電源容量　① 非常電源は，直交変換装置を有しない蓄電池設備によるものとし，その容量を誘導灯を有効に 20 分間作動できる容量以上とすること。

② 屋外への避難が完了するまでに長い時間を要する高層・大規模等の防火対象物にあっては，その主要な避難経路に設けるものについて，非常電源の容量を 60 分間以上とすること。

イ　高層・大規模等の防火対象物とは，次のいずれかを満たすものをいう。

(イ) 消防令別表第 1 (1)項から(16)項までに掲げる防火対象物で，延べ面積 50,000 ㎡以上のもの，又は地階を除く階数が 15 以上であり，かつ，延べ面積が 30,000 ㎡以上のもの

(ロ) 消防令別表第 1 (16 の 2) 項（地下街）に掲げる防火対象物で延べ面積 1,000 ㎡以上のもの

(ハ) 消防令別表第 1 (10)項又は(16)項に掲げる防火対象物で乗降場が地階にあるもので消防長（消防署長）が指定したもの。

ロ　必要な場所。

(イ) 屋内から直接地上へ通じる出入口（附室が設けられている場合にあっては，当該附室の出入口）

(ロ) 直通階段の出入口（附室が設けられている場合にあっては，当該附室の出入口）

(ハ) イに掲げる避難口（避難階に存するものに限る。）に通ずる廊下及び通路

(ニ) 乗降場（地階にあるものに限る。）

(ホ) (ニ)に通ずる階段，傾斜路及び通路

(ヘ) 直通階段

ハ 容量を60分間以上とする場合，20分間を超える時間における作動に係る容量にあっては，直交変換装置を有する蓄電池設備のほか自家発電設備又は燃料電池設備によることができる。

8. 非常コンセント設備

(1) 概要

非常コンセント設備は，消防法施行令第29条の2及び施行規則第31条の2の規定により，消防隊の消火活動に必要な設備として設置されるもので，火災時における消火活動を容易にするために，消防隊が照明・破壊器具又は排煙機を接続するための電源として使用される。

(2) 設置規定

1) 設置基準

① 非常コンセント設備は，消防令別表第1に掲げる建築物で，地階を除く11階以上の階の階段室，非常用エレベーターの乗降ロビー等，及び地下街で1,000 m² 以上の防火対象物に設けること。

その階の各部分から1の非常コンセントまでの水平距離は次により設けること。

イ 11階以上の階　50 m
ロ 地　階　　　　50 m

② 非常コンセント設備は，単相交流100 Vで15 A以上の電気を供給できるものとすること。

③ 非常コンセントに電気を供給する電源からの回路は，階ごとのコンセントの数が1個である場合を除き，各階において2以上となるように設けること。

④ 1回路に設ける非常コンセントの数は，10以下とすること。

2) 非常電源の附置

非常コンセント設備には，非常電源を附置すること。

3) コンセント

非常コンセントは，JIS C 8303「配線用差込接続器」に規定されている接地形2極コンセントのうち定格が15 A 125Vのものに適するものであること。

非常コンセントは，床面又は階段の踏面からの高さが1 m以上1.5 m以下の位置に設けること。

① 非常コンセントは，埋込式の保護箱内に設けること。

② 電源は，蓄電池又は交流低圧屋内幹線から他の配線を分岐させずにとること。

③ 非常コンセントの保護箱には，その表面に「非常コンセント」と表示し，箱の上部に赤色の灯火を設けること。

9. 漏電火災警報器

(1) 概要

漏電火災警報器は，建築物の屋内電気配線に係る火災を有効に感知することができるように設置す

(2) 設置規定

　消防法施行令第22条の規定による，漏電火災警報器の設置基準を，**表 2.5.8** に示す。漏電火災警報器は，消防令別表第1に掲げる建築物で，下地を不燃材料及び準不燃材料以外の材料で造った鉄網入り等の壁，床，天井のいずれかを有するもので床面積が規定値以上，又は契約電流容量が50 Aを超えるものが設置の対象となる。

　漏電火災警報器は，建築物の屋内電気配線に係る火災を有効に感知できるように設置する。

10. 無線通信補助設備

(1) 概要

　無線通信補助設備は，消防法施行令第29条の3の規定により，令別表第1（16の2）項に掲げる防火対象物（地下街）で，1,000 ㎡以上の場所での消火活動上必要な施設において，地下との連絡又は防災センター（中央管理室が設けられている場合は中央管理室）より直接消防隊員との無線連絡をとり，指揮又は状況把握等に用いるものである。

(2) 設置規定

　漏洩同軸ケーブル等と無線機接続端子等から構成され，場合によっては分配器，混合器，分波器，増幅器等が設置される。

　無線方式には以下の方式がある。

① 漏洩同軸ケーブル方式
② 漏洩同軸ケーブルとこれに接続する空中線方式
③ 同軸ケーブルとこれに接続する空中線方式

11. 非常用の進入口灯

(1) 概要

　非常用の進入口灯は，建築基準法施行令第126条の7,「非常用の進入口の機能を確保するために必要な構造の基準（昭和45年建設省告示1831号）」に規定されているもので，火災等の非常の際に消防隊等の消火活動又は人命救助を目的として，建物外部より内部に進入する進入口である旨を赤色灯及び赤色の表示をもって明示するものである。

(2) 設置規定

1) 設置基準　　非常用の進入口は，建築物の高さ31 m以下の部分にある3階以上の階に設けなければならないが，非常用エレベーターが設置されている建築物及び外壁面の窓その他の開口部が一定の条件を満たしている場合は設置が緩和される。

2) 構造基準　　非常用の進入口の機能を確保するために必要な構造の基準は次のとおりである。

① 常時点灯（フリッカー状態を含む。以下同じ。）している構造とし，かつ，一般の者が容易に電源を遮断することができる開閉器を設けないこと。

② 自動充電装置又は時限充電装置を有する蓄電池（充電を行うことなく30分間継続して点灯させることができる容量以上のものに限る。）その他これに類するものを用い，かつ，常用の電源が断たれた場合に自動的に切り替えられて接続される予備電源を設けること。

③ 赤色灯の明るさ及び取付け位置は，非常用の進入口の前面の道又は通路その他

の空地の幅員の中心から点灯していることが夜間において明らかに識別できるものとすること。

④ 赤色灯の大きさは，直径10 cm以上の半球が内接する大きさとすること。

⑤ 非常用の進入口である旨の表示は，赤色反射塗料による一辺が20 cmの正三角形によらなければならない。

12. 自動閉鎖装置

(1) 概要

防火区画の自動閉鎖装置は，建基基準法施行令第112条，及び「防火区画に用いる防火設備の構造方法を定める件」（昭和48年建設省告示2563号）の規定により，建築物の火災発生時の延焼防止及び避難経路を確保するため防火戸を自動的に閉鎖するものである。

煙感知器又は熱煙複合式感知器，連動制御器，自動閉鎖機構及び予備電源から構成される。

(2) 設置規定

1) 防火区画
① 主要構造部を耐火構造とした建築物，又は建基法第2条第九号の三イ若しくはロのいずれかに該当する建築物（準耐火建築物）で，延べ面積1,500 m²を超えるものは，床面積の1,500 m²以内ごとに耐火構造の床若しくは壁又は特定防火設備（建基令第109条に規定する防火設備）で区画しなければならない。

② 建基令第112条第14項で直接手で開くことができ，かつ，自動的に閉鎖するもので火災により煙が発生した場合，又は火災により温度が急激に上昇した場合，自動的に閉鎖する構造とする。

2) 設置基準
① 煙感知器又は熱煙複号式感知器（以下，「煙感知器等」という。）は，消防法第21条の2の規定による検定に合格したものとする。

② 煙感知器等は防火設備からの水平距離が10 m以内で，かつ防火設備と煙感知器等との間に間仕切壁等がない場所。

③ 予備電源は，自動充電装置又は時限充電装置を有する蓄電池（充電を行なうことなく30分間継続して排煙設備を作動させることができる容量以上で，かつ，開放型の蓄電池にあっては，減液警報装置を有するものに限る。），自家用発電装置その他これらに類するもので，かつ，常用の電源が断たれた場合に自動的に切り替えられて接続されるものとする。

④ 常用電源の配線は，他の電気回路（電源に接続する部分及び自動火災報知設備の中継器又は受信機に接続する部分を除く。）に接続しないもので，かつ，配電盤又は分電盤の階別主開閉器の電源側で分岐しているものであること。

13. 排煙設備

(1) 概要

排煙設備は，表2.5.1及び表2.5.2に示すとおり，建築基準法と消防法に規定されている。

1) 建築基準法によるもの
建築基準法施行令第126条の3の規定による排煙設備は，建築物の火災発生時に避難を容易にするために設備される。

① 排煙設備には，手動開放装置を設けること。

② 電源を必要とする排煙設備には，予備電源を設けること。

2) 消防法によるもの　消防法施行令第28条の規定による排煙設備は，主として消防隊の消火活動の利便をはかるために設備される。

① 排煙設備には，手動起動装置又は火災の発生を感知した場合に作動する自動起動装置を設けること。

② 自動起動装置は，自動火災報知設備の感知器の動作，閉鎖型スプリンクラーヘッドの開放又は火災感知用ヘッドの作動若しくは開放と連動して起動するものであること。

③ 排煙設備には，非常電源を附置すること。

(2) 設置規定

1) 自然排煙方式　排煙窓等の開口部を開放し煙を自然に排出する。機構は屋内外の空気の密度差に起因する換気の原理によるもので，比較的小規模な建築物に利用される。

2) 機械排煙方式　排煙機，排煙ダクト及び排煙口から構成され，一定の煙を強制的に屋外に排出するもので，外部の影響を受けずに比較的大規模な建築物，中規模でも排煙対象場所が外部に面していない場合に採用されている。

3) 構造基準　火災時に生ずる煙を有効に排出することができる排煙設備の構造方法を定める件（昭和45年建設省告示第1829号）において規定されており，次に主なものを示す。

① 排煙設備の電気配線は，他の電気回路（電源に接続する部分を除く。）に接続しないものとし，かつ，その途中に一般の者が容易に電源を遮断することのできる開閉器を設けないこと。

② 電源を必要とする排煙設備の予備電源は，自動充電装置又は時限充電装置を有する蓄電池（充電を行なうことなく30分間継続して排煙設備を作動させることができる容量以上で，かつ，開放型の蓄電池にあっては，減液警報装置を有するものに限る。），自家用発電装置その他これらに類するもので，かつ，常用の電源が断たれた場合に自動的に切り替えられて接続されるものとする。

第6節　構内通信・情報設備

構内の通信・情報設備には，LAN（Local Area Network）設備，構内交換設備，情報表示設備，映像・音響設備，拡声設備，誘導支援設備，テレビ共同受信設備，インターホン設備，監視カメラ設備，駐車場車路管制設備，防犯設備などがあり，その他，マイクロ波，電力線を用いた通信方式がある。

1. 共通事項

1.1 配線用図記号

通信・情報設備において，一般に用いられる機器の配線用図記号を表2.6.1に示す。

1) 構内通信設備の配線用図記号

表2.6.1　通信・情報設備用機器の配線用図記号（JIS C 0303 抜粋）

名　称	記　号	摘　要
（構内情報通信網）		
ルータ	RT	図記号 RT は，ルータ としてもよい。ルータ以外の機器もこれに準じ □ 内に機器名を記入する。
集線装置（ハブ）	HUB	必要に応じ，ポート数を傍記する。
情報用アウトレット		a）壁付は，壁側を塗る。 b）床面に取り付ける場合は，次による。 c）二重床用は，次による。
（電話・構内交換）		
内線電話機	T	ボタン電話機を示す場合は，BT を傍記する。
本配線盤	MDF	
中間配線盤	IDF	
交換機	PBX	図記号 PBX は，⊠ としてもよい。
端子盤	──	a）対数（実装/容量）を傍記する。 　例　── 30P/40P b）電話：情報以外の端子盤にもこれを適用する。
局線中継台	ATT	
デジタル回線終端装置	DSU	
（情報表示）		
表示器（盤）	▯▯▯▯	窓数を傍記する。
表示スイッチ（発信器）	▪	

表 2.6.1　通信・情報設備用機器の図記号（JIS C 0303 抜粋）（つづき）

名　称	記　号	摘　要
（拡声・映像音響・誘導支援・インターホン）		
スピーカ	◁	
アッテネータ	⌀	
増幅器	AMP	
ナースコール用表示灯	◯N	
押ボタン	●	2個以上のボタン数は，傍記による。ナースコール用は，●N とする。
ベル	⏝	
ブザー	⊓	
チャイム	♩	
電話機形インターホン親機	ⓣ	
電話機形インターホン子機	ⓣ	
ドアホン	ⓓ	
（テレビ共同受信）		
テレビジョンアンテナ	⊤	種類を示す場合は，VHF，UHF，素子数などを傍記する。
パラボラアンテナ	⊳	種類を示す場合は，BS，CS を傍記する。
ヘッドエンド	▽	図記号は， HE としてもよい。
混合・分波器	⊖	
増幅器	▷	
2分岐器	⊖	
4分岐器	⊖	
2分配器	⊖	
4分配器	⊖	
直列ユニット（75 Ω）	◎	終端抵抗付きの場合は，R を傍記する。
テレビ端子	—◦	2端子の場合は，2 を傍記する。
機器収容箱	▭	
（自動火災報知）		
差動式スポット型感知器	⌣	必要に応じ，種別を傍記する。
定温式スポット型感知器	⌣	必要に応じ，種別を傍記する。
煙感知器	S	必要に応じ，種別を傍記する。

表 2.6.1 通信・情報設備用機器の図記号（JIS C 0303 抜粋）（つづき）

名　称	記　号	摘　要
点検ボックス付き煙感知器	▢S	
光電式分離型感知器 （送光部，受光部）	S→　→S	必要に応じ，種別を傍記する。
炎感知器	▽	
差動式分布型感知器の検出部	⊠	必要に応じ，種別を傍記する。
差動スポット試験器	T	必要に応じ，個数を傍記する。
回路試験器	⊡	
P型発信機	Ⓟ	防爆形は，EXを傍記する。
受信機	⊠	
副受信機（表示器）	▭	
中継器	▯	
表示灯	◐	
消火栓ポンプ起動装置 （移動器）	R_H	
（非常警報）		
起動装置	Ⓕ	
非常電話機	㉃	

1.2 光ファイバケーブル

1) 原理と特徴　　光は屈折率の高い所から低い所に向かうと全反射する性質があり，図 2.6.1 に示すように高屈折率のコア層を通る光は，低屈折率のクラッド層の境目で反射してコア層の中に閉じ込められて進む。

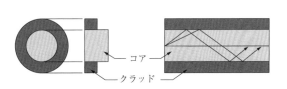

図 2.6.1　光ファイバ内での光の伝わり方

光ファイバケーブルは，メタルケーブルと比べて信号の減衰が少なく，超長距離でのデータ通信が可能である。また，光ファイバは細く軽量で電磁誘導や雷害を受けず，無漏話，無放電のため，光ファイバを大量に束ねても相互に干渉しないという特徴もある。

2) 構造　　光ファイバケーブルは，図 2.6.2 に示すように光ファイバ心線（石英ガラスま

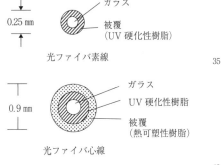

図 2.6.2　光ファイバ心線の構造

たはプラスチックでできている光ファイバ素線をナイロン繊維で被覆したもの）複数を保護用のシースで被覆したものである。

光ファイバは，光の屈折率の高いコア（中心部）とその外側の屈折率の低いクラッドから構成され，その表面をシリコン樹脂で被覆したものを光ファイバ素線という。

3) 種類　　光ファイバの種類，材質による特徴を表2.6.2に，構造による伝送モードを表2.6.3に示す。

① マルチモード・ステップインデックス形（SI）

コア部分の屈折率が一定である構造のため，同時に入射した光でも入射角が異なると経路が異なり，伝送距離（速度）に違いを生じ到達時間に差が出る。このため，長距離・広帯域の伝送には向かないが，GI形に比べ構造が単純で安価に製造できるため，建物内の配線など短距離・低速の用途に使用される。

② マルチモード・グレーデッドインデックス形（GI）

コア内部の屈折率がファイバの中心から外へ行くに従って連続的に低くなる構造になっているため，屈折率に反比例する光の速度は中心から離れるにつれて速くなる。これにより，入射角が異なる光の到達距離は同じになり，伝送波形が崩れにくいため，中距離・高速の伝送に向く。ただし，構造が単純なSI形などに比べ製造コストが高くなる。伝送距離が1 km程度の構内用LANの幹線ケーブルなどとして使用される。

③ シングルモード形（SM）

光を通すコアの部分が極細で，単一のモードで伝送されるものであり，ほとんど分散せずに信号を伝えることができる。このため，長距離伝送や超高速伝送が可能で，公衆通信基幹通信網，海底ケーブルなどに使用される。石英ガラスを用いるため高価で，ケーブルの折り曲げに弱い。

光ファイバの構造による伝送モードを表2.6.3に示す。

表2.6.2　種類，構造による特徴

種類	記号	材質 コア	材質 クラッド	特徴 伝送帯域 MHz・km	特徴 伝送損失 db/km	接続性
マルチモード・ステップインデックス形	SI	石英ガラス		20-60	2-6	良
		多成分ガラス		5-20	15-25	
		石英ガラス	プラスチック	5-20	5-20	
		プラスチック		10以下	100-3,000	
マルチモード・グレーデッドインデックス形	GI	石英ガラス		200-4,700	1-3.5	良
		多成分ガラス		200-1,000	5-25	良
シングルモード形	SMA SMB SMC	石英ガラス		10,000以上	0.26 - 0.4	難しい

第6節　構内通信・情報設備

表2.6.3　構造による伝送モード

種　類	記号	屈折率分布	伝送モード
マルチモード・ステップインデックス形	SI	クラッド／コア	被覆　50または62.5μm
マルチモード・グレーデッドインデックス形	GI	クラッド／コア	被覆　50または62.5μm
シングルモード形	SMA SMB SMC	クラッド／コア	被覆　8〜10μm

［注］シングルモード形光ファイバのコアは非常に細く測定が難しいため，コア径よりもわずかに大きな光の伝搬する空間を示す伝送モードフィールド径で表す。

4) 融着接続　　融着接続は，石英系ガラスファイバのみに用いられる永久的接続方法で，放電により接続箇所を加熱し，突き合わせた両端を溶かして接着する。ガラスファイバの軸を正しく合わせて，塵埃が入らないようにして完全に融着しないとロスが生ずる。不良接続の例を表2.6.4に示す。

表2.6.4　融着接続不良の例

現　象	形　状	原　因
突合せのすじ		放電電流不足。材質の違い。
はずれ		シリコンが残っている。V溝が汚れている。
接続部の細身		突合せ端面間隔が広い。押込み不足。
接続部の太身		押込み過ぎ。
気泡		切断面不良（欠けなど）。
端末の球状		放電電流過大。押込み速さが遅い。

5) メカニカルスプライス接続　　メカニカルスプライス接続は，メカニカルスプライス素子を使用することで電源を必要としないため，融着接続よりも短時間で作業できるが接続損失は大きくなる。図2.6.3にV溝基板を用いたメカニカルスプ

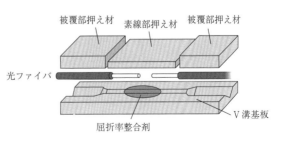

図2.6.3　メカニカルスプライス接続

ライス接続を示す。

6) コネクタ接続　　コネクタ接続は，ファイバ端面を研磨し突き合わせることにより接続するため，端面の取扱いには十分注意する。また，コネクタ接続は機器との接続箇所に使用され，簡易で短時間に着脱が可能である。

7) 接続損失　　接続損失は軸ずれ，角度ずれ，間隔不良，端面の欠け，研磨不良により発生する。
　　　光ファイバの損失は，発生メカニズムの違いにより，光ファイバ固有の損失と通信システムに組み入れた際に生ずる損失に大別される。
　　　固有の損失には，吸収損失，レイリー散乱損失などがあり，通信システム上の損失には，曲げによる放射損失，接続損失などがある。

8) レイリー散乱　　レイリー散乱は，製造の際に生ずる密度や組成のふぞろいによるコア内の微小な屈折率の揺らぎによって散乱光が生じ，その散乱光の一部が入射端に戻ってくる現象（後方散乱光）のことである。測定する光ファイバケーブルの屈折率が光の進行方向にわたって均一であれば，各点で伝搬する光に対する後方散乱光の割合は一定となり，遠い点から戻ってくる光のパワーは，損失分だけ小さくなるので，光パルス試験器によりその後方散乱光の遅延時間と光パワーを測定することで，光ファイバケーブルの損失を算出することができる。

9) 最大挿入損失　　接続による最大挿入損失は，融着接続およびメカニカルスプライス接続で 0.3 dB/1 箇所，コネクタ接続で 0.75 dB/1 箇所以下とする。なお，接続作業は適切な機器，工具を使用して熟練した作業員に施工させ，作業後は必ず使用波長による伝送損失を測定し記録する。

10) 機器端子との接続　　光ファイバケーブルの素線は，一般的に可とう性が少ないため，機器の内部または近くに接続箱を設け，接続箱と機器の間は可とう性のあるコネクタ付き光ファイバコードを使用して接続する。

11) 敷設　　光ファイバケーブルには許容される敷設張力があり，許容張力を超えると伝送特性および長期信頼性が悪化するため，敷設時は張力に配慮し，過度の外力（曲げ，側圧，引張り，衝撃など）を与えないように施工する必要がある。
　　　また，一定以上の側圧が加わると微妙な曲がりが発生し，伝送損失が増加する。敷設における留意事項を以下に示す。

① 光ファイバケーブルの敷設作業中は，光ファイバケーブルが損傷しないように行い，その曲げ半径（内側半径とする）は，仕上り外径の 20 倍以上とする。また，固定時の曲げ半径（内側半径とする）は，仕上り外径の 10 倍以上とする。

② 支持または固定する場合には，光ファイバケーブルに外圧または張力が加わらないようにする。

③ 外圧または衝撃を受けるおそれのある部分は，適切な防護処置を施す。

④ 光ファイバケーブルに加わる張力および側圧は，許容張力および許容側圧以下とする。

⑤ 光ファイバケーブルの敷設時には，図 2.6.4 のように，ケーブル先端にプーリングアイなどの引っ張り端末を取り付け，テンションメンバに延線用より戻し金物を取

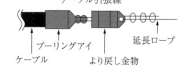

図 2.6.4　光ケーブル延長時の端面

⑥ 光ファイバケーブルを電線管などより引き出す部分には，ブッシングなどを取り付け，引出し部で損傷しないようにスパイラルチューブなどにより保護する。

⑦ 光ファイバケーブルの敷設時は，踏付けなどによる荷重が光ファイバケーブル上に加わらないように施工する。

⑧ 塩害地区の橋梁区間は，対候性，耐塩害性に優れ，温度伸縮が少ない繊維強化プラスチック管（FEP管）に光ファイバケーブルが敷設される。

⑨ 光ファイバケーブル配線の中継系でマンホールや洞道内における心線相互の接続は，接続損失が少なく，長期信頼性に優れている融着接続工法を採用し，クロージャに収容する。

⑩ コネクタ付光ファイバケーブルの場合は，コネクタを十分に保護して敷設する。

12）高電圧線および誘導雷対策　光ファイバはテンションメンバと呼ばれる抗張力体をケーブル内に配置することにより強度を確保している。光ファイバ心線は絶縁物（ガラス素線およびプラスチック被覆）であるため無誘導であるが，テンションメンバおよびシースなどに金属導体を使用する場合は，高電圧線近傍への敷設や誘導サージによる誘導対策としてテンションメンバとシースを接地する。その他の対策として，FRPを材料としたテンションメンバとPE（ポリエチレン）シース構造のノンメタリック型ケーブルを使用するのが有効であるので，ノンメタリック型ケーブルは電力ケーブルと並行して敷設できる。

2. LAN設備

LAN（Local Area Network）設備は，構内情報通信網設備のことで，オフィスや工場に配置されたホストコンピュータをはじめ各種端末機，パーソナルコンピュータなどの各種機器を多数接続してデータ伝送を行い，構内の情報通信の高速化，システム化を図るネットワークシステムであり，多量のデータを送出することができる。

接続方法，配線の種類，通信手順ごとにさまざまな規格があり，現在，最も普及しているのがイーサネット（Ethernet）に準拠する規格である。

LANはパケット交換（蓄積交換）方式なので，基本機能のほかに速度変換，手順交換，フロー制御，エラー制御などの付加価値通信サービスを提供することができる。

(1) ネットワークトポロジー（Topology）

LANのネットワークの形状は，表2.6.5に示すようにバス型，リング型，スター型の3つに分類される。バス型LANは中速と低速とがあり，大規模システムのリング型の支線や中小規模のシステムに，リング型LANは高速型のもので情報交信の幹線として用いられている。また，スター型LANは現在の主流となる方式である。

伝送路に使用するケーブルには，UTPケーブル，同軸ケーブル，光ファイバケーブルなどがあるが，幹線部分には，主に光ファイバケーブルが，支線部分には，UTPケーブルや同軸ケーブルが用いられる。

1）バス型　バスと呼ばれる1本のケーブルに端末を接続する方式であり，ケーブルの端には終端抵抗が取り付けてあり，信号が反射して雑音になるのを防いでいる。

2）リング型　バスと呼ばれる環状の1本のケーブルに端末を接続する方式であり，トークンリ

ング（Token Ring）がこの形態である。他の方式に比べケーブルの総延長を長くすることが容易で，広域ネットワークにもリング型の接続形態のものがある。

3) **スター型**　　中心となる通信機器を介して端末を相互に接続する方式であり，1本のケーブルにすべての端末を接続するリング型 LAN やバス型 LAN に比べ，配線の自由度が高い特徴がある。現在主流のファストイーサネット（Fast Ethernet）やギガビットイーサネット（Gigabit Ethernet）などがこの方式である。

表 2.6.5　LAN のネットワーク形状

	バス型	リング型	スター型
形　態			制御装置
特　徴	・通信コストの大半が，端末装置側に分散配置される。 ・小規模からシステムが経済的に構成できる。 ・信号はバス上を両方向に伝送される。 ・中継の問題なし。 ・パッシブな障害である限り部分障害に閉じ込めることが可能。 ・網全体を制御する装置がないため，送信機のぶつかり問題が生じる。 ・通信プロトコルに制限が出る。 ・ぶつかり合いによる情報伝送量の低下がある。 ・ノードの追加除去が容易である。	・すべての情報は制御装置に送られる。 ・チャンネル割当てなどの通信制御は制御装置が行う。 ・比較的小規模なシステムでも経済的に実現できる。 ・総線路長を短く構成できる。 ・各端末に許される通信プロトコルに制限が行われることがある。 ・制御装置の障害はシステムダウンとなる。 ・リング内の他の装置障害でもシステムダウンとなる。ただし，このケースでは，ループバック，バイパス動作により，部分障害として閉じ込めることは可能。 ・システムの信頼性はやや低い。	・中央の装置がすべての通信を集中制御する。 ・実現が容易。 ・端末当たりの制御コストを安くすることができる。 ・中央の装置が障害を起こした場合，すべての通信が途絶してしまう弊害がある。 ・中央の装置の共通部のウェイトが大きい。 ・LAN 全体を停止しなくても周辺ノードの追加・変更が可能。 ・データは周辺ノード同士の間では流れない。 ・論理的にはバスと同等
アクセス方式	・CSMA/CD ・トークンパッシング	・トークンパッシング	・CSMA/CD
伝送媒体	・同軸ケーブル ・光ファイバケーブル	・同軸ケーブル ・UTP ケーブル ・光ファイバケーブル	・スターカプラを使った光ファイバケーブル ・UTP ケーブル

(2) アクセス方式

LAN のアクセス方式には，CSMA/CD（Carrier Sense Multiple Access With Collision Detection 搬送波感知多重アクセス／衝突検出方式）とトークンパッシング方式がある。

CSMA/CD 方式は，基本的にバス型ネットワークで利用され，現在主流のイーサネットのアクセス方式としても採用されている。また，トークンパッシング方式はリング型のネットワークに使用される。アクセス方式の比較を**表 2.6.6**に示す。

表 2.6.6 アクセス方式の比較

項　目		CSMA/CD	トークンパッシング
概要	送信	・回線上にデータが流れていないことを確認したうえで送信する。 ・送信中に他のノードから送信されたデータとの衝突を検出した場合は再送する。	・回線上をトークン（送信権）が流れてきた場合のみ，その上にオーバライトする形でデータを送信する。 ・送信データの最後にトークンを（生成して）付加する。
	受信	・自分あてのデータが流れてきたら取り込む。	・自分あてのデータが流れてきたら取り込む。
特徴	長所	・低負荷時は非常に効率良く働く。 ・トークンのようなキーになる特殊なデータが存在しないので，障害処理が極めて簡単になる（データの衝突が起こったときと同じ処理でよい。）。	・衝突が起きないので，高負荷時であっても網内遅延時間は一定値以内に収まる。 ・任意の長さのデータが安全に伝達できる。
	短所	・回線使用率が10％以上になると，衝突が多く発生し，網内遅延時間が急速に増大する。 ・一定長以下のデータは衝突の検出ができない場合がある。	・障害（トークン破壊など）の検出および回復処理が非常に複雑になる。 ・リングを一巡したメッセージを取り除くためのリレー回路などが必要。
備　考		・バス型，スター型に用いられることが多い。	・リング型に用いられることが多い。

＊CSMA/CD で衝突の検出ができなくても，その上位レベルでは，CRC チェック（巡回冗長検査）などにより検出が可能である。

(3) 伝送方式

LAN の伝送方式としては，ベースバンド方式とブロードバンド方式がある。

ベースバンド方式は，ネットワーク上のチャンネルが１個であり，複数のノードが時分割方式により共用している。ブロードバンド方式は，ネットワーク上のチャンネルが複数あり，データ以外に音声画像などのマルチモード通信が可能であるが，ノードが複雑になりコスト高となる。

伝送方式の比較を表 2.6.7 に示す。

表 2.6.7 伝送方式の比較

項　目 ＼ 方式	ベースバンド方式	ブロードバンド方式
概　要	源信号を他周波数帯域に移すことなく伝達（一時には１信号のみ伝送）	いくつかの搬送波を用い複数の信号を各搬送波のチャンネルに対応させ同時に転送
ケーブルとチャンネルの対応	1：1	1：n（例：n＝100）
データレート	10 Mbps（Ethernet）	300 Mbps（3 Mbps × 100）
ケーブルとの接続機器，価格	トランシーバ 安　価	RF モデム 高　価
サービス性	高速伝送だが，１チャンネルであるためマルチモードサービスができない。ただし，現在の OA 機器の結合には問題ない。	マルチモードサービス（音声，データ，画像の組合せ）が可能
伝送距離	ノイズを受けやすく，長距離伝送に不向き。	長距離伝送に適している。

(4) 各種 LAN の規格

1) イーサネット (Ethernet) 規格

イーサネットは IEEE802.3 委員会によって標準化された LAN 規格で，アクセス制御には CSMA/CD を採用している。イーサネットの接続形態には，1 本の回線を複数の機器で共有するバス型と，ハブ（集線装置）を介して各機器を接続するスター型の 2 種類がある。また，最大伝送距離や通信速度などによってもいくつかの種類に分類される。表 2.6.8 に主なイーサネット規格を示す。

表 2.6.8　主なイーサネット規格

規格	IEEE 規格	伝送速度	伝送媒体（ケーブル）	伝送距離
10BASE5	802.3	10Mbps	同軸ケーブル	500 m
10BASE2	802.3a	10Mbps	同軸ケーブル	185 m
10BASE-T	802.3i	10Mbps	ツイストペアケーブル	100 m
100BASE-TX	802.3u	100Mbps	ツイストペアケーブル	100 m
100BASE-FX	802.3u	100Mbps	光ファイバケーブル MMF	2,000 m
1000BASE-T	802.3ab	1,000Mbps	ツイストペアケーブル	100 m
1000BASE-SX	802.3z	1,000Mbps	光ファイバケーブル MMF	550 m
1000BASE-LX	802.3z	1,000Mbps	光ファイバケーブル MMF	550 m
			光ファイバケーブル SMF	5,000 m
10GBASE-T	802.3an	10Gbps	ツイストペアケーブル	100 m
10GBASE-SR	802.3ae	10Gbps	光ファイバケーブル MMF	300 m
10GBASE-LR	802.3an	10Gbps	光ファイバケーブル SMF	10,000 m
10GBASE-ER	802.3ae	10Gbps	光ファイバケーブル SMF	40,000 m

［注1］表 2.6.8 の規格欄の数字と文字は，順に伝送速度，伝送方式，伝送媒体，符号化方式などを表している。
・伝送速度（100：100MHz，10G：10GHz）
・伝送方式（BASE：ベースバンド方式）
・伝送媒体（2/5：同軸ケーブルと距離，T：ツイストペアケーブル，S/L/F/E：光ファイバケーブル）
・符号化方式（X：8B/10B など，R：64B/66B など）
［注2］SMF：シングルモードファイバ
　　　　MMF：マルチモードファイバ

2) ファストイーサネット (Fast Ethernet)

通信速度を 100 Mbps に高めた高速イーサネット規格で，ファストイーサネットには，UTP を利用した 100BASE-TX と光ファイバケーブルを利用した 100BASE-FX がある。

3) ギガビットイーサネット (Gigabit Ethernet)

通信速度を 1 Gbps に高めた高速イーサネット規格で，光ファイバケーブルを利用した 1,000BASE-SX 規格と 1,000BASE-LX 規格が IEEE802.3z として標準化されているほか，広く普及している 10BASE-T や 100BASE-TX と互換性のあるカテゴリ 5e の 1,000BASE-T が規格化されている。

4) FDDI (Fiber Distributed Data Interface) 方式

アクセス制御にトークンパッシング方式を採用し，光ファイバケーブルを利用して 100 Mbps の通信を可能にした LAN 規格の 1 つで，マルチモード光ファイバケーブルまたはシングルモード光ファイバケーブルを使い，最大伝送速度は 100 Mbps，最大伝送距離は 2 km である。ネットワークトポロジーはリング型にすることが多いが，スター型も選択できる。

5) 10BASE-T

イーサネットの規格の 1 つで，UTP ケーブルを利用し，ハブを介して各機器を接続するスター型 LAN で，通信速度は 10 Mbps，最大伝送距離は 100 m である。

6) 10BASE5

イーサネット規格の規格の 1 つで，伝送媒体に同軸ケーブルを使用し，これに各機器を接続するバス型 LAN で，通信速度 10 Mpbs，最大伝送距離 500 m である。

7) 100BASE-TX

ファストイーサネットの規格の 1 つで，IEEE802.3u として標準化されている。UTP（カテゴリ 5）ケーブルを利用し，ハブを介して各機器を接続するスター型 LAN で，通信速度は 100 Mbps，最大伝送距離は 100 m である。ハブの多段接続

は2段階までとなる。100BASE-TX用の機器は10BASE-Tと互換性のあるものが多く，1つのネットワークに混在させることができる。

8) 1000BASE-T　最高通信速度1 Gbpsのギガビットイーサネット規格の1つで，100BASE-TXと同じ，カテゴリ5やエンハンスドカテゴリ5のUTPケーブルを使用する規格で，4対8心の信号線をすべて使用する。最大伝送距離は100 mで，ネットワークトポロジーはハブを中心としたスター型LANである。

9) 1000BASE-LX　最高通信速度1 Gbpsのギガビットイーサネット規格の1つで，伝送媒体にシングルモード光ファイバケーブルまたはマルチモード光ファイバケーブルを使用し，波長1,300 nmの光信号で通信を行う。伝送距離はマルチモード光ファイバケーブルを使用した場合で550 m，シングルモード光ファイバケーブルを使用した場合は5 kmで，ネットワークトポロジーはハブを中心としたスター型LANである。

10) 1000BASE-SX　最高通信速度1 Gbpsのギガビットイーサネット規格の1つで，伝送媒体にマルチモード光ファイバケーブルを使用し，波長850 nmの光信号で通信を行う。最大伝送距離は550 mで，ネットワークトポロジーはハブを中心としたスター型LANである。

11) コネクタ　UTPケーブルに使用するモジュラコネクタには，8極モジュラプラグのRJ-45が用いられる。

　光コネクタは，プラグとアダプタに分かれフェルールの部分で結合され，通常，SCコネクタ，LCコネクタなどが用いられる。

　同軸ケーブルの接続には，BNCコネクタが用いられ，公称特性インピーダンスが50 Ωと75 Ωのものがある。

(5) プロトコル

ネットワークを介してコンピュータ同士が通信を行ううえで，相互に決められた約束事のことで，通信手順，通信規約などと呼ばれることもある。

プロトコルの階層化モデルは，OSI（開放型システム間相互接続）参照モデルとして国際的に標準化されており，表2.6.9のように7階層（のレイヤ）に分け，各層ごとに標準的な機能モジュールを定義し，これにしたがってプロトコルを分類している。

表2.6.9 OSI基本参照モデル

レイヤ（層）	役割	主な機能	プロトコルなど
第7層 アプリケーション層	ユーザーが利用するアプリケーションに対して，ネットワークサービスを提供する	・電子メール（SMTP） ・ファイル転送（FTP） ・Webページ閲覧（HTTP）	SMTP FTP HTTP
第6層 プレゼンテーション層	コンピュータ同士のデータ形式の違いを補正して，データを正しく表現（プレゼンテーション）する	・異なるコード，例えばEBCDICコードをASCIIコードのファイルへ変換 ・データの暗号化や復号処理	
第5層 セッション層	通信プログラム同士が，データの送受信を行うための経路（コネクション）の確立や開放など，通信プログラム間の通信の開始から終了までの手順を行う	・情報をやり取りするうえで，必要となる状態や方法の同期を取る ・接続が途切れた場合，接続の回復を試みる	
第4層 トランスポート層	データ伝送の信頼性を提供する層で，送信元から送り出されたデータが，送信先に正しく確実に届けられるように通信管理を行う	・一度に伝送できるサイズに合わせ，データを分割して送信する方法 ・分割されたデータを順番どおりに並べ，元に戻す方法 ・データが正しく相手まで届いたかどうかを確認する方法 ・データに問題が生じても，確実に相手に届ける方法	TCP，UDP
第3層 ネットワーク層	複数のネットワーク間のコンピュータ同士のデータ伝送を可能にする	・複数のネットワーク上でも，データの送信先や送信元を特定できるアドレスの割り当て方法 ・送信先までの経路の選択（ルーティング）方法 ・選択した経路へデータ（パケット）を流す方法	IPアドレス ルータ
第2層 データリンク層	ケーブルで接続されている同一ネットワーク内で，正確なデータ伝送を実現する	・伝送媒体と送信相手の状態を確認し，データを送信することができるかどうかを判断する方法 ・伝送中に発生したエラーの検出と対処方法 ・データの送信先と送信元を認識する方法 ・データ（フレーム）の構造	イーサネット ブリッジ スイッチングハブ MAC PPP ATM
第1層 物理層	コンピュータとケーブルを接続し，コンピュータが理解できるデジタルデータとケーブルが扱う電気信号を相互に変換する	・ハードウェアの物理的な仕様を規定 ・通信に使うケーブルの種類や長さ ・コネクタの形状 ・デジタルデータを電気信号に変換する符号化の方式	電話線，UTP，光ファイバケーブルなど ハブ，リピータ

1) PPP　　Point-to-Point Protocol の略称。電話回線を通じてコンピュータをネットワークに接続するダイヤルアップ接続でよく使われるプロトコルで，OSI参照モデルの第2レイヤ（データリンク層）に位置し，ネットワーク層以上のさまざまなプロトコルと併用して用いる。

2) MAC（マック）　　Media Access Control の略称。OSI参照モデルでは第2レイヤ（データリンク層）の下位副層に位置し，フレーム（データの送受信単位）の送受信方法やフレームの形式，誤り検出方法などを規定する。

3) ATM（非同期転送モード）　　Asynchronous Transfer Mode の略称。1本の回線を複数の論理回線に分割して同時に通信を行う多重化方式の1つで，各回線のデータを53バイトの固定長データに分割して送受信する方式である。OSI参照モデルでは第2レイヤ（データリンク層）に位置し，物理層には光ファイバケーブルや銅線が，ネットワーク層にはIPなどが利用できる。

4) IP ┃ Internet Protocol の略称。OSI 参照モデルの第 3 レイヤ（ネットワーク層）に位置し，ネットワークに参加している機器の住所付け（アドレッシング）や，相互に接続された複数のネットワーク内での通信経路の選定（ルーティング）をするための方法を定義している。コネクションレス型のプロトコルであるため，確実にデータが届くことを保証するためには，上位層の TCP を併用する必要がある。

5) TCP ┃ Transmission Control Protocol の略称。インターネットで利用される標準プロトコルで，OSI 参照モデルの第 4 レイヤ（トランスポート層）に位置する。ネットワーク層の IP と，セッション層以上のプロトコル（HTTP，SMTP など）の橋渡しをする。インターネットでは，トランスポート層のプロトコルとして UDP も使われており，UDP は転送速度は速いが信頼性が低く，TCP は信頼性は高いが転送速度が遅いという特徴がある。

6) UDP ┃ User Datagram Protocol の略称。インターネットで利用される標準プロトコルで，OSI 参照モデルの第 4 レイヤ（トランスポート層）に位置する。ネットワーク層の IP と，セッション層以上のプロトコルの橋渡しをする。

7) SNMP ┃ Simple Network Management Protocol の略称。TCP/IP ネットワークにおいて，ルータやコンピュータ，端末など，ネットワークに接続された通信機器をネットワーク経由で監視・制御するためのプロトコルである。制御の対象となる機器は MIB と呼ばれる管理情報データベースを持っており，管理を行う機器は対象機器の MIB に基づいて適切な設定を行う。

8) SMTP ┃ Simple Mail Transfer Protocol の略称。インターネットやイントラネットで電子メールを送信するためのプロトコルで，サーバ間でメールのやり取りをする場合のクライアントが，サーバにメールを送信する際に用いられる。

9) MIB（ミブ）┃ Management Information Base の略称。SNMPで管理されるネットワーク機器が，自分の状態を外部に知らせるために公開する情報のことである。

10) HTTP ┃ Hypertext Transfer Protocol の略称。Web サーバとクライアント（Web ブラウザなど）が，データを送受信するのに使われるプロトコルで，HTML 文書や，文書に関連付けられている画像，音声，動画などのファイルを表現形式などの情報を含めてやり取りできる。

(6) LAN の構成と機器類

図 2.6.5 に，一般的な事務所における LAN の構成例を示す。

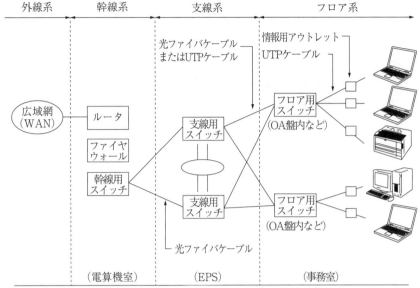

[注] 一般的に支線用スイッチには，スイッチングハブ（L2スイッチ）が用いられる。

図 2.6.5 LAN の構成例

1) HUB(ハブ)　スター型 LAN で使われる集線機器である。
2) スイッチングHUB　レイヤ 2 スイッチとも呼ばれ，OSI 参照モデル第 2 層（データリンク層：レイヤ2）の処理を行い，データ端末機器を束ねる点ではリピータ HUB と同じであるが，データフレームの中に格納されている宛先（MAC アドレス）を読み取り，そのデータ端末が接続しているポートだけにパケットを送るスイッチング機能やルーティング機能を持っている伝送機器である。
3) ルータ　ネットワーク上を流れるデータを他のネットワークに中継する機器で，OSI 参照モデルでいう第 3 レイヤ（ネットワーク層）や第 4 レイヤ（トランスポート層）の一部のプロトコルを解析して転送を行う。ネットワーク層のアドレスを見て，どの経路を通して転送すべきかを判断する経路選択機能を持つ。また，自分の対応しているプロトコル以外のデータはすべて破棄する。複数のプロトコルに対応したルータをマルチプロトコルルータという。
4) リピータ　LAN のケーブル上を流れる信号の再生および中継を行い，LAN 上の信号を増幅し，伝送距離を延長する OSI 参照モデルの第 1 レイヤ（物理層）の中継機器である。
5) リピータハブ　リピータハブは，複数のポートを持つマルチポートリピータのことである。伝送信号の再中継を行うもので，異なるケーブルメディアの相互接続や，同一メディアセグメントの距離延長，接続端末台数の増加に対応する機器である。
6) メディアコンバータ　メディアコンバータは，主に UTP ケーブルと光ファイバケーブル間でのメタルケーブルの信号を光信号に変換が必要な場合に使用され，異なる伝送媒体を接続して，信号を相互に変換する機器である。
7) ゲートウェイ　ネットワーク上で，媒体やプロトコルが異なるデータを相互に変換して通信を可

能にする機器で，OSI参照モデルの全階層を認識し，通信媒体や伝送方式の違いを吸収して異機種間の接続を可能とする。

8) ファイアウォール　　組織内のコンピュータネットワークへ外部から侵入されるのを防ぐため，外部との境界を流れるデータを監視し，不正なアクセスを検出・遮断する機能を持つ機器である。

9) VLAN（バーチャルLAN）　　VLAN（バーチャルLAN）とは，スイッチングHUBに接続した端末をグループ化する機能，あるいはそのグループのことであり，物理的な接続にとらわれずに，仮想的な（部・課・室という組織に合わせる）LAN（グループ）を作成できる。グループの作り方として大きく3種類があり，1つはスイッチングHUBのポートごと，1つは端末のMACアドレスごと，1つはネットワーク・アドレスを指定してVLANを形成する。

10) ツイストペアケーブル（STP・UTP）　　電線を2本ずつより合わせて対にした通信用ケーブルで，平行型の電線に比べてノイズの影響を抑えることができる。各ペアの周りに，雑音を遮断するシールド加工を施したものを「STP（シールド付より対線）」ケーブル，シールドしていないものを「UTP（非シールドより対線）」ケーブルという。UTPケーブルのカテゴリを，表2.6.10に示す。

環境配慮型のUTPケーブルに，JCS5506（耐燃性ポリオレフィンシースLAN用ツイストペアケーブル）の規定による，耐燃性ポリオレフィンシースカテゴリ6 UTPケーブル（ECO-UTP-CAT6/F）などがある。

表2.6.10　LAN（UTP，STP）ケーブルのカテゴリ別の仕様

規格	伝送帯域幅	最大通信速度	シールド	心線数	適用
カテゴリ1	1MHz			2対4心	普通通話用（電話）
カテゴリ2	4MHz			4対8心※	低速データ用（ISDN）
カテゴリ3	16MHz			4対8心※	10BASE-T
カテゴリ4	20MHz			4対8心※	
カテゴリ5	100MHz	100Mbps		4対8心※	100BASE-TX
カテゴリ5e	100MHz	1Gbps		4対8心	1000BASE-T
カテゴリ6	250MHz	1Gbps		4対8心	1000BASE-TX
カテゴリ6A	500MHz	10Gbps	標準	4対8心	10GBASE-T
カテゴリ7	600MHz	10Gbps	標準	4対8心	10GBASE-T
カテゴリ7A	1GHz	10Gbps	標準	4対8心	10GBASE-T
カテゴリ8	2GHz	40Gbps	標準	4対8心	40GBASE-T

※実際に使用するのは2対4心である。

11) UTPケーブルの敷設，施工　　JIS X 5150：2016「構内情報配線システム」において規定され，図2.6.6および次にその主な内容を示す。

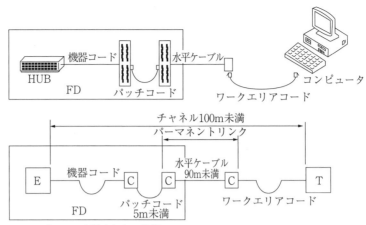

図 2.6.6 UTP ケーブルによる水平配線モデル

① ねじれ，キンクなど極端な曲げをケーブルに加えるとケーブル性能が低下してしまうため，許容曲げ半径は敷設後（固定時）の状態で，幹線配線（多対ケーブル）はケーブル径の10倍以上，水平配線（4対ケーブル）は，4倍以上を確保する。
② 水平配線で，フロア配線盤（ハブ，レイヤ2スイッチなどの機器）からフロア内の端末機器までの距離（チャネル）の物理長は，100 m を超えてはならない。
③ 水平配線で，フロア配線盤（ハブ，レイヤ2スイッチなどの機器）から通信アウトレットまでの距離（パーマネントリンク）の物理長は，90 m を超えてはならない。
④ 成端点のケーブル心線のより戻しが長すぎると，ケーブル減衰量を増大させ，ケーブル性能を低下させるため，できる限り短くする。一般に，カテゴリ5eケーブルで成端点から13 mm以下，カテゴリ6ケーブルは6 mm以下を維持しなければならない。
⑤ ケーブルラックに敷設するケーブルは，一般に水平部では3 m以下，垂直部では1.5 m以下の間隔ごとに結束・固定する。

3. 構内交換設備

構内交換設備は，交換装置，電源装置，局線中継台，本配線盤，電話機などにより構成され，構内の電話施設相互および一般公衆電話交換網に所属する電話施設との間を接続するものである。

端末設備等規則第3条により，利用者の接続する端末設備は，事業用電気通信設備との責任の分界を明確にするため，分界点を有すること，および分界点で電気通信回線ごとに端末設備を事業用電気通信設備から容易に切り離せることが規定されている。

(1) 交換装置

1) デジタルPBX方式 ｜ 通話路系装置（SP系），中央処理系装置（CP系），入出力系装置（I/O系）などにより構成される。

2) IP-PBX方式 ｜ PBXに直接IP接続ができるトランクを設け，内線電話（IP電話端末）の伝送

路として構内情報通信網（LAN）を使用できるようにしたものである。IP-PBX は，デジタル PBX のもっていた機能をそのまま引き継いでいるため，公衆網接続や専用線接続などの機能が豊富である。

3) VoIP サーバ方式　　サーバを設置して，すべての処理をソフトウェアで行う方式で，端末として IP 電話機を利用可能とする装置である。使用するプロトコルにより，サーバの構成が異なる。

(2) 局線応答方式

1) 局線中継台方式　　局線からの着信呼はすべて中継台で受信し，専任の交換手が応答後，該当する内線電話機に転送する方式である。

2) 分散中継台方式　　局線からの着信は局線表示盤などに表示され，局線受付に指定された内線電話機からの特番ダイヤルによって応答する方式である。

3) ダイヤルイン方式　　内線電話機ごとにダイヤルイン番号を付与しておき，局線より直接特定の内線電話機に着信する方式である。

4) ダイレクトインダイヤル方式　　局線番号（代表番号）をダイヤル後（交換装置に着信した後）に 1 次応答を受け，引き続き内線番号をダイヤルし，直接内線電話機を呼び出す方式である。

5) ダイレクトインライン方式　　局線から交換装置に着信し，これを検出するとあらかじめ指定された内線に直接着信する方式である。

(3) 電話配線

電話回線の構内配線に用いられるケーブルには，環境配慮型の構内ケーブル（EM- 構内ケーブル）があり，JCS9075（耐燃性ポリエチレンシース通信用構内ケーブル）に規定され，記号は ECO-TKEE/F である。

IP 電話機の配線には，UTP ケーブルが使用される。

4. 拡声設備

(1) 概要

拡声設備の最も基本的な構成は，増幅器，マイクロホン，スピーカなどである。

建物の規模，用途などによっては，消防法による非常放送設備（**第 5 節 5. 非常警報設備**参照）が必要となることがある。業務用放送設備と非常放送設備は兼用するのが一般的なので，この場合は消防法の規定を満足する必要がある。

(2) 増幅器

1) 種類　　10 〜 120 W 程度では卓上形，壁掛形，30 〜 1,000 W 程度ではキャビネットラック形，60 W 程度以上で専用の放送室などで用いる場合はデスク形が用いられる。

Hi 形増幅器とは，ハイインピーダンス方式の増幅器をいい，定格出力時に出力電圧が一定電圧（100 V）になるように設計したもので，主として庁舎などの一般放送に使用される。Lo 形増幅器とは，ローインピーダンス方式の増幅器をいい，音質（ステレオ再生）を重視するホール，講堂などに使用されるが，長距離伝送には向いていない。

2) 性能　　定格出力は，スピーカの定格出力の合計に将来の増設分の余裕を見込んで選定し，

一般には単位容量のものを複数台設置して必要容量とする。増幅器の出力が不足すると音質が悪くなるので，音楽などを放送するときには注意を要する。

表2.6.11　増幅器の性能

級別＼項目	Lo形	Hi形
周波数特性 （定格出力より−10 dBにて）	周波数50 Hz〜12.5 kHzにおいて±3 dB以内	周波数100 Hz〜10 kHzにおいて±6 dB以内
ひずみ率 （定格出力より−6 dBにて）	1％以下 （100 Hz〜10 kHzにて）	2％以下 （1 kHzにて）
雑音　信号対雑音比（SN比）	60 dB以上	45 dB以上
音質調節器	高音・低音調節可能	—
ミキシング方式	オールミキシング可能	同左

〔備考〕ひずみ率は，定格出力で測定しても，1 kHzで5％を超えないものとする。

3) 出力インピーダンス　　増幅器における出力インピーダンスと定格出力の関係は，次の式で表される。

$$出力インピーダンス = \frac{(出力電圧)^2}{定格出力}$$

したがって，増幅器の定格出力が大きくなると，出力インピーダンスは小さくなる。

4) 付加機能　　スピーカ群の回路選択と一斉放送の制御を行う出力制御機能，増幅器を遠隔制御するリモコン機能，ラジオを受信し時報チャイムを動作させるラジオ受信機能，周波数帯を分割，調整して明瞭度の改善やハウリングの防止を行う音場補正機能などがある。

(3) マイクロホン

1) 種類　　マイクロホンの種類を表2.6.12に，指向性を表2.6.13に示す。

表2.6.12　マイクロホンの種類と用途

種類	指向性	利点・欠点	用途
コンデンサ形	全指向 単一指向 両指向	周波数特性は最高級 固有雑音が少ない（ただし，高温・多湿の所で使うと雑音を発生しやすい） 出力感度が低い 高価である ショックにやや弱い 付属電源を必要とする	高性能を必要とする時 　測定用 　放送用 　録音吹込用
リボン形 （ベロシティ）	単一指向 両指向	周波数特性が非常によい 出力感度が低い 高価である ショック，振動に弱い 屋外や風の吹く場所では使用できない	ステージ用マイクの主力 　放送用
ダイナミック形 （ムービングコイル形）	全指向 単一指向	特性や値段において，普及品から高級品まであり動作が安定している 温度や湿度の影響が小 屋外での使用可能 取扱い簡単，堅ろうである	普通一般に広く使用されている 　放送用 　一般拡声用 　テープレコーダ用
圧電形 （セラミック） （クリスタル）	全指向	出力感度が高い 小形軽量 価格が安い 取扱い簡単 周波数特性は悪い 雑音が多い 湿度に弱い	普及形で音声のみを目的にした時 　簡単なアナウンス 　一般のテープレコーダ

第6節　構内通信・情報設備

表2.6.13　マイクロホンの指向性

指向性種類	特性曲線	特徴
全指向性		○残響の多い室では，ハウリングが起きやすく不適当 ○騒音レベルの大きいところは，目的外の音を収音するので不適当 ○周囲の音を収音するときに採用
単一指向性		○残響の多い室では，ハウリングが起きにくい ○目的外の音を収音したくないときに採用（一般には用途が広い）
両指向性		○残響の多い室では，ハウリングを起こしやすく不適当 ○対談など前後の音のみ収音するときに採用

2) 性能　　マイクロホンの出力インピーダンスにはハイとローがあり，出力形式には平衡式と不平衡式がある。マイクロホンのインピーダンス特性を表2.6.14に示す。

表2.6.14　マイクロホンのインピーダンス特性

インピーダンス	High 2 kΩ〜50 kΩ	Low 250 Ω〜1 kΩ	
出力形式	不平衡	不平衡	平衡
マイクコードの長さ	10 m 以内	20 m 以内	80 m 以内
音質	あまりよくない（コードがごく短い場合は問題ない）	よい	よい
誘導雑音	外部誘導を受けやすい	外部誘導を受けやすい	外部誘導を受けにくい
感度	比較的大きい 約 −50 dB	比較的小さい 約 −70 dB	比較的小さい 約 −70 dB
用途	簡易拡声装置の伝達用マイクロホンとして特に性能が重視されないとき マイクコードを延長する必要のないとき		音質を重視するときマイクコードがかなり長くなるとき

(4) スピーカ

1) 種類　　コーンスピーカは，音質重視の場合に適し，木製，金属製，合成樹脂製などのキャビネットに納めて，壁掛け・天井吊，または天井埋込み（キャビネットはなく防じん袋入りまたは防じんカバー付としたもの）として主に屋内で使用される。

ホーンスピーカは，トランペット形で，屋外，体育館などの大出力を必要とする場合に使用される。

2) 性能　　周波数特性は，一般業務用としては150〜10,000 Hzで偏差が20 dB以内であればよい。

3) インピーダンス整合　　増幅器とスピーカを接続する場合，その接続点から入力側と出力側のインピーダンスを等しくしないと信号が能率よく伝達されず，増幅器の出力を最大限に引き出せない。

4) ローインピーダンス回路

スピーカのコイルインピーダンスは普通 4～16 Ω であり，これを増幅器に直接接続する方式であり，主に音響放送に使用され線路電圧は小さい。この回路の特徴を以下に示す。

① 音質が良い。
② マッチングトランスが不要。
③ 線路損失が大となるため，スピーカの近くに増幅器を置かなければならない。
④ マッチングが難しく，1つの出力端子に1台のスピーカが普通。
⑤ オーディオ用放送設備に適している。

5) ハイインピーダンス回路

スピーカにマッチングトランスを内蔵して入力インピーダンスを大きくして接続する方式で，主に全館放送用の伝達放送に使用され，線路電圧は 70～118 V（普通は 100 V）である。この回路の特徴を以下に示す。

① 線路損失が小さいので，配線距離を長くすることができる。
② マッチングが簡単にとれ，並列接続として多くのスピーカを使用できる。
③ 一般業務用放送設備に適している。

6) 配置

① 集中方式

(イ) スピーカを1方向または1箇所にまとめたもので，音に方向感が得られるため，講演や演奏会など，目で見る方向と音のでる方向とが同じであることが必要なものに適している。

(ロ) スピーカの近くになるほど音圧レベルが大きく，遠く離れると音圧レベルが小さくなり均一な音圧レベルが得られにくい。また，残響時間の長い部屋では，天井や壁などでの音の反射が大きく明瞭度が悪い。

② 分散方式

(イ) スピーカを分散して配置するもので，均一な音圧レベルが得られる。また，1個のスピーカの受け持つ範囲を小さくできるので，音を反射する材料による音圧レベルを少なくでき，事務所などの業務放送に適している。

(ロ) スピーカの数が多く，見る方向と音の出る方向がばらばらとなり発生源の方向性が得られにくい。

③ 集中・分散方式

集中方式で音圧レベルが不足する部分に分散方式のスピーカを配置して，同時に使う方法と，集中方式のスピーカと分散方式のスピーカを切り換えて使う方法とがある。同時に使う方法では，スピーカから出る音に時間差が生じ，場合によっては遅延装置が必要になる。

7) 取付け数

事務所ビルの一般放送用スピーカ取付け数は，表2.6.15による。

表2.6.15　スピーカ取付け数

室　名	天井埋込形	壁掛形
一般事務室，会議室など	1スパンに1個。ただし，室面積が50 m²程度以下の場合は1室に1個	100 m²程度に1個
食　堂	30 m²程度に1個	
上級室，守衛室，宿直室中継台室，監視室，その他業務上必要な室	1室に1個	
廊　下	25 m以下ごとに1個	

8) 接続

① 直列接続

直列接続は，ローインピーダンスのスピーカを直列に図2.6.7のように接続する方式で，スピーカと増幅器間の配線の長さが短い場合（約50 mまで）や，スピーカの数が少ない場合に使用される。欠点は1個のスピーカが切断すると全部のスピーカが鳴らなくなることである。

② 並列接続

並列接続は，スピーカを並列に図2.6.8のように接続する方式で，ローインピーダンス用，ハイインピーダンス用のどちらにも応用される。ローインピーダンスは前述と同じであり，ハイインピーダンス（トランス付スピーカ）はスピーカの数が数個から数十個以上で，配線距離が長い場合に有利である。

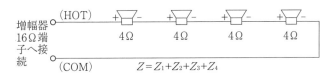

図2.6.7　直列接続

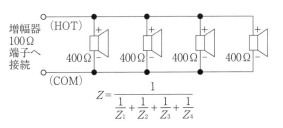

図2.6.8　並列接続

9) ハウリング

同じ部屋でマイクロホンとスピーカを使用する場合は，スピーカから放射される音のエネルギーの一部がマイクロホンに到達し，この量がある一定限界を越えると発振状態となり，ピーという音を発生することがある。このハウリングに対する安定性を向上させるには，単一指向性のマイクロホンの使用，指向性スピーカの使用，マイクロホン使用場所とスピーカ取付場所の離隔，部屋内装の吸音処理などが必要である。

10) アッテネータ

アッテネータは，その部屋に適した音量を得るため，また，会議室，応接室などで業務放送の音量を絞ったり，切ったりする時に用いる。設置当初の調整だけで良

い場合はスピーカに内蔵させるが，こまめに調整する必要がある場合には壁面に設ける。また，緊急放送をする場合は，3線式配線とする（図2.6.9）。

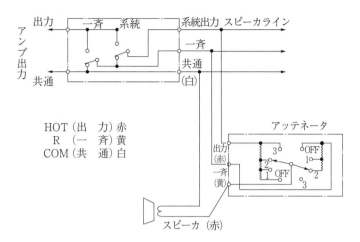

図2.6.9 アッテネータの3線式配線

11) 配線　　同一室内に，同一系統回路のスピーカを2個以上設ける場合は，同一壁や天井配置では極性を同一に結線する。なお，向き合った壁に取り付ける場合は，極性を逆に接続する。このため，配線は色分けすると便利である。

一般用のスピーカの配線には，IV，CPEV，AEケーブルなどを使用するが，非常放送兼用の場合は耐熱配線（HPケーブルなど）としなければならない。

マイクロホンの配線は，低レベル信号の配線であり，外部からの誘導障害を受けやすいため，マイクロホンコードなどを使用し，金属管配線とする。また，マイクロホン配線はスピーカ線などと一緒の配線とせず，その配線こう長は次による。

① ハイインピーダンスの場合は，10 m以下
② ローインピーダンスで不平衡形の場合は，20 m以下
③ ローインピーダンスで平衡形の場合は，80 m以下

(5) 機器の取付けなど

1) 機器の取付け　① 自立形，デスク形，壁掛形などの増幅器は，地震などによる移動，転倒などのないよう，床，壁などに堅固に取り付ける。卓上形増幅器を棚などに設置する場合は，機器の発熱を考慮して設置する。なお，機器にはD種接地工事を施す。
② 天井スピーカは，スラブからボルト吊りとするか，天井材に金具などで取り付ける。
③ マイクロホンの接続は，マイクロホンプラグまたはキャノンコネクタを用いる。

2) 試験　　各部屋のスピーカの音圧が適正であることの確認，一斉放送の動作確認，出力制御盤による出力系統の確認，配線の絶縁抵抗試験などを行う。

5. テレビ共同受信設備

建物に共同アンテナなどを設け，同軸ケーブルによって各部屋に分配し，テレビ放送などを受信可能にするものである。テレビ放送には，地上波デジタル放送，衛星放送（BSデジタル放送），通信衛星放送（CSデジタル放送）によるもののほか，CATVなど有線によるものもある。

また，現在はBS・110度CSアンテナを使用した4K・8Kテレビ放送が開始されており，次世代の映像規格で現行のハイビジョンを超える超高画質の映像を見られる。4Kは現行ハイビジョンの4倍（3,840×2,160）の画素数，8Kは現行ハイビジョンの16倍（7,680×4,320）の画素数である。4K・8Kは，現行ハイビジョンと比べ映像の高精細化だけでなく，広色域化（表現可能な色の範囲の拡大），画像の高速表示，多階調表現（1,600万に対しおよそ10億階調），輝度（HDR技術による表現できる明るさの範囲の拡大）により，色彩豊かで滑らかな映像表現が可能である。

(1) 地上波共同受信システム

各種のテレビ電波を受信し，共同で視聴するシステムには次の4つがある。

1) ビル共同受信システム｜一般建築物，共同住宅，マンションなどで，屋上に設けた受信アンテナから，各室や各住戸にテレビ信号を分配するシステムである。

2) 辺地共同受信システム｜山間地など地形的な制約により受信困難なテレビ電波を受信するため，山頂などの良好受信点にアンテナを建て，集落内に電波を分配し難視聴を解消するシステムである。

3) 電波障害用共同受信システム｜高層建築物のためテレビ電波が遮へいされて生じる，いわゆるビル陰障害や，反射により生じる障害を改善するため施設されるシステムである。通常は，高層建築物の屋上などに受信アンテナを設置し，電波障害を受ける対象者に同軸ケーブルで分配する方式がとられている。

4) CATVシステム｜大都市，ニュータウンなどでテレビ放送の同時再送信以外に独自の番組を自主放送するシステムである。端末側からセンター側と応答できる双方向性のシステムもあり，サービス内容も種々設定されている。

(2) 4K8K衛星放送

1) 概要｜4K8K衛星放送は，BSの右旋偏波および新たな電波としてBS・110度CSの左旋偏波を使用する。

図2.6.10および図2.6.11に示すように，左旋偏波の中間周波数（IF）は右旋偏波の中間周波数（IF）より高い周波数帯を使用するため，BS・110度CSアンテナは右左旋対応アンテナ，受信システム機器は，3,224MHz対応品が必要となる。

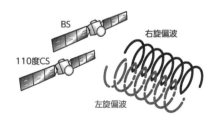

図2.6.10　電波の性質

図2.6.11　アンテナ出力信号

2) 電波漏洩対策

4K8K衛星放送では，すべてのテレビ端子で54 dB電波レベルがあることが必要になる。また，新たに使用される中間周波数帯域2.2 GHz～3.2 GHzは，ISMバンド（医療や産業などの分野で汎用的に使用するために割り当てられた無線通信の周波数帯）や小電力データ伝送システム，衛星電話，BWA（Broadband Wireless Access：広帯域移動無線アクセス）などが電波を共用しており，なかには日常的に使用されている無線LANや電子レンジの使用時に発する電波などが含まれる。衛星放送用テレビ受信設備の施工が不適切だった場合，双方が干渉を受けるので，以下の機器を使用することが必要となる。

① 機器は，SHマーク（スーパーハイビジョン受信マーク）登録品（3.2 GHz対応機器）など十分な伝送特性やシールド性能を有しているものを使用する。
② 同軸ケーブルは二重シールドタイプ（S-5C-FBなど）を使用する。
③ すべての接続箇所でC15形コネクタ（または同等性能品）を使用する。
④ 収納箱はシールド性能と放熱性能を考慮し使用する。
⑤ ブースタと他の無線設備が十分（おおむね10 m以上）に離れているか確認する。

(3) 用語の定義

テレビ共同受信設備に関する用語は，（一財）ベターリビング優良住宅部品（BL部品）により規定されている（表2.6.16）。

表2.6.16 テレビ共同受信設備の用語（抜粋）

用 語	定 義
地上放送用アンテナ	国内の地上局から送信されるFM放送とテレビジョン放送の信号を受信するアンテナをいう。テレビジョン放送信号のUHFは低域用と帯域を区分しない全帯域用がある。材質は，アルミニウム製とステンレス製がある。
衛星放送用アンテナ	静止衛星軌道上から国内に向け送信されるテレビジョン放送を受信するアンテナをいう。パラボラ形反射鏡と1次放射器，コンバータを有し，BS・110度CSデジタル放送受信用がある。
同軸伝送用受信機器	アンテナで受信した国内のFM放送とテレビジョン放送を，住宅室内のテレビ接続端子まで伝送するブースタ，混合（分波）器，分配器，分岐器，直列ユニット，テレビ端子で構成された伝送機器をいう。
増幅器（ブースタ）	受信機器や同軸ケーブルを通過した信号を一定のレベルまで増幅する機器をいう。放送信号の種類や帯域別に種類が分かれている。
混合(分波)器	アンテナで種類別や帯域別に受信した信号を，それぞれの特性を損なうことなく混合，あるいは，入力と出力を逆にすることで混合する前の信号に分けて取り出せる機器をいう。屋内用と屋外用に大別でき，さらに放送帯域別に種類が分かれている。
分配器	伝送された信号を均等に分配する機器をいう。分配数別に種類が分かれている。
分岐器	伝送された信号の一部を分岐して取り出す方向性を持った機器をいう。分岐数別に種類が分かれている。
直列ユニット	テレビ受信機に接続する端子を持つ埋め込み型分岐器をいう。機能的には，分岐器と分配器を組み合わせて構成されている。端子数別に種類が分かれている。
テレビ端子	アウトレットボックス内に収納してテレビ受信機に接続する端子を持つ埋め込み型テレビ受信機接続端子をいう。端子数別に種類が分かれている。

(4) 受信システム

配線系統から見た代表的な方式に，直列ユニット方式と分岐分配方式とがあるが，分岐分配方式が一般的である。

1) 直列ユニット方式

ホテルなど各階の同じような位置にテレビ接続用端子がある場合に用いられる方式である。この方式は分配方法が単純であり，ケーブル長が短くてすむが，テレビ

接続用端子（直列ユニット）で故障が発生した場合，故障点以降も障害を受けるなどの欠点がある。また，テレビ接続用端子が散在している場合には不利となる。

2) **分岐分配方式**　幹線ケーブルの途中で各階ごとに分岐点を設けて分岐線を出し，水平方向に分配する方式である（**図 2.6.12**）。この方式はテレビ接続用端子の配置が各階ごとに異なっている場合や，分配数が非常に多い共同受信システムに適している。また，テレビ接続用端子が故障した場合もその場所のみの故障で済み，保守，点検が容易に行えるが，直列ユニット方式に比べケーブルが長くなる。一般に共同受信システムの末端の出力レベルが UHF（デジタル放送）では 50 dB 以上，BS および CS では 54 dB 以上確保できないと良好な画像を得られないので，末端直列ユニットの出力が 50 dB 以上，BS（BS-IF 方式）では 54 dB 以上となるように，増幅器，直列ユニット，ケーブルなどを選定する。

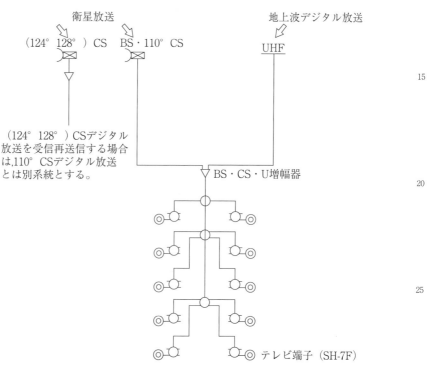

図 2.6.12　受信システム系統図（分岐分配方式）例

(5) 機器の取付けなど

1) **機器**　アンテナの材質は，塩害，空気汚染地区ではアーム，素子をステンレス製とするなど防食を考慮する。

分岐器，分配器で使用しない端子には反射波が発生しないようにダミー抵抗を取り付ける。

2) **高周波同軸ケーブル**　テレビジョン受信用高周波同軸ケーブルには，銅心線を発泡ポリエチレンで絶縁し，アルミ箔テープで巻き，外周を網状の導体で覆い，外側をビニルシースで包む構造のものがある。

減衰量［dB］は，周波数の平方根と距離にほぼ比例して増加するため，周波数が高いほど大きい。特性インピーダンスには，50 Ω と 75 Ω のものがあり，通常，無

線系の機器では 50 Ω，デジタルテレビ伝送用では 75 Ω が使用される。

伝送線はテレビジョン受信用同軸ケーブルの EM-S-5C-FB，EM-S-7C-FB などを使用する（表 2.6.17）。

表 2.6.17　テレビジョン受信用同軸ケーブルの電気的特性

ケーブルの種類	特性インピーダンス [Ω]	減衰量 [dB/m]								
		90 MHz	470 MHz	710 MHz	1,000 MHz	1,489 MHz	2,150 MHz	2,602 MHz	2,681 MHz	3,224 MHz
EM-S-5C-FB	75	0.059	0.145	0.183	0.224	0.284	0.355	0.400	0.408	0.459
EM-S-7C-FB	75	0.042	0.105	0.133	0.164	0.210	0.265	0.300	0.306	0.346

[備考] JCS 5423「衛星放送テレビジョン受信用耐燃性ポリエチレンシース同軸ケーブル」に基づき算出

3) 機器の取付け

① 受信点での電界強度は，電波の到来方向の工作物や地形などにより計算値と異なる場合が多いので，着工前に建設予定地の電界強度を測定するとともに C/N 比（信号と雑音の比）を調査しておく。

(イ) 躯体が完了した時点で，さらにアンテナ取付け予定位置において，各チャンネルごとに電界強度および C/N 比を再確認する。デジタル放送の場合は，C/N 比が落ちても画質の劣化が起こらないものの，一定以下の値になると画質が急激に劣化して，格子状のノイズ（ブロックノイズ）を発生し，さらには受信不能状態（ブラックアウト）になる。

C/N 比が落ちる要因としては，遠距離受信で電波が弱いなど地域に係る問題が考えられ，対策としては，高性能アンテナ（20 素子以上）や増幅器（ブースタ）の多チャンネル対応型の使用があげられる。

(ロ) また，デジタル受信機の機能にアンテナレベル表示があり，デジタル受信機で復調した信号の簡易 C/N 比（換算値）の値に比例した数値を表示し，電波の質の良し悪しを表す（表 2.6.18）。

この数値は，直接電波の強さを表した数値ではなく，アンテナを最適な方向に合わせる目安となる。

(ハ) ブロックノイズが発生するからという理由で入力レベルを大きくするために，ブースタを挿入しても必ずしも画質が改善されるとは限らないので注意が必要である。ブースタを使用する場合は，できる限り受信アンテナの近くに取り付けることにより C/N 比の低下を抑えることが重要である。

表 2.6.18　受信機入力レベル

信号レベル，C/N 比の目安	UHF デジタル	BS/CS デジタル	
受信機入力レベル [dBμV]	34〜89	48〜81	(電波産業会規格／ARIB より)
受信地点の C/N 比 [dB]	25 以上	CS14/BS19 以上	

注：テレビ画面に表示されるレベルではない。

② アンテナの取付け位置は，到来電波が屋上設置機器や隣接建物の遮へい障害のない場所を選定する。アンテナマストはアンテナ段数などを考慮して風圧力（風速 60 m/sec）に耐えるよう堅固に取り付ける。また，アンテナは，避雷針の保護角に入る位置で，かつ避雷針などから 1.5 m 以上離れた位置とする。

③ 原則として，増幅器を最初の分配器（分岐器）の前に設置する。増幅器入口のレベルは，受信点の電界強度とアンテナ利得の和から，増幅器入口までの配線による損失を差し引いた値とする。

④ 増幅器出口（増幅器を設置しない場合は受信点の電界強度）からテレビ端子までの総合損失 L_0 ［dB］を各分配器（分岐器）から最遠端のものについて各帯域ごとに求める。

$$L_0 = L_w + \Sigma L_{d1} + \Sigma L_{d2} + l_1 \times L_1$$

L_w：テレビ端子挿入損失 ［dB］
L_{d1}：分岐器挿入損失 ［dB］
L_{d2}：分配器分配損失 ［dB］
l_1 ：分配器（分岐器）からテレビ端子までの配線距離 ［m］
L_1 ：配線の最大減衰量 ［dB/m］

なお，分岐器の結合損失 ［dB］および分配器の端子間結合損失 ［dB］は，総合損失 L_0 の計算には含めない。

⑤ 増幅器の設置場所が雨線外となる場合，機器収容箱を設けるか，防水型機器を使用する。また，雑音を発生する機器が設置される場所を避ける。

⑥ 機器にはD種接地工事を施す。

⑦ 分岐・分配器とケーブルの接続は，F形接栓を用いて行う。なお，使用しない端子には，終端抵抗を取り付ける。

⑧ 1系統の直列ユニットの接続数は，一般に8個までとする。

⑨ 直列ユニットの取付け高さは床上0.3 mとし，テレビ受像用電源コンセントの有無を確認する。ケーブルの接続は，オームバンド式なので心線と編組が接触しないように注意する。

4）試験 末端直列ユニットに受像機を接続して，受像画質（画質評価と品質評価）とレベル測定を行い，増幅器の利得調整が適正であることを確認する。

6. インターホン設備

JIS C6020（インターホン通則）に，住宅用，業務用などに使用するインターホンが規定されている。表2.6.19に用語および方式と定義を，図2.6.13に通話網の方式を示す。

配線には，着色識別ポリエチレン絶縁ビニルシースケーブル（FCPEV）などが使用される。

表2.6.19 インターホン設備の用語・方式

用語・方式	定　　義
親機	通話における優先機能を備えているもの。
子機	親機に接続しなければ通話できないもの。
選局数	個々の親機，子機の呼び出しが選択できる相手数。
通話路数	同一の通話網で同時に別々に通話できる数。
交互通話式	通話者間で交互に送受しながら通話できるもの。
同時通話式	通話者間で同時に通話ができるもの。
親子式	親機と子機の間に通話路が構成されているもの。
相互式	親機と親機の間に通話路が構成されているもの。
複合式	親子式と相互式の組合せによって通話網が構成されているもの。

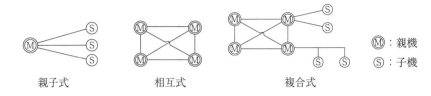

図 2.6.13 通話網の方式

7. 監視カメラ設備

監視カメラ設備は，カメラ，モニタ装置，録画装置その他の機器，配線等により構成され，建物内外の監視などを行うものである。

1) **伝送方法**　ネットワーク伝送方式，同軸伝送方式またはこれらを併用したものがあり，現在はネットワーク伝達方式が主流となっている。

映像データは，そのままではデータ量が膨大であるため，デジタル伝送システムにおいては，ネットワークカメラまたはエンコーダにおいてこれを圧縮して伝送する。

2) **カメラ**　カメラへの電源供給は，AC100V，AC24V，DC電源などが使用される。DC電源の場合は，電源供給装置などにより，同軸伝送方式では映像信号用同軸ケーブルから供給され，ネットワーク伝送方式ではUTPケーブルに重畳して供給される。

ネットワークカメラは，スイッチングハブとの間をLANケーブルで接続されていて，カメラ本体の電源を伝送ケーブルにより供給するPoE方式がある。

ネットワークカメラは，撮像部と，映像信号をデジタル信号に変換して映像データをネットワークに出力する機能を有するエンコーダ部により構成される。

3) **ハウジング**　屋外形のハウジングの保護構造は，JIS C 0902による保護等級IPX4とする。

IPX4は，「危険な箇所への接近及び外来固形物」に対する規定がないこと，「有害な影響を伴う水の進入」に対しては，「水の飛沫に対する保護」を示している。

対候形ハウジングは，保護等級をIPX4とするほか，必要により，ワイパ，デフロスタ，ヒータおよびファンが取り付けられる。

4) **配線**　ネットワークカメラに用いる配線は，一般にUTPケーブルが使用されるが，外部の雑音の影響を受けやすい場所，誘導雷の被害を受けやすい場所に施設する場合は，光ファイバケーブルも使用される。

ネットワークカメラの信号線として，同軸LANコンバータを利用して信号を変換することにより，既存の同軸ケーブルも利用できる。

屋外に施設された信号ケーブルおよび電源ケーブルからの誘導雷の侵入のおそれがある場合，屋外カメラと監視装置本体のそれぞれに専用のサージ防護デバイスを設ける必要がある。

8. 駐車場車路管制設備

　駐車場車路管制設備は，図2.6.14のように管制盤，検知器，信号灯，警報灯，発券機，カーゲート，カードリーダーなどにより構成される。

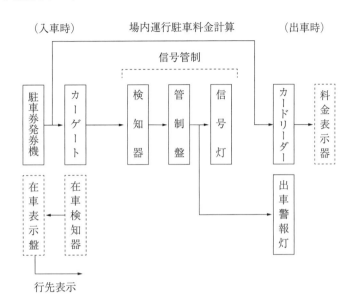

図2.6.14　駐車場車路管制設備の構成図

1) **管制盤**　　管制盤は，検知器などからの信号を受け，車路の管制，警報灯への警報信号を送出する機器である。

2) **検知器**　　検知器には，光線式（赤外線式）検知器，超音波式検知器，ループコイル式検知器がある。

3) **光線式検知器**　　スタンド形，壁露出形，壁埋込形などの種類があり，赤外線発光器と受光器で1組である。これらを車路の両側の壁に向い合わせて取り付け，発光器が発した光を車両が遮ることで検知するため，受光器に直射日光が当たり発光器の光を検知できなくならない場所に設置する。1組の場合，人間が歩いても動作してしまうため1.5〜2 m離して2組車路面より0.6〜0.7 mの高さに取り付け，両方同時に遮光したときに検出するようにしている（図2.6.15(a)）。

4) **ループコイル式検知器**　　ループコイルを車路にあらかじめ埋め込んでおき自動車がこの上を通過するとき，インダクタンスの変化を検出器で検出して信号を発する。
　　原理上ループコイルは，できるだけ浅く埋設したほうがよいが，コンクリートのひび割れなどを考慮して通常は5 cm程度の深さに埋設し，鉄筋などの金属物からできるだけ離隔（5 cm以上）する（図2.6.15(b)）。
　　ループコイルとループコイル式検知器の間の配線の長さは，20 m以内とする。

5) **超音波式**　　センサと一体になった装置から超音波またはマイクロ波を照射し，その跳ね返り時間の差によって車両の有無を検知する。

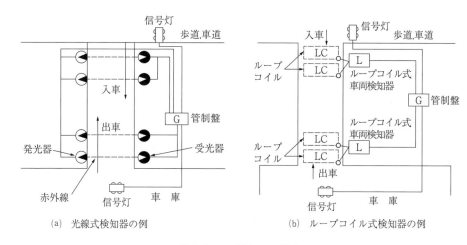

(a) 光線式検知器の例　　　　(b) ループコイル式検知器の例

図 2.6.15　検知器の構成

6) 信号灯　　信号灯の取付け場所は，車路の入口と出口に設ける。取付け位置により天井吊り下げ形，壁付け形，床上据付け形のいずれかを選定する。取付けの際，車路の直上に付ける場合は，駐車場法施行令で，「建築物である路外駐車場の自動車の車路にあっては，はり下の高さは，2.3 m 以上であること」と規定されているので，信号灯などを設置する場合は，灯器具下端が車路面から 2.3 m 以上の高さに設置しなければならない。また，信号灯回路は AC100 V で，他の検出回路の制御用電源とは電圧が異なるので，別配管とする必要がある。

7) カーゲート，カードリーダ，発券機など　　有料駐車場の場合に設置されるが，発券機，カードリーダの発券口および券挿入口の高さは，運転者が操作しやすいように，通常は車路面から 1.0 m 以上 1.3 m 以下にする。

9. 防犯設備

防犯設備は，侵入者や侵入行為を発見する防犯センサ，緊急通報スイッチ，威嚇・警報機器，防犯受信機，警戒・非警戒切替器で構成される。警戒する場所や対象物によって適切なものを選択する。

1) 防犯センサ　　防犯センサーは作動方式や取付場所に応じて，次の種類がある。

① パッシブセンサ
　　室内の人の動きを検知して作動する。警戒範囲を見渡せる天井や壁に取り付ける。
② マグネットスイッチ
　　窓や扉が開いたときに作動する。窓や扉の可動部にマグネットを框部にスイッチを取り付ける。
③ ガラス破壊センサ（非接触式）
　　ガラスの破壊音を検知して作動する。警戒するガラスの付近の壁や天井に取り付ける。
④ ガラス破壊センサ（接触式）
　　ガラスが破壊される時の振動を検知して作動する。警戒対象のガラスに取り付

⑤ 赤外線センサ（アクティブセンサ）

建物の壁や立てたポールに取り付けた投光器から受光器へ赤外線ビームを照射し，人などが通ると作動する。また，センサ自ら赤外線を照射して人による反射を検知するものもある。

⑥ シャッターセンサ

シャッターに反射板や磁気シートを貼り付け，シャッターの開閉で反射板や磁気シートが移動すると作動する。シャッター上部の出入の邪魔にならないところに取り付ける。

2) 威嚇・警報機器　音や光で威嚇したり，警報を発するものには，ベル，ブザー，サイレン，スピーカ，回転灯，フラッシュライトなどがある。

3) 防犯受信機　防犯センサーや威嚇・警報器などと組み合わせて使用され，警報を発報した場所を表示する。非常時に決められた通報先に知らせる非常通報機，非常時に警備会社などにデータ送信する非常用送信機の機能を付加したものもある。

4) 警戒・非警戒切替器　設定・解除器には，カギ式，テンキー式，カード式（磁気式，非接触式），タグ式などがある。

5) 一体型防犯機器　センサと警報などを組み合わせて一体型としたもので，建物の周りに設置されるセンサ付きライトやセンサ付きスピーカ，窓や扉に設置されるマグネット付き警報器やガラス破壊センサ付き警報器がある。

10. マイクロ波無線通信

1) マイクロ波　マイクロ波は，周波数がUHF以上の電波で，道路上での渋滞や交通規制などの情報をリアルタイムにカーナビゲーションなどの車載器に送信する技術などに応用されている。図2.6.16に周波数帯ごとの主な用途と電波の特徴，図2.6.17に電波伝搬を示す。

2) 特徴　マイクロ波無線通信の特徴は，次のとおりである。

① マイクロ波は，使用できる周波数帯が広いため，多重通信に適している。マイクロ波帯における多重通信の方式には，PPM-AM方式による時分割多重方式と，SSB-FM方式による周波数分割多重方式とがあり，後者が超多重通信に有利なため，多く用いられる。

② 直進的伝達特性のため，フェージング（電離層などでの屈折率の違いにより，電波の強さが時間とともに変動する現象）などの現象を伴うことが他の周波数帯（短波・中波など）に比べて少ないので，安定で信頼度の高い伝送ができるとともに，反射板や簡単な中継器の設置により遠距離中継が可能である。

③ マイクロ波帯においては，自然雑音および人工雑音がいずれも極めて少ないので，信号対雑音比（S/N）の良い通信ができる。

④ 超短波帯以上（マイクロ波・ミリ波など）の周波数の電波は，電離層のF層を通過して反射されないため，電離層反射が利用できない。したがって，直接波または大地反射波による伝搬が主になり，見通し距離の範囲における無線通信に限定される。

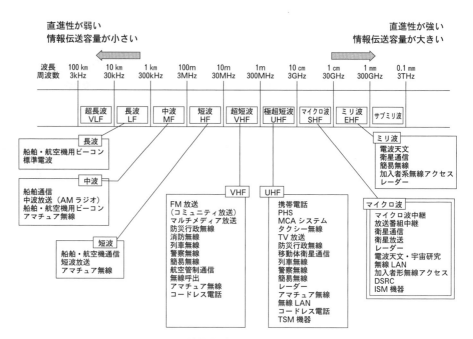

図 2.6.16　周波数帯ごとの主な用途と電波の特徴

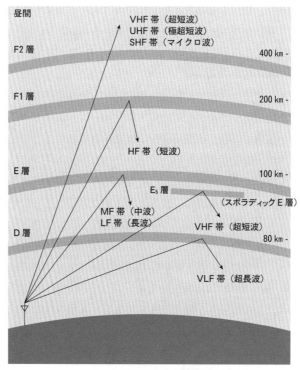

図 2.6.17　電波伝搬

11. 高速電力線通信

電力線通信（PLC（Power Line Communication））は，電波法施行規則第44条（通信設備）に電力線搬送通信設備として規定されている。

1) 構成　　定格電圧600 V以下および定格周波数50 Hzもしくは60 Hzの単相交流もしくは三相交流を通ずる電力線を使用するもので，家庭やビル内の電力コンセントなどにPLCアダプタ（モデム）を設置し，伝送データを高周波電流にした信号を重畳して通信を行うものである。

10 kHz～450 kHzまでの周波数の搬送波を使用するものと，事業用電気工作物として維持，運用される電線路と直接に電気的に接続され，引込口において設置される分電盤から負荷側において，2 MHz～30 MHzまでの周波数の搬送波により信号を送信，受信するものがある。

高速電力線通信（HD-PLC）は，2 MHz～30 MHzの周波数の搬送波を使用する。

2) 特徴　　電力線通信の伝送で使用する周波数帯域では，家電機器などから発生する負荷ノイズなどが電力線に重畳され，PLCアダプタ（モデム）に混入し，通信速度などの伝送特性に影響を与える場合がある。

高速電力線通信のデータ伝送に使用する高周波信号は2 MHz～30 MHzの短波帯であるため，この周波数信号が電力線から放射され漏洩電磁界が発生する。

変圧器2次側の接続形態により単相3線式の電力配線は，L1相とL2相からなり，L1相に接続された電力線とL2相に接続された電力線間（異相間）通信の場合，同じ相にPLCアダプタ（モデム）接続されていないため，同相間の通信に比べて信号が減衰しやすい。

12. 有線電気通信設備令の架空線路

有線電気通信設備令及び同施行規則による架空線路の規定の概略を次に示す。

1) 架空電線の離隔［令第5条］　　架空電線の支持物と強電流電線との離隔は，表2.6.20による。

表2.6.20　架空電線の支持物と強電流電線との離隔（則第4条）

使用電圧及び種類		支持物の離隔距離
低圧		30 cm
高圧	強電流ケーブル	30 cm
	その他の強電流電線	60 cm

2) 架空電線の高さ［令第8条］　　架空電線の支持物の足場金具などは地表上1.8 m未満の高さに取り付けてはならない。

架空電線の高さは，表2.6.21による。

表 2.6.21 架空電線の高さ（則第 7 条）

架空電線の設置場所	高さ
道路の路面上	5 m
車道との区別がある道路の歩道上	2.5 m※
道路の路面上（その他の道路）	4.5 m※
横断歩道橋の路面上	3 m
鉄道又は軌道を横断する軌条面上	6 m
河川の横断	船行に支障のない高さ

※ 交通に支障を及ぼすおそれが少ない場合で工事上やむを得ないとき

3) 低圧又は高圧架空電線との離隔距離［令第 11 条，第 12 条］

支持物が別である架空電線が低圧又は高圧架空強電流電線と交差又は接近する場合の離隔距離及び架空電線を架空強電流電線と同一の支持物に架設する場合（共架する場合）の離隔距離は，**表 2.6.22** による。

架空電線と低圧又は高圧の架空強電流電線を 1 の同一支持物に限って架設する場合には，同表の「別の支持物に架設する場合」が適用される。

低圧又は高圧架空強電流電線と同一支持物に架設する架空配線の垂直配線は，原則として，架空強電流配線の垂直配線と支持物を挟んで設置する。

なお，架空電線は，架空強電流電線の下に設置する。

表 2.6.22 架空電線と架空強電流電線との離隔距離（則第 10 条，第 14 条）

架空強電流電線の使用電圧及び種類		交差又は接近する場合	共架する場合
低圧	高圧強電流絶縁電線 特別高圧強電流絶縁電線 強電流ケーブル	30 cm ※1	30 cm
	強電流絶縁電線	60 cm ※1	75 cm ※1
高圧	強電流ケーブル	40 cm	50 cm ※1
	高圧強電流絶縁電線又は特別高圧強電流絶縁電線 ※2	80 cm	1.5 m ※1

［注］※1 強電流電線の設置者の承諾を得たときの緩和規定がある。
※2 強電流電線の支持物に架設する場合には，「その他の強電流電線」と読み替える。

4) 保護網［則第 8 条］

架空電線は，架空強電流電線と交差するとき，又は相互の水平距離が両者の支持物のうちの高いものの高さに相当する距離以下になるときには保護網を設ける。

① 第 1 種保護網

特別保安接地工事（接地抵抗が 10 Ω 以下となる接地工事）をした金属網による網状のものであること。

外周及びその他の部分を構成する金属線には，規定の太さの銅覆鋼線又は硬銅線を使用すること。

並行する金属線相互間の距離は，それぞれ 1.5 m 以下とすること。

② 第 2 種保護網

保安接地工事（接地抵抗が 100 Ω 以下となる接地工事）をした金属網による網状のものであること。

外周及びその他の部分を構成する金属線には，規定の太さの銅覆鋼線又は硬銅線を使用すること。

並行する金属線相互間の距離は，それぞれ 1.5 m 以下とすること。

③ 離隔

保護網と架空電線との垂直離隔距離は60 cm以上（工事上やむを得ない場合，第2種保護網は30 cm以上）とすること。

保護網が架空線路及び架空強電流電線の外に張り出す幅は，保護網と架空電線との垂直距離の$\frac{1}{2}$に相当する長さ（30 cm未満では，30 cm）以上とすること。

第1種保護網は，第2種保護網をもってかえることができない。

5) 地中電線との離隔距離　地中強電流との離隔は30 cm（その他地中強電流電線の電圧が7,000 Vを超えるものであるときは60 cm）以上とすること。

[令第14条]

13. 構内通信・情報設備の検査・試験

(1) 施工中の検査・試験

1) 機材の検査　製造者の社内規格による試験方法により，承諾した機器製作図どおりに，機器が製作されているかを検査する。

2) 検査項目
① 端子盤：構造・絶縁抵抗
② 構内情報通信網装置，構内交換装置：構造・絶縁抵抗・耐電圧（電源部）・動作
③ 拡声装置，インターホン装置，監視カメラ装置，駐車場管制装置，防犯装置：構造・特性・出力・絶縁抵抗・耐電圧（電源部）・動作・温度上昇・総合試験
④ テレビ共同受信装置：構造・特性

3) 施工の検査　設計図書に定められた場合，一工程の施工を完了したときは，施工の検査を行う。

4) 施工の試験　次に示す事項に基づいて試験を行い，試験成績書を提出する。
① 配線完了後，絶縁抵抗試験を行う。
② UTPケーブルは，敷設，接続，コネクタ取り付け後，フロア配線盤から通信アウトレットの区間で，伝送品質測定を行う。
③ 光ファイバケーブルは，敷設，接続，コネクタ取り付け後，伝送損失測定を行う。
④ 接地極埋設後，接地抵抗を測定する。
⑤ 構内情報通信網設備は，機器の設置及び配線完了後，パケット送受信機能試験を行う。
⑥ 構内交換設備は，電話配線及び電話機の設置後に，電話機ごとにサービス機能の試験を行う。
⑦ 拡声設備は，機器接続後，動作試験を行う。
⑧ テレビ共同受信設備は，機器接続後，出力レベル及び受像画質を測定する。

(2) 完成時の検査

1) 自主検査　第4節 13. 電力設備の検査・試験に準じる。
2) 工事検査　第4節 13. 電力設備の検査・試験に準じる。
3) 技術検査　第4節 13. 電力設備の検査・試験に準じる。

第7節　電気鉄道

1. 電気鉄道

1.1 き電回路

(1) 電気鉄道の特徴と電気供給方式

1) 電気車の特徴　電気車は移動する大負荷であり，速度範囲が広く，しかも長距離にわたって大出力を得る必要がある。また，常に始動停止を繰り返すので負荷の時間的変動が大きい。

2) 電気供給方式　電気車への電気の供給方式を大別すると，3本線を用いて電力を供給する三相3線式（一線にレールを使用する場合は三相2線式）と，2本の電線を使用するもの（一線にレールを使用する場合は直流または単相交流を使用した単線式）に分けられる。3線式は電気車の集電機構が複雑になることと，電車線間の電圧を高くできないことからあまり使用されず，日本では主として単線式電化がほとんどである。

3) 標準電圧　電車線の標準電圧は，鉄道技術基準第41条[解釈基準第32項]で表2.7.1のとおり規定されている。

表2.7.1　電車線の標準電圧

鉄道の種類	架設方式	電車線の標準電圧
普通鉄道	架空単線式	直流 1,500 V 直流 750 V 直流 600 V 単相交流 20,000 V（新幹線にあっては，単相交流 25,000 V）
	サードレール	直流 750 V 直流 600 V
懸垂式鉄道，跨座式鉄道および浮上式鉄道	剛体複線式	直流 1,500 V 直流 750 V 直流 600 V
案内軌条式鉄道	剛体複線式	直流 750 V
		直流 600 V 三相交流 600 V
	架空単線式	直流 1,500 V 直流 750 V 直流 600 V
無軌条電車	架空複線式	直流 750 V 直流 600 V
鋼索鉄道	架空単線式 または架空複線式	直流 300 V 単相交流 300 V 以下

(2) 交流方式と直流方式

1) 電流　交流方式は電圧が高くでき，出力が同一の場合は集電電流は極度に小さくできる。しかし，パンタグラフが離線して再接触するときに，変圧器の突入電流によってトロリにアークが発生しやすい。

2) 粘着性能　　交流電気車は直流電気車に比較して粘着性能がすぐれ，小形で大きな荷重をけん引できる。直流電気車は電動機を直列に接続するのに対し，交流電気車は変圧器を使用し低い電圧より制御し，電動機を並列にしたまま速度制御するため，空転した車輪の電動機のトルクが下がるので全体として見かけ上粘着性能が向上する。

3) 変電所　　交流方式は，変電所の間隔が長くBTき電方式で約30～50 km（ATき電方式で約100 km）でよく，変電所の数を少なくでき整流装置が不要となる。直流方式は，変電所間隔が短く，約10～20 kmごとに必要となり，変電所数が多く整流装置が必要となる。

4) き電線　　交流方式では電気車に変圧器を搭載することにより高電圧でき電ができ，き電電流を極度に少なくできるが通信線への誘導対策が必要である。

5) 事故電流の遮断　　交流方式は運転電流と事故電流の判別が容易である。直流方式では大電流であるため，運転電流と事故電流の選択遮断が判断しにくい。

6) 絶縁離隔　　交流方式は直流より電圧が高いので絶縁離隔を大きくする必要があり，一般にトンネルの断面などに対する検討が必要である。

7) 各種障害対策　　交流方式は電気車が単相負荷であるための電源不平衡対策や，近傍の通信線に対する誘導障害対策が必要となる。直流方式は近傍の地中導体に対する電食対策を考慮する必要がある。

　　通信誘導障害の軽減対策としては，ATき電方式では単巻変圧器を使用し，BTき電方式では吸上変圧器を用い，レールに流れる電流をき電線に吸上げ，通信線への誘導障害を軽減している。

　　電磁誘導作用による人の健康に及ぼす影響の防止に関して，鉄道技術基準第51条の2で，次のように規定されている。

① 電車線等及び帰線並びに電気機器等設備（発電機を除く。）を変電所等以外の場所に施設する場合は，通常の使用状態において，当該設備から発生する商用周波数の磁界による電磁誘導作用により，当該設備のそれぞれの付近において，人の健康に影響を及ぼすおそれがないように施設しなければならない。ただし，田畑，山林その他の人の往来が少ない場所において，人体に危害を及ぼすおそれがないように施設する場合は，この限りでない。

② 変電所等は，通常の使用状態において，当該変電所等から発生する商用周波数の磁界による電磁誘導作用により，当該変電所等の付近において，人の健康に影響を及ぼすおそれがないように施設しなければならない。ただし，田畑，山林その他の人の往来が少ない場所において，人体に危害を及ぼすおそれがないように施設する場合は，この限りでない。

8) 系統の不平衡対策　　交流方式は，電力系統の不平衡の軽減対策としては，き電用に三相二相変換（スコット結線変圧器など）変圧器を用いて不平衡を軽減している。

9) 電食（漏れ電流）対策　　直流方式は，電気鉄道側の漏れ電流を小さくするために，次に示す電食対策を行う。

① 道床の排水を良くし，絶縁道床，絶縁締結装置などを採用し漏れ抵抗を大きくする。

② レールボンドの取付けを完全にし，必要により補助帰線を設け，あるいはクロスボンドを増設して帰線抵抗を減少させる。

③ 変電所を増設し，き電する区間を縮小して漏れ電流を減少させる。
④ 架空絶縁帰線を設けて，レール内の電位の傾きを減少させ漏れ電流を減少させる（路面電車の場合）。
⑤ ロングレールを採用して，帰線抵抗を減少させる。
⑥ 電線の極性を定期的に転換させ，電気化学反応を中和させる。

10) 代表的な標準電圧方式の比較

架線単線式における商用周波単相交流 20 kV 方式と直流 1,500 V 方式の比較を表 2.7.2 に示す。

表 2.7.2　商用周波単相交流 20 kV 方式と直流 1,500 V 方式の比較

項　目	商用周波単相交流 20 kV 方式	直流 1,500 V 方式
変電所	変電所建設費が安い。 イ）変電所間隔が長く，BT き電方式で約 30～50 km（AT き電方式は約 100 km）で，変電所数が少ない。 ロ）変圧器だけでよいから，変電所設備が簡単になる。	変電所建設費が高い。 イ）変電所間隔が短く，約 10～20 km で，変電所数が多い。 ロ）交流－直流の変成器を要し，変電所設備が複雑となる。
き電電圧	電気車に変圧器を用い，高電圧が利用できる。	主電動機，直流変成機器の絶縁設計上制約をうけ，高電圧が利用できない。
電車線路	小電流なので，所要銅量が少なく，構造も軽量となる。	大電流なので，所要銅量が大きく，構造も大きな荷重に耐えるものが必要である。
軌道回路	商用周波交流軌道回路を利用できない。	商用周波交流軌道回路を利用できる。
絶縁離隔	電圧が高いので，絶縁離隔が大きくなり，一般にトンネルなどの断面が大きくなる。	電圧が低いので，絶縁離隔は小さくすむ。
電圧降下	直列コンデンサや自動電圧調整装置により簡単に補償できる。	き電線の増設やき電区分所または変電所の新設を要する。
保　護	運転電流が小さく，事故電流の判別が容易で，保護設備も簡単である。	運転電流が大きく，事故電流の選択しゃ断が困難で，複雑な保護設備を要する。
通信誘導障害	通信誘導障害が大きく，吸上変圧器や単巻変圧器，通信線のケーブル化などを要する。	通信誘導障害の程度が小さく，変電所にフィルタを設けるなどのほか，電車線路に特別の設備を要しない。
不平衡	単相負荷による三相電源不平衡を生じるので対策が必要である。	三相電源不平衡の問題を生じない。

11) 電力回生車導入に対する対応

電力回生車とは，ブレーキ（制動）の際に，電動機の発電制動を利用して発電し，その電力を架線に戻して同じ線路上近くで加速（力行）している他の電車に電気を供給し，消費させ省エネルギー化を図る車両である。

回生エネルギーは，近くの電車で利用できれば効率的であるが，利用できない場合は回生失効となり，通常の空気ブレーキに切り替わってしまう。

回生失効対策としては以下のものがある。
① 変電所にサイリスタインバータを設置して，交流に変換して高圧配電系統に接続して駅舎などで使用する。
② 回生エネルギーによる回生車と力行車の重なりを増加させるため，上下一括き電方式を採用する。
③ 変圧器の送り出し電圧を低くする。
④ 蓄電池やフライホイールなどを設置して電力貯蔵を行うことも，一部の鉄道会社で行われている。

(3) 直流き電回路

1) 直流変電所の構成

　直流変電所は送電網から三相交流特別高圧を受電し，これを変圧器によって適切な電圧に下げ，シリコン整流器などで直流に変換して電車線路にき電する。図2.7.1に示すように受電用機器，整流器（直流変成機器），き電用機器（保護対策），所内用機器，信号，電灯電力高圧配電用機器などで構成されている。図において変流遮断器は整流用変圧器や整流器の故障時に，き電用遮断器は，き電線を含む負荷側の故障短絡時に電流を遮断する。シリコン整流器には，高調波抑制対策として12パルス（12相）方式が一般に用いられ，高調波を低減させているが，直流側には電流の中に含まれている脈動（リップル）が発生するので，電磁誘導による通信障害対策としてフィルタを設ける場合がある。

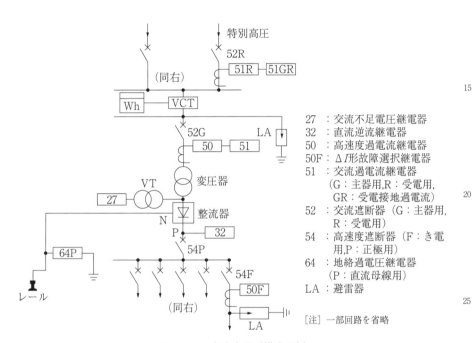

図2.7.1　直流変電所構成図例

2) 直流き電回路の構成

　図 2.7.2 に示すように，直流の場合は単純な構成であり，各き電回路線ごとに高速度遮断器などの保護装置が設けられる。直流電化区間のき電方式は一般的に隣接する変電所間で並列にき電が行われ，また，電流が大きいためトロリ線と並列にき電線が設けられる。

　トロリ線とき電線とは，き電分岐線によって並列接続され，き電線の所要断面積は変電所間隔，電気車出力，列車密度，線路条件などに基づいて主として電圧降下の面から決定される。

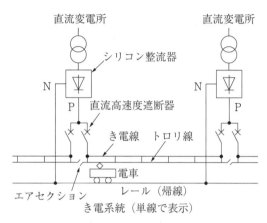

図 2.7.2　直流き電回路

(4) 交流き電回路

1) 交流き電用変電所

　交流き電用変電所は，直流の場合と同じく送電網から三相の特別高圧で受電し，図 2.7.3 に示すように三相二相変換変圧器により，90°位相差のある 2 組の単相回路に変換して単相交流電力を電車線路にき電し，三相不平衡に対応している。日本では，き電電圧を 20 kV（新幹線は 25 kV）としている。また，交流き電用変電所は直流変成器は不要なので設備が簡単になる。

2) 三相二相変換変圧器の種類

① スコット結線変圧器

　2 次側電圧を等しくするため，M 座（主座）変圧器の巻数比を 1:1 としたとき，T 座変圧器の巻数比を $(\sqrt{3}/2):1$ としたものである（図 2.7.3(a)）。

② ルーフ・デルタ結線変圧器

　18.7 kV 以上の超高圧送電線からの受電用として開発され，一次側が Y 結線で中性点直接接地を可能とし，二次側の A 座側のルーフ巻線と B 座側の △ 巻線で構成される。各巻線を二次側のき電電圧に応じた巻数比とすることで，簡単な構成で三相二相変換を行うことができる。従来の変形ウッドブリッジ結線変圧器に比べ昇圧変圧器が不要となり縮小化・経済性が優位であるため，新幹線区間で採用されている（図 2.7.3(b)）。

③ 変形ウッドブリッジ結線変圧器

　新幹線の電源に用いられる変圧器で，主変圧器は，Y−△結線を組み合わせ，A 座と B 座の電圧を等しくするため，B 座側に昇圧変圧器を接続して電圧を $\sqrt{3}$ 倍に昇圧している。昇圧変圧器の設置用として，三相二相変換変圧器と同程度の面積が必要である（図 2.7.3(c)）。

第7節　電気鉄道

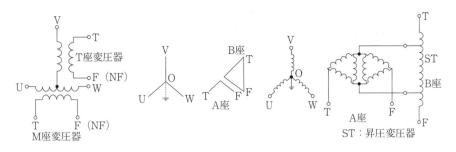

(a) スコット結線変圧器　(b) ルーフ・デルタ結線変圧器　(c) 変形ウッドブリッジ結線変圧器

図2.7.3　三相二相変換変圧器の種類と結線

3) 交流き電回路の構成

交流電化区間は電圧が高く電流が小さいため，直流電化区間のようにトロリ線と並列のき電線はATき電方式のような場合を除き，一般には設けない。また，隣接変電所相互間の電圧位相が異なるため一般には並列き電は行わず単独き電としている。

一般に交流電化区間では隣接変電所の電圧位相が異なるため変電所の中間に異相区分（切換セクション）

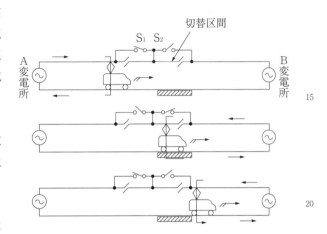

S_1S_2：切替遮断器，▨▨▨：列車検知区間

図2.7.4　新幹線切換セクション

が設けられる。き電区分所には，遮断器・保護継電器などの保護装置が設置され，常時は両側の変電所からき電区分所までそれぞれ単独にき電し，保守作業や事故時にはき電区分所を通してき電が延長される。変電所間隔が長い場合，変電所とき電区分所の間に補助き電区分所を設けることもある。図2.7.4に新幹線切換セクションを示す。

4) 直接き電方式

電鉄用変電所のき電用変圧器から直接電車線に商用周波数の電力を送電する方式で，帰線にはレールを使用する。単純な構成で経済的な交流き電方式のため，欧州諸国で多く使用されているが通信誘導障害が大きいので，日本では採用されていない。この方式で通信誘導障害対策が必要な場合は，レールと並行に架空帰線を施設し，数kmごとにレールと接続する方法が採用されている。

5) BTき電方式（吸上変圧器き電方式）

BT（Booster Transformer）き電方式は，吸上変圧器（BT）を用いるき電方式である。図2.7.5(a)のBTは1：1の変圧器で，一次側は電車線に，二次側は負き電線に接続される。負き電線はBTの中間で吸上線によりレールと接続される。BTき電方式は電車線に吸上変圧器用のセクションが必要である。

437

6) ATき電方式
   (単巻変圧器
   き電方式)

AT（Auto Transformer）き電方式は，単巻変圧器（AT）を用いるき電方式である。日本の交流電化区間では従来BTき電方式であったが，ATき電方式が実用化され，最近はこの方式が採用されている。図2.7.5(b)のATはその巻線の中央（または適切な巻線比になる点）を中性点にしてレールに結び，巻線の一端をトロリ線に接続し，他端はき電線に接続される。

変電所の標準き電電圧は在来線は40 kV（電気運転電圧20 kV），新幹線は50 kV（電気運転電圧25 kV）であり，変電所間隔もBTき電方式に比較して大きい。

表2.7.3に各き電方式の変電所間隔を示す。

表2.7.3 各き電方式の変電所間隔

	BTき電方式	ATき電方式
在来線20 kVの変電所間隔	約30～50 km	約100 km
新幹線25 kVの変電所間隔	約20 km	約50～70 km

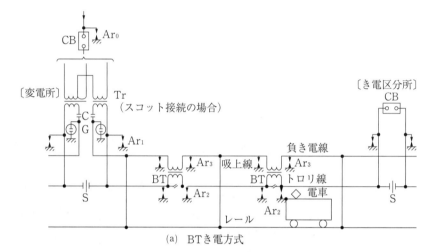

Ar₀：受電用避雷器　　Ar₁：変電用避雷器　　Ar₂：電車線路用避雷器
Ar₃：BT用避雷器　　　Ar₄：AT用避雷器　　 CB：交流しゃ断器
S：セクション　　　　G：放電器　　　　　　AT：単巻変圧器
BT：吸上変圧器　　　 C：コンデンサ

図2.7.5 交流き電回路

7) 同軸ケーブ
   ルき電方式

交流電化の電圧は特別高圧であり，トンネル内，建物が密集している地域などで，き電線と工作物との絶縁距離の確保が困難な場合，内部導体，外部導体の二重構造になった電力用同軸ケーブルを用いたき電方式が採用されている。図2.7.6のように，内部導体をトロリ線に，外部導体をレールに接続すると，両導体における電気の流れが逆となり，磁力線の向きも反対になるため通信線への誘導障害を防止できる。

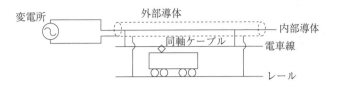

図 2.7.6　同軸ケーブルき電方式

(5) き電回路の保護

き電回路内で短絡や地絡事故が発生した場合，これを迅速に検出し，かつ確実に選択遮断して事故の拡大を防ぎ，電気車や地上設備を保護しなければならない。一方，電気鉄道負荷は，激しい変動負荷であることから通常の運転電流で誤動作しないように，十分な故障選択性能を確保することが必要である。この運転電流と事故電流の区別を，直流方式では電流およびその変化分の大きさ，交流方式では電流の大きさおよび位相角差によって行っている。

1) 直流き電回路の保護

直流き電回路は，負荷の大きさに比べて電圧が低く，変電所は一般に並列き電としているので，事故電流と負荷電流との区別が困難である。したがって，事故検出の選択性については種々の方策がとられている。

① 故障発生時の保護装置として，継電器と遮断器の性能を有した直流高速度遮断器が使用される。直流回路に地絡事故などが発生した場合，故障発生時の電流変化は，通常の運転電流に比べて非常に急峻であるので，直流高速度遮断器は，電流の立ち上がりの早い現象に対しては，電流目盛整定値以下の電流値で検出遮断できる選択特性を持っている。

② 輸送量の増大に伴い運転電流（負荷）が増大すると，直流高速度遮断器の電流目盛整定値を上げる必要が生じ，選択性（選択遮断範囲）が低下する。また，運転電流と故障電流の大きさが接近するため，遮断器自体の選択性能だけでは故障電流の選択が困難となることから，ΔI形故障検出装置を付加し，負荷電流の大きさにかかわらず，電流増加分のΔIのみを検出し，この増加分が調整値を超えたときに動作し，遮断器を開放させる方法が採用されている。

③ 連絡遮断方式は，並列き電する両側の変電所の高速度遮断器相互に，電気的な連動装置を設け，一方の直流高速遮断器またはΔI形故障検出装置が動作すると，自動的に連動して相手側の遮断器を開放し，き電区間の保護を完全に行うものである。

2) 交流き電回路の保護

交流き電回路は，一般に単独き電方式であり，き電距離も長いので変電所またはき電区分所に保護継電器を設けて選択遮断を行っている。また，直流き電回路に比べて電圧が高く電流が小さいので事故の選択遮断は容易であるが，き電距離が長くなると負荷電流が増大し事故電流との区別が困難となるので，変電所から故障点までの距離（インピーダンス）を監視し，保護が必要な領域内となった時に動作する距離継電器（44F）と，き電電流の変化分が一定値以上のときに動作する交流ΔI形故障選択装置（継電器）（50F）の2組の保護継電器を組み合わせている。

1.2 電車線路

(1) 電車線路の基本

　電気鉄道においては、電気車は集電装置を介して常に安定した構成と要件電力の供給を受けることが必要であり、電気鉄道用線路（電車線路）が設けられる。電車線路は、電力を送る送電線路である点は一般の送配電線と変わりはないが屋外にあり、トンネル、橋りょう、跨線橋など、また粉じん、ばい煙などの制約を受け、きわめて厳しい条件で使用される。なお、電車線路の主な構成は以下のとおりである。

1) 電車線　｜　電気車の集電装置が摺動しながら集電するための導体、架空電車線（トロリ線や第三レール）支持物を含む。

2) き電線　｜　変電所から電車線または導電レールへ給電するための電線（支持する工作物を含めてき電線路）をいう。

3) 帰線　｜　電気車から変電所までの線路をいい、帰線、支持する工作物を含めて帰線路という。一般に車両走行用のレールを電気的に接続して使用する。帰線路の電気抵抗が高い場合は、電圧降下、電力損失が大きくなり漏れ電流が増大して電食や通信誘導障害の原因となるため、レール継目にはレールボンドによって電気的に接続し、電気抵抗の低減を図っている。

4) サードレール　｜　サードレール（第三レール）は、走行レールと並行して、大地から絶縁して敷設される。車両の集電装置に接触して電気を供給するためのレールのことである。レールが帰線として利用され、トンネル断面を大きくしにくい地下鉄などに用いられる（図2.7.7）。

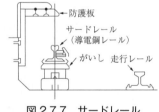

図 2.7.7　サードレール

5) ボンド　｜　レールの継目において、帰線電流または信号電流の電気的接続をよくするために、継目を別の導体で接続したものをレールボンドという。また、左右レールまたは隣接軌道間を接続し、帰線抵抗を減少させ、その電流を平衡させるものをクロスボンドという。

(2) 電車線路の集電方式による分類

　電車線路は表 2.7.4 に示すように電気車に電力を供給する機構により、次のように大別される。

表 2.7.4　電車線路の集電方式による分類

集電方式	構　造	方式の概要
架空単線式		トロリ線とレールを利用して電力を供給する。集電装置も簡単で最も代表的なものである。
架空複線式		対地および相互に絶縁された2組の電車線を設け、電気車の2組の集電装置により集電する（トロリバスの例）。
サード（第三）レール式		走行用レール以外に軌道側面に設けた第3番目のレールをき電路とする（地下鉄など）。
剛体複線式		軌道の側方に導電用レールを設け2組の集電装置によって集電する。

第7節　電気鉄道

1) 架空単線式電車線路

電車線はトロリ線を支持する方式により，カテナリちょう架方式，直接ちょう架方式，剛体ちょう架方式に分けられ，さらに**表 2.7.5** に示すように細分される。どの方式を使用するかは電気車の運転速度，運転頻度，集電電流などの条件と，トンネルなどの構造物の条件から決められる。

表 2.7.5　ちょう架方式

記号	方 式	構 造 図	速度性能	集電容量
a	直接ちょう架式	逆Y線	低 速 用	小容量用
b	剛体ちょう架式	アルミ架台	低 速 用	中容量用
c	シンプルカテナリ式	支持点　ちょう架線　支持点／※架高　トロリ線　ハンガ	中 速 用	中容量用
d	ツインシンプルカテナリ式	ちょう架線／トロリ線　ハンガ	中 速 用	大容量用
e	き電ちょう架式（フィーダメッセンジャ式：FM）	き電ちょう架線／ハンガ　トロリ線	中 速 用	大容量用
f	コンパウンドカテナリ式	ちょう架線　ドロッパ　ハンガ／トロリ線　補助ちょう架線	高 速 用	大容量用
g	ヘビーコンパウンドカテナリ式	ちょう架線　ドロッパ　ハンガ／トロリ線　補助ちょう架線	超高速用	大容量用

2) シンプルカテナリ式

シンプルカテナリ式（記号 c）は，トロリ線の上方にちょう架線を架設し，これからハンガなどの金具によりトロリ線が軌道面に対して平行になるように吊るした構造である。架高とは支持点におけるちょう架線とトロリ線の垂直間隔をいう。

3) ツインシンプルカテナリ式

ツインシンプルカテナリ式（記号 d）は，シンプルカテナリ式2セットをある一定間隔で併設したもので，集電電流が大きく速度性能が良いので大容量，高頻度の電気車運転区間に用いられる。

4) き電ちょう架式

き電ちょう架式（記号 e）は，JRの東京周辺の大容量，高頻度の電気車区間で最近使用されている，き電線とちょう架線を兼ねた方式で，大容量運転区間に用いられる。

5) コンパウンドカテナリ式

コンパウンドカテナリ式（記号 f）は，高速，大容量の電気車運転区間などに用いられる基本方式で，ちょう架線とトロリ線の間に補助ちょう架線を架設したものである。集電電流は大きく速度性能も優れている。

6) ヘビーコンパウンドカテナリ式

ヘビーコンパウンドカテナリ式（記号 g）は，コンパウンドカテナリ式の線条の張力を大きくしたもので，コンパウンド式に比較して速度性能および保安度は総合的に向上した。主に新幹線に使用されている。

7) 直接ちょう架式

直接ちょう架式（記号 a）は，図 2.7.8 のように架線を用いず，スパン線などで直接トロリ線を吊るす方式で，建設費が低廉で低速度の路面電車に用いられる。鉄道技術基準第 41 条第 3 項［解釈基準第 19 項(2)～(4)］で，最大速度が規定されている。

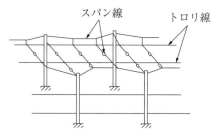

図 2.7.8　直接ちょう架式

8) 剛体ちょう架式

剛体ちょう架式（記号 b）は，図 2.7.9 のようにトンネルなどの天井に用いられる方式で，アルミ合金や鋼などの導体用成形材をがいしにより支持

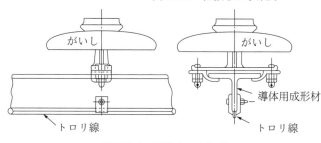

図 2.7.9　剛体ちょう架式

してトロリ線を固定するもので，カテナリちょう架式に比べて弾性が小さい。

また，剛体電車線の架設こう配やパンタグラフの摺動および形材の伸縮などによる縦方向へのふく進を防止するため，一連の長さのほぼ中央にアンカリングを設ける。

支持点の間隔は，鉄道技術基準第 41 条第 3 項［解釈基準 21 項］で，7 m 以下と規定され，小さな凹凸で離線しやすいがトロリ線の断線の危険が少ない。曲線引装置や振れ止め装置も不要で，トンネルの高さを低くできる利点がありカテナリちょう架式の鉄道と直通運転できるが，鉄道技術基準第 41 条第 3 項［解釈基準第 19 項］で，最大速度を 90 km/h 以下と規定されている。

9) ちょう架線の安全率

電車線を支持する部材のうち，ちょう架線およびスパン線には，電気鉄道技術基準第 41 条第 3 項［解釈基準第 25 項］において，引張力に対する安全率が定められており，カテナリちょう架式によるちょう架線の安全率は 2.5 以上と規定されている。

(3) 電車線の構成

1) 設置の基本条件

架空電車線路は**図 2.7.10** に示すようにトロリ線, ちょう架線, 金具類, がいし, き電線, 帰線, 各種の付属設備から構成されている。そして車両の安全な運転と良好な集電のため, 次の事項が決められている。

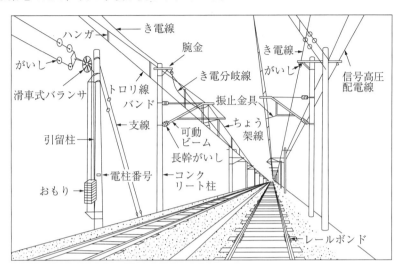

図 2.7.10　架空電車線路標準構造図（直流, 可動ビーム方式）

2) トロリ線

トロリ線に要求される性能には, 導電率の高さ, 耐熱性, 耐摩耗性, 耐候性, 耐食性, 疲労強度, 引張強度などがあげられる。このような理由でトロリ線には, 公称断面積が 85 mm² の溝付硬銅線が広く用いられている。また, 集電量の多い場所や寿命の延伸を図る場合などには 170 mm² のものが用いられる。

なお, 鉄道技術基準第 41 条第 3 項［解釈基準第 18 項］に, 電車線は JIS 規格に適合する 85 mm² 以上（新幹線は 110 mm² 以上）の溝付硬銅線またはこれに準じるものを使用することと規定されている。

3) トロリ線の高さ

鉄道技術基準第 41 条第 2 項［解釈基準第 10 項］に, 普通鉄道（新幹線を除く）の架空電線式の電車線のレール面上の高さは, 5m を標準とすることと規定されている。

また, 鉄道に関する技術基準第 41 条第 2 項［解釈基準第 14 項］に, 新幹線鉄道の電車線の高さはレール面上 5m を標準とし, 4.8m 以上とすることと規定されている。

4) トロリ線の偏い

トロリ線がすり板の同じ位置を摺動すると, すり板が局部的に摩耗するので, トロリ線をレール中心に対しジグザグに設備する。レール面に垂直な軌道中心面からのジグザグ量を偏いと呼び, パンタグラフすり板の有効幅を約 1m と考えて偏いをつけている。

トロリ線の風圧による偏いは, **図 2.7.11** に示すように, 各支柱に振れ止めがある場合, トロリ線の張力とちょう架線の張力の和に反比例し, 風圧が一定の場合, トロリ線の張力を大きくすると偏いは小さくなる。

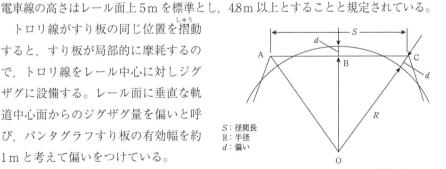

S: 径間長
R: 半径
d: 偏い

図 2.7.11　曲線部でのトロリ線の偏い

この偏いは，曲線，強風時に車両およびトロリ線の動揺を考慮して鉄道技術基準第41条第3項〔解釈基準第22項〕で，左右それぞれ最大の250 mm，新幹線は300 mm以内と規定されている。また，トロリ線の風圧による偏い量は，各支柱に振れ止めがある場合，トロリ線の張力とちょう架線の張力の和に反比例し，風圧が一定の場合，トロリ線の張力を大きくすると偏位は小さくなる。

5) トロリ線のこう配

トロリ線のレール面に対するこう配は，その変更点でパンタグラフの離線が生じないように定めてあり，鉄道技術基準第41条第3項〔解釈基準第23項〕に，本線の場合 $\frac{5}{1,000}$ 以下（新幹線にあっては $\frac{3}{1,000}$ 以下），側線の場合 $\frac{20}{1,000}$ 以下（新幹線にあっては $\frac{15}{1,000}$ 以下）と規定されている。

6) トロリ線の摩耗

トロリ線の摩耗には電気的摩耗と機械的摩耗があり，直流区間の走行箇所では電気的摩耗が特に大きい。

① 電気的摩耗

パンタグラフとトロリ線の不完全接触，または離線などによって生ずる摩耗である。集電電流の増大に伴って大きくなり次の箇所に多く発生する。

(イ) トロリ線のこう配変化点

(ロ) トロリ線の大きな硬点箇所

(ハ) ちょう架線・トロリ線の張力不整な箇所

(ニ) トロリ線のすり接触面が変形している箇所

② 機械的摩耗

パンタグラフすり板とトロリ線との間の機械的摩擦や衝撃により生ずる摩耗であり，パンタグラフの押上圧力が大きくすり板が硬いものほど大きい。摩擦係数に比例し，速度が高いほど機械的摩耗は小さく，硬銅トロリ線に比べて銀銅トロリ線，すず銅トロリ線のほうが耐熱性・摩耗性ともに多少すぐれている。

トロリ線の摩耗防止には局部摩耗の防止と全体的な摩耗の軽減の2つがある。

局部摩耗の防止は，

(イ) トロリ線のこう配とこう配変化を少なくする。

(ロ) トロリ線の局部的硬点を少なくする。このため金具を軽量化し数を減らす。

(ハ) 自動張力調整装置によってトロリ線の張力を常に一定に保持する。

全体的摩耗の軽減対策としては，

(イ) パンタグラフのすり板を改良して硬度の過大なものは使用しない。

(ロ) トロリ線に耐摩耗性のものを使用するかトロリ線をダブルにする。

7) トロリ線の支持に用いるハンガ長さ

架線では図2.7.12に示すように，ちょう架線の形状を近似的に放物線とみなし，トロリ線を水平，両端の支持点高さが等しいとすると，ちょう架線の弛度 D [m]，ハンガ長さ L [m]は次式で表される。

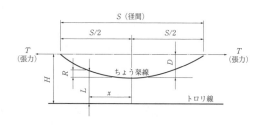

図2.7.12　ハンガ長さの計算

$$D = \frac{wS^2}{8T} \quad [\text{m}]$$

$$L = H - D + R = H - \frac{wS^2}{8T} + \frac{wx^2}{2T} \quad [\text{m}]$$

　　　w：ちょう架線，トロリ線，およびハンガの質量を分布荷重とみなしたときの単位長さ当たりの力 [N／m]
　　　S：支持点間距離 [m]
　　　T：ちょう架線の張力 [N]
　　　H：支持点におけるちょう架線とトロリ線の高低差 [m]
　　　R：ちょう架線の x 点におけるたるみ [m]
　　　x：支持点間中央からハンガ位置までの距離 [m]

8) **ちょう架線と補助ちょう架線**　　通常，ちょう架線には，亜鉛メッキ鋼より線，き電とちょう架線を兼用したき電ちょう架線（フィーダメッセンジャ：FM）には硬銅より線，補助ちょう架線には硬銅より線が使用されている。

9) **き電線**　　変電所から電車線に電力を供給する設備を総称してき電線路といい，その主電線がき電線であり，き電線からトロリ線に分岐した電線をき電分岐線という。架空き電線の地上高については，鉄道技術基準第41条第2項［解釈基準第13項］に，離隔距離については，同第42条［解釈基準第1項～第7項］にそれぞれ規定されている。

　き電線は大きなサイズの電線が用いられるため，接続には電気的・機械的に良好な接続性能が得られる圧縮接続管（圧縮スリーブ）を使用し圧縮接続する。き電線を2条一括して架設した場合，風圧などによる電線相互の異常な振れを防止するため，10 m以下の等間隔で，束合金具を取り付ける。

　分岐箇所では，可動ブラケットを介しての循環電流により，ちょう架線の素線切れ，断線などの事故が発生しやすいため，ちょう架線とトロリ線をコネクタ（M～T）により接続する。

10) **電柱**　　電柱は強度，寿命がすぐれ，大量生産のできるコンクリート柱が広く採用されている。鉄柱も多く使用されているが，近年は大都市圏で同じ強度のコンクリート柱に比べ，軽量で地震による荷重に強い鋼管柱の採用例が多くなっている。線路方向に隣接する電柱間隔を径間という。

　鉄道技術基準第41条第3項［解釈基準第24項］に，電車線の支持物がコンクリート柱の場合，破壊荷重に対し2以上の安全率により施設することと規定されている。また，その根入れは，全長の $\frac{1}{6}$ 以上とし，地盤の軟弱な箇所では堅ろうな根かせを設けることと規定されている。

11) **ビーム**　　電柱により電線を支持するのがビームであり，ビームには大別して，固定ビーム，スパン線ビーム，可動ビームの3種類がある（図2.7.13）。

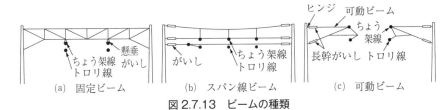

図2.7.13　ビームの種類

第2章 電気設備等

12) 支線 　支線は電線路を構成する支持物が張力などにより一定の方向に力が作用する場合に，その力による支持物の傾斜などを防止するために設けるものであり，鉄道技術基準第41条第3項［解釈基準第26項(1)］に，引張力に対する安全率は2.5以上と規定されている。

13) がいし，支持 　直流区間の電車線路がいしは，塩害等の汚損により直流漏れ電流のため，がいしのピン部が電食し，やせ細って機械的強度の低下を引き起こすおそれがある。この対策として耐電食用がいし（懸垂がいしおよび長幹がいし）が使用される。
　き電線の支持方法は，在来線，新幹線とも「垂ちょう方式」を標準としているが，新幹線では横ゆれに制限を受ける箇所およびトンネル内の離隔距離を確保する箇所などでは「V吊り方式」としている。

14) 支持物相互間の距離 　電車線の機能を健全な状態に保つため，ちょう架線方式に応じて径間が制限されており，鉄道技術基準第41条第3項［解釈基準第24項(1)］に，直接ちょう架式の場合45 m，シンプルカテナリちょう架式の場合60 m，コンパウンドカテナリちょう架式の場合は80 m以下と規定されている。

15) 架線金具 　電車線に使用する各種の金具を架線金具と総称する。主なものを表2.7.6に示す。

表2.7.6　おもな架線金具

番号	名称	構造図	説明
①	ハンガイヤー		トロリ線をちょう架線または補助ちょう架線より吊るす金具で，鉄道技術基準第41条第3項［解釈基準第20項］でハンガ間隔は5 mを標準と規定されている。ちょう架線または補助ちょう架線のハンガ箇所での機械的摩耗や電気的な接触摩耗（アークによるハンガの溶損）などで素線を損傷するおそれがある場合には糸巻形の保護カバーを取り付けている。
②	ドロッパ		補助ちょう架線をちょう架線に吊るす金具で，コンパウンドカテナリ方式に用いられ，ワイヤとクリップにより構成されている。
③	曲線引金具，振止金具		トロリ線をレール面の鉛直上方の定められた位置（偏位）に保持する金具で，パンタグラフの傾斜を考慮して，アームの形状は弓形が多い。図は曲線引金具の例である。
④	交差金具		線路の交差するレールポイント箇所では，電車線も交差させる必要があり，パンタグラフがトロリ線に割り込まないようにするため交差する2条のトロリ線の高低差を一定値内に抑制し，相互の位置関係を変化させないようにする金具である。

表 2.7.6　おもな架線金具（つづき）

⑤	ダブルイヤー		トロリ線とトロリ線を添わせて接続する金具で，パンタグラフの通過に支障のないように，ダブルイヤーにより接続する。ダブルイヤーは3個使用し，パンタグラフが滑らかに摺動できるようにトロリ線の先端を船底形に曲げて施設する。
⑥	スプライサ		トロリ線どうしを突き合わせて接続する金具である。
⑦	フィードイヤー（き電分岐線）		き電線からトロリ線に電力を供給するための接続用の金具である。
⑧	コネクタ		トロリ線相互間またはちょう架線とトロリ線間を電気的に接続する金具である。電気的な接触摩耗（アークによるハンガの溶損）によるハンガの溶損防止用に取り付けられた保護カバーが連続する区間では，カバーが外れた場合，他の区間と比べアーク溶損を起こすおそれが大きいので，ちょう架線とトロリ線間の電位差発生防止のため，コネクタを増設する。
⑨	エアジョイント	図は上から見たものである。	電車線は温度変化に伴う伸縮があるため最長でも 1,500 m 程度の長さに分けて架設されるが，その両端では次の架設区間の電車線に円滑に乗り移れるように平行に重複したオーバーラップ区間を設ける。エアジョイントは，オーバーラップのうち，前後の異なる架線区間で，電車や電気機関車の集電装置（パンタグラフ）と接触しながら連続的に電力を供給するため，接続部分は隣接する区間の架線と平行し，両者のトロリ線をジャンパ線で接続して電気的に連続させるものである。

16) 区分装置（セクション）　事故時や保守作業のため，電車線路を局部的に停電させる目的で，変電所，き電区分所，駅の上下渡り線，大駅構内の側線，車庫線などに設け，区分装置（セクション）によって電気的に区分する装置である。

① FRP セクションは，セクションインシュレータの一種で，FRP 強化プラスチック，ガラス繊維強化プラスチックなどとよばれ絶縁性がよく軽量になるが，アークによる劣化が問題である。直流区間の駅構内など低速用に用いられる。

② がいし形セクションは，セクションインシュレータの一種で，懸垂がいしを絶縁材とし，スライダをつけてパンタグラフが通過するようにしたもので，パンタグラフ通過中に電流が中断されず駅構内などに使用できる半面，構造が複雑で調整が困難でありがいしを損傷しやすい。交流区間の駅構内に用いられる（図2.7.14）。

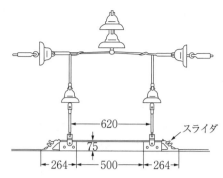

図2.7.14 がいし形セクションの標準構造

③ エアセクションは，ちょう架線，トロリ線の引留箇所の平行部分における電線相互の離隔空間を絶縁に用いたもので，最も代表的なセクションであり直流，交流ともに系統区分用に広く採用されている（図2.7.15）。

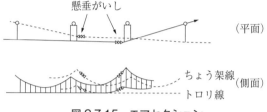

図2.7.15 エアセクション

④ 異相区分用セクションは，交流区間では隣接変電所の主電電圧相互間の異なる異相を区分するためのセクションである。これは系統区分にも利用され無加圧セクションまたはデッドセクションともいう。

17) セクションオーバ

セクションオーバとは，列車がセクションを通過するとき，セクション前方のき電区間が事故や何らかの要因で停電している場合，通過列車のパンタグラフにより停電区間に電圧が印加されることになり，事故の拡大やセクションが損傷することをいう。

セクションオーバによる事故では，集電装置（パンタグラフ）の損傷や過電流による電車線の温度上昇により，電車線が断線することがある。このようなセクションオーバ状態を回避するため，一般的にはセクション区間では列車が停止しないようにしている。

セクションオーバ対策（電車線保護システム）として，異常時無加圧式セクション（デッドセクション）方式，信号軌道回路による列車停止検知方式，車軸検知による列車停止検知方式，セクション停電表示標識方式，本線と検車区間のセクションオーバ対策などがある。

18) テンションバランサ

温度変化や電流発熱でトロリ線の張力が低下して交差箇所で2本のトロリ線に高低差が生じないよう，バネや重りでトロリ線をたえず張っておく装置で，張力自動調整装置ともいう。

おもり式とスプリング式の2つがある。

(4) 架線特性

1) 電圧降下の低減対策

電車線電圧は電気車の性能を十分に発揮されるため，できるだけ一定に保つことが望ましく，一般に現在の交流電気車の電圧降下の限界は20%程度である。以下

に電圧降下の低減対策を示す。

① 直流式の場合
　(イ) き電線・補助帰線を増設して，線路抵抗の低減を図る。
　(ロ) 電圧降下の大きい区間に変電所を増設して，き電する距離を短くする。
　(ハ) 複線区間ではき電区分所を設け，上下線のき電線を均圧化し，並列に送電する。
　(ニ) 複線区間で，変電所の同一き電用遮断器から上下線を一括して送電する「上下線一括き電線方式」を採用し，き電区間全体のき電回路抵抗を小さくする。
　　なお，この方式は，き電用遮断器の削減による経済性の向上や電力回生車両の回生電力の利用効率を向上させることができる。
　(ホ) 変電所に直流き電電圧補償装置（DCVR）を設け，これをシリコン整流器に直列に接続し，負荷電流により変電所の電圧降下分に相当する電圧を補償する。

② 交流式の場合
　(イ) 直列コンデンサを用いてリアクタンスを補償する。
　(ロ) 単巻変圧器の昇圧効果を利用する。
　(ハ) ATき電方式では，変圧器のタップをサイリスタスイッチで高速で切換えを行う自動架線電圧補償装置（ACVR）を用い，負荷電流の変化に応じて電圧を調整する。
　(ニ) 電気車の力率を改善する。
　(ホ) 変電所で並列コンデンサを負荷と並列に接続し，進み無効電力を供給し負荷の力率を改善する。
　(ヘ) 同軸ケーブルを，き電線として利用する。

2) トロリ線の温度上昇対策

　トロリ線の温度上昇は，外気温によるもの，トロリ線を流れる電車線電流によるもの（ジュール熱），パンタグラフとトロリ線との接触抵抗によるものとがある。

　交流区間では，き電電圧が高く電流が小さいため温度上昇はほとんどないが，直流区間では，電気車電流が大きいために温度上昇も大きく，その対策が必要となる。

　トロリ線のジュール熱による温度上昇には，き電線からき電分岐線によりトロリ線に分流する電流による基底温度上昇とき電分岐線箇所の局部温度上昇がある。き電分岐線からトロリ線に流入する電流は，電気車の長大編成化で出力が増大し，運転間隔が短縮されるほど局部温度上昇と基底温度上昇が増大するため，トロリ線の温度が上昇する。

　パンタグラフとトロリ線との接触抵抗による温度上昇は，走行中はあまり問題とならないが，停車中での冷暖房などで使用する補機類の電流が大きい場合に抵抗損によって発生する。最近は電車の冷暖房機器の出力増加に伴い，停車駅での温度上昇が大きくなる例がある。

　温度上昇の抑制対策として，次のようなものがあげられる。
① き電分岐を増設する。
② トロリ線を耐熱性のすず入り銅トロリ線にする。
③ トロリ線の断面積を大きくする。
④ ダブルシンプル式など集電電流容量の大きい構造のものにする。
⑤ すり板にトロリ線との接触抵抗の少ないものを使用する。

3) トロリ線の押上げと集電性能

パンタグラフが通過するときトロリ線は押し上げられ，通過後は自由振動する。押上げ量が大きいとパンタグラフと金具類との衝撃事故が起こりやすく，金具類の材料疲労や弛緩を生じやすくなるので押上げは小さいほうが良い。パンタグラフの軌跡は図2.7.16のようになり，上下振動は小さいほうが集電性能は良いので以下の方法が行われている。

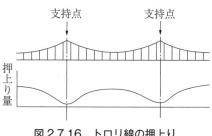

図2.7.16　トロリ線の押上り

① 架線の張力を大きくし，平均ばね定数を大きくして，その変化を少なくする。
② パンタグラフの等価質量を小さくする。
③ 図2.7.17のように吊架線からトロリ線を吊るハンガの長さを調整し，支持点より径間中央を静的に低く設定（サグ付き架線といい，サグとはトロリ線の支持点高さと径間中央の高さの差）することで，パンタグラフの上下動を抑える。

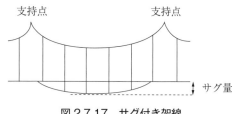

図2.7.17　サグ付き架線

4) パンタグラフの離線

パンタグラフの接触力が0となってトロリ線から離れたり，付着物質により電気的な接触不良が起こることを離線という。離線の程度，すなわち離線率は次式による。

$$離線率 = \frac{一定区間の離線時間の集計}{一定区間の全走行時間} \times 100 \quad [\%]$$

離線率は通常3%以下が最適であり，一般的に交流区間のほうが，直流区間より離線率が高い。

パンタグラフの離線の種類には，適応速度を超えると生ずるもの，パンタグラフ舟体が衝撃によって運動し，電車線と離反衝撃を繰り返すために生ずるもの，舟体が衝撃を受けた時の曲げ振動により生ずるもの，ばい煙，氷雪によるものがある。

5) パンタグラフ離線の障害

パンタグラフの離線により，以下のような障害が生じる。
① 障害により運転用電力の集電が困難になる。
② トロリ線に局部的に異常摩耗が促進され，寿命が短くなるとともに，激しいときには断線の危険が生ずる。
③ パンタグラフすり板の摩耗を促進し，激しい時は溶損の危険がある。
④ 集電電流を遮断することにより異常電圧が発生し，主回路の絶縁をおびやかす。
⑤ 弱電流回路に雑音障害を生じるおそれがある。

6) パンタグラフの離線防止対策

パンタグラフの離線防止対策として，以下のものがある。
① トロリ線の巻きぐせや電車線の硬点を除去し，集電の特性を向上させる。
② トロリ線の押上りが，支持点と径間中央すべての部分でなるべく均一となるように，押上り特性を改良する。
③ トロリ線の接続箇所を少なくし，金具を軽量にすることなどにより，局部的な

硬点を少なくする。

④　トロリ線のこう配とこう配変化を少なくして，できる限りレール面上均一な高さに保持する。

1.3　鉄道信号

1）列車運転と信号保安装置

列車運転を安全かつ能率的に行うため，信号保安装置は欠くことのできないものである。特に安全の確保は，列車運転の必須条件である。

近年，電子技術の導入により信号保安装置は電子装置化され，列車の高速度化や高頻度運転のベースになっている。したがって，信号保安装置では，機器の故障などの異常に対してすべて安全側に動作するフェイルセーフの原則により，二重，三重系のバックアップ機能を持つ高い信頼性と安全性を有したシステムが必要である。

2）信号保安装置の種類

信号保安装置は，以下に示す各装置を包含した総称であって，これらの各装置の機能が互いに関連し合って動作しているものである。

①　信号装置
②　閉そく装置
③　転てつ装置
④　連動装置
⑤　軌道回路
⑥　自動列車制御装置
⑦　列車集中制御装置
⑧　踏切保安装置
⑨　列車位置表示装置
⑩　列車選別装置

3）信号装置

信号装置とは，ある事柄を言葉や文字でなく，あらかじめ定められた形象（符号）を用いて視覚（形・色），聴覚（音）などによって運動の条件，意志，場所などを相手に現示（指示）または表示するもので，JIS E 3013「鉄道信号保安用語」において，現示とは，「信号の指示内容を表すこと。」，表示とは，「合図，標識などで条件，状態を表すこと。」と規定されている。

信号装置は，図 2.7.18 に示すように信号機・合図器・標識に大別されている。

- 信号
  - 常置信号機
    - 主信号機 ―― 場内，出発，閉そく，誘導，入換，地上信号機
    - 従属信号機 ―― 中継，遠方，通過信号機
    - 信号付属機 ―― 進路表示機，進路予告機
  - 車内信号機
  - 臨時信号機 ―― 徐行信号機，徐行予告信号機，徐行解除信号機
  - 手信号 ―― 代用手信号，通過手信号，臨時手信号
  - 特殊信号 ―― 発煙信号，発行信号，発報信号
- 合図
  - 出発合図　（以下省略）
  - 移動禁止合図　（以下省略）
- 標識 ――（以下省略）

（注）地上信号機……故障などでそれらの装置によれない場合を考慮して，場内信号機建植位置に相当する位置に常置されている信号機。（停車場の境界）

図 2.7.18　鉄道信号の分類

4) 主信号機　　主信号機は，一定の防護区間をもった信号機で，列車の進入の可否または速度を指示するものである。
　　① 出発信号機
　　　停車場の出発線に設けられる主信号機で，停車場から出発する列車に対して，その信号機の前途が開通しているかどうかを指示する。
　　② 場内信号機
　　　停車場の入口に設けられる主信号機で，列車が停車場内に進入してよいかどうか，進入するとしたら何番線に進入すべきかを指示する。
　　③ 閉そく信号機
　　　閉そく区間において閉そく区間の入口に設けられる信号機で，列車に対し進入の可否，運転速度など当該区間の内方における運転条件を現示する。
　　④ 誘導信号機
　　　場内信号機柱の下位に設けられる主信号機で，主体の場内信号機の停止信号現示によって一旦停止した列車を，その信号機の内方に誘導する。
　　⑤ 入換信号機
　　　停車場内の列車または車両の入換えをする地点に設けられる主信号機で，その信号機を越えて進入してよいかどうかの指示をする。

5) 従属信号機　　信号機に従属して，主信号機の現示する信号の確認距離を補足するため，その外方に設ける信号機である。
　　① 中継信号機
　　　出発信号機，閉そく信号機に従属し，その信号機が現示する信号を中継して，その外方で現示する信号機である。また，現示の方式は2個以上の白色灯（単色灯）の灯火を同時に点灯し，その配列によって信号を現示する灯列式信号機といい，中継信号機に用いられる。
　　② 遠方信号機
　　　場内信号機に従属し，その外方に設けられる従属信号機で，列車に対し主体の信号機に向かって進行する運行の条件を指示する。この信号機は，一般に主体の信号機の外方制動距離以上離れた地点に設けられ，列車乗務員は遠方信号機の信号現示を見て，主体の信号機の現示を予知することができるので，無用な急制動をかけることなく，列車運転を円滑にすることができる。
　　③ 通過信号機
　　　通過列車のある線区の駅構内で，前方の見通しが悪く，出発信号機の確認距離が確保できない場合に，出発信号機に従属して設置され，その外方で出発信号機の現示を予告する信号機である。

6) 閉そく装置　　列車を運転する本線においては1列車に一定の区域を専用させ，その列車の安全を図る必要がある。ここに設定した一定の区画を閉そく区間といい，この閉そく区間を設定する装置をいう。

　　自動閉そく方式の例を図2.7.19に示す。列車によりレールが短絡され，信号機を切り換え，閉そく設定を行う。

第 7 節　電気鉄道

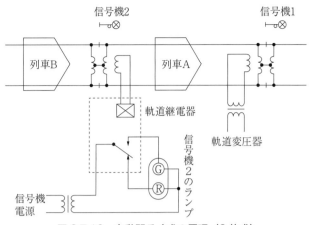

図 2.7.19　自動閉そく式の原理（2 位式）

7) 転てつ器
   （ポイント）　軌道の分岐点には，分岐器，分岐器の可動部分のトングレールを駆動して進路を開通方向に転換させるための転換装置，安全機構である鎖錠装置が置かれている。一般的に分岐器と転換装置などをまとめて転てつ器（ポイント）と呼ばれる。

8) 連動装置　停車場では閉そく区間を設けて原則として 1 閉そく 1 列車とするが，分岐線路があって列車の発着，組成，分離，留め置きなどで閉そく方式ができない場合，停車場内の列車の安全確保のため，通常その入口に場内信号機を，列車発車線には出発信号機を，また，入換運転には入換信号機を設け，信号機相互間，転てつ器相互間にある条件が満足したときだけ作動するような連鎖を施してある。

　　JIS E 3013「鉄道信号保安用語」において，連鎖とは，「2 つ以上の信号機，転てつ器などの相互間で，その取扱いについて一定の順序及び制限をつけること。」と規定されている。

　　設置に際しては，連動装置の動作を表現した連動図と連動の内容を記載した連動表から構成される連動図表を基に安全な動作を確認している。

9) 軌道回路装置　軌道回路は自動信号の基本を構成する装置で，列車車両の存在を自動的に検知してその条件により，信号機の現示，連動装置の鎖錠などを制御できるものである。JIS E 3013「鉄道信号保安用語」において，鎖錠とは，「信号機，転てつ器などを電気的または機械的に操作できないようにすること。」と規定されている。

10) 軌道回路の
    電源種別　軌道回路は，電源種別によって以下のように分類される。
    ①　直流軌道回路
    　　直流軌道回路は，電源として一般に電池が用いられ，停電の不安がないので，非電化区間で使用されるが，直流電化区間では帰線電流と区別できないので使用されない。
    ②　交流回路
    　(イ)　商用（周波）軌道回路
    　　　直流電化区間にもっとも広く採用されており，交流電化区間では帰線電流の影響を避けるため，商用周波の $\frac{1}{2}$ 倍（分周），2 倍（倍周），$\frac{5}{3}$ 倍などの低周波が用いられている。
    　(ロ)　低周波軌道回路

(ハ) AF（可聴周波）軌道回路

1～20 kHz付近の可聴周波を搬送波とし，10～数百Hzの信号周波で変調して使用するので，帰線電流による妨害をなくすとともに，変調波により信号現示数を比較的容易に増加することができる。

11) 開電路方式，閉電路方式

閉電路方式は1閉そく区間の軌道回路を常時通電しておき，列車がその区間に進入した時，車軸により線路間を短絡して軌道継電器を無励磁とし，信号機の現示を停止側にする。また，レール破損の場合も回路に電流が流れないため，軌道継電器は無励磁となり故障を検出できる利点もある（図2.7.20(b)）。

開電路方式は，車軸により回路を導通させ軌道継電器を励磁し，信号機の現示を停止側にする方式である。したがって，安全面から閉電路方式が一般に使用されている（図2.7.20(a)）。

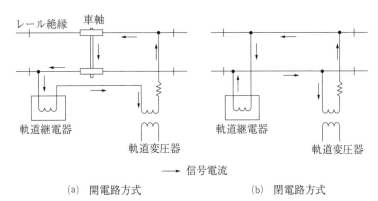

(a) 開電路方式　　　　(b) 閉電路方式

図2.7.20　開電路方式と閉電路方式

12) 単軌条式と複軌条式

単軌条式はレール片側のみに絶縁を設けて軌道回路を構成し，片側のレールに電気車の帰線電流を流すようにしたもので，駅構内の側線などに用いられる（図2.7.21(a)）。

複軌条式は，両側レールに絶縁を設け，電気車の帰線電流は，インピーダンスボンドを通して流すようにしてあり，単軌条に比べて保安度が高く，また，帰線の構成も良く，駅中間および停車場構内の本線に用いられている（図2.7.21(b)）。

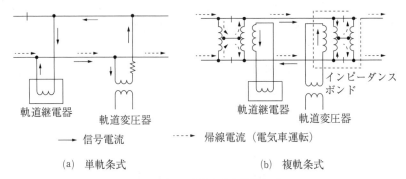

(a) 単軌条式　　　　(b) 複軌条式

図2.7.21　単軌条式と複軌条式

13) 軌道回路の構成

軌道回路は，電源装置，限流装置，レールおよび軌道継電器などから構成され，電気運転区間では信号電流と帰線電流を区別するためにインピーダンスボンドが設けら

れる。このほか電気運転区間ではレールの電気抵抗を軽減するため，その継目をレールボンドによって電気的に接続する。電気運転を行わない区間では，断面積の小さい銅線や亜鉛めっき鉄線を用いた信号（シグナルボンド）を使用する。分岐箇所などでは，線路を横断して軌道回路を構成するためジャンパボンドが使用される。

14) 軌道回路の電気的特性

軌道回路は，送電線路と同様にレール抵抗 R [Ω/m]，レールインダクタンス L [H/m]，漏れコンダクタンス G [S/m] および静電容量 C [F/m] を一次定数とする分布定数回路とみなすことができる。このレール抵抗，レールインダクタンス，静電容量は，レールの材質や形，軌間，道床などの種別によって決まり，漏れコンダクタンスは，レールをまくら木に固定する締結装置やまくら木を伝わって2本のレール間を漏れる電流（漏れ電流）の大きさを示す。

分布定数回路は，図 2.7.22 のように微小なインダクタンス，コンデンサ，抵抗が連続的に接続されているとして等価回路として示すことができる。

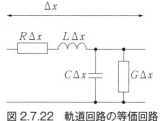

図 2.7.22　軌道回路の等価回路

1.4 列車制御装置

1) 自動列車停止装置（ATS）

列車が停止信号に接近すると警報を発生し，運転士が必要な処置を行わなかった場合自動的にブレーキをかけ，列車を停止させる装置である。

車上へ条件を伝達する方式は，車内警報装置と同様で，軌条に流す電流により発生する磁束により車上のコイルに伝えるもの，軌条間に設けた地上子（コイル）の電気的な条件を車上のコイルとの電磁的結合によって伝達するものが多く，周波数は 100～130 kHz を用いる。

2) 自動列車制御装置（ATC）

列車の速度を自動的に制限速度以下に制御する装置である。

先行列車との間隔，前方の速度制限の有無，その他の条件を考慮して閉そく区間ごとに制限速度を指定して常に列車に伝え，列車が制限速度を超えると制限速度以下になるまでブレーキをかける。また，緊急の停止信号もすぐに列車に伝えられる。制限速度の指定は，起動回路に AF 変調波による速度コード信号を流すなどの方法で行われる。

3) 列車集中制御装置（CTC）

信号機や転てつ器の制御のうち，列車の位置や機器相互の連鎖関係は各駅の継電連動装置が分担するので，制御所への表示や制御所からの制御のための情報の伝達時間は秒単位でも許されるものが多い。そこで伝送方式としては通常の通信回路をできるだけ少なく使った時分割多重方式が代表的である。

CTC 装置はマンマシンおよび伝送系の能率をいかに良くするかという点に設計の焦点があてられている。各駅には継電連動装置の補助制御盤を設けて工事や CTC 故障などの際，各駅での取扱いが可能にしてあるのが通常である。

CTC 装置に必要な機能は次の3つがある。

① 駅から送られてきた列車位置，列車番号の現示，転てつ器の方向などを指令員に表示するとともに指令員が遠隔制御したい信号機や転てつ機の制御指令を機械に与えること。

② 制御所から送られてきた制御指令により，実際に信号機や転てつ器を制御したり，制御所に送るべき情報を実際に検出すること。継電連動装置，列車番号装置などを使用する。
③ 制御所の表示盤，制御盤と各駅の継電連動装置，列車番号装置の間で制御情報や表示情報を迅速，正確，かつ能率よく伝送すること。

4) 自動進路制御装置（PRC） 　各駅における列車または車両の進路設定をプログラム化して，自動的に制御する装置である。

5) 自動列車運転装置（ATO） 　自動列車運転装置（ATO）は，列車のブレーキ操作を行う自動制御装置をさらに発展させたもので，列車の進行から停止までを，あらかじめ定められたプログラムに従って自動運転する。

ATO は自動制御技術にコンピュータを利用したシステムであり，その基本はATC に列車の自動操縦機能（指定速度運転制御・定位置停止制御・定時運転プログラム制御）の3つの機能を加えたものである。

鉄道技術基準第58条［解釈基準第1項，第2項］に，次のように規定している。
① 自動列車運転装置（ATO）は，自動列車制御装置（ATC）を設けた鉄道に設けること。
② 自動列車運転装置は，次の基準に適合するものであること。
  (イ) 車両の乗降扉等が閉扉し，乗降する旅客の安全が確認された後でなければ列車を発車させることができないものであること。
  (ロ) 自動列車制御装置（ATC）の制御情報が指示する運転速度以下に目標速度を設定し，円滑に列車の速度を制御するものであること。
  (ハ) 列車の停止位置に円滑に列車を停止させるものであること。
  (ニ) ブレーキ装置の操作が行われた場合には，自動運転状態が解除されるものであること。

6) 信号の運用方式 　進路信号方式は，図 2.7.23 (a)のように，列車が発着する線路ごとに信号機を設け，列車に対してその進路への進入の可否を支持する方式で，広く採用されているが，構内が複雑な線区では，信号現示を誤認する危険がある。

速度信号方式は，図 2.7.23 (b)のように，1つの信号機で，発着する各線路に対して，進行する線路の他列車の状態に応じて運転速度を表示する方式である。

方法としては，ATC 方式が採用され，信号機を地上側に設置するのではなく，列車運転台に設置された車上信号機により速度を表示する。進路については，信号扱い者に依存するが，運転者は速度と進行の可否を注意すればよく，高頻度，高速運転に適している。

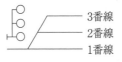

(a) 進路信号方式　　　　　(b) 速度信号方式

図 2.7.23　信号の運用方式

7) 運行管理装置　運行管理装置は，列車の運行状況を集中的に監視し，一括して列車運行の管理などを行うための装置である。例えば，新幹線の運行管理システム（COSMOS）は，輸送計画，運行管理，保守作業管理，構内作業管理，車両管理，設備管理，集中情報監視，電力系統制御などを総合し，情報の一元化を実現している。

2. 鉄道土木

2.1 車両限界と建築限界

1) 車両限界　車両が走行中に橋梁，トンネル，駅のホームなど地上の建造物と接触しないように，車両はこの範囲からはみ出してはならないとする限界のことをいう（図 2.7.24）。

車両限界とは，車両と線路に付随する建物・施設物との間に適当な余裕間げきを設けるもので，運転される車両の断面積の大きさに一定の制限を加え，この範囲から車両の一部が突出しないよう車両の大きさの最大を規定したものをいう。

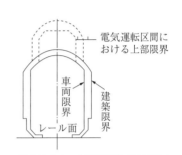

図 2.7.24　車両限界と建築限界

2) 建築限界　列車が線路を安全に走行できるように，建築物などが入ってはならない空間の限界のことをいう。

曲線部では車両の中心部が内軌側に，端部が外軌側にずれるため，曲線の内外に建築限界を拡大する必要がある（図 2.7.24）。

建築限界とは，線路に近接する建物・信号機・電車線路設備などの建造物を設置する場合，建造物は車両限界に対して若干の間隔を置いて建設しなければならない。列車運転の安全を確保するため車両限界に保持すべき最小空間をいう。

2.2 線路

1) 本線と側線　線路とは，列車または車両を走らせるための通路で，列車の運転に常用する線路を本線といい，列車の運転に常用しない線路を側線という。

2) 安全側線　停車場で列車または車両が逸走して衝突などの事故が生じることを防止するために設ける側線のことをいう。

3) 軌間　レール頭部間の最短距離で，次のものがある（図 2.7.25）。

　　　新幹線　　　　1.435 m
　　　JR 在来線　　 1.067 m
　　　民鉄　　　　　1.435 m，1.372 m，
　　　　　　　　　　1.067 m，0.762 m

軌間は，1.435 m を標準軌間とし，それより狭いものを狭軌，広いものを広軌という。国際的には 1.435 m の標準軌間が広く用いられている。

図 2.7.25　軌間

4) 路盤　　　線路の路盤は，軌道の道床の下に位置し，軌道を支持し，軌道に対し適当な弾性を与え，かつ路盤以下に荷重を分散し伝達する。一般に，軌道を支持する盛土，切取などの表面部のある厚さ（30cm程度）をいい，土路盤とコンクリート路盤がある。

5) 道床　　　まくら木と路盤との間に用いられる砕石・ふるい砂利（ふるいにかけて粒度をそろえた砂利）などで構成された軌道構造部分で，列車荷重の分散，まくら木の保持，弾力性，排水性を備えている。

6) 道床厚　　　レール直下のまくら木下面から路盤表面までの最小深さで，列車荷重の衝撃の分布，列車速度およびまくら木間隔などによって定めている。

　　　道床厚はどの線も同じというわけではなく，1，2級線が250 mm以上，3，4級線が200 mm以上と定められ，ローカル線よりも列車密度の高い，速度の速い幹線のほうが，道床も厚く強固に造られている。

　　　なお，道床厚は，JIS E 1001「鉄道―線路用語」に，「レール直下のまくらぎ下面での道床の厚さ。曲線部でカント（曲線部における外側レールと内側レールとの高低差）のある場合は内軌レール直下での厚さ。」と規定されている。

7) 施工基面　　　線路の中心線における路盤高さを表す基準面のことで，これに排水勾配をつけたものが路盤面となる。

8) 線路断面　　　図 2.7.26 に線路断面図を示す。

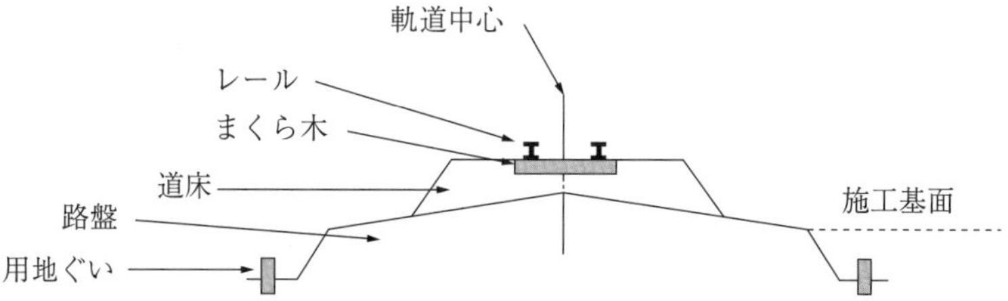

図 2.7.26　線路断面図

2.3　線形

1) 線路の曲線　　　線路に曲線をつけることは，線路の方向を変えるために避けることのできないもので，適切に設けられていないと車両の円滑な走行を妨げ，車両とレールとの間の摩擦により抵抗を生じ，軌道や車両の損傷が多くなり，乗り心地も悪くなる。

　　　曲線は，大きくは平面曲線と縦曲線に分けられる。

① 平面曲線（円曲線と緩和曲線）

　　　平面曲線は曲率の一定な円曲線と，円曲線と直線あるいは曲率の異なる円曲線との間に設けられる緩和曲線に区分される。

　　　なお，中心が2つ以上ある曲線を複心曲線と呼び，曲線の変更点には中間緩和曲線が入ることが多い。緩和曲線は，曲率，カント，スラックの低減を行って列車の走行を円滑にするものである。

　　　また，反向曲線は，平面曲線の一種で，方向が相反する曲線が近接または連続する線形である。俗にS字カーブとも呼ばれる。

② 縦曲線

　　　線路の勾配の変わり目での車両の浮上りによる脱線や乗心地の悪化などを防ぐた

めに，鉛直面内に挿入するものである。

2) スラック　　線路の曲線および分岐器において，車両の走行をスムーズにするため軌間を内軌側に拡大することまたはその拡大量をいう（図 2.7.27）。

3) カント　　列車が曲線部を通過するとき，曲線の外側に遠心力が働き，車両の転覆が生じたり乗り心地を悪くしたりするため，外側レールを内側レールより高くすることまたはその高低差をいう（図 2.7.28）。

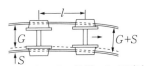 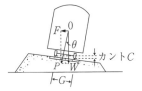

S：スラック　G：軌間　l：固定軸距

図 2.7.27　スラック　　　　図 2.7.28　カント

図 2.7.28 において，車両の質量 M [kg]，車両の重力 $W = Mg$ [N]，重力の加速度 $g = 9.8$ m/s^2，車両の速度 v [km/h]，曲率半径 R [m] とすれば，遠心力 F [N] は，次式で表される。

$$F = \frac{M}{R}\left(\frac{v \times 10^3}{60^2}\right)^2 = \frac{Wv^2}{127R} \quad [\text{N}]$$

ここで，遠心力と車両質量との合力 P [N] が軌道中心にくるようにカントをつけるとした場合，均衡カントを C [mm]，軌間を G [mm] とすると，$\frac{F}{W} \fallingdotseq \frac{C}{G}$ から次式が成立する。

$$C = \frac{Gv^2}{127R} \quad [\text{mm}]$$

したがって，カントは曲率半径が小さいほど，列車の速度が大きいほどその値は大きくなる。車両がカントのついた曲線中で停止した場合の内側転覆に対する安全性から，鉄道技術基準第15条［解釈基準］でカント（最大カント）は次式で表される。

$$C = \frac{G^2}{6H} \quad [\text{mm}]$$

ここで，H はレール面より車両重心までの高さ [mm] としており，在来線で最大カントは 105 mm，新幹線で最大カントは 200 mm とされている。

なお，カントは，JIS E 1001「鉄道－線路用語」に，「曲線部における，外側レールと内側レールとの高低差」と規定されている。

4) 勾配　　線路の勾配は，輸送効率，線路の保守費，車両の運転費などに大きな影響を及ぼすため，なるべく緩やかにすることが望ましい。高低差は，水平距離を用いて千分率で表している。

2.4　軌道構造

1) 軌道　　軌道とは，列車または車両を走らせるための通路で，線路の施工基面上に敷設されたレール，まくら木，道床などである。軌道の構造により，バラスト軌道と直結軌道に大別される。

2) 軌きょう　　　レールとまくら木とを，はしご状に組み立てたものをいう。

3) バラスト軌道　道床にバラスト（砕石および砂利）を敷き，その上にまくら木を置き，まくら木にレールを敷設した軌道である。

4) 直結軌道　　　レールを鋼橋，コンクリート版（スラブ）などに直接締結した軌道である。

5) スラブ軌道　　スラブ軌道は，レールを支持するためのプレキャストコンクリートスラブと高架橋などの床版コンクリートなどとの間にセメントアスファルトモルタルを緩衝材として充てんした軌道である。

6) 軌道中心間隔　並列した2つの軌道の軌道中心間の距離で，相互の軌道上の列車の接触を避け，保線作業や待避に支障がないように規定されている。

7) レール　　　　直接車輪を支え，安全かつ確実に，左右一対で車両を所定の方向に誘導し，滑らかな走行面を与えるなど，軌道にとって最も重要なもので，その用途，断面形状，長さ，重量，材質，製造方法などにより多種多様なものがある。また，レール鋼は成分の炭素量が多くなるほど固さ，耐摩耗性が増すが，伸び，溶接性が低下する。
なお，レールの化学成分はJIS E 1101「普通レール及び分岐器類用特殊レール」で規定されている。

8) ガードレール　脱線防止または脱線した車両の軌道外への逸脱防止などを目的として，本線レールに沿って敷設する設備の総称で，脱線防止レール，橋上ガードレール，踏切ガードレール，クロッシングガードレール，安全レール，ポイントガードなどがある。

9) 車止め　　　　列車または車両が過走または逸送するのを防止するために，軌道の終端に設ける設備をいう。

10) レール締結装置　レールをまくら木やスラブに締結させ，レールの荷重をまくら木などに伝える装置をいう。

11) 弾性締結　　　締結に弾力性のある板ばねやクリップを使用してレールを押さえる構造で，列車通過時に生ずる応力を緩和し振動を吸収する。

12) まくら木　　　レールを固定し，軌道を正確に保持し，レールから伝達される列車荷重を道床に分散させる。

13) PCまくら木　PCまくら木は重量が大きく，締結装置は伸縮およびふく進に対して抵抗力が大きく，また，レールのまくら木に対する回転摩擦抵抗力により，軌きょうとして横方向剛性寄与も高いので，座屈強度向上に役立っている。さらに，PCまくら木を用いた軌道では，軌道破壊が低減され，軌道変位進みが小さいため，ロングレールの安定性もいい。そのため，一般区間ロングレールにはPCまくら木が適している。

14) チョック　　　曲線部のレールの小返りなどを防止するために，レールの外側に取り付ける部材をいう。

15) レール遊間　　温度の変化によるレールの伸縮に応じるためにレールの継目箇所に設けるすきまをいう。

16) ロングレール　1本の長さが200 m以上で，継目を溶接したレールをいう。
ロングレールでは，両端のおおむね100 m間が伸縮するだけで，その中間は道床縦抵抗力がレールの温度差による伸縮（軸力）を押さえて動かなくする（この区間を不動区間という）。このため数kmにわたるロングレールでも温度変化による伸縮は両端のみ（この区間を可動区間という）となり，伸縮継目により対応する。ロ

ングレールはなるべく長くするのが望ましいが，信号回路の絶縁や曲線半径などの敷設条件，レール交換の作業性などからその長さが制限される。

17) **中継レール**　異なるレールを接続するために用いるレールで，種類の大きい方のレールの端部をもう一方の小さい方のレール断面に加工したものをいう。長さは5mと10mのものがある。

18) **伸縮継目**　ロングレールの両端においては温度による伸縮が生じる。これを吸収するために伸縮継目を設ける。レール部の構造については，在来線では片トング形伸縮継目で，受けレールとトングレールを一対使用しているが，受けレールもトングレールも温度伸縮に伴い移動するため，軌間変位が発生する。新幹線では軌間変位が発生しない構造としている。

19) **分岐器**　1つの軌道を2つの軌道に分岐させるための構造物で，図2.7.29に示すようにポイント部，リード部，クロッシング部，ガード部から構成されている。

① ポイント部は，ポイント後端継目構造によって，滑節ポイント，関節ポイント，弾性ポイントに分かれる。

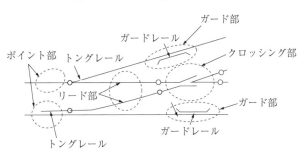

図 2.7.29　分岐器の構成

② クロッシング部は，構造により，固定クロッシング，可動クロッシング，乗越しクロッシングに大別される。

③ ガード部は，固定クロッシングでは欠線部が存在し，異線進入防止の必要があるため，ガードを設け，輪軸を背面誘導する。

④ トングレールは，分岐器のポイント部に用いられる先端のとがった形状で可動することにより，列車の進路を振り分ける。

配線によって大別すると普通分岐器と特殊分岐器とに分類され，普通分岐器には，直線から分岐する片開き分岐器，両開き分岐器および振分け分岐器，曲線の内方に分岐する内方分岐器，曲線の外方に分岐する外方分岐器などがある。

20) **レール摩耗**　レールは摩耗または破損で交換されるが，通過t数，列車の速度，勾配，曲線の緩急，ブレーキ作用，散砂の有無，腐食環境などに左右され，通過t数の影響が最も大きい。

一般に，摩耗は，曲線区間は直線区間より，勾配区間は平たん区間より発生しやすい。また，レールの摩耗には，車輪のフランジによって，レール頭部の内側面が摩耗する側摩耗と，レール頭部上面が一様に摩耗する水平摩耗，レール頭部上面が波状に摩耗する波状摩耗とがある。側摩耗は，曲線区間では遠心力などのため，外側車輪のフランジが曲線外側レールの頭部内側に強く押しつけられながら走行することにより発生する。

レール側摩耗の低減のためには，レール硬度増加が効果的で，焼入れレールが使用されている。

21) 軌道変位 | 列車の繰り返し通過や自然現象により，軌道の各部に生じる変位や変形のことをいう。軌道変位は，一般的に軌間変位，水準変位，高低変位，通り変位，平面性変位で，次のとおりである。

① 軌間変位

軌間内側面間の距離から左右レールの基本寸法（1,067 mm）およびスラックを除いたものである。軌間を測る位置は，レール面から 14 mm または 16 mm 以内で最も狭い部分とされている（図 2.7.30(a)）。

② 水準変位

左右レールの高さの差のことをいう。また，曲線部でカントが設定されている場合には，カントを差し引いた値のことをいう。

左右レールの高さを測る位置は，左右レールの軌間線（レール頭部内側面）とするのが一般的であるが，新幹線では車輪/レール接触間隔である 1,500 mm 間の高さの差とされている（図 2.7.30(b)）。

③ 高低変位

レール頭頂面の長さ方向での凹凸をいい，一般的には長さ 10 m の糸をレール頭頂面に張ったときの，その中央部における糸とレールとの距離で表す（図 2.7.30(c)）。

④ 通り変位

レール側面の長さ方向での凹凸をいい，一般的には長さ 10 m の糸をレールの軌間内側面に張ったときの，その中央部における糸とレールとの距離（通り正矢）で表す。また，曲線部においては，通り正矢から曲線半径による正矢量を差し引いた値で表す（図 2.7.30(d)）。

⑤ 平面性変位

レールの長さ方向の 2 点間の水準の差をいい，平面に対する軌道のねじれ状態を表す。2 点間の距離が 5 m であれば，5 m 平面性変位という（図 2.7.30(e)）。

台車または車両が 3 点支持状態になって走行安定性が損なわれるのを避けるために定められている。緩和曲線中では，カントの低減に伴う構造的な平面性変位がある。

第7節　電気鉄道

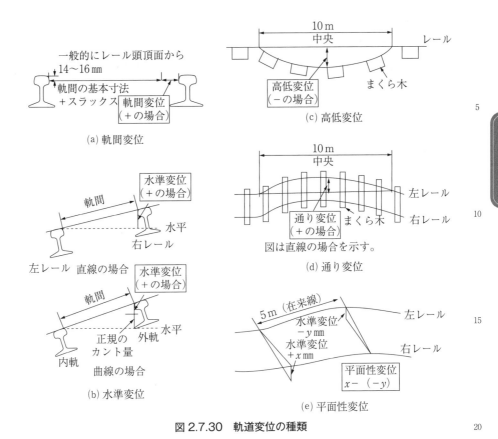

図 2.7.30　軌道変位の種類

22) 軌道における速度向上対策

列車の速度が増大すると，軌道が受ける衝撃，横圧，レールの沈下などが大きくなる。運転速度を向上させるには，軌道の損傷を低減させ，安全性，乗り心地などを高めるため，次のような軌道の強化が行われる。

軌道が受ける衝撃およびレールの沈下を低減させるためには，

① 砂利（バラスト）は強靭なものを用い，道床の厚みを大きく，またはスラブ軌道を採用する。
② PCまくら木に交換する，またはまくら木を増設して間隔を小さくする。
③ 重量の大きなレールを採用し剛性を高める。
④ 軟弱路盤や強度不足な橋梁などを補強する。
⑤ 分岐器を高速性能の優れた分岐器に改良する。

列車からの横圧を低減させるためには，列車からの遠心力を低減させるため，曲線半径を大きく，カントを適切に修正する。

2.5　鉄道トンネルの掘削工法

1) 開削工法

開削工法は，地面をいったん掘り返してトンネルを構築し，再び埋め戻す施工法で，地表から露天掘りをするため，周囲の地盤が崩れないように土留めと呼ばれる仮設工事で地盤を支えながら掘削する工法をいう。

2) シールド工法

シールド工法は，平地の地下鉄工事で多用される施工法で，シールド掘削機の内部で掘削作業を行い，掘削後は，掘削機をジャッキで前進させ，その後方にセグメ

ントと呼ばれる鉄筋コンクリートまたは鋳鉄製のブロックをはめ込み，トンネルを完成させる工法をいう。

3) ケーソン工法　ケーソン工法は，鉄筋コンクリートの箱形の躯体を地盤の中に掘り下げて基礎とするもので，躯体の内側の地盤を掘り下げて躯体の自重で沈下させていくオープンケーソン工法と，躯体の底部に天井版を設けて内部に地下水圧に相当する空気圧をかけ，気乾状態で地盤を掘り下げるニューマチックケーソン工法がある。

4) 山岳工法　山岳工法は，横方向にトンネルを掘り進めながら，その後方に支保工を設けて掘削面を一時的に支え，最後に覆工を巻いて仕上げる工法である。現在は，欧州から導入された鋼製支保工とロックボルト，吹付けコンクリートを組み合わせた支保工（NATM）が標準となっている。

第8節　道路・トンネル照明

1. 道路照明

(1) 道路照明設計の基本

1) 道路照明の要素　道路照明の要素は，次のとおりである。
   ① 平均路面輝度が適切であること
   ② 路面の輝度均斉度が適切であること
   ③ グレアが十分抑制されていること
   ④ 適切な誘導性を有すること

2) 光源および安定器の選定　光源および安定器は，次の事項に留意して選定する。
   ① 効率が良く寿命が長いこと
   ② 周囲温度の変動に対して安定であること
   ③ 光源は，光色と演色性が適切であること

(2) 道路照明設計

照明器具のLED化により，大幅な省エネルギーと長寿命化が期待できるが，グレアや明るさのムラを防止するため，路面輝度や均斉度などを考慮した器具の選定が必要である。

1) 道路照明の設計条件　道路照明が十分な効果を発揮するためには，次の条件を満足するように設計する必要がある。
   ① 十分な路面輝度のレベル
   ② 一様に近い路面輝度の分布
   ③ 十分な道路周辺（歩道・建物など）の照度レベル
   ④ グレアの制限（交通量の多い道路，高速道路は特に留意）
   ⑤ 前方道路の線形を正しく示す照明器具の配置

2) 平均路面輝度　路面輝度とは，路面に入射した光束のうち路面で反射されて運転者の眼に向かうものの程度を示し，運転者の視点から見た路面の平均輝度を平均路面輝度という。照明設計時の路面輝度は，乾燥した路面を対象としている。

3) 輝度均斉度　平均路面輝度が十分に保たれていても輝度分布が一様でないと，明るい部分と暗い部分が生じ，暗い部分では障害物などが視認しにくくなる。輝度均斉度とは，輝

度分布の均一の程度を示すもので，路面上の対象物の見え方を左右する「総合均斉度」と，前方路面の明暗による不快の程度を左右する「車線軸均斉度」がある。

4) グレア｜運転者の視野内に周囲の環境に比べて極端に高い輝度を持つ物体がある場合，この物体により生ずる感覚を，「まぶしさ」という。まぶしさは，不快であるばかりでなく，対象物を見えにくくする。まぶしさを含めてこのような現象をグレアといい，不快感を与える「不快グレア」と対象物の見え方に悪影響を与える「視機能低下グレア」がある。

5) 誘導性｜前方道路の線形変化および分流，合流のような特殊な場所では，線形の変化による誤った判断や錯覚を生じないように，灯具を適切な高さや間隔で配置し，視覚的，光学的誘導効果を与え，運転者に道路の線形を予知させる必要がある。

曲線半径1,000 m以下の曲線部では，灯具を曲線の外縁に片側配列することが望ましい。

6) 外部条件｜建物の照明，広告灯，ネオンサインなどの道路交通に影響を及ぼす光が，道路沿線に存在することにより運転者にグレアや「ちらつき」を与え，その明るさのために道路とその周辺を不明確にするなどの影響を及ぼすことを外部条件という。

外部条件の程度は，A，B，Cの3ランクに分類され，Aは人口集中地区のような連続的にある状態，Bは都市近郊部のような断続的にあるような状態，Cはほとんどない状態をいう。

7) 照明器具の取付け位置｜照明器具の取付け位置は，雨天時で路面が濡れているときでも照明効果があまり悪くならないように，路面上に点在する水の膜による輝度分布を考慮してオーバーハングを検討する必要がある。オーバーハング（Oh）は，図2.8.1において車道の端と照明器具の灯具の光源中心までの水平距離で，灯具が車道外にある場合をマイナス（－），灯具が車道内にある場合をプラス（＋記号は省略）で示す。

オーバーハング（Oh）は，次の式で求めることができる。

$$Oh = (X_1 + X_2) - X_3$$

灯具の横方向に配光のピークがある灯具では，オーバーハングを0とすることが望ましいとされているが，灯具の横方向よりもやや前方に配光のピークがある灯具では，その配光特性により湿った路面においても，灯具の横方向に配光のピークがある灯具よりも良好な光学特性が得られる。したがって，オーバーハングは，次に示す配光の種別により選定される。

横方向に配光のピークがある灯具　　　　　　　　：$-1 \leq Oh \leq 1$　[m]
横方向よりもやや前方に配光のピークがある灯具：$-3 \leq Oh \leq 1$　[m]

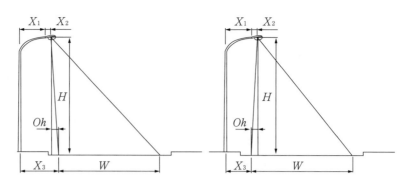

(a) 灯具が車道外にある場合
X_1：ポールの出幅
X_2：灯具中心までの距離
X_3：ポールから車道の端部までの距離

(b) 灯具が車道内にある場合
W：車道幅員
H：灯具の取付け高さ
Oh：オーバーハング

図 2.8.1　オーバーハング（Oh）の例

　　使用する灯具の配光種別や道路の幅員にもよるが，オーバーハングは一般にその値を大きくするほど照明率が小さくなり，灯具の取付け間隔を短くする必要があること，また，路面の輝度均斉度も低下する傾向があるため，できるだけ小さくすることが望ましい。

8) 連続照明　　連続照明は，原則として道路に一定間隔で灯具を配置し，その区間を連続的に照明することをいい，一般道，高速道路，トンネル照明などで採用されている。

9) 局部照明　　局部照明は，必要な箇所を局部的に照明することをいい，インターチェンジ，平面交差点，横断歩道などで採用されている。

10) 照明方式
① ポール照明方式
　　地上高約 8～12 m のポールの先端にハイウェイ型の器具を取り付けたもので，一般に広く使用されている。ポールの連立による誘導性があり経済的である。主として道路本線に使用されている。

② ハイマスト照明方式
　　照明塔などによる高所からの照明で地上高約 20～40 m の照明塔に大容量の器具を取り付けたもので，少ない基数で広い範囲を照明する方式で輝度均斉度がよい。インターチェンジやパーキングエリア・料金所などに用いられている。ただし，遠くからの照明のため誘導性が悪く効率もあまり良くない。

③ 構造物取付け照明方式
　　道路上または道路側方に構築された構造物に直接，灯具を取り付け，道路を照明する方式で，ポールなどの支持物が不要で，他の方式に比べ建設費が安い。
　　ただし，取付け位置，光源，照明器具の選定に制限があり，ポール照明方式に比べて取付け位置が低くなることが多いので，グレアやちらつきに注意が必要である。

④ 高欄照明方式
　　高欄に小容量の器具を取り付けたもので，誘導性や景観はよいが，輝度均斉度は悪い。ポールを設置できない場所（高架式高速道路の進入路）に用いられている。

11) 灯具の配列　　灯具の配列には，向き合わせ配列，千鳥配列，片側配列，中央配列の 4 種類があ

り，設計速度，交通量，維持管理などを考慮し，これらを組み合わせて用いる。

① 向合せ配列

　灯具を道路の両側に向き合わせて配列したもので，最も基本的な特性を備え光学的誘導性にも優れ，あらゆる道路に採用することができる。

② 千鳥配列

　交通量が少ない幅員の狭い道路で，灯具を道路の片側に左右交互（千鳥）に配列したものであるが，路面に明暗の縞模様ができ自動車の進行と共に左右交互に移動し不快感を生じる。

　また，曲率半径の小さい曲線部での光学的誘導性が，不完全になる欠点がある。

③ 片側配列

　交通量の少ない，比較的幅員の狭い道路または高速道路の片側に用いられる配列であるが，雨天時に路面の片側しか明るくならないので，路面の輝度均斉度が悪く，器具取付けと反対側の路肩を歩行者が通る場合に危険がある。

　道路の曲線部では，曲線の外側に器具を片側配列すると優れた光学的誘導性が得られる。

④ 中央配列

　道路に中央分離帯が設けられる場合に用いられ，中央分離帯に2灯式のポールを設置し，両側の車道を照明する配列（片側配列を2組設置した場合と同じ）である。都市の街路では，両側の歩道や建築物前面が，明るく照明されない欠点がある。

12) 照明計算式

平均路面輝度 Lr は，次式で計算できる。

$$Lr = \frac{FNUM}{KWS} \quad [\text{cd/m}^2]$$

　F：ランプ光束 [lm]
　N：片側配列，千鳥配列の場合 $N=1$，向合せ配列の場合 $N=2$
　U：照明率
　M：保守率
　W：車道幅 [m]
　S：照明器具の取付け間隔 [m]
　K：平均照度換算係数 [lx/(cd/m²)]

13) 横断歩道の照明方式

　横断歩道の照明は，これに接近してくる自動車の運転手に対して，その存在を示し，横断中および横断しようとする歩行者などの状況がわかるようにするもので，横断歩道の照明方式は，運転者から見て歩行者の背景を照明する方式が一般的である。

　連続する照明がない場合，明るい路面を背景とする人物のシルエット効果を良くするためには，横断歩道の後方に灯具を配置することが効果的である。

　また，横断歩道が曲線部や坂の上などに設けられ，背景が路面になりにくい場合など，背景の明るさの確保が難しく，シルエット効果が得られにくい場合では，横断歩道上の歩行者などを直接光により照明する方式を採用する。

2. トンネル照明

(1) トンネル照明の構成

トンネル照明の構成は，次のとおりであり，**図**2.8.2 に構成を示す。

① 基本照明
② 入口部照明
③ 出口部照明
④ 特殊構造部の照明
⑤ 停電時照明
⑥ 接続道路の照明

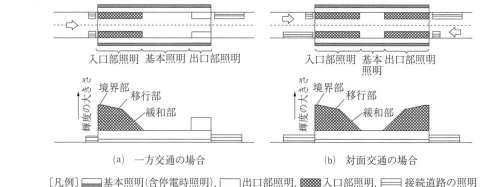

図 2.8.2　トンネル照明の構成

1) **基本照明**　基本照明の平均路面輝度は，設計速度が速いほどその所要レベルを大きくする必要があり，設計速度ごとの値は**表**2.8.1 による。通過する車両の排気ガスによって透過率が悪くなると，見え方が低下し危険である。このため，100 m 当たり50％程度の透過率を維持することが必要である。

表 2.8.1　基本照明の平均路面輝度
（道路照明施設設置基準・同解説　抜粋）

設計速度 [km/h]	平均路面輝度 [cd/m²]
100	9.0
80	4.5
60	2.3
40 以下	1.5

なお，平均路面輝度は，交通量やトンネル延長に応じて低い値とすることができる。
また，不快感の程度は次による。

① ちらつきの不快感は，明暗の周波数が 5〜18 Hz のときが最大である。
② 明暗輝度比が少ないほど，ちらつきによる不快感が少ない。
③ 明るくする時間が明暗の 1 周期の 25％を占める場合を中心にして，これより大きく，または小さくなっても不快感は減少する。

2) **入口部照明**　トンネル入口部に必要な照明レベルは，主としてトンネルに接近中の自動車運転者の目の順応輝度によって決まる。通常，この順応輝度は，トンネル坑口部を中心とした野外輝度の平均値で代用する。野外輝度 3,300 cd/m² のときのトンネル入口部の各区間に必要な照明レベルを**表**2.8.2 に示す。

表 2.8.2　入口部照明の所要レベルと区間（道路照明施設設置基準　抜粋）

設計速度 [km/h]	境界部 区間[m]	境界部 輝度[cd/m²]	移行部 区間[m]	移行部 輝度[cd/m²]	緩和部 区間[m]	緩和部 輝度[cd/m²]	入口部照明 区間(合計)[m]
100	55	95	150	47	135	9.0	340
80	40	83	100	46	150	4.5	290
60	25	58	65	35	130	2.3	220
40	15	29	30	20	85	1.5	130

[注] 野外輝度：3,300 [cd/m²]，路面：コンクリート舗装。

3) 出口部照明　出口部照明は，トンネルの設計速度 80 km/h 以上，トンネルの出口付近の野外輝度が 5,000 cd/m² 以上でトンネル延長が 400 m 以上の場合に設置する。

　　昼間の出口部照明の所要レベルとその区間長は，次による。

① 路面輝度は，トンネル出口部野外輝度 [cd/m²] の数値の 12％の値とする。

② 区間長は，出口からトンネル内へ 80 m 前後とする。

4) 特殊構造部の照明　特殊構造部の照明は，トンネル内の分合流部，非常駐車帯，歩道部および避難通路に設置する照明をいう。

5) 停電時照明　トンネル内部における停電時の危険を防止するための照明で，通常の照明とは別系統の給電が行われる。

6) 接続道路の照明　夜間，入口部においてトンネル入口付近の幅員の変化を把握させるため，あるいは出口部においてトンネル内から出口に続く道路の状況を把握させるため設置する照明である。

(2) トンネル照明方式の選定

トンネル照明方式の分類を図 2.8.3 に示す。原則として対称照明方式が採用されているが，道路の構造や交通の状況などにより非対称方式を選定することがある。

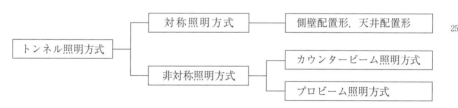

図 2.8.3　トンネル照明方式の分類

1) 対称照明方式　対称照明方式は，道路横断方向に配光のピークがあり，道路縦断方向に対して対称配光となる総合的にバランスが良い照明方式で，側壁配置形と天井配置形がある（図 2.8.4 参照）。

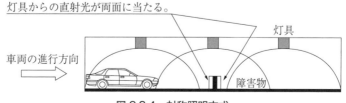

図 2.8.4　対称照明方式

2) 非対称照明方式

非対称照明方式は，道路縦断方向に対して非対称配光とし，車両の進行方向に対向する配光をもつカウンタービーム照明方式と先行車の背面の視認性を改善させるプロビーム照明方式がある（図 2.8.5，2.8.6 参照）。

カウンタービーム照明方式は入口部に，プロビーム照明方式は入口部，出口部に採用することが可能である。

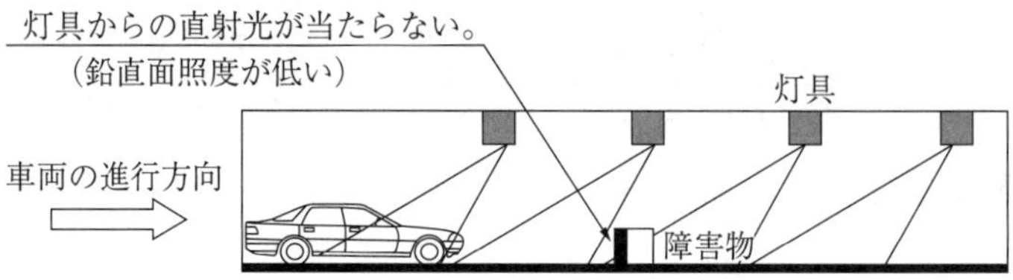

図 2.8.5　カウンタービーム照明方式

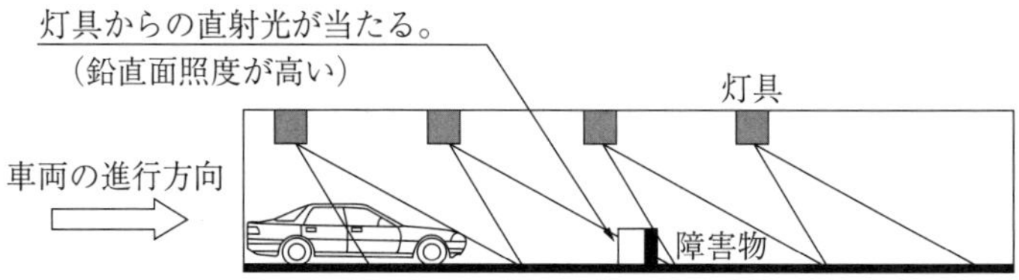

図 2.8.6　プロビーム照明方式

3) 灯具の配置

建築限界外の路面上 4 m 以上の位置を原則とし，配列は次のものとする。

① 向合せ配列
② 千鳥配列
③ 中央配列
④ 片側配列

4) 灯具の間隔

車両の走行に伴い，通過する照明の間隔が適切でないと，ドライバーがちらつきを感じ危険である。これを防止するため灯具の間隔は，表 2.8.3 に示した間隔に留意して設置する。

表 2.8.3　ちらつき防止のために避けるべき灯具の間隔（道路照明施設設置基準・同解説　抜粋）

設計速度 [km/h]	灯具の間隔 [m]
100	1.5 ～ 5.6
80	1.2 ～ 4.4
60	0.9 ～ 3.3
40	0.6 ～ 2.2

第9節　交通信号

1. 交通信号機

(1) 交通信号

信号機は表2.9.1に示すように，目的や動作によってさまざまな種類がある。また，制御方式によって図2.9.1のように区分され，以下にその特徴を示す。

表2.9.1　交通信号の種類

種類	目的・動作
定周期式	あらかじめ決められた時間で，繰り返し表示する信号機
時差式	同じ道路方向において，信号灯器の表示時間が異なる信号機（おもに右折車両の滞留を防ぐためのもの）
押ボタン式	押ボタンを押すことにより灯器表示を変え，道路を横断させるための信号機（歩行者用信号機と対になり動作）
全感応式	交差点進入部の道路に車両感知器を設置し，この反応に応じ灯器表示を変える信号機
半感応式	従道路側に車両感知器，押ボタンを設置し，車両感知器に反応，または押ボタンが押された時だけ灯器表示を変え主道路へ進入させるための信号機
1灯点滅式	細街路交差点などで通常の交通信号機が設置できない場合，主道路か従道路を明確にするため設置された信号機（出会い頭事故などの防止のため，主道路方向が黄点滅，従道路方向が赤点滅）
歩車分離式	歩行者と車両を分離して通行させることにより，歩行者の安全通行を図る信号機

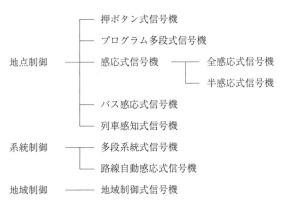

図2.9.1　交通信号機の制御

1) 押ボタン式信号機　　歩行者の道路横断を安全にするためのもので，歩行者が道路を横断しようとする時，押ボタンスイッチを押せば，常時は青になっている車両側信号が赤になり，車両の流れを止め，歩行者側の信号を青にするものである。

2) プログラム多段式信号機　　あらかじめ調査した交通量などにもとづいて3種類の信号表示タイミングと，それらを運用する時間帯を設定できるようにしたもので，一般には1日を混雑時，平常時，閑散時に分け，それぞれ適した信号表示のタイミングを対応させている。最近は，これにカレンダー機能を組み込み，日曜祭日などの交通需要にも対応できる

3) 感応式信号機　全感応式信号機は，交差点の車両流入部に設けた車両感知器により，そこを通過する車両を感知してその方向の青時間を伸縮する機能を持ったものである。前記のプログラム多段式と異なり，急変する交通需要に対しても適応した信号制御ができる。しかし，主道路も従道路も車両がいっぱいになった場合には，最大青時間（あらかじめ設定しておく）を両方向とも表示することになり，プログラム多段式信号機と同様の定周期動作をすることになる。

半感応式信号機は，交通量が従道路側にあまりない場合に用いられ，通常は，主道路を青信号にしておき，従道路に車両が来た場合にはこれを車両感知器で感知し（歩行者は押ボタンを押す）従道路に青信号を出すものである。

4) バス感応式信号機　バスの通行を優先させるために，バスの形状（高さと長さ）を利用してバスを検出する感知器を設置し，バスが来た場合のみ青時間を延長したり，赤信号待ちを短縮できるようにしたものである。

5) 列車感知式信号機　踏切に接近した交差点では，列車が踏切に接近した場合，警報機または遮断機が動作するので，その方向への青信号は無意味であり危険でもある。そこで，列車の接近情報を信号制御の中に取り入れて，特別な制御を行うものである。

6) 多段系統式信号機　この信号機は時間帯による交通量が比較的安定しているような路線に設置される。あらかじめ時間帯ごとに測定した交通量をもとに各交差点にその時間帯に最適な青時間を決定し，隣の交差点との青開始時間の差（オフセット）を算出して制御パターンを設定する。1日の時間帯により何種類かの制御パターンを自動的に切り換えることにより交通の流れを良くするものである。現在は，この制御機にはそれぞれが高精度の時計を内蔵し，それを基準に隣接交差点間の同期をとり制御している。

7) 路線自動感応式信号機　路線の信号機を系統的に制御することは，多段系統式信号機と同じであるが，時刻を基準にあらかじめセットされた制御定数を選択使用する多段系統式信号機に対して，路線自動感応式信号機は，路線の適切な位置に設置した車両感知器で交通量を検出し，通信回線を使用して中央装置へ送り，コンピュータにより交通状況に最も適した制御定数を選択し，各交差点の制御機を系統的に制御するものである。

8) 地域制御式信号機　1）から7）の信号機は，地点あるいは路線の制御を考慮したものであるが，現在の大都市では交差点の密集度が高く，路線としてだけでなく縦横の路線のつながり，いわゆる面として制御する方式がとられている。

これが交通管制センターといわれているもので，各交差点および多数設置された車両感知器は，通信回線で管制センターのコンピュータに接続されており，ここで制御定数が決定され，直ちに各交差点の信号機を制御している。

また，交通管制センターでは信号機以外にも，交通情報表示板・可変標識の制御あるいはカーラジオによる特定地域の交通情報提供（路側通信といわれ，現在までの道路状況ニュースとは別のもの）も行っている。

2. 信号制御

(1) 信号制御の要素

次の4つの制御パラメータは，交通信号の基本となるものである。

1) サイクル（周期）　　信号灯の表示が一巡するのに要する時間をいい，通常「秒」で表す。これは短すぎると渋滞の原因となり，また長すぎれば無駄時間の増加となる。サイクルは，交通量，道路形状，歩行者横断時間などをもとに決定される。

2) スプリット（時間配分）　　各方向の交通量に対し，通行権が与えられている時間の配分をいい，通常［％］で表される。例えば図 2.9.2 のような交差点では，一般には上下，左右の交通制御が必要となる。その場合，上下方向を第一方向，左右方向を第二方向と仮定し，第一方向の時間配分（青，黄，全赤時間）を 60 秒，第二方向の時間配分（青，黄，全赤時間）を 40 秒とすれば，サイクルは 100 秒，スプリットは第一方向 60％，第二方向 40％となる。

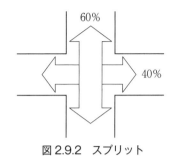

図 2.9.2　スプリット

3) オフセット　　各交差点の青時間開始の時差のことをいい，サイクルに対するパーセントまたは秒で表される。図 2.9.3 のように 2 つの交差点があり，車両が A 信号から B 信号に向かう場合，A が青になってから適切な時間経過後 B 信号を青にすれば，車両は B 信号で停止することはなく，流れはスムーズになる。しかし，B から A に向かう車両にとっては最適ではない場合が多く，このため各方向の交通量を比較してオフセットを調整する。

オフセットには，次のものがある。

① 基本オフセット

隣接する 2 つの交差点を対象とし，一方の交差点を通過した一様な直進交通がもう一方の交差点で過飽和にならないと仮定した場合に，リンクの遅れ時間を最小にする相対オフセットのことをいう（相対オフセットとは，隣接交差点間の同一方向の青信号表示開始点のずれ［％］をいう）。

② 同時式オフセット

系統路線に沿って，全交差点の表示が同時に青になるような方式で，相対オフセット 0％となる。一般に信号機の設置間隔が短い（例えば 150 m 以下）ところでは，連続的に車が交差点で停止させられることを避けるために，当該信号機群にこの方式を適用する。隣り合う交差点の信号をほぼ同時に青にするものは，平等オフセットに用いられる。

③ 交互式オフセット

系統区間内の隣接する信号機群が同時にかつ交互に青と赤に表示するようにした方式で，相対オフセットが 50％となる。この方式は，交差点間隔が「設計速度×周期長」の半分で，ほぼ同間隔になっている場合に有効で，各方向に対し理想的な制御ができるため，平等オフセットに用いられる。

④ 平等オフセット

両方向の円滑の度合が平等になるようにする方式で，上下交通量に著しい差のない場合の制御に適する。

⑤ 優先オフセット

上下交通量の比が極端に大きい（例えば 2 倍以上）場合，あるいは政策的に優

先してある方向を流したい場合に適用する方式である．例えば，朝の通勤時間帯で，上り方向の交通量が下り方向の交通量に比べて非常に多い場合（夕方は逆），上り方向はできるだけ多くの車をノンストップで円滑に走行させるもので，逆に下り方向は停止回数が多くなる．

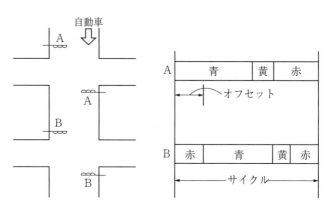

図 2.9.3　信号機の点灯状態

4) 現示　　交差点で通行権を与えられている交通流または同時に通行権が与えられている交通の一群をいう．

(2) 特殊な制御

交差点形状および車両の流れ方により，次のような特殊な制御が用いられている．

1) 時差式信号　　図 2.9.4 のような交差点では，上り方向の右折車両はなかなか曲がることができない．そこで下りの青信号を早く切れば，上り方向の右折可能時間は長くなり，交通流がさばける．この制御は対向する直進車両が多く，しかも右折車両も多い交差点で用いられる．

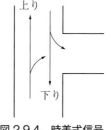

図 2.9.4　時差式信号

2) 右折感応式信号　　時間帯により右折車両の数が大きく変化する交差点では，矢印灯による右折時間が一定の場合，右折車両の渋滞が発生する．また，場合によっては無駄な右折時間を表示することもある．そこで右折車線に車両感知器を設け，右折車の量によって右折時間を増減するものである．

3) 閑散時半感応式信号　　夜間などの交通量が少ない時に，交差側に車も歩行者もいない信号なのに，主道路の交通が赤信号で無駄に待たされることをなくすための制御である．日中などの交通量の多い時は普通の制御をし，夜間などの閑散時になると（時間を制御機にセットしておく）主道路は青信号のままで，従道路側に設置された車両感知器および押ボタン箱が動作した場合のみ従道路の信号を青にするものである．この信号機は普通の半感応の信号機と似た制御を行っているが，青時間を延長する機能がないこと，および閑散時以外は定周期動作（各方向に決められた時間を表示する）をさせていることなどの違いがある．

4) 閃光制御信号　　主道路側の信号機が黄色の点滅，従道路側の信号機が赤の点滅を表示するもので，夜間などの交通需要の少ない閑散時に用いられる．

(3) 車両感知器

車両を検出する方法は，現在では，超音波式車両感知器とループコイル式車両感知器が一般に使われている。

1) **超音波式車両感知器**　路面上約5mの高さに設置した送受器から超音波（18 kHz以上の耳に聞こえない音波）パルスを路面に向かって周期的に発射し，下を通過する車両からの反射波を受信して，車両の検出を行うものである。現在は，C分離形が一般的に用いられている。設置の容易さおよび耐久性の点から交通信号機としては，ほとんどがこの超音波式である。

2) **ループコイル式車両感知器**　路面下に長方形に電線を数ターン巻したループコイルを埋設し，車両が接近するとそのループコイルのインダクタンスが変化することを利用して，車両の検出を行うもので駐車場などに多用されている。一般道路では路盤の沈下，道路工事などによりコイルが切れやすいという問題がある。しかし，検出精度は超音波式に比べ優れている。

第10節　関連分野

1. 機械設備

1.1　換気設備

　換気とは，室内の空気と外気を入れ換えることをいい，風力や温度差によって行う自然換気と送風機や排風機を用いた機械換気とがある。

　換気の目的は，必要上の諸因子によって異なるが，人間の健康や快適性を左右する臭気，粉じん，有害物質などを室内から排除または希釈し環境を保持すること，室内の熱や蒸気の発生源があるときにそれらを排除すること，室内に燃焼器具がある場合に酸素を供給することなどがある。

(1) 自然換気

1) 風力による換気	図2.10.1(a)に示すように，風が建物に当たると風上側の開口部の外側は室内より圧力が高く，風下側の開口部の外側は室内より圧力が低くなる。その風圧差によって換気する。
2) 温度差による換気	図2.10.1(b)に示すように，室温が外気温より高い場合，密度差による浮力が生じる。その空気の温度差による浮力（温度差による比重の違い）を利用して換気する。

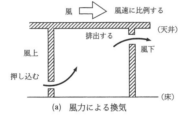
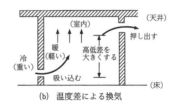

(a) 風力による換気　　　(b) 温度差による換気

図2.10.1　自然換気の方式

(2) 機械換気

　機械換気は，給気または排気用に送風機または排風機を用いる部位により，第1種〜第3種機械換気に分類される。

1) 第1種機械換気（機械給気＋機械排気）	図2.10.2(a)に示すように，給気送風機で室内に外気を導入し，排気送風機で室内の空気を排出させる方式で，最も確実な換気が期待できる。給気量と排気量を目的に応じ任意に選ぶことにより，室内を正圧にも負圧にもすることができる。
2) 第2種機械換気（機械給気＋自然排気）	図2.10.2(b)に示すように，給気送風機で室内に外気を導入し，排気口より自然に室内の空気を排出させる方式で，給気量が確実に期待できる。室内が正圧になるので，十分な外気を必要とする室の換気に適している。
3) 第3種機械換気（自然給気＋機械排気）	図2.10.2(c)に示すように，室内の空気を排気送風機で排出し，外気を給気口より自然に流入させる方式である。室内が負圧になるので室内で発生した臭気，有毒ガス，湿気などを他室に流出させたり，室内に拡散させたりしてはいけない室の換気に適している。

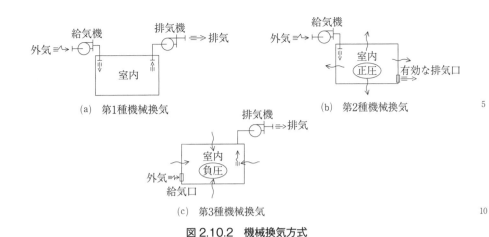

図 2.10.2 機械換気方式

4) 換気要因による換気方式　主な室の換気対象要因と適用できる換気方式を，表 2.10.1 に示す。

表 2.10.1 室の用途と換気要因および換気方式

室 名		換気対象要因					換気方式		
		臭気	喫煙	熱・酸素供給	燃焼ガス・湿気	湿気	有毒ガス	第1種換気	第2種換気	第3種換気
各室	便所・洗面所	○								○
	ロッカー室・更衣室	○								○
	書庫・倉庫・物品庫	○		○		○		△		○
	コピー室，印刷室	○		○						○
	シャワー室					○				○
	浴室	○				○				△
	脱衣室					○		△	○	
	食品庫	○						○		△
	喫煙室		○					△		○
火を使用する室	湯沸室			○	○	○		△		○
	厨房（ガス）			○	○	○				○
	厨房（電気）			○		○		○		

［注］ ○　一般的に採用する方式
　　　△　採用してもよい方式
　① 換気上有効な空調設備がない無窓の居室は，原則として第1種換気方式とするよう推奨されている。
　② 空調設備がない電気室は，換気をすることで，機器からの発生熱量を，設置機器の許容できる温度内に収める必要がある。

(3) 機械換気の留意事項

1) 排風機・ダクト　排風機は，排気がダクトの途中で漏れて衛生上支障をきたさないようにするため，なるべくダクト系の末端に設ける。

また，排風機およびダクトは，汚染物質によって容易に劣化しない材料を選定する。

2) 給気口・排気口　給気口，外気取入口は，煙突や排気口とできるだけ離した位置に設ける。

また，排気口は，道路や出入口に面する位置を避け，十分に高い位置に設け，近隣に害を及ぼさないようにする。

3) 換気系統　臭気，有毒ガス，燃焼ガス，粉じん，水蒸気などの換気は，他と独立した換気系統としなければならない。

1.2 空気調和設備

(1) 熱負荷

1) 概要

空気調和（以下「空調」）とは環境工学の1分野で，室内または特定の場所の空気の温度，湿度，気流，清浄度を，その室の使用目的に適する状態に保持することである。

空気の状態を人工的に調整する技術・操作の過程における分類を次に示す。

① 空気の冷却・加熱（顕熱の変化）
② 空気の減湿・加湿（潜熱の変化）
③ 気流の調整（速さ，方向，流れの経路など）
④ 空気の浄化（じん埃，細菌などの除去，炭酸ガス・一酸化炭素・臭気などの希釈または除去，イオン量の調整など）

2) 顕熱と潜熱

顕熱は，温度変化させる熱であり，ある物体に熱を加えたり，または物体から熱を奪ったりして，その物体の温度が変化するときの熱をいう。

潜熱は，湿度変化させる熱であり，物体に熱を加え，または奪っても温度には関係しない熱，たとえば水に熱を加え100℃になってもさらに熱を加えると液体から気体に変化することで，空調では加湿・除湿の要素となる。

3) 冷房・暖房負荷の構成要素

空調設備で扱う冷房・暖房負荷の構成要素を表2.10.2に示す。

表2.10.2 冷房・暖房負荷の構成要素

負荷	構成要素		冷房側	暖房側
室内負荷	ガラス窓透過日射熱負荷		○	△
	通過熱負荷	壁体	○	○
		ガラス窓	○	○ ※1
		屋根	○	○
		土間床 地下壁	×	○ ※3
	透湿熱負荷		△	△
	すきま風熱負荷		○ ※2	○
	室内発熱負荷	照明	○	△
		人体	○	△
		器具	○	△
	間欠空調による蓄熱負		△	○
装置負荷	室内負荷		○	○
	送風機による負荷		○	×
	ダクト通過熱負荷		○	○
	再熱負荷		○	－
	外気負荷		○	○
熱源負荷	装置負荷		○	○
	ポンプによる負荷		○	×
	配管通過熱負荷		○	○
	装置蓄熱負荷		×	－

［注］○ 考慮する，△ 無視することが多いが，影響が大きいと思われる場合は考慮する，× 無視する。

※1 ガラス窓を透過して差し込む日射による日射負荷，透過熱負荷，室内発生熱負荷は，暖房時に優位に働くため，暖房負荷に含めないことが多い。

※2 すきま風による熱負荷は冷房および暖房負荷として考慮することになっているが，窓回りや外壁，扉の気密性が高く，空調装置による室内圧力が正圧の場合，外気が入り込まないので，暖房負荷に含めないことが多い。

※3 土間，地下壁による通過熱負荷は，一般的に地中などは年中熱損失側であるので，冷房時に優位に働くため，冷房負荷には含めず，暖房負荷として扱われる。

(2) 空気調和方式

熱を搬送する空気，水，媒体などの熱搬送媒体による一般的な空気調和方式を**表 2.10.3**に示す。

表 2.10.3　熱媒体と空気調和方式

熱搬送媒体による分類	主な空気調和方式
全空気方式	定風量単一ダクト方式（CAV 方式） 変風量単一ダクト方式（VAV 方式）
水－空気併用方式	ダクト併用ファンコイルユニット方式
水方式	ファンコイルユニット方式
冷媒方式	空気熱源ヒートポンプパッケージ方式

1) 定風量単一ダクト方式（CAV 方式）

図 2.10.3 に示すように，中央に設置した空調機から空調スペースへ 1 本の主ダクトとその分岐ダクトによって，空調機で処理した空気を対象室に供給し空調を行う方式である。温度調節は，冷却コイル，加熱コイルを通過する熱媒の量を制御して行うが，吹出し風量が一定なので，各室の負荷変動による制御ができない。

長所を次に示す。

① 空調機を主機械室に設置するので，次の利点がある。
　(イ) 冷温水管や電気配線が各室に分散されないので，運転，管理が容易である。
　(ロ) 効率のよいフィルタを設置しやすく，よい室内環境が得られやすい。
　(ハ) 送風機（空調機）が分散されないので，消音計画が容易に立てられる。
② 全空気方式のため換気量が大きく，送風機を設けることにより，中間期には室内より低温の外気を導入する外気冷房が可能である。

短所を次に示す。

① 各室間で時刻別負荷変動パターンの異なる建物では，各室間の温・湿度のアンバランスを生じやすい。これを是正するために各ゾーン（室）ごとに再熱器（リヒータ）を設置し，吹出し温度を制御する方法（単一ダクト再熱方式）がある。
② 一般的には設備費は安いが，大規模な建物で各ゾーンごとに空調機を設ける場合では，機械室面積，ダクトスペースとも大きくなり設備費も高くなる。
③ ダクトスペースが大きくなる。ダクトスペースを小さくするために高速ダクトを使用しても送風機の全圧が高くなり，消音装置を設けなければならず，設備費，運転費はかえって高くなる場合が多い。
④ 室ごとの個別空調の運転・停止ができない。
⑤ 将来の用途変更，負荷増などへの対応が困難である。

また，定風量単一ダクト方式の 1 つにマルチゾーン方式があり，これは空調機で同時に冷風，温風を作れるので，各ゾーンの負荷に応じて冷・温風を混合して送風することができる。

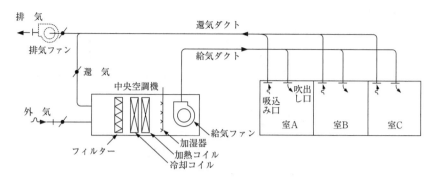

図2.10.3　定風量単一ダクト方式

2) 変風量単一ダクト方式（VAV方式）　図2.10.4に示すように，中央に設置した空調機から一定温度の送風を単一ダクトを通して行い，各室の分岐ダクトなどの端末に変風量ユニット（VAVユニット）を設置し，送風量を変化させ，室温を制御する方式である。各室で必要な空気量を送風し，不要な室の送風を停止することができるので省エネルギーを図ることができる。長所を次に示す。

① 運転費が節減できる。
　(イ) 負荷変動を的確にとらえて室温を維持するため，無駄なエネルギーの消費が少ない。
　(ロ) 低負荷時には送風量が減るので，送風機を制御することにより動力の節約ができる。
　(ハ) 全閉形ユニットを使用することにより，使用しない室の送風を停止することができる。
② 個別制御ができる。
③ 間仕切りの変更や負荷の変動に対して容易に対応できる。
④ 負荷変動に対して応答が速いため居住性がよい。
⑤ 吹出し風量の調節が容易である。

短所を次に示す。
① 吹出口は，風量の変動に対してできるだけ応答を速くし，一定パターンを有するようにしなければならない。特に暖房時の低風量状態ではコールドドラフトが起きやすい。
② 最小風量時に必要外気量を確保する必要がある。

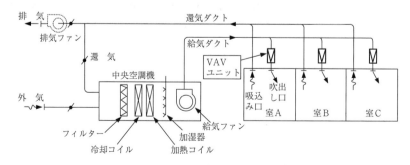

図2.10.4　変風量単一ダクト方式

3) ダクト併用ファンコイルユニット方式

　図2.10.5に示すように，ペリメータ部をファンコイルユニット，インテリア部を空調機で空調する方式である。送風機，冷温水コイル，フィルタなどを内蔵したファンコイルユニットと呼ばれる室内用小形空調機を各室に設置し，中央機械室より冷温水を供給し熱を処理するほか，機械室に設置された空調機により，外気および還り空気を冷却または加熱して供給する。

　長所を次に示す。
① 個別またはグループ化されたファンコイルユニットごとに調節ができるので，個別制御やゾーン制御ができる。
② 負荷の変動に対し，ファンコイルユニットの増設による対応が容易である。
③ 全空気式と比較し，ダクトスペースが小さくなる。

　短所を次に示す。
① ファンコイルユニットが各室ごとに設置されているため，建築の室内平面計画上の支障となることがあり，またフィルタの清掃，交換などの保守管理に人手を要する。
② 給気量が少ないため，外気冷房を行いにくい。
③ ファンコイルユニットおよび配管から漏水の可能性がある。

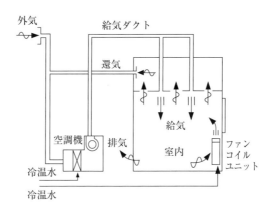

図2.10.5　ダクト併用ファンコイルユニット方式

4) 空気熱源ヒートポンプパッケージ方式

　圧縮機，凝縮機，蒸発器などの冷媒サイクル系機器および送風機，エアフィルタ，自動制御機器，ケーシングなどから構成された工場生産のパッケージユニットを，単独または多数設置して空調を行う方式である。パッケージユニットは屋外機側の熱授受の媒体により水熱源の水冷式と空気熱源の空冷式に，また屋外機と屋内機の納まりの形態により一体型とスプリット型に分けられる。その他，使用目的によって冷房専用型や冷暖房兼用の空気熱源ヒートポンプパッケージ型空気調和機がある。

　パッケージユニット方式に共通した長所を次に示す。
① 工場生産による部分が多いので，施工が容易である。
② ユニットごとに単独運転，停止ができる。
③ 機械室面積，パイプスペース，ダクトスペースが他の方式と比べ少なくてすむ。

　パッケージユニット方式に共通した短所を次に示す。

① ユニットが各室ごとに設置されているため，建築の室内平面計画上の支障となることがあり，また保守管理に人手を要する。

② 冷媒配管の長さや高さに限界があり，冷媒管長が長く，高低差が大きいほど，その冷却・加熱能力が低下する。

また，必要外気量，加湿量を確保する場合には，負荷の全熱交換ユニットなどを組み合わせて，室内への新鮮な導入外気と室内からの排気熱を交換し，外気負荷を軽減する。

5) 蓄熱方式　空調負荷の変動が大きい建物において，熱源機器の停止時または低負荷の時間帯に蓄熱しておき，空調負荷ピーク時に蓄熱を利用する方式である。この蓄熱方式は，熱源機器が空調負荷の最大値で選定されるため，負荷の変動が大きい場合に熱源機器の負荷の平準化を図り，設備投資額を減らすことを目的としているが，一般に夜間に蓄熱を行うため消費される電力の料金低減も図られている。

(3) 空気熱源ヒートポンプパッケージ方式

1) ウォールスルーパッケージ型　空冷式一体型で，外壁を貫通させて設置される床置き形式の空気熱源ヒートポンプ型ユニットである。本体での外気取入れ，加湿なども可能であるが，必要外気量，加湿量の確保に問題があり，大規模の建物ではダクトの併用などが必要となるので，中小規模の事務所ビルなどに多く使われている。また，外壁に給排気口を必要とするため，建築意匠上の支障となることがあったり，負荷の変動に対して増設が困難である（図 2.10.6）。

2) マルチパッケージ型　空冷式スプリット型で1つの屋外機に多数の屋内機を冷媒配管で結んでいるものである（図 2.10.6）。

3) スプリット型　スプリット型では冷媒配管の長さや高さに限界があり，長くなったり高くなったりすると能力が低下する。ウォールスルーパッケージ型同様，必要外気量，加湿量の確保に問題があり，大規模の建物ではダクトの併用などが必要となるので，中小規模の事務所ビル・貸店舗ビルなどに多く使われている（図 2.10.6）。

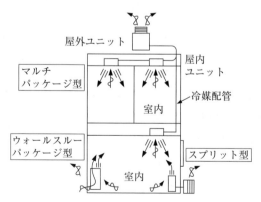

図 2.10.6　各パッケージ形空調機方式の例

4) ヒートポンプ型　ヒートポンプ型は，冷凍機の原理に基づき，低温の採熱源から蒸発器により吸熱し，高温の凝縮器からの放熱を暖房用に利用するものである。

ヒートポンプの原理図を図 2.10.7 に示す。

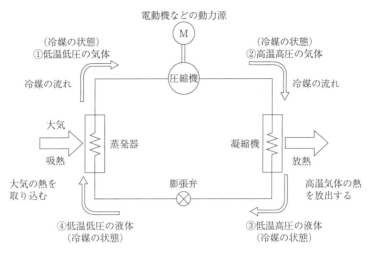

図 2.10.7　ヒートポンプの原理図

　ヒートポンプは、電動機などにより低温から高温に熱を移動させるための装置で、ヒートポンプで熱を運ぶには、低温部で熱を吸収し、高温部で排出するための媒体としてノンフロン系の冷媒を用いる。単位重量当たりに吸収できる熱量が大きいほど有利であるため、熱を吸収するには冷媒の蒸発の潜熱、熱の排出には凝縮の潜熱が一般に利用される。採熱源によって空気熱源ヒートポンプ型と水熱源ヒートポンプ型に分類される。

① 空気熱源ヒートポンプ型

　　熱源としての空気は、温度が常に変動し、暖房では外気温度が低くなるほど暖房負荷が増大するのに対して、ヒートポンプの能力 COP（成績係数：消費電力 1 kW 当たりの冷却・加熱能力）は反対に低下し、蒸発器表面は氷点以下になると着霜する欠点がある。しかし、熱源としては無尽蔵であり、手近に利用でき、公害を発生させないなどの利点がある。

　　また、操作が簡単なため中小規模の事務所ビル、店舗などで広く採用されている方式であるが、冷媒配管の長さや高さに限界があり、冷媒管長が長く、高低差が大きいほど能力が落ちる欠点がある。

② 水熱源ヒートポンプ型

　　熱源としての地下水は、年間を通じてほぼ一定の温度であり、水量が十分に得られれば最も望ましい熱源であるが、都市部では地盤沈下の原因となるため使用を制限されている。

(4) 省エネルギー対策

　空調設備の及ぼす影響が大きい建物の省エネルギー対策には、熱負荷の削減、搬送動力削減、熱源機器、室内温度の設定などがある。

1) **熱負荷の削減対策**　　熱負荷を削減する主な対策を次に示す。

① 外気取り入れ量の最適化

　　外気の取入れ量を最適なものとして、空調全負荷での外気負荷を減少させる。

② 外気冷房の導入

夏季・冬季には熱源で冷暖房を行うが，そのはざまの期間（中間期）で，室内温度より外気温度が低いが冷房が必要なとき，外気を導入して冷房を行う。

③ 全熱交換器の採用

全熱交換器を採用して空調用取入れ外気と排気間で熱回収を行い，外気負荷を減少させる。

④ ウォーミングアップ制御

空調機の予冷・予熱運転時には，新鮮外気の導入および排気を停止して外気負荷を削減することにより，設定温度への到達時間が短縮される。

また，ウォーミングアップ運転時など人間が室内に存在しない場合は，外気の導入は不要であり，外気の導入を停止し，エネルギーの消費を抑制する。

⑤ CO_2濃度制御

室内（還気）CO_2濃度を法令に定められた規定値を超えない範囲で制御し，外気量を抑制する。

2) 搬送動力の削減対策

ダクトおよび配管で用いられる搬送エネルギーを削減する主な対策を次に示す。

① ダクト長さと風速の対策

ダクトの長さをできるだけ短くし，ダクト内の風速をできるだけ小さくする。

② 変風量（VAV）方式の採用

空気方式の場合，空調機の能力は一般的に次の式で示される。

空調機の能力 =（風量）×（吹出し口の温度差）

したがって，変風量（VAV）方式を採用して送風量を減らす（送風機回転数制御）ことや，吹出し口における室内温度と吹出し口温度の温度差を大きくとることで送風量は小さくできるため，送風ダクトサイズや送風機などの送風系の設備が小形となる。

③ 変流量（VWV）方式の採用

水方式の場合，空調機の能力は一般的に次の式で示される。

空調機の能力 =（流量）×（往き・還りの水の温度差）

したがって，変流量（VWV）方式を採用して流量を減らすことや冷温水・冷却水の往き・還り温度差を従来の温度差より大きくとることで，配管サイズやポンプなどの設備は小形となる。

3) 熱源機器の選定

熱源機器の選定に関する省エネルギー対策を次に示す。

① 熱源機器台数制御

冷凍機やボイラーを複数台に分割し群管理するなどし，熱源機器の高効率運転を行う。

② 高効率熱源機器

熱源システムの構築に際し，高効率の機器を採用する。

4) 室内温度の設定

室内温度の設定およびその制御による省エネルギー対策を次に示す。

① 温湿度の快適範囲内での設定

室内の温湿度を快適範囲内で，できるだけ夏は高めに，冬は低めに設定する。

② 給気温度制御

換気ダクトや室内に設置したサーモスタットの指令により，空調機内の冷温水

コイルに流れる冷温水の温度を変えることで給気の温度・湿度を変え，室内の温度・湿度を制御する。

1.3 給水設備

(1) 給水方式

給水設備（飲料用に限る）は，上水を建物内の各水栓などへ供給するための設備で，給水方法には，水道管に直接給水管を接続して給水する「水道直結直圧方式」，「水道直結増圧方式」と受水槽に貯水してから間接的に給水する「高置タンク（水槽）方式」，「ポンプ直送方式」，「圧力タンク（水槽）方式」がある。

1) 水道直結直圧方式

水道本管から給水管を引き込み，直接，水道の圧力を利用し，各水栓に給水する方式で，本管の圧力が十分あり目的の高さまで給水できる場合に限り用いられる。一般に2階建て程度で水栓の少ない場合に適する（**図2.10.8**）。

主な特徴を次に示す。
① 給水圧力は，水道本管の圧力に応じて変化する。
② 建物の停電に関係なく給水が可能である。
③ 受水タンクを使用する方式に比べて水質汚染の危険が少ない。

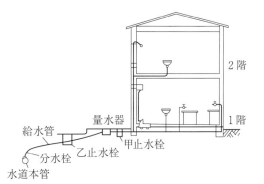

図2.10.8 水道直結直圧方式

2) 水道直結増圧方式

水道本管（配水管）から給水管を引き込み，建物内の水栓などに増圧ポンプ（ブースターポンプ）および逆流防止用機器などを介して直接連結して給水する方式である（**図2.10.9**）。

主な特徴を次に示す。
① 受水槽を使用しないので，水質汚染の可能性が低い。
② 停電時には給水が不可能となる。
③ 給水本管断水時の給水は不可能となる。
④ 給水圧力は増圧給水ポンプにより制御されるので，給水圧力は水道本管の圧力影響をほとんど受けない。

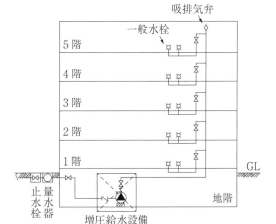

図2.10.9 水道直結増圧方式

3) 高置タンク方式（高置水槽方式）　水道本管からの上水を受水タンクに一度貯水して，揚水ポンプで屋上などの高置タンクに揚水し，重力（落差）により配管を通して各水栓に給水する方式である（図2.10.10）。

主な特徴を次に示す。
① 停電時や断水時にも，高置タンクに残在する水量を使用することが可能である。
② 水圧力は，ほぼ一定である。

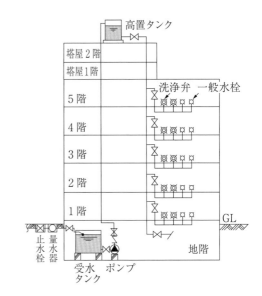

図2.10.10　高置タンク方式

4) ポンプ直送方式（タンクレス加圧方式）　水道本管からの上水を受水タンクに一度貯水して，給水ポンプで直接加圧した水を給水する方式である（図2.10.11）。

主な特徴を次に示す。
① インバータによるポンプの回転数制御や複数ポンプの運転台数制御により，給水圧力をほぼ一定にできる。
② 高置タンクが不要である。
③ 停電時には給水ポンプが停止し，給水ができなくなる。
④ 水道本管断水時は，受水タンク貯水分のみ給水が可能である。

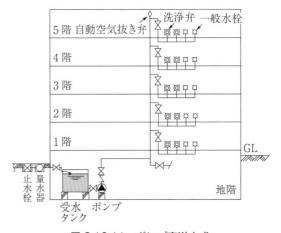

図2.10.11　ポンプ直送方式

5) 圧力タンク方式　水道本管からの上水を受水タンクに一度貯水して，ポンプで圧力タンク内に送り，タンク内の空気を圧縮して圧力を上昇させ，その圧力により必要箇所に給水する方式である。最近ではポンプ直送方式にとって代わられている（図2.10.12）。

主な特徴を次に示す。
① 圧力タンクの出口側に圧力調整弁を設けない限り給水圧力の変化が大きい。
② 圧力タンクの設置位置や高さに制約がない。
③ 高置タンクが不要である。

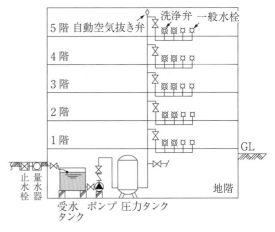

図2.10.12　圧力タンク方式

6) 各給水方式の比較

表 2.10.4 に，各給水方式の比較を示す。

表 2.10.4 各給水方式の比較

項　目	水道直結方式 直結直圧方式	水道直結方式 直結増圧方式	高置タンク方式	ポンプ直送方式	圧力タンク方式
受水タンク	なし	なし	あり	あり	あり
高置タンク	なし	なし	あり	なし	なし
ポンプ容量	—	瞬時最大予想給水量 (l/min)	時間最大予想給水量 (l/h)	瞬時最大予想給水量 (l/min)	瞬時最大予想給水量 (l/min)
水道引込給水量および水道引込口径	瞬時最大予想給水量 (l/min) 引込口径は大きくなる	瞬時最大予想給水量 (l/min) 引込口径は大きくなる	時間平均予想給水量 (l/h) 引込口径は小さくなる	時間平均予想給水量 (l/h) 引込口径は小さくなる	時間平均予想給水量 (l/h) 引込口径は小さくなる
水質汚染の可能性	①	①	③	②	②
給水圧力の変化	② 水道本管の圧力に応じて変化する	① ほとんど一定	① ほとんど一定	① ほとんど一定	③ 圧力タンクの出口側に圧力調整弁を設けないかぎり圧力変化が大きい
本管断水時の給水	× 不可能	× 不可能	① 受水タンクと高置タンクに残っている分が給水可能	② 受水タンクに残っている分が給水可能	② 受水タンクに残っている分が給水可能
停電時の給水	① 関係なく給水可能	× 不可能	② 高置タンクに残っている分が給水可能	× 不可能	× 不可能
機器設置スペース	① 不要	② 増圧給水設備の設置スペース必要	④ 屋外または機械室内に受水タンク・ポンプ，屋上に高置タンクの設置スペース必要	② 増圧給水設備の設置スペース必要	④ 屋外または機械室内に受水タンク・圧力タンク・ポンプの設置スペース必要
設備費（イニシャルコスト）	①	②	④	③	③
維持管理	① 不要	② 増圧給水設備の保守点検義務がある	③ 受水タンクと高置タンクの保守点検と清掃義務がある	④ 受水タンクの保守点検と清掃義務と加圧給水ポンプの運転調整，点検が必要	④ 受水タンクの保守点検と清掃義務と圧力タンク・加圧ポンプの運転調整，点検が必要
適用上の制約	給水可能な階は原則として最大3階まで可能	引込み口径75mm以下の中高層建物用途や本管の状況などにより制約を受ける場合がある	用途・規模その他の制約を受けずに適用可能	特にない	特にない
建築関連事項	特にない	特にない	高置タンクに対する構造補強が必要で日影などの規制を受ける場合もある	特にない	特にない

［注］数字①，②，③，④は，数が小さいほうが有利なことを示す。

(2) 受水タンク

飲料用受水タンクの設置および構造については，建築基準法および国土交通省告示で規定されている。

1) 設置方法

受水タンクの設置に関する主な規定を次に示す。

① 6面点検

タンクは，周囲の壁，床，天井，隣接機器などから図 2.10.13 に示す点検・保守できるスペースを設けることとされている。

② 受水槽上部

受水槽の上部には，原則として機器，配管などは設けない。
③ 浸水の検知器および警報装置
　最下階の床下受水槽を設ける場合は，浸水によりオーバーフロー管から水が逆流し，汚染されるおそれがあるので，漏水検知器などの浸水を検知する警報装置を設置する。

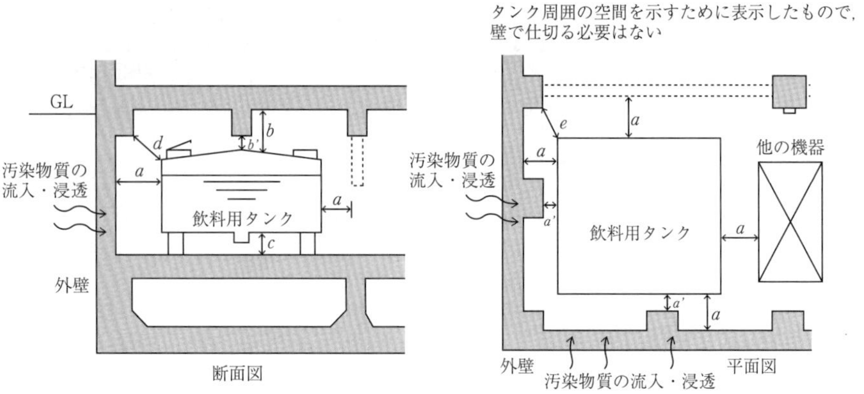

図2.10.13　給水タンク回りの保守点検スペース
保守点検スペース
① a，b，cのいずれも保守点検を容易に行い得る距離で，aとcは60 cm以上，bは100 cm以上とする。
② 梁・柱などは，マンホールの出入りに支障となる位置でないa'，b'，d，eは，保守点検に支障のない距離として45 cm程度以上とする。

2) 構造および付属品

① マンホールの設置
　保守・点検が容易にできる大きさのマンホールを設置する。マンホールの大きさは，直径60 cm以上で，マンホールの周囲から10 cm以上立ち上げる。

② オーバーフロー管および通気管
　水槽内の給水流入端と水槽内の水面が直接接触し逆流しないよう，オーバーフロー管取付け部の下端との間には，吐水口空間を設ける（図2.10.14）。
　また，水槽のオーバーフロー管および通気管の端末には，虫などが侵入しないよう，防虫網を設ける必要があり，その材質は容易に腐食しない材質のものとする。

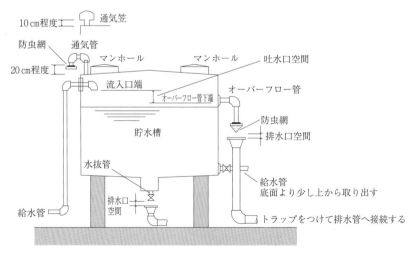

図2.10.14　貯水槽の構造例（立面）

(3) 高置タンク

1) 受水タンクと高置タンクの制御

受水タンクへの給水は、原則として電極棒により動作する電磁弁と定水位調整弁を使用し、故障時対策としてボールタップを併設する。

高置タンクへは、原則として2台の揚水ポンプを液面継電器（受水槽空転防止付満減水警報および高架水槽満減水警報付給水）を使用して、自動交互運転で給水する。

2) 運転制御

受水タンクおよび高置タンクへの給水に使用する電極棒の用途について、一例を図2.10.15に示す。

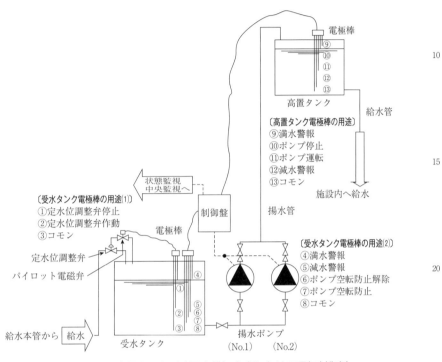

図2.10.15 高置タンク（高置水槽）方式における運転制御例

(4) 水汚染

1) クロスコネクション

上水の給水・給湯系統とその他の系統が、配管や装置により直接接続されることをいう。

2) 逆サイホン作用

水受け容器中に吐出しされた水、使用された水、またはその他の液体が給水管内に生じた負圧による吸引作用のため給水管内に逆流することをいう。

3) タンクにおける水汚染の防止

タンクにおける水汚染の防止について、主な内容を次に示す。

① タンクの天井、底または周壁の保守点検を容易かつ安全に行うことができるように設ける。

② タンクの天井、底または周壁は、建築物の壁、床などと兼用しない。

③ タンク内部には、空調設備・消火設備など、飲料水の配管設備以外の配管設備を設けない。

④ タンク内部の保守点検・清掃を容易にできるように直径60 cm以上の円が内接するマンホールを設ける。

⑤ タンク内部の保守点検・清掃を容易にできるように水抜き管を設け、管端は間接排水とする。また、タンクの底部は$\frac{1}{100}$程度の勾配をつけ、排水溝、吸込みピッ

⑥ オーバーフロー管の管端は間接排水とし，管端開口部には虫などが入らないように防虫網などを設ける。

4) 配管類における水汚染の防止

配管類における水汚染について，主な内容を次に示す。

① クロスコネクションによる水汚染の防止には，給水・給湯系統の配管にそれ以外のいかなる用途の配管も接続しない。

② 逆サイホン作用による水汚染の防止には，給水管内の負圧による逆流を防止するため吐水口空間（給水栓または給水管の吐水口端とあふれ縁との垂直距離）を十分に確保する。

③ 機器や器具の構造により吐水口空間が確保できない場合には，給水管内に負圧が発生するときに自動的に空気を吸引する構造をもち，吐水した水や使用した水が逆サイホン作用により上水系統へ逆流するのを防止するバキュームブレーカを器具のあふれ縁より上部に設置する。バキュームブレーカには大気圧式と圧力式がある。

(5) 給水設備に発生する現象

1) ウォーターハンマ

ウォーターハンマは，水栓，弁などにより管内の流体の流れを瞬時に閉じると，閉じた点より上流側の圧力が急激に上昇し，そのとき生じる圧力波が配管系内を一定の速度で伝わる現象をいう。

ウォーターハンマが生じると配管・機器類を振動させたり騒音を生じさせたりして，配管の破損・漏水の原因となる。

ウォーターハンマの生じやすい箇所を次に示す。

① コック・レバーハンドルなど瞬間的に開閉する水栓類・弁類などを使用する所
② 管内の常用圧力が著しく高い所
③ 管内の常用流速が著しく速い所
④ 水温が高い所
⑤ 水柱分離が起こりやすい配管部分
⑥ 配管長に比べて曲折が多い配管部分

ウォーターハンマの防止方法を次に示す。

① 流速を遅くする（一般に 1.5 〜 2.0 m/s 以下とするのが適当）。
② ウォーターハンマの水撃圧を吸収するために設ける空気だまりとなる配管部分のエアチャンバーやウォーターハンマ防止器を設ける。

2) キャビテーション

管路中の絞られた部分，曲管部，流速が速く静圧が下がるところに発生しやすく，液体の内部の静圧が局部的に低下して，液体の一部が蒸発して気泡が発生し短時間で消滅する現象である。

3) 水柱分離

給水ポンプが急停止すると送水管の中の圧力が低下する。この圧力低下が大きくなると真空になって，水蒸気が発生して水が分断される現象で，大きな衝撃音の発生や配管が破壊されることがある。

1.4 排水・通気設備

(1) 排水設備

排水設備は，流し，洗面器，大小便器などの排水を建物内に滞留することなく，速やかに，また衛生的に排出するために設ける設備である。

1) 排水管　建物および敷地内で生じる汚水・雑排水・雨水・特殊排水などをそれぞれ単独で，または合流して排除する管である。

　　排水管は，掃除口を設けるなど保守点検を容易に行うことができる構造とし，冷蔵庫，水飲み器，滅菌器，消毒器，給水ポンプ，空気調和機などの排水管，給水タンクの水抜管などに直接連結してはならない。

2) 排水ポンプ　排水ポンプは，一般的に地下の排水槽の水を汲み上げるもので，汚水用水中ポンプ，雑排水用水中ポンプ，汚物用水中ポンプがある。

　　排水ポンプの選定および運転に必要な主な事項を次に示す。
① 排水ポンプの能力は，排水槽の有効貯水量を 10 〜 20 分で排水する能力とする。
② ポンプの揚程は，原則として実揚程および配管の抵抗から決定する。
③ 排水ポンプの運転は，通常時は自動交互運転，異常満水時には同時運転可能なものとする。また，腐敗臭の発生を防止するため，タイマーによる強制運転を行う。

3) 排水タンク　排水タンクは，便所の汚水を貯留する汚水タンク，洗面器や厨房などからの排水を貯留する雑排水タンクおよび外部から浸透した湧水，雨水を貯留する湧水タンクに分けられる。

　　排水タンクに必要な事項を次に示す。
① 底部は，清掃しやすく，また沈殿した汚泥が残らないように，勾配（ $\frac{1}{15}$ 〜 $\frac{1}{10}$ ）をつけ，吸込みピットを設ける。
② 内部の保守点検・清掃を容易にできるように直径 60 cm 以上の円が内接するマンホールを設ける。
③ 通気のための装置以外の部分から臭気が漏れないようにし，マンホールは防臭ふたとする。
④ タンク内の水の排水時における空気流入のための通気管は，単独で直接外気に開放する。

4) トラップ　トラップとは，排水管内の排水ガスや悪臭が室内に逆流するのを防ぐため，衛生器具または排水系統中に設ける水封部を有する装置で，配管を S 形，P 形，U 形などに曲げることで，意図的に水をためるものである。図 2.10.16 に S トラップの構造を示す。

図 2.10.16　S トラップの構造

　　トラップに必要な主な事項を次に示す。
① トラップの封水深（水封の深さ）は，50 mm 以上 100 mm 以下とする。
② 汚水に含まれる汚物などが付着したり沈殿しない構造とする。
③ 容易に清掃できる構造とする。
④ 二重トラップにすると，排水時にトラップ間の空気が閉じ込められ，大きな圧

力振動を起こしたり，排水の流れに支障をきたすおそれがあるため，二重トラップとならないようにする。

5) トラップます　トラップますは，排水ますの底部に水だめ部を設け，流出管の先端をその水だめ部に没入させ，下流側の排水の臭気が上流側の配管へ侵入しないようにトラップを設けたものである。

6) 間接排水　厨房や水飲み器などの排水を排水管に直結して排出し，排水管が詰まるなどの異常が発生した場合，汚水や下水ガスが逆流して上水が汚染されるのを防止するため，排水管を大気中でいったん切って，排水を水受け容器などで受け，改めて排水管に導く排水方法である。

(2) 通気管

通気管は，排水管内の圧力変動を緩和し，排水トラップの破封（封水切れ）を防止するために設けられ，管内が正圧の場合，管内部の空気を逃がし，負圧の場合，管内部に空気を供給する。

1) 通気方式　通気管には，図 2.10.17 に示すように，衛生器具ごとに通気管を設ける各個通気方式，複数の衛生器具が接続されている排水横枝管の最上流の器具排水管接続部直後の下流側から立ち上げ，伸頂通気管または通気立て管に接続するループ通気方式などがある。

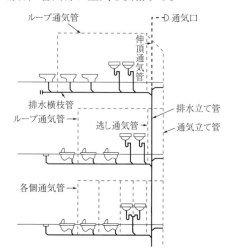

図 2.10.17　各個通気方式とループ通気方式

2) 通気配管　通気配管の基本的事項を次に示す。
① 通気立て管の上部は，管径を縮小せずに延長し，その上端は単独に大気に放出するか，または最高位の衛生器具のあふれ縁より 150 mm 以上立ち上げて，伸頂通気管に接続しなければならない。
② 伸頂通気管は，大気に開放しなければならない。
③ 通気管の端末は，次の事項に注意する。
　(イ) 戸や窓その他の開口部の頂部より少なくとも 600 mm 以上立ち上げる。
　(ロ) 各開口部より 600 mm 以上立ち上げられない場合には，それらの開口部より水平に 3 m 以上離す。

(3) 雨水排水設備

建物の屋上やバルコニーなどの降雨水は，ルーフドレインで集水し，雨水排水管（雨水立て管，雨水横管）から屋外の雨水ますや側溝を経由して速やかに排出する。

1) 基本的事項　雨水排水設備に関する基本事項を次に示す。
① 雨水は，浄化槽に流入させてはならない。
② 雨水排水管の立て管は，排水管および通気管と兼用してはならない。
③ 電気室，電算機室，エレベーターピットなどには，雨水排水管を設けてはならない。
④ 雨水排水ますには，150 mm 以上の泥だまりを設ける。

2) 管の施設方法　　分流式の雨水管と汚水管の敷設方法を次に示す。
　① 上下に並行することを避ける。
　② 交差する場合は，汚水管を下に雨水管を上にする。
　③ 並行する場合は，原則として汚水管を建物側とする。

1.5　空気調和設備，給排水設備の機器

(1) 空気調和設備機器

1) ボイラー　　ボイラーは，火気，燃焼ガスまたは電気により水を加熱して，蒸気または温水として出す装置で，空調用温熱源機器として使用される。

2) 冷凍機　　機械エネルギーや熱エネルギーなどによって，低温の物体から熱を吸収し，高温の物体に熱を放出して低温を得る機械である。空調用冷熱源機器の冷凍機種類を図2.10.18に示す。

図2.10.18　冷凍機の種類

3) 遠心（ターボ）冷凍機　　遠心圧縮機，凝縮器，蒸発器の主要部から構成され，圧縮機を駆動する動力源は，電動機が用いられている。遠心冷凍機は大容量に適し，中・大規模建物の冷房用から地域冷房用などの大容量のものに多く使用されている。
　　主な特徴を次に示す。
　① 比較的中・大容量向きである。
　② 低温（ブライン）冷却に対応しやすい。
　③ 大容量でも吸収冷凍機に比べ小形で重量が小さい。
　④ 往復動冷凍機に比べ容量制御が容易で，負荷変動に対する追従性がよい。
　⑤ 高周波騒音が大きい。
　⑥ 頻繁な発停は避ける必要がある。

4) 往復動冷凍機　　往復式冷凍機はレシプロ冷凍機ともいわれ，ピストンの往復運動で冷媒を圧縮する。小〜中型の冷凍機で多く用いられるが，冷媒を圧縮させるための電動機の動力が必要になるため，騒音や振動が大きくなる。

5) スクリュー冷凍機　　スクリュー冷凍機は回転運動で圧縮作用が得られるようにしたもので，20〜1,800 kW程度まであり，往復動冷凍機に比べ小形で振動が少ない。高圧縮比でも高効率であるということと，特に低負荷時の制御特性がよいことにより，ビル空調用の空気熱源ヒートポンプに採用されている。

6) 吸収冷温水機　　吸収冷温水機は，蒸発器，吸収器，再生器，凝縮器および溶液熱交換器から構成され，水を冷媒として使用し，臭化リチウムを吸収剤としている。燃料にガスまたは油を使用し，高圧再生器内で直接燃焼させる直だき式で，ボイラー部分と吸収冷凍機部分を合体させ1台で冷暖房を兼用できる。
　　主な特徴を次に示す。
　① 電気の消費量が少ない。
　② 法令上の運転資格者が不要である。
　③ 機内は大気圧以下で，圧力による爆発などの危険がない。

④ 回転部分が少なく振動および騒音が小さい。
⑤ 低負荷時の効率がよい。
⑥ 始動時間が長い。
⑦ 重量が重い。
⑧ 冷却塔の容量が大きい。
⑨ 冷水出口温度は，遠心冷凍機が4℃程度まで使用されるのに対して，6℃前後で使用される。

7) ガスエンジンヒートポンプ

ガスエンジンヒートポンプは，エンジン排熱を有効利用するもので，冷房用と暖房用として兼用され，その熱源には水または空気がある。
主な特徴を次に示す。
① 燃料に都市ガスを用いることにより，受電設備容量が大幅に軽減でき，電力需要の夏期ピークの緩和が期待できる。
② 排熱回収により，省エネルギー効果が大きい。
③ 極寒冷地においても，エンジン排熱を暖房に利用することにより，ヒートポンプの暖房能力および効率の大幅な低下が避けられる。
④ 冷房能力に比べて暖房能力が大きいため，暖房時の始動立上り時間が短い。
⑤ 容量制御はエンジンの回転数制御により容易にでき，部分負荷効率が高い。
⑥ 騒音，振動が大きい。
⑦ 電動式に比べ維持管理が難しい。
⑧ システム構成が複雑で，設備費が高い。

(2) 給排水設備機器

1) ポンプ

ポンプは，液体（空調・給排水で扱うのはほとんどが水）を高いところに汲み上げたり，循環したりするのに用いられ，作動原理によりターボ形，容積形，特殊形がある。一般にポンプといえば，ターボ形（羽根車をケーシング内で回転させ，液体にエネルギーを与える機械）を指し，遠心ポンプ，斜流ポンプ，軸流ポンプなどの総称として使われる。

2) 遠心ポンプ

遠心ポンプは，遠心力を利用したターボ形のポンプで，渦巻ポンプ（渦巻室で速度エネルギーを圧力エネルギーに変換する）とディフューザポンプ（羽根車に接して設けられたディフューザで圧力の変換を行う）がある。

遠心ポンプ（うず巻ポンプ，ディフューザポンプ）の特性を表す方法として，特性曲線が使用される。特性曲線は通常，図2.10.19に示すように，揚程曲線と軸動力曲線および効率曲線の3つの曲線と回転速度で表され，一部のポンプでは必要に応じてNPSH曲線（ポンプ所要有効吸込みヘッド）を表示する場合もある。

特性曲線は，横軸に吐出量を，縦軸に全揚程，効率，軸動力などをとって吐出量に対する変化を示したもので，その内容を次に示す。

① 軸動力曲線

各吐出水量に対するポンプの軸動力変化を表している。吐出水量が0のとき軸動力（締切軸動力という）が最小で，吐出水量の増加とともに増加する右上がり曲線となる。

② 揚程曲線

各吐出水量に対するポンプの発生する全揚程を表している。吐出水量が0のとき全揚程（締切全揚程という）が最大で，吐出水量の増加とともに低くなる下降特性を示す。一部のポンプでは，締切全揚程より若干吐出水量の増加したところで全揚程が最大になる山形の揚程曲線のものもある。

③　効率曲線

軸動力に対する水動力を百分率で表したもので，吐出量に対する効率変化を表したものである。効率が最大値を示す点を最高効率点という。この最高効率点の吐出水量がポンプの基準水量となり，比速度を決めるときの吐出水量となる。

④　NPSH（Net Positive Suction Head）曲線

ある運転状態でキャビテーションを起こさないためにポンプとして必要な有効吸込みヘッドのことである。

⑤　回転速度

各吐出水量に対するポンプの回転速度変化を表している。吐出水量が0のとき回転速度が最大で，吐出し水量の増加とともに回転速度は減少する。

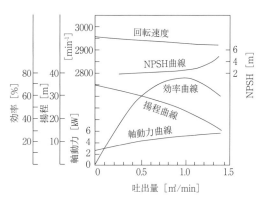

図2.10.19　遠心ポンプの特性曲線

3) ポンプの直列運転　　同一仕様のポンプを2台直列運転した場合，図2.10.20の特性曲線になる。揚程は，接続に伴う配管ロスなどによりそれぞれのポンプを単独運転した場合の揚程の和よりやや少なくなるが，おおむね2倍となる。吐出量は，単独の場合と同じで，吐出量（水量）が増加するにつれて小さくなり，右下がりの曲線となる。

4) ポンプの並列運転　　同一仕様のポンプを2台並列運転した場合，図2.10.21の特性曲線になる。揚程は，単独の場合と同じで，吐出量（水量）が増加するにつれて小さくなり，右下がりの曲線となる。また，吐出量は，接続に伴う配管ロスなどのため，それぞれのポンプを単独運転した場合の吐出量の和よりやや少なくなるが，おおむね2倍となる。

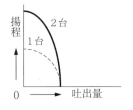
図2.10.20　ポンプの直列運転

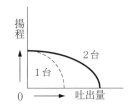
図2.10.21　ポンプの並列運転

2.　土　木

2.1　土質調査

1) **土質調査**　　土質調査は，構造物の基礎や土構造物の建設の際，その基礎地盤や土の諸性質を明らかにするもので，原位置試験などの野外で行うものと室内土質試験とに大別さ

れる。それらの代表的な試験とその試験結果から求められるものを表2.10.5に示す。

表2.10.5　土質調査の試験結果とその結果から求められるもの

試験の利用区分	試験の名称	試験結果から求められるもの
土質調査に用いる原位置試験	単位体積質量試験（現場密度試験）	湿潤密度 乾燥密度
	標準貫入試験	N値
	ベーン試験	せん断強さ 粘着力
	平板載荷試験	地盤反力係数
	孔内載荷試験	降伏強度 変形係数
	現場CBR試験	CBR（支持力）
	（現場）透水試験	透水係数
	スクリューウエイト貫入試験（スウェーデン式サウンディング試験）	WswおよびNsw値
土の判別分類のための試験（室内試験）	粒度試験	粒径加積曲線 （有効径，均等係数）
	含水比試験	含水比
	コンシステンシー試験	液性限界 塑性限界（塑性指数）
土の力学的性質を求めるための試験（室内試験）	せん断試験	内部摩擦角 粘着力
	一軸圧縮試験	一軸圧縮強さ 粘着力
	圧密試験	圧縮係数 体積圧縮係数 圧縮指数 透水係数 圧密係数

2) 原位置試験　① 単位体積質量試験（現場密度試験）

現場において，地山や盛土の単位体積当たりの質量を求めるための試験である。単位体積当たりの質量は土の質量とその体積を正確に測定すれば求められるが，精度の高い体積計測は難しい。

② 標準貫入試験

図2.10.22に示すように，質量63.5±0.5kgのドライブハンマを76±1cm自由落下させ標準貫入試験用サンプラーを30cm打ち込むのに要する打撃数（N値）を求める試験で，地層の判別や硬軟の判定に用いられ，土質調査の各種試験の中で最もよく使用される。

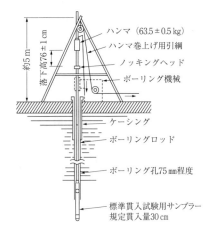

図2.10.22　標準貫入試験

③ ベーン試験

図2.10.23に示すように，十字型の羽根（ベーン）をロッドの先端に取り付けて地盤中に押し込み，ロッドを回転させてベーンが地盤をせん断するときのロッドのトルクから粘性地盤のせん断強さや土の粘着力を求める試験である。せん断強さや粘着力は，軟弱地盤を判定するために用いられるほか，細粒土の斜面や基礎地盤の安定計算などにも用いられる。

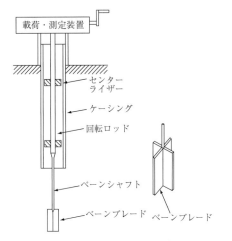

図2.10.23　ベーン試験

④ 平板載荷試験

図2.10.24に示すように，地表面に置かれた直径30cmの鋼製円盤に段階的に荷重を加えていき，各荷重に対する沈下量を求める試験である。

平板載荷試験には，道路の平板載荷試験（道路の路床，路盤などの地盤反力係数を求める）と地盤の平板載荷試験（構造物基礎地盤の変形特性および支持力特性を求める）に分けられる。道路の平板載荷試験は，締固め管理に用いられる。

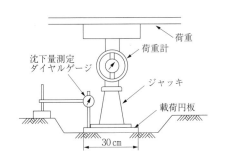

図2.10.24　平板載荷試験

⑤ 現場CBR試験

図2.10.25に示すように，現場において路床・路盤のCBR（支持力）を直接測定する試験である。締固め管理などに使われ，地表面に置かれた直径5cmのピストンを所定の深さに貫入させるときの荷重強さを測定し，その貫入量における標準荷重強さ（代表的なクラッシャーラン砕石を使い供試体を作成して貫入試験を繰り返し，その平均値をCBR 100％として定める）と比較して，相対的な強さを求める。

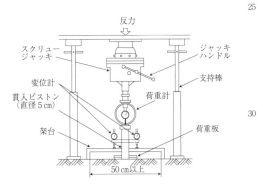

図2.10.25　現場CBR試験

⑥ スクリューウエイト貫入試験（スウェーデン式サウンディング試験）

図2.10.26に示すように，先端が錐状になっているスクリューポイントを取り付けたロッドに荷重をかけて地面にねじ込み，25 cm貫入するまでの半回転数を記録することにより，静的貫入抵抗を求める試験で，土の硬軟や締まり具合を判定するために用いる。

⑦ （現場）透水試験

地山や地盤の水の通りやすさ（透水性）を測定する試験の総称で，透水係数を得るために行われ，方法により原位置透水試験（現場揚水試験）と室内透水試験がある。

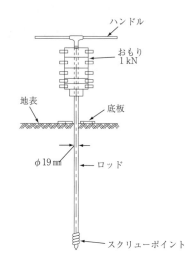

図2.10.26　スクリューウエイト貫入試験
（スウェーデン式サウンディング試験）

3) 土の判別分類のための試験

土は，土粒子，水，空気の3つで構成されている。これら3つの部分の体積や質量を知ることで，その土が持っている概略の性質を把握できる。土の判別分類のための試験は，土の含水比，土粒子の密度，粒度などを求め，その土の物理的な性質を知るためのものである。

① 粒度試験

土中に含まれる各種の大きさの土粒子が全体に占める割合（大小粒子の混合割合を質量百分率で表したもの）を測定するもので，土の力学的性質を概略推定できる。

② 含水比試験

土の性質は，土に含まれる水の量に大きく左右される。含水量は，土の状態を表す基本となる値である。含水比は，土中に含まれる水の質量と土の乾燥質量の比をいい，土構造物の設計・施工に際し，施工条件を判断するのに用いられる。土の含水比は，一般に土粒子の粒径が粗粒になるほど小さく，細粒になるほど大きくなる。粘性土は，高含水比になるほどせん断強度が低く，圧縮性（沈下量）が大きくなる。締固め試験では，乾燥密度と含水比の関係を求め，この結果を締固め曲線として締固め管理の判断基準としている。

③ コンシステンシー試験

土のコンシステンシーとは，土に含まれている水分の量（含水量）によって土の状態が変化することや，変形のしやすさが異なることの総称である。土は，含水比によって形態が変化していく。乾いた半固体状の土は，含水量が増加するにつれて，塑性体，液体へと変化していく。

4) 土の力学的性質を求める試験

基礎構造物，土構造物の設計において，その安定性の検討に直接関係するのが土の力学的性質である。力学試験は，土の強度と変形特性に関する試験である。

第10節 関連分野

① せん断試験

図2.10.27に示すように，土をある面でせん断（面の上下に逆向きの力をかけすべりを生じさせること）し，その面上に働くせん断強さ，せん断応力を測定し，せん断抵抗角（内部摩擦角）φ，粘着力cを求める試験である。斜面の安定，地盤の支持力，土圧などの検討に用いる。

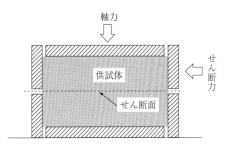

図2.10.27 一面せん断試験（直接せん断型）

② 一軸圧縮試験（間接せん断試験）

図2.10.28に示すように，粘性土を円筒形に成形し，供試体の一軸（上下）方向に圧縮力を作用させ，せん断強さを求める試験である。

③ 圧密試験

図2.10.29に示すように，粘性土地盤の載荷重による継続的な沈下（圧密による地盤の沈下）の解析を行う場合に必要となる圧密特性（沈下量と沈下時間の関係）を測定する試験である。試験結果は，粘性土地盤の沈下量および沈下速度の計算に利用される。

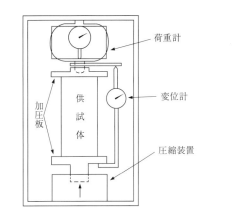

図2.10.28 一軸圧縮試験（間接せん断試験）

④ 孔内載荷試験

ボーリング孔を利用してボーリング孔内の孔壁あるいは孔底で圧力をかけ，孔径の変化あるいは沈下から，地盤の強度と変形特性を調べる試験である。

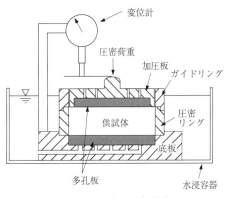

図2.10.29 圧密試験

2.2 土工事

土工事とは，土砂を取扱う工事で地山の切土，掘削，盛土，捨土，埋戻しなど運搬も含めた土に係る作業の総称をいう。

(1) 掘削工事

1) **土量の変化** 土は，図2.10.30に示すように，地山にあるとき，それを掘削してほぐしたとき，またそれを締め固めたときのそれぞれの状態によって体積が異なる。そのため，土を掘削し，運搬して盛土を行う場合には，この土量の変化をあらかじめ推定する。

土の状態を次に示す。

① 地山の土量（掘削前の乱されていない土量）

② ほぐした土量（掘削後，運搬時の土をほぐして緩めたときの土量）

③ 締め固めた土量（締固め後の土量）

これらの状態における土量は，地山の土量との体積比をとった土量の変化率として，ほぐし率（L）と締固め率（C）で定義される。

$$L = \frac{\text{ほぐした土量}[\text{m}^3]}{\text{地山の土量}[\text{m}^3]} \quad C = \frac{\text{締め固めた土量}[\text{m}^3]}{\text{地山の土量}[\text{m}^3]}$$

掘削（切土） → 運搬 → 締固め（盛土）

地山は，土粒子に適度な間隙をもったまま安定した状態。この土量を1とする。

地山をほぐすと土粒子の間隙が大きくなり，土量が地山の1.20～1.30倍に増える。
なお，ダンプの積載土量はほぐした土量で表す。

ほぐした土を締め固めると土粒子が密になり，土量は地山の0.85～0.95倍と少なくなる。

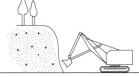   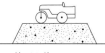

地山1.0　　　　ほぐした土 L = 1.20～1.30　　　　締固め後 C = 0.85～0.95

図 2.10.30　土量の変化（例：砂質土の変化率）

2） 掘削工事　　法面を設けて掘削する場合に重要なことは，掘削作業中における法面の安定の確保で，労働安全衛生規則では，手掘りによる地山掘削面の勾配，高さについて**表 2.10.6** に示す基準が定められている。

表 2.10.6　掘削高さと法面勾配

条	地山の種類	掘削面の高さ	掘削面の勾配	備　考
356	岩盤又は堅い粘土からなる地山	5 m 未満	90°以下	地山とは，表土層の下のある程度硬い自然地盤
		5 m 以上	75°以下	
	その他の地山	2 m 未満	90°以下	
		2 m 以上 5 m 未満	75°以下	
		5 m 以上	60°以下	
357	砂からなる地山	5 m 未満又は 35°以下		
	発破等により崩壊しやすい地山	2 m 未満又は 45°以下		

3） オープンカット工法

オープンカット工法の種類を次に示す。

① 法切りオープンカット工法

敷地に余裕がある場合や掘削が簡易な場合で，山留め壁などを設けず，掘削部周辺に安定した斜面を残しながら掘削を進める工法をいう。

② 山留めオープンカット工法

山留め壁または支保工による山留めを設置して行う工法をいう。

(2) 土留め

1） 山留め支保工　　山留め支保工は，山留め壁に作用する側圧を支えるとともに，壁変形をできるだけ小さくして背面の地盤に悪影響を与えないためのものである。

山留め支保工の種類を図 2.10.31 に示す。

第10節　関連分野

図2.10.31　山留め支保工の種類

2) **鋼製切梁工法**　鋼製切梁工法は，山留め壁に作用する側圧を鋼製腹起し切梁水平部材で支える工法であり，市街地での根切り工事に適している。親杭の使用材料としては，I形鋼，H形鋼などの一般構造用鋼材が使用され，特に広幅フランジのH形鋼が多く使用されている。

図2.10.32に矢板土留め工構造図の例を示す。

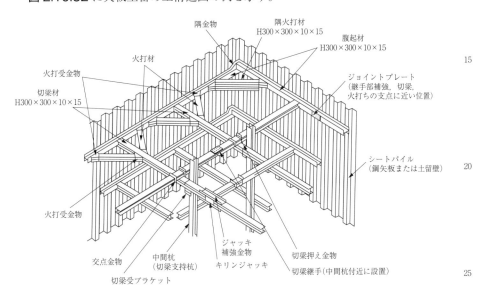

図2.10.32　矢板土留め工構造図の例

① 腹起し：矢板や親杭を支え，その力を切梁へ伝えるもの。
② 切梁：腹起しを利用して突っ張りとして働いて壁を支える部材で，一般に圧縮材を用いる。
③ 火打ち：切梁と腹起し間または腹起し間の隅角部に取り付ける方杖の部材。
④ 中間杭（切梁支持杭）：支保工の自重および施工時の荷重を支えると同時に，切梁の座屈防止や局所的な反力の減少，切梁全体の湾曲防止のための部材。

(3) 土留め壁

1) **土留めの種類**　土留め壁の種類の選定基準の目安を表2.10.7に示す。選定にあたっては，与条件に対する総合的な検討が必要である。

表 2.10.7　与条件に対する土留め壁選定基準の目安

与条件 山留め壁の種類	地盤条件 軟弱な地盤	地盤条件 砂礫地盤	地盤条件 地下水位が高い地盤	工事規模 根切り深さ 浅い	工事規模 根切り深さ 深い	工事規模 平面規模 狭い	工事規模 平面規模 広い	周辺環境 騒音・振動	周辺環境 地盤沈下	周辺環境 排泥処理	工期	工費
親杭横矢板壁	△	◎	△	◎	△	○	○	○	△	◎	◎	◎
鋼矢板壁	◎	○	○	◎	○	○	○	△	○	◎	◎	○
鋼管矢板壁	◎	○	○	○	◎	○	○	△	◎	◎	◎	△
ソイルセメント壁	◎	○	◎	○	○	○	○	◎	○	△	○	○
RC 地中壁	◎	○	◎	△	◎	△	◎	◎	◎	△	△	△

◎：有利　○：普通　△：不利

表 2.10.8　主な土留め壁の特徴

名称	構造形式	特　徴
親杭横矢板壁	・親杭間隔 1～2m で設置	・施工が比較的容易である。 ・止水性がない。 ・土留め板と地盤との間に間隙が生じやすいため，地山の変形が大きくなる。 ・根入れ部が連続していないため，軟弱地盤への適用には限界がある。 ・地下水位の高い地盤や軟弱地盤においては補助工法が必要となることがある。
鋼矢板壁（シートパイル型）		・止水性がある（高度な止水を要する場合は止水処理を行う必要がある）。 ・たわみ性の壁体であるため，壁体の変形が大きくなる。 ・打設時および引抜き時に騒音・振動などが問題になることがある（この場合には低騒音・低振動工法を採用する）。 ・引抜きに伴う周辺地盤の沈下の影響が大きいと考えられるときは残置することを検討する。 ・長尺物の打込みは傾斜や継手の離脱が生じやすく，また矢板の引き抜き時の地盤沈下も大きい。
鋼管矢板壁		・止水性がある（高度な止水を要する場合は止水処理を行う必要がある）。 ・剛性が比較的大きいため地盤変形が問題となる場合に適する。 ・打設時に騒音・振動が問題となることがある（この場合は低騒音・低振動工法を採用する）。 ・引抜きは困難であり残置する場合が多い。 ・本体構造物として利用されることがある。
場所打ちコンクリート壁（ソイルセメント柱列壁）		・隣合う柱体をオーバーラップさせる場合は比較的止水性は良いが，オーバーラップさせないで止水性を要求する場合は背面地盤の改良が必要なこともある。 ・親杭横矢板や鋼矢板壁に比べ剛性が大きいため地盤変形が問題となる場合に適する。 ・騒音・振動が小さい。 ・芯材は引抜きが困難であり，残置する場合が多い。 ・適用地盤は比較的広いが，100mm以上の礫を含む砂礫層や玉石層への適用性は低い。 ・ソイルセメントは地盤種別により性能に差が生じるため注意が必要である。特に有機質土では強度が期待できない場合がある。

表 2.10.8 主な土留め壁の特徴（つづき）

名称	構造形式	特徴
場所打ちコンクリート壁 地中連続壁	（ジョイント図）	・止水性がよい。 ・剛性が大きいため大規模な開削工事、地盤変形が問題となる場合に適する。 ・騒音・振動が小さい。 ・施工期間が比較的長い。 ・泥水処理施設が必要なため、広い施工スペースが必要である。 ・本体構造物（躯体基礎）として利用される場合がある。 ・地下水流速が3m/分以上ある場合は適用性が低い。 ・撤去が不可能。 ・適用地盤の範囲が広く、適切な掘削機械を選べば軟岩にも適用できる。 ・軟弱地盤では溝壁が崩壊しやすいため注意が必要である。

2) 鋼矢板壁の施工方法

鋼矢板壁の施工には、地盤条件、工事規模、施工条件、敷地条件、周辺環境に適合した工法を選定する必要がある。各工法の特徴を表 2.10.9 に示す。

表 2.10.9 施工方法と特徴

施工方法	特徴
打撃工法	・油圧ハンマ、ディーゼルハンマ、モンケンなどにより山留め壁を打ち込む方法。 ・打撃力が大きいため、施工能率は高い。 ・騒音や振動が発生するため、使用場所が制限される。
振動工法	・バイブロハンマなどの振動により山留め壁を打ち込む方法。 ・打撃力を用いないため、山留め壁頭部の損傷がなく、施工能率は高い。 ・振動が発生するため、使用場所が制限される。 ・ウォータージェットを併用することにより、振動の低減および施工能率の向上を図ることができる。
プレボーリング工法	・オーガにより地盤を掘削したあと、山留め壁を建て込む方法。 ・削孔した孔には根固め液、杭周固定液などを充填する。 ・低振動・低騒音である。排泥処理が必要となる。
オーガ併用圧入	・オーガにより地盤を削孔しながら山留め壁を同時に圧入し、山留め壁を施工する方法。 ・低振動・低騒音である。排泥処理が必要となる。
強制圧入	・専用圧入機や杭打ち機械の反力を用いて山留め壁を圧入する方法。 ・緩い砂質土、軟らかい粘性土などの地盤に適す。 ・ウォータージェットを併用することにより施工能率の向上を図ることができる。 ・低振動・低騒音である。

(4) 土留め掘削工法

1) 水平切梁工法

切梁、腹起しなど支保部材により土留め壁に水平に作用する土圧を支持する最も一般的な工法である（図 2.10.33）。現場の状況に応じて支保工の数、配置等の変更が可能で切梁および中間支持材などが本体構造物の施工に邪魔にならないよう配置できれば工期、経済性にも優れているが、機械掘削に際して支保工が障害になりやすく、掘削機械に対する制約が大きい。

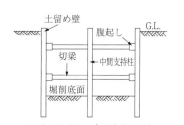

図 2.10.33 水平切梁工法

2) アイランド工法

掘削に先立ち外周部に土留め壁を打設し、その内側を掘削後、掘削中央部に建造物の基礎を構築する。その基礎部分を活用し、斜め梁の切梁で土留め壁を支えながら周辺部を掘削し、残りの建造物を構築する工法である（図 2.10.34）。中間支持柱が不要で、切梁も少なくてすむ利

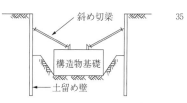

図 2.10.34 アイランド工法

点があるが，地下躯体の施工が2段階となるため，躯体の打継ぎが生じる。

3) トレンチカット工法　構築する構造物の外周にあたる部分に土留め壁を二重に打設し，その間を掘り起こして，この部分の本体構造物を周囲部躯体として先行施工する。その後，この構造物で土圧を支えながら内部の掘削を行い，中央部の躯体を構築する工法である（図2.10.35）。軟弱地盤を含め，あらゆる土質に適している長所があるが，二重に土留め壁を打設するために工期が長くなり，工事費も高くなる短所がある。

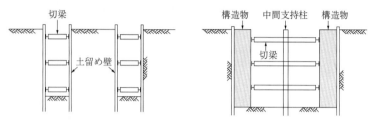

図2.10.35　トレンチカット工法

4) アンカー工法　土留め壁および連結したアンカーと一体で土留め壁に作用する土圧を支えるもので，次の工法がある（図2.10.36）。

① アースアンカー式（地盤アンカー工法）

土留め壁背面の安定した地盤にアンカーを打設し，山留め壁を支えながら根伐りを進める工法である。アンカーの一方を周辺地盤中に定着させるため，根伐り内部には切梁による支保工が不要となり，根伐り工事などの作業性がよい。

② タイロッド式

土留め壁と背面地盤に設置した控え壁（控え杭）をタイロッドでつなぐ工法である。

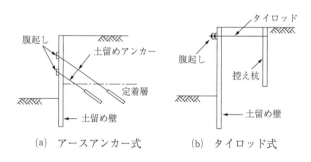

(a) アースアンカー式　　(b) タイロッド式

図2.10.36　アンカー工法

5) 逆打ち（逆巻き）工法　掘削に伴って構造物の上部から本体構造物を構築して，本体構造物の梁で支えられた床版とコンクリートの側壁を支保工として，土留め壁を支えながら順次下部の施工を進めていく工法である（図2.10.37）。土留め構造として本体構造物を利用するので安全性は高い。

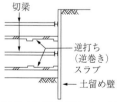

図2.10.37　逆打ち工法

(5) 掘削工事の諸現象

1) **ヒービング**　軟弱粘土質の地盤を土留め掘削する際、矢板背面の鉛直土圧によって掘削底面が盛り上がり、矢板背面が沈下する現象をいう。これにより、矢板が傾斜し、土留め工が崩落するおそれがある（表 2.10.10）。

　ヒービングの発生を防止する方法を次に示す。

① 土留め壁の根入れ深さを十分にとる。
② 高圧噴射攪拌工法などで地盤を切削しながら混合攪拌し、地盤の強度を高める。
③ 土留壁の背面地盤をすき取り、盤下げする。

2) **ボイリング**　砂質地盤を地下水位以下に土留め掘削する際、土留め背面と掘削面の水位差により掘削底面から沸騰したように砂が噴出してくる現象をいう（表 2.10.10）。

　ボイリングの発生を防止する方法を次に示す。

① 土留め壁の根入深さを十分に取る。
② ディープウェルまたはウェルポイントなどで土留め壁背面の地下水位の低下を図る（図 2.10.39、図 2.10.40）。
③ 薬液注入などで、掘削底面の止水をする。

　なお、土留め支保工の切梁の間隔を小さくした場合、地山の崩壊を支えることはできるが、ボイリングの発生を防ぐことはできない。

3) **パイピング**　地盤内に形成された管状の水の通り道から、地下水が湧き出す現象をいう。

表 2.10.10　掘削底面の破壊現象

分類	地盤の状態	現象
ヒービング	① 掘削底面付近に軟らかい粘性土がある場合 ② 主として沖積粘性地盤の場合	土留め背面の土の重量や土留めに近接した地表面荷重などにより、すべり面が生じ、掘削底面の隆起、土留め壁のはらみ、周辺地盤の沈下が生じ、最終的には土留めの崩壊に至る。 この現象（掘削底面の隆起）が見られた場合は、土留め壁を危険性の少ない良質な地盤まで根入れするなどの処置を行う。
ボイリング	① 地下水位の高い砂質土の場合 ② 土留め付近に河川、海など地下水の供給源がある場合	遮水性の土留め壁を用いた場合、水位差により上向きの浸透流が生じる。この浸透圧が土の有効重量を超えると、沸騰したように湧き上がり、掘削底面の土がせん断抵抗を失い、土留めの安定性が損なわれる。このようになった砂の状態をクイックサンドという。 山留め壁の下部内側にクイックサンドが起こると山留め壁上部外側からも土砂が運ばれてパイプ状の水みちができる。このような現象をパイピングという。

(6) 盛土工事

1) 盛土工事　　盛土には，道路盛土，河川堤防，造成地盛土などの多くの種類がある。盛土の施工にあたっては，使用目的との適合性，構造物の安全性，繰り返し荷重による沈下や法面の侵食に対する耐久性，施工品質の確保，維持管理の容易さ，環境との調和，経済性などを考慮しなければならない。

2) 土の締固め　　盛土の施工では，施工の容易さや工事完成後の不同沈下および崩壊を生じさせないよう，次の事項が要求される。

① 盛土法面の安定や土の支持力の確保など，土の構造物として必要な強度特性が得られるようにする。
② 盛土材料を水平に敷き均し，均等に締め固める。
③ 土の空気間隙を少なくすることにより，透水性を低下させる。
④ 雨水の浸入による土の軟化や吸水による膨張を小さくする。
⑤ 所定の締固め度を確保し，圧縮性を小さくしてせん断強度を大きくする。

2.3　排水工事

(1) 排水工法

1) 目的　　排水工法は，地下水位以下の掘削を行う場合に用いるもので，掘削作業を容易にするとともに，掘削箇所の側面および底面の変状を防ぐために行う。

2) 排水工法の特徴　　排水工法の長所を次に示す。

① 地下水位をあらかじめ掘削面以下に下げておくことで，地盤の安定性が向上し，確実かつ安全な作業が可能になる。
② 湧水による切土斜面の破壊，掘削底面のボイリング，周辺地盤の沈下リスクなどを防止できる。
③ 切土勾配を普通の切土と同じにすることが可能である。土留め工事を行うときでも，側圧を大幅に軽減できる。
④ 地下水位の低下により圧密を促進し，地盤の強度増加を図ることができる（地下水位低下工法）。

排水工法の短所を次に示す。

① 地下水汲上げにより，周囲の井戸水がかれたり，広い範囲の地下水が低下する。
② 地下水位の低下によって，地盤が沈下する場合がある。

(2) 排水工法の種類

排水工法は，大別すると，釜場排水工法，深井戸排水工法などの重力排水工法と，ウェルポイント工法，深井戸真空工法，電気浸透工法などの強制排水工法に分けられる。

1) 釜場排水工法　　図2.10.38に示すように，掘削底面に湧水や雨水を1箇所に集めるための釜場を設け，水中ポンプで排水し，地下水位を低下させる工法である。表面水の処理に適し，砂れき層のように透水性のよい地盤では効果的であるが，掘削が深くなると釜場の底面にボイリング現象が生じるおそれがある。

2) 深井戸排水工法（ディープウェル工法）　　図2.10.39に示すように，掘削箇所周辺に深井戸を掘削してこれから揚水し，地下水面を低下させて，湧水や水圧の減少を図る工法で，広範囲に地下水低下を図る場合や透水性が大きく，排水量が非常に大きい場合に適する。

3) 暗きょ排水工法	地中にパイプなどの集水施設を設けて地下水の排除をする工法である。
4) ウェルポイント工法	図2.10.40に示すように，掘削箇所の両側または周辺をウェルポイントと呼ぶ簡単な井戸で取り囲み，これから地下水を汲み上げ，掘削部の地下水位を低下させる工法である。
5) 深井戸真空工法	ウェルポイント工法と同様な原理の工法で，ストレーナーの付いた鋼管を地盤内に打設して，井戸をつくり，内部に何段かのポンプを取り付け，真空揚水する工法である。
6) 電気浸透工法	地中に直流電流を流すと間隙水が陰極に向かって移動するのを利用して排水する工法である。

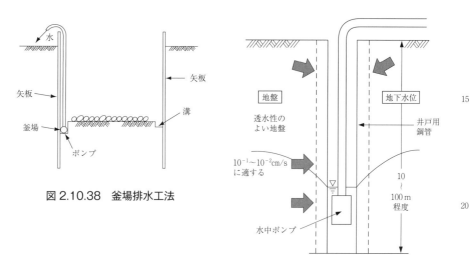

図2.10.38 釜場排水工法

図2.10.39 深井戸排水工法
（ディープウェル工法）

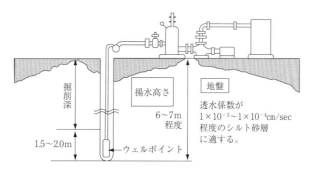

図2.10.40 ウェルポイント工法

2.4 基礎工事

1) 基礎	基礎とは，下部構造の一部で，躯体からの荷重を地盤に伝える構造部分をいう。完成後はほとんどが地中などに埋設されるので，完成後の補修は困難である。
2) 基礎工事の種類	基礎工事の種類は図2.10.41に示すように，直接基礎，杭基礎，ケーソン基礎，その他の特殊基礎に大別できる。

第2章 電気設備等

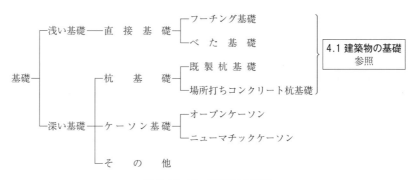

図2.10.41　基礎工の種類

2.5　舗装工事

舗装は，交通荷重を支え，円滑な通行のための路面を形成するとともに，気象変化の影響などやその他の外力に対しても安定した路面とするためのもので，用いられる材料によってアスファルト舗装やコンクリート舗装などがある。

(1) アスファルト舗装

1) 構成　　アスファルト舗装は，図2.10.42に示すように，アスファルト系の表層をもつ舗装で，一般には表層，基層および路盤からなり，路床上に構築される。

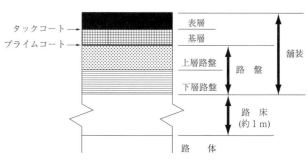

図2.10.42　アスファルト舗装の構成

2) 特徴　　アスファルト舗装の特徴を次に示す。
① コンクリート舗装に比べて養生期間が短い。
② 部分的な維持修繕が可能である。
③ せん断力には強いが曲げ応力に弱いため，荷重が作用して沈下しやすい。
④ 荷重および温度変化に対してたわみ変形をするため，目地が必要ない。

(2) コンクリート舗装

1) 構成　　コンクリート舗装は，図2.10.43に示すように，コンクリート版を表層とする舗装で，路盤とコンクリート版からなり，路床上に構築される。

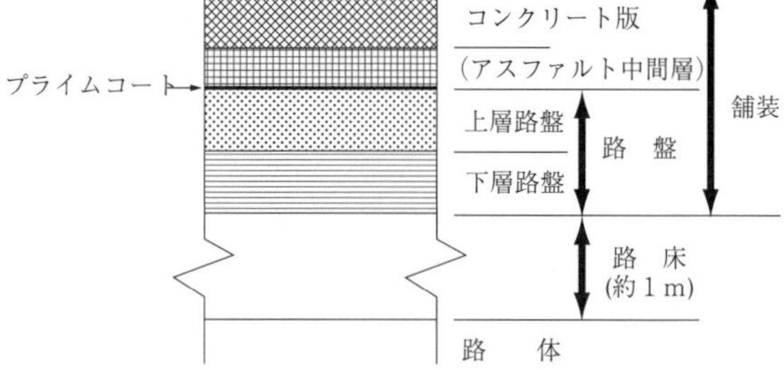

図2.10.43　コンクリート舗装の構成

2) 特徴　コンクリート舗装の特徴を次に示す。

① コンクリートの品質を確保するため，初期養生（乾燥，降雨など）に十分注意する必要があり，アスファルト舗装に比べて養生期間が長い。
② アスファルト舗装に比べて耐久性に富んでいるが，部分的な維持修繕が困難である。
③ コンクリートの曲げ抵抗にて荷重を支えており，たわみが少なく剛性が高い。
④ 温度変化に対して膨張・収縮を繰り返すので，ひび割れを防止するため，目地が必要である。

2.6　建設機械

建設工事に使用される機械類を総称して建設機械と呼んでいる。

建設機械を分類すると，道路，河川，港湾などの対象工事別，土工，舗装，基礎などの工種別，掘削，運搬，締固めなどの作業種別，トラクタ系，ショベル系などの機械種別などがあり，目的に応じて使い分けられる。

(1) トラクタおよびブルドーザ

トラクタとは，けん引または押す力を利用して仕事をする自走式機械の総称をいう。

トラクタに土砂を押す土工板を取り付けた建設機械がブルドーザで，掘削，運搬（押土），敷均し，整地，締固めなどの作業に用いられる。

(2) スクレーパ

スクレーパは，大規模な土工作業に用いられ，土砂の掘削，積込み，長距離運搬，敷均しを一貫して行うことができる広い作業性能を持つ建設機械であるが，締固め作業は行えない（図2.10.44）。

1) スクレーパ（被けん引式スクレーパ）

被けん引式スクレーパは，動力装置を持たないため，適合するトラクタと組み合わせて，トラクタ側の油圧を利用し，スクレーパ側の油圧シリンダを動作することにより行う。

モータスクレーパに比べ軟弱地，不整地，勾配地などの作業に適するが，機動力が劣り，土砂の運搬距離は60〜400mが適応である。

2) モータスクレーパ（自走式スクレーパ）

モータスクレーパは，被けん引式スクレーパに比べ自走速度が速く，比較的長距離（200〜1,200m程度）の運搬に適している。

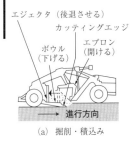
(a) 掘削・積込み

(b) 運搬

(c) 敷均し

図2.10.44　スクレーパの役割

(3) ショベル系掘削機械

ショベル系掘削機械は，建設機械の中で最も普及台数が多い機械で，作業用動力の伝達方式，大きさ，形状，走行装置によって分類される。

1) バックホウ　バケットを車体側に引き寄せて掘削する。機械が設置された地盤より低い所を掘るのに適した機械で，水中掘削もできる（図2.10.45(a)）。

2) ローディングショベル　大型のバケットを車体から前方に押し出して掘削する。バケットが上向きに取り付けられているため，機械が置かれている地面よりも高い場所の掘削に適している（図2.10.45(c)）。

3) クラムシェル　ロープに吊り下げられた開閉式のバケットを重力により落下させて土をつかみ取る。一般土砂の孔掘り，河床・海底の浚渫，構造物の基礎掘りなど狭く深い場所の掘削に適している（図2.10.45(e)）。

4) ドラグライン　ロープで保持されたバケットを旋回による遠心力を利用して遠くに放り投げ，地面に沿って手前に引き寄せながら掘削するもので，機械の設置地盤より低い場所を掘削する。掘削半径が大きく，ブームのリーチより遠い所まで掘れる。水中掘削も可能で，河川や軟弱地盤の改修工事，砂利の採取などに使用するが，硬い地盤の掘削には適さない（図2.10.45(d)）。

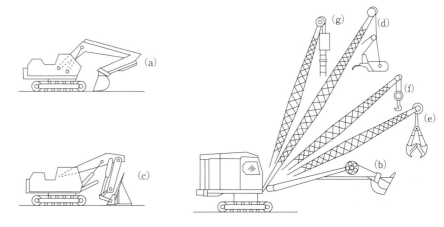

(a) バックホウ　　(b) パワーショベル　　(c) ローディングショベル
(d) ドラグライン　(e) クラムシェル　　　(f) クレーン
(g) パイルドライバ

図2.10.45　ショベル系掘削機械の名称と外観の一例

(4) 運搬機械

運搬機械は，ダンプトラック，不整地運搬車，ベルトコンベアなどがある。

1) ダンプトラック　建設工事の資材や土砂などの運搬に最も多く使用される。道路交通法の規制を受けて公道を走行できる普通ダンプトラックと，公道を走ることのできない重ダンプトラックがある。

2) ベルトコンベア　一般に，フラットベルトの上に土砂などの荷を乗せ，ベルトを連続して同一方向に動かすことにより，荷を水平または高さの異なる場所へ運搬する。

(5) クレーン

建設工事で荷物のつり上げに用いられるクレーンには，自走できる移動式と固定した場所に設置して使用する固定式がある。

1) 移動式クレーン　移動式クレーンには，クローラクレーン，トラッククレーン，ホイールクレーン，ラフタークレーン（ラフテレーンクレーン），積載型トラッククレーンなどがある。

第10節 関連分野

2) **固定式クレーン**　固定式クレーンには，天井クレーン，ジブクレーン，門型クレーン，ケーブルクレーン，テルハなどがある。

3) **移動式クレーンの安全装置**　移動式クレーンには，クレーン作業を安全に行うために安全装置を取り付けることが，平成7年労働省告示第135号「移動式クレーン構造規格」（最終改正：平成30年2月26日）第2章機械部分第3節安全装置等によって義務付けられている。

表2.10.11に，移動式クレーンの安全装置の概要を示す。

表2.10.11　移動式クレーンの安全装置の概要

安全装置	概要
巻過防止装置など	・ワイヤロープなどの吊り上げ装置，起伏装置，伸縮装置には，巻過防止装置または巻き過ぎを防止するための巻過警報装置を備えなければならない。
過負荷防止装置	・定格荷重を超えて負荷されることを防止するための過負荷防止装置（つり上げ荷重が3t以上の場合）または過負荷防止装置以外の過負荷を防止するための装置（つり上げ荷重が3t未満の場合）の設置を備えなければならない。
外れ止め装置	・吊り具フックには，玉掛け用ワイヤロープなどがフックから外れることを防止するための装置を備えなければならない。
安全弁 逆止め弁（油圧シリンダ油圧ロック装置）	・油圧などを動力として用いるつり上げ装置には，安全弁を備えなければならない。 ・このつり上げ装置には，油圧が異常低下した場合に吊り具などの急激な落下を防止する逆止め弁を備えなければならない。
警報装置	・移動式クレーンには，ブザーなどの警報装置を備えなければならない。
傾斜角指示装置	・ジブを起伏する構造の移動式クレーンには，このジブの傾斜角を示す装置を備えなければならない。

4) **移動式クレーンの逸走防止措置**　逸走事故とは，クレーンが突風，暴風などの影響で本来の位置から動き出し，衝突するなどの事故である。

逸走事故を防止するために，クレーン等安全規則では，瞬間風速が毎秒30mを超える風が吹くおそれがある時は，逸走を防止するための措置を講じることを規定している。

5) **移動式クレーンの転倒防止措置**　転倒事故とは，クレーンの停止時の風荷重によってクレーンの一方の車輪が浮き上がることにより発生する事故である。転倒事故を防止するため，クレーン等安全規則では，アウトリガーの位置および張り出しについて規定している。

(6) 締固め機械

締固め機械は，盛土や舗装などの締固め，強度を高めるために輪荷重，衝撃，振動などの力を利用して，材料の空隙をできるだけ小さくし，密な状態にする機械である。

締固めの原理および機械の形態による分類を図2.10.46，図2.10.47に示す。

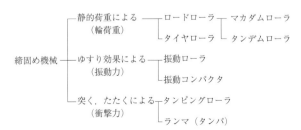

図2.10.46　締固めの原理に基づいた締固め機械の分類

図2.10.47　機械の形態に基づいた締固め機械の分類

1) ロードローラ　一般的に使用される締固め機械で，ほぼ平らになった盛土をさらに締め固めるのに用いられる。鉄輪ローラとも呼ばれ，鉄輪が3輪のマカダムローラと機械全幅に鉄輪を有するタンデムローラがある。

長所を次に示す。

① 線圧（物体に加わる線状の力の大きさ）が高いので，施工条件がよければ効果的な締固めができる。特に，単粒砕石などの締固めに有効である。
② 仕上げ面がきれいで，タイヤローラやタンピングローラで締め固めた後の表面仕上げやアスファルト混合物の締固めおよび表面仕上げに有効である。
③ 価格が比較的安く，故障も少ない。

短所を次に示す。

① 移動速度が遅く，急坂路の走行がしにくい。
② 車輪の粘着係数が小さくスリップを起こしやすいので，軟弱地や傾斜地での使用が困難である。また，線圧が高い機械は，路肩部での作業に危険が伴う。
③ 含水比の高い粘性土，均一な粒径の砂質土に対しては，締固め効果が少ない。
④ 土質によっては，その締固め力が表層に近い所に集中し，表面に堅いからを作るような状態で締め固めて，有効な締固め深さが浅くなったり，波打ちを起こして十分な締固めができないことがある。

2) タイヤローラ　空気入りタイヤの特性を利用して締固めを行うもので，締付け性能は鉄輪ローラに比べてやや劣る。タイヤローラの締固め特性は，輪荷重によるものだけでなくタイヤの空気圧を変化させて締付力を変化させることができる。

空気タイヤは，鉄輪に比べてすべりにくいため大きいけん引力を得ることができ，勾配のある場所やすべりやすい条件での転圧が比較的容易にできる。

3) 振動ローラ　自重のほかにドラムまたは車体に取り付けた起振体（振動機）により鉄輪を振動させて，自重の1～5倍の起振力による動荷重で土の粒子をゆさぶって，土粒子間の移動を容易にしながら，機械の自重によって締め固める機械である。

4) 振動コンパクタ　大型の締固め機械が入れない狭い場所や配管配線の溝内の締固めに用いられ，上下方向の振動を生じる起振機を，直接振動板上に取り付け，その振動により締め固める機械で，自走式のものとハンドガイド式のものがある。

5) タンピングローラ　鋼板製の中空ドラムの外周に10～20cmの長さの突起を60～100本程度植え付けたもので，突起の先端に荷重を集中させることができるため，土塊や岩塊などの破砕や締固めに効果があり，土工作業での重転圧に有効である。

粘性土の締固めにも効果的といわれるが，鋭敏比の大きい高含水比粘性土では，突起によるこね返しによって土を軟化させることがあるので注意が必要である。また，均一の粒径の砂には向かない。

6) ランマ（タンパ）　エンジン・電動機の回転を上下動に変え，スプリングを介して振動板に伝え，土などの表面をたたいて締め固める機械である。高含水比の砂質土，粘性土以外の土質に広く利用でき，補助締固め機械として，狭い場所，大型締固め機械が使えない場所，小規模の埋戻し部分の締固めに使用される。

(7) 建設機械の作業別用途

建設作業別に使用する主な建設機械とその特徴を**表2.10.12**に示す。

1) 主な建設機械の特徴

表2.10.12　建設作業別の主な建設機械とその特徴

作業	機械名	特徴
すき取り 盛土 敷均し	ブルドーザ	掘削，運搬（押土），敷均し，整地，締固めなどの作業に用いられる。
	モーターグレーダ	路面，地表などを平滑に切削したり，敷均し，整形する作業に用いられ，地面の凹凸を高い精度で均すことができる。
整地 締固め	ロードローラ	道路工事のアスファルト舗装や路盤の締固めおよび路床の仕上げ転圧に多く用いられる。鉄輪ローラとも呼ばれ，マカダムローラとタンデムローラがある。特に単粒砕石などの締固めに有効であるが，粘性土や砂質土には締固め効果は少ない。
	タイヤローラ	道路工事の路盤や路床の締固めに用いられる。鉄輪ローラに比べて締固め性能はやや劣る。含水比の特に多い土や岩石以外の土質には締固め効果がある。
	振動ローラ	車輪内の起振機による振動と自重によって締め固めるもので，路盤から表面仕上げまでの一連の締固め作業に用いられる。岩塊，粒子状の砂利，砂質土などの締固めに効果があるが，粘性土には効果がない。
	タンピングローラ	鋼板製の円筒の外周に多数の突起を植え付けたもので，土塊や岩塊の破砕や締固め作業に用いられる。
	ランマ（タンパ）	エンジン・電動機の回転を上下動に変え，スプリングを介して振動板に伝え，土などの表面をたたいて締め固めるもので，狭い場所や小規模な埋戻し部分の締固め作業に用いられる。
	振動コンパクタ	大型の締固め機が入れない狭い場所や配管配線の溝内の締固めに用いられる。耐摩耗性の振動板を起振機で振動させて締め固めるもので，自走式のものとハンドガイド式のものがある。
根切り 根切り 掘削	パワーショベル	機械が設置された地盤より高いところを削り取るのに適している。
	クラムシェル	ロープに吊り下げられたバケットの口を開いて落下させ，口を閉じて土砂をつかみ取るもので，狭い開口部での掘り下げに適している。
	ドラグライン	機械が設置されている地盤より低く近寄れない川や軟弱地盤の掘削に用いられる。ブーム先端よりバケットを投げ，手前に引き寄せて掘削する。
	バックホウ	機械が設置された地盤より低いところを掘るのに適しており，水中掘削もできる。掘削した後の仕上り面がきれいに掘れる。ドラグショベルともいう。
荷役	トラッククレーン	移動式クレーンの一種で作業現場まで自走し，資材の積みおろし，構造物の組立などができる。作業時はアウトリガーを展開して車体を安定させ，作業の安全と転倒防止を図る。
	タワークレーン	高層建築工事に多く用いられ，塔状の支柱と高揚程で構築物に近接して作業ができる。移動式と固定式とがあり，ジブ形式により起伏式と水平式とがある。
	ホイスト	モータとワイヤロープ巻きドラムおよび減速機が一体となっている巻上げ機である。
運搬	ダンプトラック	工事用の資材や土砂の運搬に最も多く用いられる。
	ベルトコンベア	循環するベルトを同一方向に動かし，土砂などを水平または高さの異なる所へ運搬する機械である。
その他	ブレーカ	コンクリート構造物の解体，道路路面の解体，水路・ガス配管工事などの岩盤掘削に用いられる。
	バイブロハンマ	機械による上下振動を杭に伝えて，杭体に縦振動を起こさせ，機械と杭の自重で杭を地中に貫入する基礎工事用機械である。
	アースオーガ	らせん状のスクリューの先端に錐状の刃先をしたオーガを回転しながら地中をせん孔する基礎工事用機械で，コンクリート杭などの打込みに使用される。
	アスファルトフィニッシャ	走行しながら積込んだアスファルト混合物を散布し，敷きならし，締固め，仕上げ作業などを一貫して行う舗装機械である。
	トラクターショベル	トラクターにバケットを取り付けたもので，積込み，運搬，地表上の土砂の切り取りなどを行う。
	スクレーパ	掘削，積込み，中距離の運搬，敷均しを1台で行うことができる。
	ドリフター	三脚架台または柱に取り付け，横穴または斜め穴を掘削に用いる削岩機である。

3. 測 量

測量は，地上諸点の位置関係を求め，これらを図示し，またはこれらを現地に設定するなどの作業であり，その基本は，地点間の距離と角度および高さを正確に求めることである。

3.1 測量の用語

測量の用語を，表 2.10.13 に示す。

表 2.10.13　測量の用語

用語	定義
(1) 基準および定義	
水準原点（日本水準原点）	基準面が海面では不便であるので，地上に水準原点が作られており，日本では東京都千代田区永田町 1 丁目 1 番地内にあり，その高さは海抜 24.39 m である。
水準点（ベンチマーク）	水準測量の基準点で，その標高および位置が精密に測定され，明示されている点をいう。水準点には堅固な人工または自然の石や金属でつくられた標石・標識などが埋められている。
基準面	地点の標高を測定するための基準となる海水面の高さで，日本では東京湾平均海面（TP）を基準面としている。
東京湾平均海面（TP）	東京湾における平均潮位で，日本の陸地の標高の基準面としている。
標高	水準原点の値に基づいた基準点の高さあるいは陸地の高さ。
水平面	その面状のどの点においても重力の方向に垂直になっているような曲面であって，その上ではどこも高さが同じである。
(2) 水準測量の用語	
前視	器械を据えて，標高を求めようとする点（未知点，求点）を視準すること，およびその点に立てた標尺の読取値（図 2.10.48）。
後視	器械を据えて，標高の判明している点（既知点，与点）を視準すること，およびその点に立てた標尺の読取値（図 2.10.48）。
中間点	数点の未知点を測定する場合，その地点の地盤高を求めるため標尺を立て，前視のみを読みとる点（図 2.10.48）。
器械高	レベルを据え付けた際の望遠鏡の視準線の高さをいう（図 2.10.48）。
移器点	もりかえ点ともいう。レベルを移動させて据えかえるための高さの中継点のこと。
視準線	レベルをのぞきながら十字線の交点を前方に延長してできる架空の線のこと。

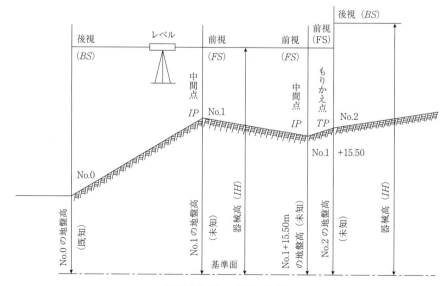

図 2.10.48　前視と後視

3.2 測量の種類

測量には，三角測量，距離測量，平板測量，水準測量（高低測量），スタジア測量，トラバース測量（多角測量）などがある。

(1) 三角測量

三角形の一辺の長さと2つの角によって三角形の形状が一義的に定められる性質を利用した測量手法である。三角形を構成する各地点を選定し，セオドライト（トランシット）やトータルステーション（TS）を用いて各地点を結び，三角形の角測定と基線の距離測定を行い，地点の位置を定める。

1) セオドライト（トランシット）
1地点で他の2点間の水平角および垂直角を測定するもので，上部は視準のための望遠鏡，下部は水平角の読取りのための水平目盛り盤が主体になっている測量器械である（図2.10.49）。

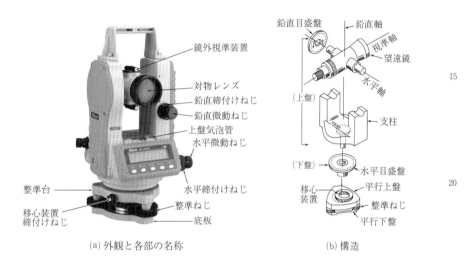

(a) 外観と各部の名称　　(b) 構造

図2.10.49　セオドライト（トランシット）

2) トータルステーション（TS）
トータルステーションとは，セオドライト（トランシット）と光波測距儀を併せ持ち，内蔵のコンピュータで測量データの記録，座標計算（測角と測距），出力までを自動的に行う器械である。

(2) 距離測量

距離測量には，巻尺または光波測距儀などによる直接法と三角法を利用する間接法がある。巻尺には材料により，布，ガラス繊維，スチールテープなどがあり，スチールテープでは全長30 mと50 mのものが多く使用されている。

(3) 平板測量

図2.10.50のようにアリダードと呼ばれる測量用器具などを用いて，距離・角度および高低差を測定して現場で直ちに図面上に一定の縮尺で作図する測量方法である。

1) 測量用器具
① 図版と三脚
② アリダード
③ 求心器と下げ振り
④ 測量針・磁針箱
⑤ 巻尺とポール・目標板（ターゲット）

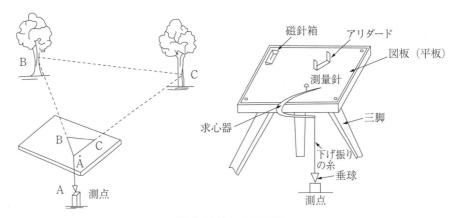

図2.10.50　平板測量

2) アリダード｜定規の両端に視準板（前，後），中央部に気泡管，その両側に外心かんを備え，平板上で方位，傾斜を定め，距離を求めて直接平板上に方向線を描く測量器械である。

また，前後視準板を用い求点に立てた一定の長さ（スタジア）をアリダードで視準し，その目盛りより求点までの距離を求めるスタジア測量器械でもある。

3) ターゲット｜高さを測定するとき目標点に立てるポールに取り付け，視準を正確にするための目標板である。

(4) 水準測量（高低測量）

ある基準面からのある地点の高さを鉛直方向の距離として求める測量で，図2.10.51のようにレベルと標尺によって高低差を求める。図2.10.51の点A，Bの高低差Hはa－bで求められる。

1) レベル｜気泡管により望遠鏡の視準線を水平にして，鉛直に立てた2本の標尺を正確に読み取って比高差を求める測量器械である。

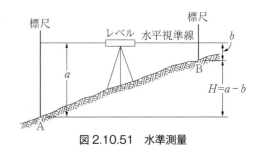

図2.10.51　水準測量

2) 標尺（スタッフ）｜距離や高さを測定するため，トランシットやレベルとともに用いられる目盛りのついた尺度で，用途により各種の形状，目盛りのものがあり，また木製，金属製のものがある。

(5) スタジア測量

セオドライト（トランシット）の望遠鏡内にある上スタジア線と下スタジア線に挟まれた標尺の目盛りを読んで，標尺までの距離を算出する距離測定法である（図2.10.52）。

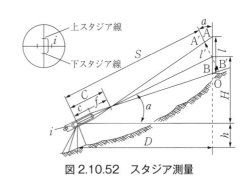

図2.10.52　スタジア測量

(6) トラバース測量（多角測量）

多角測量とも呼ばれ，図2.10.53のように既知点と新点とを，測量に用いる基準となる測点（トラバース点（多角点））を用いて折れ線（トラバース線）で連結し，線分の長さと水平角を測ることにより新点の座標を求めるものである。

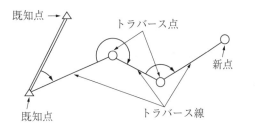

図2.10.53　トラバース測量

3.3　水準測量の誤差と精度向上対策

(1) 誤差

水準測量における誤差は，器械誤差，観測誤差（人的誤差），自然現象などによる誤差に大別できる。

1) 器械誤差　　器械誤差を次に示す。
   ① レベルによるもの
      (イ) レベルの調整不完全による誤差
      (ロ) 測定時に視差を生ずるときの誤差
   ② 標尺によるもの
      (イ) 標尺の目盛が正確に目盛られていないための誤差
      (ロ) 標尺の零目盛の誤差
      (ハ) 標尺の接続部（継ぎ目）が正確にできていないための誤差

2) 観測誤差　　観測誤差（人的誤差）を次に示す。
   ① 観測者によるもの
      (イ) 標尺の読取りに生じる誤差
      (ロ) 標尺の継ぎ目の不正による誤差
      (ハ) 標尺の傾き（前後左右），沈下，移動による誤差
      (ニ) 三脚沈下，移動による誤差
      (ホ) 器械の不時の振動による誤差
      (ヘ) レベルと両標尺からの設置距離の差による誤差
      (ト) 観測者の個人差，気泡の合わせ方による誤差
      (チ) 記帳の誤りによる誤差
   ② 標尺支持者によるもの
      (イ) 標尺を鉛直に立てないために生じる誤差
      (ロ) 標尺の継ぎ目が不十分なために生じる誤差
      (ハ) 標尺台を堅固な場所に設置しないため，標尺が沈下するために生じる誤差
   ③ 観測地によるもの
      (イ) 往復の観測地の較差による誤差
      (ロ) 閉合路線の出発地と最終地が同一にならなかったときの閉合誤差（環閉合差）

3) 自然現象などによる誤差　　自然現象などによる誤差を次に示す。
   ① 器械に直接影響を与える現象によるもの
      (イ) 直射日光
      (ロ) 強風，地盤不安定

② 測定全体に影響を与える現象によるもの
　(イ)　かげろう
　(ロ)　地球の曲率

(2) 誤差原因と対策

1) **標尺の傾き**　標尺が鉛直に立てられていない場合，標尺の読みは正しい値より大きくなる。左右の傾きは望遠鏡でわかるが，前後の傾きは発見しにくいので，標尺を前後に動かして最小の読みをとるとよい。その誤差の大きさは，標尺の読みの大きさに比例し，傾斜角の2乗に比例する。

2) **レベルの視準線誤差**　視準線誤差とは，視準線（視準軸）が気泡管軸と平行でないことによって生じる誤差である。視準線誤差の大きさは視準距離に比例し，前視と後視に対しては正負反対の影響を与えることになるので，レベルを前視と後視の中央に据え付け，視準距離を等しくすれば視準線誤差を消去または非常に小さくできる。

3) **往復測定の誤差**　水準測量は往復測定を行い，観測の誤差，標尺に関する誤差の程度を確かめることが大切である。往復の高低差を比較すれば，両者の差がこの測量の誤差となる。往復差が許容範囲内にない場合は再度測定する。

4) **標尺の零点目盛誤差**　標尺の底面がすり減って正しい零線を示さないことによる誤差を標尺の零点目盛誤差という。2本の標尺を交互に用いる場合，レベルの据付け回数を偶数回にし，最初の点で用いた標尺を最終点でも用いるようにすればこの誤差を消去できる。

4. 建築

4.1 建築物の基礎

　鉄筋コンクリート構造や鉄骨構造などの基礎は，上部構造からの荷重を基礎自体で直接地盤に伝える直接基礎と，杭を介して地盤に伝える杭基礎がある。

1) **直接基礎**　直接基礎は，上部構造からの荷重を杭などを用いずに基礎版から直接地盤に伝えるもので，図2.10.54に示すように，フーチングによって上部構造の荷重を地盤に伝えるフーチング基礎と，上部構造の広範囲な面積内の荷重を単一の基礎スラブで地盤に伝えるべた基礎とがある。

　フーチングは，上部構造の荷重を地盤または杭に伝えるために柱や壁の下部に設けられたひろがりの部分をいう。

　基礎スラブは，上部構造の荷重を地盤または杭に伝えるために設けられた構造部分で，フーチング基礎ではフーチング部分を，べた基礎ではスラブ部分をいう。

図2.10.54　直接基礎の分類

2) **フーチング基礎**　フーチング基礎には，1本の柱の荷重を1つのフーチングで支える独立フーチング基礎，2本ないし数本の柱からの荷重を1つのフーチングで支える複合フーチン

ング基礎，帯状のフーチングで支える連続フーチング基礎（布基礎）がある。

　独立フーチング基礎は，支持地盤が良く，制約条件の少ない場所に用いられる（図2.10.55(a)）。

　複合フーチング基礎は，敷地境界近くの外柱と内柱を1つの基礎スラブで支持したり，間隔の狭い隣接する2本の柱の荷重を1つの基礎スラブで支持したりする場合に用いられる（図2.10.55(b)）。

　連続フーチング基礎は，壁下や一連の柱を結ぶ場合に用いられる（図2.10.55(c)）。

3) **べた基礎**　　建物の底面全部を基礎スラブとしたもので，地盤が軟弱な場合や基礎底面の合計が床面積の半分以上になるような場合に用いられる（図2.10.55(d)）。

　　(a)　独立フーチング基礎　　(b)　複合フーチング基礎　　(c)　連続フーチング基礎　　(d)　べた基礎

図2.10.55　直接基礎の形状

4) **杭基礎**　　杭基礎には，木杭，既製コンクリート杭，鋼管杭，それらを混用した合成杭を使用し，施工法によって，打込み杭工法，埋込み杭工法，場所打ち杭工法などがある。

4.2　建築構造の概要

建築物は，材種による構造種別と形式による構造種別がある。

(1) 構造材種による分類

　構造材種によって，木造（W造），鉄骨造（S造），鉄筋コンクリート造（RC造），鉄骨鉄筋コンクリート造（SRC造），補強コンクリートブロック造（CB造）の5つに分類される。

1) **木造（W造）**　　木材で組み立てられた構造で，小規模建築に適している。
2) **鉄骨造（S造）**　　鋼材で構成された構造で，小規模建築から大スパン構造や超高層建築まで，その特性を生かして幅広く用いられている。
3) **鉄筋コンクリート造（RC造）**　　引っ張りに弱いコンクリートを，鉄筋で補強した構造で，現場打ちの鉄筋コンクリート造のほかに，工場生産された部材を現場で組み立てるプレキャストコンクリート造などがある。
4) **鉄骨鉄筋コンクリート造（SRC造）**　　鋼材を組み立てた骨組みの周りを鉄筋コンクリートで包み一体化した構造で，中高層建築に用いられる。
5) **補強コンクリートブロック造（CB造）**　　コンクリートブロックを鉄筋で補強した構造である。

(2) 構造形式による分類

　構造形式によって，ラーメン構造，ブレース構造，トラス構造，アーチ構造，壁式構造の5つに分類される。

1) **ラーメン構造**　　柱と梁の接合部を剛節とした，柱・梁で構成する構造で，構造種別としてS造・

RC造・SRC造などに用いられる。
なお，木造による類似の構造は軸組構造という。

2) ブレース構造　地震や風などの水平力を筋交い（ブレース）で，鉛直力を柱で支えるもので，柱・梁・スラブの接合部を滑節（ピン）とした構造である。主にS造で用いられ，S造のラーメン構造と併用される場合がある。

3) トラス構造　骨組の各部材が三角形になるように構成し，比較的細い部材で大きな空間をつくることができる。

4) アーチ構造　湾曲した部材や石材，れんがを積み重ねて曲線状にする構造で，梁に掛かる荷重を主として材軸方向の圧縮力とすることができ，曲げモーメントが生じない構造となるので広い空間をつくることができる。

5) 壁式構造　柱を用いずに壁と床スラブのみで建物を構成している。壁の多い住宅などに用いられることが多い。

4.3　鉄筋コンクリート造（RC造）

鉄筋とコンクリートは対照的な性質を持っているが，2つの材料は線膨張率が等しいため一体化させることが可能である。このようにして生まれたのが鉄筋コンクリート造（RC造）である。

(1) コンクリートに関する用語

コンクリートに関する用語を，表2.10.14に示す。

表2.10.14　コンクリートに関する用語

用語	説明
セメント	石灰石，粘土，酸化鉄などを原料として作られ，一般に使用されている普通，早強などのポルトランドセメントと，ポルトランドセメントに混合材料を混ぜた高炉セメント，シリカセメント，フライアッシュセメントなどの混合セメントがある。
骨材	コンクリートやモルタルに使用する砂，砂利，砕石をいい，大きさによって細骨材，粗骨材に分けられる。
細骨材	10 mmふるいを全部通過し，5 mmふるいを質量で85％以上通過する砂。
粗骨材	5 mmふるいで質量85％以上残る砂利，砕石をいい，粒径が同じであれば，砂利を用いたコンクリートの方が砕石を用いたコンクリートよりもワーカビリティが良い。また，砂利表面が扁平または細長形の形状のものはコンクリートの分離を起こしやすいので，なるべく塊状または丸みのある球状に近い形状のものが望ましい。砕石は，表面が粗いのでセメントや砂の付着がよく，強度はでるが，流動性を良くするためにセメント量が多くなる。
調合（配合）	調合（配合）は，所要の強度，ワーカビリティおよび耐久性のあるコンクリートを作るためのセメント，水，骨材，混和材料などの混合割合で，建築工事では調合，土木工事では配合という。
水セメント比	フレッシュコンクリートに含まれるセメントペースト（セメントと水を混ぜたもの）中のセメントに対する水の質量百分率で，数値が小さくなるとコンクリート強度が高くなる。また，数値が大きくなると，コンクリート強度や耐久性，水密性，乾燥による収縮性（収縮性が高いとひび割れが生じる）などに影響を及ぼし，好ましくない。
ワーカビリティ	コンクリートの材料の分離に対する抵抗性や打込み，締固めなどの作業のしやすさの程度を表すもので，施工軟度ともいう。
空気量	コンクリートに含まれる空気泡の容積のコンクリート容積に対する百分率で，コンクリートの耐久性や強さに影響する。

表 2.10.14　コンクリートに関する用語（つづき）

用語	説明
スランプ	コンクリートの軟らかさ（流動性）の程度を示す指標で、主としてコンクリート打込みの施工性から定められる。JIS に定められた方法で、スランプコーンを引き上げた直後のコンクリート頂部の下がりをcmで表している。
	注：スランプは0.5 cmまで測定する 図 2.10.56　スランプとスランプフロー
スランプフロー	スランプコーンを引き上げた後の、試料の直径の広がりで表す。流動性の高いコンクリートのときに用いられる。
呼び強度	JIS A 5308（レディーミクストコンクリート）においてコンクリートの強度区分を示す呼称で、普通コンクリートの場合は 18、21、24、27、30、33、36、40、42、45 がある。レディーミクストコンクリートの購入者は、呼び強度とコンクリートの種類、スランプなどの組合せを指定して購入する。なお、呼び強度 21 の強度値は 21.0 N/m㎡である。
ブリーディング	コンクリートの打込み後、材料の沈降や分離によって、練混ぜ水の一部が遊離して表面まで上昇する現象のことをいう。
コールドジョイント	コンクリートの打込み中に、先に打ち込まれたコンクリートが固まり、後から打ち込まれたコンクリートと十分に一体化されずにできた打継ぎ目で、漏水や構造上の欠陥となりやすい。
クリープ	クリープとは、材料に一定の荷重または応力を加えると時間の経過とともにひずみが増す（変形が増大する）現象をいい、増大したひずみをクリープという。
コンクリートの強度	コンクリートの強度は、使用するコンクリートが本来保有していると考えられるポテンシャルの圧縮強度のことであり、荷卸し地点でコンクリート試料を採取し、標準養生した供試体の材齢 28 日の圧縮強度で表される。
豆板（ジャンカ）	豆板（ジャンカ）とは、コンクリートの表面や内部で粗骨材だけが多く集まってできた空隙の多い不均質な部分のことである。コンクリート打設時の締固めが不十分な場合や、コンクリートペーストが分離した場合に生じるものである。
空洞	空洞とは、軟練りのコンクリートを打ち込むと、充填後の沈降により、窓まわり、ボックスなどの障害物、鉄筋などの下部に生じる空洞のことである。特に鉄骨鉄筋コンクリート造の建物では、鉄骨のフランジ下端に空洞を生じやすい。また、梁せいの大きい場合は、空洞になっている例が多い。

(2) 鉄筋とコンクリート

1) 鉄筋コンクリート造の特徴

鉄筋コンクリート造の特徴を次に示す。

① 鉄筋が引張応力を、コンクリートが圧縮応力を負担し、両者が一体となってねばりのある丈夫な構造物を造ることができる。
② 鉄筋とコンクリートの線膨張係数は、常温ではほぼ等しい。
③ コンクリートは、アルカリ性で鉄筋のさびを防止する効果がある。
④ 構造は、一般には柱や梁を剛接合し、これに荷重を負担させるラーメン構造とすることが多い。
⑤ 耐久性、耐火性に優れている。
⑥ 重量、断面が大きく、工程が複雑で、工期が長い。
⑦ 耐力壁を上下階とも同じ位置に設けることにより、地震力をスムーズに伝達させることができる。

2) 鉄筋

鉄筋には、断面が円形の丸鋼（棒鋼）と表面に突起（ふし、リブ）の付いた異形鉄筋（異形棒鋼）があり、異形鉄筋のほうがコンクリートに対する付着性が良いので、主として異形鉄筋が使用される（丸鋼はほとんど使用されない）。

鉄筋の末端は、コンクリートから抜け出ないように定着させるため、柱、梁の出隅部などや丸鋼を用いる場合には、鍵状に折り曲げる（フックを付ける）。

鉄筋の特徴を次に示す。
① 引張力には強いが，圧縮力に対しては座屈してしまう。
② 火災などの熱に弱く，錆びやすい。
③ 熱処理を行うと鋼材としての性能が変わる（折曲げは，冷間加工でなければならない）。

3) コンクリート　コンクリートは，水，セメント，細骨材および粗骨材から作られ，セメントペーストを構成している適量の水とセメントが化合する水和作用により凝結が始まり，細骨材の砂，粗骨材の砂利とともに硬化が進みコンクリートが形成される。

セメントと水と細骨材を練り混ぜたものをモルタルという。

コンクリートは表 2.10.15 に示すように，使用骨材によって，普通コンクリート，軽量コンクリートなどに分けられる。

表 2.10.15　骨材によるコンクリートの種類

コンクリートの種類		粗骨材	細骨材	比重
普通コンクリート		砂利，砕石，再生粗骨材など	砂利，砕石，再生細骨材	2.1 を超え 2.5 以下
軽量コンクリート	1種	人工軽量粗骨材	砂利，砕石，再生細骨材	1.8 から 2.1
	2種	主に人工軽量粗骨材	主に人工軽量細骨材	1.4 から 1.8

コンクリートの特徴を次に示す。
① 圧縮強度は大きく，引張強度は小さい。
② 耐久性・耐火性・耐水性に富む。
③ 断熱性・遮音性に優れている。
④ 重量が大きい。
⑤ 腐食しないので，土や水に接触する場所にも利用できる。

(3) 配筋

1) 主筋　部材の軸方向に配置する鉄筋で，柱に生じる長期荷重により圧縮力，地震力による大きな曲げモーメントに抵抗するために，柱の軸方向力には主筋が配置されている。

2) 帯筋（フープ）　柱の主筋の周囲に一定の間隔で水平に巻きつけた鉄筋で，柱のせん断力に対する補強とともに主筋の組立，位置の確保（主筋が外側にはらみ出し座屈するのを防止）に用いられる（図 2.10.57 (a)）。

3) あばら筋（スターラップ）　梁の主筋の周囲に一定の間隔で巻きつけた鉄筋で，梁のせん断力に対する補強とともに主筋の位置の確保に用いられる（図 2.10.57 (b)）。

4) スパイラル筋（らせん筋）　柱の主筋の周囲に一定の間隔でらせん状に巻きつけた鉄筋で，柱のせん断力に対する補強とともに主筋の組立，位置の確保に用いられる（図 2.10.57 (c)）。

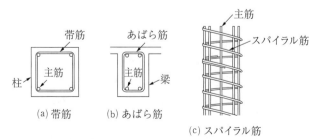

図 2.10.57　帯筋・あばら筋・スパイラル筋

(4) 鉄筋とコンクリートの関係

1) かぶり厚さ　鉄筋の柱，梁筋のかぶり厚さは，主筋の外周りを包んでいる帯筋，あばら筋の外側からこれを覆うコンクリートの表面までの最短距離である（図2.10.58）。

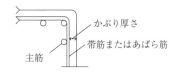

図2.10.58　柱・梁筋のかぶり厚さ

　鉄筋のかぶり厚さは，主として火災時に鉄筋を保護（鉄筋が高温になるのを防止）するため，また酸性雨などに対してもアルカリ性のコンクリートに覆われていることにより鉄筋の錆を防止し，鉄筋の付着力を確保するための耐久性の確保に必要である。

2) 付着強度　鉄筋とコンクリートとの付着強度は，コンクリートの圧縮強度が大きいほど，鉄筋の表面積が大きいほど増加する。

3) コンクリートの中性化　図2.10.59に示すように，コンクリートはアルカリ性で，鉄筋に対して防錆力があるが，表面で接する空気中の炭酸ガスの作用で，経年によりアルカリ性を失っていく。この現象を中性化といい，中性化は鉄筋の腐食の原因となるが，コンクリート自体の力学的性質が大きく影響を受けるわけではない。

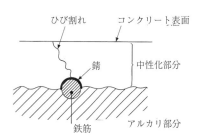

図2.10.59　コンクリートの中性化

4) コンクリートの劣化　コンクリートを劣化させる諸現象を次に示す。

① 塩害による劣化

　コンクリートに侵入した塩化物により鉄筋が腐食することで錆が生じる。錆の体積は鉄の体積より大きいので，鉄筋の腐食により見かけ上，鉄筋の体積が膨張することになる。その結果，鉄筋周辺のコンクリートに引張力が加わることになり，ひび割れが生じる。

② 化学的腐食による劣化

　セメント硬化体は，酸で分解されカルシウム塩を生成する。ただし，生成したカルシウム塩が水に溶けにくい場合は，コンクリート表面に沈積し保護層を形成する。また，骨材として石灰石砕石などを使用すると，骨材まで溶解してしまう。

③ アルカリ骨材反応による劣化

　コンクリートの骨材の主成分であるけい酸（SiO_2）質のうち結晶度の低い物質がコンクリート中に存在すると，ある条件下でセメント中のアルカリ成分と反応し，ゲル（吸収膨張性のある物質）ができる。すると，さらに吸水膨張が進み，コンクリートに著しいひび割れが生じ，やがてコンクリートのはく離・はく落が生じる。

④ 凍害による劣化

　コンクリート中の水分の凍結融解による膨張圧の繰返しによって，コンクリートの表面のはく離やひび割れが生じる。

⑤ 熱による劣化

第2章　電気設備等

5) ガス溶接継手とコンクリート　　コンクリートは長時間高温下にあると，強度および弾性係数が低下する。また，鉄筋とコンクリートの付着強度も低下する。

　　ガス圧接継手や重ね継手などは，ある箇所に継手を集中して設けると，コンクリート打込み時，その部分のまわりが長くなり構想上の強度を低下するおそれがあるため，隣り合う継手は壁筋，細径のスラブ筋を除き，一般的に継手位置をずらすことにしている。

(5) コンクリートの打設

1) 打込み　　レディーミクストコンクリートの発注は，コンクリートの種類，粗骨材の最大寸法，スランプおよび呼び強度の定められた組合せから指定する。その際に，定められた事項については購入者が生産者と協議して指定することができる。

　　なお，生コンクリートのスランプが過大になると粗骨材が分離しやすくなるとともにブリーディング量が大きくなり，コンクリートの均一性が失われる。

　　コンクリート打込み時の留意事項を次に示す。

① 練混ぜから打込み終了までの時間の限度は，外気温が25℃未満で120分，25℃以上で90分である。

② コンクリートの打込みは，打ち込む場所へコンクリートが分離しないように低い位置から直接静かに入れて，十分に締め固め，そのコンクリートが落ち着いてから次のコンクリートを打ち込む。

③ 打込み速度は，打込み場所の施工条件によって大きく異なるが，十分な締固めができる範囲とする。

④ 均等質のコンクリートを得るためには，一区画内でその表面がほぼ水平になるようにコンクリートを打ち込み，十分締め固めてから次の層を打ち込む。

⑤ 多量のコンクリートを打ち込む場合は，できるだけ打込み箇所を多くして，1箇所からの打込み速度を十分な締固めができる範囲とする。

⑥ シュートおよびホースなどの運搬用具からコンクリートが離れて落ちる高さ（自由落下高さ）は，材料が分離しない範囲とする。

⑦ 型枠の高さが高い場合には，縦シュートを用いたり，型枠の中間に開口部を設けるなどして，できるだけ吐出口を打込み面近くまで下げる。

2) 締固め　　締固めは，コンクリートの空隙を少なくし，鉄筋などとの付着を良くして緻密なコンクリートを作るために，コンクリート棒形振動機やつき棒などを用いて締め固める。締固めが不十分であると空洞・ジャンカ（豆板）・コールドジョイント・砂目（砂じま）・砂すじなどの欠陥が生じ，コンクリートの品質が低下する。

3) 打継ぎ　　打継ぎは，できるだけ少なくする。打継ぎを行う場合は，設計上できるだけせん断応力の小さい部材位置に設け，打継ぎ面を部材の圧縮応力が作用する方向と直角にして，打継ぎ面のせん断抵抗力ができるだけ大きくなるようにすることが重要である。

4) 養生　　コンクリートは，打設後，急激に乾燥するとひび割れ発生の原因となるため，所定の強度を発揮するまでの間，十分に湿潤状態を保ち，養生をしなければならない。

　　養生における一般的な注意事項を次に示す。

① 硬化初期に十分な水分を与える。

② 適当な温度（10～20℃）に保つ。
③ 日光の直射，風雨などに対してコンクリートの露出面を保護する。
④ 振動および外力（荷重）を加えないようにする。

(6) 梁貫通孔・壁開口・耐力壁

1) 梁貫通孔　梁の貫通孔は，梁のせん断力の低下や孔の周囲に応力の集中などが生じるので，可能な限り孔径を小さく，せん断力の小さい部分に設ける。原則として次のようにしなければならない（図2.10.60）。

① 孔の径（孔が円形でない場合はこれの外接円）は，梁せいの$\frac{1}{3}$以下とする。
② 孔の上下方向の位置は，梁せいの中心付近とし，特に梁中央部下端は，梁下端より$\frac{h}{3}$の範囲に設けてはならない。
③ 孔の外面位置は，柱面から原則として$1.5h$以上離す。ただし，基礎梁および壁付帯梁は除く。
④ 孔が並列する場合の中心間隔は，孔の径の平均値の3倍以上とする。

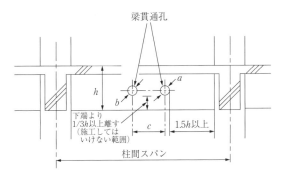

図2.10.60　梁貫通孔の位置

2) 耐震壁　耐震壁は，地震時に大きな力を負担する部材であり，開口部を設けないことが望ましい。開口部を設ける場合の留意事項を次に示す。

① 耐震壁に矩形の開口部を設ける場合には，水平方向に細長い形状よりも垂直方向に細長い形状とすることが望ましい。
② 床面に開口部を設ける場合，一般に開口によって切り取られる鉄筋と同量の鉄筋で周囲を補強し，隅角部には斜め方向に補強筋を上下筋の内側に配筋する。

3) 耐力壁　耐力壁は，平面的に縦・横方向にバランスよく配置し，重心と剛心をできるだけ近づけるようにする。また，耐力壁は地震時に働く鉛直力を適切に下へ伝えなければならないので，上階と下階とも同じ位置になるように配置する。上下に連続しない場合は，その分，壁梁に十分な剛性と強度が必要になる。

4.4　鉄骨造（S造）

(1) 鉄骨造

鉄骨構造に使用する鋼材は，他の構造用材料に比べて強度が大きく，靱性が大きい（ねばり強い）ので大型建造物，高層建築に使用される。また，構造部材が工場製作されるため，工事現場での施工が容易であり，工期も短縮できるので小型構造物に使用される例も多い。

工事は，基礎工事完了後，柱および梁などの軸組を先行して組み上げた後，基本となる寸法や接合

部の納まりが正しいか，柱のねじれなどがないか確認し，もし不具合がある場合は建て入れ直しを行い，その後に床や壁を施工する。

1) **特徴**　鉄骨造の長所を次に示す。
① 鋼材は，他の構造用材料に比べて強度が大きく，靱性が大きい（ねばり強い）ので，変形能力が大きく，耐震性に優れている。
② 鉄筋コンクリートに比べ軽量で，対自重強度が大きいので部材の断面が小さくでき，大スパンの工場や超高層建築に適する。
③ 鉄骨はあらかじめ加工工場で作られるので加工精度が高く，現場ではそれを組み立てるので現場作業の比率は少ない（工期が短い）。
④ 材料が均質で強度に対する信頼性が高い。

鉄骨造の短所を次に示す。
① 鉄は不燃材料であるが，高温になると強度が低下するので耐火被覆が必要である。
② 酸に弱く腐食しやすいので，防錆処理が必要になる。
③ 部材は座屈しやすく，局部座屈の検討も必要になる。
④ 剛性が小さく，変形が大きくなったり振動が生じやすい。
⑤ 鋼は，－20～－30℃で急激にもろくなる（特に，りん（P）の成分の多い鋼材に多く現れる）。

(2) 構造形式

鉄骨造の構造形式は，トラス構造とラーメン構造に大別される。ブレース構造は，ラーメン構造と併用される場合がある。

1) **トラス構造**　三角形を1つの単位として部材を組み立て，各部材に生じる力が軸方向力となるようにした構造である（図 2.10.61）。ラーメン構造に比べて細い部材で大きなスパンを支えることができるため鋼材の節約はできるが，使用する部材の点数が多く加工，組立てに手間がかかる（図 2.10.61）。

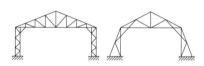

図 2.10.61　トラス構造の例

トラスは，すべての部材が同一平面内にある平面トラスと主として屋根面全体を立体的に組み立てた立体トラスに区分される。

立体トラスは立体的に構成されたトラスで，大空間を覆うには優れているが，構造が複雑で，平面トラスに比して力学的取扱いが難しい。

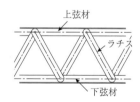

図 2.10.62　鋼材の部材名称

2) **ラーメン構造**　部材を各節点で剛接合し，各部材が接合部で一体化するようにした骨組構造で，柱と梁で長方形または山形に構成される（図 2.10.63）。主として梁の曲げに対する抵抗力と柱の曲げおよび材軸方向の力に対する抵抗力とで外力を支える構造で，梁と柱がで

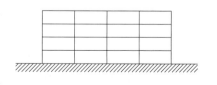

図 2.10.63　ラーメン構造の例

きるだけ強く剛接合される必要がある。また，トラス構造に比べて多くの鋼材が必要である。

3）ブレース構造　柱と梁にブレース（筋かい）が入った構造で，各部材の接合部はラーメン構造ほど剛接合ではない。外力が作用したとき，柱，梁，ブレースが構成する三角形で骨組みの変形を防ぐ。このとき，ブレースは主に引張力を負担する。

ラーメン構造とブレース構造との部材断面を比較すると，ラーメン構造のほうが大きくなる。

(3) 層間変形角，梁の継手

1）層間変形角　地震力による各階の水平方向の層間変位を階高で割った値のことで，構造計算に必要な数値は法令により定められている。これは，内装材，外装材，設備など非構造部材が，地震時に主要構造部材の変形についていけずに損傷することを防止するためである。

2）梁の継手　鉄骨構造の梁は，柱と柱をつなぎ，床の鉛直荷重を支えると同時に，地震力や風圧などの水平荷重に抵抗する役割を持っている。したがって，梁の継手は，接合位置に作用する水平応力を無理なく柱に完全に伝達する必要がある。この応力が継手で吸収されると，接合部分が破損して建物のねじれや倒壊のおそれがある。

(4) 鋼材と役割

構造用鋼材として用いられる形鋼には，山形鋼，Ｉ形鋼，Ｈ形鋼などがあり，梁には主に曲げモーメントが作用するので，一般に曲げに有利なＨ形鋼が用いられる。

なお，鉄は錆びやすいので，防錆処理が必要である。

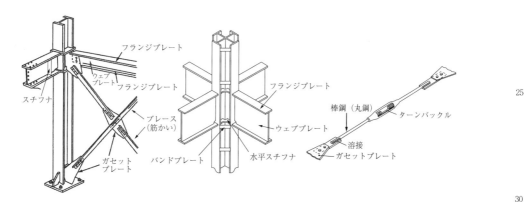

図 2.10.64　鋼材の部材名称

1）部材　図 2.10.64 に示す部材には，それぞれの役割がある。

① フランジプレート

Ｈ形鋼の梁のうち，上下の部分のことで，曲げモーメントを負担する。

② ウェブプレート

Ｈ形鋼の梁のうち，上下に挟まれた中央の部分で，断面に生じるせん断力を負担する。

③ ガセットプレート

筋かい材の接合部や小梁と大梁への取付部において，部材を接合するために使用する板状のプレートをいう。

④　スプライスプレート

　柱・梁などの継手において，主に高力ボルト接合部に使われる添え板で，母材を挟み込むようにして使用する。

⑤　スチフナ

　ウェブプレートの座屈（梁の場合は上部からの力が働く）を防止するための補強材である。

⑥　ブレース（筋かい）

　棒鋼（丸鋼）や形鋼が用いられるが，棒鋼（丸鋼）は，たるみやすいため，ターンバックルを棒鋼（丸鋼）の中間に取り付け，あらかじめ緊張させておくことが多い。

(5) 鋼材の接合

　鋼材の接合方法には，リベット接合，普通ボルト接合，高力ボルト接合，溶接接合などがある。溶接接合では，交差部に不溶融部や溶接欠陥を残さないようにするためにスカラップが用いられる。

1) 普通ボルト接合
　普通ボルト接合には，せん断接合，引張接合，引張せん断接合がある。一般的に使用されるせん断接合は，ボルト軸のせん断応力と，ボルト軸とボルト孔壁との間の支圧応力で力を伝達するものである。

　ボルトとボルト径のすき間のずれが構造物の変形などの原因となるため，振動・衝撃・繰返し荷重を受ける部分や大規模な建築物（軒の高さが9mを超えるもの，梁間が13mを超えるもの，延べ面積が3,000㎡を超えるもの）の構造耐力上主要な部分には使用できない。

2) 高力ボルト接合
　高力ボルト接合には，摩擦接合および引張接合がある。

　摩擦接合は，高力ボルトで継手部材を締め付け，部材間に生じる摩擦力によって応力を伝達するものである。引張接合は，高力ボルトを締め付けて得られる材間圧縮力を利用して，高力ボルトの軸方向の応力を伝達するものである。

　摩擦接合において，部材の摩擦面に黒皮（鉄鋼材料の酸化皮膜，ミルスケールともいう）・塗料・油・ごみなどがあると摩擦力が小さくなるので，ショットブラスト・グラインダーなどにより表面処理を行う。使用するボルトの長さは，締付け完了後ナットの外に3山以上ねじ山が出るように選定する。

　一次締めを終えたボルトには，一次締めの完了の確認，マークのずれによる本締めの完了の確認などの目的で，ボルト，ナット，座金，部材表面に白色のマーカー（油性を除く）などを用いてマークする。

3) 溶接接合
　溶接には多くの方法があるが，建築工事でよく用いられるものに被覆アーク溶接，ガスシールドアーク溶接，セルフシールドアーク溶接，サブマージアーク溶接などがある。

4) スカラップ
　溶接線の交差を避けるために，一方の母材に設ける扇状の切欠きのことで，交差部に不溶融部や溶接欠陥を残さないようにするために用いられる。ただし，スカラップは応力が集中するので，繰返し荷重下では疲労亀裂の発生源となるおそれがある。

(6) 溶接欠陥

　鉄骨の溶接は，高力ボルト接合などに比べて，施工の良否による影響を受けやすいので，以下に示す溶接欠陥を生じさせない対策を行う必要がある。

第10節　関連分野

1) 溶接欠陥の原因

溶接欠陥の原因は大きく分けて以下のように分類できる。

① 空洞のあるもの（ブローホール，ピットなど）
② 介在物のあるもの（スラグ巻込みなど）
③ 形状不良によるもの（オーバーラップ，アンダーカットなど）
④ 融合不良によるもの（溶込み不良，融合不良など）
⑤ 割れによるもの（縦割れ，横割れなど）

2) 溶接欠陥の種類

① ブローホール

　溶接部の内部にできる気泡（ブローホール，ピットなど）の総称。これは溶接金属内の水素や炭酸ガスなどが放出途中で凝固したときに生じるもので，母材の材質や水分，溶接電流とアーク長などの条件が悪いときに発生しやすい（図2.10.65①）。

② ピット

　溶接部の表面まで達し，開口した気泡のことで，ブローホールが浮き上がってビード表面に開口した形状となって現れる（図2.10.65②）。

③ スラグ巻込み

　溶接金属に巻き込まれたスラグのことで，多層盛りの場合，前層のスラグ除去が不完全，電流が小さい，溶接棒の選定不良などにより発生する（図2.10.65③）。

④ オーバーラップ

　溶接において，溶着金属が止端部で母材に融着しないで，母材と重なっている状態をいう。応力集中，腐食の促進などの原因となる（図2.10.65④）。

⑤ アンダーカット

　溶接の止端部において，母材自体がアークで削られて，かつ，その部分に溶接金属が満たされないで溝として残ってしまうことをいう（図2.10.65⑤）。

⑥ 融合不良

　溶接境界面が互いに十分に溶け合っていないことで，ビードとビードの重なり合ったところが溶け合っていない状態のことをいう（図2.10.65⑥）。

⑦ 溶込み不良

　設計溶込みに比べ実溶込みが不足していること，設計上，溶け込まなければならなかった箇所に溶け込まず不完全な状態のことをいう（図2.10.65⑦）。

⑧ 割れ

　溶接直後の高温状態で溶接部に発生するひび割れのことで，発生位置や形状によって，縦割れ，横割れ，クレータ割れなどに分類される（図2.10.65⑧）。

⑨ クレータ

　ビードの終端にできるくぼみのことで，クレータ割れ（溶接部終端部のクレータに生じる割れ），クレータ収縮孔（溶接ビード端部の収縮孔で，後続ビード（パス）の溶接前または溶接中には消滅しないもの），終端クレータ収縮孔（溶接部断面減少によって開放されたクレータ）などがある（図2.10.65⑨）。

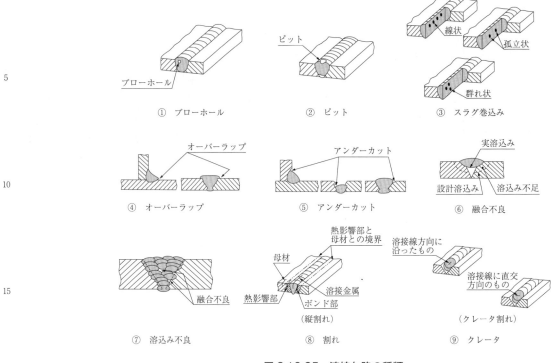

図 2.10.65　溶接欠陥の種類

4.5　鉄骨鉄筋コンクリート造（SRC 造）

　鉄骨鉄筋コンクリート造（SRC 造）は，鋼材を組み立てて造った骨組を鉄筋コンクリートで包み一体化した構造である。

1）特徴　　　鉄骨鉄筋コンクリート造の特徴を次に示す。

① 鉄骨の柱や梁などの骨組の周囲に鉄筋を配置し，コンクリートを打ち込んで固めた構造で，鉄骨が引張応力を，コンクリートが圧縮応力を負担している。

② 比較的小さな断面で丈夫な骨組をつくることができ，じん性が大きく（ねばり強く），耐震性に優れている。

③ コンクリートで覆われた鉄骨は，コンクリートにより耐火性が補われ，座屈を考慮する必要がなくなる。

④ 鉄は不燃材料であるが，高温になると強度が低下するので，耐火構造とするためには，定められたコンクリートのかぶり厚さを確保しなければならない。

⑤ 柱，梁の鉄骨の継手と鉄筋の継手位置は，大きな応力の生じる箇所は避け，かつ同一箇所を避ける。

⑥ コンクリートの充填が鉄骨により阻害されやすいが，コンクリートはすき間なく充填しなければならない。

4.6 内装（金属）

1) 軽量鉄骨壁下地の部材の名称

壁下地材の構成部材および付属金物の名称を図2.10.66に示す。

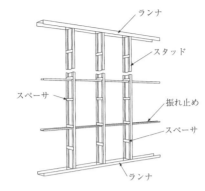

図2.10.66 壁下地材の構成部材および付属金物の名称

2) 軽量鉄骨天井下地の部材の名称

天井下地材の構成部材および付属金物の名称を，図2.10.67に示す。なお，ダブル野縁はボードの継ぎ目に使用し，シングル野縁の2倍の幅を持つ。

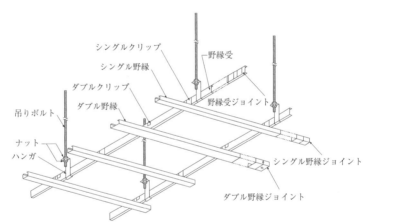

図2.10.67 天井下地材の構成部材および付属金物の名称

第3章　施工管理法

第1節　施工管理

　施工管理とは,「対象建設物を所定の期間内に,所定の予算内で,所定の品質を満足するように施工するために,施工のための計画を立て(施工計画),施工した建設物が所定の機能・性能や出来形を有しているかどうかを管理し(品質管理),計画が所定の工程に沿って進捗しているかどうかを管理する(工程管理)などの建設工事の施工に関する管理の総称」である。

1. 施工管理

　施工管理は,施工計画,原価管理,工程管理,品質管理や安全管理,労務管理,環境保全管理などの法令を遵守するための社会的制約に基づく管理が重要である(図3.1.1)。

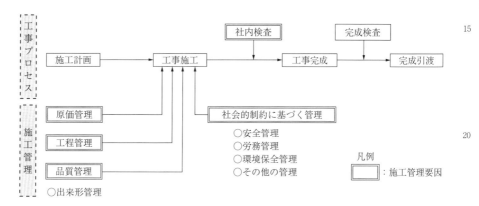

図3.1.1　施工管理

1) **施工計画**　　図面および仕様書などの設計図書に基づき,現場条件などのさまざまな制約の中で,施工手段を組み合わせて目的とする建設物を構築するために作成する計画のことである。施工計画は,安全が確保され,かつ施工の3要素である品質,価格,工期を最も効率よく満足するものでなければならない。

2) **原価管理**　　利益管理の一環として原価引下げの目標を明らかにし,工事実施のための原価計画(実行予算)を設定して,その計画の実現を目指すとともに,よりコストの低減を図って,さらなる利益の向上を目指して行う管理活動(コストマネジメント)のことである。

　　コストを低減するには,単に安くつくればよいということではなく,工事費について総合的に判断することが必要である。つまり,品質を軽視して手戻りが発生したり,安全性が損なわれ事故を起こしたりすると,予定外の支出を生じることになるので,工事の進捗とともに計画された実行予算と実際に発生した原価とを常に比較し,その差異を比較・分析して,各支出金額を実行予算内に収めるよう管理する。

3) **工程管理**　　施工計画に基づいて工事が進捗するよう,関連する施工者と調整して細部にわたり管理することである。

下請業者，関連業者，資材メーカなどとも意見の交換をし，全体工期に対する十分な理解を得て，無理のない工程を作成する必要がある。

4) 品質管理　　目標とする品質（使用する機材および材料（以下「機材」という），仕上り状態，機能・性能など）が，設計図書に定められた品質であるかを管理することである。

また，設計図書には発注者の要求品質がわかりにくい場合もあるので，発注者および設計者の意図を読みとり，クレームが生じない，良好な品質のものをつくることが必要である。

5) 安全管理　　工事の実施にあたり，労働者や第三者に危害を加えないように，工事現場の整理整頓，施工計画の安全面からの検討，安全施設の整備および安全教育の徹底などを図る必要がある。

6) 品質・工程（施工速度）・原価の関係

品質管理，工程管理，原価管理は，おのおの独立したものでなく，一般に図3.1.2に示すような相互関係がある。

① 施工速度とコストの関係（曲線 a）
施工速度を速めて単位時間当たりの出来形の数量を多くすると単位数量当たりのコストは安くなるが，突貫作業になると逆に上昇する。

② 原価と品質の関係（曲線 b）
よい品質のものをつくるには原価が高くなる。

③ 品質と施工速度の関係（曲線 c）
よい品質のものをつくるには施工速度が遅くなり，施工速度を速めて突貫工事をすると品質は悪くなる。

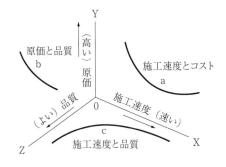

図3.1.2　工程・品質・原価の関係

第2節　施工計画

1. 事前確認

(1) 基本的な流れ

1) **流れと手順**　工事受注の形式には競争入札，見積合せ，随意契約，PFIなどさまざまな契約形態がある。また，工事管理においても一括受注方式やCM方式などがあるので，受注者がどの時点から関わるかは一概にいえないが，一般的な競争入札の電気工事の受注から完成までの基本的な流れを図3.2.1に示す。

電気工事を元請で受注した場合には，契約図書の受領，契約内容の把握から始まり，着工準備，施工計画書の作成を行うことになる。

特に電気工事は現場における作業に比較して工場における製品製作の比率が大きく，工程だけでなく品質や経済性が発注段階でおおむね決定されるため，計画段階での綿密な検討が必要となる。

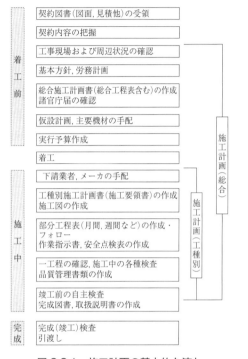

図3.2.1　施工計画の基本的な流れ

(2) 契約内容の把握

工事受注後，当該工事の工事担当者は，工事契約の内容を確認する。

1) **契約図書**　契約図書とは，契約書と設計図書を合わせたもので，施工に先立ちこれらの図書の内容を確認し，十分に把握しておく必要がある。

2) **契約書**　一般に使用される契約書としては，契約を定型的に処理するためにあらかじめ作成された「契約約款」が利用され，中央建設業審議会が作成した国や地方公共団体など向けの「公共工事標準請負契約約款」，民間の比較的大きな工事向けの「民間建設工事標準請負契約約款（甲）」，個人住宅建築などの民間小工事向けの「民間建設工事標準請負契約約款（乙）」，ならびに第一次下請段階における下請工事向けの「建設工事標準下請契約約款」がある。その他，民間の建築工事において多く使用されているものに「民間（七会）連合協定工事請負契約約款」がある。

また，建設業法第19条（建設工事の請負契約の内容）に，契約の締結に際しては，次の事項を書面に記載するなどし，当事者間の権利義務関係を明確にしておくことが定められている。

　① 工事内容
　② 請負代金の額

③ 工事着手の時期および工事完成の時期
④ 支払時期および方法
⑤ 設計変更
⑥ 天災その他不可抗力時の定め
⑦ 物価変動などによる変更
⑧ 賠償金の負担
⑨ 検査・引渡しの時期など

3) 設計図書の確認　工事の全容を把握し，工事の進め方の見通しを立てる必要があり，主な確認事項を以下に示す。
① 現場説明事項（質問回答書を含む）の内容
② 図面，仕様書，施工管理基準などによる規格値や基準値
③ 図面と現場との相違点および数量の違算の有無

4) 設計図書の優先順位　設計図書間に相違がある場合の優先順位を次に示す。
① 質問回答書
② 現場説明書
③ 特記仕様書
④ 設計図面
⑤ 標準仕様書

　なお，設計図書を確認して内容の不一致，疑問点が発見された場合には，なるべく早い時期に文書で監督員，工事監理者または設計者に問合せや協議を行い，回答を得ておくことが大切である。

5) その他の確認　その他の主な確認事項を以下に示す。
① 監督職員の指示，承諾，協議事項の範囲
② 当該工事に影響する附帯工事，関連工事の内容，工程
③ 工事が施工される都道府県，市町村の関係条例とその内容

(3) 工事現場および周辺状況の調査

　工事担当者は，契約内容の把握を行ったら現場や周辺状況を確認することになる。主な調査事項を次に示す。

1) 敷地形状などの現況　敷地形状などの一般的な確認事項を次に示す。
① 敷地境界標の確認
② 敷地寸法の確認
　設計図と対比しながら，実測すると同時に，周辺の道路，隣地との関係などを確認する。
③ ベンチマーク（BM）の確認
　設計時に採用した仮BMと異なる点をBMと定めた場合には，仮BMとBMとの関係を確認する。
④ 工事用仮設物などの設置位置の確認
　敷地内の現場事務所，資材置き場，仮設用のインフラ引込みなどについて確認する。

2) インフラ引込み

インフラ引込みに関する検討事項を次に示す。

① 電気，電話などの引込位置の検討

建築工事および外構工事との関連で引込配線の位置，施工時期などについて着工時に検討する。

② 電気，電話，ガス，水道，排水などの使用可能な設備とその容量などの検討

これらは管轄する官公署などに問合せ確認するとともに，実地にて検討する。

3) 敷地内障害物

敷地内障害物には，地上に表われているものと地下埋設物がある。地下埋設物調査では，関係者へのヒアリングまたは立会，古い記録調査などが必要になることもある。現地で障害物が確認された場合は，木製の標識などで位置を示すなどの処置をとる。

主な調査事項を次に示す。

① 敷地内で使用されていた，または敷地内を通過もしくは現在使用しているケーブル類，給排水管，ガス管

これらは図面ではわからないことがあり，事故を起こしやすいので埋設されている可能性のある場合は，地中探査（レーダー，電磁波など）による入念な調査が必要である。

② 古い構造物の基礎，杭，石垣（護岸，土留めなど），古井戸など

古井戸などでは酸素欠乏，メタンガスなどの調査をする。

③ 地質の状態，有毒ガスの発生の有無

廃棄物類で有毒ガスの発生のおそれがあり人体に有害なもの，酸性の強い地質などで施工した埋設配管類の腐食性について調査をする。

4) 仮設計画

仮設計画は，工事規模にあった適正な計画を立案する必要がある。現地調査において，仮設計画のために確認する主な仮設物を次に示す。

① 仮囲いの設置位置

② 現場事務所，作業員詰所の設置場所

③ 屋外キュービクルなどの設置場所

これらの仮設物は，工事中に支障なく最終段階まで設置できるか，また，解体・搬出が容易な場所であることを確認する。

5) 敷地周辺の障害物

敷地周辺における一般的な障害物を次に示す。

① 周辺道路などに埋設されているケーブル類，給排水管，ガス管

② 建築物，工作物など

テレビ電波受信に障害を及ぼす建築物の有無，また，敷地内の新築建物が近隣住宅などに電波受信に影響を及ぼす可能性について調査する。

工事のために電波障害を生じるおそれのある場合は現状を調査し，受信状況の写真，記録などを作っておく必要があり，多くの場合は（一社）日本CATV技術協会，専門業者などに依頼している。

③ 河川などの護岸，鉄道，高圧線など

これらには独特の工事制限がある場合があるので，関係者と直接協議する必要がある。

6) 周辺道路状況

周辺道路状況の一般的な確認事項を次に示す。

① 機材などの搬出入経路

　機材の搬出入に使用できる車輌の大きさ，機材の大きさの限界を調査する。特に大型重機を使う予定の場合には搬入できるかどうか確認する必要がある。

② 機材搬出入路の交通状況

　交通量を調査し，大型・重量機器の搬入出などの所要時間の推定をして搬入出に支障の少ない時間帯，一部占用の許可が必要な場合の道路管理者，所轄警察署などを調査しておく。

7) 近隣の施設など

近隣の学校，公共施設，緊急施設，工作物などの一般的な確認事項を次に示す。

① 学校，病院あるいは特殊な工場など，振動，騒音を嫌う施設の位置と距離
② 通学路と通学時間帯
③ 郵便ポスト，消火栓，街路樹，電柱，バス停，信号機，交通標識，ガードレールなどの位置

　工事において，安全対策などで移設が必要な場合は，事前に検討しておく。

④ 緊急施設の所在地

　所轄警察署，所轄消防署，救急病院などの所在地を確認しておく。

2. 着工準備

(1) 着工準備

1) 検討事項

契約図書の把握，工事現場や周辺状況の確認後は，着工に向けて準備を進めることになる。

これらの内容は，一部を除き施工計画書として取りまとめ，工事監理者へ提出し，確認を受けなければならない。主な検討事項を下記に示す。

① 工事管理組織の編成
② 安全管理組織の編成
③ 官公署などへの手続き
④ 設計図書と工事現場の状況との一致の確認
⑤ 総合工程表の作成
⑥ 総合仮設計画の作成
⑦ 関連仮設計画の作成
⑧ 実行予算の編成
⑨ 下請業者の選定，労務計画の作成
⑩ 使用材料およびメーカの選定，資機材計画の作成

　③，⑧，⑨，⑩は，一般的に施工計画書に記載しない。このうち，⑨「下請業者の選定」では労務計画を，⑩「使用材料およびメーカの選定」では資機材計画の策定を行う。

2) 官公署への主な申請・届出

官公署への主な申請・届出を表3.2.1 に示す。官公署への申請・届出は施工計画の段階で十分に調査し，関係法令ごとに一覧表にまとめておき，提出遅れなどのないようにしておく必要がある。

第2節 施工計画

表3.2.1 官公署への主な申請・届出

区分	書類の名称	提出者	提出先	提出時期	該当法令等
労働	適用事業報告書	使用者	所轄労働基準監督署長	遅滞なく	労基則第57条
	共同企業代表者届	事業者	都道府県労働局長	仕事の開始の日の14日前	安衛法第5条 安衛則第1条
	機械等設置届	事業者	所轄労働基準監督署長	仕事の開始の日の30日前	安衛法第88条 安衛則第85条
	労働者死傷病報告書	事業者	所轄労働基準監督署長	遅滞なく	安衛則第97条
建築	確認申請書	建築主	建築主事又は指定確認検査機関	着工前	建基法第6条
道路	道路占用許可申請書	道路占用者	道路管理者	着工前	道路法第32条
	道路使用許可申請書	工事請負者	所轄警察署長	着工前	道交法第77条
電力	保安規程届出	事業用電気工作物設置者※	経済産業大臣又は所轄産業保安監督部長	着工前又は使用開始前	電事法第42条
	電気主任技術者選任又は解任届	事業用電気工作物設置者※	経済産業大臣又は所轄産業保安監督部長	遅滞なく	電事法第43条
	電気工作物工事計画届	事業用電気工作物設置者	経済産業大臣又は所轄産業保安監督部長	着工30日前まで	電事法第48条
	使用前安全管理審査申請書	事業用電気工作物設置者	経済産業大臣又は所轄産業保安監督部長	使用前自主検査後，30日以内	電事法第51条
	自家用電気工作物使用開始届	自家用電気工作物設置者	経済産業大臣又は所轄産業保安監督部長	遅滞なく	電事法第53条
航空	航空障害灯設置届	物件の設置者	地方航空局長	工事完成時，遅滞なく	航空則第238条
公害	ばい煙発生施設設置届	ばい煙排出者	都道府県知事又は政令市の長	着工60日前まで	大気法第6条，第10条
電波	高層建築物等予定工事届	建築主	総務大臣又は総合通信局長	着工前	電波法第102条の3
消防	工事整備対象設備等着工届出書	甲種消防設備士	消防長又は消防署長	工事着手の日の10日前	消防法第17条の14
	危険物貯蔵所の設置許可申請書	設置者	市町村長，都道府県知事又は総務大臣	着工前	消防法第11条，危険物令第6条
	火を使用する設備等の設置届	設置者	消防長又は消防署長	設置前	火災予防条例
	消防用設備等設置届	設置者	消防長又は消防署長	完了後4日以内	消防法第17条の3の2
環境	産業廃棄物の保管	事業者	都道府県知事	保管後14日以内	廃棄物処理法第12条

［注］※ 小規模事業用電気工作物を除く

(2) 下請業者

1) 下請業者の選定

下請業者の選定に当たっては，さまざまな要素を総合的に勘案し，適正な施工体制を確立するため，その建設工事の施工に関して建設業法などの法令の遵守はもちろんのこと，「建設産業における生産システム合理化指針」（建設省経構発第2号平成3年2月5日）では，以下の事項を基準として的確に評価し，優良な者を選定することが定められている。

2) 選定上の確認事項

下請業者の選定では，次の事項を確認する。
① 建設業の許可の有無
② 施工能力
③ 経営管理能力
④ 雇用管理および労働安全衛生管理の状況
⑤ 労働福祉の状況（社会保険などへの加入状況）
⑥ 関係企業との取引の状況

(3) 労務計画

1) 目的　労務計画とは，作業員の量，質，作業能力などを的確に把握して，いつ，どのような職種の作業員が何人必要であるか，工程に合わせて合理的かつ経済的な稼動人員を算出して，労務計画表を作成し，人員の確保をすることである。また，熟練作業員の確保，定着性についても配慮する必要がある。

2) 検討事項　労務計画の一般的な検討事項を次に示す。

① 工程表の確認
② 必要人員
③ 動員可能な作業員数および質（作業能力）
④ 経済的な配員にするための山積図（工程管理の項参照）の調整

(4) 機材計画

1) 使用機材とメーカの選定　機材計画の目的は，実行予算書と総合工程表により仕様に適合した機材を，必要な時期に，必要な数量を，必要とする場所に低価格で供給することである。

主要機材は，設計図書，仕様書，関連法規・基準などに適合し，要求される品質を満足しているかを確認し，製造者を選定・決定する。

決定した製造者は，メーカリストとして取りまとめ，監督員，工事監理者へ報告することになる。

2) 検討事項　機材計画の一般的な検討事項を次に示す。

① 設計図書の確認
② 数量の確認
③ 機材の発注時期
④ 機器の搬入時期（図面の手配から承諾，製品検査，現場搬入まで）
⑤ 機器の分割搬入，現場組立ての要否
⑥ 受渡場所と保管方法
⑦ 大型，重量機器の揚重計画（揚重方法，日時など）

3) 工場製作機器の検討事項　分電盤，制御盤，受変電盤，自家発電装置などは，監督員，工事監理者や関連する施工者との調整を要するため，次の事項を検討しなければならない。

① メーカの製作図作成期間
② 製作図の確認および承諾期間
③ 工場立会検査の有無と時期
④ 機器搬入時期

関連する施工者と事前協議して，搬入口の確保，搬入車両および揚重クレーンなどの駐車，作業スペースが確保できる時期を確認して，機器製作期間を検討する。

なお，機器の搬入は，工種別施工計画書として作成する。

(5) 実行予算の編成

1) 実行予算書　電気工事は競争入札によるものと随意契約によるものなどがあるが，どちらの場合でも工事費見積書を作成し，これを根拠にして請負工事費を決定している。しかし，一般に見積期間は短いうえに設計図書には詳細部分が不足する例も多い。

また，受注のための営業の結果として，実際の工事費と見積工事費とは一般に一致しない。したがって，着工前に見積内容を再検討し，より精度の高い数量と

単価により純工事費を算出し，またそれ以外に必要な経費，利益などを明確にし，実際に工事に使用できる費用を区分した予算書を作成する。これを実行予算書という。

実行予算を組むのは，通常，当初の見積担当者または工事責任者であるが，最終的にはその工事の最高責任者の主催する予算会議で決定される。予算執行に当たっては，それぞれの立場に応じて範囲を定めて責任と権限を与えられ発注することになる。また，随時実行予算と発注金額を対比フォローすることが，工事期間中の原価管理として重要である。

実行予算書は，施工計画書には含まれないが，現場の着工時に作成し，現場の進行にともない，各項目ごとの予算の増減を行って，竣工時に当初目標とした利益を達成させるための重要な道具である。

2) 作成上の注意事項

実行予算書の編成は，次の事項に注意して作成する。

① 見積書の資料数量，現場経費の補正の実施

現場担当者が自ら時間をかけて設計図書の検討，現地の調査，現場員の編成などをして，それによって補正を加える。

② 厳正な査定と施工上の検討による価格の決定

機材や下請工事は，実際の取引対象者（できれば複数のもの）から見積書を徴集し，厳正な査定と施工上の検討を行い，価格を決める。

③ 実行可能な数量，価格を算出して作成

現場担当者として最低，かつ，実行可能な数量，価格を算出して作成する。

3) 工事価格の構成

発注者が作成する工事価格の構成を図 3.2.2 に示す。

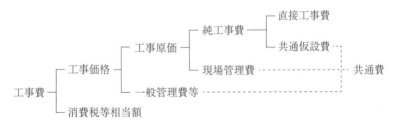

図 3.2.2　工事価格の構成

各共通費の内容を次に示す。

① 共通仮設費

共通仮設費は，各工事種目に共通の仮設に要する費用をいう。

② 現場経費

現場経費は，工事施工にあたり，工事現場を管理運営するために必要な経費で，共通仮設費以外の費用をいう。

③ 一般管理費等

一般管理費等は，工事施工に当たる受注者の継続運営に必要な費用で，一般管理費と付加利益などをいう。

3. 基本計画

(1) 総合施工計画書の概要

1) 施工計画書の種類

施工計画書には，工事の着工段階で作成する総合施工計画書と，施工の進行に合わせて作成される工種別施工計画書（施工要領書）がある。

2) 目的

施工計画とは，設計図書（図面，現場説明書および質問回答書）を確認し，工事範囲や工事区分を明確にして，機器の製造や調達，施工手段を効率的に組み合わせて，設計図書の要求品質を満足するものを，環境保全を図りつつ，最小の（適切な）価格で，工期内に安全に完成させることが求められる。

施工計画書は，監理技術者または主任技術者が当該工事で実際に施工することを具体的に文章（施工基準，試験基準）化し，その計画書に則って施工することを明示したものであり，施主や工事監理者に必要に応じて確認を取って進めることが大切である。

3) 作成上の留意事項

施工計画の方針決定に際しての留意事項は，次のとおりである。

① 新工法・新技術採用の取組み

施工計画の決定には，これまでの経験も貴重であるが，常に改良を試み，新しい工法，新しい技術の採用に対する取組みが大切である。

② 現場施工への合致

過去の実績や経験を生かすとともに，理論と新工法を考慮して，現場の施工に合致した大局的な判断が大切である。

③ 会社組織，専門技術者の活用

施工計画は，現場担当者のみに頼ることなく，できるだけ会社内の組織を活用して，全社的な高度の技術水準で方針決定することが望ましい。

また，必要な場合には，研究機関にも相談し技術的な指導を受けることが大切である。

④ 経済的で最適な工程作成

発注者より示された期間内で，下請業者，手持材料，労務，適用可能な機械類などの状況によって，経済的で最適な工程を探し出すことが重要である。

⑤ 複数案の検討

施工計画を決定するときは，1つの計画のみでなく，いくつかの案を作り，経済性も考慮した長所・短所を比較検討して，最も適した施工計画を採用する。

⑥ 安全の最優先

発注者の要求品質を確保するとともに，現場の安全管理は最重要項目のひとつである。安全衛生管理基本方針および重点項目，安全衛生管理組織および活動方針，災害時事故時の安全管理などについて，十分に検討する必要がある。

(2) 総合施工計画書の記載事項

1) 一般的な記載項目

総合施工計画書の一般的な記載項目を次に示す。

① 総則

② 工事概要

③ 受注者の組織（施工体制）

④　現場の運営
⑤　施工の方針など
⑥　総合仮設計画（総合仮設計画図）
⑦　工程管理（総合工程表，実施工程表）
⑧　品質管理
⑨　安全衛生管理計画
⑩　環境保全管理計画

2）総則　　　　　総合施工計画書を作成する目的，適用図書などを明確に記載する。
　　　　　　　　①　目的
　　　　　　　　②　適用図書
　　　　　　　　③　総合施工計画書の変更が生じた場合の対応

3）工事概要　　　契約図書の内容を踏まえ，工事名称，工事場所，工期，建物概要，電気工事概要などを記載する。

4）受注者の組織　当該工事に関わる受注者の現場組織体制および社内組織による支援体制を記載する。
　（施工体制）　①　社内体制
　　　　　　　　　受注者の支援担当部署名，役割などを組織表で記載する。また，社内での支援担当者の部署名，役割などを組織表で記載する。
　　　　　　　　②　現場の組織
　　　　　　　　　現場代理人，監理（主任）技術者，電気保安担当者，工事担当者などの構成を組織表で記載する。

5）現場の運営　　発注者や工事監理者と受注者であらかじめルールを定め，現場を運営する方法（各種会議，施工検討会など）を記載する。
　　　　　　　　①　各種会議の種類
　　　　　　　　　現場の運営に必要な工程会議，定例打合会などの各種運営計画を記載する。
　　　　　　　　②　各種検査・施工検討会
　　　　　　　　　工事進行の過程で実施する施工検討会，施工パトロール，社内検査などの予定を記載する。

6）施工の方針　　当該工事の契約条件・立地条件などを踏まえ，発注者の要求事項を把握する。そのうえで施工上の課題を明確にし，その対処方針（現場代理人などの方針）として記載する。

(3) 総合仮設計画（総合仮設計画図）

建設現場は，敷地面積，周囲環境，道路状況などの敷地条件や建物用途，規模などの建物条件と工事内容により異なるため，おのおのの現場に適した仮設計画が必要となる。

また，施工の進捗により現場事務所，仮設キュービクルなどが支障とならないよう配慮する。総合仮設計画図の一般的な記載項目を次に示す。

1）仮設物　　　　仮設物の設置に関する内容は，立地条件，工事内容および規模，予想される気象変化の影響（例：積雪，落雷，突風の影響の受けやすさなど）を十分考慮して，次の事項から必要なものを記載する。
　　　　　　　　①　仮囲い，工事用出入口，場内運搬経路，搬出入計画などの仮設平面図
　　　　　　　　②　現場事務所，材料置場，産業廃棄物置場，朝礼広場，作業員休憩所，便所，危

　　　　　　　　険物貯蔵所，喫煙場所などの仮設平面図
　　　　　　③　外部足場・仮設通路計画・昇降路計画
　　　　　　④　揚重機（クレーン，ウインチ，ロングスパン ELV，仮設 ELV など）設置計画
　　　　　　⑤　ベンチマーク，遣方（やり方）の確認
　　　　　　⑥　周辺道路状況，道路使用・占用計画，交通誘導員配備計画・カーブミラー配置計画
　　　　　　⑦　仮設電気（キュービクル，幹線，分電盤・場内照明）計画
　　　　　　⑧　上水・下水（排水・湧水処理を含む）計画
　　　　　　⑨　現場事務所，倉庫などの火災予防，盗難防止計画

2) 仮設計画の責任の所在　　仮設計画は一般には設計図では示されず，場合により仕様書，説明事項などで注意，要望が示される程度のもので，主として受注者がその責任において計画するものである（公共工事標準請負契約約款第1条第3項参照）。

3) 作成上の要点　　仮設物は，1）仮設物①〜⑨に記したとおりであるが，作成に当たっては現場職員，作業員などが能率よく作業できるように考慮することが必要である。そのほか，相互連絡の便，人の出入の便，火災予防，盗難防止，安全管理，作業騒音対策，産業廃棄物関連なども考慮する。

4) 現場事務所　　現場事務所は，次の点に留意し設置する。
　　　　　　①　工程（工事の進捗）に伴って移動の少ない場所を設定する。
　　　　　　②　竣工まで設置でき，解体，搬出が容易な場所を設定する。
　　　　　　③　現場の出入口付近の設置が望ましい。

5) 足場，作業床の設置　　労働安全衛生規則第559条〜575条に基づき設置する。

6) 電気工事用の足場　　電気工事用の足場を構造形式などにより分類すると，固定足場と移動足場に分けられる。作業種別，環境により安全に十分留意し選択する。

固定足場	・鋼管足場 ・鋼管枠組足場 ・吊り足場 ・棚足場 ・その他	移動足場	・高所作業車 ・ローリングタワー ・脚立 ・うま（架台）足場 ・移動式ハシゴ ・その他

7) 仮設通路　　屋内に設ける通路（仮設のものも含まれる）については，作業員の安全を確保するため，以下のとおり設ける（安衛則第542条，552条）。
　　　　　　①　用途に応じた幅を有すること。
　　　　　　②　通路面は，つまずき，すべり，踏抜などの危険のない状態に保持すること。
　　　　　　③　通路面から高さ1.8m以内に障害物を置かないこと。
　　　　　　④　高さ85cm以上の手すりと中さんなどを設置すること。

8) 作業場および材料置場　　設置に当たっての留意事項は以下のとおりである。
　　　　　　①　作業場，材料置場の配置は作業の能率に影響するので，作業の流れおよび材料運搬の流れを阻害しない配置とする。

② 工程計画の修正・変更に対して，即応できる配置を当初から考慮しておく必要がある。
③ 工事途中における工程計画の変更に対して，配置を変えるか，それとも作業や材料の流れを変えて対処するかは，個々の状況に適合した方法を用いる。
④ 当初から材料棚などは移動を考慮し，キャスタ付などを検討する。
⑤ 配管類などが直接地面に接しないよう角材（まくら木）などの上に置く。
⑥ 雨や雪などに備えて屋根を設ける。
⑦ 吸湿してはならない機器は，湿気に対する十分な処置を施し，できるだけ倉庫内に置く。
⑧ 揮発性の有機溶剤を使用する場合は引火しやすいため，保管には十分注意するとともに火気厳禁とし，消火器を設置し専用保管場所を設ける。

9) 盗難防止対策 　現場事務所，倉庫などの建物には書類，技術資料，施工資料，工具などの重要なものが保管されている。したがって，建物の出入口などには確実な施錠装置の取付けや，センサや監視カメラなどの盗難警報装置の設置を考慮する。

10) 火災予防対策 　現場事務所，倉庫などには消火器を常備するほか，場合によっては自動火災報知設備の設置を考慮する。また，火元責任者の正副を選任し，事務所入口に提示する。

11) 受電設備（キュービクル）の設置場所 　工事用電力を供給する仮設キュービクルの設置に当たっての留意事項は，以下の通りである。
① 工事期間中支障にならない場所に設置し，かつ，建物完成後の撤去が容易なこと。
② 電力会社の配電線から引込みが容易なこと。
③ 電気の使用場所に近いこと。
④ 保守管理を容易に行うことができ，かつ，水はけのよい場所であること。
⑤ 仮設電力用の高圧受電設備は，自家用電気工作物であるので，電気主任技術者の選任，保安規程の作成が必要となる。

12) 通路上の仮設配線 　仮設配線や移動電線は，通路面において使用してはならない（安衛則第338条）。ただし，次の処置を施すことにより使用することができる。
① やむを得ず使用する場合は，車両その他の物が通過することなどによる絶縁被覆の損傷のおそれのない状態であること（安衛則第338条）。
② 重量物の圧力または著しい機械的衝撃を受けるおそれがある箇所に施設するケーブルには適当な防護装置を設ける（電技解釈第164条第1項第二号）。

13) 臨時配線の施設 　300V以下の低圧屋内配線は以下の場合，1年以内に限りコンクリートに直接埋設できる（電技解釈第180条第4項）。
① 電線がケーブルの場合
② 分岐回路にのみ施設する場合
③ 当該電路の電源側には，地絡を生じた場合に自動的に電路を遮断する装置，開閉器および過電流遮断器が各極に設けてある場合

(4) 工程管理（総合工程表）

　工程管理計画は，現場管理を進める基本であるとともに，目的達成の過程で重要である。工事を長期間にわたって円滑に進めるためには，関係する施工者の情報とそれに基づく予測，関係者の経験，社内組織などを駆使し，管理する必要がある。

1) 目的

　着工から竣工までの工事全体の作業進捗状況や出来高を把握し，必要に応じて調整するために作成する。したがって，現場の調査，仮設工事から，完成時における試運転調整，後片付け，清掃までの全工事の大要を表すもので，実行予算書とともに機材の発注，搬入計画，労務計画など施工管理の基本となるものである。電気工事は，そのほとんどが建築工事や他の設備工事と関連して作業が進められているため，互いにその作業の内容を理解して作業順序や工程を調整し，無理のない工程管理計画を立てなければならない。

　また，工事の出来高予想を事前にグラフ表現し，進捗に合わせて比較することで工事を予定通り進めるよう随時見直しを行っていく。

2) 作成上の留意事項

　工事現場の実状に則した総合工程表を作成するための一般的な留意事項を次に示す。

① 主体工事工程の確認

　全体工程を検討する前に，基準階における躯体工事および仕上げ工事を反映した基準工程表を作成する。この時，建築作業の工程を基準にし，電気工事として作業に必要な日数を適切に把握する。また，工期的に無理や無駄のないよう関係先と十分打合せを行い，総合工程表に反映させる。

② 施工時期が限定される作業との調整

　工程的に動かせない作業がある場合は，それを中心に他の作業との関連性を調整する。

③ イベントの確認

　工程表で厳守しなければならないキーとなるイベントの日程を押さえ，計画通り進行するようマイルストーン（管理値）を設定する。

④ 受電時期の検討

　主要な電気工事の完成時期，空調，衛生，その他設備の試運転調整開始時期，完成前の検査予定を建築工程から十分検討し記入する。

⑤ 官公署などへの届出書類の提出時期の検討

　官公署などへの提出書類の作成・提出予定時期を調整して，手続きを計画的に進める。

⑥ 製作図，施工図および工種別施工計画書（施工要領書）の作成時期ならびに承諾時期の検討

　主要機器の最終承諾時期は，機器の製作期間以外に機器製作図の作成，工場検査，現場搬入後の据付期間，試験調整などに時間がかかるため，これらを見込んで作成する。

(5) 品質管理

1) 目的

　各種工事のプロセス段階，最終段階で「誰」（受注者の体制）が，「どの時期」に，「何を基準」に，「どのような方法」（書類確認，検査立会など）で品質を管理するかを

第2節　施工計画

決定する。

2) 確認項目　　一般的な確認項目を次に示す。
　　① 機材の品質（規格など）
　　② 機材の受入検査
　　③ 施工の確認
　　④ 施工の試験
　　⑤ 工事記録，工事写真
　　⑥ 工種別施工計画書（品質に関する記載がある旨の説明など）
　　⑦ 工事検査（社内検査，官庁検査，竣工検査など）

(6) 安全衛生管理計画

1) 目的　　災害発生率が，全業種の中で最も多いのが建設業である。したがって，作業員の安全と健康を確保し，快適な作業環境を実現するため，適切な安全衛生管理計画を施工計画の中に盛り込む。

2) 基本方針　　安全衛生の重要性を認識し，全工期無災害を目標として安全衛生管理体制を確立し，全員が協力して積極的に災害防止対策を推進する。

3) 重点災害防止対策　　工事現場における重点災害防止対策は次のとおりである。
　　① 第三者災害の防止
　　　　機材車両ほか搬出入時の歩行者などの第三者災害の防止措置。
　　② 墜落，転落災害の防止
　　　　脚立，ローリングタワー，足場，移動ハシゴ，作業床の端などからの墜落，転落災害の防止措置。
　　③ 飛来落下災害の防止
　　　　高所からの物の投下禁止，飛来しないよう機材の管理，吊荷下への立入禁止措置。
　　④ 機械器具取扱い，感電災害の防止
　　　　機械器具の適正取扱いと電動工具の使用による，感電災害の防止措置。
　　⑤ 火災防止
　　　　火気取扱い作業時および喫煙などによる火災防止措置。

4) 災害防止対策の実施　　労働災害防止対策を確実に実行し定着させるため，次の基本事項を推進する。
　　① 労働安全衛生法および労働基準法関係法規の遵守
　　② 安全衛生管理組織の確立
　　③ 作業環境の整備，整理整頓の励行
　　④ 安全衛生教育の反復実施
　　⑤ 安全標準の遵守と不安全行動の禁止
　　⑥ 機械器具の点検，整備の励行

5) **緊急連絡体制** 災害発生時に速やかに対応できるように，所轄消防署，警察署，病院などの連絡先を表にして，現場事務所内に掲示しておく。緊急連絡先の例を図3.2.3に示す。

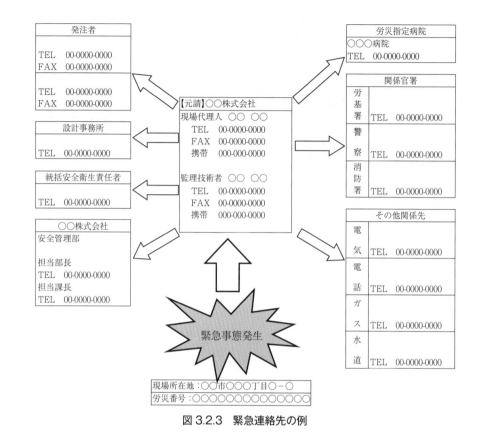

図3.2.3 緊急連絡先の例

(7) 環境保全管理計画

1) **基本方針** 建設物の生産過程において建設副産物の発生は避けられない。建設副産物は，建設コストだけでなく近隣環境などへの影響も少なくなく，工事工程全般に影響を及ぼすので，工事現場全体として環境保全計画に取り組む必要がある。

2) **建設副産物の発生抑制と有効活用** 従来の生産方法を見直しすることにより建設副産物の発生を抑制するとともに，発生した副産物を有効に活用し資源の有効利用を図ることにより，地球環境にやさしい建設生産システムの確立を行うことが必要であり，施工計画の一環として盛り込むことが重要である。

発生材の再利用，再生資源化および再生資源の積極的活用についての要点を以下に示す。

① 発生材のうち，引渡しを要するものは特記されたものだけでよいことになっているが，事前に施設の管理部署と引き渡す品目および引渡し時期などについて協議しておく。

なお，引き渡すときは，必ず特記を確認し，関係者が立ち合い，品目，数量調書と照合し確認を行う。

② 引渡しを要しないものは，「廃棄物の処理及び清掃に関する法律」に基づき，廃棄物として処理する。

③ 産業廃棄物が発生する場合の処理に当たっては，廃棄物の性状などを十分把握し，処分の確認を図るために運搬受託者に「産業廃棄物管理票（マニフェスト）」を交付する。

また，排出業者（マニフェスト交付者）は，運搬処分受託者から処分業務後に返送されたマニフェストの写しを5年間保存しなければならない。

3）電気工事における産業廃棄物の種類

電気工事の施工，作業に伴い，発生する建設副産物のうち産業廃棄物には主に次のものがある。
① 合成樹脂電線管（PF 管，CD 管，FEP 管）
② 合成樹脂ボックス類（アウトレットボックス他）
③ 電線，ケーブル，電線被覆材
④ 機器梱包材（ダンボール箱，ベニア板など）
⑤ 機器養生材（発砲スチロール，ポリエチレンシートなど）
⑥ ケーブルドラム
⑦ 撤去した電力機器，水銀ランプ，蛍光灯，蓄電池など

4）分別収集と処理

建設現場において，専門工事業者しか出さない産業廃棄物については，その専門工事業者が自ら持ち帰るのが一般的であるが，日常的には多種多様なゴミが施工中に発生する。それらのゴミすべてを各作業員が廃棄物用のコンテナに捨て，混載するとその後の処分が大変である。

そのためゴミは，金属類，木材類，プラスチック類，アルミ缶類，ガラス瓶類，ダンボール類などに大別して捨てられるように工夫する必要がある。各事業所内，作業所内ごとに分別処分用の容器を用意し，各作業員に分別して捨てることを徹底させることが望ましい。

5）特別な処理が必要となる電気機器

建設現場において，建築物を撤去する場合や，建築物の改修工事においては，さまざまな種類の廃棄物が発生し，その中には有害な原材料を含んだものも多く存在する。廃棄する際に法令などにより，特別な処理が必要となる，以下のような電気機器もあるので注意が必要である。
① PCB 絶縁油入りの変圧器，コンデンサ，遮断器，蛍光灯安定器などは特別管理産業廃棄物として処理する。
② イオン式煙感知器は放射線物質を含むため，建設廃棄物として厳重に処分する。
③ SF_6 ガスは毒性はないが，温室効果ガスであるので，これを使用した変圧器，遮断器は封入したガスを回収し，処分する。
④ 廃石綿（アスベスト）などが含有・付着している場合は，特別管理産業廃棄物として，管理の元で扱うとともに処理を行う。

4. 実施計画

（1）工種別施工計画書（施工要領書）

1）目的

施工の合理化，安全かつ経済的な施工方法を考慮して，施工の均質化，品質維持の向上を図るために作成する。

2）作成上の留意事項

総合施工計画書の下に，各工種の施工方法を定めたもので，各工事の着工までに監督員，工事監理者の承諾を得て，その後，関係作業員全員に周知し，これに基づ

いて施工しなければならない。

記載内容は，当該工事において設計図や施工図だけでは表現しきれない部分詳細，施工方法，一工程の施工手順などを図・表を用いてわかりやすくしたもので，どの工事にも共通的に利用できるよう便宜的に作成されたものであってはならない。

記載に当たっての留意事項を以下に示す。

① 設計図書に記載がない，または象徴的に記載されている場合の施工方法
② 数種類の施工方法がある，または示されている場合に選択した施工方法
③ 設計図書の標準工法がそぐわない，または異なる施工をする場合の施工方法
④ 施工図で表現しにくい場合（絵，図などの説明を要する）の施工方法
⑤ 製品，製造者などの指定する標準工法を採用する場合の確認方法

なお，工種別施工計画書は，施工方法をわかりやすく記載するので，施工の初心者へ技術・技能習得に活用することもできる。

3) 一般的な記載項目

工種別施工計画書（施工要領書）の一般的な記載項目を次に示す。

① 一般事項

作成目的，適用図書など。

② 工事管理

施工図作成時期，施工時期，機器搬出入時期，監理者による検査・立会い項目と時期など。

③ 現場の組織

当該作業の管理体制および品質管理体制，資格を要する工種を担当する者および資格証明書など。

④ 機材

当該工種において使用する機材（機材名，規格，品質，性能など），保管方法（養生方法），発生材のある場合の処理方法。

⑤ 施工

4.（1）工種別施工計画書（施工要領書）2）作成上の留意事項 ①～⑤ を参照するとともに，当該工種における各作業段階の施工の要点について，部分詳細図，図表を主体として作成し，施工図の補完資料とする。

⑥ 品質管理

品質管理は，一工程の施工が完了したときの確認で，その都度，施工状況を確認することを繰り返し，電気工事としての品質を確保することになる。施工状況を確認して良好であれば監理者へ一工程の施工の報告を行い，監理者の検査を受けることになる。

管理方法は，一般的に施工の確認事項を取りまとめたチェックシートを作成し，管理している。

⑦ 工事写真

工事写真の撮影は，次の事項に留意する。

(イ) 撮影者は，工事内容および撮影目的を理解していること。
(ロ) 工事着手前，施工中，施工完了の一連の流れを撮影すること。
(ハ) 施工品質を確認するうえで，重点的に撮影箇所を理解していること。

㈡　工事写真の撮り直しが難しいので，その都度確認が必要なこと。

(2) 施工図

1) 目的

設計図書は，主として完成する建設物の内容，能力，品質などが示されているが，機器，配管，入線などの施工上の納まり，他工事の関連など細部については表現されていないため，施工前に詳細な施工図を作成する必要がある。

施工図の作成は，施工管理担当者の業務の中で重要なものであり，作成に当たっては，次の項目を念頭におく必要がある。

① 建築および他工事との寸法的な納まり，技術上の関連を明確にする。
② 作業員（電工）が能率よく，正確な施工ができるようにする。

2) 作成上の留意事項

施工図の作成は，関連業者などと事前協議を行い，作成範囲と順序，作成予定月日，図面の縮尺などを検討して施工図作成計画表を作成する。

作成に当たり留意する事項を次に示す。

① 作成中に疑義が生じた場合における協議および調整
　監督員，設計者および他工事関係者と打合せを行い，調整する。
② 建物基準芯からの関係寸法の記載
　施工図の機器，配管，ケーブルラック，インサート，スリーブなどの位置を示す関係寸法は明確に記載し，作業員が誤りを起こさないようにする。

3) 作成上の検討事項

電気工事のほとんどは建築業者や他工事（空調・衛生工事）に関わるため，施工上の詳細な取合いについては，各業者間で，施工図などで詳細に検討を行い調整する必要がある。また，施工中にもさまざまな条件の変化により変更となる場合も多いので，その都度，検討を行い調整する必要がある。作成上の主な検討事項を**表3.2.2**に示す。

表3.2.2　施工図作成上の主な検討事項

工事種別	確認事項	検討内容
建築工事関係	① 防火区画	確認申請書により，防火区画の貫通に問題はないか
	② 無窓階	消防法・建築基準法上の無窓階を確認し，電気設備に関して問題はないか
	③ 工事範囲	機器の基礎，天井開口補強，壁への穴あけなどの工事区分を確認し問題はないか
	④ 建築工事の材料，工法などの新方式との関連	新しい工法が採用されたことによる問題点はないか
	⑤ 電気設備工事が新方式を採用したことによる建築工事への影響	新しい材料，工法などを採用することにより建築工事の工程に影響がないか
設備工事関係	① 工事範囲	空調衛生設備工事との工事範囲を検討して問題はないか（特に別途工事の施工区分に注意）
	② 新しい材料，工法，特殊な材料，工法など	新しい材料・工法，特殊な材料・工法などの採用（空調衛生設備，電気）による問題点はないか

4) 総合図の作成

総合図は，関連する各工事（建築・電気・空調・衛生など）の設計図書に分散して盛り込まれている設計に関連する情報を一元化して検討し，確認するものである。総合図の作成により，工事全体の概要と各種工事の相互関係を把握し，施工図などの作成の基本図として活用する。したがって，施工図の作成は，総合図の調整が完

(3) 工程管理（実施工程表）

　着工時に作成された総合工程表をより具体化し，また工程進捗状況をその都度把握して，工程を見直すために月間や週間の細部工程表（実施工程表）を作成し，フォローすることが工期の遵守には欠かせない。

1) 細部工程表の種類	細部工程表（実施工程表）の種類を次に示す。 ① 月間工程表 　総合工程表をもとに月間工程表を最初に作成する。 ② 週間工程表 　その月の月間工程表をもとに翌週1週間に施工すべき内容を工程表に書き表したもので，この工程表に基づき作業手順の調整，機材の手配，作業員の労務管理を実施する。また，受変電室，機械室などのように，特に重要な部分，各種工事が錯そうして，日々の調整が必要な場合には，作業日ごとの細部工程表を作成して作業工程を調整する。
2) 工程調整	工程変更する場合または工程変更が発生した場合は，速やかに必要な機材，工具，必要な作業員の手配を行い，工程表修正後に作業員や他社関係者に周知して，作業工程に支障が出ないようにする。
3) 工程管理	前週の週間工程をチェックし，次週の週間工程を計画すること（週間工程サイクル）と，前月の月間工程の進捗度をチェックし，翌月の月間工程を計画すること（月間工程サイクル）を，竣工まで繰り返して実施することが必要である。

(4) 機材管理

1) 目的	適正な品質の機材を適正な価格で発注し，適正な数量ごとに順序よく指定した場所へ搬入し，適正な保管をして工事を円滑に進めるために行う。
2) 機材搬入	各種の機材は，関連する施工者と綿密な調整をして作成した搬入計画（搬入工程表）に基づいて，工程に支障のないよう逐次現場に搬入する必要がある。受入れ準備の主な事項を次に示す。 ① 必要機材の数量・規格寸法・重量・容積などの的確な把握 ② 搬入口の位置，大きさの確認 ③ 機材の搬入順序および場内運搬経路の確認 　機材を傷つけないよう取扱い，運搬方法を検討しておく。 ④ 搬入機械，揚重機などの確認 　使用する機器の点検，整備をしておく。搬入揚重機を使用する場合は，必要な資格者であることを確認しておく。 　また，揚重機や搬入車両の周辺は，関係者と作業区分を協議しておく。 ⑤ 検収場所，方法などを検討 ⑥ 場内保管場所の確保 　作業の支障にならない場所で，作業量に適合した数量を搬入するようにし，余分な数量を搬入して散失，汚損のないよう考慮する。 　また，作業の進捗によって，場内移動，運搬の煩雑を少なくするよう考慮する。

⑦　搬入時間，搬入経路の正確な確認

現場付近の交通事情などを考えて搬入時間，搬入経路を正確に打合せておく。

3) 機材保管　　搬入した機材を現場で保管する場合は，湿気対策，損傷防止，盗難防止などに留意する必要がある。機材保管の留意事項を次に示す。

① 入手しやすい量産品で使用数量の多いものは，必要に応じた数量を分割搬入することが望ましい。
② 保管責任者を定めて，入荷数量，使用数量および残数量を記録しておく。
③ 野積み材料，倉庫材料とも集積配分および出し入れが便利になるよう考慮する。
④ 形鋼材，電線，管類などは規格寸法別に保管し，取出しが便利な配置とする。
⑤ 保管材料の盗難，紛失，破損，腐食などにより損害を受けないように管理する。
⑥ プラスチック製品など熱に弱いものの保管は原則として屋内とし，やむを得ず屋外に保管する場合は，直射日光や雨を避けるためにシートなどをかけ養生する。

(5) 労務管理

1) 目的　　関係法令を遵守して労働者の保護，諸官庁への届出などを行い，現場の運営を円滑に行うことである。

2) 現場に必要な書類　　現場において労務管理上必要となる主な書類を次に示す。

① 建設業法，労働安全衛生法，労働基準法などの法規
② 建設業許可番号，電気工事業登録番号
③ 有資格者調書（施工管理技士，電気主任技術者，電気工事士，工事担任者，消防設備士，作業主任者など）
④ 作業者名簿（氏名，生年月日，血液型，経験年数，資格など）
⑤ 年少者（18才未満）の年令証明書類
⑥ 健康診断書の写し
⑦ 再下請業者の建設業または電気工事業の許可，登録などが確認できる書類

3) 稼働人数の調整　　工事種別ごとの工程に労務の稼働人員を組み込んで作成した労務工程表により，全工期を通して労務人員をできるだけ効率的に稼働させる管理を行うことが重要になる。そのためには，現場作業でのピーク時の稼働人員を極力平準化させて，最小限とするような労務工程とする必要がある。

毎日の稼働人員を平均化することにより，次の利点があげられる。

① 人員の変動による作業能率の低下を防止できる。
② 臨時の増員により生じる品質の低下を防止できる。
③ 臨時の増員による割高な労務単価を払わずにすむ。
④ 作業員の詰所や工具の固定費が少なくてすむ。

4) 日常の労務管理　　日常の主な労務管理事項を次に示す。

① 朝礼，ツールボックスミーティングなどで作業人員の確認，安全作業上の注意，その日の作業内容，指示，伝達事項を説明する。
② 現場代理人，統括安全衛生責任者などは現場を巡視し，施工状況，安全，他工事の状況など問題点の有無をチェックする。
③ 設置経験のない機器の据付け，使ったことのない工具の使用方法などを事前に

④ 新規入場の作業員には，その現場の状況を十分説明し安全について指導する。

5. 検査

(1) 一般事項

1) 目的 | 設計図面，仕様書および関連法規・基準に適合しているかを確認するため，工事着工時から竣工・引渡しまでの各施工段階で，必要となる検査，試験を実施する。

2) 検査・試験計画書 | 工事監理者の指定のある場合はそれによるほか，工事関係者と協議のうえ工事着工時に作成する。

検査・試験計画書作成時の留意点を次に示す。

① 各検査・試験の項目と内容（いつ・だれが行うのか）を予定表として作成する。
② 各検査・試験の合否の判定基準を明確にする。
③ 検査・試験記録の提出と保管について明確にする。
④ 繰り返し検査を必要とする工事は，工程の初期，中間期，施工完了時と，施工の節目ごとに検査を実施する。

(2) 施工中の検査

1) 工場立会検査 | 現場代理人は，工場立会検査の実施に先立ち，検査担当者を任命する。一般的には当該工事の主任技術者または監理技術者が行う。

工場立会検査の対象品は，主に受配電盤，制御盤，発電装置，直流電源装置などの現場ごとに形状，寸法，仕様が異なる特別注文で製作する機器であり，照明器具などのメーカ標準品は除かれる。立会検査における主な留意事項を次に示す。

① メーカ（製造者）の試験成績書の事前確認

工場立会検査は，メーカが事前に行った社内検査の試験成績書を用いて行う場合が多いので，事前にメーカの社内検査データを入手し，その結果について不明な点，補足する項目をメーカ側と打合せを行い実施する。

② 測定機器の校正成績書，証明書などの確認

検査に使用する測定機器および試験装置は，適正に管理・校正し，校正成績書，証明書などにより国家基準にトレーサビリティがとれたものとする。

③ 検査結果の記録

検査担当者は，検査項目の検査結果に合否判定を行い，記録する。一連の検査結果が合格の場合は，検査記録の該当項目欄に「指摘事項なし」などの記載をする。

なお，検査記録は，後日のトラブルを考慮して立会検査責任者が記名・押印しておくことが望ましい。

2) 機材受入検査 | 機材の搬入時には受入検査を行い，不良品があった場合は直ちに場外に搬出する。受入検査の主な要点を次に示す。

① 注文書，送り状または納品書と照合して，品名，規格，数量，形状寸法，材質，運搬途中の破損の有無などを確認する。
② 数量の過不足，寸法，仕様を確認する。
③ 主要機器の試験成績書，その他材料の品質証明となる資料を必ず受領する。

3) 工程内自主検査	現場代理人・施工担当者が施工工程上必要な時期に自主的に行う検査で，施工中間時における品質の作り込みを確認する。また，特に完成検査時に確認できない項目は必ず検査する。
4) 工程内社内検査	工事監理者・施主の指定要望，社内規定などで実施するもので，社内品質管理者・主任（監理）技術者により，配管・配線，機器取付けなどが，関連諸法規・設計図書・仕様書に適合していることを検査する。
5) 工程内諸官公庁検査	施工工程の適切な時期に行う諸官公庁確認検査で，消防関連設備などの施工中間時に行われる消防署中間検査がある。

(3) 竣工（完成）検査

1) 竣工自主検査	現場代理人・施工担当者がすべての工事が完了し，規定の要求事項に適合していることを最終的に検査する。
2) 竣工社内検査	社内品質管理者・主任（監理）技術者が，現場代理人より竣工自主検査完了の報告を受けた後，最終検査する。
3) 竣工諸官公庁検査	経済産業局検査，消防署検査，建築主事検査，その他の官庁検査をいい，電気工事が関連諸官公庁に申請，届出した図書類につき，関連諸法令に適合しているか否かを諸官公庁が検査する。
4) 竣工工事監理者検査	完成した電気工事が仕様書・設計図書に記載された機能・性能を備えているかの検査で，工事監理者が行う。
5) 発注者の完成検査	発注図書の規定要求事項に適合しているか否かを最終的に発注者が確認する検査で，合格後は発注者へ速やかに引き渡す。

第3節　工程管理

　　工程管理とは，工期を守るために全体のスケジュールを把握し，工事の進め方や作業ごとの日程を調整する管理業務である。工事にはさまざまな種類の作業があり，多くの作業員が携わることになるので，無駄なく効率よく作業が進むように工程表を作成し，予定と実施にずれが生じないようにスケジュールを管理することが必要である。

1.　一般事項

(1) 基本事項

1) 工程管理の目的

　　工程管理は，着工から完成までの時間的管理ではあるが，それを検討する段階では施工方法，施工に使用する機器，下請の能力，機材の発注・搬入，安全面の確認など施工全般との関連を総合的に判断し能率的，かつ，経済的な面も考慮しながら計画し，管理するものである。

2) 工程表作成の基本検討事項

　　工程表の作成に当たっては，作業工程の所要日数を正確に算出することが重要で，その算出には以下の条件を考慮し，1日平均作業量と必要作業量により所要日数を求める必要がある。

　　工程表作成における基本検討事項を次に示す。

①　1日平均作業量

　　1日の平均作業時間を8時間として，全工期を通じ連続して行える標準的な作業速度より算出するが，手待ち，天候などの影響による損失も十分に考慮する。

②　必要作業量

　　設計図書および実行予算書により，工事の内容と工事量を的確に把握し，現場の状況・作業時期を考慮して算出する。

③　作業可能日数

　　実際に作業を実施することが可能であっても日曜日・祝祭日，お盆，年末年始およびその他の要因により作業が実施できない日は，作業可能日数には含まれない。

④　作業手順

　　並行して行うことができる作業を確認するとともに，作業経路の中で余裕の少ない（クリティカルな）経路での対象となる作業の先行および後続する作業を把握し，重点的に管理する。

⑤　その他

　　諸官庁への申請・届出後，着手時期の制限がある場合を考慮する。

(2) 施工速度と原価

1) 工事費の内訳

　　工事費は直接費と間接費に大別される。直接費とは工費（作業員に支払う工賃）や機材費をいう。間接費とは職員給料や事務所賃料，事務機器などリース費をいう。

2) 工期短縮と直接費・間接費

　　工期を短縮すると，割高な機材の使用，残業や他作業員の応援が多くなり，単位施工量当たりの直接費は高くなる。

　　また，仮設費用，現場代理人の給与，金利などの間接費は完成が早まれば少なくてすむ。

3) 経済速度

直接費と間接費を合わせた工事費が最小となる最も経済的な施工速度をいう（図3.3.1）。

一般に施工速度を速くして単位期間内の出来高を上げると，それに合わせて工事費は安くなるが，極端に施工速度を速める（突貫工事の状態）と逆に高くなる。その突貫工事に移行する境目が最も安くなる。

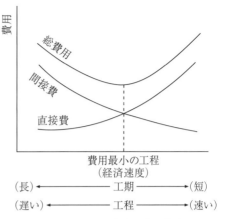

図3.3.1 施工速度と費用曲線

突貫工事による工事原価の増加要因を次に示す。

① 施工量に比例する以上の賃金（残業手当，深夜手当などの）支払いの増加
② 消耗材料などの使用量の急増
　消耗材料などの使用量は，施工量に比例するが，突貫工事になると急増する傾向にある。
③ 固定費（人件費）の増加
　1日の作業時間が急増するため，1交代から2交代などへとなり，1日の作業交代数の増加に伴う固定費が増加する。
④ 施工体制規模の拡大
　作業員が増加することにより，作業員詰所その他仮設設備および機械器具の増設，現場職員の増員など施工体制規模が拡大する。

4) 最適工期

直接費と間接費の和である総工事費が最小となる最も経済的な工期を最適工期という。図3.3.2に示す直接工事費が最小となる点aをノーマルコスト（標準費用）といい，これに要する工期は，ノーマルタイム（標準時間）という（図3.3.2）。

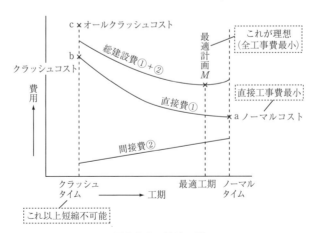

図3.3.2 最適工期

(3) 損益分岐

1) 固定費（固定原価）

施工出来高の増減によっても変わらない費用のことで，仮設の動力引込施設費のようなものをいう。

2) 変動費（変動原価） 　施工出来高が上がるにつれて上がっていく費用のことで，仮設動力用電力料金，工事使用材料のようなものをいう。

3) 工事総原価 　固定原価（F）と変動原価（vx）の和をいい，一般に変動比率では施工条件で変化するものだが，図3.3.3では $y = F + vx$ の直線で表している。

4) 損益分岐点 　図3.3.3における工事総原価と施工出来高が等しくなる線 $y = x$ を引くと，この線上では収入と支出は等しい。原価曲線 $y = F + vx$ と $y = x$ 線との交点Pにおける出来高を x_p とすれば，施工出来高が x_p 以上の場合は利益となるが，x_p 以下に下がると損失となる。この交点Pが損益分岐点である。

5) 採算速度 　工事が常に採算のとれる状態にあるためには，図3.3.3における損益分岐点の施工出来高 x_p 以上の施工出来高を上げなければならない。このような施工出来高を上げるときの施工速度を採算速度という。
　また，実際には，実行予算の立案に当たって，単位原価には採算を確保するための採算限度の原価があり，単位原価が採算限度の原価以下となる工程が採算速度の範囲である（図3.3.4）。

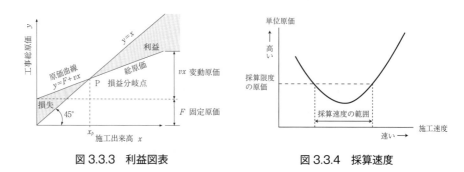

図3.3.3　利益図表　　　　　図3.3.4　採算速度

(4) 進度管理（バーチャート工程表の場合）

1) 速度管理方法 　ほとんどの工事現場で使用されているバーチャート工程表では，予定横線，予定進度曲線と実施進度曲線とを比較してフォローアップを行い管理する。

2) 進度曲線（Sチャート）による進度管理 　標準的な工事の進度は，一般的に工期の初期と後期では遅く，中間では早くなり，予定進度曲線は一般にS字に似た形となることからSチャートと呼ばれることもある。
　予定進度曲線は，労働力などの平均施工速度を基礎として作成されるのでいくらかの融通性をもっている。また，実施進度曲線は，実際の工事条件や管理条件などが標準条件と異なるため，予定進度曲線とは一致しないのが普通である。この場合，進度のずれ（差）には許容できる限度（適正限界）があって，そのずれが大きくなって回復しがたい状態に追いこまれないように管理しなければならない（図3.3.5）。

3) 進度遅れの原因調査と対策 　工程会議などで遅れを生じている工種を確認し，その原因が労務，機材，事故など何が原因かを調査する。
　遅れている部分の詳細工程表を作成することなどにより，遅れた日数および今後もその遅れが継続するおそれがあるかを検討し，作業員の増員，残業，施工方法の改善，手作業施工の機械作業への切替え，工場加工，機材搬入期日の再確認などにより遅れの防止対策を立てる。

　図3.3.5に示すように，実績累積値と計画累積値を比較することによって，横

軸の差異で日程の進みや遅れの程度を，縦軸の差異で出来高の過不足の程度を，適切に管理することができる。ただし，各作業の所要日数や遅れはわからないため，バーチャートと併用して用いられることが多い。

4) **許容限界進度曲線（バナナ曲線）**　通常，予定進度曲線は1本の線で表すが，実施進度曲線が予定進度曲線に対し常に安全な区域にあるように進度を管理する手段として上方許容限界曲線，下方許容限界曲線を設けることもある。この上下の曲線で囲まれた形がバナナの形に似ていることからバナナ曲線と呼ぶこともある（図3.3.6）。

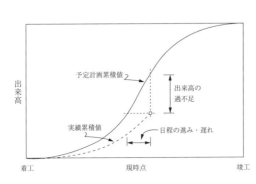

図3.3.5　Sチャートにおける進度管理

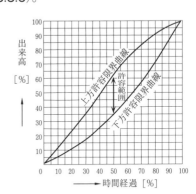

図3.3.6　許容限界進度曲線（バナナ曲線）

2. 各種工程表

(1) 工程表の種類

1) **工程表の分類**　工程管理に使用する工程表には，横線式工程表，ネットワーク式工程表および曲線式工程表がある。

2) **工程表の種類**　横線式工程表の種類を次に示す。

　①　ガントチャート工程表
　②　バーチャート工程表
　③　タクト工程表

　ネットワーク式工程表の種類を次に示す。

　①　アロー形ネットワーク（図3.3.7）
　　　作業を矢線で表示する方法。
　②　サークル形ネットワーク（図3.3.8）
　　　作業を丸印で表視する方法。

　なお，曲線式工程表は，工事の進捗状況を単純明快に示す進度曲線（Sチャート，1. (4) 3) 参照）が使用される。

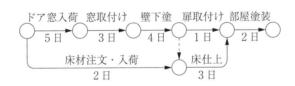

図3.3.7　アロー形ネットワークの例

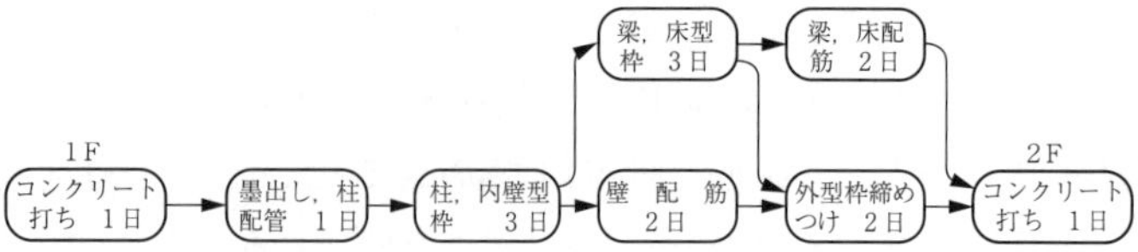

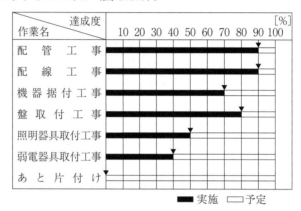

図 3.3.8　サークル形ネットワークの例

(2) ガントチャート工程表

1) 表示方法　ガントチャート工程表は，各作業の完了時点を 100％として横軸にその出来高（達成度）［％］をとり，縦軸には部分工事（部分作業）を列記して，現在の進行状態を棒グラフで示すものである（図 3.3.9）。

図 3.3.9　ガントチャート工程表の例

2) 特徴　ガントチャート工程表の長所を次に示す。
① 各作業の現時点における進行状態（達成度合）がよくわかる。
② 作成が容易である。
　　ガントチャート工程表の短所を次に示す。
① 各作業間の関連を調整することはできないので，工程計画の立案には役立たない。
② 変化，変更に弱いため 1 つの作業の変化，変更がほかの作業にどのように波及するのかがわかりにくい。
③ 問題点がはっきりせず，チャートに表れている各作業名の中の何の作業が遅れているか，進んでいるかなど，達成度の良否が判断しにくく，工事全体への具体的影響をつかみにくい。
④ 工事の所要期間の見積りができない。

(3) バーチャート工程表

1) 表示方法　バーチャート工程表は，縦軸に各作業名を列記し，横軸に暦日をとり，各作業の着手日と終了日の間を棒線で結んで作業日程を表す工程表である。ガントチャート工程表の短所をある程度修正したもので，ほとんどの工事現場で使用されている（図 3.3.10）。

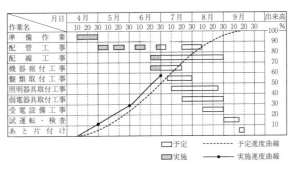

図 3.3.10　バーチャート工程表の例

また，図 3.3.10 バーチャート工程表の例では，進度管理が分かるように進度曲線（1. (4) 参照）を記している。

進度曲線は，縦軸に出来高［％］をとり，工事の初めから終わりまでの予定進度曲線を記入しておき，着手後の実施進度曲線との差を確認することにより管理する。

2）特徴

バーチャート工程表の長所を次に示す。

① 各作業の所要日数，日程がわかりやすい。
② 作業間の手順が大体わかる。
③ 現場の工程変化に対し，修正補足が容易である。
④ 全体の進行度が把握できる。
⑤ 工程上の問題点は大体わかる。

バーチャート工程表の短所を次に示す。

① 各作業の余裕時間はわからない。
② 工事が複雑化してくると他工種との関連性が把握しにくい。

(4) タクト工程表

1）表示方法

タクト工程表は，システム化されたフローチャートを階段状に積み上げた工程表で，縦軸にその建物の階層を取り，横軸に暦日を取り，バーチャートにネットワーク工程表の表現方法を取り入れたものである（図3.3.11）。

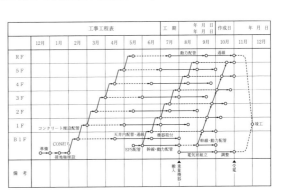

図 3.3.11　タクト工程表の例

2）特徴

タクト工程表の長所を次に示す。

① ネットワーク工程表に比べ，作成および管理が容易である。
② バーチャート工程表に比べ，他作業との関連性が理解しやすい。
③ 高層ビルなどの繰り返し作業の工程管理に適している。
④ 建物階別に各作業の工程がわかりやすい。
⑤ 全体の稼働人数の把握が容易である。
⑥ 工期の遅れなどによる変化の対応が容易である。

タクト工程表の短所を次に示す。

① 出来高を把握しにくい。
② クリティカルパス（複数の作業のうち最も作業日数を要する経路）と呼ばれる工程上の重点管理が把握しにくい。

(5) ネットワーク工程表

1) 表示方法　ネットワーク工程表は，全体工事の中で各作業項目がどのような相互関係にあるかを表したものである。計画や管理の実施段階で，計画の変更や条件の変化に即応できると同時に，問題が複雑化しても簡単に分析が可能な工程表である。イベントを中心として記述し，作業の開始，完了時点に重点を置き矢印で表すアロー形ネットワークと，イベントを丸印で囲み作業手順のフローに重点を置いた表現のサークル形ネットワークがあり，一般的にアロー形ネットワークが使用されている（図3.3.12）。

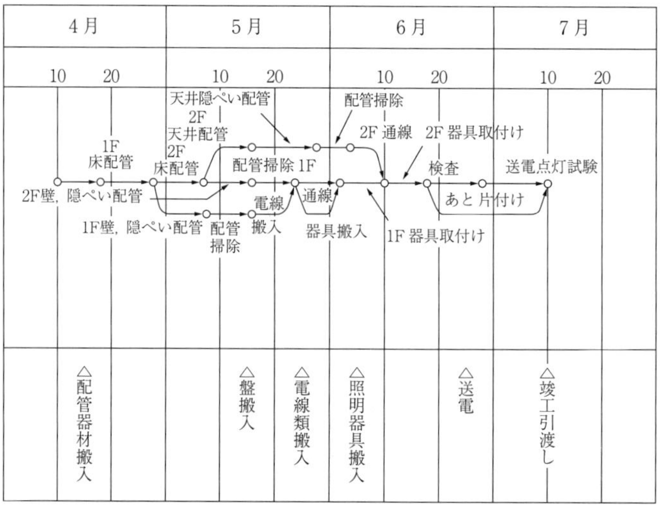

図3.3.12　ネットワーク工程表（アロー形）の例

2) 特徴　ネットワーク工程表の長所を次に示す。
① 工事規模が大きく，複雑なほど，また，工期に余裕のない工事であるほど，この工程表の利点を生かせる。
② 計画の変更および実施段階での変化に対して対応しやすい。
③ 工事の総所要日数がわかる。
④ 各作業の余裕日数がわかる。
⑤ 労務人員を経済的に管理できる。
⑥ 工事中のどの時点からでも進行度（遅速）を計算できる。
⑦ 作業の手順，順序関係が容易に把握できる。
⑧ 各作業との関連性が明確で，他の業種の工程に対しても理解しやすい。
⑨ クリティカルな作業が明らかになるので重点管理が可能になる。
　ネットワーク工程表の短所を次に示す。
① 工程表作成手法の知識が必要で，作成に時間を要する。
② 暦日目盛と併用の場合を除き，各作業の進行度合は計算をしなければわからない。したがって，頻繁に計算によるフォローが必要になる。
③ 計画と実績の比較は困難である。

(6) 各種工程表の比較

各種工程表の比較を**表 3.3.1** に示す。

表 3.3.1　各種工程表の比較

比較事項＼工程表	(2)ガントチャート	(3)バーチャート	(5)ネットワーク
作成の難易	容　易	(2)より複雑	作成手法の知識が必要
作業の手順	×	△	○
作業の日程・日数	×	○	○
各作業の進行度合	○	△	△
全体進行度	×	○	○
工期上の問題点	×	△	○

［注］○：判明，△：漠然，×：不明

3. ネットワーク手法（アロー形）

3.1 基本事項

(1) 表示の仕組み

1) バーチャート工程表とネットワーク工程表の関係

ネットワーク工程表の形を，従来から広く使われているバーチャート工程表をもとに説明する。

① 説明用に**図 3.3.13** のような工事を想定する。

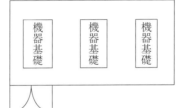

機器基礎
機器基礎
機器基礎
すみ出し……………2日
仮枠組立……………3日
コンクリート打ち…1日

図 3.3.13　電気室の基礎配置図

② **図 3.3.13** の工事をバーチャート工程表で表すと，**図 3.3.14** のようになる。

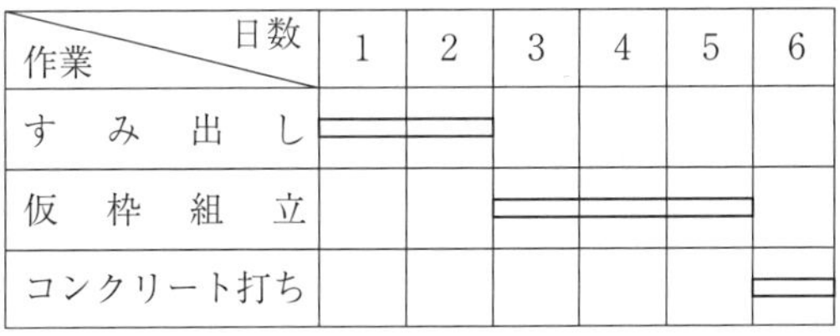
作業
日数
1
2
3
4
5
6
すみ出し
仮枠組立
コンクリート打ち

図 3.3.14　バーチャート工程表

③ 各作業の開始をⓈ，終了をⒸで表し，ⓈとⒸを矢線で結び工程の流れを示すようにすると**図 3.3.15** のようになる。

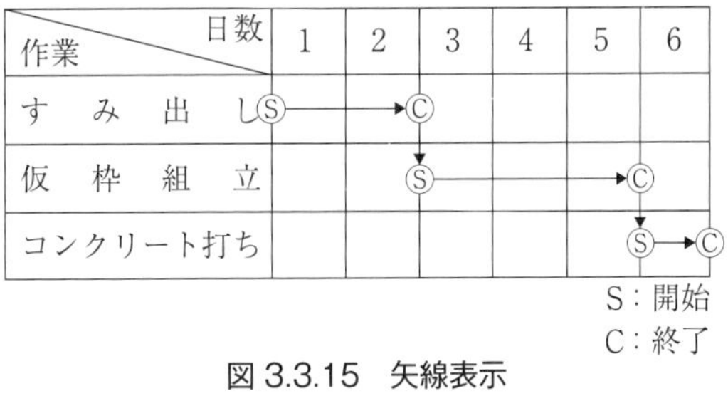
作業
日数
1
2
3
4
5
6
すみ出し
仮枠組立
コンクリート打ち
S：開始
C：終了

図 3.3.15　矢線表示

④ 作業名を図3.3.16のように矢線の上に移すと，作業欄を省略できる。

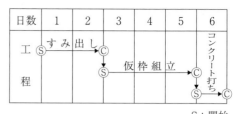

図3.3.16　矢線に作業名記入

⑤ すみ出しの©と仮枠の⑤および仮枠の©とコンクリート打ちの⑤は日数的には同じ位置になるので，それぞれを重ね合わせて各作業の始まりと終わりに数字を入れると図3.3.17のようになる。これが暦日と組み合せたネットワークの形である。

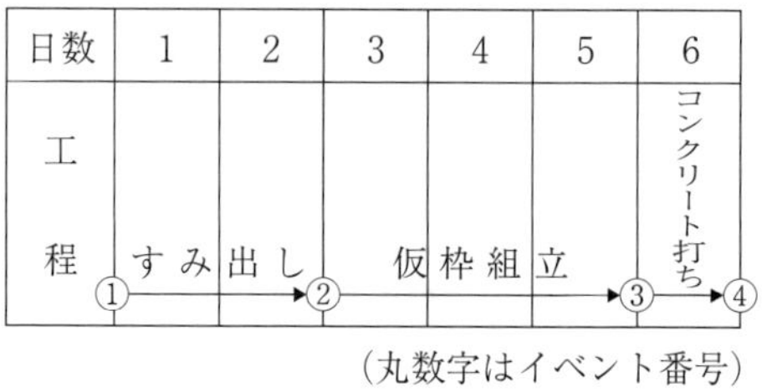

図3.3.17　作業開始と終了に数字記入

⑥ 図3.3.17の作業の矢線の下に所要日数を記入して，日数を表す暦日の枠を取り除き，矢線の長さを所要日数と関係のない自由な長さで表す

図3.3.18　ネットワーク

と図3.3.18のようになる。このように，1つのまとまった作業は1本の矢線で表し，矢線の上に作業名，矢線の下に作業日数を表示する。

(2) 基本用語

ネットワーク工程表に関する基本用語と作成上の基本要点を以下に示す。

1) **アクティビティ（作業）** ネットワーク表示に使われている矢線のことをいい，作業活動，見積り，材料入手など時間を必要とする諸活動をいう（図3.3.19）。

　　アクティビティの基本要点を次に示す。

(イ) 矢線は作業が進行する方向に表す（左から右）。

(ロ) 作業の内容は矢線の上に表示する。

(ハ) 作業に必要な時間の大きさを矢線の下に書く。この時間をデュレイションといい矢線の長さとは無関係である。

図3.3.19　アクティビティ（作業）

2) イベント（結合点）

イベントは，作業（またはダミー）の結合する点で丸印（→○→）で表し，作業の開始または終了時点を示す（入ってくる矢線の作業が終了する時点，出て行く矢線の作業が開始される時点）（図3.3.20）。

イベントの基本要点を次に示す。

(イ) イベントには番号（正整数）または記号を付ける。これをイベント番号（結合点番号）と呼ぶ。

(ロ) イベント番号は同じ番号が2つ以上あってはならない。

(ハ) イベント番号は作業の進行する方向（左から右）に向かって大きな数字になるように通し番号を付ける。

(ニ) 作業は，その矢線の尾が接するイベントに入ってくる矢線群（作業群）がすべて終了してからでないと着手できない。

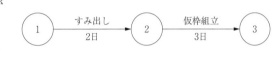

図3.3.20 イベント（結合点）

3) ダミー

ダミーは点線の矢印（⋯→）で表し，架空の作業（Dummy）の意味で作業の前後関係のみを表し，作業および時間の要素は含まないので，日数計算上は0（ゼロ）として計算する。

ダミーの基本要点を次に示す。

(イ) 図3.3.21(a)のような作業において，作業Dが作業Aの他に作業B，Cにも関係があり，作業A，B，Cが終らないと着手できない場合は，図3.3.21(b)のような表示になる。

(ロ) ダミーは，作業と区分され，作業の相互関係を結び付けるのに用いる。

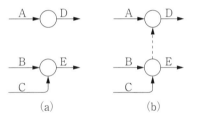

図3.3.21 ダミーの使い方

4) 所要時間

作業の開始から終了までに要する時間をいい，建設工事では一般に日を単位としている。

(3) 基本ルール

1) 先行作業と後続作業

イベント（結合点）に入ってくる矢線（先行作業）がすべて完了した後でないと，イベントから出る矢線（後続作業）は開始できない。

図3.3.22(a)ではAおよびBの両方の作業とも完了しないとCは開始できないという意味である。また，図3.3.22(b)ではDはBが完了すれば開始できるが，CはAおよびBが完了しないと開始できないことを表している。

図3.3.22

2) 矢線の制限　1つのイベントから出て次のイベントに入る矢線の数は，1本でなければならない。したがって，隣り合う同一イベント間には2つ以上の作業を表示してはならない。

　これは作業日程の計算を行う場合など，各作業を矢線の両端のイベント番号で表すので，図3.3.23(a)のようにイベント②と④の間にBとDの2つの矢線を入れてしまうと，イベント②→④の作業がBとDのどちらを指すのかわからなくなるためである。

　図3.3.23(a)のBとDのように2つの作業が並行して行われる場合は，同図(b)または(c)のように2つのイベント間（例えば②→④間）の1つの作業（例えばD）の中間に新たに別のイベント（例えば③）を設け，②と③の間（図3.3.23(c)の場合は③と④の間）をダミーで結ぶ。このようにすれば作業Bは②→④で，作業Dは③→④で（図3.3.23(c)の場合は②→③で）表すことができる。

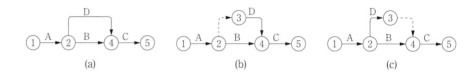

図3.3.23

3) 開始点と終了点　1つのネットワークでは，開始のイベントと終了のイベントはそれぞれ1つでなければならない。

4) サイクルの禁止　図3.3.24で作業A～Gの作業ネットワークにおいて，C, D, Eがサイクルになる。「CはDに先行し，DはEに先行し，EはCに先行する」ことになり，作業は進行せず日程計算が不可能になる。作業Eの矢線を戻して表示したため，C, D, Eがループしてしまい，誤りである。

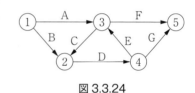

図3.3.24

3.2　管理手法

(1) 作業開始時刻と完了時刻

1) 最早開始時刻（EST）　あるイベントにおいて，先行する全ての作業を終了し，次の作業が最も早く開始できる時刻を最早開始時刻（EST）という（図3.3.25の各イベント上の数字）。

　開始イベントの最早開始時刻（日）は0とし，左から右へ足し算する。ただし，先行作業が複数ある場合は，そのうち終わりが最も遅い作業が完了しないと次の作業に入れない。

> 図3.3.25を用いた算出方法を次に示す。
> ・開始を0とし，①→②（A作業）に3日かかるとすれば，イベント②から後続する作業B, Cの作業開始可能日は3日になる。
> ・イベント④は，①→②→③‥→④の経路で8日間，①→②→④の経路で6日間となる。
> ・作業Eは，作業Bが完了しなければ開始できず，イベント④の最早開始時刻（日）は8日になる（後続作業Eは8日たてば開始できる）。
> 　イベント⑥までの最早開始時刻（日）の算出結果を表3.3.2に示す。表より，最終イベント⑥の最早開始時刻は16日となり，工事計画の所要時間（日）を示す。

第3節　工程管理

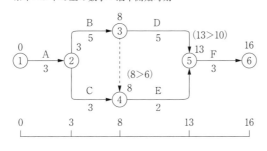

図 3.3.25　最早開始時刻の一例

表 3.3.2　最早開始時刻の算出例

イベント	計　算	EST
①	0	0
②	0 + 3 = 3	3
③	3 + 5 = 8	8
④	8 + 0 = 8 ⎫ 8 > 6 3 + 3 = 6 ⎭	8
⑤	8 + 5 = 13 ⎫ 13 > 10 8 + 2 = 10 ⎭	13
⑥	13 + 3 = 16	16

2) 最早完了時刻（EFT）

　その作業が最も早く終了できる時刻（日）のことを最早完了時刻（EFT）という。

　最早完了時刻（日）の算出方法を次に示す。
・「その作業の最早開始時刻（EST）＋その作業の所要時間」で算出する。
・図 3.3.25 の作業②→④（作業 C）の例では，イベント②の最早開始時刻 3 日に，作業 C の所要時間 3 日を加えた 6 日になる。

3) 最遅完了時刻（LFT）

　工事が所要工期以内に完了するために各イベントまでの先行作業のすべてが遅くとも終了していなくてはならない時刻を最遅完了時刻（LFT）という（図 3.3.26 の各イベント上の□数字）。

　最終イベントの最早開始時刻（日）を所要工期として最早開始時刻（日）の計算とは逆に，先行作業の所要日数を引き算して算出する。

　図 3.3.26 を用いた算出例を次に示す。
・イベント④の最遅完了時刻（日）は，イベント⑤までの所要日数 13 日から④→⑤の（作業 E）の所要日数 2 日を引いた 11 日となる。
・イベント②の最遅完了時刻（日）は，②→④（作業 C）の経路で算出すると 8 日（11 - 3 = 8）に終了していれば間に合うが，②→③（作業 B）の経路では 3 日（8 - 5 = 3）に終了していないと間に合わないので，イベント②の最遅完了時刻は 3 日となる。

　このように後続する作業群の最遅開始時刻（日）の内で，最も時間数の短いものが，先行する作業の最遅完了時刻（日）を決定する。

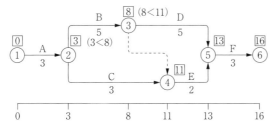

図 3.3.26　最遅完了時刻の一例

表 3.3.3　最遅完了時刻の算出例

イベント	計　算	LFT
⑥		16
⑤	16 - 3 = 13	13
④	13 - 2 = 11	11
③	11 - 0 = 11 ⎫ 8 < 11 13 - 5 = 8 ⎭	8
②	8 - 5 = 3 ⎫ 3 < 8 11 - 3 = 8 ⎭	3
①	3 - 3 = 0	0

注：左表のイベント①の LFT は必ず 0 に戻る。例えば -2 とか 1 になった場合は途中の計算に誤りがある。

4) 最遅開始時刻 | その作業が遅くともその時刻に開始されなければ予定工期までに完成できないと
(LST) | いう時刻（日）のことを最遅開始時刻（LST）という。

> 最遅開始時刻の算出方法を次に示す。
> ・「その作業の最遅完了時刻（LFT）－その作業の所要時間」で算出する。
> ・図3.3.26の作業②→④（作業C）の例では、イベント④（作業C）の最遅完了時刻11日から作業Cの所要時間3日を引いた8日となる。

(2) フロート（余裕時間）

1) フロート（余裕時間） | イベントに2つ以上の作業が集まる場合、一般的にそれぞれの作業の所要時間（日）に差がある。したがって、それらの作業の中で最も遅く完了する作業以外のものは時間的余裕（日）が存在することになり、これをフロートと呼ぶ。

> 図3.3.27の例で、経路②→③→④は5日、②→④は8日かかるので前者は3日の余裕があることになる。

フロート（余裕時間）には、トータルフロート（TF, 最大余裕時間）、フリーフロート（FF, 自由余裕時間）、デペンデントフロート（DF, 干渉余裕時間）がある。

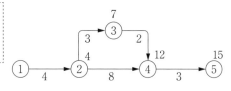

図3.3.27　フロートの一例

2) トータルフロート（TF, 最大余裕時間） | 任意の作業（例：②→⑤）内でとり得る最大余裕時間をトータルフロート（TF）と呼ぶ。

> 図3.3.28による算出方法を次に示す。
> ・作業Cの②→④は3日に開始して3日間かかるから6日に完了する。
> ・イベント④の最遅完了時刻は11日（図3.3.28）であり、それまでに完了していれば工期16日に影響しないので11－6＝5日間の余裕がある。
> ・同様に、作業Eの④→⑤では13－(8＋2)＝3日間の余裕がある（図3.3.29の計算例を参照）。
> ・②→④の作業でトータルフロートをすべて使用した場合、後続の④→⑤のトータルフロートは無くなる。
> このように先行作業でトータルフロートを使うと後続作業のトータルフロートに影響する。

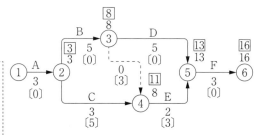

注：〔 〕内の数字はTF

図3.3.28　トータルフロート説明の例

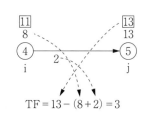

TF＝13－(8＋2)＝3

図3.3.29　トータルフロートの計算例

ある任意の作業におけるトータルフロートの計算式は以下のとおりである。

　　TF ＝後続イベントの最遅完了時刻（LFT）－（先行イベントの最早開始時刻
　　　　（EST）＋作業時間）

3) フリーフ　　任意の作業を最早
　ロート　　　開始時刻（EST）で
　（FF, 自由　始め，後続する作
　余裕時間）　業も最早開始時刻
　　　　　　　（EST）で始めても
　　　　　　　存在する余裕時間
　　　　　　　（日）をフリーフロー
　　　　　　　ト（FF）と呼ぶ。

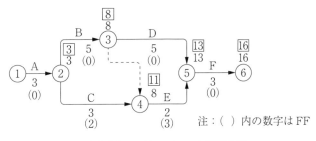

図 3.3.30　フリーフロート説明の例

> 図 3.3.30 による算出方法を次に示す。
> ・作業Cの②→④が完了するのが6日で，イベント④の最早開始時刻は8日であるから8－6＝2日間は自由に使用しても後続する作業Eのフロートには影響しない。したがって作業Cのフリーフロートは2日となる。

　　フリーフロートの計算は，その作業の最早完了時刻（日）と後続するイベントの最早開始時刻（日）との差を求めればよい。

　　フリーフロートの計算式を次に示す。

　　FF ＝後続イベントの最早開始時刻（EST）－（先行イベントの最早開始時刻
　　　　（EST）＋作業時間（日））

4) デペンデント　　トータルフロートのうちフリーフロートを使い切った残りの，後続作業のもつ
　フロート(DF,　トータルフロートに影響を与えるフロートをデペンデントフロート（DF）または
　干渉余裕時間）インターフェアリングフロート（IF）と呼ぶ。

　　デペンデントフロートの計算式を次に示す。

　　DF ＝トータルフロート（TF）－フリーフロート（FF）

5) トータルフ　　トータルフロートの性質を次に示す。
　ロートの性質
　　　　　　　(イ) トータルフロート＝0の作業をクリティカル作業という。
　　　　　　　(ロ) トータルフロートはフリーフロート（FF）とデペンデントフロート（DF）の
　　　　　　　　　和である（TF ＝ FF ＋ DF）。
　　　　　　　(ハ) トータルフロート＝0のときは他のフロート（FF, DF）も0である。
　　　　　　　(ニ) 1つの経路上ではトータルフロートに含まれるデペンデントフロートは共有されているものである。各作業のトータルフロートは，それを加えた分だけその経路に余裕時間があるのではない。先行作業において，そのトータルフロートを使いきれば，そのデペンデントフロート分だけ後続作業のトータルフロートは少なくなる。
　　　　　　　(ホ) トータルフロートのある先行作業がトータルフロートの一部，または全部を使うと，後続する作業は一般に最早開始時刻で始めることができなくなる。

6) フリーフロ　　フリーフロートの性質を次に示す。
　ートの性質
　　　　　　　(イ) フリーフロートは必ずトータルフロートと等しいか小さい（FF ≦ TF）。
　　　　　　　(ロ) フリーフロートはこれを使用しても，後続する作業には何ら影響を及ぼすもの

ではなく，後続する作業は，最早開始時刻で開始することができる（図3.3.31の計算例を参照）。

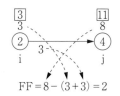

図3.3.31　フリーフロートの計算例

7) 各フロートの関係

3つのフロートの関係を図3.3.32に示す。

(イ) デペンデントフロートは，これを使うと全体の工期に影響を与えないが，後続作業の最早開始時刻（日）に影響を与える。

(ロ) フリーフロートは，これを使っても後続作業に何ら影響を与えず，後続作業は最早開始時刻（日）で開始できる。

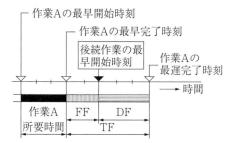

図3.3.32　TF ＝ FF ＋ DF の関連図

(ハ) トータルフロートは，1つの経路全体として共通するフロートである。

(3) クリティカルパス

1) 意味

クリティカルパスは，ネットワーク上の各経路のうち最も日数が長く，各作業に余裕時間のない経路のことをいう。

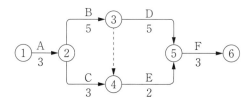

図3.3.33　クリティカルパスの経路例

図3.3.33における各経路の日数計算を次に示す。
- イベント①→②→③→⑤→⑥　　　16日
- イベント①→②→③‥④→⑤→⑥　　13日
- イベント①→②→④→⑤→⑥　　　11日

したがって，この工事の所要工期は一番上の16日で，最も長い日数を要する経路となり，この経路がクリティカルパスになる。

2) 性質

クリティカルパスの主な性質を次に示す。

(イ) クリティカルパスは開始点から終了点までのすべての経路の中でもっとも時間が長い経路で，この経路の所要日数が工期となる。

(ロ) クリティカルパスは，必ずしも1本ではない。

(ハ) 工程管理ではクリティカルパスを重点管理する。しかし，クリティカルパスでなくともフロート（余裕時間）の非常に小さいものは，クリティカルパスと同様に重点管理する。

(ニ) 工程短縮の手段は，クリティカルパスに着目しなければならない。

(ホ) クリティカルパス上の作業（アクティビティ）のフロート（余裕時間）は0である。

(ヘ) クリティカルパス以外の作業（アクティビティ）でも，フロート（余裕時間）を消化してしまうとクリティカルパスになる。

(ト) ネットワークでは，クリティカルパスを通常，太線で表す。

3) 算出方法

クリティカルパスには3つの求め方があり，その算出方法を次に示す。

(イ) 各経路の所要日数を算出して求める（クリティカルパス（CP）は最も長い日数を要する経路になる）。

(ロ) クリティカルパス上の作業は，すべてトータルフロートが0であるから，トータルフロートを算出して求める（CPは，TF（トータルフロート）＝0になる作業を結んだ経路になる）。

(ハ) クリティカルパスが通るイベントの最早開始時刻（EST）と最遅完了時刻（LFT）は等しいので，その両時刻を算出して求める（CPはEST＝LFTになるイベントを結んだ経路になる）。ただし，図3.3.34のイベント⑦，⑧，⑨，⑩のように両時刻が同じであっても，イベント⑦と⑨の間に⑦→⑧→⑨と⑦→⑨の2つの経路が生じる場合は両者を比較し，所要日数の長い方がクリティカルパスとなる。

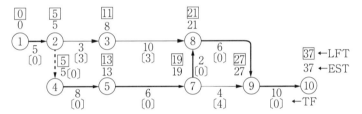

イベント③はEST8≠LFT11につき，クリティカルパスは通らない。
⑦→⑧→⑨の所要日数＝8日←クリティカルパス
⑦→⑨　　の所要日数＝4日

図3.3.34　クリティカルパス算出方法の例

4) クリティカルイベント

最早開始時刻（EST）と最遅完了時刻（LFT）の等しいイベントをクリティカルイベントと呼び，クリティカルパスは必ずその経路を通る。

(4) 日程短縮

ネットワーク工程表を作成し，各作業に標準状態における作業時間を入れ最早開始時刻を計算すると標準状態での所要日数がわかる。その日数が与えられた工期をオーバーしている場合には，いずれかの作業を短縮しなければならない。これは実務的に重要なことであり，その対策を合理的に立てられるところがネットワーク工程表の特徴である。

1) 検討事項と留意事項

工期を計画全体の所定の期間に合わせるために調整することをスケジューリングといい，検討する事項を次に示す。

(イ) 各作業時間（日数）の見積りが適切であるかの確認をする。

(ロ) 各作業の順序の入替えによる効果について検討する。

(ハ) 直列になっている作業を並列作業に変更する。

(ニ) 人員，機械の増加，高能率の機械，熟練工の投入を行う。

(ホ) 余裕のある他の作業から人，機材，機械の応援を行う。

留意事項を次に示す。

(イ) コストの増大は極力抑える。
(ロ) 品質，安全性を考慮し，低下する場合は行わない。
(ハ) 各作業の所要日数への影響度の検討・確認をする。
(ニ) 投入資源（人員，機械など）の増加限度を十分検討する。

2) **基本的方法**　図3.3.35の所要工期が7日の工事を6日に1日間短縮する基本的方法を次に示す。

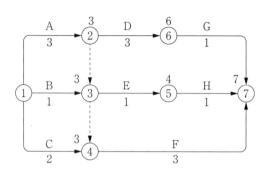

図3.3.35　工期短縮検討のネットワーク例

❶　最終イベント⑦の最遅完了時刻を6日（工期を7日から6日に短縮する）とし，各イベントの最遅完了時刻を計算する。
❷　各作業のトータルフロートを計算する。
　上記の計算を行ったものを図3.3.36に示す。

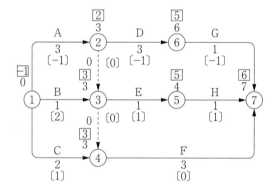

図3.3.36　トータルフロートの計算

❸　トータルフロートが負〔マイナスの値〕となった作業（図3.3.37）の中から短縮が可能な作業を選び，必要日数分の短縮を行う。

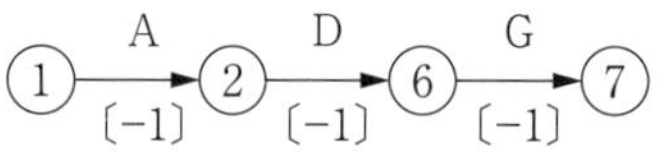

図3.3.37　トータルフロートが負となる作業

図3.3.35の場合，Gの作業については，所要日数がもともと1日しかないので短縮することはできない。したがって作業A（3日），作業D（3日）の2つの作業のうちどちらかで1日短縮を行う。

作業A, Dのどちらかで1日短縮を行うことにより，共通経路（①→②→⑥→⑦）上のマイナスのトータルフロートはすべて解消される。

一例として，作業Aを1日短縮した場合で再計算したものを図3.3.38に示す。

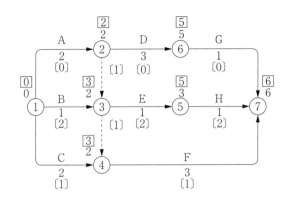

図3.3.38　作業Aを1日短縮した場合のトータルフロートの計算

上図より，短縮前にトータルフロートが負〔マイナスの値〕であった作業のトータルフロートは全て以下の図3.3.39のように〔0〕となり，〔マイナス〕のトータルフロートはすべて解消される。

①→A[0]→②→D[0]→⑥→G[0]→⑦

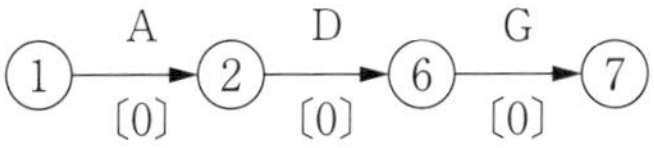

図3.3.39　作業Aを1日短縮して工期を1日縮めた場合のトータルフロート

(5) フォローアップ

一応工期内に完成が可能な工程表を工事開始前に作成し着工しても，現実には時間見積りのデータが不適当であったり，天候の異変，地中障害物の発生，関連工事の遅れなど予測が困難な要因の発生，手違い，計画の変更などのため工程の遅れが生じることが多い。これを工期の途中でチェックすることがフォローアップである。

1) フォローアップ方法　図3.3.40のネットワーク工程表を用いて，工事が2日経過した時点でのフォローアップ方法を次に示す。

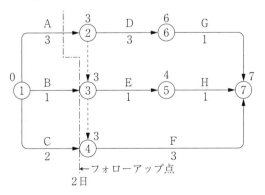

図3.3.40　ネットワーク（フォローアップ）の例

❶ 各作業の残りの所要日数を確認する。
（表3.3.4の例では，2日経過した時点で以下の作業に遅れが生じていた場合を示す）

表3.3.4 各作業の所要日数の例

作業名	所要日数
A	2日残
B	終了
C	終了

※ 左記以外の作業には変化は
ないものとする。

❷ 2日経過した時点での各作業の所要日数を入れて，ネットワーク図を新しく書き換える（図3.3.41 ※最遅完了時刻とトータルフロートが未記入の状態）。

❸ 各イベントの最早開始時刻を求めると，所要工期は8日となり，1日延びたことになる。

❹ 当初工期7日を最終イベントの最遅完了時刻とし，各イベントの最遅完了時刻と各作業のトータルフロートを求める。

以上の計算を行ったものを図3.3.41に示す。

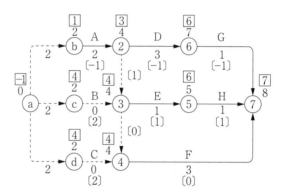

図3.3.41 2日経過時点でのトータルフロートの計算

❺ トータルフロートが負〔マイナスの値〕となった作業を洗い出す。
トータルフロートがマイナスになった経路を図3.3.42に示す。

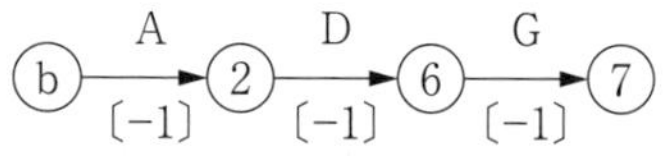

図3.3.42 トータルフロートが負となる作業

❻ （4）日程短縮 2）基本的方法により，トータルフロートがマイナスとなった作業A，D，Gの中から短縮可能な作業のトータルフロートが0になるように短縮を行う。

このネットワーク図の場合，作業Aは元々延びたので，短縮対象にはできない。また，作業Gはもともとの所要日数が1日で，短縮は不可能である。よって，作業D（3日）を1日短縮し，2日にすれば所要工期を元の7日にすることができる。

(6) 配員計画

1) 概要

ネットワーク工程表では，各作業の最早開始時刻および最遅開始時刻が把握できるので，その両時刻の間で最も経済的で，かつ，合理的な作業時刻や作業員数を決

めることを配員計画という。

実際の方法としては、作業を進めるために必要な人員、機械、機材を各作業について考え、同種の作業者、資材などについて日々の累計を算出（山積み）し、大きなピークを生じたとき（例えば作業者がある特定の日に多数必要となる場合）は、ネットワーク上のフロートを使用して作業工程を調整し、人員、機械、機材などの必要量の平準化を図る（山崩し）。

2) 山積み図

山積み計算は配員計画を行う場合の基礎となるもので、ネットワークを組んで決めた日程のとおり工事を進捗させるものとしたときの計算である。計算手順を次に示す。

❶ 最早開始時刻（最遅開始時刻）を計算する。
❷ 各作業の開始を最早開始時刻（最遅開始時刻）に合わせた作業日を暦日目盛（タイムスケール）に実線で表示し、フロートはその後に点線で表示する。
❸ 各作業の開始、完了の時点に縦線を入れ、縦線間の各作業の使用人員を集計する。
❹ クリティカルパスが底辺にくるように山積み図をつくる。これは、最早開始、最遅開始のいずれの場合でも、作業の開始と完了の時刻に変化がないからである。

3) 山崩し図

山崩し計算は、各作業のフロートを利用して、作業を最早開始時刻と最遅開始時刻の間の可能な範囲で調整して、平均化を図ることである。計算手順を次に示す。

❶ 最早開始時刻と最遅開始時刻の山積み図をつくる。
❷ 各作業のトータルフロートを計算する。
❸ クリティカルパス上の作業を底辺に置く。
❹ クリティカルパス以外の作業は、2つの山積み図の範囲で作業の開始日を調整する。この場合、トータルフロートの小さい順に始め、トータルフロートが同じ場合は、作業時間が短い方から開始する。
❺ 工期全体にわたって❹の調整を繰り返し、図 3.3.43 のように作業者数を平均化する。

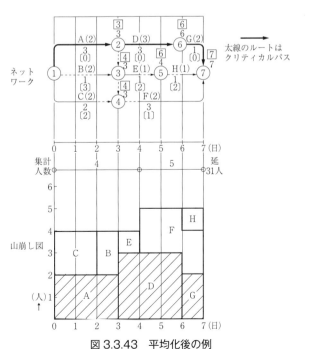

図 3.3.43　平均化後の例

(7) アロー形ネットワーク用語のまとめ

アロー形ネットワークで使用される用語の概要を，表3.3.5に示す。

表3.3.5 アロー形ネットワーク用語の概要

用語	記号	意味	表示・計算など
アクティビティ（作業）		ネットワークを構成する作業単位	矢線→で表す
イベント（結合点）		作業（またはダミー）と作業（またはダミー）を結合する点および対象工事の開始点または終了点	丸印→○で表し，番号（正整数）を付ける
ダミー		作業の前後関係を図示するために用いる矢線で，時間の要素は含まない	点線の矢線…→で表す
所要時間（デュレイション）	D	作業をするのに必要な時間	
最早開始時刻	EST	作業を始めうる最も早い時刻	先行作業が2以上あるときはその最早完了時刻のうちで最も時間の多いもの
最早完了時刻	EFT	作業を完了しうる最も早い時刻	最早開始時刻にその作業の所要時間を加えたもの
最遅開始時刻	LST	対象作業の工期に影響のない範囲で作業を最も遅く開始してもよい時刻	最遅完了時刻からその作業の所要時間を引いたもの
最遅完了時刻	LFT	対象作業の工期に影響のない範囲で作業を最も遅く終了してもよい時刻	最終イベントのEST から順に先行作業の所要時間を引いたもので，そのイベントに後続作業が2以上あるときは最小値をとる
パス		ネットワークの中で2以上の作業の連なりをいう	
クリティカルパス	CP	開始イベントから終了イベントに至る最長のパス（記録）	各作業のTF を求めTF = 0 の経路がクリティカルである。ネットワークが簡単な場合には，すべての経路を拾いだし，最長経路を求めてもよい
フロート（余裕時間）		作業余裕時間	
トータルフロート（最大余裕時間）	TF	作業を最早開始時刻で始め，最遅完了時刻で終了する場合に生ずる余裕時間で，1つの経路上では共有されており，任意の作業が使い切ればその経路上の他の作業のTF に影響する	ⓘ→ⓙのとき $TF_{ij} = t_j^L - (t_i^E + T_{ij})$ t_j^L：ⓙにおけるLFT t_i^E：ⓘにおけるEST T_{ij}：ⓘ→ⓙの所要日数
フリーフロート（自由余裕時間）	FF	作業を最早開始時刻で始め，後続する作業も最早開始時刻で始めてなお存在する余裕時間で，その作業の中で自由に使っても，後続作業に影響を及ぼさない	$FF_{ij} = t_j^E - (t_i^E + T_{ij})$ t_j^E：ⓙにおけるEST
デペンデントフロート（インターフェアリングフロート）（干渉余裕時間）	DF (IF)	後続作業のトータルフロートに影響を及ぼすようなフロートのことでインターフェアリングフロートともいう	DF = TF − FF
タイムスケール式ネットワーク工程表		上段の暦日目盛に合わせ，矢線の長さを，作業日数に比例して引いたネットワーク工程表。余裕日数は点線で表す	Time Scale A 2日, B 1.5日
マスターネットワーク工程表		一連の工事を集約して，1つの矢線で表示した総合工程表。まず初めに，マスターを作り，次に各工事に細分化して，より詳しくしていくのが，一般的である	Master

第4節　品質管理

　品質管理は，もともと量産工場で設計，製作，検査の各過程を通し，目標の品質を満足する製品をいかに安く生産し，その結果を調査，反省して，また，次の設計，製作，検査に役立つような処置を行うという生産管理から発展してきたものである。その手段としては統計的手法によることが多く，その意味では，統計的品質管理と呼ばれることもある。

　電気工事は，工場の量産製品に比べて，その品質管理に統計的手法を用いる度合は少ないが，設計図書に示された品質を十分満足するような電気工作物を，問題点や改善方法を見出しながら最も経済的に作るために，抜取検査などの手法が用いられている。

1. 一般事項

(1) 品質と品質管理

1) 品質　品質とは，本来備わっている特性の集まりが要求事項を満たす程度と定義されている。品質は品質特性によって構成され，電気工事の場合では，図面，仕様書などの設計図書により形状，寸法，強度，材質，機能などが示される。

2) 品質管理　品質管理とは，品質計画における目標を施工段階で実現するために行う工事管理の項目，方法などをいい，品質計画の一部をなすものである。品質計画の目標が高いレベルであれば，より緻密な管理を行う必要があり，目標とする品質によって受注者などが行う施工管理はおのずと異なってくる。

　これらの内容を施工計画書として取りまとめ，発注者と合意の品質であることを確認のうえで，各段階での品質が確保されていることを確認する。

(2) 管理手法

1) デミング・サイクル（PDCA）　品質管理では，計画（Plan），実施（Do），確認（Check），処置（Action）の手順で仕事や管理を進めることが重要である。

　最初に計画を立て，その計画に沿って実施し，実施した結果を確認する。目標と結果の間に差異が認め

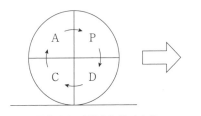

図3.4.1　PDCAサイクル

られたら処置を施し，次へ備える。次も再び計画から始まる。このようなサイクルを頭文字を取ってPDCAサイクルといい（図3.4.1），この管理サイクルを製品の製造に適用したものをデミング・サイクルという。

2) QC工程表　QC工程表は，製品・サービスの生産・供給に関する一連のプロセスを図表に表し，このプロセスの流れに沿ってプロセスの各段階で，誰が，いつ，どこで，何を，どのように管理したらよいかを一覧にまとめたもので，施工品質管理表，管理工程表，工程保証項目一覧表などとも呼ばれる。

　品質を確保する一連の流れをまとめるために，管理項目，管理水準，管理方法などを設定し，管理値を外れた場合の処置を定めておくほか，重点的に実施すべき項目も取り上げる必要がある。

電気工事では，量産工場のように同一作業が連続して行われることは少なく，品質管理の効果を上げることは難しいと考えられているが，発注者，受注者が常に問題意識を持ちつつ品質管理に臨んでいけば必然的にその効果は上がるものと考えられる。

3) 品質管理手法　品質管理は，工程の各ステップごとに品質管理のチェックリストを作成して計画的に管理する。その手順を次に示す。
① 目的である品質標準を定める。
② 目的を達成する方法である技術標準・作業標準を定める。
③ 作業標準を教育，訓練する。
④ 作業標準にしたがって，仕事を実施させる。
⑤ 作業標準どおりに実施されているか確認する。
⑥ 異常が発見されたら，その原因を探し，その原因を除去する処置をとる。
⑦ 処置の結果を確認する。

2. 建設業とISO

(1) ISOとIEC

1) ISO　ISOとは，国際標準化機構（International Organization for Standardization）の略称で，この組織が定めた規定をISO規格という。この規格は，あらゆる製品などの用語，方法などの規格の標準化を推進しており，2024年現在では，日本をはじめ，172カ国が加盟している。

なお，建設関係では，ISO 9000ファミリー規格やISO 14000シリーズなどの規格が審査登録の対象となっている。

2) IEC　IECとは，国際電気標準会議（International Electrotechnical Commission）の略称で，電気製品の規格や測定方法を定める国際的な標準化団体で，2024年現在では，89カ国が加盟している。

(2) ISO 9000ファミリー規格と概要

ISO 9000ファミリー規格は，主に4つの規格で構成されている。

1) 規格
① ISO 9000（JIS Q 9000）
「品質マネジメントシステム－基本及び用語」で，品質マネジメントシステムの基本的な考え方と関連する用語の定義を定めた規格である。

② ISO 9001（JIS Q 9001）
「品質マネジメントシステム－要求事項」，品質マネジメントシステムの要求事項が定められており，ユーザーに信頼感を与え，顧客満足の向上を目指す体制を作るための指針を定めた規格である。

③ ISO 9004（JIS Q 9004）
「品質マネジメント－組織の品質－持続的成功を達成するための指針」で，組織に対して品質マネジメントアプローチによる持続的成功の達成を支援するための手引きを示す規格である。

④ ISO 19011（JIS Q 19011）
「マネジメントシステム監査のための指針」で，監査プログラムの管理，マネジ

メントシステム監査の計画および実施，ならびに監査員および監査チームの力量および評価についての手引きを供給する規格である。

2) 概要　　ISO 9000 ファミリー規格の概要を次に示す。
① 製品そのものの規格でなく，製品やサービスを作り出すプロセスに関する規格である。
② 品質システムの要求事項がそれぞれの水準として標準化されている。
③ 責任と権限を明確にした品質システムの構築と維持が求められ，それらについて関係者の共通の理解を確実にするため，徹底した文書化が求められている。
④ 企業の品質システムが本規格の要求事項に照らして妥当であるかについて，第三者機関である審査登録機関がチェックをして認証を行う。
⑤ 顧客満足をはじめとして，品質マネジメントシステムにおける顧客志向が重視され，顧客に関する要求事項が強調される。
⑥ 品質マネジメントシステムの有効性の継続的な改善を実施することが要求されている。
⑦ トップマネジメントの責任および役割が拡大，明確化されている。
⑧ この規格は，導入する事業所の業種および形態，規模，供給する製品を問わず，あらゆる組織に適用可能であるが，組織やその製品によって，この規格の要求事項のいずれかが適用不可能な場合には，その要求事項を除外してもよいとされている。

(3) 基本用語：JIS Q 9000（ISO 9000）

1) 用語及び定義 JIS Q 9000「品質マネジメントシステム－基本及び用語」において定義されている用語を表3.4.1に示す。

表3.4.1　JIS Q 9000の基本用語（抜粋）

用　語	用　語　の　内　容
活動に関する用語	
継続的改善	パフォーマンスを向上するために繰り返し行われる活動。
マネジメント，運営管理	組織を指揮し，管理するための調整された活動。
品質マネジメント	品質に関するマネジメント。
プロセスに関する用語	
プロセス	インプットを使用して意図した結果を生み出す，相互に関連する又は相互に作用する一連の活動。
プロジェクト	開始日及び終了日をもち，調整され，管理された一連の活動から成り，時間，コスト及び資源の制約を含む特定の要求事項に適合する目標を達成するために実施される特有のプロセス。
手順	活動又はプロセスを実行するために規定された方法。
要求事項に関する用語	
対象，実体，項目	認識できるもの又は考えられるもの全て。
品質	対象に本来備わっている特性の集まりが，要求事項を満たす程度。
等級	同一の用途をもつ対象の，異なる要求事項に対して与えられる区分又はランク。
要求事項	明示されている，通常暗黙のうちに了解されている又は義務として要求されている，ニーズ又は期待。
品質要求事項	品質に関する要求事項。
不適合	要求事項を満たしていないこと。
適合	要求事項を満たしていること。
トレーサビリティ	対象の履歴，適用又は所在を追跡できること。
確定に関する用語	
確定	1つ又は複数の特性，及びその特性の値を見出すための活動。
レビュー	設定された目標を達成するための対象の適切性，妥当性又は有効性の確定。
検査	規定要求事項への適合を確定すること。
試験	特定の意図した用途又は適用に関する要求事項に従って，確定すること。
処置に関する用語	
予防処置	起こり得る不適合又はその他の起こり得る望ましくない状況の原因を除去するための処置。
是正処置	不適合の原因を除去し，再発を防止するための処置。
修正	検出された不適合を除去するための処置。
再格付け	当初の要求事項とは異なる要求事項に適合するように，不適合となった製品又はサービスの等級を変更すること。
特別採用	規定要求事項に適合していない製品又はサービスの使用又はリリースを認めること。
リリース	プロセスの次の段階又は次のプロセスに進めることを認めること。
手直し	要求事項を適合させるため，不適合となった製品又はサービスに対してとる処置。

3. データ整理の方法

品質管理を進めていくには，測定などで得られたデータをQC7つ道具と呼ばれるパレート図，特性要因図，ヒストグラム，チェックシート，グラフ／管理図，散布図，層別などで整理し，適切に管理を行う。なお，「層別」を除き，グラフと管理図に分けて呼ぶこともある。

(1) パレート図

1) 意味

パレート図とは，不良品，欠点，故障などの発生個数（または損失金額）を現象や原因別に分類し，大きい順に左端から並べて，その大きさを棒グラフとし，さらにこれらの大きさを順次累積した折れ線グラフで表した図をいう。

2) 整理内容と利用方法

活用目的に合った項目設定をすることが重要であるので，分析結果をどう活用したいのかを先に決めておき，目的に合わせて項目の分類方法を決める必要がある。

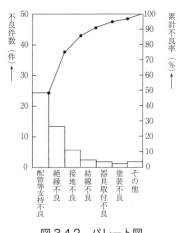

図 3.4.2　パレート図

図 3.4.2 に示すパレート図を作成した場合，以下の内容について整理・分析ができる。

① 大きな不良項目
② 不良項目の順位
③ 不良項目のおのおのが全体に占める割合
④ 全体の不良をある率まで減らす対策の対象となる重点不良項目
⑤ 不良対策の効果（不良対策を実施したあとで，その効果を確認するためもう一度パレート図を作成し，不良減少率をみて，その効果を確認する）

一方，パレート図で整理できない内容には以下のようなものがある。

① 欠陥や問題の深刻さを示すことはできない（定性的なデータのみを示す）。
② 横軸の項目が同じでも，縦軸が不良件数か損失金額かによって，重点的に取り組む課題が異なる場合がある。

(2) 特性要因図

1) 意味　　特性要因図とは，ブレインストーミング（Brainstorming：問題解決やアイデア創出のための集団的発想法）などで多くの関係者の経験や知識を集めて作成し，問題としている特性（結果）と，それに影響を与える要因（原因）との関係を一目でわかるように体系的に整理した図で，原因を追及して対策を立てるために作成される。図の形が似ていることから「魚の骨」と呼ばれている（図3.4.3）。

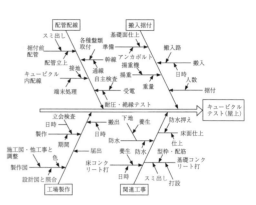

図3.4.3　特性要因図

2) 整理内容と利用方法　　特性要因図で整理できる内容と利用方法を次に示す。
① 不良の原因を整理する。
② 会議でこの図を中心に話し合い，関係者の意見を引き出す。
③ 原因を深く追求し改善の手段を決める。
④ 問題に対する全員の認識を統一する。
⑤ 仕事や管理の要領を知らせる教育に用いる。

(3) ヒストグラム

1) 意味　　ヒストグラムとは，長さ，重さ，時間などの計量したデータがどんな分布をしているかを，縦軸に度数，横軸にその計量値をある幅ごとに区分し，その幅を底辺とした柱状図で表したものをいい，通常，規格の上限，下限の線を入れたものである。

2) 整理内容　　ヒストグラムで整理できる内容を次に示す。
① 規格や標準値からはずれている度合
② データの全体分布
③ 大体の平均やバラツキ
④ 工程の異常

3) 読み方

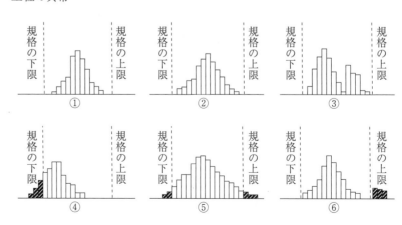

図3.4.4　ヒストグラムの形状

図 3.4.4 の各図が表す内容を次に示す。

① 左右対称のもの

分布のバラツキが中心付近からほぼ左右対称で余裕がある。平均値が規格の中央にあり良好で，最もよく現れる分布である。

② 両側に余裕がないもの

規格値すれすれのものもあり，将来，少しの変動でも規格を割るものがでる可能性があるため，バラツキをもっと小さくするよう管理する必要がある。

③ 2山のもの

山が2つあり工程に異常が起こっている。このようなときは他の母集団（平均値の異なる分布の混在）のものが入っていることも考えられるので，全体のデータをもう一度調べる必要がある。

④ 規格の下限を割っているもの

分布全体が左に寄りすぎ，規格の下限を割るものがある。平均値を大きい方にずらすよう処置が必要である。

⑤ バラツキが大きいもの

規格の下限も規格の上限も割っている。バラツキを小さくするための要因（現状の技術レベルまたは作業標準）を解析し，根本的な対策を探ることが必要である。

⑥ 飛び離れた山を持つもの

大部分が規格の幅いっぱいにバラツキ，右の方に離れ小島がある。測定に誤りがないか，他工程のデータが入ってないかの検討を要する。

4）検討事項　ヒストグラムは，次のような点に着目して品質の全体の規則性をつかみ，不良原因の追求，作業標準の改善などを進めていくものである。

① 規格値を満足しているか

② 分布の位置は適当か

③ 分布の幅はどうか

④ 離れ小島のように飛び離れたデータはないか

⑤ 分布の右か左かが絶壁形となっていないか

⑥ 分布の山が2つ以上ないか

(4) チェックシート

1）意味　チェックシートとは，計数データを収集する際に，分類項目ごとに集中しているかを見やすくした表または図である（図 3.4.5）。

2）整理内容と利用方法　チェックシートには，不良数，欠点数など，数えるデータ（計数値）を，分類項目別に集計，整理し，分布が判断しやすく記入する。活用方法を次に示す。

① 記録から直接，分布の判断をする。

② データの記録用または

（単位：枚数）

月日 ＼ 不良項目	5月10日（月）	11日（火）	12日（水）	13日（木）	14日（金）	15日（土）	計
濃すぎ	////	////	卌/	卌	卌///	/	28
淡すぎ	卌卌	卌///	卌//	///	卌	///	36
汚れ	卌///	//	//	///		//	17
筋がはいる	/	/	/	//	///	/	9
位置づれ	/	///					4
用紙破れ			/	///	/		5
用紙づまり	///	////	/	/	/	/	11
サイズミス	////	/	/	/			7
その他			///	/	//		6
計	31	23	22	19	20	8	123
複写枚数	683	729	823	757	982	346	4320

図 3.4.5　チェックシートの例

報告用になる。
③ 特性要因図およびパレート図のような技法に使用できるデータを提供する。
④ 作業の点検漏れを防止する。

(5) グラフ

グラフで整理できる内容を次に示す。グラフは複数のデータ間の相関を見える化したものである。

1) 整理内容
① 時系列特性（状態の時間変化）を知ることができる。
② 数値の大小（または割合の大小）を比較することができる。

2) グラフの種類　グラフには次の種類がある。
① 折れ線グラフ
② 棒グラフ
③ 円グラフ
④ 帯グラフ
⑤ レーダーチャート

3) レーダーチャート　レーダーチャートとは，中心点から分類項目の数だけレーダー状に直線を伸ばし，その線上に数量の大きさを表示した図（図 3.4.6）で，QC サークル活動の評価や無形効果の把握に使われる。

図 3.4.6　レーダーチャートの例

(6) 管理図

1) 意味　管理図とは，データをプロットした点を直線で結んだ折れ線グラフの中に異常を知るために中心線（CL：平均値）や管理限界を定めて管理限界線を記入したもの（図 3.4.7）で，標準的なプロセスにおいて時間の経過とともに変動する量を想定するために使用し，工程の異常を発見して安定状態を維持するために使用される。

管理限界線（UCL：上側管理限界線，LCL：下側管理限界線）は，品質のバラツキが通常起こり得る程度のものなのか（偶然原因による），あるいはそれ以上の見逃せないバラツキであるか（異常原因による）を判断する基準になる。工事の品質管理において，工程が安定な状態にあるかどうかを調べるため，または工程を安定な状態に保持するために用いる。

表 3.4.2 に用語と意味を示す。

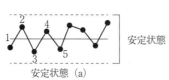

図 3.4.7　管理図

第4節　品質管理

表3.4.2　用語と意味

用語	意味
中心線	平均値を示すために引かれた直線
管理限界線	中心線をはさんでこれの上下に平行に引かれた一対の直線で，見逃せない原因と偶然原因を見分けるためのもの
管理線	中心線と管理限界線を総称したもの
上側管理限界	中心線の上にある管理限界
下側管理限界	中心線の下にある管理限界
見逃せない原因	製品がばらつく原因の中で，突き止めて取り除くことが必要であるもの
安定状態	管理図に記入された点が，管理限界の内側に収まっている状態

2) **整理内容**　管理図で整理できる内容を次に示す。

① データの時間的変化
② 異常なバラツキの早期発見

3) **読み方**　管理図における工程異常の判定は，シューハート管理図によるルールが用いられる場合が多い。シューハート管理図は，「打点された値の変動が，主として，偶然原因あるいは異常原因のどちらに起因するのかを見分けることを意図した，シューハートの管理限界線を用いた管理図」である。

シューハート管理図は，3シグマ限界を管理限界にし，上側管理限界線から1シグマ間隔でA，B，C，(中心線)，C，B，Aの6ゾーンに分け，$\bar{X}$管理図とX管理図での点の動きのパターンを解釈し，異常パターンを判定するための判断基準となる4つのルールが示されている（**図3.4.8**）。この4つのルールのいくつかを同時に併用することで，工程が管理状態にないときに解析用管理図により異常パターンを速やかに検出し，突き止められる原因を探索的に解析することができる。なお，シューハート管理図の附属書Bには，$\bar{X}$管理図とX管理図で一般的に使われている8つの標準的な異常判定ルールが例示されている（**図3.4.9**）。

管理図における打点が上下どちらかの管理限界からはずれた場合や，打点の並び方にくせがあった場合は，工程が異常であると判定し，原因追究をしていくことが必要である。

工程異常の判定ルールは，管理対象となる工程がどのような状態であればいつもと同じとみなせるかを十分に見極め，妥当な適用ルールを確定することが望ましい。

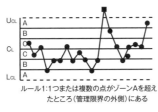
ルール1：1つまたは複数の点がゾーンAを超えたところ（管理限界の外側）にある

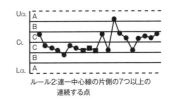
ルール2：連中中心線の片側の7つ以上の連続する点

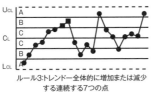
ルール3：トレンド全体的に増加または減少する連続する7つの点

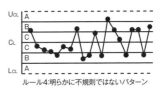
ルール4：明らかに不規則ではないパターン

図3.4.8　突き止められる原因の異常パターンのルールの例

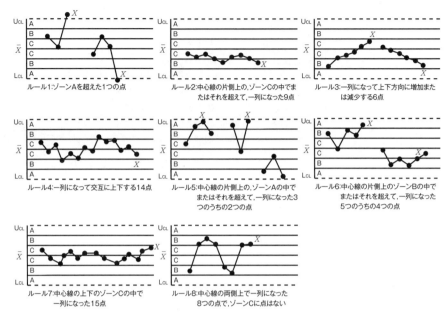

図 3.4.9　突き止められる原因に対する異常判定ルール

(7) 散布図

1) **意味**　　散布図とは，関連のある2つの対になったデータの1つを縦軸に，他の1つを横軸にとり，両者の対応する点をグラフにプロットした図をいう（図 3.4.10）。

2) **整理内容**　　散布図で整理できる内容を次に示す。
　① 対応する2つのデータの関係の有無
　② 関係がある場合，管理対策

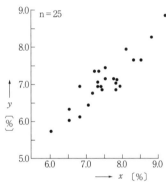

図 3.4.10　x, y の散布図

3) **読み方**　　図 3.4.11 の各図が表す内容を次に示す。

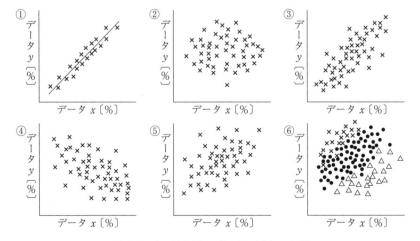

図 3.4.11　散布図のデータのばらつき例

① 正の相関関係※1（比例関係）がはっきりしている。
 x または y のどちらかを把握しておけば，他の一方を管理できる。
② 相関関係はほとんどない。
③ 正の相関関係があるとみてよい。
 x または y のどちらかを知ることにより，他の一方を類推することができる。
④ 負の相関関係※2（反比例関係）がありそうである。
⑤ 正の相関関係（比例関係）がありそうである。
 ④と⑤は，データのバラツキが大きくはっきり断定できる状態ではないので，バラツキの原因を検討する必要がある。
⑥ 全体として見れば相関がなさそうに見えても層別してみると相関がある。図のように印をかえて（または色分けなど）層別した散布図にすると，そのおのおのについてどの程度 x, y の相関があるかがわかる。
　［注］：※1 正の相関関係とは x と y の増減が比例関係にあることをいう。
　　　　※2 負の相関関係とは x と y の増減が反比例関係にあることをいう。

図 3.4.11 の例にはないが，集団と飛び離れた点があるときには，その原因を調べ，除外できる原因が判明すれば，その点を除いて相関の有無を判断する。なお，原因不明の場合には，その点を含めて判断する。

(8) 層別

1) 意味　　層別とは，収集したデータを，共通点をもついくつかのグループに分類することで，そのグループ間の特性発生の違いを見つけて，バラツキの原因を見つけるために使用する。

　例えば，ある長さを測ったデータが沢山ある場合，100 〜 109 mm，110 〜 119 mm，120 〜 129 mm……のようにある範囲に分けてバラツキの原因を見つける。

2) 整理内容　　層別で整理できる内容を次に示す。
① データ全体の傾向が把握しやすくなる。
② グループ間の違いがはっきりする。
③ 管理対象範囲が把握しやすい。

4. 統計管理用語と統計量の計算

各種の統計管理用語と統計量の計算を次に示す。

1) 品質管理用語及び定義　　表 3.4.3 に品質管理用語と定義を示す。

表 3.4.3　品質管理用語及び定義（JIS Z 8101-2　抜粋）

用　語	定　義
アイテム	別々に，記述及び検討することができるもの。
公差，許容差	上側規格限界と下側規格限界との差。
工程改善，プロセス改善	変動の低減，並びにプロセスの有効性，及び効率の改善に焦点を当てたプロセスマネジメント。
工程管理，プロセス管理	プロセスへの要求項目を満たすことに焦点を当てたプロセスマネジメント。
誤差	試験結果又は測定結果から真の値を引いた値。
かたより	試験結果又は測定結果の期待値と真の値との差。
真の値	ある量又は量的特性について着目するとき，存在する条件下で完全に定義されたその量又は量的特性を特徴付ける値。

表 3.4.3　品質管理用語及び定義（JIS Z 8101-2　抜粋）（つづき）

用　語	定　義
精度，精密度	定められた条件の下で繰り返された独立した試験結果／測定結果間の一致の程度。
ロット	サンプリングの対象となる母集団として本質的に同じ条件で構成された，母集団の明確に分けられた部分。
サンプル，試料，標本，資料	一つ以上のサンプリング単位からなる母集団の部分集合。
サンプリング，抽出，抜取	サンプルを採り出す又は構成する行為。
不確かさ	測定結果又は試験結果に付随した，特定の測定の量又は試験の特性に合理的に結び付けられ得る値のばらつきを特徴付けるパラメータ。
不適合	要求事項を満たしていないこと。
不適合品	一つ以上不適合があるアイテム。

2）統計量　　データから求められる値のことを統計量という。統計量のうち特に重要な，分布の中心とばらつきを表す尺度となるものを基本統計量という（表 3.4.4，図 3.4.12）。

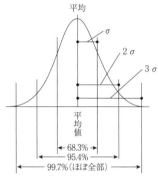

図 3.4.12　正規分布と標準偏差

表 3.4.4　代表的な基本統計量（JIS Z 8101-1　抜粋）

名称（記号）		定義と説明	計算式
分布の中心を表す	平均 ($\bar{x}$)	「ランダムサンプルにおける確率変数の和を，和をとった個数で割った量。」観測値の総和を観測値の個数で割ったもの。分布の中心を表す統計量で，データの算術平均で求められる。サンプルの平均は $\bar{x}$，母平均は μ（ミュー）で表す。	$\bar{x} = \dfrac{x_1 + x_2 + \cdots + x_n}{n} = \dfrac{\sum\limits_{i=1}^{n} x_i}{n}$
	メディアン，中央値 ($\tilde{x}$)	「サンプルサイズ n が奇数なら，$[(n+1)/2]$ 番目の順序統計量。サンプルサイズ n が偶数なら，$(n/2)$ 番目と $[(n/2)+1]$ 番目との順序統計量の和を 2 で割った量。」観測値を大きさの順に並べたとき，ちょうどその中央に当たる一つの値（観測値の値が奇数個の場合），又は中央の二つの値の算術平均（測定値の個数が偶数個の場合）。	$\tilde{x} = x_{[(n+1)/2]}$（$n$ が奇数） $\tilde{x} = \dfrac{x_{[n/2]} + x_{[n/2+1]}}{2}$（$n$ が偶数）
	サンプルレンジ，範囲 (R)	「最大の順序統計量から最小の順序統計量を引いた量。」計量的な観測値の最大値と最小値の差。	$R = (x_1 \sim x_n \text{の最大値}) - (x_1 \sim x_n \text{の最小値})$
分布のばらつきを表す	標準偏差 (s)	「標本分散の非負の平方根。」データと同じ単位で表されたばらつきの度合で，分散の平方根で求められる。サンプルの標準偏差は s，母標準偏差は σ（シグマ）で表す。	$s = \sqrt{V}$ $s = \sqrt{\dfrac{(x_1-\bar{x})^2 + (x_2-\bar{x})^2 + \cdots + (x_n-\bar{x})^2}{n-1}}$
	分散，不偏分散 (V)	「ランダムサンプルにおける確率変数からそれらの標本平均を引いた偏差の 2 乗和を，サンプルサイズ -1 で割った量。」平方和 S を $n-1$ で割ったもの。サンプルの分散は V，母分散は σ^2 で表す。	$V = \dfrac{S}{n-1}$
	平方和，偏差平方和 (S)	「各測定値と平均値との差の二乗和。」（JIS Z 9041-1：1999）平均値から個々の値がどのくらい離れているかの総和をとったもの。	$S = \sum\limits_{i=1}^{n} (x_i - \bar{x})^2$ 又は $S = \sum\limits_{i=1}^{n} x_i^2 - \dfrac{\left(\sum\limits_{i=1}^{n} x_i\right)^2}{n} = \sum\limits_{i=1}^{n} x_i^2 - n\bar{x}^2$

［注］偏差とは平均値からの離れを表し，離れの平均を標準偏差という。
　　　管理状態がよく，ばらつきが小さければ標準偏差は小さくなり，正規分布曲線の山は高くなる。

3) 統計量の計算

① 平均値と中央値（メディアン）

平均値は，測定値が散らばっている分布の中心を表す尺度で，データの総和をデータの個数で割った値のことをいう。

例えば，測定値が，3，4，6，7，10のときの平均値は，

$(3 + 4 + 6 + 7 + 10) \div 5 = 6$

中央値（メディアン）は，データを値の大きさの順に並べたとき，中央の位置にくる値のことをいう。

例えば，データが25あったとき，数値の小さい方から並べたときの13番目の数値が中央値になる。

② 総度数（累積度数）

各測定値における度数（測定数）を加えたものをいう。

上記の例での総度数は，$3 + 4 + 6 + 7 + 10 = 30$

③ 標準偏差

不偏分散の正の平方根を標準偏差といい，データのバラツキを知るために最もよく用いられる。

上記の例での標準偏差は，$= \sqrt{\dfrac{30}{4}} = \sqrt{7.5} = 2.74$

したがって，標準偏差が小さいとは，全体のバラツキが小さい（分布が平均値の周りに集まっている）ことを示し，標準偏差が大きいとは，平均値から遠く離れているものが多く存在することを示している。

④ 分散

バラツキの程度を見るためには，偏差平方和では不便なため，データ個別当たりのバラツキの程度を求める必要がある。これを分散という。

上の例での分散は，$30 \div 5 = 6$

⑤ 不偏分散

データから求められる推定値（偏りのない値のバラツキ）として扱われる分散で，偏差平方和を（データ数 − 1）で割って求める。

上記の例での不偏分散は，$30 \div (5 − 1) = 7.5$

⑥ 平方和（S：偏差平方和）

個々のデータの平均値と各データとの差を二乗したものの和で，データと推定モデルとの差異を評価する。

上の例での平方和は，

$(10 − 6)^2 + (7 − 6)^2 + (6 − 6)^2 + (4 − 6)^2 + (3 − 6)^2 = 30$

第5節　安全管理

　建設現場における災害を防止するには，安全管理体制を整備し，自主的に災害防止を強力に進める必要がある。労働安全衛生法などの法令で定められている安全管理体制および安全管理基準は，「第4編　法規編」に記載があるので，ここでは主にそれ以外の事項について述べる。

1. 労働災害の用語

　厚生労働省では，労働災害の発生やその頻度を，次の指標で示している。

(1) 強度率

1) 意味　　1,000延べ実労働時間当たりの延べ労働損失日数で，災害の重さの程度を表したもの。

2) 算式　　強度率の算式を次に示す。

$$強度率 = \frac{延べ労働損失日数}{延べ実労働時間数} \times 1,000$$

3) 労働損失日数　　強度率の算出に用いる労働損失は，災害の程度により，**表3.5.1**のとおり定められている。

表3.5.1　労働損失の種類とその日数

区　分	損　失　日　数
死　亡	7,500日
永久労働不能（身体障害等級1〜3級）	7,500日
永久一部労働不能	身体障害等級: 4, 5, 6, 7, 8, 9, 10, 11, 12, 13, 14 損失日数: 5,500, 4,000, 3,000, 2,200, 1,500, 1,000, 600, 400, 200, 100, 50
一時全労働不能	（暦日による休業日数）×（300/365）　小数点以下四捨五入

注：一時全労働不能以外の場合は，休業日数は上記損失日数に加えない。

(2) 年千人率

1) 意味　　労働者1,000人当たりの1年間に発生した死傷者数で表すもので，災害発生の頻度を示す。

2) 算式　　年千人率の算式を次に示す。

$$年千人率 = \frac{1年間の死傷者総数}{1年間の平均労働者数} \times 1,000$$

(3) 度数率

1) 意味　　100万延べ実労働時間当たりの労働災害による死傷者数で，災害発生の頻度を表す。

2) 算式　　度数率の算式を次に示す。

$$度数率 = \frac{労働災害による死傷者数}{延べ実労働時間数} \times 1,000,000$$

3) 死傷者数と延べ実労働時間　　度数率の算出に用いる死傷者数と延べ労働時間を次に示す。

① 死傷者数

　　死傷者数は亡くなった人と，休業4日以上の重傷を負った人の合計数としている。

② 延べ実労働時間

休憩時間を除いた個人個人の労働時間を集計して求めるが、その集計ができない場合には、1日当たりの平均労働時間に平均労働者数を乗じ、これに算出期間中の労働日数を乗じて計算した概数を用いることもある。

2. 安全管理の要領

(1) 安全管理の進め方

1) リスクアセスメントの導入

労働安全衛生法第28条の2において、危険性または有害性などの調査（リスクアセスメント）の実施が努力義務規定として設けられ、安全管理者を選任しなければならない事業者によるリスクアセスメントの実施とその結果に基づき必要な措置を講ずることが定められている。

リスクアセスメントとは、建設現場に潜在する労働災害、事故発生原因となる危険性または有害性を事前に洗い出し、その危険性または有害性に対する災害の重大性と災害の可能性の度合いからリスクを見積り評価して、そのリスクレベルから優先度を決め、優先順位に従ったリスクの除去、低減措置を施すための安全管理のことで、次の効果が考えられる。

① 職場のリスクが明確になる。
② リスクに対する認識を共有できる。
③ 安全衛生管理の合理的な優先順位が決定できる。
④ 残留リスクに対して、守るべき決めごとの理由が明確になる。
⑤ 職場全員が参加することにより、危険に対する感受性が高まる。

2) 安全施工サイクルの実施

建設現場で安全衛生管理を進めるには、現場の全員に参加意識を持たせることが大切で、それには安全管理計画を立てるに当たって、その計画項目を実際に実行する職員や下請会社の安全衛生責任者などにも意見を聞き尊重することである。

建設業労働災害防止協会では、安全衛生管理上の毎日、毎週、毎月の基本事項を定型化（パターン化）、習慣化することがより良いとしている。

また、リスクアセスメント手法やリスクアセスメントに基づく低減措置は、安全施工サイクル活動におけるKY活動、安全工程打合せ事項、災害防止協議会における月度工事安全衛生計画などに組み込まれ、実施していくことになる。

安全施工サイクルの一例を図3.5.1に示す。

図3.5.1　安全施工サイクルの例

3) ハインリッヒの法則　労働災害事例の統計を分析した結果，重大災害を1とすると，軽傷の事故が29，そして無傷災害は300の発生比率になるという法則で，これをもとに「1件の重大災害（死亡重傷）が発生する背景に，29件の軽傷事故と300件のヒヤリ・ハットがある。」という警告として，よく安全活動で使用される。

いつやって来るかわからない災害を未然に防ぐには，不安全な状態や行為を認識し，ヒヤリ・ハットの段階で地道に対策を考え，実行していくことが重要である。

(2) 安全衛生活動

1) ヒヤリ・ハット運動　ヒヤリ・ハット運動は，作業者が作業中に危険を感じてヒヤリとしたり，ハッとした経験について，どのような状況のとき，どのようなことが発生したかを用紙に記入して報告することにより，改善などを図っていく活動のことである。

2) オアシス運動　オアシス運動は，「オハヨウ」，「アリガトウ」，「シツレイシマス」，「スミマセン」の頭文字をとってオアシス運動と名付けられた，コミュニケーションを図るための運動のことである。

3) ツールボックスミーティング（TBM）　ツールボックスミーティングは，作業開始前の短い時間を使って道具箱（ツールボックス）のそばに集った仕事仲間全員が安全作業について話し合い（ミーティング）をするという米国の風習を取り入れた現場で行う安全活動のことである。

ミーティングでの主な話題を次に示す。

① その日の作業内容，進め方と安全の関係
② 作業上特に危険な箇所の明示とその対策
③ 同じ場所で同時に他の作業が行われる場合の注意事項
④ 現場責任者からの指示，現場の安全目標など
⑤ 作業者に身近な災害事例
⑥ 各人の健康状態，服装，保護具など

4) ZD運動　ZDは，「ゼロデフェクト」（無欠陥）の略で，下からの盛り上がりに重点をおき，ミスや欠点の排除を目的とした運動のことである。

5) 危険予知活動（KY活動）　危険予知（KY）活動は，主に作業行動面で，今日の作業に伴う危険性または有害性に対し，安全衛生確保の面から正しい作業行動などを取ることを作業グループが互いに確認し合い，作業の中で実行を誓う活動のことである。

6) 4S活動（整理・整頓・清掃・清潔）　4S活動は，安全の基本となる「整理」「整頓」「清掃」「清潔」の頭文字を使い運動としたもので，作業所の規律保持，危険有害要因の排除の原点となる活動であり，4Sが十分な現場は安全ルールが定着する。

7) OJT　OJTは，オン・ザ・ジョブ・トレーニングの略で，訓練センターなどでの訓練でなく，日常の職場内における技術教育のことである。

第4章　法規

◆法令の構成と体系

日本の法体系は，憲法，法律，政令，省令，条例，規則，条約などから構成されており，その総称が法令である。これらの法令は，次のように大別される。

① 国の法令である憲法，法律，政令，省令，告示
② 地方公共団体の自主法である条例，規則
③ 国家間の取り決めである条約

以下の(イ)～(ホ)は上記の①国の法令に該当する。

(イ) 憲法

憲法は，国の組織，活動の根本的事項などを定めたものであり，国の最高法規である。したがって，あらゆる法令は，これに違反することができない。

(ロ) 法律

法律は，憲法の定めるところによって，国権の最高機関であり，唯一の立法機関である国会が制定するものである。人の権利を制限し，または義務を課すような法令を定めることは，もっぱら法律によらなければならない。政令，省令などでこのような定めをすることは，法律によってその旨の委任がなければならない。

(ハ) 政令

政令は，閣議で決定される最高の行政機関の命令である。政令には，法律を実施するための執行命令と法律の委任に基づいて制定される委任命令がある。

(ニ) 内閣府令および省令

内閣府令は，内閣府の長である内閣総理大臣の発する命令である。また，省令は各省の長である各省大臣が発する命令であり，例えば，国土交通大臣の発する命令は国土交通省令と名づけられている。省令は各省大臣の制定に係るものであることから，当然，各省大臣の所掌事務の範囲内における事項に限られ，その範囲を超えるものは無効とされるなど，政令と範囲において隔たりがある。省令には，政令と同様に，法律または政令を実施するための実施省令と，法律または政令の委任に基づいて制定される委任省令がある。

(ホ) 告示

告示は各省などから発令されるもので，一般に法令などの補足事項を示すものである。

また，以下の(ヘ)～(ト)は上記の②地方公共団体の自主法に該当する。

(ヘ) 条例

条例は地方公共団体が議会の議決を経て制定するものである。地方公共団体は，国の法令の範囲内で，また，国の事務として先占されていない範囲で条例を定めることができることとなっている。したがって，国の法令に違反するような条例は無効である。

(ト) 規則

規則は，地方公共団体の長がその事務について定めたもので，国から委任された事務を処理するために定められたものと，地方公共団体の事務を執行管理するために定められたものがある。

●法令の種類

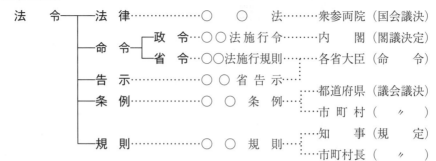

●法文の構成

　法律，政令などは，番号が付された多数の「**条**」から構成され，それぞれに見出しが付けられている。

　1つの条が複数の部分に分けて規定される場合，それぞれを「**項**」と呼ぶ。最初の項には番号を付けないが，第2項以下を算用数字「2，3……」で表す。

　条や項の中に，箇条書きの項目を記述する場合，それぞれを「**号**」といい，本書では漢数字により表す。

●法文用語

・「以内」「以上」「以下」…その数を含む。期間や長さなどの数量の一定限度を示す用語。
　例：10日以内（10日目の日を含む），100 m 以上（100 m を含む），50 ㎡以下（50 ㎡を含む）
・「未満」「満たない」／「超える」「こえる」…その数を含まない。その数に達しない／その数より多い数を意味する。
　例：50 m 未満（50 m は含まれない）／100 m を超える（100 m は含まれない）
・「及び」「並びに」…併合的接続詞。小さな接続には「及び」，やや複雑な文章の接続には「並びに」を用いる。
・「又は」「若しくは」…選択的接続詞。2つのうち1つの選択には「又は」，小さな選択的接続には「若しくは」を用いる。

◆本編の表記について

・各法令は，それぞれ標記してある最終改正時点のものである。
・本書は横書きとしたため，法令の漢数字は一部（号等）を除いて算用数字とした。また，項目や欄に記載の「上欄」「下欄」は，「左欄」「右欄」と表記した。
・▨▨▨：法律
　囲みなし：令，則
　┌┄┄┐
　└┄┄┘：参考になる他の法律，告示など

第1節　建設業・契約関係法令

1. 建設業法

※建設業法施行令は，令和7年2月1日施行の条文を掲載しています。

（最終改正 法：令和6年6月14日，令：令和7年2月1日，則：令和6年5月27日）

(1) 総則

目的

法第1条　この法律は，建設業を営む者の資質の向上，建設工事の請負契約の適正化等を図ることによって，建設工事の適正な施工を確保し，発注者を保護するとともに，建設業の健全な発達を促進し，もって公共の福祉の増進に寄与することを目的とする。

建設工事

法第2条　この法律において「建設工事」とは，土木建築に関する工事で別表第1の左欄に掲げるものをいう。

建設業

2　この法律において「建設業」とは，元請，下請その他いかなる名義をもってするかを問わず，建設工事の完成を請け負う営業をいう。

建設業者

3　この法律において「建設業者」とは，第3条第1項の許可を受けて建設業を営む者をいう。

下請契約

4　この法律において「下請契約」とは，建設工事を他の者から請け負った建設業を営む者と他の建設業を営む者との間で当該建設工事の全部又は一部について締結される請負契約をいう。

発注者，元請負人，下請負人

5　この法律において「発注者」とは，建設工事（他の者から請け負ったものを除く。）の注文者をいい，「元請負人」とは，下請契約における注文者で建設業者であるものをいい，「下請負人」とは，下請契約における請負人をいう。

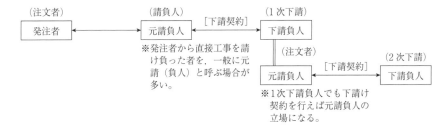

図4.1.1　元請負人と下請負人の関係

(2) 建設業の許可

1) 通則

大臣と知事の許可範囲

法第3条　建設業を営もうとする者は，次に掲げる区分により，この章で定めるところにより，2以上の都道府県の区域内に営業所（本店又は支店若しくは政令で定めるこれに準ずるものをいう。以下同じ。）を設けて営業をしようとする場合にあっては国土交通大臣の，1の都道府県の区域内にのみ営業所を設けて営業をしようとする場合にあっては当該営業所の所在地を管轄する都道府県知事の許可を受けなければならない。ただし，政令で定める軽微な建設工事のみを請け負うことを営業とする者は，この限りでない。

一般建設業者

一　建設業を営もうとする者であって，次号に掲げる者以外のもの

第4章 法規

特定建設業者
二 建設業を営もうとする者であって,その営業にあたって,その者が発注者から直接請け負う1件の建設工事につき,その工事の全部又は一部を,下請代金の額(その工事に係る下請契約が2以上あるときは,下請代金の額の総額)が政令で定める金額以上となる下請契約を締結して施工しようとするもの

表 4.1.1 営業所の所在地による許可行政庁(許可する者)と建設工事の施工可能な地域

許可する者	営業所の所在地	工事の施工地域
都道府県知事	1つの都道府県にのみ営業所を設ける場合	営業所の所在地と施工地域とは関係がない
国土交通大臣	複数の都道府県に営業所を設ける場合	

建設業の許可と建設工事の種類
2 前項の許可は,別表第1の左欄に掲げる建設工事の種類ごとに,それぞれ同表の右欄に掲げる建設業に分けて与えるものとする。

許可の有効期間
3 第1項の許可は,5年ごとにその更新を受けなければ,その期間の経過によって,その効力を失う。

表 4.1.2 建設工事の種類および内容

〔法別表第1(第2条)・昭和47年建設省告示第350号(最終改正 平成26年12月25日国交通告1193号)・平成13年国総建第97号 (最終改正 平成29年11月10日国土建第276号)〕

建設工事の種類	建設業	建設工事の内容	建設工事の例示
土木一式工事	※土木工事業	総合的な企画,指導,調整のもとに土木工作物を建設する工事(補修,改造又は解体する工事を含む。以下同じ。)	──
建築一式工事	※建築工事業	総合的な企画,指導,調整のもとに建築物を建設する工事	──
大工工事	大工工事業	省略	省略
左官工事	左官工事業	省略	省略
とび・土工・コンクリート工事	とび・土工工事業	省略	省略
石工事	石工事業	省略	省略
屋根工事	屋根工事業	省略	省略
電気工事	※電気工事業	発電設備,変電設備,送配電設備,構内電気設備等を設置する工事	発電設備工事,送配電線工事,引込線工事,変電設備工事,構内電気設備(非常用電気設備を含む。)工事,照明設備工事,電車線工事,信号設備工事,ネオン装置工事
管工事	※管工事業	冷暖房,冷凍冷蔵,空気調和,給排水,衛生等のための設備を設置し,又は金属製等の管を使用して水,油,ガス,水蒸気等を送配するための設備を設置する工事	冷暖房設備工事,冷凍冷蔵設備工事,空気調和設備工事,給排水・給湯設備工事,厨房設備工事,衛生設備工事,浄化槽工事,水洗便所設備工事,ガス管配管工事,ダクト工事,管内更生工事
タイル・れんが・ブロック工事	タイル・れんが・ブロック工事業	省略	省略

第1節　建設業・契約関係法令

表 4.1.2　建設工事の種類および内容（つづき）

建設工事の種類	建設業	建設工事の内容	建設工事の例示
鋼構造物工事	※鋼構造物工事業	形鋼，鋼板等の鋼材の加工又は組立てにより工作物を築造する工事	鉄骨工事，橋梁工事，鉄塔工事，石油，ガス等の貯蔵用タンク設置工事，屋外広告工事，閘門，水門等の門扉設置工事
鉄筋工事	鉄筋工事業	省略	省略
舗装工事	※舗装工事業	道路等の地盤面をアスファルト，コンクリート，砂，砂利，砕石等により舗装する工事	アスファルト舗装工事，コンクリート舗装工事，ブロック舗装工事，路盤築造工事
しゅんせつ工事	しゅんせつ工事業	省略	省略
板金工事	板金工事業	省略	省略
ガラス工事	ガラス工事業	省略	省略
塗装工事	塗装工事業	省略	省略
防水工事	防水工事業	省略	省略
内装仕上工事	内装仕上工事業	省略	省略
機械器具設置工事	機械器具設置工事業	機械器具の組立て等により工作物を建設し，又は工作物に機械器具を取付ける工事	プラント設備工事，運搬機器設置工事，内燃力発電設備工事，集塵機器設置工事，給排気機器設置工事，揚排水機器設置工事，ダム用仮設備工事，遊技施設置工事，舞台装置設置工事，サイロ設置工事，立体駐車設備工事
熱絶縁工事	熱絶縁工事業	省略	省略
電気通信工事	電気通信工事業	有線電気通信設備，無線電気通信設備，放送機械設備，ネットワーク設備，情報設備等の電気通信設備を設置する工事	有線電気通信設備工事，無線電気通信設備工事，データ通信設備工事，情報処理設備工事，情報収集設備工事，情報表示設備工事，放送機械設備工事，TV電波障害防除設備工事
造園工事	※造園工事業	整地，樹木の植栽，景石のすえ付け等により庭園，公園，緑地等の苑地を築造し，道路，建築物の屋上等を緑化し，又は植生を復元する工事	植栽工事，地被工事，景石工事，地ごしらえ工事，公園設備工事，広場工事，園路工事，水景工事，屋上等緑化工事，緑地育成工事
さく井工事	さく井工事業	省略	省略
建具工事	建具工事業	省略	省略
水道施設工事	水道施設工事業	省略	省略
消防施設工事	消防施設工事業	火災警報設備，消火設備，避難設備若しくは消火活動に必要な設備を設置し，又は工作物に取付ける工事	屋内消火栓設置工事，スプリンクラー設置工事，水噴霧，泡，不燃性ガス，蒸発性液体又は粉末による消火設備工事，屋外消火栓設置工事，動力消防ポンプ設置工事，火災報知設備工事，漏電火災警報器設置工事，非常警報設備工事，金属製避難はしご，救助袋，緩降機，避難橋又は排煙設備の設置工事
清掃施設工事	清掃施設工事業	省略	省略
解体工事	解体工事業	工作物の解体を行う工事	工作物解体工事

※は**指定建設業**

4　前項の更新の申請があった場合において，同項の期間（以下「許可の有効期間」という。）の満了の日までにその申請に対する処分がされないときは，従前の許可は，許可の有効期間の満了後もその処分がされるまでの間は，なおその効力を

一般建設業者が特定建設業になったときの許可の効力		5　前項の場合において，許可の更新がされたときは，その許可の有効期間は，従前の許可の有効期間の満了の日の翌日から起算するものとする。 6　第1項第一号に掲げる者に係る同項の許可（第3項の許可の更新を含む。以下「一般建設業の許可」という。）を受けた者が，当該許可に係る建設業について，第1項第二号に掲げる者に係る同項の許可（第3項の許可の更新を含む。以下「特定建設業の許可」という。）を受けたときは，その者に対する当該建設業に係る一般建設業の許可は，その効力を失う。
支店に準ずる営業所		令第1条　建設業法（以下「法」という。）第3条第1項の政令で定める支店に準ずる営業所は，常時建設工事の請負契約を締結する事務所とする。
軽微な建設工事		令第1条の2　法第3条第1項ただし書の政令で定める軽微な建設工事は，工事1件の請負代金の額が500万円（当該建設工事が建築一式工事である場合にあっては，1,500万円）に満たない工事又は建築一式工事のうち延べ面積が150㎡に満たない木造住宅を建設する工事とする。
分割契約の請負代金		2　前項の請負代金の額は，同一の建設業を営む者が工事の完成を2以上の契約に分割して請け負うときは，各契約の請負代金の額の合計額とする。ただし，正当な理由に基いて契約を分割したときは，この限りでない。
支給材と請負代金の関係		3　注文者が材料を提供する場合においては，その市場価格又は市場価格及び運送賃を当該請負契約の請負代金の額に加えたものを第1項の請負代金の額とする。
政令で定める下請負金額		令第2条　法第3条第1項第二号の政令で定める金額は，5,000万円とする。ただし，同項の許可を受けようとする建設業が建築工事業である場合においては，8,000万円とする。
許可の更新の申請		則第5条　法第3条第3項の規定により，許可の更新を受けようとする者は，有効期間満了の日の30日前までに許可申請書を提出しなければならない。
許可の条件		法第3条の2　国土交通大臣又は都道府県知事は，前条第1項の許可に条件を付し，及びこれを変更することができる。 2　前項の条件は，建設工事の適正な施工の確保及び発注者の保護を図るため必要な最小限度のものに限り，かつ，当該許可を受ける者に不当な義務を課することとならないものでなければならない。
許可建設業に附帯する工事の請負		法第4条　建設業者は，許可を受けた建設業に係る建設工事を請け負う場合においては，当該建設工事に附帯する他の建設業に係る建設工事を請け負うことができる。

2）一般建設業の許可

許可の申請		法第5条　一般建設業の許可（第8条第二号及び第三号を除き，以下この節において「許可」という。）を受けようとする者は，国土交通省令で定めるところにより，2以上の都道府県の区域内に営業所を設けて営業をしようとする場合にあっては国土交通大臣に，1の都道府県の区域内にのみ営業所を設けて営業をしようとする場合にあっては当該営業所の所在地を管轄する都道府県知事に，次に掲げる事項を記載した許可申請書を提出しなければならない。

許可申請書の記載事項	一　商号又は名称 二　営業所の名称及び所在地 三　法人である場合においては，その資本金額（出資総額を含む。第24条の6第1項において同じ。）及び役員等（業務を執行する社員，取締役，執行役若しくはこれらに準ずる者又は相談役，顧問その他いかなる名称を有する者であるかを問わず，法人に対し業務を執行する社員，取締役，執行役若しくはこれらに準ずる者と同等以上の支配力を有するものと認められる者をいう。以下同じ。）の氏名 四　個人である場合においては，その者の氏名及び支配人があるときは，その者の氏名 五　その営業所ごとに置かれる第7条第二号イ，ロ又はハに該当する者の氏名 六　許可を受けようとする建設業 七　他に営業を行っている場合においては，その営業の種類
許可申請書の添付書類	**法第6条**　前条の許可申請書には，国土交通省令の定めるところにより，次に掲げる書類を添付しなければならない。 一　工事経歴書 二　直前3年の各事業年度における工事施工金額を記載した書面 三　使用人数を記載した書面 四　許可を受けようとする者（法人である場合においては当該法人，その役員等及び政令で定める使用人，個人である場合においてはその者及び政令で定める使用人）及び法定代理人（法人である場合においては，当該法人及びその役員等）が第8条各号に掲げる欠格要件に該当しない者であることを誓約する書面 五　次条第一号及び第二号に掲げる基準を満たしていることを証する書面 六　前各号に掲げる書面以外の書類で国土交通省令で定めるもの
許可更新時の添付書類	2　許可の更新を受けようとする者は，前項の規定にかかわらず，同項第一号から第三号までに掲げる書類を添付することを要しない。
許可の基準	**法第7条**　国土交通大臣又は都道府県知事は，許可を受けようとする者が次に掲げる基準に適合していると認めるときでなければ，許可をしてはならない。 一　建設業に係る経営業務の管理を適正に行うに足りる能力を有するものとして国土交通省令で定める基準に適合する者であること。
営業所ごとの専任の技術者の資格	二　その営業所ごとに，次のいずれかに該当する者で専任のものを置く者であること。 　イ　許可を受けようとする建設業に係る建設工事に関し学校教育法（昭和22年法律第26号）による高等学校（旧中等学校令（昭和18年勅令第36号）による実業学校を含む。第26条の7第1項第二号ロにおいて同じ。）若しくは中等教育学校を卒業した後5年以上又は同法による大学（旧大学令（大正7年勅令第388号）による大学を含む。同号ロにおいて同じ。）若しくは高等専門学校（旧専門学校令（明治36年勅令第61号）による専門学校を含む。同号ロにおいて同じ。）を卒業した（同法による専門職大学の前期課程を修了した場合を含む。）後3年以上実務の経験を有する者で在学中に国土交通

省令で定める学科を修めたもの
　ロ　許可を受けようとする建設業に係る建設工事に関し10年以上実務の経験を有する者
　ハ　国土交通大臣がイ又はロに掲げる者と同等以上の知識及び技術又は技能を有するものと認定した者

法人，役員，個人等の資格
三　法人である場合においては当該法人又はその役員等若しくは政令で定める使用人が，個人である場合においてはその者又は政令で定める使用人が，請負契約に関して不正又は不誠実な行為をするおそれが明らかな者でないこと。

財産的基礎等
四　請負契約（第3条第1項ただし書の政令で定める軽微な建設工事に係るものを除く。）を履行するに足りる財産的基礎又は金銭的信用を有しないことが明らかな者でないこと。

使用人
令第3条　法第6条第1項第四号（法第17条において準用する場合を含む。），法第7条第三号，法第8条第四号，第十二号及び第十三号（これらの規定を法第17条において準用する場合を含む。），法第28条第1項第三号並びに法第29条の4の政令で定める使用人は，支配人及び支店又は第1条に規定する営業所の代表者（支配人である者を除く。）であるものとする。

省令で定める学科
則第1条　建設業法第7条第二号イに規定する学科は，次の表の左欄に掲げる許可（一般建設業の許可をいう。第4条第4項を除き，以下この条から第10条までにおいて同じ。）を受けようとする建設業に応じて同表の右欄に掲げる学科とする。

（表抜粋）

電気工事業 電気通信工事業	電気工学又は電気通信工学に関する学科

法第7条第一号の基準
則第7条　法第7条第一号の国土交通省令で定める基準は，次のとおりとする。
一　次のいずれかに該当するものであること。
　イ　常勤役員等のうち1人が次のいずれかに該当する者であること。
　　(1)　建設業に関し5年以上経営業務の管理責任者としての経験を有する者
　　(2)　建設業に関し5年以上経営業務の管理責任者に準ずる地位にある者（経営業務を執行する権限の委任を受けた者に限る。）として経営業務を管理した経験を有する者
　　(3)　建設業に関し6年以上経営業務の管理責任者に準ずる地位にある者として経営業務の管理責任者を補助する業務に従事した経験を有する者
　ロ　常勤役員等のうち1人が次のいずれかに該当する者であって，かつ，財務管理の業務経験（許可を受けている建設業者にあっては当該建設業者，許可を受けようとする建設業を営む者にあっては当該建設業を営む者における5年以上の建設業の業務経験に限る。以下このロにおいて同じ。）を有する者，労務管理の業務経験を有する者及び業務運営の業務経験を有する者を当該常勤役員等を直接に補佐する者としてそれぞれ置くものであること。
　　(1)　建設業に関し，2年以上役員等としての経験を有し，かつ，5年以上役員等又は役員等に次ぐ職制上の地位にある者（財務管理，労務管理又は業

務運営の業務を担当するものに限る。）としての経験を有する者
　　　(2)　5年以上役員等としての経験を有し，かつ，建設業に関し，2年以上役員等としての経験を有する者
　　ハ　国土交通大臣がイ又はロに掲げるものと同等以上の経営体制を有すると認定したもの。
　二　次のいずれにも該当する者であること。
　　イ　健康保険法第3条第3項に規定する適用事業所に該当する全ての営業所に関し，健康保険法施行規則第19条第1項の規定による届書を提出した者であること。
　　ロ　厚生年金保険法第6条第1項に規定する適用事業所に該当する全ての営業所に関し，厚生年金保険法施行規則第13条第1項の規定による届書を提出した者であること。
　　ハ　雇用保険法第5条第1項に規定する適用事業の事業所に該当する全ての営業所に関し，雇用保険法施行規則第141条第1項の規定による届書を提出した者であること。

| 法第7条第二号ハの知識及び技術又は技能を有するものと認められる者 | 則第7条の3　法第7条第二号ハの規定により，同号イ又はロに掲げる者と同等以上の知識及び技術又は技能を有するものとして国土交通大臣が認定する者は，次に掲げる者とする。
一　許可を受けようとする建設業に係る建設工事に関し，旧実業学校卒業程度検定規程による検定で第1条に規定する学科に合格した後5年以上又は旧専門学校卒業程度検定規程による検定で同条に規定する学科に合格した後3年以上実務の経験を有する者
二　前号に掲げる者のほか，次の表の左欄に掲げる許可を受けようとする建設業の種類に応じ，それぞれ同表の右欄に掲げる者
（表抜粋） |

| 電気工事業 | 一　技術検定のうち電気工事施工管理に係る1級又は2級の第二次検定に合格した者
二　技術士法第4条第1項の規定による第二次試験のうち技術部門を電気電子部門，建設部門又は総合技術監理部門（選択科目を電気電子部門又は建設部門に係るものとするものに限る。）とするものに合格した者
三　電気工事士法第4条第1項の規定による第一種電気工事士免状の交付を受けた者又は同項の規定による第二種電気工事士免状の交付を受けた後電気工事に関し3年以上実務の経験を有する者
四　電気事業法第44条第1項の規定による第一種電気主任技術者免状，第二種電気主任技術者免状又は第三種電気主任技術者免状の交付を受けた者（同法附則第7項の規定によりこれらの免状の交付を受けている者とみなされた者を含む。）であって，その免状の交付を受けた後電気工事に関し5年以上実務の経験を有する者
五　建築士法第2条第5項に規定する建築設備士となった後電気工事に関し1年以上実務の経験を有する者
六　建築物その他の工作物若しくはその設備に計測装置，制御装置等を装備する工事又はこれらの装置の維持管理を行う業務に必要な知識及び技術を確認するための試験であって次条から第7条の6までの規定により国土交通大臣の登録を受けたもの（以下「登録計装試験」という。）に合格した後電気工事に関し1年以上実務の経験を有する者 |

　三　前2号に掲げる者のほか，第18条の3第2項第二号に規定する登録基幹技

能者講習（許可を受けようとする建設業の種類に応じ，国土交通大臣が認めるものに限る。）を修了した者
四　国土交通大臣が前3号に掲げる者と同等以上の知識及び技術又は技能を有するものと認める者

<u>許可換えの場合における従前の許可の効力</u>

法第9条　許可に係る建設業者が許可を受けた後次の各号のいずれかに該当して引き続き許可を受けた建設業を営もうとする場合（第17条の2第1項から第3項まで又は第17条の3第4項の規定により他の建設業者の地位を承継したことにより第三号に該当して引き続き許可を受けた建設業を営もうとする場合を除く。）において，第3条第1項の規定により国土交通大臣又は都道府県知事の許可を受けたときは，その者に係る従前の国土交通大臣又は都道府県知事の許可は，その効力を失う。
一　国土交通大臣の許可を受けた者が1の都道府県の区域内にのみ営業所を有することとなったとき。
二　都道府県知事の許可を受けた者が当該都道府県の区域内における営業所を廃止して，他の1の都道府県の区域内に営業所を設置することとなったとき。
三　都道府県知事の許可を受けた者が2以上の都道府県の区域内に営業所を有することとなったとき。
（以下省略）

<u>変更等の届出</u>

法第11条　許可に係る建設業者は，第5条第一号から第五号までに掲げる事項について変更があったときは，国土交通省令で定めるところにより，30日以内に，その旨の変更届出書を国土交通大臣又は都道府県知事に提出しなければならない。
2　許可に係る建設業者は，毎事業年度終了の時における第6条第1項第一号及び第二号に掲げる書類その他国土交通省令で定める書類を，毎事業年度経過後4月以内に，国土交通大臣又は都道府県知事に提出しなければならない。
3　許可に係る建設業者は，第6条第1項第三号に掲げる書面その他国土交通省令で定める書類の記載事項に変更を生じたときは，毎事業年度経過後4月以内に，その旨を書面で国土交通大臣又は都道府県知事に届け出なければならない。
4　許可に係る建設業者は，営業所に置く第7条第二号イ，ロ又はハに該当する者として証明された者が当該営業所に置かれなくなった場合又は同号ハに該当しなくなった場合において，これに代わるべき者があるときは，国土交通省令の定めるところにより，2週間以内に，その者について，第6条第1項第五号に掲げる書面を国土交通大臣又は都道府県知事に提出しなければならない。
5　許可に係る建設業者は，第7条第一号若しくは第二号に掲げる基準を満たさなくなったとき，又は第8条第一号及び第七号から第十四号までのいずれかに該当するに至ったときは，国土交通省令の定めるところにより，2週間以内に，その旨を書面で国土交通大臣又は都道府県知事に届け出なければならない。

<u>廃業等の届出</u>

法第12条　許可に係る建設業者が次の各号のいずれかに該当することとなった場合においては，当該各号に掲げる者は，30日以内に，国土交通大臣又は都道府県知事にその旨を届け出なければならない。
（以下省略）

表 4.1.3 建設業の許可基準（電気工事業の場合）

許可区分 許可基準			一般建設業	特定建設業	
経営業務の管理を適正に行うに足りる能力			(1) 経営業務の管理責任者等の設置（則第7条第一号） (2) 適正な社会保険への加入（則第7条第二号）		
営業所に置く専任の技術者			営業所技術者	特定営業所技術者	
			許可を受けようとする建設業の営業所ごとに，次のいずれかに該当する営業所技術者を専任の者として置くこと。	特定営業所	
			法第7条第二号イ，ロ，ハ	法第15条第二号イ，ロ，ハ	
	イ	①	高校（指定学科卒業）の卒業者	※業種が指定建設業（電気工事を含む7業種）の場合は，下記イ，ハに限定される。	
			5年以上の実務経験		
		②	大学・高専（指定学科）の卒業者	国土交通大臣が定めた国家試験等の合格者	
			3年以上の実務経験	イ	(1) 1級電気工事施工管理技士 (2) 技術士（電気電子部門），建設部門又は総合技術監理部門（選択科目：電気電子部門又は建設部門）
	ロ		その他の者		
			10年以上の実務経験		
	ハ		国土交通大臣がイ，ロと同等と認めた者 (1) 1級又は2級電気工事施工管理技士 (2) 技術士（電気電子部門），建設部門又は総合技術監理部門（選択科目：電気電子部門又は建設部門） (3) 第一種電気工事士 (4) 第二種電気工事士 　（免状交付後3年以上の実務経験が必要） (5) 第一種，二種，三種電気主任技術者 　（免状交付後5年以上の実務経験が必要） (6) 建築設備士 　（資格取得後1年以上の実務経験が必要） (7) 1級計装士 　（合格後1年以上の実務経験が必要）	ロ	一般建設業の許可要件（左欄のイ，ロ，ハ）をみたした者で，発注者から直接請け負った4,500万円以上の工事に関し2年以上の指導監督的実務経験を有する者
				ハ	国土交通大臣がイ，ロと同等と認めた者
					※電気工事技術者特別認定講習の合格者
				※ハの大臣特別認定講習（H7年〜8年）合格者は，法の改正による経過措置で認定された資格者で，監理技術者講習を有効なまま継続して受講していることが必要となる（新たに取得することはできない）。	
誠実性			役員，使用人の中に請負契約に関して不正又は不誠実な行為をするおそれのある者がいないこと。	同　左	
財産的基礎			請負契約を履行するに足りる財産的基礎又は金銭的信用を有していること。	発注者との間の請負契約で，請負代金の額が8,000万円以上のものを履行するに足りる財産的基礎を有していること。	

3) 特定建設業の許可

許可の基準　**法第15条**　国土交通大臣又は都道府県知事は，特定建設業の許可を受けようとする者が次に掲げる基準に適合していると認めるときでなければ，許可をしてはならない。

法人の役員，個人等の資格
一　第7条第一号及び第三号に該当する者であること。

営業所ごとの専任の技術者の資格
二　その営業所ごとに次のいずれかに該当する者で専任のものを置く者であること。ただし，施工技術（設計図書に従って建設工事を適正に実施するために必要な専門の知識及びその応用能力をいう。以下同じ。）の総合性，施工技術の普及状況その他の事情を考慮して政令で定める建設業（以下「指定建設業」という。）の許可を受けようとする者にあっては，その営業所ごとに置くべき専任の者は，イに該当する者又はハの規定により国土交通大臣がイに掲げる者と同等以上の能力を有するものと認定した者でなければならない。

　　　　　イ　第27条第1項の規定による技術検定その他の法令の規定による試験で許可を受けようとする建設業の種類に応じ国土交通大臣が定めるものに合格した者又は他の法令の規定による免許で許可を受けようとする建設業の種類に応じ国土交通大臣が定めるものを受けた者
　　　　　ロ　第7条第二号イ，ロ又はハに該当する者のうち，許可を受けようとする建設業に係る建設工事で，発注者から直接請け負い，その請負代金の額が政令で定める金額以上であるものに関し2年以上指導監督的な実務の経験を有する者
　　　　　ハ　国土交通大臣がイ又はロに掲げる者と同等以上の能力を有するものと認定した者

財産的基礎　三　発注者との間の請負契約で，その請負代金の額が政令で定める金額以上であるものを履行するに足りる財産的基礎を有すること。

指定建設業　令第5条の2　法第15条第二号ただし書の政令で定める建設業は，次に掲げるものとする。
　　　　一　土木工事業
　　　　二　建築工事業
　　　　三　電気工事業
　　　　四　管工事業
　　　　五　鋼構造物工事業
　　　　六　舗装工事業
　　　　七　造園工事業

法第15条第二号ロの金額　令第5条の3　法第15条第二号ロの政令で定める金額は，4,500万円とする。

法第15条第三号の金額　令第5条の4　法第15条第三号の政令で定める金額は，8,000万円とする。

　　　○　建設業法第15条第二号イの国土交通大臣が定める試験及び免許を定める件（抜粋）
　　　　〔昭和63年建設省告示第1317号（最終改正　平成17年国土交通省告示第204号）〕
　　　　建設業法第15条第二号イの国土交通大臣が定める試験及び免許を次のとおり定め，昭和63年6月6日から適用する。
　　　　許可を受けようとする建設業が次の表の上欄に掲げる建設業である場合において，それぞれ同表の下欄に掲げる試験又は免許（抜）
　　　・電気工事業
　　　一　建設業法による技術検定のうち検定種目を1級の電気工事施工管理とするもの
　　　二　技術士法による第二次試験のうち技術部門を電気・電子部門，建設部門又は総合技術監理部門（選択科目を電気・電子部門又は建設部門に係るものとするものに限る。）とするもの
　　　○　建設業法第15条第二号ハの規定により同号イに掲げる者と同等以上の能力を

有する者を定める件（抜粋）

〔平成元年建設省告示第128号（最終改正　平成12年建設省告示第2345号）〕

建設業法第15条第二号ハの規定により同号イに掲げる者と同等以上の能力を有する者を次のように定める。

四　許可を受けようとする建設業が電気工事業又は造園工事業である場合において，次のすべてに該当する者で国土交通大臣が建設業法第15条第二号イに掲げる者と同等以上の能力を有する者と認めるもの

　㈠　建設業法施行令の一部を改正する政令（以下「改正令」という。）の公布の日から改正令附則第1項ただし書に規定する改正規定の施行の日までの間（以下「特定期間」という。）に特定建設業の許可を受けて当該建設業を営む者の専任技術者（建設業法第15条第二号の規定により営業所ごとに置くべき専任の者をいう。）として当該建設業に関しその営業所に置かれた者又は特定期間若しくは改正令の公布前1年間に当該建設業に係る建設工事に関し監理技術者として置かれた経験のある者であること。

　㈡　当該建設業に係る平成6年度，平成7年度又は平成8年度の1級技術検定を受検した者であること。

　㈢　当該建設業が次表の左欄に掲げる建設業である場合においては，それぞれ同表の右欄に掲げる講習の効果評定に合格した者であること。

| 電気工事業 | 財団法人建設業振興基金の行う平成7年度又は平成8年度の電気工事技術者特別認定講習 |

下請契約の締結の制限

法第16条　特定建設業の許可を受けた者でなければ，その者が発注者から直接請負った建設工事を施工するための次の各号の1に該当する下請契約を締結してはならない。

一　その下請契約に係る下請代金の額が，1件で，第3条第1項第二号の政令で定める金額以上である下請契約

二　その下請契約を締結することにより，その下請契約及びすでに締結された当該建設工事を施工するための他のすべての下請契約に係る下請代金の額の総額が，第3条第1項第二号の政令で定める金額以上となる下請契約

準用規定

法第17条　第5条，第6条及び第8条から第14条までの規定は，特定建設業の許可及び特定建設業の許可を受けた者（以下「特定建設業者」という。）について準用する。この場合において，第5条第五号中「第7条第二号イ，ロ又はハ」とあるのは「第15条第二号イ，ロ又はハ」と，第6条第1項第五号中「次条第一号及び第二号」とあるのは「第7条第一号及び第15条第二号」と，第11条第4項中「第7条第二号イ，ロ又はハ」とあるのは「第15条第二号イ，ロ又はハ」と，「同号ハ」とあるのは「同号イ，ロ若しくはハ」と，同条第5項中「第7条第一号若しくは第二号」とあるのは「第7条第一号若しくは第15条第二号」と読み替えるものとする。

| 特定建設業についての準用 | 則第13条　第1条から第6条まで（第3条第2項から第4項までを除く。），第7条の2及び第8条から前条までの規定は，特定建設業の許可及び特定建設業者について準用する。この場合において，第4条第4項中「一般建設業の許可」とあるのは「特定建設業の許可」と，「特定建設業の許可」とあるのは「一般建設業の許可」と，第7条の2第1項中「第7条第二号イ，ロ若しくはハ」とあるのは「第15条第二号イ，ロ若しくはハ」と読み替えるものとする。
（以下省略） |

(3) 建設工事の請負契約

1) 通則

| 建設工事の請負契約の原則 | 法第18条　建設工事の請負契約の当事者は，各々の対等な立場における合意に基いて公正な契約を締結し，信義に従って誠実にこれを履行しなければならない。 |
| 建設工事の請負契約の内容 | 法第19条　建設工事の請負契約の当事者は，前条の趣旨に従って，契約の締結に際して次に掲げる事項を書面に記載し，署名又は記名押印をして相互に交付しなければならない。
一　工事内容
二　請負代金の額
三　工事着手の時期及び工事完成の時期
四　工事を施工しない日又は時間帯の定めをするときは，その内容
五　請負代金の全部又は一部の前金払又は出来形部分に対する支払の定めをするときは，その支払の時期及び方法
六　当事者の一方から設計変更又は工事着手の延期若しくは工事の全部若しくは一部の中止の申出があった場合における工期の変更，請負代金の額の変更又は損害の負担及びそれらの額の算定方法に関する定め
七　天災その他不可抗力による工期の変更又は損害の負担及びその額の算定方法に関する定め
八　価格等（物価統制令第2条に規定する価格等をいう。）の変動若しくは変更に基づく請負代金の額又は工事内容の変更
九　工事の施工により第三者が損害を受けた場合における賠償金の負担に関する定め
十　注文者が工事に使用する資材を提供し，又は建設機械その他の機械を貸与するときは，その内容及び方法に関する定め
十一　注文者が工事の全部又は一部の完成を確認するための検査の時期及び方法並びに引渡しの時期
十二　工事完成後における請負代金の支払の時期及び方法
十三　工事の目的物が種類又は品質に関して契約の内容に適合しない場合におけるその不適合を担保すべき責任又は当該責任の履行に関して講ずべき保証保険契約の締結その他の措置に関する定めをするときは，その内容
十四　各当事者の履行の遅滞その他債務の不履行の場合における遅延利息，違約金その他の損害金 |

十五　契約に関する紛争の解決方法
　　　十六　その他国土交通省令で定める事項

内容変更の交付
2　請負契約の当事者は，請負契約の内容で前項に掲げる事項に該当するものを変更するときは，その変更の内容を書面に記載し，署名又は記名押印をして相互に交付しなければならない。

3　建設工事の請負契約の当事者は，前二項の規定による措置に代えて，政令で定めるところにより，当該契約の相手方の承諾を得て，電子情報処理組織を使用する方法その他の情報通信の技術を利用する方法であって，当該各項の規定による措置に準ずるものとして国土交通省令で定めるものを講ずることができる。この場合において，当該国土交通省令で定める措置を講じた者は，当該各項の規定による措置を講じたものとみなす。

現場代理人の権限等の通知
法第19条の2　請負人は，請負契約の履行に関し工事現場に現場代理人を置く場合においては，当該現場代理人の権限に関する事項及び当該現場代理人の行為についての注文者の請負人に対する意見の申出の方法（第3項において「現場代理人に関する事項」という。）を，書面により注文者に通知しなければならない。

監督員の権限等の通知
2　注文者は，請負契約の履行に関し工事現場に監督員を置く場合においては，当該監督員の権限に関する事項及び当該監督員の行為についての請負人の注文者に対する意見の申出の方法（第4項において「監督員に関する事項」という。）を，書面により請負人に通知しなければならない。

（以下省略）

不当に低い請負代金の禁止
法第19条の3　注文者は，自己の取引上の地位を不当に利用してその注文した建設工事を施工するために通常必要と認められる原価に満たない金額を請負代金の額とする請負契約を締結してはならない。

不当な使用資材等の購入強制の禁止
法第19条の4　注文者は，請負契約の締結後，自己の取引上の地位を不当に利用して，その注文した建設工事に使用する資材若しくは機械器具又はこれらの購入先を指定し，これらを請負人に購入させて，その利益を害してはならない。

著しく短い工期の禁止
法第19条の5　注文者は，その注文した建設工事を施工するために通常必要と認められる期間に比して著しく短い期間を工期とする請負契約を締結してはならない。

発注者に対する勧告等
法第19条の6　建設業者と請負契約を締結した発注者（私的独占の禁止及び公正取引の確保に関する法律（昭和22年法律第54号）第2条第1項に規定する事業者に該当するものを除く。）が第19条の3又は第19条の4の規定に違反した場合において，特に必要があると認めるときは，当該建設業者の許可をした国土交通大臣又は都道府県知事は，当該発注者に対して必要な勧告をすることができる。

2　建設業者と請負契約（請負代金の額が政令で定める金額以上であるものに限る。）を締結した発注者が前条の規定に違反した場合において，特に必要があると認めるときは，当該建設業者の許可をした国土交通大臣又は都道府県知事は，当該発注者に対して必要な勧告をすることができる。

3　国土交通大臣又は都道府県知事は，前項の勧告を受けた発注者がその勧告に従わないときは，その旨を公表することができる。

4　国土交通大臣又は都道府県知事は，第1項又は第2項の勧告を行うため必要が

あると認めるときは，当該発注者に対して，報告又は資料の提出を求めることができる。

令第5条の8 法第19条の6第2項の政令で定める金額は，500万円とする。ただし，当該請負契約に係る建設工事が建築一式工事である場合においては，1,500万円とする。

建設工事の見積り等

法第20条 建設業者は，建設工事の請負契約を締結するに際して，工事内容に応じ，工事の種別ごとの材料費，労務費その他の経費の内訳並びに工事の工程ごとの作業及びその準備に必要な日数を明らかにして，建設工事の見積りを行うよう努めなければならない。

見積書の交付

2　建設業者は，建設工事の注文者から請求があったときは，請負契約が成立するまでの間に，建設工事の見積書を交付しなければならない。

電子情報処理

3　建設業者は，前項の規定による見積書の交付に代えて，政令で定めるところにより，建設工事の注文者の承諾を得て，当該見積書に記載すべき事項を電子情報処理組織を使用する方法その他の情報通信の技術を利用する方法であって国土交通省令で定めるものにより提供することができる。この場合において，当該建設業者は，当該見積書を交付したものとみなす。

見積期間

4　建設工事の注文者は，請負契約の方法が随意契約による場合にあっては契約を締結するまでに，入札の方法により競争に付する場合にあっては入札を行うまでに，第19条第1項第一号及び第三号から第十六号までに掲げる事項について，できる限り具体的な内容を提示し，かつ，当該提示から当該契約の締結又は入札までに，建設業者が当該建設工事の見積りをするために必要な政令で定める一定の期間を設けなければならない。

建設工事の見積期間

令第6条 法第20条第4項に規定する見積期間は，次に掲げるとおりとする。ただし，やむを得ない事情があるときは，第二号及び第三号の期間は，5日以内に限り短縮することができる。

一　工事1件の予定価格が500万円に満たない工事については，1日以上
二　工事1件の予定価格が500万円以上5,000万円に満たない工事については，10日以上
三　工事1件の予定価格が5,000万円以上の工事については，15日以上

2　国が入札の方法により競争に付する場合においては，予算決算及び会計令第74条の規定による期間を前項の見積期間とみなす。

工期等に影響を及ぼす事象に関する情報の通知等

法第20条の2 建設工事の注文者は，当該建設工事について，地盤の沈下その他の工期又は請負代金の額に影響を及ぼすものとして国土交通省令で定める事象が発生するおそれがあると認めるときは，請負契約を締結するまでに，建設業者に対して，その旨及び当該事象の状況の把握のため必要な情報を提供しなければならない。

工期等に影響を及ぼす事象

則第13条の14 法第20条の2の国土交通省令で定める事象は，次に掲げる事象とする。

一　地盤の沈下，地下埋設物による土壌の汚染その他の地中の状態に起因する事象
二　騒音，振動その他の周辺の環境に配慮が必要な事象

一括下請負わせの禁止	**法第22条** 建設業者は，その請け負った建設工事を，いかなる方法をもってするかを問わず，一括して他人に請け負わせてはならない。
一括下請負の禁止	2　建設業を営む者は，建設業者から当該建設業者の請け負った建設工事を一括して請け負ってはならない。
一括下請負禁止適用除外	3　前二項の建設工事が多数の者が利用する施設又は工作物に関する重要な建設工事で政令で定めるもの以外の建設工事である場合において，当該建設工事の元請負人があらかじめ発注者の書面による承諾を得たときは，これらの規定は，適用しない。 （以下省略）
一括下請負の禁止対象となるもの	**令第6条の3**　法第22条第3項の政令で定める重要な建設工事は，共同住宅を新築する建設工事とする。

> ○　公共工事の入札及び契約の適正化の促進に関する法律
> **法第14条**　公共工事については，建設業法第22条第3項の規定は，適用しない。

不適当な下請負人の変更請求	**法第23条**　注文者は，請負人に対して，建設工事の施工につき著しく不適当と認められる下請負人があるときは，その変更を請求することができる。ただし，あらかじめ注文者の書面による承諾を得て選定した下請負人については，この限りでない。 （以下省略）
工事監理に関する報告	**法第23条の2**　請負人は，その請け負った建設工事の施工について建築士法第18条第3項の規定により建築士から工事を設計図書のとおりに実施するよう求められた場合において，これに従わない理由があるときは，直ちに，第19条の2第2項の規定により通知された方法により，注文者に対して，その理由を報告しなければならない。
請負契約とみなす場合	**法第24条**　委託その他いかなる名義をもってするかを問わず，報酬を得て建設工事の完成を目的として締結する契約は，建設工事の請負契約とみなして，この法律の規定を適用する。

2）元請負人の義務

下請負人の意見聴取	**法第24条の2**　元請負人は，その請け負った建設工事を施工するために必要な工程の細目，作業方法その他元請負人において定めるべき事項を定めようとするときは，あらかじめ，下請負人の意見をきかなければならない。
下請代金の支払	**法第24条の3**　元請負人は，請負代金の出来形部分に対する支払又は工事完成後における支払を受けたときは，当該支払の対象となった建設工事を施工した下請負人に対して，当該元請負人が支払を受けた金額の出来形に対する割合及び当該下請負人が施工した出来形部分に相応する下請代金を，当該支払を受けた日から1月以内で，かつ，できる限り短い期間内に支払わなければならない。 2　前項の場合において，元請負人は，同項に規定する下請代金のうち労務費に相当する部分については，現金で支払うよう適切な配慮をしなければならない。

下請負人の着手費用への配慮	3	元請負人は，前払金の支払を受けたときは，下請負人に対して，資材の購入，労働者の募集その他建設工事の着手に必要な費用を前払金として支払うよう適切な配慮をしなければならない。
下請工事の完成確認検査の期限	**法第24条の4**	元請負人は，下請負人からその請け負った建設工事が完成した旨の通知を受けたときは，当該通知を受けた日から20日以内で，かつ，できる限り短い期間内に，その完成を確認するための検査を完了しなければならない。
下請工事目的物の引渡し期限	2	元請負人は，前項の検査によって建設工事の完成を確認した後，下請負人が申し出たときは，直ちに，当該建設工事の目的物の引渡しを受けなければならない。ただし，下請契約において定められた工事完成の時期から20日を経過した日以前の一定の日に引渡しを受ける旨の特約がされている場合には，この限りでない。
不利益取扱いの禁止	**法第24条の5**	元請負人は，当該元請負人について第19条の3，第19条の4，第24条の3第1項，前条又は次条第3項若しくは第4項の規定に違反する行為があるとして下請負人が国土交通大臣等（当該元請負人が許可を受けた国土交通大臣又は都道府県知事をいう。），公正取引委員会又は中小企業庁長官にその事実を通報したことを理由として，当該下請負人に対して，取引の停止その他の不利益な取扱いをしてはならない。

3) 特定建設業者の義務

支払期日	**法第24条の6**	特定建設業者が注文者となった下請契約（下請契約における請負人が特定建設業者又は資本金額が政令で定める金額以上の法人であるものを除く。以下この条において同じ。）における下請代金の支払期日は，第24条の4第2項の申出の日（同項ただし書の場合にあっては，その一定の日。以下この条において同じ。）から起算して50日を経過する日以前において，かつ，できる限り短い期間内において定められなければならない。
支払期日が未定，又は違反しているときの定め	2	特定建設業者が注文者となった下請契約において，下請代金の支払期日が定められなかったときは第24条の4第2項の申出の日が，前項の規定に違反して下請代金の支払期日が定められたときは同条第2項の申出の日から起算して50日を経過する日が下請代金の支払期日と定められたものとみなす。 （以下省略）
政令の金額	**令第7条の2**	法第24条の6第1項の政令で定める金額は，4,000万円とする。
下請負人に対する指導義務	**法第24条の7**	発注者から直接建設工事を請け負った特定建設業者は，当該建設工事の下請負人が，その下請負に係る建設工事の施工に関し，この法律の規定又は建設工事の施工若しくは建設工事に従事する労働者の使用に関する法令の規定で政令で定めるものに違反しないよう，当該下請負人の指導に努めるものとする。
下請負人の違反指摘，是正請求義務	2	前項の特定建設業者は，その請け負った建設工事の下請負人である建設業を営む者が同項に規定する規定に違反していると認めたときは，当該建設業を営む者に対し，当該違反している事実を指摘して，その是正を求めるように努めるものとする。
下請負人の違反通報義務	3	第1項の特定建設業者が前項の規定により是正を求めた場合において，当該建設業を営む者が当該違反している事実を是正しないときは，同項の特定建設業者は，当該建設業を営む者が建設業者であるときはその許可をした国土交通大臣若

しくは都道府県知事又は営業としてその建設工事の行われる区域を管轄する都道府県知事に，その他の建設業を営む者であるときはその建設工事の現場を管轄する都道府県知事に，速やかに，その旨を通報しなければならない。

労働者の使用に関する規定

令第7条の3　法第24条の7第1項の政令で定める建設工事の施工又は建設工事に従事する労働者の使用に関する法令の規定は，次に掲げるものとする。

一　建築基準法第9条第1項及び第10項（これらの規定を同法第88条第1項から第3項までにおいて準用する場合を含む。）並びに第90条

二　宅地造成及び特定盛土等規制法第13条（同法第16条第3項において準用する場合を含む。），第20条第2項から第4項まで，第31条（同法第35条第3項において準用する場合を含む。）及び第39条第2項から第4項まで

三　労働基準法第5条（労働者派遣法第44条第1項の規定により適用される場合を含む。），第6条，第24条，第56条，第63条及び第64条の2（労働者派遣法第44条第2項（建設労働法第44条の規定により適用される場合を含む。）の規定によりこれらの規定が適用される場合を含む。），第96条の2第2項並びに第96条の3第1項

四　職業安定法第44条，第63条第一号及び第65条第九号

五　労働安全衛生法第98条第1項（労働者派遣法第45条第15項（建設労働法第44条の規定により適用される場合を含む。）の規定により適用される場合を含む。）

六　労働者派遣法第4条第1項

施工体制台帳及び施工体系図の作成等

法第24条の8　特定建設業者は，発注者から直接建設工事を請け負った場合において，当該建設工事を施工するために締結した下請契約の請負代金の額（当該下請契約が2以上あるときは，それらの請負代金の額の総額）が政令で定める金額以上になるときは，建設工事の適正な施工を確保するため，国土交通省令で定めるところにより，当該建設工事について，下請負人の商号又は名称，当該下請負人に係る建設工事の内容及び工期その他の国土交通省令で定める事項を記載した施工体制台帳を作成し，工事現場ごとに備え置かなければならない。

再下請負人の通知

2　前項の建設工事の下請負人は，その請け負った建設工事を他の建設業を営む請け負わせたときは，国土交通省令で定めるところにより，同項の特定建設業者に対して，当該他の建設業を営む者の商号又は名称，当該者の請け負った建設工事の内容及び工期その他の国土交通省令で定める事項を通知しなければならない。

発注者の閲覧

3　第1項の特定建設業者は，同項の発注者から請求があったときは，同項の規定により備え置かれた施工体制台帳を，その発注者の閲覧に供しなければならない。

施工体系図の掲示

4　第1項の特定建設業者は，国土交通省令で定めるところにより，当該建設工事における各下請負人の施工の分担関係を表示した施工体系図を作成し，これを当該工事現場の見やすい場所に掲げなければならない。

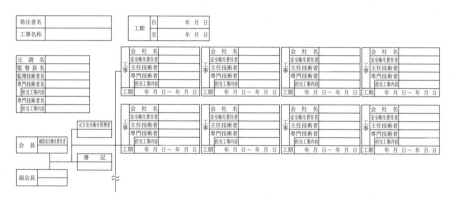

図 4.1.2　施工体系図の例

政令で定める金額	**令第 7 条の 4**　法第 24 条の 8 第 1 項の政令で定める金額は，5,000 万円とする。ただし，特定建設業者が発注者から直接請け負った建設工事が建築一式工事である場合においては，8,000 万円とする。
施工体制台帳の記載事項等	**則第 14 条の 2**　法第 24 条の 8 第 1 項の国土交通省令で定める事項は，次のとおりとする。

　一　作成建設業者（法第 24 条の 8 第 1 項の規定（「入札契約適正化法」第 15 条第 1 項の規定により読み替えて適用される場合を含む。）により施工体制台帳を作成する場合における当該建設業者をいう。以下同じ。）に関する次に掲げる事項

　　イ　許可を受けて営む建設業の種類

　　ロ　健康保険法第 48 条の規定による被保険者の資格の取得の届出，厚生年金保険法第 27 条の規定による被保険者の資格の取得の届出及び雇用保険法第 7 条の規定による被保険者となったことの届出の状況（第三号ハにおいて「健康保険等の加入状況」という。）

　二　作成建設業者が請け負った建設工事に関する次に掲げる事項

　　イ　建設工事の名称，内容及び工期

　　ロ　発注者と請負契約を締結した年月日，当該発注者の商号，名称又は氏名及び住所並びに当該請負契約を締結した営業所の名称及び所在地

　　ハ　発注者が監督員を置くときは，当該監督員の氏名及び法第 19 条の 2 第 2 項に規定する通知事項

　　ニ　作成建設業者が現場代理人を置くときは，当該現場代理人の氏名及び法第 19 条の 2 第 1 項に規定する通知事項

　　ホ　主任技術者又は監理技術者の氏名，その者が有する主任技術者資格（建設業の種類に応じ，法第 7 条第二号イ若しくはロに規定する実務の経験若しくは学科の修得又は同号ハの規定による国土交通大臣の認定があることをいう。以下同じ。）又は監理技術者資格及びその者が専任の主任技術者又は監理技術者であるか否かの別

　　ヘ　法第 26 条第 3 項ただし書の規定により監理技術者の行うべき法第 26 条の 4 第 1 項に規定する職務を補佐する者（以下「監理技術者補佐」という。）を置くときは，その者の氏名及びその者が有する監理技術者補佐資格（主任

技術者資格を有し，かつ，令第28条第一号に規定する国土交通大臣が定める要件に該当すること，又は同条第二号の規定による国土交通大臣の認定があることをいう。次項第三号及び第26条第2項第三号イにおいて同じ。）

ト　法第26条の2第1項又は第2項の規定により建設工事の施工の技術上の管理をつかさどる者でホの主任技術者若しくは監理技術者又はへの監理技術者補佐以外のものを置くときは，その者の氏名，その者が管理をつかさどる建設工事の内容及びその者が有する主任技術者資格

チ　建設工事に従事する者に関する次に掲げる事項（建設工事に従事する者が希望しない場合においては，(6)に掲げるものを除く。）
　(1)　氏名，生年月日及び年齢
　(2)　職種
　(3)　健康保険法又は国民健康保険法による医療保険，国民年金法又は厚生年金保険法による年金及び雇用保険法による雇用保険（第四号チ(3)において「社会保険」という。）の加入等の状況
　(4)　中小企業退職金共済法第2条第7項に規定する被共済者に該当する者（第四号チ(4)において単に「被共済者」という。）であるか否かの別
　(5)　安全衛生に関する教育を受けているときは，その内容
　(6)　建設工事に係る知識及び技術又は技能に関する資格

リ　出入国管理及び難民認定法別表第1の2の表の特定技能の在留資格（同表の特定技能の項の下欄第一号に係るものに限る。）を決定された者（第四号リにおいて「一号特定技能外国人」という。）及び同表の技能実習の在留資格を決定された者（第四号リにおいて「外国人技能実習生」という。）の従事の状況

三　前号の建設工事の下請負人に関する次に掲げる事項
　イ　商号又は名称及び住所
　ロ　当該下請負人が建設業者であるときは，その者の許可番号及びその請け負った建設工事に係る許可を受けた建設業の種類
　ハ　健康保険等の加入状況

四　前号の下請負人が請け負った建設工事に関する次に掲げる事項
　イ　建設工事の名称，内容及び工期
　ロ　当該下請負人が注文者と下請契約を締結した年月日
　ハ　注文者が監督員を置くときは，当該監督員の氏名及び法第19条の2第2項に規定する通知事項
　ニ　当該下請負人が現場代理人を置くときは，当該現場代理人の氏名及び法第19条の2第1項に規定する通知事項
　ホ　当該下請負人が建設業者であるときは，その者が置く主任技術者の氏名，当該主任技術者が有する主任技術者資格及び当該主任技術者が専任の者であるか否かの別
　ヘ　当該下請負人が法第26条の2第1項又は第2項の規定により建設工事の施工の技術上の管理をつかさどる者でホの主任技術者以外のものを置くとき

は，当該者の氏名，その者が管理をつかさどる建設工事の内容及びその有する主任技術者資格

ト　当該建設工事が作成建設業者の請け負わせたものであるときは，当該建設工事について請負契約を締結した作成建設業者の営業所の名称及び所在地

チ　建設工事に従事する者に関する次に掲げる事項（建設工事に従事する者が希望しない場合においては，(6)に掲げるものを除く。）

(1)　氏名，生年月日及び年齢
(2)　職種
(3)　社会保険の加入等の状況
(4)　被共済者であるか否かの別
(5)　安全衛生に関する教育を受けているときは，その内容
(6)　建設工事に係る知識及び技術又は技能に関する資格

リ　一号特定技能外国人及び外国人技能実習生の従事の状況

施工体制台帳に追加しなければならない事項

●元請負人に関する事項
　①許可を受けて営む建設業の種類
　②健康保険，厚生年金保険及び雇用保険の届出（加入）の状況
●請負った建設工事に関する事項
　①建設工事の名称，内容及び工期
　②請負契約を締結した年月日，当該発注者の称号，名称又は氏名及び住所
　③監督員の氏名及び通知事項
　④現場代理人の氏名及び通知事項
　⑤主任技術者又は監理技術者の氏名，有する資格，専任であるか否かの別
　⑥監理技術者補佐を置く場合は，その氏名，有する資格
　⑦建設工事に従事する者に関する事項
　⑧一号特定技能外国人，外国人技能実習生及び外国人建設就労者の従事の状況

●下請負人に関する事項
　①商号又は名称及び住所
　②許可番号及びその請け負った建設工事に係る許可を受けた建設業の種類
　③健康保険等の加入状況
●下請負人が請負った建設工事に関する事項
　①建設工事の名称，内容及び工期
　②下請契約を締結した年月日
　③監督員の氏名及び通知事項
　④現場代理人の氏名及び通知事項
　⑤主任技術者の氏名，有する資格，専任であるか否かの別
　⑥建設工事に従事する者に関する事項
　⑦一号特定技能外国人及び外国人技能実習生の従事の状況

施工体制台帳の添付書類

2　施工体制台帳には，次に掲げる書類を添付しなければならない。

一　前項第二号ロの請負契約及び同項第四号ロの下請契約に係る法第19条第1項及び第2項の規定による書面の写し（作成建設業者が注文者となった下請契約以外の下請契約であって，公共工事（入札契約適正化法第2条第2項に規定する公共工事をいう。以下同じ。）以外の建設工事について締結されるものに係るものにあっては，請負代金の額に係る部分を除く。）

二　前項第二号ホの主任技術者又は監理技術者が主任技術者資格又は監理技術者資格を有することを証する書面（当該監理技術者が法第26条第5項の規定により選任しなければならない者であるときは，監理技術者資格者証の写しに限る。）及び当該主任技術者又は監理技術者が作成建設業者に雇用期間を特に限定することなく雇用されている者であることを証する書面又はこれらの写し

三　監理技術者補佐を置くときは，その者が監理技術者補佐資格を有することを

証する書面及びその者が作成建設業者に雇用期間を特に限定することなく雇用されている者であることを証する書面又はこれらの写し

四　前項第二号トに規定する者を置くときは，その者が主任技術者資格を有することを証する書面及びその者が作成建設業者に雇用期間を特に限定することなく雇用されている者であることを証する書面又はこれらの写し

（以下省略）

下請負人に対する通知及び掲示

則第14条の3　建設業者は，作成建設業者に該当することとなったときは，遅滞なく，その請け負った建設工事を請け負わせた下請負人に対し次に掲げる事項を書面により通知するとともに，当該事項を記載した書面を当該工事現場の見やすい場所に掲げ，又は当該事項を記録した電磁的記録を当該工事現場の見やすい場所に備え置く出力装置の映像面に表示する方法により当該下請負人の閲覧に供しなければならない。

一　作成建設業者の称号又は名称

二　当該下請負人の請け負った建設工事を他の建設業を営む者に請け負わせたときは法第24条の8第2項の規定による通知（以下「再下請負通知」という。）を行わなければならない旨及び当該再下請負通知に係る書類を提出すべき場所

（以下省略）

再下請負通知を行うべき事項等

則第14条の4　法第24条の8第2項の国土交通省令で定める事項は，次のとおりとする。

一　再下請負通知人（再下請負通知を行う場合における当該下請負人をいう。以下同じ。）の商号又は名称及び住所並びに当該再下請負通知人が建設業者であるときは，その者の許可番号

二　再下請負通知人が請け負った建設工事の名称及び注文者の商号又は名称並びに当該建設工事について注文者と下請契約を締結した年月日

三　再下請負通知人が前号の建設工事を請け負わせた他の建設業を営む者に関する第14条の2第1項第三号イからハまでに掲げる事項並びに当該者が請け負った建設工事に関する同項第四号イからヘまで，チ及びリに掲げる事項

2　再下請負通知人に該当することとなった建設業を営む者（以下この条において「再下請負通知人該当者」という。）は，その請け負った建設工事を他の建設業を営む者に請け負わせる都度，遅滞なく，前各号に掲げる事項を記載した書面（以下「再下請負通知書」という。）により再下請負通知を行うとともに，当該他の建設業を営む者に対し，前条第1項各号に掲げる事項を書面により通知しなければならない。

3　再下請負通知書には，再下請負通知人が第1項第三号に規定する他の建設業を営む者と締結した請負契約に係る法第19条第1項及び第2項の規定による書面の写し（公共工事以外の建設工事について締結される請負契約の請負代金の額に係る部分を除く。）を添付しなければならない。

（以下省略）

| 施工体制台帳の記載方法等 | **則第14条の5** 第14条の2第2項の規定により添付された書類に同条第1項各号に掲げる事項が記載されているときは，同項の規定にかかわらず，施工体制台帳の当該事項を記載すべき箇所と当該書類との関係を明らかにして，当該事項の記載を省略することができる。この項前段に規定する書類以外の書類で同条第1項各号に掲げる事項が記載されたものを施工体制台帳に添付するときも，同様とする。

2　第14条の2第1項第三号及び第四号に掲げる事項の記載並びに同条第2項第一号に掲げる書類（同条第1項第四号ロの下請契約に係るものに限る。）及び前項後段に規定する書類（同条第1項第三号又は第四号に掲げる事項が記載されたものに限る。）の添付は，下請負人ごとに，かつ，各下請負人の施工の分担関係が明らかとなるように行わなければならない。

3　作成建設業者は，第14条の2第1項各号に掲げる事項の記載並びに同条第2項各号に掲げる書類及び第1項後段に規定する書類の添付を，それぞれの事項又は書類に係る事実が生じ，又は明らかとなったとき（同条第1項第一号に掲げる事項にあっては，作成建設業者に該当することとなったとき）に，遅滞なく，当該事項又は書類について行い，その見やすいところに商号又は名称，許可番号及び施工体制台帳である旨を明示して，施工体制台帳を作成しなければならない。

4　第14条の2第1項各号に掲げる事項又は同条第2項第二号から第四号までに掲げる書類について変更があったときは，遅滞なく，当該変更があった年月日を付記して，変更後の当該事項を記載し，又は変更後の当該書類を添付しなければならない。

5　第1項の規定は再下請負通知書における前条第1項各号に掲げる事項の記載について，前項の規定は当該事項に変更があったときについて準用する。この場合において，第1項中「第14条の2第2項」とあるのは「前条第3項」と，前項中「記載し，又は変更後の当該書類を添付しなければ」とあるのは「書面により作成建設業者に通知しなければ」と読み替えるものとする。

（以下省略） |
| 施工体系図 | **則第14条の6** 施工体系図は，第一号及び第二号に掲げる事項を表示するほか，第三号及び第四号に掲げる事項を第三号の下請負人ごとに，かつ，各下請負人の施工の分担関係が明らかとなるよう系統的に表示して作成しておかなければならない。

一　作成建設業者の商号又は名称
二　作成建設業者が請け負った建設工事に関する次に掲げる事項
　　イ　建設工事の名称及び工期
　　ロ　発注者の商号，名称又は氏名
　　ハ　当該作成建設業者が置く主任技術者又は監理技術者の氏名
　　ニ　監理技術者補佐を置くときは，その者の氏名
　　ホ　第14条の2第1項第二号トに規定する者を置くときは，その者の氏名及びその者が管理をつかさどる建設工事の内容
三　前号の建設工事の下請負人で現にその請け負った建設工事を施工しているものに関する次に掲げる事項（下請負人が建設業者でない場合においては，イ及びロに掲げる事項に限る。） |

イ　商号又は名称

ロ　代表者の氏名

ハ　一般建設業又は特定建設業の別

ニ　許可番号

四　前号の請け負った建設工事に関する次に掲げる事項（下請負人が建設業者でない場合においては，イに掲げる事項に限る。）

イ　建設工事の内容及び工期

ロ　特定専門工事（法第26条の3第2項に規定する「特定専門工事」をいう。第17条の6において同じ。）の該当の有無

ハ　下請負人が置く主任技術者の氏名

ニ　第14条の2第1項第四号へに規定する者を置くときは，その者の氏名及びその者が管理をつかさどる建設工事の内容

施工体制台帳の備置き　**則第14条の7**　法第24条の8第1項の規定による施工体制台帳（施工体制台帳に添付された第14条の2第2項各号に掲げる書類及び第14条の5第1項後段に規定する書類を含む。）の備置き及び法第24条の8第4項の規定による施工体系図の掲示は，第14条の2第1項第二号の建設工事の目的物の引渡しをするまで（同号ロの請負契約に基づく債権債務が消滅した場合にあっては，当該債権債務の消滅するまで）行わなければならない。

○　公共工事の入札及び契約の適正化の促進に関する法律

法第15条　公共工事についての建設業法第24条の8第1項，第2項及び第4項の規定の適用については，これらの規定中「特定建設業者」とあるのは「建設業者」と，同条第1項中「締結した下請契約の請負代金の額（当該下請契約が2以上あるときは，それらの請負代金の額の総額）が政令で定める金額以上となる」とあるのは「下請契約を締結した」と，同条第4項中「見やすい場所」とあるのは「工事関係者が見やすい場所及び公衆が見やすい場所」とする。

2　公共工事の受注者（前項の規定により読み替えて適用される建設業法第24条の8第1項の規定により同項に規定する施工体制台帳（以下単に「施工体制台帳」という。）を作成しなければならないこととされているものに限る。）は，作成した施工体制台帳（同項の規定により記載すべきものとされた事項に変更が生じたことに伴い新たに作成されたものを含む。）の写しを発注者に提出しなければならない。この場合においては，同条第3項の規定は，適用しない。

3　前項の公共工事の受注者は，発注者から，公共工事の施工の技術上の管理をつかさどる者（次条において「施工技術者」という。）の設置の状況その他の工事現場の施工体制が施工体制台帳の記載に合致しているかどうかの点検を求められたときは，これを受けることを拒んではならない。

法第16条　公共工事を発注した国等に係る各省各庁の長等は，施工技術者の設置の状況その他の工事現場の施工体制を適正なものとするため，当該工事現場の施工体制が施工体制台帳の記載に合致しているかどうかの点検その他の必要な措置を講じなければならない。

（4）施工技術の確保

1）主任技術者及び監理技術者の設置等

施工技術の確保に関する建設業者等の責務

法第25条の27 建設業者は，建設工事の担い手の育成及び確保その他の施工技術の確保に努めなければならない。

2 建設工事に従事する者は，建設工事を適正に実施するために必要な知識及び技術又は技能の向上に努めなければならない。

3 国土交通大臣は，前二項の施工技術の確保並びに知識及び技術又は技能の向上に資するため，必要に応じ，講習及び調査の実施，資料の提供その他の措置を講ずるものとする。

主任技術者が必要な工事

法第26条 建設業者は，その請け負った建設工事を施工するときは，当該建設工事に関し第7条第二号イ，ロ又はハに該当する者で当該工事現場における建設工事の施工の技術上の管理をつかさどるもの（以下「主任技術者」という。）を置かなければならない。

監理技術者が必要な工事

2 発注者から直接建設工事を請け負った特定建設業者は，当該建設工事を施工するために締結した下請契約の請負代金の額（当該下請契約が2以上あるときは，それらの請負代金の額の総額）が第3条第1項第二号の政令で定める金額以上になる場合においては，前項の規定にかかわらず，当該建設工事に関し第15条第二号イ，ロ又はハに該当する者（当該建設工事に係る建設業が指定建設業である場合にあっては，同号イに該当する者又は同号ハの規定により国土交通大臣が同号イに掲げる者と同等以上の能力を有するものと認定した者）で当該工事現場における建設工事の施工の技術上の管理をつかさどるもの（以下「監理技術者」という。）を置かなければならない。

主任技術者，監理技術者が専任を要する工事

3 公共性のある施設若しくは工作物又は多数の者が利用する施設若しくは工作物に関する重要な建設工事で政令で定めるものについては，前二項の規定により置かなければならない主任技術者又は監理技術者は，工事現場ごとに，専任の者でなければならない。ただし，監理技術者にあっては，発注者から直接当該建設工事を請け負った特定建設業者が，当該監理技術者の行うべき第26条の4第1項に規定する職務を補佐する者として，当該建設工事に関し第15条第二号イ，ロ又はハに該当する者に準ずる者として政令で定める者を当該工事現場に専任で置くときは，この限りでない。

監理技術者の専任義務の緩和

4 前項ただし書の規定は，同項ただし書の工事現場の数が，同一の特例監理技術者（同項ただし書の規定の適用を受ける監理技術者をいう。次項において同じ。）がその行うべき各工事現場に係る第26条の4第1項に規定する職務を行ったとしてもその適切な実施に支障を生ずるおそれがないものとして政令で定める数を超えるときは，適用しない。

専任の監理技術者の資格

5 第3項の規定により専任の者でなければならない監理技術者（特例監理技術者を含む。）は，第27条の18第1項の規定による監理技術者資格者証の交付を受けている者であって，第26条の5から第26条の7までの規定により国土交通大臣の登録を受けた講習を受講したもののうちから，これを選任しなければならない。

監理技術者資格者証の提示	6　前項の規定により選任された監理技術者は，発注者から請求があったときは，監理技術者資格者証を提示しなければならない。
専任の主任技術者又は監理技術者を必要とする建設工事	**令第27条**　法第26条第3項の政令で定める重要な建設工事は，次の各号のいずれかに該当する建設工事で工事1件の請負代金の額が4,500万円（当該建設工事が建築一式工事である場合にあっては，9,000万円）以上のものとする。 一　国又は地方公共団体が注文者である施設又は工作物に関する建設工事 二　第15条第一号及び第三号に掲げる施設又は工作物に関する建設工事 ※参考（令第15条第一号，第三号） 一　鉄道，軌道，索道，道路，橋，護岸，堤防，ダム，河川に関する工作物，砂防用工作物，飛行場，港湾施設，漁港施設，運河，上水道又は下水道 三　電気事業用施設（電気事業の用に供する発電，送電，配電又は変電その他の電気施設をいう。）又はガス事業用施設（ガス事業の用に供するガスの製造又は供給のための施設をいう。） 三　次に掲げる施設又は工作物に関する建設工事 　イ　石油パイプライン事業法第5条第2項第二号に規定する事業用施設 　ロ　電気通信事業法第2条第五号に規定する電気通信事業者（同法第9条第一号に規定する電気通信回線設備を設置するものに限る。）が同条第四号に規定する電気通信事業の用に供する施設 　ハ　放送法第2条第二十三号に規定する基幹放送事業者又は同条第二十四号に規定する基幹放送局提供事業者が同条第一号に規定する放送の用に供する施設（鉄骨造又は鉄筋コンクリート造の塔その他これに類する施設に限る。） 　ニ　学校 　ホ　図書館，美術館，博物館又は展示場 　ヘ　社会福祉法第2条第1項に規定する社会福祉事業の用に供する施設 　ト　病院又は診療所 　チ　火葬場，と蓄場又は廃棄物処理施設 　リ　熱供給事業法第2条第4項に規定する熱供給施設 　ヌ　集会場又は公会堂 　ル　市場又は百貨店 　ヲ　事務所 　ワ　ホテル又は旅館 　カ　共同住宅，寄宿舎又は下宿 　ヨ　公衆浴場 　タ　興行場又はダンスホール 　レ　神社，寺院又は教会 　ソ　工場，ドック又は倉庫 　ツ　展望塔
専任の主任技術者の兼務	2　前項に規定する建設工事のうち密接な関係のある2以上の建設工事を同一の建設業者が同一の場所又は近接した場所において施工するものについては，同一の専任の主任技術者がこれらの建設工事を管理することができる。

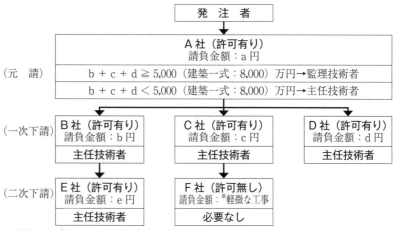

図 4.1.3　技術者の配置事例

監理技術者の行うべき職務を補佐する者	令第29条　法第26条第3項第二号の政令で定める者は，次の各号のいずれかに該当する者とする。 一　法第7条第二号イ，ロ又はハに該当する者のうち，法第26条の4第1項に規定する技術上の管理及び指導監督であって監理技術者がその職務として行うべきものに係る基礎的な知識及び能力を有すると認められる者として，建設工事の種類に応じ国土交通大臣が定める要件に該当する者 二　国土交通大臣が前号に掲げる者と同等以上の能力を有するものと認定した者

> ○　監理技術者を補佐する者の要件を定める告示（抜粋）
> 〔令和2年国土交通省告示第1057号〕
> 建設業法施行令第28条第一号の建設業法第26条の4第1項に規定する技術上の管理及び指導監督であって監理技術者がその職務として行うべきものに係る基礎的な知識及び能力を有すると認められる者として，建設工事の種類に応じ国土交通大臣が定める要件は，次のとおりとする。
> 一　次の表の左欄に掲げる建設工事の種類に応じ，それぞれ同表の右欄に掲げる要件を満たしていること
>
> | 電気工事 | 1級の第一次検定のうち検定種目を電気工事施工管理とするものに合格していること |
> |---|---|
>
> 二　法第15条第二号イ，ロ又はハに該当する者

同一の主任技術者又は監理技術者を置くことができる工事現場の数	**令第30条** 法第26条第4項の政令で定める数は，2とする。
土木又は建築の一式工事以外の建設工事を施工する場合の条件	**法第26条の2** 土木工事業又は建築工事業を営む者は，土木一式工事又は建築一式工事を施工する場合において，土木一式工事又は建築一式工事以外の建設工事（第3条第1項ただし書の政令で定める軽微な建設工事を除く。）を施工するときは，当該建設工事に関し第7条第二号イ，ロ又はハに該当する者で当該工事現場における当該建設工事の施工の技術上の管理をつかさどるものを置いて自ら施工する場合のほか，当該建設工事に係る建設業の許可を受けた建設業者に当該建設工事を施工させなければならない。
許可建設業に附帯する工事を施工する場合の条件	2　建設業者は，許可を受けた建設業に係る建設工事に附帯する他の建設工事（第3条第1項ただし書の政令で定める軽微な建設工事を除く。）を施工する場合においては，当該建設工事に関し第7条第二号イ，ロ又はハに該当する者で当該工事現場における当該建設工事の施工の技術上の管理をつかさどるものを置いて自ら施工する場合のほか，当該建設工事に係る建設業の許可を受けた建設業者に当該建設工事を施工させなければならない。
主任技術者の配置義務の合理化	**法第26条の3** 特定専門工事の元請負人及び下請負人（建設業者である下請負人に限る。以下この条において同じ。）は，その合意により，当該元請負人が当該特定専門工事につき第26条第1項の規定により置かなければならない主任技術者が，その行うべき次条第1項に規定する職務と併せて，当該下請負人がその下請負に係る建設工事につき第26条第1項の規定により置かなければならないこととされる主任技術者の行うべき次条第1項に規定する職務を行うこととすることができる。この場合において，当該下請負人は，第26条第1項の規定にかかわらず，その下請負に係る建設工事につき主任技術者を置くことを要しない。 2　前項の「特定専門工事」とは，土木一式工事又は建築一式工事以外の建設工事のうち，その施工技術が画一的であり，かつ，その施工の技術上の管理の効率化を図る必要があるものとして政令で定めるものであって，当該建設工事の元請負人がこれを施工するために締結した下請契約の請負代金の額（当該下請契約が2以上あるときは，それらの請負代金の額の総額。以下この項において同じ。）が政令で定める金額未満となるものをいう。ただし，元請負人が発注者から直接請け負った建設工事であって，当該元請負人がこれを施工するために締結した下請契約の請負代金の額が第26条第2項に規定する金額以上となるものを除く。 3　第1項の合意は，書面により，当該特定専門工事（前項に規定する特定専門工事をいう。第7項において同じ。）の内容，当該元請負人が置く主任技術者の氏名その他の国土交通省令で定める事項を明らかにしてするものとする。 （以下省略）

第4章 法規

特定専門工事の対象となる建設工事	**令第31条** 法第26条の3第2項の政令で定めるものは，次に掲げるものとする。 一 大工工事又はとび・土工・コンクリート工事のうち，コンクリートの打設に用いる型枠の組立てに関する工事 二 鉄筋工事 2 法第26条の3第2項の政令で定める金額は，4,500万円とする。
特定専門工事の合意の内容等	**則第17条の6** 法第26条の3第3項の国土交通省令で定める事項は，次に掲げるものとする。 一 当該特定専門工事の内容 二 当該特定専門工事の元請負人がこれを施工するために締結した下請契約の請負代金の額（当該下請契約が2以上あるときは，それらの請負代金の額の総額。次号において同じ。） 三 当該特定専門工事が元請負人が発注者から直接請け負った建設工事に係るものであるときは，当該元請負人が当該発注者から直接請け負った建設工事を施工するために締結した下請契約の請負代金の額 四 元請負人が置く主任技術者の氏名及びその者が有する資格 2 法第26条の3第3項の書面には，次に掲げる書類を添付しなければならない。 一 前項第四号の主任技術者が法第26条の3第7項第一号に掲げる要件を満たしていることを証する書面 二 前項第四号の主任技術者が当該特定専門工事の工事現場に専任で置かれることを元請負人が誓約する書面

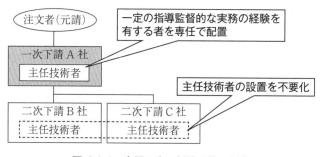

図4.1.4 専門工事一括監理施工制度

主任技術者・監理技術者の職務	**法第26条の4** 主任技術者及び監理技術者は，工事現場における建設工事を適正に実施するため，当該建設工事の施工計画の作成，工程管理，品質管理その他の技術上の管理及び当該建設工事の施工に従事する者の技術上の指導監督の職務を誠実に行わなければならない。
施工従事者の義務	2 工事現場における建設工事の施工に従事する者は，主任技術者又は監理技術者がその職務として行う指導に従わなければならない。

2) 技術検定

技術検定	**法第27条** 国土交通大臣は，施工技術の向上を図るため，建設業者の施工する建設工事に従事し又はしようとする者について，政令の定めるところにより，技術検定を行うことができる。 2 前項の検定は，これを分けて第一次検定及び第二次検定とする。 3 第一次検定は，第1項に規定する者が施工技術の基礎となる知識及び能力を有

するかどうかを判定するために行う。

4　第二次検定は，第1項に規定する者が施工技術のうち第26条の4第1項に規定する技術上の管理及び指導監督に係る知識及び能力を有するかどうかを判定するために行う。

5　国土交通大臣は，第一次検定又は第二次検定に合格した者に，それぞれ合格証明書を交付する。

（第6項　略）

7　第一次検定又は第二次検定に合格した者は，それぞれ政令で定める称号を称することができる。

技術検定の種目等

令第37条　法第27条第1項の規定による技術検定は，次の表の検定種目の欄に掲げる種目に区分し，当該検定種目ごとに同表の検定技術の欄に掲げる技術を対象として行う。

（表抜粋）

検定種目	検定技術
電気工事施工管理	電気工事の実施に当たり，その施工計画及び施工図の作成並びに当該工事の工程管理，品質管理，安全管理等工事の施工の管理を適確に行うために必要な技術

2　技術検定は，検定種目ごとに，1級及び2級に区分して行う。

（以下省略）

技術検定の科目及び基準

令第38条　第一次検定及び第二次検定の科目及び基準並びに受検資格は，前条の規定による技術検定の区分に応じ，国土交通省令で定める。

監理技術者資格者証の交付

法第27条の18　国土交通大臣は，監理技術者資格（建設業の種類に応じ，第15条第二号イの規定により国土交通大臣が定める試験に合格し，若しくは同号イの規定により国土交通大臣が定める免許を受けていること，第7条第二号イ若しくはロに規定する実務の経験若しくは学科の修得若しくは同号ハの規定による国土交通大臣の認定があり，かつ，第15条第二号ロに規定する実務の経験を有していること，又は同号ハの規定により同号イ若しくはロに掲げる者と同等以上の能力を有するものとして国土交通大臣がした認定を受けていることをいう。以下同じ。）を有する者の申請により，その申請者に対して，監理技術者資格者証（以下「資格者証」という。）を交付する。

2　資格者証には，交付を受ける者の氏名，交付の年月日，交付を受ける者が有する監理技術者資格，建設業の種類その他の国土交通省令で定める事項を記載するものとする。

3　第1項の場合において，申請者が2以上の監理技術者資格を有するものであるときは，これらの監理技術者資格を合わせて記載した資格者証を交付するものとする。

4　資格者証の有効期間は，5年とする。

5　資格者証の有効期間は，申請により更新する。

6　第4項の規定は，更新後の資格者証の有効期間について準用する。

建設業者団体等の責務

法第27条の40　建設業者団体は，災害が発生した場合において，当該災害を受けた地域における公共施設その他の施設の復旧工事の円滑かつ迅速な実施が図ら

れるよう，当該復旧工事を施工する建設業者と地方公共団体その他の関係機関との連絡調整，当該復旧工事に使用する資材及び建設機械の調達に関する調整その他の必要な措置を講ずるよう努めなければならない。

(5) 監督

指示及び営業の停止

法第28条 国土交通大臣又は都道府県知事は，その許可を受けた建設業者が次の各号のいずれかに該当する場合又はこの法律の規定（第19条の3，第19条の4，第24条の3第1項，第24条の4，第24条の5並びに第24条の6第3項及び第4項を除き，公共工事の入札及び契約の適正化の促進に関する法律（以下「入札契約適正化法」という。）第15条第1項の規定により読み替えて適用される第24条の8第1項，第2項及び第4項を含む。第4項において同じ。），入札契約適正化法第15条第2項若しくは第3項の規定若しくは特定住宅瑕疵担保責任の履行の確保等に関する法律（以下この条において「履行確保法」という。）第3条第6項，第4条第1項，第7条第2項，第8条第1項若しくは第2項若しくは第10条第1項の規定に違反した場合においては，当該建設業者に対して，必要な指示をすることができる。特定建設業者が第41条第2項又は第3項の規定による勧告に従わない場合において必要があると認めるときも，同様とする。

一　建設業者が建設工事を適切に施工しなかったために公衆に危害を及ぼしたとき，又は危害を及ぼすおそれが大であるとき。

二　建設業者が請負契約に関し不誠実な行為をしたとき。

三　建設業者（建設業者が法人であるときは，当該法人又はその役員等）又は政令で定める使用人がその業務に関し他の法令（入札契約適正化法及び履行確保法並びにこれらに基づく命令を除く。）に違反し，建設業者として不適当であると認められるとき。

四　建設業者が第22条第1項若しくは第2項又は第26条の3第9項の規定に違反したとき。

五　第26条第1項又は第2項に規定する主任技術者又は監理技術者が工事の施工の管理について著しく不適当であり，かつ，その変更が公益上必要であると認められるとき。

六　建設業者が，第3条第1項の規定に違反して同項の許可を受けないで建設業を営む者と下請契約を締結したとき。

七　建設業者が，特定建設業者以外の建設業を営む者と下請代金の額が第3条第1項第二号の政令で定める金額以上となる下請契約を締結したとき。

八　建設業者が，情を知って，第3項の規定により営業の停止を命ぜられている者又は第29条の4第1項の規定により営業を禁止されている者と当該停止され，又は禁止されている営業の範囲に係る下請契約を締結したとき。

九　履行確保法第3条第1項，第5条又は第7条第1項の規定に違反したとき。

無許可の建設業者に対する知事の指示

2　都道府県知事は，その管轄する区域内で建設工事を施工している第3条第1項の許可を受けないで建設業を営む者が次の各号のいずれかに該当する場合においては，当該建設業を営む者に対して，必要な指示をすることができる。

一　建設工事を適切に施工しなかったために公衆に危害を及ぼしたとき，又は危

害を及ぼすおそれが大であるとき。
二　請負契約に関し著しく不誠実な行為をしたとき。

大臣又は知事の営業停止命令　3　国土交通大臣又は都道府県知事は，その許可を受けた建設業者が第1項各号のいずれかに該当するとき若しくは同項若しくは次項の規定による指示に従わないとき又は建設業を営む者が前項各号のいずれかに該当するとき若しくは同項の規定による指示に従わないときは，その者に対し，1年以内の期間を定めて，その営業の全部又は一部の停止を命ずることができる。

知事の違反者に対する指示　4　都道府県知事は，国土交通大臣又は他の都道府県知事の許可を受けた建設業者で当該都道府県の区域内において営業を行うものが，当該都道府県の区域内における営業に関し，第1項各号のいずれかに該当する場合又はこの法律の規定，入札契約適正化法第15条第2項若しくは第3項の規定若しくは履行確保法第3条第6項，第4条第1項，第7条第2項，第8条第1項若しくは第2項若しくは第10条第1項の規定に違反した場合においては，当該建設業者に対して，必要な指示をすることができる。

知事の営業停止命令　5　都道府県知事は，国土交通大臣又は他の都道府県知事の許可を受けた建設業者で当該都道府県の区域内において営業を行うものが，当該都道府県の区域内における営業に関し，第1項各号のいずれかに該当するとき又は同項若しくは前項の規定による指示に従わないときは，その者に対し，1年以内の期間を定めて，当該営業の全部又は一部の停止を命ずることができる。

（第6項，第7項　省略）

許可の取消し　**法第29条**　国土交通大臣又は都道府県知事は，その許可を受けた建設業者が次の各号のいずれかに該当するときは，当該建設業者の許可を取り消さなければならない。

一　一般建設業の許可を受けた建設業者にあっては第7条第一号又は第二号，特定建設業者にあっては同条第一号又は第15条第二号に掲げる基準を満たさなくなった場合

（第二号，第三号　省略）

四　許可を受けてから1年以内に営業を開始せず，又は引き続いて1年以上営業を休止した場合

（第五号〜第八号　省略）

2　国土交通大臣又は都道府県知事は，その許可を受けた建設業者が第3条の2第1項の規定により付された条件に違反したときは，当該建設業者の許可を取り消すことができる。

(6) 雑則

標識の掲示　**法第40条**　建設業者は，その店舗及び建設工事（発注者から直接請け負ったものに限る。）の現場ごとに，公衆の見やすい場所に，国土交通省令の定めるところにより，許可を受けた別表第1の右欄の区分による建設業の名称，一般建設業又は特定建設業の別その他国土交通省令で定める事項を記載した標識を掲げなければならない。

標識の記載事項及び様式　**則第25条**　法第40条の規定により建設業者が掲げる標識の記載事項は，店舗にあっては第一号から第四号までに掲げる事項，建設工事の現場にあっては第一号

　　　　　から第五号までに掲げる事項とする。
　　　　　一　一般建設業又は特定建設業の別
　　　　　二　許可年月日，許可番号及び許可を受けた建設業
　　　　　三　商号又は名称
　　　　　四　代表者の氏名
　　　　　五　主任技術者又は監理技術者の氏名
　　　　2　法第40条の規定により建設業者の掲げる標識は店舗にあっては別記様式第28号，建設工事の現場にあっては別記様式第29号による。

帳簿の備付等　**法第40条の3**　建設業者は，国土交通省令で定めるところにより，その営業所ごとに，その営業に関する事項で国土交通省令で定めるものを記載した帳簿を備え，かつ，当該帳簿及びその営業に関する図書で国土交通省令で定めるものを保存しなければならない。

帳簿の記載事項等　則第26条　法第40条の3の国土交通省令で定める事項は，次のとおりとする。
　　　　　一　営業所の代表者の氏名及びその者が当該営業所の代表者となった年月日
　　　　　二　注文者と締結した建設工事の請負契約に関する次に掲げる事項
　　　　　　　イ　請け負った建設工事の名称及び工事現場の所在地
　　　　　　　ロ　イの建設工事について注文者と請負契約を締結した年月日，当該注文者(その法定代理人を含む。)の商号，名称又は氏名及び住所並びに当該注文者が建設業者であるときは，その者の許可番号
　　　　　　　ハ　イの建設工事の完成を確認するための検査が完了した年月日及び当該建設工事の目的物の引渡しをした年月日
　　　　　三　発注者(宅地建物取引業法第2条第三号に規定する宅地建物取引業者を除く。以下この号及び第28条において同じ。)と締結した住宅を新築する建設工事の請負契約に関する次に掲げる事項
　　　　　　　イ　当該住宅の床面積
　　　　　　　ロ　当該住宅が特定住宅瑕疵担保責任の履行の確保等に関する法律施行令第3条第1項の建設新築住宅であるときは，同項の書面に記載された2以上の建設業者それぞれの建設瑕疵負担割合(同項に規定する建設瑕疵負担割合をいう。以下この号において同じ。)の合計に対する当該建設業者の建設瑕疵負担割合の割合
　　　　　　　ハ　当該住宅について，住宅瑕疵担保責任保険法人(特定住宅瑕疵担保責任の履行の確保等に関する法律第17条第1項に規定する住宅瑕疵担保責任保険法人をいう。)と住宅建設瑕疵担保責任保険契約(同法第2条第5項に規定する住宅建設瑕疵担保責任保険契約をいう。)を締結し，保険証券又はこれに代わるべき書面を発注者に交付しているときは，当該住宅瑕疵担保責任保険法人の名称
　　　　　四　下請負人と締結した建設工事の下請契約に関する次に掲げる事項
　　　　　　　イ　下請負人に請け負わせた建設工事の名称及び工事現場の所在地
　　　　　　　ロ　イの建設工事について下請負人と下請契約を締結した年月日，当該下請負人(その法定代理人を含む。)の商号又は名称及び住所並びに当該下請負人

が建設業者であるときは，その者の許可番号
　　　ハ　イの建設工事の完成を確認するための検査を完了した年月日及び当該建設工事の目的物の引渡しを受けた年月日
　　　ニ　ロの下請契約が法第24条の6第1項に規定する下請契約であるときは，当該下請契約に関する次に掲げる事項
　　　　(1)　支払った下請代金の額，支払った年月日及び支払手段
　　　　(2)　下請代金の全部又は一部の支払につき手形を交付したときは，その手形の金額，手形を交付した年月日及び手形の満期
　　　　(3)　下請代金の一部を支払ったときは，その後の下請代金の残額
　　　　(4)　遅延利息を支払ったときは，その遅延利息の額及び遅延利息を支払った年月日
　（以下省略）

営業に関する図書

5　法第40条の3の国土交通省令で定める図書は，発注者から直接建設工事を請け負った建設業者（作成建設業者を除く。）にあっては第一号及び第二号に掲げるもの又はその写し，作成建設業者にあっては第一号から第三号までに掲げるもの又はその写しとする。
　一　建設工事の施工上の必要に応じて作成し，又は発注者から受領した完成図（建設工事の目的物の完成時の状況を表した図をいう。）
　二　建設工事の施工上の必要に応じて作成した工事内容に関する発注者との打合せ記録（請負契約の当事者が相互に交付したものに限る。）
　三　施工体系図
（以下省略）

帳簿及び図書の保存期間

則第28条　法第40条の3に規定する帳簿（第26条第6項の規定による記録が行われた同項のファイル又は電磁的記録媒体を含む。）及び第26条第2項の規定により添付された書類の保存期間は，請け負った建設工事ごとに，当該建設工事の目的物の引渡しをしたとき（当該建設工事について注文者と締結した請負契約に基づく債権債務が消滅した場合にあっては，当該債権債務の消滅したとき）から5年間（発注者と締結した住宅を新築する建設工事に係るものにあっては，10年間）とする。

図書の保存期間

2　第26条第5項に規定する図書（同条第8項の規定による記録が行われた同項のファイル又は電磁的記録媒体を含む。）の保存期間は，請け負った建設工事ごとに，当該建設工事の目的物の引渡しをしたときから10年間とする。

〈参考〉建設業法(令和6年公布)

(令和6年法律第49号　令和6年6月14日公布，〰〰の条文は最終改正令和6年12月13日，＿＿の条文は公布の日から起算して1年6月を超えない範囲内において政令で定める日施行。建設業法施行令は令和7年2月1日施行)

[注] 下線太字が変更箇所

許可申請書の記載事項	**法第5条第五号**　その営業所ごとに置かれる第7条第二号に規定する営業所技術者の氏名
営業所技術者の資格	**法第7条第二号**　その営業所ごとに，営業所技術者(建設工事の請負契約の締結及び履行の業務に関する技術上の管理をつかさどる者であって，次のいずれかに該当する者をいう。第11条第4項及び第26条の5において同じ。)を専任の者として置く者であること。 　イ　許可を受けようとする建設業に係る建設工事に関し学校教育法(昭和22年法律第26号)による高等学校(旧中等学校令(昭和18年勅令第36号)による実業学校を含む。第26条の8第1項第二号ロにおいて同じ。)(以下省略)
変更等の届出	**法第11条第4項**　許可に係る建設業者は，営業所に置く営業所技術者が当該営業所に置かれなくなった場合又は第7条第二号ハに該当しなくなった場合において，これに代わるべき者があるときは，国土交通省令の定めるところにより，2週間以内に，その者について，第6条第1項第五号に掲げる書面を国土交通大臣又は都道府県知事に提出しなければならない。
許可の基準	**法第15条**　国土交通大臣又は都道府県知事は，特定建設業の許可を受けようとする者が次に掲げる基準に適合していると認めるときでなければ，許可をしてはならない。 (第一号　省略)
特定営業所技術者の資格	二　その営業所ごとに，特定営業所技術者(建設工事の請負契約の締結及び履行の業務に関する技術上の管理をつかさどる者であって，次のいずれかに該当する者をいう。第26条の5において同じ。)を専任の者として置く者であること。(以下省略)
準用規定	**法第17条**　第5条，第6条及び第8条から第14条までの規定は，特定建設業の許可及び特定建設業の許可を受けた者(以下「特定建設業者」という。)について準用する。この場合において，第5条第五号中「第7条第二号に規定する営業所技術者」とあるのは「第15条第二号に規定する特定営業所技術者」と，第6条第1項第五号中「次条第一号及び第二号」とあるのは「次条第一号及び第15条第二号」と，第11条第4項中「営業所技術者」とあるのは「第15条第二号に規定する特定営業所技術者」と，「第7条第二号ハ」とあるのは「同号イ，ロ若しくはハ」と，同条第5項中「第7条第一号若しくは第二号」とあるのは「第7条第一号若しくは第15条第二号」と読み替えるものとする。
建設工事の請負契約の内容	**法第19条**　建設工事の請負契約の当事者は，前条の趣旨に従って，契約の締結に際して次に掲げる事項を書面に記載し，署名又は記名押印をして相互に交付しなければならない。

（第一号～第七号　省略）

八　価格等（物価統制令第2条に規定する価格等をいう。）の変動又は変更に基づく工事内容の変更又は請負代金の額の変更及びその額の算定方法に関する定め

不当に低い請負代金の禁止

法第19条の3第2項　建設業者は，自らが保有する低廉な資材を建設工事に用いることができることその他の国土交通省令で定める正当な理由がある場合を除き，その請け負う建設工事を施工するために通常必要と認められる原価に満たない金額を請負代金の額とする請負契約を締結してはならない。

著しく短い工期の禁止

法第19条の5第2項　建設業者は，その請け負う建設工事を施工するために通常必要と認められる期間に比して著しく短い期間を工期とする請負契約を締結してはならない。

発注者に対する勧告等

法第19条の6　建設業者と請負契約を締結した発注者（私的独占の禁止及び公正取引の確保に関する法律第2条第1項に規定する事業者に該当するものを除く。）が第19条の3第1項又は第19条の4の規定に違反した場合において，特に必要があると認めるときは，当該建設業者の許可をした国土交通大臣又は都道府県知事は，当該発注者に対して必要な勧告をすることができる。

2　建設業者と請負契約（請負代金の額が政令で定める金額以上であるものに限る。）を締結した発注者が前条第1項の規定に違反した場合において，特に必要があると認めるときは，当該建設業者の許可をした国土交通大臣又は都道府県知事は，当該発注者に対して必要な勧告をすることができる。

（以下省略）

建設工事の見積り等

法第20条　建設業者は，建設工事の請負契約を締結するに際しては，工事内容に応じ，工事の種別ごとの材料費，労務費及び当該建設工事に従事する労働者による適正な施工を確保するために不可欠な経費として国土交通省令で定めるもの（以下この条において「材料費等」という。）その他当該建設工事の施工のために必要な経費の内訳並びに工事の工程ごとの作業及びその準備に必要な日数を記載した建設工事の見積書（以下この条において「材料費等記載見積書」という。）を作成するよう努めなければならない。

2　前項の場合において，材料費等記載見積書に記載する材料費等の額は，当該建設工事を施工するために通常必要と認められる材料費等の額を著しく下回るものであってはならない。

3　建設工事の注文者は，請負契約の方法が随意契約による場合にあっては契約を締結するまでに，入札の方法により競争に付する場合にあっては入札を行うまでに，第19条第1項各号（第二号を除く。）に掲げる事項について，できる限り具体的な内容を提示し，かつ，当該提示から当該契約の締結又は入札までの間に，建設業者が当該建設工事の見積りをするために必要な期間として政令で定める期間を設けなければならない。

4　建設工事の注文者は，建設工事の請負契約を締結するに際しては，当該建設工事に係る材料費等記載見積書の内容を考慮するよう努めるものとし，建設業者は，建設工事の注文者から請求があったときは，請負契約が成立するまでに，当該材料費等記載見積書を交付しなければならない。

5　建設業者は，前項の規定による<u>材料費等記載見積書</u>の交付に代えて，政令で定めるところにより，建設工事の注文者の承諾を得て，当該<u>材料費等記載見積書</u>に記載すべき事項を電子情報処理組織を使用する方法その他の情報通信の技術を利用する方法であって国土交通省令で定めるものにより提供することができる。この場合において，当該建設業者は，当該<u>材料費等記載見積書</u>を交付したものとみなす。

<u>6　建設工事の注文者は，第4項の規定により材料費等記載見積書を交付した建設業者（建設工事の注文者が同項の請求をしないで第1項の規定により作成された材料費等記載見積書の交付を受けた場合における当該交付をした建設業者を含む。次項において同じ。）に対し，その材料費等の額について当該建設工事を施工するために通常必要と認められる材料費等の額を著しく下回ることとなるような変更を求めてはならない。</u>

7　前項の規定に違反した発注者が，同項の求めに応じて変更された見積書の内容に基づき建設業者と請負契約（当該請負契約に係る建設工事を施工するために通常必要と認められる費用の額が政令で定める金額以上であるものに限る。）を締結した場合において，当該建設工事の適正な施工の確保を図るため特に必要があると認めるときは，当該建設業者の許可をした国土交通大臣又は都道府県知事は，当該発注者に対して必要な勧告をすることができる。

8　前条第3項及び第4項の規定は，前項の勧告について準用する。

工期等に影響を及ぼす事象に関する情報の通知等

法第20条の2　建設工事の注文者は，当該建設工事について，地盤の沈下その他の工期又は請負代金の額に影響を及ぼすものとして国土交通省令で定める事象が発生するおそれがあると認めるときは，請負契約を締結するまでに，<u>国土交通省令で定めるところにより，</u>建設業者に対して，その旨を当該事象の状況の把握のため必要な情報<u>と併せて通知</u>しなければならない。

2　建設業者は，その請け負う建設工事について，主要な資材の供給の著しい減少，資材の価格の高騰その他の工期又は請負代金の額に影響を及ぼすものとして国土交通省令で定める事象が発生するおそれがあると認めるときは，請負契約を締結するまでに，国土交通省令で定めるところにより，注文者に対して，その旨を当該事象の状況の把握のため必要な情報と併せて通知しなければならない。

3　前項の規定による通知をした建設業者は，同項の請負契約の締結後，当該通知に係る同項に規定する事象が発生した場合には，注文者に対して，第19条第1項第七号又は第八号の定めに従った工期の変更，工事内容の変更又は請負代金の額の変更についての協議を申し出ることができる。

4　前項の協議の申出を受けた注文者は，当該申出が根拠を欠く場合その他正当な理由がある場合を除き，誠実に当該協議に応ずるよう努めなければならない。

<u>不利益取扱いの禁止</u>

法第24条の5　元請負人は，当該元請負人について第19条の3<u>第1項</u>，第19条の4，第24条の3第1項，前条又は次条第3項若しくは第4項の規定に違反する行為があるとして下請負人が国土交通大臣等（当該元請負人が許可を受けた国土交通大臣又は都道府県知事をいう。），公正取引委員会又は中小企業庁長官にその事実を通報したことを理由として，当該下請負人に対して，取引の停止その他の不利

第1節　建設業・契約関係法令

施工技術の確保に関する建設業者等の責務

法第25条の27　建設業者は，建設工事の担い手の育成及び確保その他の施工技術の確保に努めなければならない。

2　建設業者は，その労働者が有する知識，技能その他の能力についての公正な評価に基づく適正な賃金の支払その他の労働者の適切な処遇を確保するための措置を効果的に実施するよう努めなければならない。

3　建設工事に従事する者は，建設工事を適正に実施するために必要な知識及び技術又は技能の向上に努めなければならない。

4　国土交通大臣は，前三項の規定による取組に資するため，必要に応じ，講習及び調査の実施，資料の提供その他の措置を講ずるものとする。

建設工事の適正な施工の確保のために必要な措置

法第25条の28　特定建設業者は，工事の施工の管理に関する情報システムの整備その他の建設工事の適正な施工を確保するために必要な情報通信技術の活用に関し必要な措置を講ずるよう努めなければならない。

2　発注者から直接建設工事を請け負った特定建設業者は，当該建設工事の下請負人が，その下請負に係る建設工事の施工に関し，当該特定建設業者が講ずる前項に規定する措置の実施のために必要な措置を講ずることができることとなるよう，当該下請負人の指導に努めるものとする。

3　国土交通大臣は，前二項に規定する措置に関して，その適切かつ有効な実施を図るための指針となるべき事項を定め，これを公表するものとする。

主任技術者及び監理技術者の設置等

法第26条第3項～第5項

3　公共性のある施設若しくは工作物又は多数の者が利用する施設若しくは工作物に関する重要な建設工事で政令で定めるものについては，前二項の規定により置かなければならない主任技術者又は監理技術者は，工事現場ごとに，専任の者でなければならない。ただし，次に掲げる主任技術者又は監理技術者については，この限りでない。

一　当該建設工事が次のイからハまでに掲げる要件のいずれにも該当する場合における主任技術者又は監理技術者

　イ　当該建設工事の請負代金の額が政令で定める金額未満となるものであること。

　ロ　当該建設工事の工事現場間の移動時間又は連絡方法その他の当該工事現場の施工体制の確保のために必要な事項に関し国土交通省令で定める要件に適合するものであること。

　ハ　主任技術者又は監理技術者が当該建設工事の工事現場の状況の確認その他の当該工事現場に係る第26条の4第1項に規定する職務を情報通信技術を利用する方法により行うため必要な措置として国土交通省令で定めるものが講じられるものであること。

二　当該建設工事の工事現場に，当該監理技術者の行うべき第26条の4第1項に規定する職務を補佐する者として，当該建設工事に関し第15条第二号イ，ロ又はハに該当する者に準ずる者として政令で定める者を専任で置く場合における監理技術者

	監理技術者の専任義務の緩和	4　前項ただし書の規定は，同項各号の建設工事の工事現場の数が，同一の主任技術者又は監理技術者が各工事現場に係る第26条の4第1項に規定する職務を行ったとしてもその適切な遂行に支障を生ずるおそれがないものとして政令で定める数を超えるときは，適用しない。
5	専任の監理技術者の資格	5　第3項の規定により専任の者でなければならない監理技術者（同項各号に規定する監理技術者を含む。次項において同じ。）は，第27条の18第1項の規定による監理技術者資格者証の交付を受けている者であって，第26条の6から第26条の8までの規定により国土交通大臣の登録を受けた講習を受講したもののうちから，これを選任しなければならない。
10	法第26条第3項第一号イの金額	令第28条　法第26条第3項第一号イの政令で定める金額は，1億円とする。ただし，当該建設工事が建築一式工事である場合においては，2億円とする。
15	営業所技術者等に関する主任技術者又は監理技術者の職務の特例	法第26条の5　建設業者は，第26条第3項本文に規定する建設工事が次の各号に掲げる要件のいずれにも該当する場合には，第7条（第二号に係る部分に限る。）又は第15条（第二号に係る部分に限る。）及び同項本文の規定にかかわらず，その営業所の営業所技術者又は特定営業所技術者について，営業所技術者にあっては第26条第1項の規定により当該工事現場に置かなければならない主任技術者の職務を，特定営業所技術者にあっては当該主任技術者又は同条第2項の規定により当該工事現場に置かなければならない監理技術者の職務を兼ねて行わせることができる。
20		一　当該営業所において締結した請負契約に係る建設工事であること。
		二　当該建設工事の請負代金の額が政令で定める金額未満となるものであること。
		三　当該営業所と当該建設工事の工事現場との間の移動時間又は連絡方法その他の当該営業所の業務体制及び当該工事現場の施工体制の確保のために必要な事項に関し国土交通省令で定める要件に適合するものであること。
25		四　営業所技術者又は特定営業所技術者が当該営業所及び当該建設工事の工事現場の状況の確認その他の当該営業所における建設工事の請負契約の締結及び履行の業務に関する技術上の管理に係る職務並びに当該工事現場に係る前条第1項に規定する職務（次項において「営業所職務等」という。）を情報通信技術を利用する方法により行うため必要な措置として国土交通省令で定めるものが講じられるものであること。
30		2　前項の規定は，同項の工事現場の数が，営業所技術者又は特定営業所技術者が当該工事現場に係る主任技術者又は監理技術者の職務を兼ねて行ったとしても営業所職務等の適切な遂行に支障を生ずるおそれがないものとして政令で定める数を超えるときは，適用しない。
35		3　第1項の規定により監理技術者の職務を兼ねて行う特定営業所技術者は，第27条の18第1項の規定による監理技術者資格者証の交付を受けている者であって，第26条第5項の講習を受講したものでなければならない。
		4　前項の特定営業所技術者は，発注者から請求があったときは，監理技術者資格者証を提示しなければならない。

法第26条の5第1項第二号の金額	**令第33条**　法第26条の5第1項第二号の政令で定める金額は，1億円とする。ただし，当該建設工事が建築一式工事である場合においては，2億円とする。
営業所技術者等が主任技術者又は監理技術者の職務を兼ねることができる工事現場の数	**令第34条**　法第26条の5第2項の政令で定める数は，1とする。
指示及び営業の停止	**法第28条**　国土交通大臣又は都道府県知事は，その許可を受けた建設業者が次の各号のいずれかに該当する場合又はこの法律の規定（第19条の3第1項，第19条の4，第24条の3第1項，第24条の4，第24条の5並びに第24条の6第3項及び第4項を除く，公共工事の入札及び契約の適正化の促進に関する法律第15条第1項の規定により読み替えて適用される第24条の8第1項，第2項及び第4項を含む。第四項において同じ。)，入札契約適正化法第15条第2項若しくは第3項の規定若しくは特定住宅瑕疵担保責任の履行の確保等に関する法律第3条第6項，第4条第1項，第7条第2項，第8条第1項若しくは第2項若しくは第10条第1項の規定に違反した場合においては，当該建設業者に対して，必要な指示をすることができる。特定建設業者が第41条第2項又は第3項の規定による勧告に従わない場合において必要があると認めるときも，同様とする。 （以下省略）

2. 公共工事標準請負契約約款

(最終改正 令和4年9月2日)

[注] 建設工事標準下請契約約款の場合は,「発注者」を「元請負人」に,「受注者」を「下請負人」に読み替えすれば,ほぼ同様の内容の契約約款として取り扱うことができる。

| 設計図書 | 第1条 発注者及び受注者は,この約款(契約書を含む。以下同じ。)に基づき,設計図書(別冊の図面,仕様書,現場説明書及び現場説明に対する質問回答書をいう。以下同じ。)に従い,日本国の法令を遵守し,この契約(この約款及び設計図書を内容とする工事の請負契約をいう。以下同じ。)を履行しなければならない。

2 受注者は,契約書記載の工事を契約書記載の工期内に完成し,工事目的物を発注者に引き渡すものとし,発注者は,その請負代金を支払うものとする。

仮設,施工方法の責任
3 仮設,施工方法その他工事目的物を完成するために必要な一切の手段(以下「施工方法等」という。)については,この約款及び設計図書に特別の定めがある場合を除き,受注者がその責任において定める。

4 受注者は,この契約の履行に関して知り得た秘密を漏らしてはならない。

請求,通知,報告等は書面によること
5 この約款に定める催告,請求,通知,報告,申出,承諾及び解除は,書面により行わなければならない。

6 この契約の履行に関して発注者と受注者との間で用いる言語は,日本語とする。

7 この約款に定める金銭の支払いに用いる通貨は,日本円とする。

8 この契約の履行に関して発注者と受注者との間で用いる計量単位は,設計図書に特別の定めがある場合を除き,計量法に定めるものとする。

9 この約款及び設計図書における期間の定めについては,民法及び商法の定めるところによるものとする。

10 この契約は,日本国の法令に準拠するものとする。

11 この契約に係る訴訟については,日本国の裁判所をもって合意による専属的管轄裁判所とする。

12 受注者が共同企業体を結成している場合においては,発注者は,この契約に基づくすべての行為を共同企業体の代表者に対して行うものとし,発注者が当該代表者に対して行ったこの契約に基づくすべての行為は,当該企業体のすべての構成員に対して行ったものとみなし,また,受注者は,発注者に対して行うこの契約に基づくすべての行為について当該代表者を通じて行わなければならない。

関連工事の調整
第2条 発注者は,受注者の施工する工事及び発注者の発注に係る第三者の施工する他の工事が施工上密接に関連する場合において,必要があるときは,その施工につき,調整を行うものとする。この場合においては,受注者は,発注者の調整に従い,当該第三者の行う工事の円滑な施工に協力しなければならない。

請負代金内訳書及び工程表
第3条 (A) (省略)

第3条 (B) 受注者は,この契約締結後〇日以内に設計図書に基づいて,請負代金内訳書(以下「内訳書」という。)及び工程表を作成し,発注者に提出しなければならない。

2 内訳書には，健康保険，厚生年金保険及び雇用保険に係る法定福利費を明示するものとする。
3 内訳書及び工程表は，発注者及び受注者を拘束するものではない。
[注] 発注者が内訳書を必要としない場合は，内訳書に関する部分を削除する。

契約の保証　第4条（A）　受注者は，この契約の締結と同時に，次の各号のいずれかに掲げる保証を付さなければならない。ただし，第五号の場合においては，履行保証保険契約の締結後，直ちにその保険証券を発注者に寄託しなければならない。
　一　契約保証金の納付
　二　契約保証金に代わる担保となる有価証券等の提供
　三　この契約による債務の不履行により生ずる損害金の支払いを保証する銀行又は発注者が確実と認める金融機関等の保証
　四　この契約による債務の履行を保証する公共工事履行保証証券による保証
　五　この契約による債務の不履行により生ずる損害をてん補する履行保証保険契約の締結

2 受注者は，前項の規定による保険証券の寄託に代えて，電子情報処理組織を使用する方法その他の情報通信の技術を利用する方法（以下「電磁的方法」という。）であって，当該履行保証保険契約の相手方が定め，発注者が認めた措置を講ずることができる。この場合において，受注者は，当該保険証券を寄託したものとみなす。

3 第1項の保証に係る契約保証金の額，保証金額又は保険金額（第6項において「保証の額」という。）は，請負代金額の$\frac{○}{10}$以上としなければならない。

4 受注者が第1項第三号から第五号までのいずれかに掲げる保証を付す場合は，当該保証は第55条第3項各号に規定する者による契約の解除の場合についても保証するものでなければならない。

5 第1項の規定により，受注者が同項第二号又は第三号に掲げる保証を付したときは，当該保証は契約保証金に代わる担保の提供として行われたものとし，同項第四号又は第五号に掲げる保証を付したときは，契約保証金の納付を免除する。

6 請負代金額の変更があった場合には，保証の額が変更後の請負代金額の$\frac{○}{10}$に達するまで，発注者は，保証の額の増額を請求することができ，受注者は，保証の額の減額を請求することができる。

[注]（A）は，金銭的保証を必要とする場合に使用することとし，○の部分には，たとえば，1と記入する。

第4条（B）　（省略）

権利義務の譲渡等　第5条　受注者は，この契約により生ずる権利又は義務を第三者に譲渡し，又は承継させてはならない。ただし，あらかじめ，発注者の承諾を得た場合は，この限りでない。

2 受注者は，工事目的物並びに工事材料（工場製品を含む。以下同じ。）のうち第13条第2項の規定による検査に合格したもの及び第38条第3項の規定による部分払のための確認を受けたものを第三者に譲渡し，貸与し，又は抵当権その他の担保の目的に供してはならない。ただし，あらかじめ，発注者の承諾を得た場合は，この限りでない。

3　受注者が前払金の使用や部分払等によってもなおこの契約の目的物に係る工事の施工に必要な資金が不足することを疎明したときは，発注者は，特段の理由がある場合を除き，受注者の請負代金債権の譲渡について，第1項ただし書の承諾をしなければならない。

4　受注者は，前項の規定により，第1項ただし書の承諾を受けた場合は，請負代金債権の譲渡により得た資金をこの契約の目的物に係る工事の施工以外に使用してはならず，またその使途を疎明する書類を発注者に提出しなければならない。

一括委任又は一括下請負の禁止

第6条　受注者は，工事の全部若しくはその主たる部分又は他の部分から独立してその機能を発揮する工作物の工事を一括して第三者に委任し，又は請け負わせてはならない。

［注］公共工事の入札及び契約の適正化の促進に関する法律の適用を受けない発注者が建設業法施行令第6条の3に規定する工事以外の工事を発注する場合においては，「ただし，あらかじめ，発注者の承諾を得た場合は，この限りではない。」とのただし書を追記することができる。

下請負人の通知

第7条　発注者は，受注者に対して，下請負人の商号又は名称その他必要な事項の通知を請求することができる。

○　建設工事標準下請契約約款

第7条　下請負人は，元請負人に対して，この工事に関し，次の各号に掲げる事項をこの契約締結後遅滞なく書面をもって通知する。

一　現場代理人及び主任技術者の氏名
二　雇用管理責任者の氏名
三　安全管理者の氏名
四　工事現場において使用する1日当たり平均作業員数
五　工事現場において使用する作業員に対する賃金支払の方法
六　その他元請負人が工事の適正な施工を確保するため必要と認めて指示する事項
（以下省略）

第8条　下請負人がこの工事の全部又は一部を第三者に委任し，又は請け負わせた場合，下請負人は，元請負人に対して，その契約（その契約に係る工事が数次の契約によって行われるときは，次のすべての契約を含む。）に関し，次の各号に掲げる事項を遅滞なく書面をもって通知する。

一　受任者又は請負者の氏名及び住所（法人であるときは，名称及び工事を担当する営業所の所在地）
二　建設業の許可番号
三　現場代理人及び主任技術者の氏名
四　雇用管理責任者の氏名
五　安全管理者の氏名
六　工事の種類及び内容
七　工期
八　受任者又は請負者が工事現場において使用する1日当たり平均作業員数
九　受任者又は請負者が工事現場において使用する作業員に対する賃金支払の方法
十　その他元請負人が工事の適正な施工を確保するため必要と認めて指示する事項

| 特許権等の使用 | 第8条　受注者は，特許権，実用新案権，意匠権，商標権その他日本国の法令に基づき保護される第三者の権利（以下「特許権等」という。）の対象となっている工事材料，施工方法等を使用するときは，その使用に関する一切の責任を負わなければならない。ただし，発注者がその工事材料，施工方法等を指定した場合において，設計図書に特許権等の対象である旨の明示がなく，かつ，受注者がその存在を知らなかったときは，発注者は，受注者がその使用に関して要した費用を負担しなければならない。 |

（以下省略）

| 監督員の氏名の通知 | 第9条　発注者は，監督員を置いたときは，その氏名を受注者に通知しなければならない。監督員を変更したときも同様とする。 |
| 監督員の権限 | 2　監督員は，この約款の他の条項に定めるもの及びこの約款に基づく発注者の権限とされる事項のうち発注者が必要と認めて監督員に委任したもののほか，設計図書に定めるところにより，次に掲げる権限を有する。 |

　　一　この契約の履行についての受注者又は受注者の現場代理人に対する指示，承諾又は協議

　　二　設計図書に基づく工事の施工のための詳細図等の作成及び交付又は受注者が作成した詳細図等の承諾

　　三　設計図書に基づく工程の管理，立会い，工事の施工状況の検査又は工事材料の試験若しくは検査（確認を含む。）

　3　発注者は，2名以上の監督員を置き，前項の権限を分担させたときにあってはそれぞれの監督員の有する権限の内容を，監督員にこの約款に基づく発注者の権限の一部を委任したときにあっては当該委任した権限の内容を，受注者に通知しなければならない。

　4　第2項の規定に基づく監督員の指示又は承諾は，原則として，書面により行わなければならない。

　5　発注者が監督員を置いたときは，この約款に定める催告，請求，通知，報告，申出，承諾及び解除については，設計図書に定めるものを除き，監督員を経由して行うものとする。この場合においては，監督員に到達した日をもって発注者に到達したものとみなす。

　6　発注者が監督員を置かないときは，この約款に定める監督員の権限は，発注者に帰属する。

| 現場代理人及び主任技術者等の氏名の通知 | 第10条　受注者は，次の各号に掲げる者を定めて工事現場に設置し，設計図書に定めるところにより，その氏名その他必要な事項を発注者に通知しなければならない。これらの者を変更したときも同様とする。 |

　　一　現場代理人
　　二　(A) [　] 主任技術者
　　　　(B) [　] 監理技術者
　　　　(C) 監理技術者補佐（建設業法第26条第3項ただし書に規定する者をいう。以下同じ。）
　　三　専門技術者（建設業法第26条の2に規定する技術者をいう。以下同じ。）

[注] (B) は，建設業法第26条第2項の規定に該当する場合に，(A) はそれ以外の場合に使用する。(C) は，(B) を使用する場合において，建設業法第26条第3項ただし書の規定を使用し監理技術者が兼務する場合に使用する。
[　]の部分には，同法第26条第3項本文の工事の場合に「専任の」の字句を記入する。

現場代理人の権限	2	現場代理人は，この契約の履行に関し，工事現場に常駐し，その運営，取締りを行うほか，請負代金額の変更，請負代金の請求及び受領，第12条第1項の請求の受理，同条第3項の決定及び通知並びにこの契約の解除に係る権限を除き，この契約に基づく受注者の一切の権限を行使することができる。
常駐の緩和	3	発注者は，前項の規定にかかわらず，現場代理人の工事現場における運営，取締り及び権限の行使に支障がなく，かつ，発注者との連絡体制が確保されると認めた場合には，現場代理人について工事現場における常駐を要しないこととすることができる。
	4	受注者は，第2項の規定にかかわらず，自己の有する権限のうち現場代理人に委任せず自ら行使しようとするものがあるときは，あらかじめ，当該権限の内容を発注者に通知しなければならない。
現場代理人の兼務	5	現場代理人，監理技術者等（監理技術者，監理技術者補佐又は主任技術者をいう。以下同じ。）及び専門技術者は，これを兼ねることができる。
履行報告	第11条	受注者は，設計図書に定めるところにより，この契約の履行について発注者に報告しなければならない。
発注者の措置請求（現場代理人）	第12条	発注者は，現場代理人がその職務（監理技術者等又は専門技術者と兼任する現場代理人にあっては，それらの者の職務を含む。）の執行につき著しく不適当と認められるときは，受注者に対して，その理由を明示した書面により，必要な措置をとるべきことを請求することができる。
発注者の措置請求	2	発注者又は監督員は，監理技術者等，専門技術者（これらの者と現場代理人を兼任する者を除く。）その他受注者が工事を施工するために使用している下請負人，労働者等で工事の施工又は管理につき著しく不適当と認められるものがあるときは，受注者に対して，その理由を明示した書面により，必要な措置をとるべきことを請求することができる。
	3	受注者は，前二項の規定による請求があったときは，当該請求に係る事項について決定し，その結果を請求を受けた日から10日以内に発注者に通知しなければならない。
受注者の措置請求（監督員）	4	受注者は，監督員がその職務の執行につき著しく不適当と認められるときは，発注者に対して，その理由を明示した書面により，必要な措置をとるべきことを請求することができる。
	5	発注者は，前項の規定による請求があったときは，当該請求に係る事項について決定し，その結果を請求を受けた日から10日以内に受注者に通知しなければならない。
工事材料の品質	第13条	工事材料の品質については，設計図書に定めるところによる。設計図書にその品質が明示されていない場合にあっては，中等の品質を有するものとする。
監督員の検査及び検査費用	2	受注者は，設計図書において監督員の検査（確認を含む。以下この条において同じ。）を受けて使用すべきものと指定された工事材料については，当該検査に

第1節　建設業・契約関係法令

合格したものを使用しなければならない。この場合において，当該検査に直接要する費用は，受注者の負担とする。

検査期日
3　監督員は，受注者から前項の検査を請求されたときは，請求を受けた日から○日以内に応じなければならない。

現場搬入材料の現場外搬出禁止
4　受注者は，工事現場内に搬入した工事材料を監督員の承諾を受けないで工事現場外に搬出してはならない。

5　受注者は，前項の規定にかかわらず，第2項の検査の結果不合格と決定された工事材料については，当該決定を受けた日から○日以内に工事現場外に搬出しなければならない。

監督員の立会い及び工事記録の整備等
第14条　受注者は，設計図書において監督員の立会いの上調合し，又は調合について見本検査を受けるものと指定された工事材料については，当該立会いを受けて調合し，又は当該見本検査に合格したものを使用しなければならない。

2　受注者は，設計図書において監督員の立会いの上施工するものと指定された工事については，当該立会いを受けて施工しなければならない。

3　受注者は，前二項に規定するほか，発注者が特に必要があると認めて設計図書において見本又は工事写真等の記録を整備すべきものと指定した工事材料の調合又は工事の施工をするときは，設計図書に定めるところにより，当該見本又は工事写真等の記録を整備し，監督員の請求があったときは，当該請求を受けた日から○日以内に提出しなければならない。

4　監督員は，受注者から第1項又は第2項の立会い又は見本検査を請求されたときは，当該請求を受けた日から○日以内に応じなければならない。

5　前項の場合において，監督員が正当な理由なく受注者の請求に○日以内に応じないため，その後の工程に支障をきたすときは，受注者は，監督員に通知した上，当該立会い又は見本検査を受けることなく，工事材料を調合して使用し，又は工事を施工することができる。この場合において，受注者は，当該工事材料の調合又は当該工事の施工を適切に行ったことを証する見本又は工事写真等の記録を整備し，監督員の請求があったときは，当該請求を受けた日から○日以内に提出しなければならない。

6　第1項，第3項又は前項の場合において，見本検査又は見本若しくは工事写真等の記録の整備に直接要する費用は，受注者の負担とする。

設計図書不適合の場合の改造義務
第17条　受注者は，工事の施工部分が設計図書に適合しない場合において，監督員がその改造を請求したときは，当該請求に従わなければならない。この場合において，当該不適合が監督員の指示によるときその他発注者の責めに帰すべき事由によるときは，発注者は，必要があると認められるときは工期若しくは請負代金額を変更し，又は受注者に損害を及ぼしたときは必要な費用を負担しなければならない。

監督員の破壊検査
2　監督員は，受注者が第13条第2項又は第14条第1項から第3項までの規定に違反した場合において，必要があると認められるときは，工事の施工部分を破壊して検査することができる。

3　前項に規定するほか，監督員は，工事の施工部分が設計図書に適合しないと認

められる相当の理由がある場合において，必要があると認められるときは，当該相当の理由を受注者に通知して，工事の施工部分を最小限度破壊して検査することができる。

検査等の費用負担
4 前二項の場合において，検査及び復旧に直接要する費用は受注者の負担とする。

条件変更等
第18条 受注者は，工事の施工に当たり，次の各号のいずれかに該当する事実を発見したときは，その旨を直ちに監督員に通知し，その確認を請求しなければならない。
一 図面，仕様書，現場説明書及び現場説明に対する質問回答書が一致しないこと（これらの優先順位が定められている場合を除く。）。
二 設計図書に誤謬又は脱漏があること。
三 設計図書の表示が明確でないこと。
四 工事現場の形状，地質，湧水等の状態，施工上の制約等設計図書に示された自然的又は人為的な施工条件と実際の工事現場が一致しないこと。
五 設計図書で明示されていない施工条件について予期することのできない特別な状態が生じたこと。

2 監督員は，前項の規定による確認を請求されたとき又は自ら同項各号に掲げる事実を発見したときは，受注者の立会いの上，直ちに調査を行わなければならない。ただし，受注者が立会いに応じない場合には，受注者の立会いを得ずに行うことができる。

3 発注者は，受注者の意見を聴いて，調査の結果（これに対してとるべき措置を指示する必要があるときは，当該指示を含む。）をとりまとめ，調査の終了後〇日以内に，その結果を受注者に通知しなければならない。ただし，その期間内に通知できないやむを得ない理由があるときは，あらかじめ受注者の意見を聴いた上，当該期間を延長することができる。

4 前項の調査の結果において第1項の事実が確認された場合において，必要があると認められるときは，次の各号に掲げるところにより，設計図書の訂正又は変更を行わなければならない。
一 第1項第一号から第三号までのいずれかに該当し設計図書を訂正する必要があるもの 発注者が行う。
二 第1項第四号又は第五号に該当し設計図書を変更する場合で工事目的物の変更を伴うもの 発注者が行う。
三 第1項第四号又は第五号に該当し設計図書を変更する場合で工事目的物の変更を伴わないもの 発注者と受注者とが協議して発注者が行う。

5 前項の規定により設計図書の訂正又は変更が行われた場合において，発注者は，必要があると認められるときは工期若しくは請負代金額を変更し，又は受注者に損害を及ぼしたときは必要な費用を負担しなければならない。

設計図書の変更
第19条 発注者は，必要があると認めるときは，設計図書の変更内容を受注者に通知して，設計図書を変更することができる。この場合において，発注者は，必要があると認められるときは工期若しくは請負代金額を変更し，又は受注者に損

第1節　建設業・契約関係法令

害を及ぼしたときは必要な費用を負担しなければならない。

工事の中止　第20条　工事用地等の確保ができない等のため又は暴風，豪雨，洪水，高潮，地震，地すべり，落盤，火災，騒乱，暴動その他の自然的又は人為的な事象（以下「天災等」という。）であって受注者の責めに帰すことができないものにより工事目的物等に損害を生じ若しくは工事現場の状態が変動したため，受注者が工事を施工できないと認められるときは，発注者は，工事の中止内容を直ちに受注者に通知して，工事の全部又は一部の施工を一時中止させなければならない。

　2　発注者は，前項の規定によるほか，必要があると認めるときは，工事の中止内容を受注者に通知して，工事の全部又は一部の施工を一時中止させることができる。

　3　発注者は，前二項の規定により工事の施工を一時中止させた場合において，必要があると認められるときは工期若しくは請負代金額を変更し，又は受注者が工事の続行に備え工事現場を維持し若しくは労働者，建設機械器具等を保持するための費用その他の工事の施工の一時中止に伴う増加費用を必要とし若しくは受注者に損害を及ぼしたときは必要な費用を負担しなければならない。

著しく短い工期の禁止　第21条　発注者は，工期の延長又は短縮を行うときは，この工事に従事する者の労働時間その他の労働条件が適正に確保されるよう，やむを得ない事由により工事等の実施が困難であると見込まれる日数等を考慮しなければならない。

受注者の請求による工期の延長　第22条　受注者は，天候の不良，第2条の規定に基づく関連工事の調整への協力その他受注者の責めに帰すことができない事由により工期内に工事を完成することができないときは，その理由を明示した書面により，発注者に工期の延長変更を請求することができる。

　2　発注者は，前項の規定による請求があった場合において，必要があると認められるときは，工期を延長しなければならない。発注者は，その工期の延長が発注者の責めに帰すべき事由による場合においては，請負代金額について必要と認められる変更を行い，又は受注者に損害を及ぼしたときは必要な費用を負担しなければならない。

発注者の請求による工期の短縮等　第23条　発注者は，特別の理由により工期を短縮する必要があるときは，工期の短縮変更を受注者に請求することができる。

　2　発注者は，前項の場合において，必要があると認められるときは請負代金額を変更し，又は受注者に損害を及ぼしたときは必要な費用を負担しなければならない。

工期の変更方法　第24条　工期の変更については，発注者と受注者とが協議して定める。ただし，協議開始の日から〇日以内に協議が整わない場合には，発注者が定め，受注者に通知する。

　[注]　〇の部分には，工期及び請負代金額を勘案して十分な協議が行えるよう留意して数字を記入する。

　2　前項の協議開始の日については，発注者が受注者の意見を聴いて定め，受注者に通知するものとする。ただし，発注者が工期の変更事由が生じた日（第22条の場合にあっては発注者が工期変更の請求を受けた日，前条の場合にあっては受注者が工期変更の請求を受けた日）から〇日以内に協議開始の日を通知しない場合には，受注者は，協議開始の日を定め，発注者に通知することができる。

[注] ○の部分には，工期を勘案してできる限り早急に通知を行うよう留意して数字を記入する。

請負代金額の変更方法等

第25条（A）　（省略）

第25条（B）　請負代金額の変更については，発注者と受注者とが協議して定める。ただし，協議開始の日から○日以内に協議が整わない場合には，発注者が定め，受注者に通知する。

[注] （B）は，第3条（B）を使用する場合に使用する。○の部分には，工期及び請負代金額を勘案して十分な協議が行えるよう留意して数字を記入する。

2　前項の協議開始の日については，発注者が受注者の意見を聴いて定め，受注者に通知するものとする。ただし，請負代金額の変更事由が生じた日から○日以内に協議開始の日を通知しない場合には，受注者は，協議開始の日を定め，発注者に通知することができる。

[注] ○の部分には，工期を勘案してできる限り早急に通知を行うよう留意して数字を記入する。

3　この約款の規定により，受注者が増加費用を必要とした場合又は損害を受けた場合に発注者が負担する必要な費用の額については，発注者と受注者とが協議して定める。

賃金又は物価の変動に基づく請負代金額の変更

第26条　発注者又は受注者は，工期内で請負契約締結の日から12月を経過した後に日本国内における賃金水準又は物価水準の変動により請負代金額が不適当となったと認めたときは，相手方に対して請負代金額の変更を請求することができる。

2　発注者又は受注者は，前項の規定による請求があったときは，変動前残工事代金額（請負代金額から当該請求時の出来形部分に相応する請負代金額を控除した額をいう。以下この条において同じ。）と変動後残工事代金額（変動後の賃金又は物価を基礎として算出した変動前残工事代金額に相応する額をいう。以下この条において同じ。）との差額のうち変動前残工事代金額の $\frac{15}{1,000}$ を超える額につき，請負代金額の変更に応じなければならない。

3　変動前残工事代金額及び変動後残工事代金額は，請求のあった日を基準とし，（内訳書及び）

（A）[　　]に基づき発注者と受注者とが協議して定める。

（B）物価指数等に基づき発注者と受注者とが協議して定める。

ただし，協議開始の日から○日以内に協議が整わない場合にあっては，発注者が定め，受注者に通知する。

[注] （内訳書及び）の部分は，第3条（B）を使用する場合には削除する。
　　（A）は，変動前残工事代金額の算定の基準とすべき資料につき，あらかじめ，発注者及び受注者が具体的に定め得る場合に使用する。[　　]の部分には，この場合に当該資料の名称（たとえば，国又は国に準ずる機関が作成して定期的に公表する資料の名称）を記入する。○の部分には，工期及び請負代金額を勘案して十分な協議が行えるよう留意して数字を記入する。

4　第1項の規定による請求は，この条の規定により請負代金額の変更を行った後再度行うことができる。この場合において，同項中「請負契約締結の日」とあるのは，「直前のこの条に基づく請負代金額変更の基準とした日」とするものとする。

5　特別な要因により工期内に主要な工事材料の日本国内における価格に著しい変動を生じ，請負代金額が不適当となったときは，発注者又は受注者は，前各項の規定によるほか，請負代金額の変更を請求することができる。

6　予期することのできない特別の事情により，工期内に日本国内において急激なインフレーション又はデフレーションを生じ，請負代金額が著しく不適当となったときは，発注者又は受注者は，前各項の規定にかかわらず，請負代金額の変更を請求することができる。

7　前二項の場合において，請負代金額の変更額については，発注者と受注者とが協議して定める。ただし，協議開始の日から〇日以内に協議が整わない場合にあっては，発注者が定め，受注者に通知する。

[注] 〇の部分には，工期及請負代金額を勘案して十分な協議が行えるよう留意して数字を記入する。

8　第3項及び前項の協議開始の日については，発注者が受注者の意見を聴いて定め，受注者に通知しなければならない。ただし，発注者が第1項，第5項又は第6項の請求を行った日又は受けた日から〇日以内に協議開始の日を通知しない場合には，受注者は，協議開始の日を定め，発注者に通知することができる。

[注] 〇の部分には，工期を勘案してできる限り早急に通知を行うよう留意して数字を記入する。

臨機の措置　**第27条**　受注者は，災害防止等のため必要があると認めるときは，臨機の措置をとらなければならない。この場合において，必要があると認めるときは，受注者は，あらかじめ監督員の意見を聴かなければならない。ただし，緊急やむを得ない事情があるときは，この限りでない。

2　前項の場合においては，受注者は，そのとった措置の内容を監督員に直ちに通知しなければならない。

3　監督員は，災害防止その他工事の施工上特に必要があると認めるときは，受注者に対して臨機の措置をとることを請求することができる。

4　受注者が第1項又は前項の規定により臨機の措置をとった場合において，当該措置に要した費用のうち，受注者が請負代金額の範囲において負担することが適当でないと認められる部分については，発注者が負担する。

一般的損害　**第28条**　工事目的物の引渡し前に，工事目的物又は工事材料について生じた損害その他工事の施工に関して生じた損害（次条第1項若しくは第2項又は第30条第1項に規定する損害を除く。）については，受注者がその費用を負担する。ただし，その損害（第58条第1項の規定により付された保険等によりてん補された部分を除く。）のうち発注者の責めに帰すべき事由により生じたものについては，発注者が負担する。

第三者に及ぼした損害　**第29条**　工事の施工について第三者に損害を及ぼしたときは，受注者がその損害を賠償しなければならない。ただし，その損害（第58条第1項の規定により付された保険等によりてん補された部分を除く。以下この条において同じ。）のうち発注者の責めに帰すべき事由により生じたものについては，発注者が負担する。

2　前項の規定にかかわらず，工事の施工に伴い通常避けることができない騒音，

振動，地盤沈下，地下水の断絶等の理由により第三者に損害を及ぼしたときは，発注者がその損害を負担しなければならない。ただし，その損害のうち工事の施工につき受注者が善良な管理者の注意義務を怠ったことにより生じたものについては，受注者が負担する。

3　前二項の場合その他工事の施工について第三者との間に紛争を生じた場合においては，発注者及び受注者は協力してその処理解決に当たるものとする。

不可抗力による損害

第30条　工事目的物の引渡し前に，天災等（設計図書で基準を定めたものにあっては，当該基準を超えるものに限る。）発注者と受注者のいずれの責めにも帰すことができないもの（以下この条において「不可抗力」という。）により，工事目的物，仮設物又は工事現場に搬入済みの工事材料若しくは建設機械器具（以下この条において「工事目的物等」という。）に損害が生じたときは，受注者は，その事実の発生後直ちにその状況を発注者に通知しなければならない。

2　発注者は，前項の規定による通知を受けたときは，直ちに調査を行い，同項の損害（受注者が善良な管理者の注意義務を怠ったことに基づくもの及び第58条第1項の規定により付された保険等によりてん補された部分を除く。以下この条において「損害」という。）の状況を確認し，その結果を受注者に通知しなければならない。

3　受注者は，前項の規定により損害の状況が確認されたときは，損害による費用の負担を発注者に請求することができる。

4　発注者は，前項の規定により受注者から損害による費用の負担の請求があったときは，当該損害の額（工事目的物等であって第13条第2項，第14条第1項若しくは第2項又は第38条第3項の規定による検査，立会いその他受注者の工事に関する記録等により確認することができるものに係る損害の額に限る。）及び当該損害の取片付けに要する費用の額の合計額（以下この条において「損害合計額」という。）のうち請負代金額の$\frac{1}{100}$を超える額を負担しなければならない。ただし，災害応急対策又は災害復旧に関する工事における損害については，発注者が損害合計額を負担するものとする。

5　損害の額は，次の各号に掲げる損害につき，それぞれ当該各号に定めるところにより，（内訳書に基づき）算定する。

［注］（内訳書に基づき）の部分は，第3条（B）を使用する場合には，削除する。

一　工事目的物に関する損害

損害を受けた工事目的物に相応する請負代金額とし，残存価値がある場合にはその評価額を差し引いた額とする。

二　工事材料に関する損害

損害を受けた工事材料で通常妥当と認められるものに相応する請負代金額とし，残存価値がある場合にはその評価額を差し引いた額とする。

三　仮設物又は建設機械器具に関する損害

損害を受けた仮設物又は建設機械器具で通常妥当と認められるものについて，当該工事で償却することとしている償却費の額から損害を受けた時点における工事目的物に相応する償却費の額を差し引いた額とする。ただし，修繕に

よりその機能を回復することができ，かつ，修繕費の額が上記の額より少額であるものについては，その修繕費の額とする。

6　数次にわたる不可抗力により損害合計額が累積した場合における第2次以降の不可抗力による損害合計額の負担については，第4項中「当該損害の額」とあるのは「損害の額の累計」と，「当該損害の取片付けに要する費用の額」とあるのは「損害の取片付けに要する費用の額の累計」と，「請負代金額の$\frac{1}{100}$を超える額」とあるのは「請負代金額の$\frac{1}{100}$を超える額から既に負担した額を差し引いた額」と，「損害合計額を」とあるのは「損害合計額から既に負担した額を差し引いた額を」として同項を適用する。

請負代金額の変更に代える設計図書の変更

第31条　発注者は，第8条，第15条，第17条から第20条まで，第22条，第23条，第26条から第28条まで，前条又は第34条の規定により請負代金額を増額すべき場合又は費用を負担すべき場合において，特別の理由があるときは，請負代金額の増額又は負担額の全部又は一部に代えて設計図書を変更することができる。この場合において，設計図書の変更内容は，発注者と受注者とが協議して定める。ただし，協議開始の日から○日以内に協議が整わない場合には，発注者が定め，受注者に通知する。

　　［注］○の部分には，工期及び請負代金額を勘案して十分な協議が行えるよう留意して数字を記入する。

2　前項の協議開始の日については，発注者が受注者の意見を聴いて定め，受注者に通知しなければならない。ただし，発注者が請負代金額を増額すべき事由又は費用を負担すべき事由が生じた日から○日以内に協議開始の日を通知しない場合には，受注者は，協議開始の日を定め，発注者に通知することができる。

　　［注］○の部分には，工期を勘案してできる限り早急に通知を行うよう留意して数字を記入する。

工事完成の通知

第32条　受注者は，工事を完成したときは，その旨を発注者に通知しなければならない。

工事完成確認検査

2　発注者は，前項の規定による通知を受けたときは，通知を受けた日から14日以内に受注者の立会いの上，設計図書に定めるところにより，工事の完成を確認するための検査を完了し，当該検査の結果を受注者に通知しなければならない。この場合において，発注者は，必要があると認められるときは，その理由を受注者に通知して，工事目的物を最小限度破壊して検査することができる。

3　前項の場合において，検査又は復旧に直接要する費用は，受注者の負担とする。

引渡し

4　発注者は第2項の検査によって工事の完成を確認した後，受注者が工事目的物の引渡しを申し出たときは，直ちに当該工事目的物の引渡しを受けなければならない。

5　発注者は，受注者が前項の申出を行わないときは，当該工事目的物の引渡しを請負代金の支払いの完了と同時に行うことを請求することができる。この場合においては，受注者は，当該請求に直ちに応じなければならない。

補修

6　受注者は，工事が第2項の検査に合格しないときは，直ちに修補して発注者の検査を受けなければならない。この場合においては，修補の完了を工事の完成と

みなして前各項の規定を適用する。

請負代金の支払い

第33条　受注者は，前条第2項（同条第6項後段の規定により適用される場合を含む。第3項において同じ。）の検査に合格したときは，請負代金の支払いを請求することができる。

請負代金の支払期日

2　発注者は，前項の規定による請求があったときは，請求を受けた日から40日以内に請負代金を支払わなければならない。

3　発注者がその責めに帰すべき事由により前条第2項の期間内に検査をしないときは，その期限を経過した日から検査をした日までの期間の日数は，前項の期間（以下この項において「約定期間」という。）の日数から差し引くものとする。この場合において，その遅延日数が約定期間の日数を超えるときは，約定期間は，遅延日数が約定期間の日数を超えた日において満了したものとみなす。

部分使用

第34条　発注者は，第32条第4項又は第5項の規定による引渡し前においても，工事目的物の全部又は一部を受注者の承諾を得て使用することができる。

2　前項の場合においては，発注者は，その使用部分を善良な管理者の注意をもって使用しなければならない。

3　発注者は，第1項の規定により工事目的物の全部又は一部を使用したことによって受注者に損害を及ぼしたときは，必要な費用を負担しなければならない。

前金払及び中間前金払

第35条（A）　受注者は，公共工事の前払金保証事業に関する法律第2条第4項に規定する保証事業会社（以下「保証事業会社」という。）と，契約書記載の工事完成の時期を保証期限とする同条5項に規定する保証契約（以下「保証契約」という。）を締結し，その保証証書を発注者に寄託して，請負代金の $\frac{\bigcirc}{10}$ 以内の前払金の支払いを発注者に請求することができる。

［注］受注者の資金需要に適切に対応する観点から，（A）の使用を推奨する。
　　　○の部分には，たとえば，4と記入する。

2　受注者は，前項の規定による保証証書の寄託に代えて，電磁的方法であって，当該保証契約の相手方たる保証事業会社が定め，発注者が認めた措置を講ずることができる。この場合において，受注者は，当該保証証書を寄託したものとみなす。

前払金の支払期日

3　発注者は，第1項の規定による請求があったときは，請求を受けた日から14日以内に前払金を支払わなければならない。

4　受注者は，第1項の規定による前払金の支払いを受けた後，保証事業会社と中間前払金に関する保証契約を締結し，その保証証書を発注者に寄託して，請負代金額の $\frac{\bigcirc}{10}$ 以内の中間前払金の支払いを発注者に請求することができる。

［注］○の部分には，たとえば，2と記入する。

5　第2項及び第3項の規定は，前項の場合について準用する。

6　受注者は，請負代金額が著しく増額された場合においては，その増額後の請負代金額の $\frac{\bigcirc}{10}$（第4項の規定により中間前払金の支払いを受けているときは $\frac{\bigcirc}{10}$）から受領済みの前払金額（中間前払金の支払いを受けているときは，中間前払金額を含む。次項及び次条において同じ。）を差し引いた額に相当する額の範囲内で前払金（中間前払金の支払いを受けているときは，中間前払金を含む。以下この条から第37条までにおいて同じ。）の支払いを請求することができる。この場

合においては，第3項の規定を準用する。

[注] ○の部分には，たとえば，4（括弧書きの○の部分には，たとえば，6）と記入する。

7　受注者は，請負代金額が著しく減額された場合において，受領済みの前払金額が減額後の請負代金額の$\frac{○}{10}$（第4項の規定により中間前払金の支払いを受けているときは$\frac{○}{10}$）を超えるときは，受注者は，請負代金額が減額された日から30日以内にその超過額を返還しなければならない。

[注] ○の部分には，たとえば，5（括弧書きの○の部分には，たとえば，6）と記入する。

8　前項の超過額が相当の額に達し，返還することが前払金の使用状況からみて，著しく不適当であると認められるときは，発注者と受注者とが協議して返還すべき超過額を定める。ただし，請負代金額が減額された日から○日以内に協議が整わない場合には，発注者が定め，受注者に通知する。

[注] ○の部分には，30未満の数字を記入する。

9　発注者は，受注者が第7項の期間内に超過額を返還しなかったときは，その未返還額につき，同項の期間を経過した日から返還をする日までの期間について，その日数に応じ，年○パーセントの割合で計算した額の遅延利息の支払いを請求することができる。

[注] ○の部分には，たとえば，政府契約の支払遅延防止等に関する法律第8条の規定により財務大臣が定める率を記入する。

第35条（B）　（省略）

保証契約の変更

第36条　受注者は，前条第○項に規定により受領済みの前払金に追加してさらに前払金の支払いを請求する場合には，あらかじめ，保証契約を変更し，変更後の保証証書を発注者に寄託しなければならない。

[注] ○の部分には，第35条（A）を使用する場合は6と，第35条（B）を使用する場合は4と記入する。

2　受注者は，前項に定める場合のほか，請負代金額が減額された場合において，保証契約を変更したときは，変更後の保証証書を直ちに発注者に寄託しなければならない。

3　受注者は，第1項又は第2項の規定による保証証書の寄託に代えて，電磁的方法であって，当該保証契約の相手方たる保証事業会社が定め，発注者が認めた措置を講ずることができる。この場合において，受注者は，当該保証証書を寄託したものとみなす。

4　受注者は，前払金額の変更を伴わない工期の変更が行われた場合には，発注者に代わりその旨を保証事業会社に直ちに通知するものとする。

[注] 第4項は，発注者が保証事業会社に対する工期変更の通知を受注者に代理させる場合に使用する。

前払金の使用等

第37条　受注者は，前払金をこの工事の材料費，労務費，機械器具の賃借料，機械購入費（この工事において償却される割合に相当する額に限る。），動力費，支払運賃，修繕費，仮設費，労働者災害補償保険料及び保証料に相当する額として必要な経費以外の支払いに充当してはならない。

部分払

第38条　受注者は，工事の完成前に，出来形部分並びに工事現場に搬入済みの工

事材料［及び製造工場等にある工場製品］(第13条第2項の規定により監督員の検査を要するものにあっては当該検査に合格したもの，監督員の検査を要しないものにあっては設計図書で部分払の対象とすることを指定したものに限る。)に相応する請負代金相当額の$\frac{○}{10}$以内の額について，次項から第7項までに定めるところにより部分払を請求することができる。ただし，この請求は，工期中○回を超えることができない。

　　[注] 部分払の対象とすべき工場製品がないときは，［ ］の部分を削除する。
　　「$\frac{○}{10}$」の○の部分には，たとえば，9と記入する。「○回」の○の部分には，工期及び請負代金額を勘案して妥当と認められる数字を記入する。

2　受注者は，部分払を請求しようとするときは，あらかじめ，当該請求に係る出来形部分又は工事現場に搬入済みの工事材料［若しくは製造工場等にある工場製品］の確認を発注者に請求しなければならない。

　　[注] 部分払の対象とすべき工場製品がないときは，［ ］の部分を削除する。

出来形部分の検査期日

3　発注者は，前項の場合において，当該請求を受けた日から14日以内に，受注者の立会いの上，設計図書に定めるところにより，同項の確認をするための検査を行い，当該確認の結果を受注者に通知しなければならない。この場合において，発注者は，必要があると認められるときは，その理由を受注者に通知して，出来形部分を最小限度破壊して検査することができる。

4　前項の場合において，検査又は復旧に直接要する費用は，受注者の負担とする。

部分払の支払期日

5　受注者は，第3項の規定による確認があったときは，部分払を請求することができる。この場合においては，発注者は，当該請求を受けた日から14日以内に部分払金を支払わなければならない。

6　部分払金の額は，次の式により算定する。この場合において第1項の請負代金相当額は，

　(A)　(省略)

　(B)　発注者と受注者とが協議して定める。

　　ただし，発注者が前項の請求を受けた日から○日以内に協議が整わない場合には，発注者が定め，受注者に通知する。

　　　部分払金の額≦第1項の請負代金相当額×($\frac{○}{10}$－前払金額／請負代金額)

　　[注] (A) は第3条 (A) を使用する場合に，(B) は第3条 (B) を使用する場合に使用する。
　　「○日」の○の部分には，14未満の数字を記入する。「$\frac{○}{10}$」の○の部分には，第1項の「$\frac{○}{10}$」の○の部分と同じ数字を記入する。

7　第5項の規定により部分払金の支払いがあった後，再度部分払の請求をする場合においては，第1項及び前項中「請負代金相当額」とあるのは「請負代金相当額から既に部分払の対象となった請負代金相当額を控除した額」とするものとする。

部分引渡し

第39条　工事目的物について，発注者が設計図書において工事の完成に先だって引渡しを受けるべきことを指定した部分(以下「指定部分」という。)がある場合において，当該指定部分の工事が完了したときについては，第32条中「工事」とあるのは「指定部分に係る工事」と，「工事目的物」とあるのは「指定部分に係る工事目的物」と，同条第5項及び第33条中「請負代金」とあるのは「部分

引渡しに係る請負代金」と読み替えて，これらの規定を準用する。

　2　前項の規定により準用される第33条第1項の規定により請求することができる部分引渡しに係る請負代金の額は，次の式により算定する。この場合において，指定部分に相応する請負代金の額は，

　（A）　（省略）

　（B）　発注者と受注者とが協議して定める。

　　　ただし，発注者が前項の規定により準用される第33条第1項の請求を受けた日から〇日以内に協議が整わない場合には，発注者が定め，受注者に通知する。

　　　部分引渡しに係る請負代金の額＝指定部分に相応する請負代金の額×（1－前払金額／請負代金額）

　　［注］（A）は第3条（A）を使用する場合に，（B）は第3条（B）を使用する場合に使用する。
　　　　〇の部分には，工期及び請負代金額を勘案して十分な協議が行えるよう留意して数字を記入する。

第三者による代理受領

第43条　受注者は，発注者の承諾を得て請負代金の全部又は一部の受領につき，第三者を代理人とすることができる。

　2　発注者は，前項の規定により受注者が第三者を代理人とした場合において，受注者の提出する支払請求書に当該第三者が受注者の代理人である旨の明記がなされているときは，当該第三者に対して第33条（第39条において準用する場合を含む。）又は第38条の規定に基づく支払いをしなければならない。

前払金等の不払に対する工事中止

第44条　受注者は，発注者が第35条，第38条又は第39条において準用される第33条の規定に基づく支払いを遅延し，相当の期間を定めてその支払いを請求したにもかかわらず支払いをしないときは，工事の全部又は一部の施工を一時中止することができる。この場合においては，受注者は，その理由を明示した書面により，直ちにその旨を発注者に通知しなければならない。

　2　発注者は，前項の規定により受注者が工事の施工を中止した場合において，必要があると認められるときは工期若しくは請負代金額を変更し，又は受注者が工事の続行に備え工事現場を維持し若しくは労働者，建設機械器具等を保持するための費用その他の工事の施工の一時中止に伴う増加費用を必要とし若しくは受注者に損害を及ぼしたときは必要な費用を負担しなければならない。

契約不適合責任

第45条（A）　（省略）

第45条（B）　発注者は，引き渡された工事目的物が契約不適合であるときは，受注者に対し，目的物の修補又は代替物の引渡しによる履行の追完を請求することができる。ただし，その履行の追完に過分の費用を要するときは，発注者は履行の追完を請求することができない。

　2　前項の場合において，受注者は，発注者に不相当な負担を課するものでないときは，発注者が請求した方法と異なる方法による履行の追完をすることができる。

　3　第1項の場合において，発注者が相当の期間を定めて履行の追完の催告をし，その期間内に履行の追完がないときは，発注者は，その不適合の程度に応じて代金の減額を請求することができる。ただし，次の各号のいずれかに該当する場合は，催告をすることなく，直ちに代金の減額を請求することができる。

一　履行の追完が不能であるとき。
二　受注者が履行の追完を拒絶する意思を明確に表示したとき。
三　工事目的物の性質又は当事者の意思表示により，特定の日時又は一定の期間内に履行しなければ契約をした目的を達することができない場合において，受注者が履行の追完をしないでその時期を経過したとき。
四　前三号に掲げる場合のほか，発注者がこの項の規定による催告をしても履行の追完を受ける見込みがないことが明らかであるとき。

発注者の任意解除権

第46条　発注者は，工事が完成するまでの間は，次条又は第48条の規定によるほか，必要があるときは，この契約を解除することができる。

2　発注者は，前項の規定によりこの契約を解除した場合において，受注者に損害を及ぼしたときは，その損害を賠償しなりればならない。

発注者の催告による解除権

第47条　発注者は，受注者が次の各号のいずれかに該当するときは相当の期間を定めてその履行の催告をし，その期間内に履行がないときはこの契約を解除することができる。ただし，その期間を経過した時における債務の不履行がこの契約及び取引上の社会通念に照らして軽微であるときは，この限りでない。

一　第5条第4項に規定する書類を提出せず，又は虚偽の記載をしてこれを提出したとき。

［注］　第一号は第5条第3項を使用しない場合は削除する。

二　正当な理由なく，工事に着手すべき期日を過ぎても工事に着手しないとき。
三　工期内に完成しないとき又は工期経過後相当の期間内に工事を完成する見込みがないと認められるとき。
四　第10条第1項第二号に掲げる者を設置しなかったとき。
五　正当な理由なく，第45条第1項の履行の追完がなされないとき。
六　前各号に掲げる場合のほか，この契約に違反したとき。

発注者の催告によらない解除権

第48条　発注者は，受注者が次の各号のいずれかに該当するときは，直ちにこの契約を解除することができる。

一　第5条第1項の規定に違反して請負代金債権を譲渡したとき。
二　第5条第4項の規定に違反して譲渡により得た資金を当該工事の施工以外に使用したとき。

［注］　第二号は第5条第3項を使用しない場合は削除する。

三　この契約の目的物を完成させることができないことが明らかであるとき。
四　引き渡された工事目的物に契約不適合がある場合において，その不適合が目的物を除却した上で再び建設しなければ，契約の目的を達成することができないものであるとき。
五　受注者がこの契約の目的物の完成の債務の履行を拒絶する意思を明確に表示したとき。
六　受注者の債務の一部の履行が不能である場合又は受注者がその債務の一部の履行を拒絶する意思を明確に表示した場合において，残存する部分のみでは契約をした目的を達することができないとき。
七　契約の目的物の性質や当事者の意思表示により，特定の日時又は一定の期間

内に履行しなければ契約をした目的を達することができない場合において，受注者が履行をしないでその時期を経過したとき。

八　前各号に掲げる場合のほか，受注者がその債務の履行をせず，発注者が前条の催告をしても契約をした目的を達するのに足りる履行がされる見込みがないことが明らかであるとき。

九　暴力団（暴力団員による不当な行為の防止等に関する法律第2条第二号に規定する暴力団をいう。以下この条において同じ。）又は暴力団員（暴力団員による不当な行為の防止等に関する法律第2条第六号に規定する暴力団員をいう。以下この条において同じ。）が経営に実質的に関与していると認められる者に請負代金債権を譲渡したとき。

十　第51条又は第52条の規定によらないでこの契約の解除を申し出たとき。

十一　受注者（受注者が共同企業体であるときは，その構成員のいずれかの者。以下この号において同じ。）が次のいずれかに該当するとき。

　イ　役員等（受注者が個人である場合にはその者その他経営に実質的に関与している者を，受注者が法人である場合にはその役員，その支店又は常時建設工事の請負契約を締結する事務所の代表者その他経営に実質的に関与している者をいう。以下この号において同じ。）が，暴力団又は暴力団員であると認められるとき。

　ロ　役員等が，自己，自社若しくは第三者の不正の利益を図る目的又は第三者に損害を加える目的をもって，暴力団又は暴力団員を利用するなどしていると認められるとき。

　ハ　役員等が，暴力団又は暴力団員に対して資金等を供給し，又は便宜を供与するなど直接的あるいは積極的に暴力団の維持，運営に協力し，若しくは関与していると認められるとき。

　ニ　役員等が，暴力団又は暴力団員であることを知りながらこれを不当に利用するなどしていると認められるとき。

　ホ　役員等が，暴力団又は暴力団員と社会的に非難されるべき関係を有していると認められるとき。

　ヘ　下請契約又は資材，原材料の購入契約その他の契約に当たり，その相手方がイからホまでのいずれかに該当することを知りながら，当該者と契約を締結したと認められるとき。

　ト　受注者が，イからホまでのいずれかに該当する者を下請契約又は資材，原材料の購入契約その他の契約の相手方としていた場合（ヘに該当する場合を除く。）に，発注者が受注者に対して当該契約の解除を求め，受注者がこれに従わなかったとき。

発注者の責めに帰すべき事由による場合の解除の制限

第49条　第47条各号又は前条各号に定める場合が発注者の責めに帰すべき事由によるものであるときは，発注者は，前二条の規定による契約の解除をすることができない。

| 公共工事履行保証証券による保証の請求 | **第50条** 第4条第1項の規定によりこの契約による債務の履行を保証する公共工事履行保証証券による保証が付された場合において，受注者が第47条各号又は第48条各号のいずれかに該当するときは，発注者は，当該公共工事履行保証証券の規定に基づき，保証人に対して，他の建設業者を選定し，工事を完成させるよう請求することができる。 |

    2　受注者は，前項の規定により保証人が選定し発注者が適当と認めた建設業者（以下この条において「代替履行業者」という。）から発注者に対して，この契約に基づく次の各号に定める受注者の権利及び義務を承継する旨の通知が行われた場合には，代替履行業者に対して当該権利及び義務を承継させる。

    一　請負代金債権（前払金［若しくは中間前払金］，部分払金又は部分引渡しに係る請負代金として受注者に既に支払われたものを除く。）

    二　工事完成債務

    三　契約不適合を保証する債務（受注者が施工した出来形部分の契約不適合に係るものを除く。）

    四　解除権

    五　その他この契約に係る一切の権利及び義務（第29条の規定により受注者が施工した工事に関して生じた第三者への損害賠償債務を除く。）

    ［注］［　］の部分は，第35条（B）を使用する場合には削除する。

    3　発注者は，前項の通知を代替履行業者から受けた場合には，代替履行業者が同項各号に規定する受注者の権利及び義務を承継することを承諾する。

    4　第1項の規定による発注者の請求があった場合において，当該公共工事履行保証証券の規定に基づき，保証人から保証金が支払われたときには，この契約に基づいて発注者に対して受注者が負担する損害賠償債務その他の費用の負担に係る債務（当該保証金の支払われた後に生じる違約金等を含む。）は，当該保証金の額を限度として，消滅する。

| 受注者の催告による解除権 | **第51条** 受注者は，発注者がこの契約に違反したときは，相当の期間を定めてその履行の催告をし，その期間内に履行がないときは，この契約を解除することができる。ただし，その期間を経過した時における債務の不履行がこの契約及び取引上の社会通念に照らして軽微であるときは，この限りでない。 |

| 受注者の催告によらない解除権 | **第52条** 受注者は，次の各号のいずれかに該当するときは，直ちにこの契約を解除することができる。 |

    一　第19条の規定により設計図書を変更したため請負代金額が$\frac{2}{3}$以上減少したとき。

    二　第20条の規定による工事の施工の中止期間が工期の$\frac{○}{10}$（工期の$\frac{○}{10}$が○月を超えるときは，○月）を超えたとき。ただし，中止が工事の一部のみの場合は，その一部を除いた他の部分の工事が完了した後○月を経過しても，なおその中止が解除されないとき。

受注者の責めに帰すべき事由による場合の解除の制限	第53条　第51条又は前条各号に定める場合が受注者の責めに帰すべき事由によるものであるときは，受注者は，前二条の規定による契約の解除をすることができない。
発注者の損害賠償請求等	第55条　発注者は，受注者が次の各号のいずれかに該当するときは，これによって生じた損害の賠償を請求することができる。

　一　工期内に工事を完成することができないとき。
　二　この工事目的物に契約不適合があるとき。
　三　第47条又は第48条の規定により，工事目的物の完成後にこの契約が解除されたとき。
　四　前三号に掲げる場合のほか，債務の本旨に従った履行をしないとき又は債務の履行が不能であるとき。

2　次の各号のいずれかに該当するときは，前項の損害賠償に代えて，受注者は，請負代金額の $\frac{\bigcirc}{10}$ に相当する額を違約金として発注者の指定する期間内に支払わなければならない。
　一　第47条又は第48条の規定により工事目的物の完成前にこの契約が解除されたとき。
　二　工事目的物の完成前に，受注者がその債務の履行を拒否し，又は受注者の責めに帰すべき事由によって受注者の債務について履行不能となったとき。
　［注］　○の部分には，たとえば，1と記入する。

3　次の各号に掲げる者がこの契約を解除した場合は，前項第二号に該当する場合とみなす。
　一　受注者について破産手続開始の決定があった場合において，破産法の規定により選任された破産管財人
　二　受注者について更生手続開始の決定があった場合において，会社更生法の規定により選任された管財人
　三　受注者について再生手続開始の決定があった場合において，民事再生法の規定により選任された再生債務者等

4　第1項各号又は第2項各号に定める場合（前項の規定により第2項第二号に該当する場合とみなされる場合を除く。）がこの契約及び取引上の社会通念に照らして受注者の責めに帰することができない事由によるものであるときは，第1項及び第2項の規定は適用しない。

5（A）　第1項第一号に該当し，発注者が損害の賠償を請求する場合の請求額は，請負代金額から出来形部分に相応する請負代金額を控除した額につき，遅延日数に応じ，年○パーセントの割合で計算した額とする。
　［注］　○の部分には，たとえば，政府契約の支払遅延防止等に関する法律第8条の規定により財務大臣が定める率を記入する。

5（B）　第1項第一号に該当し，発注者が損害の賠償を請求する場合の請求額は，請負代金額から部分引渡しを受けた部分に相応する請負代金額を控除した額につき，遅延日数に応じ，年○パーセントの割合で計算した額とする。

[注]　(B)は，発注者が工事の遅延による著しい損害を受けることがあらかじめ予想される場合に使用する。〇の部分には，たとえば，政府契約の支払遅延防止等に関する法律第8条の規定により財務大臣が定める率を記入する。

　　6　第2項の場合（第48条第九号及び第十一号の規定により，この契約が解除された場合を除く。）において，第4条の規定により契約保証金の納付又はこれに代わる担保の提供が行われているときは，発注者は，当該契約保証金又は担保をもって同項の違約金に充当することができる。

[注]　第6項は，第4条（A）を使用する場合に使用する。

受注者の損害賠償請求等

第56条　受注者は，発注者が次の各号のいずれかに該当する場合はこれによって生じた損害の賠償を請求することができる。ただし，当該各号に定める場合がこの契約及び取引上の社会通念に照らして発注者の責めに帰することができない事由によるものであるときは，この限りでない。

一　第51条又は第52条の規定によりこの契約が解除されたとき。

二　前号に掲げる場合のほか，債務の本旨に従った履行をしないとき又は債務の履行が不能であるとき。

　　2　第33条第2項（第39条において準用する場合を含む。）の規定による請負代金の支払いが遅れた場合においては，受注者は，未受領金額につき，遅延日数に応じ，年〇パーセントの割合で計算した額の遅延利息の支払いを発注者に請求することができる。

[注]　〇の部分には，たとえば，政府契約の支払遅延防止等に関する法律第8条の規定により財務大臣が定める率を記入する。

契約不適合責任期間等

第57条　発注者は，引き渡された工事目的物に関し，第32条第4項又は第5項（第39条においてこれらの規定を準用する場合を含む。）の規定による引渡し（以下この条において単に「引渡し」という。）を受けた日から〇年以内でなければ，契約不適合を理由とした履行の追完の請求，損害賠償の請求，代金の減額の請求又は契約の解除（以下この条において「請求等」という。）をすることができない。

[注]　〇の部分には，原則として2を記入する。

　　2　前項の規定にかかわらず，設備機器本体等の契約不適合については，引渡しの時，発注者が検査して直ちにその履行の追完を請求しなければ，受注者は，その責任を負わない。ただし，当該検査において一般的な注意の下で発見できなかった契約不適合については，引渡しを受けた日から〇年が経過する日まで請求等をすることができる。

[注]　〇の部分には，原則として1を記入する。1以外とする場合においては，前項の期間との関係，設備機器のメーカー保証の期間を勘案して記入する。

　　3　前二項の請求等は，具体的な契約不適合の内容，請求する損害額の算定の根拠等当該請求等の根拠を示して，受注者の契約不適合責任を問う意思を明確に告げることで行う。

　　4　発注者が第1項又は第2項に規定する契約不適合に係る請求等が可能な期間（以下この項及び第7項において「契約不適合責任期間」という。）の内に契約不適合を知り，その旨を受注者に通知した場合において，発注者が通知から1年が経

過する日までに前項に規定する方法による請求等をしたときは，契約不適合責任期間の内に請求等をしたものとみなす。

5　発注者は，第1項又は第2項の請求等を行ったときは，当該請求等の根拠となる契約不適合に関し，民法の消滅時効の範囲で，当該請求等以外に必要と認められる請求等をすることができる。

6　前各項の規定は，契約不適合が受注者の故意又は重過失により生じたものであるときには適用せず，契約不適合に関する受注者の責任については，民法の定めるところによる。

7　民法第637条第1項の規定は，契約不適合責任期間については適用しない。

8　発注者は，工事目的物の引渡しの際に契約不適合があることを知ったときは，第1項の規定にかかわらず，その旨を直ちに受注者に通知しなければ，当該契約不適合に関する請求等をすることはできない。ただし，受注者がその契約不適合があることを知っていたときは，この限りでない。

9　（省略）

10　引き渡された工事目的物の契約不適合が支給材料の性質又は発注者若しくは監督員の指図により生じたものであるときは，発注者は当該契約不適合を理由として，請求等をすることができない。ただし，受注者がその材料又は指図の不適当であることを知りながらこれを通知しなかったときは，この限りでない。

火災保険等　**第58条**　受注者は，工事目的物及び工事材料（支給材料を含む。以下この条において同じ。）等を設計図書に定めるところにより火災保険，建設工事保険その他の保険（これに準ずるものを含む。以下この条において同じ。）に付さなければならない。

2　受注者は，前項の規定により保険契約を締結したときは，その証券又はこれに代わるものを直ちに発注者に提示しなければならない。

3　受注者は，工事目的物及び工事材料等を第1項の規定による保険以外の保険に付したときは，直ちにその旨を発注者に通知しなければならない。

第2節　電気関係法令

1. 電気事業法

（最終改正 法：令和5年6月7日，令：令和6年3月25日，則：令和6年3月29日）

(1) 総則

目的　法第1条　この法律は，電気事業の運営を適正かつ合理的ならしめることによって，電気の使用者の利益を保護し，及び電気事業の健全な発達を図るとともに，電気工作物の工事，維持及び運用を規制することによって，公共の安全を確保し，及び環境の保全を図ることを目的とする。

定義　法第2条　この法律において，次の各号に掲げる用語の意義は，当該各号に定めるところによる。

小売供給　一　一般の需要に応じ電気を供給することをいう。

小売電気事業　二　小売供給を行う事業（一般送配電事業，特定送配電事業及び発電事業に該当する部分を除く。）をいう。

小売電気事業者　三　小売電気事業を営むことについて次条の登録を受けた者をいう。

振替供給　四　他の者から受電した者が，同時に，その受電した場所以外の場所において，当該他の者に，その受電した電気の量に相当する量の電気を供給することをいう。

接続供給　五　次に掲げるものをいう。
　イ　小売供給を行う事業を営む他の者から受電した者が，同時に，その受電した場所以外の場所において，当該他の者に対して，当該他の者のその小売供給を行う事業の用に供するための電気の量に相当する量の電気を供給すること。
　ロ　電気事業の用に供する発電等用電気工作物（発電用の電気工作物及び蓄電用の電気工作物をいう。以下同じ。）以外の発電等用電気工作物（以下このロにおいて「非電気事業用電気工作物」という。）を維持し，及び運用する他の者から当該非電気事業用電気工作物（当該他の者と経済産業省令で定める密接な関係を有する者が維持し，及び運用する非電気事業用電気工作物を含む。）の発電又は放電に係る電気を受電した者が，同時に，その受電した場所以外の場所において，当該他の者に対して，当該他の者があらかじめ申し出た量の電気を供給すること（当該他の者又は当該他の者と経済産業省令で定める密接な関係を有する者の需要に応ずるものに限る。）。

託送供給　六　振替供給及び接続供給をいう。

電力量調整供給　七　次のイ又はロに掲げる者に該当する他の者から，当該イ又はロに定める電気を受電した者が，同時に，その受電した場所において，当該他の者に対して，当該他の者があらかじめ申し出た量の電気を供給することをいう。
　イ　発電等用電気工作物を維持し，及び運用する者　当該発電等用電気工作物の発電又は放電に係る電気
　ロ　特定卸供給を行う事業を営む者　特定卸供給に係る電気

一般送配電事業	八　自らが維持し，及び運用する送電用及び配電用の電気工作物によりその供給区域において託送供給及び電力量調整供給を行う事業（発電事業に該当する部分を除く。）をいい，当該送電用及び配電用の電気工作物により次に掲げる小売供給を行う事業（発電事業に該当する部分を除く。）を含むものとする。 　イ　その供給区域（離島（その区域内において自らが維持し，及び運用する電線路が自らが維持し，及び運用する主要な電線路（第20条の2第1項において「主要電線路」という。）と電気的に接続されていない離島として経済産業省令で定めるものに限る。）及び同項の指定区域（ロ及び第21条第3項第一号において「離島等」という。）を除く。）における一般の需要（小売電気事業者又は登録特定送配電事業者（第27条の19第1項に規定する登録特定送配電事業者をいう。）から小売供給を受けているものを除く。ロにおいて同じ。）に応ずる電気の供給を保障するための電気の供給（以下「最終保障供給」という。） 　ロ　その供給区域内に離島等がある場合において，当該離島等における一般の需要に応ずる電気の供給を保障するための電気の供給（以下「離島等供給」という。）
一般送配電事業者	九　一般送配電事業を営むことについて第3条の許可を受けた者をいう。
送電事業	十　自らが維持し，及び運用する送電用の電気工作物により一般送配電事業者又は配電事業者に振替供給を行う事業（一般送配電事業に該当する部分を除く。）であって，その事業の用に供する送電用の電気工作物が経済産業省令で定める要件に該当するものをいう。
送電事業者	十一　送電事業を営むことについて第27条の4の許可を受けた者をいう。
配電事業	十一の二　自らが維持し，及び運用する配電用の電気工作物によりその供給区域において託送供給及び電力量調整供給を行う事業（一般送配電事業及び発電事業に該当する部分を除く。）であって，その事業の用に供する配電用の電気工作物が経済産業省令で定める要件に該当するものをいう。
配電事業者	十一の三　配電事業を営むことについて第27条の12の2の許可を受けた者をいう。
特定送配電事業	十二　自らが維持し，及び運用する送電用及び配電用の電気工作物により特定の供給地点において小売供給又は小売電気事業，一般送配電事業若しくは配電事業を営む他の者にその小売電気事業，一般送配電事業若しくは配電事業の用に供するための電気に係る託送供給を行う事業（発電事業に該当する部分を除く。）をいう。
特定送配電事業者	十三　特定送配電事業を営むことについて第27条の13第1項の規定による届出をした者をいう。
発電事業	十四　自らが維持し，及び運用する発電等用電気工作物を用いて小売電気事業，一般送配電事業，配電事業又は特定送配電事業の用に供するための電気を発電し，又は放電する事業であって，その事業の用に供する発電等用電気工作物が経済産業省令で定める要件に該当するものをいう。
発電事業者	十五　発電事業を営むことについて第27条の27第1項の規定による届出をした

特定卸供給	十五の二　発電等用電気工作物を維持し，及び運用する他の者に対して発電又は放電を指示する方法その他の経済産業省令で定める方法により電気の供給能力を有する者（発電事業者を除く。）から集約した電気を，小売電気事業，一般送配電事業，配電事業又は特定送配電事業の用に供するための電気として供給することをいう。
特定卸供給事業	十五の三　特定卸供給を行う事業であって，その供給能力が経済産業省令で定める要件に該当するものをいう。
特定卸供給事業者	十五の四　特定卸供給事業を営むことについて第27条の30第1項の規定による届出をした者をいう。
電気事業	十六　小売電気事業，一般送配電事業，送電事業，配電事業，特定送配電事業，発電事業及び特定卸供給事業をいう。
電気事業者	十七　小売電気事業者，一般送配電事業者，送電事業者，配電事業者，特定送配電事業者，発電事業者及び特定卸供給事業者をいう。
電気工作物	十八　発電，蓄電，変電，送電若しくは配電又は電気の使用のために設置する機械，器具，ダム，水路，貯水池，電線路その他の工作物（船舶，車両又は航空機に設置されるものその他の政令で定めるものを除く。）をいう。

2　一般送配電事業者が次に掲げる事業を営むときは，その事業は，一般送配電事業とみなす。

　一　他の一般送配電事業者又は配電事業者にその一般送配電事業又は配電事業の用に供するための電気を供給する事業

　二　配電事業者から託送供給を受けて当該配電事業者が維持し，及び運用する配電用の電気工作物によりその供給区域において最終保障供給又は離島等供給を行う事業

　三　特定送配電事業者から託送供給を受けて当該特定送配電事業者が維持し，及び運用する送電用及び配電用の電気工作物によりその供給区域において接続供給，電力量調整供給，最終保障供給又は離島等供給を行う事業

　四　第24条第1項の許可を受けて行う電気を供給する事業及びその供給区域以外の地域に自らが維持し，及び運用する電線路を設置し，当該電線路により振替供給（小売電気事業若しくは特定送配電事業の用に供するための電気又は前項第五号ロに掲げる接続供給に係る電気に係るものに限る。第4項第三号において同じ。）を行う事業

3　送電事業者が営む一般送配電事業者又は配電事業者に振替供給を行う事業は，送電事業とみなす。

4　配電事業者が次に掲げる事業を営むときは，その事業は，配電事業とみなす。

　一　一般送配電事業者又は他の配電事業者にその一般送配電事業又は配電事業の用に供するための電気を供給する事業

　二　特定送配電事業者から託送供給を受けて当該特定送配電事業者が維持し，及び運用する送電用及び配電用の電気工作物によりその供給区域において接続供給又は電力量調整供給を行う事業

三　第27条の12の13において準用する第24条第1項の許可を受けて行う電気を供給する事業及びその供給区域以外の地域に自らが維持し，及び運用する電線路を設置し，当該電線路により振替供給を行う事業

電気工作物から除かれる工作物　**令第1条**　電気事業法（以下「法」という。）第2条第1項第十八号の政令で定める工作物は，次のとおりとする。
　一　鉄道営業法，軌道法若しくは鉄道事業法が適用され若しくは準用される車両若しくは搬器，船舶安全法が適用される船舶，陸上自衛隊の使用する船舶（水陸両用車両を含む。）若しくは海上自衛隊の使用する船舶又は道路運送車両法第2条第2項に規定する自動車に設置される工作物であって，これらの車両，搬器，船舶及び自動車以外の場所に設置される電気的設備に電気を供給するためのもの以外のもの
　二　航空法第2条第1項に規定する航空機に設置される工作物
　三　前二号に掲げるもののほか，電圧30V未満の電気的設備であって，電圧30V以上の電気的設備と電気的に接続されていないもの

1の需要場所　**則第3条**　法第2条第1項第五号ロの経済産業省令で定める密接な関係を有する者の需要は，1の需要場所ごとに次の各号のいずれかに該当するものとする。
（第一号～第三号　省略）
2　前項の「1の需要場所」とは，次の各号のいずれかに該当するものとする。ただし，前項第三号に掲げる需要に該当する場合にあっては，第一号から第三号までのいずれかに該当するものとする。
　一　1の建物内（集合住宅その他の複数の者が所有し，又は占有している1の建物内であって，一般送配電事業者及び配電事業者以外の者が維持し，及び運用する受電設備を介して電気の供給を受ける当該1の建物内の全部又は一部が存在する場合には，当該全部又は一部）
　二　柵，塀その他の客観的な遮断物によって明確に区画された1の構内（ただし，特段の理由がないのに複数の発電等用電気工作物を隣接した構内に設置する場合を除く。）
　三　隣接する複数の前号に掲げる構内であって，それぞれの構内において営む事業の相互の関連性が高いもの
　四　道路その他の公共の用に供せられる土地（前二号に掲げるものを除く。）において，一般送配電事業者及び配電事業者以外の者が維持し，及び運用する受電設備を介して電気の供給を受ける街路灯その他の施設が設置されている部分
（以下省略）

(2) 電気事業

事業の許可　**法第3条**　一般送配電事業を営もうとする者は，経済産業大臣の許可を受けなければならない。

電圧及び周波数　**法第26条**　一般送配電事業者は，その供給する電気の電圧及び周波数の値を経済産業省令で定める値に維持するように努めなければならない。
2　経済産業大臣は，一般送配電事業者の供給する電気の電圧又は周波数の値が前項の経済産業省令で定める値に維持されていないため，電気の使用者の利益を阻

害していると認めるときは，一般送配電事業者に対し，その値を維持するため電気工作物の修理又は改造，電気工作物の運用の方法の改善その他の必要な措置をとるべきことを命ずることができる。

3 一般送配電事業者は，経済産業省令で定めるところにより，その供給する電気の電圧及び周波数を測定し，その結果を記録し，これを保存しなければならない。

電圧及び周波数の値 則第38条 法第26条第1項（中略）の経済産業省令で定める電圧の値は，その電気を供給する場所において次の表の左欄に掲げる標準電圧に応じて，それぞれ同表の右欄に掲げるとおりとする。

標準電圧	維持すべき値
100 V	101 V の上下 6 V を超えない値
200 V	202 V の上下 20 V を超えない値

2 法第26条第1項の経済産業省令で定める周波数の値は，その者が供給する電気の標準周波数に等しい値とする。

(3) 電気工作物

1) 定義

一般用電気工作物 法第38条 この法律において「一般用電気工作物」とは，次に掲げる電気工作物であって，構内（これに準ずる区域内を含む。以下同じ。）に設置するものをいう。ただし，小規模発電設備（低圧（経済産業省令で定める電圧以下の電圧をいう。第一号において同じ。）の電気に係る発電用の電気工作物であって，経済産業省令で定めるものをいう。以下同じ。）以外の発電用の電気工作物と同一の構内に設置するもの又は爆発性若しくは引火性の物が存在するため電気工作物による事故が発生するおそれが多い場所として経済産業省令で定める場所に設置するものを除く。

一 電気を使用するための電気工作物であって，低圧受電電線路（当該電気工作物を設置する場所と同一の構内において低圧の電気を他の者から受電し，又は他の者に受電させるための電線路をいう。次号ロ及び第3項第一号ロにおいて同じ。）以外の電線路によりその構内以外の場所にある電気工作物と電気的に接続されていないもの

二 小規模発電設備であって，次のいずれにも該当するもの
  イ 出力が経済産業省令で定める出力未満のものであること。
  ロ 低圧受電電線路以外の電線路によりその構内以外の場所にある電気工作物と電気的に接続されていないものであること。

三 前二号に掲げるものに準ずるものとして経済産業省令で定めるもの

事業用電気工作物 2 この法律において「事業用電気工作物」とは，一般用電気工作物以外の電気工作物をいう。

小規模事業用電気工作物 3 この法律において「小規模事業用電気工作物」とは，事業用電気工作物のうち，次に掲げる電気工作物であって，構内に設置するものをいう。ただし，第1項ただし書に規定するものを除く。

一 小規模発電設備であって，次のいずれにも該当するもの

自家用電気工作物

イ 出力が第1項第二号イの経済産業省令で定める出力以上のものであること。
ロ 低圧受電電線路以外の電線路によりその構内以外の場所にある電気工作物と電気的に接続されていないものであること。
二 前号に掲げるものに準ずるものとして経済産業省令で定めるもの

4 この法律において「自家用電気工作物」とは、次に掲げる事業の用に供する電気工作物及び一般用電気工作物以外の電気工作物をいう。
一 一般送配電事業
二 送電事業
三 配電事業
四 特定送配電事業
五 発電事業であって、その事業の用に供する発電等用電気工作物が主務省令で定める要件に該当するもの

一般用電気工作物の範囲

則第48条 法第38条第1項ただし書の経済産業省令で定める電圧は、600 Vとする。

2 法第38条第1項ただし書の経済産業省令で定める発電用の電気工作物は、次のとおりとする。ただし、次の各号に定める設備であって、同一の構内に設置する次の各号に定める他の設備と電気的に接続され、それらの設備の出力の合計が50 kW以上となるものを除く。
一 太陽電池発電設備であって出力50 kW未満のもの
二 風力発電設備であって出力20 kW未満のもの
三 次のいずれかに該当する水力発電設備であって、出力20 kW未満のもの
　イ 最大使用水量が毎秒1 m³未満のもの（ダムを伴うものを除く。）
　ロ 特定の施設内に設置されるものであって別に告示するもの
四 内燃力を原動力とする火力発電設備であって出力10 kW未満のもの
五 次のいずれかに該当する燃料電池発電設備であって、出力10 kW未満のもの
　イ 固体高分子型又は固体酸化物型の燃料電池発電設備であって、燃料・改質系統設備の最高使用圧力が0.1 MPa（液体燃料を通ずる部分にあっては、1.0 MPa）未満のもの
　ロ 道路運送車両法第2条第2項に規定する自動車（二輪自動車、側車付二輪自動車、三輪自動車、カタピラ及びそりを有する軽自動車、大型特殊自動車、小型特殊自動車並びに被牽引自動車を除く。）に設置される燃料電池発電設備（当該自動車の動力源として用いる電気を発電するものであって、圧縮水素ガスを燃料とするものに限る。）であって、道路運送車両の保安基準第17条第1項及び第17条の2第5項の基準に適合するもの
六 発電用火力設備に関する技術基準を定める省令第73条の2第1項に規定するスターリングエンジンで発生させた運動エネルギーを原動力とする発電設備であって、出力10 kW未満のもの

3 法第38条第1項ただし書の経済産業省令で定める場所は、次のとおりとする。
一 火薬類取締法第2条第1項に規定する火薬類（煙火を除く。）を製造する事業場

二　鉱山保安法施行規則が適用される鉱山のうち，同令第1条第2項第八号に規定する石炭坑
4　法第38条第1項第二号イの経済産業省令で定める出力は，次の各号に掲げる設備の区分に応じ，当該各号に定める出力とする。
一　太陽電池発電設備　10 kW（2以上の太陽電池発電設備を同一構内に，かつ，電気的に接続して設置する場合にあっては，当該太陽電池発電設備の出力の合計が10 kW）
二　風力発電設備　0 kW
三　第2項第三号イ又はロに該当する水力発電設備　20 kW
四　内燃力を原動力とする火力発電設備　10 kW
五　第2項第五号イ又はロに該当する燃料電池発電設備　10 kW
六　発電用火力設備に関する技術基準を定める省令第73条の2第1項に規定するスターリングエンジンで発生させた運動エネルギーを原動力とする発電設備　10 kW

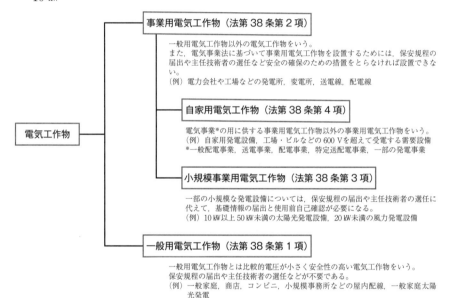

図4.2.1　電気工作物の区分

2）事業用電気工作物

| 事業用電気工作物の維持 | 法第39条　事業用電気工作物を設置する者は，事業用電気工作物を主務省令で定める技術基準に適合するように維持しなければない。
2　前項の主務省令は，次に掲げるところによらなければならない。
一　事業用電気工作物は，人体に危害を及ぼし，又は物件に損傷を与えないようにすること。
二　事業用電気工作物は，他の電気的設備その他の物件の機能に電気的又は磁気的な障害を与えないようにすること。
三　事業用電気工作物の損壊により一般送配電事業者又は配電事業者の電気の供給に著しい支障を及ぼさないようにすること。 |

四　事業用電気工作物が一般送配電事業又は配電事業の用に供される場合にあっては，その事業用電気工作物の損壊によりその一般送配電事業又は配電事業に係る電気の供給に著しい支障を生じないようにすること。

技術基準適合命令

法第40条　主務大臣は，事業用電気工作物が前条第1項の主務省令で定める技術基準に適合していないと認めるときは，事業用電気工作物を設置する者に対し，その技術基準に適合するように事業用電気工作物を修理し，改造し，若しくは移転し，若しくはその使用を一時停止すべきことを命じ，又はその使用を制限することができる。

保安規程

※小規模事業用電気工作物を除く。

法第42条　事業用電気工作物（小規模事業用電気工作物を除く。以下この款において同じ。）を設置する者は，事業用電気工作物※の工事，維持及び運用に関する保安を確保するため，主務省令で定めるところにより，保安を一体的に確保することが必要な事業用電気工作物※の組織ごとに保安規程を定め，当該組織における事業用電気工作物※の使用（第51条第1項又は第52条第1項の自主検査を伴うものにあっては，その工事）の開始前に，主務大臣に届け出なければならない。

2　事業用電気工作物※を設置する者は，保安規程を変更したときは，遅滞なく，変更した事項を主務大臣に届け出なければならない。

3　主務大臣は，事業用電気工作物※の工事，維持及び運用に関する保安を確保するため必要があると認めるときは，事業用電気工作物※を設置する者に対し，保安規程を変更すべきことを命ずることができる。

4　事業用電気工作物※を設置する者及びその従業者は，保安規程を守らなければならない。

保安規程に定める事項

則第50条　法第42条第1項の保安規程は，次の各号に掲げる事業用電気工作物の種類ごとに定めるものとする。

一　事業用電気工作物であって，一般送配電事業，送電事業，配電事業又は発電事業（法第38条第4項第五号に掲げる事業に限る。次項において同じ。）の用に供するもの

二　事業用電気工作物であって，前号に掲げるもの以外のもの

（第2項　省略）

3　第1項第二号に掲げる事業用電気工作物を設置する者は，法第42条第1項の保安規程において，次の各号に掲げる事項を定めるものとする。ただし，鉱山保安法，鉄道営業法，軌道法又は鉄道事業法が適用され又は準用される自家用電気工作物については発電所，蓄電所，変電所及び送電線路に係る次の事項について定めることをもって足りる。

一　事業用電気工作物の工事，維持又は運用に関する業務を管理する者の職務及び組織に関すること。

二　事業用電気工作物の工事，維持又は運用に従事する者に対する保安教育に関すること。

三　事業用電気工作物の工事，維持及び運用に関する保安のための巡視，点検及び検査に関すること。

四　事業用電気工作物の運転又は操作に関すること。

五　発電所又は蓄電所の運転を相当期間停止する場合における保全の方法に関すること。

六　災害その他非常の場合に採るべき措置に関すること。

七　事業用電気工作物の工事，維持及び運用に関する保安についての記録に関すること。

八　事業用電気工作物（使用前自主検査，溶接自主検査若しくは定期自主検査（以下「法定自主検査」と総称する。）又は法第51条の2第1項若しくは第2項の確認（以下「使用前自己確認」という。）を実施するものに限る。）の法定自主検査又は使用前自己確認に係る実施体制及び記録の保存に関すること。

九　その他事業用電気工作物の工事，維持及び運用に関する保安に関し必要な事項

（以下省略）

保安規程届出書

則第51条　法第42条第1項の規定による届出をしようとする者は，様式第41の保安規程届出書に保安規程を添えて提出しなければならない。

2　法第42条第2項の規定による届出をしようとする者は，様式第42の保安規程変更届出書に変更を必要とする理由を記載した書類を添えて提出しなければならない。

（以下省略）

主任技術者の選任

※小規模事業用電気工作物を除く。

法第43条　事業用電気工作物※を設置する者は，事業用電気工作物※の工事，維持及び運用に関する保安の監督をさせるため，主務省令で定めるところにより，主任技術者免状の交付を受けている者のうちから，主任技術者を選任しなければならない。

主任技術者選任の特例

2　自家用電気工作物（小規模事業用電気工作物を除く。）を設置する者は，前項の規定にかかわらず，主務大臣の許可を受けて，主任技術者免状の交付を受けていない者を主任技術者として選任することができる。

主任技術者の選任，解任届け

3　事業用電気工作物※を設置する者は，主任技術者を選任したとき（前項の許可を受けて選任した場合を除く。）は，遅滞なく，その旨を主務大臣に届け出なければならない。これを解任したときも，同様とする。

主任技術者の職務

4　主任技術者は，事業用電気工作物※の工事，維持及び運用に関する保安の監督の職務を誠実に行わなければならない。

従事者の義務

5　事業用電気工作物※の工事，維持又は運用に従事する者は，主任技術者がその保安のためにする指示に従わなければならない。

主任技術者の選任資格

則第52条　法第43条第1項の規定による主任技術者の選任は，次の表の左欄に掲げる事業場又は設備ごとに，それぞれ同表の右欄に掲げる者のうちから行うものとする。

一 水力発電所（小型のもの又は特定の施設内に設置するものであって別に告示するものを除く。）の設置の工事のための事業場	第一種電気主任技術者免状，第二種電気主任技術者免状又は第三種電気主任技術者免状の交付を受けている者及び第一種ダム水路主任技術者免状又は第二種ダム水路主任技術者免状の交付を受けている者	
二 火力発電所（アンモニア又は水素以外を燃料として使用する火力発電所のうち，小型の汽力を原動力とするものであって別に告示するもの，小型のガスタービンを原動力とするものであって別に告示するもの及び内燃力を原動力とするものを除く。）又は燃料電池発電所（改質器の最高使用圧力が98 kPa以上のものに限る。）の設置の工事のための事業場	第一種電気主任技術者免状，第二種電気主任技術者免状又は第三種電気主任技術者免状の交付を受けている者及び第一種ボイラー・タービン主任技術者免状又は第二種ボイラー・タービン主任技術者免状の交付を受けている者	
三 燃料電池発電所（二に規定するものを除く。），蓄電所，変電所，送電線路又は需要設備の設置の工事のための事業場	第一種電気主任技術者免状，第二種電気主任技術者免状又は第三種電気主任技術者免状の交付を受けている者	
四，五（省略）		
六 発電所，蓄電所，変電所，需要設備又は送電線路若しくは配電線路を管理する事業場を直接統括する事業場	第一種電気主任技術者免状，第二種電気主任技術者免状又は第三種電気主任技術者免状の交付を受けている者（以下省略）	

自家用電気工作物の緩和規定

2 次の各号のいずれかに掲げる自家用電気工作物に係る当該各号に定める事業場のうち，当該自家用電気工作物の工事，維持及び運用に関する保安の監督に係る業務（以下「保安管理業務」という。）を委託する契約（以下「委託契約」という。）が次条に規定する要件に該当する者と締結されているものであって，保安上支障がないものとして経済産業大臣（事業場が1の産業保安監督部の管轄区域内のみにある場合は，その所在地を管轄する産業保安監督部長。次項並びに第53条第1項，第2項及び第5項において同じ。）の承認を受けたもの並びに発電所，蓄電所，変電所及び送電線路以外の自家用電気工作物であって鉱山保安法が適用されるもののみに係る前項の表第三号又は第六号の事業場については，同項の規定にかかわらず，電気主任技術者を選任しないことができる。

　一 出力5,000 kW未満の太陽電池発電所又は蓄電所であって電圧7,000 V以下で連系等をするもの　前項の表第三号又は第六号の事業場

　二 出力2,000 kW未満の発電所（水力発電所，火力発電所及び風力発電所に限る。）であって電圧7,000 V以下で連系等をするもの　前項の表第一号，第二号又は第六号の事業場

　三 出力1,000 kW未満の発電所（前二号に掲げるものを除く。）であって電圧7,000 V以下で連系等をするもの　前項の表第三号又は第六号の事業場

　四 電圧7,000 V以下で受電する需要設備　前項の表第三号又は第六号の事業場

　五 電圧600 V以下の配電線路　当該配電線路を管理する事業場

（第3項　省略）

主任技術者の兼任の禁止

4 事業用電気工作物を設置する者は，主任技術者に2以上の事業場又は設備の主任技術者を兼ねさせてはならない。ただし，事業用電気工作物の工事，維持及び運用の保安上支障がないと認められる場合であって，経済産業大臣（監督に係る

事業用電気工作物が1の産業保安監督部の管轄区域内のみにある場合は，その設置の場所を管轄する産業保安監督部長。第53条の2において同じ。）の承認を受けた場合は，この限りでない。

主任技術者免状の種類	**法第44条** 主任技術者免状の種類は，次のとおりとする。 一　第一種電気主任技術者免状 二　第二種電気主任技術者免状 三　第三種電気主任技術者免状 四　第一種ダム水路主任技術者免状 五　第二種ダム水路主任技術者免状 六　第一種ボイラー・タービン主任技術者免状 七　第二種ボイラー・タービン主任技術者免状
主任技術者免状の交付	2　主任技術者免状は，次の各号のいずれかに該当する者に対し，経済産業大臣が交付する。 一　主任技術者免状の種類ごとに経済産業省令で定める学歴又は資格及び実務の経験を有する者 二　前項第一号から第三号までに掲げる種類の主任技術者免状にあっては，電気主任技術者試験に合格した者
主任技術者免状の交付禁止事項	3　経済産業大臣は，次の各号のいずれかに該当する者に対しては，主任技術者免状の交付を行わないことができる。 一　次項の規定により主任技術者免状の返納を命ぜられ，その日から1年を経過しない者 二　この法律又はこの法律に基づく命令の規定に違反し，罰金以上の刑に処せられ，その執行を終わり，又は執行を受けることがなくなった日から2年を経過しない者
主任技術者免状の返納命令	4　経済産業大臣は，主任技術者免状の交付を受けている者がこの法律又はこの法律に基づく命令の規定に違反したときは，その主任技術者免状の返納を命ずることができる。
監督範囲 ※小規模事業用電気工作物を除く。	5　主任技術者免状の交付を受けている者が保安について監督をすることができる事業用電気工作物※の工事，維持及び運用の範囲並びに主任技術者免状の交付に関する手続的事項は，経済産業省令で定める。
免状の種類による監督の範囲	**則第56条**　法第44条第5項の経済産業省令で定める事業用電気工作物の工事，維持及び運用の範囲は，次の表の左欄に掲げる主任技術者免状の種類に応じて，それぞれ同表の右欄に掲げるとおりとする。

主任技術者免状の種類	保安の監督をすることができる範囲
一　第一種電気主任技術者免状	事業用電気工作物の工事，維持及び運用（四又は六に掲げるものを除く。）
二　第二種電気主任技術者免状	電圧170,000 V未満の事業用電気工作物の工事，維持及び運用（四又は六に掲げるものを除く。）
三　第三種電気主任技術者免状	電圧50,000 V未満の事業用電気工作物（出力5,000 kW以上の発電所又は蓄電所を除く。）の工事，維持及び運用（四又は六に掲げるものを除く。）
（以下省略）	

小規模事業用電気工作物を設置する者の届出

法第46条　小規模事業用電気工作物を設置する者は，当該小規模事業用電気工作物の使用の開始前に，経済産業省令で定めるところにより，氏名又は名称及び住所その他経済産業省令で定める事項を記載した書類を添えて，その旨を経済産業大臣に届け出なければならない。ただし，経済産業省令で定める場合は，この限りでない。

2　前項の規定による届出をした者は，次の各号のいずれかに該当するときは，経済産業省令で定めるところにより，遅滞なく，その旨を経済産業大臣に届け出なければならない。
　一　前項の事項を変更したとき。
　二　前項の規定による届出に係る小規模事業用電気工作物が小規模事業用電気工作物でなくなったとき。
　三　その他経済産業省令で定める場合に該当するとき。

工事計画

法第47条　事業用電気工作物の設置又は変更の工事であって，公共の安全の確保上特に重要なものとして主務省令で定めるものをしようとする者は，その工事の計画について主務大臣の認可を受けなければならない。ただし，事業用電気工作物が滅失し，若しくは損壊した場合又は災害その他非常の場合において，やむを得ない一時的な工事としてするときは，この限りでない。
（以下省略）

工事計画又は変更の届出

法第48条　事業用電気工作物の設置又は変更の工事（前条第1項の主務省令で定めるものを除く。）であって，主務省令で定めるものをしようとする者は，その工事の計画を主務大臣に届け出なければならない。その工事の計画の変更（主務省令で定める軽微なものを除く。）をしようとするときも，同様とする。

工事開始日

2　前項の規定による届出をした者は，その届出が受理された日から30日を経過した後でなければ，その届出に係る工事を開始してはならない。

工事開始期間の短縮

3　主務大臣は，第1項の規定による届出のあった工事の計画が次の各号のいずれにも適合していると認めるときは，前項に規定する期間を短縮することができる。
　一　前条第3項各号に掲げる要件
　二　水力を原動力とする発電用の事業用電気工作物に係るものにあっては，その事業用電気工作物が発電水力の有効な利用を確保するため技術上適切なものであること。

工事計画の変更又は廃止命令	4　主務大臣は，第1項の規定による届出のあった工事の計画が前項各号のいずれかに適合していないと認めるときは，その届出をした者に対し，その届出を受理した日から30日（次項の規定により第2項に規定する期間が延長された場合にあっては，当該延長後の期間）以内に限り，その工事の計画を変更し，又は廃止すべきことを命ずることができる。
工事計画書の審査期間の延長通知	5　主務大臣は，第1項の規定による届出のあった工事の計画が第3項各号に適合するかどうかについて審査するため相当の期間を要し，当該審査が第2項に規定する期間内に終了しないと認める相当の理由があるときは，当該期間を相当と認める期間に延長することができる。この場合において，主務大臣は，当該届出をした者に対し，遅滞なく，当該延長後の期間及び当該延長の理由を通知しなければならない。
工事計画の事前届出	則第65条　法第48条第1項の主務省令で定めるものは，次のとおりとする。 一　事業用電気工作物の設置又は変更の工事であって，別表第2の左欄に掲げる工事の種類に応じてそれぞれ同表の右欄に掲げるもの（事業用電気工作物が滅失し，若しくは損壊した場合又は災害その他非常の場合において，やむを得ない一時的な工事としてするものを除く。） 二　事業用電気工作物の設置又は変更の工事であって，別表第4の左欄に掲げる工事の種類に応じてそれぞれ同表の右欄に掲げるもの（別表第2の中欄若しくは右欄に掲げるもの，及び事業用電気工作物が滅失し，若しくは損壊した場合又は災害その他非常の場合において，やむを得ない一時的な工事としてするものを除く。） 2　法第48条第1項の主務省令で定める軽微な変更は，別表第2の右欄に掲げる変更の工事又は別表第4の右欄に掲げる工事を伴う変更以外の変更とする。
添付書類	則第66条　法第48条第1項の規定による前条第1項第一号に定める工事の計画の届出をしようとする者は，様式第49の工事計画（変更）届出書に次の書類を添えて提出しなければならない。ただし，その届出が変更の工事に係る場合であって，取替えの工事に係るときは第二号の書類を，廃止の工事に係るときは同号，第三号及び第四号の書類を添付することを要しない。 一　工事計画書 二　当該事業用電気工作物の属する別表第3の左欄に掲げる種類に応じて，同表の右欄に掲げる書類 三　工事工程表 四　当該事業用電気工作物が特殊電気工作物である場合は，法第48条の2第2項の証明書（次項第三号において単に「証明書」という。） 五　変更の工事又は工事の計画の変更に係る場合は，変更を必要とする理由を記載した書類 2　法第48条第1項の規定による前条第1項第二号に定める工事の計画の届出をしようとする者は，様式第49の工事計画（変更）届出書に次の書類を添えて提出しなければならない。 一　公害の防止に関する工事計画書

二　当該事業用電気工作物の属する別表第5の左欄に掲げる種類に応じて，同表の右欄に掲げる書類
三　当該事業用電気工作物が特殊電気工作物である場合は，証明書
四　変更の工事又は工事の計画の変更に係る場合は，変更を必要とする理由を記載した書類

3　届出に係る事業用電気工作物の種類に応じて，第1項第一号の工事計画書には別表第3の中欄に掲げる事項（その届出が修理の工事に係る場合は，修理の方法）を，第2項第一号の公害の防止に関する工事計画書には別表第5の中欄に掲げる事項を，記載しなければならない。この場合において，その届出が変更の工事（取替え，修理又は廃止の工事を除く。）又は工事の計画の変更に係るものであるときは，変更前と変更後とを対照しやすいように記載しなければならない。

4　別表第2の右欄又は別表第4の右欄に掲げる工事の計画を分割して法第48条第1項前段の規定による届出をする場合は，第1項各号又は第2項各号の書類のほか，当該届出に係る部分以外の工事の計画の概要を記載した書類を添えてその届出をしなければならない。

5　第1項及び第2項の届出書並びに第1項，第2項及び前項の添付書類の提出部数は，正本1通とする。

則別表第2（抜粋）（則第62条，第65条関係）

工事の種類		事前届出を要するもの
発電所	一　設置の工事（以下省略）	1　発電所の設置であって，次に掲げるもの ((1)～(8)省略) (9)　出力2,000 kW以上の太陽電池発電所の設置 (10)　出力500 kW以上の風力発電所の設置 （以下省略）
変電所	一　設置の工事（以下省略）	電圧170,000 V以上（構内以外の場所から伝送される電気を変成するために設置する変圧器その他の電気工作物の総合体であって，構内以外の場所に伝送するためのもの以外のもの（以下「受電所」という。）にあっては100,000 V以上）の変電所の設置 （以下省略）
送電線路（電線路と一体的に工事が行われる送電線引出口の遮断器（需要設備と電気的に接続するためのものを除く。）を含む）	一　設置の工事（以下省略）	電圧170,000 V以上の送電線路又は電圧170,000 V以上の電気鉄道用送電線路（鉄道営業法，軌道法又は鉄道事業法が適用され又は準用される送電線路であって，電気鉄道の専用敷地内に設置されるものをいう。以下同じ。）の設置 （以下省略）
需要設備（鉱山保安法が適用されるものを除く。）	一　設置の工事	受電電圧10,000 V以上の需要設備の設置
	二　変更の工事であって，次の設備に係るもの (1)　遮断器	1　他の者が設置する電気工作物と電気的に接続するための遮断器（受電電圧10,000 V以上の需要設備に属するものに限る。）であって，電圧10,000 V以上のものの設置 2　他の者が設置する電気工作物と電気的に接続するための遮断器（受電電圧10,000 V以上の需要設備に属するものに限る。）であって，電圧10,000 V以上のものの改造のうち，20%以上の遮断電流の変更を伴うもの 3　他の者が設置する電気工作物と電気的に接続するための遮断器（受電電圧10,000 V以上の需要設備に属するものに限る。）であって，電圧10,000 V以上のものの取替え

(2) 電力貯蔵装置	1 受電電圧 10,000 V 以上の需要設備に属する電力貯蔵装置であって，容量 80,000 kWh 以上のものの設置 2 受電電圧 10,000 V 以上の需要設備に属する電力貯蔵装置であって，容量 80,000 kWh 以上のものの改造のうち，20% 以上の容量の変更を伴うもの	
(3) (1)及び(2)の機器以外の機器（計器用変成器を除く。）	1 電圧 10,000 V 以上の機器であって，容量 10,000 kV・A 以上又は出力 10,000 kW 以上のものの設置 2 電圧 10,000 V 以上の機器であって，容量 10,000 kV・A 以上又は出力 10,000 kW 以上のものの改造のうち，20% 以上の電圧の変更又は 20% 以上の容量若しくは出力の変更を伴うもの 3 電圧 10,000 V 以上の機器であって，容量 10,000 kV・A 以上又は出力 10,000 kW 以上のものの取替え	
(4) 電線路	1 電圧 50,000 V 以上の電線路の設置 2 電圧 100,000 V 以上の電線路の 1 km 以上の延長 3 電圧 100,000 V 以上の電線路の改造であって，次に掲げるもの (1) 電圧の変更（昇圧に限る。）を伴うもの (2) 電気方式又は回線数の変更を伴うもの (3) 電線の種類又は一回線当たりの条数の変更を伴うもの (4) 20% 以上の電線の太さの変更を伴うもの (5) 支持物に係るもの (6) 地中電線路の布設方式の変更を伴うもの 4 電圧 100,000 V 未満の電線路の電圧を 100,000 V 以上とする改造 5 電圧 100,000 V 以上の電線路の左右 50 m 以上の位置変更	

則別表第 3（抜粋）（則第 63 条，第 66 条，第 78 条関係）

電気工作物の種類	記載すべき事項		添付書類（認可の申請に係る工事，届出に係る工事又は使用前自己確認の内容に関係あるものに限る。）
	一般記載事項	設備別記載事項（認可の申請又は届出に係る工事の内容に関係あるものに限る。）	
四 需要設備	1 需要設備の位置（都道府県郡市区町村字を記載し，事業場の名称を付記すること。） 2 需要設備の最大電力及び受電電圧 3 需要設備に直接電気を供給する発電所又は変電所の名称		主要設備の配置の状況及び受電点の位置を明示した平面図及び断面図 単線結線図（接地線（計器用変成器を除く。）については，電線の種類，太さ及び接地の種類も併せて記載すること。） 新技術の内容を十分に説明した書類 電磁誘導電圧計算書（電圧 100,000 V 以上の電力系統に係る中性点接地装置の工事を含む場合に限る。）
(1) 遮断器		1 種類，電圧，電流，遮断電流及び遮断時間 2 保護継電装置の種類	三相短絡容量計算書
(2) 電力貯蔵装置		1 種類，容量，主要寸法，電圧，電流，個数及び用途 2 保護継電装置の種類	電力貯蔵方式に関する説明書 電力貯蔵装置の用途に関する説明書
(3) (1)及び(2)の機器以外の機器（計器用変成器を除く。）		電圧 10,000 V 以上の機器に係る次の事項 (1) 種類，容量又は出力，電圧，相，周波数，回転速度及び結線法 (2) 保護継電装置の種類	短絡強度計算書

(4) 電線路		電圧 10,000 V 以上の電線路に係る次の事項 (1) 架空, 屋側, 屋上, 地中及びその他の別 (2) 電気方式及び中性点接地方式 (3) 電線の種類及び太さ (4) 架空電線路の電線の最低の高さ及び電線相互間の間隔 (5) 支持物の種類 (6) がいしの種類, 大きさ及び懸垂型のものにあっては, 一連の個数 (7) 地中電線路の布設方式 (8) 保護継電装置の種類	ケーブルの構造図（電圧 100,000 V 以上のものに係る場合に限る。） 支持物の構造図及び強度計算書（電圧 100,000 V 以上のものに係る場合に限る。また, 設計条件に関する説明も併せて記載すること。） 地中電線路の布設図

使用前自主検査　**法第51条**　第48条第1項の規定による届出をして設置又は変更の工事をする事業用電気工作物（その工事の計画について同条第4項の規定による命令があった場合において同条第1項の規定による届出をしていないもの及び第49条第1項の主務省令で定めるものを除く。）であって, 主務省令で定めるものを設置する者は, 主務省令で定めるところにより, その使用の開始前に, 当該事業用電気工作物について自主検査を行い, その結果を記録し, これを保存しなければならない。

確認　2　前項の自主検査（以下「使用前自主検査」という。）においては, その事業用電気工作物が次の各号のいずれにも適合していることを確認しなければならない。
　一　その工事が第48条第1項の規定による届出をした工事の計画（同項後段の主務省令で定める軽微な変更をしたものを含む。）に従って行われたものであること。
　二　第39条第1項の主務省令で定める技術基準に適合するものであること。

審査　3　使用前自主検査を行う事業用電気工作物を設置する者は, 使用前自主検査の実施に係る体制について, 主務省令で定める時期（第7項の通知を受けている場合にあっては, 当該通知に係る使用前自主検査の過去の評定の結果に応じ, 主務省令で定める時期）に, 事業用電気工作物（原子力を原動力とする発電用のものを除く。）であって経済産業省令で定めるものを設置する者にあっては経済産業大臣の登録を受けた者が, その他の者にあっては主務大臣が行う審査を受けなければならない。

審査事項　4　前項の審査は, 事業用電気工作物の安全管理を旨として, 使用前自主検査の実施に係る組織, 検査の方法, 工程管理その他主務省令で定める事項について行う。

大臣への審査結果通知　5　第3項の経済産業大臣の登録を受けた者は, 同項の審査を行ったときは, 遅滞なく, 当該審査の結果を経済産業省令で定めるところにより経済産業大臣に通知しなければならない。

評定　6　主務大臣は, 第3項の審査の結果（前項の規定により通知を受けた審査の結果を含む。）に基づき, 当該事業用電気工作物を設置する者の使用前自主検査の実施に係る体制について, 総合的な評定をするものとする。

審査及び評定結果の通知　7　主務大臣は, 第3項の審査及び前項の評定の結果を, 当該審査を受けた者に通知しなければならない。

除かれる電気工作物　**則第73条の2の2**　法第51条第1項の主務省令で定める事業用電気工作物は, 次に掲げるもの以外のものとする。
　一　出力 30,000 kW 未満であってダムの高さが 15 m 未満の水力発電所（送電電圧

170,000 V以上の送電線引出口の遮断器（需要設備と電気的に接続するためのものを除く。次号において同じ。）を伴うものにあっては，当該遮断器を除く。）
（第一号の二　省略）
二　内燃力を原動力とする火力発電所（アンモニア又は水素以外を燃料として使用する火力発電所に限り，送電電圧170,000 V以上の送電線引出口の遮断器を伴うものにあっては，当該遮断器を除く。）
三　変更の工事を行う発電所，蓄電所又は変電所に属する電力用コンデンサー
四　変更の工事を行う発電所，蓄電所又は変電所に属する分路リアクトル又は限流リアクトル
五　電力貯蔵装置（蓄電所に属する出力10,000 kW以上又は容量80,000 kWh以上のものを除く。）
六　非常用予備発電装置
七　第65条第1項第二号に規定する工事を行う事業用電気工作物
八　試験のために使用する事業用電気工作物

自主検査時期　**則第73条の3**　使用前自主検査は次に掲げる工事の工程において行うものとする。
一　水力発電所に係る工事であって，完成後の高さが15 m以上のダムについては，基礎地盤に堤体コンクリートを打設し，又は堤体材料を盛り立てようとする時及びダムの全体又は一部を流水の貯留の用に供しようとする時
二　工事の計画に係る一部の工事が完成した場合であって，その完成した部分を使用しようとする時（前号の工事の工程を除く。）
三　工事の計画に係るすべての工事が完了した時

検査方法　**則第73条の4**　使用前自主検査は，電気工作物の各部の損傷，変形等の状況並びに機能及び作動の状況について，法第48条第1項の規定による届出をした工事の計画（第65条第2項の軽微な変更をしたものを含む。）に従って工事が行われたこと及び法第39条第1項の技術基準に適合するものであることを確認するために十分な方法で行うものとする。

記録の記載事項　**則第73条の5**　使用前自主検査の結果の記録は，次に掲げる事項を記載するものとする。
一　検査年月日
二　検査の対象
三　検査の方法
四　検査の結果
五　検査を実施した者の氏名
六　検査の結果に基づいて補修等の措置を講じたときは，その内容
七　検査の実施に係る組織
八　検査の実施に係る工程管理
九　検査において協力した事業者がある場合には，当該事業者の管理に関する事項
十　検査記録の管理に関する事項
十一　検査に係る教育訓練に関する事項

| 記録の保存期間 | 2 使用前自主検査の結果の記録は，次に掲げる期間保存するものとする。
一 前項第一号から第六号までに掲げる事項
　イ 発電用水力設備に係るものは当該設備の存続する期間
　ロ イ以外のものは第73条の3第三号の工事の工程において行う使用前自主検査を行った後5年間
二 前項第七号から第十一号までに掲げる事項については，使用前自主検査を行った後最初の法第51条第7項の通知を受けるまでの期間 |

| 自家用電気工作物の使用開始の届出 | **法第53条** 自家用電気工作物を設置する者は，その自家用電気工作物の使用の開始の後，遅滞なく，その旨を主務大臣に届け出なければならない。ただし，第47条第1項の認可又は第46条第1項，第47条第4項，第48条第1項若しくは第51条の2第3項の規定による届出に係る自家用電気工作物を使用する場合及び主務省令で定める場合は，この限りでない。 |

| 自家用電気工作物の使用開始の届出の除外 | **則第87条** 法第53条ただし書の主務省令で定める場合は，法第47条第1項の認可又は法第48条第1項の規定による届出に係る電気工作物を他から譲り受け，又は借り受けて自家用電気工作物として使用する以外の場合とする。 |

| 自家用電気工作物の使用開始の届出書 | **則第88条** 法第53条の規定による届出をしようとする者は，様式第60の自家用電気工作物使用開始届出書を提出しなければならない。 |

3) 一般用電気工作物

| 一般用電気工作物の技術基準適合命令 | **法第56条** 経済産業大臣は，一般用電気工作物が経済産業省令で定める技術基準に適合していないと認めるときは，その所有者又は占有者に対し，その技術基準に適合するように一般用電気工作物を修理し，改造し，若しくは移転し，若しくはその使用を一時停止すべきことを命じ，又はその使用を制限することができる。
2 第39条第2項（第三号及び第四号を除く。）の規定は，前項の経済産業省令に準用する。 |

| 調査の義務 | **法第57条** 一般用電気工作物と直接に電気的に接続する電線路を維持し，及び運用する者（以下この条，次条及び第89条において「電線路維持運用者」という。）は，経済産業省令で定める場合を除き，経済産業省令で定めるところにより，その一般用電気工作物が前条第1項の経済産業省令で定める技術基準に適合しているかどうかを調査しなければならない。ただし，その一般用電気工作物の設置の場所に立ち入ることにつき，その所有者又は占有者の承諾を得ることができないときは，この限りでない。 |

| 調査結果の通知 | 2 電線路維持運用者は，前項の規定による調査の結果，一般用電気工作物が前条第1項の経済産業省令で定める技術基準に適合していないと認めるときは，遅滞なく，その技術基準に適合するようにするためとるべき措置及びその措置をとらなかった場合に生ずべき結果をその所有者又は占有者に通知しなければならない。 |

| 改善命令 | 3 経済産業大臣は，電線路維持運用者が第1項の規定による調査若しくは前項の規定による通知をせず，又はその調査若しくは通知の方法が適当でないときは，その電線路維持運用者に対し，その調査若しくは通知を行い，又はその調査若し |

帳簿	4　電線路維持運用者は，帳簿を備え，第1項の規定による調査及び第2項の規定による通知に関する業務に関し経済産業省令で定める事項を記載しなければならない。
帳簿の保存	5　前項の帳簿は，経済産業省令で定めるところにより，保存しなければならない。
帳簿の記載事項	則第103条　法第57条第4項の経済産業省令で定める事項は，次のとおりとする。 一　一般用電気工作物の所有者又は占有者の氏名又は名称及び住所 二　調査年月日 三　調査の結果 四　通知年月日 五　通知事項 六　調査員の氏名
帳簿の保存期間	2　法第57条第4項の帳簿は，第96条第2項第一号イに掲げる一般用電気工作物に係るものにあっては4年間，同号ロに掲げる一般用電気工作物に係るものにあっては5年間，保存するものとする。

(4) 雑則

主務大臣等	法第113条の2　この法律（第65条第3項及び第5項を除く。）における主務大臣は，次の各号に掲げる事項の区分に応じ，当該各号に定める大臣又は委員会とする。 一　原子力発電工作物に関する事項　原子力規制委員会及び経済産業大臣 二　前号に掲げる事項以外の事項　経済産業大臣 2　第65条第3項及び第5項における主務大臣は，同条第1項に規定する道路，橋，溝，河川，堤防その他公共の用に供せられる土地の管理を所掌する大臣とする。 3　この法律における主務省令は，第1項各号に掲げる区分に応じ，それぞれ当該各号に定める主務大臣の発する命令とする。
権限の委任	法第114条 （第1項～第3項　省略） 4　経済産業大臣は，政令で定めるところにより，この法律の規定による権限（中略）の一部を経済産業局長又は産業保安監督部長に委任することができる。 （以下省略）
権限の委任の細目	令第47条 （第1項，第2項　省略） 3　次の表の上欄に掲げる経済産業大臣の権限は，それぞれ同表の下欄に定める経済産業局長又は産業保安監督部長が行うものとする。ただし，同表第一号，第四号から第六号まで，第八号，第九号及び第二十八号から第四十号までに掲げる権限については，経済産業大臣が自ら行うことを妨げない。 （以下省略）

○ **電気関係報告規則**（最終改正　令和6年3月29日）

則第1条　この省令において使用する用語は，電気事業法（以下「法」という。），電気事業法施行令（以下「令」という。）及び電気事業法施行規則（以下「施行規則」という。）において使用する用語の例による。

2　この省令において，次の各号に掲げる用語の意義は，それぞれ当該各号に定め

るところによる。

（第一号，第二号　省略）

三　「主要電気工作物」とは，小規模発電設備に属するもの（太陽電池発電設備に属するもの（太陽電池，変圧器，負荷時電圧調整器，負荷時電圧位相調整器，調相機，電力用コンデンサー，分路リアクトル，限流リアクトル，周波数変換機器，整流機器，遮断器及び逆変換装置）及び風力発電設備に属するもの（風力機関，発電機，変圧器，負荷時電圧調整器，負荷時電圧位相調整器，調相機，電力用コンデンサー，分路リアクトル，限流リアクトル，周波数変換機器，整流機器，遮断器及び逆変換装置）に限る。）及び施行規則別表第3の電気工作物の種類の欄に掲げる電気工作物のうち次に掲げるものをいう。

（イ～チ　省略）

リ　需要設備に属するものにあっては，遮断器（他の者が設置する電気工作物と電気的に接続するための受電電圧 10,000 V 以上のものに限る。），変圧器（電圧 10,000 V 以上かつ容量 10,000 kV·A 以上のものに限る。ただし，放電灯用変圧器，試験用変圧器等の特殊用途に供されるものを除く。），周波数変換機器及び整流機器（電圧 10,000 V 以上かつ容量 10,000 kV·A 以上のものに限る。），電力用コンデンサー（電圧 10,000 V 以上かつ容量 10,000 kV·A 以上の群に属するものに限る。），調相機及び分路リアクトル（電圧 10,000 V 以上かつ容量 10,000 kV·A 以上のものに限る。）並びに電線（ケーブルを含み，電圧 50,000 V 以上の電線路のものに限る。）及び支持物（電圧 50,000 V 以上の電線路のものに限る。）

四　「電気火災事故」とは，漏電，短絡，せん絡その他の電気的要因により建造物，車両その他の工作物（電気工作物を除く。），山林等に火災が発生することをいう。

五　「破損事故」とは，電気工作物が変形，損傷若しくは破壊，火災又は絶縁劣化若しくは絶縁破壊が原因で，当該電気工作物の機能が低下又は喪失したことにより，直ちに，その運転が停止し，若しくはその運転を停止しなければならなくなること又はその使用が不可能となり，若しくはその使用を中止することをいう。

六　「主要電気工作物の破損事故」とは，別に告示する主要電気工作物を構成する設備の破損事故（部品の交換等により当該設備の機能を従前の状態までに容易に復旧する見込みのある場合を除く。）をいう。

七　「供給支障事故」とは，破損事故又は電気工作物の誤操作若しくは電気工作物を操作しないことにより電気の使用者（当該電気工作物を管理する者を除く。以下この条において同じ。）に対し，電気の供給が停止し，又は電気の使用を緊急に制限することをいう。ただし，電路が自動的に再閉路されることにより電気の供給の停止が終了した場合を除く。

（以下省略）

則第3条　電気事業者（法第38条第4項各号に掲げる事業を営む者に限る。以下この項において同じ。）又は自家用電気工作物を設置する者は，電気事業者にあっては電気事業の用に供する電気工作物（原子力発電工作物及び小規模事業用電気工作物を除く。以下この項において同じ。）に関して，自家用電気工作物を設置

する者にあっては自家用電気工作物（鉄道営業法，軌道法又は鉄道事業法が適用され又は準用される自家用電気工作物であって，発電所，蓄電所，変電所又は送電線路（電気鉄道の専用敷地内に設置されるものを除く。）に属するもの（変電所の直流き電側設備又は交流き電側設備を除く。）以外のもの，原子力発電工作物及び小規模事業用電気工作物を除く。以下この項において同じ。）に関して，次の表の事故の欄に掲げる事故が発生したときは，それぞれ同表の報告先の欄に掲げる者に報告しなければならない。この場合において，2以上の号に該当する事故であって報告先の欄に掲げる者が異なる事故は，経済産業大臣に報告しなければならない。

（表抜粋）

事故	報告先
	自家用電気工作物を設置する者
一　感電又は電気工作物の破損若しくは電気工作物の誤操作若しくは電気工作物を操作しないことにより人が死傷した事故（死亡又は病院若しくは診療所に入院した場合に限る。） 二　電気火災事故（工作物にあっては，その半焼以上の場合に限る。） 三　電気工作物の破損又は電気工作物の誤操作若しくは電気工作物を操作しないことにより，他の物件に損傷を与え，又はその機能の全部又は一部を損なわせた事故	電気工作物の設置の場所を管轄する産業保安監督部長
四　次に掲げるものに属する主要電気工作物の破損事故 （イ～リ　省略） ヌ　電圧 10,000 V 以上の需要設備（自家用電気工作物を設置する者に限る。）	電気工作物の設置の場所を管轄する産業保安監督部長
十二　一般送配電事業者の一般送配電事業の用に供する電気工作物，配電事業者の配電事業の用に供する電気工作物又は特定送配電事業者の特定送配電事業の用に供する電気工作物と電気的に接続されている電圧 3,000 V 以上の自家用電気工作物の破損又は自家用電気工作物の誤操作若しくは自家用電気工作物を操作しないことにより一般送配電事業者，配電事業者又は特定送配電事業者に供給支障を発生させた事故	電気工作物の設置の場所を管轄する産業保安監督部長

2　前項の規定による報告は，事故の発生を知った時から 24 時間以内可能な限り速やかに事故の発生の日時及び場所，事故が発生した電気工作物並びに事故の概要について，電話等の方法により行うとともに，事故の発生を知った日から起算して 30 日以内に様式第 13 の報告書を提出して行わなければならない。ただし，前項の表第四号ハに掲げるもの又は同表第八号から第十三号までに掲げるもののうち当該事故の原因が自然現象であるものについては，同様式の報告書の提出を要しない。

※様式第 13 には，件名，報告事業者，発生日時，事故発生の電気工作物，状況，原因，被害状況，復旧日時，防止対策，主任技術者の氏名及び所属，電気工作物の設置者の確認の有無を報告することが規定されている。

2. 電気用品安全法

(最終改正 法：令和6年6月26日，令：平成24年3月30日，則：令和2年12月28日)

(1) 総則

目的　**法第1条**　この法律は，電気用品の製造，販売等を規制するとともに，電気用品の安全性の確保につき民間事業者の自主的な活動を促進することにより，電気用品による危険及び障害の発生を防止することを目的とする。

電気用品　**法第2条**　この法律において「電気用品」とは，次に掲げる物をいう。
　一　一般用電気工作物等（電気事業法第38条第1項に規定する一般用電気工作物及び同条第3項に規定する小規模事業用電気工作物をいう。）の部分となり，又はこれに接続して用いられる機械，器具又は材料であって，政令で定めるもの
　二　携帯発電機であって，政令で定めるもの
　三　蓄電池であって，政令で定めるもの

特定電気用品　**2**　この法律において「特定電気用品」とは，構造又は使用方法その他の使用状況からみて特に危険又は障害の発生するおそれが多い電気用品であって，政令で定めるものをいう。

電気用品の種類　**令第1条**　電気用品安全法（以下「法」という。）第2条第1項の電気用品は，別表第1の左欄及び別表第2に掲げるとおりとする。

特定電気用品の種類　**令第1条の2**　法第2条第2項の特定電気用品は，別表第1の左欄に掲げるとおりとする。

令別表第1（当研究所編集）

種別	定格電圧	品名	規格
電線	100 V ～ 600 V	ゴム絶縁電線	公称断面積 100 mm² 以下
		合成樹脂絶縁電線	公称断面積 100 mm² 以下
		ケーブル	公称断面積 22 mm² 以下（線心が7本以下）
		コード	
		キャブタイヤケーブル	公称断面積 100 mm² 以下（線心が7本以下）
ヒューズ	100 V ～ 300 V（交流）	温度ヒューズ	
		その他のヒューズ（筒形ヒューズ，栓形ヒューズ，半導体保護用連動ヒューズを除く）	定格電流 1 A ～ 200 A
配線器具	100 V ～ 300 V（交流）	タンブラースイッチ	定格電流 30 A 以下
		タイムスイッチ	
		その他の点滅器	
		箱開閉器（カバー付スイッチを含む）	定格電流 100 A 以下
		フロートスイッチ	
		圧力スイッチ	
		配線用遮断器	
		漏電遮断器	
		ヒューズ付カットアウト	
		接続器・ソケット・ローゼット	定格電流 50 A 以下
		ジョイントボックス	
その他の機器	100 V ～ 300 V（交流）	電流制限器	定格電流 100 A 以下
		小形単相変圧器	定格容量 500 VA 以下
		蛍光灯用安定器	定格消費電力 500 W 以下
		水銀灯用安定器	
		高圧放電灯用安定器	
		オゾン発生器用安定器	

種　別	定格電圧	品　名	規　格
その他の機器	100 V ～ 300 V（交流）	電気便座	定格消費電力　10 kW 以下
		電気温蔵庫	
		水道凍結防止器	
		電気温水器	
		電気サウナバス・電熱器	
		観賞魚用及び植物用ヒーター	
		電気ポンプ	定格消費電力　1.5 kW 以下
		冷蔵用・冷凍用ショーケース	定格消費電力　300 W 以下
		アイスクリームフリーザー	定格消費電力　500 W 以下
		ディスポーザー	定格消費電力　1 kW 以下
		電気マッサージ器	
		自動洗浄乾燥式便器	
		自動販売機（電熱装置, 冷却装置, 放電灯又は液体収納装置を有するもの）	
		電気気泡発生器	定格消費電力　100 W 以下
		電撃殺虫器	
		直流電源装置	定格容量　1 kV・A 以下
	30 V ～ 300 V	携帯発電機	

令別表第2（当研究所編集）

種　別	定格電圧	品　名	規　格
電　線	100 V ～ 600 V	蛍光灯電線	公称断面積　100 mm²以下
		ネオン電線	
		ケーブル	公称断面積　22 mm²超～ 100 mm²（線心が7本以下）
		電気温床線	
電線管類及び附属品		電線管（可とう管を含む）	内径 120 mm以下
		フロアダクト	幅 100 mm以下
		線樋	幅 50 mm以下
ケーブル配線用スイッチボックス			
ヒューズ	100 V ～ 300 V	筒形ヒューズ	定格電流　1 A ～ 200 A
		栓形ヒューズ	
配線器具	100 V ～ 300 V（交流）	リモートコントロールリレー	定格電流　30 A 以下
		カットアウトスイッチ	定格電流　100 A 以下
		カバー付ナイフスイッチ	
		分電盤ユニットスイッチ	
		電磁開閉器（箱入り）	
		ライティングダクト	定格電流　50 A 以下
その他の機器	100 V ～ 300 V（交流）	小形単相変圧器（ベル用・表示器用・リモートコントロールリレー用・ネオン）	定格容量　500 VA 以下
		電圧調整器	
		ナトリウム灯用安定器	定格消費電力　500 W 以下
		殺菌灯用安定器	
		単相電動機	
	150 V ～ 300 V	かご形三相誘導電動機	定格出力　3 kW 以下
	100 V ～ 300 V（交流）	家電用電熱器	定格消費電力　10 kW 以下
		ベルトコンベア	定格消費電力　500 W 以下
		電気冷蔵庫, 電気冷凍庫	
		電気製氷機	
		電気冷水機	
		空気圧縮機	
		電気調理用機器	
		事務用機械器具	
		白熱電球	口金 26.03 mm～ 26.34 mm
		蛍光ランプ	定格消費電力　40 W 以下
		光源応用機械器具	
		電子応用機械器具	
リチウムイオン蓄電池			単電池1個当たりの体積エネルギー密度 400 wh/ℓ 以上

(2) 事業の届出等

事業の届出 | **法第3条** 電気用品の製造又は輸入の事業を行う者は，経済産業省令で定める電気用品の区分に従い，事業開始の日から30日以内に，次の事項を経済産業大臣に届け出なければならない。
　一　氏名又は名称及び住所並びに法人にあっては，その代表者の氏名
　二　経済産業省令で定める電気用品の型式の区分
　三　当該電気用品を製造する工場又は事業場の名称及び所在地（電気用品の輸入の事業を行う者にあっては，当該電気用品の製造事業者の氏名又は名称及び住所）

権限の委任 | **令第6条** 法第3条，第4条第2項及び第5条から第7条までの規定に基づく経済産業大臣の権限であって，一の届出区分（法第3条に規定する経済産業省令で定める電気用品の区分をいう。次項において同じ。）に属する電気用品の製造の事業に係る工場又は事業場が一の経済産業局の管轄区域内のみにある届出事業者に関するものは，その工場又は事業場の所在地を管轄する経済産業局長が行うものとする。
（以下省略）

(3) 電気用品の適合性検査等

基準適合義務等 | **法第8条** 届出事業者は，第3条の規定による届出に係る型式（以下単に「届出に係る型式」という。）の電気用品を製造し，又は輸入する場合においては，経済産業省令で定める技術上の基準（以下「技術基準」という。）に適合するようにしなければならない。ただし，次に掲げる場合に該当するときは，この限りでない。
　一　特定の用途に使用される電気用品を製造し，又は輸入する場合において，経済産業大臣の承認を受けたとき。
　二　試験的に製造し，又は輸入するとき。
2　届出事業者は，経済産業省令で定めるところにより，その製造又は輸入に係る前項の電気用品（同項ただし書の規定の適用を受けて製造され，又は輸入されるものを除く。）について検査を行い，その検査記録を作成し，これを保存しなければならない。

検査の方式等 | **則第11条** 法第8条第2項の規定による検査における検査の方式は，別表第3のとおりとする。
2　法第8条第2項の規定により届出事業者が検査記録に記載すべき事項は，次のとおりとする。
　一　電気用品の品名及び型式の区分並びに構造，材質及び性能の概要
　二　検査を行った年月日及び場所
　三　検査を実施した者の氏名
　四　検査を行った電気用品の数量
　五　検査の方法
　六　検査の結果
3　法第8条第2項の規定により検査記録を保存しなければならない期間は，検査の日から3年とする。

○ **電気用品の技術上の基準を定める省令**（平成25年経済産業省令第34号）

第1条 この省令は，電気用品安全法第8条第1項に規定する経済産業省令で定める技術上の基準を定めるものとする。

同省令において，性能基準が規定され，その具体的な性能を定めた「電気用品の技術上の基準を定める省令の解釈」では，電気用品の種類は，以下のとおりに規定されている。

別表第1　電線及び電気温床線
別表第2　電線管，フロアダクト及び線樋並びにこれらの附属品
別表第3　ヒューズ
別表第4　配線器具
別表第5　電流制限器
別表第6　小型単相変圧器及び放電灯用安定器
別表第7　電気用品安全法施行令別表第2第六号に掲げる小形交流電動機
別表第8　電気用品安全法施行令別表第1第六号から第九号まで及び別表第2第七号から第十一号までに掲げる交流用電気機械器具並びに携帯発電機
別表第9　リチウムイオン蓄電池
（以下省略）

表示　**法第10条**　届出事業者は，その届出に係る型式の電気用品の技術基準に対する適合性について，第8条第2項（特定電気用品の場合にあっては，同項及び前条第1項）の規定による義務を履行したときは，当該電気用品に経済産業省令で定める方式による表示を付することができる。

2　届出事業者がその届出に係る型式の電気用品について前項の規定により表示を付する場合でなければ，何人も，電気用品に同項の表示又はこれと紛らわしい表示を付してはならない。

表示の方式　**則第17条**　法第10条第1項の経済産業省令で定める方式は，次の各号に掲げる表示すべき事項について別表第5に規定する表示の方法によるものとする。

一　令別表第1の上欄に掲げる特定電気用品にあっては，別表第6に規定する記号，届出事業者の氏名又は名称及び法第9条第2項に規定する証明書の交付を受けた検査機関の氏名又は名称

二　令別表第2に掲げる電気用品にあっては，別表第7に規定する記号及び届出事業者の氏名又は名称

（以下省略）

区分		マーク	代替表示	備考
別表第6	特定電気用品	◇PS E◇	〈PS〉E	電線,ヒューズ,配線器具等の部品材料であって構造上表示スペースを確保することが困難なものにあっては,本記号に代えて〈PS〉Eとすることができる。
別表第7	特定電気用品以外の電気用品	ⓟⓈ E	(PS) E	電線,電線管類及びその附属品,ヒューズ,配線器具等の部品材料であって構造上表示スペースを確保することが困難なものにあっては,本記号に代えて(PS)Eとすることができる。

○ 消費生活用製品安全法
(最終改正 法:令和4年6月17日,令:令和5年6月19日,則:令和元年7月1日)

法第1条 この法律は,消費生活用製品による一般消費者の生命又は身体に対する危害の防止を図るため,特定製品の製造及び販売を規制するとともに,特定保守製品の適切な保守を促進し,併せて製品事故に関する情報の収集及び提供等の措置を講じ,もって一般消費者の利益を保護することを目的とする。

法第2条 この法律において「消費生活用製品」とは,主として一般消費者の生活の用に供される製品(別表に掲げるものを除く。)をいう。

2 この法律において「特定製品」とは,消費生活用製品のうち,構造,材質,使用状況等からみて一般消費者の生命又は身体に対して特に危害を及ぼすおそれが多いと認められる製品で政令で定めるものをいう。

3 この法律において「特別特定製品」とは,その製造又は輸入の事業を行う者のうちに,一般消費者の生命又は身体に対する危害の発生を防止するため必要な品質の確保が十分でない者がいると認められる特定製品で政令で定めるものをいう。
(以下省略)

法第11条 届出事業者は,届出に係る型式の特定製品を製造し,又は輸入する場合においては,第3条第1項の規定により定められた技術上の基準(以下「技術基準」という。)に適合するようにしなければならない。ただし,次に掲げる場合に該当するときは,この限りでない。
一 輸出用の特定製品を製造し,又は輸入する場合において,その旨を主務大臣に届け出たとき。
二 輸出用以外の特定の用途に供する特定製品を製造し,又は輸入する場合において,主務大臣の承認を受けたとき。
三 試験用に製造し,又は輸入するとき。

2 届出事業者は,主務省令で定めるところにより,その製造又は輸入に係る前項の特定製品(同項ただし書の規定の適用を受けて製造され,又は輸入されるものを除く。)について検査を行い,その検査記録を作成し,これを保存しなければならない。
(以下省略)

法第13条 届出事業者は,その届出に係る型式の特定製品の技術基準に対する適合性について,第11条第2項(特別特定製品の場合にあっては,同項及び前条

第1項）の規定による義務を履行したときは，当該特定製品に主務省令で定める方式による表示を付することができる。

区　分	マーク	対象品目
特別特定製品	◇PSC	乳幼児用ベッド，携帯用レーザー応用装置，浴槽用温水循環器，ライター
特別特定製品以外の特定製品	○PSC	家庭用の圧力なべ及び圧力がま，乗車用ヘルメット，登山用ロープ，石油給湯器，石油ふろがま，石油ストーブ，磁石製娯楽用品，吸水性合成樹脂製玩具

3.　電気工事士法

（最終改正　法：令和5年3月20日，令：令和5年4月1日，則：令和5年12月28日）

目的　　法第1条　この法律は，電気工事の作業に従事する者の資格及び義務を定め，もって電気工事の欠陥による災害の発生の防止に寄与することを目的とする。

一般用電気工作物等　　法第2条　この法律において「一般用電気工作物等」とは，一般用電気工作物（電気事業法第38条第1項に規定する一般用電気工作物をいう。以下同じ。）及び小規模事業用電気工作物（同条第3項に規定する小規模事業用電気工作物をいう。以下同じ。）をいう。

自家用電気工作物　　2　この法律において「自家用電気工作物」とは，電気事業法第38条第4項に規定する自家用電気工作物（小規模事業用電気工作物及び発電所，変電所，最大電力500 kW以上の需要設備（電気を使用するために，その使用の場所と同一の構内（発電所又は変電所の構内を除く。）に設置する電気工作物（同法第2条第1項第十八号に規定する電気工作物をいう。）の総合体をいう。）その他の経済産業省令で定めるものを除く。）をいう。

電気工事　　3　この法律において「電気工事」とは，一般用電気工作物等又は自家用電気工作物を設置し，又は変更する工事をいう。ただし，政令で定める軽微な工事を除く。

電気工事士　　4　この法律において「電気工事士」とは，次条第1項に規定する第一種電気工事士及び同条第2項に規定する第二種電気工事士をいう。

自家用電気工作物から除かれる電気工作物　　則第1条の2　法第2条第2項の経済産業省令で定める自家用電気工作物は，発電所，蓄電所，変電所，最大電力500 kW以上の需要設備，送電線路（発電所相互間，蓄電所相互間，変電所相互間，発電所と蓄電所との間，発電所と変電所との間又は蓄電所と変電所との間の電線路（専ら通信の用に供するものを除く。以下同じ。）及びこれに附属する開閉所その他の電気工作物をいう。）及び保安通信設備とする。

軽微な工事　　令第1条　電気工事士法（以下「法」という。）第2条第3項ただし書の政令で定める軽微な工事は，次のとおりとする。

一　電圧600 V以下で使用する差込み接続器，ねじ込み接続器，ソケット，ローゼットその他の接続器又は電圧600 V以下で使用するナイフスイッチ，カットアウトスイッチ，スナップスイッチその他の開閉器にコード又はキャブタイヤケーブルを接続する工事

二　電圧 600 V 以下で使用する電気機器（配線器具を除く。以下同じ。）又は電圧 600 V 以下で使用する蓄電池の端子に電線（コード，キャブタイヤケーブル及びケーブルを含む。以下同じ。）をねじ止めする工事

三　電圧 600 V 以下で使用する電力量計若しくは電流制限器又はヒューズを取り付け，又は取り外す工事

四　電鈴，インターホーン，火災感知器，豆電球その他これらに類する施設に使用する小型変圧器（2 次電圧が 36 V 以下のものに限る。）の 2 次側の配線工事

五　電線を支持する柱，腕木その他これらに類する工作物を設置し，又は変更する工事

六　地中電線用の暗渠又は管を設置し，又は変更する工事

自家用電気工作物の作業従事者	**法第 3 条**　第一種電気工事士免状の交付を受けている者（以下「第一種電気工事士」という。）でなければ，自家用電気工作物に係る電気工事（第 3 項に規定する電気工事を除く。第 4 項において同じ。）の作業（自家用電気工作物の保安上支障がないと認められる作業であって，経済産業省令で定めるものを除く。）に従事してはならない。
一般用電気工作物等の作業従事者	2　第一種電気工事士又は第二種電気工事士免状の交付を受けている者（以下「第二種電気工事士」という。）でなければ，一般用電気工作物等に係る電気工事の作業（一般用電気工作物等の保安上支障がないと認められる作業であって，経済産業省令で定めるものを除く。）に従事してはならない。
特殊電気工事の作業従事者	3　自家用電気工作物に係る電気工事のうち経済産業省令で定める特殊なもの（以下「特殊電気工事」という。）については，当該特殊電気工事に係る特種電気工事資格者認定証の交付を受けている者（以下「特種電気工事資格者」という。）でなければ，その作業（自家用電気工作物の保安上支障がないと認められる作業であって，経済産業省令で定めるものを除く。）に従事してはならない。
簡易電気工事の作業従事者	4　自家用電気工作物に係る電気工事のうち経済産業省令で定める簡易なもの（以下「簡易電気工事」という。）については，第 1 項の規定にかかわらず，認定電気工事従事者認定証の交付を受けている者（以下「認定電気工事従事者」という。）は，その作業に従事することができる。
自家用電気工作物の軽微な作業	**則第 2 条**　法第 3 条第 1 項の自家用電気工作物の保安上支障がないと認められる作業であって，経済産業省令で定めるものは，次のとおりとする。 一　次に掲げる作業以外の作業 　イ　電線相互を接続する作業（電気さく（定格一次電圧 300 V 以下であって感電により人体に危害を及ぼすおそれがないように出力電流を制限することができる電気さく用電源装置から電気を供給されるものに限る。以下同じ。）の電線を接続するものを除く。） 　ロ　がいしに電線（電気さくの電線及びそれに接続する電線を除く。ハ，ニ及びチにおいて同じ。）を取り付け，又はこれを取り外す作業 　ハ　電線を直接造営材その他の物件（がいしを除く。）に取り付け，又はこれを取り外す作業 　ニ　電線管，線樋，ダクトその他これらに類する物に電線を収める作業

ホ　配線器具を造営材その他の物件に取り付け，若しくはこれを取り外し，又はこれに電線を接続する作業（露出型点滅器又は露出型コンセントを取り換える作業を除く。）

　　　ヘ　電線管を曲げ，若しくはねじ切りし，又は電線管相互若しくは電線管とボックスその他の附属品とを接続する作業

　　　ト　金属製のボックスを造営材その他の物件に取り付け，又はこれを取り外す作業

　　　チ　電線，電線管，線樋，ダクトその他これらに類する物が造営材を貫通する部分に金属製の防護装置を取り付け，又はこれを取り外す作業

　　　リ　金属製の電線管，線樋，ダクトその他これらに類する物又はこれらの附属品を，建造物のメタルラス張り，ワイヤラス張り又は金属板張りの部分に取り付け，又はこれを取り外す作業

　　　ヌ　配電盤を造営材に取り付け，又はこれを取り外す作業

　　　ル　接地線（電気さくを使用するためのものを除く。以下この条において同じ。）を自家用電気工作物（自家用電気工作物のうち最大電力500 kW未満の需要設備において設置される電気機器であって電圧600 V以下で使用するものを除く。）に取り付け，若しくはこれを取り外し，接地線相互若しくは接地線と接地極（電気さくを使用するためのものを除く。以下この条において同じ。）とを接続し，又は接地極を地面に埋設する作業

　　　ヲ　電圧600 Vを超えて使用する電気機器に電線を接続する作業

　　二　第一種電気工事士が従事する前号イからヲまでに掲げる作業を補助する作業

一般用電気工作物等の軽微な作業

　2　法第3条第2項の一般用電気工作物等の保安上支障がないと認められる作業であって，経済産業省令で定めるものは，次のとおりとする。

　一　次に掲げる作業以外の作業

　　　イ　前項第一号イからヌまで及びヲに掲げる作業

　　　ロ　接地線を一般用電気工作物等（電圧600 V以下で使用する電気機器を除く。）に取り付け，若しくはこれを取り外し，接地線相互若しくは接地線と接地極とを接続し，又は接地極を地面に埋設する作業

　二　電気工事士が従事する前号イ及びロに掲げる作業を補助する作業

特殊電気工事の種類

則第2条の2　法第3条第3項の自家用電気工作物に係る電気工事のうち経済産業省令で定める特殊なものは，次のとおりとする。

　一　ネオン用として設置される分電盤，主開閉器（電源側の電線との接続部分を除く。），タイムスイッチ，点滅器，ネオン変圧器，ネオン管及びこれらの附属設備に係る電気工事（以下「ネオン工事」という。）

　二　非常用予備発電装置として設置される原動機，発電機，配電盤（他の需要設備との間の電線との接続部分を除く。）及びこれらの附属設備に係る電気工事（以下「非常用予備発電装置工事」という。）

特殊電気工事の軽微な作業

　2　法第3条第3項の自家用電気工作物の保安上支障がないと認められる作業であって，経済産業省令で定めるものは，特種電気工事資格者が従事する特殊電気工事の作業を補助する作業とする。

簡易電気工事	則第2条の3　法第3条第4項の自家用電気工作物に係る電気工事のうち経済産業省令で定める簡易なものは，電圧600 V以下で使用する自家用電気工作物に係る電気工事（電線路に係るものを除く。）とする。
電気工事士免状の種類 交付者	法第4条　電気工事士免状の種類は，第一種電気工事士免状及び第二種電気工事士免状とする。 2　電気工事士免状は，都道府県知事が交付する。
第一種電気工事士免状交付の条件	3　第一種電気工事士免状は，次の各号の1に該当する者でなければ，その交付を受けることができない。 一　第一種電気工事士試験に合格し，かつ，経済産業省令で定める電気に関する工事に関し経済産業省令で定める実務の経験を有する者 二　経済産業省令で定めるところにより，前号に掲げる者と同等以上の知識及び技能を有していると都道府県知事が認定した者
第二種電気工事士免状交付の条件	4　第二種電気工事士免状は，次の各号の1に該当する者でなければ，その交付を受けることができない。 一　第二種電気工事士試験に合格した者 二　経済産業大臣が指定する養成施設において，経済産業省令で定める第二種電気工事士たるに必要な知識及び技能に関する課程を修了した者 三　経済産業省令で定めるところにより，前2号に掲げる者と同等以上の知識及び技能を有していると都道府県知事が認定した者
免状交付の行われない者	5　都道府県知事は，次の各号の1に該当する者に対しては，電気工事士免状の交付を行わないことができる。 一　次項の規定による電気工事士免状の返納又は次条第6項の規定による特種電気工事資格者認定証若しくは認定電気工事従事者認定証の返納を命ぜられ，その日から1年を経過しない者 二　この法律の規定に違反し，罰金以上の刑に処せられ，その執行を終わり，又は執行を受けることがなくなった日から2年を経過しない者
免状返納命令	6　都道府県知事は，電気工事士がこの法律又は電気用品安全法第28条第1項の規定に違反したときは，その電気工事士免状の返納を命ずることができる。 7　電気工事士免状の交付，再交付，書換え及び返納に関し必要な事項は，政令で定める。
実務の経験	則第2条の4　法第4条第3項第一号の経済産業省令で定める電気に関する工事は，電気に関する工事のうち，令第1条に定める軽微な工事，第2条の2に定める特殊電気工事，電圧50,000 V以上で使用する架空電線路に係る工事及び保安通信設備に係る工事以外のものとする。 2　法第4条第3項第一号の経済産業省令で定める実務の経験は，3年以上の従事とする。
第一種電気工事士の認定の基準	則第2条の5　法第4条第3項第二号の認定は，次の各号の1に該当する者について行う。 一　電気事業法第44条第1項第一号の第一種電気主任技術者免状，同項第二号の第二種電気主任技術者免状若しくは同項第三号の第三種電気主任技術者免状

表 4.2.1 各種電気工事士等の工事および作業内容

[編集：(一財) 地域開発研究所]

電気事業法	電気工事	工事内容及び作業内容	工事士 一種	工事士 二種	特殊資格者 ネオン	特殊資格者 非常用予備発	認定	法令条項
事業用電気工作物 自家用電気工作物	A A 及び特殊電気工事以外の電気工事	一．電圧 600 V 以下の接続器具又は開閉器にコード又はキャブタイヤケーブルを接続する工事 二．電圧 600 V 以下の電気機器具（配線器具、電流制限器．（配線器具の端子に電線をねじ止めする工事を除く．）又は蓄電池の端子に電線をねじ止めする工事 三．電圧 600 V 以下の電力量計、電流制限器、ヒューズを取付け、又は取外す工事 四．2次電圧 36 V 以下の小形変圧器の2次側の配線以外の工事 五．電柱、腕木などの設置 六．地中電線用の暗きょ又は管を変更する工事	○	×	×	×	×	法第3条第1項 令第1条
	B 軽微な作業（Cのイからヲまでに掲げる作業以外の作業）	イ．がいしに電線を接続する作業 取付け 取外し作業 ロ．電線相互を直接接続する作業 取付け ハ．電線管などの保護管などに電線を収める作業 ニ．配線管などの造営材への取付け 取外し作業 ホ．電線管などの加工、又は接続の作業 ヘ．電線管などの造営材への取付け 取外し作業	○	○	×	×	×	則第2条第1項
	C Cのイからヲまでに掲げる作業を補助する作業	イ．ボックスの取付け作業 取外し作業 ロ．電線管保護の造営材貫通部分に防護装置を取付け、取外す作業 ハ．電線保護物をメタルラス張り等の取付け、取外す作業 ニ．配電盤を造営材に取付け、取外す作業 ホ．接地工事の接続部分の接続作業 ヘ．電圧 600 V を超える電気機器に電線を接続する作業	○	○	×	×	×	
	特殊電気工事	ネオン工事 非常用予備発電装置工事	× ×	× ×	○ ×	× ○	× ×	法第3条第3項 則第2条の2
	簡易電気工事	電源側の電線との接続部分の電気工事 他の需要設置として設置される電気機器に係る電気工事 他の需要設置部分の電線との接続部分の電気工事	○	×	×	×	○	法第3条第4項 則第2条の3
		電圧 600 V 以下の自家用電気工作物に係る電気工事（電線路を除く．）	○	×	×	×	○	
		自家用電気工作物から除かれる電気工作物（最大電力 500 kW 以上の需要設備、発電所相互間又は発電所と変電所との間の電線路、送電線路、変電所相互間又は発電所と変電所及びこれに附属する開閉所その他の電気工作物をいう．）及び保安通信設備	○	○	×	×	×	法第2条第2項 則第1条の2
小規模事業用電気工作物 電気事業の用に供するもの		電気事業法第38条 則第48条第2項 太陽電池発電 10 kW以上 50 kW未満 風力発電 20 kW未満	○	○	×	×	×	法第3条第2項
	一般用電気工作物等 一般用電気工作物	下記以外の電気工事（Aに同じ） 軽微な工事（Cのイからヌ、ラに掲げる作業及び接地工事の作業［注2］以外の作業）	○	○	×	×	×	法第3条第2項 令第1条
		軽微な作業（Cのイからヌ、ラに掲げる作業を補助する作業）	○	○	×	×	×	則第2条第2項
	小規模発電設備	電気事業法第38条第1項第二号、則第48条第4項 太陽電池発電 10 kW未満 水力発電 20 kW未満 火力発電 10 kW未満 燃料電池発電 10 kW未満 スターリングエンジン発電 10 kW未満	○	○	×	×	×	法第3条第2項

○は従事できる。×は従事できない。言い訳なしは規定されていない。

[注1] 接地線を自家用電気工作物（最大電力 500 kW未満の需要設備）において電圧 600 V 以下で使用する電気機器を除く．）に取り付け、若しくはこれを取り外し、接地線相互若しくは接地線と接地極とを接続し、又は接地極を地面に埋設する作業を含む。

[注2] 接地線を一般用電気工作物（電圧 600 V 以下で使用する電気機器を除く．）に取り付け、若しくはこれを取り外し、接地線相互若しくは接地線と接地極とを接続し、又は接地極を地面に埋設する作業を含む。

(以下「電気主任技術者免状」と総称する。)の交付を受けている者又は旧電気事業主任技術者資格検定規則により電気事業主任技術者の資格を有する者(以下単に「電気事業主任技術者」という。)であって,電気主任技術者免状の交付を受けた後又は電気事業主任技術者となった後,電気工作物の工事,維持又は運用に関する実務に5年以上従事していたもの

二　前号に掲げる者と同等以上の知識及び技能を有すると明らかに認められる者であって,経済産業大臣が定める資格を有するもの

第二種電気工事士の認定の基準

則第4条　法第4条第4項第三号の認定は,次の各号の1に該当する者について行う。

一　旧電気工事技術者検定規則による検定に合格した者

二　職業訓練法による職業訓練指導員免許(職種が電工であるものに限る。)を受けている者のうち,同法第22条第3項第一号に該当する者又は同項第三号に該当する者で公共職業訓練又は認定職業訓練の実務に1年以上従事していたもの

三　旧電気工事人取締規則による免許を受けた者であって,昭和25年1月1日以降屋内配線又は屋側配線の業務に10年以上従事していたもの

四　前各号に掲げる者と同等以上の知識及び技能を有すると明らかに認められる者であって,経済産業大臣が定める資格を有するもの

特種電気工事資格者認定証及び認定電気工事従事者認定証

法第4条の2　特種電気工事資格者認定証及び認定電気工事従事者認定証は,経済産業大臣が交付する。

2　特種電気工事資格者認定証の交付は,特殊電気工事の種類ごとに行なうものとする。

3　特種電気工事資格者認定証は,経済産業省令で定めるところにより,当該特殊電気工事資格者認定証に係る特殊電気工事について必要な知識及び技能を有していると経済産業大臣が認定した者でなければ,その交付を受けることができない。

4　認定電気工事従事者認定証は,経済産業省令で定めるところにより,簡易電気工事について必要な知識及び技能を有していると経済産業大臣が認定した者でなければ,その交付を受けることができない。

5　経済産業大臣は,前条第5項各号の1に該当する者に対しては,特種電気工事資格者認定証又は認定電気工事従事者認定証の交付を行わないことができる。

認定証の返納命令

6　経済産業大臣は,特種電気工事資格者又は認定電気工事従事者がこの法律又は電気用品安全法第28条第1項の規定に違反したときは,その特種電気工事資格者認定証又は認定電気工事従事者認定証の返納を命ずることができる。

7　特種電気工事資格者認定証及び認定電気工事従事者認定証の交付,再交付,書換え及び返納に関し必要な事項は,経済産業省令で定める。

特種電気工事資格者の認定の基準

則第4条の2　法第4条の2第3項の認定は,次の表の左欄に掲げる特種電気工事の種類に応じて,それぞれ同表の右欄の各号のいずれかに該当する者について行う。

特殊電気工事の種類	認定の基準
ネオン工事	一 電気工事士であって，電気工事士免状（以下「免状」という。）の交付を受けた後，一般用電気工作物等又は電気事業法第38条第4項に規定する自家用電気工作物に係る工事のうちネオン用として設置される分電盤，主開閉器（電源側の電線との接続部分を除く。），タイムスイッチ，点滅器，ネオン変圧器，ネオン管及びこれらの附属設備を設置し，又は変更する工事に関し5年以上の実務の経験を有し，かつ，経済産業大臣が定めるネオン工事に関する講習（以下「ネオン工事資格者認定講習」という。）の課程を修了した者 二 電気工事士であって，免状の交付を受けた後，経済産業大臣が定めるネオン工事に必要な知識及び技能を有するかどうかを判定するための試験に合格した者
非常用予備発電装置工事	電気工事士であって，免状の交付を受けた後，電気工作物に係る工事のうち非常用予備発電装置として設置される原動機，発電機，配電盤（他の需要設備との間の電線との接続部分を除く。）及びこれらの附属設備を設置し，又は変更する工事に関し5年以上の実務の経験を有し，かつ，経済産業大臣が定める非常用予備発電装置工事に関する講習（以下「非常用予備発電装置工事資格者認定講習」という。）の課程を修了した者 二 経済産業大臣が定める受験資格を有する者であって，経済産業大臣が定める非常用予備発電装置工事に関する講習（前号に規定するものを除く。）の課程を修了し，かつ経済産業大臣が定める非常用予備発電装置工事に必要な知識及び技能を有するかどうかを判定するための試験に合格した者

認定電気工事従事者の認定基準　2　法第4条の2第4項の認定は，次の各号の1に該当する者について行う。
　一　第一種電気工事士試験に合格した者
　二　第二種電気工事士であって，第二種電気工事士免状の交付を受けた後，第2条の4第1項に規定する電気に関する工事に関し3年以上の実務の経験を有し，又は経済産業大臣が定める簡易電気工事に関する講習（以下「認定電気工事従事者認定講習」という。）の課程を修了したもの
　三　電気主任技術者免状の交付を受けている者又は電気事業主任技術者であって，電気主任技術者免状の交付を受けた後又は電気事業主任技術者となった後，電気工作物の工事，維持若しくは運用に関し3年以上の実務の経験を有し，又は認定電気工事従事者認定講習の課程を修了したもの
　四　前各号に掲げる者と同等以上の知識及び技能を有していると経済産業大臣が認定した者

第一種電気工事士の講習　法第4条の3　第一種電気工事士は，経済産業省令で定めるやむを得ない事由がある場合を除き，第一種電気工事士免状の交付を受けた日から5年以内に，経済産業省令で定めるところにより，経済産業大臣の指定する者が行う自家用電気工作物の保安に関する講習を受けなければならない。当該講習を受けた日以降についても，同様とする。

電気工事士等の義務　法第5条　電気工事士，特種電気工事資格者又は認定電気工事従事者は，一般用電気工作物に係る電気工事の作業（第3条第2項の経済産業省令で定める作業を除く。）に従事するときは電気事業法第56条第1項の経済産業省令で定める技術基準に，小規模事業用電気工作物に係る電気工事の作業（第3条第2項の経済産

業省令で定める作業を除く。）又は自家用電気工作物に係る電気工事の作業（第3条第1項及び第3項の経済産業省令で定める作業を除く。）に従事するときは同法第39条第1項の主務省令で定める技術基準に適合するようにその作業をしなければならない。

免状，認定証の携帯　2　電気工事士，特種電気工事資格者又は認定電気工事従事者は，前項の電気工事の作業に従事するときは，電気工事士免状，特種電気工事資格者認定証又は認定電気工事従事者認定証を携帯していなければならない。

電気工事士試験　法第6条　電気工事士試験の種類は，第一種電気工事士試験及び第二種電気工事士試験とする。

2　第一種電気工事士試験は自家用電気工作物の保安に関して必要な知識及び技能について，第二種電気工事士試験は一般用電気工作物等の保安に関して必要な知識及び技能について行う。

3　電気工事士試験は，経済産業大臣が行う。

4　電気工事士試験の試験科目，受験手続その他電気工事士試験の実施細目は，政令で定める。

5　都道府県知事は，電気工事士試験に関し，必要があると認めるときは，経済産業大臣に対して意見を申し出ることができる。

試験科目　令第7条　電気工事士試験（以下「試験」という。）は，筆記試験又は電子計算機を使用する方法による試験（以下「学科試験」という。）及び技能試験の方法により行う。

権限の委任　令第14条　特種電気工事資格者認定証及び認定電気工事従事者認定証の交付，再交付及び返納並びに法第4条の2第3項及び第4項の規定による認定に関する経済産業大臣の権限は，その交付若しくは再交付を受けようとする者，その返納の命令の対象となる者又はその認定を受けようとする者の住所地を管轄する産業保安監督部長が行うものとする。

4. 電気工事業の業務の適正化に関する法律

（最終改正　法：令和5年3月20日，令：令和元年12月16日，則：令和5年3月20日）

(1) 総則

目的　法第1条　この法律は，電気工事業を営む者の登録等及びその業務の規制を行うことにより，その業務の適正な実施を確保し，もって一般用電気工作物等及び自家用電気工作物の保安の確保に資することを目的とする。

電気工事　法第2条　この法律において「電気工事」とは，電気工事士法第2条第3項に規定する工事をいう。ただし，家庭用電気機械器具の販売に付随して行う工事を除く。

電気工事業　2　この法律において「電気工事業」とは，電気工事を行なう事業をいう。

電気工事業者　3　この法律において「登録電気工事業者」とは次条第1項又は第3項の登録を受けた者を，「通知電気工事業者」とは第17条の2第1項の規定による通知をした者を，「電気工事業者」とは登録電気工事業者及び通知電気工事業者をいう。

電気工事士　4　この法律において「第一種電気工事士」とは電気工事士法第3条第1項に規定する第一種電気工事士を，「第二種電気工事士」とは同条第2項に規定する第二

種電気工事士をいう。

電気工作物　5　この法律において，「一般用電気工作物等」とは電気工事士法第2条第1項に規定する一般用電気工作物等を，「自家用電気工作物」とは同条第2項に規定する自家用電気工作物をいう。

(2) 登録等

登録先　**法第3条**　電気工事業を営もうとする者（第17条の2第1項に規定する者を除く。第3項において同じ）は，2以上の都道府県の区域内に営業所（電気工事の作業の管理を行わない営業所を除く。以下同じ。）を設置してその事業を営もうとするときは経済産業大臣の，1の都道府県の区域内にのみ営業所を設置してその事業を営もうとするときは当該営業所の所在地を管轄する都道府県知事の登録を受けなければならない。

登録の有効期間　2　登録電気工事業者の登録の有効期間は，5年とする。

登録の更新　3　前項の有効期間の満了後引き続き電気工事業を営もうとする者は，更新の登録を受けなければならない。

登録の更新後の効力　4　更新の登録の申請があった場合において，第2項の有効期間の満了の日までにその申請に対する登録又は登録の拒否の処分がなされないときは，従前の登録は，同項の有効期間の満了後もその処分がなされるまでの間は，なおその効力を有する。

更新後の有効期間の起算日　5　前項の場合において，更新の登録がなされたときは，その登録の有効期間は，従前の登録の有効期間の満了の日から起算するものとする。

登録申請書の記載事項　**法第4条**　前条第1項又は第3項の登録を受けようとする者（以下「登録申請者」という。）は，次の事項を記載した登録申請書を経済産業大臣又は都道府県知事に提出しなければならない。

一　氏名又は名称及び住所並びに法人にあっては，その代表者の氏名
二　営業所の名称及び所在の場所並びに当該営業所の業務に係る電気工事の種類
三　法人にあっては，その役員（業務を執行する社員，取締役，執行役又はこれらに準ずる者をいう。以下同じ。）の氏名
四　第19条第1項に規定する主任電気工事士の氏名（同条第2項の場合においては，その旨及び同項の規定に該当する者の氏名）並びにその者が交付を受けた電気工事士免状の種類及び交付番号

誓約書　2　前項の登録申請書には，登録申請者が第6条第1項第一号から第五号までに該当しない者であることを誓約する書面その他の経済産業省令で定める書類を添附しなければならない。

登録の拒否　**法第6条**　経済産業大臣又は都道府県知事は，登録申請者が次の各号の1に該当する者であるとき，又は登録申請書若しくはその添附書類に重要な事項について虚偽の記載があり，若しくは重要な事実の記載が欠けているときは，その登録を拒否しなければならない。

一　この法律，電気工事士法第3条第1項，第2項若しくは第3項又は電気用品安全法第28条第1項の規定に違反して罰金以上の刑に処せられ，その執行を終わり，又は執行を受けることがなくなった日から2年を経過しない者

第2節　電気関係法令

二　第28条第1項の規定により登録を取り消され，その処分のあった日から2年を経過しない者

三　登録電気工事業者であって法人であるものが第28条第1項の規定により登録を取り消された場合において，その処分のあった日前30日以内にその登録電気工事業者の役員であった者でその処分のあった日から2年を経過しないもの

四　第28条第1項又は第2項の規定により事業の停止を命ぜられ，その停止の期間中に電気工事業を廃止した者であってその停止の期間に相当する期間を経過しないもの

五　法人であって，その役員のうちに前四号の1に該当する者があるもの

六　営業所について第19条に規定する要件を欠く者

（以下省略）

登録申請書の提出先

則第2条　法第4条第1項の規定により法第3条第1項または第3項の登録の申請をしようとする者は，様式第1または様式第2による申請書を，2以上の都道府県の区域内に営業所を設置して電気工事業を営もうとするときは経済産業大臣（電気工事業の業務の適正化に関する法律施行令（以下「令」という。）第2条第1項に規定する者にあっては，その者の営業所の所在地を管轄する産業保安監督部長。以下同じ。）に，1の都道府県の区域内にのみ営業所を設置して電気工事業を営もうとするときは当該営業所の所在地を管轄する都道府県知事に提出しなければならない。

添付書類

2　法第4条第2項の経済産業省令で定める書類は，次のとおりとする。

一　登録申請者が法第6条第1項第一号から第五号までに該当しない者であることを誓約する書面

二　主任電気工事士が法第6条第1項第一号から第四号までに該当しない者であることを誓約する書面

三　主任電気工事士が登録申請者の従業員であることを証する書面

四　主任電気工事士及び法第19条第2項の場合においては同項の規定に該当する者（以下「主任電気工事士等」という。）が，第一種電気工事士である場合はその者が第一種電気工事士免状の交付を受けていることを証する書面，第二種電気工事士である場合はその者が第二種電気工事免状の交付を受けた後電気工事に関し3年以上の実務の経験を有する者であることを証する書面

五　登録申請者が法人である場合にあっては，その法人の登記事項証明書

登録証の交付

法第7条　経済産業大臣又は都道府県知事は，第3条第1項又は第3項の登録をしたときは，登録証を交付する。

2　前項の登録証には，次の事項を記載しなければならない。

一　登録の年月日及び登録番号

二　氏名又は名称及び住所

変更の届出

法第10条　登録電気工事業者は，第4条第1項各号に掲げる事項に変更があったときは，変更の日から30日以内に，その旨をその登録をした経済産業大臣又は都道府県知事に届け出なければならない。

2　前項の場合において，登録証に記載された事項に変更があった登録電気工事業

者は，同項の規定による届出にその登録証を添えて提出し，その訂正を受けなければならない。

3　第4条第2項の規定は第1項の規定による届出に，第5条及び第6条の規定は同項の規定による届出があった場合に準用する。

5　自家用電気工事のみに係る電気工事業の開始の通知等

法第17条の2　自家用電気工作物に係る電気工事（以下「自家用電気工事」という。）のみに係る電気工事業を営もうとする者は，経済産業省令で定めるところにより，その事業を開始しようとする日の10日前までに，2以上の都道府県の区域内に営業所を設置してその事業を営もうとするときは経済産業大臣に，1の都道府県の区域内にのみ営業所を設置してその事業を営もうとするときは当該営業所の所在地を管轄する都道府県知事にその旨を通知しなければならない。

2　経済産業大臣に前項の規定による通知をした通知電気工事業者は，その通知をした後1の都道府県の区域内にのみ営業所を有することとなって引き続き電気工事を営もうとする場合において都道府県知事に同項の規定による通知をしたときは，遅滞なく，その旨を経済産業大臣に通知しなければならない。

3　都道府県知事に第1項の規定による通知をした通知電気工事業者は，その通知をした後次の各号の1に該当して引き続き電気工事業を営もうとする場合において経済産業大臣又は都道府県知事に同項の規定による通知をしたときは，遅滞なく，その旨を従前の同項の規定による通知をした都道府県知事に通知しなければならない。

一　2以上の都道府県の区域内に営業所を有することとなったとき。

二　当該都道府県の区域内における営業所を廃止して，他の1の都道府県の区域内に営業所を設置することとなったとき。

4　第10条第1項の規定は第1項の規定による通知に係る事項に変更があった場合に，第11条の規定は通知電気工事業者が電気工事業を廃止した場合に準用する。この場合において，第10条第1項及び第11条中「その登録をした」とあるのは「第17条の2第1項の規定による通知をした」と，「届け出なければならない」とあるのは「通知しなければならない」と読み替えるものとする。

(3)　業務

主任電気工事士の設置

法第19条　登録電気工事業者は，その一般用電気工作物等に係る電気工事（以下「一般用電気工事」という。）の業務を行う営業所（以下この条において「特定営業所」という。）ごとに，当該業務に係る一般用電気工事の作業を管理させるため，第一種電気工事士又は電気工事士法による第二種電気工事士免状の交付を受けた後電気工事に関し3年以上の実務の経験を有する第二種電気工事士であって第6条第1項第一号から第四号までに該当しないものを，主任電気工事士として，置かなければならない。

適用除外

2　前項の規定は，登録電気工事業者（法人である場合においては，その役員のうちいずれかの役員）が第一種電気工事士又は電気工事士法による第二種電気工事士免状の交付を受けた後電気工事士に関し3年以上の実務の経験を有する第二種電気工事士であるときは，その者が自ら主としてその業務に従事する特定営業所については，適用しない。

主任電気工事士の選任	3　登録電気工事業者は，次の各号に掲げる場合においては，当該特定営業所につき，当該各号の場合に該当することを知った日から2週間以内に，第1項の規定による主任電気工事士の選任をしなければならない。 　一　主任電気工事士が第6条第1項第一号から第四号までの1に該当するに至ったとき。 　二　主任電気工事士が欠けるに至ったとき（前項の特定営業所について，第1項の規定が適用されるに至った場合を含む。）。 　三　営業所が特定営業所となったとき。 　四　新たに特定営業所を設置したとき。
主任電気工事士の職務等	法第20条　主任電気工事士は，一般用電気工事による危険及び障害が発生しないように一般用電気工事の作業の管理の職務を誠実に行わなければならない。
作業従事者の義務	2　一般用電気工事の作業に従事する者は，主任電気工事士がその職務を行うため必要があると認めてする指示に従わなければならない。
電気工事士等でない者を電気工事の作業に従事させることの禁止	法第21条　電気工事業者は，その業務に関し，第一種電気工事士でない者を自家用電気工事（特殊電気工事（電気工事士法第3条第3項に規定する特殊電気工事をいう。第3項において同じ。）を除く。）の作業（同条第1項の経済産業省令で定める作業を除く。）に従事させてはならない。 2　登録電気工事業者は，その業務に関し，第一種電気工事士又は第二種電気工事士でない者を一般用電気工事の作業（電気工事士法第3条第2項の経済産業省令で定める作業を除く。）に従事させてはならない。 3　電気工事業者は，その業務に関し，特種電気工事資格者（電気工事士法第3条第3項に規定する特種電気工事資格者をいう。）でない者を当該特殊電気工事の作業（同項の経済産業省令で定める作業を除く。）に従事させてはならない。 4　電気工事業者は，第1項の規定にかかわらず，認定電気工事従事者（電気工事士法第3条第4項に規定する認定電気工事従事者をいう。）を簡易電気工事（同項に規定する簡易電気工事をいう。）の作業に従事させることができる。
電気工事を請け負わせることの制限	法第22条　電気工事業者は，その請け負った電気工事を当該電気工事に係る電気工事業を営む電気工事業者でない者に請け負わせてはならない。
電気用品の使用の制限	法第23条　電気工事業者は，電気用品安全法第10条第1項の表示が付されている電気用品でなければ，これを電気工事に使用してはならない。 2　電気用品安全法第27条第2項の規定は，前項の場合に準用する。
器具の備付け	法第24条　電気工事業者は，その営業所ごとに，絶縁抵抗計その他の経済産業省令で定める器具を備えなければならない。
器具の種類	則第11条　法第24条の経済産業省令で定める器具は，次のとおりとする。 　一　自家用電気工事の業務を行う営業所にあっては，絶縁抵抗計，接地抵抗計，抵抗及び交流電圧を測定することができる回路計，低圧検電器，高圧検電器，継電器試験装置並びに絶縁耐力試験装置（継電器試験装置及び絶縁耐力試験装置にあっては，必要なときに使用し得る措置が講じられているものを含む。） 　二　一般用電気工事のみの業務を行う営業所にあっては，絶縁抵抗計，接地抵抗

計並びに抵抗及び交流電圧を測定することができる回路計。

| 標識の掲示 | **法第 25 条** 電気工事業者は，経済産業省令で定めるところにより，その営業所及び電気工事の施工場所ごとに，その見やすい場所に，氏名又は名称，登録番号その他の経済産業省令で定める事項を記載した標識を掲げなければならない。

標識の記載事項　則第 12 条　法第 25 条の経済産業省令で定める事項は，次のとおりとする。
一　登録電気工事業者にあっては，次に掲げる事項
　イ　氏名又は名称及び法人にあっては，その代表者の氏名
　ロ　営業所の名称及び当該営業所の業務に係る電気工事の種類
　ハ　登録の年月日及び登録番号
　ニ　主任電気工事士等の氏名
二　通知電気工事業者にあっては，次に掲げる事項
　イ　氏名又は名称及び法人にあっては，その代表者の氏名
　ロ　営業所の名称
　ハ　法第 17 条の 2 第 1 項の規定による通知の年月日及び通知先

標識の掲示場所　2　法第 25 条の規定により，登録電気工事業者は様式第 15 による標識を，通知電気工事業者は様式第 15 の 2 による標識を，その営業所及び電気工事の施工場所ごとに掲げなければならない。ただし，電気工事が 1 日で完了する場合にあっては，当該電気工事の施工場所については，この限りでない。
（以下省略）

帳簿の備付け等　**法第 26 条**　電気工事業者は，経済産業省令で定めるところにより，その営業所ごとに帳簿を備え，その業務に関し経済産業省令で定める事項を記載し，これを保存しなければならない。

帳簿の記載事項　則第 13 条　法第 26 条の規定により，電気工事業者は，その営業所ごとに帳簿を備え，電気工事ごとに次に掲げる事項を記載しなければならない。
一　注文者の氏名または名称および住所
二　電気工事の種類および施工場所
三　施工年月日
四　主任電気工事士等および作業者の氏名
五　配線図
六　検査結果

帳簿の保存期間　2　前項の帳簿は，記載の日から 5 年間保存しなければならない。

(4) 雑則

規定の除外　**法第 34 条**　第 2 章及び第 28 条中登録の取消しに係る部分の規定は，建設業法第 2 条第 3 項に規定する建設業者には，適用しない。

みなし登録電気工事業者　2　前項に規定する者であって電気工事業を営むもの（次項に規定する者を除く。）については，前項に掲げる規定を除き，第 3 条第 1 項の経済産業大臣又は都道府県知事の登録を受けた登録電気工事業者とみなしてこの法律の規定を適用する。

みなし通知電気工事業者　3　第 1 項に規定する者であって自家用電気工事のみに係る電気工事業を営むものについては，同項に掲げる規定を除き，経済産業大臣又は都道府県知事に第 17

第2節　電気関係法令

条の2第1項の規定による通知をした通知電気工事業者とみなしてこの法律を適用する。

開始届け

4　第1項に規定する者は，電気工事業を開始したとき（次項に規定する場合を除く。）は，経済産業省令で定めるところにより，遅滞なく，その旨を経済産業大臣又は都道府県知事に届け出なければならない。その届出に係る事項について変更があったとき，又は当該電気工事業を廃止したときも，同様とする。

自家用電気工事のみの電気工事業の開始届け

5　第1項に規定する者は，自家用電気工事のみに係る電気工事業を開始したときは，経済産業省令で定めるところにより，遅滞なく，その旨を経済産業大臣又は都道府県知事に通知しなければならない。その通知に係る事項について変更があったとき，又は当該電気工事業を廃止したときも，同様とする。

登録の失効

6　登録電気工事業者が建設業法第2条第3項に規定する建設業者となったときは，その者に係る第3条第1項又は第3項の経済産業大臣又は都道府県知事の登録は，その効力を失う。

みなし登録電気工事業者の届出

則第24条　法第34条第4項の規定により，みなし登録電気工事業者は，電気工事業を開始したときは，次に掲げる事項を記載した様式第18による届出書を経済産業大臣又は都道府県知事に提出しなければならない。

一　氏名又は名称及び住所並びに法人にあっては，その代表者の氏名
二　建設業法第3条第1項の規定による許可を受けた年月日及び許可番号
三　電気工事業を開始した年月日
四　電気工事業を営む営業所の名称及び所在の場所並びに当該営業所の業務に係る電気工事の種類
五　主任電気工事士等の氏名並びにその者が交付を受けた電気工事士免状の種類及び交付番号

添付書類

2　前項の届出書には次の書類を添付しなければならない。

一　第2条第2項第二号および第四号に掲げる書面
二　主任電気工事士等（届出者である者を除く。）が届出者の役員または従業員であることを証する書面

みなし通知電気工事業者の通知

則第26条　法第34条第5項の規定により，みなし通知電気工事業者は，電気工事業を開始したときは，次に掲げる事項を記載した様式第21による通知書を経済産業大臣又は都道府県知事に提出しなければならない。

一　氏名又は名称及び住所並びに法人にあっては，その代表者の氏名
二　建設業法第3条第1項の規定による許可を受けた年月日及び許可番号
三　電気工事業を開始した年月日
四　電気工事業を営む営業所の名称及び所在の場所

第3節　建築関係法令

1. 建築基準法

(最終改正 法：令和6年6月19日，令：令和6年4月1日，則：令和6年4月1日)

(1) 総則

目的

|法第1条　この法律は，建築物の敷地，構造，設備及び用途に関する最低の基準を定めて，国民の生命，健康及び財産の保護を図り，もって公共の福祉の増進に資することを目的とする。

用語の定義

|法第2条（抜粋）　この法律において次の各号に掲げる用語の意義は，当該各号に定めるところによる。

建築物

一　土地に定着する工作物のうち，屋根及び柱若しくは壁を有するもの（これに類する構造のものを含む。），これに附属する門若しくは塀，観覧のための工作物又は地下若しくは高架の工作物内に設ける事務所，店舗，興行場，倉庫その他これらに類する施設（鉄道及び軌道の線路敷地内の運転保安に関する施設並びに跨線橋，プラットホームの上家，貯蔵槽その他これらに類する施設を除く。）をいい，建築設備を含むものとする。

特殊建築物

二　学校（専修学校及び各種学校を含む。以下同様とする。）体育館，病院，劇場，観覧場，集会場，展示場，百貨店，市場，ダンスホール，遊技場，公衆浴場，旅館，共同住宅，寄宿舎，下宿，工場，倉庫，自動車車庫，危険物の貯蔵場，と畜場，火葬場，汚物処理場その他これらに類する用途に供する建築物をいう。

建築設備

三　建築物に設ける電気，ガス，給水，排水，換気，暖房，冷房，消火，排煙若しくは汚物処理の設備又は煙突，昇降機若しくは避雷針をいう。

居室

四　居住，執務，作業，集会，娯楽その他これらに類する目的のために継続的に使用する室をいう。

主要構造部

五　壁，柱，床，はり，屋根又は階段をいい，建築物の構造上重要でない間仕切壁，間柱，付け柱，揚げ床，最下階の床，回り舞台の床，小ばり，ひさし，局部的な小階段，屋外階段その他これらに類する建築物の部分を除くものとする。

耐火構造

七　壁，柱，床その他の建築物の部分の構造のうち，耐火性能（通常の火災が終了するまでの間当該火災による建築物の倒壊及び延焼を防止するために当該建築物の部分に必要とされる性能をいう。）に関して政令で定める技術的基準に適合する鉄筋コンクリート造，れんが造その他の構造で，国土交通大臣が定めた構造方法を用いるもの又は国土交通大臣の認定を受けたものをいう。

不燃材料

九　建築材料のうち，不燃性能（通常の火災時における火熱により燃焼しないこととその他の政令で定める性能をいう。）に関して政令で定める技術的基準に適合するもので，国土交通大臣が定めたもの又は国土交通大臣の認定を受けたものをいう。

耐火建築物

九の二　次に掲げる基準に適合する建築物をいう。

イ　その主要構造部のうち，防火上及び避難上支障がないものとして政令で定

　　　　める部分以外の部分（以下「特定主要構造部」という。）が，(1)又は(2)のいずれかに該当すること。
　　　(1)　耐火構造であること。
　　　(2)　次に掲げる性能（外壁以外の特定主要構造部にあっては，(i)に掲げる性能に限る。）に関して政令で定める技術的基準に適合するものであること。
　　　　(i)　当該建築物の構造，建築設備及び用途に応じて屋内において発生が予測される火災による火熱に当該火災が終了するまで耐えること。
　　　　(ii)　当該建築物の周囲において発生する通常の火災による火熱に当該火災が終了するまで耐えること。
　　ロ　その外壁の開口部で延焼のおそれのある部分に，防火戸その他の政令で定める防火設備（その構造が遮炎性能（通常の火災時における火炎を有効に遮るために防火設備に必要とされる性能をいう。第27条第1項において同じ。）に関して政令で定める技術的基準に適合するもので，国土交通大臣が定めた構造方法を用いるもの又は国土交通大臣の認定を受けたものに限る。）を有すること。

設計	十	建築士法第2条第6項に規定する設計をいう。
工事監理者	十一	建築士法第2条第8項に規定する工事監理をする者をいう。
設計図書	十二	建築物，その敷地又は第88条第1項から第3項までに規定する工作物に関する工事用の図面（現寸図その他これに類するものを除く。）及び仕様書をいう。
建築	十三	建築物を新築し，増築し，改築し，又は移転することをいう。
大規模の修繕	十四	建築物の主要構造部の1種以上について行う過半の修繕をいう。
大規模の模様替	十五	建築物の主要構造部の1種以上について行う過半の模様替をいう。
建築主	十六	建築物に関する工事の請負契約の注文者又は請負契約によらないで自らその工事をする者をいう。
設計者	十七	その者の責任において，設計図書を作成した者をいい，建築士法第20条の2第3項又は第20条の3第3項の規定により建築物が構造関係規定（同法第20条の2第2項に規定する構造関係規定をいう。第5条の6第2項及び第6条第3項第二号において同じ。）又は設備関係規定（同法第20条の3第2項に規定する設備関係規定をいう。第5条の6第3項及び第6条第3項第三号において同じ。）に適合することを確認した構造設計一級建築士（同法第10条の3第4項に規定する構造設計一級建築士をいう。第5条の6第2項及び第6条第3項第二号において同じ。）又は設備設計一級建築士（同法第10条の3第4項に規定する設備設計一級建築士をいう。第5条の6第3項及び第6条第3項第三号において同じ。）を含むものとする。
工事施工者	十八	建築物，その敷地若しくは第88条第1項から第3項までに規定する工作物に関する工事の請負人又は請負契約によらないで自らこれの工事をする者をいう。
特定行政庁	三十五	この法律の規定により建築主事又は建築副主事を置く市町村の区域については当該市町村の長をいい，その他の市町村の区域については都道府県知事

をいう。ただし，第97条の2第1項若しくは第2項又は第97条の3第1項若しくは第2項の規定により建築主事又は建築副主事を置く市町村の区域内の政令で定める建築物については，都道府県知事とする。

用語の定義	令第1条　この政令において次の各号に掲げる用語の意義は，それぞれ当該各号に定めるところによる。
敷地	一　一の建築物又は用途上不可分の関係にある2以上の建築物のある一団の土地をいう。
地階	二　床が地盤面下にある階で，床面から地盤面までの高さがその階の天井の高さの$\frac{1}{3}$以上のものをいう。
構造耐力上主要な部分	三　基礎，基礎ぐい，壁，柱，小屋組，土台，斜材（筋かい，方づえ，火打材その他これらに類するものをいう。），床版，屋根版又は横架材（はり，けたその他これらに類するものをいう。）で，建築物の自重若しくは積載荷重，積雪荷重，風圧，土圧若しくは水圧又は地震その他の震動若しくは衝撃を支えるものをいう。
耐水材料	四　れんが，石，人造石，コンクリート，アスファルト，陶磁器，ガラスその他これらに類する耐水性の建築材料をいう。
準不燃材料	五　建築材料のうち，通常の火災による火熱が加えられた場合に，加熱開始後10分間第108条の2各号（建築物の外部の仕上げに用いるものにあっては，同条第一号及び第二号）に掲げる要件を満たしているものとして，国土交通大臣が定めたもの又は国土交通大臣の認定を受けたものをいう。
難燃材料	六　建築材料のうち，通常の火災による火熱が加えられた場合に，加熱開始後5分間第108条の2各号（建築物の外部の仕上げに用いるものにあっては，同条第一号及び第二号）に掲げる要件を満たしているものとして，国土交通大臣が定めたもの又は国土交通大臣の認定を受けたものをいう。
面積，高さ等の算定方法	令第2条（抜粋）　次の各号に掲げる面積，高さ及び階数の算定方法は，当該各号に定めるところによる。
床面積	三　建築物の各階又はその一部で壁その他の区画の中心線で囲まれた部分の水平投影面積による。
階数	八　昇降機塔，装飾塔，物見塔その他これらに類する建築物の屋上部分又は地階の倉庫，機械室その他これらに類する建築物の部分で，水平投影面積の合計がそれぞれ当該建築物の建築面積の$\frac{1}{8}$以下のものは，当該建築物の階数に算入しない。また，建築物の一部が吹抜きとなっている場合，建築物の敷地が斜面又は段地である場合その他建築物の部分によって階数を異にする場合においては，これらの階数のうち最大なものによる。
不燃性能及び技術的基準	令第108条の2　法第2条第九号の政令で定める性能及びその技術的基準は，建築材料に，通常の火災による火熱が加えられた場合に，加熱開始後20分間次の各号（建築物の外部の仕上げに用いるものにあっては，第一号及び第二号）に掲げる要件を満たしていることとする。 一　燃焼しないものであること。 二　防火上有害な変形，溶融，き裂その他の損傷を生じないものであること。 三　避難上有害な煙又はガスを発生しないものであること。

○ 不燃材料を定める件

〔平成12年5月30日建設省告示第1400号〕
（最終改正 平成16年9月29日国土交通省告示第1178号）

建築基準法第2条第九号の規定に基づき，不燃材料を次のように定める。

建築基準法施行令第108条の2各号（建築物の外部の仕上げに用いるものにあっては，同条第一号及び第二号）に掲げる要件を満たしている建築材料は，次に定めるものとする。

一 コンクリート
二 れんが
三 瓦
四 陶磁器質タイル
五 繊維強化セメント板
六 厚さが3mm以上のガラス繊維混入セメント板
七 厚さが5mm以上の繊維混入ケイ酸カルシウム板
八 鉄鋼
九 アルミニウム
十 金属板
十一 ガラス
十二 モルタル
十三 しっくい
十四 石
十五 厚さが12mm以上のせっこうボード（ボード用原紙の厚さが0.6mm以下のものに限る。）
十六 ロックウール
十七 グラスウール板

防火設備

令第109条 法第2条第九号の二ロ，法第12条第1項，法第21条第2項，法第27条第1項（法第87条第3項において準用する場合を含む。第110条から第110条の5までにおいて同じ。），法第53条第3項第一号イ及び法第61条第1項の政令で定める防火設備は，防火戸，ドレンチャーその他火炎を遮る設備とする。
（以下省略）

避難施設等の範囲

令第13条 法第7条の6第1項の政令で定める避難施設，消火設備，排煙設備，非常用の照明装置，非常用の昇降機又は防火区画（以下この条及び次条において「避難施設等」という。）は，次に掲げるもの（当該工事に係る避難施設等がないものとした場合に第112条，第5章第2節から第4節まで，第128条の3，第129条の13の3又は消防法施行令第12条から第15条までの規定による技術的基準に適合している建築物に係る当該避難施設等を除く。）とする。

避難階

一 避難階（直接地上へ通ずる出入口のある階をいう。以下同じ。）以外の階にあっては居室から第120条又は第121条の直通階段に，避難階にあっては階段又は居室から屋外への出口に通ずる出入口及び廊下その他の通路

二　第118条の客席からの出口の戸,第120条又は第121条の直通階段,同条第3項ただし書の避難上有効なバルコニー,屋外通路その他これらに類するもの,第125条の屋外への出口及び第126条第2項の屋上広場

三　第128条の3第1項の地下街の各構えが接する地下道及び同条第4項の地下道への出入口

四　スプリンクラー設備,水噴霧消火設備又は泡消火設備で自動式のもの

五　第126条の2第1項の排煙設備

六　第126条の4第1項の非常用の照明装置

七　第129条の13の3の非常用の昇降機

八　第112条（第128条の3第5項において準用する場合を含む。）又は第128条の3第2項若しくは第3項の防火区画

避難階段の設置

令第122条　建築物の5階以上の階（主要構造部が準耐火構造である建築物又は主要構造物が不燃材料で造られている建築物で5階以上の階の床面積の合計が100 ㎡以下である場合を除く。）又は地下2階以下の階（主要構造部が準耐火構造である建築物又は主要構造物が不燃材料で造られている建築物で地下2階以下の階の床面積の合計が100 ㎡以下である場合を除く。）に通ずる直通階段は次条の規定による避難階段又は特別避難階段とし,建築物の15階以上の階又は地下3階以下の階に通ずる直通階段は同条第3項の規定による特別避難階段としなければならない。（以降省略）

（以下省略）

法別表第1

〔第6条　建築物の申請・確認
第35条　非常用の照明装置等関係〕

法別表第1　耐火建築物または準耐火建築物としなければならない特殊建築物

	（い）	（ろ）	（は）	（に）
	用　　途 (1)から(6)の各項とも,下記の用途のもの,その他これらに類するもので政令で定めるもの※	（い）欄の用途に供する階	（い）欄の用途に供する部分（(1)項の場合にあっては客席,(2)項及び(4)項の場合にあっては2階,(5)項の場合にあっては3階以上の部分に限り,かつ,病院及び診療所についてはその部分に患者の収容施設がある場合に限る。）の床面積の合計	（い）欄の用途に供する部分の床面積の合計
(1)	劇場,映画館,演芸場,観覧場,公会堂,集会場	3階以上の階	200 ㎡（屋外観覧席にあっては,1,000 ㎡）以上	
(2)	病院,診療所（患者の収容施設があるものに限る。）,ホテル,旅館,下宿,共同住宅,寄宿舎	3階以上の階	300 ㎡ 以上	
(3)	学校,体育館	3階以上の階	2,000 ㎡以上	

(4)	百貨店, マーケット, 展示場, キャバレー, カフェー, ナイトクラブ, バー, ダンスホール, 遊技場	3階以上の階	500 ㎡以上	
(5)	倉庫		200 ㎡以上	1,500 ㎡以上
(6)	自動車車庫, 自動車修理工場	3階以上の階		150 ㎡以上

[注] (い)欄の記述は当研究所で編集

耐火建築物等としなければならない特殊建築物

令第115条の3 法別表第1（い）欄の(2)項から(4)項まで及び(6)項（法第87条第3項において法第27条の規定を準用する場合を含む。）に掲げる用途に類するもので政令で定めるものは，それぞれ次の各号に掲げるものとする。

一　(2)項の用途に類するもの　児童福祉施設等（幼保連携型認定こども園を含む。以下同じ）

二　(3)項の用途に類するもの　博物館，美術館，図書館，ボーリング場，スキー場，スケート場，水泳場又はスポーツの練習場

三　(4)項の用途に類するもの　公衆浴場，待合，料理店，飲食店又は物品販売業を営む店舗（床面積が10 ㎡以内のものを除く。）

四　(6)項の用途に類するもの　映画スタジオ又はテレビスタジオ

(2) 建築設備

電気設備

法第32条　建築物の電気設備は，法律又はこれに基く命令の規定で電気工作物に係る建築物の安全及び防火に関するものの定める工法によって設けなければならない。

避雷設備

法第33条　高さ20 mをこえる建築物には，有効に避雷設備を設けなければならない。ただし，周囲の状況によって安全上支障がない場合においては，この限りでない。

避雷設備の保護範囲

令第129条の14　法第33条の規定による避雷設備は，建築物の高さ20 mをこえる部分を雷撃から保護するように設けなければならない。

避雷設備の構造

令第129条の15　前条の避雷設備の構造は，次に掲げる基準に適合するものとしなければならない。

一　雷撃によって生ずる電流を建築物に被害を及ぼすことなく安全に地中に流すことができるものとして，国土交通大臣が定めた構造方法を用いるもの又は国土交通大臣の認定を受けたものであること。

二　避雷設備の雨水等により腐食のおそれのある部分にあっては，腐食しにくい材料を用いるか，又は有効な腐食防止のための措置を講じたものであること。

○　雷撃によって生ずる電流を建築物に被害を及ぼすことなく安全に地中に流すことができる避雷設備の構造方法を定める件

〔平成12年5月31日建設省告示第1425号〕

（最終改正 平成17年7月4日国土交通省告示第650号）

建築基準法施行令第129条の15第一号の規定に基づき，雷撃によって生ずる電流を建築物に被害を及ぼすことなく安全に地中に流すことができる避雷設備の構造

方法を次のように定める.

　雷撃によって生ずる電流を建築物に被害を及ぼすことなく安全に地中に流すことができる避雷設備の構造方法は,日本工業規格 A 4201（建築物等の雷保護）－2003 に規定する外部雷保護システムに適合する構造とすることとする.

附則
1　この告示は,平成17年8月1日から施行する.
2　改正後の平成12年建設省告示第1425号の規定の適用については,日本工業規格　A 4201（建築物等の避雷設備（避雷針））－1992に適合する構造の避雷設備は,日本工業規格 A 4201（建築物等の雷保護）－2003 に規定する外部雷保護システムに適合するものとみなす.

昇降機	**法第34条**　建築物に設ける昇降機は,安全な構造で,かつ,その昇降路の周壁及び開口部は,防火上支障がない構造でなければならない.
非常用の昇降機	2　高さ31mをこえる建築物（政令で定めるものを除く.）には,非常用の昇降機を設けなければならない.
非常用の昇降機の構造	**令第129条の13の3**　（抜粋） 8　非常用エレベーターには,籠内と中央管理室とを連絡する電話装置を設けなければならない.
特殊建築物等の避難及び消火（非常用の照明装置等）に関する技術的基準	**法第35条**　別表第1（い）欄(1)項から(4)項までに掲げる用途に供する特殊建築物,階数が3以上である建築物,政令で定める窓その他の開口部を有しない居室を有する建築物又は延べ面積（同一敷地内に2以上の建築物がある場合においては,その延べ面積の合計）が 1,000 m² をこえる建築物については,廊下,階段,出入口その他の避難施設,消火栓,スプリンクラー,貯水槽その他の消火設備,排煙設備,非常用の照明装置及び進入口並びに敷地内の避難上及び消火上必要な通路は,政令で定める技術的基準に従って,避難上及び消火上支障がないようにしなければならない.
窓等の開口部を有しない居室等の基準	**令第116条の2**　法第35条（法第87条第3項において準用する場合を含む.第127条において同じ.）の規定により政令で定める窓その他の開口部を有しない居室は,次の各号に該当する窓その他の開口部を有しない居室とする. 一　面積（第20条の規定より計算した採光に有効な部分の面積に限る.）の合計が,当該居室の床面積の $\frac{1}{20}$ 以上のもの （第二号　省略） 2　ふすま,障子その他随時開放することができるもので仕切られた2室は,前項の規定の適用については,1室とみなす.
建蔽率	**法第53条**　建築物の建築面積（同一敷地内に2以上の建築物がある場合においては,その建築面積の合計）の敷地面積に対する割合（以下「建蔽率」という.）は,次の各号に掲げる区分に従い,当該各号に定める数値を超えてはならない. 一　第一種低層住居専用地域,第二種低層住居専用地域,第一種中高層住居専用地域,第二種中高層住居専用地域,田園住居地域又は工業専用地域内の建築物　$\frac{3}{10}$,$\frac{4}{10}$,$\frac{5}{10}$ 又は $\frac{6}{10}$ のうち当該地域に関する都市計画において定められたもの

	（以下省略）
工事現場における確認の表示	**法第89条** 第6条第1項の建築，大規模の修繕又は大規模の模様替の工事の施工者は，当該工事現場の見易い場所に，国土交通省令で定める様式によって，建築主，設計者，工事施工者及び工事の現場管理者の氏名又は名称並びに当該工事に係る同項の確認があった旨の表示をしなければならない。
設計図書の備え	2　第6条第1項の建築，大規模の修繕又は大規模の模様替の工事の施工者は，当該工事に係る設計図書を当該工事現場に備えておかなければならない。

2. 建築士法

（最終改正　法：令和6年4月1日，則：令和6年4月1日）

(1) 総則

目的	**法第1条**　この法律は，建築物の設計，工事監理等を行う技術者の資格を定めて，その業務の適正をはかり，もって建築物の質の向上に寄与させることを目的とする。
建築士の種類	**法第2条**　この法律で「建築士」とは，一級建築士，二級建築士及び木造建築士をいう。
一級建築士	2　この法律で「一級建築士」とは，国土交通大臣の免許を受け，一級建築士の名称を用いて，建築物に関し，設計，工事監理その他の業務を行う者をいう。
二級建築士	3　この法律で「二級建築士」とは，都道府県知事の免許を受け，二級建築士の名称を用いて，建築物に関し，設計，工事監理その他の業務を行う者をいう。
木造建築士	4　この法律で「木造建築士」とは，都道府県知事の免許を受け，木造建築士の名称を用いて，木造の建築物に関し，設計，工事監理その他の業務を行う者をいう。
建築設備士	5　この法律で「建築設備士」とは，建築設備に関する知識及び技能につき国土交通大臣が定める資格を有する者をいう。
設計図書，設計	6　この法律で「設計図書」とは建築物の建築工事の実施のために必要な図面（現寸図その他これに類するものを除く。）及び仕様書を，「設計」とはその者の責任において設計図書を作成することをいう。
構造設計	7　この法律で「構造設計」とは基礎伏図，構造計算書その他の建築物の構造に関する設計図書で国土交通省令で定めるもの（以下「構造設計図書」という。）の
設備設計	設計を，「設備設計」とは建築設備（建築基準法第2条第三号に規定する建築設備をいう。以下同じ。）の各階平面図及び構造詳細図その他の建築設備に関する設計図書で国土交通省令で定めるもの（以下「設備設計図書」という。）の設計をいう。
工事監理	8　この法律で「工事監理」とは，その者の責任において，工事を設計図書と照合し，それが設計図書のとおりに実施されているかいないかを確認することをいう。
大規模の修繕又は模様替	9　この法律で「大規模の修繕」又は「大規模の模様替」とは，それぞれ建築基準法第2条第十四号又は第十五号に規定するものをいう。
面積，高さ，階数	10　この法律で「延べ面積」，「高さ」，「軒の高さ」又は「階数」とは，それぞれ建築基準法第92条の規定により定められた算定方法によるものをいう。
職責	**法第2条の2**　建築士は，常に品位を保持し，業務に関する法令及び実務に精通して，建築物の質の向上に寄与するように，公正かつ誠実にその業務を行わなけ

一級建築士でなければできない設計又は工事監理

法第3条 次の各号に掲げる建築物（建築基準法第85条第1項又は第2項に規定する応急仮設建築物を除く。以下この章中同様とする。）を新築する場合においては，一級建築士でなければ，その設計又は工事監理をしてはならない。

一　学校，病院，劇場，映画館，観覧場，公会堂，集会場（オーデイトリアムを有しないものを除く。）又は百貨店の用途に供する建築物で，延べ面積が500 m²をこえるもの

二　木造の建築物又は建築物の部分で，高さが13 m又は軒の高さが9 mを超えるもの

三　鉄筋コンクリート造，鉄骨造，石造，れん瓦造，コンクリートブロック造若しくは無筋コンクリート造の建築物又は建築物の部分で，延べ面積が300 m²，高さが13 m又は軒の高さが9 mをこえるもの

四　延べ面積が1,000 m²をこえ，且つ，階数が2以上の建築物

2　建築物を増築し，改築し，又は建築物の大規模の修繕若しくは大規模の模様替をする場合においては，当該増築，改築，修繕又は模様替に係る部分を新築するものとみなして前項の規定を適用する。

◆建築物の設計および工事監理

　建築士法では，建築物の技術的水準を確保し，質の向上をはかるため，一定の規模・構造の建築物については，建築士（一級建築士，二級建築士，木造建築士）でなければ，設計および工事監理を行ってはならないと定めている。建築士の設計と工事監理の業務範囲を整理すると次表のとおりとなる。

表4.3.1　設計または工事監理に必要な資格（建築士法第3条，第3条の2，第3条の3）

※1　鉄筋コンクリート造，鉄骨造，石造，れんが造，コンクリートブロック造，無筋コンクリート造をいう。
※2　学校，病院，劇場，映画館，観覧場，公会堂，集会場（オーデイトリアムを有しないものを除く），百貨店。

　■一級または二級建築士でなければできない。
　■一級建築士でなければできない。

一級又は二級建築士でなければできない設計又は工事監理	**法第3条の2**　前条第1項各号に掲げる建築物以外の建築物で，次の各号に掲げるものを新築する場合においては，一級建築士又は二級建築士でなければ，その設計又は工事監理をしてはならない。 　一　前条第1項第三号に掲げる構造の建築物又は建築物の部分で，延べ面積が30 m²を超えるもの 　二　延べ面積が100 m²（木造の建築物にあっては，300 m²）を超え，又は階数が3以上の建築物 2　前条第2項の規定は，前項の場合に準用する 3　都道府県は，土地の状況により必要と認める場合においては，第1項の規定にかかわらず，条例で，区域又は建築物の用途を限り，同項各号に規定する延べ面積（木造の建築物に係るものを除く。）を別に定めることができる。
一級，二級又は木造建築士でなければできない設計又は工事監理	**法第3条の3**　前条第1項第二号に掲げる建築物以外の木造の建築物で，延べ面積が100 m²を超えるものを新築する場合においては，一級建築士，二級建築士又は木造建築士でなければ，その設計又は工事監理をしてはならない。 2　第3条第2項及び前条第3項の規定は，前項の場合に準用する。この場合において，同条第3項中「同項各号に規定する延べ面積（木造の建築物に係るものを除く。）」とあるのは，「次条第1項に規定する延べ面積」と読み替えるものとする。

(2) 免許等

建築士の免許	**法第4条**　一級建築士になろうとする者は，国土交通大臣の免許を受けなければならない。 2　一級建築士の免許は，国土交通大臣の行う一級建築士試験に合格した者であって，次の各号のいずれかに該当する者でなければ，受けることができない。 　（第一号～第五号　省略） 3　二級建築士又は木造建築士になろうとする者は，都道府県知事の免許を受けなければならない。 4　二級建築士又は木造建築士の免許は，それぞれその免許を受けようとする都道府県知事の行う二級建築士試験又は木造建築士試験に合格した者であって，次の各号のいずれかに該当する者でなければ，受けることができない。 　（第一号～第四号　省略） 5　外国の建築士免許を受けた者で，一級建築士になろうとする者にあっては国土交通大臣が，二級建築士又は木造建築士になろうとする者にあっては都道府県知事が，それぞれ一級建築士又は二級建築士若しくは木造建築士と同等以上の資格を有すると認めるものは，第2項又は前項の規定にかかわらず，一級建築士又は二級建築士若しくは木造建築士の免許を受けることができる。
免許の登録	**法第5条**　一級建築士，二級建築士又は木造建築士の免許は，それぞれ一級建築士名簿，二級建築士名簿又は木造建築士名簿に登録することによって行う。
免許証の交付	2　国土交通大臣又は都道府県知事は，一級建築士又は二級建築士若しくは木造建築士の免許を与えたときは，それぞれ一級建築士免許証又は二級建築士免許証若しくは木造建築士免許証を交付する。 　（第3項　省略）

免許証の返納	4　一級建築士，二級建築士又は木造建築士は，第9条第1項若しくは第2項又は第10条第1項の規定によりその免許を取り消されたときは，速やかに，一級建築士にあっては一級建築士免許証を国土交通大臣に，二級建築士又は木造建築士にあっては二級建築士免許証又は木造建築士免許証をその交付を受けた都道府県知事に返納しなければならない。 （以下省略）
住所等の届出	**法第5条の2**　一級建築士，二級建築士又は木造建築士は，一級建築士免許証，二級建築士免許証又は木造建築士免許証の交付の日から30日以内に，住所その他の国土交通省令で定める事項を，一級建築士にあっては国土交通大臣に，二級建築士又は木造建築士にあっては免許を受けた都道府県知事及び住所地の都道府県知事に届け出なければならない。 2　一級建築士，二級建築士又は木造建築士は，前項の国土交通省令で定める事項に変更があったときは，その日から30日以内に，その旨を，一級建築士にあっては国土交通大臣に，二級建築士又は木造建築士にあっては免許を受けた都道府県知事及び住所地の都道府県知事（都道府県の区域を異にして住所を変更したときは，変更前の住所地の都道府県知事）に届け出なければならない。 3　前項に規定するもののほか，都道府県の区域を異にして住所を変更した二級建築士又は木造建築士は，同項の期間内に第1項の国土交通省令で定める事項を変更後の住所地の都道府県知事に届け出なければならない。
構造設計一級建築士証の交付等	**法第10条の3**　次の各号のいずれかに該当する一級建築士は，国土交通大臣に対し，構造設計一級建築士証の交付を申請することができる。 一　一級建築士として5年以上構造設計の業務に従事した後，第10条の22から第10条の25までの規定の定めるところにより国土交通大臣の登録を受けた者（以下この章において「登録講習機関」という。）が行う講習（別表第1（一）の項講習の欄に掲げる講習に限る。）の課程をその申請前1年以内に修了した一級建築士 二　国土交通大臣が，構造設計に関し前号に掲げる一級建築士と同等以上の知識及び技能を有すると認める一級建築士
設備設計一級建築士証の交付等	2　次の各号のいずれかに該当する一級建築士は，国土交通大臣に対し，設備設計一級建築士証の交付を申請することができる。 一　一級建築士として5年以上設備設計の業務に従事した後，登録講習機関が行う講習（別表第1（二）の項講習の欄に掲げる講習に限る。）の課程をその申請前1年以内に修了した一級建築士 二　国土交通大臣が，設備設計に関し前号に掲げる一級建築士と同等以上の知識及び技能を有すると認める一級建築士 3　国土交通大臣は，前二項の規定による構造設計一級建築士証又は設備設計一級建築士証の交付の申請があったときは，遅滞なく，その交付をしなければならない。 （第4項　省略） 5　構造設計一級建築士又は設備設計一級建築士は，第9条第1項若しくは第2項又は第10条第1項の規定によりその免許を取り消されたときは，速やかに，構

(3) 業務

設計 | **法第18条** 建築士は，設計を行う場合においては，設計に係る建築物が法令又は条例の定める建築物に関する基準に適合するようにしなければならない。

委託者 | 2 建築士は設計を行う場合においては，設計の委託者に対し，設計の内容に関して適切な説明を行うように努めなければならない。

工事監理 | 3 建築士は，工事監理を行う場合において，工事が設計図書のとおりに実施されていないと認めるときは，直ちに，工事施工者に対して，その旨を指摘し，当該工事を設計図書のとおりに実施するよう求め，当該工事施工者がこれに従わないときは，その旨を建築主に報告しなければならない。

建築設備士の意見聴取 | 4 建築士は，延べ面積が 2,000 ㎡を超える建築物の建築設備に係る設計又は工事監理を行う場合においては，建築設備士の意見を聴くよう努めなければならない。ただし，設備設計一級建築士が設計を行う場合には，設計に関しては，この限りでない。

設計の変更 | **法第19条** 一級建築士，二級建築士又は木造建築士は，他の一級建築士，二級建築士又は木造建築士の設計した設計図書の一部を変更しようとするときは，当該一級建築士，二級建築士又は木造建築士の承諾を求めなければならない。ただし，承諾を求めることのできない事由があるとき，又は承諾が得られなかったときは，自己の責任において，その設計図書の一部を変更することができる。

業務に必要な表示行為 | **法第20条** 一級建築士，二級建築士又は木造建築士は，設計を行った場合においては，その設計図書に一級建築士，二級建築士又は木造建築士である旨の表示をして記名しなければならない。設計図書の一部を変更した場合も同様とする。

安全確認の証明 | 2 一級建築士，二級建築士又は木造建築士は，構造計算によって建築物の安全性を確かめた場合においては，遅滞なく，国土交通省令で定めるところにより，その旨の証明書を設計の委託者に交付しなければならない。ただし，次条第1項又は第2項の規定の適用がある場合は，この限りでない。

工事監理終了報告 | 3 建築士は，工事監理を終了したときは，直ちに，国土交通省令で定めるところにより，その結果を文書で建築主に報告しなければならない。

（第4項 省略）

建築設備士の明示 | 5 建築士は，大規模の建築物その他の建築物の建築設備に係る設計又は工事監理を行う場合において，建築設備士の意見を聴いたときは，第1項の規定による設計図書又は第3項の規定による報告書（前項前段に規定する方法により報告が行われた場合にあっては，当該報告の内容）において，その旨を明らかにしなければならない。

建築設備士 | **則第17条の18** 建築設備士は，国土交通大臣が定める要件を満たし，かつ，次のいずれかに該当する者とする。

一 次に掲げる要件のいずれにも該当する者

イ 建築設備士として必要な知識を有するかどうかを判定するための学科の試

験であって，次条から第17条の21までの規定により国土交通大臣の登録を受けたもの（以下「登録学科試験」という。）に合格した者
　　ロ　建築設備士として必要な知識及び技能を有するかどうかを判定するための設計製図の試験であって，次条から第17条の21までの規定により国土交通大臣の登録を受けたもの（以下「登録設計製図試験」という。）に合格した者
　二　前号に掲げる者のほか国土交通大臣が定める者

設備設計に関する特例

法第20条の3　設備設計一級建築士は，階数が3以上で床面積の合計が5,000 m²を超える建築物の設備設計を行った場合においては，第20条第1項の規定によるほか，その設備設計図書に設備設計一級建築士である旨の表示をしなければならない。設備設計図書の一部を変更した場合も同様とする。

2　設備設計一級建築士以外の一級建築士は，前項の建築物の設備設計を行った場合においては，国土交通省令で定めるところにより，設備設計一級建築士に当該設備設計に係る建築物が建築基準法第28条第3項，第28条の2第三号（換気設備に係る部分に限る。），第32条から第34条まで，第35条（消火栓，スプリンクラー，貯水槽その他の消火設備，排煙設備及び非常用の照明装置に係る部分に限る。）及び第36条（消火設備，避雷設備及び給水，排水その他の配管設備の設置及び構造並びに煙突及び昇降機の構造に係る部分に限る。）の規定並びにこれらに基づく命令の規定（以下「設備関係規定」という。）に適合するかどうかの確認を求めなければならない。設備設計図書の一部を変更した場合も同様とする。

3　設備設計一級建築士は，前項の規定により確認を求められた場合において，当該建築物が設備関係規定に適合することを確認したとき又は適合することを確認できないときは，当該設備設計図書にその旨を記載するとともに，設備設計一級建築士である旨の表示をして記名しなければならない。

4　設備設計一級建築士は，第2項の規定により確認を求めた一級建築士から請求があったときは，設備設計一級建築士証を提示しなければならない。

その他の業務

法第21条　建築士は，設計（第20条の2第2項又は前条第2項の確認を含む。第22条及び第23条第1項において同じ。）及び工事監理を行うほか，建築工事契約に関する事務，建築工事の指導監督，建築物に関する調査又は鑑定及び建築物の建築に関する法令又は条例の規定に基づく手続の代理その他の業務（木造建築士にあっては，木造の建築物に関する業務に限る。）を行うことができる。ただし，他の法律においてその業務を行うことが制限されている事項については，この限りでない。

再委託の制限

法第24の3　建築士事務所の開設者は，委託者の許諾を得た場合においても，委託を受けた設計又は工事監理の業務を建築士事務所の開設者以外の者に委託してはならない。

2　建築士事務所の開設者は，委託者の許諾を得た場合においても，委託を受けた設計又は工事監理（いずれも延べ面積が300 m²を超える建築物の新築工事に係るものに限る。）の業務を，それぞれ一括して他の建築士事務所の開設者に委託してはならない。

3. 消防法

(最終改正 法：令和6年4月1日，令：令和6年4月1日，則：令和6年5月27日)

(1) 総則

目的 | **法第1条** この法律は，火災を予防し，警戒及び鎮圧し，国民の生命，身体及び財産を火災から保護するとともに，火災又は地震等の災害による被害を軽減するほか，災害等による傷病者の搬送を適切に行い，もって安寧秩序を保持し，社会公共の福祉の増進に資することを目的とする。

用語 | **法第2条** この法律の用語は下の例による。

防火対象物 | 2 防火対象物とは，山林又は舟車，船きょ若しくはふ頭に繋留された船舶，建築物その他の工作物若しくはこれらに属する物をいう。

消防対象物 | 3 消防対象物とは，山林又は舟車，船きょ若しくはふ頭に繋留された船舶，建築物その他の工作物又は物件をいう。

関係者 | 4 関係者とは，防火対象物又は消防対象物の所有者，管理者又は占有者をいう。

関係のある場所 | 5 関係のある場所とは，防火対象物又は消防対象物のある場所をいう。
（第6項 省略）

危険物 | 7 危険物とは，別表第1の品名欄に掲げる物品で，同表に定める区分に応じ同表の性質欄に掲げる性状を有するものをいう。
（以下省略）

(2) 火災の予防

防火管理者 | **法第8条** 学校，病院，工場，事業場，興行場，百貨店（これに準ずるものとして政令で定める大規模な小売店舗を含む。以下同じ。），複合用途防火対象物（防火対象物で政令で定める二以上の用途に供されるものをいう。以下同じ。）その他多数の者が出入し，勤務し，又は居住する防火対象物で政令で定めるものの管理について権原を有する者は，政令で定める資格を有する者のうちから防火管理者を定め，政令で定めるところにより，当該防火対象物について消防計画の作成，当該消防計画に基づく消火，通報及び避難の訓練の実施，消防の用に供する設備，消防用水又は消火活動上必要な施設の点検及び整備，火気の使用又は取扱いに関する監督，避難又は防火上必要な構造及び設備の維持管理並びに収容人員の管理その他防火管理上必要な業務を行わせなければならない。
（以下省略）

統括防火管理者 | **法第8条の2** 高層建築物（高さ31 mを超える建築物をいう。第8条の3第1項において同じ。）その他政令で定める防火対象物で，その管理について権原が分かれているもの又は地下街（地下の工作物内に設けられた店舗，事務所その他これらに類する施設で，連続して地下道に面して設けられたものと当該地下道とを合わせたものをいう。以下同じ。）でその管理について権原が分かれているもののうち消防長若しくは消防署長が指定するものの管理について権原を有する者は，政令で定める資格を有する者のうちからこれらの防火対象物の全体について防火管理上必要な業務を統括する防火管理者（以下この条において「統括防火管理者」という。）を協議して定め，政令で定めるところにより，当該防火対象物の全体に

ついての消防計画の作成,当該消防計画に基づく消火,通報及び避難の訓練の実施,当該防火対象物の廊下,階段,避難口その他の避難上必要な施設の管理その他当該防火対象物の全体についての防火管理上必要な業務を行わせなければならない。
(以下省略)

政令で定める数量

法第9条の4 危険物についてその危険性を勘案して政令で定める数量（以下「指定数量」という。）未満の危険物及びわら製品,木毛その他の物品で火災が発生した場合にその拡大が速やかであり,又は消火の活動が著しく困難となるものとして政令で定めるもの（以下「指定可燃物」という。）その他指定可燃物に類する物品の貯蔵及び取扱いの技術上の基準は,市町村条例でこれを定める。

2　指定数量未満の危険物及び指定可燃物その他指定可燃物に類する物品を貯蔵し,又は取り扱う場所の位置,構造及び設備の技術上の基準（第17条第1項の消防用設備等の技術上の基準を除く。）は,市町村条例で定める。

○　危険物の規制に関する政令
（昭和34年9月26日政令第306号　最終改正 令和5年12月27日）

令第1条の11　法第9条の4の政令で定める数量（以下「指定数量」という。）は,別表第3の類別欄に掲げる類,同表の品名欄に掲げる品名及び同表の性質欄に掲げる性状に応じ,それぞれ同表の指定数量欄に定める数量とする。

危険物の規制に関する政令別表第3（抜粋）

類別	品　名	性　質	指定数量
第4類			リットル
	特殊引火物		50
	第一石油類	非水溶性液体	200
		水溶性液体	400
	アルコール類		400
	第二石油類	非水溶性液体	1,000
		水溶性液体	2,000
	第三石油類	非水溶性液体	2,000
		水溶性液体	4,000
	第四石油類		6,000
	動植物油類		10,000

(3) 危険物

危険物取扱所等

法第10条　指定数量以上の危険物は,貯蔵所（車両に固定されたタンクにおいて危険物を貯蔵し,又は取り扱う貯蔵所（以下「移動タンク貯蔵所」という。）を含む。以下同じ。）以外の場所でこれを貯蔵し,又は製造所,貯蔵所及び取扱所以外の場所でこれを取り扱ってはならない。ただし,所轄消防長又は消防署長の承認を受けて指定数量以上の危険物を,10日以内の期間,仮に貯蔵し,又は取り扱う場合は,この限りでない。
(以下省略)

危険物取扱所等の許可

法第11条　製造所,貯蔵所又は取扱所を設置しようとする者は,政令で定めるところにより,製造所,貯蔵所又は取扱所ごとに,次の各号に掲げる製造所,貯蔵所又は取扱所の区分に応じ,当該各号に定める者の許可を受けなければならない。

製造所，貯蔵所又は取扱所の位置，構造又は設備を変更しようとする者も，同様とする。
(以下省略)

(4) 消防の設備等

消防用設備等の設置，維持義務等

法第17条 学校，病院，工場，事業場，興行場，百貨店，旅館，飲食店，地下街，複合用途防火対象物その他の防火対象物で政令で定めるものの関係者は，政令で定める消防の用に供する設備，消防用水及び消火活動上必要な施設（以下「消防用設備等」という。）について消火，避難その他の消防の活動のために必要とされる性能を有するように，政令で定める技術上の基準に従って，設置し，及び維持しなければならない。

2　市町村は，その地方の気候又は風土の特殊性により，前項の消防用設備等の技術上の基準に関する政令又はこれに基づく命令の規定のみによっては防火の目的を充分に達し難いと認めるときは，条例で，同項の消防用設備等の技術上の基準に関して，当該政令又はこれに基づく命令の規定と異なる規定を設けることができる。

3　第1項の防火対象物の関係者が，同項の政令若しくはこれに基づく命令又は前項の規定に基づく条例で定める技術上の基準に従って設置し，及び維持しなければならない消防用設備等に代えて，特殊の消防用設備等その他の設備等（以下「特殊消防用設備等」という。）であって，当該消防用設備等と同等以上の性能を有し，かつ，当該関係者が総務省令で定めるところにより作成する特殊消防用設備等の設置及び維持に関する計画(以下「設備等設置維持計画」という。)に従って設置し，及び維持するものとして，総務大臣の認定を受けたものを用いる場合には，当該消防用設備等（それに代えて当該認定を受けた特殊消防用設備等が用いられるものに限る。）については，前二項の規定は，適用しない。

令別表第1（抜粋）

(1)	イ	劇場，映画館，演芸場又は観覧場
	ロ	公会堂又は集会場
(2)	イ	キャバレー，カフェー，ナイトクラブその他これらに類するもの
	ロ	遊技場又はダンスホール
	ハ	風俗営業等の規制及び業務の適正化等に関する法律第2条第5項に規定する性風俗関連特殊営業を営む店舗（二並びに(1)項イ，(4)項，(5)項イ及び(9)項イに掲げる防火対象物の用途に供されているものを除く。）その他これに類するものとして総務省令で定めるもの
	ニ	カラオケボックスその他遊興のための設備又は物品を個室（これに類する施設を含む。）において客に利用させる役務を提供する業務を営む店舗で総務省令で定めるもの
(3)	イ	待合，料理店その他これらに類するもの
	ロ	飲食店
(4)		百貨店，マーケットその他の物品販売業を営む店舗又は展示場
(5)	イ	旅館，ホテル，宿泊所その他これらに類するもの
	ロ	寄宿舎，下宿又は共同住宅
(6)	イ	(1) 次のいずれにも該当する病院 ①診療科名中に特定診療科名（内科，整形外科，リハビリテーション科等）を有すること ②医療法に規定する療養病床又は一般病床を有すること (2) 次のいずれにも該当する診療所 ①診療科名中に特定診療科名を有すること ②4人以上の患者の入院施設を有すること (3) (1)以外の病院，(2)以外の患者を入院させるための施設を有する診療所又は入所施設を有する助産所 (4) 患者を入院させるための施設を有しない診療所又は入所施設を有しない助産所
	ロ	(1) 老人短期入所施設，養護老人ホーム，特別養護老人ホーム，軽費老人ホーム，有料老人ホーム，介護老人保健施設，老人福祉法に規定する老人短期入所事業を行う施設，小規模多機能型居宅介護事業を行う施設（避難が困難な要介護者を主として宿泊させるものに限る。），認知症対応型老人共同生活援助事業を行う施設その他これらに類するもの

	(6)	(2) 救護施設 (3) 乳児院 (4) 障害児入所施設 (5) 障害者支援施設等（避難が困難な障害者等を主として入所させるものに限る。），共同生活援助を行う施設（避難が困難な障害者等を主として入所させるものに限る。） ハ(1) 老人デイサービスセンター，軽費老人ホーム（ロ (1) に掲げるものを除く。），老人福祉センター，老人介護支援センター，有料老人ホーム，老人デイサービス事業を行う施設，小規模多機能型居宅介護事業を行う施設その他これらに類するもの (2) 更生施設 (3) 助産施設，保育所，幼保連携型認定こども園，児童養護施設，児童自立支援施設，児童家庭支援センター，児童福祉法に規定する一時預かり事業又は家庭的保育事業を行う施設その他これらに類するもの (4) 児童発達支援センター，児童心理治療施設又は児童福祉法に規定する児童発達支援若しくは放課後等デイサービスを行う施設 (5) 身体障害者福祉センター，障害者支援施設（ロ (5) に掲げるものを除く。），地域活動支援センター，福祉ホーム又は障害者の日常生活及び社会生活を総合的に支援するための法律に規定する生活介護，短期入所，自立訓練，就労移行支援，就労継続支援若しくは共同生活援助を行う施設（短期入所施設を除く。） ニ 幼稚園又は特別支援学校
	(7)	小学校，中学校，義務教育学校，高等学校，中等教育学校，高等専門学校，大学，専修学校，各種学校その他これらに類するもの
	(8)	図書館，博物館，美術館その他これらに類するもの
	(9)	イ 公衆浴場のうち，蒸気浴場，熱気浴場その他これらに類するもの ロ イに掲げる公衆浴場以外の公衆浴場
	(10)	車両の停車場又は船舶若しくは航空機の発着場（旅客の乗降又は待合いの用に供する建築物に限る。）
	(11)	神社，寺院，教会その他これらに類するもの
	(12)	イ 工場又は作業場 ロ 映画スタジオ又はテレビスタジオ
	(13)	イ 自動車車庫又は駐車場 ロ 飛行機又は回転翼航空機の格納庫
	(14)	倉庫
	(15)	前各項に該当しない事業場
	(16)	イ 複合用途防火対象物のうち，その一部が(1)項から(4)項まで，(5)項イ，(6)項又は(9)項イに掲げる防火対象物の用途に供されているもの ロ イに掲げる複合用途防火対象物以外の複合用途防火対象物
	(16の2)	地下街
	(16の3)	建築物の地階（((16の2)項に掲げるものの各階を除く。）で連続して地下道に面して設けられたものと当該地下道とを合わせたもの（(1)項から(4)項まで，(5)項イ，(6)項又は(9)項イに掲げる防火対象物の用途に供される部分が存するものに限る。
	(17)	文化財保護法の規定によって重要文化財，重要有形民俗文化財，史跡若しくは重要な文化財として指定され，又は旧重要美術品等の保存に関する法律の規定によって重要美術品として認定された建造物
	(18)	延長50 m以上のアーケード
	(19)	市町村長の指定する山林
	(20)	総務省令で定める舟車

[備考]
1 太字は特定防火対象物（法第17条の2の5第2項第四号，令第34条の4第2項）を示す。
2 2以上の用途に供される防火対象物で第1条の2第2項後段の規定の適用により複合用途防火対象物以外の防火対象物となるものの主たる用途が(1)項から(15)項までの各項に掲げる防火対象物の用途であるときは，当該防火対象物は，当該各項に掲げる防火対象物とする。
3 (1)項から(16)項までに掲げる用途に供される建築物が(16の2)項に掲げる防火対象物内に存するときは，これらの建築物は，同項に掲げる防火対象物の部分とみなす。
4 (1)項から(16)項までに掲げる用途に供される建築物又はその部分が（16の3）項に掲げる防火対象物の部分に該当するものであるときは，これらの建築物又はその部分は，同項に掲げる防火対象物の部分であるほか，(1)項から(16)項に掲げる防火対象物又はその部分でもあるものとみなす。
5 (1)項から(16)項までに掲げる用途に供される建築物その他の工作物又はその部分が(17)項に掲げる防火対象物に該当するものであるときは，これらの建築物その他の工作物又はその部分は，同項に掲げる防火対象物であるほか，(1)項から(16)項までに掲げる防火対象物又はその部分でもあるものとみなす。

防火対象物の指定	**令第6条** 法第17条第1項の政令で定める防火対象物は，別表第1に掲げる防火対象物とする。

第3節　建築関係法令

消防の用に供する設備の種類

令第7条　法第17条第1項の政令で定める消防の用に供する設備は，消火設備，警報設備及び避難設備とする。

（以下省略）

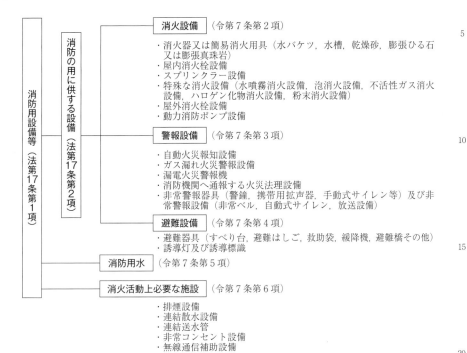

図 4.3.1　消防用設備等の種類（令第7条）

通則

令第8条　防火対象物が次に掲げる当該防火対象物の部分で区画されているときは，その区画された部分は，この節の規定の適用については，それぞれ別の防火対象物とみなす。

一　開口部のない耐火構造(建築基準法第2条第七号に規定する耐火構造をいう。以下同じ。）の床又は壁

二　床，壁その他の建築物の部分又は建築基準法第2条第九号の二ロに規定する防火設備（防火戸その他の総務省令で定めるものに限る。）のうち，防火上有効な措置として総務省令で定める措置が講じられたもの（前号に掲げるものを除く。）

令第9条　別表第1(16)項に掲げる防火対象物の部分で，同表各項((16)項から(20)項までを除く。）の防火対象物の用途のいずれかに該当する用途に供されるものは，この節（第12条第1項第三号及び第十号から第十二号まで，第21条第1項第三号，第七号，第十号及び第十四号，第21条の2第1項第五号，第22条第1項第六号及び第七号，第24条第2項第二号並びに第3項第二号及び第三号，第25条第1項第五号並びに第26条を除く。）の規定の適用については，当該用途に供される1の防火対象物とみなす。

令第9条の2　別表第1(1)項から(4)項まで，(5)項イ，(6)項，(9)項イ又は(16)項イに掲げる防火対象物の地階で，同表（16の2）項に掲げる防火対象物と一体を成すものとして消防長又は消防署長が指定したものは，第12条第1項第六号，第21条第1項第三号（同表（16の2）項に係る部分に限る。），第21条の2第1項第

一号及び第24条第3項第一号（同表（16の2）項に係る部分に限る。）の規定の適用については，同表(16の2)項に掲げる防火対象物の部分であるものとみなす。

無窓階

令第10条 消火器又は簡易消火用具（以下「消火器具」という。）は，次に掲げる防火対象物又はその部分に設置するものとする。

（第一号～第四号　省略）

五　（中略），無窓階（建築物の地上階のうち，総務省令で定める避難上又は消火活動上有効な開口部を有しない階をいう。以下同じ。）又は（以降省略）

（以下省略）

既存防火対象物の特例

法第17条の2の5　第17条第1項の消防用設備等の技術上の基準に関する政令若しくはこれに基づく命令又は同条第2項の規定に基づく条例の規定の施行又は適用の際，現に存する同条第1項の防火対象物における消防用設備等（消火器，避難器具その他政令で定めるものを除く。以下この条及び次条において同じ。）又は現に新築，増築，改築，移転，修繕若しくは模様替えの工事中の同条同項の防火対象物に係る消防用設備等がこれらの規定に適合しないときは，当該消防用設備等については，当該規定は，適用しない。この場合においては，当該消防用設備等の技術上の基準に関する従前の規定を適用する。

特例の除外

2　前項の規定は，消防用設備等で次の各号のいずれかに該当するものについては，適用しない。

一　第17条第1項の消防用設備等の技術上の基準に関する政令若しくはこれに基づく命令又は同条第2項の規定に基づく条例を改正する法令による改正（当該政令若しくは命令又は条例を廃止すると同時に新たにこれに相当する政令若しくは命令又は条例を制定することを含む。）後の当該政令若しくは命令又は条例の規定の適用の際，当該規定に相当する従前の規定に適合していないことにより同条第1項の規定に違反している同条同項の防火対象物における消防用設備等

二　工事の着手が第17条第1項の消防用設備等の技術上の基準に関する政令若しくはこれに基づく命令又は同条第2項の規定に基づく条例の規定の施行又は適用の後である政令で定める増築，改築又は大規模の修繕若しくは模様替えに係る同条第1項の防火対象物における消防用設備等

三　第17条第1項の消防用設備等の技術上の基準に関する政令若しくはこれに基づく命令又は同条第2項の規定に基づく条例の規定に適合するに至った同条第1項の防火対象物における消防用設備等

特定防火対象物

四　前3号に掲げるもののほか，第17条第1項の消防用設備等の技術上の基準に関する政令若しくはこれに基づく命令又は同条第2項の規定に基づく条例の規定の施行又は適用の際，現に存する百貨店，旅館，病院，地下街，複合用途防火対象物（政令で定めるものに限る。）その他同条第1項の防火対象物で多数の者が出入するものとして政令で定めるもの（以下「特定防火対象物」という。）における消防用設備等又は現に新築，増築，改築，移転，修繕若しくは模様替えの工事中の特定防火対象物に係る消防用設備等

適用が除外されない消防用設備等	**令第34条** 法第17条の2の5第1項の政令で定める消防用設備等は，次の各号に掲げる消防用設備等とする。 一 簡易消火用具 二 不活性ガス消火設備（全域放出方式のもので総務省令で定める不活性ガス消火剤を放射するものに限る。）（不活性ガス消火設備の設置及び維持に関する技術上の基準であって総務省令で定めるものの適用を受ける部分に限る。） 三 自動火災報知設備（別表第1(1)項から(4)項まで，(5)項イ，(6)項，(9)項イ，(16)項イ及び（16の2）項から(17)項までに掲げる防火対象物に設けるものに限る。） 四 ガス漏れ火災警報設備（別表第1(1)項から(4)項まで，(5)項イ，(6)項，(9)項イ，(16)項イ，（16の2）項及び（16の3）項に掲げる防火対象物並びにこれらの防火対象物以外の防火対象物で第21条の2第1項第三号に掲げるものに設けるものに限る。） 五 漏電火災警報器 六 非常警報器具及び非常警報設備 七 誘導灯及び誘導標識 八 必要とされる防火安全性能を有する消防の用に供する設備等であって，消火器，避難器具及び前各号に掲げる消防用設備等に類するものとして消防庁長官が定めるもの
適用が除外されない防火対象物の範囲	**令第34条の4** 法第17条の2の5第2項第四号の政令で定める複合用途防火対象物は，別表第1(16)項イに掲げる防火対象物とする。
特定防火対象物の範囲	2 法第17条の2の5第2項第四号の多数の者が出入するものとして政令で定める防火対象物は，別表第1(1)項から(4)項まで，(5)項イ，(6)項，(9)項イ及び（16の3）項に掲げる防火対象物のうち，百貨店，旅館及び病院以外のものとする。
既存防火対象物の用途変更の特例	**法第17条の3** 前条に規定する場合のほか，第17条第1項の防火対象物の用途が変更されたことにより，当該用途が変更された後の当該防火対象物における消防用設備等がこれに係る同条同項の消防用設備等の技術上の基準に関する政令若しくはこれに基づく命令又は同条第2項の規定に基づく条例の規定に適合しないこととなるときは，当該消防用設備等については，当該規定は，適用しない。この場合においては，当該用途が変更される前の当該防火対象物における消防用設備等の技術上の基準に関する規定を適用する。 2 前項の規定は，消防用設備等で次の各号の1に該当するものについては，適用しない。 一 第17条第1項の防火対象物の用途が変更された際，当該用途が変更される前の当該防火対象物における消防用設備等に係る同条同項の消防用設備等の技術上の基準に関する政令若しくはこれに基づく命令又は同条第2項の規定に基づく条例の規定に適合していないことにより同条第1項の規定に違反している当該防火対象物における消防用設備等 二 工事の着手が第17条第1項の防火対象物の用途の変更の後である政令で定める増築，改築又は大規模の修繕若しくは模様替えに係る当該防火対象物にお

　　　　　　　　　　　　ける消防用設備等
　　　　　　　　　　三　第17条第1項の消防用設備等の技術上の基準に関する政令若しくはこれに
　　　　　　　　　　　基づく命令又は同条第2項の規定に基づく条例の規定に適合するに至った同条
　　　　　　　　　　　第1項の防火対象物における消防用設備等
　　　　　　　　　　四　前3号に掲げるもののほか，第17条第1項の防火対象物の用途が変更され，
　　　　　　　　　　　その変更後の用途が特定防火対象物の用途である場合における当該特定防火対
　　　　　　　　　　　象物における消防用設備等

消防設備士の業務独占	法第17条の5　消防設備士免状の交付を受けていない者は，次に掲げる消防用設備等又は特殊消防用設備等の工事（設置に係るものに限る。）又は整備のうち，政令で定めるものを行ってはならない。 　一　第10条第4項の技術上の基準又は設備等技術基準に従って設置しなければならない消防用設備等 　二　設備等設置維持計画に従って設置しなければならない特殊消防用設備等
消防設備士でなければ行ってはならない工事	令第36条の2　法第17条の5の政令で定める消防用設備等又は特殊消防用設備等の設置に係る工事は，次に掲げる消防用設備等（第一号から第三号まで及び第八号に掲げる消防用設備等については，電源，水源及び配管の部分を除き，第四号から第七号まで及び第九号から第十号までに掲げる消防用設備等については電源の部分を除く。）又は必要とされる防火安全性能を有する消防の用に供する設備等若しくは特殊消防用設備等（これらのうち，次に掲げる消防用設備等に類するものとして消防庁長官が定めるものに限り，電源，水源及び配管の部分を除く。次項において同じ。）の設置に係る工事とする。 　一　屋内消火栓設備 　二　スプリンクラー設備 　三　水噴霧消火設備 　四　泡消火設備 　五　不活性ガス消火設備 　六　ハロゲン化物消火設備 　七　粉末消火設備 　八　屋外消火栓設備 　九　自動火災報知設備 　九の二　ガス漏れ火災警報設備 　十　消防機関へ通報する火災報知設備 　十一　金属製避難はしご（固定式のものに限る。） 　十二　救助袋 　十三　緩降機
消防設備士でなければ行ってはならない整備	2　法第17条の5の政令で定める消防用設備等又は特殊消防用設備等の整備は，次に掲げる消防用設備等又は必要とされる防火安全性能を有する消防の用に供する設備等若しくは特殊消防用設備等の整備（屋内消火栓設備の表示灯の交換その他総務省令で定める軽微な整備を除く。）とする。 　一　前項各号に掲げる消防用設備等（同項第一号から第三号まで及び第八号に掲

げる消防用設備等については，電源，水源及び配管の部分を除き，同項第四号から第七号まで及び第九号から第十号までに掲げる消防用設備等については電源の部分を除く。）

二　消火器

三　漏電火災警報器

消防設備士免状の種類

法第 17 条の 6　消防設備士免状の種類は，甲種消防設備士免状及び乙種消防設備士免状とする。

甲種消防設備士，乙種消防設備士

2　甲種消防設備士免状の交付を受けている者（以下「甲種消防設備士」という。）が行うことができる工事又は整備の種類及び乙種消防設備士免状の交付を受けている者（以下「乙種消防設備士」という。）が行うことができる整備の種類は，これらの消防設備士免状の種類に応じて総務省令で定める。

甲種消防設備士が行うことができる工事又は整備の種類

則第 33 条の 3　法第 17 条の 6 第 2 項の規定により，甲種消防設備士が行うことができる工事又は整備の種類のうち，消防用設備等又は特殊消防用設備等の工事又は整備の種類は，次の表の左欄に掲げる指定区分に応じ，同表の右欄に掲げる消防用設備等又は特殊消防用設備等の工事又は整備とする。

指定区分	消防用設備等又は特殊消防用設備等の種類
特　類	特殊消防用設備等
第 1 類	屋内消火栓設備，スプリンクラー設備，水噴霧消火設備又は屋外消火栓設備
第 2 類	泡消火設備
第 3 類	不活性ガス消火設備，ハロゲン化物消火設備又は粉末消火設備
第 4 類	自動火災報知設備，ガス漏れ火災警報設備又は消防機関へ通報する火災報知設備
第 5 類	金属製避難はしご，救助袋又は緩降機

2　法第 17 条の 6 第 2 項の規定により，甲種消防設備士が行うことができる工事又は整備の種類のうち，必要とされる防火安全性能を有する消防の用に供する設備等の工事又は整備の種類は，消防庁長官が定める。

乙種消防設備士が行うことができる整備の種類

3　法第 17 条の 6 第 2 項の規定により，乙種消防設備士が行うことができる整備の種類のうち，消防用設備等又は特殊消防用設備等の整備の種類は，次の表の左欄に掲げる指定区分に応じ，同表の右欄に掲げる消防用設備等の整備とする。

指定区分	消防用設備等の種類
第 1 類	屋内消火栓設備，スプリンクラー設備，水噴霧消火設備又は屋外消火栓設備
第 2 類	泡消火設備
第 3 類	不活性ガス消火設備，ハロゲン化物消火設備又は粉末消火設備
第 4 類	自動火災報知設備，ガス漏れ火災警報設備又は消防機関へ通報する火災報知設備
第 5 類	金属製避難はしご，救助袋又は緩降機
第 6 類	消火器
第 7 類	漏電火災警報器

4　法第17条の6第2項の規定により，乙種消防設備士が行うことができる整備の種類のうち，必要とされる防火安全性能を有する消防の用に供する設備等の整備の種類は，消防庁長官が定める。

消防設備士免状の交付者
法第17条の7　消防設備士免状は，消防設備士試験に合格した者に対し，都道府県知事が交付する。
　2　第13条の2第4項から第7項までの規定は，消防設備士免状について準用する。

消防設備士の講習
法第17条の10　消防設備士は，総務省令で定めるところにより，都道府県知事（総務大臣が指定する市町村長その他の機関を含む。）が行う工事整備対象設備等の工事又は整備に関する講習を受けなければならない。

最初の講習期日
則第33条の17　消防設備士は，免状の交付を受けた日以後における最初の4月1日から2年以内に法第17条の10に規定する講習（以下この条及び次条において単に「講習」という。）を受けなければならない。

次回以降の講習期日
　2　前項の消防設備士は，同項の講習を受けた日以後における最初の4月1日から5年以内に講習を受けなければならない。当該講習を受けた日以降においても同様とする。
　3　前二項に定めるもののほか，講習の科目，講習時間その他講習の実施に関し必要な細目は，消防庁長官が定める。

免状の携帯義務
法第17条の13　消防設備士は，その業務に従事するときは，消防設備士免状を携帯していなければならない。

工事着手の届出
法第17条の14　甲種消防設備士は，法第17条の5の規定に基づく政令で定める工事をしようとするときは，その工事に着手しようとする日の10日前までに，総務省令で定めるところにより，工事整備対象設備等の種類，工事の場所その他必要な事項を消防長又は消防署長に届け出なければならない。

工事整備対象設備等着工届出書
則第33条の18　法第17条の14の規定による届出は，別記様式第1号の7の工事整備対象設備等着工届出書に，次の各号に掲げる区分に応じて，当該各号に定める書類の写しを添付して行わなければならない。
　一　消防用設備等　当該消防用設備等の工事の設計に関する図書で次に掲げるもの
　　イ　平面図
　　ロ　配管及び配線の系統図
　　ハ　計算書
　二　特殊消防用設備等　当該特殊消防用設備等の工事の設計に関する前号イからハまでに掲げる図書，設備等設置維持計画，法第17条の2第3項の評価結果を記載した書面及び法第17条の2の2第2項の認定を受けた者であることを証する書類

第4節　労働関係法令

1. 労働基準法

（最終改正　法：令和6年5月31日，則：令和6年4月1日，年少者労働基準規則：令和3年4月1日）

(1) 総則

労働条件の原則	**法第1条**　労働条件は，労働者が人たるに値する生活を営むための必要を充たすべきものでなければならない。 2　この法律で定める労働条件の基準は最低のものであるから，労働関係の当事者は，この基準を理由として労働条件を低下させてはならないことはもとより，その向上を図るように努めなければならない。
労働条件の決定	**法第2条**　労働条件は，労働者と使用者が，対等の立場において決定すべきものである。 2　労働者及び使用者は，労働協約，就業規則及び労働契約を遵守し，誠実に各々その義務を履行しなければならない。
均等待遇	**法第3条**　使用者は，労働者の国籍，信条又は社会的身分を理由として，賃金，労働時間その他の労働条件について，差別的取扱をしてはならない。
男女同一賃金の原則	**法第4条**　使用者は，労働者が女性であることを理由として，賃金について，男性と差別的取扱いをしてはならない。
強制労働の禁止	**法第5条**　使用者は，暴行，脅迫，監禁その他精神又は身体の自由を不当に拘束する手段によって，労働者の意思に反して労働を強制してはならない。
中間搾取の排除	**法第6条**　何人も，法律に基いて許される場合の外，業として他人の就業に介入して利益を得てはならない。
労働者	**法第9条**　この法律で「労働者」とは，職業の種類を問わず，事業又は事務所（以下「事業」という。）に使用される者で，賃金を支払われる者をいう。
使用者	**法第10条**　この法律で使用者とは，事業主又は事業の経営担当者その他その事業の労働者に関する事項について，事業主のために行為をするすべての者をいう。

(2) 労働契約

この法律に違反する契約の無効	**法第13条**　この法律で定める基準に達しない労働条件を定める労働契約は，その部分については無効とする。この場合において，無効となった部分は，この法律で定める基準による。
契約期間	**法第14条**　労働契約は，期間の定めのないものを除き，一定の事業の完了に必要な期間を定めるもののほかは，3年（次の各号のいずれかに該当する労働契約にあっては，5年）を超える期間について締結してはならない。 （以下省略）
労働条件の明示	**法第15条**　使用者は，労働契約の締結に際し，労働者に対して賃金，労働時間その他の労働条件を明示しなければならない。この場合において，賃金及び労働時間に関する事項その他の厚生労働省令で定める事項については，厚生労働省令で定める方法により明示しなければならない。

	労働契約の解除権	2　前項の規定によって明示された労働条件が事実と相違する場合においては，労働者は，即時に労働契約を解除することができる。 3　前項の場合，就業のために住居を変更した労働者が，契約解除の日から14日以内に帰郷する場合においては，使用者は，必要な旅費を負担しなければならない。
5	使用者が明示すべき労働条件	**則第5条**　使用者が法第15条第1項前段の規定により労働者に対して明示しなければならない労働条件は，次に掲げるものとする。ただし，第一号の二に掲げる事項については期間の定めのある労働契約(以下この条において「有期労働契約」という。)であって当該労働契約の期間の満了後に当該労働契約を更新する場合があるものの締結の場合に限り，第四号の二から第十一号までに掲げる事項については使用者がこれらに関する定めをしない場合においては，この限りでない。 一　労働契約の期間に関する事項 一の二　有期労働契約を更新する場合の基準に関する事項（以降省略） 一の三　就業の場所及び従事すべき業務に関する事項（以降省略） 二　始業及び終業の時刻，所定労働時間を超える労働の有無，休憩時間，休日，休暇並びに労働者を2組以上に分けて就業させる場合における就業時転換に関する事項 三　賃金(退職手当及び第五号に規定する賃金を除く。以下この号において同じ。)の決定，計算及び支払の方法，賃金の締切り及び支払の時期並びに昇給に関する事項 四　退職に関する事項（解雇の事由を含む。） 四の二　退職手当の定めが適用される労働者の範囲，退職手当の決定，計算及び支払いの方法並びに退職手当の支払の時期に関する事項 五　臨時に支払われる賃金（退職手当を除く。），賞与及び第8条各号に掲げる賃金並びに最低賃金額に関する事項 六　労働者に負担させるべき食費，作業用品その他に関する事項 七　安全及び衛生に関する事項 八　職業訓練に関する事項 九　災害補償及び業務外の傷病扶助に関する事項 十　表彰及び制裁に関する事項 十一　休職に関する事項 2　使用者は，法第15条第1項の前段の規定により労働者に対して明示しなければならない労働条件を事実と異なるものとしてはならない。 3　法第15条第1項後段の厚生労働省令で定める事項は，第1項第一号から第四号までに掲げる事項（昇給に関する事項を除く。）とする。 4　法第15条第1項後段の厚生労働省令で定める方法は，労働者に対する前項に規定する事項が明らかとなる書面の交付とする。ただし，当該労働者が同項に規定する事項が明らかとなる次のいずれかの方法によることを希望した場合には，当該方法とすることができる。 一　ファクシミリを利用してする送信の方法 二　電子メールその他のその受信をするものを特定して情報を伝達するために用

いられる電気通信の送信の方法（当該労働者が当該電子メール等の記録を出力することにより書面を作成することができるものに限る。）

（以下省略）

賠償予定の禁止
法第16条 使用者は，労働契約の不履行について違約金を定め，又は損害賠償額を予定する契約をしてはならない。

解雇制限
法第19条 使用者は，労働者が業務上負傷し，又は疾病にかかり療養のために休業する期間及びその後30日間並びに産前産後の女性が第65条の規定によって休業する期間及びその後30日間は，解雇してはならない。ただし，使用者が，第81条の規定によって打切補償を支払う場合又は天災事変その他やむを得ない事由のために事業の継続が不可能となった場合においては，この限りでない。

2　前項但書後段の場合においては，その事由について行政官庁の認定を受けなければならない。

解雇の予告
法第20条 使用者は，労働者を解雇しようとする場合においては，少くとも30日前にその予告をしなければならない。30日前に予告をしない使用者は，30日分以上の平均賃金を支払わなければならない。但し，天災事変その他やむを得ない事由のために事業の継続が不可能となった場合又は労働者の責に帰すべき事由に基いて解雇する場合においては，この限りでない。

予告日数の短縮
2　前項の予告の日数は，1日について平均賃金を支払った場合においては，その日数を短縮することができる。

3　前条第2項の規定は，第1項但書の場合にこれを準用する。

解雇予告の適用除外
法第21条 前条の規定は，次の各号の一に該当する労働者については適用しない。但し，第一号に該当する者が1箇月を超えて引き続き使用されるに至った場合，第二号若しくは第三号に該当する者が所定の期間を超えて引き続き使用されるに至った場合又は第四号に該当する者が14日を超えて引き続き使用されるに至った場合においては，この限りでない。

一　日日雇い入れられる者
二　2箇月以内の期間を定めて使用される者
三　季節的業務に4箇月以内の期間を定めて使用される者
四　試の使用期間中の者

金品の返還
法第23条 使用者は，労働者の死亡又は退職の場合において，権利者の請求があった場合においては，7日以内に賃金を支払い，積立金，保証金，貯蓄金その他名称の如何を問わず，労働者の権利に属する金品を返還しなければならない。

2　前項の賃金又は金品に関して争がある場合においては，使用者は，異議のない部分を，同項の期間中に支払い，又は返還しなければならない。

(3) 賃金

賃金の支払方法
法第24条 賃金は，通貨で，直接労働者に，その全額を支払わなければならない。ただし，法令若しくは労働協約に別段の定めがある場合又は厚生労働省令で定める賃金について確実な支払の方法で厚生労働省令で定めるものによる場合においては，通貨以外のもので支払い，また，法令に別段の定めがある場合又は当該事業場の労働者の過半数で組織する労働組合があるときはその労働組合，労働者の

	支払期日	過半数で組織する労働組合がないときは労働者の過半数を代表する者との書面による協定がある場合においては，賃金の一部を控除して支払うことができる。 2　賃金は，毎月1回以上，一定の期日を定めて支払わなければならない。ただし，臨時に支払われる賃金，賞与その他これに準ずるもので厚生労働省令で定める賃金（第89条において「臨時の賃金等」という。）については，この限りでない。
	非常時払	**法第25条**　使用者は，労働者が出産，疾病，災害その他厚生労働省令で定める非常の場合の費用に充てるために請求する場合においては，支払期日前であっても，既往の労働に対する賃金を支払わなければならない。
	休業手当	**法第26条**　使用者の責に帰すべき事由による休業の場合においては，使用者は，休業期間中当該労働者に，その平均賃金の $\frac{60}{100}$ 以上の手当を支払わなければならない。
	出来高払制の保証給	**法第27条**　出来高払制その他の請負制で使用する労働者については，使用者は，労働時間に応じ一定額の賃金の保障をしなければならない。

(4) 労働時間，休憩，休日及び年次有給休暇

	1週間の労働時間	**法第32条**　使用者は，労働者に，休憩時間を除き1週間について40時間を超えて，労働させてはならない。
	1日の労働時間	2　使用者は，1週間の各日については，労働者に，休憩時間を除き1日について8時間を超えて，労働させてはならない。
	休憩	**法第34条**　使用者は，労働時間が6時間を超える場合においては少くとも45分，8時間を超える場合においては少くとも1時間の休憩時間を労働時間の途中に与えなければならない。 2　前項の休憩時間は，一斉に与えなければならない。ただし，当該事業場に，労働者の過半数で組織する労働組合がある場合においてはその労働組合，労働者の過半数で組織する労働組合がない場合においては労働者の過半数を代表する者との書面による協定があるときは，この限りでない。 3　使用者は，第1項の休憩時間を自由に利用させなければならない。
	休日	**法第35条**　使用者は，労働者に対して，毎週少くとも1回の休日を与えなければならない。 2　前項の規定は，4週間を通じ4日以上の休日を与える使用者については適用しない。
	時間外及び休日の労働	**法第36条**　使用者は，当該事業場に，労働者の過半数で組織する労働組合がある場合においてはその労働組合，労働者の過半数で組織する労働組合がない場合においては労働者の過半数を代表する者との書面による協定をし，厚生労働省令で定めるところによりこれを行政官庁に届け出た場合においては，第32条から第32条の5まで若しくは第40条の労働時間（以下この条において「労働時間」という。）又は前条の休日（以下この条において「休日」という。）に関する規定にかかわらず，その協定で定めるところによって労働時間を延長し，又は休日に労働させることができる。 （以下省略）
	時間外，休日及び深夜の割増賃金	**法第37条**　使用者が，第33条又は前条第1項の規定により労働時間を延長し，又は休日に労働させた場合においては，その時間又はその日の労働については，通常の労働時間又は労働日の賃金の計算額の2割5分以上5割以下の範囲内でそ

れぞれ政令で定める率以上の率で計算した割増賃金を支払わなければならない。ただし，当該延長して労働させた時間が1箇月について60時間を超えた場合においては，その超えた時間の労働については，通常の労働時間の賃金の計算額の5割以上の率で計算した割増賃金を支払わなければならない。

2　前項の政令は，労働者の福祉，時間外又は休日の労働の動向その他の事情を考慮して定めるものとする。

3　使用者が，当該事業場に，労働者の過半数で組織する労働組合があるときはその労働組合，労働者の過半数で組織する労働組合がないときは労働者の過半数を代表する者との書面による協定により，第1項ただし書の規定により割増賃金を支払うべき労働者に対して，当該割増賃金の支払に代えて，通常の労働時間の賃金が支払われる休暇（第39条の規定による有給休暇を除く。）を厚生労働省令で定めるところにより与えることを定めた場合において，当該労働者が当該休暇を取得したときは，当該労働者の同項ただし書に規定する時間を超えた時間の労働のうち当該取得した休暇に対応するものとして厚生労働省令で定める時間の労働については，同項ただし書の規定による割増賃金を支払うことを要しない。

4　使用者が，午後10時から午前5時まで（厚生労働大臣が必要であると認める場合においては，その定める地域又は期間については午後11時から午前6時まで）の間において労働させた場合においては，その時間の労働については，通常の労働時間の賃金の計算額の2割5分以上の率で計算した割増賃金を支払わなければならない。

5　第1項及び前項の割増賃金の基礎となる賃金には，家族手当，通勤手当その他厚生労働省令で定める賃金は算入しない。

(5) 年少者

最低年齢
法第56条　使用者は，児童が満15歳に達した日以後の最初の3月31日が終了するまで，これを使用してはならない。
（以下省略）

年少者の証明書
法第57条　使用者は，満18才に満たない者について，その年齢を証明する戸籍証明書を事業場に備え付けなければならない。
（以下省略）

親権者の契約代行の禁止
法第58条　親権者又は後見人は，未成年者に代って労働契約を締結してはならない。

未成年者の労働契約の解除
2　親権者若しくは後見人又は行政官庁は，労働契約が未成年者に不利であると認める場合においては，将来に向ってこれを解除することができる。

未成年者の賃金受取りの代行の禁止
法第59条　未成年者は，独立して賃金を請求することができる。親権者又は後見人は，未成年者の賃金を代って受け取ってはならない。

労働時間及び休日
法第60条　第32条の2から第32条の5まで，第36条，第40条及び第41条の2の規定は，満18才に満たない者については，これを適用しない。

2　第56条第2項の規定によって使用する児童についての第32条の規定の適用については，同条第1項中「1週間について40時間」とあるのは「，修学時間を

通算して1週間について40時間」と，同条第2項中「1日について8時間」とあるのは「，修学時間を通算して1日について7時間」とする。

3　使用者は，第32条の規定にかかわらず，満15歳以上で満18歳に満たない者については，満18歳に達するまでの間（満15歳に達した日以後の最初の3月31日までの間を除く。），次に定めるところにより，労働させることができる。

一　1週間の労働時間が第32条第1項の労働時間を超えない範囲内において，1週間のうち1日の労働時間を4時間以内に短縮する場合において，他の日の労働時間を10時間まで延長すること。

二　1週間について48時間以下の範囲内で厚生労働省令で定める時間，1日について8時間を超えない範囲内において，第32条の2又は第32条の4及び第32条の4の2の規定の例により労働させること。

深夜業の時間制限

法第61条　使用者は，満18才に満たない者を午後10時から午前5時までの間において使用してはならない。ただし，交替制によって使用する満16才以上の男性については，この限りでない。

深夜業の時間制限の緩和

2　厚生労働大臣は，必要であると認める場合においては，前項の時刻を，地域又は期間を限って，午後11時及び午前6時とすることができる。

交替制による深夜業の時間制限

3　交替制によって労働させる事業については，行政官庁の許可を受けて，第1項の規定にかかわらず午後10時30分まで労働させ，又は前項の規定にかかわらず午前5時30分から労働させることができる。

前三項の適用除外条件

4　前三項の規定は，第33条第1項の規定によって労働時間を延長し，若しくは休日に労働させる場合又は別表第1第六号，第七号若しくは第十三号に掲げる事業若しくは電話交換の業務については，適用しない。

（以下省略）

危険有害業務の就業制限

法第62条　使用者は，満18才に満たない者に，運転中の機械若しくは動力伝導装置の危険な部分の掃除，注油，検査若しくは修繕をさせ，運転中の機械若しくは動力伝導装置にベルト若しくはロープの取付け若しくは取りはずしをさせ，動力によるクレーンの運転をさせ，その他厚生労働省令で定める危険な業務に就かせ，又は厚生労働省令で定める重量物を取り扱う業務に就かせてはならない。

2　使用者は，満18才に満たない者を，毒劇薬，毒劇物その他有害な原料若しくは材料又は爆発性，発火性若しくは引火性の原料若しくは材料を取り扱う業務，著しくじんあい若しくは粉末を飛散し，若しくは有害ガス若しくは有害放射線を発散する場所又は高温若しくは高圧の場所における業務その他安全，衛生又は福祉に有害な場所における業務に就かせてはならない。

3　前項に規定する業務の範囲は，厚生労働省令で定める。

重量物取扱い業務の就業制限

年少者労働基準規則第7条　法第62条第1項の厚生労働省令で定める重量物を取り扱う業務は，次の表の左欄に掲げる年齢及び性の区分に応じ，それぞれ同表の右欄に掲げる重量以上の重量物を取り扱う業務とする。

年齢及び性		重量（単位 kg）	
		断続作業の場合	継続作業の場合
満16歳未満	女	12	8
	男	15	10
満16歳以上 満18歳未満	女	25	15
	男	30	20

年少者の就業制限業務

年少者労働基準規則第8条（抜粋） 法第62条第1項の厚生労働省令で定める危険な業務及び同条第2項の規定により満18歳に満たない者を就かせてはならない業務は，次の各号に掲げるものとする。

三　クレーン，デリック又は揚貨装置の運転の業務

八　直流にあっては750Vを，交流にあっては300Vを超える電圧の充電電路又はその支持物の点検，修理又は操作の業務

十　クレーン，デリック又は揚貨装置の玉掛けの業務（2人以上の者によって行う玉掛けの業務における補助作業の業務を除く。）

十二　動力により駆動される土木建築用機械又は船舶荷扱用機械の運転の業務

二十三　土砂が崩壊するおそれのある場所又は深さが5m以上の地穴における業務

二十四　高さが5m以上の場所で，墜落により労働者が危害を受けるおそれのあるところにおける業務

二十五　足場の組立，解体又は変更の業務（地上又は床上における補助作業の業務を除く。）

坑内労働の禁止

法第63条　使用者は，満18才に満たない者を坑内で労働させてはならない。

(6) 災害補償

療養補償

法第75条　労働者が業務上負傷し，又は疾病にかかった場合においては，使用者は，その費用で必要な療養を行い，又は必要な療養の費用を負担しなければならない。

2　前項に規定する業務上の疾病及び療養の範囲は，厚生労働省令で定める。

休業補償

法第76条　労働者が前条の規定による療養のため，労働することができないために賃金を受けない場合においては，使用者は，労働者の療養中平均賃金の $\frac{60}{100}$ の休業補償を行わなければならない。

（以下省略）

障害補償

法第77条　労働者が業務上負傷し，又は疾病にかかり，治った場合において，その身体に障害が存するときは，使用者は，その障害の程度に応じて，平均賃金に別表第2に定める日数を乗じて得た金額の障害補償を行わなければならない。

（別表第2　省略）

休業補償及び障害補償の例外

法第78条　労働者が重大な過失によって業務上負傷し，又は疾病にかかり，且つ使用者がその過失について行政官庁の認定を受けた場合においては，休業補償又は障害補償を行わなくてもよい。

遺族補償

法第79条　労働者が業務上死亡した場合においては，使用者は，遺族に対して，

		平均賃金の1,000日分の遺族補償を行わなければならない。
打切補償		**法第81条** 第75条の規定によって補償を受ける労働者が，療養開始後3年を経過しても負傷又は疾病がなおらない場合においては，使用者は，平均賃金の1,200日分の打切補償を行い，その後はこの法律の規定による補償を行わなくてもよい。
補償を受ける権利		**法第83条** 補償を受ける権利は，労働者の退職によって変更されることはない。 2 補償を受ける権利は，これを譲渡し，又は差し押えてはならない。
他の法律との関係		**法第84条** この法律に規定する災害補償の事由について，労働者災害補償保険法又は厚生労働省令で指定する法令に基づいてこの法律の災害補償に相当する給付が行なわれるべきものである場合においては，使用者は，補償の責を免れる。 (以下省略)
請負事業に関する例外		**法第87条** 厚生労働省令で定める事業が数次の請負によって行われる場合においては，災害補償については，その元請負人を使用者とみなす。 (以下省略)
元請負人とみなす事業		**則第48条の2** 法第87条第1項の厚生労働省令で定める事業は，法別表第1第三号に掲げる事業とする。 　別表第1第三号　土木，建築その他工作物の建設，改造，保存，修理，変更，破壊，解体又はその準備の事業

(7) 就業規則

作成内容及び届出義務者	**法第89条** 常時10人以上の労働者を使用する使用者は，次に掲げる事項について就業規則を作成し，行政官庁に届け出なければならない。次に掲げる事項を変更した場合においても，同様とする。 一　始業及び終業の時刻，休憩時間，休日，休暇並びに労働者を2組以上に分けて交替に就業させる場合においては就業時転換に関する事項 二　賃金（臨時の賃金等を除く。以下この号において同じ。）の決定，計算及び支払の方法，賃金の締切り及び支払の時期並びに昇給に関する事項 三　退職に関する事項（解雇の事由を含む。） 三の二　退職手当の定めをする場合においては，適用される労働者の範囲，退職手当の決定，計算及び支払の方法並びに退職手当の支払の時期に関する事項 四　臨時の賃金等（退職手当を除く。）及び最低賃金額の定めをする場合においては，これに関する事項 五　労働者に食費，作業用品その他の負担をさせる定めをする場合においては，これに関する事項 六　安全及び衛生に関する定めをする場合においては，これに関する事項 七　職業訓練に関する定めをする場合においては，これに関する事項 八　災害補償及び業務外の傷病扶助に関する定めをする場合においては，これに関する事項 九　表彰及び制裁の定めをする場合においては，その種類及び程度に関する事項 十　前各号に掲げるもののほか，当該事業場の労働者のすべてに適用される定めをする場合においては，これに関する事項

労働者の意見の聴取	**法第90条** 使用者は，就業規則の作成又は変更について，当該事業場に，労働者の過半数で組織する労働組合がある場合においてはその労働組合，労働者の過半数で組織する労働組合がない場合においては労働者の過半数を代表する者の意見を聴かなければならない。 2 使用者は，前条の規定により届出をなすについて，前項の意見を記した書面を添付しなければならない。
法令及び労働協約との関係	**法第92条** 就業規則は，法令又は当該事業場について適用される労働協約に反してはならない。 2 行政官庁は，法令又は労働協約に抵触する就業規則の変更を命ずることができる。
労働契約との関係	**法第93条** 労働契約と就業規則との関係については，労働契約法第12条の定めるところによる。

> ○ 労働契約法（最終改正　令和2年4月1日）
> **法第12条** 就業規則で定める基準に達しない労働条件を定める労働契約は，その部分については，無効とする。この場合において，無効となった部分は，就業規則で定める基準による。

(8) 雑則

労働者名簿	**法第107条** 使用者は，各事業場ごとに労働者名簿を，各労働者（日日雇い入れられる者を除く。）について調製し，労働者の氏名，生年月日，履歴その他厚生労働省令で定める事項を記入しなければならない。 2 前項の規定により記入すべき事項に変更があった場合においては，遅滞なく訂正しなければならない。
名簿の記載事項	**則第53条** 法第107条第1項の労働者名簿（様式第19号）に記入しなければならない事項は，同条同項に規定するもののほか，次に掲げるものとする。 　一　性別 　二　住所 　三　従事する業務の種類 　四　雇入の年月日 　五　退職の年月日及びその事由（退職の事由が解雇の場合にあっては，その理由を含む。） 　六　死亡の年月日及びその原因 2 常時30人未満の労働者を使用する事業においては，前項第三号に掲げる事項を記入することを要しない。
賃金台帳	**法第108条** 使用者は，各事業場ごとに賃金台帳を調製し，賃金計算の基礎となる事項及び賃金の額その他厚生労働省令で定める事項を賃金支払の都度遅滞なく記入しなければならない。
賃金台帳の記載事項	**則第54条** 使用者は，法第108条の規定によって，次に掲げる事項を労働者各人別に賃金台帳に記入しなければならない。 　一　氏名 　二　性別

三　賃金計算期間

四　労働日数

五　労働時間数

六　法第33条若しくは法第36条第1項の規定によって労働時間を延長し，若しくは休日に労働させた場合又は午後10時から午前5時（厚生労働大臣が必要であると認める場合には，その定める地域又は期間については午後11時から午前6時）までの間に労働させた場合には，その延長時間数，休日労働時間数及び深夜労働時間数

七　基本給，手当その他賃金の種類毎にその額

八　法第24条第1項の規定によって賃金の一部を控除した場合には，その額

（以下省略）

記録の保存　**法第109条**　使用者は，労働者名簿，賃金台帳及び雇入れ，解雇，災害補償，賃金その他労働関係に関する重要な書類を5年間保存しなければならない。

2. 労働安全衛生法

（最終改正　法：令和4年6月17日，令：令和6年4月1日，則：令和6年10月1日）

(1) 総則

目的　**法第1条**　この法律は，労働基準法と相まって，労働災害の防止のための危害防止基準の確立，責任体制の明確化及び自主的活動の促進の措置を講ずる等その防止に関する総合的計画的な対策を推進することにより職場における労働者の安全と健康を確保するとともに，快適な職場環境の形成を促進することを目的とする。

定義　**法第2条**　この法律において，次の各号に掲げる用語の意義は，それぞれ当該各号に定めるところによる。

労働災害　　一　労働災害　労働者の就業に係る建設物，設備，原材料，ガス，蒸気，粉じん等により，又は作業行動その他業務に起因して，労働者が負傷し，疾病にかかり，又は死亡することをいう。

労働者　　二　労働者　労働基準法第9条に規定する労働者（同居の親族のみを使用する事業又は事業所に使用される者及び家事使用人を除く。）をいう。

事業者　　三　事業者　事業を行う者で，労働者を使用するものをいう。

化学物質　　三の二　化学物質　元素及び化合物をいう。

作業環境測定　　四　作業環境測定　作業環境の実態をは握するため空気環境その他の作業環境について行うデザイン，サンプリング及び分析（解析を含む。）をいう。

事業者の責務　**法第3条**　事業者は，単にこの法律で定める労働災害の防止のための最低基準を守るだけでなく，快適な職場環境の実現と労働条件の改善を通じて職場における労働者の安全と健康を確保するようにしなければならない。また，事業者は，国が実施する労働災害の防止に関する施策に協力するようにしなければならない。

設計・製造・建設者の責務　　2　機械，器具その他の設備を設計し，製造し，若しくは輸入する者，原材料を製造し，若しくは輸入する者又は建設物を建設し，若しくは設計する者は，これらの物の設計，製造，輸入又は建設に際して，これらの物が使用されることによる労働災害の発生の防止に資するように努めなければならない。

第4節　労働関係法令

発注者の責務	3　建設工事の注文者等仕事を他人に請け負わせる者は，施工方法，工期等について，安全で衛生的な作業の遂行をそこなうおそれのある条件を附さないように配慮しなければならない。
労働者の責務	**法第4条**　労働者は，労働災害を防止するため必要な事項を守るほか，事業者その他の関係者が実施する労働災害の防止に関する措置に協力するように努めなければならない。
事業者に関する規定の適用	**法第5条**　2以上の建設業に属する事業の事業者が，1の場所において行われる当該事業の仕事を共同連帯して請け負った場合においては，厚生労働省令で定めるところにより，そのうちの1人を代表者として定め，これを都道府県労働局長に届け出なければならない。 2　前項の規定による届出がないときは，都道府県労働局長が代表者を指名する。 3　前二項の代表者の変更は，都道府県労働局長に届け出なければ，その効力を生じない。 4　第1項に規定する場合においては，当該事業を同項又は第2項の代表者のみの事業と，当該代表者のみを当該事業の事業者と，当該事業の仕事に従事する労働者を当該代表者のみが使用する労働者とそれぞれみなして，この法律を適用する。
共同企業体	**則第1条**　労働安全衛生法（以下「法」という。）第5条第1項の規定による代表者の選定は，出資の割合その他工事施行に当たっての責任の程度を考慮して行なわなければならない。
届出の期限及び提出先	2　法第5条第1項の規定による届出をしようとする者は，当該届出に係る仕事の開始の日の14日前までに，様式第1号による届書を，当該仕事が行われる場所を管轄する都道府県労働局長に提出しなければならない。
変更届	3　法第5条第3項の規定による届出をしようとする者は，代表者の変更があった後，遅滞なく，様式第1号による届書を前項の都道府県労働局長に提出しなければならない。
経由	4　前二項の規定による届書の提出は，当該仕事が行なわれる場所を管轄する労働基準監督署長を経由して行なうものとする。

(2) 安全衛生管理体制

1) 総括安全衛生管理者

| 選任と業務内容 | **法第10条**　事業者は，政令で定める規模の事業場ごとに，厚生労働省令で定めるところにより，総括安全衛生管理者を選任し，その者に安全管理者，衛生管理者又は第25条の2第2項の規定により技術的事項を管理する者の指揮をさせるとともに，次の業務を統括管理させなければならない。
一　労働者の危険又は健康障害を防止するための措置に関すること。
二　労働者の安全又は衛生のための教育の実施に関すること。
三　健康診断の実施その他健康の保持増進のための措置に関すること。
四　労働災害の原因の調査及び再発防止対策に関すること。
五　前各号に掲げるもののほか，労働災害を防止するため必要な業務で，厚生労働省令で定めるもの |
| 充当者 | 2　総括安全衛生管理者は，当該事業場においてその事業の実施を統括管理する者 |

業務執行に関する勧告		もって充てなければならない。 3　都道府県労働局長は，労働災害を防止するため必要があると認めるときは，総括安全衛生管理者の業務の執行について事業者に勧告することができる。
選任を要する事業場の規模		令第2条　労働安全衛生法（以下「法」という。）第10条第1項の政令で定める規模の事業場は，次の各号に掲げる業種の区分に応じ，常時当該各号に掲げる数以上の労働者を使用する事業場とする。 一　林業，鉱業，建設業，運送業及び清掃業　100人 （以下省略）
選任の期限		則第2条　法第10条第1項の規定による総括安全衛生管理者の選任は，総括安全衛生管理者を選任すべき事由が発生した日から14日以内に行なわなければならない。
選任報告書の提出		2　事業者は，総括安全衛生管理者を選任したときは，遅滞なく，様式第3号による報告書を，当該事業場の所在地を管轄する労働基準監督署長（以下「所轄労働基準監督署長」という。）に提出しなければならない。
代理者の選任		則第3条　事業者は，総括安全衛生管理者が旅行，疾病，事故その他やむを得ない事由によって職務を行なうことができないときは，代理者を選任しなければならない。
総括安全衛生管理者が統括管理する業務		則第3条の2　法第10条第1項第五号の厚生労働省令で定める業務は，次のとおりとする。 一　安全衛生に関する方針の表明に関すること。 二　法第28条の2第1項又は法第57条の3第1項及び第2項の危険性又は有害性等の調査及びその結果に基づき講ずる措置に関すること。 三　安全衛生に関する計画の作成，実施，評価及び改善に関すること。

2）安全管理者

選任，資格及び業務内容		法第11条　事業者は，政令で定める業種及び規模の事業場ごとに，厚生労働省令で定める資格を有する者のうちから，厚生労働省令で定めるところにより，安全管理者を選任し，その者に前条第1項各号の業務（第25条の2第2項の規定により技術的事項を管理する者を選任した場合においては，同条第1項各号の措置に該当するものを除く。）のうち安全に係る技術的事項を管理させなければならない。
増員，解任命令		2　労働基準監督署長は，労働災害を防止するため必要があると認めるときは，事業者に対し，安全管理者の増員又は解任を命ずることができる。
選任を要する事業場の規模		令第3条　法第11条第1項の政令で定める業種及び規模の事業場は，前条第一号又は第二号に掲げる業種の事業場で，常時50人以上の労働者を使用するものとする。
安全管理者の選任		則第4条　法第11条第1項の規定による安全管理者の選任は，次に定めるところにより行わなければならない。
選任の期限		一　安全管理者を選任すべき事由が発生した日から14日以内に選任すること。
専属の者		二　その事業場に専属の者を選任すること。ただし，2人以上の安全管理者を選任する場合において，当該安全管理者の中に次条第二号に掲げる者がいるときは，当該者のうち1人については，この限りでない。
		（第三号　省略）

第4節　労働関係法令

| 専任の者 | 四　次の表の中欄に掲げる業種に応じて，常時同表の右欄に掲げる数以上の労働者を使用する事業場にあっては，その事業場全体について法第10条第1項各号の業務のうち安全に係る技術的事項を管理する安全管理者のうち少なくとも1人を専任の安全管理者とすること。ただし，同表四の項の業種にあっては，過去3年間の労働災害による休業1日以上の死傷者数の合計が100人を超える事業場に限る。 |

一	建設業 有機化学工業製品製造業 石油製品製造業	300人

（表の第二号〜第四号　省略）

選任報告書の提出と代理者の選任	2　第2条第2項及び第3条の規定は，安全管理者について準用する。
安全管理者の資格	則第5条　法第11条第1項の厚生労働省令で定める資格を有する者は，次のとおりとする。〔以下一部（　）書き省略〕 一　次のいずれかに該当する者で，法第10条第1項各号の業務のうち安全に係る技術的事項を管理するのに必要な知識についての研修であって厚生労働大臣が定めるものを修了したもの 　イ　学校教育法による大学又は高等専門学校における理科系統の正規の課程を修めて卒業した者で，その後2年以上産業安全の実務に従事した経験を有するもの 　ロ　学校教育法による高等学校又は中等教育学校において理科系統の正規の学科を修めて卒業した者で，その後4年以上産業安全の実務に従事した経験を有するもの 二　労働安全コンサルタント 三　前2号に掲げる者のほか，厚生労働大臣が定める者
作業場の巡視	則第6条　安全管理者は，作業場等を巡視し，設備，作業方法等に危険のおそれがあるときは，直ちに，その危険を防止するため必要な措置を講じなければならない。
安全措置の権限	2　事業者は，安全管理者に対し，安全に関する措置をなし得る権限を与えなければならない。

3）衛生管理者

選任，資格及び業務内容	法第12条　事業者は，政令で定める規模の事業場ごとに，都道府県労働局長の免許を受けた者その他厚生労働省令で定める資格を有する者のうちから，厚生労働省令で定めるところにより，当該事業場の業務の区分に応じて，衛生管理者を選任し，その者に第10条第1項各号の業務（第25条の2第2項の規定により技術的事項を管理する者を選任した場合においては，同条第1項各号の措置に該当するものを除く。）のうち衛生に係る技術的事項を管理させなければならない。
増員，解任命令	2　前条第2項の規定は，衛生管理者について準用する。
選任を要する事業場の規模	令第4条　法第12条第1項の政令で定める規模の事業場は，常時50人以上の労働者を使用する事業場とする。

| 衛生管理者の選任 | 則第7条　法第12条第1項の規定による衛生管理者の選任は，次に定めるところにより行わなければならない。
| 選任の期限 | 一　衛生管理者を選任すべき事由が発生した日から14日以内に選任すること。
| 専属の者 | 二　その事業場に専属の者を選任すること。ただし，2人以上の衛生管理者を選任する場合において，当該衛生管理者の中に第10条第三号に掲げる者がいるときは，当該者のうち1人については，この限りでない。
| 業種別資格者 | 三　次に掲げる業種の区分に応じ，それぞれに掲げる者のうちから選任すること。
イ　農林畜水産業，鉱業，建設業，製造業（物の加工業を含む。），電気業，ガス業，水道業，熱供給業，運送業，自動車整備業，機械修理業，医療業及び清掃業　第一種衛生管理者免許若しくは衛生工学衛生管理者免許を有する者又は第10条各号に掲げる者
ロ　その他の業種　第一種衛生管理者免許，第二種衛生管理者免許若しくは衛生工学衛生管理者免許を有する者又は第10条各号に掲げる者
| 規模別の衛生管理者数 | 四　次の表の左欄に掲げる事業場の規模に応じて，同表の右欄に掲げる数以上の衛生管理者を選任すること。

事業場の規模（常時使用する労働者数）	衛生管理者数
50人以上200人以下	1人
200人を超え500人以下	2人
500人を超え1,000人以下	3人
1,000人を超え2,000人以下	4人
2,000人を超え3,000人以下	5人
3,000人を超える場合	6人

| 専任の者 | 五　次に掲げる事業場にあっては，衛生管理者のうち少なくとも1人を専任の衛生管理者とすること。
イ　常時1,000人を超える労働者を使用する事業場
ロ　常時500人を超える労働者を使用する事業場で，坑内労働又は労働基準法施行規則第18条各号に掲げる業務に常時30人以上の労働者を従事させるもの
（第六号　省略）
| 選任報告書の提出及び代理者の選任 | 2　第2条第2項及び第3条の規定は，衛生管理者について準用する。
| 選任の特例 | 則第8条　事業者は，前条第1項の規定により衛生管理者を選任することができないやむを得ない事由がある場合で，所轄都道府県労働局長の許可を受けたときは，同項の規定によらないことができる。
| 共同の衛生管理者の選任 | 則第9条　都道府県労働局長は，必要であると認めるときは，地方労働審議会の議を経て，衛生管理者を選任することを要しない2以上の事業場で，同一の地域にあるものについて，共同して衛生管理者を選任すべきことを勧告することができる。
| 衛生管理者の資格 | 則第10条　法第12条第1項の厚生労働省令で定める資格を有する者は，次のとおりとする。

　　　　一　医師
　　　　二　歯科医師
　　　　三　労働衛生コンサルタント
　　　　四　前3号に掲げるもののほか，厚生労働大臣の定める者

作業場の定期巡視　則第11条　衛生管理者は，少なくとも毎週1回作業場等を巡視し，設備，作業方法又は衛生状態に有害のおそれがあるときは，直ちに，労働者の健康障害を防止するため必要な措置を講じなければならない。

衛生措置の権限　2　事業者は，衛生管理者に対し，衛生に関する措置をなし得る権限を与えなければならない。

管理事項　則第12条　事業者は，第7条第1項第六号の規定により選任した衛生管理者に，法第10条第1項各号の業務のうち衛生に係る技術的事項で衛生工学に関するものを管理させなければならない。

4）安全衛生推進者

安全衛生推進者の選任と業務内容　法第12条の2　事業者は，第11条第1項の事業場及び前条第1項の事業場以外の事業場で，厚生労働省令で定める規模のものごとに，厚生労働省令で定めるところにより，安全衛生推進者（第11条第1項の政令で定める業種以外の業種の事業場にあっては，衛生推進者）を選任し，その者に第10条第1項各号の業務（第25条の2第2項の規定により技術的事項を管理する者を選任した場合においては，同条第1項各号の措置に該当するものを除くものとし，第11条第1項の政令で定める業種以外の業種の事業場にあっては，衛生に係る業務に限る。）を担当させなければならない。

安全衛生推進者等を選任すべき事業場　則第12条の2　法第12条の2の厚生労働省令で定める規模の事業場は，常時10人以上50人未満の労働者を使用する事業場とする。

安全衛生推進者等の選任　則第12条の3　法第12条の2の規定による安全衛生推進者又は衛生推進者（以下「安全衛生推進者等」という。）の選任は，都道府県労働局長の登録を受けた者が行う講習を修了した者その他法第10条第1項各号の業務（衛生推進者にあっては，衛生に係る業務に限る。）を担当するため必要な能力を有すると認められる者のうちから，次に定めるところにより行わなければならない。

選任の期限　　一　安全衛生推進者等を選任すべき事由が発生した日から14日以内に選任すること。

専属の者　　二　その事業場に専属の者を選任すること。ただし，労働安全コンサルタント，労働衛生コンサルタントその他厚生労働大臣が定める者のうちから選任するときは，この限りでない。
　　　　（以下省略）

安全衛生推進者等の氏名の周知　則第12条の4　事業者は，安全衛生推進者等を選任したときは，当該安全衛生推進者等の氏名を作業場の見やすい箇所に掲示する等により関係労働者に周知させなければならない。

5）産業医

産業医の選任　法第13条　事業者は，政令で定める規模の事業場ごとに，厚生労働省令で定める

	ところにより，医師のうちから産業医を選任し，その者に労働者の健康管理その他の厚生労働省令で定める事項（以下「労働者の健康管理等」という。）を行わせなければならない。
産業医の条件	2　産業医は，労働者の健康管理等を行うのに必要な医学に関する知識について厚生労働省令で定める要件を備えた者でなければならない。 （第3項，第4項　省略）
勧告	5　産業医は，労働者の健康を確保するため必要があると認めるときは，事業者に対し，労働者の健康管理等について必要な勧告をすることができる。この場合において，事業者は，当該勧告を尊重しなければならない。 6　事業者は，前項の勧告を受けたときは，厚生労働省令で定めるところにより，当該勧告の内容その他の厚生労働省令で定める事項を衛生委員会又は安全衛生委員会に報告しなければならない。
政令で定める規模	令第5条　法第13条第1項の政令で定める規模の事業場は，常時50人以上の労働者を使用する事業場とする。
選任基準	則第13条　法第13条第1項の規定による産業医の選任は，次に定めるところにより行わなければならない。
選任の期限	一　産業医を選任すべき事由が発生した日から14日以内に選任すること。 （第二号　省略）
専属の者	三　常時1,000人以上の労働者を使用する事業場又は次に掲げる業務に常時500人以上の労働者を従事させる事業場にあっては，その事業場に専属の者を選任すること。 （イ～カ　省略）
産業医の数	四　常時3,000人をこえる労働者を使用する事業場にあっては，2人以上の産業医を選任すること。
選任報告書の提出	2　第2条第2項の規定は，産業医について準用する。ただし，学校保健安全法第23条の規定により任命し，又は委嘱された学校医で，当該学校において産業医の職務を行うこととされたものについては，この限りでない。
選任の特例	3　第8条の規定は，産業医について準用する。この場合において，同条中「前条第1項」とあるのは，「第13条第1項」と読み替えるものとする。 （以下省略）
産業医の職務	則第14条　法第13条第1項の厚生労働省令で定める事項は，次に掲げる事項で医学に関する専門的知識を必要とするものとする。 一　健康診断の実施及びその結果に基づく労働者の健康を保持するための措置に関すること。 二　法第66条の8第1項，第66条の8の2第1項及び第66条の8の4第1項に規定する面接指導並びに法第66条の9に規定する必要な措置の実施並びにこれらの結果に基づく労働者の健康を保持するための措置に関すること。 三　法第66条の10第1項に規定する心理的な負担の程度を把握するための検査の実施並びに同条第3項に規定する面接指導の実施及びその結果に基づく労働者の健康を保持するための措置に関すること。

四　作業環境の維持管理に関すること。
　　　五　作業の管理に関すること。
　　　六　前各号に掲げるもののほか，労働者の健康管理に関すること。
　　　七　健康教育，健康相談その他労働者の健康の保持増進を図るための措置に関すること。
　　　八　衛生教育に関すること。
　　　九　労働者の健康障害の原因の調査及び再発防止のための措置に関すること。
　　（第2項　省略）

勧告等
　3　産業医は，第1項各号に掲げる事項について，総括安全衛生管理者に対して勧告し，又は衛生管理者に対して指導し，若しくは助言することができる。

不利益な取扱いの禁止
　4　事業者は，産業医が法第13条第5項の規定による勧告をしたこと又は前項の規定による勧告，指導若しくは助言をしたことを理由として，産業医に対し，解任その他不利益な取扱いをしないようにしなければならない。
　（以下省略）

産業医に対する権限の付与等
　則第14条の4　事業者は，産業医に対し，第14条第1項各号に掲げる事項をなし得る権限を与えなければならない。
　2　前項の権限には，第14条第1項各号に掲げる事項に係る次に掲げる事項に関する権限が含まれるものとする。
　　　一　事業者又は総括安全衛生管理者に対して意見を述べること。
　　　二　第14条第1項各号に掲げる事項を実施するために必要な情報を労働者から収集すること。
　　　三　労働者の健康を確保するため緊急の必要がある場合において，労働者に対して必要な措置をとるべきことを指示すること。

産業医の定期巡視
　則第15条　産業医は，少なくとも毎月1回作業場等を巡視し，作業方法又は衛生状態に有害のおそれがあるときは，直ちに，労働者の健康障害を防止するため必要な措置を講じなければならない。
　（以下省略）

選任すべき事業場以外の健康管理等
　法第13条の2　事業者は，前条第1項の事業場以外の事業場については，労働者の健康管理等を行うのに必要な医学に関する知識を有する医師その他厚生労働省令で定める者に労働者の健康管理等の全部又は一部を行わせるように努めなければならない。
　（以下省略）

省令で定める者
　則第15条の2　法第13条の2第1項の厚生労働省令で定める者は，労働者の健康管理等を行うのに必要な知識を有する保健師とする。
　2　事業者は，法第13条第1項の事業場以外の事業場について，法第13条の2第1項に規定する者に労働者の健康管理等の全部又は一部を行わせるに当たっては，労働者の健康管理等を行う同項に規定する医師の選任，国が法第19条の3に規定する援助として行う労働者の健康管理等に係る業務についての相談その他の必要な援助の事業の利用等に努めるものとする。
　（以下省略）

6) 作業主任者

作業主任者	**法第14条** 事業者は，高圧室内作業その他の労働災害を防止するための管理を必要とする作業で，政令で定めるものについては，都道府県労働局長の免許を受けた者又は都道府県労働局長の登録を受けた者が行う技能講習を修了した者のうちから，厚生労働省令で定めるところにより，当該作業の区分に応じて，作業主任者を選任し，その者に当該作業に従事する労働者の指揮その他の厚生労働省令で定める事項を行わせなければならない。
作業主任者を選任すべき作業	**令第6条**（抜粋） 法第14条の政令で定める作業は，次のとおりとする。
アセチレン溶接	二 アセチレン溶接装置又はガス集合溶接装置を用いて行う金属の溶接，溶断又は加熱の作業
コンクリート破砕	八の二 コンクリート破砕器を用いて行う破砕の作業
地山の掘削	九 掘削面の高さが2m以上となる地山の掘削（ずい道及びたて坑以外の坑の掘削を除く。）の作業（第十一号に掲げる作業を除く。）
土止め支保工	十 土止め支保工の切りばり又は腹起こしの取付け又は取り外しの作業
型わく支保工	十四 型枠支保工（支柱，はり，つなぎ，筋かい等の部材により構成され，建設物におけるスラブ，桁等のコンクリートの打設に用いる型枠を支持する仮設の設備をいう。以下同じ。）の組立て又は解体の作業
足場	十五 つり足場（ゴンドラのつり足場を除く。以下同じ。），張出し足場又は高さが5m以上の構造の足場の組立て，解体又は変更の作業
建築物の組立て，解体	十五の二 建築物の骨組み又は塔であって，金属製の部材により構成されるもの（その高さが5m以上であるものに限る。）の組立て，解体又は変更の作業
コンクリート造の解体	十五の五 コンクリート造の工作物（その高さが5m以上であるものに限る。）の解体又は破壊の作業
酸素欠乏危険作業	二十一 別表第6に掲げる酸素欠乏危険場所における作業
石綿を取り扱う作業	二十三 石綿若しくは石綿をその重量の0.1%を超えて含有する製剤その他の物（以下「石綿等」という。）を取り扱う作業（試験研究のため取り扱う作業を除く。）又は石綿等を試験研究のため製造する作業（以下 省略）
酸素欠乏危険場所	**令別表第6**（抜粋） 三 ケーブル，ガス管その他地下に敷設される物を収容するための暗きょ，マンホール又はピットの内部 三の二 雨水，河川の流水又は湧水が滞留しており，又は滞留したことのある槽，暗きょ，マンホール又はピットの内部 三の三 海水が滞留しており，若しくは滞留したことのある熱交換器，管，暗きょ，マンホール，溝若しくはピット（以下この号において「熱交換器等」という。）又は海水を相当期間入れてあり，若しくは入れたことのある熱交換器等の内部

作業主任者の選任	**則第 16 条** 法第 14 条の規定による作業主任者の選任は，別表第 1 の左欄に掲げる作業の区分に応じて，同表の中欄に掲げる資格を有する者のうちから行なうものとし，その作業主任者の名称は，同表の右欄に掲げるとおりとする。 （以下省略）
作業主任者の職務の分担	**則第 17 条** 事業者は，別表第 1 の左欄に掲げる 1 の作業を同一の場所で行なう場合において，当該作業に係る作業主任者を 2 人以上選任したときは，それぞれの作業主任者の職務の分担を定めなければならない。

則別表第 1（第 16，17 条関係）（抜粋）

作業の区分	資格を有する者	名称
令第 6 条第二号の作業	ガス溶接作業主任者免許を受けた者	ガス溶接作業主任者
令第 6 条第八号の二の作業	コンクリート破砕器作業主任者技能講習を修了した者	コンクリート破砕器作業主任者
令第 6 条第九号の作業	地山の掘削及び土止め支保工作業主任者技能講習を修了した者	地山の掘削作業主任者
令第 6 条第十号の作業	地山の掘削及び土止め支保工作業主任者技能講習を修了した者	土止め支保工作業主任者
令第 6 条第十四号の作業	型枠支保工の組立て等作業主任者技能講習を修了した者	型枠支保工の組立て等作業主任者
令第 6 条第十五号の作業	足場の組立て等作業主任者技能講習を修了した者	足場の組立て等作業主任者
令第 6 条第十五号の二の作業	建築物等の鉄骨の組立て等作業主任者技能講習を修了した者	建築物等の鉄骨の組立て等作業主任者
令第 6 条第十五号の五の作業	コンクリート造の工作物の解体等作業主任者技能講習を修了した者	コンクリート造の工作物の解体等作業主任者
令第 6 条第二十一号の作業のうち，次の項に掲げる作業以外の作業	酸素欠乏危険作業主任者技能講習又は酸素欠乏・硫化水素危険作業主任者技能講習を修了した者	酸素欠乏危険作業主任者
令第 6 条第二十一号の作業のうち，令別表第 6 第三号の三，第九号又は第十二号に掲げる酸素欠乏危険場所（同号に掲げる場所にあっては，酸素欠乏症にかかるおそれ及び硫化水素中毒にかかるおそれのある場所として厚生労働大臣が定める場所に限る。）における作業	酸素欠乏・硫化水素危険作業主任者技能講習を修了した者	
令第 6 条第二十三号の作業	石綿作業主任者技能講習を修了した者	石綿作業主任者

| 作業主任者の氏名等の周知 | **則第18条** 事業者は，作業主任者を選任したときは，当該作業主任者の氏名及びその者に行なわせる事項を作業場の見やすい箇所に掲示する等により関係労働者に周知させなければならない。 |

7) 統括安全衛生責任者

選任と業務内容	**法第15条** 事業者で，1の場所において行う事業の仕事の一部を請負人に請け負わせているもの（当該事業の仕事の一部を請け負わせる契約が2以上あるため，その者が2以上あることとなるときは，当該請負契約のうちの最も先次の請負契約における注文者とする。以下「元方事業者」という。）のうち，建設業その他政令で定める業種に属する事業（以下「特定事業」という。）を行う者（以下「特定元方事業者」という。）は，その労働者及びその請負人（元方事業者の当該事業の仕事が数次の請負契約によって行われるときは，当該請負人の請負契約の後次のすべての請負契約の当事者である請負人を含む。以下「関係請負人」という。）の労働者が当該場所において作業を行うときは，これらの労働者の作業が同一の場所において行われることによって生ずる労働災害を防止するため，統括安全衛生責任者を選任し，その者に元方安全衛生管理者の指揮をさせるとともに，第30条第1項各号の事項を統括管理させなければならない。ただし，これらの労働者の数が政令で定める数未満であるときは，この限りでない。
充当者	2　統括安全衛生責任者は，当該場所においてその事業の実施を統括管理する者をもって充てなければならない。
指揮権	3　第30条第4項の場合において，同項のすべての労働者の数が政令で定める数以上であるときは，当該指名された事業者は，これらの労働者に関し，これらの労働者の作業が同一の場所において行われることによって生ずる労働災害を防止するため，統括安全衛生責任者を選任し，その者に元方安全衛生管理者の指揮をさせるとともに，同条第1項各号の事項を統括管理させなければならない。この場合においては，当該指名された事業者及び当該指名された事業者以外の事業者については，第1項の規定は，適用しない。 （第4項　省略）
業務執行に関する勧告	5　第10条第3項の規定は，統括安全衛生責任者の業務の執行について準用する。この場合において，同項中「事業者」とあるのは，「当該統括安全衛生責任者を選任した事業者」と読み替えるものとする。
統括安全衛生責任者を選任すべき業種	**令第7条** 法第15条第1項の政令で定める業種は，造船業とする。
選任の要否を決める1の場所の労働者の数	2　法第15条第1項ただし書及び同条第3項の政令で定める労働者の数は，次の各号に掲げる仕事の区分に応じ，当該各号に定める数とする。 一　ずい道等の建設の仕事，橋梁（りょう）の建設の仕事（作業場所が狭いこと等により安全な作業の遂行が損なわれるおそれのある場所として厚生労働省令で定める場所において行われるものに限る。）又は圧気工法による作業を行う仕事　常時30人 二　前号に掲げる仕事以外の仕事　常時50人

第4節　労働関係法令

| 省令で定める場所 | 則第18条の2の2　令第7条第2項第一号の厚生労働省令で定める場所は、人口が集中している地域内における道路上若しくは道路に隣接した場所又は鉄道の軌道上若しくは軌道に隣接した場所とする。 |

8）元方安全衛生管理者

選任者，資格及び業務内容	法第15条の2　前条第1項又は第3項の規定により統括安全衛生責任者を選任した事業者で、建設業その他政令で定める業種に属する事業を行うものは、厚生労働省令で定める資格を有する者のうちから、厚生労働省令で定めるところにより、元方安全衛生管理者を選任し、その者に第30条第1項各号の事項のうち技術的事項を管理させなければならない。
監督署長による増員，解任	2　第11条第2項の規定は、元方安全衛生管理者について準用する。この場合において、同項中「事業者」とあるのは、「当該元方安全衛生管理者を選任した事業者」と読み替えるものとする。
専属の者	則第18条の3　法第15条の2第1項の規定による元方安全衛生管理者の選任は、その事業場に専属の者を選任して行わなければならない。
元方安全衛生管理者の資格	則第18条の4　法第15条の2第1項の厚生労働省令で定める資格を有する者は、次のとおりとする。 一　学校教育法による大学又は高等専門学校における理科系統の正規の課程を修めて卒業した者で、その後3年以上建設工事の施工における安全衛生の実務に従事した経験を有するもの 二　学校教育法による高等学校又は中等教育学校において理科系統の正規の学科を修めて卒業した者で、その後5年以上建設工事の施工における安全衛生の実務に従事した経験を有するもの 三　前2号に掲げる者のほか、厚生労働大臣が定める者
権限の付与	則第18条の5　事業者は、元方安全衛生管理者に対し、その労働者及び関係請負人の労働者の作業が同一場所において行われることによって生ずる労働災害を防止するため必要な措置をなし得る権限を与えなければならない。

9）店社安全衛生管理者

| 選任と業務内容（元方事業者） | 法第15条の3　建設業に属する事業の元方事業者は、その労働者及び関係請負人の労働者が1の場所（これらの労働者の数が厚生労働省令で定める数未満である場所及び第15条第1項又は第3項の規定により統括安全衛生責任者を選任しなければならない場所を除く。）において作業を行うときは、当該場所において行われる仕事に係る請負契約を締結している事業場ごとに、これらの労働者の作業が同一の場所で行われることによって生ずる労働災害を防止するため、厚生労働省令で定める資格を有する者のうちから、厚生労働省令で定めるところにより、店社安全衛生管理者を選任し、その者に、当該事業場で締結している当該請負契約に係る仕事を行う場所における第30条第1項各号の事項を担当する者に対する指導その他厚生労働省令で定める事項を行わせなければならない。 |
| 選任と業務内容（指名事業者） | 2　第30条第4項の場合において、同項のすべての労働者の数が厚生労働省令で定める数以上であるとき（第15条第1項又は第3項の規定により統括安全衛生責任者を選任しなければならないときを除く。）は、当該指名された事業者で建 |

設業に属する事業の仕事を行うものは，当該場所において行われる仕事に係る請負契約を締結している事業場ごとに，これらの労働者に関し，これらの労働者の作業が同一の場所で行われることによって生ずる労働災害を防止するため，厚生労働省令で定める資格を有する者のうちから，厚生労働省令で定めるところにより，店社安全衛生管理者を選任し，その者に，当該事業場で締結している当該請負契約に係る仕事を行う場所における第 30 条第 1 項各号の事項を担当する者に対する指導その他厚生労働省令で定める事項を行わせなければならない。この場合においては，当該指名された事業者及び当該指名された事業者以外の事業者については，前項の規定は適用しない。

労働者数

則第 18 条の 6 法第 15 条の 3 第 1 項及び第 2 項の厚生労働省令で定める労働者の数は，次の各号の仕事の区分に応じ，当該各号に定める数とする。

一 令第 7 条第 2 項第一号の仕事及び主要構造部が鉄骨造又は鉄骨鉄筋コンクリート造である建築物の建設の仕事 常時 20 人

二 前号の仕事以外の仕事 常時 50 人

2 建設業に属する事業の仕事を行う事業者であって，法第 15 条第 2 項に規定するところにより，当該仕事を行う場所において，統括安全衛生責任者の職務を行う者を選任し，並びにその者に同条第 1 項又は第 3 項及び同条第 4 項の指揮及び統括管理をさせ，並びに法第 15 条の 2 第 1 項の資格を有する者のうちから元方安全衛生管理者の職務を行う者を選任し，及びその者に同項の事項を管理させているもの（法第 15 条の 3 第 1 項又は第 2 項の規定により店社安全衛生管理者を選任しなければならない事業者に限る。）は，当該場所において同条第 1 項又は第 2 項の規定により店社安全衛生管理者を選任し，その者に同条第 1 項又は第 2 項の事項を行わせているものとする。

店社安全衛生管理者の資格

則第 18 条の 7 法第 15 条の 3 第 1 項及び第 2 項の厚生労働省令で定める資格を有する者は，次のとおりとする。

一 学校教育法による大学又は高等専門学校を卒業した者で，その後 3 年以上建設工事の施工における安全衛生の実務に従事した経験を有するもの

二 学校教育法による高等学校又は中等教育学校を卒業した者で，その後 5 年以上建設工事の施工における安全衛生の実務に従事した経験を有するもの

三 8 年以上建設工事の施工における安全衛生の実務に従事した経験を有する者

四 前 3 号に掲げる者のほか，厚生労働大臣が定める者

店社安全衛生管理者の職務

則第 18 条の 8 法第 15 条の 3 第 1 項及び第 2 項の厚生労働省令で定める事項は，次のとおりとする。

一 少なくとも毎月 1 回法第 15 条の 3 第 1 項又は第 2 項の労働者が作業を行う場所を巡視すること。

二 法第 15 条の 3 第 1 項又は第 2 項の労働者の作業の種類その他作業の実施の状況を把握すること。

三 法第 30 条第 1 項第一号の協議組織の会議に随時参加すること。

四 法第 30 条第 1 項第五号の計画に関し同号の措置が講ぜられていることについて確認すること。

第 4 節　労働関係法令

10) 安全衛生責任者

選任者と業務　**法第 16 条**　第 15 条第 1 項又は第 3 項の場合において，これらの規定により統括安全衛生責任者を選任すべき事業者以外の請負人で，当該仕事を自ら行うものは，安全衛生責任者を選任し，その者に統括安全衛生責任者との連絡その他の厚生労働省令で定める事項を行わせなければならない。

選任の通報　2　前項の規定により安全衛生責任者を選任した請負人は，同項の事業者に対し，遅滞なく，その旨を通報しなければならない。

安全衛生責任者の職務　**則第 19 条**　法第 16 条第 1 項の厚生労働省令で定める事項は，次のとおりとする。
一　統括安全衛生責任者との連絡
二　統括安全衛生責任者から連絡を受けた事項の関係者への連絡
三　前号の統括安全衛生責任者からの連絡に係る事項のうち当該請負人に係るものの実施についての管理
四　当該請負人がその労働者の作業の実施に関し計画を作成する場合における当該計画と特定元方事業者が作成する法第 30 条第 1 項第五号の計画との整合性の確保を図るための統括安全衛生責任者との調整
五　当該請負人の労働者の行う作業及び当該労働者以外の者の行う作業によって生ずる法第 15 条第 1 項の労働災害に係る危険の有無の確認
六　当該請負人がその仕事の一部を他の請負人に請け負わせている場合における当該他の請負人の安全衛生責任者との作業間の連絡及び調整

各責任者等の代理者の選任　**則第 20 条**　第 3 条の規定は，統括安全衛生責任者，元方安全衛生管理者，店社安全衛生管理者及び安全衛生責任者について準用する。

11) 安全委員会

設置すべき事業場と調査審議内容　**法第 17 条**　事業者は，政令で定める業種及び規模の事業場ごとに，次の事項を調査審議させ，事業者に対し意見を述べさせるため，安全委員会を設けなければならない。
一　労働者の危険を防止するための基本となるべき対策に関すること。
二　労働災害の原因及び再発防止対策で，安全に係るものに関すること。
三　前 2 号に掲げるもののほか，労働者の危険の防止に関する重要事項

委員の構成　2　安全委員会の委員は，次の者をもって構成する。ただし，第一号の者である委員（以下「第一号の委員」という。）は，1 人とする。
一　総括安全衛生管理者又は総括安全衛生管理者以外の者で当該事業場においてその事業の実施を統括管理するもの若しくはこれに準ずる者のうちから事業者が指名した者
二　安全管理者のうちから事業者が指名した者
三　当該事業場の労働者で，安全に関し経験を有するもののうちから事業者が指名した者

議長　3　安全委員会の議長は，第一号の委員がなるものとする。

過半数労働者の代表等の推薦が必要な委員　4　事業者は，第一号の委員以外の委員の半数については，当該事業場に労働者の過半数で組織する労働組合があるときにおいてはその労働組合，労働者の過半数で組織する労働組合がないときにおいては労働者の過半数を代表する者の推薦に基づき指名しなければならない。

前項の規定適用除外	5　前二項の規定は，当該事業場の労働者の過半数で組織する労働組合との間における労働協約に別段の定めがあるときは，その限度において適用しない。
設置を要する事業場	**令第8条**　法第17条第1項の政令で定める業種及び規模の事業場は，次の各号に掲げる業種の区分に応じ，常時当該各号に掲げる数以上の労働者を使用する事業場とする。 　一　林業，鉱業，建設業，製造業のうち木材・木製品製造業，化学工業，鉄鋼業，金属製品製造業及び輸送用機械器具製造業，運送業のうち道路貨物運送業及び港湾運送業，自動車整備業，機械修理業並びに清掃業　50人 　二　第2条第一号及び第二号に掲げる業種（前号に掲げる業種を除く。）　100人
安全委員会の付議事項	**則第21条**　法第17条第1項第三号の労働者の危険の防止に関する重要事項には，次の事項が含まれるものとする。 　一　安全に関する規程の作成に関すること。 　二　法第28条の2第1項又は第57条の3第1項及び第2項の危険性又は有害性等の調査及びその結果に基づき講ずる措置のうち，安全に係るものに関すること。 　三　安全衛生に関する計画（安全に係る部分に限る。）の作成，実施，評価及び改善に関すること。 　四　安全教育の実施計画の作成に関すること。 　五　厚生労働大臣，都道府県労働局長，労働基準監督署長，労働基準監督官又は産業安全専門官から文書により命令，指示，勧告又は指導を受けた事項のうち，労働者の危険の防止に関すること。

12）衛生委員会

設置すべき事業場と調査審議内容	**法第18条**　事業者は，政令で定める規模の事業場ごとに，次の事項を調査審議させ事業者に対し意見を述べさせるため，衛生委員会を設けなければならない。 　一　労働者の健康障害を防止するための基本となるべき対策に関すること。 　二　労働者の健康の保持増進を図るための基本となるべき対策に関すること。 　三　労働災害の原因及び再発防止対策で，衛生に係るものに関すること。 　四　前3号に掲げるもののほか，労働者の健康障害の防止及び健康の保持増進に関する重要事項
委員の構成	2　衛生委員会の委員は，次の者をもって構成する。ただし，第一号の者である委員は，1人とする。 　一　総括安全衛生管理者又は総括安全衛生管理者以外の者で当該事業場においてその事業の実施を統括管理するもの若しくはこれに準ずる者のうちから事業者が指名した者 　二　衛生管理者のうちから事業者が指名した者 　三　産業医のうちから事業者が指名した者 　四　当該事業場の労働者で，衛生に関し経験を有するもののうちから事業者が指名した者
委員として指名できる者	3　事業者は，当該事業場の労働者で，作業環境測定を実施している作業環境測定士であるものを衛生委員会の委員として指名することができる。

議長，労働者の推薦，適用除外事項	4　前条第3項から第5項までの規定は，衛生委員会について準用する。この場合において，同条第3項及び第4項中「第一号の委員」とあるのは，「第18条第2項第一号の者である委員」と読み替えるものとする。
設置を要する事業場の規模	**令第9条**　法第18条第1項の政令で定める規模の事業場は，常時50人以上の労働者を使用する事業場とする。
衛生委員会の付議事項	**則第22条**　法第18条第1項第四号の労働者の健康障害の防止及び健康の保持増進に関する重要事項には，次の事項が含まれるものとする。 一　衛生に関する規程の作成に関すること。 二　法第28条の2第1項又は第57条の3第1項及び第2項の危険性又は有害性等の調査及びその結果に基づき講ずる措置のうち，衛生に係るものに関すること。 三　安全衛生に関する計画（衛生に係る部分に限る。）の作成，実施，評価及び改善に関すること。 四　衛生教育の実施計画の作成に関すること。 五　法第57条の4第1項及び第57条の5第1項の規定により行われる有害性の調査並びにその結果に対する対策の樹立に関すること。 六　法第65条第1項又は第5項の規定により行われる作業環境測定の結果及びその結果の評価に基づく対策の樹立に関すること。 七　定期に行われる健康診断，法第66条第4項の規定による指示を受けて行われる臨時の健康診断，法第66条の2の自ら受けた健康診断及び法に基づく他の省令の規定に基づいて行われる医師の診断，診察又は処置の結果並びにその結果に対する対策の樹立に関すること。 八　労働者の健康の保持増進を図るため必要な措置の実施計画の作成に関すること。 九　長時間にわたる労働による労働者の健康障害の防止を図るための対策の樹立に関すること。 十　労働者の精神的健康の保持増進を図るための対策の樹立に関すること。 十一　第577条の2第1項，第2項及び第8項の規定により講ずる措置に関すること並びに同条第3項及び第4項の医師又は歯科医師による健康診断の実施に関すること。 十二　厚生労働大臣，都道府県労働局長，労働基準監督署長，労働基準監督官又は労働衛生専門官から文書により命令，指示，勧告又は指導を受けた事項のうち，労働者の健康障害の防止に関すること。

13）安全衛生委員会

設置できる場合	**法第19条**　事業者は，第17条及び前条の規定により安全委員会及び衛生委員会を設けなければならないときは，それぞれの委員会の設置に代えて，安全衛生委員会を設置することができる。
委員の構成	2　安全衛生委員会の委員は，次の者をもって構成する。ただし，第一号の者である委員は，1人とする。 一　総括安全衛生管理者又は総括安全衛生管理者以外の者で当該事業場においてその事業の実施を統括管理するもの若しくはこれに準ずる者のうちから事業者が指名した者

二　安全管理者及び衛生管理者のうちから事業者が指名した者
　　　三　産業医のうちから事業者が指名した者
　　　四　当該事業場の労働者で，安全に関し経験を有するもののうちから事業者が指名した者
　　　五　当該事業場の労働者で，衛生に関し経験を有するもののうちから事業者が指名した者

委員として指名できる者	3　事業者は，当該事業場の労働者で，作業環境測定を実施している作業環境測定士であるものを安全衛生委員会の委員として指名することができる。
議長，労働者の推薦，適用除外事項	4　第17条第3項から第5項までの規定は，安全衛生委員会について準用する。この場合において，同条第3項及び第4項中「第一号の委員」とあるのは，「第19条第2項第一号の者である委員」と読み替えるものとする。
安全管理者等に対する教育	法第19条の2　事業者は，事業場における安全衛生の水準の向上を図るため，安全管理者，衛生管理者，安全衛生推進者，衛生推進者その他労働災害の防止のための業務に従事する者に対し，これらの者が従事する業務に関する能力の向上を図るための教育，講習等を行い，又はこれらを受ける機会を与えるように努めなければならない。
指針の公表	2　厚生労働大臣は，前項の教育，講習等の適切かつ有効な実施を図るため必要な指針を公表するものとする。
大臣の指導	3　厚生労働大臣は，前項の指針に従い，事業者又はその団体に対し，必要な指導等を行うことができる。
委員会の開催	則第23条　事業者は，安全委員会，衛生委員会又は安全衛生委員会（以下「委員会」という。）を毎月1回以上開催するようにしなければならない。
運営	2　前項に定めるもののほか，委員会の運営について必要な事項は，委員会が定める。
労働者への周知	3　事業者は，委員会の開催の都度，遅滞なく，委員会における議事の概要を次に掲げるいずれかの方法によって労働者に周知させなければならない。

　　　一　常時各作業場の見やすい場所に掲示し，又は備え付けること。
　　　二　書面を労働者に交付すること。
　　　三　事業者の使用に係る電子計算機に備えられたファイル又は電磁的記録媒体をもって調製するファイルに記録し，かつ，各作業場に労働者が当該記録の内容を常時確認できる機器を設置すること。

記録の保存期間	4　事業者は，委員会の開催の都度，次に掲げる事項を記録し，これを3年間保存しなければならない。

　　　一　委員会の意見及び当該意見を踏まえて講じた措置の内容
　　　二　前号に掲げるもののほか，委員会における議事で重要なもの
　　（以下省略）

関係労働者の意見聴取	則第23条の2　委員会を設けている事業者以外の事業者は，安全又は衛生に関する事項について，関係労働者の意見を聴くための機会を設けるようにしなければならない。

第4節　労働関係法令

表 4.4.1　安全衛生管理体制総括表（建設業）

労働安全衛生法	項目管理者等	選任者	事業場の規模（労働者数）	選任までの期限	代理者の選任※（注）3参照	選任報告書提出先	業　　務
法第10条	①総括安全衛生管理者	事業者	常時100人以上	14日以内	○	所轄労働基準監督署長	安全管理者・衛生管理者等の指揮及び次の事項 1. 危険又は健康障害防止の措置 2. 安全、衛生教育 3. 健康診断、健康保持増進措置 4. 労働災害原因調査、防止対策 5. 安全衛生方針の表明 6. 危険性、有害性調査とその措置 7. 安全衛生計画の作成〜改善
法第11条	②安全管理者	事業者	常時50人以上	14日以内	○	所轄労働基準監督署長	作業場の巡視及び下記1〜3の技術的事項 1. 労働者の危険防止 2. 安全教育 3. 労働災害再発防止等
法第12条	③衛生管理者	事業者	常時50人以上	14日以内	○	所轄労働基準監督署長	作業場の定期巡視（毎週1回）及び下記1〜3の技術的事項 1. 健康障害防止 2. 衛生教育 3. 健康診断等健康管理
法第12条の2	④安全衛生推進者	事業者	常時10人以上50人未満	14日以内	──	関係労働者に周知させる	総括安全衛生管理者の業務1〜7の業務
法第13条	⑤産業医	事業者	常時50人以上	14日以内	──	所轄労働基準監督署長	1. 健康診断の実施、その結果の措置 2. 作業環境の維持管理 3. 作業の管理、健康管理 4. 健康の教育、相談、保持増進 5. 衛生教育 6. 健康障害の原因調査、再発防止
法第14条	⑥作業主任者	事業者	──	──	──	関係労働者に周知させる	当該作業に従事する労働者の指揮その他
法第15条	⑦統括安全衛生責任者	特定元方事業者	常時50人以上※（注）1参照	遅滞なく	○	※（注）2参照	元方安全衛生管理者の指揮、特定元方事業者と関係請負人の労働者が同一の場所で作業を行うことによる労働災害防止のため下欄の各事項を統括管理
法第15条の2	⑧元方安全衛生管理者	特定元方事業者	常時50人以上※（注）1参照	遅滞なく	○	※（注）2参照	1. 協議組織の設置・運営 2. 作業間の連絡・調整 3. 作業場所の巡視 4. 関係請負人が行う安全衛生教育の指導・援助 5. 工程及び機械・設備の配置計画 6. 労働災害防止 上記各項の技術的事項管理
法第15条の3	⑨店社安全衛生管理者	元方事業者	・S造又はSRC造の作業場常時20人 ・その他常時50人 ・統括安全衛生責任者を選任している作業場は除く	遅滞なく	○	※（注）2参照	1. 現場の統括安全衛生管理を行う者の指導 2. 現場の巡視（毎月1回） 3. 作業の実施状況の把握 4. 協議組織の随時参加 5. 計画に関し法令措置の確認
法第16条	⑩安全衛生責任者	特定元方事業者以外の関係請負人	常時50人以上※（注）1参照	遅滞なく	○	（関係請負人より統括管理を行う事業者に通報）	1. 統括安全衛生責任者との連絡及び受けた連絡事項を関係者へ連絡 2. 統括安全衛生責任者からの連絡事項の実施について管理 3. 請負人が作成する作業計画等を統括安全衛生責任者と調整 4. 混在作業による危険の有無確認 5. 請負人が仕事の一部を下請させる場合、下請の安全衛生責任者と連絡調整

※（注）1　ただし、ずい道建設又は圧気工法による作業は30人以上。
（注）2　特定元方事業者等の事業開始報告によりそれぞれの氏名を遅滞なく所轄労働基準監督署長に報告する。
（注）3　○印のある管理者等は、管理者等が旅行、疾病、事故その他やむを得ない理由によって職務を行うことができないときは、代理者を選任する。

◆事業場の規模と安全管理体制
●個々の事業場（企業）における安全衛生管理体制図（例）

（　）内は労働安全衛生法による。

1. 常時100人以上の直用労働者を使用する事業場（工事現場を含む）

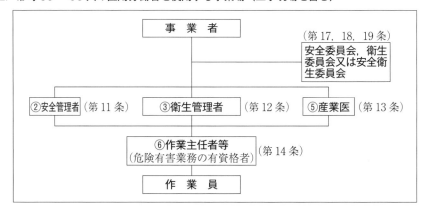

2. 常時50～99人の直用労働者を使用する事業場（工事現場を含む）

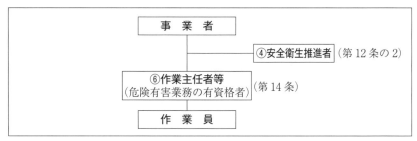

3. 常時10～49人の直用労働者を使用する事業場（工事現場を含む）

4. 常時1～9人の直用労働者を使用する事業場（工事現場を含む）

第4節　労働関係法令

● 下請け混在現場（工事現場）における安全衛生管理体制図（例）

（　）内は労働安全衛生法による。

1. 大規模現場

2. 中規模現場

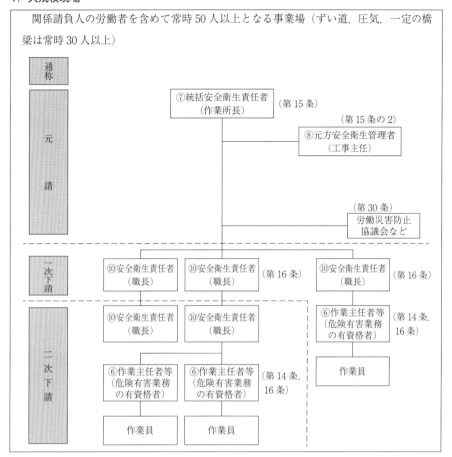

◆総括安全衛生管理者と統括安全衛生責任者の主な相違点

総括安全衛生管理者と統括安全衛生責任者は混同しやすいが，主な違いは下表のとおり。

項目＼種別	総括安全衛生管理者 （労働安全衛生法第10条）	統括安全衛生責任者 （労働安全衛生法第15条）
選任を要する場所	常時100人以上の労働者を使用する建設業の事業場ごと	「1の場所」で工事を行う元請（最先次）の労働者と下請負人（工事のすべてを含む。関係請負人という）の労働者の合計が常時50人以上となる「1の場所」 「1の場所」とは，例えば ① ビル建設工事…その作業場全域 ② 送配電線電気工事…その工事の工区ごと
指揮をする対象者	「安全管理者」及び「衛生管理者」	元方安全衛生管理者
主な業務の目的	安全・衛生の統括管理	元請と下請の労働者が同一の場所で混在して作業をすることにより生ずる労働災害の防止
統括管理業務	① 危険又は健康障害防止の措置 ② 安全又は衛生教育の実施 ③ 健康診断の実施，健康保持増進の措置 ④ 労働災害の原因調査及び再発防止対策 ⑤ その他，労働災害防止に必要な業務	① 協議組織の設置及び運営 ② 作業間の連絡，調整 ③ 作業場所の巡視 ④ 関係請負人が行う安全，衛生教育の指導及び援助 ⑤ 工程計画及び作業場所の機械，設備等の配置計画並びに使用する作業の指導 ⑥ その他，労働災害防止に必要な事項

◆安全委員会，衛生委員会及び安全衛生委員会の総括表（建設業）

	安全委員会 （労働安全衛生法第17条）	衛生委員会 （同法第18条）	安全衛生委員会 （同法第19条）
設置者	事業者	同左	同左
設置範囲	事業場ごと	同左	安全・衛生両委員会に代え，事業場ごと
事業場の規模	労働者の使用人－常時50人以上	同左	同左
委員会の目的	下記の事項を調査審議させ，事業者に対し意見を述べさせる。	同左	同左
調査審議事項	1. 労働者の危険防止の基本対策 2. 労働災害の原因及び再発防止対策（安全） 3. 上記以外の重要事項 　① 安全に関する規定の作成 　② 危険性又は有害性等の調査及びその措置（安全） 　③ 安全衛生に関する計画の作成，実施，評価及び改善（安全） 　④ 安全教育の実施計画の作成 　⑤ 新規の機器又は原材料に係る危険防止 　⑥ 大臣，労働局長等の文書による危険防止の命令，指示，勧告，指導事項	1. 労働者の健康障害防止の基本対策 2. 健康の保持増進を図る基本対策 3. 労働災害の原因及び再発防止対策（衛生） 4. 上記以外の重要事項 　① 衛生に関する規定の作成 　② 危険性又は有害性等の調査及びその措置（衛生） 　③ 安全衛生に関する計画の作成，実施，評価及び改善（衛生） 　④ 衛生教育の実施計画の作成 　⑤ 作業環境測定実施結果の対策樹立 　⑥ 健康診断等の結果等に対する対策樹立 　⑦ 健康の保持増進を図る必要措置の実施計画作成 　⑧ 新規の機器又は原材料に係る健康障害防止 　⑨ 大臣，労働局長等の文書による健康障害防止の命令，指示，勧告，指導事項	安全委員会と衛生委員会で調査審議すべき事項

	安全委員会 （労働安全衛生法第 17 条）	衛生委員会 （同法第 18 条）	安全衛生委員会 （同法第 19 条）
委員の構成	次の各号の者（各号とも事業者が指名した者）	同左	同左
	1. 総括安全衛生管理者等その事業場で事業の実施を総括管理する者又は準ずる者	1. 同左	1. 同左
	2. 安全管理者 / ただし，半数の委員は労働協約で別段の定めがある場合を除き過半数の労働者で組織する労働組合，それがないときは過半数労働者の代表の推薦者	2. 衛生管理者 / ただし書きは左に同じ	2. 安全管理者及び衛生管理者 / ただし書きは左に同じ
	3. 安全に関し経験のある労働者	3. 産業医 4. 衛生に関し経験のある労働者	3. 産業医 4. 安全に関し経験のある労働者 5. 衛生に関し経験のある労働者
	———	その事業場で作業環境測定をしている労働者で作業環境測定士である者を委員として指定することができる	同左
委員会の会議	1. 毎月 1 回以上開催 2. 運営事項は委員会が定める 3. 重要な議事は記録を 3 年間保存	同左	同左
関係労働者の意見の聴取	委員会を設けている事業者以外の事業者は，安全又は衛生について関係労働者の意見を聞く機会を設ける		

(3) 労働者の危険又は健康障害を防止するための措置

1) 事業者の講ずべき措置

必要な措置　**法第 20 条**　事業者は，次の危険を防止するため必要な措置を講じなければならない。

　一　機械，器具その他の設備（以下「機械等」という。）による危険
　二　爆発性の物，発火性の物，引火性の物等による危険
　三　電気，熱その他のエネルギーによる危険

作業方法による危険の防止　**法第 21 条**　事業者は，掘削，採石，荷役，伐木等の業務における作業方法から生ずる危険を防止するため必要な措置を講じなければならない。

2　事業者は，労働者が墜落するおそれのある場所，土砂等が崩壊するおそれのある場所等に係る危険を防止するため必要な措置を講じなければならない。

健康障害の防止　**法第 22 条**　事業者は，次の健康障害を防止するため必要な措置を講じなければならない。

　一　原材料，ガス，蒸気，粉じん，酸素欠乏空気，病原体等による健康障害
　二　放射線，高温，低温，超音波，騒音，振動，異常気圧等による健康障害
　三　計器監視，精密工作等の作業による健康障害
　四　排気，排液又は残さい物による健康障害

労働者の健康，風紀及び生命の保持　**法第 23 条**　事業者は，労働者を就業させる建設物その他の作業場について，通路，床面，階段等の保全並びに換気，採光，照明，保温，防湿，休養，避難及び清潔に必要な措置その他労働者の健康，風紀及び生命の保持のため必要な措置を講じなければならない。

労働災害の防止　**法第 24 条**　事業者は，労働者の作業行動から生ずる労働災害を防止するため必要な措置を講じなければならない。

危険な作業場からの退避		**法第25条** 事業者は，労働災害発生の急迫した危険があるときは，直ちに作業を中止し，労働者を作業場から退避させる等必要な措置を講じなければならない。
		法第25条の2 建設業その他政令で定める業種に属する事業の仕事で，政令で定めるものを行う事業者は，爆発，火災等が生じたことに伴い労働者の救護に関する措置がとられる場合における労働災害の発生を防止するため，次の措置を講じなければならない。
		一　労働者の救護に関し必要な機械等の備付け及び管理を行うこと。
		二　労働者の救護に関し必要な事項についての訓練を行うこと。
		三　前二号に掲げるもののほか，爆発，火災等に備えて，労働者の救護に関し必要な事項を行うこと。
		2　前項に規定する事業者は，厚生労働省令で定める資格を有する者のうちから，厚生労働省令で定めるところにより，同項各号の措置のうち技術的事項を管理する者を選任し，その者に当該技術的事項を管理させなければならない。

2) 元方事業者の講ずべき措置

指導		**法第29条** 元方事業者は，関係請負人及び関係請負人の労働者が，当該仕事に関し，この法律又はこれに基づく命令の規定に違反しないよう必要な指導を行なわなければならない。
指示		2　元方事業者は，関係請負人又は関係請負人の労働者が，当該仕事に関し，この法律又はこれに基づく命令の規定に違反していると認めるときは，是正のため必要な指示を行なわなければならない。
服従		3　前項の指示を受けた関係請負人又はその労働者は，当該指示に従わなければならない。
必要な措置		**法第29条の2** 建設業に属する事業の元方事業者は，土砂等が崩壊するおそれのある場所，機械等が転倒するおそれのある場所その他の厚生労働省令で定める場所において関係請負人の労働者が当該事業の仕事の作業を行うときは，当該関係請負人が講ずべき当該場所に係る危険を防止するための措置が適正に講ぜられるように，技術上の指導その他の必要な措置を講じなければならない。
厚生労働省令で定める場所		**則第634条の2** 法第29条の2の厚生労働省令で定める場所は，次のとおりとする。
		一　土砂等が崩壊するおそれのある場所（関係請負人の労働者に危険が及ぶおそれのある場所に限る。）
		（第一号の二　省略）
		二　機械等が転倒するおそれのある場所（関係請負人の労働者が用いる車両系建設機械のうち令別表第7第三号に掲げるもの又は移動式クレーンが転倒するおそれのある場所に限る。）
		三　架空電線の充電電路に近接する場所であって，当該充電電路に労働者の身体等が接触し，又は接近することにより感電の危険が生ずるおそれのあるもの（関係請負人の労働者により工作物の建設，解体，点検，修理，塗装等の作業若しくはこれらに附帯する作業又はくい打機，くい抜機，移動式クレーン等を使用する作業が行われる場所に限る。）
		四　埋設物等又はれんが壁，コンクリートブロック塀，擁壁等の建設物が損壊す

る等のおそれのある場所（関係請負人の労働者により当該埋設物等又は建設物に近接する場所において明かり掘削の作業が行われる場所に限る。）

3）特定元方事業者等の講ずべき措置等

必要な措置 | **法第30条** 特定元方事業者は，その労働者及び関係請負人の労働者の作業が同一の場所において行われることによって生ずる労働災害を防止するため，次の事項に関する必要な措置を講じなければならない。

一 協議組織の設置及び運営を行うこと。
二 作業間の連絡及び調整を行うこと。
三 作業場所を巡視すること。
四 関係請負人が行う労働者の安全又は衛生のための教育に対する指導及び援助を行うこと。
五 仕事を行う場所が仕事ごとに異なることを常態とする業種で，厚生労働省令で定めるものに属する事業を行う特定元方事業者にあっては，仕事の工程に関する計画及び作業場所における機械，設備等の配置に関する計画を作成するとともに，当該機械，設備等を使用する作業に関し関係請負人がこの法律又はこれに基づく命令の規定に基づき講ずべき措置についての指導を行うこと。
六 前各号に掲げるもののほか，当該労働災害を防止するため必要な事項

特定元方事業者以外で前項の措置を講ずべき者の指名 | 2 特定事業の仕事の発注者（注文者のうち，その仕事を他の者から請け負わないで注文している者をいう。以下同じ。）で，特定元方事業者以外のものは，1の場所において行なわれる特定事業の仕事を2以上の請負人に請け負わせている場合において，当該場所において当該仕事に係る2以上の請負人の労働者が作業を行なうときは，厚生労働省令で定めるところにより，請負人で当該仕事を自ら行なう事業者であるもののうちから，前項に規定する措置を講ずべき者として1人を指名しなければならない。1の場所において行なわれる特定事業の仕事の全部を請け負った者で，特定元方事業者以外のもののうち，当該仕事を2以上の請負人に請け負わせている者についても，同様とする。

前項の指名がされないときの指名 | 3 前項の規定による指名がされないときは，同項の指名は，労働基準監督署長がする。

第2項又は前項で指名された事業者の行う措置 | 4 第2項又は前項の規定による指名がされたときは，当該指名された事業者は，当該場所において当該仕事の作業に従事するすべての労働者に関し，第1項に規定する措置を講じなければならない。この場合においては，当該指名された事業者及び当該指名された事業者以外の事業者については，第1項の規定は，適用しない。

協議組織の設置及び運営 | **則第635条** 特定元方事業者（法第15条第1項の特定元方事業者をいう。以下同じ。）は，法第30条第1項第一号の協議組織の設置及び運営については，次に定めるところによらなければならない。

一 特定元方事業者及びすべての関係請負人が参加する協議組織を設置すること。
二 当該協議組織の会議を定期的に開催すること。

2 関係請負人は，前項の規定により特定元方事業者が設置する協議組織に参加しなければならない。

第4章　法規

作業間の連絡及び調整	**則第636条**　特定元方事業者は，法第30条第1項第二号の作業間の連絡及び調整については，随時，特定元方事業者と関係請負人との間及び関係請負人相互間における連絡及び調整を行なわなければならない。
作業場所の巡視	**則第637条**　特定元方事業者は，法第30条第1項第三号の規定による巡視については，毎作業日に少なくとも1回，これを行なわなければならない。 2　関係請負人は，前項の規定により特定元方事業者が行なう巡視を拒み，妨げ，又は忌避してはならない。
教育に対する指導及び援助	**則第638条**　特定元方事業者は，法第30条第1項第四号の教育に対する指導及び援助については，当該教育を行なう場所の提供，当該教育に使用する資料の提供等の措置を講じなければならない。
省令で定める業種	**則第638条の2**　法第30条第1項第五号の厚生労働省令で定める業種は，建設業とする。
計画の作成	**則第638条の3**　法第30条第1項第五号に規定する特定元方事業者は，同号の計画の作成については，工程表等の当該仕事の工程に関する計画並びに当該作業場所における主要な機械，設備及び作業用の仮設の建設物の配置に関する計画を作成しなければならない。
関係請負人の講ずべき措置についての指導	**則第638条の4**　法第30条第1項第五号に規定する特定元方事業者は，同号の関係請負人の講ずべき措置についての指導については，次に定めるところによらなければならない。 一　車両系建設機械のうち令別表第7各号に掲げるもの（同表第五号に掲げるもの以外のものにあっては，機体重量が3t以上のものに限る。）を使用する作業に関し第155条第1項の規定に基づき関係請負人が定める作業計画が，法第30条第1項第五号の計画に適合するよう指導すること。 二　つり上げ荷重が3t以上の移動式クレーンを使用する作業に関しクレーン則第66条の2第1項の規定に基づき関係請負人が定める同項各号に掲げる事項が，法第30条第1項第五号の計画に適合するよう指導すること。
クレーン等の運転についての合図統一	**則第639条**　特定元方事業者は，その労働者及び関係請負人の労働者の作業が同一の場所において行われる場合において，当該作業がクレーン等（クレーン，移動式クレーン，デリック，簡易リフト又は建設用リフトで，クレーン則の適用を受けるものをいう。以下同じ。）を用いて行うものであるときは，当該クレーン等の運転についての合図を統一的に定め，これを関係請負人に周知させなければならない。 2　特定元方事業者及び関係請負人は，自ら行なう作業について前項のクレーン等の運転についての合図を定めるときは，同項の規定により統一的に定められた合図と同一のものを定めなければならない。
事故現場等の標識の統一等	**則第640条**　特定元方事業者は，その労働者及び関係請負人の労働者の作業が同一の場所において行われる場合において，当該場所に次の各号に掲げる事故現場等があるときは，当該事故現場等を表示する標識を統一的に定め，これを関係請負人に周知させなければならない。 一　有機則第27条第2項本文の規定により労働者を立ち入らせてはならない事故現場

第4節　労働関係法令

　　二　高圧則第1条の2第四号の作業室又は同条第五号の気こう室
　　三　電離則第3条第1項の区域，電離則第15条第1項の室，電離則第18条第1項本文の規定により労働者を立ち入らせてはならない場所又は電離則第42条第1項の区域
　　四　酸素欠乏症等防止規則（以下「酸欠則」という。）第9条第1項の酸素欠乏危険場所又は酸欠則第14条第1項の規定により労働者を退避させなければならない場所
　2　特定元方事業者及び関係請負人は，当該場所において自ら行なう作業に係る前項各号に掲げる事故現場等を，同項の規定により統一的に定められた標識と同一のものによって明示しなければならない。
　3　特定元方事業者及び関係請負人は，その労働者のうち必要がある者以外の者を第1項各号に掲げる事故現場等に立ち入らせてはならない。

警報の統一　則第642条　特定元方事業者は，その労働者及び関係請負人の労働者の作業が同一の場所において行なわれるときには，次の場合に行なう警報を統一的に定め，これを関係請負人に周知させなければならない。
　　一　当該場所にあるエックス線装置（令第6条第五号のエックス線装置をいう。以下同じ。）に電力が供給されている場合
　　二　当該場所にある電離則第2条第2項に規定する放射性物質を装備している機器により照射が行なわれている場合
　　三　当該場所において発破が行なわれる場合
　　四　当該場所において火災が発生した場合
　　五　当該場所において，土砂の崩壊，出水若しくはなだれが発生した場合又はこれらが発生するおそれのある場合
　2　特定元方事業者及び関係請負人は，当該場所において，エックス線装置に電力を供給する場合，前項第二号の機器により照射を行なう場合又は発破を行なう場合は，同項の規定により統一的に定められた警報を行なわなければならない。当該場所において，火災が発生したこと又は土砂の崩壊，出水若しくはなだれが発生したこと若しくはこれらが発生するおそれのあることを知ったときも，同様とする。
　3　特定元方事業者及び関係請負人は，第1項第三号から第五号までに掲げる場合において，前項の規定により警報が行なわれたときは，危険がある区域にいるその労働者のうち必要がある者以外の者を退避させなければならない。

特定元方事業者の指名　則第643条　法第30条第2項の規定による指名は，次の者について，あらかじめその者の同意を得て行なわなければならない。
　　一　法第30条第2項の場所において特定事業（法第15条第1項の特定事業をいう。）の仕事を自ら行う請負人で，建築工事における軀体工事等当該仕事の主要な部分を請け負ったもの（当該仕事の主要な部分が数次の請負契約によって行われることにより当該請負人が2以上あるときは，これらの請負人のうち，最も先次の請負契約の当事者である者）
　　二　前号の者が2以上あるときは，これらの者が互選した者

指名できないときの措置	2　法第30条第2項の規定により特定元方事業者を指名しなければならない発注者（同項の発注者をいう。）又は請負人は，同項の規定による指名ができないときは，遅滞なく，その旨を当該場所を管轄する労働基準監督署長に届け出なければならない。

(4) 労働者の就業に当たっての措置

1) 安全衛生教育

安全衛生教育	**法第59条**　事業者は，労働者を雇い入れたときは，当該労働者に対し，厚生労働省令で定めるところにより，その従事する業務に関する安全又は衛生のための教育を行なわなければならない。
作業内容の変更	2　前項の規定は，労働者の作業内容を変更したときについて準用する。
特別の教育	3　事業者は，危険又は有害な業務で，厚生労働省令で定めるものに労働者をつかせるときは，厚生労働省令で定めるところにより，当該業務に関する安全又は衛生のための特別の教育を行なわなければならない。
雇入れ時等の教育	**則第35条**　事業者は，労働者を雇い入れ，又は労働者の作業内容を変更したときは，当該労働者に対し，遅滞なく，次の事項のうち当該労働者が従事する業務に関する安全又は衛生のため必要な事項について，教育を行なわなければならない。 一　機械等，原材料等の危険性又は有害性及びこれらの取扱い方法に関すること。 二　安全装置，有害物抑制装置又は保護具の性能及びこれらの取扱い方法に関すること。 三　作業手順に関すること。 四　作業開始時の点検に関すること。 五　当該業務に関して発生するおそれのある疾病の原因及び予防に関すること。 六　整理，整頓及び清潔の保持に関すること。 七　事故時等における応急措置及び退避に関すること。 八　前各号に掲げるもののほか，当該業務に関する安全又は衛生のために必要な事項
教育の省略	2　事業者は，前項各号に掲げる事項の全部又は一部に関し十分な知識及び技能を有していると認められる労働者については，当該事項についての教育を省略することができる。
特別な教育を必要とする業務	**則第36条**　法第59条第3項の厚生労働省令で定める危険又は有害な業務は，次のとおりとする。 （以下省略） ※電気工事に関係する業務については，**表4.4.2**参照。
特別教育記録の保存期間	**則第38条**　事業者は，特別教育を行なったときは，当該特別教育の受講者，科目等の記録を作成して，これを3年間保存しておかなければならない。
職長等の教育	**法第60条**　事業者は，その事業場の業種が政令で定めるものに該当するときは，新たに職務につくこととなった職長その他の作業中の労働者を直接指導又は監督する者（作業主任者を除く。）に対し，次の事項について，厚生労働省令で定めるところにより，安全又は衛生のための教育を行なわなければならない。

　　　　一　作業方法の決定及び労働者の配置に関すること。
　　　　二　労働者に対する指導又は監督の方法に関すること。
　　　　三　前2号に掲げるもののほか，労働災害を防止するため必要な事項で，厚生労働省令で定めるもの。

職長等の教育を行うべき業種	**令第19条**　法第60条の政令で定める業種は，次のとおりとする。

　　　　一　建設業
　　　　二　製造業。ただし，次に掲げるものを除く。
　　　　　　イ　たばこ製造業
　　　　　　ロ　繊維工業（紡績業及び染色整理業を除く。）
　　　　　　ハ　衣服その他の繊維製品製造業
　　　　　　ニ　紙加工品製造業（セロファン製造業を除く。）
　　　　三　電気業
　　　　四　ガス業
　　　　五　自動車整備業
　　　　六　機械修理業

職長等の教育事項	**則第40条**　法第60条第三号の厚生労働省令で定める事項は，次のとおりとする。

　　　　一　法第28条の2第1項又は第57条の3第1項及び第2項の危険性又は有害性等の調査及びその結果に基づき講ずる措置に関すること。
　　　　二　異常時等における措置に関すること。
　　　　三　その他現場監督者として行うべき労働災害防止活動に関すること。
　　　（以下省略）

2）就業制限

就業制限	**法第61条**　事業者は，クレーンの運転その他の業務で，政令で定めるものについては，都道府県労働局長の当該業務に係る免許を受けた者又は都道府県労働局長の登録を受けた者が行う当該業務に係る技能講習を修了した者その他厚生労働省令で定める資格を有する者でなければ，当該業務に就かせてはならない。
無資格者の制限	2　前項の規定により当該業務につくことができる者以外の者は，当該業務を行なってはならない。
資格者証の携帯	3　第1項の規定により当該業務につくことができる者は，当該業務に従事するときは，これに係る免許証その他その資格を証する書面を携帯していなければならない。

　　　4　職業能力開発促進法第24条第1項（同法第27条の2第2項において準用する場合を含む。）の認定に係る職業訓練を受ける労働者について必要がある場合においては，その必要の限度で，前三項の規定について，厚生労働省令で別段の定めをすることができる。

就業制限に係る業務	**令第20条**　法第61条第1項の政令で定める業務は，次のとおりとする。

　　　（以下省略）
　　　※電気工事に関係する業務については，**表4.4.2**参照。

3）中高年齢者等についての配慮

中高年齢者等についての配慮

> **法第62条** 事業者は，中高年齢者その他労働災害の防止上その就業に当たって特に配慮を必要とする者については，これらの者の心身の条件に応じて適正な配置を行なうように努めなければならない。

表4.4.2　就業制限（免許・技能講習）（法第61条第1項）及び特別教育（法第59条第3項）の業務内容（抜粋）

政令又は省令で定められた業務内容	対象	適用範囲	免許 令第20条	技能講習 令第20条	特別教育 則第36条
クレーンの運転業務	つり上げ荷重	5t以上	○		
		5t以上で床上操作	↓	○	
		5t未満	↓	↓	○
移動式クレーンの運転業務	つり上げ荷重	5t以上	○		
		5t未満1t以上	↓	○	
		1t未満	↓	↓	○
デリックの運転業務	つり上げ荷重	5t以上	○		
		5t未満	↓		○
フォークリフトの運転業務	最大荷重	1t以上	—	○	
		1t未満	—	↓	○
クレーン・移動式クレーン，デリックの玉掛け業務	つり上げ荷重	1t以上	—	○	
		1t未満	—	↓	○
建設用リフトの運転業務			—	—	○
ゴンドラの操作の業務			—	—	○
高所作業車の運転業務	作業床の高さ	10m以上	—	○	
		10m未満	—	↓	○
研削といしの取替え又は取替え時の試運転の業務			—	—	○
アーク溶接機を用いて行う金属の溶接，溶断等の業務			—	—	○
可燃性ガス及び酸素を用いて行う金属の溶接，溶断又は加熱の業務			—	○	
高圧・特別高圧の充電電路，当該充電電路の支持物敷設・点検・修理・操作の業務			—	—	○
低圧の充電電路の敷設・修理，充電部露出の開閉器操作の業務			—	—	○
酸素欠乏危険場所における作業に係る業務	ケーブル，ガス管その他地下に敷設される物を収容するための暗きょ，マンホール又はピットの内部等（令第6条）		—	—	○
エックス線装置又はガンマ線照射装置を用いて行う透過写真の撮影の業務			—	—	○

（注）　□：業務に従事できない　　○，↓：業務に従事できる　　—：業務に対する資格は無し

(5) 健康の保持増進のための措置

作業環境測定 | **法第65条** 事業者は，有害な業務を行う屋内作業場その他の作業場で，政令で定めるものについて，厚生労働省令で定めるところにより，必要な作業環境測定を行い，及びその結果を記録しておかなければならない。

2　前項の規定による作業環境測定は，厚生労働大臣の定める作業環境測定基準に従って行わなければならない。

3　厚生労働大臣は，第1項の規定による作業環境測定の適切かつ有効な実施を図るため必要な作業環境測定指針を公表するものとする。

大臣の指導 | 4　厚生労働大臣は，前項の作業環境測定指針を公表した場合において必要があると認めるときは，事業者若しくは作業環境測定機関又はこれらの団体に対し，当該作業環境測定指針に関し必要な指導等を行うことができる。

都道府県労働局長の指示 | 5　都道府県労働局長は，作業環境の改善により労働者の健康を保持する必要があると認めるときは，労働衛生指導医の意見に基づき，厚生労働省令で定めるところにより，事業者に対し，作業環境測定の実施その他必要な事項を指示することができる。

作業環境測定を行うべき作業場 | **令第21条**（抜粋）　法第65条第1項の政令で定める作業場は，次のとおりとする。

五　中央管理方式の空気調和設備（空気を浄化し，その温度，湿度及び流量を調節して供給することができる設備をいう。）を設けている建築物の室で，事務所の用に供されるもの

九　別表第6に掲げる酸素欠乏危険場所において作業を行う場合の当該作業場

別表第6　酸素欠乏危険場所（第6条，第21条関係）

一　次の地層に接し，又は通ずる井戸等（井戸，井筒，たて坑，ずい道，潜函，ピットその他これらに類するものをいう。次号において同じ。）の内部（次号に掲げる場所を除く。）

　イ　上層に不透水層がある砂れき層のうち含水若しくは湧水がなく，又は少ない部分

　ロ　第一鉄塩類又は第一マンガン塩類を含有している地層

　ハ　メタン，エタン又はブタンを含有する地層

　ニ　炭酸水を湧出しており，又は湧出するおそれのある地層

　ホ　腐泥層

二　長期間使用されていない井戸等の内部

三　ケーブル，ガス管その他地下に敷設される物を収容するための暗きょ，マンホール又はピットの内部

三の二　雨水，河川の流水又は湧水が滞留しており，又は滞留したことのある槽，暗きょ，マンホール又はピットの内部

三の三　海水が滞留しており，若しくは滞留したことのある熱交換器，管，暗きょ，マンホール，溝若しくはピット（以下この号において「熱交換器等」という。）又は海水を相当期間入れてあり，若しくは入れたことのある熱交換器等の内部

（以下省略）

| 健康診断の実施 | **法第66条** 事業者は，労働者に対し，厚生労働省令で定めるところにより，医師による健康診断を行わなければならない。
2 事業者は，有害な業務で，政令で定めるものに従事する労働者に対し，厚生労働省令で定めるところにより，医師による特別の項目についての健康診断を行なわなければならない。有害な業務で，政令で定めるものに従事させたことのある労働者で，現に使用しているものについても，同様とする。
3 事業者は，有害な業務で，政令で定めるものに従事する労働者に対し，厚生労働省令で定めるところにより，歯科医師による健康診断を行なわなければならない。
4 都道府県労働局長は，労働者の健康を保持するため必要があると認めるときは，労働衛生指導医の意見に基づき，厚生労働省令で定めるところにより，事業者に対し，臨時の健康診断の実施その他必要な事項を指示することができる。
5 労働者は，前各項の規定により事業者が行なう健康診断を受けなければならない。ただし，事業者の指定した医師又は歯科医師が行なう健康診断を受けることを希望しない場合において，他の医師又は歯科医師の行なうこれらの規定による健康診断に相当する健康診断を受け，その結果を証明する書面を事業者に提出したときは，この限りでない。 |

雇入時の健康診断　**則第43条** 事業者は，常時使用する労働者を雇い入れるときは，当該労働者に対し，次の項目について医師による健康診断を行わなければならない。ただし，医師による健康診断を受けた後，3月を経過しない者を雇い入れる場合において，その者が当該健康診断の結果を証明する書面を提出したときは，当該健康診断の項目に相当する項目については，この限りでない。
（以下省略）

定期健康診断　**則第44条** 事業者は，常時使用する労働者（第45条第1項に規定する労働者を除く。）に対し，1年以内ごとに1回，定期に，次の項目について医師による健康診断を行わなければならない。
一　既往歴及び業務歴の調査
二　自覚症状及び他覚症状の有無の検査
（以下省略）

健康診断結果の記録の作成　**則第51条** 事業者は，第43条，第44条若しくは第45条から第48条までの健康診断若しくは法第66条第4項の規定による指示を受けて行った健康診断（同条第5項ただし書の場合において当該労働者が受けた健康診断を含む。次条において「第43条等の健康診断」という。）又は法第66条の2の自ら受けた健康診断の結果に基づき，健康診断個人票を作成して，これを5年間保存しなければならない。

健康診断結果の通知　**則第51条の4** 事業者は，法第66条第4項又は第43条，第44条若しくは第45条から第48条までの健康診断を受けた労働者に対し，遅滞なく，当該健康診断の結果を通知しなければならない。

(6) 報告書等

事故報告　**則第96条** 事業者は，次の場合は，遅滞なく，様式第22号による報告書を所轄労働基準監督署長に提出しなければならない。

一　事業場又はその附属建設物内で，次の事故が発生したとき
　　イ　火災又は爆発の事故（次号の事故を除く。）
　　ロ　遠心機械，研削といしその他高速回転体の破裂の事故
　　ハ　機械集材装置，巻上げ機又は索道の鎖又は索の切断の事故
　　ニ　建設物，附属建設物又は機械集材装置，煙突，高架そう等の倒壊の事故
二　令第1条第三号のボイラー（小型ボイラーを除く。）の破裂，煙道ガスの爆発又はこれらに準ずる事故が発生したとき
三　小型ボイラー，令第1条第五号の第一種圧力容器及び同条第七号の第二種圧力容器の破裂の事故が発生したとき
四　クレーン（クレーン則第2条第一号に掲げるクレーンを除く。）の次の事故が発生したとき
　　イ　逸走，倒壊，落下又はジブの折損
　　ロ　ワイヤロープ又はつりチェーンの切断
五　移動式クレーン（クレーン則第2条第一号に掲げる移動式クレーンを除く。）の次の事故が発生したとき
　　イ　転倒，倒壊又はジブの折損
　　ロ　ワイヤロープ又はつりチェーンの切断
六　デリック（クレーン則第2条第一号に掲げるデリックを除く。）の次の事故が発生したとき
　　イ　倒壊又はブームの折損
　　ロ　ワイヤロープの切断
七　エレベーター（クレーン則第2条第二号及び第四号に掲げるエレベーターを除く。）の次の事故が発生したとき
　　イ　昇降路等の倒壊又は搬器の墜落
　　ロ　ワイヤロープの切断
八　建設用リフト（クレーン則第2条第二号及び第三号に掲げる建設用リフトを除く。）の次の事故が発生したとき
　　イ　昇降路等の倒壊又は搬器の墜落
　　ロ　ワイヤロープの切断
九　令第1条第九号の簡易リフト（クレーン則第2条第二号に掲げる簡易リフトを除く。）の次の事故が発生したとき
　　イ　搬器の墜落
　　ロ　ワイヤロープ又はつりチェーンの切断
十　ゴンドラの次の事故が発生したとき
　　イ　逸走，転倒，落下又はアームの折損
　　ロ　ワイヤロープの切断
2　次条第1項の規定による報告書の提出と併せて前項の報告書の提出をしようとする場合にあっては，当該報告書の記載事項のうち次条第1項の報告書の記載事項と重複する部分の記入は要しないものとする。

| 労働者死傷病報告 | 則第97条　事業者は，労働者が労働災害その他就業中又は事業場内若しくはその附属建設物内における負傷，窒息又は急性中毒により死亡し，又は休業したときは，遅滞なく，様式第23号による報告書を所轄労働基準監督署長に提出しなければならない。
2　前項の場合において，休業の日数が4日に満たないときは，事業者は，同項の規定にかかわらず，1月から3月まで，4月から6月まで，7月から9月まで及び10月から12月までの期間における当該事実について，様式第24号による報告書をそれぞれの期間における最後の月の翌月末日までに，所轄労働基準監督署長に提出しなければならない。 |

| 報告等 | 法第100条　厚生労働大臣，都道府県労働局長又は労働基準監督署長は，この法律を施行するため必要があると認めるときは，厚生労働省令で定めるところにより，事業者，労働者，機械等貸与者，建築物貸与者又はコンサルタントに対し，必要な事項を報告させ，又は出頭を命ずることができる。
2　厚生労働大臣，都道府県労働局長又は労働基準監督署長は，この法律を施行するため必要があると認めるときは，厚生労働省令で定めるところにより，登録製造時等検査機関等に対し，必要な事項を報告させることができる。
3　労働基準監督官は，この法律を施行するため必要があると認めるときは，事業者又は労働者に対し，必要な事項を報告させ，又は出頭を命ずることができる。 |

| 通知 | 則第98条　厚生労働大臣，都道府県労働局長又は労働基準監督署長は，法第100条第1項の規定により，事業者，労働者，機械等貸与者又は建築物貸与者に対し，必要な事項を報告させ，又は出頭を命ずるときは，次の事項を通知するものとする。
一　報告をさせ，又は出頭を命ずる理由
二　出頭を命ずる場合には，聴取しようとする事項 |

(7) 高所作業車

| 前照灯及び尾灯 | 則第194条の8　事業者は，高所作業車（運行の用に供するものを除く。以下この条において同じ。）については，前照灯及び尾灯を備えなければならない。ただし，走行の作業を安全に行うため必要な照度が保持されている場所において使用する高所作業車については，この限りでない。 |

| 作業計画 | 則第194条の9　事業者は，高所作業車を用いて作業（道路上の走行の作業を除く。以下第194条の11までにおいて同じ。）を行うときは，あらかじめ，当該作業に係る場所の状況，当該高所作業車の種類及び能力等に適応する作業計画を定め，かつ，当該作業計画により作業を行わなければならない。
2　前項の作業計画は，当該高所作業車による作業の方法が示されているものでなければならない。
3　事業者は，第1項の作業計画を定めたときは，前項の規定により示される事項について関係労働者に周知させなければならない。 |

| 作業指揮者 | 則第194条の10　事業者は，高所作業車を用いて作業を行うときは，当該作業の指揮者を定め，その者に前条第1項の作業計画に基づき作業の指揮を行わせなければならない。 |

| 転落等の防止 | 則第194条の11　事業者は，高所作業車を用いて作業を行うときは，高所作業 |

第4節　労働関係法令

車の転倒又は転落による労働者の危険を防止するため，アウトリガーを張り出すこと，地盤の不同沈下を防止すること，路肩の崩壊を防止すること等必要な措置を講じなければならない。

合図　則第194条の12　事業者は，高所作業車を用いて作業を行う場合で，作業床以外の箇所で作業床を操作するときは，作業床上の労働者と作業床以外の箇所で作業床を操作する者との間の連絡を確実にするため，一定の合図を定め，当該合図を行う者を指名してその者に行わせる等必要な措置を講じなければならない。

運転位置から離れる場合の措置　則第194条の13　事業者は，高所作業車の運転者が走行のための運転位置から離れるとき（作業床に労働者が乗って作業を行い，又は作業を行おうとしている場合を除く。）は，当該運転者に次の措置を講じさせなければならない。
　一　作業床を最低降下位置に置くこと。
　二　原動機を止め，かつ，停止の状態を保持するためのブレーキを確実にかける等の高所作業車の逸走を防止する措置を講ずること。
　2　前項の運転者は，高所作業車の走行のための運転位置から離れるときは，同項各号に掲げる措置を講じなければならない。
　3　事業者は，高所作業車の作業床に労働者が乗って作業を行い，又は行おうとしている場合であって，運転者が走行のための運転位置から離れるときは，当該高所作業車の停止の状態を保持するためのブレーキを確実にかける等の措置を講じさせなければならない。
　4　前項の運転者は，高所作業車の走行のための運転位置から離れるときは，同項の措置を講じなければならない。

搭乗の制限　則第194条の15　事業者は，高所作業車を用いて作業を行うときは，乗車席及び作業床以外の箇所に労働者を乗せてはならない。

使用の制限　則第194条の16　事業者は，高所作業車については，積載荷重（高所作業車の構造及び材料に応じて，作業床に人又は荷を乗せて上昇させることができる最大の荷重をいう。）その他の能力を超えて使用してはならない。

主たる用途以外の使用の制限　則第194条の17　事業者は，高所作業車を荷のつり上げ等当該高所作業車の主たる用途以外の用途に使用してはならない。ただし，労働者に危険を及ぼすおそれのないときは，この限りでない。

修理等　則第194条の18　事業者は，高所作業車の修理又は作業床の装着若しくは取り外しの作業を行うときは，当該作業を指揮する者を定め，その者に次の事項を行わせなければならない。
　一　作業手順を決定し，作業を直接指揮すること。
　二　次条第1項に規定する安全支柱，安全ブロック等の使用状況を監視すること。

ブーム等の降下による危険の防止　則第194条の19　事業者は，高所作業車のブーム等を上げ，その下で修理，点検等の作業を行うときは，ブーム等が不意に降下することによる労働者の危険を防止するため，当該作業に従事する労働者に安全支柱，安全ブロック等を使用させなければならない。
　2　前項の作業に従事する労働者は，同項の安全支柱，安全ブロック等を使用しなければならない。

| 作業床への搭乗制限等 | **則第194条の20** 事業者は，高所作業車（作業床において走行の操作をする構造のものを除く。以下この条において同じ。）を走行させるときは，当該高所作業車の作業床に労働者を乗せてはならない。ただし，平坦で堅固な場所において高所作業車を走行させる場合で，次の措置を講じたときは，この限りでない。
　一　誘導者を配置し，その者に高所作業車を誘導させること。
　二　一定の合図を定め，前号の誘導者に当該合図を行わせること。
　三　あらかじめ，作業時における当該高所作業車の作業床の高さ及びブームの長さ等に応じた高所作業車の適正な制限速度を定め，それにより運転者に運転させること。
2　労働者は，前項ただし書の場合を除き，走行中の高所作業車の作業床に乗ってはならない。
3　第1項ただし書の高所作業車の運転者は，同項第一号の誘導者が行う誘導及び同項第二号の合図に従わなければならず，かつ，同項第三号の制限速度を超えて高所作業車を運転してはならない。|
| 走行させるときの措置 | **則第194条の21** 事業者は，作業床において走行の操作をする構造の高所作業車を平坦で堅固な場所以外の場所で走行させるときは，次の措置を講じなければならない。
　一　前条第1項第一号及び第二号に掲げる措置を講ずること。
　二　あらかじめ，作業時における当該高所作業車の作業床の高さ及びブームの長さ，作業に係る場所の地形及び地盤の状態等に応じた高所作業車の適正な制限速度を定め，それにより運転者に運転させること。
2　前条第3項の規定は，前項の高所作業車の運転者について準用する。この場合において，同条第3項中「同項第三号」とあるのは，「次条第1項第二号」と読み替えるものとする。|
| 要求性能墜落制止用器具等の使用 | **則第194条の22** 事業者は，高所作業車（作業床が接地面に対し垂直にのみ上昇し，又は下降する構造のものを除く。）を用いて作業を行うときは，当該高所作業車の作業床上の労働者に要求性能墜落制止用器具等を使用させなければならない。
2　前項の労働者は，要求性能墜落制止用器具等を使用しなければならない。|
| 年定期自主検査 | **則第194条の23** 事業者は，高所作業車については，1年以内ごとに1回，定期に，次の事項について自主検査を行わなければならない。ただし，1年を超える期間使用しない高所作業車の当該使用しない期間においては，この限りでない。
　一　圧縮圧力，弁すき間その他原動機の異常の有無
　二　クラッチ，トランスミッション，プロペラシャフト，デファレンシャルその他動力伝達装置の異常の有無
　三　起動輪，遊動輪，上下転輪，履帯，タイヤ，ホイールベアリングその他走行装置の異常の有無
　四　かじ取り車輪の左右の回転角度，ナックル，ロッド，アームその他操縦装置の異常の有無
　五　制動能力，ブレーキドラム，ブレーキシューその他制動装置の異常の有無 |

六　ブーム，昇降装置，屈折装置，平衡装置，作業床その他作業装置の異常の有無
七　油圧ポンプ，油圧モーター，シリンダー，安全弁その他油圧装置の異常の有無
八　電圧，電流その他電気系統の異常の有無
九　車体，操作装置，安全装置，ロック装置，警報装置，方向指示器，灯火装置及び計器の異常の有無

2　事業者は，前項ただし書の高所作業車については，その使用を再び開始する際に，同項各号に掲げる事項について自主検査を行わなければならない。

月定期自主検査

則第194条の24　事業者は，高所作業車については，1月以内ごとに1回，定期に，次の事項について自主検査を行わなければならない。ただし，1月を超える期間使用しない高所作業車の当該使用しない期間においては，この限りでない。
一　制動装置，クラッチ及び操作装置の異常の有無
二　作業装置及び油圧装置の異常の有無
三　安全装置の異常の有無

2　事業者は，前項ただし書の高所作業車については，その使用を再び開始する際に，同項各号に掲げる事項について自主検査を行わなければならない。

定期自主検査の記録

則第194条の25　事業者は，前二条の自主検査を行ったときは，次の事項を記録し，これを3年間保存しなければならない。
一　検査年月日
二　検査方法
三　検査箇所
四　検査の結果
五　検査を実施した者の氏名
六　検査の結果に基づいて補修等の措置を講じたときは，その内容

特定自主検査

則第194条の26　高所作業車に係る特定自主検査は，第194条の23に規定する自主検査とする。

2　第151条の24第2項の規定は，高所作業車に係る法第45条第2項の厚生労働省令で定める資格を有する労働者について準用する。この場合において，第151条の24第2項第一号中「フォークリフト」とあるのは，「高所作業車」と読み替えるものとする。

3　事業者は，運行の用に供する高所作業車（道路運送車両法第48条第1項の適用を受けるものに限る。）について，同項の規定に基づいて点検を行った場合には，当該点検を行った部分について第194条の23の自主検査を行うことを要しない。

4　高所作業車に係る特定自主検査を検査業者に実施させた場合における前条の規定の適用については，同条第五号中「検査を実施した者の氏名」とあるのは，「検査業者の名称」とする。

5　事業者は，高所作業車に係る自主検査を行ったときは，当該高所作業車の見やすい箇所に，特定自主検査を行った年月を明らかにすることができる検査標章をはり付けなければならない。

作業開始前の点検

則第194条の27　事業者は，高所作業車を用いて作業を行うときは，その日の作業を開始する前に，制動装置，操作装置及び作業装置の機能について点検を行

| 補修等 | **則第194条の28** 事業者は，第194条の23若しくは第194条の24の自主検査又は前条の点検を行った場合において，異常を認めたときは，直ちに補修その他必要な措置を講じなければならない。 |

(8) 危険物等の取扱い等

| ガス等の容器の取扱い | **則第263条** 事業者は，ガス溶接等の業務（令第20条第十号に掲げる業務をいう。以下同じ。）に使用するガス等の容器については，次に定めるところによらなければならない。 |

　　一　次の場所においては，設置し，使用し，貯蔵し，又は放置しないこと。
　　　　イ　通風又は換気の不十分な場所
　　　　ロ　火気を使用する場所及びその附近
　　　　ハ　火薬類，危険物その他の爆発性若しくは発火性の物又は多量の易燃性の物を製造し，又は取り扱う場所及びその附近
　　二　容器の温度を40度以下に保つこと。
　　三　転倒のおそれがないように保持すること。
　　四　衝撃を与えないこと。
　　五　運搬するときは，キャップを施すこと。
　　六　使用するときは，容器の口金に付着している油類及びじんあいを除去すること。
　　七　バルブの開閉は，静かに行なうこと。
　　八　溶解アセチレンの容器は，立てて置くこと。
　　九　使用前又は使用中の容器とこれら以外の容器との区別を明らかにしておくこと。

(9) 電気による危険の防止

1) 電気機械器具

| 電気機械器具の囲い等 | **則第329条** 事業者は，電気機械器具の充電部分（電熱器の発熱体の部分，抵抗溶接機の電極の部分等電気機械器具の使用の目的により露出することがやむを得ない充電部分を除く。）で，労働者が作業中又は通行の際に，接触（導電体を介する接触を含む。以下この章において同じ。）し，又は接近することにより感電の危険を生ずるおそれのあるものについては，感電を防止するための囲い又は絶縁覆いを設けなければならない。ただし，配電盤室，変電室等区画された場所で，事業者が第36条第四号の業務に就いている者（以下「電気取扱者」という。）以外の者の立入りを禁止したところに設置し，又は電柱上，塔上等隔離された場所で，電気取扱者以外の者が接近するおそれのないところに設置する電気機械器具については，この限りでない。 |

| 手持型電灯等のガード取付義務 | **則第330条** 事業者は，移動電線に接続する手持型の電灯，仮設の配線又は移動電線に接続する架空つり下げ電灯等には，口金に接触することによる感電の危険及び電球の破損による危険を防止するため，ガードを取り付けなければならない。 |

| ガードの構造 | 2　事業者は，前項のガードについては，次に定めるところに適合するものとしなければならない。 |

　　一　電球の口金の露出部分に容易に手が触れない構造のものとすること。
　　二　材料は，容易に破損又は変形をしないものとすること。

溶接棒等の ホルダー	則第331条　事業者は，アーク溶接等（自動溶接を除く。）の作業に使用する溶接棒等のホルダーについては，感電の危険を防止するため必要な絶縁効力及び耐熱性を有するものでなければ，使用してはならない。
交流アーク 溶接機用自動 電撃防止装置	則第332条　事業者は，船舶の二重底若しくはピークタンクの内部，ボイラーの胴若しくはドームの内部等導電体に囲まれた場所で著しく狭あいなところ又は墜落により労働者に危険を及ぼすおそれのある高さが2m以上の場所で鉄骨等導電性の高い接地物に労働者が接触するおそれがあるところにおいて，交流アーク溶接等（自動溶接を除く。）の作業を行うときは，交流アーク溶接機用自動電撃防止装置を使用しなければならない。
感電防止用漏 電しゃ断装置 の接続が必要 な機器	則第333条　事業者は，電動機を有する機械又は器具（以下「電動機械器具」という。）で，対地電圧が150Vをこえる移動式若しくは可搬式のもの又は水等導電性の高い液体によって湿潤している場所その他鉄板上，鉄骨上，定盤上等導電性の高い場所において使用する移動式若しくは可搬式のものについては，漏電による感電の危険を防止するため，当該電動機械器具が接続される電路に，当該電路の定格に適合し，感度が良好であり，かつ，確実に作動する感電防止用漏電しゃ断装置を接続しなければならない。
前項の措置が 困難な場合に 必要な接地	2　事業者は，前項に規定する措置を講ずることが困難なときは，電動機械器具の金属製外わく，電動機の金属製外被等の金属部分を，次に定めるところにより接地して使用しなければならない。 一　接地極への接続は，次のいずれかの方法によること。 　イ　一心を専用の接地線とする移動電線及び一端子を専用の接地端子とする接続器具を用いて接地極に接続する方法 　ロ　移動電線に添えた接地線及び当該電動機械器具の電源コンセントに近接する箇所に設けられた接地端子を用いて接地極に接続する方法 二　前号イの方法によるときは，接地線と電路に接続する電線との混用及び接地端子と電路に接続する端子との混用を防止するための措置を講ずること。 三　接地極は，十分に地中に埋設する等の方法により，確実に大地と接続すること。
前条の規定の 適用除外電動 機械器具	則第334条　前条の規定は，次の各号のいずれかに該当する電動機械器具については，適用しない。 一　非接地方式の電路（当該電動機械器具の電源側の電路に設けた絶縁変圧器の二次電圧が300V以下であり，かつ，当該絶縁変圧器の負荷側の電路が接地されていないものに限る。）に接続して使用する電動機械器具 二　絶縁台の上で使用する電動機械器具 三　電気用品安全法第2条第2項の特定電気用品であって，同法第10条第1項の表示が付された二重絶縁構造の電動機械器具
電気機械器具 の操作部分の 照度	則第335条　事業者は，電気機械器具の操作の際に，感電の危険又は誤操作による危険を防止するため，当該電気機械器具の操作部分について必要な照度を保持しなければならない。

2) 配線及び移動電線

配線等の絶縁被覆　則第336条　事業者は，労働者が作業中又は通行の際に接触し，又は接触するおそれのある配線で，絶縁被覆を有するもの（第36条第四号の業務において電気取扱者のみが接触し，又は接触するおそれがあるものを除く。）又は移動電線については，絶縁被覆が損傷し，又は老化していることにより，感電の危険が生ずることを防止する措置を講じなければならない。

移動電線等の被覆又は外装　則第337条　事業者は，水その他導電性の高い液体によって湿潤している場所において使用する移動電線又はこれに附属する接続器具で，労働者が作業中又は通行の際に接触するおそれのあるものについては，当該移動電線又は接続器具の被覆又は外装が当該導電性の高い液体に対して絶縁効力を有するものでなければ，使用してはならない。

仮設配線等の使用の方法　則第338条　事業者は，仮設の配線又は移動電線を通路面において使用してはならない。ただし，当該配線又は移動電線の上を車両その他の物が通過すること等による絶縁被覆の損傷のおそれのない状態で使用するときは，この限りでない。

3) 停電作業

停電作業を行う場合の措置　則第339条　事業者は，電路を開路して，当該電路又はその支持物の敷設，点検，修理，塗装等の電気工事の作業を行なうときは，当該電路を開路した後に，当該電路について，次に定める措置を講じなければならない。当該電路に近接する電路若しくはその支持物の敷設，点検，修理，塗装等の電気工事の作業又は当該電路に近接する工作物（電路の支持物を除く。以下この章において同じ。）の建設，解体，点検，修理，塗装等の作業を行なう場合も同様とする。

一　開路に用いた開閉器に，作業中，施錠し，若しくは通電禁止に関する所要事項を表示し，又は監視人を置くこと。

二　開路した電路が電力ケーブル，電力コンデンサー等を有する電路で，残留電荷による危険を生ずるおそれのあるものについては，安全な方法により当該残留電荷を確実に放電させること。

三　開路した電路が高圧又は特別高圧であったものについては，検電器具により停電を確認し，かつ，誤通電，他の電路との混触又は他の電路からの誘導による感電の危険を防止するため，短絡接地器具を用いて確実に短絡接地すること。

停電作業が終了し通電する場合の措置　2　事業者は，前項の作業中又は作業を終了した場合において，開路した電路に通電しようとするときは，あらかじめ，当該作業に従事する労働者について感電の危険が生ずるおそれのないこと及び短絡接地器具を取りはずしたことを確認した後でなければ，行なってはならない。

断路器等を開路する場合の措置　則第340条　事業者は，高圧又は特別高圧の電路の断路器，線路開閉器等の開閉器で，負荷電流をしゃ断するためのものでないものを開路するときは，当該開閉器の誤操作を防止するため，当該電路が無負荷であることを示すためのパイロットランプ，当該電路の系統を判別するためのタブレット等により，当該操作を行なう労働者に当該電路が無負荷であることを確認させなければならない。ただし，当該開閉器に，当該電路が無負荷でなければ開路することができない緊錠装置を設けるときは，この限りでない。

4）活線作業及び活線近接作業

高圧活線作業の感電防止措置

則第341条 事業者は，高圧の充電電路の点検，修理等当該充電電路を取り扱う作業を行なう場合において，当該作業に従事する労働者について感電の危険が生ずるおそれのあるときは，次の各号のいずれかに該当する措置を講じなければならない。

一　労働者に絶縁用保護具を着用させ，かつ，当該充電電路のうち労働者が現に取り扱っている部分以外の部分が，接触し，又は接近することにより感電の危険が生ずるおそれのあるものに絶縁用防具を装着すること。

二　労働者に活線作業用器具を使用させること。

三　労働者に活線作業用装置を使用させること。この場合には，労働者が現に取り扱っている充電電路と電位を異にする物に，労働者の身体又は労働者が現に取り扱っている金属製の工具，材料等の導電体（以下「身体等」という。）が接触し，又は接近することによる感電の危険を生じさせてはならない。

2　労働者は，前項の作業において，絶縁用保護具の着用，絶縁用防具の装着又は活線作業用器具若しくは活線作業用装置の使用を事業者から命じられたときは，これを着用し，装着し，又は使用しなければならない。

高圧活線近接作業の感電防止措置

則第342条 事業者は，電路又はその支持物の敷設，点検，修理，塗装等の電気工事の作業を行なう場合において，当該作業に従事する労働者が高圧の充電電路に接触し，又は当該充電電路に対して頭上距離が 30 cm 以内又は躯側距離若しくは足下距離が 60 cm 以内に接近することにより感電の危険が生ずるおそれのあるときは，当該充電電路に絶縁用防具を装着しなければならない。ただし，当該作業に従事する労働者に絶縁用保護具を着用させて作業を行なう場合において，当該絶縁用保護具を着用する身体の部分以外の部分が当該充電電路に接触し，又は接近することにより感電の危険が生ずるおそれのないときは，この限りでない。

2　労働者は，前項の作業において，絶縁用防具の装着又は絶縁用保護具の着用を事業者から命じられたときは，これを装着し，又は着用しなければならない。

絶縁用防具の装着等

則第343条 事業者は，前二条の場合において，絶縁用防具の装着又は取りはずしの作業を労働者に行なわせるときは，当該作業に従事する労働者に，絶縁用保護具を着用させ，又は活線作業用器具若しくは活線作業用装置を使用させなければならない。

2　労働者は，前項の作業において，絶縁用保護具の着用又は活線作業用器具若しくは活線作業用装置の使用を事業者から命じられたときには，これを着用し，又は使用しなければならない。

特別高圧活線作業の感電防止措置

則第344条 事業者は，特別高圧の充電電路又はその支持がいしの点検，修理，清掃等の電気工事の作業を行なう場合において，当該作業に従事する労働者について感電の危険が生ずるおそれのあるときは，次の各号のいずれかに該当する措置を講じなければならない。

一　労働者に活線作業用器具を使用させること。この場合には，身体等について，次の表の左欄に掲げる充電電路の使用電圧に応じ，それぞれ同表の右欄に掲げる充電電路に対する接近限界距離を保たせなければならない。

充電電路の使用電圧 (単位 kV)	充電電路に対する接近限界距離 (単位 cm)
22 以下	20
22 をこえ 33 以下	30
33 をこえ 66 以下	50
66 をこえ 77 以下	60
77 をこえ 110 以下	90
110 をこえ 154 以下	120
154 をこえ 187 以下	140
187 をこえ 220 以下	160
220 をこえる場合	200

　二　労働者に活線作業用装置を使用させること。この場合には，労働者が現に取り扱っている充電電路若しくはその支持がいしと電位を異にする物に身体等が接触し，又は接近することによる感電の危険を生じさせてはならない。

（以下省略）

特別高圧活線近接作業の感電防止措置

則第345条　事業者は，電路又はその支持物（特別高圧の充電電路の支持がいしを除く。）の点検，修理，塗装，清掃等の電気工事の作業を行なう場合において，当該作業に従事する労働者が特別高圧の充電電路に接近することにより感電の危険が生ずるおそれのあるときは，次の各号のいずれかに該当する措置を講じなければならない。

　一　労働者に活線作業用装置を使用させること。

　二　身体等について，前条第1項第一号に定める充電電路に対する接近限界距離を保たせなければならないこと。この場合には，当該充電電路に対する接近限界距離を保つ見やすい箇所に標識等を設け，又は監視人を置き作業を監視させること。

（以下省略）

低圧活線作業の感電防止措置

則第346条　事業者は，低圧の充電電路の点検，修理等当該充電電路を取り扱う作業を行なう場合において，当該作業に従事する労働者について感電の危険が生ずるおそれのあるときは，当該労働者に絶縁用保護具を着用させ，又は活線作業用器具を使用させなければならない。

　2　労働者は，前項の作業において，絶縁用保護具の着用又は活線作業用器具の使用を事業者から命じられたときには，これを着用し，又は使用しなければならない。

低圧活線近接作業の感電防止措置

則第347条　事業者は，低圧の充電電路に近接する場所で電路又はその支持物の敷設，点検，修理，塗装等の電気工事の作業を行なう場合において，当該作業に従事する労働者が当該充電電路に接触することにより感電の危険が生ずるおそれのあるときは，当該充電電路に絶縁用防具を装着しなければならない。ただし，当該作業従事する労働者に絶縁用保護具を着用させて行なう場合において，当該絶縁用保護具を着用する身体の部分以外の部分が当該充電電路に接触するおそれのないときは，この限りでない。

第4節　労働関係法令

| 絶縁用保護具の着用 | ２　事業者は，前項の場合において，絶縁用防具の装着又は取りはずしの作業を労働者に行なわせるときは，当該作業に従事する労働者に，絶縁用保護具を着用させ，又は活線作業用器具を使用させなければならない。 |

３　労働者は，前二項の作業において，絶縁用防具の装着，絶縁用保護具の着用又は活線作業用器具の使用を事業者から命じられたときは，これを装着し，着用し，又は使用しなければならない。

| 使用目的に適応する種別等を求められる絶縁用保護具等 | 則第348条　事業者は，次の各号に掲げる絶縁用保護具等については，それぞれの使用の目的に適応する種別，材質及び寸法のものを使用しなければならない。
一　第341条から第343条までの絶縁用保護具
二　第341条及び第342条の絶縁用防具
三　第341条及び第343条から第345条までの活線作業用装置
四　第341条，第343条及び第344条の活線作業用器具
五　第346条及び第347条の絶縁用保護具及び活線作業用器具並びに第347条の絶縁用防具 |

| 絶縁用保護具等で絶縁効力を求められる電圧の範囲 | ２　事業者は，前項第五号に掲げる絶縁用保護具，活線作業用器具及び絶縁用防具で，直流で750 V以下又は交流で300 V以下の充電電路に対して用いられるものにあっては，当該充電電路の電圧に応じた絶縁効力を有するものを使用しなければならない。 |

| 建設作業を行う場合の感電防止措置 | 則第349条　事業者は，架空電線又は電気機械器具の充電電路に近接する場所で，工作物の建設，解体，点検，修理，塗装等の作業若しくはこれらに附帯する作業又はくい打機，くい抜機，移動式クレーン等を使用する作業を行なう場合において，当該作業に従事する労働者が作業中又は通行の際に，当該充電電路に身体等が接触し，又は接近することにより感電の危険が生ずるおそれのあるときは，次の各号のいずれかに該当する措置を講じなければならない。
一　当該充電電路を移設すること。
二　感電の危険を防止するための囲いを設けること。
三　当該充電電路に絶縁用防護具を装着すること。
四　前3号に該当する措置を講ずることが著しく困難なときは，監視人を置き，作業を監視させること。 |

○　高圧活線作業に関する解釈例規
高圧活線作業に関する解釈例規としては次のようなものがある。
①　「点検，修理等露出充電部分を取り扱う作業」には，電線の分岐，接続，切断，引どめ，バインド等の作業が含まれること。　　　　　　　（昭35.11.22 基発990）
②　「絶縁用保護具」とは，電気用ゴム手袋，電気用帽子，電気用ゴム袖，電気用ゴム長靴等作業を行なう者の身体に着用する感電防止用の保護具をいうこと。
　　　　　　　　　　　　　　　　　　　　　　　　　　　　（昭35.11.22 基発990）
③　「絶縁用防具」とは，ゴム絶縁管，ゴムがいしカバー，ゴムシート，ビニールシート等電路に対して取り付ける感電防止用の装具をいうこと。
　　　　　　　　　　　　　　　　　　　　　　　　　　　　（昭35.11.22 基発990）

> ④ 「活線作業用器具」とは，その使用の際に作業を行なう者の手で持つ部分が絶縁材料で作られた棒状の絶縁工具をいい，いわゆるホットステックのごときものをいうこと。　　　　　　　　　　　　　　　　　　（昭35.11.22 基発990）
> ⑤ 「活線作業用装置」とは，対地絶縁を施した活線作業用車又は活線作業用絶縁台をいう。　　　　　　　　　　　　　　　　　　　　（昭35.11.22 基発990）
> ⑥ 「高圧の充電電路」とは，高圧の裸電線，電気機械器具の高圧の露出充電部分のほか，高圧電路に用いられている高圧絶縁電線，引下げ用高圧絶縁電線，高圧用ケーブル又は特別高圧用ケーブル，高圧用キャブタイヤケーブル，電気機械器具の絶縁物で覆われた高圧充電部分等であって，絶縁被覆又は絶縁覆いの老化，欠除若しくは損傷している部分が含まれるものであること。
> 　　　　　　　　　　　　　　　　　　　　　　　　　　　　（昭44.2.5 基発59）

5) 管理

電気工事を行う場合の作業指揮者

則第350条　事業者は，第339条，第341条第1項，第342条第1項，第344条第1項又は第345条第1項の作業を行なうときは，当該作業に従事する労働者に対し，作業を行なう期間，作業の内容並びに取り扱う電路及びこれに近接する電路の系統について周知させ，かつ，作業の指揮者を定めて，その者に次の事項を行なわせなければならない。

一　労働者にあらかじめ作業の方法及び順序を周知させ，かつ，作業を直接指揮すること。

二　第345条第1項の作業を同項第二号の措置を講じて行なうときは，標識等の設置又は監視人の配置の状態を確認した後に作業の着手を指示すること。

三　電路を開路して作業を行なうときは，当該電路の停電の状態及び開路に用いた開閉器の施錠，通電禁止に関する所要事項の表示又は監視人の配置の状態並びに電路を開路した後における短絡接地器具の取付けの状態を確認した後に作業の着手を指示すること。

絶縁用保護具等の定期自主検査の期限

則第351条　事業者は，第348条第1項各号に掲げる絶縁用保護具等（同項第五号に掲げるものにあっては，交流で300Vを超える低圧の充電電路に対して用いられるものに限る。以下この条において同じ。）については，6月以内ごとに1回，定期に，その絶縁性能について自主検査を行わなければならない。ただし，6月を超える期間使用しない絶縁用保護具等の当該使用しない期間においては，この限りでない。

未使用期間6カ月を超える保護具等の再使用

2　事業者は，前項ただし書の絶縁用保護具等については，その使用を再び開始する際に，その絶縁性能について自主検査を行なわなければならない。

自主検査で異常を認めたときの措置

3　事業者は，第1項又は第2項の自主検査の結果，当該絶縁用保護具等に異常を認めたときは，補修その他必要な措置を講じた後でなければ，これらを使用してはならない。

自主検査の記録事項と保存期間	4　事業者は，第1項又は第2項の自主検査を行ったときは，次の事項を記録し，これを3年間保存しなければならない。 一　検査年月日 二　検査方法 三　検査箇所 四　検査の結果 五　検査を実施した者の氏名 六　検査の結果に基づいて補修等の措置を講じたときは，その内容
電気機械器具等の使用前点検時期と点検事項	則第352条　事業者は，次の表の左欄に掲げる電気機械器具等を使用するときは，その日の使用を開始する前に当該電気機械器具等の種別に応じ，それぞれ同表の右欄に掲げる点検事項について点検し，異常を認めたときは，直ちに，補修し，又は取り換えなければならない。

電気機械器具等の種別	点検事項
第331条の溶接棒等のホルダー	絶縁防護部分及びホルダー用ケーブルの接続部の損傷の有無
第332条の交流アーク溶接機用自動電撃防止装置	作動状態
第333条第1項の感電防止用漏電しゃ断装置	
第333条の電動機械器具で，同条第2項に定める方法により接地をしたもの	接地線の切断，接地極の浮上がり等の異常の有無
第337条の移動電線及びこれに附属する接続器具	被覆又は外装の損傷の有無
第339条第1項第三号の検電器具	検電性能
第339条第1項第三号の短絡接地器具	取付金具及び接地導線の損傷の有無
第341条から第343条までの絶縁用保護具	ひび，割れ，破れその他の損傷の有無及び乾燥状態
第341条及び第342条の絶縁用防具	
第341条及び第343条から第345条までの活線作業用装置	
第341条，第343条及び第344条の活線作業用器具	
第346条及び第347条の絶縁用保護具及び活線作業用器具並びに第347条の絶縁用防具	
第349条第三号及び第570条第1項第六号の絶縁用防護具	

電気機械器具の囲い等の点検等の期限	則第353条　事業者は，第329条の囲い及び絶縁覆いについて，毎月1回以上，その損傷の有無を点検し，異常を認めたときは，直ちに補修しなければならない。

6) 雑則

適用除外になる電気機械器具，配線等の対地電圧	則第354条　この章の規定は，電気機械器具，配線又は移動電線で，対地電圧が50V以下であるものについては，適用しない。

(10) 明り掘削作業における危険の防止

作業箇所等の調査

則第355条　事業者は，地山の掘削の作業を行う場合において，地山の崩壊，埋設物の損壊等により労働者に危険を及ぼすおそれのあるときは，あらかじめ，作業箇所及びその周辺の地山について次の事項をボーリングその他適当な方法により調査し，これらの事項について知り得たところに適応する掘削の時期及び順序を定めて，当該定めにより作業を行わなければならない。

　一　形状，地質及び地層の状態
　二　き裂，含水，湧水及び凍結の有無及び状態
　三　埋設物等の有無及び状態
　四　高温のガス及び蒸気の有無及び状態

掘削面のこう配の基準

則第356条　事業者は，手掘り（パワー・ショベル，トラクター・ショベル等の掘削機械を用いないで行なう掘削の方法をいう。以下次条において同じ。）により地山（崩壊又は岩石の落下の原因となるき裂がない岩盤からなる地山，砂からなる地山及び発破等により崩壊しやすい状態になっている地山を除く。以下この条において同じ。）の掘削作業を行なうときは，掘削面（掘作面に奥行きが2m以上の水平な段があるときは，当該段により区切られるそれぞれの掘削面をいう。以下同じ。）のこう配を，次の表の左欄に掲げる地山の種類及び同表の中欄に掲げる掘削面の高さに応じ，それぞれ同表の右欄に掲げる値以下としなければならない。

地山の種類	掘削面の高さ（単位 m）	掘削面のこう配（単位 度）
岩盤又は堅い粘土からなる地山	5未満	90
	5以上	75
その他の地山	2未満	90
	2以上5未満	75
	5以上	60

2　前項の場合において，掘削面に傾斜の異なる部分があるため，そのこう配が算定できないときは，当該掘削面について，同項の基準に従い，それよりも崩壊の危険が大きくないように当該各部分の傾斜を保持しなければならない。

崩壊しやすい地山の掘削

則第357条　事業者は，手掘りにより砂からなる地山又は発破等により崩壊しやすい状態になっている地山の掘削の作業を行なうときは，次に定めるところによらなければならない。

　一　砂からなる地山にあっては，掘削面のこう配を35度以下とし，又は掘削面の高さを5m未満とすること。
　二　発破等により崩壊しやすい状態になっている地山にあっては，掘削面のこう配を45度以下とし，又は掘削面の高さを2m未満とすること。

2　前条第2項の規定は，前項の地山の掘削面に傾斜の異なる部分があるため，そのこう配が算定できない場合について，準用する。

点検

則第358条　事業者は，明り掘削の作業を行なうときは，地山の崩壊又は土石の落下による労働者の危険を防止するため，次の措置を講じなければならない。

一　点検者を指名して，作業箇所及びその周辺の地山について，その日の作業を開始する前，大雨の後及び中震以上の地震の後，浮石及びき裂の有無及び状態並びに含水，湧水及び凍結の状態の変化を点検させること。

二　点検者を指名して，発破を行なった後，当該発破を行なった箇所及びその周辺の浮石及びき裂の有無及び状態を点検させること。

地山の掘削作業主任者の選任 | 則第359条　事業者は，令第6条第九号の作業については，地山の掘削及び土止め支保工作業主任者技能講習を修了した者のうちから，地山の掘削作業主任者を選任しなければならない。

地山の掘削作業主任者の職務 | 則第360条　事業者は，地山の掘削作業主任者に，次の事項を行わせなければならない。
一　作業の方法を決定し，作業を直接指揮すること。
二　器具及び工具を点検し，不良品を取り除くこと。
三　要求性能墜落制止用器具等及び保護帽の使用状況を監視すること。

危険の防止措置 | 則第361条　事業者は，明り掘削の作業を行なう場合において，地山の崩壊又は土石の落下により労働者に危険を及ぼすおそれのあるときは，あらかじめ，土止め支保工を設け，防護網を張り，労働者の立入りを禁止する等当該危険を防止するための措置を講じなければならない。

埋設物等による危険の防止 | 則第362条　事業者は，埋設物等又はれんが壁，コンクリートブロック塀，擁壁等の建設物に近接する箇所で明り掘削の作業を行なう場合において，これらの損壊等により労働者に危険を及ぼすおそれのあるときは，これらを補強し，移設する等当該危険を防止するための措置が講じられた後でなければ，作業を行なってはならない。
2　明り掘削の作業により露出したガス導管の損壊により労働者に危険を及ぼすおそれのある場合の前項の措置は，つり防護，受け防護等による当該ガス導管についての防護を行ない，又は当該ガス導管を移設する等の措置でなければならない。
3　事業者は，前項のガス導管の防護の作業については，当該作業を指揮する者を指名して，その者の直接の指揮のもとに当該作業を行なわせなければならない。

掘削機械等の使用禁止 | 則第363条　事業者は，明り掘削の作業を行なう場合において，掘削機械，積込機械及び運搬機械の使用によるガス導管，地中電線路その他地下に存する工作物の損壊により労働者に危険を及ぼすおそれのあるときは，これらの機械を使用してはならない。

誘導者の配置 | 則第365条　事業者は，明り掘削の作業を行なう場合において，運搬機械等が，労働者の作業箇所に後進して接近するとき，又は転落するおそれのあるときは，誘導者を配置し，その者にこれらの機械を誘導させなければならない。
（以下省略）

保護帽の着用 | 則第366条　事業者は，明り掘削の作業を行なうときは，物体の飛来又は落下による労働者の危険を防止するため，当該作業に従事する労働者に保護帽を着用させなければならない。
2　前項の作業に従事する労働者は，同項の保護帽を着用しなければならない。

照度の保持 | 則第367条　事業者は，明り掘削の作業を行なう場所については，当該作業を安

土止め支保工の点検	則第373条	事業者は，土止め支保工を設けたときは，その後7日をこえない期間ごと，中震以上の地震の後及び大雨等により地山が急激に軟弱化するおそれのある事態が生じた後に，次の事項について点検し，異常を認めたときは，直ちに，補強し，又は補修しなければならない。 一　部材の損傷，変形，腐食，変位及び脱落の有無及び状態 二　切りばりの緊圧の度合 三　部材の接続部，取付け部及び交さ部の状態

(11) 墜落，飛来崩壊等による危険の防止

1) 墜落等による危険の防止

作業床が必要な作業場所の高さ	則第518条	事業者は，高さが2m以上の箇所（作業床の端，開口部等を除く。）で作業を行なう場合において墜落により労働者に危険を及ぼすおそれのあるときは，足場を組み立てる等の方法により作業床を設けなければならない。
作業床の設置が困難な場合の措置		2　事業者は，前項の規定により作業床を設けることが困難なときは，防網を張り，労働者に要求性能墜落制止用器具を使用させる等墜落による労働者の危険を防止するための措置を講じなければならない。
作業床の開口部等の危険防止	則第519条	事業者は，高さが2m以上の作業床の端，開口部等で墜落により労働者に危険を及ぼすおそれのある箇所には，囲い，手すり，覆い等（以下この条において「囲い等」という。）を設けなければならない。
作業床の開口部等に囲い等を設けられない場合の措置		2　事業者は，前項の規定により，囲い等を設けることが著しく困難なとき又は作業の必要上臨時に囲い等を取りはずすときは，防網を張り，労働者に要求性能墜落制止用器具を使用させる等墜落による労働者の危険を防止するための措置を講じなければならない。
要求性能墜落制止用器具等の使用	則第520条	労働者は，第518条第2項及び前条第2項の場合において，要求性能墜落制止用器具等の使用を命じられたときは，これを使用しなければならない。
要求性能墜落制止用器具等の取付設備等	則第521条	事業者は，高さが2m以上の箇所で作業を行う場合において，労働者に要求性能墜落制止用器具等を使用させるときは，要求性能墜落制止用器具等を安全に取り付けるための設備等を設けなければならない。
要求性能墜落制止用器具等の点検		2　事業者は，労働者に要求性能墜落制止用器具等を使用させるときは，要求性能墜落制止用器具等及びその取付け設備等の異常の有無について，随時点検しなければならない。
悪天候時の作業禁止	則第522条	事業者は，高さが2m以上の箇所で作業を行なう場合において，強風，大雨，大雪等の悪天候のため，当該作業の実施について危険が予想されるときは，当該作業に労働者を従事させてはならない。
照度の保持	則第523条	事業者は，高さが2m以上の箇所で作業を行なうときは，当該作業を安全に行なうため必要な照度を保持しなければならない。
スレート等の屋根上の危険防止	則第524条	事業者は，スレート，木毛板等の材料でふかれた屋根の上で作業を行なう場合において，踏み抜きにより労働者に危険を及ぼすおそれのあるときは，幅が30cm以上の歩み板を設け，防網を張る等踏み抜きによる労働者の危険を防

止するための措置を講じなければならない。

高低差がある箇所での昇降設備の設置

則第526条　事業者は，高さ又は深さが1.5 m をこえる箇所で作業を行なうときは，当該作業に従事する労働者が安全に昇降するための設備等を設けなければならない。ただし，安全に昇降するための設備等を設けることが作業の性質上著しく困難なときは，この限りでない。

（以下省略）

移動はしごの構造

則第527条　事業者は，移動はしごについては，次に定めるところに適合したものでなければ使用してはならない。

一　丈夫な構造とすること。
二　材料は，著しい損傷，腐食がないものとすること。
三　幅は，30 cm 以上とすること。
四　すべり止め装置の取付けその他転位を防止するために必要な措置を講ずること。

図4.4.1　移動はしご

〔解釈例規〕（昭43. 6. 14　安発第100号）
1　「転位を防止するために必要な措置」には，はしごの上方を建築物等に取り付けること。他の労働者がはしごの下方を支えること等の措置が含まれること。
2　移動はしごは，原則として継いで用いることを禁止し，やむを得ず継いで用いる場合には，次によるよう指導すること。
　イ　全体の長さは9 m 以下とすること。
　ロ　継手が重合せ継手のときは，接続部において1.5 m 以上を重ね合わせて2箇所以上において堅固に固定すること。
　ハ　継手が突合せ継手のときは1.5 m 以上の添木を用いて4箇所以上において堅固に固定すること。
3　移動はしごの踏み桟は，25 cm 以上35 cm 以下の間隔で，かつ，等間隔に設けられていることが望ましいこと。

脚立の構造

則第528条　事業者は，脚立については，次に定めるところに適合したものでなければ使用してはならない。

一　丈夫な構造とすること。
二　材料は，著しい損傷，腐食等がないものとすること。
三　脚と水平面との角度を75度以下とし，かつ，折りたたみ式のものにあっては，脚と水平面との角度を確実に保つための金具等を備えること。
四　踏み面は，作業を安全に行なうために必要な面積を有すること。

図4.4.2　脚立

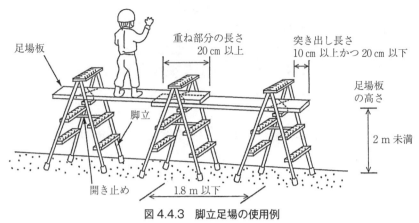

図 4.4.3　脚立足場の使用例

［注］脚立足場として使用する場合
　幅 24 cm，厚さ 2.8 cm，長さ 4 m の合板足場板を使用する場合は，次による。
① 脚立と脚立の間隔は，1.8 m 以下とする。
② 足場板は，3 以上の脚立の踏桟に架け渡す場合を除き，足場板を踏桟に固定する。
③ 足場板の長手方向の重ねは，踏桟等の上で行うものとし，重ねた部分の長さは 20 cm 以上とする。
④ 足場板の踏桟からの突出し長さは，10 cm 以上 20 cm 以下とする。
⑤ 足場板の設置高さは，2 m 未満とする。
⑥ 足場板と脚立の踏桟等とは，ゴムバンド等で横方向にずれないように固定する。

建築物等の組立て，解体における措置	**則第529条**　事業者は，建築物，橋梁，足場等の組立て，解体又は変更の作業（作業主任者を選任しなければならない作業を除く。）を行なう場合において，墜落により労働者に危険を及ぼすおそれのあるときは，次の措置を講じなければならない。 一　作業を指揮する者を指名して，その者に直接作業を指揮させること。 二　あらかじめ，作業の方法及び順序を当該作業に従事する労働者に周知させること。
関係労働者以外の立入禁止箇所	**則第530条**　事業者は，墜落により労働者に危険を及ぼすおそれのある箇所に関係労働者以外の労働者を立ち入らせてはならない。

2）飛来崩壊災害による危険の防止

地山の崩壊等による危険防止措置	**則第534条**　事業者は，地山の崩壊又は土石の落下により労働者に危険を及ぼすおそれのあるときは，当該危険を防止するため，次の措置を講じなければならない。 一　地山を安全なこう配とし，落下のおそれのある土石を取り除き，又は擁壁，土止め支保工等を設けること。 二　地山の崩壊又は土石の落下の原因となる雨水，地下水等を排除すること。
高所から物体を投下するときの危険防止措置	**則第536条**　事業者は，3 m 以上の高所から物体を投下するときは，適当な投下設備を設け，監視人を置く等労働者の危険を防止するための措置を講じなければならない。
投下禁止	2　労働者は，前項の規定による措置が講じられていないときは，3 m 以上の高所から物体を投下してはならない。

物体の落下による危険防止措置	則第537条　事業者は，作業のため物体が落下することにより，労働者に危険を及ぼすおそれのあるときは，防網の設備を設け，立入区域を設定する等当該危険を防止するための措置を講じなければならない。
物体の飛来による危険防止措置	則第538条　事業者は，作業のため物体が飛来することにより労働者に危険を及ぼすおそれのあるときは，飛来防止の設備を設け，労働者に保護具を使用させる等当該危険を防止するための措置を講じなければならない。
保護帽の着用	則第539条　事業者は，船台の附近，高層建築場等の場所で，その上方において他の労働者が作業を行なっているところにおいて作業を行なうときは，物体の飛来又は落下による労働者の危険を防止するため，当該作業に従事する労働者に保護帽を着用させなければならない。 2　前項の作業に従事する労働者は，同項の保護帽を着用しなければならない。

(12) 通路等

安全通路の保持	則第540条　事業者は，作業場に通ずる場所及び作業場内には，労働者が使用するための安全な通路を設け，かつ，これを常時有効に保持しなければならない。
通路の表示	2　前項の通路で主要なものには，これを保持するため，通路であることを示す表示をしなければならない。
通路の照明	則第541条　事業者は，通路には，正常の通行を妨げない程度に，採光又は照明の方法を講じなければならない。ただし，坑道，常時通行の用に供しない地下室等で通行する労働者に，適当な照明具を所持させるときは，この限りでない。
屋内に設ける通路	則第542条　事業者は，屋内に設ける通路については，次に定めるところによらなければならない。 一　用途に応じた幅を有すること。 二　通路面は，つまずき，すべり，踏抜等の危険のない状態に保持すること。 三　通路面から高さ1.8 m 以内に障害物を置かないこと。
機械間等の通路幅	則第543条　事業者は，機械間又はこれと他の設備との間に設ける通路については，幅80 cm 以上のものとしなければならない。
作業場の床面	則第544条　事業者は，作業場の床面については，つまづき，すべり等の危険のないものとし，かつ，これを安全な状態に保持しなければならない。
架設通路	則第552条　事業者は，架設通路については，次に定めるところに適合したものでなければ使用してはならない。
構造	一　丈夫な構造とすること。
勾配	二　勾配は，30度以下とすること。ただし，階段を設けたもの又は高さが2 m 未満で丈夫な手掛を設けたものはこの限りでない。
滑止め	三　勾配が15度を超えるものには，踏桟その他の滑止めを設けること。
手すりの高さ	四　墜落の危険のある箇所には，次に掲げる設備（丈夫な構造の設備であって，たわみが生ずるおそれがなく，かつ，著しい損傷，変形又は腐食がないものに限る。）を設けること。 イ　高さ85 cm 以上の手すり又はこれと同等以上の機能を有する設備（以下「手すり等」という。） ロ　高さ35 cm 以上50 cm 以下の桟又はこれと同等以上の機能を有する設備

(以下「中桟等」という。)

たて坑内の踊場
　五　たて坑内の架設通路でその長さが15m以上であるものは，10m以内ごとに踊場を設けること。

登り桟橋の踊場
　六　建設工事に使用する高さ8m以上の登り桟橋には，7m以内ごとに踊場を設けること。

2　前項第四号の規定は，作業の必要上臨時に手すり等又は中桟等を取り外す場合において，次の措置を講じたときは，適用しない。
　一　要求性能墜落制止用器具を安全に取り付けるための設備等を設け，かつ，労働者に要求性能墜落制止用器具を使用させる措置又はこれと同等以上の効果を有する措置を講ずること。
　二　前号の措置を講ずる箇所には，関係労働者以外の労働者を立ち入らせないこと。
3　事業者は，前項の規定により作業の必要上臨時に手すり等又は中桟等を取り外したときは，その必要がなくなった後，直ちにこれらの設備を原状に復さなければならない。
4　労働者は，第2項の場合において，要求性能墜落制止用器具の使用を命じられたときは，これを使用しなければならない。

はしご道
則第556条　事業者は，はしご道については，次に定めるところに適合したものでなければ使用してはならない。
　一　丈夫な構造とすること。
　二　踏さんを等間隔に設けること。
　三　踏さんと壁との間に適当な間隔を保たせること。
　四　はしごの転位防止のための措置を講ずること。
　五　はしごの上端を床から60cm以上突出させること。
　六　坑内はしご道でその長さが10m以上のものは，5m以内ごとに踏だなを設けること。
　七　坑内はしご道のこう配は，80度以内とすること。
（以下省略）

安全靴等の使用
則第558条　事業者は，作業中の労働者に，道路等の構造又は当該作業の状態に応じて，安全靴その他の適当な履物を定め，当該履物を使用させなければならない。
2　前項の労働者は，同項の規定により定められた履物の使用を命じられたときは，当該履物を使用しなければならない。

(13) 足場

1) 材料等

材料
則第559条　事業者は，足場の材料については，著しい損傷，変形又は腐食のあるものを使用してはならない。
2　事業者は，足場に使用する木材については，強度上の著しい欠点となる割れ，虫食い，節，繊維の傾斜等がなく，かつ，木皮を取り除いたものでなければ，使用してはならない。

構造
則第561条　事業者は，足場については，丈夫な構造のものでなければ，使用してはならない。

最大積載荷重	**則第562条** 事業者は，足場の構造及び材料に応じて，作業床の最大積載荷重を定め，かつ，これを超えて積載してはならない。
安全係数	2 前項の作業床の最大積載荷重は，つり足場（ゴンドラのつり足場を除く。以下この節において同じ。）にあっては，つりワイヤロープ及びつり鋼線の安全係数が10以上，つり鎖及びつりフックの安全係数が5以上並びにつり鋼帯並びにつり足場の下部及び上部の支点の安全係数が鋼材にあっては2.5以上，木材にあっては5以上となるように，定めなければならない。
労働者への周知	3 事業者は，第1項の最大積載荷重を労働者に周知させなければならない。
作業床の構造	**則第563条** 事業者は，足場（一側足場を除く。第三号において同じ。）における高さ2m以上の作業場所には，次に定めるところにより，作業床を設けなければならない。

（第一号 省略）

| 幅，隙間 | 二 つり足場の場合を除き，幅，床材間の隙間及び床材と建地との隙間は，次に定めるところによること。
| | イ 幅は，40cm以上とすること。
| | ロ 床材間の隙間は，3cm以下とすること。
| | ハ 床材と建地との隙間は，12cm未満とすること。

図4.4.4 作業床

| 足場用墜落防止設備 | 三 墜落により労働者に危険を及ぼすおそれのある箇所には，次に掲げる足場の種類に応じて，それぞれ次に掲げる設備（丈夫な構造の設備であって，たわみが生ずるおそれがなく，かつ，著しい損傷，変形又は腐食がないものに限る。以下「足場用墜落防止設備」という。）を設けること。
| | イ わく組足場（妻面に係る部分を除く。ロにおいて同じ。） 次のいずれかの設備
| | 　（1）交さ筋かい及び高さ15cm以上40cm以下の桟若しくは高さ15cm以上の幅木又はこれらと同等以上の機能を有する設備
| | 　（2）手すりわく
| | ロ わく組足場以外の足場 手すり等及び中桟等
| 支持物 | 四 腕木，布，はり，脚立その他作業床の支持物は，これにかかる荷重によって破壊するおそれのないものを使用すること。
| 支持箇所 | 五 つり足場の場合を除き，床材は，転位し，又は脱落しないように2以上の支持物に取り付けること。
| | 六 作業のため物体が落下することにより，労働者に危険を及ぼすおそれのあるときは，高さ10cm以上の幅木，メッシュシート若しくは防網又はこれらと同等

以上の機能を有する設備（以下「幅木等」という。）を設けること。ただし，第三号の規定に基づき設けた設備が幅木等と同等以上の機能を有する場合又は作業の性質上幅木等を設けることが著しく困難な場合若しくは作業の必要上臨時に幅木等を取り外す場合において，立入区域を設定したときは，この限りでない。

床材と建地との隙間

2　前項第二号ハの規定は，次の各号のいずれかに該当する場合であって，床材と建地との隙間が12 cm 以上の箇所に防網を張る等墜落による労働者の危険を防止するための措置を講じたときは，適用しない。

　一　はり間方向における建地と床材の両端との隙間の和が24 cm 未満の場合
　二　はり間方向における建地と床材の両端との隙間の和を24 cm 未満とすることが作業の性質上困難な場合

足場用墜落防止設備を取り外す場合の措置

3　第1項第三号の規定は，作業の性質上足場用墜落防止設備を設けることが著しく困難な場合又は作業の必要上臨時に足場用墜落防止設備を取り外す場合において，次の措置を講じたときは，適用しない。

　一　要求性能墜落制止用器具を安全に取り付けるための設備等を設け，かつ，労働者に要求性能墜落制止用器具を使用させる措置又はこれと同等以上の効果を有する措置を講ずること。
　二　前号の措置を講ずる箇所には，関係労働者以外の労働者を立ち入らせないこと。

前項第五号の適用除外条件

移動足場

4　第1項第五号の規定は，次の各号のいずれかに該当するときは，適用しない。

　一　幅が20 cm 以上，厚さが3.5 cm 以上，長さが3.6 m 以上の板を床材として用い，これを作業に応じて移動させる場合で，次の措置を講ずるとき。
　　イ　足場板は，3以上の支持物に掛け渡すこと。
　　ロ　足場板の支点からの突出部の長さは10 cm 以上とし，かつ，労働者が当該突出部に足を掛けるおそれのない場合を除き，足場板の長さの18分の1以下とすること。

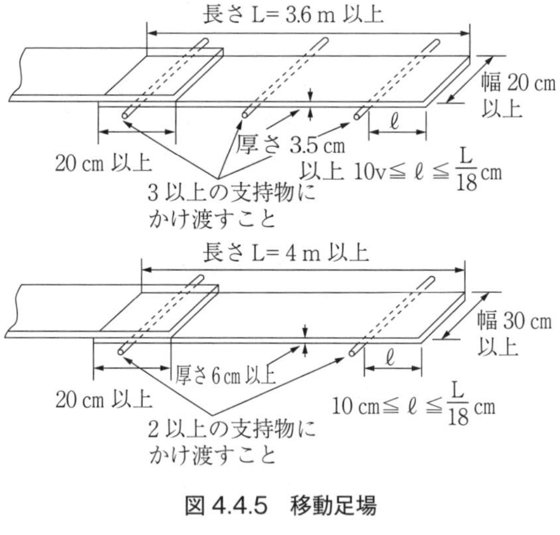

図 4.4.5　移動足場

　　ハ　足場板を長手方向に重ねるときは，支点の上で重ね，その重ねた部分の長さは，20 cm 以上とすること。

二 幅が30 cm以上,厚さが6 cm以上,長さが4 m以上の板を床材として用い,かつ,前号ロ及びハに定める措置を講ずるとき。

5 事業者は,第3項の規定により作業の必要上臨時に足場用墜落防止設備を取り外したときは,その必要がなくなった後,直ちに当該設備を原状に復さなければならない。

6 労働者は,第3項の場合において,要求性能墜落制止用器具の使用を命じられたときは,これを使用しなければならない。

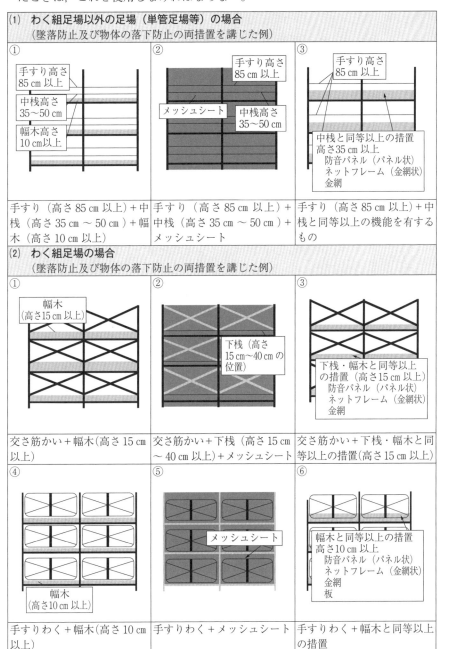

図 4.4.6　足場の設置例

○ 移動式足場の安全基準に関する技術上の指針

(昭和50年10月18日技術上の指針公示第6号)

以下にその指針の要約を抜粋して示す。

① 作業床材は,透き間が3 cm 以下となるよう全面に敷き並べ,かつ,支持物に確実に固定すること。(3-2-3)

② わく組構造部の交さ筋かい及び水平交さ筋かいは,筋かい材を中央部でヒンジ結合したものとし,かつ,筋かい材の両端部に直径15 mm 以下のピン穴を設けること。(3-3-3)

③ わく組構造部の下端部には,水平交さ筋かい又は連けい材を設けること。(3-3-6)

④ 脚輪には,不意の移動を防止するためのブレーキを設けること。(3-4-4) なお,ブレーキは,移動中を除き,常に作動させておくこと。(4-3-2)

⑤ 昇降設備として,踏桟の長さが30 cm 以上であり,かつ,踏さんが40 cm 以下の等間隔に設けられたはしご,又は勾配が50度以下であり,かつ,幅が40 cm 以上である階段を設けること。(3-5)

⑥ 防護設備として,作業床の周囲には,高さ90 cm(労働安全衛生規則第563条においては85 cm)以上で中さん付きの丈夫な手すり及び高さ10 cm 以上の幅木を設けること。(3-6)

⑦ 最大積載荷重を移動式足場の見やすい箇所に表示すること。(4-1-2)

⑧ 移動式足場に労働者を乗せて移動してはならないこと。(4-2-3)

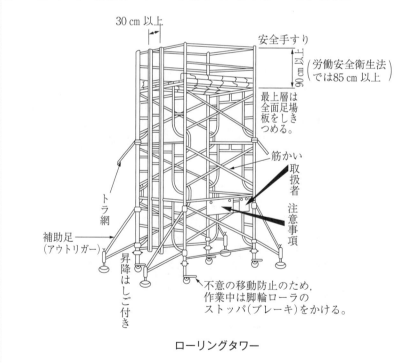

ローリングタワー

2) つり足場

つり足場の構造 | **則第574条** 事業者は，つり足場については，次に定めるところに適合したものでなければ使用してはならない。

つりワイヤロープの品質 | 一 つりワイヤロープは，次のいずれかに該当するものを使用しないこと。
　　イ　ワイヤロープ1よりの間において素線（フィラ線を除く。以下この号において同じ。）の数の10％以上の素線が切断しているもの
　　ロ　直径の減少が公称径の7％をこえるもの
　　ハ　キンクしたもの
　　ニ　著しい形崩れ又は腐食があるもの

つり鎖の品質 | 二 つり鎖は，次のいずれかに該当するものを使用しないこと。
　　イ　伸びが，当該つり鎖が製造されたときの長さの5％を超えるもの
　　ロ　リンクの断面の直径の減少が，当該つり鎖が製造されたときの当該リンクの断面の直径の10％を超えるもの
　　ハ　亀裂があるもの

つり鋼線等の品質 | 三 つり鋼線及びつり鋼帯は，著しい損傷，変形又は腐食のあるものを使用しないこと。

つり繊維索の品質 | 四 つり繊維索は，次のいずれかに該当するものを使用しないこと。
　　イ　ストランドが切断しているもの
　　ロ　著しい損傷又は腐食があるもの

つりワイヤロープ等の一端の取付け | 五 つりワイヤロープ，つり鎖，つり鋼線，つり鋼帯又はつり繊維索は，その一端を足場桁，スターラップ等に他端を突りょう，アンカーボルト，建築物のはり等にそれぞれ確実に取り付けること。

作業床の幅 | 六 作業床は，幅を40cm以上とし，かつ，隙間がないようにすること。

床材の転位，脱落防止 | 七 床材は，転位し，又は脱落しないように，足場桁，スターラップ等に取り付けること。

動揺，転位の防止措置 | 八 足場桁，スターラップ，作業床等に控えを設ける等動揺又は転位を防止するための措置を講ずること。

九 棚足場であるものにあっては，桁の接続部及び交差部は，鉄線，継手金具又は緊結金具を用いて，確実に接続し，又は緊結すること。

前項第六号の適用除外の条件 | 2 前項第六号の規定は，作業床の下方又は側方に網又はシートを設ける等墜落又は物体の落下による労働者の危険を防止するための措置を講ずるときは，適用しない。

つり足場上の脚立等の使用禁止 | **則第575条** 事業者は，つり足場の上で，脚立，はしご等を用いて労働者に作業させてはならない。

(14) 照明

作業面の照度 | **則第604条** 事業者は，労働者を常時就業させる場所の作業面の照度を，次の表の左欄に掲げる作業の区分に応じて，同表の右欄に掲げる基準に適合させなければならない。ただし，感光材料を取り扱う作業場，坑内の作業場その他特殊な作業を行なう作業場については，この限りでない。

作業の区分	基　準
精密な作業	300 ルクス以上
普通の作業	150 ルクス以上
粗な作業	70 ルクス以上

採光及び照明 ┃則第605条　事業者は，採光及び照明については，明暗の対照が著しくなく，かつ，まぶしさを生じさせない方法によらなければならない。

点検時期 ┃2　事業者は，労働者を常時就業させる場所の照明設備について，6月以内ごとに1回，定期に，点検しなければならない。

(15) クレーン等安全規則 (最終改正　令和2年2月25日)

1) 総則

定義　┃則第1条　この省令において，次の各号に掲げる用語の意義は，それぞれ当該各号に定めるところによる。

移動式クレーン　┃一　労働安全衛生法施行令（以下「令」という。）第1条第八号の移動式クレーンをいう。

　　　［原動機を内蔵し，かつ，不特定の場所に移動させることができるクレーンをいう。（令第1条第八号）］

建設用リフト　┃二　令第1条第十号の建設用リフトをいう。

　　　［荷のみを運搬することを目的とするエレベーターで，土木，建築等の工事の作業に使用されるもの（ガイドレールと水平面との角度が80度未満のスキップホイストを除く。）をいう。（令第1条第十号）］

簡易リフト　┃三　令第1条第九号の簡易リフトをいう。

　　　［エレベーターのうち，荷のみを運搬することを目的とするエレベーターで，搬器の床面積が1 m²以下又はその天井の高さが1.2 m以下のもの（建設用リフトを除く。）をいう。（令第1条第九号）］

（以下省略）

適用の除外　┃則第2条　この省令は，次の各号に掲げるクレーン，移動式クレーン，デリック，エレベーター，建設用リフト又は簡易リフトについては，適用しない。

　　一　クレーン，移動式クレーン又はデリックで，つり上げ荷重が0.5 t未満のもの
　　二　エレベーター，建設用リフト又は簡易リフトで，積載荷重が0.25 t未満のもの
　　三　積算荷重が0.25 t以上の建設用リフトで，ガイドレール（昇降路を有するものにあっては，昇降路）の高さが10 m未満のもの

（以下省略）

設置届　┃則第5条　事業者は，クレーンを設置しようとするときは，労働安全衛生法（以下「法」という。）第88条第1項の規定により，クレーン設置届（様式第2号）にクレーン明細書（様式第3号），クレーンの組立図，別表の上欄に掲げるクレーンの種類に応じてそれぞれ同表の下欄に掲げる構造部分の強度計算書及び次の事項を記載した書面を添えて，その事業場の所在地を管轄する労働基準監督署長（以下「所轄労働基準監督署長」という。）に提出しなければならない。

　　一　据え付ける箇所の周囲の状況

二　基礎の概要
三　走行クレーンにあっては，走行する範囲

2）移動式クレーンによる危険の防止

検査証の備付け　則第63条　事業者は，移動式クレーンを用いて作業を行なうときは，当該移動式クレーンに，その移動式クレーン検査証を備え付けておかなければならない。

巻過防止装置の調整　則第65条　事業者は，移動式クレーンの巻過防止装置については，フック，グラブバケット等のつり具の上面又は当該つり具の巻上げ用シーブの上面とジブの先端のシーブその他当該上面が接触するおそれのある物（傾斜したジブを除く。）の下面との間隔が0.25 m以上（直働式の巻過防止装置にあっては，0.05 m以上）となるように調整しておかなければならない。

作業の方法等の決定等　則第66条の2　事業者は，移動式クレーンを用いて作業を行うときは，移動式クレーンの転倒等による労働者の危険を防止するため，あらかじめ，当該作業に係る場所の広さ，地形及び地質の状態，運搬しようとする荷の重量，使用する移動式クレーンの種類及び能力等を考慮して，次の事項を定めなければならない。
一　移動式クレーンによる作業の方法
二　移動式クレーンの転倒を防止するための方法
三　移動式クレーンによる作業に係る労働者の配置及び指揮の系統

労働者への周知　2　事業者は，前項各号の事項を定めたときは，当該事項について，作業の開始前に，関係労働者に周知させなければならない。

外れ止め装置の使用　則第66条の3　事業者は，移動式クレーンを用いて荷をつり上げるときは，外れ止め装置を使用しなければならない。

特別の教育　則第67条　事業者は，つり上げ荷重が1 t未満の移動式クレーンの運転（道路交通法第2条第1項第一号の道路上を走行させる運転を除く。）の業務に労働者を就かせるときは，当該労働者に対し，当該業務に関する安全のための特別の教育を行わなければならない。
（以下省略）

就業制限　則第68条　事業者は，令第20条第七号に掲げる業務については，移動式クレーン運転士免許を受けた者でなければ，当該業務に就かせてはならない。ただし，つり上げ荷重が1 t以上5 t未満の移動式クレーン（以下「小型移動式クレーン」という。）の運転の業務については，小型移動式クレーン運転技能講習を修了した者を当該業務に就かせることができる。

過負荷の制限　則第69条　事業者は，移動式クレーンにその定格荷重をこえる荷重をかけて使用してはならない。

傾斜角の制限　則第70条　事業者は，移動式クレーンについては，移動式クレーン明細書に記載されているジブの傾斜角（つり上げ荷重が3 t未満の移動式クレーンにあっては，これを製造した者が指定したジブの傾斜角）の範囲をこえて使用してはならない。

定格荷重の表示等　則第70条の2　事業者は，移動式クレーンを用いて作業を行うときは，移動式クレーンの運転者及び玉掛けをする者が当該移動式クレーンの定格荷重を常時知ることができるよう，表示その他の措置を講じなければならない。

使用の禁止　則第70条の3　事業者は，地盤が軟弱であること，埋設物その他地下に存する工

作物が損壊するおそれがあること等により移動式クレーンが転倒するおそれのある場所においては，移動式クレーンを用いて作業を行ってはならない。ただし，当該場所において，移動式クレーンの転倒を防止するため必要な広さ及び強度を有する鉄板等が敷設され，その上に移動式クレーンを設置しているときは，この限りでない。

アウトリガーの位置
則第70条の4　事業者は，前条ただし書の場合において，アウトリガーを使用する移動式クレーンを用いて作業を行うときは，当該アウトリガーを当該鉄板等の上で当該移動式クレーンが転倒するおそれのない位置に設置しなければならない。

アウトリガー等の張り出し
則第70条の5　事業者は，アウトリガーを有する移動式クレーン又は拡幅式のクローラを有する移動式クレーンを用いて作業を行うときは，当該アウトリガー又はクローラを最大限に張り出さなければならない。ただし，アウトリガー又はクローラを最大限に張り出すことができない場合であって，当該移動式クレーンに掛ける荷重が当該移動式クレーンのアウトリガー又はクローラの張り出し幅に応じた定格荷重を下回ることが確実に見込まれるときは，この限りでない。

運転の合図
則第71条　事業者は，移動式クレーンを用いて作業を行なうときは，移動式クレーンの運転について一定の合図を定め，合図を行なう者を指名して，その者に合図を行なわせなければならない。ただし，移動式クレーンの運転者に単独で作業を行なわせるときは，この限りでない。
　2　前項の指名を受けた者は，同項の作業に従事するときは，同項の合図を行なわなければならない。
　3　第1項の作業に従事する労働者は，同項の合図に従わなければならない。

搭乗の制限
則第72条　事業者は，移動式クレーンにより，労働者を運搬し，又は労働者をつり上げて作業させてはならない。

搭乗制限の適用除外
則第73条　事業者は，前条の規定にかかわらず，作業の性質上やむを得ない場合又は安全な作業の遂行上必要な場合は，移動式クレーンのつり具に専用のとう乗設備を設けて当該とう乗設備に労働者を乗せることができる。

搭乗設備使用の危険防止事項
　2　事業者は，前項のとう乗設備については，墜落による労働者の危険を防止するため次の事項を行わなければならない。
　一　とう乗設備の転位及び脱落を防止する措置を講ずること。
　二　労働者に要求性能墜落制止用器具等を使用させること。
　三　とう乗設備ととう乗者との総重量の1.3倍に相当する重量に500 kgを加えた値が，当該移動式クレーンの定格荷重をこえないこと。
　四　とう乗設備を下降させるときは，動力下降の方法によること。
（以下省略）

立入禁止
則第74条　事業者は，移動式クレーンに係る作業を行うときは，当該移動式クレーンの上部旋回体と接触することにより労働者に危険が生ずるおそれのある箇所に労働者を立ち入らせてはならない。
　則第74条の2　事業者は，移動式クレーンに係る作業を行う場合であって，次の各号のいずれかに該当するときは，つり上げられている荷（第六号の場合にあっては，つり具を含む。）の下に労働者を立ち入らせてはならない。

一　ハッカーを用いて玉掛けをした荷がつり上げられているとき。
　二　つりクランプ1個を用いて玉掛けをした荷がつり上げられているとき。
　三　ワイヤロープ等を用いて1箇所に玉掛けをした荷がつり上げられているとき（当該荷に設けられた穴又はアイボルトにワイヤロープ等を通して玉掛けをしている場合を除く。）
　四　複数の荷が一度につり上げられている場合であって，当該複数の荷が結束され，箱に入れられる等により固定されていないとき。
　五　磁力又は陰圧により吸着させるつり具又は玉掛用具を用いて玉掛けをした荷がつり上げられているとき。
　六　動力下降以外の方法により荷又はつり具を下降させるとき。

| 強風時の作業の中止 | 則第74条の3　事業者は，強風のため，移動式クレーンに係る作業の実施について危険が予想されるときは，当該作業を中止しなければならない。 |

| 強風時における転倒の防止 | 則第74条の4　事業者は，前条の規定により作業を中止した場合であって移動式クレーンが転倒するおそれのあるときは，当該移動式クレーンのジブの位置を固定させる等により移動式クレーンの転倒による労働者の危険を防止するための措置を講じなければならない。 |

| 運転位置からの離脱禁止 | 則第75条　事業者は，移動式クレーンの運転者を，荷をつったままで，運転位置から離れさせてはならない。 |

　2　前項の運転者は，荷をつったままで，運転位置を離れてはならない。

| ジブの組立て等の作業 | 則第75条の2　事業者は，移動式クレーンのジブの組立て又は解体の作業を行うときは，次の措置を講じなければならない。 |

　一　作業を指揮する者を選任して，その者の指揮の下に作業を実施させること。
　二　作業を行う区域に関係労働者以外の労働者が立ち入ることを禁止し，かつ，その旨を見やすい箇所に表示すること。
　三　強風，大雨，大雪等の悪天候のため，作業の実施について危険が予想されるときは，当該作業に労働者を従事させないこと。
　2　事業者は，前項第一号の作業を指揮する者に，次の事項を行わせなければならない。
　一　作業の方法及び労働者の配置を決定し，作業を指揮すること。
　二　材料の欠点の有無並びに器具及び工具の機能を点検し，不良品を取り除くこと。
　三　作業中，要求性能墜落制止用器具等及び保護帽の使用状況を監視すること。

| 年定期自主検査 | 則第76条　事業者は，移動式クレーンを設置した後，1年以内ごとに1回，定期に，当該移動式クレーンについて自主検査を行なわなければならない。ただし，1年をこえる期間使用しない移動式クレーンの当該使用しない期間においては，この限りでない。 |

　2　事業者は，前項ただし書の移動式クレーンについては，その使用を再び開始する際に，自主検査を行なわなければならない。
　3　事業者は，前二項の自主検査においては，荷重試験を行なわなければならない。ただし，当該自主検査を行う日前2月以内に第81条第1項の規定に基づく荷重試験を行った移動式クレーン又は当該自主検査を行う日後2月以内に移動式クレーン検査証の有効期間が満了する移動式クレーンについては，この限りでない。

　　　　　　　　4　前項の荷重試験は，移動式クレーンに定格荷重に相当する荷重の荷をつって，つり上げ，旋回，走行等の作動を定格速度により行なうものとする。

月定期自主検査	則第77条　事業者は，移動式クレーンについては，1月以内ごとに1回，定期に，次の事項について自主検査を行なわなければならない。ただし，1月をこえる期間使用しない移動式クレーンの当該使用しない期間においては，この限りでない。

　　　一　巻過防止装置その他の安全装置，過負荷警報装置その他の警報装置，ブレーキ及びクラッチの異常の有無
　　　二　ワイヤロープ及びつりチェーンの損傷の有無
　　　三　フック，グラブバケット等のつり具の損傷の有無
　　　四　配線，配電盤及びコントローラーの異常の有無
　　2　事業者は，前項ただし書の移動式クレーンについては，その使用を再び開始する際に，同項各号に掲げる事項について自主検査を行なわなければならない。

作業開始前の点検	則第78条　事業者は，移動式クレーンを用いて作業を行なうときは，その日の作業を開始する前に，巻過防止装置，過負荷警報装置その他の警報装置，ブレーキ，クラッチ及びコントローラーの機能について点検を行わなければならない。

自主検査の記録	則第79条　事業者は，この節に定める自主検査の結果を記録し，これを3年間保存しなければならない。

3）玉掛け

玉掛け用ワイヤロープの安全係数	則第213条　事業者は，クレーン，移動式クレーン又はデリックの玉掛用具であるワイヤロープの安全係数については，6以上でなければ使用してはならない。

　　2　前項の安全係数は，ワイヤロープの切断荷重の値を，当該ワイヤロープにかかる荷重の最大の値で除した値とする。

玉掛け用フック等の安全係数	則第214条　事業者は，クレーン，移動式クレーン又はデリックの玉掛用具であるフック又はシャックルの安全係数については，5以上でなければ使用してはならない。

　　2　前項の安全係数は，フック又はシャックルの切断荷重の値を，それぞれ当該フック又はシャックルにかかる荷重の最大の値で除した値とする。

不適格なワイヤロープの使用禁止	則第215条　事業者は，次の各号のいずれかに該当するワイヤロープをクレーン，移動式クレーン又はデリックの玉掛用具として使用してはならない。

　　　一　ワイヤロープ1よりの間において素線（フィラ線を除く。以下本号において同じ。）の数の10％以上の素線が切断しているもの
　　　二　直径の減少が公称径の7％をこえるもの
　　　三　キンクしたもの
　　　四　著しい形くずれ又は腐食があるもの

不適格なつりチェーンの使用禁止	則第216条　事業者は，次の各号のいずれかに該当するつりチェーンをクレーン，移動式クレーン又はデリックの玉掛用具として使用してはならない。

　　　一　伸びが，当該つりチェーンが製造されたときの長さの5％をこえるもの
　　　二　リンクの断面の直径の減少が，当該つりチェーンが製造されたときの当該リンクの断面の直径の10％をこえるもの
　　　三　き裂があるもの

第4節　労働関係法令

不適格なフック，シャックル等の使用禁止	**則第217条**　事業者は，フック，シャックル，リング等の金具で，変形しているもの又はき裂があるものを，クレーン，移動式クレーン又はデリックの玉掛用具として使用してはならない。
不適格な繊維ロープの使用禁止	**則第218条**　事業者は，次の各号のいずれかに該当する繊維ロープ又は繊維ベルトをクレーン，移動式クレーン又はデリックの玉掛用具として使用してはならない。 一　ストランドが切断しているもの 二　著しい損傷又は腐食があるもの
リングの具備等	**則第219条**　事業者は，エンドレスでないワイヤロープ又はつりチェーンについては，その両端にフック，シャックル，リング又はアイを備えているものでなければクレーン，移動式クレーン又はデリックの玉掛用具として使用してはならない。 2　前項のアイは，アイスプライス若しくは圧縮どめ又はこれらと同等以上の強さを保持する方法によるものでなければならない。この場合において，アイスプライスは，ワイヤロープのすべてのストランドを3回以上編み込んだ後，それぞれのストランドの素線の半数の素線を切り，残された素線をさらに2回以上（すべてのストランドを4回以上編み込んだ場合には1回以上）編み込むものとする。
使用範囲の制限	**則第219条の2**　事業者は，磁力若しくは陰圧により吸着させる玉掛用具，チェーンブロック又はチェーンレバーホイスト（以下この項において「玉掛用具」という。）を用いて玉掛けの作業を行うときは，当該玉掛用具について定められた使用荷重等の範囲で使用しなければならない。 2　事業者は，つりクランプを用いて玉掛けの作業を行うときは，当該つりクランプの用途に応じて玉掛けの作業を行うとともに，当該つりクランプについて定められた使用荷重等の範囲で使用しなければならない。
作業開始前の点検	**則第220条**　事業者は，クレーン，移動式クレーン又はデリックの玉掛用具であるワイヤロープ，つりチェーン，繊維ロープ，繊維ベルト又はフック，シャックル，リング等の金具（以下この条において「ワイヤロープ等」という。）を用いて玉掛けの作業を行なうときは，その日の作業を開始する前に当該ワイヤロープ等の異常の有無について点検を行なわなければならない。 2　事業者は，前項の点検を行なった場合において，異常を認めたときは，直ちに補修しなければならない。
就業制限	**則第221条**　事業者は，令第20条第十六号に掲げる業務（制限荷重が1t以上の揚貨装置の玉掛けの業務を除く。）については，次の各号のいずれかに該当する者でなければ，当該業務に就かせてはならない。 一　玉掛け技能講習を修了した者 二　職業能力開発促進法第27条第1項の準則訓練である普通職業訓練のうち，職業能力開発促進法施行規則別表第4の訓練科の欄に掲げる玉掛け科の訓練（通信の方法によって行うものを除く。）を修了した者 三　その他厚生労働大臣が定める者
特別の教育	**則第222条**　事業者は，つり上げ荷重が1t未満のクレーン，移動式クレーン又はデリックの玉掛けの業務に労働者をつかせるときは，当該労働者に対し，当該業務に関する安全のための特別の教育を行なわなければならない。

2　前項の特別の教育は，次の科目について行なわなければならない。
　一　クレーン，移動式クレーン及びデリック（以下この条において「クレーン等」という。）に関する知識
　二　クレーン等の玉掛けに必要な力学に関する知識
　三　クレーン等の玉掛けの方法
　四　関係法令
　五　クレーン等の玉掛け
　六　クレーン等の運転のための合図
3　安衛則第37条及び第38条並びに前二項に定めるもののほか，第1項の特別の教育に関し必要な事項は，厚生労働大臣が定める。

> ○　**玉掛け作業の安全に係るガイドライン**（抜粋）
>
> （平成12年基発第96号）
>
> 第3　事業者が講ずべき措置
> 5．玉掛けの方法の選定
> 　　事業者は，玉掛け作業の実施に際しては，玉掛けの方法に応じて以下の事項に配慮して作業を行わせること。
> 　（1）共通事項
> 　　イ　玉掛用具の選定に当たっては，必要な安全係数を確保するか，又は定められた使用荷重等の範囲内で使用すること。
> 　　ロ　つり角度は，原則として90度以内であること。
> 　　ハ　アイボルト形のシャックルを目通しつりの通し部に使用する場合は，ワイヤロープのアイにシャックルのアイボルトを通すこと。
> 　　ニ　クレーン等のフックの上面及び側面においてワイヤロープが重ならないようにすること。
> 　　ホ　クレーン等の作動中は直接つり荷及び玉掛用具に触れないこと。
> 　　ヘ　ワイヤロープ等の玉掛用具を取り外す際には，クレーン等のフックの巻き上げによって引き抜かないこと。

(16) 酸素欠乏症等防止規則（最終改正　令和5年4月1日）

事業者の責務	則第1条　事業者は，酸素欠乏症等を防止するため，作業方法の確立，作業環境の整備その他必要な措置を講ずるよう努めなければならない。
用語	則第2条　この省令において，次の各号に掲げる用語の意義は，それぞれ当該各号に定めるところによる。
酸素欠乏	一　空気中の酸素の濃度が18％未満である状態をいう。
酸素欠乏等	二　前号に該当する状態又は空気中の硫化水素の濃度が$\frac{10}{100万}$を超える状態をいう。
酸素欠乏症	三　酸素欠乏の空気を吸入することにより生ずる症状が認められる状態をいう。
硫化水素中毒	四　硫化水素の濃度が$\frac{10}{100万}$を超える空気を吸入することにより生ずる症状が認められる状態をいう。
酸素欠乏症等	五　酸素欠乏症又は硫化水素中毒をいう。

第4節　労働関係法令

酸素欠乏危険作業	六　労働安全衛生法施行令（以下「令」という。）別表第6に掲げる酸素欠乏危険場所（以下「酸素欠乏危険場所」という。）における作業をいう。
第一種酸素欠乏危険作業	七　酸素欠乏危険作業のうち，第二種酸素欠乏危険作業以外の作業をいう。
第二種酸素欠乏危険作業	八　酸素欠乏危険場所のうち，令別表第6第三号の三，第九号又は第十二号に掲げる酸素欠乏危険場所（同号に掲げる場所にあっては，酸素欠乏症にかかるおそれ及び硫化水素中毒にかかるおそれのある場所として厚生労働大臣が定める場所に限る。）における作業をいう。
作業環境測定	**則第3条**　事業者は，令第21条第九号に掲げる作業場について，その日の作業を開始する前に，当該作業場における空気中の酸素（第二種酸素欠乏危険作業に係る作業場にあっては，酸素及び硫化水素）の濃度を測定しなければならない。
記録保存期間	2　事業者は，前項の規定による測定を行ったときは，そのつど，次の事項を記録して，これを3年間保存しなければならない。 　一　測定日時 　二　測定方法 　三　測定箇所 　四　測定条件 　五　測定結果 　六　測定を実施した者の氏名 　七　測定結果に基づいて酸素欠乏症等の防止措置を講じたときは，当該措置の概要
測定器具	**則第4条**　事業者は，酸素欠乏症危険作業に労働者を従事させるときは，前条第1項の規定による測定を行うため必要な測定器具を備え，又は容易に利用できるような措置を講じておかなければならない。
換気	**則第5条**　事業者は，酸素欠乏危険作業に労働者を従事させる場合は，当該作業を行う場所の空気中の酸素の濃度を18％以上（第二種酸素欠乏危険作業に係る場所にあっては，空気中の酸素の濃度を18％以上，かつ，硫化水素の濃度を$\frac{10}{100万}$以下。）に保つように換気しなければならない。ただし，爆発，酸化等を防止するため換気することができない場合又は作業の性質上換気することが著しく困難な場合は，この限りでない。 2　事業者は，酸素欠乏危険作業の一部を請負人に請け負わせるときは，当該請負人が当該作業に従事する間（労働者が当該作業に従事するときを除く。），当該作業を行う場所の空気中の酸素の濃度を18％以上に保つように換気すること等について配慮しなければならない。ただし，前項ただし書の場合は，この限りでない。 3　事業者は，前二項の規定により換気が行われるときは，純酸素を使用してはならない。
保護具の使用等	**則第5条の2**　事業者は，前条第1項ただし書の場合においては，同時に就業する労働者の人数と同数以上の空気呼吸器等（空気呼吸器，酸素呼吸器又は送気マスクをいう。以下同じ。）を備え，労働者にこれを使用させなければならない。 2　労働者は，前項の場合において，空気呼吸器等の使用を命じられたときは，これを使用しなければならない。

3 事業者は，前条第2項の請負人に対し，同項ただし書の場合においては，空気呼吸器等を使用する必要がある旨を周知させなければならない。

要求性能墜落制止用器具等

則第6条　事業者は，酸素欠乏危険作業に労働者を従事させる場合で，労働者が酸素欠乏症にかかって転落するおそれのあるときは，労働者に要求性能墜落制止用器具（労働安全衛生規則第130条の5第1項に規定する要求性能墜落制止用器具をいう。）その他の命綱（以下「要求性能墜落制止用器具等」という。）を使用させなければならない。

2　事業者は，前項の場合において，要求性能墜落制止用器具等を安全に取り付けるための設備等を設けなければならない。

3　労働者は，第1項の場合において，要求性能墜落制止用器具等の使用を命じられたときは，これを使用しなければならない。

4　事業者は，酸素欠乏危険作業の一部を請負人に請け負わせる場合で，酸素欠乏症等にかかって転落するおそれのあるときは，当該請負人に対し，要求性能墜落制止用器具等を使用する必要がある旨を周知させなければならない。

保護具等の点検

則第7条　事業者は，第5条の2第1項の規定により空気呼吸器等を使用させ，又は前条第1項の規定により要求性能墜落制止用器具等を使用させて酸素欠乏危険作業に労働者を従事させる場合には，その日の作業を開始する前に，当該空気呼吸器等又は当該要求性能墜落制止用器具等及び前条第2項の設備等を点検し，異常を認めたときは，直ちに補修し，又は取り替えなければならない。

人員の点検

則第8条　事業者は，酸素欠乏危険作業に労働者を従事させるときは，労働者を当該作業を行う場所に入場させ，及び退場させる時に，人員を点検しなければならない。

2　事業者は，酸素欠乏危険作業の一部を請負人に請け負わせるときは，当該請負人が当該作業を行う場所に入場し，及び退場する時に，人員を点検しなければならない。

立入禁止

則第9条　事業者は，酸素欠乏危険場所又はこれに隣接する場所で作業を行うときは，酸素欠乏危険作業に従事する者以外の者が当該酸素欠乏危険場所に立ち入ることについて，禁止する旨を見やすい箇所に表示することその他の方法により禁止するとともに，表示以外の方法により禁止したときは，当該酸素欠乏危険場所が立入禁止である旨を見やすい箇所に表示しなければならない。

2　酸素欠乏危険作業に従事する者以外の者は，前項の規定により立入りを禁止された場所には，みだりに立ち入ってはならない。

3　第1項の酸素欠乏危険場所については，安衛則第585条第1項第四号の規定（酸素濃度及び硫化水素濃度に係る部分に限る。）は，適用しない。

連絡

則第10条　事業者は，酸素欠乏危険作業に労働者を従事させる場合で，近接する作業場で行われる作業による酸素欠乏等のおそれがあるときは，当該作業場との間の連絡を保たなければならない。

酸素欠乏危険作業主任者の選任

則第11条　事業者は，酸素欠乏危険作業については，第一種酸素欠乏危険作業にあっては酸素欠乏危険作業主任者技能講習又は酸素欠乏・硫化水素危険作業主任者技能講習を修了した者のうちから，第二種酸素欠乏危険作業にあっては酸素欠

第4節　労働関係法令

乏・硫化水素危険作業主任者技能講習を修了した者のうちから，酸素欠乏危険作業主任者を選任しなければならない。

第一種酸素欠乏危険作業主任者の職務

2　事業者は，第一種酸素欠乏危険作業に係る酸素欠乏危険作業主任者に，次の事項を行わせなければならない。
一　作業に従事する労働者が酸素欠乏の空気を吸入しないように，作業の方法を決定し，労働者を指揮すること。
二　その日の作業を開始する前，作業に従事するすべての労働者が作業を行う場所を離れた後再び作業を開始する前及び労働者の身体，換気装置等に異常があったときに，作業を行う場所の空気中の酸素の濃度を測定すること。
三　測定器具，換気装置，空気呼吸器等その他労働者が酸素欠乏症にかかることを防止するための器具又は設備を点検すること。
四　空気呼吸器等の使用状況を監視すること。

第二種酸素欠乏危険作業主任者の職務

3　前項の規定は，第二種酸素欠乏危険作業に係る酸素欠乏危険作業主任者について準用する。この場合において，同項第一号中「酸素欠乏」とあるのは「酸素欠乏等」と，同項第二号中「酸素」とあるのは「酸素及び硫化水素」と，同項第三号中「酸素欠乏症」とあるのは「酸素欠乏症等」と読み替えるものとする。

特別の教育

則第12条　事業者は，第一種酸素欠乏危険作業に係る業務に労働者を就かせるときは，当該労働者に対し，次の科目について特別の教育を行わなければならない。
一　酸素欠乏の発生の原因
二　酸素欠乏症の症状
三　空気呼吸器等の使用の方法
四　事故の場合の退避及び救急そ生の方法
五　前各号に掲げるもののほか，酸素欠乏症の防止に関し必要な事項

2　前項の規定は，第二種酸素欠乏危険作業に係る業務について準用する。この場合において，同項第一号中「酸素欠乏」とあるのは「酸素欠乏等」と，同項第二号及び第五号中「酸素欠乏症」とあるのは「酸素欠乏症等」と読み替えるものとする。

3　安衛則第37条及び第38条並びに前二項に定めるもののほか，前二項の特別の教育の実施について必要な事項は，厚生労働大臣が定める。

監視人等

則第13条　事業者は，酸素欠乏危険作業に労働者を従事させるときは，常時作業の状況を監視し，異常があったときに直ちにその旨を酸素欠乏危険作業主任者及びその他の関係者に通報する者を置く等異常を早期に把握するために必要な措置を講じなければならない。

2　事業者は，酸素欠乏危険作業の一部を請負人に請け負わせるとき（労働者が当該作業に従事するときを除く。）は，当該請負人に対し，常時作業の状況を監視し，異常があったときに直ちにその旨を事業者及びその他の関係者に通報する者を置く等異常を早期に把握するために必要な措置を講ずること等について配慮しなければならない。

退避

則第14条　事業者は，酸素欠乏危険作業に労働者を従事させる場合で，当該作業を行う場所において酸素欠乏等のおそれが生じたときは，直ちに作業を中止し，

作業に従事する者をその場所から退避させなければならない。

2　事業者は，前項の場合において，酸素欠乏等のおそれがないことを確認するまでの間，その場所に特に指名した者以外の者が立ち入ることについて，禁止する旨を見やすい箇所に表示することその他の方法により禁止するとともに，表示以外の方法により禁止したときは，当該場所が立入禁止である旨を見やすい箇所に表示しなければならない。

避難用具等　則第15条　事業者は，酸素欠乏危険作業に労働者を従事させるときは，空気呼吸器等，はしご，繊維ロープ等非常の場合に労働者を避難させ，又は救出するため必要な用具（以下「避難用具等」という。）を備えなければならない。

2　第7条の規定は，前項の避難用具等について準用する。

救出時の空気呼吸器等の使用　則第16条　事業者は，酸素欠乏症等にかかった作業に従事する者を酸素欠乏等の場所において救出する作業に労働者を従事させるときは，当該救出作業に従事する労働者に空気呼吸器等を使用させなければならない。

2　労働者は，前項の場合において，空気呼吸器等の使用を命じられたときは，これを使用しなければならない。

3　事業者は，第1項の救出作業を，酸素欠乏等の場所において作業に従事する者（労働者を除く。）が行うときは，当該者に対し，空気呼吸器等を使用する必要がある旨を周知させなければならない。

診療及び処置　則第17条　事業者は，酸素欠乏症等にかかった労働者に，直ちに医師の診察又は処置を受けさせなければならない。

2　事業者は，酸素欠乏症等にかかるおそれのある場所における作業の一部を請負人に請け負わせる場合においては，当該請負人に対し，酸素欠乏症等にかかったときは，直ちに医師の診察又は処置を受ける必要がある旨を周知させなければならない。

事故報告　則第29条　事業者は，労働者が酸素欠乏症等にかかったとき，又は第24条第1項の調査の結果酸素欠乏の空気が漏出しているときは，遅滞なく，その旨を当該作業を行う場所を管轄する労働基準監督署長に報告しなければならない。

第5節　その他の関係法令

1. 資源・副産物，廃棄物関係法令

1.1　建設工事に係る資材の再資源化等に関する法律

（最終改正　法：令和4年6月17日，令：令和6年4月1日，則：令和3年9月1日）

(1) 総則

目的　　　**法第1条**　この法律は，特定の建設資材について，その分別解体等及び再資源化等を促進するための措置を講ずるとともに，解体工事業者について登録制度を実施すること等により，再生資源の十分な利用及び廃棄物の減量等を通じて，資源の有効な利用の確保及び廃棄物の適正な処理を図り，もって生活環境の保全及び国民経済の健全な発展に寄与することを目的とする。

建設資材　**法第2条**　この法律において「建設資材」とは，土木建築に関する工事（以下「建設工事」という。）に使用する資材をいう。

建設資材廃棄物　2　この法律において「建設資材廃棄物」とは，建設資材が廃棄物（廃棄物の処理及び清掃に関する法律第2条第1項に規定する廃棄物をいう。以下同じ。）となったものをいう。

分別解体等　3　この法律において「分別解体等」とは，次の各号の掲げる工事の種別に応じ，それぞれ当該各号に定める行為をいう。
　　一　建築物その他の工作物（以下「建築物等」という。）の全部又は一部を解体する建設工事（以下「解体工事」という。）　建築物等に用いられた建設資材に係る建設資材廃棄物をその種類ごとに分別しつつ当該工事を計画的に施工する行為
　　二　建築物等の新築その他の解体工事以外の建設工事（以下「新築工事等」という。）　当該工事に伴い副次的に生ずる建設資材廃棄物をその種類ごとに分別しつつ当該工事を施工する行為

再資源化　4　この法律において建設資材廃棄物について「再資源化」とは，次に掲げる行為であって，分別解体等に伴って生じた建設資材廃棄物の運搬又は処分（再生することを含む。）に該当するものをいう。
　　一　分別解体等に伴って生じた建設資材廃棄物について，資材又は原材料として利用すること（建設資材廃棄物をそのまま用いることを除く。）ができる状態にする行為
　　二　分別解体等に伴って生じた建設資材廃棄物であって燃焼の用に供することができるもの又はその可能性のあるものについて，熱を得ることに利用することができる状態にする行為

特定建設資材　5　この法律において「特定建設資材」とは，コンクリート，木材その他建設資材のうち，建設資材廃棄物となった場合におけるその再資源化が資源の有効な利用及び廃棄物の減量を図る上で特に必要であり，かつ，その再資源化が経済性の面において制約が著しくないと認められるものとして政令で定めるものをいう。

特定建設資材廃棄物	6　この法律において「特定建設資材廃棄物」とは，特定建設資材が廃棄物となったものをいう。
縮減	7　この法律において建設資材廃棄物について「縮減」とは，焼却，脱水，圧縮その他の方法により建設資材廃棄物の大きさを減ずる行為をいう。
再資源化等	8　この法律において建設資材廃棄物について「再資源化等」とは，再資源化及び縮減をいう。
建設業	9　この法律において「建設業」とは，建設工事を請け負う営業（その請け負った建設工事を他の者に請け負わせて営むものを含む。）をいう。
下請契約, 発注者, 元請業者, 下請負人	10　この法律において「下請契約」とは，建設工事を他の者から請け負った建設業を営む者と他の建設業を営む者との間で当該建設工事の全部又は一部について締結される請負契約をいい，「発注者」とは，建設工事（他の者から請け負ったものを除く。）の注文者をいい，「元請業者」とは，発注者から直接建設工事を請け負った建設業を営む者をいい，「下請負人」とは，下請契約における請負人をいう。
解体工事業	11　この法律において「解体工事業」とは，建設業のうち建築物等を除却するための解体工事を請け負う営業（その請け負った解体工事を他の者に請け負わせて営むものを含む。）をいう。
解体工事業者	12　この法律において「解体工事業者」とは，第21条第1項の登録を受けて解体工事業を営む者をいう。
特定建設資材の種類	令第1条　建設工事に係る資材の再資源化等に関する法律（以下「法」という。）第2条第5項のコンクリート，木材その他建設資材のうち政令で定めるものは，次に掲げる建設資材とする。 　一　コンクリート 　二　コンクリート及び鉄から成る建設資材 　三　木材 　四　アスファルト・コンクリート

(2) 基本方針等

| 建設業を営む者の責務 | 法第5条　建設業を営む者は，建築物等の設計及びこれに用いる建設資材の選択，建設工事の施工方法等を工夫することにより，建設資材廃棄物の発生を抑制するとともに，分別解体等及び建設資材廃棄物の再資源化等に要する費用を低減するよう努めなければならない。
2　建設業を営む者は，建設資材廃棄物の再資源化により得られた建設資材（建設資材廃棄物の再資源化により得られた物を使用した建設資材を含む。次条及び第41条において同じ。）を使用するよう努めなければならない。 |
| 発注者の責務 | 法第6条　発注者は，その注文する建設工事について，分別解体等及び建設資材廃棄物の再資源化等に要する費用の適正な負担，建設資材廃棄物の再資源化により，得られた建設資材の使用等により，分別解体等及び建設資材廃棄物の再資源化等の促進に努めなければならない。 |

(3) 分別解体等の実施

| 分別解体等実施義務 | 法第9条　特定建設資材を用いた建築物等に係る解体工事又はその施工に特定建設資材を使用する新築工事等であって，その規模が第3項又は第4項の建設工事 |

の規模に関する基準以上のもの（以下「対象建設工事」という。）の受注者（当該対象建設工事の全部又は一部について下請契約が締結されている場合における各下請負人を含む。以下「対象建設工事受注者」という。）又はこれを請負契約によらないで自ら施工する者（以下単に「自主施工者」という。）は，正当な理由がある場合を除き，分別解体等をしなければならない。

2　前項の分別解体等は，特定建設資材廃棄物をその種類ごとに分別することを確保するための適切な施工方法に関する基準として主務省令で定める基準に従い，行わなければならない。

3　建設工事の規模に関する基準は，政令で定める。

4　都道府県は，当該都道府県の区域のうちに，特定建設資材廃棄物の再資源化等をするための施設及び廃棄物の最終処分場における処理量の見込みその他の事情から判断して前項の基準によっては当該区域において生じる特定建設資材廃棄物をその再資源化等により減量することが十分でないと認められる区域があるときは，当該区域について，条例で，同項の基準に代えて適用すべき建設工事の規模に関する基準を定めることができる。

分別解体等に係る施工方法に関する基準

則第2条　法第9条第2項の主務省令で定める基準は，次のとおりとする。

一　対象建設工事に係る建築物等（以下「対象建築物等」という。）及びその周辺の状況に関する調査，分別解体等をするために必要な作業を行う場所（以下「作業場所」という。）に関する調査，対象建設工事の現場からの当該対象建設工事により生じた特定建設資材廃棄物その他の物の搬出の経路（以下「搬出経路」という。）に関する調査，残存物品（解体する建築物の敷地内に存する物品で，当該建築物に用いられた建設資材に係る建設資材廃棄物以外のものをいう。以下同じ。）の有無の調査，吹付け石綿その他の対象建築物等に用いられた特定建設資材に付着したもの（以下「付着物」という。）の有無の調査その他対象建築物等に関する調査を行うこと。

二　前号の調査に基づき，分別解体等の計画を作成すること。

三　前号の分別解体等の計画に従い，作業場所及び搬出経路の確保並びに残存物品の搬出の確認を行うとともに，付着物の除去その他の工事着手前における特定建設資材に係る分別解体等の適正な実施を確保するための措置を講ずること。

四　第二号の分別解体等の計画に従い，工事を施工すること。

2　前項第二号の分別解体等の計画には，次に掲げる事項を記載しなければならない。

一　建築物以外のものに係る解体工事又は新築工事等である場合においては，工事の種類

二　前項第一号の調査の結果

三　前項第三号の措置の内容

四　解体工事である場合においては，工事の工程の順序並びに当該工程ごとの作業内容及び分別解体等の方法並びに当該順序が次項本文，第4項本文及び第5項本文に規定する順序により難い場合にあってはその理由

五　新築工事等である場合においては，工事の工程ごとの作業内容

六　解体工事である場合においては，対象建築物等に用いられた特定建設資材に

係る特定建設資材廃棄物の種類ごとの量の見込み及びその発生が見込まれる当該対象建築物等の部分

七　新築工事等である場合においては，当該工事に伴い副次的に生ずる特定建設資材廃棄物の種類ごとの量の見込み並びに当該工事の施工において特定建設資材が使用される対象建築物等の部分及び当該特定建設資材廃棄物の発生が見込まれる対象建築物等の部分

八　前各号に掲げるもののほか，分別解体等の適正な実施を確保するための措置に関する事項

3　建築物に係る解体工事の工程は，次に掲げる順序に従わなければならない。ただし，建築物の構造上その他解体工事の施工の技術上これにより難い場合は，この限りでない。

一　建築設備，内装材その他の建築物の部分（屋根ふき材，外装材及び構造耐力上主要な部分（建築基準法施行令第1条第三号に規定する構造耐力上主要な部分をいう。以下同じ。）を除く。）の取り外し

二　屋根ふき材の取り外し

三　外装材並びに構造耐力上主要な部分のうち基礎及び基礎ぐいを除いたものの取り壊し

四　基礎及び基礎ぐいの取り壊し

4　前項第一号の工程において内装材に木材が含まれる場合には，木材と一体となった石膏ボードその他の建設資材（木材が廃棄物となったものの分別の支障となるものに限る。）をあらかじめ取り外してから，木材を取り外さなければならない。この場合においては，前項ただし書の規定を準用する。

5　建築物以外のもの（以下「工作物」という。）に係る解体工事の工程は，次に掲げる順序に従わなければならない。この場合においては，第3項ただし書の規定を準用する。

一　さく，照明設備，標識その他の工作物に附属する物の取り外し

二　工作物のうち基礎以外の部分の取り壊し

三　基礎及び基礎ぐいの取り壊し

6　解体工事の工程に係る分別解体等の方法は，次のいずれかの方法によらなければならない。

一　手作業

二　手作業及び機械による作業

7　前項の規定にかかわらず，建築物に係る解体工事の工程が第3項第一号の工程又は同項第二号の工程である場合には，当該工程に係る分別解体等の方法は，手作業によらなければならない。ただし，建築物の構造上その他解体工事の施工の技術上これにより難い場合においては，手作業及び機械による作業によることができる。

建設工事の規模に関する基準

令第2条　法第9条第3項の建設工事の規模に関する基準は，次に掲げるとおりとする。

一　建築物（建築基準法第2条第一号に規定する建築物をいう。以下同じ。）に係る解体工事については，当該建築物（当該解体工事に係る部分に限る）の床

　　　　面積の合計が80㎡であるもの
　　二　建築物に係る新築又は増築の工事については，当該建築物(増築の工事にあっては，当該工事に係る部分に限る。)の床面積の合計が500㎡であるもの
　　三　建築物に係る新築工事等(法第2条第3項第二号に規定する新築工事等をいう。以下同じ。)であって前号に規定する新築又は増築の工事に該当しないものについては，その請負代金の額(法第9条第1項に規定する自主施工者が施工するものについては，これを請負人に施工させることとした場合における適正な請負代金相当額。次号において同じ。)が1億円であるもの
　　四　建築物以外のものに係る解体工事又は新築工事等については，その請負代金の額が500万円であるもの
　2　解体工事又は新築工事等を同一の者が2以上の契約に分割して請け負う場合においては，これを1の契約で請け負ったものとみなして，前項に規定する基準を適用する。ただし，正当な理由に基づいて契約を分割したときは，この限りではない。

(4) 再資源化等の実施

再資源化等の実施義務
法第16条　対象建設工事受注者は，分別解体等に伴って生じた特定建設資材廃棄物について，再資源化をしなければならない。ただし，特定建設資材廃棄物でその再資源化について一定の施設を必要とするもののうち政令で定めるもの(以下この条において「指定建設資材廃棄物」という。)に該当する特定建設資材廃棄物については，主務省令で定める距離に関する基準の範囲内に当該指定建設資材廃棄物の再資源化をするための施設が存しない場所で工事を施工する場合その他地理的条件，交通事情その他の事情により再資源化をすることには相当程度に経済性の面での制約があるものとして主務省令で定める場合には，再資源化に代えて縮減をすれば足りる。

指定建設資材廃棄物
令第5条　法第16条ただし書の政令で定めるものは，木材が廃棄物となったものとする。

距離に関する基準
則第3条　法第16条の主務省令で定める距離に関する基準は，50kmとする。

発注者への報告等
法第18条　対象建設工事の元請業者は，当該工事に係る特定建設資材廃棄物の再資源化等が完了したときは，主務省令で定めるところにより，その旨を当該工事の発注者に書面で報告するとともに，当該再資源化等の実施状況に関する記録を作成し，これを保存しなければならない。
　2　前項の規定による報告を受けた発注者は，同項に規定する再資源化等が適正に行われなかったと認めるときは，都道府県知事に対し，その旨を申告し，適当な措置をとるべきことを求めることができる。
(以下省略)

発注者への報告事項
則第5条　法第18条第1項の規定により対象建設工事の元請業者が当該工事の発注者に報告すべき事項は，次に掲げるとおりとする。
　一　再資源化等が完了した年月日
　二　再資源化等をした施設の名称及び所在地
　三　再資源化等に要した費用

(5) 雑則

立入検査　**法第43条**　都道府県知事は，特定建設資材に係る分別解体等及び特定建設資材廃棄物の再資源化等の適正な実施を確保するために必要な限度において，政令で定めるところにより，その職員に，対象建設工事の現場又は対象建設工事受注者の営業所その他営業に関係のある場所に立ち入り，帳簿，書類その他の物件を検査させることができる。
（以下省略）

1.2　廃棄物の処理及び清掃に関する法律

（最終改正 法：令和4年6月17日，令：令和5年12月1日，則：6年4月1日）

(1) 総則

目的　**法第1条**　この法律は，廃棄物の排出を抑制し，及び廃棄物の適正な分別，保管，収集，運搬，再生，処分等の処理をし，並びに生活環境を清潔にすることにより，生活環境の保全及び公衆衛生の向上を図ることを目的とする。

廃棄物　**法第2条**　この法律において「廃棄物」とは，ごみ，粗大ごみ，燃え殻，汚泥，ふん尿，廃油，廃酸，廃アルカリ，動物の死体その他の汚物又は不要物であって，固形状又は液状のもの（放射性物質及びこれによって汚染された物を除く。）をいう。

一般廃棄物　2　この法律において「一般廃棄物」とは，産業廃棄物以外の廃棄物をいう。

特別管理一般廃棄物　3　この法律において「特別管理一般廃棄物」とは，一般廃棄物のうち，爆発性，毒性，感染性その他の人の健康又は生活環境に係る被害を生ずるおそれがある性状を有するものとして政令で定めるものをいう。

産業廃棄物　4　この法律において「産業廃棄物」とは，次に掲げる廃棄物をいう。

一　事業活動に伴って生じた廃棄物のうち，燃え殻，汚泥，廃油，廃酸，廃アルカリ，廃プラスチック類その他政令で定める廃棄物

二　輸入された廃棄物（前号に掲げる廃棄物，船舶及び航空機の航行に伴い生ずる廃棄物（政令で定めるものに限る。第15条の4の5第1項において「航行廃棄物」という。）並びに本邦に入国する者が携帯する廃棄物（政令で定めるものに限る。同項において「携帯廃棄物」という。）を除く。）

特別管理産業廃棄物　5　この法律において「特別管理産業廃棄物」とは，産業廃棄物のうち，爆発性，毒性，感染性その他の人の健康又は生活環境に係る被害を生ずるおそれがある性状を有するものとして政令で定めるものをいう。
（以下省略）

産業廃棄物の種類　**令第2条**（抜粋）　法第2条第4項第一号の政令で定める廃棄物は，次のとおりとする。

一　紙くず（建設業に係るもの（工作物の新築，改築又は除去に伴って生じたものに限る。），パルプ，紙又は紙加工品の製造業，新聞業（新聞巻取紙を使用して印刷発行を行うものに限る。），出版業（印刷出版を行うものに限る。），製本業及び印刷物加工業に係るもの並びにポリ塩化ビフェニルが塗布され，又は染み込んだものに限る。）

二　木くず（建設業に係るもの（工作物の新築，改築又は除去に伴って生じたも

のに限る。),木材又は木製品の製造業(家具の製造業を含む。),パルプ製造業,輸入木材の卸売業及び物品賃貸業に係るもの,貨物の流通のために使用したパレット(パレットへの貨物の積付けのために使用したこん包用の木材を含む。)に係るもの並びにポリ塩化ビフェニルが染み込んだものに限る。)

三　繊維くず(建設業に係るもの(工作物の新築,改築又は除去に伴って生じたものに限る。),繊維工業(衣服その他の繊維製品製造業を除く。)に係るもの及びポリ塩化ビフェニルが染み込んだものに限る。)

五　ゴムくず

六　金属くず

七　ガラスくず,コンクリートくず(工作物の新築,改築又は除去に伴って生じたものを除く。)及び陶磁器くず

八　鉱さい

九　工作物の新築,改築又は除去に伴って生じたコンクリートの破片その他これに類する不要物

十二　大気汚染防止法第2条第2項に規定するばい煙発生施設,ダイオキシン類対策特別措置法第2条第2項に規定する特定施設(ダイオキシン類(同条第1項に規定するダイオキシン類をいう。以下同じ。)を発生し,及び大気中に排出するものに限る。)又は次に掲げる廃棄物の焼却施設において発生するばいじんであって,集じん施設によって集められたもの

　イ　燃え殻(事業活動に伴って生じたものに限る。第2条の4第七号及び第十号,第3条第三号ワ並びに別表第1を除き,以下同じ。)

　ロ　汚泥(事業活動に伴って生じたものに限る。第2条の4第五号ロ(1),第八号及び第十一号,第3条第二号ホ及び第三号ヘ並びに別表第1を除き,以下同じ。)

　ハ　廃油(事業活動に伴って生じたものに限る。第24条第二号ハ及び別表第5を除き,以下同じ。)

　ニ　廃酸(事業活動に伴って生じたものに限る。第24条第二号ハを除き,以下同じ。)

　ホ　廃アルカリ(事業活動に伴って生じたものに限る。第24条第二号ハを除き,以下同じ。)

　ヘ　廃プラスチック類(事業活動に伴って生じたものに限る。第2条の4第五号ロ(5)を除き,以下同じ。)

　ト　前各号に掲げる廃棄物(第一号から第三号まで及び第五号から第九号までに掲げる廃棄物にあっては,事業活動に伴って生じたものに限る。)

十三　燃え殻,汚泥,廃油,廃酸,廃アルカリ,廃プラスチック類,前各号に掲げる廃棄物(第一号から第三号まで,第五号から第九号まで及び前号に掲げる廃棄物にあっては,事業活動に伴って生じたものに限る。)又は法第2条第4項第二号に掲げる廃棄物を処分するために処理したものであって,これらの廃棄物に該当しないもの

特別管理産業廃棄物

令第2条の4　法第2条第5項(ダイオキシン類対策特別措置法第24条第2項の規定により読み替えて適用する場合を含む。)の政令で定める産業廃棄物は,次のとおりとする。

一　廃油（燃焼しにくいものとして環境省令で定めるものを除く。）

二　廃酸（著しい腐食性を有するものとして環境省令で定める基準に適合するものに限る。）

三　廃アルカリ（著しい腐食性を有するものとして環境省令で定める基準に適合するものに限る。）

四　感染性産業廃棄物（省略）

五　特定有害産業廃棄物（次に掲げる廃棄物をいう。）

　イ　廃ポリ塩化ビフェニル等（廃ポリ塩化ビフェニル及びポリ塩化ビフェニルを含む廃油をいう。以下同じ。）

　ロ　ポリ塩化ビフェニル汚染物（省略）

（以下省略）

環境省令で定める基準

則第1条の2　令第2条の4第一号の環境省令で定める廃油は，次に掲げるものとする。

一　タールピッチ類

二　廃油（前号に掲げるものを除く。）のうち，揮発油類，灯油類及び軽油類を除くもの

（以下省略）

国内の処理等の原則

法第2条の2　国内において生じた廃棄物は，なるべく国内において適正に処理されなければならない。

2　国外において生じた廃棄物は，その輸入により国内における廃棄物の適正な処理に支障が生じないよう，その輸入が抑制されなければならない。

非常災害により生じた廃棄物の処理の原則

法第2条の3　非常災害により生じた廃棄物は，人の健康又は生活環境に重大な被害を生じさせるものを含むおそれがあることを踏まえ，生活環境の保全及び公衆衛生上の支障を防止しつつ，その適正な処理を確保することを旨として，円滑かつ迅速に処理されなければならない。

2　非常災害により生じた廃棄物は，当該廃棄物の発生量が著しく多量であることを踏まえ，その円滑かつ迅速な処理を確保するとともに，将来にわたって生ずる廃棄物の適正処理を確保するため，分別，再生利用等によりその減量が図られるよう，適切な配慮がなされなければならない。

国民の責務

法第2条の4　国民は，廃棄物の排出を抑制し，再生品の使用等により廃棄物の再生利用を図り，廃棄物を分別して排出し，その生じた廃棄物をなるべく自ら処分すること等により，廃棄物の減量その他その適正な処理に関し国及び地方公共団体の施策に協力しなければならない。

事業者の責務

法第3条　事業者は，その事業活動に伴って生じた廃棄物を自らの責任において適正に処理しなければならない。

2　事業者は，その事業活動に伴って生じた廃棄物の再生利用等を行うことによりその減量に努めるとともに，物の製造，加工，販売等に際して，その製品，容器等が廃棄物となった場合における処理の困難性についてあらかじめ自ら評価し，適正な処理が困難にならないような製品，容器等の開発を行うこと，その製品，容器等に係る廃棄物の適正な処理の方法についての情報を提供すること等により，その製品，容器等が廃棄物となった場合においてその適正な処理が困難にな

ることのないようにしなければならない。

3　事業者は，前二項に定めるもののほか，廃棄物の減量その他その適正な処理の確保等に関し国及び地方公共団体の施策に協力しなければならない。

国及び地方公共団体の責務

法第4条　市町村は，その区域内における一般廃棄物の減量に関し住民の自主的な活動の促進を図り，及び一般廃棄物の適正な処理に必要な措置を講ずるよう努めるとともに，一般廃棄物の処理に関する事業の実施に当たっては，職員の資質の向上，施設の整備及び作業方法の改善を図る等その能率的な運営に努めなければならない。

2　都道府県は，市町村に対し，前項の責務が十分に果たされるように必要な技術的援助を与えることに努めるとともに，当該都道府県の区域内における産業廃棄物の状況をはあくし，産業廃棄物の適正な処理が行なわれるように必要な措置を講ずることに努めなければならない。

3　国は，廃棄物に関する情報の収集，整理及び活用並びに廃棄物の処理に関する技術開発の推進を図り，並びに国内における廃棄物の適正な処理に支障が生じないよう適切な措置を講ずるとともに，市町村及び都道府県に対し，前二項の責務が十分に果たされるように必要な技術的及び財政的援助を与えること並びに広域的な見地からの調整を行うことに努めなければならない。

4　国，都道府県及び市町村は，廃棄物の排出を抑制し，及びその適正な処理を確保するため，これらに関する国民及び事業者の意識の啓発を図るよう努めなければならない。

(2) 産業廃棄物

事業者の処理

法第12条　事業者は，自らその産業廃棄物（特別管理産業廃棄物を除く。第5項から第7項までを除き，以下この条において同じ。）の運搬又は処分を行う場合には，政令で定める産業廃棄物の収集，運搬及び処分に関する基準（当該基準において海洋を投入処分の場所とすることができる産業廃棄物を定めた場合における当該産業廃棄物にあっては，その投入の場所及び方法が海洋汚染等及び海上災害の防止に関する法律に基づき定められた場合におけるその投入の場所及び方法に関する基準を除く。以下「産業廃棄物処理基準」という。）に従わなければならない。

保管

2　事業者は，その産業廃棄物が運搬されるまでの間，環境省令で定める技術上の基準（以下「産業廃棄物保管基準」という。）に従い，生活環境の保全上支障のないようにこれを保管しなければならない。

3　事業者は，その事業活動に伴い産業廃棄物（環境省令で定めるものに限る。次項において同じ。）を生ずる事業場の外において，自ら当該産業廃棄物の保管（環境省令で定めるものに限る。）を行おうとするときは，非常災害のために必要な応急措置として行う場合その他の環境省令で定める場合を除き，あらかじめ，環境省令で定めるところにより，その旨を都道府県知事に届け出なければならない。その届け出た事項を変更しようとするときも，同様とする。

4　前項の環境省令で定める場合において，その事業活動に伴い産業廃棄物を生ずる事業場の外において同項に規定する保管を行った事業者は，当該保管をした日から起算して14日以内に，環境省令で定めるところにより，その旨を都道府県

運搬又は処分を他人に委託する場合	5　事業者(中間処理業者(発生から最終処分(埋立処分,海洋投入処分(海洋汚染等及び海上災害の防止に関する法律に基づき定められた海洋への投入の場所及び方法に関する基準に従って行う処分をいう。)又は再生をいう。以下同じ。)が終了するまでの一連の処理の行程の中途において産業廃棄物を処分する者をいう。以下同じ。)を含む。次項及び第7項並びに次条第5項から第7項までにおいて同じ。)は,その産業廃棄物(特別管理産業廃棄物を除くものとし,中間処理産業廃棄物(発生から最終処分が終了するまでの一連の処理の行程の中途において産業廃棄物を処分した後の産業廃棄物をいう。以下同じ。)を含む。次項及び第7項において同じ。)の運搬又は処分を他人に委託する場合には,その運搬については第14条第12項に規定する産業廃棄物収集運搬業者その他環境省令で定める者に,その処分については同項に規定する産業廃棄物処分業者その他環境省令で定める者にそれぞれ委託しなければならない。 6　事業者は,前項の規定によりその産業廃棄物の運搬又は処分を委託する場合には,政令で定める基準に従わなければならない。 7　事業者は,前二項の規定によりその産業廃棄物の運搬又は処分を委託する場合には,当該産業廃棄物の処理の状況に関する確認を行い,当該産業廃棄物について発生から最終処分が終了するまでの一連の処理の行程における処理が適正に行われるために必要な措置を講ずるように努めなければならない。 (以下省略)
産業廃棄物保管基準 保管	則第8条　法第12条第2項の規定による産業廃棄物保管基準は,次のとおりとする。 一　保管は,次に掲げる要件を満たす場所で行うこと。 　イ　周囲に囲い(保管する産業廃棄物の荷重が直接当該囲いにかかる構造である場合にあっては,当該荷重に対して構造耐力上安全であるものに限る。)が設けられていること。 　ロ　見やすい箇所に次に掲げる要件を備えた掲示板が設けられていること。 　　(1)　縦及び横それぞれ60 cm以上であること。 　　(2)　次に掲げる事項を表示したものであること。 　　　(イ)　産業廃棄物の保管の場所である旨 　　　(ロ)　保管する産業廃棄物の種類(当該産業廃棄物に石綿含有産業廃棄物,水銀使用製品廃棄物又は水銀含有ばいじん等が含まれる場合は,その旨を含む。) 　　　(ハ)　保管の場所の管理者の氏名又は名称及び連絡先 　　　(ニ)　屋外において産業廃棄物を容器を用いずに保管する場合にあっては,次号ロに規定する高さのうち最高のもの (第二号,第三号　省略)
石綿含有産業廃棄物	四　石綿含有産業廃棄物にあっては,次に掲げる措置を講ずること。 　イ　保管の場所には,石綿含有産業廃棄物がその他の物と混合するおそれのないように,仕切りを設ける等必要な措置を講ずること。

ロ　覆いを設けること，梱包すること等石綿含有産業廃棄物の飛散の防止のために必要な措置を講ずること。

（以下省略）

産業廃棄物の処分を委託できる者

則第8条の3　法第12条第5項の環境省令で定める産業廃棄物の処分を委託できる者は，次のとおりとする。

一　市町村又は都道府県（法第11条第2項又は第3項の規定により産業廃棄物の処分をその事務として行う場合に限る。）

二　専ら再生利用の目的となる産業廃棄物のみの処分を業として行う者

三　第10条の3各号に掲げる者

四　法第15条の4の2第1項の認定を受けた者（当該認定に係る産業廃棄物の当該認定に係る処分を行う場合に限る。）

五　法第15条の4の3第1項の認定を受けた者（当該認定に係る産業廃棄物の当該認定に係る処分を行う場合に限るものとし，その委託を受けて当該認定に係る処分を業として行う者（同条第2項第二号に規定する者である者に限る。）を含む。）

六　法第15条の4の4第1項の認定を受けた者（当該認定に係る産業廃棄物の当該認定に係る処分を行う場合に限る。）

事業者の産業廃棄物の運搬，処分等の委託の基準

令第6条の2　法第12条第6項の政令で定める基準は，次のとおりとする。

一　産業廃棄物（特別管理産業廃棄物を除く。以下この条から第6条の4までにおいて同じ。）の運搬にあっては，他人の産業廃棄物の運搬を業として行うことができる者であって委託しようとする産業廃棄物の運搬がその事業の範囲に含まれるものに委託すること。

二　産業廃棄物の処分又は再生にあっては，他人の産業廃棄物の処分又は再生を業として行うことができる者であって委託しようとする産業廃棄物の処分又は再生がその事業の範囲に含まれるものに委託すること。

三　輸入された廃棄物（当該廃棄物を輸入した者が自らその処分又は再生を行うものとして法第15条の4の5第1項の許可を受けて輸入されたものに限る。）の処分又は再生を委託しないこと。ただし，災害その他の特別な事情があることにより当該廃棄物の適正な処分又は再生が困難であることについて，環境省令で定めるところにより，環境大臣の確認を受けたときは，この限りでない。

四　委託契約は，書面により行い，当該委託契約書には，次に掲げる事項についての条項が含まれ，かつ，環境省令で定める書面が添付されていること。

イ　委託する産業廃棄物の種類及び数量

ロ　産業廃棄物の運搬を委託するときは，運搬の最終目的地の所在地

ハ　産業廃棄物の処分又は再生を委託するときは，その処分又は再生の場所の所在地，その処分又は再生の方法及びその処分又は再生に係る施設の処理能力

ニ　産業廃棄物の処分又は再生を委託する場合において，当該産業廃棄物が法第15条の4の5第1項の許可を受けて輸入された廃棄物であるときは，その旨

ホ　産業廃棄物の処分（最終処分（法第12条第5項に規定する最終処分をいう。以下同じ。）を除く。）を委託するときは，当該産業廃棄物に係る最終処分の場所の所在地，最終処分の方法及び最終処分に係る施設の処理能力

へ　その他環境省令で定める事項
五　前号に規定する委託契約書及び書面をその契約の終了の日から環境省令で定める期間保存すること。
六　第6条の12第一号，使用済小型電子機器等の再資源化の促進に関する法律施行令第4条第一号又はプラスチックに係る資源循環の促進等に関する法律施行令第14条第一号若しくは第20条第一号の規定による承諾をしたときは，これらの号に規定する書面の写しをその承諾をした日から環境省令で定める期間保存すること。

委託契約書の保存期間	則第8条の4の3　令第6条の2第五号（令第6条の12第四号の規定によりその例によることとされる場合を含む。）の環境省令で定める期間は，5年とする。
承諾に係る書面の写しの保存期間	則第8条の4の4　令第6条の2第六号（令第6条の6第二号の規定によりその例によることとされる場合を含む。）の環境省令で定める期間は，5年とする。
産業廃棄物の多量排出事業者	令第6条の3　法第12条第9項の政令で定める事業者は，前年度の産業廃棄物の発生量が1,000 t以上である事業場を設置している事業者とする。
事業者の特別管理産業廃棄物に係る処理	法第12条の2　事業者は，自らその特別管理産業廃棄物の運搬又は処分を行う場合には，政令で定める特別管理産業廃棄物の収集，運搬及び処分に関する基準（当該基準において海洋を投入処分の場所とすることができる特別管理産業廃棄物を定めた場合における当該特別管理産業廃棄物にあっては，その投入の場所及び方法が海洋汚染等及び海上災害の防止に関する法律に基づき定められた場合におけるその投入の場所及び方法に関する基準を除く。以下「特別管理産業廃棄物処理基準」という。）に従わなければならない。 2　事業者は，その特別管理産業廃棄物が運搬されるまでの間，環境省令で定める技術上の基準（以下「特別管理産業廃棄物保管基準」という。）に従い，生活環境の保全上支障のないようにこれを保管しなければならない。 3　事業者は，その事業活動に伴い特別管理産業廃棄物（環境省令で定めるものに限る。次項において同じ。）を生ずる事業場の外において，自ら当該特別管理産業廃棄物の保管（環境省令で定めるものに限る。）を行おうとするときは，非常災害のために必要な応急措置として行う場合その他の環境省令で定める場合を除き，あらかじめ，環境省令で定めるところにより，その旨を都道府県知事に届け出なければならない。その届け出た事項を変更しようとするときも，同様とする。 4　前項の環境省令で定める場合において，その事業活動に伴い特別管理産業廃棄物を生ずる事業場の外において同項に規定する保管を行った事業者は，当該保管をした日から起算して14日以内に，環境省令で定めるところにより，その旨を都道府県知事に届け出なければならない。 5　事業者は，その特別管理産業廃棄物（中間処理産業廃棄物を含む。次項及び第7項において同じ。）の運搬又は処分を他人に委託する場合には，その運搬については第14条の4第12項に規定する特別管理産業廃棄物収集運搬業者その他環境省令で定める者に，その処分については同項に規定する特別管理産業廃棄物処

分業者その他環境省令で定める者にそれぞれ委託しなければならない。

　6　事業者は，前項の規定によりその特別管理産業廃棄物の運搬又は処分を委託する場合には，政令で定める基準に従わなければならない。

　7　事業者は，前二項の規定によりその特別管理産業廃棄物の運搬又は処分を委託する場合には，当該特別管理産業廃棄物の処理の状況に関する確認を行い，当該特別管理産業廃棄物について発生から最終処分が終了するまでの一連の処理の行程における処理が適正に行われるために必要な措置を講ずるように努めなければならない。

（以下省略）

産業廃棄物管理票（マニフェスト）の交付

法第12条の3　その事業活動に伴い産業廃棄物を生ずる事業者（中間処理業者を含む。）は，その産業廃棄物（中間処理産業廃棄物を含む。第12条の5第1項及び第2項において同じ。）の運搬又は処分を他人に委託する場合（環境省令で定める場合を除く。）には，環境省令で定めるところにより，当該委託に係る産業廃棄物の引渡しと同時に当該産業廃棄物の運搬を受託した者（当該委託が産業廃棄物の処分のみに係るものである場合にあっては，その処分を受託した者）に対し，当該委託に係る産業廃棄物の種類及び数量，運搬又は処分を受託した者の氏名又は名称その他環境省令で定める事項を記載した産業廃棄物管理票（以下単に「管理票」という。）を交付しなければならない。

　2　前項の規定により管理票を交付した者（以下「管理票交付者」という。）は，当該管理票の写しを当該交付をした日から環境省令で定める期間保存しなければならない。

運搬受託者

　3　産業廃棄物の運搬を受託した者（以下「運搬受託者」という。）は，当該運搬を終了したときは，第1項の規定により交付された管理票に環境省令で定める事項を記載し，環境省令で定める期間内に，管理票交付者に当該管理票の写しを送付しなければならない。この場合において，当該産業廃棄物について処分を委託された者があるときは，当該処分を委託された者に管理票を回付しなければならない。

処分受託者

　4　産業廃棄物の処分を受託した者（以下「処分受託者」という。）は，当該処分を終了したときは，第1項の規定により交付された管理票又は前項後段の規定により回付された管理票に環境省令で定める事項（当該処分が最終処分である場合にあっては，当該環境省令で定める事項及び最終処分が終了した旨）を記載し，環境省令で定める期間内に，当該処分を委託した管理票交付者に当該管理票の写しを送付しなければならない。この場合において，当該管理票が同項後段の規定により回付されたものであるときは，当該回付をした者にも当該管理票の写しを送付しなければならない。

　5　処分受託者は，前項前段，この項又は第12条の5第6項の規定により当該処分に係る中間処理産業廃棄物について最終処分が終了した旨が記載された管理票の写しの送付を受けたときは，環境省令で定めるところにより，第1項の規定により交付された管理票又は第3項後段の規定により回付された管理票に最終処分が終了した旨を記載し，環境省令で定める期間内に，当該処分を委託した管理票交付者に当該管理票の写しを送付しなければならない。

管理票交付者の写しの確認	6　管理票交付者は，前三項又は第12条の5第6項の規定による管理票の写しの送付を受けたときは，当該運搬又は処分が終了したことを当該管理票の写しにより確認し，かつ，当該管理票の写しを当該送付を受けた日から環境省令で定める期間保存しなければならない。 7　管理票交付者は，環境省令で定めるところにより，当該管理票に関する報告書を作成し，これを都道府県知事に提出しなければならない。 8　管理票交付者は，環境省令で定める期間内に，第3項から第5項まで若しくは第12条の5第6項の規定による管理票の写しの送付を受けないとき，これらの規定に規定する事項が記載されていない管理票の写し若しくは虚偽の記載のある管理票の写しの送付を受けたとき，又は第14条第13項，第14条の2第4項，第14条の3の2第3項（第14条の6において準用する場合を含む），第14条の4第13項若しくは第14条の5第4項の規定による通知を受けたときは，速やかに当該委託に係る産業廃棄物の運搬又は処分の状況を把握するとともに，環境省令で定めるところにより，適切な措置を講じなければならない。
運搬受託者の写しの保存	9　運搬受託者は，第3項前段の規定により管理票の写しを送付したとき（同項後段の規定により管理票を回付したときを除く。）は当該管理票を当該送付の日から，第4項後段の規定による管理票の写しの送付を受けたときは当該管理票の写しを当該送付を受けた日から，それぞれ環境省令で定める期間保存しなければならない。
処分受託者の写しの保存	10　処分受託者は，第4項前段，第5項又は第12条の5第6項の規定により管理票の写しを送付したときは，当該管理票を当該送付の日から環境省令で定める期間保存しなければならない。 11　前各項に定めるもののほか，管理票に関し必要な事項は，環境省令で定める。

［注］　法第12条の3各項と関連する施行規則の各条文を産業廃棄物管理票（マニフェスト）の処理の流れとしてまとめると以下の表になる。

◆**産業廃棄物管理票（マニフェスト）の処理の流れ（法第12条の3）**
　Ⅰ．**管理票交付者**（排出事業者）（**法第12条の3第1項，2項**）（**則第8条の21の2**）
　　① 管理票交付者（排出業者）は，(**別記1**)の定めにより，運搬を受託する事業者に対し必要事項（**別記2**)を記載した産業廃棄物管理票（マニフェスト・A～Eの7票連写）を交付する。
　　② 管理票交付者（排出業者）は，A票を控えとして受け取り保存する。→5年間
　Ⅱ．**運搬受託者**（運搬業者）（**法第12条の3第3項**）（**則第8条の23**）（**則第8条の30**）
　　① 運搬受託者（運搬業者）は，産業廃棄物を中間処理業者に引き渡すとき，B_1～E票の6票を渡し，処理担当者から署名・捺印をもらう。
　　② 運搬受託者（運搬業者）は，処分受託者からB_1, B_2票を受け取り，B_1票は控えとして保存する。→5年間
　　③ 運搬受託者（運搬業者）は，運搬終了後，管理票に必要事項（**別記2**)を記入し，B_2票を10日以内に管理票交付者（排出業者）に返却する。
　Ⅲ．**処分受託者**（処分業者）（**法第12条の3第4項**）（**則第8条の25**）（**則第8条の30の2**）
　　・処分受託者（処分業者）は，処分終了後，管理票に必要事項（**別記3**)を記載し，D票を管理票交付者（排出業者）に，C_2票を運搬受託者（運搬業者）にそれぞれ10日以内に返却し，C_1票は控えとして保存する。→5年間
　Ⅳ．**中間処分業者**（処分受託者）（**法第12条の3第5項**）（**則第8条の25の3**）
　　① 中間処理を行った産業廃棄物で，埋立等の最終処分が必要となるものは，中間処理業者が新たな排出業者となってマニフェストを交付し，最終処分が完全に行われたことを確認する。→**二次マニフェスト**（詳細省略）
　　② 中間処分業者は，自らが発行したE票を最終処分業者から受け取った場合，排出業者の発行したE票に最終処分終了等の記載を行い，10日以内に管理票交付者（排出業者）に返却する。

第5節　その他の関係法令

◆直行用マニフェストの7枚複写詳細

A票	排出事業者の保存用
B1票	運搬業者の控え
B2票	運搬業者から排出事業者に返送され，運搬終了を確認
C1票	処分業者の保存用
C2票	処分業者から運搬業者に返送され，処分終了を確認（運搬業者の保存用）
D票	処分業者から排出事業者に返送され，処分終了を確認
E票	処分業者から排出事業者に返送され，最終処分終了を確認

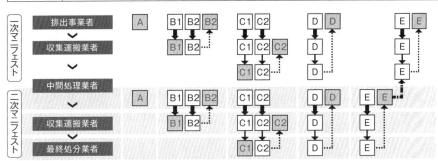

→ 書類を作成して交付　　→ 受け取った書類を回付　　……▶ 必要事項を記入して10日以内に送付
■■▶ 内容を転記　　☐ 手元に保管

◆産業廃棄物管理票（マニフェスト）の記載事項と管理運用

管理票の交付（別記1）→則第8条の20

① 産業廃棄物の種類ごとに交付する。
② 運搬先が2箇所以上有る場合は，運搬先ごとに交付する。
③ 産業廃棄物の種類，数量及び運搬受託者の氏名又は名称が管理票に記載された事項と相違がないことを確認のうえ，交付する（石綿含有物が含まれている場合は，その旨も記載する）。

管理票交付者（排出事業者）の記載事項（別記2）→則第8条の21

① 交付年月日・交付番号
② 氏名又は名称・住所
③ 排出した事業場の名称・所在地
④ 交付担当者の氏名
⑤ 運搬又は処分を受託した者の住所
⑥ 運搬先の事業場の名称・所在地，積替え又は保管を行う場合は，その所在地
⑦ 産業廃棄物の荷姿
⑧ 最終処分を行う場所の所在地
⑨～⑩ 中間処理業者について（省略）
⑪ 石綿を含有した物が含まれる場合は，その数量

運搬受託者（運搬業者）の記載事項（別記2）→則第8条の22

① 氏名又は名称
② 運搬担当者の氏名
③ 運搬を終了した年月日
④ 積替え又は保管の場所において，有償で譲渡できる混入物を収集したときは，その収集量

処分受託者（処分業者）の記載事項（別記3）→則第8条の24

① 氏名又は名称
② 処分を担当した者の氏名
③ 処分を終了した年月日
④ 当該処分が最終処分である場合は，最終処分を行った所在地

管理票が返送されてこない場合の管理票交付者の措置→法第12条の3第8項，則第8条の28，則第8条の29

管理票交付者は，管理票が返送されてこない場合（下記①，②），記載事項に不備がある場合は，運搬受諾者，処分受託者に状況を問合せ，その状況を把握し，適切な措置を講じる必要がある。→30日以内に都道府県知事に報告する。
① D票が90日（特別管理産業廃棄物にあっては，60日）以内に返送されてこない場合
② E票が180日以内に返送されてこない場合

送付を受けた管理票の写しの確認及び保管→法第12条の3第6項，則第8条の26

管理票交付者は，運搬受託者より返送された B₂票，処分受託者より返送された D票，中間処理がある場合は中間処分業者（処分受託者）より返送された E票を当該送付を受けた日から保存する。→5年間

(3) 雑則

廃棄物の投棄禁止

法第16条 何人も，みだりに廃棄物を捨ててはならない。

焼却禁止

法第16条の2 何人も，次に掲げる方法による場合を除き，廃棄物を焼却してはならない。
一 一般廃棄物処理基準，特別管理一般廃棄物処理基準，産業廃棄物処理基準又は特別管理産業廃棄物処理基準に従って行う廃棄物の焼却
二 他の法令又はこれに基づく処分により行う廃棄物の焼却
三 公益上若しくは社会の慣習上やむを得ない廃棄物の焼却又は周辺地域の生活環境に与える影響が軽微である廃棄物の焼却として政令で定めるもの

指定有害廃棄物の処理の禁止

法第16条の3 何人も，次に掲げる方法による場合を除き，人の健康又は生活環境に係る重大な被害を生ずるおそれがある性状を有する廃棄物として政令で定めるもの（以下「指定有害廃棄物」という。）の保管，収集，運搬又は処分をしてはならない。
一 政令で定める指定有害廃棄物の保管，収集，運搬及び処分に関する基準に従って行う指定有害廃棄物の保管，収集，運搬又は処分
二 他の法令又はこれに基づく処分により行う指定有害廃棄物の保管，収集，運搬又は処分（再生することを含む。）

指定有害廃棄物

令第15条 法第16条の3の政令で定める廃棄物は，硫酸ピッチ（廃硫酸と廃炭化水素油との混合物であって，著しい腐食性を有するものとして環境省令で定める基準に適合するものをいう。）とする。

1.3 資源の有効な利用の促進に関する法律

（最終改正 法：令和5年4月1日，令：令和6年4月1日）

(1) 総則

目的

法第1条 この法律は，主要な資源の大部分を輸入に依存している我が国において，近年の国民経済の発展に伴い，資源が大量に使用されていることにより，使用済物品等及び副産物が大量に発生し，その相当部分が廃棄されており，かつ，再生資源及び再生部品の相当部分が利用されずに廃棄されている状況にかんがみ，資源の有効な利用の確保を図るとともに，廃棄物の発生の抑制及び環境の保全に資するため，使用済物品等及び副産物の発生の抑制並びに再生資源及び再生部品の利用の促進に関する所要の措置を講ずることとし，もって国民経済の健全な発展に寄与することを目的とする。

使用済物品等

法第2条 この法律において「使用済物品等」とは，一度使用され，又は使用されずに収集され，若しくは廃棄された物品（放射性物質及びこれによって汚染された物を除く。）をいう。

副産物

2 この法律において「副産物」とは，製品の製造，加工，修理若しくは販売，エネルギーの供給又は土木建築に関する工事（以下「建設工事」という。）に伴い副次的に得られた物品（放射性物質及びこれによって汚染された物を除く。）をいう。

副産物の発生抑制等	3 この法律において「副産物の発生抑制等」とは、製品の製造又は加工に使用する原材料、部品その他の物品（エネルギーの使用の合理化及び非化石エネルギーへの転換等に関する法律第2条第2項に規定する化石燃料及び同条第3項に規定する非化石燃料を除く。以下「原材料等」という。）の使用の合理化により当該原材料等の使用に係る副産物の発生の抑制を行うこと及び当該原材料等の使用に係る副産物の全部又は一部を再生資源として利用することを促進することをいう。
再生資源	4 この法律において「再生資源」とは、使用済物品等又は副産物のうち有用なものであって、原材料として利用することができるもの又はその可能性のあるものをいう。
再生部品	5 この法律において「再生部品」とは、使用済物品等のうち有用なものであって、部品その他製品の一部として利用することができるもの又はその可能性のあるものをいう。
再資源化	6 この法律において「再資源化」とは、使用済物品等のうち有用なものの全部又は一部を再生資源又は再生部品として利用することができる状態にすることをいう。（以下省略）
指定副産物	13 この法律において「指定副産物」とは、エネルギーの供給又は建設工事に係る副産物であって、その全部又は一部を再生資源として利用することを促進することが当該再生資源の有効な利用を図る上で特に必要なものとして政令で定める業種ごとに政令で定めるものをいう。

　　　　令第7条　法第2条第13項の政令で定める業種ごとに政令で定める副産物は、別表第7の第1欄に掲げる業種ごとにそれぞれ同表の第2欄に掲げるとおりとする。

令別表第7

1	電気業	石炭灰	その事業年度における電力の供給量が1億2千万kW・時以上であること。	産業構造審議会
2	建設業	土砂、コンクリートの塊、アスファルト・コンクリートの塊又は木材	その事業年度における建設工事の施工金額が25億円以上であること。	中央建設業審議会

(2) 基本方針等

事業者等の責務	法第4条　工場若しくは事業場（建設工事に係るものを含む。以下同じ。）において事業を行う者及び物品の販売の事業を行う者（以下「事業者」という。）又は建設工事の発注者は、その事業又はその建設工事の発注を行うに際して原材料等の使用の合理化を行うとともに、再生資源及び再生部品を利用するよう努めなければならない。
	2 事業者又は建設工事の発注者は、その事業に係る製品が長期間使用されることを促進するよう努めるとともに、その事業に係る製品が一度使用され、若しくは使用されずに収集され、若しくは廃棄された後その全部若しくは一部を再生資源若しくは再生部品として利用することを促進し、又はその事業若しくはその建設工事に係る副産物の全部若しくは一部を再生資源として利用することを促進するよう努めなければならない。

2. 環境関係法令

2.1 大気汚染防止法

(最終改正 法：令和4年6月17日，令：令和4年10月1日，則：令和6年4月1日)

(1) 総則

目的

法第1条 この法律は，工場及び事業場における事業活動並びに建築物等の解体等に伴うばい煙，揮発性有機化合物及び粉じんの排出等を規制し，水銀に関する水俣条約（以下「条約」という。）の的確かつ円滑な実施を確保するため工場及び事業場における事業活動に伴う水銀等の排出を規制し，有害大気汚染物質対策の実施を推進し，並びに自動車排出ガスに係る許容限度を定めること等により，大気の汚染に関し，国民の健康を保護するとともに生活環境を保全し，並びに大気の汚染に関して人の健康に係る被害が生じた場合における事業者の損害賠償の責任について定めることにより，被害者の保護を図ることを目的とする。

ばい煙

法第2条 この法律において「ばい煙」とは，次の各号に掲げる物質をいう。
一 燃料その他の物の燃焼に伴い発生するいおう酸化物
二 燃料その他の物の燃焼又は熱源としての電気の使用に伴い発生するばいじん
三 物の燃焼，合成，分解その他の処理（機械的処理を除く。）に伴い発生する物質のうち，カドミウム，塩素，弗化水素，鉛その他の人の健康又は生活環境に係る被害を生ずるおそれがある物質（第一号に掲げるものを除く。）で政令を定めるもの

ばい煙発生施設

2 この法律において「ばい煙発生施設」とは，工場又は事業場に設置される施設でばい煙を発生し，及び排出するもののうち，その施設から排出されるばい煙が大気の汚染の原因となるもので政令で定めるものをいう。

ばい煙処理施設

3 この法律において「ばい煙処理施設」とは，ばい煙発生施設において発生するばい煙を処理するための施設及びこれに附属する施設をいう。
（第4項〜第15項　省略）

有害大気汚染物質

16 この法律において「有害大気汚染物質」とは，継続的に摂取される場合には人の健康を損なうおそれがある物質で大気の汚染の原因となるもの（ばい煙（第1項第一号及び第三号に掲げるものに限る。），特定粉じん及び水銀等を除く。）をいう。
（以下省略）

有害物質

令第1条 大気汚染防止法（以下「法」という。）第2条第1項第三号の政令で定める物質は，次に掲げる物質とする。
一 カドミウム及びその化合物
二 塩素及び塩化水素
三 弗素，弗化水素及び弗化珪素
四 鉛及びその化合物
五 窒素酸化物

第5節　その他の関係法令

ばい煙発生施設　**令第2条**　法第2条第2項の政令で定める施設は，別表第1の中欄に掲げる施設であって，その規模がそれぞれ同表の右欄に該当するものとする。

令別表第1（抜粋）

二十九	ガスタービン	燃料の燃焼能力が重油換算1時間当たり50ℓ以上であること。
三十	ディーゼル機関	
三十一	ガス機関	燃料の燃焼能力が重油換算1時間当たり35ℓ以上であること。
三十二	ガソリン機関	

(2) ばい煙の排出の規制等

ばい煙発生施設の設置の届出　**法第6条**　ばい煙を大気中に排出する者は，ばい煙発生施設を設置しようとするときは，環境省令で定めるところにより，次の次項を都道府県知事に届け出なければならない。
　一　氏名又は名称及び住所並びに法人にあっては，その代表者の氏名
　二　工場又は事業場の名称及び所在地
　三　ばい煙発生施設の種類
　四　ばい煙発生施設の構造
　五　ばい煙発生施設の使用の方法
　六　ばい煙の処理の方法
2　前項の規定による届出には，ばい煙発生施設において発生し，排出口から大気中に排出されるいおう酸化物若しくは特定有害物質の量（以下「ばい煙量」という。）又はばい煙発生施設において発生し，排出口から大気中に排出される排出物に含まれるばいじん若しくは有害物質（特定有害物質を除く。）の量（以下「ばい煙濃度」という。）及びばい煙の排出の方法その他の環境省令で定める事項を記載した書類を添付しなければならない。

ばい煙発生施設の設置等の届出事項　**則第8条**　法第6条第1項，第7条第1項又は第8条第1項の規定による届出は，様式第1による届出書によってしなければならない。
2　法第6条第2項（法第7条第2項及び第8条第2項において準用する場合を含む。）の環境省令で定める事項は，次のとおりとする。
　一　ばい煙の排出の方法
　二　ばい煙発生施設及びばい煙処理施設の設置場所
　三　ばい煙の発生及びばい煙の処理に係る操業の系統の概要
　四　煙道に排出ガスの測定箇所が設けられている場合は，その場所
　五　緊急連絡用の電話番号その他緊急時における連絡方法

2.2　騒音規制法

（最終改正　法：令和4年6月17日）

(1) 総則

目的　**法第1条**　この法律は，工場及び事業場における事業活動並びに建設工事に伴って発生する相当範囲にわたる騒音について必要な規制を行なうとともに，自動車騒音に係る許容限度を定めること等により，生活環境を保全し，国民の健康の保

特定施設	法第2条　この法律おいて「特定施設」とは，工場又は事業場に設置される施設のうち，著しい騒音を発生する施設であって政令で定めるものをいう。
規制基準	2　この法律において「規制基準」とは，特定施設を設置する工場又は事業場（以下「特定工場等」という。）において発生する騒音の特定工場等の敷地の境界線における大きさの許容限度をいう。
特定建設作業	3　この法律において「特定建設作業」とは，建設工事として行なわれる作業のうち，著しい騒音を発生する作業であって政令で定めるものをいう。 （以下省略）
地域の指定	法第3条　都道府県知事（市の区域内の地域については，市長。第3項（次条第3項において準用する場合を含む。）及び同条第1項において同じ。）は，住居が集合している地域，病院又は学校の周辺の地域その他の騒音を防止することにより住民の生活環境を保全する必要があると認める地域を，特定工場等において発生する騒音及び特定建設作業に伴って発生する騒音について規制する地域として指定しなければならない。 （以下省略）

(2) 特定建設作業に関する規制

特定建設作業の実施の届出	法第14条　指定地域内において特定建設作業を伴う建設工事を施工しようとする者は，当該特定建設作業の開始の日の7日前までに，環境省令で定めるところにより，次の事項を市町村長に届け出なければならない。ただし，災害その他非常の事態の発生により特定建設作業を緊急に行う必要がある場合は，この限りでない。 一　氏名又は名称及び住所並びに法人にあっては，その代表者の氏名 二　建設工事の目的に係る施設又は工作物の種類 三　特定建設作業の場所及び実施の期間 四　騒音の防止の方法 五　その他環境省令で定める事項 （以下省略）
改善勧告及び改善命令	法第15条　市町村長は，指定地域内において行われる特定建設作業に伴って発生する騒音が昼間，夜間その他の時間の区分及び特定建設作業の作業時間等の区分並びに区域の区分ごとに環境大臣の定める基準に適合しないことによりその特定建設作業の場所の周辺の生活環境が著しく損なわれると認めるときは，当該建設工事を施工する者に対し，期限を定めて，その事態を除去するために必要な限度において，騒音の防止の方法を改善し，又は特定建設作業の作業時間を変更すべきことを勧告することができる。 （以下省略）

○　特定建設作業に伴って発生する騒音の規制に関する基準（抜粋）
（最終改正　平成27年4月20日　環境省告示第66号）
　騒音規制法第15条第1項の規定に基づき，環境大臣の定める基準は，次のとおりとする。ただし，この基準は，第1号の基準を超える大きさの騒音を発生す

> る特定建設作業について法第 15 条第 1 項の規定による勧告又は同条第 2 項の規定による命令を行うに当たり，第三号本文の規定にかかわらず，1 日における作業時間を同号に定める時間未満 4 時間以上の間において短縮させることを妨げるものではない。
> 1．特定建設作業の騒音が，特定建設作業の場所の敷地の境界線において，85 デシベルを超える大きさのものでないこと。
> （以下省略）

3. 省エネ関係法令

3.1 建築物のエネルギー消費性能の向上等に関する法律

（最終改正 法：令和 6 年 4 月 1 日，令：令和 6 年 4 月 1 日）

(1) 総則

目的

法第 1 条 この法律は，社会経済情勢の変化に伴い建築物におけるエネルギーの消費量が著しく増加していることに鑑み，建築物のエネルギー消費性能の向上及び建築物への再生可能エネルギー利用設備の設置の促進（以下「建築物のエネルギー消費性能の向上等」という。）に関する基本的な方針の策定について定めるとともに，一定規模以上の建築物の建築物エネルギー消費性能基準への適合性を確保するための措置，建築物エネルギー消費性能向上計画の認定その他の措置を講ずることにより，エネルギーの使用の合理化及び非化石エネルギーへの転換等に関する法律（昭和 54 年法律第 49 号）と相まって，建築物のエネルギー消費性能の向上等を図り，もって国民経済の健全な発展と国民生活の安定向上に寄与することを目的とする。

定義等

法第 2 条 この法律において，次の各号に掲げる用語の意義は，それぞれ当該各号に定めるところによる。
　一　建築物　建築基準法（昭和 25 年法律第 201 号）第 2 条第一号に規定する建築物をいう。
　二　エネルギー消費性能　建築物の一定の条件での使用に際し消費されるエネルギー（エネルギーの使用の合理化及び非化石エネルギーへの転換等に関する法律第 2 条第 1 項に規定するエネルギーをいい，建築物に設ける空気調和設備その他の政令で定める建築設備（第 6 条第 2 項及び第 34 条第 3 項において「空気調和設備等」という。）において消費されるものに限る。）の量を基礎として評価される性能をいう。
　三　建築物エネルギー消費性能基準　建築物の備えるべきエネルギー消費性能の確保のために必要な建築物の構造及び設備に関する経済産業省令・国土交通省令で定める基準をいう。
（以下省略）

空気調和設備等

令第 1 条 建築物のエネルギー消費性能の向上等に関する法律（以下「法」という。）第 2 条第 1 項第二号の政令で定める建築設備は，次に掲げるものとする。
　一　空気調和設備その他の機械換気設備

二　照明設備
　　　三　給湯設備
　　　四　昇降機

(2) 基本方針等

国の責務　**法第4条**　国は，建築物のエネルギー消費性能の向上等に関する施策を総合的に策定し，及び実施する責務を有する。

2　国は，地方公共団体が建築物のエネルギー消費性能の向上等に関する施策を円滑に実施することができるよう，地方公共団体に対し，助言その他の必要な援助を行うよう努めなければならない。

3　国は，建築物のエネルギー消費性能の向上等を図るために必要な財政上，金融上及び税制上の措置を講ずるよう努めなければならない。

4　国は，建築物のエネルギー消費性能の向上等に関する研究，技術の開発及び普及，人材の育成その他の建築物のエネルギー消費性能の向上等を図るために必要な措置を講ずるよう努めなければならない。

5　国は，教育活動，広報活動その他の活動を通じて，建築物のエネルギー消費性能の向上等に関する国民の理解を深めるとともに，その実施に関する国民の協力を求めるよう努めなければならない。

地方公共団体の責務　**法第5条**　地方公共団体は，建築物のエネルギー消費性能の向上等に関し，国の施策に準じて施策を講ずるとともに，その地方公共団体の区域の実情に応じた施策を策定し，及び実施する責務を有する。

建築主等の努力　**法第6条**　建築主（次章第1節若しくは第2節又は附則第3条の規定が適用される者を除く。）は，その建築（建築物の新築，増築又は改築をいう。以下同じ。）をしようとする建築物について，建築物エネルギー消費性能基準（第2条第2項の条例で付加した事項を含む。第29条及び第32条第2項を除き，以下同じ。）に適合させるために必要な措置を講ずるよう努めなければならない。

2　建築主は，その修繕等（建築物の修繕若しくは模様替，建築物への空気調和設備等の設置又は建築物に設けた空気調和設備等の改修をいう。第34条第1項及び第67条の4において同じ。）をしようとする建築物について，建築物の所有者，管理者又は占有者は，その所有し，管理し，又は占有する建築物について，エネルギー消費性能の向上を図るよう努めなければならない。

3.2　エネルギーの使用の合理化及び非化石エネルギーへの転換等に関する法律

（最終改正　法：令和5年4月1日　令：令和6年4月1日）

(1) 総則

目的　**法第1条**　この法律は，我が国で使用されるエネルギーの相当部分を化石燃料が占めていること，非化石エネルギーの利用の必要性が増大していることその他の内外におけるエネルギーをめぐる経済的社会的環境に応じたエネルギーの有効な利用の確保に資するため，工場等，輸送，建築物及び機械器具等についてのエネルギーの使用の合理化及び非化石エネルギーへの転換に関する所要の措置，電気の需要の最適化に関する所要の措置その他エネルギーの使用の合理化及び非化石

エネルギーへの転換等を総合的に進めるために必要な措置等を講ずることとし，もって国民経済の健全な発展に寄与することを目的とする。

エネルギー	法第2条　この法律において「エネルギー」とは，化石燃料及び非化石燃料並びに熱（政令で定めるものを除く。以下同じ。）及び電気をいう。
化石燃料	2　この法律において「化石燃料」とは，原油及び揮発油，重油その他経済産業省令で定める石油製品，可燃性天然ガス並びに石炭及びコークスその他経済産業省令で定める石炭製品であって，燃焼その他の経済産業省令で定める用途に供するものをいう。
非化石燃料	3　この法律において「非化石燃料」とは，前項の経済産業省令で定める用途に供する物であって水素その他の化石燃料以外のものをいう。
非化石エネルギー	4　この法律において「非化石エネルギー」とは，非化石燃料並びに化石燃料を熱源とする熱に代えて使用される熱（第5条第2項第二号ロ及びハにおいて「非化石熱」という。）及び化石燃料を熱源とする熱を変換して得られる動力を変換して得られる電気に代えて使用される電気（同号ニにおいて「非化石電気」という。）をいう。
非化石エネルギーへの転換	5　この法律において「非化石エネルギーへの転換」とは，使用されるエネルギーのうちに占める非化石エネルギーの割合を向上させることをいう。
電気の需要の最適化	6　この法律において「電気の需要の最適化」とは，季節又は時間帯による電気の需給の状況の変動に応じて電気の需要量の増加又は減少をさせることをいう。

(2) 機械器具に係る措置

エネルギー消費機器等製造事業者等の判断の基準となるべき事項	法第149条　エネルギー消費機器等のうち，自動車その他我が国において大量に使用され，かつ，その使用に際し相当量のエネルギーを消費するエネルギー消費機器であってそのエネルギー消費性能の向上を図ることが特に必要なものとして政令で定めるもの及び我が国において大量に使用され，かつ，その使用に際し相当量のエネルギーを消費するエネルギー消費機器に係る関係機器であってそのエネルギー消費関係性能の向上を図ることが特に必要なものとして政令で定めるもの（以下「特定関係機器」という。）については，経済産業大臣は，特定エネルギー消費機器及び特定関係機器ごとに，そのエネルギー消費性能又はエネルギー消費関係性能の向上に関しエネルギー消費機器等製造事業者等の判断の基準となるべき事項を定め，これを公表するものとする。 （以下省略）
特定エネルギー消費機器	令第18条　法第149条第1項の政令で定めるエネルギー消費機器は，次のとおりとする。 一　乗用自動車（揮発油，軽油又は液化石油ガスを燃料とするもの及び電気を動力源とするもの（化石燃料又は非化石燃料を使用するものを除く。）に限り，二輪のもの（側車付きのものを含む。），無限軌道式のものその他経済産業省令，国土交通省令で定めるものを除く。次条において同じ。） 二　エアコンディショナー（暖房の用に供することができるものを含み，冷房能力が50.4 kWを超えるもの及び水冷式のものその他経済産業省令で定めるものを除く。） 三　照明器具（安定器又は制御装置を有するものに限り，防爆型のものその他経

四　テレビジョン受信機（交流の電路に使用されるものに限り，産業用のものその他経済産業省令で定めるものを除く。）

五　複写機（乾式間接静電式のものに限り，日本産業規格A列2番（第二十四号及び第二十五号において「A2判」という。）以上の大きさの用紙に出力することができるものその他経済産業省令で定めるものを除く。）

六　電子計算機（演算処理装置，主記憶装置，入出力制御装置及び電源装置がいずれも多重化された構造のものその他経済産業省令で定めるものを除く。）

七　磁気ディスク装置（記憶容量が1GB以下のものその他経済産業省令で定めるものを除く。）

八　貨物自動車（揮発油又は軽油を燃料とするものに限り，二輪のもの（側車付きのものを含む。），無限軌道式のものその他経済産業省令，国土交通省令で定めるものを除く。）

九　ビデオテープレコーダー（交流の電路に使用されるものに限り，産業用のものその他経済産業省令で定めるものを除く。）

十　電気冷蔵庫（冷凍庫と一体のものを含み，熱電素子を使用するものその他経済産業省令で定めるものを除く。）

十一　電気冷凍庫（熱電素子を使用するものその他経済産業省令で定めるものを除く。）

十二　ストーブ（ガス又は灯油を燃料とするものに限り，開放式のものその他経済産業省令で定めるものを除く。）

十三　ガス調理機器（ガス炊飯器その他経済産業省令で定めるものを除く。）

十四　ガス温水機器（貯蔵式湯沸器その他経済産業省令で定めるものを除く。）

十五　石油温水機器（バーナー付風呂釜（ポット式バーナーを組み込んだものに限る。）その他経済産業省令で定めるものを除く。）

十六　電気便座（他の給湯設備から温水の供給を受けるものその他経済産業省令で定めるものを除く。）

十七　自動販売機（飲料を冷蔵又は温蔵して販売するためのものに限り，専ら船舶において用いるためのものその他経済産業省令で定めるものを除く。）

十八　変圧器（定格一次電圧が600Vを超え，7,000V以下のものであって，かつ，交流の電路に使用されるものに限り，絶縁材料としてガスを使用するものその他経済産業省令で定めるものを除く。）

十九　ジャー炊飯器（産業用のものその他経済産業省令で定めるものを除く。）

二十　電子レンジ（ガスオーブンを有するものその他経済産業省令で定めるものを除く。）

二十一　ディー・ブイ・ディー・レコーダー（交流の電路に使用されるものに限り，産業用のものその他経済産業省令で定めるものを除く。）

二十二　ルーティング機器（電気通信信号を送受信する機器であって，電気通信信号を送信するに当たり，宛先となる機器に至る経路のうちから，経路の状況等に応じて最も適切と判断したものに電気通信信号を送信する機能を有するも

の（専らインターネットの用に供するものに限り，通信端末機器を電話の回線を介してインターネットに接続するに際し，インターネット接続サービスを行う者に電話をかけて当該通信端末機器をインターネットに接続するために使用するものその他経済産業省令で定めるものを除く。）をいう。）

二十三　スイッチング機器（電気通信信号を送受信する機器であって，電気通信信号を送信するに当たり，当該機器が送信することのできる2以上の経路のうちから，宛先ごとに一に定められた経路に電気通信信号を送信する機能を有するもの（専らインターネットの用に供するものに限り，無線通信を行う機能を有するものその他経済産業省令で定めるものを除く。）をいう。）

二十四　複合機（複写の機能に加えて，印刷，ファクシミリ送信又はスキャンのうち一以上の機能を有する機械及び印刷の機能に加えて，複写，ファクシミリ送信又はスキャンのうち一以上の機能を有する機械（いずれも乾式間接静電式のものに限り，A2判以上の大きさの用紙に出力することができるものその他経済産業省令で定めるものを除く。）をいう。）

二十五　プリンター（乾式間接静電式のものに限り，A2判以上の大きさの用紙に出力することができるものその他経済産業省令で定めるものを除く。）

二十六　電気温水機器（ヒートポンプ（二酸化炭素を冷媒として使用するものに限る。）を用いるものに限り，暖房の用に供することができるものその他経済産業省令で定めるものを除く。）

二十七　交流電動機（籠形三相誘導電動機に限り，防爆型のものその他経済産業省令で定めるものを除く。）

二十八　電球（安定器又は制御装置を有するもの及び白熱電球に限り，定格電圧が50 V以下のものその他経済産業省令で定めるものを除く。）

二十九　ショーケース（冷蔵又は冷凍の機能を有しないものその他経済産業省令で定めるものを除く。）

索　引

数字

1回線受電方式／311
2回線常用・予備受電方式／312
2信号式受信機／377
2電力計法／48
4K8K衛星放送／419
4S活動／592

A

ATき電方式／438
A種接地工事／280

B

B-H曲線／14
BACnet／353
BTき電方式／437
B種接地工事／280

C

CATVシステム／419
C種接地工事／281

D

D種接地工事／281

F

FDDI方式／406

G

GIS変電所／163
GP型受信機／377
GR型受信機／377

H

Hf蛍光灯器具／96
HUB／410
IEC／578

I

IP-PBX方式／412
ISO／578
ISO 9000ファミリー規格／578

L

LED照明／94
LED制御装置／95
LEDモジュール／95
LonWorks／353

O

OJT／592

P

PCまくら木／460
P型1級受信機／376
P型1級発信機／378
P型2級受信機／376
P型2級発信機／379
P型3級受信機／377
P型発信機／378

Q

QC工程表／577

R

R型受信機／377

索引

T
T型発信機／379

V
VLAN／411
VoIPサーバ方式／413
V曲線／75
V結線／43, 62
Y（星形）結線／42

Z
ZD運動／592

あ
アーク加熱／106
アークホーン／196
アースダム／115
アーチ構造／520
アーチダム／115
アーマロッド／194
アイランド工法／503
明り掘削作業における危険の防止／772
アクセス方式／404
足場／778
アスファルト舗装／508
アッテネータ／417
圧力水頭／110
圧力タンク方式／486
圧力複式タービン／133
アドミタンス／38
アナログ計器／46
アナログ式受信機／377
あばら筋／522
雨水排水／492
アリダード／516
アルカリ蓄電池／99
アルミ線／189
アンカー基礎／211
アンカー工法／504

暗きょ式／271
暗きょ排水工法／507
安全委員会／741
安全衛生委員会／743
安全衛生管理計画／547
安全衛生教育／754
安全衛生推進者／733
安全衛生責任者／741
安全管理／534
安全管理者／730
安全施工サイクル／591
安全率／226
安定度／83, 171
アンペアの周回路の法則／11
アンペアの右ネジの法則／11

い
イーサネット規格／406
硫黄酸化物／125
異常電圧／205
位相比較付電流差動方式／160
位置水頭／110
異長法／215
一級建築士／703
井筒（オープンケーソン）基礎／211
一般建設業者／595
一般送配電事業／657
一般廃棄物／800
一般用電気工作物／660
一般用電気工作物等／682
移動式クレーン／510
移動式クレーン工法／212
移動式クレーンによる危険の防止／785
入口部照明／468
色温度／93
インターホン／423
インダクタンス回路／34
インタロック回路／53
インバータ制御／71
インピーダンス整合／415

索　引

インピーダンス電圧／58
インピーダンスワット／59
インフラ引込み／537

う

ウインチ／213
ウェルポイント工法／507
ウォーターハンマ／490
ウォールスルーパッケージ型／482
受渡検査／355
うず電流／23
右折感応式信号／474
打込み／524

え

永久磁石形同期電動機／75
営業所ごとの専任の技術者の資格／603
衛生委員会／742
衛生管理者／731
液体燃料／124
エネルギー／817
塩害／206
円形コイル／12
演色性／93
遠心（ターボ）冷凍機／493
遠心ポンプ／494
延線工事／212
延線車／213
延線用金車／214
延線用ワイヤロープ／214
延線ヨーク／215

お

オアシス運動／592
横断歩道／467
往復動冷凍機／493
オープンカット工法／500
オープンサイクル／135
オームの法則／5
屋外鉄構／165

屋外変電所の離隔距離／164
押ボタン式信号機／471
乙種風圧荷重／198
帯筋／522
オフセット／473
温度差／476
温度特性／100

か

カーゲート／426
カードリーダ／426
ガードレール／460
開削工法／216, 463
がいし／195
がいし装置／196
開始点／566
回線選択継電方式／183
回転界磁形／78
回転球体法／300
回転子／139
回転電機子形／78
開電路方式／454
外部雷保護／300
回復充電方式／348
架空共同地線／222
架空送電線／188
架空単線式電車線路／441
架空地線／190, 221
角度法／216
角変位／61
離隔距離／275
かご形誘導電動機／65
火災予防／545
重ね合わせの理／31
荷重／225
ガスエンジンヒートポンプ／494
ガス機関／337
ガス遮断器／155
ガスタービン／338
ガスタービン発電／135

索　引

ガス漏れ検知器／385
仮設／537
架線金具／446
架線工事／165
河川流量／111
カテナリー角法／216
過電流継電器／221
過電流継電方式／183
過電流遮断器／267
過熱器／127
過負荷防止保護／185
かぶり厚さ／523
壁式構造／520
可変速揚水発電／122
過放電防止装置／349
釜場排水工法／506
雷等電位ボンディング／305
雷保護／299
カムアロング／215
カルノーサイクル／129
簡易電気工事の作業従事者／683
換気装置／343
環境保全管理計画／548
官公署／538
閑散時半感応式信号／474
監視カメラ／424
環状系統／167
管制盤／425
観測誤差／517
感知器／377
貫通形変流器／160
カント／459
監督員の権限等の通知／607
ガントチャート工程表／560
感応式信号機／472
管理図／584
簡略法／302
貫流ボイラ／128
管路式／272
管路埋設工法／216

【き】

機械換気／476
器械誤差／517
機械排煙方式／396
ギガビットイーサネット／406
軌間／457
軌きょう／460
器具の備付け／693
危険物／709
危険物取扱所等／710
危険予知活動／592
機材管理／552
技術基準適合命令／663
技術検査／357
技術検定／622
起磁力／13
帰線／440
気体燃料／124
き電線／433, 445
き電ちょう架式／441
起電力／5
軌道／459
軌道回路装置／453
起動装置／386
軌道中心間隔／460
軌道変位／462
輝度均斉度／464
基本器具番号／310
基本照明／468
逆T字型基礎／211
逆打ち（逆巻き）工法／504
逆サイホン作用／489
逆調整池式／113
逆フラッシオーバ／205
キャビテーション／120, 490
ギャロッピング現象／207
吸収冷温水機／493
給水加熱器／127
給水ポンプ／127

キュービクル／326
供給信頼度／169
供給予備力／170
強制循環ボイラ／128
強度率／590
許可の基準／599
許可の有効期間／596
局線中継台方式／413
極配置／286
局部照明／466
局部照明方式／283
局部電池／104
許容限界進度曲線（バナナ曲線）／559
許容最低電圧／104
許容電流／245
距離継電方式／183
距離測量／515
汽力発電／129
キルヒホッフの第1法則（電流法則）／30
キルヒホッフの第2法則（電圧法則）／30
近距離線路故障遮断／154
緊線工事／213
緊線弛度測定／215
緊線用ワイヤロープ／214
金属可とう電線管工事／252
金属管工事／251
金属線ぴ工事／253
金属ダクト工事／253
均等充電方式／348

く

杭基礎／211, 519
空気遮断器／154
空気熱源ヒートポンプパッケージ方式／481
空気予熱器／126
掘削工事／500
区分開閉器／222
区分装置／447
クライミングクレーン工法／212
クラッド式鉛蓄電池／102

グラフ／584
クラムシェル／510
クランプ／193
クリティカルイベント／571
クリティカルパス／570
車止め／460
グレア／285, 465
クロス形／132
クロスコネクション／489
クロスフロー水車／117

け

計器用変圧器／160, 321
計器用変成器／160
計器用変流器／321
経済速度／557
経済負荷配分制御／177
継電器試験／359
系統連系／168
系統連系設備／186
軽微な建設工事／598
軽微な工事／682
契約書／535
契約図書／535
軽量鉄骨天井下地／531
軽量鉄骨壁下地／531
ゲージ圧力／110
ケーソン工法／464
ゲートウェイ／410
ケーブル工事／254
煙感知器／380
原位置試験／496
減液警報装置／349
原価管理／533
検査／554
現示／474
検出部／52
原子力発電／145
原子炉／145
懸垂がいし／195

索 引

建設業／595
建設業者／595
建設業の許可と建設工事の種類／596
建設工事／595
建設資材／795
建設資材廃棄物／795
減速材／146
検知器／425
建築限界／457
建築設備／696
建築設備士／703
建築物／696
顕熱／478
現場代理人の権限等の通知／607
限流リアクトル／91, 186

【こ】

コイルに働く力／16
高圧屋内配線／266
高圧架空引込線／225
高圧カットアウト（PC）／222, 319
高圧限流ヒューズ／322
高圧交流遮断器／318
高圧交流電磁接触器／319
高圧交流負荷開閉器／318
高圧進相コンデンサ／320
高圧水銀ランプ／97
高圧耐張がいし／229
高圧断路器／317
高圧ナトリウムランプ／97
高圧配電線／217
高圧引込線／224
高圧ピンがいし／229
高圧保安工事／225
高圧連系／187
光源／93
工事価格／541
工事監理／703
工事計画／667
工事検査／357

工事現場／536
工事の中止／641
高周波同軸ケーブル／421
甲種消防設備士，乙種消防設備士／717
甲種風圧荷重／198
工種別施工計画書／549
工場製作機器／540
公称電圧／99, 178
高所作業車／760
鋼心アルミより線／189
鋼心耐熱アルミ合金より線／189
鋼製切梁工法／501
合成樹脂管工事／250
光線式検知器／425
構造体利用接地極／303
後続作業／565
高速増殖炉／145
高速中性子炉／145
高速電力線通信／429
高速度再閉路方式／200
光束法／284
剛体ちょう架式／442
高置タンク／489
高置タンク方式／486
高調波／174
工程管理／533, 552
光電式スポット型／382
光電式分離型感知器／382
硬銅より線／189
勾配／459
後備保護継電器／183
鋼矢板壁／503
高力ボルト接合／528
小売供給／656
効率／59
交流き電回路／437
交流電力／35
交流ブリッジ回路／40
交流方式／177
交流無停電電源装置／350

825

索　引

交流励磁方式／82
コージェネレーションシステム／345
固体燃料／124
固定子／138
固定式クレーン／511
固定費／557
コネクタ接続／402
固有エネルギー消費効率／95
コロナ振動／208
コロナ放電／204
コンクリートに関する用語／520
コンクリート舗装／508
コンセント／286
コンデンサ／27
コンバインドサイクル／136
コンパウンドカテナリ式／441

さ

サージ受信方式／208
サードレール／440
災害補償／725
サイクル／473
サイクルの禁止／566
最高電圧／178
採算速度／558
再資源化／795
再生サイクル／131
最早開始時刻（EST）／566
最早完了時刻（EFT）／567
最大需要電力／311
最大使用電圧／240
最大挿入損失／402
最遅開始時刻（LST）／568
最遅完了時刻（LFT）／567
最低蓄電池温度／104
最適工期／557
再熱器／127
再熱サイクル／131
再熱再生サイクル／132
再閉路／200

再閉路継電器／221
サイリスタ励磁方式／82
作業主任者／736
差込プラグ／286
差動式／382
差動式分布型感知器／382
サブスパン現象／207
作用インダクタンス／179
作用容量／179
サルフェーション／100
酸化亜鉛形／162
△（三角）結線／42
山岳工法／464
三角測量／515
三角配列／199
産業医／733
産業廃棄物／800
三次△巻線／149
三相結線／60
三相交流／41
三相交流電力／43
三相再閉路／200
三相短絡電流／234
三相誘導電動機／69
酸素欠乏症／790
散布図／586

し

シーケンス制御／52
シールド工法／216, 463
シールドリング／196
磁界／10
磁界に関するクーロンの法則／8
磁界の強さ／9
自家用電気工作物／661, 682
敷地形状／536
敷地内障害物／537
磁気抵抗／13
磁気ヒステリシス／14
事業者／728

索　引

事業用電気工作物／660
軸受点検／139
軸流タービン／133
試験用接続端子箱／305
自己インダクタンス／21
自己回復／87
事故点／208
事故報告／758
自己放電／100
自己保持回路／53
自己誘導／20
自己励磁現象／84
時差式信号／474
指示電気計器／45
支持物／225
自主検査／356
自主評定制度／366
視準線誤差／518
磁性体／13
支線／226, 446
自然換気／476
自然循環ボイラ／127
自然排煙方式／396
磁束／9
磁束密度／10
政令で定める下請負金額／598
下請業者／539
下請契約／595
実効値／32
実行予算／540
室指数／284
指定建設業／604
支店に準ずる営業所／598
自動運転／294
自動式サイレン／386
自動進路制御装置（PRC）／456
自動制御／49
始動装置／342
自動点検機能／182
自動列車運転装置（ATO）／456

自動列車制御装置（ATC）／455
自動列車停止装置（ATS）／455
締固め／524
弱電流電線／257
遮断器／153
遮断現象／153
遮へい材／146
斜流（デリア）水車／116
車両限界／457
ジャンパ／194
就業規則／726
就業制限／755
集じん器／126
従属信号機／452
周波数上昇・低下防止保護／185
周波数制御／176
周辺状況／536
周辺道路／537
充放電特性／100
終了点／566
重力ダム／114
ジュールの法則／7
主筋／522
樹枝状系統／167
樹枝状配電線／219
受信機／375
主信号機／452
取水口／115
受水タンク／487
出力特性曲線／69
手動運転／294
主任技術者の選任／664
主任技術者及び監理技術者の設置等／618
主任技術者免状の種類／666
主任電気工事士の設置／692
主保護継電器／182
需要率／311
受雷部／300
竣工（完成）検査／555
省エネルギー／245

827

消音器／342
蒸気サイクル／129
蒸気タービン／132
蒸気タービン発電／133
小規模事業用電気工作物／660
衝撃圧力継電器／153
衝撃ガス検出継電器／153
衝撃油圧継電器／153
条件変更等／640
昇降機／702
小口径推進工法／216
消弧リアクトル／91
消弧リアクトル接地方式／181
使用機材／540
常時インバータ給電方式／351
常時監視機能／182
常時商用給電方式／352
使用者／719
小勢力回路／257
衝動タービン／132
照度測定／362
照度の均斉度／286
蒸発管／127
消防設備士の業務独占／716
消防対象物／709
消防の用に供する設備の種類／713
照明制御／282
照明率／284
触媒栓式ベント形鉛蓄電池／102
自励発電機／86
真空遮断器／155
信号制御／472
信号装置／451
信号灯／426
信号保安装置／451
信号法／210
伸縮継目／461
進相コンデンサ／87
深礎基礎／211
振動コンパクタ／512

振動ローラ／512
進度管理／558
進度曲線（Sチャート）／558
シンプルカテナリ式／441

す

水圧管路／115
水撃作用／119
水車出力／112
水車発電機／121
水準測量／516
推奨定格遮断電流／315
水槽／115
水素冷却方式／134
水柱分離／490
垂直配列／199
スイッチングHUB／410
水道直結増圧方式／485
水道直結直圧方式／485
水平切梁工法／503
水平弛度法／216
水平導体／300
水平配列／199
水路／115
水路式／112
スカラップ／528
スクリュー冷凍機／493
スクレーパ／509
スコット結線変圧器／63
スター型／404
スタジア測量／516
スパイラル筋／522
スパイラルロッド／195
スピーカ／415
スプリット／473
スプリット型／482
スペーサ／193
すべり／66
スポットネットワーク受電方式／313
スポットネットワーク方式配電線／220

スラック／459
スラブ軌道／460
スリートジャンプ現象／208
スリップリング／78

【せ】

制御材／146
制御盤／295
制御弁式鉛蓄電池／102
制限電圧／162
正弦波交流／32
静止形無効電力補償装置／157
静電エネルギー／28
静電気／23
静電気に関するクーロンの法則／24
静電誘導／24
静電誘導障害／206
静電容量／26
静電容量回路／35
静電容量法／209
制動方式／72
制動巻線／84
整流装置／348
ゼーベック効果／8
セオドライト／515
赤外線加熱／106
セクションオーバ／448
施工／247
施工基面／458
施工計画／533
施工図／551
施工速度／556
施工体制台帳及び施工体系図の作成等／611
絶縁耐力試験／358
絶縁抵抗／6
絶縁抵抗試験／357
絶縁離隔／433
絶縁劣化／210
設計図書／536
接続供給／656

接続損失／402
節炭器／127
接地開閉器／156
接地極／303
接地工事／277
接地抵抗試験／165, 358
接地抵抗値／277
設備不平衡率／311
設備利用率／169
セミシールド工法／216
零相変流器／160
繊維ロープ／215
先行作業／565
閃光制御信号／474
センサ／52
営業所ごとの専任の技術者の資格／599
潜熱／478
全般局部併用照明方式／283
全般照明方式／283
線路断面／458
線路定数／178

【そ】

騒音／151
総括安全衛生管理者／729
層間変形角／527
相互インダクタンス／22
総合仮設計画／543
総合施工計画書／542
相互誘導／22
送電事業／657
送電電圧／178, 230
送電容量／171
増幅器／413
層別／587
速応励磁／84
側線／457
速度再閉路方式／200
速度水頭／110
速度制御／64, 77

829

索引

速度調定率／121
速度特性／75
速度特性曲線／68
損益分岐点／558
損失／59

【た】

ターゲット／516
タービン追従制御／129
第一種電気工事士免状交付の条件／685
大気汚染防止／125
対称照明方式／469
耐震／245
耐震壁／525
対地電圧／240
帯電／23
第二種電気工事士免状交付の条件／685
耐熱温度／150
台棒工法／211
耐霧がいし／196
ダイヤルイン方式／413
ダイヤル形温度継電器／153
タイヤローラ／512
太陽電池／139
耐力壁／525
ダイレクトインダイヤル方式／413
ダイレクトインライン方式／413
多回路開閉器／230
託送供給／656
タクト工程表／561
ダクト併用ファンコイルユニット方式／481
多溝がいし／229
多重範囲電圧計／47
多相再閉路／200
多段系統式信号機／472
打継ぎ／524
脱気器／127
脱調保護／185
多導体方式／191
玉がいし／229

玉掛け／788
ダム式／112
ダム水路式／112
ダリウス型風車／144
たるみ／191
他励発電機／86
単軌条式／454
弾性締結／460
単相再閉路／200
単相誘導電動機／73
タンデム形／132
単電池／99
単導体方式／191
単独系統／220
ダンパ／194
タンピングローラ／512
ダンプトラック／510
タンブラスイッチ／290
単巻変圧器／63
短絡曲線／80
短絡電流／57, 233
短絡比／80
短絡容量／173, 233, 236
断路器／156

【ち】

地域制御式信号機／472
チェックシート／583
地区音響装置／383
逐点法／283
蓄熱方式／482
地上組立て工法／211
地上せり上げデリック工法／212
地中弱電流電線路／275
地中電線路／270
地中箱／272
窒素酸化物／125
中央監視制御／353
中空重力ダム／115
中継器／379

中継レール／461
駐車場車路管制／425
中性化／523
中性点接地方式／180
超音波式／425
超音波式車両感知器／475
ちょう架線／445
長幹がいし／196
調相機器／157
調整池式／113
調速機／120
調速機運転／177
帳簿の備付等／626
帳簿の備付け等／694
直接基礎／518
直接き電方式／437
直接接地方式／181
直接ちょう架式／442
直接法／302
直接埋設式／271
直線電流／12
直流き電回路／435
直流電源装置／348
直流電動機／75
直流発電機／85
直流方式／177
直列リアクトル／90
直流流出防止変圧器／186
直流励磁方式／82
直列コンデンサ／171
直列接続／28
直列ユニット方式／420
直列リアクトル／321
貯水池式／113
チョック／460
直結軌道／460
地絡過電圧継電器／221
地絡方向継電器／221
賃金／721
沈砂池／115

つ

ツイストペアケーブル／411
墜落等による危険の防止／774
ツインシンプルカテナリ式／441
通気配管／492
通知電気工事業者／689
ツールボックスミーティング（TBM）／592
通路等／777
通路誘導灯／392
土の締固め／506
土の判別分類／498
土の力学的性質／498
つり足場／783
吊金工法／212
吊金車／214

て

低圧屋側電線路／265
低圧屋内配線／249
低圧進相用コンデンサ／293
低圧ナトリウムランプ／98
低圧ネットワーク方式／220
低圧配電線／217
低圧バンキング方式／220
低圧引込線／224
低圧引留がいし／229
低圧ピンがいし／229
低圧保安工事／225
低圧連系／187
低圧連接引込線／224
ディーゼル機関／337
定温式スポット型感知器／382
定格電圧／240
抵抗／178
抵抗回路／34
抵抗加熱／106
抵抗接地方式／181
抵抗測定法／30
抵抗の温度変化／6

831

抵抗の変換／29
抵抗率／179
低速度再閉路方式／200
定風量単一ダクト方式／479
出口部照明／469
デジタルPBX方式／412
デジタル計器／46
鉄筋／521
鉄筋コンクリート造／519, 520
鉄骨造／519, 525
鉄骨鉄筋コンクリート造／519
鉄塔／197
鉄塔基礎／211
デペンデントフロート（DF, 干渉余裕時間）／569
デミング・サイクル（PDCA）／577
手元開閉器／294
電圧／5
電圧降下／231
電圧降下法／165
電圧差動方式／160
電圧上昇・低下保護／185
電圧調整／175
電圧変動／175
電圧変動率／58, 81
電荷／23
電界／26
電解研磨／105
電解精錬／105
電界の強さ／25
電気工作物／658, 660
電気工事／682
電気工事業／689
電気工事士／682
電気工事士免状の種類／685
電気事業／658
電気浸透工法／507
電気設備／701
電気抵抗／5
電気鉄道／432
電気による危険の防止／764

電気防食／104
電気めっき／105
電気用品／677
電極／296
電気力線／25
電気量／5
電磁インパルス／299
電磁エネルギー／21
電磁気／8
電磁石／12
電車線／440
電磁誘導障害／207
電磁誘導に関するファラデーの法則／18
電食対策／433
テンションバランサ／448
電磁誘導／17
電磁力／15
電束／25
電束密度／25
伝達関数／55
電鋳／105
転てつ器／453
点電荷／25
電動機入力／122
電熱装置／297
電波障害用共同受信システム／419
電波漏洩／420
点滅機能又は音声誘導機能付き誘導灯／392
電流／5
電流差動継電器／152
電流配分／29
電流比率差動方式／160
電力／7
電力回生車／434
電力系統／167
電力損失／231
電力潮流／170
電力用コンデンサ／157
電力量／7
電力量調整供給／656

索　引

電話／413

【と】

等価回路／57, 67
統括安全衛生責任者／738
同期速度／66, 79
同期調相機／75, 157
同期電動機／74
同期発電機／78
統計量／588
動作責務／154
同軸ケーブルき電方式／438
道床／458
道床厚／458
透磁率／9
銅線／189
等長法／215
等電位／306
盗難防止／545
登録等／690
登録電気工事業者／689
トータルステーション／515
トータルフロート（TF，最大余裕時間）／568
特殊建築物／696
特殊電気工事の作業従事者／683
特性要因図／582
特定エネルギー消費機器／817
特定卸供給／658
特定建設業の許可／603
特定建設業者／596
特定建設資材／795
特定建設資材廃棄物／796
特定送配電事業／657
特定電気用品／677
特定元方事業者等の講ずべき措置等／751
特別管理一般廃棄物／800
特別管理産業廃棄物／800
特別高圧連系／188
独立三相式／41
土質調査／495

度数率／590
特高配電線／217
突針／300
トムソン効果／8
トラクタ／509
ドラグライン／510
トラス構造／520, 526
トラップ／491
トラバース測量／517
ドラム／127
ドラム架台／213
トリクル（補償）充電方式／349
土量の変化／499
トルク／68
トルク特性／75
トレンチカット工法／504
トロリ線／443
トンネル効果／8
トンネル照明／468

【な】

内燃機関／337
内部雷保護／305
内部抵抗／100
流れ込み式／113
鉛蓄電池／98

【に】

二級建築士／703
日負荷率／311
ニッケル・カドミウム蓄電池／99
日程短縮／571
入出力条件／353
認定・認証／366

【ね】

熱源機器／484
熱効率／129
熱サイクル／129
熱サイクル効率／129

熱中性子炉／145
ネットワーク工程表／562
ネットワーク手法（アロー形）／563
熱複合式スポット型感知器／382
熱量／7
ねん架／199
年間発電量／112
年少者／723
年千人率／590
粘着性能／433
年平均流量／111
燃料貯蔵タンク／344
燃料電池発電／137

【は】

パーセント短絡インピーダンス／151
バーチャート工程表／560
背圧タービン／133
配員計画／574
ばい煙／812
ばいじん／125
配光曲線／93
排水管／491
排水タンク／491
排水ポンプ／491
配線用図記号／247
配電事業／657
配電塔／230
配電方式／218
排熱回収形／136
パイピング／505
倍率器／46
パイロットリレー（継電）方式／183
ハインリッヒの法則／592
白色化／94
刃口推進工法／216
白熱電球／96
波形率／32
波高率／32
バス型／403

バス感応式信号機／472
バスダクト工事／254
バックホウ／510
発券機／426
発光ダイオード／94
発信機／378, 383
発注者，元請負人，下請負人／595
発電機出力／112
発電事業／657
パットマウント変圧器／230
バットレスダム／115
バラスト軌道／460
バランサ／221
梁貫通孔／525
梁の継手／527
パルスレーダー法／209
パルスレーダー方式／208
パレート図／581
ハロゲン電球／96
ハンガ／444
バンクインピーダンス／151
半径流タービン／133
反射体（材）／146
搬送工法／213
搬送リレー（継電）方式／184
パンタグラフ／450
反動タービン／132

【ひ】

ヒートポンプ型／482
ヒービング／505
ビーム／445
ピエゾ効果／8
ビオ・サバールの法則／12
非化石エネルギー／817
光環境／281
光の吸収／93
光の透過／93
光の反射／93
光ファイバケーブル／399

索　引

引込線用ケッチヒューズ／222
引込用高圧交流負荷開閉器／318
引下げ導線／302
引抜工法／212
非常電源／365
非常電源専用受電設備／365
非常ベル／386
ヒストグラム／582
非接地方式／180
皮相電力／36
比速度／119
非対称照明方式／470
非対称短絡電流／315
比透磁率／9
ピトー継電器／153
避難口誘導灯／391
微風振動／207
微粉炭機／126
ヒヤリ・ハット運動／592
比誘電率／24
標識の掲示／625，694
表示線リレー（継電）方式／184
表示灯／383
標尺／516
標準電圧／178
平等分布負荷／232
表皮効果／179
避雷器／161，221，321
避雷設備／701
飛来崩壊災害による危険の防止／776
平形保護層工事／256
比率差動継電器／152
ビル共同受信システム／419
比例推移／68
品質管理／534，546
ピンチ効果／8

ふ

ファイアウォール／411
ファストイーサネット／406

フィードバック制御／51
フーチング基礎／518
風力エネルギー／143
風力による換気／476
風力発電／143
フェランチ現象／205
フォローアップ／573
深井戸真空工法／507
深井戸排水工法／506
負荷試運転／139
負荷時タップ切換変圧器（LRT）／148
負荷遮断（調速機）試験／139
負荷周波数制御／177
負荷設備容量／311
負荷電圧補償装置／349
負荷率／311
複軌条式／454
復水器／127
付着強度／523
普通ボルト接合／528
ブッフホルツ継電器／153
不当に低い請負代金の禁止／607
浮動（フロート）充電方式／348
不等率／311
不平衡絶縁／201
ブラシ／78
フラッシオーバ／205
フランシス水車／116
フリーフロート（FF，自由余裕時間）／569
振替供給／656
フリッカ／173
ブルドーザ／509
ブレース構造／520，527
フレミングの左手の法則／15
フレミングの右手の法則／19
フロアヒーティング／297
フロート（余裕時間）／568
プログラム多段式信号機／471
ブロック線図／54
プロトコル／407

835

プロペラ型風車／144
プロペラ水車／116
分岐器／461
分岐分配方式／421
分散型電源／185
分散中継台方式／413
分電盤／290
分別解体等／795
分流器／46
分路リアクトル／91, 157

平均値／32
平均路面輝度／464
並行運転／61
平行2回線受電方式／312
丙種風圧荷重／198
閉そく装置／452
閉電路方式／454
平板測量／515
並列接続／27
並列二重化／183
ペースト式鉛蓄電池／102
べた（マット）基礎／211
べた基礎／519
ヘビーコンパウンドカテナリ式／442
ペルチェ効果／8
ベルトコンベア／510
ペルトン水車／116
ベルヌーイの定理／110
変圧器／55, 148
変圧器油／149
偏い／443
辺地共同受信システム／419
変電所／147
変動費／558
ベント形鉛蓄電池／102
変風量単一ダクト方式／480
変流器／160

ほ

保安規程／663
ボイラ・タービン協調制御／129
ボイラー／493
ボイラ追従制御／129
ボイリング／505
鳳・テブナンの定理／31
放圧装置／153
防火区画／395
防火対象物／709
放水路／115
放電クランプ／221
放電装置／293
防犯受信機／427
防犯センサ／426
防油堤／344
ホール効果／8
補強コンクリートブロック造／519
保護継電器／160
保護リレー／182
保守率／285
補償式スポット型感知器／382
補償抵抗／47
補償リアクトル／91
補償リアクトル接地方式／181
補助ちょう架線／445
母線／158
炎感知器／381
保有距離／323
本線／457
ボンディング／306
ボンド／440
ポンプ直送方式／486
ポンプ入力／122

ま

マーレーループ法／209
マイクロ波／427
マイクロホン／414

索引

マイスナー効果／8
巻線形誘導電動機／65
まくら木／460
末端集中負荷／232
マルチパッケージ型／482
マンホール／275

み

水汚染／489
店社安全衛生管理者／739

む

無効電力／36
無水試験／123

め

メカニカルスプライス接続／401
メタルハライドランプ／97
メディアコンバータ／410

も

モールド変圧器／319
木造／519
木造建築士／703
元方安全衛生管理者／739
元方事業者の講ずべき措置／750
モノブロック電池／99
盛土工事／506
漏れ検査／139
漏れコンダクタンス／179
漏れ損／195

や

矢線／566
山崩し図／575
山積み図／575
山留め支保工／500

ゆ

有害大気汚染物質／812

有効電力／36
有水試験／123
融着接続／401
誘電加熱／106
誘電率／24
誘導形電力量計／47
誘導加熱／106
誘導性／465
誘導電圧／66
誘導電動機／65
誘導灯／389
誘導発電機／77
誘導標識／390

よ

養生／524
揚水式／113
揚水発電所／121
溶接欠陥／528
溶接接合／528
容量換算時間／104
予備電源／365

ら

ラーメン構造／519, 526
ライティングダクト工事／255
ラインインタラクティブ方式／352
ラインポストがいし／196
落差／110
ランキンサイクル／130
乱調／84
ランマ／512

り

リールワインダ／213
力率／37
力率改善／236
リスクアセスメント／591
理想単相変圧器／56
リチウムイオン蓄電池／99

索　引

リピータ／410
リピータハブ／410
リレー回路／53
理論水力／111
リング型／403
りん酸形燃料電池／138

る

ルータ／410
ループコイル式検知器／425
ループコイル式車両感知器／475
ループ受電方式／312
ループ状配電線／219

れ

冷却材／146
冷却方式／341
励磁電流／56
励磁突入電流／152
励磁方式／76
零点目盛誤差／518
レイリー散乱／402
レーダーチャート／584
レール／460
レール締結装置／460
レール摩耗／461
レール遊間／460
劣化がいし／206
列車感知式信号機／472
列車集中制御装置（CTC）／455
レベル／516
連続照明／466
連続の定理／110
レンツの法則／18
連動装置／453

労働契約の解除権／720
労働災害／728
労働時間，休憩，休日及び年次有給休暇／722
労働者／719，728
労働者名簿／727
労働条件の明示／719
労働損失日数／590
労務管理／553
労務計画／540
ローディングショベル／510
ロードローラ／512
路線自動感応式信号機／472
ロックフィルダム／115
路盤／458
ロングレール／460
論理回路／53

わ

割ワイヤロープ／214

電気工事施工管理技術テキスト　改訂第5版

令和7年1月23日　改訂第5版発行

Ⓒ　編　集　一般財団法人　地域開発研究所
　　発　行　〒112-0014　東京都文京区関口1－47－12
　　　　　　　　　　　　江戸川橋ビル
　　　　　　　　　　　　TEL 03（3235）3601
　　　　　　　　　　　　https://www.ias.or.jp

不許複製　※落丁・乱丁は発行所にてお取替えいたします。
　　　　　※正誤表等の本書に関する最新の情報は，下記でご確認ください。
　　　　　https://www.ias.or.jp/shuppan/seigo_chart.html

ISBN 978-4-88615-447-7

わかる！参考書 受検参考書
施工管理技士合格へ！

地域開発研究所では学習の効率化のため，出題傾向の分析をもとに押さえるべきポイントをまとめた参考書を販売しています。合格へ結び付く内容だからこそ，多くの受検生に信頼してご活用いただいております。

まずは過去問をベースに学習！

繰り返し解いて苦手分野を明確に！
一覧表で頻出問題をチェック！
大事な問題は繰り返し出題されている！

1級第一次検定問題解説集

1級第二次検定問題解説集

2級第一次・第二検定問題解説集

テキストで知識を補強！

分野別に編集！
豊富な図表でわかりやすい！
大事な用語をチェック！
学校，企業などの講習会でも幅広く採用！

5種目（土木・建築・管工事・電気工事・電気通信工事）
に対応する受検参考書を好評発売中！

図書のご購入は，取り扱い団体・お近くの書店・当研究所HPからご注文ください。
Amazon，楽天ブックス，e-hon等のオンラインサービスからもご注文可能です。

一般財団法人 地域開発研究所　　地域開発研究所 Q

東京都文京区関口1-47-12　江戸川橋ビル　TEL 03-3235-3601　URL https://www.i as.or.jp/